U0189584

黄河鱼类志

李思忠◎著

中国海洋大学出版社
·青岛·

图书在版编目（CIP）数据

黄河鱼类志 / 李思忠著. —青岛：中国海洋大学出版
社, 2017.8
ISBN 978-7-5670-1537-1

Ⅰ.①黄… Ⅱ.①李… Ⅲ.①鱼类—水产志—黄河
Ⅳ.①Q959.408

中国版本图书馆CIP数据核字（2017）第206299号

版权合同登记号：图字 15-2017-203

作者：李思忠
编者：李振勤
台湾水产出版社，2015
台湾基隆市七堵区永富路10号2楼
ISBN 978-957-8596-77-1
http://www.scppress.com
http://www.taiwan-fisheries.com.tw
scp@seed.net.tw　scpster@gmail.com

出版发行	中国海洋大学出版社		
社　　址	青岛市香港东路23号	**邮政编码**	266071
出 版 人	杨立敏		
网　　址	http://www.ouc-press.com		
电子信箱	94260876@qq.com		
订购电话	0532-82032573（传真）		
责任编辑	孙玉苗	**电　　话**	0532-85901040
印　　制	青岛国彩印刷有限公司		
版　　次	2017年9月第1版		
印　　次	2017年9月第1次印刷		
成品尺寸	210 mm × 297 mm		
印　　张	33		
字　　数	883千		
印　　数	1—1500		
定　　价	228.00元		

发现印装质量问题，请致电0532-88193177，由印刷厂负责调换。

谨以此书向老一辈的中国学者致意：

他们以自己的坚忍、奉献为后辈铺平了道路。

——编者

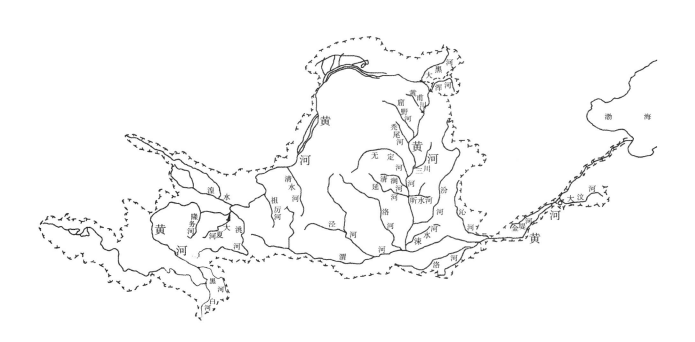

黄河水系示意图

前　言

　　本书是对黄河流域鱼类分类、分布、生活习性、经济意义及研究史等试探性的总结介绍。希望通过本书，有关人员能对黄河鱼类有一个较全面的了解，以供进一步研究时参考。研究所利用的标本主要是中国科学院动物研究所旧存原静生生物调查所的标本，于1958年写《黄河渔业生物学基础初步调查》时所用的标本，1958年10月到1962年于前三门峡工作站在河南、山西、陕西等地所采的标本，还有作者等1962年和1963年5月在秦岭、山东及河南采的标本。另有少数是西北大学生物系的标本。另外根据文献资料也做了些补充。

　　这个工作是1957年就开始的，1958年夏做出过"黄河鱼类检索表"，曾油印供野外采集参考之用。1958年9月曾出版过《黄河渔业生物学基础初步调查报告》（其中还有水化学及无脊椎动物等内容）。1959年在晋南水产学校曾写过鱼类分类学等的讲义。1960年夏在水产部黄河水库规划组训练班也写过黄河鱼类分类学讲义。所以这部书是根据许多同志搜集的资料，屡经修改补充而成的。作者谨向曾经为此工作而劳动过的同志致谢！作者特别向中国科学院动物研究所脊椎动物区系分类研究室前主任、业师张春霖教授衷心致谢！这项工作自始至终都是在他鼓励和指导下进行的。遗憾的是他不幸于1963年9月27日突然过早地逝世了！未能请他审查定稿。所以文中错误只有敬请专家和对此工作有兴趣的同志多予矫正。

李思忠

1964年1月于中国科学院动物研究所

李思忠先生《黄河鱼类志》读后有感

　　有幸拜读李思忠先生遗著《黄河鱼类志》书稿后，颇有先生健在之感。《黄河鱼类志》附文介绍说"黄河水利委员会2013年新出版的《黄河流域鱼类图志》以及某些利用现代分子标记技术研究淡水鱼类动物地理学的文章对黄河鱼类有更新的认识"，但我认为那些新的认知都是在《黄河鱼类志》雄厚基础上的完善。我这样说并不是因为李先生有中国鱼类学会副理事长等学术头衔和职务，而是看他对中国鱼类研究发展做出的重要贡献。他鱼类知识渊博，对淡、海水鱼都有精细研究，这在国内是少有的。他六十年如一日、脚踏实地地做出的重大成绩，正如中国科学院动物研究所写的附文《李思忠先生的生平介绍》那样，我十分认同。从李思忠先生的丰硕成果中，可以看出他沥尽心血、全心全意为中国鱼类科学研究发展奉献终生的精神。下面我首先从与他相识和交往的几件小事谈起。

　　1968～1970年，我执行"青海湖引种梭鱼试验"课题，多次去天津小站、塘沽采运梭鱼苗，并去动物所借用汽车等交通工具，在动物研究所内食宿，故有较多机会走访该所鱼类组。一天，我踏进鱼类组门口，看到李先生一人在伏案工作。我直接走到他跟前，看他一边测量、解剖鱼类，一边做记录。他几年前就知道我在高原生物所研究鱼，只是我们没有促膝交谈过。当看到我对他解剖颇有兴趣时，就边工作边和我聊起来。我立即坐下，帮他数鳃耙并记录，直到开饭时才结束。这是我们第一次交谈，我也从中获得了一些鱼类解剖学知识。当时他给我留下的第一印象是，这是动物所鱼类组最抓紧工作的人。我们第二次见面，是1974年在青岛开《中国动物志》鱼类各卷编写会议，他代表动物所鱼类组参加。会上他提出了到水生所标本室参观核对标本的要求。水生所领队怕麻烦，当即借口"没有房子"而拒绝。当时的领队是抓政治思想工作的，一般人都要服从他。李先生并不惧怕他的"权威"，而是以"编志"的需要取得了伍老（伍献文）的同意，说服了那个领队。当时李先生给我留下一个刚正不阿的形象。1978年我从西藏无人区采回鱼类化石，到北京向古脊椎动物所的刘东生先生汇报，并感谢他对我的热心指导。事后回到动物所时，偶尔在走廊上碰到李先生。这次他主动邀我到他办公室。当我告诉他这次来京的目的时，他有点震惊，立即要看看化石。看过之后他说："价值连城的宝贝啊，非常珍贵，千万小心！"说完后又从桌子下找些废纸给我，要我包化石用。我说已有专门的包装用纸和铁皮桶，请他放心。正在这时中国动物学会副秘书长张洁急急忙忙来告诉我，过几天在昆明召开的中国动物学会年会邀请我作为特邀代表参加。当时我有点"摸不着头脑"，可李先生说："最近几年你的工作很出色，应该被邀请。"这是我第一次参加全国动物学学术会议。张洁走后，我们俩又谈到动物所1958年发表的《黄河鱼类生物学调查报告》，我们对黄河上游的裂腹鱼类中的黄河裸裂尻鱼和骨唇黄河鱼的认识有分歧。我为此还到他们标本室中查找，没有找到骨唇黄河鱼。以后我送给他两尾标本。当他看到我送给他的骨唇黄河鱼后非常高兴，说文章的照片"张冠李戴"了，应该纠正。可见他是一个实事求是追求真理的人。1991年7月11日星期四，我和吴翠珍一同到北京送《青藏高原鱼类》手稿给夏武平所长审阅并写序言，以备出版。夏所长告诉我俩："一个人不够，必须再请李思忠先生审阅并写一份序言。李思忠是国内最熟悉鱼类的专家。"于是我俩当即离开夏家，在11点时来到李先生的办公室，只见他汗流浃背地工作，短袖衬衫浸透了汗水。当我说明来意之后，他看了看我抱着的五大本手稿，取过翻开目录看了一会，又看了参考文献，然后放下手稿说："我正忙着，因为是夏先生推荐我就接受了，看过后就转给夏先生。"我俩看到李先生在百忙中如此痛快地答应审阅并写序言，非常感谢。他当时正在集中精力研究鲽形目鱼类并准备发表论文和编写《中国动物志》中的"鲽形目"部分。这种舍己为人的精神使我俩肃然起敬。吴翠珍第一次见到平日我常提到的鱼类学专家李思忠。原来李先生已年过花甲，工作竟如此刻苦认真，的确令她十分钦佩。以上列举的点滴事例对李先生取得的辉煌成就来说可能风马牛不相及，但他的精神却时刻激励着我们为鱼类科学的进步，努力向前、再向前！

《黄河鱼类志》共记载现生鱼类183种，其中6种为养殖鱼类，土著鱼类177种；除鲟等河海洄游鱼类外，纯淡水鱼为147种。该著作是在精确分类研究的基础上，结合不同历史时期的动植物化石分布、地质历史佐证、古代气候资料等，全面分析古今黄河鱼类区系的形成与发展迹象，得出更符合客观实际的总结。因此说《黄河鱼类志》为我国乃至世界的鱼类研究做出了重大贡献，树立了典范。其中当然也少不了王慧民先生的功劳。由于《黄河鱼类志》是李先生的遗作，其中有所遗漏在所难免，因此及时指出、补充似更好些：

（1）目录中，有些科或亚科的学名和中文名称，多数书写齐全，个别的有丢掉中文学名的，应予补充。

（2）岷县高原鳅 *Triplophysa minxianensis*（Wang et Wu），命名人应是（Wang et Zhu）。

（3）钝吻高原鳅 *Triplophysa obtusirostra*（Wu et Wu）标本不是1尾，而是7尾。

（4）李先生的"似鲇鼓鳅 *Hedinichthys siluroides*（Herzenstein, 1888）"显然是与新疆塔里木河、甘肃疏勒河等内陆水系的"叶尔羌高原鳅"混淆了，两种鱼从外形和个体大小上就能明显区分。有关资料可以参见《青藏高原鱼类》或《中国条鳅志》。

（5）瓦氏雅罗鱼 *Leuciscus waleckii*（Dybowski, 1869）描述中所记述的是一个"大种"，我认为这个"大种"可以分成3种，即黄河下游的瓦氏雅罗鱼 *Leuciscus waleckii*（Dybowski）；黄河中游的 *Leuciscus*（*Idus*）*waleckii sinensis* Rendahl；黄河上游的黄河雅罗鱼 *Leuciscus chuanchicus*（Kessler），如能分开似乎更符合客观。关于这3个种，我已在发表于1987年《高原生物学集刊》第7集（141～153页）的《青海省黄河鱼类及其区系分析》一文中讨论。这个"大种"在《中国动物志 硬骨鱼纲 鲤形目》（中卷）分成了2种，即瓦氏雅罗鱼和黄河雅罗鱼。但是他们采用的第三种名 *Leuciscus waleckii sinensis* 定名人是日本人Mori，与我和李先生的不同，产地也不同，保存的博物馆也不同。我认为与

《中国动物志　硬骨鱼纲　鲤形目》的分歧意见，我的理由更充分些，而且也在1985年斯德哥尔摩博物馆核对过Rendahl的 *Leuciscus（Idus）waleckii sinensis* 模式标本。以上意见仅请参考。

（6）该书关于黄河渔业发展的建议绝大多数是可行的，能起到生态环境恢复和保护的作用；唯有鱼类的引进养殖，需要特别措施方可推荐。新疆博斯腾湖本地鱼类的灭绝，可能与引种不当有很大关系。

总之，这是一部涉及黄河鱼类分类、地理地史及渔业资源和养殖认知的大全，很有参考价值。特别是对黄河鱼类与河流的变迁及动物演化关系的深厚理解，对该区的渔业与养殖有恰如其分的论述，为今后渔业发展奠定了良好基础，可供科研、教学（生物、历史、地理和古文）及渔业工作者参考。

武云飞

2015年8月21日

忆思忠先生

思忠先生遗著《黄河鱼类志》即将付梓，我怀着崇敬的心情拜读先生的大作。先生的音容笑貌涌现在我的眼前，一些往事至今犹历历在目。

思忠先生是我国鱼类学研究的前辈，著名鱼类学家，学术造诣在国内外享有很高的声誉。他知识渊博，平易近人，深受同行的尊敬。思忠先生是我国海洋鱼类和淡水鱼类研究的开拓者和奠基人之一，也是我的前辈和导师。1956年我毕业于上海水产学院水生生物专业，留校任朱元鼎先生的助教，在研究工作中多次听到元鼎先生提及动物研究所张春霖先生的4名科研助手，其中就有思忠先生。1959年在京召开《南海鱼类志》审稿会议，我随元鼎先生参加，没有见到思忠先生。询问时，刘矫非副所长说其不在，去三门峡工作站了。

真正首次见到思忠先生已是1974年在青岛召开的《中国动物志》鱼类各卷编写会议上了。我们畅谈良久，十分高兴。

1977年，我、思忠先生及东海水产研究所的同行等参加了由南海水产研究所主持的南海诸岛鱼类资源调查和标本采集工作，为编写《南海诸岛海域鱼类志》做准备。我被分至西沙东岛和石岛采集，思忠先生留守永兴岛。经一个多月的工作，我们再次汇集时，发现思忠先生采集到的标本最多。他每天从住处（部队碉堡）冒着西沙的酷暑和烈日到水产收购站采集标本，来回5～6次，还要立即固定和保存标本，天天忙到很晚，堪为我等的楷模。

2000～2007年，我去北京出差3次，每次均去拜访思忠先生，有幸聆听他对鱼类学研究心得，谈述对某些鱼类科属的分类问题以及做人之道，使我等获益匪浅。动物所鱼类室的同事向我介绍思忠先生虽年事已高，但退休后仍数年如一日地工作，每个周六依然到研究室编写《中国动物志》，真是值得我们学习。

2004年我主编的《中国动物志　鲈形目　虾虎鱼亚目》一书初稿写成，根据出版社要求需要聘请有关专家审稿，提出意见，才能出书。由于我国虾虎鱼类学家郑葆珊先生已经去世多年，一时找不到合适的专家，该稿就此搁浅。这时，幸思忠先生伸出援手，愿承担该卷的审稿任务。令我感动的是思忠先生利用业余时间花了2年的宝贵光阴替我审完140万字的初稿，提出很多很好的修改意见和重要的建议。尤其是本书的"研究简史"部分缺乏对我国古代学者研究、记述虾虎鱼类的叙述，思忠先生亲自向我介绍这方面的情况，提供有关文献资料，甚至为我撰写一小段有关这方面的内容，对提高本志的水平，起了一定的作用。我至今对先生的帮助甚为感激。2008年《中国动物志　鲈形目　虾虎鱼亚

< 1 >

目》出版，年底曾寄一书请他指正。但不久传来先生仙逝的消息。我甚感悲痛，也不知道他是否见到我的书。

思忠先生一丝不苟的治学态度，一生节俭低调、朴素自然的生活作风，平易近人、心地善良、助人为乐、明辨是非、严以律己的纯真知识分子风范，对我等后辈的由衷关切，给我们留下许多宝贵的精神财富，使我永远难忘。

伍汉霖

2015年8月27日

< 2 >

坚持走在一条寂寞却正确的学术路上

　　记得在1985年7月底，日本淡水鱼保护协会木村英造理事长，趁着世界各地的鱼类学者在日本东京参加第二届印度—太平洋鱼类学会议之便，邀请中国大陆和台湾，以及日本、韩国等地的淡水鱼类学家餐叙，才有机会首次见到景仰甚久的李思忠先生。他非常客气地指导我这个刚踏入鱼类分类圈的后辈，并送我一本他所著的《中国淡水鱼类的分布区划》，鼓励我就台湾淡水鱼类的地理分布相关研究继续努力。

　　当看到穿着蓝布衫，一派传统中国学者风范的李老师时，正值改革开放之初。出于一些顾虑，我们只就冷门的淡水鱼类分类交换了意见。后来，我才慢慢地知道李老师过往许多年间的辛苦岁月，以及他坚持学术研究的努力等。

　　后来海峡两岸的学术交流日趋频繁，每年的鱼类学术研讨会为我们提供了更多的见面机会，并且我可以前去北京中科院动物所拜访李老师。他永远都这么地温文尔雅，坚持做辛苦却少有掌声的鱼类分类工作，数十年如一日，所累积的学术成就自然不在话下。如果没有这样广博的学术基础，探讨中国广大区域内淡水鱼类的地理区划问题几乎是不可能的。也由于淡水鱼类的地理分布途径和分化的特殊性，所以其在动物地理学上的参考价值是其他动物类群所无法比拟的。因此，李老师早在1981年所提出的许多看法，至今都极具参考价值。

　　2006年夏末，我有机会搭上刚通车的青藏铁路从青藏高原返回，难得可以中途下车去探访中国第一大咸水湖——青海湖，没有想到就这样跟黄河的源头结上了十几年的因缘。每年夏天，我趁着暑假去青海湖畔，帮助当地的朋友解决青海湖裸鲤上溯的生物廊道问题，也探查了许多黄河源头的鱼类生态。惊觉我对于过往黄河环境与鱼类生态了解的浅薄，才慢慢知道这条被称为中华文明母亲河的河流有这么了不起的生态资源。

　　然而过往对黄河流域的相关鱼类生态调查和基础资料收集整理，也耗费了李老师大半辈子的精力。原本尘封多年而可能就此销声匿迹的大作，能够重新问世是多么不容易的事情。尤其是在基础分类学和生态学式微的现代，科学界不太愿意支持这种耗时耗力却重要的工作。李老师的公子能够秉其先父遗志，将此大作付梓问世，是件多么不容易的事啊！

　　根据我等从事基础生物学研究者的经验而言，这类书一旦出版，绝对会是能够留存百年以上的大作。想想个人跟李老师结缘至今也有三十余年头，如今想更进一步地了解他的治学，这本《黄河鱼类志》会是不可或缺的重要资料了！

曾晴贤

台湾清华大学生命科学系教授

（曾任台湾鱼类学会理事长）

2017年7月24日

忆中国科学院动物研究所鱼类博物学先驱——李思忠老师

我和李思忠老师的初次见面在20世纪80年代初，中关村动物所的一间很旧的老研究室。

穿过长而暗、两旁排列着大小不一的玻璃标本瓶的走廊，再进入一暗淡的大房间。房间因排满昔日黑褐色大木台而显得拥挤。每张木台上方，有从天花板悬垂吊下的灯泡一颗，仅数瓦，可供小范围照明。在右前方角落，台上整齐堆满古今中外的文献。"请问，我想探访一下李思忠老师……"从书丛中慢慢地站起了一个和蔼的白发老人，笑着脸回应："我就是……"

我深切地感受到，这就是中国科学院，几经风雨洗礼也不屈不朽，有众多科学家坚守信念，将生命献于祖国科学研究的地方。这里能遇到的，皆是无论面对什么环境条件，都依然默默热忱工作的铁汉学者。

时至今日，仍然为我能在年少时到过中国科学院动物研究所而感到幸运。承蒙当代各位鱼类学先驱指导，特别是李思忠老师，对淡水鱼类的进化、地理分布，以及汉语鱼文字、鱼文化等均有深入研究，古地理环境知识亦受其启蒙不浅，永远感谢怀念。

相信他的学问、他的精神，将长存于各部著作之中，如《中国淡水鱼类的分布区划》《黄河鱼类志》、《南海鱼类志》（参与合著）等，均待后人细品、学习。

庄棣华

香港鱼类学会会长

2017年7月30日

目 录

总　论

一、黄河流域自然概况

黄河是我国第二长的大河。在我国最早的地理文献《尚书·禹贡》内即有"导河自积石[1]到龙门"的记载。现知黄河起源于青海省巴颜喀拉山脉北侧雅拉达泽山（雅合拉达合泽山）的东侧，流经四川、甘肃、宁夏、内蒙古、陕西、山西、河南及山东，共9个省（自治区），注入渤海；全长约5 464 km，为我国第二长河流[2]，长度仅次于长江；流量为1 820 m³/s；流域面积约为75.2万平方千米，约占全国面积的7.83%。其自然地貌可分为9个区（冯景兰，1954及1955年）。

1. 青海高原区

此区为黄河最上游，属高寒沼泽草原，位于巴颜喀拉山脉北侧，上源有三：① 1978年国家河源考察队确认黄河正源为卡日曲，其源头位于各姿各雅山北坡海拔4 670 m处。1985年6月12日下午测得水温为10℃，pH为8.1。② 过去认为正源为约古宗列曲，源于约古宗列盆地西南隅，山顶海拔4 650 m，源头为东南侧山地一个冰覆盖大部的泉眼处，海拔4 530 m，入口水温为9.2℃，pH为8.3，出口水温为0.04℃，pH为7.7。③ 约古宗列曲与卡日曲汇合成黄河最初的河道玛曲，然后注入星宿海；扎曲为星宿海北面汇入的一支较小的支流。星宿海为布满沼泽与河流的沙丘滩地，东西长约30 km。南北宽十余千米，其北部入扎陵湖（依武云飞与吴翠珍，1991）。

扎陵湖海拔约4 292 m，湖面约526 km²，离东北岸1 km处水深9 m。水自湖的南端东流入鄂陵湖。湖面海拔约4 269 m，湖面约610 km²，湖心水深32 m，有浮游藻类及浮游动物水蚤属（*Daphnia*）、三肢轮虫属（*Filinia*）等，底栖动物有摇蚊科（Chironomidae）幼虫，河沼内有椎实螺属（*Radix*）及旋螺属（*Gyraulus*）（湖内未见），湖边尚有钩虾属（*Gammarus*）等；湖区维管束植物有龙须眼子菜（*Potamogeton pectinatus*）、细叶水毛茛（*Batrachium trichophyllum*）、轮生藻（*Myriophyllum verticillatum*）等；湖周近岸为砾石或沙底，再内侧为黑淤泥。扎陵湖水浅蓝色，鄂陵湖水青绿色；10月中旬至下年3月下旬为冰封期。这里气温低，如湖区东北附近黄河沿（玛多）海拔约4 398 m，平均气温7月为2.6℃～13.4℃（平均 7.6℃），1月为-24.4℃～-8.5℃（平均-16.8℃）。湖水7月18日最高水温可达14℃，日温差约3℃；pH为7.8～8.7；年降水量283.2 mm，雨季为6～9月；湖区常有5～6级大

---

[1] 积石有两说：一为大积石，即积石山（阿尼玛卿山，昆仑山系支脉），位青海南部；二为小积石，位于甘肃临夏回族自治州。

[2] 在世界最长的河流中，黄河的长度在尼罗河、亚马孙河、长江、密西西比河水系、叶尼塞河水系之后，排名第六。

风。鱼类只有裂腹鱼亚科的花斑裸鲤（*Gymnocypris eckloni*）、极边扁咽齿鱼（*Platypharodon extremus*）、骨唇黄河鱼（*Chuanchia labiosa*）、黄河裸裂尻鱼（*Schizopygopsis pylzovi*）、厚唇裸重唇鱼（*Gymnodiptychus pachycheilus*）及条鳅亚科的似鲇鼓鳅（*Hedinichthys siluroides*）、硬刺高原鳅（*Triplophysa scleropterus*）、背斑高原鳅（*T. dorsonotatus*）及拟硬刺高原鳅（*T. pseudoscleropterus*）等。

黄河经达日县，逐渐向东南蜿蜒于巴颜喀拉山脉东段果洛山与积石山（大积石，即阿尼玛卿山）间的宽谷地带；再经果洛山、岷山、积石山与西倾山间的若尔盖沼泽草地，以S形先转向西北宽峡谷区，又转向东北龙羊峡。龙羊峡附近的共和县（恰卜恰）海拔平均约3 200 m，气温7月为8.8℃～21.6℃（平均15℃），1月-19.2℃～-14℃（平均-11℃）。青海高原区无黄土沉积；鱼种类少且单纯，仅有裂腹鱼、条鳅两亚科约17种。

2. 陕甘黄土高原区

自龙羊峡往东经贵德到松巴峡、积石峡及刘家峡，河侧为100～500 m的谷壁，河宽仅50～70 m，海拔渐降为2 000 m上下，进入黄土高原区。南侧到永靖县先接纳西倾山南缘与岷山间来的洮河（长约673 km），再往下流到牛鼻子峡等，河道略宽。北侧有祁连山和大通山间来的大通河（长约560 km），到兰州西50 km处汇入黄河；湟水始于祁连山脉大通山与日月山之间，到民和县汇入大通河。到兰州西河口镇尚有源于乌鞘岭沿长城流来的庄浪河。黄河到兰州东约15 km入桑园峡，转向东北经下峡、乌金峡、红山峡到黑山峡，谷深100～300 m，河宽约150 m，多险滩、漩涡，水流湍急，仅沿干流峡与峡间有局部盆地，河面较宽，水流较缓。在甘肃靖远南有长约224 km、源于华家岭的祖厉河汇入。此河经硝石坪时溶解大量硝质，水变苦，不适于生物生长。有人认为此河洪期大量流入黄河，易使黄河鱼类中毒死亡。黄河此段海拔较低，但气候仍较冷。例如，西宁海拔约2 261 m，7月气温为12.3℃～25.1℃（平均18.3℃），1月-14.1℃～2.3℃（平均-6.4℃）；兰州海拔约1 520 m，气温7月为16.5℃～29.4℃（平均22.8℃），1月-13.4℃～2℃（平均气温-6.5℃），农业以青稞、春小麦及马铃薯等为主，植被已有云杉、刺柏、钻天杨、柳、榆、香柳（沙枣树）、桑、枣，并产苹果、桃、梨、葡萄及西瓜等。鱼类组成已较青藏高原稍复杂，除有青藏高原也产的裸鲤、裸裂尻鱼、厚唇裸重唇鱼等外，还有鲤（*Cyprinus carpio*）、鲫（*Carassius auratus*）、瓦氏雅罗鱼（*Leuciscus waleckii*）、赤眼鳟（*Squaliobarbus curriculus*）、刺鮈（*Acanthogobio guentheri*）、鮈属（*Gobio*）、平鳍鳅鮀（*Gobiobotia homalopteroidea*）、泥鳅（*Misgurnus anguillicaudatus*）、兰州鲇（*Silurus lanzhouensis*）等。

另外甘肃天水以上的渭河上游，始于华家岭（海拔约2 300 m）、鸟鼠山（海拔约2 400 m）、西秦岭及六盘山间，其自然环境及鱼类与陇中盆地相似；例如，天水海拔约1 200 m，气温7月为18.8℃～29.3℃（平均23.8℃），1月为-5.9℃～-2.8℃（平均-1.5℃）；亦属陕甘黄土高原区，鱼类也很相似。

3. 河套冲积平原区

黄河出黑山峡，北岸在沙坡头附近有高约200 m的石底沙山，山坡黄沙常崩落河中；以后地势平坦。自此到石嘴山为后套。南岸有长约300 km来自固原六盘山的清水河于宁夏中宁县西入黄河；之后黄河干流转向北到青铜峡。青铜峡以上地段亦称卫宁平原，地势平坦多沙洲，两岸河渠甚多，鱼类常于4月来此产卵。青铜峡到石嘴山为宁夏平原，河宽可达2～3 km；西侧渠道纵横，为著名的宁夏农业区。河东邻鄂尔多斯沙地草原；东南角为吴忠及灵武，有西汉开凿的汉渠、秦朝凿的秦渠与麻黄山北坡来的山水河（苦水河）汇入；东北角有鄂托克来的长约156 km的都思图河（又作都思兔河）汇入。

黄河到石嘴山夹在贺兰山与东侧的桌子山间，很窄，底石质，水流湍急。过此段石河后到河拐子两岸为土质且渐低，河床较宽而稳定。到定口镇北两岸沙梁连绵，东岸高十多米，流沙常倾落河内使水黄浊，此段河宽亦2~3 km，水流缓平。到磴口（三盛公）河道又稍窄，转向东流入前套平原。这里地势平坦，河宽，沙洲很多，水流缓慢，河道多变，涨水时一片汪洋。北侧与阴山山脉南侧的五加河（又名乌加河）间有许多沟渠相连。据说五加河原为黄河主流，后因狼山南坡山洪破坏，流沙东侵，到光绪年间黄河被淤断而使乌拉河变为主流。其间的沟渠多为农灌开挖的。这是前套最主要的农业区，有6个旗县。乌梁素海位于此区东侧，为一沼泽性湖。此湖约始于1930年，最大湖面曾达120万亩[①]。1957年，乌梁素海管理局实测水面为60万~70万亩，约70%水面深仅1 m，少数地区最深达5~6 m，沿岸多为0.5 m以内的苇蒲生长区；北部较高，有许多渠自五加河注入；南部较低有总排水渠通黄河。黄河涨水时水流入湖；平时湖水入黄河。湖内柳叶眼子菜、睡莲等很多，浮游生物丰富，底栖动物摇蚊、螺等也很多，为鲤、鲫、鲇、瓦氏雅罗鱼等的良好生活区；但因水浅，鱼常窒息而死。夏季尤易发生酸碱度过高致鱼死亡现象。此湖鱼产量曾高达860万斤[②]。为前套最大渔业基地，设有乌梁素海渔业管理局。

黄河经乌拉特前旗继续东流到托克托；两侧只有些短支流；仅东北部阴山南坡来的大黑河较长（约236 km），到托克托南的河口镇汇入黄河。在呼和浩特及土默特右旗之间，大黑河下游渠道纵横，农业发达。在包头南尚有黄河故道形成的小湖塘，如南海子及北海子，水面约900亩，水深仅2 m，一般仅为1 m；盛产鲤、鲫、鲇及瓦氏雅罗鱼等。1955年冬冰厚1 m多，鲤、鲇多窒息而死；1958年8月大水，湖与黄河通后已恢复。

河套地区植被似陇中盆地，多柳、杨、榆、沙枣、沙蒿与苇等；蒲很习见。农业以高粱、玉米、小麦、莜麦、糜子、甜菜（甜萝葡）、马铃薯等为主，还盛产水稻，亦产桃、梨、杏、西瓜等。俗云"黄河百害，只富一套"（又作"黄河百害，唯富一套"），农田水利发达。此处气候大陆性很强。例如，银川市海拔约1 100 m，气温7月份为18.1℃~30℃（平均24.1℃），1月为-16.4℃~-1.7℃（平均-9.1℃）；包头海拔约1 050 m，气温7月为16.1℃~29.2℃（平均22.7℃），1月为-19.1℃~-4.4℃（平均-11.8℃），亦较冷。此处鱼种类很少且较古老，既无青藏高原有的裂腹鱼亚科鱼类，又无西伯利亚的冷水性鱼类（如茴鱼科、鲑科、狗鱼科及江鳕等），也无东南侧的鳊、鲴、鲢等江河平原鱼类。但此处已有须鼻鳅（*Lefua costata*）及九刺鱼（*Pungitius pungitius sinensis*），其鲤形目、鲇形目及刺鱼目鱼类种类与图们江及俄罗斯海滨省老爷岭的很相似。

4. 山陕窄峡谷

自托克托河口镇往南，黄河渐入山陕窄峡谷（又称晋陕峡谷）。此区河道窄，坡降大，水流湍急。自河曲到龙门约670 km，海拔即由1 000 m左右降为约383 m；河宽200~600 m。此处两岸有3类情况：① 两岸为高出水面40~100 m的陡壁或陡坡，河宽200~400 m或更窄，稍远为高出水面120~160 m的黄土高原，如在内蒙古清水河县、山西河曲段等。② 一侧为陡壁、陡坡；另侧为旧河床、水边滩地，高出水面3~80 m，上覆黄土；河宽400~600 m，水深可达4 m；河谷宽可达2 km；此类情况较多。③ 两侧均为高出水面3~10 m的滩地，滩宽数十米到200 m，在河曲、保德、府谷附近有此类情况。

壶口（海拔约460 m）瀑布是黄河最大的瀑布；东为火焰山（位吕梁山脉南端），西为黄龙山。在

---

① 亩为非法定单位，但在实际生产中经常使用。1亩≈666.7平方米。

② 斤为非法定单位，但在实际生产中经常使用。1斤≈500克。

约5 000 m距离内，河宽由200～300 m缩为40～50 m，上宽下窄，水流直下。声响如雷，波涛汹涌，水花四溅，远看似乎壶口倒水，非常壮观，诚如李白（701～762）诗云："黄河之水天上来，奔流到海不复回。"中水位时落差达14 m，跌入长约3 000 m、宽30～40 m的深河槽中；水满时落差4～5 m，低水位时可达20 m。成为下游鱼类绝难越过的天然障碍。

壶口到龙门（禹门口，海拔383 m）约65 km，河中有一孤山将河分为二。西口很窄且有泥沙淤积，枯水时此口断流；东口较宽，水流也很汹急。

此段西侧有源于鄂尔多斯的窟野河、秃尾河及无定河等，和始于陕北白于山南侧的延川河、延河、云岩河及宜川等注入；东侧有始于管涔山西侧的浑河、偏关河及朱家川，芦芽山和吕梁山西侧的岚漪河、蔚汾河、湫水河、三川河及昕水河等注入。

这里多系深山谷，海拔稍高；气候也稍冷，大陆性强。例如，榆林海拔约1 054 m，气温7月为18.5℃～30.9℃（平均24.4℃），1月为-15.4℃～-0.3℃（平均-8℃）。常较干旱、多风。两侧黄土高原，植被破坏较甚，故雨季水土流失特别严重，对下游鱼类资源与农业危害都很大。两侧河流因水流急、变化大，鱼种类很少，与河套区相似。

5. 鄂尔多斯沙地草原

此区位于宁夏后套、内蒙古前套与陕北黄土高原间，大部分属内蒙古的鄂尔多斯市。为内陆沙漠高原，海拔均1 000 m以上；南部草原平坦；北部沙丘起伏；其中有狭浅盐湖，河流大部均很短，仅东南侧始于东胜的窑野河及西侧始于鄂托克旗的都思兔河较长。这里干旱、多风；陕北的风沙大多来源于此。这里鱼类很少，与阴山南北的内陆水系很相近。鄂尔多斯内流区东南部与陕北神木县间的红碱淖，水面约10万亩，原有鲤、鲫、麦穗鱼、泥鳅及达里湖高原鳅（*Triplophysa dalaica*）。

6. 汾渭地堑区

黄河出龙门到潼关长约130 km，泥沙大量沉积，河道常东西滚变，"十年河东，十年河西"即指此处河道的常变。此处东侧有源于山西省北部管涔山（最高山峰海拔逾2 700 m）东南侧、长约710 km的汾河，流经太原盆地及临汾盆地，到河津南注入黄河；汾河口的南北变迁达20 km。到蒲州（今山西省永济），有源于稷山（太岳山南段）与中条山间的涑水河流经硝池及伍姓湖，注入黄河。汾河及涑水河流域，盛产麦、棉、玉米、稻子、柿子、苹果、枣、甘薯等，为山西省的主要农业区；还盛产鲤、鲫、铜鱼、赤眼鳟、瓦氏雅罗鱼、银鮈（*Xenocypris argentea*）、鳊（*Parabramis pekinensis*）、短尾鲌（*Culter alburnus brevicauda*）、红鲌属（*Erythroculter*）、鲢（*Hypophthalmichthys molitrix*）、鳙（*Aristichthys nobilis*）、鲇（*Silurus asotus*）、黄颡鱼（*Pseudobagrus fulvidraco*）、鮠属（*Leiocassis*）、黄鳝（*Monopterus albus*）、乌鳢（*Ophiocephalus argus*），以及中华绒螯蟹（*Eriocheir sinensis*）等；白鲦属（*Hemiculter*）、青鳉（*Aplocheilus latipes*）及黄黝鱼（*Hypseleotris swinhonis*）等均很习见。

黄河此段的西侧有始于陇西鸟鼠山东侧和西秦岭北侧长约818 km的渭河，到潼关注入黄河。渭河在甘肃省境内接纳有六盘山西侧来的葫芦河及岷县来的漳河等。这里的海拔最高达2 500 m，自然环境为黄土高原。鱼类有黄河裸裂尻鱼、厚唇重唇鱼、鲤、鲫、瓦氏雅罗鱼及鲇等，与兰州附近黄河段相似，属陕甘黄土高原区。但这里有冰川期自北方南迁经过当时为淡水沼泽地的黄海而残留到秦岭北侧的秦岭细鳞鲑（*Brachymystax lenok tsinlingensis*），和较古老适应于山溪生活的拉氏鲅（*Phoxinus lagowskii*）、清徐胡鮈（*Huigobio chinssuensis*）、红尾副鳅（*Paracobitis variegatus*）等。宋世良等（1983）还报道有草鱼（*Ctenopharyngodon idellus*）、南方马口鱼（*Opsariichthys uncirostris bidens*）、棒花鱼（*Abbottina rivularis*）、波氏栉虾虎鱼（*Ctenogobius cliffordpopei*）及黄黝鱼（实为养殖用的鱼苗自华东平原区移殖到此处的，其分布尚很窄）。

渭河自甘肃天水（海拔1 131.7 m）牛背沟（海拔1 100 m）到潼关长约464 km；自牛背沟到宝鸡海拔由1 100 m骤降为618 m，潼关海拔约340 m，宝鸡到潼关为陕西重要农业区，亦盛产小麦、棉花、甘薯、玉米、稻等；植被有柳、杨、榆、槐、柿、苹果、桃、杏及竹林等；鱼类与晋南盆地及豫鲁平原很相似。渭河口北侧有六盘山东侧来的泾河（长约455 km）及陕北白于山南侧来的北洛河（长约680 km），分别于咸阳及潼关注入渭河。南侧由秦岭北坡注入许多支流，其中较著名者有长约125 km的黑河，其鱼类分布有明显的垂直变化。北部高原仅有鮈亚科、鲤、鲫、鲹属、高原鳅属及泥鳅等；秦岭北麓有秦岭细鳞鲑、大鳞突吻鱼（*Varicorhinus macrolepis*）、鲹属、泥鳅及红尾副鳅等；盆地平原区鱼种类甚多，尚有中华绒螯蟹等，与晋南、豫鲁平原很相似。

汾渭盆地的气候也似晋南及豫鲁平原。例如，宝鸡的气温7月为20.9℃～30.6℃（平均25.2℃），1月为-5.2℃～5℃（平均0.4℃）；晋南运城（安邑）海拔约370 m，气温7月为24.2℃～35℃（平均29.1℃），元月为-5.2℃～7.8℃（平均0.6℃）。此处河道纵横，湖塘亦多，除为重要农业区处，渔业潜力很大，1960年三门峡水库蓄水后更是如此。"鲤鱼跃龙门"，鱼能神化为龙的传说为我国古今老少皆知。很可能龙门下方附近是古时黄河鱼类的天然产卵场之一；因见众鱼相互追逐跳跃，乃产生此联想。

7. 晋豫山地区

此区包括东秦岭、熊耳山、外方山、嵩山以北，以及中条山、太岳山、太行山以南之间的地区。黄河自潼关转向东流到孟津长约260 km，位于崤山与中条山及太行山之间，河道较窄。陕州以西宽1～6 km，到会兴镇（三门峡市）骤然变窄，河中原来横卧有高出水面20～30 m的2个大岛，将河分隔为三门。南为鬼门，宽50 m；中为神门，宽70 m；北为人门，宽100 m。故名为三门峡。1960年完工的三门峡大坝即建于此，以防洪、农灌及发电。三门峡东，河中尚有中流砥柱、炼丹炉及梳妆台三横石，水流湍急。过孟津到郑州南侧为邙邙山，北侧渐入豫北平原。黄河此段两侧多山间短溪，但也有较长支流：南侧有长约421 km始于华山南侧的洛水及始于熊耳山与外方山间的伊水，它们于堰师会合后到巩义市注入黄河；北侧有始于晋中太岳山北段东坡、长约485 km的沁河到武陟县黄河铁桥西注入黄河。这里位于山区，如卢氏县海拔约738 m、气温7月为20.5℃～31.5℃（平均约25℃），1月-7.8℃～4℃（平均约2.6℃），气温略较冷。平原区较暖，如洛阳海拔137.8 m、气温7月为21.3℃～33.2℃（平均27.8℃）、1月为-8.4℃～1.2℃。自古渔业较发达。山上多栎；河岸及平原多柳、杨、榆等。山内鱼类多鮈亚科、鲹、泥鳅等鱼类，孟州市（古名河阳）产嘉鱼，亦名丙穴鱼；与低平原地区相比，植被与鱼类似冀鲁豫平原，但尚有瓦氏雅罗鱼。

8. 豫鲁冲积平原区

自孟津往东，尤其郑州北邙山以东，地势平坦，河道宽阔，比降很小，流速缓慢，泥沙沉积严重，河床淤高，为著名的地上河。自郑州到鲁西东平湖250多千米，两侧基本无河流注入。自古以来，在洪期黄河常在这里溃决成灾：曾北夺卫河、海河入渤海，南夺淮河入黄海。到山东寿张（今阳谷县南部），始有运河经微山湖、东平湖等横穿黄河直达京津；黄河在南北侧有滞洪区。东平湖位于梁山、东平与平阴三县之间，水面约140 km²。大洪时可开陈山闸引黄蓄洪；平时湖水来自鲁山、泰山与蒙山间的大汶河，夏丰冬枯，水深1～2 m，湖底平坦多软泥，结冰期约50日。湖滩肥沃，雨季常被淹没，到9月渐水退滩出，农民用以种麦。当地民谚说："东平州，东平州，十年九不收；一年收，足

可吃九秋。"湖水为富营养型，为黄河下游重要渔业基地之一。鱼类约有55种，年产量较高，20世纪50年代平均亩产鱼12.1 kg，60年代14.1 kg，1978年曾达18 kg，以后连年减产，1979年为14.9 kg，1980年为12.4 kg，表明资源在衰退。这里盛产鲚、鲤、鲫、红鲌属、鳢、乌鳢及鳜等；另外还盛产秀丽白虾（*Palaemon modestus*）、日本沼虾（*Macrobrachium nipponense*）及细足米虾（*Caridina gracilipes*）等，一般年产约200 t。这里亦盛产中华绒螯蟹。

这里黄河南北两侧坑洼及白河道很多，渔业条件较好。例如，郑州海拔约110 m，气温7月为22.4℃～33.7℃（平均27.1℃），1月-6℃～4.2℃（平均-1.2℃）；开封海拔约75 m，气温7月为23.4℃～34℃（平均28.4℃），1月为-4.9℃～4.5℃（平均-0.6℃）。自古渔业较发达，如全世界最早的养鱼专著——战国时陶朱公范蠡写的《养鱼经》就是他在鲁西定陶养鲤致富的经验总结。以后因常受战乱，渔业凋敝。这里的自然景观是温带耕地草原。为我国主要的棉、麦等农业区。到济南附近除有泰山北侧来的泺水及埠柳河注入外，河北侧有徒骇河，南侧有小清河等相平行，且常相连，坑洼很多；到垦利县分南北支入渤海，入海口变化很大。这里西部也是耕地草原，东部多为盐碱苇滩和灌木柳林。

本区鱼类以江河平原鱼类为主，新第三纪早期鱼类次之，再次为印度平原鱼类，北方平原及北方山麓仅各一种，杂有鳗鲡、鲚、鳡、银鱼、花鲈、塘鳢及鲀类等过河性洄游鱼类及半咸水鱼类；刀鲚能洄游到开封、郑州，鳗鲡及中华绒螯蟹可达汾渭盆地。这里农牧渔综合利用的潜力很大。

9. 山东地垒区

为黄河下游冲积平原间的低山区。虽然山不很高（泰山海拔约1 532 m，鲁山1 080 m，沂山990 m，蒙山1 150 m、崂山1 130 m、昆仑山920 m），却大部分是古生代初寒武纪至今始终未被海水完全淹没过的古陆之一。气候温湿；柞树、橡树遍山，山坡到处有果园。泰山自古被誉为五岳之冠，气势雄伟。黄河流域的柴汶河源于蒙山东侧，汶河源于鲁山西侧，到大汶口会合后名为大汶河，全长约208 km，到平原县汇入东平湖，其下游亦名大清河，为一雨源河，河水季节变化很大。泰山北坡有泺水、埠柳河及许多坑塘湖洼。另有许多溪流汇入小清河，间接通黄河；尚有许多小溪北流入渤海或东流入黄海，或西流入大运河，或南流入新沂河及新沭河，自江苏入黄海。这些都曾经与黄海相通或仍相通；其鱼类与汾渭盆地到豫鲁平原非常相似。气候山区稍冷，坡下适宜；如泰山气温7月为15.7℃～21℃（平均18.2℃），1月-13℃～-7.5℃（平均-10.5℃）；滋阳（兖州）海拔51 m，气温7月为23.8℃～34.8℃（平均28.8℃），1月-5℃～5.9℃（平均-1.1℃）；潍县海拔62.2 m，气温7月为23.9℃～34.3℃（平均28℃），1月-6.2℃～4.2℃（平均2.1℃）。这里特产有拟鲔等。鲁山东侧临朐县山旺还是著名的化石产地，盛产鱼类等的化石。

二、黄河鱼类研究史

1. 有关黄河流域鱼类的古文献

伟大的黄河是中华民族及文明的主要发源地之一。早在5 800～6 080年前的西安半坡村文化遗址中已有骨制的鱼叉与具倒刺的骨质鱼钩（据C[14]测定。见席承藩等，1984）及渔业的迹象。到商朝青铜器时代在郑州的遗址中已有铜质鱼钩，到商朝后期如在安阳小屯村发掘的殷墟甲骨文内已有"贞其雨，在圃渔"及"在圃渔，十一月"的养鱼及捕鱼记载；在殷墟厨房废弃物中还发现有鲤鱼、草鱼、青鱼、赤眼鳟鱼、黄颡鱼及鲻鱼骨骼。在《易经》《礼记》《诗经》等古书内都有许多鱼类及渔业等方面的记载。例如，《礼记》载"天子……荐鲔（白鲟）于寝庙"及"凡祭宗庙之礼，槁鱼曰商祭，鲜鱼曰脡祭”。《诗经》是孔子（前551—前479）删编成的周朝歌集，记载了周文王（前1066年）在灵沼（今西安市长安区灵沼乡与户县秦渡镇董村附近）凿池养鱼。《尔雅》内已记许多鱼名，如：鲤，鳣（音zhān，鲟、鳇），鰋鲇，鳢，鲩，鲨鮀（淡水虾虎鱼），鲰黑鰦（白鲦），鳛鳅（泥鳅），鲣、大鲖、小者鲵（音duó，鳗鲡），鲉（pī）、大鲌（hú）、小者鮡（zhào），鲲鱼（即鳡）（《齐风》曰鳏），鲍小鱼，鮥（luò）鮇（shū）鲔（wěi）（白鲟），鳍（qiú）当魱（鲥鱼），鮤（liè）鱴（miè）刀（鲚鱼），鱊（yù）鲓（kū）鳜（guì）鳉（zhǒu）（鳑鲏类），鮅（bì）鳟，鲂鲉等。《诗经·周颂》有“鲦鲿鰋鲤”。《诗经》所描述活动的范围大部在黄河下游，可知当时黄河渔业的盛况。尤其黄河鲤鱼在周朝已成朝野礼赠与宴会上的食中珍品。例如，《诗经·小雅·六月》篇记周宣王（前827—前788年）伐猃狁胜利后大宴诸侯时有诗曰：“吉甫燕喜，既多受祉（福），来归自镐（hào，西周首都），我行永久，饮御诸友，炰鳖脍鲤。”《诗经》记有“岂其食鱼，必河之鲤”。《孔子家语》载“孔子娶于宋开官氏，一岁而生伯鱼。伯鱼之生也，鲁昭公以鲤鱼赐孔子，孔子荣君之赐，因名子曰鲤，而字伯鱼”。《诗经》尚载“岂其食鱼，必河之鲂”及“其钓维何，维鲂及鲔”；《诗经·卫风》并载“匪鳣匪鲔，潜逃于渊……河水洋洋，北流活活。施罛（gū）濊（huì）濊，鳣鲔发发”的捕鲟及白鲟的情况。

同时大家皆知，战国时曾助越王勾践灭吴复仇的范蠡（即陶朱公）名成隐退于现在山东定陶。世界最早的《养鱼经》，就是他在黄河流域养鲤致富后所写的。

战国时诸子百家的书中常记载有鱼类。例如，荀子《荣辱篇》载“鲦（tiáo）鉢（同鲚）者，浮阳之鱼也”。

《山海经》始见于《史记》，可能为周、秦年代所著；晋郭璞（276—324）曾予注解。虽然其中神话很多，但亦提供许多可贵资料，尤其《西山经》《中山经》及《东山经》的地理位置大致都在黄河流域。如《东山经》称山东半岛北“食水多鳙鱼”“淄水多箴鱼，其状如鲦，其喙如箴”“减水多鳡鱼”；并称鲁中“孟子之山有水出焉，名曰碧阳，其中多鳣鲔”等。弓斑东方鲀（*Takifugu ocellatus*）最早亦见于《山海经》：“敦薨（hōng）之山其中多赤鲑”；赤鲑即弓斑东方鲀。《西山经》称“渭水多鳋鱼，其状如鳣”，似即渭河上游甘肃境内厚唇裸重唇鱼（*Gymnodiptychus pachycheilus*）。

西汉司马迁（前145—约前86年）在《史记》中亦记有多种鱼名，如《史记·五宗世家》有“子鲋鮈立”。鲋（鲫）鮈在此以鱼名作人名。东汉王充（约27—107）在《论衡》中首次称“鲑肝死人”。鲑为四齿鲀科的古名。张衡（78—139）在《东京赋》内有“鲔鱼出海，三月从河上来”。

晋张华（232—300）在《博物志》记载“河阴（在今河南省孟津县东）岫穴出鲔鱼焉”。成公绥（231—273）《大河赋》称“鳣、鲤、王鲔春暮来游”。郭璞曾著《尔雅注》及《山海经注》，也是研究黄河流域古时鱼类的重要文献。陆机（261—303）著的《草木虫鱼疏》亦是其中之一，如称“鲊，徐州人谓之鲢”等。崔豹（晋惠帝公元259～306年官至太傅）《古今注》称“兖州人呼赤鲤为玄驹，白鲤为黄骥，黄鲤为黄骓（zhuī）”。

唐朝同州（今陕西大荔）刺史孟诜撰的《食疗本草》、三原县尉陈藏器撰写的《本草拾遗》等药本，其中记有不少黄河鱼类。例如，《本草拾遗》载“鳣长二三丈，纯灰色，体有三行甲，逆上龙门，能化为龙也”；又称弓斑东方鲀为“腹白，背有赤道如印，目能开合，触物即嗔怒，腹胀如气球浮起”等。

宋朝皇帝对本草增补很重视，如宋太祖命刘翰、马志等（974年）撰写的《开宝本草》，宋仁宗（公元1057年）诏掌禹锡等撰的《嘉祐补注本草》、命苏颂撰的《图经本草》及政和年间（公元1111～1117年）寇宗奭撰的《本草衍义》等。明李时珍（1518—1593）著的《本草纲目》第44卷记载黄河流域鱼类很多，有鲤，鲢（鲦），鳙（鱮），鳟（赤眼鱼），鲩（鳤、鮔，即草鱼），青鱼，鲻，白鱼（鱎），鳡（鳤、黄颊鱼），鲇，嘉鱼（鮇鱼、丙穴鱼、大鳞突吻鱼），鲫（鮒），鳑鲏鲫（姜鱼、婢鱼、青衣鱼），鲂（鳊），鳜（鳜鱼、石桂鱼、水豚），吹沙鱼（鲨鱼、塘鳢），黄鲴，白鲦（鲹鱼、鮊鱼），鳢（姜公鱼），鳝（春鱼），金鱼，鳢（蠡鱼、玄鳢、乌鳢、铜鱼、文鱼），鳗鲡，鳝，泥鳅（鰍、鰡），鲟（鮇鳇、蜡鱼、玉板鱼），鲔（鮥、鳣、王鲔、碧鱼即白鮥），鳠（鮰），鮠，鲇（鳠、鳀），黄颡鱼（鮏、黄鲿鱼），弓斑东方鲀（河豚、鯸鲐、鯸鲐、鯢鲐、䲅鱼、嗔鱼、吹肚鱼、气泡鱼、鲋），鳎类（鞋底鱼、比目鱼）等。

2. 以二名法记载黄河流域鱼类的文献

绍瓦日与达布里（Sauvage et Dabry, 1874）报告华北及山西产细尾泥鳅（*Nemachilus bipartitus*）。凯斯勒（Kessler, 1876）报告普尔采瓦里斯基（Przewalski）自河套到甘肃黄河采到有鲇鱼（*Silurus asotus*）、鲤、鲫（*Carassius langsdorfii*）、大鼻大鲍（*Megagobio nasutus*）、瓦氏雅罗鱼（*Squalius chuanchicus*）、黄河裸裂尻鱼、壮体条鳅（*Nemachilus robustus*）。

赫尔岑斯坦（Herzenstein, 1888）报告普氏在青海、黄河采得中亚条鳅（*Nemachilus stoliczkae*）、背斑条鳅（*N. dorsonotatus*）、壮体条鳅、巩乃斯条鳅（*N. kungessanus orientalis*）、硬刺条鳅（*N. scleropterus*）及似鲇条鳅（*N. siluroides*）；1891报告青海省黄河产考氏裸裂尻鱼（*Schizopygopsis koslowi*）、根氏裸裂尻鱼（*S. guntheri*）、骨唇黄河鱼、后唇裸重唇鱼、极边扁咽齿鱼、派氏扁咽齿鱼（*Platypharodon pewzowi*）、肩鳞裸鲤（*Gymnocypris gasterolepidus*）及黑斑裸鲤（*G. maculatus*）；1892还报告黄河上游产刺鲍（*Acanthogobio guentheri* Herzenstein）。根舍（Günther, 1896）亦报告自黄河上游采得刺鲍。

巴本罕（Pappenheim, 1908）报告自陕西渭河及甘肃西宁（现隶属青海）采得鲫（*Carassius carassius*）、麦穗鱼（*Pseudorasbora parva*）、考氏裸裂尻鱼、厚唇裸重唇鱼（*Diptychus pachycheilus*）及中亚条鳅。

抛朴（Popta, 1908）报告斯吞兹（Pater Stenz）自山东运河采得鳊（*Chanodichthys stenzi*）、鲇、黄颡鱼、乌鳢、鳜花鱼（*Siniperca chuatsi*）、鲤、拉氏鲴（*Xenocypris lampertii*）。

尼柯尔斯（Nichols, 1925）在《美国博物馆新种志》发表4篇有关黄河鱼类的文章，记载山西清徐产黑白花鳅（*Cobitis taenia melanoleuca*）及低吻麦穗鱼（*Pseudorasbora depressirostris*），太原产后鳍巴鳅（*Barbatula toni posteroventralis*）及鞍斑巴鳅（*B. yarkandensis sellaefer*），娘子关产棒花鲍（*Gobio rivuloides*）、多纹白鲍（*Leucogobio polytaenia*）及山西突吻鱼（*Varicorhinus shansiensis*），宁武、岢岚及静乐产似铜鲍（*Gobio coriparoides*），内蒙古包头产北方铜鱼（*Coripareius septentrionalis*）及山西中亚巴鳅（*Barbatula stoliczkae shansi*），呼和浩特产小索氏鲍（*Gobio soldatovi minulus*）；1926年又报告清徐产清徐拟鲍（*Pseudogobio chinssuensis*）；1928年在《美国自然博物馆汇刊》列出黄河水系鱼类38个种与亚种，即鳇（*Huso dauricus*）、鲇（*Parasilurus asotus*）、黄颡鱼、乌苏里鮠（*Leiocassis ussuriensis*）、鲫（*Carassius auratus*）、黄河裸裂尻鱼、粗唇重唇鱼（*Diptychus crassilabris*）、中华雅罗鱼（*Leuciscus waleckii sinensis*）、瓦氏雅罗鱼、肋纹鲅（*Phoxinus lagowskii costatus*）、细鳞拉氏鲅（*P. lagowskii variegatus*）、赤眼鳟、南方马口鱼（*Opsariichthys bidens*）、低吻麦穗鱼、山西突吻鱼、黄尾鲴（*Xenocypris davidi*）、白鲦（*Hemiculter leucisculus*）、黑斑鳑

鲏（*Rhodeus maculatus*）、中华鳑鲏（*R. Sinensis*）、带臀刺鳑鲏（*Acanthorhodeus taenianalis*）、多纹白鮈、小索氏鮈、棒花鮈、似铜鮈、北方铜鱼（*Coreius septentrionalis*）、棒花鱼（*Abbottina rivularis*）、清徐拟鮈、黑白花鳅、泥鳅、须鼻鳅（*Lefua costatus*）、安氏须鼻鳅（*L. andersoni*）、布氏花鳅（*Barbatula bleekeri*）、壮体巴鳅（*B. robustus*）、后鳍巴鳅、鞍斑巴鳅及中亚巴鳅；1929年他又在《美国博物馆新种志》报告济南产小须多纹白鮈（*Leucogobio polytaenia microbarbus*）、中间颌须鮈（*Gnathopogon intermedius*）、八纹颌须鮈（*G. similis*）、纵纹鳑鲏（*Rhodeus notatus*）、小麦穗鱼（*Pseudorasbora parva parvula*）、傅氏麦穗鱼（*P. p. fowleri*）及细麦穗鱼（*P. p. tenuis*），还称济南产棒花鱼、清徐拟鮈及红鳍鳈（*Sarcocheilichthys sciistius*）；1930年还报告济南产山东中华细鲫（*Aphyocypris chinensis shantung*）及北方达氏黄黝鱼（*Micropercops dabryi borealis*）。

伦德尔（Rendahl，1925）报告山西平陆县及河南省产中华雅罗鱼；1928年他在《中国淡水鱼类》中报告黄河产南方马口鱼、中华雅罗鱼、细鳞拉氏鲅、赤眼鳟、银色鮈、小鮈（*Gobio minulus*）、似铜鮈、短须鮈（*G. Leucogobio imberbis*）、清徐拟鮈、贝氏白鲦（*Hemiculter bleekeri*）、裸重唇鱼（*Diptychus dybowskii*）、黄河裸裂尻鱼、鲤、鲫、鲇及瓦氏黄颡鱼（*Pseudobagrus vachellii*）；1932年又报告在兰州采得刺鮈、棒花鮈、平鳍鳅鮀及鲇。

森为三（Mori，1928）报告自济南黄河采到14科46种鱼，即达氏鲟（*Acipenser dabryanus*）、鲤、鲫、棒花鱼（*Pseudogobio rivularis*）、南方马口鱼、宽鳍鱲（*Zacco platypus*），麦穗鱼、济南白鮈（*Leucogobio tsinanensis*）、台湾白鮈（*L. ijimae*）、达氏蛇鮈（*Saurogobio dabryi*）、杜氏蛇鮈（*S. dumerili*）、大鼻大鮈、斑鳍鳈（*Sarcocheilichthys maculatus*）、长须铜鱼（*Coreius longibarbus*）、花鳍（*Hemibarbus maculatus*）、短尾鲌（*Culter brevicauda*）、蒙古鲌（*C. mongolicus*）、尖头鲌（*C. oxycephalus*）、红鳍鲌（*C. erythropterus*）、黑臀刺鳑鲏（*Acanthorhodeus atranalis*）、短须鳍（*Acheilognathus shibatae*）、中华鳑鲏、黄河鳑鲏（*Rhodeus hwanghoensis*）、赤眼鳟、杜氏刺鳊（*Pseudobrama dumerili*）、北京鳊、鳊（*P. bramula*）、大鳞鲴（*Xenocypris macrolepis*）、埃氏飘鱼（*Parapelecus eigenmanni*）、草鱼、中华花鳅（*Cobitis sinensis*）、大鳞泥鳅（*Misgurnus decemcirrosus*）、鲇、黄颡鱼（*Pelteobagrus fulvidraco*）、瓦氏黄颡鱼（*P. vachellii*）、长吻鮠（*Leiocassis longirostris*）、乌鳢、鳜花鱼、花鲈（*Lateolabrax japonicus*）、青鳉、黄鳝（*Fluta alba*）、叉尾斗鱼（*Macropodus opercularis*）、黄黝鱼（*Perccottus swinhonis*）、强鳍栉虾虎鱼（*Ctenogobius hadropterus*）及鳗形小绵鳚（*Zoarchias anguillicaudatus*）；1929年补充济南产大鼻鲚（*Coilia nasus*）、山东拟鮈（*Pseudogobio shantungensis*）、中华细鲫（*Aphyocypris chinensis*）、中间薄鳅（*Leptobotia intermedia*）及鲻鱼（*Mugil cephalus*）。

傅勒（Fowler，1930）报告自济南采得鲤、山东中华细鲫、麦穗鱼、马口鱼（*Opsariichthys uncirostris*）、点纹鮈（*Gobio wolterstorffi*）、中华鳑鲏、纵纹鳑鲏、泥鳅、鼻须鳅、黄鳝、青鳉、叉尾斗鱼（*Polyacanthus opercularis*）、黄黝鱼（*Eleotris swinhonis*）、济南白鳍虾虎鱼（*Aboma tsinanensis*）及刺鳅（*Mastacembelus aculeatus*）。

张春霖（Tchang，1932）教授报告开封产大鼻鲚、鳗鲡（*Anguilla japonica*）、黄鳝（*Monopterus javanensis*）、鲇、黄颡鱼、长吻鮠、鲤、鲫、花鳍、铜鱼（*Coreius cetopsis*）、长须铜鱼、麦穗鱼、杜氏蛇鮈、棒花鱼、鳡（*Scombrocypris styani*）、赤眼鳟、短尾鲌、克氏白鲦（*Hemiculter kneri*）、蒙古红鲌（*E. mongolicus*）、北京鳊、泥鳅、鳜花鱼、乌鳢、沙塘鳢（*Eleotris potamophila*）及白鲦（*Hemiculterella kaifenensis*）；1933年在《中国鲤类志》中记载黄河流域产鲤、鲫、鲅鳍（*Hemibarbus labeo*)（为刺鮈之误）、花鳍、麦穗鱼、铜鱼、长须铜鱼、北方铜鱼、杜氏蛇鮈、达氏蛇鮈、祖氏蛇鮈（*Saurogobio dabryi drakei*）、棒花鱼、黑鳍鳈（*Sarcocheilichthys nigripinnis*）、裸重唇鱼、大鳞鲴、南京鲴（*Xenocypris nankinensis*）、黄尾鲴、细鳞拉氏鲹、马口鱼、宽鳍鱲、鳡、赤眼鳟、青鱼（*Mylopharyngodon aethiops*）、草鱼、黑臀刺鳑鲏、带臀刺鳑鲏、鲏形白鲦（*Hemiculter clupeoides*）、白鲦、施氏白鲦、刺鳊（*Acanthobrama simony*）、鲌鱼（*Culter alburnus*）、红鳍鲌、蒙古鲌、鳊、开封白鲦、中华细鲫、后鳍巴鳅、董氏巴鳅（*Barbatula toni*）、须鼻鳅及泥鳅。

森为三（Mori, 1933）又补充从济南采得鳡、济南飘鱼（*Pseudolaubuca tsinanensis*）、刀柄鱼（*Culticula emmelas*）、大鳞白鲦（*Hemiculter shibatae*）及黄河鳇（*Leiocassis hwanghoensis*）。

1933年张春霖教授还报告西宁产裸重唇鱼。

傅桐生与张春霖（Fu et Tchang, 1933）还发表称，开封产大鼻鳓、黄鳝、鳗鲡、鲇、长吻鳇、黄颡鱼、鲤、鲫、花鳍、铜鱼、长须铜鱼、棒花鱼、杜氏蛇鮈、麦穗鱼、草鱼、鳡、鳑鲏（*Rhodeus atremius*）、鲌鱼、蒙古鲌、红鳍鲌、鲏形白鲦、白鲦、施氏白鲦、开封白鲦、鳊、泥鳅、沙塘鳢、舌虾虎鱼（*Glossogobius giuris*）、乌鳢及鳜鱼。

傅桐生（Fu, 1934）报告河南辉县百泉产鲇、黄颡鱼、普氏鳇（*Leiocassis pratti*）、乌苏里鳇、鲤、鲫、鳙鲫（*Carassius auratus cantonensis*）、花鳍、鲮鳍、麦穗鱼、多纹白鮈、祖氏蛇鮈、棒花鱼、黑鳍鳈、湖华鳈（*Sarcocheilichthys sinensis lacustris*）、光泽鲴（*Xenocypris nitidus*）、南京鲴、细鳞拉氏鲹、马口鱼、宽鳍鱲、鳡、赤眼鳟、草鱼、大鳍刺鳑鲏（*Acanthorhodeus macropterus*）、黑臀刺鳑鲏、白鲦、红鳍鲌、鳊、河北沙鳅（*Botia hopeiensis*）、泥鳅、黄鳝、鳗鲡、乌鳢、叉尾斗鱼、黄黝鱼、鳜花鱼、百泉鳜（*Siniperca paichuanensis*）及中华刺鳅（*Mastacembelus sinensis*）。

方炳文（Fang, 1934）在《中国银鱼科之研究》文内称自济南泺口黄河采得大银鱼（*Protosalanx hyalocranius*）及安氏拟原银鱼（*Paraprotosalanx andersoni*），并称辽河、华北及钱塘江产长臀拟银鱼（*Parasalanx longianalis*）；1935年报告华北及陕西产细尾泥鳅，又报告西宁产巴氏条鳅（*Nemachilus（Barbatula）pappenheimi*）。

森为三（Mori, 1936）曾称黄河下游及华北产中华鲟（*Acipenser sinensis*）、白鲟（*Psephurus gladius*）、鲚（*Coilia ectenes*）、大鼻鳓、大眼鱼、长臀银鱼（*Plecoglossus altivelis*）、鲇、黄颡鱼、瓦氏黄颡鱼、杜氏鳇（*Leiocassis dumerili*）、黄河鳇、开封鳇、胭脂鱼（*Myxocyprinus asiaticus*）、鲤、鲫、鲮鳍、花鳍、长吻鳕（*Hemibarbus longirostris*）、黄河裸裂尻鱼、瓦氏雅罗鱼、拉氏鲹、尖头鲹（*Phoxinus oxycephalus*）、青鱼（*Myloleucus aethiops*）、草鱼、赤眼鳟、鳡、蒙古鲌（*Chanodichthys mongolicus*）、南方马口鱼、宽鳍鱲、麦穗鱼、山西突吻鱼、银鲴、刀柄鱼、中华细鲫、白鲢、白鲦、银色锯齿鳊（*Toxabramis argentifer*）、埃氏飘鱼、刀飘鱼（*Parapelecus machaerius*）、通州飘鱼（*P. tungchowensis*）、济南飘鱼、红鳍鲌、鲌鱼、噘嘴鲌（*Culter recurviceps*）、蒙古鲌、短尾鲌、开封白鲦、杜氏刺鳊、鳊、北京鳊、黑斑鳑鲏、中华鳑鲏、纵纹鳑鲏、黄河鳑鲏、短须副鱊（*Paracheilognathus shibatae*）、无须副鱊（*P. imberbis*）、布氏副鱊（*P. bleekeri*）、细鳞（*Acheilognathus gracilis*）、黑臀刺鳑鲏、热河刺鳑鲏（*Acanthorhodeus jeholicus*）、硬刺似白鮈（*Paraleucogobio notacanthus*）、多纹白鮈、台湾白鮈、赫氏白鮈、济南白鮈、点纹白鮈（*Leucogobio wolterstorffi*）、鮈（*Gobio gobio*）、凌源鮈（*G. lingyuanensis = G. minulus*）、棒花鮈、似铜鮈、索氏鮈（*G. soldatovi*）、大鼻大鮈、长须铜鱼、北方铜鱼、铜鱼、外兰氏吻鮈（*Rhinogobio vaillanti*）、棒花鱼、山东拟鮈、长吻拟鮈（*Pseudogobio longirostris*）、黑鳍鳈、华鳈（*Sarcocheilichthys sinensis*）、

斑鳍鲦、达氏蛇鮈、杜氏蛇鮈、祖氏蛇鮈（*Saurogobio drakei*）、鳅鮀（*Gobiobotia pappenheimi*）、平鳍鳅鮀、兴隆山小鳔鮈（*Microphysogobio hsinglungshanensis*，又名青龙山小鳔鮈）、清徐小鳔鮈（*Microphysogobio chinssuensis*）、花鳅（*Cobitis taenia*）、泥鳅、大鳞泥鳅（*Misgurnus mizolepis*）、董氏巴鳅、后鳍巴鳅（*Barbatula posteroventralis*）、壮体巴鳅、白氏巴鳅（*Barbatula berezowskii*）、楔头巴鳅（*Barbatula cuneicephala*）、布氏巴鳅、中亚巴鳅、须鼻鳅、河北薄鳅（*Leptobotia hopeiensis*）、中间薄鳅、黄鳝、鳗鲡、青鳉、细鳞鱵（*Hyporhamphus sajori*）、中华多刺鱼、多刺鱼、乌鳢、圆尾斗鱼、花鲈、鳜花鱼、钱斑鳜（*Siniperca scherzeri*）、弓斑圆鲀（*Spheroides ocellatus*）、松江鲈、葛氏鲈塘鳢（*Perccottus glehni*）、黄黝鱼、北方达氏黄黝鱼、杏虎鱼、吻虾虎鱼（*Rhinogobius giurinus*）、双纹叉齿虾虎鱼（*Tridentiger bifasciatus*，又名双带缟虾虎鱼）、济南白鳍虾虎鱼、刺鳅、鲻及红眼梭鱼（*Liza haematocheila*）等136种。而细鳞鲑产于滦河，白甲鱼产于甘肃徽县属长江的嘉陵江上游，还有些为同物异名。

张春霖（Tchang, 1939）报告济南与开封产黄黝鱼及普栉虾虎鱼（*Ctenogobius giurinus*），开封产沙塘鳢（*Gobiomorphus potamophila*）及舌虾虎鱼。1942年他在《河南鱼类》一文列出黄河鱼类有大鼻鲚、鲇、黄颡鱼、瓦氏黄颡鱼、开封鮠、乌苏里鮠、长吻鮠、截尾鮠（*Leiocassis truncatus*）、鳢、鲫、花鲭、鲮鲭、麦穗鱼、铜鱼、长须铜鱼、多纹白鮈、杜氏蛇鮈、达氏蛇鮈、祖氏蛇鮈、棒花鱼、黑鳍鲦、湖华鲦、光泽鲖、南京鲖、细鳞拉氏鲅、马口鱼、宽鳍鱲、鳡、赤眼鳟、草鱼、大鳍刺鳑鲏、黑臀刺鳑鲏、黑鳑鲏、白鲦、鲱形白鲦、施氏白鲦、开封白鲦、鲌、蒙古鲌、红鳍、鳊、泥鳅、河北沙鳅、黄鳝、鳗鲡、乌鳢、叉尾斗鱼、黄黝鱼、沙塘鳢、舌虾虎鱼、鳜、百泉鳜及中华刺鳅。

王香亭等1956年报告兰州黄河产鲇、鲤、山白鱼（*Ischikauia transmontana*）（实为瓦氏雅罗鱼）、鸽子鱼（*Coreius styani*）、裸重唇鱼、赤眼鳟、柱形吻鮈（*Rhinogobio cylindricus*）、吻鮈（*R. typus*）、棒花鮈、楔头巴鳅、鞍斑巴鳅（实为似鲇条鳅）、巴氏巴鳅、平鳍鳅鮀、泥鳅、鲭（*Hemibarbus* sp.）（实为刺鮈）及黄河裸裂尻鱼等18种。

尼科尔斯基（Nikolsky, 1956）在《黑龙江鱼类》书内称黄河产鱼类23科133种，仅有科名。

王以康整理以前文献在《鱼类分类学》（1958年）一书中称黄河上游产极边扁咽齿鱼、派氏扁咽齿鱼、黑斑裸鲤、肩鳞裸鲤、骨唇黄河鱼等。

郑葆珊1959年在《黄河渔业生物学基础初步调查报告》中记载鱼类有凤鲚（*Coilia mystus*）、鲇、瓦氏黄颡鱼、乌苏里鮠、开封鮠、花鳅、金黄薄鳅（*Leptobotia citrauratea*）、后鳍巴鳅、巴氏巴鳅、叶尔羌巴鳅（*Barbatula yarkandensis*）、泥鳅、乌鳢、鳜及黄黝鱼；李思忠在此书内记载有鲤科鱼类：鲤、鲫、花鲭、刺鮈、麦穗鱼、北方铜鱼、长须铜鱼、达氏蛇鮈、棒花鮈、大鼻大鮈、柱形吻鮈、棒花鮈、花丁鮈（*Gobio gobio cynocephalus*）、裸重唇鱼、肩鳞裸鲤、骨唇黄河鱼、银鲖、鳡、草鱼、瓦氏雅罗鱼、赤眼鳟、黑臀刺鳑鲏、杜氏刺鳊、大鳞白鲦、鲱形白鲦、红鳍红鲌、短尾鲌、北京鳊及白鲢。

张春霖1959年在《中国系统鲤类志》一书中记黄河流域鱼类有中华细鲫、青鱼、草鱼、细鳞拉氏鲅、赤眼鳟、宽鳍鱲、马口鱼、鳡、黑臀刺鳑鲏、带臀刺鳑鲏、刺鳊、大鳞鲖、黄鲖、鲮鲭、花鲭、刺鮈、鮈、棒花鮈、多纹白鮈、长须铜鱼、铜鱼、北方铜鱼、大鼻大鮈、棒花鮈、杜氏蛇鮈、达氏鮀鮈、祖氏蛇鮈、黑鳍鲦、麦穗鱼、裸重唇鱼、郑氏黄河鱼（*Chuanchia chengi*）、鲤、鲫、鳊、鲌、红鳍鲌、蒙古鲌、开封白鲦、白鲦、鲱形白鲦、白鲢、花鲢（*Hypophthalmichthys nobilis*）、花鳅、金黄沙鳅（*Botia citrauratea*）、中间沙鳅、后鳍巴鳅、董氏巴鳅、法氏巴鳅（*Barbatula toni fowleri*）、叶尔羌巴鳅、须鼻鳅与泥鳅；1960年他在《中国鲇类志》书内记述黄河流域有鲇、黄颡鱼、瓦氏黄颡鱼、开封鮠、长吻鮠、乌苏里鮠及截尾鮠。

李思忠1960年发表过《鲫鱼在晋南地区性腺发育和产卵的探讨》（署名"中国科学院动物研究所三门峡工作站"）。

山西师范学院1960年报告汾河产有鲤、鲫、瓦氏雅罗鱼、南方马口鱼、白鲦、沈氏白鲦、棒花鮈、窄体鮈（*Gobio tenuicorpus*）、后鳍巴鳅、鞍斑巴鳅、鲇及瓦氏黄颡鱼。

曹文宣等1962年在《四川西部及其邻近地区的裂腹鱼类》文内记载黄河上游产厚唇裸重唇鱼、花斑裸鲤、黄河裸裂尻鱼、骨唇黄河鱼及极边扁咽齿鱼；他与伍献文1962年在《四川西部甘孜阿坝地区鱼类生物学及渔业问题》文内记玛曲以上黄河干支流产裸重唇鱼、花斑裸鲤、黄河裸裂尻鱼、骨唇黄河鱼、极边扁咽齿鱼、背斑条鳅、巴氏条鳅、似鲇条鳅、硬刺条鳅及巩乃斯条鳅。

伍献文等1963年在《中国经济动物志：淡水鱼类》书内记黄河鱼类有鲫、鲤、裸重唇鱼、银飘鱼（*Parapelecus argenteus*）、白鲦、贝氏白鲦、短尾鲌、北京鳊、红鳍鲌、蒙古红鲌、翘嘴红鲌（*Erythroculter ilishaeformis*）、银鲴、黄鲴、青鱼、草鱼、瓦氏雅罗鱼、鳡、赤眼鳟、花䱻、达氏蛇鮈、铜鱼、鳙、泥鳅、黄颡鱼、鲻、乌鳢、黄鳝、鳜、花鲈及淞江鲈；1964年伍献文等在《中国鲤科鱼类志》上卷又记载黄河流域产青鱼、草鱼、中华细鲫、山西鲅（*Phoxinus lagowskii chorensis*）、细鳞拉氏鲅、瓦氏雅罗鱼、鳡、宽鳍鱲、赤眼鳟、银飘鱼、寡鳞飘鱼（*Parapelecus engraulis*）、锯齿鳊（*Toxabramis swinhonis*）、贝氏白鲦、白鲦、翘嘴红鲌、蒙古红鲌、红鳍鲌（＝短尾鲌）、北京鳊、银鲴、黄鲴、刺鳊、厚唇裸重唇鱼、花斑裸鲤、黄河裸裂尻鱼、骨唇黄河鱼、极边扁咽齿鱼、中华鳑鲏、彩石鲋（*Pseudoperilampus lighti*）、无须副鱊、大鳍刺鳑鲏、短须刺鳑鲏、兴凯刺鳑鲏、带臀刺鳑鲏及鳙。

赵肯堂等1964年报告内蒙古呼和浩特及黄河产瓦氏雅罗鱼、拉氏鲅、赤眼鳟、麦穗鱼、小鲌、棒花鮈、柱形吻鮈、北方铜鱼、鲫、鲤、泥鳅、须鼻鳅、花鳅、后鳍巴鳅、董氏巴鳅、巴氏巴鳅及九刺鱼；另外，青鱼、草鱼、鲢、鳙、棒花鱼、蒙古红鲌、白鲦及青鳉都是20世纪50年代移殖到那里的；中华雅罗鱼为瓦氏雅罗鱼的异名。

黄洪富等1964年报告自秦岭北侧周至县仰天河采得一尾细鳞鱼。

李思忠1965年在《黄河鱼类区系探讨》一文中称黄河有鱼类153种。若以甘肃与宁夏间的黑山峡（或青铜峡）为界，则上游甘肃、青海有27种。以齐口裂腹鱼（*Schizothorax prenanti*）、裸重唇鱼、肩鳞裸鲤、黑斑裸鲤、花斑裸鲤、骨唇黄河鱼、黄河裸裂尻鱼、扁咽齿鱼、黑斑条鳅（*Nemachilus strauchii*）、背斑条鳅、硬刺条鳅、中亚条鳅、壮体条鳅及巴氏条鳅等中亚高山复合体为主，鲤、鲫、铜鱼、长须铜鱼、大鼻大鮈、吻鮈、棒花鮈、刺鮈、平鳍鳅鮀、赤眼鳟、泥鳅与鲇等新第三纪早期复合体次之，和北方平原复合体的瓦氏雅罗鱼组成。中游以山陕间的河曲、保德为下界，有17种：新第三纪早期复合体如鲤、鲫、赤眼鳟、铜鱼、长须铜鱼、大鼻大鮈、吻鮈、花丁鮈、棒花鮈、小索氏鮈、泥鳅、后鳍条鳅、鲇为主，北方平原复合体的瓦氏雅罗鱼及花鳅次之。下游有134种：过河口洄游鱼类有鳗鲡、鲚、香鱼、大银鱼、拟原银鱼、细鳞鲴、间鳞鲴、红鳍东方鲀、弓斑东方鲀及星弓东方鲀；半咸水鱼类有尖头银鱼、长臂银鱼、鲻鱼、梭鱼、二种刺虾虎鱼、矛尾虾虎鱼、二种叉虾虎鱼、狼虾虎鱼、弹涂鱼、松江鲈、三种舌鳎及星点东方鲀；以鲭属2种、棒花鱼、清徐拟鮈、蛇鮈属2种、似白鮈、颌须鮈属4种、马口鱼、鳡、草鱼、青鱼、鲌、红鲌属4种、白鲦属2种、弓鳊、飘鱼、白鲦属2种、鲂、中华细鲫、鲢、鳙、鳜属2种等江河平原鱼类为主，新第三纪早期鱼类如达氏鲟、鳇、象鲟、胭脂鱼、鲤、鲫、3种铜鱼、2种颌鲦、华鳈、大鳍、吻鳍、鳍属5种、2种鳅鲍、赤眼鳟、3种刺鳑鲏、2种拟鲿、2种鳑鲏、斑石鲋、2种泥鳅、须鼻鳅、董氏条鳅、鲇及中华九刺鱼等次之，印度平原鱼类如沙鳅属、黄颡鱼属、鮠属、青鳉、乌鳢、黄鳝、斗鱼、塘鳢、黄黝鱼、吻虾虎鱼及舌虾虎鱼等又次之，北方平原鱼类有瓦氏雅罗鱼及花鳅，北方山麓鱼类有秦岭细鳞鲑及鲂属，中印山麓鱼类只有山西丙穴鱼（即大鳞突吻鱼）。

殷源洪1965年报告山西省有鱼类55种及亚种，我国平原鱼类有马口鱼、鲷、蛇鲍、拟鲍、白鲦、鳑鲏、鳅鲍等属；新第三纪早期鱼类有鲤、赤眼鳟、麦穗鱼、泥鳅、鲇等；北方平原鱼类有鲫、雅罗鱼、花鳅等；印度平原鱼类有黄颡鱼、黄鳝、青鳉等；中印山区鱼类有山西突吻鱼。芦芽山与吕梁山以西仅有鲤、鲫、鲇、董氏条鳅及赤眼鳟等新第三纪早期鱼类及北方平原鱼类。他认为以壶口作为黄河中游及下游鱼类区系的天然界线似更合适。

黄洪富等1965年报告渭河中段咸阳及西安附近有鱼类28属与38种及亚种。有细鳞鲑、鲤、鲫、马口鱼、宽鳍鱲、中华细鲫、瓦氏雅罗鱼、尖头鲂、赤眼鳟、银鲴、裸黄瓜鱼、花鲭、鲮鲭、麦穗鱼、小麦穗鱼、施氏铜鱼、狭体鲍、花钉鲍、棒花鱼、长吻鮀鲍、鲂、王长鲦、鳌鲦、黑臀刺鳑鲏、带臀刺鳑鲏、布氏鳅鲍（Gobiobotia boulengeri）、泥鳅、花鳅、鲇、长吻黄颡鱼、钝吻黄颡鱼（Pseudobagrus crassirostris）、开封黄颡鱼、瓦氏黄颡鱼、黄颡鱼、乌鳢、黄鳝及吻虾虎鱼。

李思忠1966年根据1961年冬潼关一尾标本及1962年夏自秦岭黑河采的40多尾标本将秦岭的细鳞鲑订名为秦岭细鳞鲑（细鳞鲑秦岭亚种）。

伍献文等1977年在《中国鲤科鱼类志》下卷，记黄河流域产大鳞突吻鱼、红鳍鲤（Cyprinus carpio haematopterus）、鲫、鲮鲭、花鲭、刺鲍、似白鲍、麦穗鱼、傅氏麦穗鱼（Pseudorasbora fowleri）、华鳈、黑鳍鳈、济南颌须鲍（Gnathopogon tsinanensis）、银色颌须鲍、中间颌须鲍、似铜鲍、黄河鲍（Gobio huanghensis）、棒花鲍（Gobio rivuloides）、铜鱼（Coreius heterodon）、北方铜鱼、大鼻吻鲍（Rhinogobio nasutus）、拟鲍（Pseudogobio vaillanti）、棒花鱼、清徐胡鲍、杜氏船丁鱼、达氏船丁鱼、平鳍鳅鲍及巴氏鳅鲍。

陈湘粦1977年报告兰州到内蒙古托克托黄河产兰州鲇，黄河下游产鲇。

武云飞等1979年在《青海省果洛和玉树地区的鱼类》文内报告黄河上源产厚唇裸重唇鱼、花斑裸鲤、斜口裸鲤（Gymnocypris scoliostomus）、黄河裸裂尻鱼、骨唇黄河鱼、极边扁咽齿鱼、背斑条鳅、巩乃斯条鳅、硬刺条鳅、似鲇条鳅与巴氏条鳅。

王香亭等1979年报告甘肃洮河产岷县条鳅（Nemachilus mianxianensis）。

陈景星1980年报告黑龙江到南流江产花斑副沙鳅（Parabotia fasciata）；黄河下游产中华花鳅与泥鳅。

朱松泉等1981年报告黄河上游与柴达木盆地产似硬刺条鳅（Nemachilus pseudoscleropterus）。

李思忠1981年在《中国淡水鱼类的分布区划》书内将黄河流域青海省龙羊峡以上划为华西区（中亚高山区）的青藏高原亚区，为高山草原或沼泽地，鱼类只有裂腹鱼亚科较特化的扁咽齿鱼、骨唇黄河鱼、斜口裸鲤、花斑裸鲤、黄河裸裂尻鱼、厚唇裸重唇鱼和条鳅亚科的硬刺条鳅、中亚条鳅、黑背条鳅、巴氏条鳅、似鲇条鳅及背斑条鳅。龙羊峡到黑山峡及渭河天水以西为华西区的陇中亚区，为海拔1 131 m以上的黄土高原，除有花斑裸鲤、黄裸裂尻鱼、厚唇裸重唇鱼、似鲇条鳅及巴氏条鳅外，已有鲤、鲫、赤眼鳟、瓦氏雅罗鱼、平鳍鳅鲍、刺鲍、大鼻吻鲍、北方铜鱼、吻鲍、黄河鲍、泥鳅、背斑条鳅、壮体条鳅及鲇。黑山峡到河曲、保德间的河套地区划为宁蒙高原区的河套亚区，景观为海拔

1 000～1 400 m间的沙漠、草原及耕地草原，既无鲑科、江鳕等北方冷水性鱼类，也无裂腹鱼亚科等华西区鱼类及鳊、鲴、鲢亚科等华东江河平原鱼类，仅有鲤、鲫、赤眼鳟、瓦氏雅罗鱼、麦穗鱼、花丁鲖、棒花鮈、铜鱼、北方铜鱼、吻鱼、大鼻吻鮈、花鳅、泥鳅、后鳍条鳅、须鼻鳅、鲇及中华九刺鱼。这些都是新第三纪早期如中新世、甚至渐新世古老的古北区鱼类。保德以下为华东江河平原的河海亚区。这里大部为海拔500 m以下的耕地草原和沼泽区。鱼类以鲟科、白鲟科，鲤科的鳊、鲴、鲢亚科及雅罗鱼亚科中的草鱼、青鱼、马口鱼、宽鳍鱲、鳡、鳤，鮈亚科的花鳕、鲮鳕、长吻鳕、似白鮈、多牙麦鱼、拟鮈、棒花鱼、清徐胡鮈、杜氏蛇鮈、达氏蛇鮈及鮨科的鳜、钱斑鳜等江河平原鱼为主；鲤、鲫、鲮属、鮈属、颌须鮈属、麦穗鱼属、铜鱼属、吻鮈属、鳅鲶属、鳈鲅鱼亚科、赤眼鳟、泥鳅、大鳞副泥鳅、须鼻鳅、鲇等新第三纪早期鱼类次之；再次为鮠科、黄鳝、乌鳢、圆尾斗鱼、刺鳅、黄黝鱼、吻虾虎鱼及舌虾虎鱼及亚洲热带沼泽鱼类；北方平原鱼类有瓦氏雅罗鱼及花鳅；北方山麓鱼类只有秦岭细鳞鲑及鲦属；中印山麓鱼类只有大鳞突吻鱼。这里既无辽河亚区的七鳃鳗属及松辽六须鲇（*Silurus soldatovi*）；也无长江及以南的平鳍鳅科、姚科、胡子鲇科等鱼类，鲃亚科也很少。这里已有鲚及鳗鲡等过河口性洄游鱼类。

高玺章（1983）及李思忠（1984）又谈到过秦岭细鳞鲑。

宋世良等（1983）报告渭河上游天水以上产秦岭细鳞鲑、拉氏鲅、瓦氏雅罗鱼、麦穗鱼、似铜鮈、清徐胡鮈、黄河裂尻鱼、厚唇裸重唇鱼、鲤、鲫、泥鳅、北方花鳅、红尾副鳅、后鳍条鳅、背斑条鳅及岷县条鳅。另外草鱼、南方马口鱼、棒花鱼、白鲢、波氏栉虾虎鱼及黄黝鱼可能都是运养殖鱼苗时移殖去的，仅在养鱼的水库区附近少数地方有。

方树淼等1984年在《陕西省鱼类区系研究》文内称陕西黄河水系有鱼类73种。延河及以北有鳅科、鲤科及鲇科16种；有达里条鳅（*Nemachilus dalaica*），但南方马口鱼、宽鳍鱲、中华鳈鲅、似鳕（*Belligobio nummifer*）似为移殖鱼苗时带去的；此处与河套很相似。关中盆地有72种（无达里条鳅），鱼类区系与豫鲁的黄河流域很相似。

武云飞等1984年报告青海省逊木措（黄河支流）产长臀高原鳅（*Triplophysa longianalis*）等8种鱼。

朱松泉等1984年研究了扎陵湖与鄂陵湖的水生生物学及渔业问题，估计这两个湖的鱼产量可保持年产2 000～2 500 t（每亩1.3 kg）。

瞿文元等（1984）在《河南鱼类志》报告黄河产鱼类约72种，其中铜鱼为北方铜鱼之误。

武云飞1984年12月在《中国裂腹鱼亚科鱼类的系统分类研究》一文中曾解释黄河水系没有身体大部分具鳞的裂腹鱼亚科属、种的原因，可能是黄河上游遭冰川及干旱，较昆仑山及唐古拉山以南影响更大：由于多次冰川强烈影响，古黄河的喜湿性与身体大部分有鳞的属种如弓鱼属（*Racoma*）、叶须鱼属（*Ptychobarbus*）等，被迫或向南退缩，或者演化成耐寒无鳞的，甚至被灭绝。黄河上游没有向南延伸到较暖的大峡谷，可供它们作避难的场所。但为何纬度及海拔较高的塔里木盆地能有裂腹鱼属而纬度及海拔较低的渭河下游却没有呢？似尚未完全解决。本志著者认为黄河上游原来是东南流入岷江的（冯景兰，1954；张保升，1979；李思忠，1995），因岷山产生而被阻断与长江的联系，后被迫自索藏寺西北流约300 km到郭密转东北至曲沟，被贵德盆地袭夺经龙羊峡而东流，时间约为上新世清水期（依王曰伦1943年所著《黄河上游地质》。见张保升，1979）。岷山的上升也促进了西秦岭的上升，使得甘肃南部渭河上源南侧麦积山等升高，嘉陵江上游的裂腹鱼属等未能扩展到黄河上源和渭河、洮河流域。

编者注1：何志辉等1986年在《黄河水系渔业资源》，以表格形式报告在黄河水系调查所采集的鱼类（加历史记录），共191种和亚种。并提到，在内蒙古、宁夏、甘肃河段所采集的鲢、鳙、草、青、鳊、鲂、团头鲂等来自近年来的人工放养；东方真鳊由新疆引进。并指出："本次调查中记录了190余种鱼类，但许多种类在本流域罕见，一尾两尾标本并不能说明这些鱼类在本地区能够正常繁殖发育。"

编者注2：陈景星主编1987年出版的《秦岭鱼类志》记录秦岭地区鱼类161种和亚种，其中包括黄河水系发现的3个新种：陕西高原鳅（*Triplophysa shaanxiensis* Chen），黑体高原鳅（*Triplophysa obscura* Wang）及南方鮈（*Gobio meridionalis* Xu）。

编者注3：黄河流域渔业管理委员会2011年组织九省区野外调查，并编撰的《黄河流域鱼类图志》（2013），收录了黄河鱼类130种，包括有黄河鱼类的一些新的记录，如在黄河山西段采集到的条鳅亚科鱼类，包括岷县高原鳅、武威高原鳅（*Triplophysa wuweiensis* Li & Chang）、酒泉高原鳅、隆头高原鳅、短尾高原鳅等。

3. 黄河流域化石鱼类的研究

《山海经》第七《海外西经》曾记有："龙鱼陵居在其北，状如狸。一曰鰕，有神巫乘此行九野；一曰鳖鱼在夭野北，其为鱼也如鲤"。但确切可靠的鱼化石记载当推晋司马彪（240—306）《续汉书·郡国志》，曰："湘水边有木鱼山，本名立石山，高八十丈，阔十里，石色黑而重叠，每发一重，则有自然鱼形，女人多刻画为戏，长数寸，烧之鱼膏腥。"

南北朝时盛弘之（？—469）的《荆州记》称："长沙湘乡连水边有石鱼，形若鲤，相重沓（tà），如云母，炙之作鱼腥。"稍后沈怀远《南越志》称："衡阳湘乡县有石鱼山，下多玄石。石色墨，而理若云母，发开一重，辄有鱼形，鳞鳍首尾宛然刻画，长数寸，鱼形备足，烧之作骨腥，因以名之。"北魏郦道元（465或472—527）《水经注》的《涟水注》等均有记载（李仲钧，1974）。

但在黄河流域的鱼化石最早记载可能是宋杜绾（公元约1133年在世）《云林石谱》载"潭州湘乡县山之巅，有石卧生土中……重重揭取，两边石面有鱼形，类鳅鲫，鳞鬣悉如墨描……或石纹斑处全然如藻荇……"之后，说："又陇西（今甘肃渭河上游）地名鱼龙，掘地取石，破而得之，亦多鱼形，与湘乡所产不异。岂非古之陂泽，鱼生其中，因山颓塞，岁久土凝为石而致然欤？"杜甫（712—770）诗有'水落鱼龙夜，山空鸟鼠秋'。正谓陇西尔"。对鱼化石形成的理解也很正确。

到清沈心《怪石录》又称"鱼石产莱阳县火山，色如败酱，有游鱼文，鳞鬣宛然，间有荇藻影者，琢磨方正，以嵌屏风书几，堪亚大理点苍山石"。徐昆《遁斋偶笔》亦称"鱼石出莱阳，石皆成片，厚不及寸，紫黑色，石片中隐隐有鱼，长数寸，如鲫、如鲇、如白条不一。头尾毕具，类多见骨。酷似枯鱼，少生动之致。亦间有荇藻叶，掩映逼真"（李仲钧，1974）。

到20世纪初，伍德瓦德（Woodward）1901年报告山东莱阳晚侏罗世地层产中华狼鳍鱼（*Lycoptera sinensis*）。1928年，葛利普（Grabau）报告鄂尔多斯市鄂托克旗及陕西千阳县和陇县等晚侏罗世地层产伍氏狼鳍鱼（*L. woodwardi*）；鄂托克旗及甘肃华亭等晚侏罗世到早白垩世地层，有甘肃狼鳍鱼（*L. kansuensis*）；山东莱阳晚侏罗世地层尚有贪食狼鳍鱼（*L. ferox*）。胡萨柯夫（Hussakof，1932）报告内蒙古河套乌兰察布市下白垩世地层产脆弱狼鳍鱼（*L. fragilis*）始新世地层有弓鳍鱼科（Amiidae）的绒毛弓鳍鱼（*Pappichthys mongoliensis*），亚口鱼科（Catostomidae）的亚口鱼（*Catostomus* sp.）和鲤科一些鱼骨骼，中新世地层有鲇类的内蒙吻鲶（*Rhineastes grangeri* Hussakof）。1933年，杨钟健与张春霖报告山东临朐县山旺中新世雅罗鱼（*Leuciscus miocenicus*）、临胸鲃（*Barbus linchuensis*）、斯氏鲃（*B. scotti*）、大头麦穗鱼（*Pseudorasbora macrocephalus*）。1934年，卞美年报告三门峡上新世地层发现有鲤、草鱼及白鲢的化石。1935年，斯吞秀（Stensio）报告山东蒙阴下白垩世有硬骨硬鳞鱼类的师氏中华弓鳍鱼（*Sinamia zdanskyi*）。

1953年，刘宪亭报告陕西鄜县上侏罗统地层有角齿肺鱼属（*Ceratodus*）粪化石，1955年报告陕北子长县上侏罗统地层有真骨鱼类叉鳞鱼目（Pholidophoriformes）的安定贝莱鱼（*Baleichthys antingensis*）。1957年周明镇与刘宪亭报告陕西横山麒麟沟中下三叠统地层有软骨硬鳞鱼类的横山龙鱼（*Saurichthys huanshanensis*）、裂齿鱼（*Perleidus woodwardi*）、孔鳕鱼属（*Boreosomus* sp.）、古鳕鱼属（*Palaeoniscus* sp.）及环鳞鱼属（*Gyrolepis* sp.）。1960年黄为龙报告甘肃永登下侏罗纪地层有弓鲛（*Hybodus* sp.）。1960年刘宪亭与叶祥奎报告陕北神木县马家寨瓦窑堡煤系上层（侏罗纪？）发现有神木角齿肺鱼（*Ceratodus shenmuensis*）及四川角齿肺鱼（*C. szechuanensis*），1961年刘宪亭报告内蒙古鄂尔多斯市杭锦旗下白垩统地层有东方伊克昭弓鳍鱼（*Ikechaoamia orientalis*）。1962年刘宪亭与苏德造报告晋中榆社盆地上新统地层有榆社鲴（*Xenocypris yushensis*），鲤、鲫、蒙古红鲌，长头白鲦（*Hemiculterella longicephalus*），张氏雅罗鱼（*Leuciscus tchangi*），白鲢，张村麦穗鱼（*Pseudorasbora changtsuensis*），青鱼，草鱼，鲇，武乡鳜（*Siniperca wusiangensis*）及乌鳢；榆社盆地虽现今属海河水系，但自上新世始曾长期属黄河水系。1962年刘宪亭还报告陕北延长县上侏罗统地层有安定弓鲛（*Hybodus antingensis*）及杨氏弓鲛（*H. youngi*）。1963年刘东生与刘宪亭等报告内蒙古桌子山东，宁夏固原，陕北吴旗县白于山北，甘肃环县及临洮等晚侏罗世地层也发现有师氏中华弓鳍鱼。1963年苏德造报告内蒙古狼山德尔沈脑勒晚侏罗世地层有薄鳞鱼科（Leptolepidae）的狼山阿纳鱼（*Anaethalion langshanensis*）。1980年1月薛祥煦报告甘肃大通河下游窑街中侏罗统下部有锤纹弓鲛（*Hybodus clavus* Xue）及双粗纹无尖齿鲛（*Acrodus bicrasseplicatus* Xue），陕西安塞中侏罗统上部产安定弓鲛。1980年3月张振寰报告晋西兴县和尚沟三叠纪早期地层有和尚沟角齿肺鱼（*Ceratodus hoeshanggouensis*）。10月马凤珍报告在宁夏同心县唐家湾及海原县石峡口水库晚侏罗世到早白垩世地层发现有狼鳍鱼科的小齿同心鱼（*Tongxinichthys microdus*）。1982年刘宪亭等报告内蒙古固阳盆地产长鳍昆都仑鱼（*Kuntulunia longiptera*）。1984年10月苏德造报告陕北延长晚三叠世有延长三叠鳕（*Triassodus yanchangensis*）。1985年10月刘宪亭等报告在宁夏固原及同心也发现有同心鱼及昆都仑鱼等化石。1984年11月陆一研究陕北安定贝莱鱼的新材料后改名为安定子长鱼（*Zichangichthys antingensis*），时代改为中侏罗世。1985年12月陈小平报告内蒙古固阳石拐群有长腹鳍青山鳕（*Qingshaniscus longiventralis*），时代为中侏罗世。

张弥曼等（2001）比较了我国东部所发现的中新世与上新世的鱼化石，指出与中新世化石鱼类不同的是，上新世的鱼类不仅都是现生属，而且几乎都是现生种，因而我国东部的现代鱼类区系在上新世已大致形成。此论断与本书里有关我国江河平原复合体起源于上新世或中新世后期的结论大致吻合：黄河下游（属华东区河海亚区）鱼类以江河平原复合体为主。中游（宁蒙区）鱼类则更为古老，大部分是新第三纪、甚至老第三纪末期或更早已有的属种。除鲫、鲇、中华九刺鱼始于上新世，鲤、鲌、麦穗鱼、花鳅、泥鳅、须鼻鳅应出现于中新世或更早；雅罗鱼、高原鳅始于渐新世。

三、黄河鱼类分布特征及区系分析

1. 黄河鱼类的分布特征

本书共记黄河现生鱼类183种，其中6种为外地移来供养殖的鱼类。土著鱼类177种；除鲟外，不到海水区的纯淡水鱼类为147种，似鳡、片唇鮈、嘉陵颌须鮈、异鳔鳅鮀、花江鲅及四川鲴只有一次记录，此处未写入。这147种鱼在黄河流域的分布，有以下一些特征。

（1）如以甘肃东部黑山峡和山陕间的壶口瀑布为界，将黄河流域分为上游、中游与下游，则可看出著者1965年已指出的奇特现象：即上游鱼类较多，有32种；中游最少，仅26种；下游最多，有126种。如将甘肃天水东凤阁岭以西的渭河上游鱼类划入黄河上游（有18种；9种与上游相同且4种为上游特有），则上游有41种，较中游更多。一般江河都是下游种类最多，愈近上游愈少。

（2）上游种类很多，与西藏、新疆、四川北部、中亚等地区的鱼类多有近缘或相同，而以裂腹鱼亚科及身较粗圆、鳞常消失了的条鳅亚科鱼类为主要代表；在淡水鱼类地理分布学中属古北区的中亚高山区（华西区），在我国属青藏高原亚区及陇西亚区。青藏高原亚区包括龙羊峡以上的黄河流域、柴达木盆地、青海湖水系、长江上源及藏北高原。在扎陵湖及鄂陵湖（海拔均逾4 200 m）只有约4种条鳅亚科鱼类和5种裂腹鱼亚科鱼类，且这里的裂腹鱼亚科鱼类特化较甚，鳞、须及下咽齿较少。这与此处海拔较高、结冰较久、水温较低和被抬高较早有关，是中亚高山区的核心。鄂陵湖到海拔约2 600 m的龙羊峡有鱼类14种，仍均属这两个亚科。龙羊峡到海拔1 400 m的黑山峡有土著鱼类27种：除上述二亚科外，尚有花鳅、鲤、鮈、鳅鮀及雅罗鱼数亚科与鲇科；在渭河上游尚有秦岭细鳞鲑及黄鳝；表明这里是中亚高山区东侧的边缘地区。

（3）黄河中游的鱼类是以其古老性为主要特征，只有鲤、鮈、雅罗鱼、条鳅及花鳅数亚科，鲇科及刺鱼科。鲤、鲫、麦穗鱼、鮈属及花鳅属化石始于中新世，雅罗鱼属及条鳅属化石始于渐新世。鲇属化石始于始新世。鲫、鲹、赤眼鳟、花鳅、泥鳅、须鼻鳅、鲇及多刺鱼诸属在本处及日本本州岛、北海道，以及萨哈林岛（库页岛）等均产，表明至迟始于日本海产生及大兴安岭与老爷岭等升高之前（即中新世后期）。这里无上游特有的裂腹鱼亚科鱼类；无北方西伯利亚的茴鱼科及鲑科鱼类；也无东侧黑龙江、辽河及海河与南侧黄河到珠江等的江河平原习见的鳊、鲴、鲢等亚科、鲿科、乌鳢科等鱼类。它在我国淡水鱼类地理分布中属于宁蒙高原区的河套亚区。

（4）黄河下游包括山陕间壶口瀑布及陕甘间凤阁岭以下的黄河水系，对应于华东江河平原的河海亚区。这里鱼种类繁多，纯淡水鱼类，达126种。汾渭盆地有85种（关中80种，晋南67种），另有一过河口性洄游鱼类。山东有106种，另有17种过河口性洄游鱼类及能进入淡水区的鱼类，和13种能到河口内半咸水区的浅海鱼类。黄河下游鱼类区系与长江下游、辽河与海河等的鱼类十分相似，则与这些地区各阶段（尤其第四纪）的气候冷热、水量与地史变化，以及黄河数千年的南北滚移泛滥、大运河1 000多年来的相互沟通等情况有关。上新世时古嫩辽河原南流到泰山西侧的湖泊区，与黄河相汇合后向东南注入苏北黄海；黄河、淮河与长江下游冰川期曾相会注入东海。而且在冰川期，因陆地积冰多而海平面曾较现今为低（任美锷，1965），当时的黄渤海及东海部分地区，都曾是海退后的淡水低洼或沼泽地区，促成这些江河下游鱼类相互之间扩散、混杂。另据许多文献记载，黄河在平原区的迁移范围，有文字历史以来是北达天津，南到淮河而入海（见《黄河流域地图集》"黄河下游河道变迁图"，1987）。故这些河流下游鱼类很相似。

编者注1：阿贝尔等（Abell，2008）引入了鱼类生态区（ecoregion）的概念，用以描述世界各地淡水鱼类的栖息地。其中对有关黄河流域鱼类生态区的划分与本书对黄河鱼类分布的划分有一定的衔合（表1）。

表1　黄河流域鱼类生态区的划分

淡水鱼类生态区 （ecoregion；Abell, 2008）	生态区鱼类种数 （Abell, 2008）	本书中的对应区域	本书记载 黄河淡水鱼类种数 （各区之间有重叠）
黄河上游 （生态区#633）	21	黄河上游 华西区，青藏亚区	17
黄河上游走廊（#634）	8	黄河上游 华西区，陇西亚区	34
黄河河套区（#635）	16	黄河中游 宁蒙区，河套亚区	28
黄河下游（包括海河流域） （#636）	136	黄河下游 华东区，河海亚区	133

　　编者注2：黄河干流上游、中游与下游的划分及黄河各区主要支流，详见本书附录：黄河水系主要支流列表及本书作者有关干流上、中、下游的划分。

2. 黄河流域鱼类的区系分析

　　黄河流域的真正淡水鱼类约147种，依其历史、生态习性及分布可分为7个复合体（表2）。

　　（1）中国江河平原复合体：为起源于我国东部江河平原的鱼类，始于上新世或中新世的后期。现在黄河流域只见于下游。有寡齿新银鱼、副沙鳅属、薄鳅属、副泥鳅属、似白鮈属、多牙麦穗鱼、颌须鮈属、细体鮈、拟鮈属、棒花鱼属、胡鮈属、船丁鱼属、鳅鮀属大部、青鱼、草鱼、鲌属、鳊鱼属、马口鱼属、鳡属、鲴亚科、鳊亚科、鲢亚科、前臀鳜鱼、鳜属、沙塘鳢、黄黝鱼、强鳍栉虾虎鱼、普通栉虾虎鱼及舌虾虎鱼等60种。此类始于第三纪中新世的后期我国东部季风区开始时，在水位较稳、沉水植物少、水清和含氧高的大水体中。在漳河上游山西榆社盆地；河北周口店、河南三门峡及山东临朐山旺等上新世到中新世地层中发现有鲴、红鲌、青、草、鲢、白鲦属等化石。鲴、鳊等是鲃类演变成的。此类多上层鱼类；因凶猛鱼类多，多有硬鳍刺、鳍棘和骨刺等防御性形态特征。鳜类、沙塘鳢、栉虾虎鱼等是海侵、海退时残留平原区的。

　　（2）上第三纪早期复合体：这是上第三纪早期（即中新世）和以前在北半球北部原亚热带残留下的鱼类，为现生黄河鱼类中产生最早的复合体。因当时气候炎热、水混浊且水位变动大和水生植物多的环境下形成的。此类鱼视力差，多有须，常具河道色，多产黏性卵，卵粘在水草上或将卵产在蚌体内以免水位降后被旱死，水中含氧少而有些胚胎期具呼吸色素，如鲟属、鳇属、白鲟属、胭脂鱼、须鼻鳅、达里湖高原鳅、泥鳅属、鲤、鲫、麦穗鱼、鳈属花丁鮈、似铜鮈、平鳍鳅鮀、赤眼鳟、鲹鲅亚科、鲇属、多刺鱼等约45种。河套地区现在无鲹鲅亚科及鳈属等，可能是因该处蚌类很少及水温偏低（因海拔较高1 000~1 400 m）有关。尼科尔斯基（1956）原认为麦穗鱼属江河平原鱼类；因它分布很广且在中新世已有大头麦穗鱼（见杨钟健与张春霖，Young & Tchang, 1936），故本书将麦穗鱼改入这一复合体。

　　（3）华西（中亚高山）复合体：这是中新世（特别是上新世）喜马拉雅山升高，在北方海拔高、气候渐干寒条件下由鲃类演变成的，完成于更新世冰川期。例如，在唐古拉山北班戈县仑坡拉盆地（海拔4 550 m）的晚中新世到上新世地层已发现有大头近裂腹鱼。此类有红尾副鳅、硬刺高原鳅、拟硬刺高原鳅、东方高原鳅、岷县高原鳅、巴氏高原鳅、壮体高原鳅、中亚高原鳅、长鲹高原鳅、背斑高原鳅、似鲇高原鳅、刺鮈、溥氏裂腹鱼、厚唇裸重唇鱼、花斑裸鲤、斜口裸鲤、骨唇黄河鱼、黄河裸裂尻鱼及扁咽齿鱼19种。因防紫外线损伤内脏而腹膜呈黑色；因生活高寒区而耐寒性强；因水体多高原沼泽及宽峡谷而多底层鱼，视力差，常有须；因产卵期水体较小而卵巢如裂腹鱼亚科均有毒。还因冰川期影响在我国东部如神农架等山区形成一些孤立的分布区。

（4）东南亚热带沼泽复合体（印度平原复合体）：这是很早始于我国东部热带沼泽平原的复合体。现在在印度平原到东南亚很繁盛。固其环境水草丛生，水内常缺氧，肉食凶猛鱼类多；故鱼体常具拟草色，有些有上鳃器官或喉腔内壁有呼吸作用，常有防御性棘刺和不善游。在黄河下游有鮊科、青鳉、乌鳢、圆尾斗鱼、中华刺鳅等约12种。鲃亚科鱼类这里原来也很多，如中新世山东临朐有斯氏鲃及临朐鲃，在周口店上新世有川鲃、云南鲃、短尾鲃及席褆倒刺鲃等；只是到更新世，由于北方冰川期严寒才消失的。

（5）北方平原复合体：这是北半球北部亚寒带平原区的鱼类。因更新世的变冷和多次冰川期摧残，原来的鱼很多已灭绝，有一部分残留在欧洲到东亚及北美洲。这些鱼类视力好，耐寒性强，须不发达，较喜氧，因凶猛鱼较少而具棘和硬刺的种类较少；卵产一次，产卵期较早。在黄河流域只有瓦氏雅罗鱼及花鳅属共3种。

（6）北方山麓复合体：亦是冰川期在北半球北部亚寒带山麓形成的鱼类。其环境是水清、流急，含氧丰富，水温低，水底多石，两岸多针叶林。故鱼体多呈纺锤形，善游，多具山林河道色，多产卵于沙石间，主要以陆生昆虫等为食。这里有秦岭细鳞鲑。它是冰川期从北方绕朝鲜半岛东侧迁到黄河下游，而残留山区的。

（7）中印山麓复合体：这是喜马拉雅山产生后，在水源充沛、清澈的山溪形成的。大多是底层鱼类，身体平扁，体腹侧常有吸附结构，偶鳍常水平形；典型的是平鳍鳅科、鲱科及东坡鱼属等。黄河流域无典型的此类鱼，仅有大鳞突吻鱼。大鳞突吻鱼可能因避寒现在常冬居山溪泉洞或洞穴内，春末或夏初出洞产卵及索食，故古名丙穴鱼。突吻鱼属化石始于中新世。

（8）从黄河流域鱼类分布情况可知，黄河上游以华西高山复合体为主；中游以上第三纪早期复合体为主。下游以江河平原复合体为主，其次有上第三纪早期复合体与东南亚热带沼泽复合体；北方平原复合体很少，另二复合体更少。

表2　黄河流域真正淡水鱼类的区系组成

鱼类复合体名称	中国江河平原复合体	上第三纪早期复合体	华西（中亚高山）复合体	东南亚热带沼泽复合体	北方平原复合体	北方山麓复合体	中印山麓复合体	真正淡水鱼类总计
鱼类种数	60	46	22	12	3	3	1	147

3. 黄河流域鱼类分布表

黄河流域鱼类分布情况见表3和表4。

表3　黄河各河段鱼类分布表

	上游					中游				下游					淡水鱼类复合体种类
	华西区					宁蒙区				华东区					
	青藏亚区	陇西区				河套亚区				河海亚区					
种类	扎陵湖、鄂陵湖及其上游	扎陵湖至龙羊峡	龙羊峡至刘家峡	刘家峡至黑山峡	天水以上渭河上游	黑山峡至磴口	磴口至河曲	河曲至壶口（陕西）	河曲至壶口（山西）	壶口以下 陕西（关中）	壶口以下（山西）	河南	山东 淡水区	山东 海水及半咸水	
（1）鲟科 Acipenseridae															
达氏鲟 *Acipenser dabryanus*（图1；原图1）												+	+	+	②
中华鲟 *Acipenser sinensis*（图2；原图2）												+?	+	+	②
东亚鳇鱼 *Huso dauricus*（图3；原图3）												+	+	+	②
（2）匙吻鲟科 Polyodontidae															
白鲟 *Psephurus gladius*（图4；原图4）												+	+	+	②
（3）鲱科 Clupeidae															
青鳞小沙丁鱼 *Sardinella zunasi*（图5；原图5）														+	
斑鰶 *Clupanodon punctatus*（图6；原图6）														+	
（4）鳀科 Engraulidae															
刀鲚 *Coilia ectenes*（图7；原图7）											+	+	+		
凤鲚 *Coilia mystus*（图8；原图8）													+	+	
（5）鲑科 Salmonidae															
秦岭细鳞鲑 *Brachymystax lenok tsinlingensis*（图9；原图9）							+			+					⑥
虹鲑（虹鳟）*Oncorhynchus mykiss*（*Salmo irideus*）（图10；原图10）															
（6）香鱼科 Plecoglossidae															
香鱼 *Plecoglossus altivelis*（图11；原图11）													+	+	

续表

	上游					中游				下游					淡水鱼类复合体种类
	华西区					宁蒙区				华东区					
	青藏亚区	陇西区				河套亚区				河海亚区					
	扎陵湖、鄂陵湖及其上游	扎陵湖至龙羊峡	龙羊峡至刘家峡	刘家峡至黑山峡	天水以上渭河上游	黑山峡至磴口	磴口至河曲	河曲至壶口·陕西	河曲至壶口·山西	壶口以下·陕西（关中）	壶口以下·山西	河南	山东·淡水区	山东·海水及半咸水	
（7）银鱼科 Salangidae															
大银鱼 *Protosalanx hyalocranius*（图12；原图12）												+	+	+	
安氏新银鱼 *Neosalanx andersoni*（图13；原图13）													+	+	
寡齿新银鱼 *Neosalanx oligodontis*（图14；原图14）													+		①
前颌半银鱼 *Hemisalanx prognathus*（图15；原图15）													+	+	
尖头银鱼 *Salanx cuvieri*（图16；原图16）													+	+	
长臂银鱼 *Salanx longianalis*（图17；原图17）														+	
（8）鳗鲡科 Anguillidae															
鳗鲡 *Anguilla japonica*（图18；原图18）										+	+	+	+	+	
（9）亚口鱼（胭脂鱼）科 Catostomidae															
胭脂鱼 *Myxocyprinus asiaticus*（图19；原图19）												+?	+?		②
（10）鳅科 Cobitidae															
须鼻鳅 *Lefua costata*（图20；原图20）							+				+		+		②
红尾副鳅 *Paracobitis variegatus*（图21；原图21）								+				+			③
硬刺高原鳅 *Triplophysa scleropterus*（图22；原图22）	+	+	+	+											③
拟硬刺高原鳅 *Triplophysa pseudoscleropterus*（图23；原图23）	+	+		+											③
达里湖高原鳅 *Triplophysa dalaicus*（图24；原图24）							+	+		+					②

续表

种类	上游					中游				下游					淡水鱼类复合体种类
	华西区					宁蒙区				华东区					
	青藏亚区	陇西区				河套亚区				河海亚区					
种类	扎陵湖、鄂陵湖及其上游	扎陵湖至龙羊峡	龙羊峡至刘家峡	刘家峡至黑山峡	天水以上渭河上游	黑山峡至磴口	磴口至河曲	河曲至壶口 陕西	河曲至壶口 山西	壶口以下 陕西(关中)	壶口以下 山西	河南	山东 淡水区	山东 海水及半咸水	淡水鱼类复合体种类
东方高原鳅 *Triplophysa orientalis*（图25；原图25）	?	+	?	+											③
岷县高原鳅 *Triplophysa minxianensis*（图26；原图26）			+		+			+		+					③
巴氏高原鳅 *Triplophysa pappenheimi*（图27；原图27）	?	+	+	+											③
后鳍高原鳅 *Triplophysa posteroventralis*（图28；原图28）				+		+	+	+	+	+	+	+	+		②
壮体高原鳅 *Triplophysa robustus*（图29；原图29）			+	+						+					③
中亚高原鳅 *Triplophysa stoliczkai*（图30；原图30）	?	+					+?		+						③
长蛇高原鳅 *Triplophysa longianguis*（图31；原图31）		+													③
背斑高原鳅 *Triplophysa dorsonotatus*（图32；原图32）	+	+	+	+	+	+	+	+							③
董氏高原鳅 *Triplophysa toni*（图33；原图33）										+	+				②
鞍斑高原鳅 *Triplophysa sellaefer*（图34；原图34）										+	+				②
隆头高原鳅 *Triplophysa alticeps*	+														③
钝吻高原鳅 *Triplophysa obtusirostra*	+														③
似鲇鼓鳅 *Hedinichthys siluroides*（图35；原图35）	+	+	+	+											③
花斑副沙鳅 *Parabotia fasciata*（图36；原图36）										+	+	+	+		①
东方薄鳅 *Leptobotia orientalis*（图37；原图37）										+	+	+	+		①
中华花鳅 *Cobitis sinensis*（图38；原图38）										+	+	+	+		⑤

续表

	上游					中游				下游					淡水鱼类复合体种类
	华西区					宁蒙区				华东区					
	青藏亚区		陇西区			河套亚区				河海亚区					
	扎陵湖、鄂陵湖及其上游	扎陵湖至龙羊峡	龙羊峡至刘家峡	刘家峡至黑山峡	天水以上渭河上游	黑山峡至磴口	磴口至河曲	河曲至壶口 陕西	河曲至壶口 山西	壶口以下 陕西（关中）	壶口以下 山西	河南	山东 淡水区	山东 海水及半咸水	
北方花鳅 Cobitis granoei（图39；原图39）			+	+											⑤
泥鳅 Misgurnus anguillicaudatus（图40；原图40）				+	+	+	+	+	+	+	+	+	+		②
细尾泥鳅 Misgurnus bipartitus（图41；原图41）							+	+	+		+				②
大鳞副泥鳅 Paramisgurnus dabryanus（图42；原图42）									+	+	+		+		①
（11）鲤科 Cyprinidae															
鲤 Cyprinus carpio（图43；原图43）			+	+	+	+	+	+	+	+	+	+	+		②
鲫 Carassius auratus（图44；原图44）			+	+	+	+	+	+	+	+	+	+	+		②
大鳞突吻鱼 Varicorhinus（Scaphesthes）macrolepis（图45；原图45）										+	+	+	+		⑦
鳡鲬 Hemibarbus labeo（图46；原图46）										+	+	+	+		①
花鲬 Hemibarbus maculatus（图47；原图47）										+		+	+		①
长吻鲬 Hemibarbus longirostris（图48；原图48）										⊕	⊕	+?	+?		①
刺鮈 Acanthogobio guentheri（图49；原图49）		?	+	+											③
似白鮈 Paraleucogobio notacanthus（图50；原图50）											+	+	+		①
麦穗鱼 Pseudorasbora parva（图51；原图51）				+	+	+	+	+	+	+	+	+	+		②
多牙麦穗鱼 Pseudorasbora fowleri（图52；原图52）													+		①
华鳈 Sarcocheilichthys sinensis（图53；原图53）												+	+		②

续表

种类	上游 华西区 青藏亚区 扎陵湖、鄂陵湖及其上游	上游 陇西区 扎陵湖至龙羊峡	陇西区 龙羊峡至刘家峡	陇西区 刘家峡至黑山峡	陇西区 天水以上渭河上游	中游 宁蒙区 河套亚区 黑山峡至磴口	河套亚区 磴口至河曲	河曲至壶口 陕西	河曲至壶口 山西	下游 华东区 河海亚区 壶口以下 陕西(关中)	壶口以下 山西	河南	山东 淡水区	海水及 半咸水	淡水鱼类复合体种类
黑鳍鳈 *Sarcocheilichthys nigripinnis*（图54；原图54）										+	+	+	+		②
红鳍鳈 *Sarcocheilichthys sciistius*（图55；原图55）										+		+	+		②
多纹颌须鮈 *Gnathopogon polytaenia*（图56；原图56）										+	+	+	+		①
短须颌须鮈 *Gnathopogon imberbis*（图57；原图57）												+	+	+	①
济南颌须鮈 *Gnathopogon tsinanensis*（图58；原图58）									+	+		+	+		①
银色银鮈 *Squalidus argentatus*（图59；原图59）										+	+	+			①
点纹银鮈 *Squalidus wolterstorffi*（图60；原图60）													+		①
八纹银鮈 *Gnathopogon similis*（图61；原图61）													+		①
中间银鮈 *Squalidus intermedius*（图62；原图62）												+	+	+	①
似铜鮈 *Gobio coriparoides*（图63；原图63）			+				+			+		+	+		②
灵宝鮈 *Gobio meridionalis*（图64；补缺）												+			①
花丁鮈 *Gobio cynocephalus*（图65；原图65）						+	+	+		+					②
张氏鮈 *Gobio tchangi*, sp. nov.（图66；原图66）				+						+	+	+			②
棒花鮈 *Gobio rivuloides*（图67；原图67）			+	+		+	+		+	+	+	+			②
黄河鮈 *Gobio huanghensis*（图68；原图68）			+	+		+	?								②
细体鮈 *Gobio tenuicorpus*（图69；原图69）										+	+	+			①

种类	上游					中游				下游					淡水鱼类复合体种类
	华西区					宁蒙区				华东区					
	青藏亚区		陇西区			河套亚区				河海亚区					
	扎陵湖、鄂陵湖及其上游	扎陵湖至龙羊峡	龙羊峡至刘家峡	刘家峡至黑山峡	天水以上渭河上游	黑山峡至磴口	磴口至河曲	河曲至壶口 陕西	河曲至壶口 山西	壶口以下 陕西(关中)	壶口以下 山西	河南	山东 淡水区	山东 海水及半咸水	
小索氏鮈 *Gobio soldatovi minulus*（原图70，缺）							+								②
短须铜鱼 *Coreius heterodon*（图70；原图71）			+			+	+	+	+	+	+	+	+		②
长须铜鱼 *Coreius septentrionalis*（图71；原图72）			+	+		+	+	+	+	+	+	+	+		②
铜鱼 *Coreius cetopsis*（图72；原图73）											+	+	+		②
吻鮈 *Rhinogobio typus*（图73；原图74）				+		+	+	+	+	+	+	+	+		②
大鼻吻鮈 *Rhinogobio nasutus*（图74；原图75）			+	+		+	+	+	+	+	+	+	+		②
拟鮈 *Pseudogobio vaillanti*（图75；原图76）													+		①
长吻拟鮈 *Pseudogobio longirostris*（图76；原图77）													+		①
棒花鱼 *Abbottina rivularis*（图77；原图78）				+						+	+	+	+		①
清徐胡鮈 *Huigobio chinssuensis*（图78；原图79）				+						+	+	+	+		①
杜氏船丁鱼 *Saurogobio dumerili*（图79；原图80）												+	+		①
达氏船丁鱼 *Saurogobio dabryi*（图80；原图81）										+	+	+	+		①
鳅鮀 *Gobiobotia pappenheimi*（图81；原图80）										+		+	+		①
宜昌鳅鮀 *Gobiobotia ichangensis*（图82；原图81）										+	+	+			①
平鳍鳅鮀 *Gobiobotia homalopteroidea*（图83；原图82）				+		?	?	?	?	?	+				②
溥氏裂腹鱼 *Schizothorax prenanti*（图84；原图83）										+?					③

	上游					中游				下游					淡水鱼类复合体种类
	华西区					宁蒙区				华东区					
	青藏亚区	陇西区				河套亚区				河海亚区					
	扎陵湖、鄂陵湖及其上游	扎陵湖至龙羊峡	龙羊峡至刘家峡	刘家峡至黑山峡	天水以上渭河上游	黑山峡至磴口	磴口至河曲	河曲至壶口 陕西	河曲至壶口 山西	壶口以下 陕西（关中）	壶口以下 山西	河南	山东 淡水区	山东 海水及半咸水	
厚唇裸重唇鱼 Gymnodiptychus pachycheilus（图85；原图84）	+	+	+	+	+					+					③
花斑裸鲤 Gymnocypris eckloni（图86；原图85）	+	+	+	+											③
斜口裸鲤 Gymnocypris scoliostomus（图87；原图86）		+													③
骨唇黄河鱼 Chuanchia labiosa（图88；原图87）	+	+	+												③
黄河裸裂尻鱼 Schizopygopsis pylzovi（图89；原图88）	+	+	+	+	+										③
嘉陵裸裂尻鱼 Schizopygopsis kialingensis（无图）		+			+										③
极边扁咽齿鱼 Platypharodon extremus（图90；原图89）	+	+													③
尖头拉氏鲅 Phoxinus lagowskii oxycephalus（图91；原图90）					+		+	?		+	+	+	+		⑥
张氏鲅 Phoxinus tchangi（图92）											+				⑥
青鱼 Mylopharyngodon piceus（图93；原图91）						⊕	⊕			+	+	+	+		①
瓦氏雅罗鱼 Leuciscus waleckii（图94；原图92）			+	+	+	+	+			+	+	+			⑤
草鱼 Ctenopharyngodon idellus（图95；原图93）			⊕	⊕		⊕	⊕			+	+	+	+		①
赤眼鳟 Squaliobarbus curriculus（图96；原图94）				+		+	+	+	+	+	+	+	+		②
宽鳍鱲 Zacco platypus（图97；原图95）							⊕?					+	+		①
鳡鱼 Ochetobius elongatus（图98；原图96）												+	+		①
南方马口鱼 Opsariichthys uncirostris bidens（图99；原图97）			⊕				⊕			+	+	+	+		①

	上游					中游				下游					淡水鱼类复合体种类
	华西区					宁蒙区				华东区					
	青藏亚区	陇西区				河套亚区				河海亚区					
	扎陵湖、鄂陵湖及其上游	扎陵湖至龙羊峡	龙羊峡至刘家峡	刘家峡至黑山峡	天水以上渭河上游	黑山峡至磴口	磴口至河曲	河曲至壶口（陕西）	河曲至壶口（山西）	壶口以下 陕西（关中）	壶口以下 山西	河南	山东 淡水区	山东 海水及半咸水	
鳡鱼 *Elopichthys bambusa*（图100；原图98）										+	⊕?	+	+		①
银鲴 *Xenocypris argentea*（图101；原图99）										+	+	+	+		①
黄鲴 *Xenocypris davidi*（图102；原图100）										+	+	+	+		①
细鳞斜颌鲴 *Plagiognathops microlepis*（图103；原图101）												+	+		①
刺鳊 *Acanthobrama simoni*（图104；原图102）												+	+		①
大鳍刺鳑鲏 *Acanthorhodeus macropterus*（图105；原图103）										+	+	+	+		②
越南刺鳑鲏 *Acanthorhodeus tonkinensis*（图106；原图104）										+		+	+		②
短须刺鳑鲏 *Acanthorhodeus barbatulus*（图107；原图105）												+	+		②
带臀刺鳑鲏 *Acanthorhodeus taenianalis*（图108；原图106）										+	+	+	+		②
兴凯刺鳑鲏 *Acanthorhodeus chankaensis*（图109；原图107）										+		+	+		②
白河刺鳑鲏 *Acanthorhodeus peihoensis*（图110；原图108）												+	+		②
无须副鱊 *Paracheilognathus imberbis*（图111；原图109）												+	+		②
无须鱊（细鱊）*Acheilognathus gracilis*（图112；原图110）												+	+		②
中华鳑鲏 *Rhodeus Sinensis*（图113；原图111）										+	+	+	+		②
高体鳑鲏 *Rhodeus ocellatus*（图114；原图112）										+		+	+		②
彩石鲋 *Pseudoperilampus lighti*（图115；原图113）										+	+	+	+		②

	上游					中游				下游					淡水鱼类复合体种类
	华西区					宁蒙区				华东区					
	青藏亚区	陇西区				河套亚区				河海亚区					
	扎陵湖、鄂陵湖及其上游	扎陵湖至龙羊峡	龙羊峡至刘家峡	刘家峡至黑山峡	天水以上渭河上游	黑山峡至磴口	磴口至河曲	河曲至壶口 陕西	河曲至壶口 山西	壶口以下 陕西（关中）	壶口以下 山西	河南	山东 淡水区	山东 海水及半咸水	
白鲦 *Hemiculter leucisculus*（图116；原图114）										+	+	+	+		①
贝氏白鲦 *Hemiculter bleekeri*（图117；原图115）										+	+	+	+		①
三角鲂 *Megalobrama terminalis*（图118；原图116）										+	+	+	+		①
夹头红鲌 *Erythroculter oxycephalus*（图119；原图117）												+	+		①
弯头红鲌 *Erythroculter recurviceps*（图120；原图118）												+	+		①
蒙古红鲌 *Erythroculter mongolicus*（图121；原图119）												+	+		①
红鳍红鲌 *Erythroculter erythropterus*（图122；原图120）										+	+	+	+		①
短尾鲌 *Culter alburnus brevicauda*（图123；原图121）										+	+	+	+		①
鳊 *Parabramis pekinensis*（图124；原图122）										+	+	+	+		①
细鳞锯齿鳊 *Toxabramis Swinhonis*（图125；原图123）												+	+		①
银色锯齿鳊 *Toxabramis argentifer*（图126；原图124）												+	+		①
银飘鱼 *Parapelecus argenteus*（图127；原图125）												+	+		①
寡鳞飘鱼 *Parapelecus engraulis*（图128；原图126）													+		①
开封白鲦 *Hemiculterella kaifensis*（图129；原图127）										+		+	+		①
中华细鲫 *Aphyocypris chinensis*（图130；原图128）										+	+	+	+		①
鲢 *Hypophthalmichthys molitrix*（图131；原图129）			⊕	⊕	⊕	⊕				+	+	+	+		①

续表

种类	扎陵湖、鄂陵湖及其上游	扎陵湖至龙羊峡	龙羊峡至刘家峡	刘家峡至黑山峡	天水以上渭河上游	黑山峡至磴口	磴口至河曲	河曲至壶口·陕西	河曲至壶口·山西	壶口以下·陕西(关中)	壶口以下·山西	河南	山东·淡水区	山东·海水及半咸水	淡水鱼类复合体种类
鳙 *Aristichthys nobilis*（图132；原图130）						⊕	⊕			+	+	+	+		①
（12）鲇科 Siluridae															
鲇 *Silurus asotus*（图133；原图131）			+	+		+	+	+	+	+	+	+	+		②
兰州鲇 *Silurus lanzhouensis*（图134；原图132）				+											②
南方大口鲇 *Silurus soldatovi meridionalis*（图135；原图133）										+?	+?				②
（13）鲿（鮠）科 Bagridae															
黄鲿鱼 *Pseudobagrus fulvidraco*（图136；原图134）										+	+	+	+		④
瓦氏黄鲿鱼 *Pseudobagrus vachellii*（图137；原图135）										+	+	+	+		④
长吻黄鲿鱼 *Pseudobagrus longirostris*（图138；原图136）										+		+	+		④
厚吻黄鲿鱼 *Pseudobagrus crassirostris*（图139；原图137）										+	+	+	+		④
粗唇黄鲿鱼 *Pseudobagrus crassilabris*（图140；原图138）										+	+	+	+		④
开封黄鲿鱼 *Pseudobagrus kaifenensis*（图141；原图139）										+	+	+	+		④
乌苏里鮠 *Leiocassis ussuriensis*（图142；原图140）										+	+	+	+		④
（14）鱵鱼科 Hemiramphidae															
前臀鱵 *Hemiramphus kurumeus*（图143；原图141）													+		
细鳞鱵 *Hemiramphus sajori*（图144；原图142）													+	+	
间鳞鱵 *Hemiramphus intermedius*（图145；原图143）													+	+	

续表

	上游					中游			下游						淡水鱼类复合体种类
	华西区					宁蒙区			华东区						
	青藏亚区		陇西区			河套亚区			河海亚区						
	扎陵湖、鄂陵湖及其上游	扎陵湖至龙羊峡	龙羊峡至刘家峡	刘家峡至黑山峡	天水以上渭河上游	黑山峡至磴口	磴口至河曲	河曲至壶口 陕西	河曲至壶口 山西	壶口以下 陕西（关中）	壶口以下 山西	河南	山东 淡水区	山东 海水及半咸水	
（15）青鳉科 Oryziatidae															
青鳉 *Oryzias latipes sinensis*（图146；原图144）										+	+	+	+		④
（16）胎鳉科 Poeciliidae（图147；原图145）															
食蚊鱼 *Gambusia affinis*										⊕	⊕				
（17）刺鱼科 Gasterosteidae															
中华九刺鱼 *Pungitius pungitius sinensis*（图148；原图146）					+		+			?			+		②
（18）合鳃科 Synbranchidae															
黄鳝 *Monopterus albus*（图149；原图147）							+			+		+	+		④
（19）舌鳎科 Cynoglossidae															
短吻红舌鳎 *Cynoglossus（Areliscus）joyneri*（图150；原图148）														+	
半滑舌鳎 *Cynoglossus（Areliscus）semilaevis*（图151；原图149）														+	
窄体舌鳎 *Cynoglossus（Areliscus）gracilis*（图152；原图150）														+	
短吻三线舌鳎 *Cynoglossus（Areliscus）abbreviatus*（图153；原图151）														+	
（20）鲻科 Mugilidae															
鲻鱼 *Mugil cephalus*（图154；原图152）													+	+	
鲅鱼 *Liza soiuy*（图155；原图153）													+	+	
（21）鲈科 Percichthyidae															
花鲈 *Lateolabrax japonicus*（图156；原图154）													+	+	

续表

	上游					中游				下游					淡水鱼类复合体种类
	华西区					宁蒙区				华东区					
	青藏亚区	陇西区				河套亚区				河海亚区					
	扎陵湖、鄂陵湖及其上游	扎陵湖至龙羊峡	龙羊峡至刘家峡	刘家峡至黑山峡	天水以上渭河上游	黑山峡至磴口	磴口至河曲	河曲至壶口 陕西	河曲至壶口 山西	壶口以下 陕西（关中）	壶口以下 山西	河南	山东 淡水区	山东 海水及半咸水	
鳜（花）鱼 *Siniperca chuatsi*（图157；原图155）												+	+		①
纲纹鳜 *Siniperca aequiformis*（图158；原图156）												+			①
（22）鲴鲷科 Cichlidae															
红腹丽鲷 *Tilapia zillii*（图159；原图157）															
莫桑比克丽鲷 *Tilapia mossambica*（图160；原图158）										⊕	⊕				
尼罗河丽鲷 *Tilapia nilotica*（图161；原图159）										⊕					
蓝丽鲷 *Tilapia aurea*（图162；原图160）															
红丽鲷（福寿鱼）*Tilapia mossambica*（♀）× *T. nilotica*（♂）（图161）															
（23）塘鳢科 Eleotridae															
沙塘鳢 *Odontobutis obscura*（图164；原图162）												+	+		①
黄黝鱼 *Hypseleotris swinhonis*（图165；原图163）					⊕?					+	+	+	+		①
（24）虾虎鱼科 Gobiidae															
强鳍栉虾虎鱼 *Ctenogobius hadropterus*（图166；原图164）										+		+	+		①
普栉虾虎鱼 *Ctenogobius giurinus*（图167；原图165）					⊕?					+		+	+		①
刺虾虎鱼 *Acanthogobius flavimanus*（图168；原图166）														+	
矛尾刺虾虎鱼 *Acanthogobius hasta*（图169；原图167）														+	
舌虾虎鱼 *Glossogobius giuris*（图170；原图168）												+	+		①

续表

	上游					中游				下游					淡水鱼类复合体种类
	华西区					宁蒙区				华东区					
	青藏亚区		陇西区			河套亚区				河海亚区					
	扎陵湖、鄂陵湖及其上游	扎陵湖至龙羊峡	龙羊峡至刘家峡	刘家峡至黑山峡	天水以上渭河上游	黑山峡至磴口	磴口至河曲	河曲至壶口 陕西	河曲至壶口 山西	壶口以下 陕西(关中)	壶口以下 山西	河南	山东 淡水区	山东 海水及半咸水	
矛尾虾虎鱼 *Chaeturichthys stigmatias*（图171；原图169）														+	
叉齿虾虎鱼 *Tridentiger obscurus*（图172；原图170）														+	
双纹叉齿虾虎鱼 *Tridentiger trigonocephalus*（图173；原图171）														+	
狼虾虎鱼 *Odontamblyopus rubicundus*（图174；原图172）														+	
（25）弹涂鱼科 Periophthalmidae															
弹涂鱼 *Periophthalmus cantonensis*（图175；原图173）														+	
（26）乌鳢科 Channidae															
乌鳢 *Ophiocephalus argus*（图176；原图174）										+	+	+	+		④
（27）斗鱼科 Belontiidae															
圆尾斗鱼 *Macropodus chinensis*（图177；原图175）												+	+		④
（28）刺鳅科 Mastacembelidae															
中华刺鳅 *Macrognathus sinensis*（图178；原图176）												+	+		④
（29）杜父鱼科 Cottidae															
松江鲈 *Trachidermus fasciatus*（图179；原图177）													+	+	
（30）鲀科 Tetraodontidae															
弓斑东方鲀 *Takifugu ocellatus*（图180；原图178）													+	+	
星弓东方鲀 *Takifugu obscurus*（图181；原图179）												+	+	+	

续表

鱼类名称	上游					中游				下游					淡水鱼类复合体种类
	华西区					宁蒙区				华东区					
	青藏亚区	陇西区				河套亚区				河海亚区					
	扎陵湖、鄂陵湖及其上游	扎陵湖至龙羊峡	龙羊峡至刘家峡	刘家峡至黑山峡	天水以上渭河上游	黑山峡至磴口	磴口至河曲	河曲至壶口		壶口以下		河南	山东		
								陕西	山西	陕西（关中）	山西		淡水区	海水及半咸水	
红鳍东方鲀 *Takifugu rubripes*（图182；原图180）													+	+	
星点东方鲀 *Takifugu niphobles*（图183；原图181）													+	+	

注1：+表示有自然分布；⊕表示人工引进；？表示分布状态未确定。

注2：淡水鱼类复合体种类：

① 中国江河平原复合体；② 上第三纪早期复合体；③ 华西（中亚高山）复合体；④ 东南亚热带沼泽复合体（印度平原复合体）；⑤ 北方平原复合体；⑥ 北方山麓复合体；⑦ 中印山麓复合体。

表4　黄河鱼类在各河段以及亚洲东部邻近水域分布的比较

鱼类名称 \ 分布地区	雅鲁藏布江	怒澜水系	珠江水系	长江水系	柴达木盆地	青海湖水系	河西走廊	阴山北侧	黄河水系 青海段	黄河水系 陇中陇西段	黄河水系 河套段	黄河水系 关中段	黄河水系 晋南段	黄河水系 河南段	黄河水系 山东段	海河水系	辽河水系	黑龙江水系	鸭绿江水系	朝鲜 西南部	朝鲜 东北部	日本
Acipenseridae 鲟科																						
Acipenser dabryanus 达氏鲟	－	－	－	＋	－	－	－	－	－	－	－	－	－	＋	＋	＋	＋	－	－	＋	－	－
A.sinensis 中华鲟	－	－	＋	＋	－	－	－	－	－	－	－	－	－	？	？	？	？	－	－	－	＋	－
Huso dauricus 东亚鳇鱼	－	－	－	－	－	－	－	－	－	－	－	－	－	－	－	＋	＋	？	＋	－	－	－
Polyodontidae 匙吻鲟科																						
Psephurus gladius 白鲟	－	－	－	＋	－	－	－	－	－	－	－	－	－	－	－	＋	＋	？	？	－	－	－
Clupeidae 鲱科																						
Harengula zunasi 青鳞小沙丁鱼	－	－	－	－	－	－	－	－	－	－	－	－	－	－	＋	＋	＋	＋	－	＋	－	＋
Clupanodon punctatus 斑鲦	－	－	＋	＋	－	－	－	－	－	－	－	－	－	－	＋	＋	＋	＋	－	＋	－	＋

续表

分布地区 / 鱼类名称	雅鲁藏布江	怒澜水系	珠江水系	长江水系	柴达木盆地	青海湖水系	河西走廊	阴山北侧	黄河水系							海河水系	辽河水系	黑龙江水系	鸭绿江水系	朝鲜		日本
									青海段	陇中陇西段	河套段	关中段	晋南段	河南段	山东段					西南部	东北部	
Engraulidae 鳀科																						
Coilia ectenes 刀鲚	−	−	+	+	−	−	−	−	−	−	−	−	−	−	+	+	+	+	+	+	−	−
C. mystus 凤鲚	−	−	+	+	−	−	−	−	−	−	−	−	−	−	+	+	+	+	+	+	−	+
Salmonidae 鲑科																						
Brachymystax lenok tsinlingensis 秦岭细鳞鲑	−	−	−	⊕	−	−	−	−	−	−	−	+	−	+	−	+	+	★	★	+	−	−
Salmo irideus 虹鲑	−	−	−	−	−	−	−	−	−	−	−	−	⊕	−	−	⊕	−	⊕	−	−	−	−
Plecoglossidae 香鱼科																						
Plecoglossus altivelis 香鱼	−	−	+	−	−	−	−	−	−	−	−	−	−	−	+	+	+	+	+	+	+	+
Salangidae 银鱼科																						
Protosalanx hyalocranius 大银鱼	−	−	−	+	−	−	−	−	−	−	−	−	−	−	+	+	+	+	−	+	+	+
Neosalanx andersoni 安氏新银鱼	−	−	−	+	−	−	−	−	−	−	−	−	−	−	+	+	+	+	+	−	−	−
Salanx cuvieri 尖头银鱼	−	−	+	+	−	−	−	−	−	−	−	−	−	−	+	+	+	+	−	−	−	−
S. longianalis 长臂银鱼	−	−	−	+	−	−	−	−	−	−	−	−	−	−	+	+	+	+	−	−	−	−
Neosalanx oligodontis 寡齿新银鱼	−	−	−	+	−	−	−	−	−	−	−	−	−	−	−	−	−	−	−	−	−	−
Hemisalanx prognathus 前颌半银鱼	−	−	−	+	−	−	−	−	−	−	−	−	−	−	−	+	+	⊕	−	+	+	−
Anguillidae 鳗鲡科																						
Anguilla japonica 鳗鲡	−	−	+	+	−	−	−	−	−	−	−	+	+	+	+	+	+	−	+	+	+	+
Catostomidae 亚口鱼（胭脂鱼）科																						
Myxocyprinus asiaticus 胭脂鱼	−	−	−	+	−	−	−	−	−	−	−	−	−	−	+	−	−	−	−	−	−	−
Cobitidae 鳅科																						
Cobitinae 花鳅亚科																						
Cobitis sinensis（*C. taenia*）中华花鳅（尾柄长为尾柄高1.3~1.7倍，椎点4+37-39）	−	−	+	+	−	−	−	−	+	+	+	+	+	+	+	+	+	+	+	−	+	−
C. granoei（*C. t. sibirica*）北方花鳅（尾柄长为尾柄高1.8~2.5倍，椎点4+45~46）	−	−	−	−	−	−	−	−	+	−	−	−	−	−	+	+	+	+	−	−	+	−

续表

分布地区 / 鱼类名称	雅鲁藏布江	怒澜水系	珠江水系	长江水系	柴达木盆地	青海湖水系	河西走廊	阴山北侧	黄河水系 青海段	黄河水系 陇中陇西段	黄河水系 河套段	黄河水系 关中段	黄河水系 晋南段	黄河水系 河南段	黄河水系 山东段	海河水系	辽河水系	黑龙江水系	鸭绿江水系	朝鲜 西南部	朝鲜 东北部	日本
Misgurnus anguillicaudatus 泥鳅	−	−	+	+	−	−	−	−	−	+	+	+	+	+	+	+	+	+	−	+	+	+
M. bipartitus 细尾泥鳅	−	−	−	−	−	−	+	−	−	+	−	+	−	−	+	−	+	−	−	−	−	−
Paramisgurnus dabryanus 大鳞副泥鳅	−	−	−	+	−	−	−	−	−	+	+	+	+	+	−	−	−	−	−	+	+	−
Botinae 沙鳅亚科																						
Parabotia fasciata 花斑副沙鳅	−	−	+	+	−	−	−	−	−	−	−	−	−	−	+	+	−	+	+	−	−	−
Leptobotia orientalis 东方薄鳅	−	−	−	+	−	−	−	−	−	−	−	−	−	−	−	−	+	−	−	−	−	−
Nemachilinae（Noemachilinae）条鳅亚科																						
Lefua costata 须鼻鳅	−	−	−	−	−	−	−	+	−	−	+	−	−	−	−	+	+	+	−	+	+	−
Triplophysa dalaicus 达里湖高原鳅	−	−	+	−	−	−	−	−	−	+	−	+	−	−	−	−	−	−	−	−	−	−
T. scleropterus 硬刺条鳅	−	−	−	+	+	−	−	−	+	+	−	−	−	−	−	−	−	−	−	−	−	−
T. pseudoscleropterus 拟硬刺高原鳅	−	−	★	+	+	−	−	−	−	+	−	−	−	−	−	−	−	−	−	−	−	−
T. orientalis 东方高原鳅	−	−	−	+	−	−	−	−	−	−	−	−	−	−	−	−	−	−	−	−	−	−
T. dorsonotatus 背斑条鳅	−	−	−	−	+	+	−	+	+	+	+	−	−	−	−	−	−	−	−	−	−	−
T. pappenheimi 黄河高原鳅	−	−	−	−	−	−	−	+	+	+	−	+	−	−	−	−	−	−	−	−	−	−
T. stoliczkai 中亚高原鳅（斯氏条鳅）	−	−	−	+	+	+	−	−	+	−	?	−	−	−	−	−	−	−	−	−	−	−
T. robustus 壮体高原鳅	−	−	−	+	−	−	−	−	−	+	−	+	−	−	−	−	−	−	−	−	−	−
T. toni 董氏高原鳅	−	−	−	−	−	−	−	−	−	−	−	+	+	+	+	+	+	+	+	−	−	−
T. sellaefer 鞍斑高原鳅	−	−	−	−	−	−	−	−	−	−	−	−	−	+	+	−	−	−	−	★	−	−
T. toni posteroventralis 后鳍高原鳅	−	−	−	−	−	−	−	−	−	−	−	+	+	+	+	+	+	−	★	−	−	−
T. minxianensis 岷县高原鳅	−	−	−	−	−	−	−	−	−	−	−	−	−	+	−	−	−	−	−	−	−	−
Hedinichthys siluroides 似鲇鼓鳅	−	−	−	−	−	−	−	−	+	+	−	−	−	−	−	−	−	−	−	−	−	−
Cyprinidae 鲤科																						
Cyprininae 鲤亚科																						

续表

鱼类名称	雅鲁藏布江	怒澜水系	珠江水系	长江水系	柴达木盆地	青海湖水系	河西走廊	阴山北侧	黄河水系 青海段	陇中陇西段	河套段	关中段	晋南段	河南段	山东段	海河水系	辽河水系	黑龙江水系	鸭绿江水系	朝鲜 西南部	东北部	日本
Cyprinus carpio 鲤	−	−	+	+	−	−	−	−	−	+	+	+	+	+	+	+	+	+	+	+	+	+
Carassius auratus 鲫	−	−	+	+	−	−	+	+	−	+	+	+	+	+	+	+	+	+	+	+	+	+
Barbinae 鲃亚科																						
Varicorhinus（*Scaphesthes*）*macrolepis* 多鳞铲颌鱼	−	−	−	+	−	−	−	−	−	−	−	+	+	+	+	−	−	−	−	−	−	−
Gobioninae 鮈亚科																						
Hemibarbus labeo（Pallas）鲮鳎	−	−	+	+	−	−	−	−	−	−	−	+	+	+	+	+	+	+	−	+	−	−
H. maculatus Bleeker 花鳎	−	−	+	+	−	−	−	−	−	−	−	+	+	+	+	+	+	−	−	−	−	−
H. longirostris 长吻鳎	−	−	+	+	−	−	−	−	−	−	−	−	−	−	−	+	+	+	+	+	−	+
Acanthogobio guentheri 刺鮈	−	−	−	−	−	−	−	−	−	+	+	−	−	−	−	−	−	−	−	−	−	−
Paraleucogobio notacanthus 似白鮈	−	−	−	−	−	−	−	−	−	−	−	−	−	+	−	+	−	+	−	−	−	−
Pseudorasbora parva 麦穗鱼	−	−	+	+	−	−	⊕	−	−	+	+	+	+	+	+	+	+	+	+	−	−	+
P. fowleri 多牙麦穗鱼	−	−	−	+	−	−	−	−	−	−	−	−	−	−	−	+	−	−	−	−	−	−
Sarcocheilichthys sinensis 华鳈	−	−	−	+	−	−	−	−	−	−	−	−	−	−	+	+	+	+	+	−	−	−
S. nigripinnis 黑鳍鳈	−	−	+	+	−	−	−	−	−	−	−	+	+	−	+	+	+	+	−	−	−	−
S. sciistius 红鳍鳈	−	−	−	+	−	−	−	−	−	−	−	−	−	−	−	−	−	−	−	−	−	−
Gnathopogon polytaenia 多纹颌须鮈	−	−	−	−	−	−	−	−	−	−	−	−	+	+	+	+	−	−	−	−	−	−
G. imberbis 短须颌须鮈	−	−	−	+	−	−	−	−	−	−	−	−	+	−	+	−	−	−	−	−	−	−
G. tsinanensis 济南颌须鮈	−	−	−	−	−	−	−	−	−	−	−	−	+	+	+	+	−	−	−	−	−	−
G. argentatus（Sauvage et Dabry）银色颌须鮈	−	−	+	+	−	−	−	−	−	−	−	−	+	−	+	+	−	−	−	−	−	−
G. wolterstorffi 点纹颌须鮈	−	−	+	+	−	−	−	−	−	−	−	−	−	−	−	+	−	−	−	−	−	−
G. similis 八纹颌须鮈	−	−	−	−	−	−	−	−	−	−	⊕	−	−	−	+	−	−	−	−	−	−	−
Gnathopogon intermedius 中间银鮈	−	−	−	−	−	−	−	−	−	−	−	−	−	+	+	−	−	−	−	−	−	−
Gobio coriparoides 似铜鮈	−	−	−	−	−	−	−	−	−	+	+	+	+	+	−	+	−	−	−	−	−	−

续表

分布地区 ＼ 鱼类名称	雅鲁藏布江	怒澜水系	珠江水系	长江水系	柴达木盆地	青海湖水系	河西走廊	阴山北侧	黄河水系 青海段	黄河水系 陇中陇西段	黄河水系 河套段	黄河水系 关中段	黄河水系 晋南段	黄河水系 河南段	黄河水系 山东段	海河水系	辽河水系	黑龙江水系	鸭绿江水系	朝鲜 西南部	朝鲜 东北部	日本
G. cynocephalus 花丁鮈	−	−	−	−	−	−	−	−	−	+	+	+	+	−	+	+	+	+	+	−	+	−
G. tchangi sp. nov. 张氏鮈	−	−	−	−	−	−	−	−	−	−	+	+	+	−	+	+	+	−	−	−	−	−
G. rivuloides 棒花鮈	−	−	−	−	−	−	−	−	−	+	+	+	+	+	+	−	+	+	−	−	−	−
G. tenuicorpus 细体鮈	−	−	−	−	−	−	−	−	−	−	−	−	−	−	−	−	−	−	−	−	−	−
G. soldatovi minulus 小索氏鮈	−	−	−	−	−	−	−	−	−	+	+	−	−	−	−	−	−	+	−	−	−	−
Coreius heterodon 短须铜鱼	−	−	+	+	−	−	−	−	−	+	+	+	+	+	+	+	+	+	−	−	−	−
C. septentrionalis 长须铜鱼	−	−	−	−	−	−	−	−	−	+	+	+	+	+	+	−	−	−	−	−	−	−
C. cetopsis 铜鱼	−	−	+	+	−	−	−	−	−	?	+	+	+	+	+	−	−	−	−	−	−	−
Rhinogobio typus 吻鮈	−	−	+	+	−	−	−	−	−	+	+	+	+	+	+	+	+	−	−	−	−	−
R. nasutus 大鼻吻鮈	−	−	−	−	−	−	−	−	−	−	+	+	+	+	+	−	+	−	−	−	−	−
Pseudogobio vaillanti 拟鮈	−	−	+	+	−	−	−	−	−	−	−	+	−	+	+	−	−	−	−	−	−	−
P. longirostris 长吻拟鮈	−	−	−	−	−	−	−	−	−	−	−	−	−	−	−	+	−	+	−	−	−	−
Abbottina rivularis 棒花鱼	−	−	+	+	−	−	⊕	−	−	+	+	+	+	+	+	+	+	+	−	+	−	+
Huigobio chinssuensis 清徐胡鮈	−	−	+	+	−	−	−	−	−	−	+	+	+	+	+	+	+	−	−	+	−	−
Saurogobio dumerili 杜氏船丁鱼	−	−	−	+	−	−	−	−	−	−	−	−	+	+	+	+	+	−	−	−	−	−
S. dabryi 达氏船丁鱼	−	−	+	+	−	−	−	−	−	−	−	+	+	+	+	+	+	+	+	+	−	−
Gobiobotinae 鳅鮀亚科																						
Gobiobotia pappenheimi 鳅鮀	−	−	−	−	−	−	−	−	−	−	−	+	+	+	+	+	+	−	?	−	−	−
G. ichangensis 宜昌鳅鮀	−	−	−	+	−	−	−	−	−	−	−	+	+	+	−	−	−	−	−	−	−	−
G. homalopteroidea 平鳍鳅鮀	−	−	−	−	−	−	−	−	−	−	−	+	−	−	−	−	−	−	−	−	−	−
Schizothoracinae 裂腹鱼亚科																						
Schizothorax prenanti 溥氏裂腹鱼	−	−	+	+	−	−	−	−	−	?	−	−	−	−	−	−	−	−	−	−	−	−
Gymnodiptychus pachycheilus 厚唇裸重唇鱼	−	−	+	+	−	−	+	−	+	+	−	−	+	−	−	−	−	−	−	−	−	−
Gymnocypris eckloni 花斑裸鲤	−	−	−	−	+	+	−	−	+	+	−	−	−	−	−	−	−	−	−	−	−	−

鱼类名称 \ 分布地区	雅鲁藏布江	怒澜水系	珠江水系	长江水系	柴达木盆地	青海湖水系	河西走廊	阴山北侧	黄河水系 青海段	黄河水系 陇中陇西段	黄河水系 河套段	黄河水系 关中段	黄河水系 晋南段	黄河水系 河南段	黄河水系 山东段	海河水系	辽河水系	黑龙江水系	鸭绿江水系	朝鲜 西南部	朝鲜 东北部	日本
G. scoliostomus 斜口裸鲤	−	−	−	−	−	−	−	−	+	−	−	−	−	−	−	−	−	−	−	−	−	−
Chuanchia labiosa 骨唇黄河鱼	−	−	−	−	−	−	−	−	+	−	−	−	−	−	−	−	−	−	−	−	−	−
Schizopygopsis pylzovi 黄河裸裂尻鱼	−	−	−	+	−	−	−	−	+	+	−	−	−	−	−	−	−	−	−	−	−	−
Platypharodon extremus 极边扁咽齿鱼	−	−	−	−	−	−	−	−	+	−	−	−	−	−	−	−	−	−	−	−	−	−
Leuciscinae 雅罗鱼亚科																						
Phoxinus lagowskii oxycephalus 尖头拉氏鲅	−	−	−	★	−	−	+	−	−	+	+	+	+	+	+	+	−	★	−	+	★	+
Mylopharyngodon piceus 青鱼	−	−	+	+	−	−	−	−	−	−	−	+	+	+	+	+	+	+	+	−	−	⊕
Leuciscus waleckii 瓦氏雅罗鱼	−	−	−	−	−	+	−	+	−	+	+	+	+	+	+	+	+	+	+	−	−	−
Ctenopharyngodon idellus 草鱼	−	−	+	+	−	−	−	−	−	−	−	+	+	+	+	+	+	+	−	−	−	⊕
Squaliobarbus curriculus 赤眼鳟	−	−	+	+	−	−	−	−	−	−	−	+	+	+	+	+	+	+	−	+	−	−
Zacco platypus 宽鳍鱲	−	−	+	+	−	−	−	−	−	−	−	+	+	+	+	+	+	+	−	+	⊕	+
Ochetobius elongatus 鳡鱼	−	−	+	+	−	−	−	−	−	−	−	−	−	+	+	+	−	−	−	?	−	−
Opsariichthys uncirostris bidens 南方马口鱼	−	−	+	+	−	−	−	−	−	−	−	−	+	+	+	+	+	+	★	−	+	★
Elopichthys elongatus 鳡鱼	−	−	+	+	−	−	−	−	−	−	−	+	+	+	+	+	+	−	−	−	−	−
Xenocyprinae 鲴亚科																						
Xenocypris argentea 银鲴	−	−	+	+	−	−	−	−	−	−	−	+	+	+	+	+	+	+	−	−	−	−
X. davidi 黄鲴	−	−	+	+	−	−	−	−	−	−	−	+	+	+	+	−	−	−	−	−	−	−
Palagiogathops microlepis 细鳞斜颌鲴	−	−	+	+	−	−	−	−	−	−	−	−	−	−	−	−	+	−	−	−	−	−
Acanthobrama simoni 刺鳊	−	−	−	+	−	−	−	−	−	−	−	−	−	+	+	+	+	−	−	−	−	−
Rhodeinae （=Acheilognathinae）鳑鲏亚科																						
Acanthorhodeus macropterus 大鳍刺鳑鲏	−	−	+	+	−	−	−	−	−	−	−	−	−	+	+	+	+	+	−	+	−	−
A. tonkinensis 越南刺鳑鲏	−	−	+	+	−	−	−	−	−	−	−	−	−	−	−	+	+	−	−	−	−	−

续表

分布地区＼鱼类名称	雅鲁藏布江	怒澜水系	珠江水系	长江水系	柴达木盆地	青海湖水系	河西走廊	阴山北侧	黄河水系 青海段	陇中陇西段	河套段	关中段	晋南段	河南段	山东段	海河水系	辽河水系	黑龙江水系	鸭绿江水系	朝鲜西南部	朝鲜东北部	日本
A. barbatulus 短须刺鳑鲏	–	–	–	+	–	–	–	–	–	–	–	–	+	+	–	–	–	–	–	–	–	–
A. taenianalis 带臀刺鳑鲏	–	–	+	+	–	–	–	–	–	–	–	–	+	+	+	+	+	+	+	–	–	–
A. chankaensis 兴凯刺鳑鲏	–	–	+	+	–	–	–	–	–	–	–	–	+	+	+	+	+	+	–	–	–	–
A. peihoensis 白河刺鳑鲏	–	–	–	+	–	–	–	–	–	–	–	–	–	+	–	+	–	–	–	–	–	–
Paracheilognathus imberbis 无须副鱊	–	–	+	+	–	–	–	–	–	–	–	–	–	+	–	+	–	–	–	–	–	–
Rhodeus sinensis 中华鳑鲏	–	–	–	+	–	–	–	–	–	–	–	–	+	+	+	+	+	+	–	–	+	–
R. ocellatus 高体鳑鲏（咽齿无锯纹）	–	–	–	+	–	–	–	–	–	–	–	–	–	+	+	+	+	+	+	–	–	+
Pseudoperilampus lighti 彩石鲋（咽齿有明显锯纹）	–	–	+	+	–	–	–	–	–	–	–	–	+	+	+	+	+	+	+	–	–	–
Ａ ｂ ｒ ａ ｍ ｉ ｄ ｉ ｎ ａ ｅ （＝Culterinae）鳊亚科																						
Hemiculter bleekeri 贝氏白鲦（高体白鲦）	–	–	+	–	–	–	–	–	–	–	–	–	+	+	+	+	+	+	+	–	+	–
H. leuciscus 白鲦（头长大于体高，侧线鳞49～57）	–	–	+	+	–	–	–	–	–	–	–	–	+	+	+	+	+	+	–	–	+	–
Megalobrama terminalis 三角鲂（尾柄长大于尾柄高）	–	–	+	+	–	–	–	–	–	–	–	–	–	+	+	+	+	+	–	–	–	–
Erythroculter oxycephalus 尖头红鲌	–	–	–	+	–	–	–	–	–	–	–	–	–	–	+	+	+	+	–	+	–	–
E. dabryi 戴氏红鲌	–	–	+	+	–	–	–	–	–	–	–	–	–	–	+	+	+	+	+	–	–	–
E. mongolicus 蒙古红鲌	–	–	+	+	–	–	–	–	–	–	–	–	–	–	+	+	+	+	+	–	–	–
Erythroculter erythropterus 红鳍红鲌	–	–	+	+	–	–	–	–	–	–	–	–	+	+	+	+	+	+	–	+	–	–
Parabramis pekinensis 鳊	–	–	+	+	–	–	–	–	–	–	–	–	–	–	+	+	+	+	★	–	+	–
Toxabramis swinhonis 细鳞锯齿鳊	–	–	+	–	–	–	–	–	–	–	–	–	–	+	+	+	+	–	–	–	–	–
Parapelecus argenteus 银飘鱼	–	–	+	+	–	–	–	–	–	–	–	–	–	–	+	+	+	+	–	–	–	–
P. engraulis 寡鳞飘鱼	–	–	–	–	–	–	–	–	–	–	–	–	–	–	+	+	+	–	–	–	–	–
Hemiculterella kaifensis 开封白鲦	–	–	–	–	–	–	–	–	–	–	–	–	–	–	+	–	–	–	–	–	–	–

鱼类名称	雅鲁藏布江	怒澜水系	珠江水系	长江水系	柴达木盆地	青海湖水系	河西走廊	阴山北侧	黄河·青海段	黄河·陇中陇西段	黄河·河套段	黄河·关中段	黄河·晋南段	黄河·河南段	黄河·山东段	海河水系	辽河水系	黑龙江水系	鸭绿江水系	朝鲜·西南部	朝鲜·东北部	日本
Aphyocypris chinensis 中华细鲫	−	−	+	+	−	−	−	−	−	−	−	+	+	+	+	+	+	+	−	+	−	−
Hypophthalmichthyinae 鲢亚科																						
Aristichthys nobilis 鳙	−	−	+	+	−	−	−	−	−	−	⊕	+	+	+	+	+	+	+	−	−	−	⊕
Hypophthalmichthys molitrix 鲢	−	−	+	+	−	−	−	−	−	−	−	−	+	+	+	+	+	−	−	−	−	⊕
Siluridae 鲇科																						
Silurus asotus 鲇	−	−	+	+	−	−	−	−	−	−	−	+	+	+	+	+	+	+	−	+	+	−
S. lanzhouensis 兰州鲇	−	−	−	−	−	−	−	−	−	+	−	+	+	+	+	+	−	−	−	⊕	⊕	−
S. soldatovi meridionalis 南方大口鲇	−	−	−	+	−	−	−	−	−	−	−	−	+	+	+	+	★	★	−	−	−	−
Bagridae 鲿（鮠）科																						
Pseudobagrus fulvidraco 黄颡鱼	−	−	−	+	−	−	−	−	−	−	−	+	+	+	+	+	+	+	−	+	−	−
P. vachellii 瓦氏黄颡鱼																						
P. longirostris 长吻黄鲿鱼	−	−	−	+	−	−	−	−	−	−	−	−	−	−	+	+	+	+	−	−	−	−
P. kaifenensis 开封黄鲿鱼	−	−	−	−	−	−	−	−	−	−	−	−	−	+	+	−	−	−	−	−	−	−
Leiocassis ussuriensis 乌苏里鮠	−	−	−	−	−	−	−	−	−	−	−	−	−	−	+	−	+	+	+	−	−	−
Hemiramphidae 鱵鱼科																						
Hemirhamphus sajori 细鳞鱵	−	−	−	+	−	−	−	−	−	−	−	−	−	−	+	+	+	−	+	+	+	−
H. intermedius 间鳞鱵	−	−	+	+	−	−	−	−	−	−	−	−	−	−	+	+	+	−	+	−	−	−
H. kurumeus 九州鱵	−	−	−	+	−	−	−	−	−	−	−	−	−	−	?	−	−	−	+	+	+	+
Oryziatidae 青鳉科																						
Oryzias latipes 青鳉	−	−	+	+	−	−	⊕	−	−	−	−	−	+	+	+	+	+	−	+	+	+	+
Gasterosteidae 刺鱼科																						
Pungitius pungitius sinensis 中华九刺鱼	−	−	−	+	−	−	−	+	−	−	−	+	+	+	+	+	+	+	+	+	+	−
Synbranchidae 合鳃科																						
Monopterus albus 黄鳝	−	+	+	+	−	−	−	−	−	−	−	+	+	+	+	+	+	−	−	+	−	+

续表

分布地区／鱼类名称	雅鲁藏布江	怒澜水系	珠江水系	长江水系	柴达木盆地	青海湖水系	河西走廊	阴山北侧	黄河水系							海河水系	辽河水系	黑龙江水系	鸭绿江水系	朝鲜		日本
									青海段	陇中陇西段	河套段	关中段	晋南段	河南段	山东段					西南部	东北部	
Cynoglossidae 舌鳎科																						
Cynoglossus gracilis 窄体舌鳎	−	−	+	+	−	−	−	−	−	−	−	−	−	−	+	+	+	−	−	−	−	−
C. semilaevis 半滑舌鳎	−	−	−	+	−	−	−	−	−	−	−	−	−	−	+	+	+	+	−	−	−	−
C. joyneri 短吻红舌鳎	−	−	−	+	−	−	−	−	−	−	−	−	−	−	+	+	+	+	−	−	−	−
C. abbreviates 短吻三线舌鳎	−	−	−	+	−	−	−	−	−	−	−	−	−	−	+	+	−	−	−	−	−	−
Mugilidae 鲻科																						
Liza soiuy 鲛鱼	−	−	−	+	−	−	−	−	−	−	−	−	−	−	+	+	+	+	−	+	+	−
Mugil cephalus 鲻鱼	−	−	−	+	−	−	−	−	−	−	−	−	−	−	+	+	+	+	−	+	+	−
Percichthyidae 鲈科																						
Lateolabrax japonicus 花鲈	−	−	+	+	−	−	−	−	−	−	−	−	−	−	−	+	+	−	−	−	−	+
Siniperca chuatsi 鳜（花）鱼	−	−	+	+	−	−	−	−	−	−	−	+	+	+	+	+	+	+	+	−	−	−
S. scherzeri 钱斑鳜	−	−	−	+	−	−	−	−	−	−	−	−	−	−	−	−	−	+	+	−	−	−
Eleotridae 塘鳢科																						
Hypseleotris swinhonis 史氏黄鲋鱼	−	−	+	+	−	−	−	−	−	−	−	+	+	+	+	+	+	+	−	−	−	−
Odontobutis obscura 沙塘鳢	−	−	+	+	−	−	−	−	−	−	−	−	−	−	−	+	+	+	−	−	+	−
Gobiidae + Periophthalmidae 虾虎鱼科+弹涂鱼科																						
Rhinogobius giurinus 普栉虾虎鱼	−	−	+	+	−	−	−	−	−	−	−	+	+	+	+	+	+	−	−	+	+	−
Glossogobius giuris 舌虾虎鱼	−	−	+	+	−	−	−	−	−	−	−	−	−	−	+	+	+	−	−	−	−	−
Acanthogobius hasta 矛尾刺虾虎鱼	−	−	−	−	−	−	−	−	−	−	−	−	−	−	−	+	+	−	−	−	+	−
A. flavimanus 刺虾虎鱼	−	−	−	−	−	−	−	−	−	−	−	−	−	−	+	+	+	−	−	+	+	−
Chaeturichthys stigmatias 矛尾虾虎鱼	−	−	−	−	−	−	−	−	−	−	−	−	−	−	−	+	+	−	−	−	+	−
Tridentiger obscurus 叉齿虾虎鱼	−	−	+	+	−	−	−	−	−	−	−	−	−	−	−	+	+	+	−	−	+	−
T. trigonocephalus 双级叉齿虾虎鱼	−	−	+	+	−	−	−	−	−	−	−	−	−	−	−	+	+	+	+	−	+	−

分布地区　　　鱼类名称	雅鲁藏布江	怒澜水系	珠江水系	长江水系	柴达木盆地	青海湖水系	河西走廊	阴山北侧	黄河水系							海河水系	辽河水系	黑龙江水系	鸭绿江水系	朝鲜		日本
									青海段	陇中陇西段	河套段	关中段	晋南段	河南段	山东段					西南部	东北部	
Odontamblyopus rubicundus 狼虾虎鱼	–	–	–	–	–	–	–	–	–	–	–	–	–	–	+	+	+	–	–	–	–	–
Periophthalmus cantonensis 弹涂鱼	–	–	–	–	–	–	–	–	–	–	–	–	–	–	+	+	+	–	+	+	–	–
Belontiidae 斗鱼科																						
Macopodus chinensis 圆尾斗鱼	–	–	+	+	–	–	–	–	–	–	–	–	+	+	+	+	+	–	+	–	–	–
Channidae 乌鳢科																						
Ophicephalus argus 乌鳢	–	–	+	+	–	–	–	–	–	–	–	+	+	+	+	+	+	★	–	+	+	–
Mastacembelidae 刺鳅科																						
Mastacembelus sinensis 中华刺鳅	–	?	+	+	–	–	–	–	–	–	–	–	–	+	–	+	+	–	–	+	+	–
Cottidae 杜父鱼科																						
Trachidermus fasciatus 松江鲈	–	–	–	+	–	–	–	–	–	–	–	–	–	–	–	+	+	+	–	+	+	–
Tetraodontidae 鲀鱼科																						
Takifugu rubripes 红鳍东方鲀	–	–	–	+	–	–	–	–	–	–	–	–	–	–	+	+	+	+	–	–	–	–
Takifugu ocellatus 弓斑东方鲀	–	–	–	+	–	–	–	–	–	–	–	–	–	–	+	+	+	–	–	–	–	–
T. obscures 星弓东方鲀	–	–	–	–	–	–	–	–	–	–	–	–	–	–	+	+	+	–	–	–	–	–
T. niphobles 星点东方鲀	–	–	–	–	–	–	–	–	–	–	–	–	–	–	+	+	+	–	–	+	–	–

注：＋表示有自然分布；★表示有相近亚种自然分布；⊕表示人工引进；？表示分布状态未确定；－表示无已知的分布。

四、黄河流域鱼类形成史

苏联著名鱼类学家尼科尔斯基（G. V. Nikolsky, 1956）说过，鱼类学家（或鱼类动物地理学家）在研究某地方鱼类区系时，首先应确定该区系的发生，说明它们的生物特性及分布规律；并根据其生物特性和分布特征，来提出改造该流域鱼类区系的措施，使其向增加经济价值的方向发展（高岫译，1960）。并称其方法有三：① 根据对分布区的分析将所研究的区系组成与其他区系比较；② 根据化石来确定现在区系与过去区系的关系；③ 根据生态，分析其变化。因为生物的兴衰固然与现在的习性及生态条件有关，还与它们过去的历史及有关地区的地史等有关。

黄河流域的鱼类最早可追溯到下三叠纪，当时除今果洛山、积石山、西倾山与岷山地区尚是古地中海北侧的青海外，黄河流域大部已成陆地。在陕西横山县发现有古鳕鱼（*Palaeoniscus* sp.）、环鳞鳕鱼（*Gyrolepis* sp.）、裂齿鱼（*Perleidus woodwardi*）、横山龙鱼（*Saurichthys huanshanensis*）的化石。到三叠纪末因印支运动使得我国东部沿海渐较高，西侧较低；在鲁中、晋北及河南中部等有很多陆相盆地（刘允鸿，1959）；在陕北与陇东已出现庆阳湖（吴舜卿，1983）；在山西清漳河盆地及陕西盆地红层及灰色沙岩中都发现有鱼类化石。古秦岭——古大别山北盛产莲座蕨科的*Danaeopsis*属及合囊蕨科的*Bernoullia*属植物群，银古类较丰，苏铁类不盛，松柏类仅有些，为内陆气候。

到侏罗纪早期印支运动使古横断山系及古秦岭升高，黄河流域全成陆地。古秦岭北的庆阳湖，北达古生代末产生的满蒙山系南侧，西达兰州附近，湖面达20多万平方千米；东北角有古延川伸达辽宁北票，一支到铁岭、通化转到辽东半岛，北支到吉林突泉附近；西北自酒泉有走廊河从兰州附近入庆阳湖；东南角有约自今黄河口经过济南、潼关到西安西北入庆阳湖的大裂谷河——中原河；另自武都、徽县、成县还可能有一河注入（陈丕基，1979）。此期自燕山到大兴安岭有火山喷发，为燕山运动的早期。沿延川及中原河以蚌壳蕨科的锥叶蕨（*Coniopteris*）及银杏类的*Phaenicopsis*属群为代表；为内陆亚热带、温带气候，与晚三叠纪相似。在走廊河发现有弓鲛类（*Hybodus* sp.）化石（黄为龙，1960）。到晚侏罗纪太平洋板块向大陆挤插剧烈，使我国东部大幅度抬升，形成高山峻岭，为燕山运动的第二幕：在燕山区、大兴安岭、辽西及吉南有大量火山爆发，使庆阳湖消失，陕北升为高地，古阿尔金山、祁连高地、古秦岭、淮北高原及东南山地连成一南北总的分水岭。在我国北部与蒙古国产生有古黑龙江，自蒙古西部到酒泉北，向东蜿蜒于蒙古国和我国内蒙古间，而后达内蒙古及冀北的湖泊网区伸向今黑龙江的北部，并有一支伸向北京西侧，另一支古辽河伸向辽宁、吉林。此时在陕北延长发现有安定弓鲛（*Hybodus antingensis*）及杨氏弓鲛（*H. youngi*），在神木发现有神木角齿肺鱼（*Ceratodus shenmuensis*）及四川角齿肺鱼（*C. szechuanensis*）；在辽宁北票有潘氏北票鲟（*Peipiaosteus pani*）；在河北丰宁有丰宁北票鲟（*P. fengningensis*）和骨舌鱼目（Osteoglossiformes）多种狼鳍鱼及中华狼鳍鱼（*Lycoptera sinensis*）；在山东莱阳发现有贪食狼鳍鱼（*L. ferox*）；辽宁凌源有达伟狼鳍鱼（*L. davidi*）；冀北围场有长头狼鳍鱼（*L. longicephalus*）；甘肃华亭有甘肃狼鳍鱼（*L. kansuensis*）；在宁夏隆德有隆德鱼（*Lungteichthys*）；内蒙古伊克昭盟有伍德沃德狼鳍鱼（*L. woodwardi*）；乌拉特前旗有薄鳞鱼目（Leptolepiformes）狼山阿纳鱼（*Anaethalion langshanensis*）；内蒙古还有脆弱狼鳍鱼（*L. fragilis*）；陕北子长县有安定子长鱼（*Zichangichthys antingensis*）。尤其狼鳍鱼属化石自甘肃到辽宁、山东很习见。

经早白垩纪燕山运动主幕之后，古黑龙江消失，太平洋沿岸发生断陷，山东形成许多小湖泊，大兴安岭上升与华北高原、淮北高原、江汉高地及云贵高原形成一中国东部大高原。高原西为另一沉降带；在秦岭北又出现一约有13万平方千米的庆阳湖内陆水系；水源主要为古大通河经民和湖、潮湖注入。这里有较进步的隆德狼鳍鱼（*Lycoptera lungteensis*），宁夏同心县的小齿同心鱼（*Tongxinichthys microdus*）；在内蒙古固阳盆地有固阳鱼（*Kuyangichthys*）及昆都仑鱼（*Kuntulunia*）；吉林农安有鲑形目的满洲鱼（*Manchurichthys uwatokoi*）、长头松花鱼（*Sungarichthys longicephalus*）及贪食吉林鱼（*Jilingichthys rapax*）；在山东蒙阴有中华弓鳍鱼（*Sinamia zdanskyi*）；在鄂尔多斯市有东方伊克昭弓鳍鱼（*Ikechaoensis orientalis*）。

此时黄河流域的植被，除约刘家峡以上位于横断山系，以南方旱生的掌鳞杉科Classopollis和莎草蕨科Schizaeoisporites群落占优势外，其余基本上是以蕨类、石松、卷柏、海金沙、蚌壳蕨、水龙骨等科及银杏、苏铁及松柏目为主的北方区适应温暖潮湿气候的植物，或南方的过渡区裸子植物。例如，河套东北角有*Jiaohepollis verus*、*Densosisporites velotus*及*Philosisporites*；渭河上游有*Jiaohepollis* verus。到晚白垩纪由于燕山运动的浙闽运动，藏东山地升高，大兴安岭产生，淮北降为平原，东部高原解体，陕北升为高原，古黑龙江再次出现，古秦岭与古祁连山、华北高原相连成为古黑龙江—松花湖水系与云梦泽内陆水系的分水岭。古黑龙江西南的上源一支约位于祁连山与北山之间，另一支约始于呼和浩特以东，它们向北相会后流入外蒙戈壁湖平原，又向东流经古松花湖而东入乌苏里湾。此时今黄河流域的内蒙古河套、宁夏、陕北及晋西北的植被有银杏属（Ginkgo）、杉属（Taxodium）、水杉属（Metasequoia）、白桦属（Betula）、杨属及柳属等，为暖温带，岩性多灰绿色。在古黑龙江水系有更进步的大庆似狼鳍鱼（Plesiolycoptera daqingensis）及副狼鳍鱼（Paralycoptera wui）。

第三纪①直到始新世末以前气候仍较炎热，约自济南至哈密一线以北为亚热带湿润区，温带到热带的植物都有，丰富、复杂。例如，有杨、桤、白桦、榛、榆、朴、莲等属，亦有银杏、油杉、松、杉、红杉、水杉、栎、鹅耳枥、水青冈、蔷薇、金合欢等属；多数喜暖，为落叶植物，也有少许热带常绿的樟属、钓樟属等。约相当于今长江流域的气候（郭双兴，1983）。此区以南的今黄河流域属副热带干旱区。植物较贫乏，以Palibinia最习见；与其共生有温带的榆、榉、榛、槐等属；生暖温带至热带的有木贼、海金沙等蕨类，水杉属、栎、槭、杜仲、枣、菱等裸子植物与被子植物。气候炎热干燥。在内蒙古突忽木发现有绒毛弓鳍鱼（Pappichthys mongoliensis）、沙拉木伦有亚口鱼（Catostomus sp.）、鲤科鱼的椎骨及内蒙吻鲶（Rhineastes grangeri）等始新世化石。

渐新世全球气温下降。我国北方为温带湿润区，在张家口等地常见有蕨类槐叶苹（Salvinia）及狗脊（Woodwardia）；裸子植物有银杏、松、水松、杉、红杉、水杉、肖楠等属；被子植物有杨、红杨、山毛榉、栗、胡桃、榆、榉、栾、椤及槭等属，全为落叶植物。南方为热带潮湿区，常绿的被子植物属种为落叶的二倍多，与始新世相似。

中新世可能是黄河的初始时期。由于喜马拉雅运动，巴颜喀拉山抬升，而后岷山、乌鞘岭、鸟鼠山、陇山（六盘山南端）及陕北等地升高，黄河上源之水辗转东流到陇中盆地后，约中新世又自黑山峡流出到陕北盆地（甘肃东部）环县一带。此时气候初期似渐新世，到中期气候回暖。西部青藏高原在中新世中期尚不很高，海拔仅约1 500 m（郭双兴，1983），为温带气候，如在青海泽库及尖扎等地裸子植物有青海紫衫（Taxus qinghaiensis），被子植物有柳属、毛茛属（Ranunculus）、槭属、杨属、白桦、榆、栎及杜鹃花属（Rhododendron）等落叶树、灌植物；在今四川若尔盖附近尚有前黄桦（Thermopsis prebarbata）。此时我国东部为季风阔叶植物区。在今黄河流域为暖温带或亚热带气候，包括宁夏、内蒙古、汾渭盆地到河北及山东，植物特别繁盛。例如，山东临朐县山旺植物达88属126种（郭双兴，1983）。裸子植物有油杉属（Keteleeria）；被子植物以温带落叶植物占绝对优势，例如，杨、柳、鹅耳枥、榆、椴、槭等属最多；栎、山核桃、杏属、臭椿等属次之；喜暖的有栗属等。中新世中期为最暖期，雨量充足；只是较高山地有少数如赤杨（Alnus）、白桦、榛、铁木、珍珠梅等属。此时的鱼类在临朐有中新世雅罗鱼（Leuciscus miocenicus）、大头麦穗鱼（Pseudorasbora macrocephala）、临朐鲃（Barbus linchuensis）及斯氏鲃（B. scotti），鲃属、鲤属、鮈属及雅罗鱼属已是广分布于亚洲北部到欧洲的淡水鱼类。中新世晚期到上新世初在西藏唐古拉山北的班戈县仑坡拉盆地（现海拔4 550 m）已发现有自鲃类开始向裂腹鱼类演变的大头近裂腹鱼（Plesioschizothorax macrocephalus；武云飞、陈宜瑜，1980），表明当时该处海拔并不很高。

_____

① 注：中生代与第三纪我国北部为何较暖？据Smith等（1973），晚白垩纪古磁图标明，当时赤道位于海南岛北部（郭双兴，1983：167）。

上新世因喜马拉雅山脉已升高到相当程度（约海拔3 000多米），我国西北部继续向温带干旱气候发展、温度变冷，常见的被子植物有杨、柳及槭属，其次为榆、铁线莲、蔷薇、珍珠梅、臭椿等属；东部北方喜暖的裸子植物已近绝迹，常绿的被子植物已很罕见，喜温冷的柔荑花序植物增加，说明北方气温较早第三纪已显著下降。此时黄河将环县盆地淤高后，转往相继沉陷的银川盆地与后套盆地。开始越今山陕间河曲至保德时为下上新世蓬蒂期（袁复礼，1957；张伯声，1958）。因此处已很高，河道跌差大（如壶口瀑布落差达十几米），故江河平原区后来产生的许多鱼类如鳊、鲴、鲢等亚科鱼类及海侵、海退留到内陆而由海鱼演变成淡水鱼的鳜类、乌鳢类、斗鱼、虾虎鱼类等都未能越过这里分布到河套地区（蟹类也未越过）（李思忠，1981；1986a）。黄河将汾渭盆地淤高到约海拔500多米时，转往东流到鲁西会古嫩辽河，自苏北入海。对应此时在红土层中有三趾马属（*Hipparion*）化石。初期在周口店已有席褆刺鲃（*Matsya hsichiki*）、短头鲃（*Barbus brevicephalus*）、四川鲃（*B. szechuanensis*）及云南鲃（*B. yunnanensis*）；在山西榆社盆地有榆社鲴（*Xenocypris yushensis*），鲤，鲫，蒙古红鲌，长头白鲦（*Hemiculterella longicephalus*）、张氏雅罗鱼（*Leuciscus tchangi*），白鲢，张村麦穗鱼（*Pseudorasbora changtsuensis*），青鱼，草鱼，鲇，武乡鳜（*Siniperca wusiangensis*）及乌鳢（刘宪亭等，1962）；在山西太谷也有鲫，在陕西千阳—陇县一带莫潮硤有汧阳鳀（？*Engraulis chienyangichthys* Young et Mi），到上新世晚期在河北省阳原虎头梁泥河湾地层下部尚有泥河湾多刺鱼（*Pungitius nihowanensis* Liu et Wang）。

第四纪的气候在黄河流域是继续变冷，土壤开始变为黄土。黄河上游急剧升高，很多地方变成高寒草原沼泽地带，鱼类方面被自然选择向现在情况转变，柴达木盆地与青海湖同黄河隔绝。中游及下游初时出现披毛犀（*Coelodonta antiquitatis*）、中华长鼻三趾马（*Proboscidipparion sinense*）及三门马（*Equus sanmeniensis*）等；以后经过数次大冰期的冰川切割，晋豫间出现峻峭河谷，披毛犀及长鼻三趾马等绝灭。鱼类当中，原来的鲃亚科大部绝灭，而山西临汾、平陆和河南三门峡等地，青鱼、草鱼、白鲢、鳙、鲤、鲇及黄鳝鱼等很习见，表明当时有大水体；到更新世晚期渤海下陷形成，黄河与黑龙江及辽河等隔绝；由原经苏北注入黄海而转为注入渤海。在间冰期因气候较暖，在黄河下游曾有过多次海侵。例如，山西运城地表下77～83 m第四纪沉积层发现有海产的有孔虫化石（王乃文，1964）；在陕西西安附近地表下800 m处发现有海产双壳类（*Potamocorbula amurensis*）的化石（蓝琇，1983）。这可说明为何晋南及关中盆地现在分布有（以海鱼为进化起源的）青鳉、黄黝鱼、普通栉虾虎鱼、鳜鱼及圆尾斗鱼等原因。而因古嫩辽河（前嫩江与辽河）曾是黄河下游北侧的一大支流，所以黑龙江、辽河迄今能有许多黄河、海河鱼类（解玉浩，1981；耿秀山，1981；周廷儒等，1984；李思忠，1991）。

全新世，由于甘肃到山陕间中上游的日益干燥、降雨大部集中于7～8月间，致下游河水泥沙甚多。例如，三门峡大坝建立前在潼关每立方米水含泥沙竟达580 kg，使河床沉积严重，洪期常出现河堤溃决，致黄河水北达天津或南达淮河入海，造成惨重水灾。据历史记载，1949年前的3 000多年黄河决口达1 500多次。这里还常发生大面积旱灾。例如，清朝268年中，这里就发生过旱灾201次（杨震河等，1962）。

五、黄河渔业今昔及展望

每当谈起黄河渔业、水产时，很多人马上就会想起黄河水流湍急，泥沙含量过多，对鱼类的索食、产卵等都是不利的，因此黄河渔业很难发展。但事实并非完全如此。例如，泥沙多就不是经常状态，只有在洪水季节（7～8月）暴发洪水时，水中泥沙含量才很多，最多达每立方米590 kg左右，因此在洪水季节常有流鱼现象发生（即水中泥沙达每立方米150 kg以上时，鱼因泥沙塞鳃，以致呼吸困难或窒死，而顺水漂浮流向下游）。但平常以及不发洪时，水中泥沙含量就很少，足以供鱼栖息。并且在黄河中游以下有许多沿河湖泊、沼洼、湾汊，如中游河套区自青铜峡到托克托（即原河口镇），在关中及晋南、自宝鸡到闻喜和运城一带，以及郑州到黄河入海口处。在这些地方水流缓慢，均是很好的鱼类索食、产卵、越冬处所。

1. 黄河流域古代的渔业

黄河流域的渔业开始很早。在西安半坡村发掘出的6 000多年前新石器时代的40多座房屋遗址中，就已有具倒刺的骨质鱼叉及鱼钩（茹遂初，1959），表明当时渔业已相当进步。到3 050多年前殷商奴隶社会遗址中，已有铜制鱼钩；在甲骨文内更已有"贞其雨，在圃渔"及"在圃渔，十一月"的养鱼和捕鱼等记载；殷墟遗址内有鲤、草鱼等的骨骼。到周朝，农业、渔业等生产有相当发展。例如，《诗经》已记载前1066年周文王在今西安市长安区灵沼及鄠县秦渡镇董村附近凿池养鱼。《诗经·小雅·六月》篇还记载周宣王"饮御亲友，炰鳖脍鲤"。《礼记》记载周朝"天子荐鲔于寝庙"，以白鲟等祭祖庙。在黄河下游有"岂其食鱼？必河之鲤"的诗歌。东周时鲁昭公以鲤作礼赐孔子（前532年），适孔子生子，以鲤名其子，字伯鱼。陶朱公范蠡前473年助勾践灭吴后隐居山东定陶，更曾养鲤致富，著有全世界最早的池塘养鱼专著——《养鱼经》。早在西周国家已设有渔业机构，负责渔业及渔业保护等。例如，《周书》记载"毒鱼网禁"，禁止用有毒的东西毒杀捕鱼；孟子记有"数罟（gǔ）不入洿（wū）池，则鱼鳖不可胜食"等语。到秦汉渔业更为发达，对渔业资源保护亦更重视。例如，吕不韦编著的《吕氏春秋》有"竭泽而渔，岂不得鱼，而明年无鱼"之述。又如，《三辅决录故事》记载"武帝作昆明池学水战法。帝崩。昭帝小，不能征讨，于池中养鱼，以给诸陵祠，余给长安市，市鱼乃贱"（倪达书，1957）。昆明池位于今西安市长安区牛门镇附近，水面约达22 000亩，可知当时渔业规模的盛大。

自殷周到隋朝，黄河流域养鱼多以养鲤为主。到唐朝（618～907）因皇帝姓李，因鲤与李音同，群众食鲤，被认为有违皇帝尊严，故法律禁止群众养鲤和捕食鲤鱼，群众将鲤改名"赤鲜公"也为唐朝法律所不许。《酉阳杂俎》记载："唐朝律，取得鲤鱼即宜放，仍不得吃。号赤鲜公，卖者决六十。"在这样法律严禁下，渔民群众只得另找其他养殖鱼类。草鱼，古名鲩（同鲩），性缓，故名。《广韵》及《唐韵》均有记载；亦名鲜或赤鲜；可能到唐朝始塘养。

古时黄河流域渔业资源丰富。除上述周朝天子以白鲟（鲔）祭祖庙和人民喜食和养黄河鲤鱼外，鲫鱼（尤其豫北淇河鲫鱼）亦是人民很喜食的，甚至在河南辉县琉璃阁发掘出的战国古墓内，亦常有鲫鱼遗骨。在歌赋诗等文学作品内，常提到有鱼类。例如，晋成公绥《大河赋》有"鳣（鲟、鳇）、鲤、王鲔（大的白鲟）春暮来游"之句；张华《博物志》称"河阴（位今孟津与荥阳间）岫（山洞）穴，出鲔鱼焉"；洛阳有民谣"河鲤洛鲂贵于牛羊"。大鳞突吻鱼古名嘉鱼、丙穴鱼、鮇鱼。唐杜甫有诗"鱼知丙穴由来美"。明李时珍称："嘉鱼，河阳（今河南省孟州市）呼为鮇鱼，言味美也。"李时珍还称"鳣出江淮黄河辽海深处，三月逆水而生"等。上述例子均可证明古时黄河鱼类资源丰富。

可能是近百年黄河流域战乱频繁，人口增多、植物被破坏，水土流失严重，渔业凋敝，使人常有这样的印象，即黄河流域没有什么渔业。而据苏联尼科尔斯基（1956）在《黑龙江流域鱼类》引用拉斯（1948）第二次世界大战前资料称，黄河长4 100 km（原文数据；下同），每千米平均捕鱼67 kg；长江5 200 km，每千米192 kg。

2. 黄河流域现代渔业概况

现在实际情况是，黄河上、中、下游均有一定的渔业。例如，上游青海省扎陵湖水面约526 km²、鄂陵湖水面约610 km²；虽然海拔高逾4 200 m，每年冰封5个多月，这里仍盛产扁咽齿鱼、花斑裸鲤、黄河裸裂尻鱼、骨唇黄河鱼及似鲇高原鳅等，据估计可年产鱼2 500 t（朱松泉等，1984）。中游河套地区水流较缓，湖塘较多；尤其在内蒙古磴口与五加河（乌加河）间，河渠甚多，常变动，其东南角的乌梁素海为一沼泽性湖区，约始于1930年，最大时达120万亩。据1957年乌梁素海管理局实测水面为60万～70万亩，约70%水深仅1 m，仅少数地区最深达5～6 m，大部为0.5 m以内的苇蒲区。湖北边较高，有许多渠道自五加河注入湖内；南面较低。有总排水渠通黄河；黄河涨时河水入湖，平时河水入黄河。这里年产鱼量最高达4 300 t。这里是黄河中游鲤、鲫、鲇等良好的产卵场。包头南的南海子等为黄河的旧河道，水面约900亩，亦是鲤、鲫、鲇等的生长场所。下游在汾渭盆地有许多湖洼，如晋南永济市的伍姓湖（水面约40 000亩）及解州的硝池；关中眉县到潼关都有很多坑塘，都是鲤、鲫、鲇等的良好生存场所；龙门以下大河道内尚是红鲌、赤眼鳟、鲢、鳙、黄鲿鱼等的产地。到河南、山东湖塘更多，但因出晋豫峡谷后地势平坦，泥沙沉积严重，河床高于岸外，故仅在鲁西有东平湖及运河与之相通。东平湖湖面25万亩，1956年产鲤99.5万斤，产红鳍鲌32.3万斤；1957产鲤90.7万斤，产红鳍鲌25.8万斤。在山东省黄河流域淡水鱼产量4 566 t（养殖占1 388 t；捕捞3 178 t）（山东淡水水产所，1984）。如果加上刘家峡水库、青铜峡水库、宁夏永宁等、包头、潼关、硝池等处的捕捞量，黄河流域年产鱼量当不低于1万吨。（养殖产量未计算在内。）

近60多年黄河流域修建许多小库，增加了鱼类的生活环境，对渔业很有利。但还可以清楚地看到，黄河下游因水土流失严重、山地造田、旱田改稻田和湖洼排水造田等农业政策的失策，黄河水量日枯，使自然水面减缩很多。古时著名的过河口性洄游鱼类如鲟、鳇、白鲟已近绝迹；凤尾鱼产量亦锐减。例如，东平湖60年代产100多万斤，现解放闸淤田，湖面减少，1983年仅捕62万斤。广大地区地表水位下降，许多小湖塘已变干，如有数千年的百泉湖已无水，著名的济南趵突泉已成污水沟，鱼类资源下降严重。

3. 黄河流域发展渔业、水产的最近途径及展望

1976年以后，国家政策改善，人民生活显著好转，社会上对鱼类的需求势必日增。如何增殖黄河流域的鱼类资源，发展养鱼业，尽可能快地促进鱼类产量，已是当前重要的新工作。建议黄河流域的科研渔业等有关机构，应考虑加强以下诸方面的研究，以改善天然水域，促进鱼类生长、生殖。

（1）彻底改变山地造田的错误政策，改为山区发展林、牧、果（树）、副（如养蜜蜂、采种茶材等）等事业；大力提倡植树造林，沙漠种草；坚持水土保持工作，既可减轻河水泥沙含量所造成大量鱼类等水产动物的死亡，使河水适于生存，又可减轻黄河下游洪水暴涨、暴落。

（2）缩小水源不足的新水田。

（3）低洼地区提倡农、牧、渔、副综合改造利用。在广阔的盐碱洼地，可试验就自然地势将洼地挖深蓄水养鱼，并将挖出之土培高无水低地以种田、植林、种果树、养畜等。即可调剂洪水减轻暴涨，又可防旱，以利种粮、林、果等及养畜等。这方面的生产潜力——尤其在豫鲁平原，前途无量。外国人（如荷兰）能围海造田，我们无疑也能有效地利用现在人烟稀少或几乎无人的黄、淮、海盐碱沼泽荒地。

（4）建设大的拦河堤时，应考虑防止损害鱼类资源（如鲚鱼等）。这在山东河口附近尤其应注意。

（5）严禁工业污水损害鱼类资源。

（6）黄河中上游气候及水温较低，那里当地的鱼类种类较少。建议可考虑往甘、青移殖北极茴鱼、细鳞鲑、秦岭细鳞鲑、虹鳟等冷水性山麓鱼类，往鄂陵湖、刘家峡水库等移殖乌苏里白鲑等冷水性平原鱼类；往兰州及河套移殖高华雅罗鱼、湖拟鲤、白甲鱼、突吻鱼、裸腹鲟、东方真鳊等，往甘肃天水以上的渭河上游移殖白甲鱼、虹鳟等，改变近50多年来一贯放养鲢、鳙、青、草等暖温带平原鱼类的习惯。

（7）自浙闽等海口往鲁西及以上地区放流河口性鱼类；自山东海口附近往鲁西及以上放流毛钳蟹等。

（8）在中上游进行虹鳟及鲤等流水集约投饵养殖；在下游试行流水养殖鲤及草鱼等。利用温泉水、工厂循环温水养殖尼罗河丽鲷及福寿鱼等热带鱼类。

（9）充分保护利用下游三门峡水库及豫鲁水库、河道内枯水时的鲤、鲫等鱼苗、鱼种。三门峡水库及豫鲁在枯水时有大量鱼苗、鱼种死亡及被捕食，这是一很大损失。应有计划地研究试行捕养、捕养后放流。

（10）在水库、河道等大水体试行以网箱养殖虹鳟（在中、上游）及鲤等（在下游）。

（11）有计划地建立人工鱼饵加工厂。今后应逐渐向科学高产养优质鱼方面发展。不同时期，不同种类，不同大小的鱼类，其饵料成分及大小应不同。

深信依靠民主、依靠科学，黄河流域的渔业和水产前途是光明的。

黄河鱼类的系统描述

鱼类是脊骨（椎）动物中的原始类群，主要特征如下：

已开始有软骨或硬骨质的脊椎骨骼（局部或全部），支持着背侧的脊髓，保护着腹侧的消化器官。

生活于水中，以鳃进行呼吸。

有一心耳及一心室。

大多有背鳍、胸鳍、腹鳍、臀鳍及尾鳍以维持运动自如。

大多数皮肤外侧有盾鳞、硬鳞、圆鳞或栉鳞。

大多数体侧有侧线。

根据近年鱼类学家们的著作，鱼类（Pisces）在分类学上属于脊索动物门（Chordata）内的脊椎动物亚门（Vertebrata），涵盖：

（1）无颌总纲（Agnatha）［又称圆口鱼纲（Cyclostomata）或囊鳃鱼纲（Marsipobranchii）］的全部，包含头甲鱼纲（Cephalaspidomorphi）、七鳃鳗目（Petromyzontiformes）、鳍甲鱼纲（Pteraspidomorphi）和盲鳗目（Myxiniformes）；

（2）有颌总纲（Gnathostomata）的软骨鱼纲（Chondrichthyes）及硬骨鱼纲（Osteichthyes）（依Rass & Lindberg, 1971; Nelson, 1976, 1984, 1994, 2006等）。

迄今所知黄河流域仅有硬骨鱼纲的现生鱼类。

硬骨鱼纲（Osteichthyes）鱼类至少骨骼在头部已部分为硬骨（又名真骨或膜骨）且有骨缝；牙常固定于骨上；鳍条分节，由真皮形成；鼻孔每侧一般为2个；上颌常由真骨的前颌骨与上颌骨形成；常有鳔；肠仅在少数低等类群有螺旋瓣膜；只有内耳，有三个半规管；有一心耳一心室；有10对脑神经；无羊膜及尿囊；化石始于上志留纪。体内受精的很少，仅喉肛鳉类（Phallostethidae或Phallostethoid）腹鳍有交媾结构。

硬骨鱼纲现有4亚纲：

（1）肺鱼亚纲（Dipneusti）；

（2）总鳍鱼亚纲［Crossopterygii；如矛尾鱼属（*Latimeria*）］；

（3）臂鳍鱼亚纲［Brachiopterygii；= Cladista；如多鳍鱼属（*Polypterus*）］；

（4）辐鳍鱼亚纲（Actinopterygii）。

有人将肺鱼亚纲与总鳍亚纲合为肉鳍亚纲（Sarcopterygii），将臂鳍鱼亚纲列入辐鳍鱼亚纲（如 Rass & Lindberg, 1971）。肉鳍亚纲鱼类被认为很可能是两栖以及四足动物的祖先群类。现知现生硬骨鱼类中，前三亚纲产于非洲、澳大利亚及南美洲；我国只产辐鳍鱼亚纲硬骨鱼类。

辐鳍鱼亚纲（Actinopterygii）鱼类体常有硬鳞（ganoid）、圆鳞（cycloid）、栉鳞（ctenoid）或无鳞。一般无喷水孔（spiracle）。胸鳍辐鳍骨附连肩胛骨与喙骨。常有间鳃盖骨及鳃膜条骨。常无喉骨板（gular plate）。鼻孔在头部位相当高。无内鼻孔。始于下泥盆纪（Lower Devonian）。

现知黄河流域共有鱼类13目*。根据分类位置高低及便于鉴认，可检索如下（本书系统主要依 Nelson, 1994；稍有变动）。

编者注：加上近年被提升的胡瓜鱼目、鳉形目、鲻形目，本书记载的黄河流域鱼类实有16目，约30科。鉴于鱼类分类学仍是一个动态发展的学科，几十年来分类关系、种类学名变化较大，为便于读者查询、比较本书学名与当前有效或通用学名的关系，伍汉霖教授为本书编辑了一份以《拉汉世界鱼类系统名典》为基础和参考的"《黄河鱼类志》鱼类名称对照表"，谨致谢。在本书黄河鱼类的系统描述（"各论"）中，当本书学名与当前有效或通用学名出现差异时，我们也尽可能为有效学名做出了标注。

目的检索表

1（2）成鱼尾为歪型；有硬鳞或有硬鳞残痕；椎骨等为软骨…………………………鲟形目 Acipenseriformes（1）

2（1）成鱼尾为正型；无硬鳞或其残痕；椎骨等为硬骨

3（12）如有鳔时，则有鳔管通食道；无真正鳍棘

4（9）鳍无硬刺；无鳔骨器官（韦伯氏器官；又称骨鳔器官）；椎骨体中央有孔；常同时有肋骨及肌间骨

5（8）体不呈鳗状；前颌骨发达；腹鳍腹位；有圆鳞；椎体与椎体侧突（parapophyses）未愈合；常有中喙骨（mesocoracoid）

6（7）无脂背鳍；常无侧线；有辅颌骨（supramaxilla）…………………………鲱形目 Clupeiformes（2）

7（6）常有脂背鳍；有或无侧线；有或无辅颌骨……………………………………鲑形目 Salmoniformes（3）

8（5）体呈鳗状；前颌骨与中筛骨愈合；仅有些化石种有腹位腹鳍；有痕状圆鳞或无鳞；椎体与椎体侧突常愈合；无中喙骨及后颞骨……………………………鳗鲡目 Anguilliformes（4）

9（4）鳍有或无硬刺；有鳔骨器官（韦伯氏器官）；椎骨体中央有或无孔；有中喙骨

10（11）常有圆鳞；犁骨无齿；下咽齿0～4行；无上咽齿；两颌无齿；有顶骨、续骨、下鳃盖骨、肋骨及肌间骨……………………………………………………鲤形目 Cypriniformes（5）

11（10）无鳞，有或无骨板；犁骨常有牙；下咽齿成群；有上咽齿群；两颌有齿；无顶骨、续骨、下鳃盖骨及肌间骨……………………………………………………鲇形目 Siluriformes（6）

12（3）如有鳔时，不通食道，为闭式鳔（physoclistic）

13（16）腹鳍腹位或亚腹位；常有圆鳞，绝无栉鳞

14（15）侧线位于胸鳍下方或仅头部有侧线；背鳍位很后，无鳍棘或无游离鳍棘；腹鳍6～7，腹位或亚腹位……………………………………………………银汉鱼目 Atheriniformes（7）

15（14）侧线位于胸鳍上方；背鳍前部至少有Ⅱ～Ⅲ个游离鳍棘，鳍条部与臀鳍相对；腹鳍无或有1枚鳍棘2～3条鳍条，亚腹位…………………………………刺鱼目 Gasterosteiformes（8）

16（13）腹鳍胸位或喉位，很少亚腹位，常有1条鳍棘及5条鳍条；常有栉鳞

17（18）左右鳃孔合为一个，位于头腹侧；体鳗状；无偶鳍；奇鳍互连，常不发达；无肋骨‧‧合鳃目 Symbranchiformes（9）

18（17）鳃孔位于头两侧；偶鳍与奇鳍常发达

19（20）头不对称，两眼位于头一侧；有些有肋骨或肌间骨；椎骨体中央有孔；少数腹鳍条达12～13条‧‧鲽形目 Pleuronectiformes（10）

20（19）头对称，眼位于头两侧；有些有肋骨而绝无肌间骨；腹鳍至多有1枚鳍棘5枚鳍条

21（24）前颌骨与上颌骨未愈合；常有顶骨、鼻骨及眶下骨等

22（23）第3眶下骨不与前鳃盖骨相连‧‧‧‧‧‧‧‧‧‧‧‧‧‧‧‧‧‧‧‧‧‧‧‧鲈形目 Perciformes（11）

23（22）第3眶下骨与前鳃盖骨相连‧‧‧‧‧‧‧‧‧‧‧‧‧‧‧‧‧‧‧‧‧‧‧‧鲉形目 Scorpaeniformes（12）

24（21）前颌骨与上颌骨已愈合；无顶骨、鼻骨及眶下骨‧‧‧‧‧‧‧‧‧‧鲀形目 Tetraodontiformes（13）

鲟形目 Acipenseriformes

吻很突出。体有5纵行硬鳞，或仅尾鳍背缘有痕状硬鳞及棘状鳞。成鱼尾仍为歪型。头背侧有硬鳞状骨板；但内颅骨（endocranium）与脊柱等仍为软骨；内颅骨未分化成多块；脊椎无椎体，尚保持有基背片、间背片、基腹片及间腹片，脊索尚发达；两侧腭方骨弓沿头腹中线相接，在筛骨部与蝶骨部不与颅骨相连。舌颌骨无鳃盖骨突。有软骨质续骨。无眶间骨隔。鳃膜骨条一个。有或无喷水孔。鳍条较其鳍基骨甚多。肠有螺旋瓣膜。耳石很松脆。有数科已绝灭，生于古老的石炭纪初到白垩纪（Nelson，1976）；如我国北部晚侏罗纪到白垩纪的北票鲟科（Peipiaosteidae，刘宪亭等）。现生存2科6属25种，多被视为活化石。黄河有（或曾有）3～4种，但到20世纪80年代鲟形目鱼类在黄河流域早已绝迹（李思忠，1987）。

鲟形目与多鳍鱼目、古鳕目等同属较古老的软骨硬鳞附类（Chondrostei）。

科的检索表

1（2）体有5纵行硬鳞‧‧‧鲟科 Acipenseridae

2（1）仅尾鳍上缘有痕状硬鳞及棘状鳞‧‧‧‧‧‧‧‧‧‧‧‧‧‧‧‧‧‧‧‧‧‧‧‧‧‧‧‧白鲟科 Polyodontidae

鲟科 Acipenseridae

释名：鲟同鳣（zhān，《诗经》），又名黄鱼（唐孟诜《食疗本草》）、蜡鱼（宋《太平御览》）、鲟鳇鱼及玉板鱼。李时珍曰："此鱼延长，故从寻从覃，皆延长之义。"

体长形，背面及两侧共有5纵行硬鳞。尾为歪型，尾鳍上缘有痕状硬鳞及棘状鳞。吻突出，在口前方腹面有须2对。口腹位，能伸缩。成鱼两颌无齿。有或无喷水孔。鳃孔大。鳃盖膜分离或相连。鳃耙常不及50个。鳔大。背鳍位于腹鳍后方。肋骨发达。为北半球湖河洄游鱼类。始于上白垩纪。现有4属24种。我国有2属7种，黄河流域有2属2～3种。

属的检索表

1（2）鳃盖膜与鳃峡相连；口较小‧‧‧‧‧‧‧‧‧‧‧‧‧‧‧‧‧‧‧‧‧‧‧‧‧‧‧‧‧‧‧‧‧‧‧‧‧‧鲟属 *Acipenser*

2（1）鳃盖膜互连，与鳃峡分离；口较大 ··· 鳇属 *Huso*

鲟属 *Acipenser* Linnaeus, 1758

吻延长且很突出。须横切面呈圆形。有喷水孔。鳃盖膜左右分离，与鳃峡相连。体背面与两侧共有5纵行硬鳞，鳞间与皮肤表面光滑或有许多小突起。化石始于白垩纪。现有16种；亚欧北部有11种，北美洲有5种。我国有6种（伊犁河裸腹鲟是自咸海移入的），黄河流域可能有（或曾有）2种。

Acipenser Linnaeus, 1758, Syst. Nat. ed. 10，Ⅰ：237（模式种：*A. sturio* Linnaeus）。

种的检索表

1（2）肛门后有尿殖孔；稚鱼皮粗糙；背鳍前硬鳞8～13（70%为10～11）；体色上下截然不同 ··· 达氏鲟 *A. dabryanus*

2（1）尿殖孔位肛门内；稚鱼皮光滑；背鳍前硬鳞10～16（80%为12～14）；体色向下渐淡 ······ ·· 中华鲟 *A. sinensis*

达氏鲟 *Acipenser dabryanus* Duméril, 1869（图1）

图1　达氏鲟 *Acipenser dabryanus*

背鳍42～60；臀鳍29～37；胸鳍48～50；腹鳍30～37；尾鳍约67。背鳍前硬鳞11～14；体侧硬鳞29～36（常不对称）；腹侧硬鳞9～13（常不对称）。鳃耙19～55。

标本体长298～2 420 mm。体长形，前方高宽约相等，胸鳍基与腹鳍基间体呈5棱状，向后渐细尖；体长为体高7.5倍，为头长3.3～4倍，为尾部长3.3倍。头似尖锥状，腹面平坦，背面及两侧蒙粗骨板状硬鳞；头长为吻长2.2～2.3倍，为眼径12.9倍，为眼间隔3.2～3.7倍，为吻须长8.9～9.3倍，为口宽4.2倍。吻尖长、突出。眼小，侧位，眼后头长较吻长略短。眼间隔中央微凹。鼻孔大，位于眼梢前方，上鼻孔位置较高。吻须4条，呈一横行，两侧须略长，伸不到口缘；须横切面圆形。无牙齿。舌厚圆，不游离。唇不发达。鳃孔大，侧位。鳃盖膜分离，连鳃峡。假鳃发达。鳃耙短小。喷水孔距眼较距鳃孔后端近。有下鳃盖骨、间鳃盖骨及前鳃盖骨（依四川省长江水产资源调查组与长江水产研究所，1976，《长江鲟鱼类的研究》，第138页；Berg，1940称无间鳃盖骨）。肛门位于两腹鳍基后端间的稍后方，其后另有尿殖孔。

头部有硬鳞状骨板；体有5纵行硬鳞，硬鳞间皮肤表面粗糙有许多小突起；背鳍、臀鳍前缘与尾鳍前上缘有痕状硬鳞，尾鳍前上缘有棘状鳞。无侧线。

背鳍位于肛门后上方附近；背缘斜凹，第7～12鳍条最长，头长为其长2.7～5.8倍。臀鳍始于背鳍基中部稍前下方，较背鳍短小，头长为最长臀鳍条长的3～3.6倍。胸鳍侧下位；第1鳍条粗壮；第5鳍条最长，头长为其长2～2.4倍。腹鳍位胸鳍远后方，略伸不到背鳍下方；头长为最长腹鳍条长的4～4.4倍。尾鳍歪形，上缘约有18个棘状硬鳞；下缘凹叉状，第14鳍条最长，头长约为其长的2.2倍。

鲜鱼背侧（侧行硬鳞上方）青灰色，腹侧黄白色或乳白色，上下显明。鳍青灰色。边缘白色。

《诗经·周颂·潜》"猗与（赞美词）漆沮（关中河名），潜有多鱼。有鳣、有鲔（wěi）；鲦鲿鰋鲤。以享以祀；以介景福"（用以祭祀，以祈赐福）。晋陆机称："鳣出江海，三月从河下来上行。似龙，锐头。口在颌下。背上、腹下皆有甲。今盟津（即孟津）东石碛钩取之，大者千余斤。可蒸为臛（肉羹），又可作鲊（用盐及红曲腌的鱼），鱼子可为酱。"唐开元（713～732）年间陕西三原县尉陈藏器《本草拾遗》称："鳣长二三丈，体有三行甲，逆上龙门，能化为龙也。"

明李时珍称："鳣出江淮黄河辽海深水处。以三月逆水而生。其行也在水底，去地数寸。"已知其分布，有洄游习性，为底层鱼类。最近著者看过刘宪亭在烟台采的标本，可证《长江鲟鱼类的研究》（四川长江水产资源调查组等，1976）断定此鱼"属淡水定居性鱼类"似不可靠。唐开元年间陕西三原县尉陈藏器在《本草拾遗》中称"鳣长二三丈纯灰色，体有三行甲，逆上龙门，能化为龙也"，可见古时能溯游到龙门下方。现济南博物馆收藏采自黄河的标本3尾，其中2尾是森为三（Mori，1928）报告过的（表5）。

分布于黄河（达关中的漆水河及沮河）、长江（达金沙江、沱江、嘉陵江）、辽河及朝鲜汉江等；冬季至少有些成鱼入渤海及黄海。

为国家一级保护野生动物。

表5　森为三（1928）济南广智院所藏采自黄河的达氏鲟标本记录（现存济南博物馆，并另得一标本）

标本长度/mm	背鳍条数目	臀鳍条数目	背侧硬鳞数目	体侧硬鳞数目
2 400	42	19	14	36
2 700	42	29	13	35

Acipenser dabryanus Duméril, 1869, Nouv. Arch. Mus. Hist. Nat. Paris, 4: 98, pl. 22, fig. 1（长江）；Mori, 1928, Jap. J. Zool., 2（1）：61（济南）；Nichols, 1943, Nat. Hist. Centr. Asia, IX: 16, fig. 1（洞庭湖）；Matsubara, 1955, Fish Morphology & Hierarchy, pt. Ⅰ: 167（朝鲜西部；黄河；长江）；伍献文等，1963，中国经济动物志：淡水鱼类，图16（长江干支流）；李思忠，1965，动物学杂志，（5）：217-221（河南，山东）；四川长江水产资源调查组等，1976，长江鲟鱼类的研究，134-172（长江达金沙江等）；施白南等，1980，四川资源动物志Ⅰ：142（长江口到金沙江、沱江及乌江下游）；李思忠，1987，中国鲟形目鱼类地理分布的研究，动物学杂志，22（4）：36-40，图1及10；张世义，2001，中国动物志　硬骨鱼纲　鲟形目　海鲢目　鲱形目　鼠鱚目　30，图Ⅱ-2（上海、宜昌、四川）。

中华鲟 *Acipenser sinensis* Gray 1835（图2）

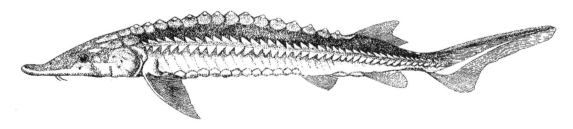

图2　中华鲟 *Acipenser sinensis*

释名：模式产地为我国东部，故名。背鳍约45；臀鳍约37；胸鳍46；腹鳍33；尾鳍下叶约86。背

鳍前硬鳞16，鳍后4；体侧左硬鳞35，右37；腹鳍前腹侧硬鳞13，腹鳍后2；鳃耙14~25个。

标本体全长313 mm，体长241.5 mm。体长形；胸腹鳍间呈5棱状，略侧扁；前后细尖；尾为歪型，似鲨类，体长为体高7.3倍，为头长31倍。头稍平扁，细尖；头长为吻长1.8倍，为眼径14.4倍，为眼间隔宽3.9倍，为吻须长8.6倍，为口宽5.2倍，为尾柄长4.5倍；尾柄长为尾柄高2.6倍。吻很尖长，平扁。鼻孔每侧2个，位眼前方附近，前孔较高，后孔较大。吻腹面有一横行须4条，中央一对须位墨稍靠前，距吻端约为距口裂1.2倍；两侧须较长，长为中央须的1.2倍。眼小，长卵圆形。侧位。眼间隔硬鳞状额骨发达，中央凹形。口小，下位，浅弧状；上颌前方沟穴状；下颌仅两侧略有唇后沟。喷水孔小，约位于前鳃盖骨正上方，较眼略高。鳃孔大，不能完全合闭。假鳃发达。鳃盖膜分离，连鳃峡。肛门位腹鳍基稍后，距臀鳍始点约为距腹鳍基的3.6倍。无独立的尿殖孔。

体背侧中央在背鳍前方有一纵行硬鳞16个，背鳍后沿背中线每侧各有4个小硬鳞；体侧自鳃孔背角到尾鳍基左侧有一纵行硬鳞35个、右侧有37个硬鳞；腹侧自胸鳍基到尾鳍基有13~14个硬鳞，沿腹中线肛门到臀鳍有2个硬鳞；沿尾鳍背缘有硬鳞14个，腹缘有约4个棘状鳞；鳞行间皮肤光滑。无侧线。

背鳍始于肛门上方，背缘斜凹，头长为最长背鳍条长的2.6倍。臀鳍始于背鳍基中部下方，较背鳍窄、短，头长为最长臀鳍条长的3.7倍。胸鳍侧下位，宽刀状，头长约为第8~9鳍条长的2.4倍。腹鳍基全部位于背鳍前方，末端截形，头长为最长腹鳍条长的4.1倍，最长腹鳍条约达肛门与臀鳍始点的中央。尾鳍背侧鳍条很短；腹侧下缘凹状，头长为最长尾鳍条长的2.8倍。

体背侧在体侧硬鳞上方青灰色，向下渐呈浅灰色到黄白色，腹侧乳白色。

为我国东部溯河产卵底层鱼类。冬季大部分海内越冬、索食，4~5月开始入江河洄游，成鱼9~10月产卵。产卵后成鱼大部分速返下游河口区肥育。仔鱼自孵出后顺流至河口区繁育生长。有些小鱼及成鱼在下游深潭或深坑内越冬。以底栖动物等为食。曾为重要经济食用鱼。

分布于我国东部长江到珠江，及黄海到南海北部等处。因与前种不易区分，古时鳣也包含此种，故黄河可能亦有。似因现在黄河春末夏初水量日枯，而此鱼渐绝踪。

为国家一级保护野生动物。

Acipenser sinensis Gray, 1835, Proc. Zool. Soc., Lond., 122（我国）；Tchang（张春霖），1928, Contr. Biol. Lab. Sci. Soc. China: 2, fig. 2（南京）；Wu（伍献文），1930, 5（4）: 15, fig. 11（厦门）；Mori, 1936, Studies on the geographical distribution of Freshwater Fishes in Eastern Asia: 24（黄河）；Nichols, 1943, Nat Hist. Centr. Asia LX: 16（广州）；四川省长江水产资源调查组等，1976, 长江鲟鱼类的研究：13-133，图1-29（黄海、东海至金沙江下游）；丁耕芜等，1980, 辽宁省动物学会会刊，1（1）：76（山东石岛及辽宁海洋岛）；郑葆珊等，1980, 广西淡水鱼类志：12，图2（广西藤县蒙江）；李思忠，1987, 中国鲟形目鱼类地理分布的研究，动物学杂志，22（4）：36-39，图4及10；张世义，2001, 中国动物志 鲟形目 海鲢目 鲱形目 鼠鱚目：34，图Ⅱ-4（上海、宁波、福州、广东）。

鳇属 *Huso* Brandt et Ratzeburg, 1833

释名：鳇同鱑，大鱼。古时鲟鳇不分（明李时珍）。

与鲟属相似，而鳃孔在鳃峡左右相通，鳃盖膜互连，与鳃峡分离。口较宽呈横新月形。吻须4条，扁条状，中央2条须位置较两侧须显著靠前。有喷水孔。体背面及两侧共有5纵行硬鳞。现全世界只有2种，另一种分布于东地中海水系。亦是活化石，珍贵食用鱼。

Huso Brandt et Ratzeburg, 1833, Medizinsche Zool, 2：3（模式种：*Acipenser huso* Linnaeus）。

东亚鳇鱼 *Huso dauricus*（Georgi, 1775）（图3）

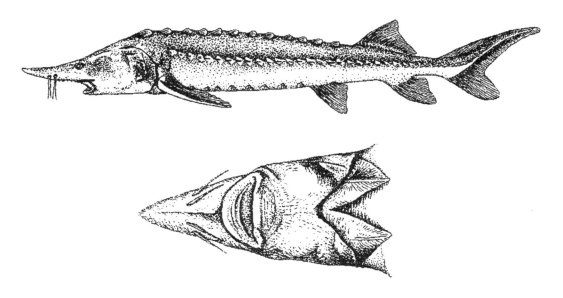

图3　东亚鳇鱼 *Huso dauricus*

释名：唐陈藏器称："生东海，其头似牛。"明李时珍称："牛鱼出女真混同江，大者长丈余，重三百斤……亦鲟属也。"

寿振黄教授（1934）报告，1932年夏清华大学杜增瑞先生在烟台市采到一标本，鉴定为此鱼。其记述如下：

"背鳍56；臀鳍32。背侧硬鳞15；体侧硬鳞右36，左38；腹侧硬鳞12，左13。

标本体全长（自吻端到上尾叉后端）795 mm，为头长约3倍，为体高约5.5倍；体长形，后部较前部细弱。头稍小；头长约为吻长2.2倍，约为眼径23.4倍，为眼间隔宽约3倍，为口宽约4倍，为口前须长约7.8倍。吻长约等于眼后头长。眼小。吻前须不位于吻前端与口正中间，而距口较近；中间2条须较外侧须位置较靠前。鳃孔不能完全闭合。背侧硬鳞较大；背鳍前方15个，后方2个。体侧与腹侧硬鳞较小，且两侧鳞数不相等；腹侧中央有14个硬鳞，肛门前、后各2个。背鳍远位于后方尾部。臀鳍位于背鳍下方，始点位于背鳍始点后方。胸鳍紧位于鳃孔后方。腹鳍位于肛门两侧。尾鳍歪型，上尾叉较下尾叉很长。福尔马林液保存标本，上侧淡灰黑色，下侧灰白色。"

可惜上述记载并未指出鳇鱼属的最显著的特征，即鳃盖膜互连而与鳃峡分离，口较宽及吻须为扁形。另外此鱼吻须可伸达口前缘，与江河平原区其他鲟类亦均不同。现此标本已无处查询。黄海、渤海是否产此鱼，尚待以后澄清。

分布：在黑龙江水系及萨哈林岛（库页岛）很习见；黄渤海水系罕见。

Acipenser dauricus Georgi, 1775, Reise im Russ. Reich. Ⅰ：352（黑龙江上游额尔古纳河等）；Берг, 1932, Изд-во Академии наук СССР, Ⅰ：43, 48-49（体重可达656 kg，年龄达50～55岁）

Huso dauricus, Berg, 1904, Zool. Anz., ：666（黑龙江）；Nichols, 1928, Bull. Am. Mus. Nat. Hist. 58（1）：2（黄河）；Shaw（寿振黄），1934, China J., 20: 108（烟台）；傅桐生，1955，东北习见淡水鱼类。东北师大研究通报：2（松花江、乌苏里江及黑龙江）；尼科尔斯基（1956），高岫译（1960），黑龙江流域鱼类：21-30，图1-2（黑龙江河口到额尔古纳河、石勒喀河、鄂嫩河、兴凯

湖、松花江等）；李思忠，1965，动物学杂志，（5）：217-221（河南，山东）；李思忠，1987，中国鲟形目鱼类地理分布的研究，22（4）：35-40，图7~8，10；张世义，2001，中国动物志 鲟形目 海鲢目 鲱形目 鼠鱚目：38，图Ⅱ-7（黑龙江、乌苏里江、松花江）。

匙吻鲟科 **Polyodontidae**

释名：因吻部呈匙状而得名。这是匙吻鲟属（*Polyodon*）的典型特征。体长形；无正常硬鳞而仅在尾鳍前背缘有一纵行棘状硬鳞，皮肤光滑或局部有鳞痕；尾为歪型。吻很突出，平扁，尖形或呈圆匙状，腹面无或有2条小须。口腹位，能或不能伸缩。两颌有小齿。有喷水孔。无方颧骨及独立的外翼状骨。眶下骨很退化。每侧有一鳃膜骨条。下鳃盖骨向后呈尖长扁叶状。无主鳃盖骨。始于白垩纪。现仅我国东部与美国东部各有1属1种。

白鲟属 *Psephurus* Günther, 1873

口大，近半圆形，腹位，能伸缩。吻尖长形；腹面有2条短须。鳃耙很短小。仅我国东部产1种。

Psephurus Günther, 1873, Ann. Mag. Nat. Hist.，（4）7: 250（模式种：*Polyodon gladius* Martens）

白鲟 *Psephurus gladius*（Martens, 1862）（图4）

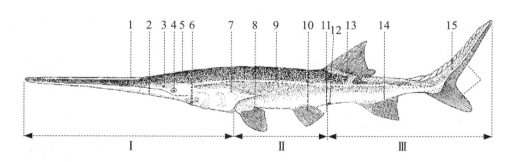

Ⅰ.头部　Ⅱ.躯干部　Ⅲ.尾部

1.吻部　2.须　3.鼻孔　4.眼　5.喷水孔　6.口　7.鳃盖　8.胸鳍
9.侧线　10.腹鳍　11.肛门　12.尿殖孔　13.背鳍　14.臀鳍　15.棘状鳍　16.尾鳍

图4　白鲟 *Psephurus gladius*

释名：鲔（周《礼记·月令》篇；《诗经》《硕人》篇、《四月》篇、《潜》篇）。王鲔、鮛鲔、鮥子（晋郭璞）；鮭（gèng）鳐（méng）（李奇《汉书》注）；尉鱼（《毛诗疏义》）；碧鱼（明李时珍）；象鱼，象鼻鱼，象鲟。

背鳍61~67；臀鳍50~59；胸鳍约44；腹鳍约42；尾鳍下缘约87。鳃耙外行25+23，内行11+26。

标本体长（止于脊柱向后上方弯曲处）499 mm，体全长585 mm。体长形，胸鳍后端附近体最高，稍侧扁；体长为体高8.7倍，为头长1.5倍，为尾部长5.6倍。尾歪型。头很尖长；吻很突出，下鳃盖骨向后呈尖膜突出，达胸鳍后端附近；头长为吻长1.6倍，为眼径9.7倍，为眼间隔宽8.6倍，为口宽9.2倍。眼间隔宽凸。鼻孔2个，为半圆形，前端不达眼下方。两颌有小齿。仅在口角处有唇后沟。舌圆厚，周缘游离。鳃孔大，侧位。鳃盖膜互连，游离。鳃耙稀短，最长略大于眼径。鳃膜大，形似象耳。肛门位于臀鳍始点附近。

无鳞，仅尾鳍前上缘有6~7个棘状鳞，头部散有梅花状小鳞痕。侧线1条，前部较高，到尾部侧中位，止于脊柱向后上方弯曲处。

背鳍位于肛门正上方；背缘斜凹；第21鳍条最长，头长为其长8.5倍。臀鳍似背鳍而较短小。胸鳍侧下位，约第10鳍条最长，头长为其长8倍，远不达腹鳍。腹鳍位于背鳍前方，第13鳍条最长，头长为其长16倍，略不达肛门。尾歪型，脊柱斜向后上方，鳍下缘凹叉状，第21鳍条最长，头长为其长6.9倍。尾柄显著。尾似鲨。

鲜鱼头体背侧暗灰色，背淡绿色，腹侧白色。为我国江河平原区特有的特大型洄游鱼类，最大体全长达7 m，重达千余千克（秉志，1931）。主要以小鱼类为食，亦食虾蟹等。春季溯游产卵。卵径约2.7 mm，体重30～35 kg雌鱼怀卵量20万粒以上（伍献文等，1963）。冬季到江河下游和海内越冬。有胃及幽门盲囊。肠短，有7～8螺旋瓣膜。内骨为软骨。只有下鳃盖骨。鳃膜条骨1个。脊索发达；体每节背侧有大的基背软骨形成髓弓，其后间背软骨小；腹侧有大的基腹软骨连接短的肋骨，后有间腹软骨。尾部基腹软骨形成脉弓，有棘。

鳔大、骨脆；冬入海，春末入河繁殖。为我国东部特产活化石，珍贵食用濒危鱼类。

肉卵肥美。《礼记》"天子荐鲔于寝庙"，故有王鲔之称。《诗经·周颂·潜》："猗与漆沮（关中河名），潜有多鱼。有鳣、有鲔……"。晋成公绥《大河赋》曰："鳣、鲤、王鲔，春暮来游。"张华《博物志》载："河阴（位今孟津与 荥阳间）岫（xiù，山洞）穴，出鲔鱼焉。"唐陈藏器称其肉"补虚益气，令人肥健"，称其卵"食子肥美，杀腹内小虫"。明李时珍称："出江、淮、辽海深水处……岫居，长者丈余，至春始出而浮阳……其状如鳣而背上无甲，其色青碧，腹下色白，其鼻长与身等……"可见古时黄河确产此鱼，很珍贵，并知为底栖，有洄游习性。

分布于黄河下游（古时达关中岐山、扶风等处），长江中、下游，钱塘江，渤海、黄海及东海；本所①藏宁波之标本。

为国家一级保护野生动物。

Polyodon gladius Martens, 1862, Monatsber. Akad. Wiss. Berl., : 476（长江）。*Psephurus gladius*, Günther, 1873, Ann. Mag. Nat. Hist.，（4）12: 250（上海）；Tchang（张春霖），1928, Contr. Biol. Lab. Sci. Soc. China, 4（4）：1-2, fig. 1（南京）；Wu（伍献文），1930, Sinensia，Ⅰ（6）：67（重庆）；Ping（秉志），1931, Contr. Biol. Lab. Sci. Soc. China, 7（1）；189: Mori, 1936, Studies on the geographical distribution of Freshwater Fishes in Eastern Asia: 24（黄河）；及毛节荣，1956，杭州大学学报，（2）：25（杭州钱塘江）；伍献文等，1963，中国经济动物志：淡水鱼类：16，图17（长江上下游及钱塘江下游）；朱元鼎等，1963，东海鱼类志：93，图70（吴淞，上海）；李思忠，1965，动物学杂志（5）：217（河南，山东）；四川省水产资源调查组等，1976长江鲟鱼类的研究：173-189（四川宜宾等）；李思忠，1981，中国淡水鱼类的分布区划，86，156-157，图36-2（江河平原区）；李思忠，1987，中国鲟形目鱼类地理分布的研究。动物学杂志，22（4）：35-40，图9（黄渤海到东海沿长江达金沙江，古时沿黄河达汾渭盆地）；张世义，2001，中国动物志 硬骨鱼纲 鲟形目 海鲢目 鲱形目 鼠鱚目：40，图Ⅱ-8（海河、黄河、淮河、长江、钱塘江、渤海、黄海、东海等）。

---

① 中国科学院动物研究所；下同。

鲱形目 Clupeiformes

释名： 鲱，见宋祥符年间所修《广韵》：方未切，音沸；司马光（1019—1086）撰《类篇》所记海鱼名。

尾正型。体形大多很侧扁。除刺头鲱（*Denticeps clupeoides*）外，现生种类侧线均无或很短。有圆鳞，体腹缘常有棱鳞（scutes）。无棘状鳞。无鳍棘。无脂背鳍。腹鳍条可达7~9，腹位。鳃膜条骨5~20。鳃耙细长且多。前颌骨与上颌骨形成口缘，一般不能伸缩。有辅颌骨。无喉骨板（gular plate）。无喷水孔。椎骨骨化，椎体中央常留一孔。椎体与椎体侧突（parapophyses）未愈合。有肋骨及肌间骨。常有眶蝶骨、基蝶骨及中喙骨等。上枕骨与额骨直接相连，将顶骨挤到两侧。副蝶骨无齿。角舌骨前缘无大孔。除鳗科外鳔与胃相通（依Nelson，1984）。无叶状幼体。最大耳石位球囊内。幽门盲囊有或无。化石始于三叠纪（依Berg，1940）。现生存5科83属约357种（Nelson，1994）。多为食浮游生物的海产上层鱼类。现知黄河下游有2科。

科的检索表

1（2）口常前位或上位；上颌至多达眼下方；鳃盖膜彼此不连 ·······鲱科 Clupeidae

2（1）口下位；上颌骨达眼的远后方，鳃盖膜微互连 ·······鳀科 Engraulidae

鲱科 Clupeidae

口常前位或上位；上颌骨至多达眼下方。侧线无或仅头后附近少数有侧线。头部无鳞。除圆腹鲱亚科（Dussumieriinae）外，腹缘均有1行棱鳞。尾鳍深叉状。鳃盖膜不连鳃峡，互分离。现生存5亚科56属约181种（Nelson，1994）。黄河流域只在河口内附近涨潮时有2属2种。

属的检索表

1（2）口前位；辅颌骨2；两颌、腭骨、翼状骨及舌有小齿；胃不呈砂囊状（鲱亚科（Clupeinae））；背鳍始于腹鳍前方；尾鳍基无特大长鳞；鳃孔后缘有2个显明肉质突起；臀鳍最后2枚鳍条较长；鳃弓下鳃耙45~200 ·······小沙丁鱼属 Sardinella

2（1）口略下位；辅颌骨1；口无齿；胃呈砂囊状（鰶亚科（Dorosomatinae））；下颌齿骨前缘不向外卷褶；最后1条背鳍条呈长粗丝状；体侧仅上肩部有一大黑斑；上颌中间无一显明凹刻 ·······斑鰶属 Konosirus

小沙丁鱼属 *Sardinella* Valenciennes, 1847

释名： 小沙丁鱼属，由拉丁文sardinella意译而得。

体侧面观呈长椭圆形，很侧扁；体有圆鳞，腹缘有棘状棱鳞；头部无鳞；无侧线；口前位；上颌骨达眼前半部下方；前背背中线穿过2纵行鳞；辅颌骨2个，后辅颌骨上下对称。主鳃骨光滑无辐状细骨纹；鳃孔后缘有2个显明肉质突起。额顶骨纹7~14条；第1鳃弓下肢鳃耙超45个，有些超200个；第3上鳃骨后缘有鳃耙。无下上颌骨（hypo-maxillary bone）。最后背鳍条未延长；最后2条臀鳍条较前邻鳍条长大。为海洋上层较小型鱼类，喜群游，以浮游生物为食，约有2亚属21种；1983年渔获量为1 499 437 t（依Whitehead，1985）。我国海区产11种（张世义，2001）。在涨潮时有一种亦进入黄河口内。

Sardinella Valenciennes, 1847, Hist. Nat. Poiss., 20：18（Type：*Sardinella aurita* Valenciennes）；Whitehead, 1985, FAO Fish. Synopsis, No. 125, Vol. 7（Part 1）：90–114。

青鳞小沙丁鱼 *Sardinella zunasi* Bleeker, 1854（图5）

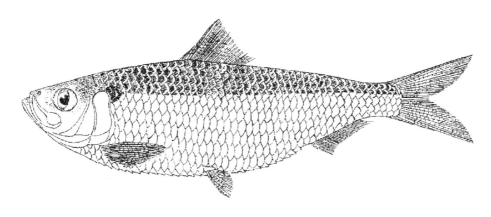

图5　青鳞小沙丁鱼 *Sardinella zunasi*

释名：黄渤海沿岸俗名：柳叶鱼、青皮、青鳞。

背鳍 iii-15；臀鳍 iii-18；胸鳍 i -16；腹鳍 i -7；尾鳍 iv-18-iv。纵行鳞42～44，横行鳞（腹鳍基到体背缘）12～14。鳃耙约31+51。

标本体长100～180 mm。体很侧扁，背缘微凸，腹缘显著圆凸；体长为体高3.2～3.3倍，为头长4.4～5.4倍。头短，亦侧扁；头长为吻长3.3～4.2倍，为眼径3.2～4.0倍，为尾柄高2.5～2.7倍。吻较眼径略短。眼侧位，稍高，有脂膜。眼间隔窄平。鼻孔每侧2个，距吻端较近。口前上位；下颌稍突出；上颌骨宽，达眼中央下方，下缘有小齿。辅颌骨2。两颌、腭骨及舌均有小齿。鳃孔大。鳃耙细长。鳃盖膜分离，不连鳃峡。鳃膜条骨6。假鳃发达。肛门位于臀鳍前缘。

除头部外，体有大圆鳞，腹缘在腹鳍前后有锯齿状棱鳞（18+14）个。无侧线。

背鳍位于体中部稍前方，背缘斜凹；第1分支鳍条最长，头长为其长1.4～1.5倍。臀鳍距尾鳍基较距腹鳍基很近，头长为最长臀鳍条长的3.3～3.6倍。胸鳍侧位，很低，尖刀状；头长为第1胸鳍条长的1.3～1.5倍，远不达腹鳍。腹鳍位于背鳍正下方，头长为最长腹鳍条长的2.3倍。尾鳍尖叉状。

鲜鱼头体背侧青黑色，向下微绿，两侧及侧下方银白色。背鳍与尾鳍淡黄色，其他鳍白色。为沿岸上层小型海鱼。涨潮时常出现于河口稍上方。

分布：渤海到南海北部沿岸；涨潮时黄河口稍上方亦产。

此鱼常被列入青鳞鱼属（*Harengula*），该属左右前颌骨与上颌骨间下方有一具齿的下上颌骨（hypomaxilla），且仅产于美洲两侧沿岸。

Harengula zunasi, Bleeker, 1854, Verh. Bat. Gen., 26：117（日本）；张春霖，1955，黄渤海鱼类调查报告：47，图32（辽宁、河北及山东沿岸）；Matsubara, 1955, Fish Morphology & Hierarchy, pt. 1：192（我国及日本本部、朝鲜）。

Sardinella zunasi, Whitehead, 1985, FAO Species catalogue. Vol. 7：113, figured（South part coastal, Japan; China coastal from Zhejiang to Taiwan & E. Guangdong）；青沼佳方，1993，日本产鱼类检索（中坊徹次编）；205（日本北海道以南；黄海、台湾等）；莫显荞，1993（12月），台湾鱼类志（沈世杰主编）；123，图版23-10（台湾）。

鳒属 *Clupanodon* Lacepède, 1803

［有效学名：斑鰶属 *Konosirus* Jordan et Snyder, 1900］

释名：鰶音"jì"，见宋祥符修《广韵》及宋丁度所撰《集韵》。

吻微突出。口前位或者亚前位。辅颌骨1。两颌无齿。鳃耙细长且密。背鳍13～18，最后一鳍条延长为长丝状。臀鳍18～28。腹鳍8。无侧线。纵列鳞48～58。椎骨49～51。产于日本到印度。

Clupanodon Lacepède, 1803, Hist. Nat. Poiss., 5: 465（模式种：*Clupea thrissa* Linnaeus）。

斑鰶 *Clupanodon punctatus*（Temminck et Schlegel, 1846）（图6）

［有效学名：斑鰶 *Konosirus punctatus*（Temminck et Schlegel, 1846）］

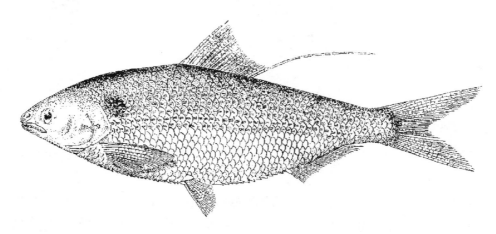

图6　斑鰶 *Konosirus punctatus*

释名：鳃孔后上方肩部有一大黑斑，故名。背鳍iv-13～17；臀鳍iii-18～24；胸鳍i-16；腹鳍i-7～8；尾鳍v-16-iv。纵列鳞54～56；鳃耙约157+163。

标本体长90～197 mm。体侧面观呈长棱形，很侧扁，背腹缘呈浅弧状；体长为体高2.9～3.5倍，为头长3.7～4倍。头短，亦侧扁；头长为吻长4～4.7倍，为眼径4～4.7倍。吻钝，略突出。鼻孔距吻端较距眼近。眼侧中位，前后脂膜发达。眼间隔宽稍大于眼径，中央圆凸。口小，稍下位。上颌骨达眼中部下方。辅颌骨1。下颌前端尖角形，边缘很薄。上、下颌无齿。鳃孔大，侧位。鳃盖膜游离。鳃膜条骨6。鳃耙细密，较鳃丝短。假鳃发达。胃砂囊状。肛门位于臀鳍前缘。

除头部外体有圆鳞，腹缘在腹鳍前后有棱鳞（18～20+14～16）个。无侧线。

背鳍约位于体正中央，背缘斜凹；头长为第1分支鳍条长的1.5～1.7倍；最后1条鳍条呈长粗丝状，约达尾柄。臀鳍位于背鳍后方，头长为最长臀鳍条长的3.3～4倍。胸鳍侧位，很低，尖刀状；头长为第1鳍条长的1.4～1.5倍。腹鳍始于背鳍始点稍后下方；头长为最长腹鳍条长的2.3～2.6倍。尾鳍尖叉状。

头体背侧黑绿色；体侧及腹侧银白色；鳃孔后上方有一斜黑斑；侧上方鳞中央黑点状。奇鳍与胸鳍淡黄色，后缘黑色；腹鳍白色。为沿岸及河口小型鱼类，以泥底藻类为食。涨潮时在河口内附近很习见。

Chaetossus punctatus Temminck et Schlegel, 1846, Fauna Jap. Poiss., : 240, pl. 109, fig. 1（日本）。

Clupanodon punctatus，张春霖，1955，黄渤海鱼类调查报告：50，图34（辽宁、河北及山东沿海）。

鳀科 Engraulidae

[有效学名：鳀科 **Engraulidae**]

释名： 鳀（明末何乔远所著《闽书》）；"似马鲛而小"（《康熙字典》）；"音'温'（wen），即沙丁鱼"（黎锦熙主编《国语词典》，1937；1959重版改名《汉语词典》）。科学院编译局名词室改用"鳀"（《脊椎动物名称》，1955），欠妥；因古书称"鳀"为"鲇"别名（《国策》，郭璞《尔雅·释鱼注》及李时珍《本草纲目》等）。

口下位。上颌骨很长，达眼远后方，与前颌骨形成上口缘。辅颌骨2。齿小；犁骨、腭骨、翼状骨及舌常有齿。眼无脂膜。鳃耙多且细长。有假鳃。有圆鳞，腹缘有棱鳞。无侧线。背鳍短或中等，位于臀鳍上方或前方。鳃盖膜微互连。中筛骨达犁骨前方。无后耳骨及隅骨。多为海鱼类。现知黄河流域有1属2种。

鲚属 *Coilia* Gray, 1830

释名： 鮤（liè）鳠（miè）刀（《尔雅·释鱼》）；鮆（cǐ，《淮南子》）；魛（dāo）鱼，鱃（qiú）鱼（《广韵》）；望鱼（《魏武食制》）。李时珍曰："形如剂物裂篾之刀，故名。"又称魛鱼、凤尾鱼。

体很长，侧扁。吻突出，口斜形，口裂达眼后方；尾部向后渐尖，尖长。上颌骨常略伸过鳃孔。两颌、犁骨、腭骨、翼状骨和舌均有牙。背鳍始于臀鳍前方。臀鳍条73~116。胸鳍上缘有4~19条丝状游离鳍条，下部也有丝状鳍条。尾鳍上下不对称，下叉短且常连臀鳍。鳃耙细密。我国有4~5种，为过河口洄游鱼类或淡水鱼类，我国东部沿海重要食用鱼。现知黄河流域产2种。（高岫译，尼科尔斯基（1956）著的《黑龙江流域鱼类》第408页，统计黄河有2种，但未列出具体鱼名。）

Coilia Gray, 1830, Zool. Miscell., : 9（模式种：*C. hamilton* Gray）。

种的检索表

1（2）臀鳍 ⅱ~ⅲ-97~112；体较细长 ···刀鲚 *C. ectenes**

2（1）臀鳍 ⅱ-73~88；体较短高 ···凤鲚 *C. mystus*

*编者注：有效学名为刀鲚 *C. nasus*。

刀鲚 *Coilia ectenes* Jordan et Seale, 1905（图7）

[有效学名：刀鲚 ***Coilia nasus*** Temminck et Schlegel, 1846]

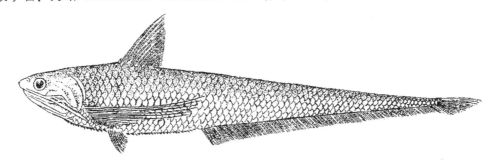

图7 刀鲚 Coilia nasus

俗名凤尾鱼。背鳍 ⅱ~ⅲ-9~10；臀鳍 ⅱ~ⅲ-97~112；胸鳍 ⅵ-12；腹鳍 ⅰ-6；尾鳍。纵列鳞74~84，横列鳞10~11。鳃耙16~18+20~26。

标本体长56.3～337 mm。体长形，很侧扁，背鳍基后方附近体最高，尾部向后很尖长，背侧宽圆，腹侧锐棱状在腹鳍基前后各有（20+31）个棱鳞刺；体长为体高5.8～7倍，为头长5.6～6.5倍，为尾部长1.7～1.8倍，头稍短小，侧面呈三角形；前半部背面及两侧半透明脂状，吻与眼间隔脂尤显明；头长为吻长43～6.1倍，为眼径5～7.2倍，为眼间隔宽3.1～3.7倍，为上颌长1～1.3倍。吻稍突出。眼侧位，距吻端很近，蒙脂膜。眼间隔中央纵凸棱状。鼻孔每侧2个，位眼前附近。口大，下位，斜形。前颌骨短。上颌骨伸达胸鳍基下方，背缘圆凸，腹缘微凹且有1行小牙。两颌、腭骨及舌均有小牙。唇薄，仅在口角发达。鳃孔大，下端约达眼下方。鳃盖膜微连，不连鳃峡。鳃膜条骨10。鳃耙外行发达，长扁形，最长约为眼径2.5倍，内缘有小刺；内行鳃耙很微小。有假鳃。肛门邻臀鳍始点。

除头部外体有圆鳞；中等大，易脱落；除环纹外自鳞心向后尚有平行横纹。无侧线。

主要特征是胸鳍上部有6条长须状鳍条。背鳍很短，始于腹鳍基略后方，距胸鳍基较距臀鳍基近；背缘斜直；第1分支鳍条最长，头长为其长1.1～1.3倍。臀鳍很长，下缘斜直，前部鳍条较长，头长为其长3.5～3.9倍。胸鳍侧位而稍低；上缘6条鳍条长丝状，第1鳍条最长约达第13臀鳍条基；其余鳍条连成尖刀状，达背鳍下方。腹鳍小刀状，头长为其长2.3～2.5倍。尾很长；尾鳍上叉较长，下叉与臀鳍相连。

鲜鱼头体背侧灰绿色，其余银白色。鳍黄色，背鳍微绿，尾鳍后缘近黑色。虹彩肌白色。

刀鲚是我国重要经济鱼类之一，为过河口性洄游鱼类。3月底（春分节）至五月底自近海、外海成群溯河产卵。向上溯河可到开封以西。于缓静多水草处产浮性卵。卵有油球。最早性成熟为2～3龄。一尾体长370 mm雌鱼怀卵量为45 000粒（邹鹏，1960）。据东平湖标本，当年鱼体长达56.3～77 mm，1周龄约150.7 mm，2周龄约223 mm，3周龄约337 mm。秋季渐回近海越冬，11月初在东平湖尚可遇到个别大鱼。

鲚鱼肉肥嫩，然多细刺，最宜脍食（剁碎做丸子或饺子馅等）或酥鱼。凤尾鱼罐头甚受人欢迎，不宜煮食。溯河时为盛渔期，自河口到东平湖年产1 500 t以上。

分布：黄渤海、东海、朝鲜及日本。在黄河自河口可到河南省开封等。

Coilia ectenes Jordan & Seale, 1905, Proc. U. S. Natn. Mus, 29（1433）：517, fig.1（上海）；邹鹏，1960，动物学杂志（1）：31（沾化、历城、齐河及东平等县）；伍献文等，1963，中国经济动物志：淡水鱼类：18，图19；王文滨，1963，东海鱼类志：116，图91（江苏、浙江及福建）；解玉浩，1981，鱼类学论文集，2：115（辽宁盘山及营口）。

Coilia nasus（非Temminck & Schlegel），Mori, 1929, Jap. J. Zool., 2（4）：383（济南）；Tchang（张春霖），1932, Bull. Fan Mem. Inst. Biol. 3（14）：211（开封）。

凤鲚 *Coilia mystus*（Linnaeus, 1758）（图8）

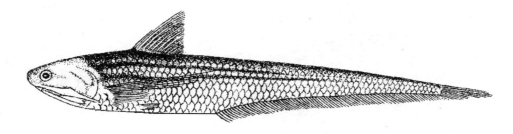

图8　凤鲚 *Coilia mystus*

背鳍ii-9～10。纵列鳞65～70。鳃耙18+25。标本体长231 mm。与前种（刀鲚）很相似，仅体形较小，尾部较短，臀鳍条较少（73～88），纵列鳞亦较少（60～70），腹侧较刀鲚圆凸和体较短高。

此种与刀鲚习性亦相似，但在黄河及黄渤海区较少，长江及以南较多，分布于南达印度尼西亚及印度；朝鲜及日本亦产。

Clupea mystus Linnaeus, 1758, Syst. Nat., ed. XI: 319（印度诸海）。

Coilia nasus Temminck et Schlegel, 1846, Fauna Jap. Poiss., 243, pl. 109, fig. 4（日本诸海）。

Coilia mystus，张春霖，1955，黄渤海鱼类调查报告：57，图40（黄渤海沿岸）；李思忠，1965，动物学杂志（5）：217（河南及山东）。

鲑形目 Salmoniformes

释名： "鲑"见王充（27—107）《论衡》，原意河魨，现指有脂背鳍的鲑属（*Salmo*）及相近的鱼类（杜亚泉等所编《动物学大辞典》始将Salmonidae称为鲑科，将*Oncorhynchus*称为鲑属）。

常有脂背鳍。无鳍棘及硬鳍刺。腹鳍腹位。有或无圆鳞。腹缘无棱鳞。侧线有或无。上颌骨与前颌骨常形成口缘。两颌、犁骨及腭骨常有齿。眶蝶骨、基蝶骨、皮蝶耳骨及中喙骨有或无。椎体与关节突未愈合。常有肋骨及肌间骨。常有辅颌骨。额骨与上枕骨常直接相连，将顶骨挤到两侧。有或无幽门盲囊。化石始于中生代白垩纪（Goody, 1970）。现在存5亚目24科145属约508种。黄河流域现知有鲑亚目3科（包括鲑科的2属）。

鲑亚目 Salmonoidei *

除乳鱼科（Galaxiidae）外均有脂背鳍；除后鳍鱼科（Retropinnidae）、单甲鱼科（Aplochitonidae）及乳鱼科这些南温带鱼类外都有中喙骨、辅颌骨等。现生存约33属15种。黄河流域有3科*。

科的检索表

1（4）体不透明；有正常圆鳞；脑形不外露

2（3）两颌、犁骨、腭骨及舌有牙齿；舌无特殊褶膜·······················鲑科 Salmonidae

3（2）前颌骨、腭骨及翼状骨有牙，犁骨无牙，上颌骨与齿骨外侧牙能活动；舌由下颌前端黏膜向后折叠而成·····················香鱼科 Plecoglossidae *

4（1）体细长半透明；仅雄鱼臀鳍基上缘有鳞；头骨薄，脑形外露··············银鱼科 Salangidae *

***编者注：** 近年来据Nelson（2006）的分类系统，原隶属于鲑形目的香鱼科Plecoglossidae及银鱼科Salangidae取消，合并为胡瓜鱼科Osmeridae，隶属于胡瓜鱼目Osmeriformes内。

鲑科 Salmonidae

鳃盖膜分离，向前下方远伸，不连鳃峡。鳃膜条骨7～20。有圆鳞，腹鳍基有一腋鳞。有一脂背鳍。最后3个椎骨弯向后上方。幽门盲囊11～210个。化石始于欧洲中新世（Berg, 1955）。有3亚科9属约68种。为北半球冷水性淡水或溯河洄游鱼类。我国有8属，黄河流域只有鲑亚科。

鲑亚科 **Salmoninae**

背鳍条不及16条。圆鳞小，沿侧线有鳞大于110个。上颌骨有齿。有眶蝶骨。有上前鳃盖骨
（suprapreopercle）。有4属，我国均产。黄河有2属。鲑属中的虹鳟（*Salmo irideus*），原产北美洲西
侧，现在太原已养殖多年。

1（2）口小，上颌至多伸达眼中央下方；犁骨中轴无齿；侧线鳞115～175····················
··细鳞鲑属 *Brachymystax*

2（1）口大，上颌伸过眼后缘；犁骨中轴亦有齿；侧线鳞120～190；分支臀鳍条
　　　7～10··············鲑属*Salmo*（外来属；鲑属尚未形成黄河鱼类区系成员，描述见后）

细鳞鲑属 *Brachymystax* Günther, 1866

［有效学名：细鳞鱼属 *Brachymystax* Günther, 1866］

口小；齿弱；犁腭骨连成弧状。上颌骨仅达眼中央下方；下颌较上颌短。中筛骨下方无下筛骨
（hypethmoideum）。无皮蝶耳骨。有上前鳃盖骨。犁骨与腭骨牙群连成马蹄形弧状。鳞较小，沿侧线
纵列鳞115～175。黑斑小于瞳孔。

因青藏高原东麓在甘、川、贵三省，有些鲤科裂腹鱼亚科的裂腹鱼属*Schizothorax*鱼类当地人亦称
为细鳞鱼。为了避免混淆，本书作者主张将此属鱼类中文名称改为细鳞鲑，更准确些。此鱼有圆形黑
斑，且上颌骨较哲罗鲑短，仅伸达眼中央的下方。体较哲罗鲑小些；北疆人称细鳞鲑为小红鱼。

分布：北到西伯利亚鄂毕河等北极河系至太平洋沿岸，南到秦岭北麓黄河水系。黄河水系只1种。
秦岭细鳞鲑亚种（*Brachymystax lenok tsinlingensis* Li）体斑较大，性成熟年龄较小，产于渭河、滦河等
上游。

Brachymystax Günther, 1866, Cat. Fish. Br. Mus., 6: 162（模式种：*Salmo coregonoides* = *Salmo lenok*
Pallas）。

秦岭细鳞鲑 *Brachymystax lenok tsinlingensis* Li, 1966（图9）

［有效学名：秦岭细鳞鱼 *Brachymystax lenok tsinlingensis* Li, 1966］

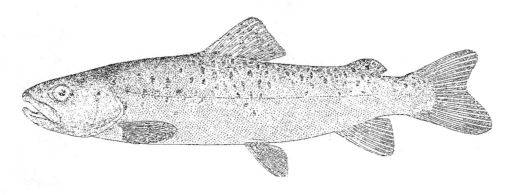

图9　秦岭细鳞鲑 *Brachymystax lenok*

释名：最早发现分布于秦岭，故名。当地俗名花鱼。

背鳍iii～iv-10～11；臀鳍iii-9；胸鳍i-15～16；腹鳍i-9；尾鳍v～vii-16～17-v～vii。沿侧

线鳞115～127 $\frac{30～35}{23～28}$ 8；鳃耙外行19～23，内行13。

标本体长165～275 mm。体长纺锤形，稍侧扁。体长为体高3.9～4.9倍，为头长3.7～4.6倍，为前背长2.0～2.2倍，为后背长2.4～2.7倍。头钝；头长为吻长3.1～4.8倍，为眼径3.7～4.9倍，为眼间隔宽3.2～3.7倍，为上颌长2.1～2.4倍，为尾柄长1.6～2.5倍。吻不突出或微突出。眼位侧上方和头前半部。眼间隔中央微凸。2个鼻孔很近，约位于吻中部。口前位而稍低。下颌较上颌略短。上颌骨宽长外露，后端达眼中央下方。两颌、犁骨与腭骨各有小尖牙1行；犁骨与腭骨牙行连成马蹄形。舌厚，游离，有尖牙2纵行，每行牙5个，牙行间纵凹沟状。鳃孔大，侧位，下端达眼中央下方。鳃盖膜分离，不连鳃峡。有假鳃。鳃耙外行长扁形，最长较眼半径略短；内行小块状。肛门邻臀鳍前缘。椎骨34～35+24个。胃发达，白色弯管状。肠长约等于体长2/3。幽门盲囊65～75个。鳔长大，圆锥形，壁薄，后端尖且伸过肛门。腹膜色很淡。

体被椭圆形小鳞，头无鳞。侧线侧中位。

背鳍短，上缘微凹；第1分支鳍条最长，头长为其长的1.4～1.8倍。脂背鳍位于臀鳍上方。臀鳍亦短；头长为第1分支鳍条长的1.2～1.7倍。胸鳍侧位，很低，尖刀状；头长为第3～4鳍条长的1.3～1.6倍。腹鳍始于背鳍基中部下方；头长为第1分支鳍条长的1.4～2.1倍，远不达肛门；鳍基有一长腋鳞。尾鳍叉状。

鲜鱼背侧暗绿褐色；两侧淡绛红色，微紫，到腹侧渐呈白色；背面及两侧有椭圆形黑斑，斑缘白色环纹状；最大斑直径约等于或稍大于眼半径；前背部斑很少，沿背鳍基及脂背鳍上各有4～5个黑斑。前背鳍与尾鳍灰黄色。

生态习性。为山麓中小型肉食性淡水鱼类。一般体长不及300 mm，重不过300 g。在秦岭黑河8～9月间肠充塞度为4～5度，尚在旺食期。胃内充满萤火虫、瓢虫、牛虻、蜉蝣、飞蚁、马蜂、蜻蜓幼虫及其他昆虫类。仅在一尾胃内发现有一约长50 mm的小鱼。最大卵径1.5 mm，一般为1～1.3 mm。两尾体长176.5 mm及190 mm的雌鱼，怀卵量分别为740粒及800粒。精巢乳白色。据调查2～3月在浅水多沙石处产卵。产卵前有逆水溯游现象。9月开始返回。最适水温为0℃～12℃，至多15℃，出此范围即游往深水或上游林区。对酸碱度（pH）适应范围为5.75～7.8，致死上、下限为8.5及4.3。

活动与分布范围。在黑河为黑水口到钓鱼台以上（海拔770～2 000 m以上）；在石头河（属眉县）为斜峪关以上；一般不出山麓，个别情况冬季可达潼关附近。其生长1+龄体长达165～206 mm，2+龄达246～259 mm，3+龄约达275 mm（重285克）。分布于陕西省秦岭北麓黑河、石头河，陇山（六盘山）南麓千河（陇县）[1]，及甘肃省渭河上游（岷县、渭源、漳县、张家川等）[2]。另外在河北省白河及密云水库上游汤河及滦河上游多伦（在内蒙古）的闪电河[3]，辽宁省辽河东侧支流太子河（本溪）及浑河（清源县）[4]，朝鲜汉江及洛东江上游[5]也有分布。我国与朝鲜的图们江及鸭绿江的细鳞鲑可能也属本亚种。它们是冰川期残留的鱼类。

此鱼的发现及学名问题。本亚种最早由陕西潼关捕鱼队1961年冬在渭河口偶然得一尾，送中国科

---

[1] 据陕西动物研究所许涛清同志1982年2月15日来信。

[2] 依许涛清同志来信，兰州大学生物系王香亭教授送陕西动物研究所的标本。

[3] 据北京自然博物馆王鸿媛同志告诉。

[4] 据辽宁省淡水水产研究所解玉浩同志来信。

[5] 崔基哲等，1981。

学院动物研究所三门峡工作站鉴认，笔者依其习性推断应产于渭河上游山区。1962年春走访周至县陕西省土壤生物研究所。在其标本室又见2尾采自秦岭北麓厚珍子镇黑河的标本。继又蒙同站康景贵同志于该年8月16日至9月10日一起进秦岭沿黑河调查，除得知此鱼被厚珍子宋姓长辈于1940年左右挑两桶小鱼已引种到秦岭南麓老佛坪（都督门）湑水繁衍外，又知汉江水系的湑水尚产有小条状黑斑的"条鱼"。经到老佛坪至核桃坪湑水与太白河汇合处，方知湑水产布氏哲罗鲑（"条鱼"）及秦岭细鳞鲑。迟至1966年方发表此亚种。

本亚种的来历与布氏哲罗鲑等相似，也是冰川期自北方向南迁来的。因后来变暖而大部分北返或死亡，仅少数由古黄海西大河溯逃残留于渭河上游，潮白河、滦河及辽河东侧太子河等上游。与北方指名亚种的主要区别是鳃耙、幽门盲囊及椎骨数较少，最小性成熟个体较小和最大体斑较大。近年有些学者怀疑本亚种的有效性，其中尤以秦树臻、王所安（1989）的论述最详。但遗憾的是他们并未查看到黑龙江及更北方的标本，除提供图们江及鸭绿江的标本近似秦岭等标本外，并未提出充足根据。这从他们的对比表（表6：已被简化）可以看出。因为亚种之间是允许有少数重叠的，冰川期至今可以形成亚种。近年文献资料如Kottelat（2006），认为秦岭细鳞鲑可被视为细鳞鲑属的一个有效种。故本亚种能否成立，或是否应视为独立的种，仍待详细研究。

表6　各地区细鳞鲑形状差别

鱼性状	黑龙江	图们江	鸭绿江	新疆	滦河上游	秦岭	渭河上游
侧线鳞	126～158（平均144）	132～166（平均149）	137～156（平均146.5）	113～129（平均121）	135～152（平均143.5）	123～135（平均129）	130～145（平均137.5）
鳃耙数	24～26（平均25）	20～24（平均22）	20～22（平均21）	21～27（平均24）	19～22（平均20.5）	19～23（平均21）	20～21（平均20.5）
幽门盲囊	85～111（平均98）	60～77（平均68.5）	65～79（平均72）	80～102（平均91）	66～93（平均79.5）	65～75（平均70）	63～71（平均67）
椎骨数	61	54～57	55～56		57～58	58～59	55

濒危及保护现状。本亚种过去在原分布区很习见，近50多年常被滥捕，尤以毒、炸对资源破坏甚为严重，再加山林被破坏和河水锐减，此鱼更遭大灾。例如，在河北省汤河上游此鱼已近绝迹，在小滦河上游到闪电河也仅在原分布区东北1/4处尚可见到，在渭河上游此鱼数量也已锐减。建议国家应严禁以炸、毒滥捕外，还应尽力恢复产区山林，适当控制捕鱼数量。

为国家二级保护野生动物。

按：此亚种与图们江、黑龙江等北方指名亚种细鳞鲑（*Brachymystax lenok lenok* Pallas）的主要区别在于后者幽门盲囊91～111；沿侧线鳞132～175；第1鳃弓外行鳃耙24～26；体斑直径较眼径1/3不大；沿背鳍基无斑，脂背鳍常有3块斑；体长可达750 mm，400 mm以上个体很习见；4～5周龄才开始达性成熟年龄。

Brachymystax lenok tsinlingensis Li（李思忠），1966，动物分类学报，3（1）：92～94（陕西省潼关、周至县、眉县及太白县）；李思忠，1981，中国淡水鱼类的分布区划：90，图35甲-1（秦岭渭河水系）；宋世良、王香亭，1983，兰州大学学报（自然科学），19（4）：123（岷县、漳县、渭源、甘谷、隆德、西吉）；李思忠，1984，动物学杂志（1）：36-37（渭河、潮白河、滦河、浑河、太白河）；张春光，1998，中国濒危动物红皮书（鱼类卷），35。

Brachymystax lenok, Mori, 1936, Studies on the geographical distributions of Freshwater Fishes in

Eastern Asia: 25（滦河；只有鱼名）；黄洪富等，1964，动物学杂志，（5）：220（陕西省周至县仰天河及黑河）；李思忠，1965，同上，7（5）：217（陕西）；王鸿媛，1984，北京鱼类志，8-10（北京汤河上游）；Wang Suoan（王所安），1990, Biological features and distribution of Fine-Scale Fish, J. Salmon Fishery, Spec., 53-58.

Brachymystax tsinlingensis, Kottelat, 2006, "Fishes of Mongolia", A check-list of the fishes known to occur in Mongolia with comments on systematics and nomenclature, The World Bank, Washington, 17~18（秦岭，韩国）；Xing et al., 2015, "Revalidation and redescription of *Brachymystax tsinlingensis* Li, 1966（Salmoniformes: Salmonidae）from China", Zootaxa, 3962（1）：191-205.

编者注：秦岭细鳞鲑人工繁育已经成功，见：秦勇，2014，秦岭细鳞鲑人工繁殖技术,甘肃畜牧兽医，44（2）：61。

鲑属 *Salmo*（Linnaeus, 1758）

［有效学名：大麻哈鱼属 *Oncorhynchus* Suckley, 1861］

体长形，中等侧扁。口大，上颌至少达眼后缘；前颌骨与上颌骨形成上口缘。两颌、犁骨与腭骨有牙齿，犁骨沿中轴到中后部有齿1~2行。舌背面有齿2纵行，行间微凹。鳞小，纵行鳞110~190。背鳍、臀鳍短，分支鳍条各8~10。有脂背鳍。尾鳍叉状、微凹或截形。尾柄短高。雌雄性征发达，典型种雄鱼两颌较长且前端齿较大，下颌前端向上勾曲且上颌前端凹形；这在较大型和洄游种类尤显明。为中型淡水鱼类或入河产卵洄游的海鱼类。约有10种。原为分布于亚洲、欧洲及北美洲北部的冷水性或冷温性鱼类，为珍贵食用鱼类。有数种已移殖到世界各处，成为重要养殖对象。现知我国有2种，均为外来鱼，有一种在黄河流域太原市已养殖多年。

Salmo（*Artedi*）Linnaeus, 1758, Nat. Syst., ed. 10: 308（模式种：*S. salar*, etc.）。

Truttae Linnaeus, 1758, Ibid., : 308。

Fario Cuvier et Valenciennes, 1848, Hist. Nist. Nat. Poiss., 21: 277（模式种：*F. argenteus* = *Salmon trutta*）。

Salar Cuvier et Valenciennes, 1848, Ibid., 21: 314（模式种：*S. ausonii* = *S. fario* = *Salmon trutta*）。

虹鲑（虹鳟）*Oncorhynchus mykiss*（*Salmo irideus*）（Walbaum, 1792）（图10）

［有效学名：虹鳟 *Oncorhynchus mykiss* Walbaum , 1792］

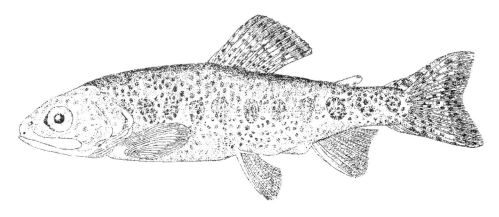

图10　虹鲑 *Oncorhynchus mykiss*

释名：体侧因有宽纵带状红色纹而似虹，故名。irideus，拉丁文，似虹的，亦此意。美加鱼类学会将其改至麻哈鱼属，俗名（rainbow trout）不变。

背鳍iii-9~10；臀鳍iii-10；胸鳍i-15~16；腹鳍i-10；尾鳍Ⅹ-17-Ⅹ。鳃耙8+12；纵行鳞约135；鳃膜条骨约12。

标本体长104.9~140.5 mm。体长形，中等侧扁；体长为体高3.8~4.1倍，为头长3.6~3.7倍；体高为体宽1.9~2.3倍。头亦侧扁，长大于高；头长为吻长4.3~4.7倍，为眼径3.9~4.3倍，为眼间距3.3~3.5倍，为尾柄长1.7~2倍。尾柄长为尾柄高1.3~1.6倍。吻钝圆，微突出。鼻孔位于吻侧，距眼较距吻端略近，前后鼻孔间有一小皮膜突出。眼稍大，侧中位，后缘位于头前后正中点稍前方。眼间隔圆凸。口大；位低；上颌骨外露，约达眼后缘。下颌骨、前颌骨与上颌骨有1行稀齿。犁骨与腭骨亦有齿，犁骨齿沿轴达骨中后部。舌游离，背面有齿2纵行，齿行间为浅凹沟状。鳃孔大，下端达眼中央下方。鳃膜游离且分离。最长鳃耙约等于瞳孔长。肛门位于臀鳍稍前方，其后有泌尿生殖孔。

鳞很小；头部无鳞；眼鳍基上缘有长腋鳞。侧线侧中位，前端较高。

背鳍始于体前后中点稍前方，前距为后距1.3~1.4倍；背缘斜形，微凸；第2分支鳍条最长，头长为其长1.9~2.2倍，远不达肛门。脂背鳍位臀鳍基后端上方，后端游离。臀鳍似背鳍，头长为第2分支臀鳍条1.7~2.1倍。胸鳍侧位，很低；圆刀状；第3鳍条最长，头长为其长1.6~1.8倍，远不达背鳍。腹鳍始于第4分支背鳍条基下方，亦圆刀状，头长为第3腹鳍条1.9~2.1倍，略不达肛门。尾鳍叉状，叉深约为鳍长1/3。鲜鱼体背侧暗蓝绿色，两侧银白色，腹侧白色；背面及两侧有许多大小不等的小黑斑，头部与尾鳍基部黑斑较大；两侧条纹呈红色宽纵带状，似虹，故名。背鳍、脂背鳍与尾鳍有许多小黑点，其他鳍灰黑色，基部较淡。

为冷温性山区河溪名贵食用鱼类。原产于美国加利福尼亚州阿拉梅达县。现已成为世界重要食用养殖鱼类之一。1877年移殖到日本；1945年1月由日本输入朝鲜平安北道球场养鱼场及京畿道清平养鱼场受精卵各6万粒，1948年朝鲜水产省淡水鱼研究所接管球场养鱼场，次年人工孵化成功。逐渐将虹鳟养殖业发展起来。约1958年朝鲜平壤市长送北京彭真市长一批虹鳟，现已在黑龙江等养殖；殷源洪教授约1980年在太原亦人工孵化成功。此鱼在鲑科中是较能耐较高水温的一种。但它即不喜0.1℃~2℃的低水温，也不适应22℃~28℃的高水温，最喜15℃~18℃的水温，生活水温为7℃~20℃。要求水中溶氧较高，10~11.5 mg/L时饮食旺，生长快；冬季低于2 mg/L，夏季低于3 mg/L即窒息死亡。养殖时一般要求7 mg/L以上。一般要求水中酸碱度为4.6~9.2，以弱碱性或中性为宜。2周龄达性成熟期。2周龄雌鱼体长250~280 mm，重250~500 g，采卵量500~1 500粒（平均842），卵直径4~6 mm（平均4.7 mm）；3~4周龄雌鱼800~2900粒（平均1623），卵直径6~6.5 mm（平均6.1 mm）。产卵期水温5℃~10℃，以水温8℃~11℃采卵授精为宜。最好在阴暗光线下孵化，切忌阳光直射。孵化需30~40日，孵化率可达85.4%，以大亲鱼卵最佳。卵最敏感、易死亡时期为受精后7~8日的囊胚口衰退期；20~25日后即不易死亡；大卵孵化率较高。水温13℃~14℃时，24~26昼夜苗即孵出。孵化后约20天内仔鱼靠卵中的卵黄维持发育，不喜阳光，喜密集，宜注水防止窒死。20天后开始索食，可将煮熟的鸡蛋黄、猪肝、水蚤等碎成糊状撒池内，每日喂6~8次。开食半月后将畜肝碎后涂细铁丝网上置池中让其慢慢摄食。开食2月后仔鱼重约达1 g，可喂直径1.5 mm的颗粒饵料；其中动物性占80%以上，另配些玉米、豆饼麦子、米糠等。体重3 g饵料直径可达1.5~2 mm，日喂2次。当年鱼到年底可达16~80 g。养商品鱼动物性饵料需40%，第二年平均重可达224~395 g，在朝鲜此鱼亩产可达533~666 kg（白圣铉，1959）。在我国北部及西部许多水温较低山区的河溪，发展养虹鳟业是很有前途的。在山西省太原汾河水系已养殖成功。

Salmo mykiss Walbaum, 1792, Artedi Piscium Pt. 3: 59（Kamchatka, Russia）.

Salmo irideus Gibbons, 1855, Proc. Cal. Acad. Nat. Hist., : 36（San Leandro Creek, Alamada County, California）: Jordan & Evermann, 1896, Bull. U. S. natn. Mus., 47: 500; 白圣铉，1959，太平洋西部渔业研究委员会第二次全体会议论文集：287-299（养殖）。

Salmo gaidnerii irideus, Matsubara, 1955, Fish Morphology & Hierarchy: 207（明治10年自美国加州移殖到日本）；颜法文等，1983，北京水产（2）：37-39（养殖）；李思忠，1988，我国东部山溪养虹鲑大有前途，动物学杂志，23（4），49-50。

香鱼科 Plecoglossidae*

［有效学名：胡瓜鱼科 Osmeridae］

有脂背鳍。上颌骨与下颌牙齿特殊，1行，宽扁，稀少，位于皮上，能活动；前颌骨齿尖锥形，不能活动。犁骨无牙。舌由口内下颌前端口黏膜向后折叠而成。无辅颌骨及眶蝶骨。最后几个尾椎骨不弯向后上方。幽门盲囊300个以上。为洄游鱼类。只1属1种。分布于我国沿海及朝鲜和日本。

香鱼属 *Plecoglossus* Temminck et Schlegel, 1846

属特征与香鱼科同。

Plecoglossus Temminck et Schlegel, 1846, Fauna Jap. Poiss., : 229（模式种：*P. altivelis* Temminck et Schlegel）。

香鱼 *Plecoglossus altivelis* Temminck et Schlegel, 1846（图11）

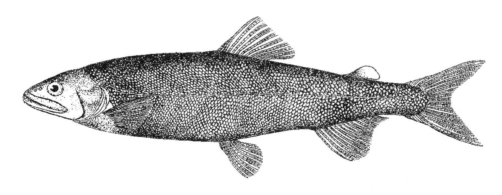

图11　香鱼 *Plecoglossus altivelis*

释名： "香鱼"见清初劳大舆《瓯江逸志》（1644～1661）和洪若皋《临海志》："春初生，月长一寸，至冬盈尺，赴潮际生子。生巳辄槁。惟雁山溪间有之。一名记月鱼。"山海关居民称它是海内生，河内长，又名"海胎鱼"（张春霖，1955）。

背鳍iii-10；臀鳍iii-13～14；胸鳍 i -14；腹鳍 i -7；尾鳍ix-17-ix。有脂背鳍。侧线鳞66$\frac{24}{17}$2；鳃耙外行16+25，内行15+28。

标本体长89.8 mm。体长形。中等侧扁；体长为尾部长3.9倍，为体高5.1倍，为头长4.2倍；体高为体宽1.5倍，背鳍始点体最高。头略尖小，亦侧扁；头长为吻长3.5倍，为眼径4.2倍，为眼间隔宽3.2倍，为口宽3.5倍，为尾柄长1.8倍。吻钝，不突出。眼侧位而稍高，后缘约位于头中央。眼间隔中央微凸。鼻孔每侧2个，互邻，距眼较距吻端略近。口大、底有大褶膜；口前位，略斜；后端略伸过眼后缘；前端似横截形。颌齿宽扁能活动。前颌骨钩状。上颌骨与下颌骨外缘皮上有短扁稀牙1行，牙能活动。前颌骨牙尖锥形，不能活动。下颌前端膨大，前端背面凹刻状。舌由口内下颌前端黏膜向后折叠而成。鳃孔大，侧位，下端达眼后缘下方。鳃盖膜分离，不连鳃峡。鳃膜条骨5～6。有假鳃。鳃耙外行细长，其长度约等于2/3瞳孔径；内行很细小。肛门邻臀鳍前缘。

鳞很小，横卵圆形，鳞心约位于中央。除头外体全蒙鳞。侧线完全，侧中位。

前背鳍始于体正中略前方；上缘斜直；第一分支鳍条最长，头长为其长1.2倍。后背鳍为脂鳍，位于臀鳍基后半部上方。臀鳍下缘凹形，前下角钝圆；头长为第1分支鳍条2倍。胸鳍尖刀状，很低；头长为第2鳍条1.5倍。腹鳍始于背鳍始点稍后方，头长为第2鳍条1.9倍。尾鳍深尖叉状。

鲜鱼背侧黑绿色，向下渐淡；两侧及腹面白色。各鳍淡黄色。

为过河口性洄游鱼类，每年4月初到6月初稚鱼自近海入河内索食生长，秋末约9月回河口附近产卵。产卵后亲鱼多枯死。卵产后流入海，小鱼近海越冬。寿命只1年，故又名年鱼。肉味美不腥，故名香鱼。在我国台湾与日本是一养殖鱼类。

分布于辽宁到台湾、广东、香港[①]及广西北仑河等河流下游。朝鲜西侧到日本北海道东侧亦产。在黄河流域山东省东泰安篦子店汶水亦曾采得[②]。

Plecoglossus altivelis Temminck et Schlegel, 1846, Fauna Jap. Poiss., : 229, pl. 105, fig. 1（日本）；Wu（伍献文），1931, Contr. Biol. Lab. Sci. Soc. China, 7（1）：4（闽江）；Wang（王以康），1933, ibid, 11（1）：7（温州南雁荡山）；张春霖，1955，黄渤海鱼类调查报告：61，图42（鸭绿江口、山海关、烟台、青岛）；王文滨，1963，东海鱼类志：117，图92（厦门集美）；李思忠，1965，动物学杂志（5）：217（山东）；郑葆珊，1981，广西淡水鱼类志：15，图5（东兴市北仑河）；李思忠，1988，动物学杂志23（6）：3-6。

银鱼科 Salangidae*

［有效学名：胡瓜鱼科 Osmeridae］

释名： 因体呈灰白色，故名银鱼。又名王余鱼：晋张华《博物志》称"吴王阖闾江行，食鱼鲙，弃其残余于水化为此鱼，故名"。明嘉靖宁原著《食鉴本草》名"鲙残鱼"。今亦名面条鱼。

体细长，半透明；后部侧扁；头部平扁，颅骨很低，脑形外露。雌鱼无鳞，仅雄鱼臀鳍基缘有1纵行大鳞。眼小，侧位。口大。两颌及犁骨有齿，有些舌及腭骨亦有齿。鳃孔大。假鳃发达。鳃膜条骨4。背鳍位于臀鳍前方或正上方，后有一脂背鳍。臀鳍基较背鳍长。胸鳍位置稍低。腹鳍条7，腹位。尾鳍叉状。消化道直管状。无鳔及幽门盲囊。为我国、朝鲜及日本海水、淡水或过河口性溯河洄游小型鱼类。黄河下游有4属6种。

属的检索表

1（4）上颌前端钝圆；上颌骨伸过眼前缘；下颌较上颌长，前端无颏前突起；胸鳍条22～35

2（3）腭骨齿2行；舌有齿；臀鳍位于背鳍后方·······················大银鱼属 *Protosalanx*

3（2）腭骨齿1行；舌无齿；齿微小；臀鳍位于背鳍基后方或略下方············新银鱼属 *Neosalanx*

4（1）上颌前端钝三角形或尖三角形；上颌骨不达眼前缘；下颌不较上颌长，前端有一颏前突

---

① 依我国香港庄棣华。
② 依山东大学生物系蔡德明同志告诉，1962年5～6月学生在泰安采得3尾，实测体长83.3～91.2 mm。

起；胸鳍条8~10；臀鳍基至少大半部位背鳍基下方；腭骨齿1行；犁骨与舌无齿

5（6）上颌前端钝三角形；下颌颏前突起钝短无齿······················半银鱼属 *Hemisalanx*

6（5）上颌前端尖三角形；下颌颏前突起尖长有齿························银鱼属 *Salanx*

大银鱼属 *Protosalanx* Regan, 1908

前颌骨近似正常。上颌骨伸达眼前半部下方。下颌突出，其前端无一附属突起。两颌、犁骨、腭骨及舌上均有牙。臀鳍始于背鳍基后端稍后方。胸鳍具一肉质扇状鳍柄，鳍条24~26。只1种。

Protosalanx Regan, 1908, Ann. Mag. Nat. Hist.,（8）Ⅱ：144（模式种：*Salanx hyalocranius* Abbott）。

大银鱼 *Protosalanx hyalocranius*（Abbott, 1901）（图12）*

［有效学名：大银鱼 *Protosalanx chinensis*（Basilewsky, 1855）］

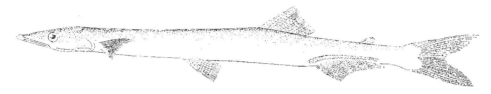

图12　大银鱼 *Protosalanx chinensis*

释名：为银鱼科个体最大的一种，故名。俗名面条鱼。

背鳍 ⅱ-14~15；臀鳍 ⅱ-28~29；胸鳍 ⅰ-23~25；腹鳍 ⅰ-6；尾鳍 ⅻ~ⅹⅲ-17-ⅹ~ⅻ。鳃耙3+13。有脂背鳍。

标本体长122~135 mm。体细长似柱状，向后渐侧扁，背鳍前方附近体最高；体长为体高8.2~10.3倍，为头长4.8~5.2倍，为尾部长3.2~4倍。头很平扁，自背面看呈尖矛状，头骨薄且透明，肉眼能见其脑形；头长为吻长2.5~2.8倍，为眼间隔宽2.6~3.6倍。吻不突出。眼侧中位，后缘约位于头正中部。眼间隔宽坦。鼻孔位于眼略前方。口大，稍斜。上颌缘由前颌骨形成，后端达眼中央下方。下颌较上颌长，前端无附加突起。两颌、犁骨、腭骨及舌上均有牙。舌前端圆截形，游离。鳃孔大，下端达眼前半部下方。鳃盖膜分离，不连鳃峡。有假鳃。鳃耙1行，长不大于瞳孔。肛门紧邻臀鳍始点。

雌鱼全无鳞，仅雄鱼沿臀鳍基上缘有1纵行24~28个大鳞。侧线很低，位于胸鳍基下方，向后呈1纵行小黑点状。

前背鳍始于体正中间后方，背鳍前距为后距1.9~2.0倍；背缘斜直，头长为第1~2分支鳍条长1.8~1.9倍。后背鳍为一小脂鳍，约位于臀鳍基后端背侧。臀鳍始于前背鳍基后端后下方，头长为第1分支鳍条1.8~1.9倍，雄性成鱼前缘特别肥厚。胸鳍位于侧下方，有一肉质扇状鳍柄；雌性成鱼鳍宽短，雄鱼尖刀状，头长为第1鳍条长1.7（雄）或3.0（雌）倍。腹鳍约始于眼后缘与肛门正中间；雄鱼第1鳍条亦较长，头长为其长1.7（雄）或2.0（雌）倍。尾鳍尖叉状。尾柄近椎状，头长为尾柄长2~2.1倍，为尾柄高4.4~4.7倍。

鲜鱼体灰白色，半透明，煮熟后面条状；鳍淡黄色或白色；而尾鳍上、下叉轴及后缘黑色（体长68 mm以下小鱼），体长119.5~135 mm的大鱼仅后缘黑色。

为冷水上层过河口性小型洄游鱼类。冬季近海越冬，春末溯河产卵索食，约4月产卵。秋末冬初回近海。在微山湖1982年5月8日体长119.5~135 mm标本均已产卵完毕。卵黄色，黏性，卵径约

1 mm，常粘在水草上。在鲁西微山湖、东平湖、运河、寿张、范县等河湖水流较缓、多草处均有产卵场。1982年5月8日微山湖体长30.7～47 mm，及59.7～68 mm样本均尚未达性成熟期；1962年11月上旬在东平湖尚有小鱼及极个别的成鱼。

分布于福建到辽宁及朝鲜西侧等处；在黄河至少鲁西到河口均产。

Salanx hyalocranius Abbott, 1901, Proc. U. S. Natn. Mus., 23490（天津白河）。

Protosalanx hyalocranius Regan, 1908, Ann. Mag. Nat. Hist.,（8）2: 445（上海）；Fang（方炳文），1934, Sinensia, 4（9）：240, figs. 1～2（济南泺口）；张春霖，1955，黄渤海鱼类调查报告：62，图43（辽宁，河北及山东沿海）；Matsubara, 1955, Fish Morphology & Hierarchy: 213（鸭绿江，大同江，汉江）；李思忠，1965动物学杂志（5）：217（山东）；解玉浩，1981，鱼类学论文集2：115（辽河流域营口及盘山）

新银鱼属 *Neosalanx* Wakiya et Takahasi, 1937

释名：由neosalanx（neo，新 + salanx，银鱼属）意译而来。两颌牙齿微小，前颌骨与下颌骨牙大小近似且数很少。腭骨与舌无牙齿。背鳍局部位于臀鳍正上方或前方。胸鳍条22～25。我国至日本约有6种，我国有5种，黄河流域知有2种。

Neosalanx Wakiya et Takahasi, 1937, J. Coll. Agri., Tokyo Imp. Univ., 14（4）：282（模式种：*N. jordani* Wakiya et Takahasi）。

种的检索表

1（2）吻长约为眼径2倍；腹鳍基距胸鳍基较距臀鳍基近；雄鱼胸鳍刀状······················
································安氏新银鱼 *N. andersoni*

2（1）吻长约等于眼径；腹鳍基距胸鳍基较距臀鳍基远；雄鱼胸鳍圆形······················
································寡齿新银鱼 *N. oligodontis*

安氏新银鱼 *Neosalanx andersoni*（Rendahl, 1923）（图13）

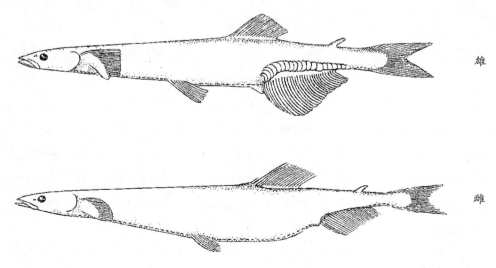

图13　安氏新银鱼 *Neosalanx andersoni*

背鳍ⅱ-14～15；臀鳍ⅱ-24～27；胸鳍 i -26～28；腹鳍 i -7；尾鳍ⅸ～ⅺ-17-ⅸ～ⅻ。鳃耙3+12。标本体长70.3～78.3 mm。体细长，肛门到背鳍始点体最高且侧扁，向前渐似柱状，向后渐尖；

体长为体高7.7~8.8倍，为头长6~6.3倍，为尾部长2.8~4.2倍。头短小，很平扁，自背面看呈矛状且能看见脑形；头长为吻长3.1~3.3倍，为眼径5.3~6.2倍。吻不突出，长约等于宽。眼侧位，后缘位于头正中间或略前方。眼间隔平坦。口前位。上颌达眼中央下方。下颌稍突出，前端有一钝圆形肉质突起，小鱼此突起不显明。两颌、腭骨及舌有牙齿。鳃孔大，下端达眼前半部下方。鳃盖膜分离，不连鳃峡。假鳃发达。鳃耙1行，长扁。肛门紧邻臀鳍始点。

雌鱼无鳞。雄鱼仅沿臀鳍基有1纵行约20个大鳞。侧线很低，在胸鳍基下方呈1纵行针尖般小黑点状。

背鳍2个；前背鳍始于体正中间后方，背鳍前距为后距2~2.7倍，前方鳍条最长，头长为其长1.4~1.9倍；后背鳍为一小脂鳍。臀鳍始于前背鳍基后端正下方（雌）或稍前方（雄鱼）；头长为最长臀鳍条1.2~1.5倍。胸鳍位体侧下半部，有一肉质扇状鳍柄，鳍宽圆（雌）或尖刀状（雄）；头长为上缘鳍条1.5（雄）~3.2（雌）倍。腹鳍始于头后端到臀鳍始点正中间（雌）或较前方（雄）；头长为第1鳍条1.3（雄）~1.8（雌）倍。尾鳍深叉状。

鲜鱼体灰白色，半透明，在臀鳍基中部上缘附近有一群针尖般黑点。鳍白色。

为黄渤海沿岸小鱼。约秋末及春初常与大银鱼等群集于河口及近海沿岸，成为密眼小拉网的主要捕捞对象。春暖入江河内产卵索食。秋末冬初入海越冬。卵径0.8~0.9 mm。最大体长达100 mm。

分布于黄渤海沿岸及江河下游。在黄河至少达东平湖及微山湖等处。

Protosalanx andersoni Rendahl, 1923, Zool. Anz., 56: 92（山海关）。

Paraprotosalanx andersoni Fang（方炳文），Sinensia, 4（9）: 246, figs. 3~5（山海关，北戴河，南京燕子矶）；李思忠，1965，动物学杂志（5）: 217（山东）。

Salangichthys andersoni, Nichols, 1943, Nat. Hist. Centr. Asia IX: 23（山海关）。

Neosalanx andersoni, Wakiya & Takahasi, 1937, J. Coll. Agri. Tokyo Imp. Univ., 14（4）: 285, Pl. 17, fig. 11-12（朝鲜大同江、汉江到鸭绿江，及天津）；Matsubara, 1955, Fish Morphology & Hierarchy: 214（朝鲜黄海河系及天津）；Choi（崔基哲）等，1981, Atlas of Korean Fresh-water fishes: 7, fig.17（汉江，锦江等）。

寡齿新银鱼 *Neosalanx oligodontis* Chen, 1956（图14）

图14　寡齿新银鱼 *Protosalanx oligodontis*

释名：前颌骨与下颌骨无齿，故名。标本5尾，采自山东省微山湖（1982年5月8日；标本为山东大学生物系蔡德麟先生赠送）。

背鳍 ii-11；臀鳍 iii-23；胸鳍22；腹鳍 i-7；尾鳍 x-17-xi。鳃耙10~11（下肢）。

标本体长45.4~48.3 mm。体细长形；胸部似圆柱状，向后渐侧扁，臀鳍始点处体最高，尾柄长较臀鳍基短。体长约为体高7.5倍，为头长6.2倍。头部向前渐平扁；头长为吻长3.9倍，为眼径4.2倍，为眼间隔宽3.6倍，为眼后头长2倍。钝短，很平扁，长约等于眼径。眼侧位，位于头前半部。眼间隔宽平。头骨薄，半透明，自背面可看到嗅神经脑形轮廓及半规管等。下颌较上略长。前颌骨钝圆，与下颌骨均无齿。上颌骨伸过眼前缘，牙细小。腭骨齿1行。犁骨与舌无齿。鳃孔侧位。假鳃发达。鳃耙细长。肛门邻臀鳍前端。

体无鳞，仅雄鱼臀鳍基有1行大鳞。侧线位于腹面两侧，呈小点状，前端达喉部，后部在尾柄腹面合为1行。

背鳍基短，距吻端为距尾鳍基2.4～2.7倍；第1分支鳍条最长，头长为其长1.6倍。脂背鳍位于臀鳍基后端上方。臀鳍始于最后2条背鳍条基下方，雄鱼鳍前下角圆形；头长为第1分支鳍条长1.4倍。胸鳍侧下位，有新月形肉质鳍柄，鳍圆扇状，头长为胸鳍条长3倍。腹鳍腹位，鳍基距胸鳍基较距臀鳍基远；头长为腹鳍条长1.6倍。尾鳍深叉状。

鲜鱼灰白色，半透明，浸存后渐变为肉色。鳍无色；臀鳍中部沿鳍基有一群针尖般小黑点；尾鳍散有针尖般小黑点，在尾鳍基上、下各有一较大黑点。

此鱼最早发现于太湖，在该处3～4月产黏性卵，卵径约1 mm，卵面有黏丝状突起。产卵后亲鱼大部分死亡，可能不入海洄游。在微山湖产卵较晚。此种似焦氏新银鱼（*N. jordani*），而后者前颌骨与下颌骨有小齿，臀鳞较多（19）且臀鳍基约等于尾柄长。

分布于长江下游、太湖等地，现知黄河下游微山湖等亦产。

Neosalanx oligodontis Chen（陈宁生），1956，水生生物学集刊，（2）：326，图1及图2-1（太湖）。

半银鱼属 *Hemisalanx* Regan, 1908 *

［有效学名：银鱼属 *Salanx* Cuvier, 1817］

上颌前端钝三角形，前内侧中央口腔顶壁呈圆形薄膜状。下颌前端有一钝肉质突起。牙较大且稀。腭骨齿1行。犁骨与舌无齿。背鳍基至少大部分位于臀鳍基上方。胸鳍条9～10。只1种。

Hemisalanx Regan, 1908, Ann. Mag. Nat. Hist.,（8）11: 444（模式种：*H. prognathus* Regan）。

前颌半银鱼 *Hemisalanx prognathus* Regan, 1908（图15）*

［有效学名：前颌银鱼 *Salanx prognathus*（Regan, 1908）］

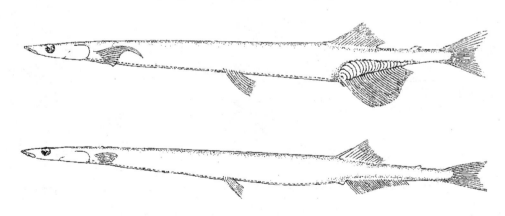

图15　前颌半银鱼 *Salanx prognathus*

释名：由拉丁文hemisalanx（hemi，半＋salanx，银鱼）和prognathus（pro，前＋gnathus，颌）意译而来。

背鳍ii-11～12；臀鳍iii-22～24；胸鳍 i -7～8；腹鳍 i -6；尾鳍 xi +17+ xi 。鳃耙2+9；雄鱼臀鳍基鳞约22。

标本体长98.2～122.5 mm。体细长形；胸部向前渐平扁，向后渐侧扁，臀鳍始点处体最高；尾柄细长，其长度约等于臀鳍基长；体长为体高10.1～14.8倍，为头长5.9～6.1倍。头很平扁；头骨薄，自背面可看到嗅神经脑形轮廓及半规管；头长为吻长2.7～3.3倍，为眼径6.7～8.1倍，为眼间隔宽3.3～3.6倍，为眼后头长1.8～2.1倍。吻长为眼径2.2～2.5倍，前端钝；自腹面看在前颌骨联合的后方口腔顶壁呈圆球状。眼侧位。眼间隔平坦。上颌骨不达眼缘，牙齿密小。前颌骨齿大且稀少，突起无齿。腭骨齿1行。舌无齿，鳃孔侧位。鳃耙细长形。肛门邻臀鳍前端。

体无鳞，仅雄鱼臀鳍基有鳞1行。侧线位很低，位于腹面两侧，各呈1行小点状，前端达喉部，到尾柄左右合为1行，达尾鳍基。

背鳍始于肛门上方；第1分支鳍条最长，头长为其长2.2～2.4倍。脂背鳍位于臀鳍基后端的上方。雄鱼臀鳍始于第1～2分支背鳍条基下方，前下角圆形，头长为最长臀鳍条基下方，前下角圆形，头长为最长臀鳍条长1.7～2.2倍。胸鳍侧下位；雄鱼第1鳍条很尖长，头长为其长1.4～1.7倍；鳍基无肉质柄；雌鱼鳍短，呈小刀状。腹鳍基距臀鳍较距胸鳍基近；头长为最长腹鳍条长的2.2～2.5倍。尾鳍深叉状。

体灰白色，半透明，浸存后变为白色或肉色。鳃孔后缘，第1胸鳍条前缘与尾鳍有针尖般小黑点。

为过河口性洄游鱼类。生活于近海，春末夏初进河内产卵洄游。以浮游动物为食。产卵后亲鱼死亡（依伍献文等，1963）。最大体长达111 mm。1964年4月15日自济南小清河采得3尾，体长98.2～101.7 mm；1982年5月采自山东于林渡口标本长116～122.5 mm。

分布于渤海到东海西部，自鸭绿江到浙江及朝鲜西侧锦江均产。在黄河至少可达济南等处。

Hemisalanx prognathus Regan, 1908, Ann. Mag. Nat. Hist.,（8）11: 445（上海）；Fang（方炳文），1934, Sinensia, 4（9）：251, fig. 7（镇江，南京，洞庭湖，温州，烟台）；Wakiya & Takahasi, 1937, J. Coll. Agri., Tokyo Imp. Univ. 14（4）：293, Pl. 17, fig. 15–16；Pl. 20, fig. 28–29（鸭绿江到上海及朝鲜锦江）；伍献文等，1963, 中国经济动物志：淡水鱼类：25，图26（山东到浙江等沿海）；崔基哲等，1981, Atlas of Korean Fresh–water fishes: 6，图16（锦江）。

银鱼属 *Salanx* Cuvier, 1817

前颌骨呈宽三角形。上颌骨不达眼前缘下方。下颌前方有一骨质颏前突起，突起不达上颌前方。两颌与腭骨均有牙，下颌前端数牙较大。舌无牙。背鳍全部或大部分位于臀鳍基上方。胸鳍无肉质鳍柄，有8～10条鳍条。为近海和淡水冷水性小型鱼类。黄河下游现知有2种。

Salanx Cuvier, 1917, Regne Animal, 2: 185（模式种：*S. cuvieri* Cuvier et Valenciennes）。

种的检索表

1（2）腹鳍始点距臀鳍始点较距胸鳍基近；臀鳍始于第2～4背鳍条基下方……………………………
………………………………………………………………………………尖头银鱼 *S. cuvieri*

2（1）腹鳍始点距头与距臀鳍始点相等；臀鳍始于第5～7背鳍条基下方……………………………
………………………………………………………………………………长臀银鱼 *S. longianalis*

尖头银鱼 *Salanx cuvieri* Valenciennes, 1850（图16）

［有效学名：居氏银鱼 *Salanx cuvieri* Valenciennes, 1850 ］

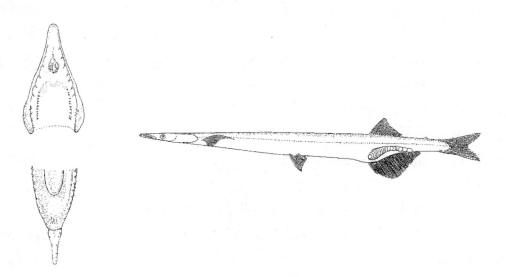

图16　尖头银鱼 *Salanx cuvieri*

释名：头较尖，故名。

背鳍 ii-11～12；臀鳍 ii-26～27；胸鳍 i-7～8；腹鳍 i-6；尾鳍 ix～xi-17-viii～xi。鳃耙2+8。

标本体长103.7～113.5 mm。体细长，前部似柱状，向后渐侧扁，肛门前方附近体最高；体长为体高11～18.1倍，为头长6～6.6倍，为尾部长3.9～4.3倍。头短小，很平扁，从背面看尖矛状，骨薄透明，肉眼能看见脑形；头长为吻长2.6～2.9倍，为眼径7.2～7.6倍，为眼间隔宽3.4～4.1倍。吻长大于宽，不突出。眼小，侧中位，眼后距大于1/2头长。眼间隔宽坦。鼻孔位眼前方。口大，前位；上颌不达眼前缘；两颌前端相等；下颌前端有一骨质突起。两颌与腭骨有牙，舌无牙。鳃盖膜分离，连鳃峡。鳃孔大，远不达眼后缘。假鳃发达。鳃耙稀短。肛门邻臀鳍始点。

无鳞，仅雄鱼臀鳍基上缘有约20个大鳞。侧线位于胸鳍基下方到尾鳍基，呈1行尖针般小黑点。

背鳍2；前背鳍前距为后距4.2～4.9倍，头长为第1分支鳍条2.4～2.6倍；脂鳍小，位于尾柄背侧。臀鳍始于第2～4背鳍条基下方，鳍基较长，雄鱼前方鳍条较粗弯；头长为第1分支鳍条2～2.4倍。胸鳍侧下位，无肉质鳍柄；雌鱼短圆，雄鱼第1鳍条很尖长；头长为胸鳍长1.5（雄）或2.8（雌）倍。腹鳍始点距臀鳍较距胸鳍基近；头长为腹鳍长2.2～2.7倍。尾鳍尖叉状。

鲜鱼灰白色，体半透明。各鳍淡黄色或白色。每年秋末冬初（10月下旬到11月上旬）初冰时期，和春季冰开始消融时，在近海及河口内外附近很多，为密眼小拉网渔业队捕捞对象之一。

分布于鸭绿江口到雷州半岛东侧；朝鲜亦产。在黄河流域见于河口到济南等处[①]。

Salanx cuvieri Valenciennes in Cuvier et Valenciennes, 1850, Hist. nat. Poiss., 22: 360（无采集地址）。

Salanx acuticeps Regan, 1908, Ann. Mag. Nat. Hist., 5（5～6）：508（台湾日月潭）；Fang（方柄文），1934, Sinensia, 5（5～6）：508（台湾）；张春霖，1955，黄渤海鱼类调查报告：64，图45（山海关，北戴河与山东石臼所）；王文滨，1962，南海鱼类志：143，图115（汕尾，闸坡等）；王文滨，1963，东海鱼类志：120，图95（上海崇明岛）；李思忠，1965，动物学杂志（5）：217（山

_____

① 山东大学生物系1964年4月15日在济南小清河（与黄河多处相通）采得多尾。送本人3尾。体长97.5～99 mm。

东）；陈兼善，1969，台湾脊椎动物志：157，图138（日月潭）。

长臀银鱼 _Salanx longianalis_（Regan, 1908）（图17）*

［有效学名：有明银鱼 _S. ariakensis_ Kishinouye, 1902］

图17　长臀银鱼 _Salanx ariakensis_

释名：臀鳍较长，故名。（longi，长 + analis，臀鳍）亦此意。背鳍 ii -10 ~ 11；臀鳍 ii -28 ~ 30；胸鳍 i -10；腹鳍 i -6；尾鳍 x ~ xiii-17-x ~ xii。

标本体长112 ~ 124.5 mm。体细长，前部似柱状，肛门前方附近体最高且侧扁，为头长5.1 ~ 5.6倍，为尾部长4 ~ 4.6倍。头稍短，很侧扁，自背面看呈尖矛状，骨薄可看到脑及半规管等；头长为吻长2.2 ~ 2.5倍，为眼径8 ~ 9.4倍，为眼间隔宽2.9 ~ 3.3倍。吻较尖，不突出。眼侧中位，后缘位头正中部或微后方。眼间隔宽平。口前位。两颌前端相等；下颌前端有一骨质突起；上颌不伸过眼前缘。两颌与腭骨有大牙。舌无牙。假鳃发达。鳃孔大，下端不达眼下方。鳃盖膜连鳃峡，分离。肛门邻臀鳍始点。尾柄细，长为高2.8 ~ 3.5倍。

无鳞，仅雄鱼沿臀鳍基有1行20 ~ 22个大鳞。侧线位于胸鳍基前下方往后呈1行针尖般小黑点状。

前背鳍位体后半部，鳍前距为后距3.6 ~ 4.6倍；第1分支鳍条最长，头长为其长2.5 ~ 3.3倍。脂鳍小，位尾柄前部背侧。臀鳍始于第5 ~ 7背鳍条基下方；第1 ~ 2分支鳍条最长，头长为其长2.3 ~ 2.9倍，雄鱼较肥厚且向后弯曲。胸鳍无肉质鳍柄，侧下位，尖刀状；雌鱼胸鳍较短，雄鱼胸鳍第1鳍条很粗长，头长为其长2.3（雄）~ 3.1倍。腹鳍始点距头后端等于距臀鳍；头长为腹鳍长2.5 ~ 3倍。尾鳍深叉状。

鲜鱼灰色，体半透明。各鳍白色。为近海及河内附近小鱼。每年秋末冬初及春季冰消时在近海及河口内外产量较多。

分布于辽宁省到福建省沿岸及江口附近。黄河口内外及附近亦产。

Parasalanx longianalis Regan, 1908, Ann. Mag. Nat. Hist.,（8）2: 446（辽河）；Fang（方柄文），1934, Sinensia, 4（9）：263（辽河及钱塘江）。

Salanx longianalis，张春霖，1955，黄渤海鱼类调查报告：63，图44（河北北戴河，天津岐口等）；王文滨，1963，东海鱼类志：121，图96（福建厦门及东澳）；李思忠，1965，动物学杂志（5）：217（山东）；解玉浩，1981，鱼类学论文集2: 115（盘山辽河）。

鳗鲡目 Anguilliformes

体细长，呈鳗状。仅化石种类如祖鳗属（_Anguillavaus_）有腹位（鳍条8）的腹鳍，现生种类无腹鳍。鳍无硬刺及鳍棘。臀鳍常发达。有些无胸鳍。鳃孔窄小。前颌骨与筛骨愈合成1个骨骼，犁骨亦常愈合。上颌骨形成口缘，有牙齿。鳞无或痕状。无后颞骨、中啄骨及后匙骨。如有上匙骨时则连脊椎骨而不连头骨。眶蝶骨常为2个。无基蝶骨。椎骨很多，椎骨体中央有孔。常有上、下肋骨及上肌间骨。鳔有管通消化道。幼鱼有叶状体阶段（leptocephalic stage）。现生存约19科147属，597种（Nelson，1984）。多为海产底栖鱼类，常穴居。化石始于上白垩纪。淡水产1科。

鳗鲡科 Anguillidae

鳗鲡科只1属。尚有埋入皮内的小鳞。江湖内索食生长，临近性成熟时雌鱼必须降海，卵巢方迅速发育，到深海产卵后亲鱼即死亡。卵在海流中孵化为柳叶状幼体（leptocephalus），到河口变为短线状，入江湖内索食生长。是降海产卵洄游鱼类，与本目其他科不同。

背鳍、臀鳍与不发达的尾鳍相连。有胸鳍。无腹鳍，奇鳍互连。体蒙痕状小圆鳞，席状排列。侧线发达。肛门位于胸鳍远后方。口前位。两颌不特别长。两颌及犁骨有棱状或刺毛状牙，牙不大。咽骨牙很小，上咽骨牙群卵圆形。鳃孔直立，左右远离。胸鳍辐鳍骨7~9个（幼时可达11个）。左、右额骨未愈合。尾椎无横突。化石始于中新世。分布于热带及温带，南大西洋及东北太平洋无；受墨西哥暖流影响，北达俄罗斯白海、牟尔曼斯克（Murmansk）等。

鳗鲡属 *Anguilla* Shaw，1803

特征与科特征同。现生存约16种为淡水鱼，降河入海产卵。我国有2~3种，黄河下游产1种。

Anguilla Shaw，1803，Gen. Zool.（= Syst. Nat. Hist.），4: 15（模式种：*A. vulgaris* Shaw = *Muraena anguilla* Linnaeus）。

鳗鲡 *Anguilla japonica* Temminck et Schlegel，1846（图18）

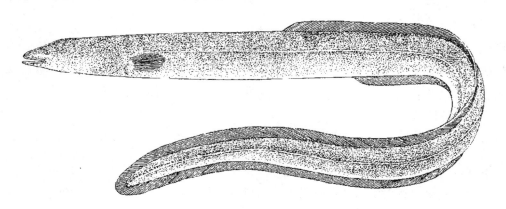

图18　鳗鲡 *Anguilla japonica*

释名：鳗鲡，又名白鳝、青鳝。东汉许慎《说文解字》称"鲡与鳢同"。后赵辟公《杂录》说"此鱼有雄无雌，以影漫于鳢鱼，则其子皆附于鳢鬐而生，故谓之鳗鲡"（李时珍《本草纲目》）。北宋陆佃（1042—1102）在《埤雅》中亦有鳗以影鳢而生子的记载。现知乌鳢鳍上有时出现的白线状小动物是藤本嗜子宫线虫（伍献文等，1963），并非鳗鲡仔，"影鳢而生子"乃古人之误猜。

背鳍约247；臀鳍约240；胸鳍16~17；尾鳍11~12。

标本体长260.5~445.6 mm。体细长，近圆柱状，微侧扁，肛门往后渐较侧扁；体长为体高18.1~20.8倍，为头长7.6~8.9倍，为尾部长1.7~1.8倍。头似钝锥状；头长为吻长4.9~6.2倍，为眼径11.1~12.3倍，为眼间隔宽5.6~6.9倍。吻平扁。眼位于头侧中线上方，蒙皮肤，后缘距吻端较近。眼间隔宽平，宽为眼径1.7~2.2倍。前鼻孔位于吻端附近，管状突起伸向前外侧；后鼻孔无皮突，位于稍前方。口前位，稍斜，宽与长约相等，后端微伸过眼后缘。下颌微突出。两颌与犁骨具绒状牙群，牙群后端细尖。舌尖长，游离。唇不中断。诸鳃盖骨埋于皮下。鳃孔窄小，位于体侧下方，似直立，上端较胸鳍基上端低。鳃膜分离，连鳃峡。肛门位于臀鳍始点稍前方。椎骨112~119，平均115.8（Berg，1949）。有幽门盲囊。

鳞很微小，埋皮下，鳞行似席纹状。侧线完全，侧中位。背鳍很长，始于肛门前方，背鳍始点距肛门较距鳃孔近；头长为最长背鳍条长4.2~5.7倍，后方连尾鳍。臀鳍似背鳍而鳍条较长，头长为其长3.8~5.5倍。胸鳍圆形，侧位而稍低，头长为其长3.1~3.9倍。无腹鳍。尾鳍窄短，与背鳍、臀鳍完全相连；头长为其长6.4~9.7倍。

鲜鱼背侧黑绿色，向下为青绿色，腹侧白色。鳍淡黄色，奇鳍后端边缘较暗。雌性小鱼入江河内索食生长。适应力很强，以小鱼、虾、蟹、水生昆虫及动物尸体等为食，白天常潜伏洞穴，夜出觅食。在黄河流域最大长达1 325 mm（傅桐生，1934）。性腺发育很慢，体长450 mm时尚为白色二期阶段，似雄鱼，741 mm时卵巢才自肉红色开始沉积卵黄，直到快降入海时方迅速发育，与雄鱼到我国台湾东南太平洋深海产卵，产后大部死亡。幼鱼柳叶状，白色半透明，曾被称为小头鱼（leptocephalus）。随海流及东南风影响，春季浮游到我国、朝鲜及日本沿岸变态，成为线状（又称线鳗）；雌鱼溯河，雄鱼在近海河口附近索食生长。古人不见其卵，故亚里士多德推测欧洲鳗鲡是地肠（蚯蚓）生的；赵辟公《杂录》有"此鱼有雄无雌，以影漫于鳢鱼，则其子皆附于鬐而生"等传说。鳗鲡脂膏最多，中外人民皆喜食，近年我国台湾与日本有捕幼鳗进行池养的"养鳗业"。

分布于我国海南岛、珠江及以北到黄河、辽河，朝鲜及日本南部；在黄河流域，过去可达关中盆地及晋南洪洞、翼城、新绛等处。

Anguilla japonica Temminck et Schlegel, 1846, Fauna Jap. Pisces: 258, pl. 113, fig.2（日本长崎）；Tchang（张春霖），1932, Bull. Fan Mem. Inst. Biol., 3（14）：216（开封）；Fu（傅桐生）& Tchang（张春霖），1933, Bull. Honan Mus., Ⅰ（1）：30（开封）；Fu（傅桐生），1934, ibid., Ⅰ（2）：88, fig.32（辉县百泉）；伍献文等，1963，中国经济动物志：淡水鱼类：133，图109（可达金沙等）；李思忠，1965，动物学杂志（5）：219（山西、陕西、河南及山东）；李思忠，1989，生物学通报，12期，10-11；李思忠，1998。中国濒危动物红皮书（鱼类卷），80。

鲤形目 Cypriniformes

有韦伯氏器（Weberian apparatus）。鳔有鳔管通食道，有顶骨、续骨、下鳃盖骨、肋骨及肌间骨。顶骨位额骨与上枕骨之间。有中喙骨及眶蝶骨。无基蝶骨。下咽骨（即第5角鳃骨）常很发达且近镰刀状；有1~4行下咽齿位于其内侧，仅双孔鲤属（*Gyrinocheilus*）无下咽齿。无上咽齿。两颌无齿。鳃膜条骨3。无鳍棘。有些鱼背鳍有硬刺。无脂鳍，仅少数鳅科鱼类例外。腹鳍条7~9，腹位。头通常无鳞。体常有圆鳞，无骨板。嗅球距嗅囊很近。听壶（lagena）中的箭耳石（sagitta）最大。为分布于亚洲、欧洲、非洲及北美洲的淡水鱼类（仅东亚雅罗鱼属有2种能入日本海越冬、索食），共有6科约256属2 422种（Nelson，1984）。中国有5科约145属580种（伍献文，1981）。黄河流域有鲤亚目（Cyprinoidei）3科约62属至少116种（及亚种）。现在与鲤形目接近的脂鲤类已升为脂鲤目（Characiformes）（下咽骨浅弧形，两颌有齿，有脂鳍，嗅球常距嗅叶较近，分布于非洲及墨西哥到南美洲）；电鳗类升为电鳗目（Gymnotiformes，下咽骨浅弧形，两颌有齿，无背鳍或有一线状脂鳍，无腹鳍，尾鳍痕状或无，臀鳍很长且常始于胸鳍前方，肛门常位于头腹侧或胸鳍基下方，生于中南美洲）。

科的检索表

1（4）下咽齿1行，10个以上；上咽无咀磨垫

2（3）下咽齿至少16个；无须；有软骨质前腭骨·····················亚口鱼科 Catostomidae

3（2）下咽齿约10～16个；上颌与吻至少有须3对；有或无骨质的前腭骨·····················
··鳅科 Cobitidae

4（1）下咽齿1～4行，每行至多7个；上咽有咀磨垫；上颌及吻至多有须2对·····················
··鲤科 Cyprinidae

亚口鱼（胭脂鱼）科 Catostomidae

体长形或椭圆形，均侧扁。体有圆鳞。头部无鳞及须。口稍下位，能伸缩，无牙齿。上颌常由前颌骨与上颌骨形成。唇肥厚，有皱纹或小突起。下咽骨大镰刀状；咽齿1行，至少16个。上咽突无咀磨垫。鳃孔大，侧位。鳃盖膜连鳃峡。鳃膜条骨3。鳔大，未包在骨鞘内，有鳔管通食道，分2～3室。侧线完全。尾鳍叉状。化石始于我国内蒙古锡林郭勒盟四子王旗始新世（依Hussakof, 1932）。现生存12属61种，分布于东亚及北美洲；黄河、长江及闽江有1种。

胭脂鱼属 *Myxocyprinus* Gill, 1878

鱼苗时体细长；稍大背部渐很高，侧扁。背鳍很长，鳍条iii-50～52，占体背侧大部。臀鳍iii-10。无鳍棘及硬刺。鳞中等大，侧线鳞48～53。头短小。口下位。下咽齿1行，50多个，侧扁。鳃耙长。有假鳃。鳔分2室。大鱼全身胭脂红色。只1种，为我国特产的一属大型淡水鱼。

Myxocyprinus Gill, 1878, Johnson's Cyclopedia, : 1574（模式种：*Carpiodes asiaticus* Bleeker）。

胭脂鱼 *Myxocyprinus asiaticus* Bleeker, 1865（图19）

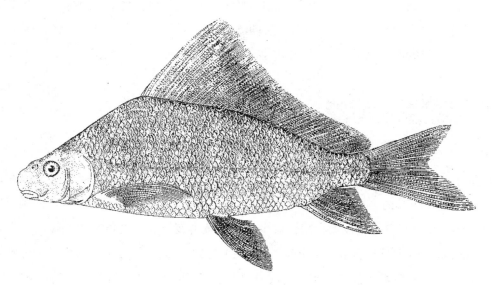

图19　胭脂鱼 *Myxocyprinus asiaticus*

释名：大鱼全身胭脂红色，故名。又名黄排、红鱼、紫鳊鱼（伍献文等，1963）。

背鳍iii-50～57；臀鳍iii-10～14；胸鳍i-19；腹鳍i-11；尾鳍 V-16-V。侧线鳞48$\frac{10～13}{8～10}$53；鳃耙外行16+18，内行18+24；下咽齿50～89。

标本体长146 mm。体侧面观长椭圆形，侧扁，背鳍始点处体最高；腹部宽圆，腹缘较直；体长为体高2.3倍，为头长4.0倍，为尾部长5.6倍。头稍小，侧扁，较体很低；头长为吻长2.6倍，为眼径4.5倍，为眼间隔宽2倍。吻钝，略突出。眼位于头侧上方，距头后端较距吻端稍近。眼间隔宽凸。鼻孔每侧2个，位于眼稍前上方。口下位，马蹄形，宽大于长，后端仅达鼻孔下方。唇发达，不中断，下唇尤宽且后缘有小穗状突起。两颌无牙。鳃孔大，下端向前至多达主鳃盖骨中央下方。鳃盖膜互连，连鳃峡。鳃膜条骨3。外行鳃耙长约等于瞳孔1/2，内行很短。下咽齿侧扁，钩状。肛门邻臀鳍始点。

除头部外体全蒙鳞，鳞圆形，鳞心位于中央，环纹细密，向后有稀辐状纹。侧线直线形，侧中位。

背鳍很发达，始于胸鳍基稍后上方；背缘斜凹，第1分支鳍条最长，头长为其长0.6倍。臀鳍位于背鳍后段下方；第1分支鳍条最长，约等于头长。胸鳍位置很低，圆刀状；第2～3鳍条最长，头长为其长0.8倍。腹鳍基距胸鳍基较距肛门略近；第2～3鳍条最长，约等于胸鳍，约达肛门。尾鳍深叉状，下叉常较长。

体长100 mm以下小鱼全身微黑，体侧在腹鳍基前后各有一横斜红色宽纹。体稍大，横纹渐消失；体长约达一米时全身胭脂红色，而雌鱼黑紫。鳍亦红色；小鱼背鳍前部，臀鳍、尾鳍后端与偶鳍均红黑色，大鱼色较淡。

为大型中、下层淡水鱼类。主要以底栖无脊椎动物为食。在长江很习见，达上游嘉陵江、岷江及金沙江等处，约5龄达性成熟期。3～4月产卵。最大可达30～50 kg（伍献文等，1963）。

分布于长江干、支流，闽江亦产。森为三（1936）与尼科尔斯基（1956）（在《黑龙江鱼类》书内统计）称黄河亦产。但尚无采集报告。

为国家二级保护野生动物。

Carpiodes asiaticus Bleeker, 1865, Ned. Tijdschr. Dierk., 2: 19（我国）。

Sclerognathus chinensis Günther, 1889, Ann. Mag. Nat. Hist., 4: 223（宜昌）。

Carpiodes chinensis Dabry de Thiersant, 1872, "Pisciculture en Chine": 182, pl. 40, fig.1（长江）。

Myxocyprinus asiaticus asiaticus Nichols, 1925, Amer. Mus. Nov., No.177:（安徽省宁国）。

M. a. fukiensis Nichols, 1925, Ibid., No.177: 8（福建省延平）。

M. asiaticus nankinensis Tchang（张春霖），1929, Bull. Mus. Paris（2），Ⅰ（4）：42, fig.4（南京）。

Myxocyprinus asiaticus, Tchang（张春霖），1933, Zool. Sinica, ser. B. 2（1）：7, fig. 1；pl. l, fig. 4（安徽，四川）；Mori, 1936, Studies on the geographical distribution of Freshwater Fishes in Eastern Asia: 25（黄河）；伍献文等，1963，中国经济动物志：淡水鱼类：28，图29（长江及闽江）；李思忠，1965，动物学杂志（5）：217（黄河）；施白南，1980，四川资源动物志：149（岷江及嘉陵江中下游，金沙江、沱江、涪江及渠江下游）。

Myxocyprinus chinensis, Tchang（张春霖），1933, loc. cit., 2（1）：8, fig. 2（福州，洞庭湖，宜昌及南京）。

鳅科 Cobitidae

体长形，侧扁或近圆柱状。有或无小圆鳞，头部常无鳞。眼小。口下位，上颌有前颌骨形成。有须3～6对，吻部与上颌有须3对，下咽齿1行约10个。无假鳃。鳃峡宽。鳃孔直立。侧线1条，显明或不显明。背鳍iii-6～9；臀鳍iii-5；腹鳍i-5～7，腹位。中筛骨与前额骨连额骨等，能或不能活动。基枕骨左右咽突连或不连成弧状，未愈合；无咀磨垫；无悬器。为分布于亚洲、欧洲、非洲摩洛哥及埃塞俄比亚等地区的淡水底层小型鱼类。共有3亚科约23属200个种及亚种，我国有18属约100个种及亚种（依陈景星、朱松泉，1984）。黄河流域约有3亚科9属及至少25种。

亚科的检索表

1（4）中筛骨与额骨、眶蝶骨等相固连，不能活动；有前腭骨（prepalatine）

2（3）前额骨固连额骨，向后无棘且不能活动；在古北区常无鳞且体近圆柱状····················
··条鳅亚科 Noemachilinae

3（2）前额骨连额骨，向后呈棘状且能活动；身体侧扁··················沙鳅亚科 Botiinae

4（1）中筛骨与犁骨、前额骨连额骨及眶蝶骨尚能活动；前额骨向后呈棘状，尚能活动；无前腭骨··花鳅亚科 Cobitinae

条鳅亚科 Noemachilinae*

体长形，侧扁或微侧扁。头部无鳞；体有或无小鳞。有吻须2对，口角须1对，有或无鼻须1对。无眶下骨刺。中筛骨、犁骨及前额骨和额骨、眶蝶骨相固连；不能活动。前额骨无棘，不能活动。有前腭骨。基枕骨咽突在大动脉腹侧相连。分布于亚洲、欧洲及埃塞俄比亚，约有115种。黄河流域有4属。

*编者注：现升为条鳅科Nemacheilidae（Kottelat，2012）。

属检索表

1（2）每侧有鼻须1条，吻须2条，上颌须1条；无鳞··················须鼻鳅属 Lefua

2（1）每侧只有吻须2条，上颌须1条；有或无鳞

3（4）上颌中央有一突起；尾柄皮棱很发达，至少向前达臀鳍上方··········副鳅属 Paracobitis

4（3）上颌中央无一突起；尾柄皮棱不发达；体近圆柱状；雄性成鱼吻侧及颊部有密的小棘

5（6）头不很平扁；下唇中断呈2纵棱状；常无鳞及游离鳔··········高原鳅属 Triplophysa

6（5）头很平扁；下唇不中断，无纵棱；无鳞及游离鳔··········鼓鳔鳅属 Hedinichthys

须鼻鳅属 *Lefua* Herzenstein, 1888

［有效学名：北鳅属 *Lefua* Herzenstein, 1888］

头每侧有吻须2条，口角须1条及鼻须1条。无眶下骨刺。背鳍始于腹鳍始点稍后方。尾鳍圆形。头稍平扁，无鳞。体稍侧扁，有小鳞。鳔中部细管状；后部长椭圆形，游离；前部包在骨鞘囊内，左、右各呈一球状，中间较细。为东亚淡水底层小型鱼类。有3种。中国有1种，黄河亦产。

Lefua Herzenstein, 1888, in Przewalski nach Central-Asien Zool., III（2）：3（模式种：*Octonema pleskei* Herzenstein = *L. costata*）。

Elxis Jordan & Fowler, 1903, Proc. U. S. natn., 26: 768 fig.（模式种：*Elxis nikkonis* Jordan et Fowler）。

须鼻鳅 *Lefua costata* Kessler, 1876（图20）

［有效学名：北鳅 *Lefua costata* Kessler, 1876］

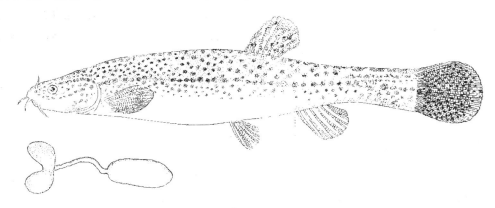

图20　须鼻鳅 *Lefua costata*

释名：前鼻孔有一长须状突起，故名；又名北鳅。背鳍 iii-6；臀鳍 ii-5；胸鳍 i -11～12；腹鳍 i -6；尾鳍 iv～v-15～16-iv～v。椎骨4+14+16。

标本体长41.5～62.3 mm。体细长，稍侧扁，体高为体宽1.1～1.3倍，向前较宽圆，向后较侧扁；体长为体高5.9～6.4倍，为头长4～4.6倍。头钝锥状，略平扁；头长为吻长2.8～3.1倍，为眼径5.6～6.2倍，为眼间隔宽2.7～2.8倍，为尾柄长1.3～1.7倍；尾柄长为尾柄高1.2～1.7倍。吻钝圆，不突出。眼位于头前半部，侧上位。眼间隔宽坦。前鼻孔距眼较距吻端略近且具一鼻须，鼻须伸达眼中部。吻须2对，位于吻端。口角须约达眼后缘。口前位，横浅弧状；下颌稍短，达前鼻孔下方。唇光滑，两侧下唇有唇后沟。鳃孔近似直立，中等大，鳃膜连鳃峡。有胃。肠短直，长约等于体长1/2。鳔前段左、右各呈一球状，包在骨囊内，中间较细；中段长细管状；后段切面呈长椭圆形，约等于头长，游离。肛门邻臀鳍始点。无显明的鳞。侧线亦不显明。

背鳍约始于鳃孔与尾鳍基的正中间；背缘圆形；第2～3分支鳍条最长，头长为其长1.5～1.9倍，雄鱼可达肛门。臀鳍似背鳍，第2～3分支鳍条最长，头长为其长1.7～2.1倍。胸鳍侧下位，圆形，第4～5鳍条最长，头长为其长1.3～1.7倍。腹鳍始于背鳍稍前方，亦圆形，头长为其长1.6～2.2倍，不达肛门。尾鳍圆截形。

鲜鱼背侧淡黄或淡灰色，常有不规则小褐点，沿背中线常呈暗灰色纵纹；雄鱼沿侧中线自吻端经眼到尾鳍前端有一黑色纵纹，雌鱼此纹较浅或不显明；腹侧白色。鳍淡黄色，背鳍与尾鳍有小黑点纹。腹膜白色或淡黄色。为缓静淡水区底层小杂鱼。最大体长达98 mm（Berg, 1949）。

分布于内蒙古、山西、山东到黑龙江、朝鲜及俄罗斯远东海滨省。在黄河流域曾见于内蒙古呼和浩特及山东济南、泰安及栖霞岭等处。

Diplophysa costata Kessler, 1876, in Przewalski, Mongolia i Strana Tangutov, II（4）: 29, fig.4（内蒙古赤峰市克什克腾旗达里湖。北纬43度）。

Octonema pleskei Herzenstein, 1888, Trudy St.-Peterburgskago Obscestva Estestvoispytatelej, XIX: 48, fig.5（兴凯湖）。

Nemachilus dixoni Fowler, 1900, Proc. Acad. nat. Sci. Philad., : 181（辽河流域）。

Elxis coreanus Jordan & Starks, 1905, Proc. U. S. natn. Mus., 28: 201, fig.7（朝鲜津山及釜山）。

Lefua costata Berg, 1909, Fishes of Amur River（in Russian）: 163（黑龙江等）；Fowler,

1930～1931，Bull. Peking nat. Hist., V（2）：27（济南）；Shaw（寿振黄）& Tchang（张春霖），1931, Bull. Fan Mem. Biol. Inst., 2（5）：76, fig.6（济南，北京等）；Tchang（张春霖），1933, Zool. Sinca, Ser. B, 2（1）：210, fig.110（山西，周口店等）；张春霖，1959，中国系统鲤类志：124，图104（山西，内蒙古，河北，北京，辽河等）；赵肯堂等，1964，动物学杂志（5）：218（呼和浩特）；李思忠，1965，同上（5）：219（山西，山东）。

Lefua andersoni Fowler, 1922, Amer. Mus. Nov., no. 38: 1（河北）；Nichols, 1943, Nat. Hist. Centr. Asia, IX：213（河北，山西）。

副鳅属 *Paracobitis* Bleeker, 1863[①]

尾柄背侧皮棱很发达，向前至少达臀鳍基背侧。上颌中央有一骨质圆突起。骨质鳔囊侧室后方无后孔，已被骨膜封闭。体圆柱状，尾柄很侧扁。有数种。分布于伊朗、土库曼斯坦及我国甘肃、陕西等处。我国有2种，黄河流域有1种。

Paracobitis Bleeker, 1863, Atlas des Cyprins III: 3（模式种：*Cobitis malapterurus* Valenciennes）。

红尾副鳅 *Paracobitis variegatus*（Sauvage et Dabry, 1874）（图21）

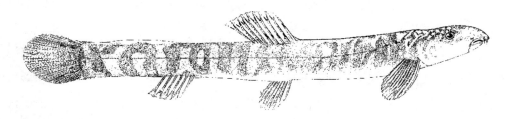

图21 红尾副鳅 *Homatula variegata*

背鳍 ii～iii-8；臀鳍 ii-5（最后1条鳍条自基端分为2）；胸鳍 i-9；腹鳍 i-7（少数为6）；尾鳍 ix～xii-17-vii～viii。鳃耙1+9。椎骨29+20。

标本体长73.4～146.7 mm。背细长，圆柱状，尾部渐侧扁；尾柄很侧扁，背缘皮棱很发达，皮棱向前至少达臀鳍基上方。体长为体高7.9～10倍，为头长4.8～6.1倍。头钝，稍平扁，项背微凹；头长为吻长2.2～2.5倍，为眼径7～8倍，为眼间隔宽4.1～4.7倍。吻长约等于眼后头长，稍平扁，略突出。鼻孔2个，位于眼正前方和吻中部后方，鼻间膜发达。眼小，侧上位，约位于头的正中间。眼间隔圆凸。口下位，横浅弧状。上颌中央向后有一钝圆骨质突起。唇腹厚，后沟位于下唇两侧，下唇中央有一凹刻。有吻须2对及上颌须1对，均短，上颌须不达眼中央正下方。鳃孔横"～"形。鳃耙细小。下咽齿尖、小，19个。肛门距腹鳍基为距臀鳍的4.3～5.2倍。鳞很微小，显明。侧线侧中位，眼下枝亦显明。

背鳍约位于体正中间，背鳍前距为后距1～1.2倍；背缘微圆凸，头长为第2分支背鳍条1.7～2倍；伸不到肛门。臀鳍位于腹鳍基至尾鳍基的正中央；头长为第2分支臀鳍条1.9～2.3倍，距尾鳍基甚远。胸鳍侧下位，位于鳃孔中部后方；圆形；头长为第5胸鳍条1.5～1.7倍。腹鳍始于背鳍始点下方；亦圆形，头长为第4腹条1.7～2倍，至多伸达腹鳍基至肛门的正中。尾鳍圆形或中央稍下方有一浅凹。

体侧约有17～18条黑褐色带状横斑，横斑背有些互连或向下呈叉状，在尾鳍基近黑色；沿背中线两侧横斑多变化，相连或远离。浸存标本鳍白色或微黄；背鳍有2纵行小黑点，尾鳍前半部有些小灰点。体长146.7 mm标本体背侧及背鳍、尾鳍较暗。

---

① 本属特征由陈景星同志提供，谨致谢。

为长江及黄河较上游山溪鱼类。在黄河流域见于陕西黑河、石头河、千河（原汧河）及甘肃籍河等处。所依标本为本所张春光同志提供的陕西柞水标本。

Nemachilus variegatus, Sauvage et Dabry, 1874, Ann. Sci. nat. Zool. St. Petersb.（6）Ⅰ（5）：14（秦岭）。

Nemachilus berezowskii Günther, 1896, Ann. Mus. Zool. Acad. Sci. St. Petersb., Ⅰ：217，Pl. Ⅱ，fig.C（徽县）；王香亭等，1974，动物学杂志（1）：6（嘉陵江上源郴亦寺）。

Nemachilus oxygnathus Regan, 1908, Ann. Mag. Nat. Hist.（8）Ⅱ：357（云南）。

Barbatula（？）*variegata*, Nichols, 1943, Nat Hist. Centr. Asia Ⅸ：215（我国）。

B. berezowski Mori, 1936, Studies Geogr. Distr. Freshwater Fish. E. Asia: 27（黄河及华北）

B. oxygnatha, Nichols, 1943, Ibid., Ⅸ：218（依Regan）。

Paracobitis variegatus, 宋世良等，1983，兰州大学学报（自然科学版）19（4）：123（天水县籍河）；方树淼等，1984，同上，20（1）：100（陕西省千河、石头河、黑河及汉江南北支流）。

高原鳅属 *Triplophysa* Rendahl, 1933 *

释名： 按字义曾名三鳔条鳅亚属；现升为属，因大部分种类生于青藏及宁蒙高原，故改为高原鳅属。过去常划入条鳅属（*Noemachilus*或*Nemacheilus*）。

体长形，近圆柱状。体常无鳞，头部全无鳞。头平扁。侧线完全或不完全。背鳍ⅱ～ⅲ-6～9；臀鳍ⅱ～ⅲ-5～6。尾鳍圆形、截形或叉状。尾柄无发达的皮棱。口下位，弧状，上颌中央无突起。下唇中断处呈2纵棱状。前、后鼻孔不远离。有吻须2对及上颌须1对。肛门距臀鳍较距腹鳍基近。雄性成鱼吻侧及颊部有微小的密棘。有0～2个游离鳔。骨质鳔囊侧室的后壁为骨质，无后孔。为古北区的淡水底层小型鱼类，高原区很习见；新疆、西藏到华北等地产楔头鳅（*T. cuneicephala* "Shaw et Tchang"）等约60种。在黄河流域至少约有15种*。

*编者注： 近20多年在黄河水系发现的若干高原鳅属新种（如黑体高原鳅*Triplophysa obscura* Wang, 1987及陕西高原鳅*Triplophysa shaanxiensis* Chen, 1987；见1987年出版的《秦岭鱼类志》）或新纪录（如武威高原鳅*Triplophysa wuweiensis* Li & Chang等；见2013年出版的《黄河流域鱼类图志》），本书中尚未收录。

Barbatula Lick, 1790, Mag. Nest. Phys. u. Nat. 6（3）：38（模式种：*Cobitis barbatula* Linnaeus）（被"鸟类"*Barbatula* Lesson, 1837，优先）。

Diplophysa Kessler, 1874, in Fedehenko, Reise in Turkestan 2（6）：57（模式种：*D. strauchii* Kessler）（被腔肠动物优先）。

Deuterophysa Rendahl, 1933, Ark. Zool. 25A（11）：23（模式种：*Diplophysa strauchi* Kessler）（被"鳞翅目昆虫"*Deuterophysa* Warren, 1889，优先）。

Triplophysa Rendahl, 1933, Ark. Zool. 25A（11）：21（模式种：*Nemachilus*（*Triplophysa*）*hutjertjuensis* Rendahl）。

种的检索表

1（8）鳔后部游离

2（5）背鳍有一不分支鳍条已骨化变硬

3（4）椎骨4+39～43个；有幽门盲囊；鳔中部细管状·································
······························硬刺高原鳅 *Triplophysa scleropterus*

4（3）椎骨4+35～40个；无幽门盲囊；鳔中部非细管状·····························
······························拟硬刺高原鳅 *T. pseudoscleropterus*

5（2）背鳍分支鳍条未骨化，均软

6（7）腹鳍始于背鳍基后部下方；肠绕成球状·················达里湖高原鳅 *T. dalaicus*

7（6）腹鳍始于背鳍始点下方或略后方；肠只有2个折弯·········东方高原鳅 *T. orientalis*

8（1）鳔无游离的后部

9（10）体鳞小而显明·····································岷县高原鳅 *T. minxianensis*

10（9）体鳞无或仅呈痕状，很不显明

11（12）尾鳍叉深至少为鳍长1/3；大鱼头体背侧有纵嵴状小突起·····················
······························巴氏高原鳅 *T. pappenheimi*

12（11）尾鳍圆截形或浅叉状；体无纵嵴状突起

13（14）腹鳍始于第4～5分支背鳍条基下方·················后鳍高原鳅 *T. posteroventralis*

14（13）腹鳍始于第2分支背鳍条基下方或稍前方

15（16）背鳍有9分支鳍条；体长为体高8.4～9.7倍，为头长4.6～5倍·················
······························壮体高原鳅 *T. robustus*

16（15）背鳍有分支鳍条7～8条

17（22）腹鳍始于背鳍始点或稍后下方，伸达肛门

18（21）下颌无角质锐缘；肠只有1～1.5个环弯

19（20）腹鳍始于背鳍始点下方；体长为尾柄长3.9～5.4倍；尾柄长为尾柄高2.9～4.5倍·········
······························中亚高原鳅 *T. stoliczkae*

20（19）腹鳍始于背鳍始点略后方；体长为尾柄长3.3～3.5倍；尾柄长为尾柄高4.8～6.1
倍·····························长蛇高原鳅 *T. longianguis*

21（18）下颌有角质锐缘；肠绕成球状；腹鳍始于第2分支背鳍条基下方·····················
······························背斑高原鳅 *T. dorsonotatus*

22（17）腹鳍始于背鳍始点略前方，伸不到肛门

23（24）体有痕状鳞；尾鳍圆截形·····································董氏高原鳅 *T. toni*

24（23）体无鳞；尾鳍凹叉状·····································鞍斑高原鳅 *T. sellaefer*

硬刺高原鳅 *Triplophysa scleropterus*（Herzenstein, 1888）（图22）

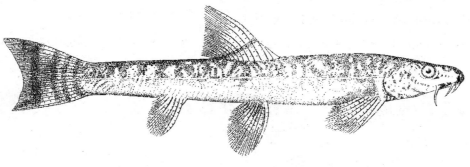

图22　硬刺高原鳅 *Triplophysa scleroptera*

释名：成鱼背鳍一不分支鳍条很粗硬，故名。Scleropterus（希腊文：Skleros，硬 + Pteron，鳍）亦此意。曾名硬刺条鳅。无黄河标本，依Herzenstein（1888）及朱松泉等（1975）。

标本体长73～159 mm。体长为体高5.2～8.0倍，为头长4.4～5.8倍。头长大于尾柄长，额部与顶部平坦；头长为吻长1.9～2.6倍，为眼径4.1～7.1倍，为眼间隔宽2.7～4倍。吻长较眼后头长稍短。眼侧上位。前后鼻孔相邻，位于眼前上方，距眼较距吻端近，前鼻孔有一短管状突起。下颌缘多或稍变厚且呈匙状；有时与上颌缘相似，具显明、薄的角质膜。唇厚肉质或膜质，有皮纹或发达的小突起。前吻须伸达口角；后吻须略不达眼前缘或略伸过；口角须略达或略不达眼后缘下方。肠具前、后两个环弯，似黑斑高原鳅（*T. strauchii*）或中亚高原鳅（*T. stoliczkae*），前环弯达腹腔前部和胃上方接近幽门盲囊处。鳔后部切面呈长椭圆形，游离，与鳔前部之间为细管状（依朱松泉等）。肛门位于臀鳍稍前方。

体无鳞，皮肤裸露。侧线侧中位。背鳍始于体正中点略后方；最后1条不分支鳍条几乎到上端都已变硬，成鱼尤粗硬。臀鳍窄小。胸鳍侧下位，圆形，第4～5鳍条最长，头长为胸鳍长5.1～6.7倍。腹鳍始于背鳍始点略后方，头长为其长5.9～7.3倍。略不达或可略伸过肛门。尾鳍深叉状，上叉常较长。

体背侧及侧上方淡黄褐色；下方银白色；背面及侧上方有暗色小点和大斑，少数大斑呈横带状。鳍有小斑点，背鳍与尾鳍最显明，臀鳍最淡。

雄性成鱼吻侧粗硬，胸鳍前数鳍条较粗硬。为青海省特有的淡水底层鱼类。最大标本体全长达214 mm（朱松泉等，1975）。

分布于青海湖水系、柴达木盆地及黄河上游。在黄河水系见于湟水、玛曲以上到多云河及扎陵湖等处。

Nemachilus scleropterus Herzenstein, 1888, in Przewalski nach Central Asien. Zool. Ⅲ（2）：54, Tab., Fig.1（青海湖奈齐河，柴达木盆地，黄河上游）；曹文宣等，1962，水生生物学集刊，（2）：87（黄河玛曲以上）；李思忠，1965，动物学杂志，（5）：219（青海、甘肃）；朱松泉等，1975，青海湖地区的鱼类区系：19（黄河上游、柴达木盆地、青海湖、甘肃）；武云飞等，1979，动物分类学报4（3）：292（久治县黄河支流章阿河）；朱松泉等，1981，同上，6（2）：222-223（青海湖奈齐河、黄河扎陵湖等）；朱松泉等，1984，辽宁动物学会刊5（1）：54（扎陵湖、鄂陵湖及附近黄河干支流）。

硬刺高原鳅*Triplophysa scleropterus*，陈景星等，1984，动物分类学报9（2）：206。

拟硬刺高原鳅 *Triplophysa pseudoscleropterus*（Zhu et Wu, 1981）（**图23**）

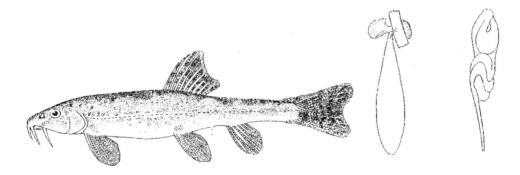

图23　拟硬刺高原鳅 *Triplophysa pseudoscleroptera*

释名：似硬刺高原鳅，而游离鳔前方不呈细管状，且无幽门盲囊等，故名。pseudoscleropterus（pseudo，似+scleropterus，硬鳍），亦此意。

依朱松泉等（1981），背鳍iii-8（约3%为iii-9）；臀鳍iii-5；胸鳍i-11～13；腹鳍i-8～9；尾鳍分支鳍条16。第1鳃弓内侧鳃耙11～13。椎骨4+35～39+1。

标本体长61.5～127 mm。体长形，前部略呈圆柱形，后部侧扁；体长为体高5.3～7倍，为头长4.1～5倍，为尾柄长4.8～6.8倍。吻部宽厚，吻长约等于眼后头长；头长为吻长2.3～2.8倍，为眼径4.1～5.7倍，为尾柄长1～1.7倍。眼间隔宽为眼径1.1～1.8倍。尾柄长为尾柄高2.1～2.9倍。口下位；下唇较薄，唇面有皮褶；下颌匙状，常不外露唇外。须3对，外吻须伸达鼻孔与眼之间，上颌须伸达眼与前鳃盖骨后缘间。

无鳞。皮肤光滑，少数标本有颗粒状突起。侧线完整，显明。背鳍始点距吻端为距尾鳍基1～1.2倍；最后不分支背鳍条至少下部2/3变硬，鱼越大越粗硬；腹鳍始于第1～3分支背鳍条基下方，伸过肛门或略达臀鳍始点。尾鳍凹叉状，上叉稍长。

鳔前室分为左、右两侧泡，包于骨质囊内；后室球形或卵形膜囊状，游离于腹腔内，前端直接连前室，后端约伸达胸鳍中部到后端，后室大小随栖息水体变异，浅水及缓流处常较小。胃发达。无幽门盲囊。肠有1～2个环弯，体长为肠长0.7～1倍。

体浅黄色。背部常有不规则褐色横斑，背鳍前、后各有4～6块横斑，体侧有很多不规则褐色条纹，沿侧线常有1纵行5～10个深褐色块状斑。背鳍与尾鳍有很多褐色斑点。

雄性成鱼吻侧粗硬，胸鳍背面前部鳍条粗硬。为柴达木盆地及黄河上游的底层鱼类。

分布于柴达木盆地及黄河上游。在黄河水系见于湟水、多云河、扎陵湖到星宿海及约古宗列曲等处。在长江水系大渡河上游的白玉麻柯（青海省久治县）另有麻柯河拟硬刺高原鳅亚种 *Triplophysa pseudoscleropterus markehenensis*（Zhu et Wu），后者鳃耙15～17，肠绕成螺纹状，下颌较锐利，游离鳔较小。

Nemachilus scleropterus Herzenstein, 1888, in Przewalski nach Central-Asien. Zool. III, 2: 54-58（部分。柴达木盆地、黄河上游）。

Nemachilus pseudoscleropterus（拟硬刺条鳅）sp. nov. Zhu（朱松泉）et Wu（武云飞），1981，动物分类学报 6（2）：221，图1、2-2及3-2（柴达木盆地格尔木河、努尔日河及香日德河；黄河水系扎陵湖、多云河及湟水）。

Triplophysa pseudoscleroptera，Wu et Wu（武云飞、吴翠珍），1988，黄河源头及星宿海的鱼类（约古宗列曲及星宿海）。

达里湖高原鳅 *Triplophysa dalaicus*（Kessler, 1876）（图24）

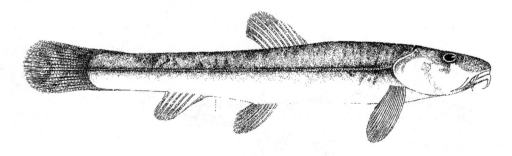

图24 达里湖高原鳅 *Triplophysa dalaica*

释名：模式产地为内蒙古昭乌达盟（今赤峰市）达里湖，故名。种名dalaicus亦此意。

背鳍iii-7；臀鳍iii-5；胸鳍i-11～12；腹鳍i-8；尾鳍vii～vii-16-vii～viii。鳃耙外行3+3，内行2+13～14。下咽齿1行，13个。椎骨4+18+18。

标本体长98～121.5 mm。体长形，背鳍前方体最高，微侧扁，向前渐平扁，向后渐侧扁；体长为体高5.9～6.1倍，为头长4～4.3倍。头略平扁；头长为吻长2.7～3.0倍，为眼径6～7倍，为眼间隔宽3.5～4.1倍，为尾柄长0.9～1.3倍。尾柄长为尾柄高2～2.7倍。吻微突出。眼侧上位，后缘约位于头前后的正中点。眼间隔微圆凸。前后鼻孔相邻，前鼻孔距眼较距吻端稍近。口下位，圆弧状，口角达鼻孔下方。唇肥厚；上唇呈1行穗状突起；下唇有许多横褶，中央呈2纵棱状，两侧有唇发沟。每侧吻须2条，口角须1条，后侧约达眼后缘。鳃孔直立形，上达侧线，下达胸鳍基下方。下咽齿尖扁形。下咽骨中部向后圆弧状，中部腹面有一突起。鳔前室包于骨膜囊内；后室切面呈大椭圆形，游离。肠似背斑高原鳅，肛门位于臀鳍略前方。

无鳞。侧线侧中位，前端稍高，到头部有颞上枝及眼上、下枝。背鳍始于体前后正中点或略后方；背缘圆弧形，第2～3分支鳍条最长，头长为其长1.5～1.6倍，不伸过肛门。臀鳍似背鳍而较窄，头长为其长1.8～2.1倍。胸鳍侧下位，圆刀状，第4～5鳍条最长，头长为其长1.3～1.5倍，雄鱼第2～5鳍条很粗硬，雌鱼正常。腹鳍始于背鳍基后部下方，亦圆形，头长为其长1.7～2倍，伸达肛门与臀鳍之间。尾鳍圆截形。

体背侧淡灰褐色，鱼两侧有不规则灰黑色斑点，腹侧淡色。鳍淡色，背鳍与尾鳍有灰褐色小点状。

分布于内蒙古赤峰市达里湖、乌兰察布市百灵庙艾不盖河等内陆水系。王香亭、陈景星等（1984）称陕北的无定河、秃尾河及红碱淖亦产。因无黄河标本，谨据解玉浩同志（1979年）送的达里湖地模标本描述如上，供参考。

Diplophysa dalaicus Kessler, 1876, in Przewalski, N. Mongolia strana Tangutov, 11, pt. 4: 24，tab Ⅲ，fig. Ⅰ（in Russian。北纬43度）。

Nemachilus dalaicus, Herzenstein, 1888, in Przewalski nack Central-Asien. Zool. Ⅲ（2）：58（同上）；赵铁桥，1982，兰州大学学报18（4）：115（内蒙古百灵庙艾不盖河）；方树淼等，1984，同上20（1）：101（陕北无定河，秃尾河及红碱淖）。

东方高原鳅 *Triplophysa orientalis*（Herzenstein, 1888）〔图25〕

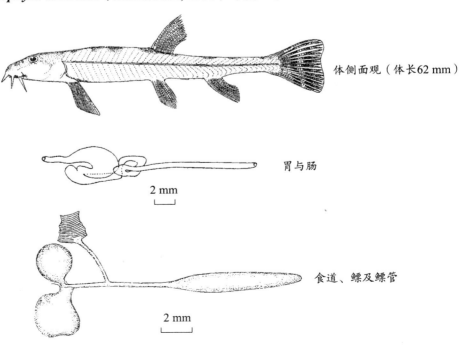

体侧面观（体长62 mm）

胃与肠

2 mm

食道、鳔及鳔管

2 mm

图25　东方高原鳅 *Triplophysa orientalis*

无标本，据方炳文（1935）："背鳍iii-8；臀鳍iii-5；胸鳍i-13～14；腹鳍ii-7。"

标本体长45～62 mm。体中等长；体长为体高7倍（雌鱼）或7.5～7.8倍（雄鱼），为头长4.5～5倍，为尾柄长4.3～4.7倍。尾柄长为尾柄高3～3.2倍，尾柄高为尾柄宽1.8倍。头长为头高1.8倍，为头宽1.3～1.5倍。头长为吻长2.6倍，吻长等于眼后头长。眼位于头中部，吻长为眼径1.6（较小标本）～2倍，眼间隔宽为眼径1.5倍。眼径约等于骨质眼间隔宽。前、后鼻孔紧邻，距眼较距吻端近。口下位，口角伸达眼前缘下方。上、下唇光滑，左、右唇在下颌中央稍分离。须6条；上颌须伸达眼后缘下方，吻长为其长1.3倍；外吻须较上颌须稍短，止于后鼻孔下方；内吻须不达前鼻孔，吻长为其长1.8倍。头顶光滑，微凸，背缘轮廓稍斜。有颅顶囟门。

背鳍始点在较小标本距尾鳍基略近，在较大标本位于眼前缘和尾鳍基之正中；头长为背鳍高1.3倍，背鳍高为背鳍基长约1.7倍；鳍上角稍尖，鳍背缘为斜截形。臀鳍始点距腹鳍腋部较距尾鳍基近；头长约为腹鳍腋部到臀鳍始点的1.6倍，差不多等于臀鳍基到尾鳍基长度；向后远不达尾鳍基。胸鳍位于鳃孔下段后缘，头长为其长1.3倍，近卵圆形，伸到胸鳍腋部到腹鳍始点的1/2处。腹鳍始于背鳍始点下方或略后方；头长约为腹鳍长1.5倍；稍伸过肛门，但不达臀鳍；稍呈卵圆形而后端尖。尾鳍浅凹叉状，上尾叉较长，头长为其长1.1倍。肛门距腹鳍腋部为距臀鳍始点的2.5倍。

无鳞。侧线完全，侧中位，头部有感觉管及感觉小孔。体长62 mm的标本其鳔有一游离的后部且以一细管连接前部，后部占腹腔长的前1/2以上；体长55 mm的标本具有相似的鳔而后部与鳔管只占腹腔长的1/3。结构上很似Rendahl（1933）的T形鳔亚属（*Tauphysa*）（模式种为*Nemachilus kungessanus* Kessler。其游离鳔细管状部较后方囊部甚短）。有鳔管。消化管简单；有一个上升折弯和一个下降折弯，均很短且位胃后端附近。

根据Rendahl T形鳔亚属与双鳔亚属（*Deuterophysa*）模式种的图解，此种鳔介于二者之间而较似前者。

为黄河与嘉陵江上游一特产鱼类。体长约可达138 mm（武云飞等，1979）。分布于青海省玛曲以上到星宿海卡日曲河源小湖等黄河水系及嘉陵江上游。

按Herzenstein 1888订名的巩乃斯条鳅（*Nemachilus kungessanus*），包括3亚种。伊犁河系巩乃斯河产的为巩乃斯条鳅指名亚种（*N. k. kungessanus*）；柴达木盆地诺莫宏河产的为长体巩乃斯条鳅亚种（*N. k. elongatus*）；黄河上游产的为东方巩乃斯条鳅亚种（*N. k. orientalis*）。方炳文先生（1935）改为3个种。第一种体长为体高约5.4倍，为头长4倍；头长为腹鳍长2.5倍，为尾柄长1.5倍。第2种体长为体高9倍，为头长5.3倍；头长为腹鳍长1.6倍，为尾柄长1.7倍。第三种体长为体高6.5～7倍，为头长4.5倍；头长为腹鳍长1.5～1.8倍，尾柄长约等于头长。Berg（1949）将*Nemachilus kungessanus*改作*N. dorsalis*的异名。

Nemachilus kungessanus orientalis Herzenstein, 1888, in Przewalski nach Central-Asien. Zool. III（2）：44, pl. VI, 244（黄河上游唐克河）。

Nemachilus orientalis, Fang（方炳文），1935, Sinensis, VI（6）：757, figs. 6～7（Herzenstein的标本）。

N. kungessanus, Rendahl, 1933, Ark. Zool., Stockholm 25A（11）：30（岷山北麓）；曹文宣，伍献文，1962，水生生物学集刊（2）：87（青海省玛曲以上黄河干支流）；武云飞等，1979，动物分类学报4（3）：291（青海省久治县黄河支流）。

Barbatula kungessanus, Nichols, 1943, Nat. Hist. Central Asia IX：270（依Rendahl：岷山北麓）。

B. orientalis，王香亭等，1974，动物学杂志（1）：5（四川昭化与甘肃文县白龙江）。

Triplophysa kungessana, Wu et Wu（武云飞、吴翠珍）1988，黄河源头和星宿海的鱼类（卡日曲源头小湖及星宿海）。

岷县高原鳅 *Triplophysa minxianensis*（Wang et Zhu, 1979）（图26）

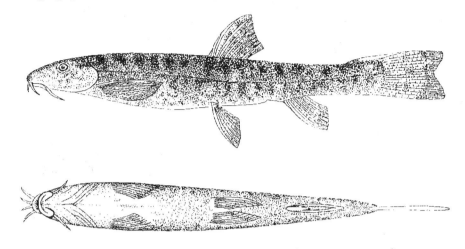

图26　岷县高原鳅 *Triplophysa brachyptera*（Herzenstein, 1888）

释名：模式产地为岷县西北水磨沟，故名。

背鳍iii-8；臀鳍ii-5；胸鳍i-11；腹鳍i-7；尾鳍16（分支）。鳃耙11。椎骨4+39。

标本体长89～109 mm。体长形，躯前部近圆形，后部侧扁；体长为体高6.2～6.9倍，为头长4.6～4.9倍，为尾柄长5～5.5倍。头锥形；头长为吻长2.3倍，为眼径6.5～7倍，为眼间隔宽3.8～3.9倍，为上颌须3.6～4.3倍。尾柄长为尾柄高2.1倍。吻圆钝。眼侧上位。每侧吻须2条，后吻须向后不伸过前鼻孔；上颌须1条，达眼中部下方。口下位。上颌中部无突起；下颌匙状，不露出于唇外。唇窄，微有皮褶；下唇后沟中断，中断处呈2纵棱状。

除头部及喉部、胸部外，体有明显小鳞，鳞不呈覆瓦状排列，背鳍前方较后方鳞稀疏。侧线完全。

背鳍始点距尾鳍基较距吻端稍近；上缘斜形，微凹。胸鳍长约等于胸鳍始点到腹鳍始点的3/5。腹鳍始于背鳍始点略前方，伸不到肛门。尾鳍后端凹叉状。

鳔包于骨囊中，有左、右两侧室；腹腔内无游离鳔。肠短，在胃后略有弯曲，长仅为体长1/2。雄性成鱼前4条胸鳍条变粗硬，雌鱼无此现象。

体淡黄色；前、后背部各有4～5块褐色横斑，斑宽等于或大于斑间距；体侧有许多不规则形褐斑，体后部斑较大。背鳍有2行褐色斑点。尾鳍有3～4横行斑点。胸鳍背面有许多褐点或纹。（以上根据王香亭、朱松泉原始描述）。

为黄河特有鱼类。分布于陕西省坝河、黑河、石头河、洛河、泾河、千河、延河、无定河，到甘肃省庄浪、天水、武山、渭源及岷县等。

岷县条鳅*Nemachilus minxianensis* Wang et Zhu（王香亭、朱松泉），1979，兰州大学学报（自然科学版），15（4）：129-132，图1：1-2（岷县水磨沟洮河）；宋世良、王香亭，1983，同上，19（4），123（渭河上游岷县、陇西、渭源、漳县、武山、甘谷、清水、庄浪）；方树淼等，1984，同上，20（1）：100（陕西省黄河、渭河、灞河、黑河、石头河、洛河、泾河、千河、延河、无定河、秃尾河）。

巴氏高原鳅（黄河高原鳅）*Triplophysa pappenheimi*（Fang, 1935）（图27）

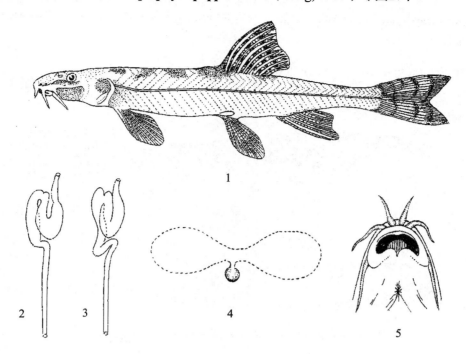

1. 模式标本，♂，体长134 mm 2. 体长132 mm时的消化道

3. 体长136 mm时的消化道 4. 鳔 5. 头前部及口前部腹面

图27 巴氏高原鳅 *Triplophysa pappenheimi*

背鳍iii-8；臀鳍ii～iii-5；胸鳍i-12～13；腹鳍i-7～8；尾鳍iv～v-16-iv～v。鳃耙1+8。椎骨4+41～42。下咽齿1行，6～7个。

标本体长35.5～156 mm。体较细长，背鳍始点处体最高，稍侧扁，体高为体宽1.1～1.2倍，向前后渐尖，向后渐甚侧扁；体长为体高6.4～8.4倍，为头长3.4～4.4倍，为尾部长2.9～3.6倍。头稍平扁；头长为吻长2.1～2.5倍，为眼径6.1～7.7倍，为眼间隔宽3.9～4.4倍，为口宽3.2～3.7倍。吻钝尖，稍突出。眼侧位。距吻端较距头端稍近。眼间隔微圆凸。两鼻孔位于眼稍前方，紧相邻；前孔小，后缘有一皮突。每侧吻须2条，约达鼻孔下方；上颌须1条，达眼后半部下方。口下位，浅弧状。两颌缘硬厚。唇厚，有横褶状，褶间较宽，前方下颌外露。鳃孔大，达胸鳍基下方。鳃盖膜宽，连鳃峡。下咽骨弧状，前外缘有一突起。胃显明。肠短直，约等于1/2体长。鳔包于骨囊内。肛门位于臀鳍始点略前方，间距约等于眼径。

无鳞，仅后头部与前部有些有短纵棱状小突起。侧线完整，侧中位，约有88个小孔，前端较高，似有鳞痕。

背鳍始于体前后正中点略后方；背缘斜形且微凹；第1～2分支鳍条最长，头长为其长1.3～1.4倍，略达臀鳍而较窄小，头长为第1分支臀鳍条1.4～1.8倍。胸鳍侧下位，尖刀状，第4～5鳍条最长，头长为其长1.2～1.3倍。腹鳍始于背鳍始点略前方，形似胸鳍，头长为其长1.4～1.6倍，约达肛门到臀鳍始点间。尾鳍尖叉状，叉深不小于尾鳍长的1/3。

体背侧黄灰色；前背有4个、后背有3个深褐色横带状大斑，斑宽约等于斑间隙；腹侧淡黄白色。鳍黄色，背鳍与尾鳍有灰褐色小斑纹，胸鳍背面有灰色污迹，大鱼腹鳍背面有些有灰黑色斑。

为黄河上游特产底层鱼类。雄性成鱼前方胸鳍条较粗硬。主要以底栖无脊椎动物为食，以蚯蚓等可以钓得。每年黄河洪水期捉浑水鱼时常可捕到。

模式产地为西宁湟川。现知甘肃靖远到兰州、西宁、贵德、玛曲等黄河干支流均有分布。

Nemachilus stoliczkae, Pappenheim, 1908, Piscies, In Wiss. Ergeb. Exped. Filsch. Nach China u. Tibet Ⅰ: 119-120。

Nemachilus pappenheimi Fang（方炳文），1935，Sinensia Ⅵ（6）：761, figs. 8~9（西宁府湟水）；曹文宣等，1962，水生生物学集刊（2）：（玛曲以上黄河干支流）；李思忠，1965，动物学杂志（5）：219（青海，甘肃）。

Barbatula pappenheimi, Nichols, 1943, Nat. Hist. Central Asia Ⅸ: 270（依方炳文）；王香亭等，1956，生物学通报（8）：16（兰州）；郑葆珊，1959，黄河渔业生物学基础初步调查报告：50，图38（贵德、靖远）。

Triplophysa pappenheimi（黄河高原鳅），陈景星等，1984，动物分类学报9（2）：206。

后鳍高原鳅 *Triplophysa posteroventralis*（Nichols, 1925）（图28）*

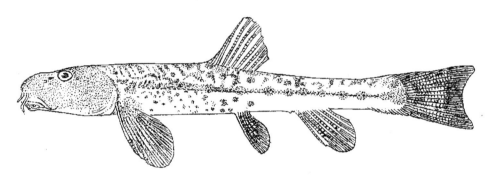

图28　后鳍高原鳅 *Triplophysa posteroventralis*

释名： 腹鳍始于第3~4分支背鳍条下方，位较后，故名。posteroventralis（postero，后 + ventralis，腹鳍）亦此意。

背鳍ⅲ-7；臀鳍ⅲ-5；胸鳍 i-11；腹鳍 i-7；尾鳍ⅳ~ⅴ-16~17-ⅳ~ⅴ。鳃耙3+12。

标本体长36.2~86.7 mm。体长形，前方微侧扁，体高为体宽1.1~1.2倍，向后渐尖且较侧扁；体长为体高4~5.9倍，为头长3.8~4.1倍，为尾部长3.3~3.7倍，为眼间隔宽2.6~3.4倍，为尾柄长1.3~1.6倍；尾柄长为尾柄高1.6~2.2倍。吻钝圆，微突出。眼侧上位，眼后头长约为头长1/2。眼间隔宽坦。前、后鼻孔相邻；前鼻孔小，距眼较距吻端近，后缘有一皮质小突起。每侧有吻须2条，口角须1条；口角须达眼后缘。口下位。马蹄形，两颌缘较硬钝。唇肥厚；下唇中断，在中央呈2纵棱状。鳃孔大，下端达鳃盖骨中央下方。鳃盖膜宽连鳃峡。鳔位骨膜囊内。胃U形，发达。肠较细长，体长44.3 mm时为肠长1倍，体长86.7 mm时为肠长1.5倍。肛门位于臀鳍稍前方。

无鳞。侧线完全，侧中位。背鳍始于体前后正中点稍后方，背缘圆形，第1~2分支鳍条最长，头长为其长1.4~1.7倍，不达肛门。臀鳍似背鳍而较窄小，头长为最长臀鳍条长1.7~2.3倍。胸鳍位很低，圆形；第4~5鳍条最长，头长为其长1.3~1.7倍。腹鳍约始于第3分支背鳍条基下方；头长为第3腹鳍条长1.8~2.2倍，约达肛门。尾鳍后缘中央微凹，凹叉圆弧形。

体背侧淡灰色，有不规则灰黑色云状杂斑点，腹侧白色。鳍淡黄色，背鳍与尾鳍有灰黑色小点纹，偶鳍背面亦常有灰色污斑。

为淡水底栖小杂鱼，雄性成鱼第2~4胸鳍条特粗大且硬。以底栖无脊椎动物等为食。于捕虾网内常可遇到。

分布于海河与黄河等水系。在黄河流域分布于山东、河南、陕西、山西到内蒙古、宁夏，沿渭河达陇西、天水、秦安、隆德等。

*编者注：据陈熙，此种在中国国内常被视为达里湖高原鳅*Triplophysa dalaica*的同物异名（如朱松泉《中国条鳅志》）。

Barbatula toni posteroventralis Nichols, 1925, Amer. Mus. Nov.（171）：4, fig.115, pl. Ⅶ, figs. 3~4（山西省清徐）；Shaw（寿振黄）& Tchang（张春霖），1931, Bull. Fan Mem. Inst. Biol., Ⅱ（5）：80, fig.9（北京长辛店）；Tchang（张春霖），1933, Zool. Sinica ser. B Ⅱ（1）：203, fig.106（太原；长辛店）；张春霖，1959，中国系统鲤类志：120，图99（太原到银川等）。

Barbatula posteroventralis，郑葆珊，1959，黄河渔业生物学基础初步调查报告：50（银川，乌梁素海等）；赵肯堂等，1964，动物学杂志（5）：218（呼和浩特市）。

Nemacheilus posteroventralis，李思忠，1965，动物学杂志（5）：219（宁夏，内蒙古，山西，陕西）；宋世良，1983，兰州大学学报19（4）：123（岷县，陇西，渭源，天水，静宁，隆德等渭河上源）。

Triplophysa dalaica（达里湖高原鳅），朱松泉，1989，中国条鳅志：82; Kottelat, 2012, Conspectus cobitidum: an inventory of the loaches of the world（Teleostei: Cypriniformes: Cobitoidei），The Raffles Bulletin of Zoology, 26（S1），124.

壮体高原鳅 *Triplophysa robustus*（Kessler, 1876）（图29）

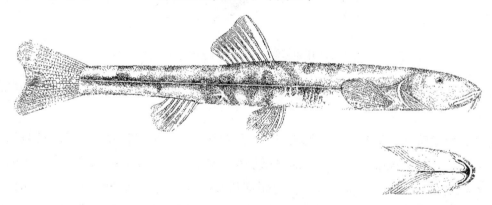

图29　壮体高原鳅 *Triplophysa robusta*

释名：体粗壮近圆形，仅后端侧扁，故名。robustus（拉丁文：强壮）亦此意。

无标本。依Kessler（1876）等：背鳍ⅱ-8；臀鳍ⅱ-5；胸鳍ⅰ-11；腹鳍ⅰ-8；尾鳍19（17分支）。

体粗壮，近圆柱形，仅尾部后端显著侧扁，后头部与背鳍始点中间体最高；体长为体高8.4~9.4倍，为头长4.6~5倍，为尾柄长4.3~5倍。头部前方显著平扁，前端圆形；头高等于1/2头长，稍小于头宽。头长为眼径6.5~7.3倍；吻长约等于眼后缘到鳃孔。眼位置高。眼间隔宽约为眼径1.5倍。前、后鼻孔相距很近，距眼较距吻端近；前鼻孔有短管状皮质突起，后鼻孔近圆形。每侧肥须3条，口角须约达眼后缘。口下位，浅弧状。下颌匙状。唇很肥厚，下唇中央纵槽状，槽侧纵褶棱状。

无鳞。侧线直线形，由许多小管组成，小管后端很细且或多或少相连。

背鳍始点距吻端大于距尾鳍基，背缘略凹，背鳍高略大于臀鳍高。臀鳍高约等于体高，下缘略凹。偶鳍圆形；胸鳍显著较腹鳍为长，胸鳍基与腹鳍基间距为胸鳍长的2倍以上；腹鳍始于背鳍始点稍前方，伸不到肛门。尾鳍深叉状，上尾叉稍圆且较下叉略短。

体背侧淡灰褐色，有宽横带状灰黑纹，体侧淡灰白色。背鳍灰白色，有黑色小点。尾鳍淡灰黄色，鳍基有2块灰黑色斑；尾鳍中部及后端各有一灰黑色横纹。其他鳍淡黄白色。Przewalski曾在甘肃采得一尾雄鱼标本，长138 mm，头上散布有很小角质突起。Nichols（1943）称标本长达158 mm。

为黄河及长江特产淡水底层鱼类。分布于陕西省黄河、渭河、泾河及甘肃省洮河等；在长江水系见于嘉陵江及其上游的白龙江和西汉水。

Nemachilus robustus Kessler, 1876, in Przewalski, Mongolia istrana Tangutov Ⅱ（4）：32（甘肃）；Herzenstein, 1888, in Przewalski nach Central–Asien Zool. Ⅲ（2）：38, Tab. Ⅴ, fig. Ⅰ（甘肃）；李思忠，1965，动物学杂志（5）：219（甘肃，青海）；方树淼等，1984，兰州大学学报20（1）：101（陕西省黄河、渭河、泾河、洛河）；陕西动物所等，1987，秦岭鱼类志：秦岭鱼类分布表（嘉陵江，白龙江，西汉水，黄河及洮河）。

Barbatula robusta, Nichols, 1943, Nat. Hist. Central Asia Ⅸ：217（甘肃）。

中亚高原鳅 *Triplophysa stoliczkai*（Steindachner, 1866）（图30）

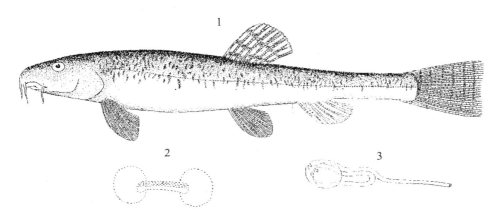

1. 体侧面观　2. 鳔　3. 消化管

图30　中亚高原鳅 *Triplophysa stoliczkai*

无黄河流域标本，据朱松泉、武云飞（1975）青海湖水系的报道："背鳍ⅲ-7~8；臀鳍ⅲ-5；胸鳍ⅰ-10~11；腹前ⅰ-8~9。椎骨4+39~40个。"

标本体长20~120 mm。体长形，躯干部近圆柱形；体长为体高5.6~8.7倍，为头长3.8~5.3倍，为尾柄长3.9~5.4倍。头略平扁；头长为头高1.5~2.2（平均1.8）倍，为头宽1.5~1.9（平均1.7）倍，为吻长2.1~2.5倍，为眼径4.3~8.4倍，为眼间隔宽2.9~5倍。尾柄长为尾柄高2.9~4.5倍，眼侧上位。须3对。口下位，深弧形。唇厚肉质，有少数皱褶。下颌正常。

无鳞。侧线完全。背鳍始于体正中点后方，背缘微凹。胸鳍卵圆形。腹鳍始于背鳍始点或第1分支背鳍条基下方，后端伸达肛门。尾鳍后端微凹。

鳔包于骨质囊中，无游离鳔。胃发达。肠只有一个半环弯。福尔马林液浸存标本常背部前方褐色横窄纹较多，向后横纹渐宽，体侧有不规则细斑纹，腹部淡黄色。背鳍与尾鳍有小斑点形成的斑纹，其他鳍无斑纹。

雄性成鱼胸鳍前方数鳍条变硬和粗厚，背面尤显著。为中亚地区特有的稍小型淡水底层鱼类。分布于印度河、阿姆河、长江、黄河等上游，巴尔喀什湖，准噶尔盆地、塔里木盆地、柴达木盆地及青海湖盆地水系亦产。其尾鳍形状和腹鳍始点位置等有变异，Herzenstein（1888）曾将此种订为8个亚种，将黄河上游产的定名为长体中亚条鳅亚种（*Nemachilus stoliczkai productus* Herzenstein），认为它体较细长，尾柄较细及鳍较短。

Cobitis stoliczkai Steindachner, 1866, Verh. Zool.–Bot. Ges. Wien. XVI: 786, Tab. XIV, fig.2（西藏西部印度河上游错马里里河，海拔4 700 m处）。

Nemachilus stoliczkae productus Herzenstein, 1888, In Przewalski nach Central–Asien Zool. III（2）: 23, Tab. I, fig.5（黄河，1866）

N. stoliczkae, Fang（方炳文），1935, Sinensia, 6（6）: 764, figs. 10～11（西藏西部）；Berg, 1949, Freshwater Fishes of USSR, II: 862, figs. 593～599（咸海、巴尔喀什湖、印度河、塔里木河、黄河、长江、雅鲁藏布江等）；李思忠，1965，动物学杂志（5）: 219（青海）；朱松泉等，1975，青海湖地区的鱼类区系：17，图6-7（布哈河、甘子河等）；李思忠等，1979，新疆鱼类志：46，图39（伊犁河、准噶尔盆地及塔里木盆地等）；武云飞等。1979，动物分类学报4（3）: 291（青海久治县大渡河、玉树县通天河及囊谦县澜沧江上游扎曲河）

？ *Barbatula stoliczkae shansi* Nichols, 1925, Amer. Mus. Nov., No.171: 6（包头东42 mi，约等于67.6 km）。

？ *B. stolickae*, Nichols, 1928, Bull. Amer. Mus. Nat. Hist., LVIII: 45（山西）；Nichols, 1943, Nat. Hist. Central Asia IX: 217, pl. IX, fig. I（山西省Mai Tai Chao）。

长蛇高原鳅 *Triplophysa longianguis* Wu et Wu, 1984（图31）

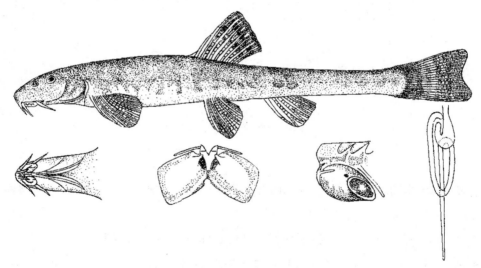

图31　长蛇高原鳅 *Triplophysa longianguis*

释名：因体细长且昼伏夜出，故名。longianguis（longi，长＋anguis，蛇）亦此意。

无标本，依武云飞、吴翠珍（1984）记载。背鳍iv-7；臀鳍iii-5；胸鳍 i -11～12；腹鳍 i -7～9。第1鳃弓内侧鳃耙10～12。椎骨4+42。

标本体长164～185 mm。体细长，前部略粗圆，后部渐细；尾柄细长，后端侧扁；体长为体高8.6～9.9倍，为头长5.1～5.8倍，为尾柄长3.3～3.5倍；尾柄长为尾柄高4.8～6.1倍。头楔形；头长为吻长2.1～2.2倍，为眼径5.5～6.8倍。吻平扁，吻长大于眼后头长。眼侧上位，稍小。眼间隔宽为眼径1～1.3倍。口下位，深弧形。唇面略有皱褶。下颌匙状，一般不露出唇外，无锐利角质缘。须3对，外侧吻须达鼻孔。口角须达眼球中部或后缘。

体无鳞；皮肤光滑或具微小突起。侧线完全，达尾鳍基。背鳍始于体长正中点前方，距吻端为距尾鳍基0.8~0.9倍；第3不分支背鳍条细长且硬，后缘光滑；背鳍高为鳍基长1.3~1.6倍；背缘斜直。胸鳍长约为胸鳍间距的0.45~0.55倍。腹鳍始于第1~2分支背鳍条基下方，伸达或伸过肛门，不达臀鳍。尾鳍浅凹形，上叉稍长。

鳔仅前室发达，分为左、右侧泡，中间有横管相连，包于骨质囊内。骨囊两侧各有2个大小不等的小孔。腹腔无游离鳔。胃壶状。肠简单，只有1.5个环弯；体长为肠长1.2~1.5倍。

体浅黄色；背侧有不规则深褐色斑块，间有多数杂斑，侧线下杂斑较少；腹侧乳白色。头和背鳍、尾鳍带有细小黑点。

生于青海省久治县逊木错（湖）岸边漂砾间，昼伏夜出。以摇蚊幼虫、水蚯蚓等为食，兼食硅藻。7月产卵，此时雄鱼颊部及胸鳍的背面变厚。

分布于青海省久治县巴颜喀拉山北侧的冰川湖——逊木错（海拔3 950 m），此湖有昂尼格隆欠（欠，藏语：河）注入黄河。

长蛇高原鳅*Triplophysa longianguis* Wu et Wu（武云飞、吴翠珍），1984，动物分类学报9（3）：327，图1~5（逊木错）

背斑高原鳅 *Triplophysa dorsonotatus*（Kessler, 1879）〔图32〕*

［有效学名：背斑高原鳅 ***Triplophysa stoliczkai dorsonotata***（Kessler, 1879）〕

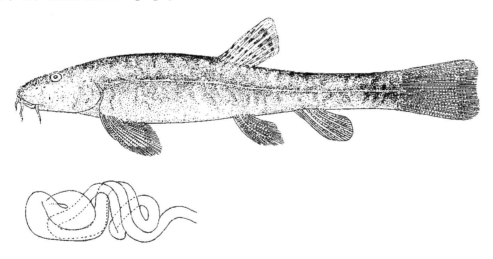

图32　背斑高原鳅 *Triplophysa dorsonotatus*

释名：背部有横鞍状黑斑，故名。dorsonotatus（拉丁文：dorsun，背部 + notatus，明显的）亦此意。

无黄河标本。依青海湖（朱松泉、武云飞，1975）及新疆（李思忠等，1979）此鱼的报道：背鳍iii-7~8；臀鳍iii-5；胸鳍i-9~12；腹鳍i-7~8；尾鳍分支鳍条16。鳃耙2+10；椎骨4+36~38。

标本体长34~114 mm。体长形，躯干前部圆柱形或微侧扁，尾柄很侧扁；体长为体高5.3~8.9倍，为头长3.8~5.6倍。头稍平扁；头长为吻长2.1~2.8倍，为眼径4.1~8.9倍，为眼间隔宽2.7~4.9倍，为尾柄长0.9~1.3倍；尾柄长为尾柄高2~3倍。吻钝圆，略突出。眼侧上位。眼间隔宽坦。前、后鼻孔相邻，前鼻孔后缘有一皮膜突起。口下位，浅弧形，位于鼻孔前方。下颌钝匙状，有角质缘。唇厚肉质，有横褶纹；下唇中断呈2纵皮褶状。每侧吻须2条，上颌须1条；吻须不达眼下方，上颌须约达眼中部下方。鳃孔达胸鳍基下方。肛门位于臀鳍始点稍前方。

无鳞。侧线完全，直线形，前端稍高，后部侧中位。背鳍始点位于体正中点稍后方；背缘斜直或微圆凸；第2分支鳍条最长，头长为其长1.2～1.8倍。臀鳍似背鳍而较窄小，头长为第2～3分支鳍条1.7～2.2倍。胸鳍侧下位；第4～5鳍条最长，头长为其长1.2～1.7倍。腹鳍始于背鳍始点稍后方；第4～5鳍条最长，头长为其长1.6～2.1倍，约达臀鳍始点。尾鳍圆截形，中央微凹。

体背侧灰黄色，有黑褐色杂斑，背鳍前、后各有2～4个横鞍状大黑斑；体侧有不规则云状斑，沿侧线一纵行较大；腹侧白色，在腹鳍前方常有1纵列灰色横纹。各鳍灰黄色，背鳍与尾鳍有黑色斑纹，其他鳍常有灰黑色斑。

肠有3～4个环弯，达胃背侧，在胃后常绕成球状；体长57.9 mm标本肠长为体长1.3倍。鳔全包在骨膜囊内。雄性成鱼第2～4胸鳍条很粗硬，吻侧常有1块白色粗糙硬皮。为淡水底栖小杂鱼。

分布于新疆伊犁河、准噶尔盆地、塔里木盆地、柴达木盆地、青海湖盆地、内蒙古百灵庙艾不盖河（阴山北麓）、长江及黄河流域。在黄河流域分布于渭河上游天水以上各处，陕北延河、洮河到青海久治县黄河诸干支流。赵铁桥（1982）曾建议将青海、甘肃、宁夏、内蒙古及陕西产的本种鱼定名为斜颌背斑条鳅亚种 *Nemachilus dorsonotatus plagiognathus* Herzenstein（1888）。

*编者注：据陈熙，Kottelat，2012将此种有效学名定为 *Triplophysa dorsonotata*。

Nemachilus dorsonotatus Kessler, 1879, Bull. Acad. Imp. Sci. St. Petersb. 25:（= Mel. Biol., Ⅹ: 236）（伊犁河上游巩乃斯河）；Rendahl, 1933, Ark. Zool. 25A（11）：38（内蒙古百灵庙）；李思忠，1965，动物学杂志（5）：219（青海、甘肃；李思忠等，1966，动物学报18（1）：48（新疆北部）；王香亭等，1974，动物学杂志（1）：6（嘉陵江上游椰木寺）；朱松泉等，1975，青海湖地区鱼类区系的研究：18（布哈河、甘子河等）；李思忠等，1979，新疆鱼类志：47，图40（伊犁河、准噶尔盆地、哈密、塔什库尔干等）；武云飞等，1979，动物分类学报4（3）：219（青海久治县黄河支流及大渡河上游等）；宋世良、王香亭，1983，兰州大学学报（自然科学版）19（4）：123（甘肃天水以上渭河上游）；方树森等，1984，同上，20（1）：100（陕北延河）；朱松泉等1984，辽宁动物学会会刊5（1）：51（扎陵湖及附近黄河干支流）。

N. dorsonotatus plagiognathus Herzenstein, 1888, In Przewalski nach Central–Asien. Zool. Ⅲ（2）：32（黄河上游及青海湖）；赵铁桥，1982，兰州大学学报（自然科学版）18（4）：115（内蒙古百灵庙艾不盖河，陕西、宁夏至青海）。

Triplophysa stoliczkae dorsonotata（背斑高原鳅），陈景星，1987，秦岭鱼类志：25-26，图12（新疆伊犁河上游、哈密、吐鲁番、青海湖、柴达木、黄河中上游、嘉陵江上游）。

Triplophysa dorsonotata，Kottelat, 2012, Conspectus cobitidum: an inventory of the loaches of the world（Teleostei: Cypriniformes: Cobitoidei）. The Raffles Bulletin of Zoology, 26（S1），125.

董氏高原鳅 *Triplophysa toni*（Dybowski, 1869）（图33）

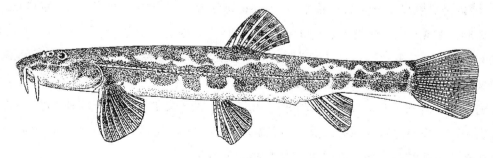

图33　董氏高原鳅 *Barbatula toni*（Dybowski, 1869）

背鳍ⅲ-7；臀鳍ⅲ-5；胸鳍ⅰ-10～11；腹鳍ⅰ-6；尾鳍ⅳ～ⅵ-16-ⅳ～ⅵ。椎骨4+33～34。

标本体长54.5～69.8 mm。体长形，前部稍侧扁，体高为体宽1.4～1.5倍，向后渐甚侧扁；体长为体高5.8～7倍，为头长3.8～4.3倍，为尾部长3.4～3.7倍。头略平扁；头长为吻长2.4～2.6倍，为眼径6.5～6.8倍，为眼间隔宽3.4～3.6倍，为尾柄长1.2～1.5倍。尾柄长为尾柄高1.8～2倍。吻钝，略突出。眼位于侧中线上方，眼后距略大于吻长。眼间隔宽。前、后鼻孔相邻，距眼较距吻端近。口下位，马蹄形；下颌匙状，稍外露。唇肥厚；上唇有横褶沟致边缘似穗突状；下唇中断向后弯成2短纵棱状。每侧吻须2条，口角上颌须1条；上颌须最长约达眼后缘或稍后。鳃孔近似直立。鳔全包在骨质囊内。胃发达。肠有2～3折弯，体长为肠长1.2倍。肛门位于臀鳍始点稍前方。

无显明的鳞，仅大标本可略显鳞痕迹。侧线完全，侧中位。背鳍始于鼻孔到尾鳍基的正中点，背缘斜形，圆凸；头长为第1～2分支鳍条长约1.5倍，达肛门或肛门与臀鳍之间。臀鳍似背鳍而较窄，头长为最长臀鳍条长1.7倍。胸鳍侧下位；头长为第3鳍条长1.2～1.3倍。腹鳍始于背鳍始点下方或略后，头长为第3鳍条长1.7～1.9倍，不达肛门。尾鳍圆截形或微凹。

体背侧灰色；背面及两侧有许多不规则黑色云状斑；背侧斑似横鞍状，前背4个，后背5个，背鳍基前、后部各1个；腹侧白色。鳍淡黄色或白色，背鳍与尾鳍有灰黑色小点纹，胸鳍后上面中部灰黑色。腹膜背侧灰褐色，其余淡黄色或白色。

为亚洲东北部的淡水底层小杂鱼。雄鱼性成熟时胸鳍前方4～5条鳍条较肥大粗硬。主要以摇蚊、蜉蝣等无脊椎动物为食。

分布于鄂毕河水系到科雷马河、黑龙江、辽河及黄河等。在黄河流域见于晋南及关中的华阴、潼关等地。

Cobitis toni, Dybowski, 1869, Verh. Zool.–Bot. Ges. Wien. 19: 957, Tab. XVIII, fig.10（黑龙江，鄂嫩河，音果达河）。

Nemachilus barbatula toni, Berg, 1949, Freshwater Fishes of USSR: 869, fig. 611（兴凯湖，萨哈林岛（库页岛），北海道，绥芬河，图们江，朝鲜，鸭绿江，辽河等）（in Russian）；李思忠等，1979，新疆鱼类志：48，图41（额尔齐斯河哈巴河到富蕴，乌伦古河福海到青河）

Nemachilus toni，李思忠，1965，动物学杂志（5）：219（陕西、山西）；郑葆珊等，1980，图们江鱼类志：69，图30（图们江）。

Barbatula toni, Nichols, 1943, Nat. Centr. Asia, IX: 216（河北省北部）。

鞍斑高原鳅 *Triplophysa sellaefer* （Nichols, 1925）（图34）

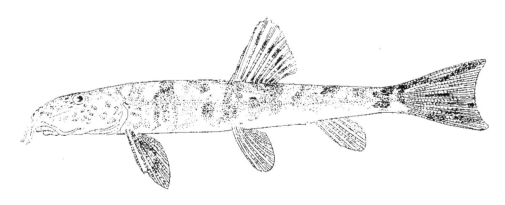

图34　鞍斑高原鳅 *Triplophysa sellaefer*

释名：背部有显明的鞍状斑，故名。sellaefer（拉丁文：具鞍的）亦此意。

背鳍iii-8；臀鳍ii-5；胸鳍i-10；腹鳍i-6；尾鳍vii-16-vii。椎骨4+36[①]。

标本体长82.5 mm。体细长形；躯干前部似柱状略侧扁，体高为体宽约1.3倍，向后渐尖且渐较侧扁；体长为体高6.6倍，为头长4.4倍，为尾部长3.4倍。头略平扁；头长为吻长1.2倍；尾柄长为尾柄高2.3倍。吻钝圆，略突出。眼位于侧中线上方，眼后头长略大于吻长。眼间隔微圆凸。前、后鼻孔相邻；前鼻孔小，距眼较距吻端近，后缘有一皮质突起。口下位，马蹄形。下颌匙状，略外露。唇肥厚；上唇略有横褶纹；下唇中央断为2纵棱状，后沟位于两侧。每侧吻须2条，位于吻端附近；上颌须1条，约达眼后缘下方。鳃孔侧位，近似直立。肛门位于臀鳍前端附近。

无鳞。侧线细，完全，侧中位。背鳍始于鼻孔和尾鳍基的正中点，背缘雄鱼微凹，雌鱼略圆凸，头长为第1～2分支鳍条长1.3倍，约达肛门上方。臀鳍窄短，头长为第2～3分支鳍条1.5倍。胸鳍侧下位，第3～4鳍条最长，头长为其长1.2倍。腹鳍始于背鳍始点略前方，头长为第3～4鳍条1.4倍，不达肛门。尾鳍后端尖凹叉状，下叉略较长，叉深不及尾鳍长的1/3。

体背侧棕黄色；自后头部到背鳍基有5个，自背鳍基到尾鳍基有4个黑褐色横鞍状斑，斑向下延伸到侧线下方；腹侧灰白色。鳍淡黄色；背鳍有1纵行黑斑；尾鳍亦有黑斑，前端及中部斑较大且显明。偶鳍背面有褐色小污点。

为山谷清水河溪中的底栖小鱼。雄性成鱼胸鳍前方3条鳍条很宽硬。此鱼最早发现于山西省太原南的清徐县；山西师范大学殷源洪教授在太原西北静乐县（汾河水系），陈景星等1987在伊洛河、宏农涧河（黄河水系）亦曾采得。

Barbatula yarkandensis sellaefer Nichols, 1925, Amer. Mus. Nov. No. 171: 4（山西省清徐）；Nichols, 1943, Nat. Centr. Asia IX: 217, fig.116, pl. VII, figs.1～2（同上）。

Nemachilus sellaefer，李思忠，1965，动物学杂志（5）：219（山西省）。

Triplophysa sellaefer，陈景星等，1987，秦岭鱼类志（陕西省黄河水系；宏农涧河，伊洛河）。

隆头高原鳅 *Triplophysa alticeps* Herzenstein, 1888

FishBase: *Triplophysa alticeps*

依武云飞等（1988）。标本31尾，采自约古宗列曲和星宿海。

体全长53～96 mm，体长46～81.5 mm。下颌突出外露于唇前，呈匙状；体躯前端粗圆，尾柄细长侧扁；体表具有细小结节状突起；骨质鳔很发达，其长为眼径2.2～2.5倍；肠盘曲呈螺旋状。

Nemacheilus alticeps Herzenstein, 1888, Wissenschaftliche Resultate der von N. M. Przewalski nach Central–Asien. Fische 3（2）：28（青海湖；柴达木）；武云飞、吴翠珍，1988，动物分类学报，13（2）：195–200。

钝吻高原鳅 *Triplophysa obtusirostra* Wu et Wu, 1988

FishBase: *Triplophysa obtusirostra*

依武云飞及吴翠珍（1988）标本7尾*，采自青海省黄河源头卡日曲小湖（海拔约4 750 m）。

背鳍iii-7；臀鳍ii-5；胸鳍i-9～10；腹鳍i-6～7。鳃耙16～17。椎骨41。

体长为体高6.4（5.5～7.3）倍，为头长4.0（3.4～4.7）倍，为尾柄长4.4（3.8～4.6）倍。头长为

---

① 标本由殷源洪先生所赠；椎骨依杜继武同志X光照相。谨致谢。

头高1.9（1.6～2.4）倍，为头宽1.7（1.3～1.9）倍，为吻长2.7（2.2～3.4）倍，为眼径6.0（4.7～7.7）倍，为口宽4.7（3.5～5.7）倍。眼间隔宽为眼径1.6（1.3～1.8）倍。口宽为口长1.8（1.5～2.2）倍。尾柄长为尾柄高4.4（3.4～5.2）倍。

体延长，前部略粗厚，后部渐细，尾柄侧扁。体无鳞，全身具分布规则的微小水泡状结节；侧线较平直，到尾柄末端不明显。

头粗短；吻钝圆，高且宽厚；吻长短于眼后头长，且明显小于吻宽。眼侧上位，较小。口下位，浅弧形。唇厚质，具很多不规则褶状突起。下颌不突出外露于下唇前。须3对，外侧吻须达后鼻孔，口角须达眼中后部。背鳍起点位于体中长点稍后，体长为背鳍距吻端1.9（1.7～1.9）倍；背鳍不分支鳍条仅基部稍硬，其后缘光滑；背鳍高为其基底长的1.3～2.0倍；背鳍背缘微圆凸。胸鳍长约为胸鳍基、腹鳍基间距1.9（1.6～2.1）倍。胸鳍大，起点与背鳍第3～4分支鳍条相对，末端伸过臀鳍基部起点。尾鳍微凹，上叶较长。

第1鳃弓内侧鳃耙有多数小刺状突。鳔仅前室发达，分成左、右二侧泡，包于骨质囊内；侧泡近球形，两纵长分别为眼径1.8和2倍，中间连管不明显。骨质囊向后方有一小的游离膜质鳔。食道短，胃壶状。肠管盘曲3环，介于细体高原鳅与背斑高原鳅之间；幼鱼肠长与体长相当，成鱼肠管较长，为体长1.5倍。

体基色棕褐色；背侧具不规则褐色花纹，间有多数黑色杂斑。背鳍、胸鳍及尾鳍有数行黑斑。解剖2尾，食物主要为摇纹幼虫、枝角类和硅藻，亦有丝状藻类。考察期（1985年6月）湖水部分尚冰封，但已采到刚排过卵、卵巢发育为Ⅵ期和Ⅳ～Ⅴ期的雌鱼，估计6月中上旬为主要繁殖季节。雄鱼颊部和胸鳍背面显著增厚，表现有高原鳅属共有的特性。

本种栖息于黄河源头卡日曲小湖（海拔约4 750 m），因吻部短钝，明显不同于本属其他种，故名。（摘自1987年11月28日审稿时）

Triplophysa obtusirostra Wu & Wu, 1988，动物分类学报。

[*] **编者注**：据武云飞教授记录，对标本数予以更正（应为7尾）。

鼓鳔鳅属 *Hedinichthys* Rendahl, 1933

鳔大部分包在左、右骨膜囊内，中间只有一很小的游离鳔。肠有少数折弯。唇在下颏不中断，很宽，不呈2纵棱。体前部稍平扁，向后渐略侧扁。无鳞。侧线完全。分布于南疆及黄河上游。只有2种，为条鳅亚科中较大者，黄河有1种。

Hedinichthys Rendahl, 1933, Ark. Zool. 25A（11）：26（模式种：*Nemachilus yarkandensis* Day）。

似鲇鼓鳅 *Hedinichthys siluroides*（Herzenstein, 1888）（图35）

[有效学名：似鲇高原鳅 *Triplophysa siluroides*（Herzenstein, 1888）]

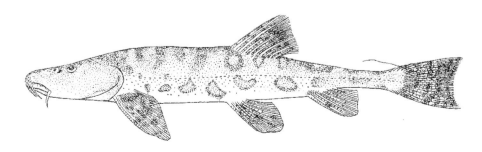

图35 似鲇鼓鳅 *Triplophysa siluroides*

释名：无鳞、头平扁、有须等，似鲇，故名。siluroides 亦此意。俗名石板头。曾名似鲇条鳅或似鲇高原鳅。

背鳍iii-7～8；臀鳍iii-5；胸鳍i-13～15；腹鳍i-8；尾鳍viii-16-viii。鳃耙1+9。下咽齿1行，11个。椎骨4+43（尾椎约18）。

标本体长30.5～248 mm。体长形，前部平扁，向后渐尖，尾柄后端附近略侧扁；体长为体高7.2～8.6倍，为头长3.5～3.8倍，为尾部长3～3.5倍。头稍大，平扁，体长158～248 mm时头宽为头高1.5～1.7倍，头顶中央微凹；头长为吻长2.2～2.7倍，为眼径5.9～10.8倍，为眼间隔宽3.7～5倍，为口宽2.7～3.2倍，为尾柄长1.1～1.4倍。尾柄细锥状，长为高2.9～4.6倍。吻宽大，钝圆，平扁。眼小，侧上位，距吻端较距头后端略近，上缘游离。眼间隔宽平。鼻孔位于眼稍前方，前、后鼻孔相邻，前鼻孔较小且管膜状突起。口下位，浅横弧状，下颌圆厚，不锐利。唇发达，光滑；下唇中央宽，不中断，仅两侧后缘游离。每侧吻须2条；口角上颌须1条，达眼下方。鳃孔大，达胸鳍基下方。鳃盖膜连鳃峡。鳃耙尖突起状。胃大，呈U形。肠有1回弯，体长约为肠长1.8倍。鳔左、右2室包在骨膜囊内。肛门与臀鳍距离约等于眼径。

无鳞，大鱼背侧有粒状突起。侧线侧中位，小孔约87个，头部有眼下枝。背鳍约始于眼与尾鳍基的正中点，大鱼位置更靠后；背缘斜形，第2～3分支鳍条最长，头长为其长1.3～1.6倍，约伸达肛门与臀鳍间。臀鳍约位于尾鳍基与腹鳍始点的正中间，似背鳍，头长为第2分支鳍条1.6～2倍。胸鳍位置很低，圆刀状，第4鳍条最长，头长为其长1.2～1.5倍。腹鳍始于背鳍始点正下方；圆形，头长为第4鳍条1.5～1.8倍，伸达肛门稍后方。尾鳍浅叉状。

体背侧浅灰色，有9～10个云状黑色大横斑，沿侧线有12～13个云状斑，体前部侧线下方有5～6个黑斑，斑形不规则；腹面白色或浅黄色。背鳍有黑色小斑纹，偶鳍背面常有灰黑色小斑点。腹膜灰黄色。

为黄河上游特产的大型鳅类。雄性成鱼前方数胸鳍条很粗硬。6月前后产卵，以底栖无脊椎动物为食。以蚯蚓等为饵在贵德黄河内可以钓得，大鱼体长达495 mm，重1 060 g（朱松泉等，1984）。

分布于黄河上游，达扎陵湖及星宿海等；在甘肃、青海较习见。每年7～8月黄河发洪时因水混浊，泥沙塞鳃，常昏浮水面，可以捉到。

Nemachilus siluroides Herzenstein, 1888, In Przewalski nach Central–Asien. Zool. 3（2）：62, Tab. Ⅶ, fig.1, Tab. Ⅷ, fig.10（贵德黄河）；曹文宣，伍献文，1962，水生生物学集刊（2）：87（玛曲以上黄河干支流）；李思忠，1965，动物学杂志（5）：219（青海，甘肃）；武云飞等，1979动物分类学报4（3）：293（青海久治县黄河）；朱松泉等，1984，辽宁动物学会刊5（1）：51（扎陵湖及附近黄河干支流）。

Barbatula yarkandensis sellaefer，王香亭等，1956，生物学通报（8）：16（兰州）。

Barbatula yarkandensis，郑葆珊，1959，黄河渔业生物学基础初步调查报告：50，图39（贵德、靖远）。

Triplophysa siluroides, Wu et Wu（武云飞、吴翠珍）1988，黄河源头和星宿海的鱼类（星宿海）。

沙鳅亚科 **Botiinae**

体长且侧扁。头侧扁。吻尖。眶下骨刺叉状或不分叉。吻须2对，口角须1对，下颏有须或突起1对，或无须及突起。背鳍iii-7～10；臀鳍iii-5；胸鳍i-10～13；腹鳍i-6～7。体有小鳞，颊部有或无鳞，偶鳍有腋鳞。中筛骨与额骨、眶蝶骨相连，不能活动。前额骨能活动，棘状。基枕骨咽突叉状。鳔骨囊由第2、第4椎骨横突（parapophyses）与悬骨组成，前室局部或全部为骨质，游离鳔大或缩小。有前腭骨。顶骨有窗门（中华沙鳅亚属（*Sinibotia*）与薄鳅属（*Leptobotia*）无）。腰带骨前端分叉。有4属。分布于东亚及南亚，北至我国黑龙江，东至日本南部，西至巴基斯坦，南到爪哇岛。约有43个种及亚种。黄河有2属。

*编者注：亦有文献认为，此亚科可升为沙鳅科Botiidae（Kottelat, 2012）。

属的检索表

1（2）眼下骨刺分叉 ··副沙鳅属 *Parabotia*

2（1）眼下骨刺不分叉 ···薄鳅属 *Leptobotia*

副沙鳅属 *Parabotia* Dabry de Thiersant, 1872

体及颊部有小鳞。头长大于体高。尾柄长等于或大于体高。吻端须2对，口角须1对。下颌无须及突起。吻长约等于眼后头长。侧线侧中位。背鳍iii-8～10。尾鳍深叉状，鳍基常有一亮黑斑。眶下骨刺分叉。有6种，均产于中国，黄河下游有1种。

Parabotia Sauvage et Dabry, 1874, Ann. Sci. nat. Zool. Paris（6）Ⅰ（5）：17。

花斑副沙鳅 *Parabotia fasciata* Dabry de Thiersant, 1872（图36）

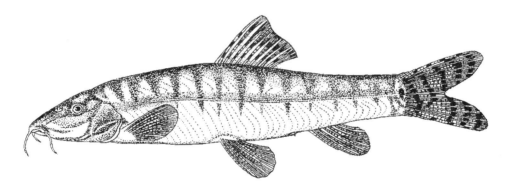

图36　花斑副沙鳅 *Parabotia fasciata*

释名：石锁（河南省辉县）

背鳍iii-9；臀鳍iii-5；胸鳍i-12～14；腹鳍i-7；尾鳍ⅴ～ⅵ-15～17-ⅴ～ⅵ。椎骨4+16+21。

标本体长70.3～95 mm。体长形，略侧扁，体高为体宽1.2～1.5倍，背鳍始点体最高，向后渐尖且较侧扁；体长为体高4.8～6倍，为头长3.7～4.1倍，为尾柄长6～8.7倍；尾柄长为尾柄高1.2～1.4倍。头似尖锥形，微侧扁；头长为吻长2.2～2.3倍，为眼径5.6～6.5倍，为眼间隔宽4.4～5.4倍。吻尖长，略突出。眼约位于头正中间的上半侧。眼下骨刺达眼下方，分叉。眼间隔圆凸。前鼻孔距吻端约为距眼的2倍。每侧吻须1对；口角须1条，略伸过眼前缘。口下位，马蹄形。唇肉质；下唇前端中央有一小凹刻，两侧后缘游离，无突起及须。鳃孔直立形，中等大。肛门距腹鳍基为距臀鳍基的4倍。

头侧及体部有很小圆鳞；偶鳍基有长腋鳞。侧线侧中位，近直线形。

背鳍约始于体的正中点，背缘斜直，头长为第1分支鳍条的1.5～1.8倍，不伸过肛门。臀鳍较背鳍窄，头长为第1分支鳍条1.8～2倍。胸鳍侧位，很低，头长为第3鳍条1.7～1.9倍。腹鳍始于第2～3分支背鳍条基下方，头长为第3鳍条1.9～2.2倍，不达肛门。尾鳍深叉状，两叉相等。

鲜鱼背侧暗灰色，微绿；腹侧白色或淡黄色。背侧有15~18条黑色横纹，纹下端尖形，背鳍基下方有3条纹，背鳍前、后各有6条。头背侧自吻端到眼间隔后缘有2条暗色纵纹约达眼间隔后缘。吻侧有1条纵纹。鳍淡黄色；背鳍3~4行小黑点；尾鳍有4~5条黑褐色横斑纹，尾鳍基中央有一亮黑斑。腹膜淡黄色。

为淡水沙石底清水区中下层小鱼。大鱼体长在黄河流域可达135 mm（傅桐生，1934）。

分布于我国东部黑龙江到广西南流江等处。在黄河流域仅见于下游汾渭盆地及豫、鲁。

Parabotia fasciata Dabry de Thiersant, 1872, Pisciculture et Peche en Chine: 191, pl. XLIX, fig. 7（长江）；陈景星，1980，动物学研究Ⅰ（1）：9（黑龙江到南流江）；陈景星等，1984，动物分类学报9（2）：203~207，图1-3, 2-5, 2-6。

Nemachilus xanthi, Günther, 1888, Ann. Mag. Nat. Hist. Ⅰ（6）：434-435（宜昌）。

Cobitis xanthi, Günther, 1889, Ibid., 4（6）：228（九江）。

Botia multifasciata Regan, 1905, Rev. Suisse. Zool. XIII：389（我国）。

Leptobotia mantschurica Freshwater Fish. USSR（in Russian）Ⅱ：888, fig. 639（黑龙江等）。

Leptobotia intermedia Mori, 1929, Jap. J. Zool., Ⅱ（4）：384（济南）；张春霖，1959，中国系统鲤类志：118，图98。

Leptobotia hopeiensis Shaw（寿振黄）& Tchang（张春霖），1931, Bull. Fan Hem. Inst. Biol. Peiping. Ⅱ：70, fig. 3（北京沙河）。

Botia hopeiensis, Fu（傅桐生），1934, Bull. Honan Mus.（nat. Hist.）Ⅰ（2）：84, fig.29（河南省辉县百泉）；张春霖，1959，中国系统鲤类志：114。93（白洋淀及北京沙河）。

薄鳅属 *Leptobotia* Bleeker, 1870

眼下骨刺不分叉。颏下无或有1对突起。颅顶无囟门。头长等于或大于体高。吻较短，吻长较眼后头长短。眼位于头的前半部或中部，侧线完全，平直。体与颊部有鳞；颏部有或无纽状突起。背鳍分支鳍条7~9；腹鳍始于背鳍始点下方或后方。我国海河到珠江等有薄鳅（*L. pellegrini* Fang）等11~13种。除短薄鳅（*L. curta*）分布于日本外，其余均分布于我国东部黑龙江到红河诸水系。黄河流域有1种。

Leptobotia Bleeker, 1870, Versl. Akad. Wet. Amsterdam,（2）Ⅳ：256（模式种：*Botia elongata* Bleeker）。

东方薄鳅 *Leptobotia orientalis* Xu, Fang et Wang, 1981（图37）

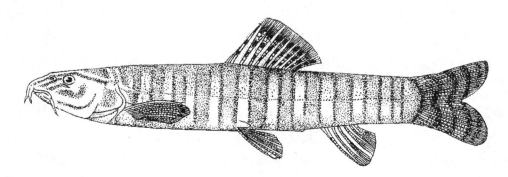

图37 东方薄鳅 *Leptobotia orientalis*

无标本，依许涛清等（1981）。背鳍 iii-9；臀鳍 iii-5；胸鳍 i-10；腹鳍 iii-5。椎骨4+34。

标本体长80~84 mm。体长形，侧扁；体长为体高5.7~5.8倍，为头长3.8~4倍，为尾柄长6.1~7.3倍。头侧扁；头长为吻长2.7~3倍，为眼径7~9.3倍，为眼间隔宽7.1~8.9倍。吻短，眼后头长约等于吻长加眼径。眼侧上位。眼下刺不分叉，伸达眼中央。鼻孔距眼前缘较距吻端近。口小，下位，颏下无突起。每侧有吻须2条，口角须1条；口角须长约为眼径1.5倍，伸达眼前缘。肛门距腹鳍基约为距臀鳍基的2倍。

体有小鳞，颊部也有鳞。侧线完全，平直。背鳍始点到吻端约等于体长的53%，鳍背缘略圆凸，第1~2分支背鳍条较背基略短。臀鳍始点约位于腹鳍始点到尾鳍基的正中点。腹鳍始于第1分支背鳍条基的下方，伸不到肛门。胸鳍基与腹基有腋鳞。尾鳍宽短，深叉状，上、下叉长相等，最长鳍条为中央最短鳍条的2倍多。

背部棕灰色，腹部浅黄色，背面及两侧有11~12条棕灰色横带纹，背鳍前4条，鳍基下方3~4条，鳍后4~5条，纹宽约为黄色纹间距的3~4倍，纹长约达体腹侧。背鳍有3~4行斜斑纹，尾鳍具5行横纹。偶鳍背面浅色。头背面与两侧各有1对自吻端到眼间隔的纵条纹。

分布于长江水系汉江支流丹江，到海河水系的拒马河及密云水库。在黄河水系曾见于陕西省伊洛河上游。

东方薄鳅 *Leptobotia orientalis* Xu, Fang et Wang（许涛清、方树森和王鸿媛），1981，动物学研究，2（4）：379，图1（陕西省丹凤县武河，属汉江水系丹江上游；北京房山县十渡石门，属海河水系拒马河）；陈景星等，1987，秦岭鱼类志：（陕西省丹江及黄河水系的伊洛河）。

花鳅亚科 Cobitinae

体长形，侧扁或稍侧扁；头部有或无小鳞。侧线有或无。须3对或5对。臀鳍位于背鳍后方，有5分支鳍条。尾鳍圆形、截形或微凹。中筛骨、犁骨及前额骨与额骨及眶蝶骨相连而尚能活动。前额骨连眶蝶骨，尚能活动且变为一棘。无游离鳔，由第4椎骨的腹侧突（Parapophyses）和肋骨形成的骨膜包围。眶前骨发达。有15属约40种（Nelson, 1984）。分布于亚欧及北非的摩洛哥及埃塞俄比亚，亚洲东南部种类最多；我国有6属约14种。黄河有3属5种。

属的检索表

1（2）头体均很侧扁；眼间隔宽不大于眼径；眼下骨刺叉状；须3对；体有小鳞……………………………………………………………………………………………………花鳅属 *Cobitis*

2（1）头钝锥状，体微侧扁；眼间隔宽大于眼径；无眼下骨刺；须5~6对；鳞小或痕状。

3（4）侧线鳞多于140；基枕骨咽突叉状；口角须不达眼后缘……………泥鳅属 *Misgurnus*

4（3）侧线鳞不及130；基枕骨咽突管状；口角须约达前鳃盖骨后缘前后……………………………………………………………………………………………副泥鳅属 *Paramisgurnus*

花鳅属 Cobitis Linnaeus, 1758

体长形，侧扁小鱼。头亦侧扁，无鳞。体鳞小。眼小。眼间隔宽不大于眼径。眶前骨能活动，后端在眼下方呈一叉状骨刺。上颌吻须2对，口须1对。腹鳍始于背鳍始点下方或稍后。背鳍分支鳍条6~7，臀鳍 ii-5。尾鳍截形或圆形。下咽齿1行。分布于亚欧到北非。在我国有约6种，黄河有2种。

Cobitis Linnaeus, 1758, Syst. Nat. ed. Ⅹ：303（模式种：*C. taenia* Linnaeus）。

种的检索表

1（2）椎骨4+37～39；尾柄长为尾柄高1.3～1.8倍；上颌须不达眼前缘··················
··中华花鳅 *C. sinensis*

2（1）椎骨4+45～46；尾柄长为尾柄高2.1～2.5倍；上颌须达眼前缘下方·············
··北方花鳅 *C. granoei*

中华花鳅 *Cobitis sinensis* Sauvage et Dabry, 1874（图38）[①]

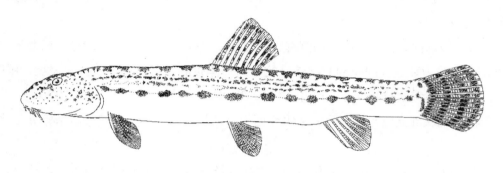

图38　中华花鳅 *Cobitis sinensis*

背鳍ⅲ-7；臀鳍ⅲ-5；胸鳍 ⅰ-8；腹鳍 ⅰ-5；尾鳍ⅳ～ⅴ-15-ⅳ～ⅴ。鳃耙2+10。下咽齿10，尖形。椎骨4+38～39。

标本体长38.1～61.9 mm。体细长，中等侧扁，为头长4.6～5.4倍。头亦侧扁；头长为吻长2.5～2.8倍，为眼径5～6.1倍，为眼间隔宽6.5～7.7倍，为尾柄长1.2～1.4倍。吻略突出，钝尖。眼小，位于侧中线上方，眶前骨在眼下方后呈一叉状棘。眼间隔宽小于眼径。前鼻孔有一短管。口小，下位，后端不伸过后鼻孔。下唇肥厚，中断，且游离。每侧有吻须2条，口角须1条；口角须不达眼前缘，长约等于眼径。鳃孔中等大，侧位，斜向后方，止于胸鳍基前缘。鳃膜连鳃峡。鳃耙钝短。胃肠直管状，前端较粗，体长61.9 mm时为肠长1.8倍。鳔小，包在骨鞘内。肛门位于臀鳍始点附近。

鳞很微小，头侧无鳞。侧线仅在胸鳍上方显明，前端较高；中、后部不显明。

背鳍约始于鼻孔至尾鳍基的正中点，背缘斜直或微凸，头长为第1分支鳍条1.2～1.4倍，远不达肛门。臀鳍始点距腹鳍始点约等于距尾鳍基，下缘圆弧形，头长为第1分支鳍条1.4～1.8倍。胸鳍下位；雌鱼较短，第3鳍条最长，体长53.7～61.9 mm时头长为胸鳍长1.5倍；雄鱼尖刀状，很长，体长44.8～50.7 mm时头长为第2胸鳍条长0.9～1倍。腹鳍始于第2～3分支背鳍条基下方，头长为腹鳍长1.5～1.7倍，至少伸达腹鳍始点到肛门的1/2处。尾鳍圆截形。

鲜鱼背侧黄灰色，向下渐淡，腹侧白色；沿体背侧在背鳍下方有2个，前方有5～7个，后方有8个横矩状黑褐色斑，每侧沿侧中线有13～20个黑褐色斑，在体前半部上述2行斑间尚有些小斑，自吻侧到眼有一黑纹。鳍淡黄色，背鳍与尾鳍有黑点纹，尾鳍基上部有一亮黑斑。腹膜白色或淡黄色，背侧黑褐色。

为缓静水域的底层小杂鱼。以枝角类等为食。在河南、山东4～5月产卵，在汾渭盆地为5～6月。无大的经济价值。

———————————
① 过去将此鱼常作为欧洲花鳅（*C. taenia*）的异名。陈景星（1981）称后者口角须长为眼径1/2，眼下刺伸过眼中央；而恢复此名。

分布于滦河、海河到海南岛及云南省红河水系。在黄河流域分布于汾渭盆地到河南、山东栖霞县（今烟台）等处。

Cobitis sinensis Sauvage et Dabry, 1874, Ann. Sci. nat. Zool. Paris（6）Ⅰ（5）：16（四川西部）；Mori, 1928, Jap. J. Zool., Ⅱ（1）：69（济南）；陈景星，1981，鱼类学论文集Ⅰ：24（黄河到红河等处）；方树淼等，1984，兰州大学学报（自然科学版）20（1）：101（关中盆地等）；陈景星，1987，秦岭鱼类志，37，图24（黄河、汉江及嘉陵江各干支流）。

Cobitis taenia melanoleuca Nichols, 1925, Amer. Mus. Nov. No. 170: 3（山西省清徐）；Nichols, 1943, Nat. Hist. Centr. Asia Ⅸ: 198, fig. 102（同上）。

Cobitis taenia sinensis，Nichols, 1943, loc. Cit., Ⅸ: 198, fig. 103, Pl. Ⅸ, fig. 3（山西，洞庭湖及河北省兴隆山）。

Cobitis taenia, Tchang（张春霖），1933, Zool. Sinica Ⅱ（1）：194, fig. 101（北京，山海关，海南岛等）；郑葆珊，1959，黄河渔业生物学基础调查报告：50，图35（内蒙古乌梁素海等）。

北方花鳅 *Cobitis granoei* Rendahl, 1935（图39）

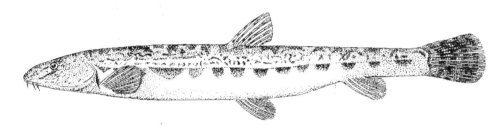

图39　北方花鳅 *Cobitis sibirica*

背鳍ⅲ-7；臀鳍ⅲ-5；胸鳍ⅰ-8；腹鳍ⅰ-6；尾鳍ⅲ～ⅳ-14～15-ⅲ～ⅳ。鳃耙2+13。椎骨4+45～46。

依陈景星（1981）标本体长47～70 mm。体细长，稍侧扁；体长为体高7.4～9.7倍，为头长5～5.7倍，为尾柄长5.8～7倍，为尾柄高12.7～14.5倍。头稍短；头长为吻长2.4～2.7倍，为眼径4.8～6.7倍，为眼间隔宽4.8～6.7倍，须3对；头长为口角须长4.6～6倍。腹鳍始点约与背鳍始点相对。

背鳍具13～18个横长方形黑褐斑，沿体侧侧中线下方有10～17个大黑褐斑，沿头体侧上方有螺虫状或不规则小斑。鳍淡黄色；背鳍与尾鳍有小黑斑，尾鳍基上侧有一亮黑斑。

此鱼与中华花鳅的主要差异是尾柄较细长（尾柄长为尾柄高2～2.5倍）及椎骨较多（48～50个）。

分布于鄂毕河到勒拿河、黑龙江、滦河及黄河的上游。在黄河流域见于天水以上的渭河上游及兰州、西宁等黄河上游。

Cobitis taenia granoei Rendahl, 1935, Menor. Soc. Proc. Fauna et Flora Fennica 10: 332（鄂木斯克，额尔齐斯河）。

Cobitis taenia sibirica Gladkov, 1935, Arch. Mus. Zool. Univ. Moscow, Ⅺ: 73（西伯利亚到贝加尔湖）；李思忠等，1966，动物学报，18（1）：48（额尔齐斯河及乌伦古河）；李思忠等，1979，新疆鱼类志：50，图43（同上）。

Cobitis granoei，陈景星，1981，鱼类学论文集Ⅰ：26（湟水、滦河上游、黑龙江、额尔齐斯河）；宋世良、王香亭，1983，兰州大学学报（自然科学版）19（4）：123（岷县、陇西、渭源、武

山、甘谷、天水、清水等渭河上游）；陈景星，1987，秦岭鱼类志：39，图25（洮河、内蒙古、渭河天水及以上、伊洛河的栾川、洛宁到洛南）。

泥鳅属 *Misgurnus* Lacepède, 1803

体长形，侧扁或稍侧扁。头长等于或大于体高。眼下方无骨刺。眼间隔宽大于眼径。有吻须2对，口角须1对及下颌须2对；口角须伸不到鳃盖骨。背鳍iii-6～7，始于体正中点后方。腹鳍始于背鳍始点下方或稍后。尾鳍圆形，尾柄长为尾柄高1.2～2.9倍，有皮棱连尾鳍。侧线仅前段显明。体有小鳞，头部无鳞。椎骨4+39～47。基枕骨咽突叉状，不呈管状。雄性成鱼第2胸鳍条最长且粗。下咽齿1行。分布于亚洲及欧洲，东达日本，南到孟加拉国及婆罗洲。我国有3种，黄河有2种。

Misgurnus Lacepède, 1803, Hist. Nat. Poiss., V：16（模式种：*Cobitis fossilis* Linnaeus）。

Cobitichthys Bleeker, 1860, Prodr. Cypr., ：58, 81（模式种：*Cobitis anguillicaudatus* Cantor）。

Ussuria Nikolsky, 1903, Ann. Mus. Zool. Petersb., VIII：362（模式种：*U. leptocephala* = *anguillicaudatus*）。

Mesomisgurnus Fang（方炳文），1935, Sinensia 6（2）：129。

种的检索表

1（2）尾柄长为尾柄高1.1～1.6倍·······················泥鳅 *M. anguillicaudatus*

2（1）尾柄长为尾柄高2.6～3倍·······················细尾泥鳅 *M. bipartitus*

泥鳅 *Misgurnus anguillicaudatus*（Cantor, 1842）（图40）

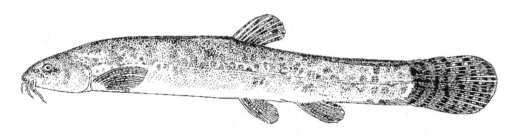

图40 泥鳅 *Misgurnus anguillicaudatus*

释名：《尔雅》名"鰌、鳛"。郭璞注"今泥鳅"。庄子称"委蛇"。李时珍引陆佃云："鳛性酋健，好动善扰，故名。"又孙炎云："鳛者寻习其泥也。"宋《集韵》又作鰍。

背鳍iii-7；臀鳍iii-5～6；胸鳍i-8～9；腹鳍i-5～6；尾鳍vi～x-15-viii～x。纵行鳞约150+2。鳃耙2～3+12～13。下咽齿1行，约10个，扁尖形。椎骨4+39～42，尾椎16。

标本体长39.7～170 mm。体长形，短柱状，略侧扁，体长为体高1.2～1.4倍；背鳍前方体最高，向前渐尖、向后渐甚侧扁；腹侧宽圆；尾柄上、下皮棱发达；体长为体高6.7～9.6倍，为头长4.6～6倍，为尾柄长5.3～6.4倍。尾柄长为尾柄高1.3～1.6倍。头钝锥状；头长为吻长2.5～2.9倍，为眼径5.9～7.8倍，为眼间隔宽4.1～4.7倍。吻略突出，眼小，位于头前半部侧上方。眼间隔宽圆。前鼻孔距眼较距吻端近，有短管状突。口下位，达鼻孔下方。每侧有2条吻须，1条口角须，2条下颌须；口角须约达眼后缘。下唇中断，前端肉突起状，有些亦呈小须状。鳃孔中等大，直立形，下端连胸鳍基下方。鳃膜连鳃峡。鳃耙很小。胃圆囊状。肠短直，体长170 mm时为肠长1.8倍。鳔分左、右2室，球形，包在骨鞘内。肛门距腹鳍基为距臀鳍基4倍。

鳞很小，为半埋入式，头部无鳞。侧线仅前段显明，侧中位。背鳍位体后半部，背缘斜凸，第2～3分支鳍条最长，体长为其长1.4～1.7倍，略达肛门。臀鳍约位于腹鳍基到尾鳍基的正中间，似背鳍而较窄，头长为第2分支臀鳍条1.6～1.9倍。胸鳍侧下位；雌鱼的圆形，第3鳍条较长，头长为其长1.5～1.9倍；雄鱼的第2鳍条特粗长，头长为其长1～1.2倍。腹鳍始于背鳍始点略后方，不达肛门。尾鳍圆形。

鲜鱼背侧暗灰黑色，有许多不规则黑色小杂斑；侧下方白色。鳍淡黄色；背鳍与尾鳍有黑褐色小点纹，尾鳍基上半部有一新月形亮黑斑。

为东亚稍小型淡水底层鱼。主要以底栖无脊椎动物为食。对水中含氧量及酸碱度变化适应力特强。水中乏氧时能跃出水吞空气入肠呼吸。平常潜伏水底，天气闷热和降雨前，水中缺氧亦常游到水面，故有气象鱼（weather fish）之称。枯水时能钻入泥内以肠壁血管呼吸。约2周龄达性成熟。5～9月产卵。1959年8月15日陕西华阴一体长170 mm雌鱼，尚满怀黄色Ⅳ期卵，怀卵量约17 700粒。卵黏性。最大体长达300 mm。可作稻田的养殖对象。为我国很古老的淡水鱼类之一。

分布于我国东部辽河到云南；朝鲜、日本及缅甸亦产。在黄河流域见于山东垦利到甘肃兰州等处，沿渭河达天水等。

Cobitis anguillicaudatus Cantor, 1840, Ann. Mag. Nat. Hist., 9: 485（舟山）。

Cobitis decemcirrhosus Basilewsky, 1855, Nouv. Mem. Soc. Nat. Mosc., 10: 239（北京及天津附近）；Mori, 1928, Jap. J. Zool., 2（1）：69（济南）。

Misgurnus anguillicaudatus, Mori, 1928, loc. Cit., 2（1）：69（济南）；Nichols, 1928, Bull. Am. Mus. Nat. Hist., 58（art. 1）：42（山西）；Tchang（张春霖），1932, Bull. Fan Mem. Biol. Inst., 3（14）：212, 215（开封）；Fu（傅桐生）& Tchang（张春霖），1933, Bull. Honan Mus., Ⅰ（1）：1-45（开封）；Tchang（张春霖），1933, Zool. Sinica ser. B, 2（1）：212, fig. Ⅲ（山西，开封，济南，云南等）；郑葆珊，1959，黄河渔业生物学基础初步调查报告：50，图40（银川，内蒙古乌梁素海等）；张春霖，1959，中国系统鲤类志：125，图105（济南、开封，陕西、内蒙古乌梁素海、银川等）；陈景星，1981，鱼类学论文集，1: 28；宋世良等，1983，兰州大学学报（自然科学版），19（4）：123（天水、清水）；方树森等，1984，同上，20（1）：101（陕西渭河到红碱淖）。

Misgurnus anguillicaudatus tungting，王香亭等，1956，生物学通报（8）：17（兰州西湖）。

细尾泥鳅 *Misgurnus bipartitus*（Sauvage et Dabry, 1874）（图41）*

［有效学名：黑龙江泥鳅 ***Misgurnus mohoity***（Dybowski, 1869）］

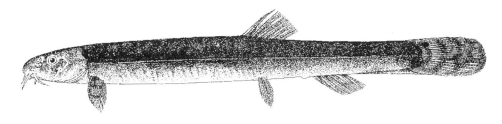

图41　细尾泥鳅 *Misgurnus mohoity*

释名：尾柄细长，故名。又名北泥鳅。

背鳍ⅲ-7；臀鳍ⅲ-5；胸鳍ⅰ-8～9；腹鳍ⅰ-5；尾鳍ⅶ～Ⅹ-14～15-ⅶ～Ⅹ。纵行鳞约160。鳃耙3+13。椎骨4+44～47。

标本体长108.7～1.58 mm。体细长鳗状，前部略侧扁，向后渐甚侧扁；体长为体高9.2～10.5倍，为头长6～6.3倍，为尾柄长4.1～4.7倍。尾柄很细长，长为高2.8～3.2倍。头尖，长形，微侧扁；头长为吻长2.6～3倍，为眼径7.4～8.8倍，为眼间隔宽5.4～6.8倍。吻钝锥形，不突出。眼位于头前半部，侧上位。眼间隔宽，圆凸。鼻孔位于眼稍前方，略分离，前鼻孔呈管状突起。口下位，近半圆形，口裂不达鼻孔下方。上唇较薄。前吻须达鼻孔下方；后吻须达眼中部下方；上颌须达眼后缘；下唇后缘2须更短，不达眼下方。鳃孔直立形，下端略达胸鳍前缘下方。鳃耙1行，扁三角形。肛门距腹鳍基约为距臀鳍的3倍。尾柄后上、下3/4有低皮棱。

体鳞显明而很微小，横行自鳃孔到尾鳍基有200～218。侧线不显明。

背鳍始于体正中点的后方，体长为背鳍前距1.8～1.84倍；鳍圆形，第2～4分支鳍条最长，头长为其长1.5～2.1倍；大多伸不到肛门。臀鳍似背鳍而稍窄短，头长为第1～3分支鳍条1.9～2.3倍，仅约达臀鳍基到尾鳍基的前1/4处。胸鳍侧下位，圆刀形，头长为第3～4鳍条长的1.7～2倍。腹鳍始于第1～2分支背鳍条基的下方，头长为第3腹鳍条长的2.3～2.6倍，均不达肛门。尾鳍圆形，头长为其长1～1.1倍。

头体背侧灰褐色，杂有褐色斑，沿背中线较暗；腹侧淡黄白色。鳍黄色，背鳍与尾鳍稍灰暗，尾鳍基上端稍下方有一圆形小黑斑。为我国北方高原淡水底层鱼类。

分布于内蒙古达里湖、锡林郭勒河、多伦，河套，河北省张北县安固里淖、永定河上游，山西省宁武县汾河上游及陕北神木县红碱淖（一半属内蒙古鄂尔多斯市）。动物所尚有山东省莱阳3尾标本。

Nemachilus bipartitus Sauvage et Dabry, 1874, Ann. Sci. nat. Zool. Paris,（6）I（5）：16（华北；陕西）。

Mesomisgurnus bipartitus, Fang（方炳文），1935, Sinensia 6: 136, figs. L, 3, 7, 8（华北；陕西）。

Misgurnus bipartitus, Nichols, 1943, Nat. Hist. Centr. Asia IX: 275（依方炳文，1935）；陈景星，1981，鱼类学论文集 I：29（内蒙古，黑龙江，辽河上游，蒙古国）；李思忠，1981，中国淡水鱼类的分布区划：204（内蒙亚区；辽河亚区）。

副泥鳅属 *Paramisgurnus* Sauvage, 1878

与泥鳅属（*Misgurnus*）相似而尾柄皮棱特别发达，尾柄长为尾柄高0.9～1.1倍；口角须约伸达鳃盖骨后缘前后；鳞大、较少；基枕骨咽突在腹侧左右愈合；咽齿短扁似鳃耙；只1种。

Paramisgurnus Sauvage, 1878, Bull. Soc. Philomath. Paris（7）II：90（模式种：*P. dabryanus* Sauvage）。

大鳞副泥鳅 *Paramisgurnus dabryanus* Sauvage, 1872（图42）

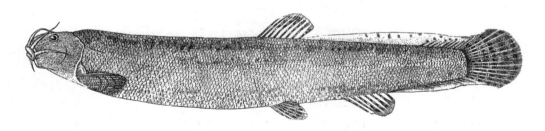

图42　大鳞副泥鳅 *Paramisgurnus dabryanus*

释名：鳞较大，故名。

背鳍iii-7；臀鳍iii-5；胸鳍i-10～11；腹鳍i-6；尾鳍vii～x-14～15-vii～x。纵行鳞

124～125。鳃耙3+16。下咽齿16个，厚扁、钝圆，第3齿最大。椎骨4+45，尾椎骨19～20。

标本体长96.1～207 mm。体长形，侧扁，体高为体宽1.3～1.5倍，尾柄很侧扁且上、下缘皮棱发达；体长为体高5.7～6.4倍，为头长5.3～5.9倍，为尾柄长0.8～1.1倍；尾柄长为尾柄高0.9～1.1倍。头亦侧扁；头长为吻长2.6～3.1倍，为眼径7.7～11倍，为眼间隔宽4.6～5.1倍。吻钝，须发达；前吻须约伸达前鳃盖骨后缘，后吻须达鳃盖骨，口角须约达鳃盖骨后缘前后，下颏2条须较短，眼侧上位，位于头前半部。眼间隔圆凸。鼻孔位于眼稍前方，前孔有管状突起。口下位。下唇中断，后缘游离，前端有2～3圆粒状突起。鳃孔中等大，直立形，下端连胸鳍基前缘腹侧。鳃膜连鳃峡。鳃耙扁小。肠直短。胃膨大呈囊状。下咽骨前端左右相连且稍后背面有一突起，下咽齿1行，位于下咽骨后缘，内侧齿较大。肛门距腹鳍基约为距臀鳍基的2倍。

鳞显明，排列整齐。头部无鳞。侧线仅在胸鳍上方显明；侧中位，前端较高。背鳍始于体正中点稍后方，背缘圆形，第2～3分支鳍条最长，头长为其长1.2～1.8倍，不伸过肛门。臀鳍亦圆形，第2分支鳍条最长，头长为其长1.4～1.8倍。胸鳍侧下位；雌鱼的较圆，第3鳍条最长；雄鱼的第2鳍条最粗长；头长为胸鳍长1.1～1.7倍。腹鳍始于第3分支背鳍条基下方，头长为第3鳍条长1.5～2.3倍。尾鳍圆矛状。

鲜鱼背侧灰褐色，有不规则小黑点。腹侧浅黄色。鳍黄色，背鳍与尾鳍较灰暗且有褐色小斑纹，尾鳍基上部无黑斑。

我国东部淡水特产底层中小型鱼类。分布于海河水系到浙江、台湾等平原地区。在黄河流域见于山西、陕西、河南及山东等处。在河北省安新县白洋淀、文安县很习见；山东省莱阳亦产。

Paramisgurnus dabryanus Dabry, 1872, Piscicul. Pech. En Chine: 191, Pl. 49, fig. 6（attributed）；Sauvage, 1878, Bull. Soc. Philomath. Paris Ⅱ（7）：89（长江）；Fang（方炳文），1935, Sinensia, 6（2）：143, figs. 11～12（长江）；陈景星，1981，鱼类学论文集Ⅰ：29（长江中下游到浙江及台湾）；李思忠，1981，中国淡水鱼类的分布区划：205（海河到浙江，台湾）；方树淼等，1984，兰州大学学报（自然科学版）20（1）：101（无定河及秃尾河）。

Misgurnus mizolepis Günther, 1888, Ann. Mag. Nat. Hist.,（6）Ⅰ：434（九江）；李思忠，1965，动物学杂志（5）：219（陕西，河南，山东）。

鲤科 Cyprinidae

上颌缘常仅由前颌骨形成。吻部与上颌无须或有1～2对须；下颌及头腹侧无须（仅鳅鮀属有3对）。两颌、犁骨与腭骨无牙。下咽齿1～4行，每行至多7个。其枕骨左、右咽突已愈合。上咽突有咀磨垫。有悬器。背鳍与臀鳍有或无由鳍条骨化成的硬刺。无脂背鳍。无幽门盲囊。腹鳍腹位。尾鳍叉状。常有圆鳞。有侧线。有假鳃。鳔常游离，有管通食道。听壶（lagena）内的箭耳石最大。为主要的淡水鱼类，仅南美洲、澳大利亚、马达加斯加岛及南极洲不产。鲤科（或鲤超科）现知至少有12亚科、194属2 070种；亚欧及非洲约有1 850种，北美洲约有220种（Nelson, 1984）。化石始于古新世（Paleocene）。我国至少有约500种，黄河流域有约50属93种或亚种。

亚科的检索表*

1（18）鳃盖膜连鳃峡；鳃耙正常；无上鳃器官；下咽骨无小孔。

2（17）腹侧无没鳞的皮棱

3（12）臀鳍有5~6条分支鳍条[①]

4（5）背鳍与臀鳍各有一锯齿状骨化硬刺，背鳍分支鳍条9~22……………………鲤亚科 Cyprininae

5（4）臀鳍无锯齿状硬刺；背鳍分支鳍条通常7~8（很少为9）

6（11）沿侧线、肛门及臀鳍基无一行特大鳞

7（8）背鳍常有一锯齿状硬刺；常有须1~2对；咽齿常3行……………………………鲃亚科 Barbinae

8（7）背鳍无硬刺或仅少数有光滑硬刺；下咽齿1~2行

9（10）须无或1对；背鳍仅少数有光滑硬刺………………………………………鮈亚科 Gobioinae[②]

10（9）上颌须1对；下颌及头腹侧有须3对；背鳍无硬刺…………………鳅鮀亚科 Gobiobotinae *

11（6）沿侧线、肛门及臀鳍基有1行特大鳞；背鳍有些有锯齿状硬刺……………………………
………………………………………………………………裂腹鱼亚科 Schizothoracinae

12（3）臀鳍至少有7条分支鳍条

13（16）臀鳍始于背鳍基后端后方

14（15）背鳍无硬刺；口马蹄形………………………………………………雅罗鱼亚科 Leuciscinae

15（14）背鳍有或无光滑硬刺；下颌缘横直且锐利……………………………鳠亚科 Xenocyprinae

16（13）臀鳍始于背鳍基后端前方…………………………………………鳑鲏鱼亚科 Rhodeinae

17（2）腹侧有一没鳞的皮棱…………………………………………………………鳊亚科 Culterinae

18（1）鳃盖膜互连而与鳃峡分离；鳃耙特长且密；有上鳃器官；下咽骨有数小孔……………
……………………………………………………………鲢亚科 Hypophthalmichthyinae

*编者注： 据陈熙，新近的一些鱼类分类文献中，鳅鮀亚科归入鮈亚科。参见鳅鮀亚科的编者注（第205页）。

鲤亚科 Cyprininae

背鳍与臀鳍均有一骨化了的锯齿状硬刺；背鳍有9~22条分支鳍条；臀鳍常有5~6条分支鳍条，仅鲃鲤属（*Puntioplites*）有8条分支臀鳍条。吻与上颌有须1~2对或无。咽齿1~3行。现有5属19种，主要分布于两广、云南、贵州与四川之间。黄河流域只有2属2种。

属的检索表

1（2）有须0~2对；咽齿3行，臼齿状……………………………………………………鲤属 *Cyprinus*

2（1）无须；咽齿1行，侧扁形……………………………………………………………鲫属 *Carassius*

鲤属 *Cyprinus* Linnaeus, 1758

体纺锤形，中等侧扁。腹侧没皮棱。下咽齿3行，臼齿状。口前位。须无或有1~2对。背鳍 III~IV-16~22；臀鳍III~IV-3~6；各有一锯齿状骨化硬刺。圆鳞大，侧线鳞26~29。原分布于我国、朝鲜、日本等处。化石始于下中新世。近60多年在我国中南部还发现2亚属12种及数个亚种。黄河流域只有1种。

Cyprinus Linnaeus, 1758, Syst. Nat. ed. X: 320（模式种：*C. carpio* Linnaeus）。

---

① 鲤亚科的鲃鲤属（*Puntioplites*）有8条分支鳍条；鲃亚科的长臂鲃属（*Mystacoleucus*）有8~9条分支臀鳍条。

② 鲺属（*Hemibarbus*）下咽齿3行。

鲤 *Cyprinus carpio* Linnaeus, 1758（图43）

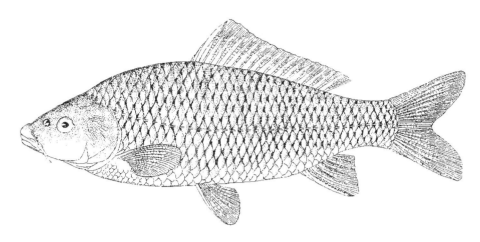

图43　鲤 *Cyprinus carpio*

释名：鳞有"十"字文理，故名鲤（李时珍：《本草纲目》）。又名赤鲤、玄驹、黄骥、黄骓；今俗名鲤拐子。赤鲜公（唐律。见《康熙字典》）。

背鳍 III ~ IV-16 ~ 20；臀鳍 III-5；胸鳍 i -15 ~ 17；腹鳍 i -8（偶为9）；尾鳍 v ~ ix-17（偶为16）- v ~ viii。侧线鳞 $33 \sim 36 \frac{6}{6} 2 \sim 3$。鳃耙外行5 ~ 9+13 ~ 16，内行8 ~ 10+16 ~ 18。下咽齿臼齿状，3行：4，2，1（或3，2，1）。

标本体长93.5 ~ 300.8 mm。体长纺锤形，中等侧扁；体长为体高2.9 ~ 3.5倍，为头长2.9 ~ 3.8倍，为尾部长3.4 ~ 4.2倍，为尾柄长1.7 ~ 2.2倍。头亦侧扁；头长为吻长2.9 ~ 3.6倍，为眼径3.9 ~ 6.7倍，为眼间隔宽2.5 ~ 2.7倍，为上颌须长4.2 ~ 6.6倍。吻钝，鱼愈大较眼径愈长。眼位于头侧上方，后缘距头后端较距吻略远。眼间隔微圆凸。鼻孔距眼较距吻端近。口前位，稍低，圆弧状，达鼻孔下方。唇仅口角处发达。须2对；吻须细弱，长约等于眼径；上颌须粗大，达瞳孔中央。鳃孔大，侧位，下端达前鳃盖骨角后下方附近。鳃盖膜连鳃峡，互连。鳃膜条骨3。鳃耙短小，最长约等1/3眼径，外行鳃耙内侧与内行外侧有许多小突起。下咽齿臼齿状，齿面有黑沟纹，纹数与鱼冬龄常一致。肛门位于臀鳍略前方。鳔分2室。

圆鳞中等大；前端较横直；鳞心约位中央，微凸，向后有辐状纹。侧线侧中位，前端稍高。背鳍最后一硬刺发达，后缘两侧向下有倒齿；第1分支鳍条最长，头长为其长1.7 ~ 2.2倍。臀鳍短；头长为第1臀鳍条长1.7 ~ 2.4倍。胸鳍侧位而低，圆刀状，头长为第3 ~ 4鳍条长1.3 ~ 1.7倍，约达背鳍始点下方。腹鳍始于第1 ~ 2背鳍条基下方，亦圆刀状，头长为其长1.5 ~ 1.9倍，不达肛门。尾鳍深叉状。

鲜鱼背侧蓝黑色；两侧及腹面小鱼为银白色，大鱼渐有金黄色光泽。体侧鳞后缘较暗，中央黑斑状。背鳍及尾鳍淡红黄色，其他鳍金黄色。唇黄红色。虹彩肌金黄色。栖息在浑水或多草处体色较黄，清水处色较淡。

为淡水中下层鱼类，杂食。生殖期随地区气候不同而异。一般以日平均水温18℃ ~ 25℃为产卵盛期。在河南、山东为清明节（四月上旬）前后，在晋南虞乡与关中盆地（西安）为谷雨节（四月下旬）前后，在河套为5月中下旬。喜产卵于缓静多水草处，尤喜黎明前安静时产卵。雄鲤几乎全年精巢处于成熟期。雌鲤常每年产卵1次，少数产2 ~ 3次而量很少。卵黄色，沉性，卵径约1.3 mm，粘水草上，体重1 ~ 1.25 kg雌鲤怀卵量约为20万 ~ 30万粒，体大者可达169.6万粒（依尼科尔斯基，《黑龙江鱼类志》，1956）。日平均水温16℃时孵化需6日，20℃时需4.2日，25℃时需3日，30℃时需2.1日。初孵出仔鱼全长约5 mm，附挂于草上，前3天以卵黄囊内的卵黄维持生活，不索食。以后游到岸边附近以轮虫等为食。体稍大后渐食剑水蚤及红虫等桡足类和枝角类动物，20～30 mm即渐食底栖无脊椎动物。成鱼喜食小螺、蚌、昆虫幼虫及植物种子等。鲤的成熟年龄在珠江三角洲最小为1冬龄；在晋南虞乡雌鲤最早为2冬龄，一般为3冬龄，雄鲤最早1冬龄，一般为2龄；在黑龙江雌鲤最早为3龄。在天然水域中性成熟雌、雄鲤尾数比例常为1/5～1/4，个别性成熟雌鲤春季不产卵。一般产卵后到秋季卵巢仅恢复为Ⅲ期到Ⅳ期初；所以秋季人工催青产卵时，对当年已产过卵的雌鲤难有成效。

鲤的生长随气候寒暖而异。在南方较快，在东北较慢。在黄河流域有类似现象。在山东和河南较快，内蒙古到甘肃较慢，比较过一些标本初步结果如表7所示。

表7　鲤在各地体长与年龄的关系

| 产地 | 标本采集日期 | 1冬龄 | | 2冬龄 | | 3冬龄 | | 4冬龄 | | 5冬龄 | |
		范围（毫米）	平均	范围（毫米）	平均	范围（毫米）	平均	范围（毫米）	平均	范围（毫米）	平均
山西及河南	1958年7月16日～8月2日	176～190	185.3（3尾）	185～250	218（7尾）	260～405	316.8（10尾）	305～495	351（11尾）		
陕西潼关	1962年1月19～21日	139～185	158.7（21尾）	160～257	204.3（8尾）	215～335	276.2（34尾）	385～400	392.5（2尾）	450～520	471（4尾）
内蒙古及宁夏	1958年7月15日～8月13日	114～132	122.9（7尾）	164～123	193.3（8尾）	277～335	314（2尾）	360	360（1尾）		

此表7所依标本较少，是有缺陷的，但大致亦可显示鲤鱼在黄河流域生长的情况。另外，1963年5月14日在山东省垦利县同兴农场黄河滩所得数条1冬龄的鲤鱼标本体长为83.3～93.3 mm，可知夏季生长很快。

鲤在我国有数个亚种。在黄河流域有2个生态型。栖息在河道流水的体较细长，生于湖塘静水中的体较高短。雄鲤腹部较窄硬，性成熟雄鲤几乎全年都能挤出精液。性成熟雌鲤生殖期腹部较宽圆，生殖孔红凸。另外雌鲤较雄鲤生长快。

鲤自古迄今被视为食中珍品。《诗经·小雅·六月篇》记周宣王伐狁犹胜利后大宴诸侯时："吉甫燕喜，既多受祉，来归自镐，我行永久，饮御亲友，炰鳖脍鲤。"《诗经·衡门》篇记有"岂其食鱼，必河之鲤"之句。《孔子家语》还称鲁昭公赐孔子鲤，适其生子，孔子为荣君之赐，便命名鲤、字伯鱼。可见古人对鲤鱼的珍视。

全世界最早的养鱼文献——陶朱公范蠡（前473年）著的《养鱼经》，就是在黄河流域山东定陶写的，而且主要以鲤为养殖对象。甚至南北朝陶弘景（456—536）记载："鲤为诸鱼之长，形既可爱，又能神变，乃至飞越江湖，所以仙人琴高乘之也。"俗传鲤鱼跃龙门变成龙的神话，全国童叟仍然皆知。

黄河流域古时养鲤之风很盛，如《三辅决录故事》载汉武帝"作昆明池学水战法。帝崩，昭帝小，不能征讨，于池中养鱼，以给诸陵祠，饮给长安市，市鱼乃贱"。到唐朝因皇帝姓李，与鲤同音，乃以法律严禁食鲤。群众将鲤改名赤鲜（红草鱼）也为法律所不许。如《酉阳杂俎》载"唐朝律，取得鲤鱼即宜放，仍不得食，号赤鲜公，卖者决六十（打六十棍）"。所以群众渐改养青、草、鲢、鳙等。但因鲤适应力强、肉多、味美、易养，仍为池塘养鱼业的一种重要养殖对象。

鲤在黄河流域渔业中为一重要经济食用鱼。据不完全统计，1956年及1957年在东平湖分别产497.73 t和453.64 t，占该湖鱼总产量的20%；在内蒙古乌梁素海1957年产2150 t，占该湖鱼产量的50%；在陕西省潼关等处鲤亦占首位。所以鲤在黄河流域的天然水体或池塘养殖业中都具有重要意义。

鲤主要原产我国，后移殖到伊朗（波斯），1150年鲤自波斯移到奥地利，1496年移到英国，1560年移到普鲁士又转到瑞典[1]；1729年移到沙俄，1830年自欧洲到美国；1905年到了伊犁河[2]，1915年自我国香港又移到菲律宾[3]。现在美国、澳大利亚各国均产；因广为养殖，在欧洲及我国广西梧州及贵州等地均育出数个品种。如其鳞不规则，特大且半透明的镜鲤（*Cyprinus carpio* var. *specularis* Lacepède）；鳞大部已无的裸鲤（*C. c. var. nudus* Bloch）；鳞正常而体较肥厚的鳞鲤（*C. c.* var. *macrolepidotus* Hartmann）[4]；江西、浙江等养殖的红鲤（*C. c.* var. *flammans* Richardson）[5]；以及革鲤等。

原分布于我国东半部云南到黑龙江、朝鲜、日本北海道等；现在已被移殖到塔里木河、乌伦古河及额尔齐斯河等，黄河自兰州上方附近到河口附近，沿渭河到陇西及西吉等县均产。

Cyprinus carpio Linnaeus, 1758, Syst. Nat. ed. X：I：320（欧洲）；Kessler, 1876, in Przewalski, Mongolia i Strana Tangutov II（4）：13（甘肃）；Mori, 1928, Jap. J. Zool. 2: 62（济南）；Rendahl, 1928, Ark. Zool. 20: 149（山西垣曲）；Tchang（张春霖），1932, Bull. Fan Mem. Inst. Biol. 3（14）：216（开封）；Tchang（张春霖），1933, Zool. Sinica（B）2（1）：15, fig. 3（甘肃）；绥远，山西，开封，济南），Fu（傅桐生），1934, Bull. Honan Mus. I（2）：54 fig. 5（辉县百泉）；Nichols, 1943, Nat. Hist. Centr. Asia IX：61, fig. 18（山东）；王香亭等，1956，生物学通报（8）：15（兰州）；张春霖，1959，中国系统鲤类志：86，图72（甘肃到山东利津）；李思忠，1959，《黄河渔业生物学基础初步调查报告》：37（兰州以上到山东省利津）；李思忠，1965，动物学杂志（5）：217, 221（甘肃到山东）；杨立邦等，1981，东平湖渔业资源调查报告汇编：51（东平湖）；方树淼等，1984，兰州大学学报（自然科学）20（1）：106（陕西）。

Cyprinus carpio haematopterus 伍献文等，1975，中国鲤科鱼类检索表：92（黑龙江、辽河、黄河、长江、闽江、台湾）；伍献文等，1977，中国鲤科鱼类志（下卷）：412，图8-12（黑龙江到台湾、闽江）；宋世良、王香亭，1983，兰州大学学报（自然科学），19（4）：123（天水至西吉、陇西）。

鲫属 *Carassius* Jarocki, 1822

体侧面观呈长椭圆形，中等侧扁，腹侧无纵皮棱。背鳍 III ~ IV-13 ~ 21；臀鳍 II ~ III-15 ~ 6；背鳍、臀鳍最后一硬刺锯齿状。胸鳍侧位而低。腹鳍腹位。圆鳞大，侧线鳞26 ~ 35。口前位。无须。下咽齿1行，4个，侧扁形。分布于亚洲北部及欧洲。有约3种。化石发现于上新世（杨钟健、张春霖，1936），但从鲫的分布判断，可能中新世已经产生。黄河流域有1种。

Carassius Jarocki, 1822, Zoologia IV, Warszawa: 54, 71（模式种：*Cyprinus carassius* Jarocki）。

---

[1] 陈椿寿，1936；渡边宗重，1958。

[2] 李思忠等，1979。

[3] 李思忠，1981。

[4] 依 Günther（1868）。

[5] 依伍献文等，1977。

鲫 *Carassius auratus*（Linnaeus, 1758）（图44）

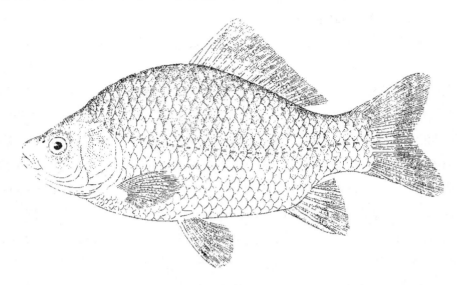

图44　鲫 *Carassius auratus*

　　释名：最早见于庄周（前300年）《庄子》《外物篇》"顾视车辙中有鲫焉"。又名鲋（《吕氏春秋》）、寒鲋、鰿、鲭，宋陆佃《埤雅》称"鲫鱼旅行，以相即也，故谓之鲫。以相附也，故谓之鲋"。现湖北名为喜头（与鲫头、吉头同音）；甘、宁等处又名鲫瓜子，因常露头吞水发出"呱呱声"而得名。又称金鲫。

　　背鳍Ⅲ～Ⅳ-16～19；臀鳍Ⅱ～Ⅲ-5（罕为6）；胸鳍 i -16～17；腹鳍 i -8（少数7）；尾鳍 v ～ⅶ-17-ⅳ～ⅶ。侧线鳞$26～29\frac{6}{5}2$；鳃耙外行18～24+19～27，内行18～28+19～26；咽齿1行，4个。

　　标本体长46.9～255 mm。体长椭圆形，侧扁，背鳍始点处体最高，腹缘窄而无皮棱；体长为体高2.2～2.7倍，为头长2.9～3.5倍，为尾部长3.8～4.7倍，为尾柄长1.9～2.4倍。头亦侧扁；头长为吻长3.4～4.5倍，为眼径4.0～4.9倍，为眼间隔宽2.3～2.9倍。吻钝。眼侧中位，后缘距吻端较近。眼间隔宽凸。前、后鼻孔相邻，位于眼稍前方。口前位，斜形，下颌较上颌略短。唇发达。无须。鳃孔大，侧位，下端达前鳃盖骨角下方。鳃盖膜相连且连鳃峡。鳃耙外行发达，最长约等于眼径1/2，有许多小突起；内行宽短。鳔分2室。肛门位于臀鳍始点略前方。椎骨（解剖118尾）24～30，平均27.38。

　　除头部外都蒙圆鳞，喉胸部鳞较小；肩后鳞近正方形，前端较横直，另三边较圆；鳞心约位于中央，向前有少数辐状纹。侧线侧中位。

　　背鳍始于体正中央的稍前方；最后一硬刺后缘有9～21个倒齿；第1分支鳍条最长，头长为其长1.5～2.0倍。臀鳍短，始于倒数第6～7背鳍条基下方；最后硬刺似背鳍硬刺；头长为第1分支臀鳍条1.7～2.2倍。胸鳍侧位而低；圆刀状；头长为第4～5鳍条1.5～2.0倍；达腹鳍始点前后，体长195 mm以上大鱼常较短。腹鳍始于背鳍始点略前方；形似胸鳍；头长为第2～3鳍条1.4～1.8倍，除少数小鱼外，均不达肛门。尾鳍深叉状，叉钝圆。

　　1周龄以下小鱼背侧常为绿灰色，两侧及下方银白色。大鱼色较暗；背侧黑色，微绿；两侧及下方常有金黄光泽，水草多处大鲫尤显著，故鲫鱼又名金鲫。鳍淡黄色，背鳍与尾鳍色较暗。

　　雄鲫生殖期在胸鳍前缘有5～21个尖锥状角质小突起，雌鲫个别亦有而数很少；与尼科尔斯基（1956）《黑龙江流域鱼类》中的银鲫（*Carassius auratus gibelio*）正相反，黄河流域雄鲫胸鳍较尖长，略伸过腹鳍始点；雌鲫较短圆，1周龄雌鲫尤显明；另外生殖期雌鲫因怀卵腹部较宽圆。

鲫为中下层淡水鱼类，杂食。小鱼头长及眼径占比例大而体高较小。生殖期与水温有密切关系。要求日平均水温为12℃～30℃，18℃～25℃为生殖最盛期。山东和河南为3月下旬到4月下旬，在晋南与关中为4月上旬到5月下旬，在内蒙古为5月上旬到6月上旬。在晋南6月下旬以后除个别雌鲫未产卵外，雌、雄鲫均已生殖完毕，生殖腺呈细线状，进入Ⅱ期阶段，难以辨认。直至8月中旬、9月初，或至10月前后，肉眼看雌性生殖腺为淡粉红色，相当于卵细胞发育的小生长期，显微镜下卵无色透明，呈大小不等的葡萄状，开始有卵黄蓄积，进入Ⅲ期阶段。11月后进入卵的大生长期，卵变大，渐入Ⅳ期阶段，卵巢黄色，微绿。河北省白洋淀民谣称鲫生殖为"小鲫鱼，不害羞，沥沥拉拉到大秋"；至少在晋南、关中是不符实际的（李思忠等，1960）。当年生鲫性腺发育晚，常到下年1～2月方自Ⅱ期转入Ⅲ到Ⅳ期。鲫卵径约1 mm，黄色，微绿，沉性，有黏性。喜产在缓静、浅水水草上，常多次分批产卵。孵化时间与鲤近似。怀卵量在河套1尾体重217 g的雌鲫为22 776粒（李思忠，1959）；在晋南万荣县6尾体重35～58 g 1周龄雌鲫，为6 170～12 262粒，平均8 771粒；河津9尾重165～250 g的0～3周龄鱼为17 855～73 974粒，平均349 847粒（李思忠，1960）。

黄河流域天然水域雌、雄鲫比例，在晋南大致为1/5～1/4（依1959）；三门峡蓄水后仍如此。鲫一般1周龄即达性成熟期，开始能进行生殖，最小成熟鱼体长为61 mm，重7.05 g。较长江水系梁子湖的（体长64 mm，重8.6 g；陈佩董，1959）略小。较此更小的鲫，需下年（即2周龄）才开始生殖。

鲫索食情况，从表8可知2～4月及8～10月为鲫两个旺食期，最冷的1月及最热的7月为索食低峰期。另外每天随水温、水中溶氧等不同，索食也不同。例如，1962年6月3日及10日在华阴市三门峡水库边观察，深水处大部分鲫积极索食，肠充塞度为4～5度；而浅水处上午10点至下午3点，因水温过高并污浊，鲫多浮头，甚至晕死，肠空呈线状，到下午6～8点则肠内均有食物。1月水温太低，空肠个体多，但12点到2点肠内亦多有食。

表8　三门峡水库及附近水系鲫索食情况

比较	1月	2月	3月	4月	5月	6月	7月	8月	9月	10月	11月	12月
肠内有食物个体占%	26.53	100	78.57	82.22	66.67	84.63	68.42	81.25	100	90	75	100
检查尾数	49	12	14	45	3	13	38	32	7	20	32	4

鲫为杂食性鱼。食物有水蚯蚓，桡足类剑水蚤，枝角类红虫，小昆虫，摇蚊幼虫，小螺类，毛虾及草虾等；植物方面有种子，高等水生植物碎片及许多藻类等。最喜动物性食物，植物种子次之。

鲫肥瘦有显明季节变化。11月到2月初最肥，腹腔常显明含脂肪体，最多可达体重15.73%。后随生殖腺发育而渐瘦，到产卵期末最瘦。与明末李时珍记载"冬月肉厚子多，其味尤美"完全相符。

鲫生长情况，因各处气候条件不同而异，同年生的鲫因出生日期迟早亦变化大。例如，1962年6月3日在华阴水库边观察，当年生鱼苗多为10～15 mm，个别已达27～29 mm；12日观察大者32 mm，最大达42 mm。鲫1周龄一般为70～80 mm，最大95 mm，最小仅57 mm。2周龄一般100～140 mm。3周龄155～215 mm。4周龄182～242 mm。5周龄210～262 mm。河南和山东地区生长较快，内蒙古至宁夏和甘肃则较慢。

鲫适应力很强。水温冷到0℃结冰时，只要它血液未冻结就不至于死亡。例如，1955年冬包头市北海子冰冻一米余，湖内鲤、鲇等都死了，而鲫与麦穗鱼等仍未死。对高温及酸碱度适应力亦强。1958年7月22日午后，内蒙古乌梁素海东坝附近酸碱度达9.8以上时，鲤、雅罗鱼大批死亡，而鲫无死的。

鲫自古为我国人民所喜食。公元前237年的《吕氏春秋》就记载"鱼之美者洞庭之鲋"。北魏郦道元（5世纪末）《水经注》亦说"食之肥美，辟寒暑"。中医认为食鲫"治虚弱和水肿"。因适应力强，产量大。在乌梁素海占鱼产量30%，在东平湖占25%。在池塘养鱼业中亦是一良好对象。

金鱼是晋、唐前后自鲫鱼在我国人工培养成的（依陈椿寿著，1936）。颜色（黑、白、红、紫）与体形（背鳍有无，尾鳍单双，眼大小，头部有无肉质突起等）多变化，现已成为全世界的主要观赏鱼类之一。

主要分布于我国东部。因很古老，朝鲜、日本（本部及北海道）、俄罗斯海滨省及越南北部亦产。在黄河流域自甘肃靖远县到山东利津县均产。

Cyprinus auratus Linnaeus, 1758, Syst. Nat. ed. Ⅹ: 322（我国及日本）。

Carassius langsdorfi Kessler, 1876, in Przewalski N. M. Mongolia i Strana Tangutov, St. Petersburg 2（4）：1~36（鄂尔多斯）。

Carassius auratus, Bleeker, 1871, Verh. Akad. Amsterd., 12: 1（北京，山西）；Rendahl, 1928, Ark. Zool., 20: 150（河南；山西平陆，垣曲；包头）：Mori, 1928, Jap. J. Zool., 2: 62（济南）；Tchang（张春霖），1932, Fan Mem. Inst. Biol., 3（14）：211（开封）；Tchang, 1933, Zool. Sinica 2（1）：23, fig. 7（甘肃，到济南）；Fu（傅桐生），1934, Bull. Honan Mus., 1（2）：55, fig. 6（辉县百泉）；李思忠，1959黄河渔业生物学基础初步调查报告：39（山东利津县到甘肃靖远县）；张春霖，1959，中国系统鲤类志：90（靖远，五原，包头，汾河，垣曲，西安，开封，济南等）；李思忠，1960，动物学杂志（5）：212；伍献文等，1963，中国经济动物志：淡水鱼类：34，图30；李思忠，1965，动物学杂志（5）：217（甘肃到山东）；伍献文等，1977，中国鲤科鱼类志（下卷）：431，图8-25（河南等）；宋世良等，1983，兰州大学学报19（4）：123（天水至漳县，静宁，西吉）；李思忠，1991，黑鲫、金鲫、银鲫与白鲫的主要鉴别特征，北京水产4: 18-18。

Carassius carassius, Pappenheim, 1908, Pisces. In. Wiss. Ergeb. Exped. Filsch. Nach China u. Tibet, Ⅰ: 107（陕西渭河）。

附：鲤鲫杂交种 *Cyprinus carpio*（♂）× *Carassius auratus*（♀）

鲤鲫杂交种的形态，国内报道尚少，我们1959年4月中旬在山西虞县晋南渔场用天然雌鲫卵和雄鲤精液搅拌后孵出的鱼苗，到当年9月5日体长54.8 mm。背鳍Ⅲ-17；臀鳍Ⅲ-5；腹 i -8；尾鳍 ix-17-viii。侧线鳞33$\frac{6}{5}$2；鳃耙外行9+16，内行10+18；咽齿2行；4，2。体形极似鲤。体长为体高2.9倍，为头长2.9倍，为尾部长4.8倍。头长为吻长3.1倍，为眼径4.1倍，为眼间隔宽2.8倍，为尾柄长2.7倍。但较鲤有如下区别：① 鳞少；② 须1对，生于上颌，很短，眼径为其长9倍；③ 鳃耙数较多；④ 咽齿2行且侧扁。表明介于鲤鲫之间。其生长速度较鲤快。易饲养。还可充分利用鱼种场多余的雄鲤精液和较多的雌鲫卵（因天然水域雄鲤及雌鲫较多），获得较多优良鱼苗。但据文献报道鲤鲫杂种和马驴杂交得的骡一样，无生殖能力，因其精子不能成熟（松井，1931等）。

鲃亚科 Barbinae

释名：汉文原无此字，系由典型属*Barbus*的首音节音译而来。鲃音bā。

腹缘无皮棱。背鳍前端有3~4条不分支鳍条，大多已骨化为硬刺，硬刺光滑或后缘锯齿状；其后分支鳍条常8～9条（仅长背鲃属*Labiobarbus*可达23条[①]）。臀鳍有2～3条不分支鳍条而无硬刺，分支鳍条常有5～6条（长臀鲃属*Mystacoleucus*有8～9条分支鳍条）。有圆鳞，侧线鳞20～98，臀鳍基无特大型鳞。吻部与上颌无须或有1～2对。下咽齿大多3行，少数有2行，齿端为尖钩状。腹膜灰褐色，少数黑色。主要分布于旧大陆的热带和亚热带，暖温带很少；美洲、澳大利亚与马达加斯加岛无。化石始于我国东部古新世地层中。黄河有1属。

突吻鱼属 *Varicorhinus* Ruppell, 1836

［有效学名：白甲鱼属 *Onychostoma* Günther, 1896］

释名：因吻稍突出，故名。古名嘉鱼、丙穴鱼。

体纺锤形，稍侧扁，腹缘无皮棱。口亚下位或下位，很宽且横直，仅两侧稍向后弯。下颌前缘角质。下唇仅在口角肥厚，连上唇，上唇紧贴上颌外表，不连吻皮。吻皮蒙上唇基。吻侧在前眶骨前缘有斜沟，向后斜向口角，仅少数无斜沟。小须2对、1对或无。下咽齿3行。背鳍分支鳍条7～14，最后一不分支鳍条细弱或骨化为硬刺，硬刺光滑或后缘有强锯齿。臀鳍常有5条分支鳍条。鳃耙短小，较密。分布于黄河到中南半岛、印度、西亚及非洲。有铲颌鱼亚属（*Scaphesthes*）（背鳍无硬刺，有8条分支鳍条），突吻鱼亚属（*Varicorhinus*）（背鳍有光滑硬刺及8～11条分支鳍条）及白甲鱼属（*Onychostoma*）（背鳍有锯齿状硬刺及8～14条分支鳍条）三亚属。黄河有一亚属。

Varicorhinus Ruppell, 1836, Mus. Senckenberg, Frankfurt Ⅱ（模式种：*V. beso* Ruppell ＝ *Labeo varicorhinus* Cuvier et Valenciennes）。

Onychostoma Günther, 1896, Ann. Mus. Zool. Acad. St. Petersbourg Ⅰ: 211（模式种：*O. laticeps* Günther）。

Scaphesthes Oshima, 1919, Ann. Carn. Mus. 12: 208（模式种：*S. tamusuiensis* Oshima）。

大鳞突吻鱼（多鳞铲颌鱼）*Varicorhinus macrolepis*（Bleeker, 1871）（图45）

［有效学名：多鳞白甲鱼 *Onychostoma macrolepis*（Bleeker, 1871）］

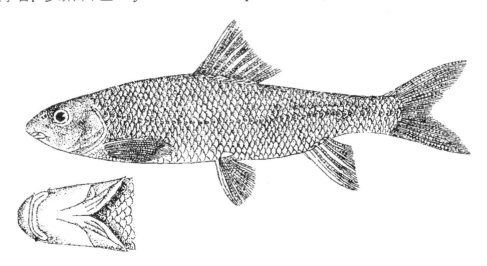

图45　大鳞突吻鱼 *Onychostoma macrolepis*（Bleeker, 1871）

释名：突吻鱼（《脊椎动物名称》，1955）。古名"嘉鱼"（《诗经》：南有嘉鱼）、鲧鱼、丙

---

① 见李思忠，1981，图38-1，产于我国云南省澜沧江到老挝及泰国等。

穴鱼（唐朝杜甫："鱼知丙穴由来美。"）、拙鱼。明朝李时珍："嘉，美也。……河阳（今河南省孟州市）呼为鲡鱼，言味美也。蜀人呼为拙鱼，言性钝也。……丙地名，《水经》云：'丙水出丙穴，穴口向丙，故名。'……'状似鲤而鳞细如鳟'……'二三月随水出穴，八九月逆水入穴'。"今秦岭黑河名为"泉水鱼"，山西及河北名为"山洞鲤鱼"。过去曾名山西突吻鱼、山西丙穴鱼。

背鳍 ii ~ iii-8；臀鳍 ii ~ iii-5；胸鳍 i -9；尾鳍分支鳍条16 ~ 19（常为17）。侧线鳞43 ~ 51 $\frac{9 \sim 11}{7 \sim 8}$ 3 ~ 4；鳃耙外行5 ~ 6+18 ~ 20，内行6 ~ 9+28 ~ 31。下咽齿2，3，（5-4）个。

标本体长132 ~ 178 mm。体长纺锤形，稍侧扁（体高为宽1.3 ~ 1.6倍）；体长为体高4 ~ 4.5倍，为头长4.2 ~ 4.5倍，为尾柄长1.2 ~ 1.5倍。头侧面似三角形；头长为吻长2.9 ~ 3.2倍，为眼径4.5 ~ 5.5倍，为眼间隔宽1.7 ~ 2.3倍，为口宽2.6 ~ 2.9倍。吻钝圆，突出。吻褶膜在吻侧沿眶前骨前缘有一斜缝。眼周缘游离，侧中位，后缘位于头正中间。眼间隔圆凸。每侧2个鼻孔，中间有一鼻膜突起，位于吻正中间。口下位，宽短，位于鼻孔下方。下颌宽，前缘有角质横直锐缘，其后肥厚平坦。上唇发达；下唇仅口角发达。有痕状须2对；前须位于吻侧斜缝前下方；后须位于口角，长约等于瞳孔径1/2。鳃孔大，侧位，下端达前鳃盖骨后缘。鳃耙短密，约等于眼径1/6 ~ 1/5。假鳃发达。鳃盖膜分离。连喉峡。鳃膜条骨3 ~ 4。咽齿长圆形，末端侧扁呈小刀状。肛门紧邻臀前端。

圆鳞中等大，鳞心向四周有辐状纹。腹鳍基前上缘有一长腋鳞。侧线侧中位。

背鳍上缘微凹，头长为第1分支鳍条长1.1 ~ 1.3倍。臀鳍位于背鳍远后方，头长为其最长鳍条长1.2 ~ 1.4倍。胸鳍侧下位，钝刀状，头长为第2 ~ 3鳍条长1.1 ~ 1.3倍。腹鳍始于背鳍基中央下方，头长为第1 ~ 2鳍条长1.3 ~ 1.5倍，不达肛门。尾鳍深叉状。

鲜鱼背侧暗蓝灰色，腹侧白色。体侧鳞中央呈横月状蓝斑。背鳍与尾鳍黄灰色，其他鳍橘黄色，背鳍上部鳍膜有数个小红斑。下颌前缘棕黄色，其后白色。鳃孔后方附近亦呈橘黄色。

椎骨47 ~ 48，尾椎23 ~ 24。9月初卵巢呈窄长带状，III期初发育阶段，卵径约0.5 mm。腹膜灰黑色。鳔长圆锥状，分2室；后室尖长，约为前室4倍。肠长为体长5倍以上，折弯很多。雄性成鱼鼻孔前吻部散有角质追星，臀鳍有些亦有但很小。

为中小型底栖山麓鱼类。最大体长常不及200 mm。喜以下颌刮食水底石上固着的藻类。清明到谷雨节（4月上旬到下旬初）前后，常成群自石潭窝或泉洞出来逆水产卵索食，约9月顺流返回，渐入潭穴。秦岭居民称此鱼"七上、八下、九入洞"，即指农历七月尚溯游，以后渐返入潭洞越冬。此习性我国早有记述（见李时珍等）。生长据鳞判断，2+龄体长130 mm，3+龄150 ~ 178 mm。入潭洞似因该处水温较高（不低于4℃）避寒之故。肉肥美，山区产量较多，值得增殖保护。

分布于山东省大汶河，河南伊水、洛水，山西沁河、汾河[①]及陕甘渭河等黄河流域山区；山西娘子关、五台及河北省易县等海河水系；汉江上游湑水、太白河，嘉陵江等长江上游，与淮河上游。

Gymnostomus macrolepis Bleeker, 1871, Nat. Verh. Der Koninkl. Akad. 12: 32（长江？）；Nichols, 1928, Bull. Am. Mus. Nat. Hist., 58（1）：22。

Varicorhinus shansiensis Nichols, 1925, Amer. Mus. Nocit.（182）：2（山西娘子关）；Nichols, 1943, Nat. Hist. Centr. Asia IX: 117, fig. 49（同上）；戴定远，1959，动物学杂志（7）：294（河北易县）；李思忠，1965，同上（5）：217（陕西，山西）；殷源洪，1965，中国动物学会三十周年学术讨论会论文摘要：168（山西）；李思忠，1986，生物学通报，（12）：12。

---

① 依山西大学生物系殷源洪教授的资料。

Varicorhinus（Scaphesthes）macrolepis，伍献文等，1977，中国鲤科鱼类志（下卷）：300，图7-43（长江、淮河、渭河及海河上游滹沱河）；李思忠，1986，我国古书中的嘉鱼究竟是什么鱼，生物学通报，（12）：12。

多鳞铲颌鱼*Scaphesthes macrolepis*，许涛清，1987，秦岭鱼类志：146，图108（周至、蓝田、卢氏、洛宁、宜阳、嵩县等）；王鸿媛，1984，北京鱼类志，12-13（北京拒马河）。

多鳞白甲鱼*Onychostoma macrolepis*，张春光、许涛清，1991，系统进化动物学论文集：第一集，29-39（周至黑河水域、嘉陵江、黄河下游的大汶河、拒马河、滹沱河）。

鮈亚科 Gobioninae

释名：鮈，《广韵》：音jū。最早见于司马迁《史记·五宗世家》"子鮒鮈立"，鮒鮈，人名。

背鳍 ii～iii-7～8；常无硬刺，仅少数有一光滑硬刺。臀鳍 ii～iii-5～6，绝无硬刺。口常前位或下位。无须或仅上颌有1对。下咽齿常1～2行。有圆鳞，沿侧线及臀鳍基无特大鳞片。体腹缘宽圆，无一纵皮棱。鳃盖膜连鳃峡。侧线完全，侧中位。鳔2室，发达或甚退化。为小型底栖淡水鱼类。中国东部最多，亚洲北部、欧洲及北美洲亦产。化石始于中新世。现知黄河流域有13属。

属的检索表

1（2）下咽齿3行；背鳍有光滑粗硬刺 ························· 鮈属 *Hemibarbus*

2（1）下咽齿1～2行；背鳍无硬刺或硬刺细弱

3（6）背鳍最后一不分支鳍条呈弱硬刺；咽齿2行

4（5）头后背面到背鳍无鳞；腹面肛门到喉部亦无鳞 ··················· 刺鮈属 *Acanthogobio* *

5（4）头后体背面到背鳍及体腹面均有鳞 ·················· 似白鮈属 *Paraleucogobio* *

6（3）背鳍无硬刺；下咽齿1～2行

7（20）唇薄，无许多小突起

8（9）口上位；无须；咽齿1～2行 ··················· 麦穗鱼属 *Pseudorasbora*

9（8）口前位或稍下位；口角常有须1对

10（11）下颌有角质前缘；口窄马蹄形；胸部有鳞；咽齿1～2行；须痕状或无 ·················
·················· 鳈属 *Sarcocheilichthys*

11（10）下颌无角质前缘

12（17）体较短高，侧扁；背鳍前距较后距大；口前位或稍下位

13（16）须短，不大于眼径或痕状或不显明；喉胸有鳞

14（15）须不长于瞳孔；肛门至臀鳍有1～2个鳞，体侧多条纵纹；眼较小；口前位 ···············
·················· 颌须鮈属 *Gnathopogon*

15（14）须不长于眼径；肛门至臀鳍有3～4个鳞；体侧1条纵纹；眼较大；口稍下位 ··············
·················· 银鮈属 *Squalidus*

16（13）须长，常长于眼径；喉胸腹面无鳞；口稍下位 ··················· 鮈属 *Gobio*

17（12）体细柱状，后段侧扁；背鳍前距较后距小；口下位

18（19）须很长，达前鳃盖骨后缘或胸鳍基；侧线鳞54以上 ··················· 铜鱼属 *Coreius*

19（18）须短，末端不超过眼后缘；侧线鳞不及50 ··················· 吻鮈属 *Rhinogobio*

20（7）唇厚，上、下唇常有许多小突起

21（26）背鳍前距约等于后距；鳔前室包在韧质膜内；下唇分3叶

22（23）吻长远超过眼径2倍；下唇两侧叶前端相连；下咽齿2行 …………… 拟鉤属 *Pseudogobio*

23（22）吻长等于或略大于眼径；下唇两侧叶不连；下咽齿1行

24（25）下唇中叶为1对肉质椭圆突起；喉胸部无鳞；尾柄短高 ………………… 棒花鱼属 *Abbottina*

25（24）下唇中叶1个，心脏形；下唇侧叶向后外侧扩展成翼状 ………………… 胡鉤属 *Huigobio*

26（21）背鳍前距较后距很短；鳔前室包在骨囊内；咽齿1行 ……………………
………………………………………………………………… 船丁鱼属（蛇鉤属）*Saurogobio*

*编者注：有关刺鉤属*Acanthogobio*与似白鉤属*Paraleucogobio*分类地位的分子角度研究，参见刺鉤属*Acanthogobio*与似白鉤属*Paraleucogobio*两节的编者注。

鳡属 *Hemibarbus* Bleeker, 1860

释名：鳡（《山海经》）；因背鳍最后一硬刺呈大光滑骨刺状而得名。

体长形，稍侧扁，背鳍始点处体最高。除头部外体全有圆鳞；侧线鳞39~54。背鳍Ⅲ-7~8，最后一硬刺为光滑、粗大骨刺状；始于腹鳍始点前方。臀鳍ⅲ-5~6，紧靠肛门后。尾鳍深叉状。吻尖长突出。眼侧上位。口下位。左、右口角各有1条须。唇光滑，下唇中央有一三角形突起，两侧各一侧叶。下颌较上颌短，边缘新月形。沿眶下骨与前鳃盖骨有1行发达的黏液囊。下咽齿3行，上端侧扁呈弱钩状。肠短。鳃耙长，发达，鳔大，有2室。腹膜银色。约有9种。产亚洲东侧，北达黑龙江水系，南达我国海南岛、越南，及朝鲜、日本。我国有8种（乐佩琦，1998）。黄河下游有3种。

Hemibarbus Bleeker, 1859, Natuurk. Tijdschr. Ned.–Indie 20: 431（模式种：*Gobio barbus* Temminck et Schlegel）。

种的检索表

1（4）侧线鳞47~50；头长为吻长2.1~3.2倍

2（3）头长大于体高；成鱼体及鳍无显著黑斑 ………………………… 鳡鳡 *Hemibarbus labeo*

3（2）头长小于体高；成鱼体及鳍有显明黑斑 …………………………… 花鳡 *H. maculatus*

4（1）侧线鳞39~43；头长为吻长2.1~2.2倍；成鱼体及鳍有显明黑斑 ………………………
……………………………………………………………………………… 长吻鳡 *H. longirostris*

鳡鳡 *Hemibarbus labeo*（Pallas, 1776）（图46）

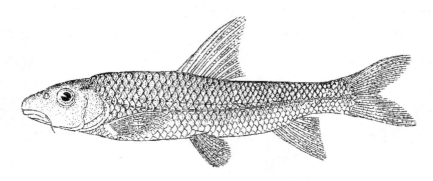

图46　鳡鳡 *Hemibarbus labeo*

释名：鲮鳕的鲮，由种名labeo（鲮）而来。下唇分左右两瓣，又名重唇鱼、唇鳕。今济南、巩县、洛阳与陕西周志县等俗名鲮鱼；黑龙江名重唇鱼。

背鳍Ⅲ-7；臀鳍ⅲ-6；胸鳍ⅰ-18～19；腹鳍ⅰ-8～9；尾鳍Ⅴ～ⅵ-17-Ⅴ～ⅶ。侧线鳞 $47\sim48\dfrac{7}{6}2\sim3$；鳃耙外行5+13，内行3～5+14～15。下咽齿5，3，1。

标本体长95～267 mm。体长纺锤形，略侧扁；体长为体高4.1～5.1倍，为头长3.3～3.8倍，为尾部长3.5～4.2倍。头侧面呈长三角形，背缘斜直而微凸，吻侧到眼后缘附近有1行发达的黏液囊；头长为吻长2.1～2.7倍，为眼径3.3～3.8倍，为眼间隔宽2.9～3.9倍。吻钝尖，略突出，背面在鼻孔前方有一横凹。眼侧位而略高，位于头正中或微较后，眼缘游离。眼间隔微凸。前、后鼻孔互邻，位于眼稍前方。口下位，长大于宽，不达眼下方。唇发达；下唇后缘游离，分左右两瓣，"人"字形，每瓣有5～7条纵褶纹，前端中间有一小突起。口角须粗短，达瞳孔下方。鳃孔大，下端达前鳃盖骨后缘。鳃耙小突起状。下咽齿细长，末端斜截形，略钩曲。肛门邻臀鳍始点。椎骨4+40。

有圆鳞，鳞前端近截形，后端钝尖；鳞心近基端，向后有辐状纹。侧线侧中位，头后缘、眼上下、前鳃盖骨缘到下颌腹侧有1行黏液小孔。

背鳍前距稍大于后距，背缘斜凹；最后一硬刺光滑、粗大；头长为第1分支鳍条长1.3～1.6倍。臀鳍窄刀状，头长为最长臀鳍条长1.6～2.4倍。胸鳍侧下位，圆刀状；头长为第2～3鳍条长1.4～1.8倍。腹鳍始于背鳍始点后下方，头长为其长1.7～2.1倍。尾鳍深叉状。

成鱼背侧黄灰色，鳞后缘色暗；腹侧白色或微黄。背鳍与尾鳍灰黄色，有些有小灰点；偶鳍橘黄色；臀鳍淡黄色。虹彩肌黄色而微红。体长123 mm及更小的小鱼，体侧上方有1纵行约8个不大于瞳孔的黑斑，背鳍有2行小黑点。

为淡水中下层鱼类。喜生活于底质多沙石和水流较急的清水河内。以水生昆虫幼虫为食，也食软体动物淡水壳菜等。在黄河下游产卵期为5月初到6月初。卵黄色，浮性，卵径约1.3 mm。喜产卵于流水河道底多石处。怀卵量1万～3万粒，多者可达10万以上。当年生小鱼在巩义市及洛阳（1962年11月12～17日标本）达95～120.5 mm；1周龄在周志县（1962年7月13日标本）体长123～153 mm；2周龄186～218 mm，达性成熟期；3周龄约267 mm。最大在黑龙江达330 mm（雄）或406 mm（雌）（Berg，1949）。

分布于我国东部海南岛到黑龙江、朝鲜及日本；在黄河及长江向西达汾渭盆地与四川盆地；鸭绿江、图们江及绥芬河无。

Cyprinus labeo Pallas, 1776, Reise 3: 207, 703（鄂嫩河）。

Hemibarbus labeo Berg, 1909, Ichthyol. Amur., 75（黑龙江）；Oshima, 1919, Ann. Carn. Mus. 12: 211（我国台湾）；Nichols & Pope, 1927, Bull. Am. Nat. Hist. 54（2）：355（海南岛）；Tchang（张春霖），1930, Sinensia, Ⅰ（7）：87（泸州）；Tchang, 1933, Zool. Sinica, ser. B, 2（1）：50, fig. 22（海南岛，福建，安徽，滦河）；Fu（傅桐生），1934, Bull. Honan Mus.（nat. Hist.）Ⅰ（2）：59（百泉）；Wang（王以康），1935, Contr. Biol. Lab. Sci. Soc. China 11（1）：53（浙江）；Wu（伍献文），1939, Sinensia 10（1～6）：97（阳朔）；Nichols, 1943, Nat. Hist. Centr. Asia Ⅸ: 162（烟台）；Berg, 1949, Freshwater Fishes of Soviet Union and Adjacent Countries: 709（黑龙江）；张春霖，1959，中国系统鲤类志，49（同1933年）；李思忠，1965，动物学杂志（5）：217（山西、陕西、河南、山东）；伍献文等，1977，中国鲤科鱼类志（下卷）：444，图9-1（海南岛到黑龙江）；施白南，1980，四川资源动物志Ⅰ：146（金沙江、大渡河、岷江、嘉陵江等下游）；解玉浩，1981，鱼类学

论文集，2: 115（太子河及清河）；细谷和海，1993，日本产鱼类检索：229（三重县等）；乐佩琦，1998，中国动物志 鲤形目（中卷）：237（陕西周至）。

花𫚏 _Hemibarbus maculatus_ Bleeker, 1871（图47）

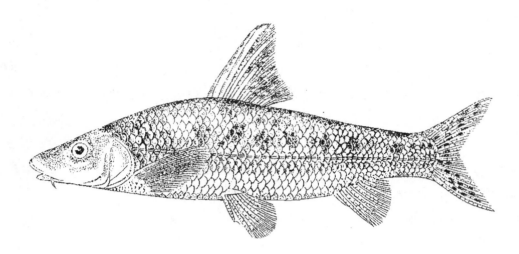

图47　花𫚏 _Hemibarbus maculatus_

释名：因体侧有1纵行8～11个黑斑，故名；种名"maculatus"：斑，亦此意。又名花斑𫚏。河南省辉县俗名麻叉鱼；长江及黑龙江名为吉勾鱼、吉花鱼、大鼓眼。

背鳍Ⅲ-7；臀鳍ⅲ-6；胸鳍 i -17～19；腹鳍 i -8（少数为9）；尾鳍 v ～ⅶ-17- v ～ⅶ。侧线鳞 $47～49\frac{7}{6}2～3$；鳃耙外行3+5～7，内行3～5+8；下咽齿5，3，1。

标本体长56.5～232 mm。体长纺锤形，中等侧扁；体长为体高4.1～4.9倍，为头长3.3～3.9倍，为尾部长3.4～3.9倍。头侧面尖三角形，背缘斜直，吻侧到眼后缘有1行发达的黏液囊；头长为吻长2.6～3.2倍，为眼径3.2～5.6倍，为眼间隔宽3.2～5.6倍。吻稍突出，钝尖。眼位于头正中或略前方，眼缘游离。眼间隔微凸。前、后鼻孔位于眼前方附近。口下位，半椭圆形，达鼻孔下方。上颌须短，达瞳孔前缘。下唇后沟中断，侧瓣较鮈𫚏窄，中央突起较大。鳃孔大，达前鳃盖骨后缘，鳃膜分离，连鳃峡。鳃膜条骨3。鳃耙小突起状。下咽齿细长。椎骨4+42～44。肛门邻臀鳍始点。

圆鳞基端截形，鳞心较近基端，向后有辐状纹，后端圆形。侧线侧中位。头后缘、前鳃盖骨缘到下颌下方，眼上下到鼻孔前方，各有1行黏液小孔。

背鳍前距稍大于后距；背缘斜凹；第3硬刺光滑粗长；头长为第1分支鳍条0.9～1.1倍。臀鳍窄刀状，头长为最长臀鳍条长1.5～1.9倍。胸鳍侧下位，略伸过背鳍始点。腹鳍始于背鳍始点后下方，伸不到肛门。尾鳍深叉状。

体背侧黄灰色，有许多小黑斑点；腹侧白色；在侧线稍上方有1纵行8～11个大黑斑。背鳍与尾鳍灰黄色，有小黑点；其他鳍灰白色，微黄。虹彩肌金黄色。腹膜银灰色。

为中下层淡水鱼。以昆虫幼虫、小螺蚌、底栖甲壳类等为食。大者体长可达470 mm（Berg，1949）。夏初产卵于多水草处。卵黏性，粘水草上。水温20℃～22℃时，4昼夜即可孵出鱼苗（伍献文等，1963）。约2周龄达性成熟期。东平湖当年生鱼体长56.5～86.5 mm（1962年11月6～7日）。1周龄达137～156 mm（郑州花园口，1958年8月初）；2周龄211～232 mm（东平湖1958年8月初及洛阳1962年11月12日）。

分布于我国东部黑龙江到海南岛。在黄河与长江向西达豫西及四川盆地；鸭绿江及图们江无。朝鲜、日本亦无。

Hemibarbus maculatus Bleeker, 1871. Verh. K. Akad. Wet. Amst., 12: 19, Pl. Ⅳ, fig. 3（长江）；Mori, 1928, Jap. J. Zool. 2（1）：66（济南）；Shaw（寿振黄），1930, Bull. Fam Mem. Inst. 1（10）：185（苏州）；Tchang（张春霖）& Shaw（寿振黄），1931, Ibid., 2（15）：284（河北）；Tchang（张春霖），1932, Ibid., 3（8）：111（镜泊湖）；Tchang（张春霖），1933, Zool. Sinica, Ser. B, 2（1）：53, fig. 24（济南，开封，延庆等）；Fu（傅桐生）& Tchang（张春霖），1933, Bull. Honan Mus.（nat. Hist.）Ⅰ（1~2）：9（开封）；Fu（傅桐生），1934, Ibid., Ⅰ（2）：57（百泉）；Shih（施白南）& Tchang, 1934, Contr. Biol. Dept. Sci. Inst. West. China, Szechuan（2）：6（乐山，峨眉）；Berg, 1949, Freshwater Fishes of Soviet Union and Adjacent Countries: 710（黑龙江）；Никольский（G. V. Nikolsky），1956, Рыбы бассейна Амура（俄文：黑龙江流域鱼类）：226（黑龙江）；张春霖，1959，中国系统鲤类志：50（济南，开封等）；李思忠，1959，黄河渔业生物学基础初步调查报告，40，图8（济南、东平湖、开封、郑州花园口）；李思忠，1965，动物学杂志：217（河南、山东）；伍献文等，1977，中国鲤科鱼类志（下卷）：446，图9-2（四川宜宾、雅安、木洞等）；施白南，1980，四川资源动物志Ⅰ：146（沱江、岷江、嘉陵江及乌江下游）；解玉浩，1981，鱼类学论文集，2: 115（抚顺浑河）；乐佩琦，1998，中国动物志 鲤形目（中卷）：242，图138（长江以南至黑龙江水系）。

长吻鳕 *Hemibarbus longirostris*（Regan, 1908）（图48）

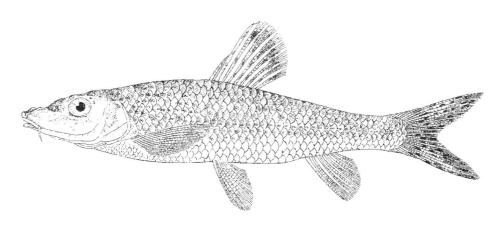

（依张春霖，1933）

图48 长吻鳕 *Hemibarbus longirostris*

释名：吻较尖长，故名。longirostris（longi，长 + rostris，吻）亦此意。

背鳍Ⅲ-7；臀鳍ⅲ-6；胸鳍ⅰ-15；腹鳍ⅰ-7。侧线鳞41 $\frac{5}{5}$ 42；鳃耙5~8；咽齿5，3，1。

未采到标本，现依伍献文等（1977），体长97~99 mm。体长形，稍侧扁；体长为体高4.8~4.9倍，为头长3.5~3.6倍。头较长；头长为吻长2.1~2.2倍，为眼径约4倍，为眼间隔宽约4倍。吻尖，细长；吻长远大于眼后头长。眼位于头侧上方。眼间隔微凹。口下位，近马蹄形。唇稍发达；下唇侧叶较窄，唇后沟中断，中间有一小突起，口角须1对，较眼径稍短。眶前骨、眶下骨到前鳃盖骨边缘有1行黏液囊。鳃耙锥形，较稀。下咽骨较窄。下咽齿侧扁，末端稍钩曲。

体有较大圆鳞。侧线完全。背鳍短；末根不分支鳍条呈光滑硬刺，较细，长度略超过头长的1/2；

背鳍前距约等于后距。胸鳍长，水端圆，不达腹鳍。腹鳍始于背鳍始点稍后，约与第1分支背鳍条相对。臀鳍一般可达尾鳍基（约100 mm小个体不达尾鳍基），始点距尾鳍基鳍基较距腹鳍基稍近或相等。尾鳍深叉状。肛门邻近臀鳍始点。

脊椎骨4+38～39。鳔大，分2室；前室卵形，略扁；后室粗大，为前室1.7～1.8倍。肠粗，较体短。腹膜白色。

体背面灰褐色，腹部白色，沿侧线上方有6～9个圆形大黑斑。背鳍与尾鳍上有数条由黑点组成的条纹，其他鳍灰白色。

喜生活于山溪中，为中下层鱼类。分布于广东珠江（北江）到辽河、鸭绿江及朝鲜洛东江。在黄河流域尚无记载，山东及河南应有分布；1960年前后汾渭盆地的养鱼场自长江运的鱼苗中，亦见杂有此鱼。

Acanthogobio longirostris Regan, 1908, Proc. Zool. Soc. London: 60（朝鲜）。

Hemibarbus longirostris Ginsburg, 1917, Proc. U. S. nat. Mus. 54: 99（鸭绿江）；Tchang（张春霖），1933, Zool. Sinica Ser. B, 2（1）: 52, fig. 23（浙江新昌；四川）；Mori, 1934, Rep. First Sci. Exp. Manchoukuo Sec. V（1）: 9（热河：辽河上源）；Wang（王以康），1935, Contr. Biol. Lab. Sci. Soc. China 11（1）: 52（台州，温州）；Matsubara, 1955, Fish Morphology & Hierarchy: 304（日本冈山，兵库及奈良等县）；张春霖，1959，中国系统鲤类志：50，图42（新昌及四川）；伍献文等，1977，中国鲤科鱼类志（下卷）：449，图9-4（辽宁哨子河，浙江甬江；广东北江）；崔基哲等，1981, Atlas of Korean Fresh-water fishes: 15：图51（汉江到洛东江）；解玉浩，1981，《鱼类学论文集》2: 115（辽河上游赤峰及浑河抚顺）；乐佩琦，1998，中国动物志　鲤形目（中卷）：246，图141（珠江至辽河）。

Hemibarbus shingtsonensis Shaw（寿振黄），1930, Bull. Fan Mem. Inst. Biol. Ⅰ: 117, fig. 7（浙江：新昌）。

Paraleucogobio cheni Wu（伍献文），1931, Bull. Mus. Hist. Nat. Paris, s. 2, 3（5）: 435（浙江）；陆桂等，1960，钱塘江鱼类及渔业（初步报告）。

刺鮈属 *Acanthogobio* Herzenstein, 1892 *

释名：因背鳍最后一不分支鳍条骨化为硬刺，得名。acanthogobio（acantho，刺 + gobio，鮈）亦此意。

体长形，稍侧扁。很小。吻长且略突出。背鳍最后一不分支鳍条为骨刺状，无锯齿。臀鳍ⅲ-6。鳞中等大，背鳍前方背侧中央（和肛门前方腹侧中央）无鳞。须1对，很长，达胸鳍基。咽齿2行。只1属1种，为黄河上游特产。

*编者注：据陈熙，新近的一些鱼类分类（特别是从分子角度研究亲缘关系的）文献中，刺鮈属*Acanthogobio*被视为鮈属*Gobio*的同物异名。参见: Tang, K.L. et al., 2011, Phylogeny of the gudgeons（Teleostei: Cyprinidae: Gobioninae），Molecular phylogenetics and evolution, 61（1），103-124; Liu, H. et al., 2010, Estimated evolutionary tempo of East Asian gobionid fishes（Teleostei: Cyprinidae）from mitochondrial DNA sequence data, Chinese Science Bulletin, 55（15），1 501-1 510.

Acanthogobio Herzenstein, 1892, Mel., Acad. Sci. St. Petersburg 13: 228（模式种：*A. guentheri* Herzenstein）。

刺鉤 *Acanthogobio guentheri* Herzenstein, 1892（图49）

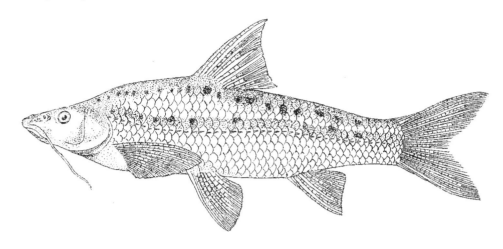

图49 刺鉤 *Acanthogobio guentheri*

释名： 兰州附近当地又名糟肚子（王香亭等）。

背鳍Ⅲ-7；臀鳍ⅲ-6；胸鳍ⅰ-15～16（偶为17）；腹鳍ⅰ-7；尾鳍ⅷ～ⅸ-17-ⅷ～ⅸ。侧线鳞 $39～42\frac{6～7}{6}2$；鳃耙外行7+40～47，内行2～3+10。咽齿5，3或5，2。

头长小于体高；吻锥状突出；口不达眼下；口角长须1对；背鳍Ⅲ-7；臀鳍ⅱ-6；侧线鳞43，前背有一纵无鳞区；下咽齿1行5个；兰州以上黄河特产。

标本体长106～153.5 mm。体长纺锤形，背鳍始点体最高，中等侧扁；体长为体高3.1～3.6倍，为头长3.8～4.2倍，为尾部长3～3.3倍。头长小于体高。头侧面呈尖三角形；鳃孔处略侧扁，向前渐平扁；头长为吻长2.2～2.9倍，为眼径6～6.5倍，为眼间隔宽2.9～3.3倍，为须长1.2～1.5倍。吻锥状突出。眼位于头侧中线上方，后缘约位于头正中部。眼间隔宽坦。鼻孔位于眼前方附近。口不达眼下；口角长须1对。口亚下位，浅弧状，后端达鼻孔下方；下颌较短。唇不中断；口角唇后沟发达。上颌须很长，基部宽扁，后端约达胸鳍始点。鳃孔大，下端达前鳃盖骨角下方。鳃膜条骨3。鳃膜互连，连鳃峡。外行鳃耙微小且密，仅鳃角处3个稍大；内行宽突起状。下咽齿细长，末端尖钩状。椎骨4+37。鳔粗钝，2室，后室长为前室1.7倍。肠长较体长略短。肛门邻臀鳍始点。

鳞很薄，鳞心近前端，向后有辐状纹。沿前背中央无鳞，大鱼常有白色小沙粒状突起。腹面喉部到肛门也无鳞，侧线侧中位；头部有眼上、下枝及项背枝，鳃孔背角附近向后上方有一弧形叉枝。

背鳍前距为后距1.1～1.2倍；鳍背缘斜凹；最后一骨质硬刺无锯齿；头长为第1分支鳍条长1～1.2倍。臀鳍前距为后距1.1～1.2倍；鳍背缘斜凹；最后一骨质硬刺无锯齿；头长为第1分支鳍条长1～1.2倍。臀鳍约伸达尾鳍前下缘，头长为最长臀鳍条长1.1～1.4倍。胸鳍侧下位，尖刀状。体长135 mm以下标本可伸过腹鳍始点；头长为第2～3鳍条长1～1.1倍。腹鳍始于第1～2分支背鳍条下方，伸达肛门前（大鱼）后（小鱼）。尾鳍深叉状。

鲜鱼体背侧淡黄灰色，腹侧银白色或淡黄色；背鳍前、后沿背中线各约有8～10个较眼小的黑斑；侧线上方体侧有2纵行小黑斑。鳍均淡黄色或白色，背鳍微较灰暗。腹膜背侧色暗，向下淡黄色。

为黄河上游中小型冷水性底层鱼类。喜生活于缓流中下层。肠内有鞘翅目昆虫残体。大者体长可达200 mm，以蚯蚓为饵可钓获。产卵期在兰州为4月，常产在水库堤坝附近静水中。怀卵量约9 500粒，1周龄体长达106～111 mm，2周龄135～146 mm，3周龄约153.3 mm。在黄河上游产量较多，甚

肥，为食用经济鱼类之一。

分布于黄河上游兰州到洮河、大夏河、湟水及贵德等处黄河干支流。

Acanthogobio guentheri Herzenstein, 1892, Mel. Biol. Acad. Sci. St. Petersbourg, 13: 228（西宁）；Günther, 1896, Ann. Mus. Zool. Acad. Sci St. Petersbourg, Ⅰ: 215（黄河：西宁河）；Rendahl, 1932, Ark. Zool., 24: 17（兰州）；Nichols, 1943, Nat. Hist. Centr. Asia, Ⅸ: 164（依Günther）；李思忠，1959，《黄河渔业生物学基础调查报告》：40，图9（兰州，洮河，大夏河及贵德等）；张春霖，1959，中国系统鲤类志：57，图47（同李思忠）；李思忠，1965，动物学杂志（5）：218，221（青海、甘肃）；伍献文等，1977，中国鲤科鱼类志（下卷）：454，图9-7（兰州）；武云飞、吴翠珍，1991，青藏高原鱼类：273，图63（西宁、共和县曲沟至兰州黄河干支流）；乐佩琦，1998，中国动物志：鲤形目（中卷）：254，图145（西宁、刘家峡、临洮、兰州、靖远）。

Hemibarbus labeo, Tchang（张春霖），1933, Zool. Sinica, Ser. B, 2（1）：51（西宁府）。

Hemibarbus sp. 王香亭等，1956，生物学通报，（8）：17（兰州。糟肚子）。

似白鮈属 *Paraleucogobio* Berg, 1907 *

释名："似白鮈"由paraleucogobio（para，+ leucogobio，白鮈）意译而来。又作"拟白鮈"。

体长形，稍侧扁，腹侧宽圆。口前位。口角有一小须。唇无突起，后沟中断。鳃孔大，侧位。下咽齿2行，末端尖钩状。背鳍Ⅲ-7，最后硬刺光滑。臀鳍ⅱ-6。胸鳍侧下位。腹鳍约始于背鳍始点下方。除头部外体全有鳞；侧线鳞34～38。侧线侧中位。肛门距臀鳍不大于眼径。腹膜银白而有小黑点。为淡水中下层小鱼。分布于黄河到黑龙江水系，共2种；黄河1种。

*编者注：据陈熙，新近的一些鱼类分类（特别是从分子角度研究亲缘关系的）文献中，似白鮈属*Paraleucogobio*被视为颌须鮈*Gnathopogon*的同物异名。参见：Tang, K.L. et al., 2011, Phylogeny of the gudgeons（Teleostei: Cyprinidae: Gobioninae），Molecular phylogenetics and evolution, 61（1），103-124; Liu, H. et al., 2010, Estimated evolutionary tempo of East Asian gobionid fishes（Teleostei: Cyprinidae）from mitochondrial DNA sequence data, Chinese Science Bulletin, 55（15），1 501-1 510..

Paraleucogobio Berg, 1907, Ann. Mag. Nat. Hist., （7）19: 163（模式种：*P. notacanthus* Berg）。

似白鮈 *Paraleucogobio notacanthus* Berg, 1907（图50）

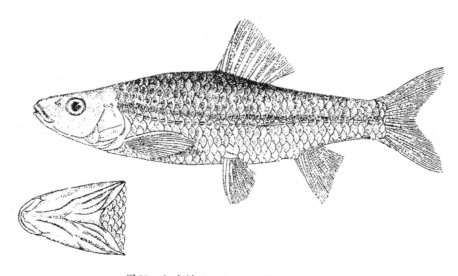

图50　似白鮈 *Paraleucogobio notacanthus*

背鳍Ⅲ-7；臀鳍ⅱ-6；胸鳍ⅰ-14；腹鳍ⅰ-7；尾鳍ⅴ-17-ⅳ。侧线鳞$35\frac{5}{4\sim5}2$；鳃耙外行1+3，内行3+9；咽齿5，3或4，2个，尖钩状。

标本体长89 mm。体长形，稍侧扁；体长为体高3.8倍，为头长3.3倍，为尾部长3.2倍。头亦侧扁；头长为吻长3.4倍，为眼径5.1倍，为眼间隔宽3.3倍。吻不突出，吻长较眼后头长为短。眼位于侧上方。眼间隔微圆凸。鼻孔位于眼前方附近。口前位，圆弧状，口角达前缘下方。唇薄，无突起，唇后沟中断。上颌后外侧有一痕状小须。鳃孔大，下端略不达前鳃前盖骨后缘。鳃膜互连且连鳃峡。鳃耙钝短。椎骨4+32。鳔2室，体长约为其长3.3倍；前室短圆柱状；后室近锥状，长为前室长1.3倍。肠有2折弯，体长为肠长1.2倍。肛门距腹鳍基约为距臀鳍始点3倍。

除头部外全身蒙圆鳞。鳞近半圆形；前端横直；鳞心距后端约为距前端3倍，向后有辐状纹及黑色素粒。侧线侧中位，前端稍高。

背鳍始于体正中的微后方；背缘斜且微凹；第3不分支鳍条基部2/3已骨化为硬刺，头长为其长的1.6倍。臀鳍较背鳍窄短，头长为最长臀鳍条长2.1倍。胸鳍侧下位，圆刀状，头长为第3鳍条1.8倍，不达背鳍始点。腹鳍始于第1分支背鳍条下方；第2鳍条最长，略达肛门。尾鳍深叉状。

体背侧暗灰色；腹侧白色；体侧鳞中央较暗呈纵纹状，沿侧线稍上方有一蓝灰色纵纹，纹宽约等于瞳孔径。背鳍与尾鳍淡灰黄色，有少数小灰点。其他鳍黄白色。虹彩肌金黄色。腹膜灰白色而有小黑点。

为淡水中下层小杂鱼。著者1959年8月20日在山西新绛县三泉水库（汾河水系）得一体长89 mm雌鱼标本，为4龄；卵巢已达Ⅲ～Ⅳ期；卵黄色，大小不一，大卵直径约1 mm，小卵约0.5 mm。

分布于黄河、海河及滦河水系。在黄河流域见于山东、河南及晋南等。

Paraleucogobio notacanthus Berg, 1907, Ann. Mag. Nat. Hist.,（7）19: 163（承德滦河）；Fowler, 1924, Bull. Am. Mus. Nat. Hist. 50: 381（兴隆县滦河）；Rendahl, 1928, Ark. Zool. Stockholm 22A（1）: 83（河北）；Mori, 1934, Rep. First. Sci. Exp. Manchurica sect. 5（1）: 20（柴家口滦河）；李思忠，1965，动物学杂志（5）: 218（山西）；伍献文等，1977，中国鲤科鱼类志（下卷）: 455（黄河及海河水系）；李思忠，1981，中国淡水鱼类的分布区划: 162（河海亚区）；乐佩琦，1998，中国动物志 鲤形目（中卷）: 256，图146（山西新绛）。

Leucogobio（*Paraleucogobio*）*notacanthus*, Nichols, 1943, Nat. Hist. Centr. Asia Ⅸ: 165（河北省）。

麦穗鱼属 *Pseudorasbora* Bleeker, 1860

释名：典型种体大小及形状似麦穗，故名。曾名罗汉鱼属（周汉藩、张春霖，1933）。

体长形，稍侧扁。口上位，横直，很小。下颌向上方弯曲，少突出于颌前方，前缘薄锐。眼大；无须；腹圆。侧线鳞33～45，喉部有小鳞。侧线侧中位。鳃耙不发达。下咽齿1～2（罕）行，末端尖钩状。背鳍ⅲ-7；臀鳍ⅲ-6；均无硬刺。肛门邻臀鳍前端。鳔大，2室。化石始于山东省临朐县中新世[①]。东亚小鱼4种，分布于我国中部到朝鲜、日本及萨哈林岛（库页岛）。均小型淡水鱼类。黄河流域有1～2种。

Pseudorasbora Bleeker, 1860, Natuurk. Tijdschr. Ned.–Indie 20: 435（模式种：*Leucogobio parvus* Temminck et Schlegel）。

---

① 依周家健发表于1990年02期《古脊椎动物学报》的文章。

1（2）下咽齿1行；侧线鳞35～38 ·· 麦穗鱼 *P. parva*

2（1）下咽齿2行；侧线鳞33～35 ··· 多牙麦穗鱼 *P. fowleri*

麦穗鱼 *Pseudorasbora parva*（Temminck et Schlegel，1846）（图51）

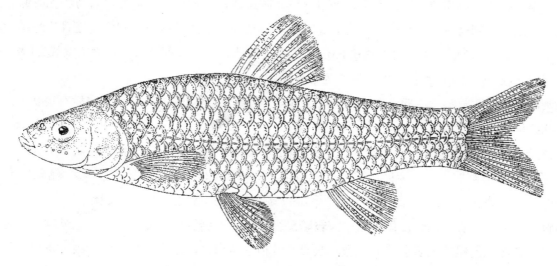

图51 麦穗鱼 *Pseudorasbora parva*

释名：曾名石诸子（杜亚泉等，1923，《动物学大辞典》），罗汉鱼、浑箍郎、麦穗鱼（张春霖，1933），麦鱼（《东流县志》）。

背鳍iii-7；臀鳍iii-6；胸鳍 i -12～14；腹鳍 i -7～8；尾鳍 v ～viii-17- v ～viii。侧线鳞 $35～38\frac{5～6}{4}$；鳃耙外行6+12～13，内行约8+10；下咽齿1行，5个。

标本体长27.2～75 mm。体圆柱状，稍侧扁，背鳍始点处体最高；体长为体高3.8～4.8倍，为头长3.4～4.2倍，为尾部长2.9～3.5倍。头侧面近尖三角形，后半部略侧扁；头长为吻长3.2～3.8倍，为眼径3～3.9倍，为眼间隔宽2.3～3倍，为口宽3.5～4.1倍。吻宽钝，略平扁。眼侧中位，后缘距头前、后端约相等。眼间隔宽坦；对于体长27.2 mm以下小鱼，宽大等于眼径，后渐大于眼径。前、后鼻孔位于眼前上方附近，口小，上位；下颌较横直宽圆，较上颌略长；上颌不达鼻孔。鳃孔大，下端达主鳃盖骨中下方。鳃膜分离，连鳃峡。有假鳃。鳃耙很短小。鳔2室，前室长为后室长3/5。椎骨19+16～17。肠较体长略短。肛门位于臀鳍前缘。

圆鳞大；鳞心距后端为距前端3～4倍，向后有辐状纹且常有色素粒。侧线侧中位，前端稍高。头后缘及眼上下各有1行小孔。

背鳍距吻端较距尾鳍基略远；背缘斜直或微凹；头长为第1分支鳍条长1.1～1.4倍。臀鳍短，头长为第1分支鳍条长1.7～2.1倍。胸鳍侧位而低，头长为第2～3鳍条长1.4～1.9倍。腹鳍约始于背鳍始点下方，头长为第1～2鳍条长的1.4～1.8倍，远不达肛门。尾鳍深叉状。

鲜鱼背侧灰褐色，腹侧白色；鳞后缘色暗，背侧尤显明；背鳍与尾鳍灰黄色，其他鳍浅黄色。水多污泥且水草多处，鱼体鳞后缘呈黑色、新月形，背鳍有小黑点或鳍末端灰黑色；底质多沙和水草少处鱼体色常较淡。雄鱼色较暗，吻侧到眼下方有许多角质突起，雌鱼体侧常有一黑色纵纹。

为小型淡水鱼类。常生活于缓静较浅水区。小稚鱼以轮虫等为食，体长约25 mm时即改食枝角类、摇蚊幼虫及孑孓等。1周龄即达性成熟期。产卵期在晋南伍姓湖为4月初到5月底。在河南、山东稍早，在内蒙古及宁夏为5～6月。卵浓黄色，卵径约1.3 mm，为沉性黏着卵，常平铺于水下光石块及树枝等硬物体上。产卵后雄鱼护卵，怀卵量388～3 060粒。生长慢，当年鱼体长达27～35 mm（东平湖，1962年11月6～7日），1周龄达35～45 mm，2周龄50～65 mm，3周龄约75 mm，4周龄84.7～86.5 mm。耐寒力及对水的酸碱度适应力很强。例如，1955年包头南北海子冰冻1 m多，它与鲫、后鳍条鳅均未冻死。1958年8月20日乌梁素海东坝附近水酸碱度达9.8以上时，它也未死亡。因此它的分布很广。但产量很小，经济价值不大。

分布于我国东部，南至广西、云南，北达黑龙江，西达兰州；国外达俄罗斯海滨省、朝鲜（达洛东江）及日本南部。在黄河流域分布于山东垦利县（黄河口）到宁夏、甘肃等各处。

Leuciscus parvus Temminck et Schlegel, 1842, Fauna Jap. Pisces, : 215, Pl. CII, fig. 3（长崎）。

Pseudorasbora parva Kner, 1867, Zool. Theil. Fische Ⅰ: 355（上海）；Mori, 1928, Jap. J. Zool. 2（6）: 63（济南）；Rendahl, 1928, Ark. Zool. Stockholm 20A（1）: 107（山西，河北，安徽等）；Tchang（张春霖），1928, Contr. Biol. Lab. Sci. Soc. China 4（4）: 18（南京）；Fowler, 1931, Peking Nat. Hist. Bull. 5（2）: 28（济南大明湖）；Tchang（张春霖），1932, Bull. Fan Mem. Inst. Biol. 3（14）: 212（开封）；Tchang, 1933, Zool. Sinica, Ser. B2（1）: 64, fig. 29（济南；开封；垣曲，太原；西安）；Fu（傅桐生），1934, Bull. Honan Mus. Nat. Hist. Ⅰ（2）: 60, fig. 10（辉县百泉）；Mori, 1934, Freshwater Fishes of Jehol: 21（古北口，承德）；Berg, 1949, Freshwater Fishes of USSR: 636, fig. 388（黑龙江，绥芬河，图们江，鸭绿江）（in Russian）；Matsubara, 1955, Fish Morphology & Hierarchy, : 304（日本关东以南，九州岛，四国）；李思忠，1959，黄河渔业生物学基础初步调查报告: 41，图10（利津县到宁夏永宁县）；李思忠，1965，动物学杂志（5）: 217（宁夏，内蒙古，山西，陕西，河南，山东）；伍献文等，1977，中国鲤科鱼类志（下卷）: 462，图9-13（四川木洞；贵州遵义，毕节等）；郑葆珊等，1981，广西淡水鱼类志: 117（百色，钦州等）；崔基哲等，1981，Atlas of Korean Fresh-water fishes: 15，图49（洛东江以西）；武云飞，吴翠珍，1991，青藏高原鱼类: 275，图64（兰州；青海为引进种）；细谷和海，1993，日本鱼类检索: 225（日本关东以西）；乐佩琦，1998，中国动物志　鲤形目（中卷）: 263，图150。

Pseudorasbora altipinna Nichols, 1925, Amer. Mus. Nov.（182）: 5（四川）。

P. depressirostris Nichols, 1925, Ibid.（182）: 5（山西清徐）。

P. monstrosa Nichols, 1925, Ibid.（182）: 6（福建）。

P. parva parvula Nichols, 1929, Ibid.（377）: 8（济南）：Nichols, 1943, Nat. Hist. Centr. Asia, Ⅸ: 102, fig. 38（济南）。

P. parva tenuis Nichols, 1929, Amer. Mus. Nov.（377）: 10, fig. 6（济南）；Nichols, 1943, Nat. Hist. Centr. Asia Ⅸ: 103（济南）。

多牙麦穗鱼 *Pseudorasbora fowleri* Nichols, 1925（图52）*

［有效学名：麦穗鱼 *Pseudorasbora parva*（Temminck et Schlegel, 1846）］

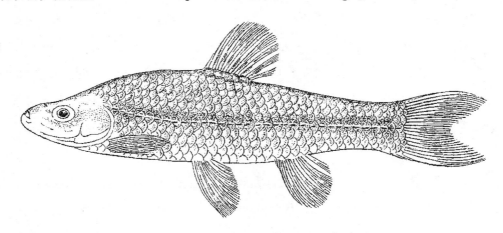

图52　多牙麦穗鱼 *Pseudorasbora parva*（同物异名）

依福勒（Fowler, 1924）、尼科尔斯（Nichols, 1925, 1943）及伍献文等的记载。背鳍iii-7；臀鳍 iii-6。侧线鳞$33 \sim 35 \frac{6}{4} 1 \sim 2$；鳃耙4+12；下咽齿5，3。

标本体长50～84 mm；体长形，稍侧扁，背鳍始点体最高；体长为体高3.7～4.1倍，为头长 3.5～4.2倍。头圆锥形，背部稍凹；头长为吻长3倍，为眼径3.4～4倍，为眼间隔宽2.3倍。吻锥形，上 部略平扁。眼位于头的侧上方，距吻端较近。口上位，倾斜，下颌突出。下唇略宽。前鼻孔小孔状， 有皮突；后鼻孔新月形；距眼较距吻端近，眼间隔宽凸。鳃耙短尖，发育不全。下咽齿末端钩状，有 一宽咀嚼面。除头部外全身有圆鳞，侧线完全，侧中位。

背鳍前距大于后距，背缘圆凸。臀鳍始于背鳍基后端的后下方，下边缘亦圆凸。胸鳍侧位，很 低，略伸不到腹鳍始点。腹鳍始于背鳍始点稍前方，略不达臀鳍始点。尾鳍深叉状，末端尖。肛门邻 近臀鳍始点。

酒精浸存标本背部棕褐色，鳞有黑色边缘，头体下侧白色，沿体侧中央自吻端经眼到尾鳍基有一 黑色宽纵纹。背鳍灰白色，各鳍条下半段后缘有一短黑纹；偶鳍白色；尾鳍灰白色。虹膜银白色。

分布于海河、黄河、淮河及长江下游。在黄河流域曾见于山东省济南。陕西省师范大学1979年9月 20日在华阴亦采到一尾体长53.5 mm的标本。

*编者注：根据FishBase资料，此种亦可能是麦穗鱼*Pseudorasbora parva*的同物异名。

Aphyocypris chinensis, Fowler（not of Günther），1924, Bull. Am. Mus. Nat. Hist., 50: 383（安徽宁 圆）；乐佩琦，1998，中国动物志　鲤形目（中卷）：265，图151（广西阳朔，桂林；浙江；建德； 安徽石台，祁门）。

Pseudorasbora fowleri Nichols, 1925, Amer. Mus. Nov.，（181）：5（安徽宁国）；罗云林等，1977， 中国鲤科鱼类志（下卷）：465，图9-15（黄河、淮河等水系）。

Pseudorasbora parva fowleri Nichols, 1929, Amer. Mus. Nov.，（377）：9（济南）；Nichols, 1943, Nat. Hist. Centr. Asia IX: 103, fig. 40（山东；安徽；江西湖口；福建）。

鳈属 *Sarcocheilichthys* Bleeker, 1860

释名：鳈音泉（quán）。宋丁度《集韵》；康熙字典，鱼名。

体长椭圆形（侧面观）或稍长形，略侧扁。头吻钝短。眼小。眼间隔宽凸。口小。下位或亚下位，马蹄状或弧形。唇不发达，无突起，下唇位于口角或达下颌前部，唇后沟中断。背鳍iii-7；臀鳍iii-6；侧线鳞35～45；下咽齿1～2行；吻突出；痕状须0～1对；下颌窄，略有角质；体有横斑或纵斑。背鳍始点距吻端较距尾鳍基近（有些相等），鳍短，最后不分支鳍条有些种为硬刺。臀鳍无硬刺。腹鳍始于背鳍始点后方。肛门位于腹鳍基与臀鳍基正中或后方。鳔2室，后室较长。腹鳍灰白色。生殖期雌鱼产卵管突出，体外可见。雄鱼色鲜艳。

为我国东部到朝鲜及日本南部小型中下层淡水鱼类。东亚产7～9种，中国产华鳈（*S. sinensis*）等5～8种，朝鲜、日本有1～2种。黄河下游约有3种。

Sarcocheilichthys Bleeker, 1859, Natuurk. Tijdschr. Ned.–Indie, 20: 435（模式种：*Leucisus variegatus* Temminck et Schlegel）

Barbodon Dybowski, 1872, Verh. Zool.–Bot. Ges. Wien. 22: 216（模式种：*B. lacustris* Dybowski）。

Chilogobio Berg, 1914, Fauna Fish. Russia（in Russian）3（2）：488（模式种：*C. soldatovi* Berg）。

Georgichthys Nichols, 1918, Proc. Biol Soc. Washington 31: 17（模式种：*G. scaphignatus* Nichols）。

Exoglossops Fowler et Bean, 1920, Proc. U. S. nat. Mus. 58: 311（模式种：*E. geei* Fowler & Bean）。

种的检索表

1（2）下颌角质前缘发达；口角痕状须1对；体有4条黑色宽带·····················华鳈 *S. sinensis*

2（1）下颌角质前缘很弱；无须；体有黑斑而无横带纹

3（4）偶鳍与臀鳍大部分黑褐色，边缘黄色·····················黑鳍鳈 *S. nigripinnis*

4（3）偶鳍与臀鳍黄红色·····················红鳍鳈 *S. sciistius*

华鳈 *Sarcocheilichthys sinensis* Bleeker, 1871（图53）

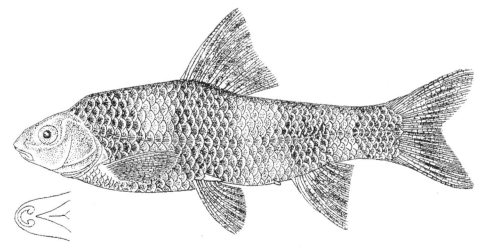

图53　华鳈 *Sarcocheilichthys sinensis sinensis*

释名：华鳈（唐鳈）（周汉藩、张春霖，1934）；花鲤（傅桐生，1934）；花石鲫，花鱼，山鲤子（伍献文等，1977）。

背鳍iii-7；臀鳍iii-6；胸鳍i-14～15；腹鳍i-7；尾鳍v～vi-17-iv～vii。侧线鳞38～39$\frac{6}{5}$2；鳃耙外行3+5，内行6+11。下咽齿5，1。

标本体长66.7～107 mm。体长形，背鳍始点处体最高，中等侧扁，向前后渐尖；体长为体高3.2～3.5倍，为头长4.2～4.4倍，为尾部长2.6～3.2倍，为眼径2.5～3.7倍，为眼间隔宽2.2～2.4倍。吻略突出。眼侧中位，后缘位于头前后正中的略后方。眼间隔微凸。前、后鼻孔位于眼前方附近。口下位，口角达鼻孔下方。下颌窄，犁状，前端有角质缘。唇在口角肥厚，后沟中断。口角后有痕状须1对。鳃孔大，下端不达前鳃盖骨角。鳃膜互连且连鳃峡。鳃膜条骨4。鳃耙粗短。鳔大，2室。下咽齿长，上端钩状。肛门位于腹鳍基到臀鳍基后3/4处，生殖孔位于肛门后。

除头部外体蒙圆鳞；鳞前端较横直，鳞心距后端为距前端3～4倍，向后有辐状纹及黄褐色色素粒。侧线侧中位。

背鳍前距为后距约1.1倍，背缘斜形略凹；头长为第1分支鳍条长0.9～1倍。臀鳍似背鳍而较窄小，头长为第1分支鳍条长1.2～1.3倍。胸鳍侧位而很低，圆刀状；头长为第3鳍条长1～1.1倍。约达背鳍始点。腹鳍始于背鳍始点稍后方，略达肛门，头长为第2鳍条长1.1～1.2倍。尾鳍深叉状。

鲜鱼灰黄色，体侧在项背、背鳍基、臀鳍基及尾柄后端各有一略斜向前方的黑色横带状宽纹。鳍黄色，背鳍前端和尾鳍上、下叉及其他鳍中央各有一大黑斑。下颌角质缘栗色。鳃腔中部灰褐色。成鱼鳃孔后缘有一直立的亮黑斑。

雄性成鱼生殖期头部有角质突起，雌鱼有短的产卵管伸在生殖孔外。为我国东半部中下层小型淡水鱼。常生活在水清、底多沙石及多水草处。刮食附在石上的无脊椎动物。约2周龄达性成熟期。产浮性卵。在黄河流域体长达129 mm。

分布我国东部平原区，在黄河流域曾见于山东省及河南省（开封、辉县、洛阳）。

此种张春霖（1933，1959等）、傅桐生（1934）等定名*Sarcocheilichthys sinensis lacustris*（Dybowsky），咽齿2行（5，1）。苏联贝尔格在《苏联淡水鱼类志》（1949）称此种下咽齿1行（5-5）或2行（1，5-5，1）或一侧1行而另一侧2行（5-5，1）。伍献文等在《中国鲤科鱼类志》（下卷）则将黑龙江水系的定名为东北鳈（*S. lacustris*）"下咽齿2行（5，2或5，1），侧线鳞42～43，圆尾柄鳞20～22"；将我国东部各处的定名为华鳈（*S. sinensis*）"下咽齿1行，侧线鳞40～41，围尾柄鳞16"。著者查黄河标本下咽齿确为（5，1），鳞亦较少，定名华鳈，与伍教授等的记述稍有不同。

Sarcocheilichthys sinensis Bleeker, 1871, Verh. Akad. Wer. Amst., 12: 31, Pl. 4, fig. 2（长江）；乐佩琦，1998，中国动物志　鲤形目（中卷）：271，图154（除西北高原部分地区外，几遍于各主要水系，在平原，江河，湖泊均有分布）。

S. sinensis lacustris, Tchang（张春霖），1933, Zool. Sinica, ser. B.2（1）：85, fig. 40（宁波，南京，北京等）；Fu（傅桐生），1934, Bull. Honan Mus.（Nat. Hist.）Ⅰ（2）：66, fig. 15（辉县百泉）；李思忠，1965，动物学杂志（5）：217（河南，山东）。

黑鳍鳈 *Sarcocheilichthys nigripinnis* （Günther，1873）（图54）

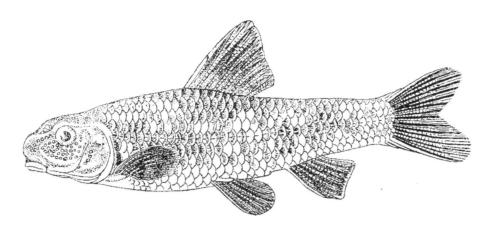

图54　黑鳍鳈 *Sarcocheilichthys nigripinnis nigripinnis*

释名： 鳍大部分灰黑色或黑色，故名。曾名黑翅鳈（花花媳妇）（周汉藩、张春霖，1934），花鲤（傅桐生，1934）。

背鳍 iii-7；臀鳍 iii-6；胸鳍 i -14～15；腹鳍 i -7；尾鳍 ix-17-ix。侧线鳞 $36～38\frac{6}{5}3$；鳃耙外行2+4，内行3+6；下咽齿5，1。

标本体长41～98 mm。体长形，侧扁，背鳍前方附近体最高；体长为体高3.2～4.2倍，为头长3.9～4.6倍。头侧面呈三角形；头长为吻长2.7～3倍，为眼径4～5.4倍，为眼间隔宽2.8～3倍。吻钝圆，微突出。眼位于头前半部，稍高。眼间隔宽坦。鼻孔位于眼稍前方。口位很低，浅弧状，后端达鼻孔下方。下颌较略短；角质不显明。下唇发达，后沟中断。无须。鳃孔大。鳃盖膜连鳃峡。鳃耙稀小。咽齿长，尖端钩状。肛门距臀鳍较距腹鳍基近。椎骨40～41。

头部无鳞，其他部分全蒙圆鳞。侧线侧中位。背鳍无硬刺，前距较后距稍大；背缘斜且微凹；头长为第1分支鳍条长1～1.1倍。臀鳍位于背鳍远后方；头长为第1分支鳍条长1.3～1.4倍。胸鳍侧位，很低，尖刀状，头长约为第2鳍条长1.1倍，约达背鳍始点下方。腹鳍始于第2～3分支背鳍条下方；圆刀状；头长为第1～2鳍条长1.3倍。尾鳍深叉状。

鲜鱼背侧暗棕黄色，杂有不规则云状黑斑，腹侧色较淡。鳃孔后缘和胸鳍基上方有一显明直立黑斑。性成熟雄鱼头吻两侧有显明角质突起，喉胸部与鳃孔后附近淡红色，雌鱼生殖期有产卵管突出，体外可见。鳍大部分黑褐色，边缘或基缘黄色。

为我国东部淡水下层小型杂鱼。常生活于清澈流水、底多沙石处，以底栖无脊椎动物为食。春夏间产卵，可能产于贝壳内或石缝间。

分布于海南岛到辽河及台湾等处。在黄河流域见于下游陕西省渭河盆地到河南省洛阳、辉县及山东省济南等处。

Gobio nigripinnis Günther，1873，Ann. Mag. Nat. Hist.（4）12: 246（上海）；Tchang（张春霖），1928，Contr. Biol. Lab. Sci. Soc. China 4（4）：16（南京）。

Sarcocheilichthys nigripinnis，Nichols, & Pope，1927，Bull. Am. Mus. Nat. hist. 54: 352, fig. 21（海南岛）；Tchang（张春霖），1933，Zool. Sinica, ser. B.2（1）；83, fig. 39（济南，陕西，杭州，南京，天津等）；Fu（傅桐生），1934，Bull. Honan Mus.（nat. Hist.）1（2）：65, fig. 14（辉县百泉）；Wu

（伍献文），1939，Sinensia 10（1～6）：111（阳朔）；张春霖，1959，中国系统鲤类志：72，图61（济南，陕西等）；李思忠，1965，动物学杂志（5）：217（陕西，河南，山东）；伍献文等，1977，中国鲤科鱼类志（下卷）：474，图9-22（海南岛到黄河等）；解玉浩，1981，鱼类学论文集2：116（辽宁太子河）；乐佩琦，1998，中国动物志　鲤形目（中卷）：277，图158（陕西周至，河南辉县百泉，山东济南等）。

红鳍鮈 *Sarcocheilichthys sciistius*（Abbott, 1901）（**图**55）

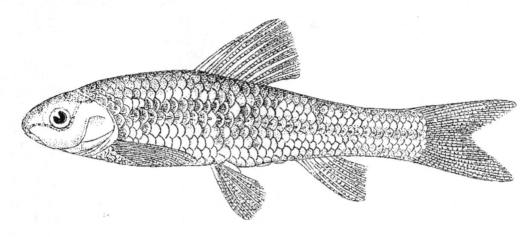

图55　红鳍鮈 *Sarcocheilichthys sciistius*

释名：偶鳍等为红色，故名。陕西省周志县当地名麻鱼或麻疙瘩鱼。

背鳍iii-7；臀鳍iii-6；胸鳍 i -15；腹鳍 i -7；尾鳍vii～ix-16～17-vi～vii。侧线鳞$35～40\frac{4～5}{5}2$；鳃耙外行2+4，内行2+5；下咽齿5，1。

标本体长54.3～96 mm。体长形，中等侧扁，背鳍前方附近体最高；体长为体高3.4～4倍，为头长4.2～4.3倍，为尾部长2.6～2.7倍，头亦侧扁，背缘与前部呈浅弧状；头长为吻长3.5～3.7倍，为眼径3.5～4.2倍，为眼间隔宽2.5倍。吻钝，略突出。眼侧中位，后缘约为头的正中点。眼间隔宽坦。鼻孔位于眼稍前方。口下位，小。下颌窄圆，角质不显明。唇发达。口角肥厚，唇后沟中断。无须。鳃孔大，下端达前鳃盖骨角下方。鳃耙稀小。鳔大，体长为鳔长3.4倍；前室粗短、圆筒状；后室圆锥状，约为前室1.3倍。肠有2折弯，体长为肠长1.2倍。肛门约位于腹鳍基到臀鳍基的正中间。

除头部外，全体蒙圆鳞；鳞前端较横直，鳞心距后端为距前端3～4倍，向后有辐状纹及色素粒，侧线侧中位。

背鳍前距约等于后距，背缘斜且微凹；头长为第1分支鳍条约1.1倍。臀鳍始于背鳍基远后方，头长为第1分支鳍条长约1.4倍。胸鳍侧位，很低；圆刀状；最长鳍条长约等于最长背鳍条长，不达背鳍始点。腹鳍始于背鳍始点稍后方，约伸达肛门与臀鳍基正中间。尾鳍深叉状。

鲜鱼背侧灰黄色，微绿；下侧色较淡；背面及两侧有不规则云状黑斑，沿尾部侧中线呈黑褐色纵带状；胸部及腹鳍基前方腹面淡红色；鳃孔前、后缘橘红色，在胸鳍基前上方有一横月状黑褐色斑。背鳍与尾鳍灰黄色；背鳍中部有2条斜行褐色斑纹，前基缘黑色；其他鳍黄红色（浸存久后变灰白色）。虹彩肌银白色，微黄，上部黄褐色；瞳孔上半部橘红色。腹腔膜灰黄色，背侧灰黑色。性成熟雄鱼头侧有角质突起，雌鱼生殖期产卵管外露。

为长江与黄河流域中下层小杂鱼。喜生活于清缓流水、底多沙石处。标本采自陕西省兴平市马嵬坡及周志县黑河及芦河。济南曾有纪录。

罗云林（1977）与乐佩琦（1998）将*Sarcocheilichthys maculatus* Mori（1928，济南）和*S. sciistius* Tchang et Shaw（1931，北京、河北及天津）均作为黑鳍鳈的异名。但此种偶鳍及臀鳍鲜鱼为黄红色，久后渐变灰白色，很不相同。

Leuciscus sciistius Abbott, 1901, Proc. U. S. natn. Mus. 23: 487, fig.（天津）。

Sarcocheilichthys maculatus Mori, 1928, Jap. J. Zool., 2（1）：65（济南）；李思忠，1965，动物学杂志（5）：217（陕西，河南，山东）。

Sarcocheilichthys sciistius, Nichols, 1929, Am. Mus. Novit. No. 377: 5（济南）；Tchang（张春霖）& Shaw（寿振黄），1931, Bull. Fan Mem. Inst. Biol., 2: 285, fig. 2（延庆，怀来，北京，保定，天津等）。

Sarcocheilichthys nigripinnis sciistius, Nichols, 1943, Nat. Hist. Centr. Asia, IX: 191（山东济南）。

Chilogobio nigripinnis sciistius，王以康，1958，鱼类分类学：152（济南）。

Sarcocheilichthys nigripinnis nigripinnis 罗云林等，1977，中国鲤科鱼类志：474（陕西周至等）。

Sarcocheilichthys nigripinnis 乐佩琦，1998，中国动物志　鲤形目（中卷）：277，图158（陕西周至）

颌须鮈属 *Gnathopogon* Bleeker, 1860

释名：上颌后端有一须，故名；gnathopogon（希腊文：gnathos，颌 + pogon，有须的），亦此意。

体或多或少呈长纺锤形，稍侧扁，腹侧宽圆。头近圆锥形。眼侧位而稍高。吻钝短。口前位。略低。唇光滑。下颌无角质。上颌后端有一短须，须长至多等于瞳孔径。鳃孔大。鳃膜连鳃峡。咽齿2行。鳍无硬刺。背鳍iii-7，前距常较后距大。臀鳍iii-6。胸鳍侧位而低。腹鳍始于背鳍始点下方，或者稍靠前或稍靠后。除头部外体全蒙圆鳞，喉胸部蒙鳞，侧线鳞33～42。肛门与臀鳍基间仅有1～2个鳞。体侧常有多条纵短纹。为我国东部到日本及亚洲北部的小型淡水鱼类。黄河流域有3种。

Gnathopogon Bleeker, 1860, Natuurk. Ned.–Indie, 20: 435（模式种：*Capoeta elongata* Temminck et Schlegel）。

Leucogobio Günther, 1896, Ann. Mus. Zool. Acad. Sci. St. Petersb., 13: 212（模式种：*L. herzensteini* Günther）。

Sinigobio Chu（朱元鼎），1935, Biol. Bull. St. John's Univ., Shanghai（2）：11（模式种：*S. sihuensis* Chu）。

种的检索表

1（2）侧线与腹鳍基间有鳞6纵行；腹鳍始于背鳍始点前方；体侧有7～8条灰黑色纵条纹··········· ······························· 多纹颌须鮈 *G. polytaenia*

2（3）须痕状；侧线与腹鳍基间有鳞3～4纵行

3（4）沿侧线黑纵纹宽等于眼径；背鳍、臀鳍上缘或下缘不圆凸；头较前背很低·············· ························· 短须颌须鮈 *G. imberbis*

4（3）侧线上方3～4纵纹宽不比瞳孔径长；背鳍上缘与臀鳍下缘圆凸；头较前背微低…………
…………………………………………………………………………济南颌须鮈 *G. tsinanensis*

多纹颌须鮈 *Gnathopogon polytaenia*（Nichols, 1925）（图56）

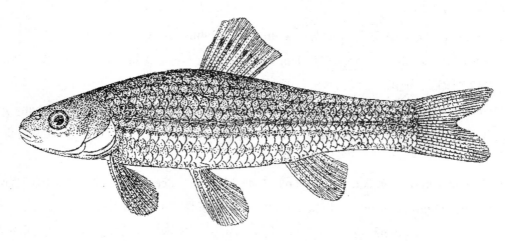

图56　多纹颌须鮈 *Gnathopogon polytaenia*

释名：体每侧至少有7条灰色或黑色细纵纹，故名。曾名：沙龙鱼（傅桐生，1934）；多条颌须鱼（王以康，1958）；麻鱼（张春霖，1959）；多纹白鮈（李思忠，1965）。

模式标本采自山西省娘子关。标本体长76 mm。背鳍ⅲ-7；臀鳍ⅱ-8；侧线鳞39；下咽齿3.5-5，3。体长为体高的3.7倍，为头长3.7倍。头长为吻长的3.5倍，为眼径的4倍，为眼间距的2.8倍，为尾柄长的1.3倍，为尾柄高的1.9倍，为胸鳍长的1.3倍，为腹鳍长的1.5倍，为最长背鳍条长的1.5倍，为最长臀鳍条长的1.6倍，为尾鳍长的1.3倍。眼径为须长2倍。

体稍侧扁，尾柄侧扁，胸部宽且较平坦。头部较钝。吻钝。口小，口裂斜形。上、下颌长度相等，上颌伸不到眼前缘的下方。口角有须1对，细小，其长度约为眼径的1/2。侧线完整，平直。

背鳍无硬刺，其始点位置比腹鳍的始点位置稍靠后，距吻端稍近于距尾鳍基。胸鳍圆形，后端不达腹鳍。腹鳍末端不达肛门。肛门邻近臀鳍，位于腹鳍基与臀鳍始点间的后1/4处。

体背部带黑色，沿体侧中部色深，其背部有不显著的灰色条纹，侧线下方有银色和黑色交替的条纹，腹部灰色。背鳍前部的鳍条具有一个黑点，其余各鳍色浅。

分布于滹沱河水系。

此种在黄河流域曾有多次纪录，但与模式种原图等似有差异。故录原始记述及原图，供今后参考。

Leucogobio polytaenia Nichols, 1925, Amer. Mus. Nov.,（181）：6（山西：娘子关）；Nichols, 1943, Nat. Centr. Asia Ⅸ: 166, fig. 79（山西）；李思忠，1965，动物学杂志（5）：218（陕西，山西，河南，山东）。

Gnathopogon tsinanensis，王以康，1958，鱼类分类学：156（多条颌须鱼。山西）；罗云林等，1977，中国鲤科鱼类志（下卷）：481（依Nichols, 1925）。

短须颌须鮈 *Gnathopogon imberbis* （Sauvage et Dabry, 1874）（图57）

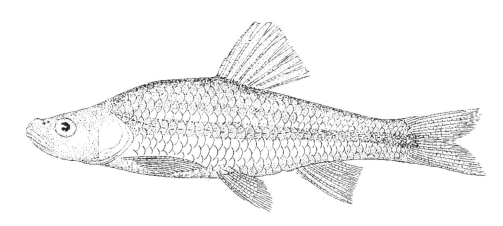

图57　短须颌须鮈 *Gnathopogon imberbis*

释名：须痕状，故名。拉丁文imberbis（无须的）亦此意。曾名无须颌须鱼（王以康，1958），低头白鮈（李思忠，1965）。

背鳍iii-7；臀鳍iii-6。侧线鳞38～42$\frac{6}{4}$；咽齿5，3或5，2。

标本体长68～75 mm。中等侧扁；背部高凸，似驼背；体长为体高3.7倍，为头长3.4倍。头平扁；头长为吻长3.7倍，为眼径4.4～4.6倍，为眼间隔宽3.1倍，为上颌长3.4倍，为最长背鳍条长1.6倍，为最长臀鳍条长1.8倍，为胸鳍长1.4倍，为腹鳍长1.6倍，为尾鳍长1.3倍，为尾柄长1.5倍，为尾柄高2.8倍。上、下颌长度相等。口裂斜形。上颌略不达眼前缘，后端隐一痕状粗须。鳃膜互连，亦连鳃峡。咽齿稍粗长，有尖钩。肛门位于臀鳍稍前方。

鳞稍大，略有辐状纹；腹鳍基上缘有一长膜状腋鳞，其上表层尚有一尖鳞。侧线完整，侧中位，直线形。

背鳍无硬刺，其始点距吻端等于距尾鳍基。腹鳍始点位于背鳍始点下方。胸鳍伸不到腹鳍。腹鳍略不达臀鳍。尾鳍中等叉状。

自肩部到尾鳍基有一纵带状黑纹；头体背侧黑色，与体侧纹间灰白色，其间有一黑色纵纹；眼后附近有黑色短带。各鳍白色。

分布于长江（安徽宁国）及黄河下游（山东及山西）（依Nichols，1925，1943）。

罗云林等（1977）曾将此鱼作为*Gnathopogon nicholsi*（Fang，1943）的异名，但后种侧线鳞36$\frac{5}{3}$37较少，头形及体色亦差异较大，暂予保留，待将来查证。

Gobio imberbis Sauvage et Dabry, 1874, Ann.Sci. Nat., Paris, （6），（zool.），1（5）：8（陕西南部）。

Leucogobio imberbis Nichols, 1925, Amer. Mus. Nov.（185）：6（安徽宁国）；Rendahl, 1928, Ark. Zool. Stockholm, 20A（1）：82（山西垣曲）；Nichols, 1943, Nat. Hist. Centr. Asia Ⅸ：167, fig. 81（山东省）；李思忠，1965，动物学杂志（5）：217（低头白鮈。山西，山东）。

Gnathopogon imberbis，乐佩琦，1998，中国动物志　鲤形目（中卷）：305，图175（湖北崇阳；四川雅安、重庆、成都、木洞）。

济南颌须鮈 *Gnathopogon tsinanensis*（Mori, 1928）（图58）

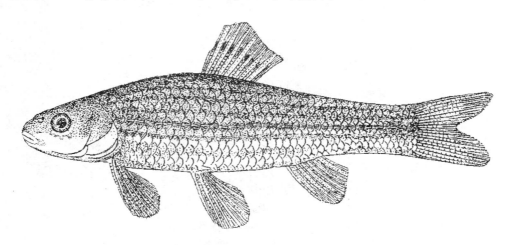

图58　济南颌须鮈 *Gnathopogon tsinanensis*

释名：模式产地为济南，故名。曾名济南颌须鱼（王以康，1958），沙龙（傅桐生，1934），济南白鮈（李思忠，1965）。

背鳍iii-7；臀鳍iii-6；胸鳍 i -14～15；腹鳍 i -7（少数为8）；尾鳍vi～vii+17+vi～vii。侧线鳞34～37$\frac{5}{4}$2；下咽齿5，2或5，3。椎骨37～38（乐佩琦，1998）。

标本体长40.2～110 mm。体长形，稍侧扁，背鳍始点处体最高；体钝锥状，后端微侧扁；头长为吻长3.2～3.5倍，为眼径3.7～4.7倍，为眼间隔宽2.9～3.2倍。吻钝圆，不突出。眼侧位，稍高，后缘约位于头前、后端的正中间。眼间隔宽坦。鼻孔位于眼稍前上方，前鼻孔略呈管突状。口前位，浅弧状，口角不伸过鼻孔。下颌较上颌略短。唇光滑。口角有一痕状短须。鳃孔大，下端不达前鳃骨角。鳃膜互连鳃峡。鳃耙稀短。下咽齿上端尖钩状。鳔前室切面呈椭圆形；后室细柱状，为前室长1.3倍；体长为鳔长3.9倍。体长为肠长1.4倍。椎骨36～37，尾椎约17。肛门位于臀鳍始点稍前方。

除头部外全身蒙圆鳞；鳞前端较横直；鳞心距后端为距前端4～5倍，向后有辐状纹。侧线侧中位。

背鳍约始于体前、后端正中间，前距为后距1.2～1.4倍，上缘斜直；第1分支鳍条最长，头长为其长1.3～1.6倍。臀鳍较背鳍短窄，头长为第1分支臀鳍条长1.5～1.8倍。胸鳍侧下位；圆刀状；第4鳍条最长，头长为其长1.2～1.5倍。腹鳍始于背鳍始点稍后方，约达肛门。尾鳍圆叉状。

体背侧黄灰色，腹侧白色或淡黄色；体侧鳞中央灰暗，每侧约有7条灰褐色细纵纹，上方4条近黑色；尾柄侧常较暗。背鳍与尾鳍灰黄色，背鳍条中段黑色；其他鳍黄白色。腹腔膜灰褐色。

为淡水清浅地区中下层小杂鱼。以底栖无脊椎动物为食。解剖一尾体长54 mm和重3.5 g的雌鱼（1960年3月12日，华阴市），肠充塞度为3～4度；卵巢淡黄，充满腹腔，最大卵径约1 mm，最小仅0.3 mm。卵巢重0.5 g。1周龄体长约40 mm，2周龄51～55 mm，3周龄65～69.5 mm。最大达121 mm（张春霖，1959）。雄鱼偶鳍较短。

分布于海河及黄河水系。在黄河流域见于陕西延河及渭河盆地、晋南涑水河，河南陕县及辉县，到山东东平湖及济南等处。

此种主要特征是头长大于体高，腹鳍始点较后，尾柄周鳞12～14。

Leucogobio tsinanensis Mori, 1928, Jap. J. Zool., 2（1）：63, pl. 2, fig. 1（济南龙山）；李思忠，

1965，动物学杂志（5）：218（山东）。

Leucogobio polytaenia Tchang, 1933, Zool. Sinica, Ser. B. 2（1）：68（娘子关；济南）；Fu（傅桐生），1934, Bull. Honan Mus.（Nat. Hist.）Ⅰ（2）：61（百泉）。

Leucogobio polytaenia Nichols, 1925, Amer. Mus. Nov.（181）：6（娘子关）。

L. polytaenia microbarbus Nichols, 1929, Amer. Mus. Nov.（377）：1, fig. 1（山东济南）。

L. polytaenia tsinanensis, Nichols, 1943, Nat. Hist. Centr. Asia Ⅸ: 166, fig. 80（济南及江西湖口）.

Gnathopogon tsinanensis, 王以康，1958，鱼类分类学：156（山东）；罗云林等，1977，中国鲤科鱼类志（下卷）：484，图9-29（黄河水系）；方树淼等，1984，兰州大学学报（自然科学）20（1）：102（渭河，延河）；乐佩琦，1998，中国动物志 鲤形目（中卷）：309，图178（山东济南；陕西周至）。

银鮈属 *Squalidus* Dybowsky, 1872

释名： 拉丁文squalidus：脏的，贫的，无人管的。可能因其模式种兴凯湖银鮈体小且无捕捞价值而得此属名。

体长形，略侧扁；尾柄低，体长为尾柄高9倍以上。口稍下位；唇简单且薄。上、下颌无角质。上颌后端有一须；须较长，不短于瞳孔。眼较大，眼径不小于吻长。背鳍、臀鳍无硬刺；背鳍始于腹鳍始点前方。肛门距臀鳍始点有3～5个鳞。胸、腹部均具鳞。沿体侧中轴有一较宽纵纹。下咽齿2行。鳔大，2室。腹膜灰白色。为东亚特产淡水鱼，体长常80～100 mm。产于越南到黑龙江、朝鲜及日本，约有11种。中国有8种，黄河有4种。

Squalidus Dybowsky, 1872, Verh. Zool.-Bot. Ges. Wien. 22: 216（模式种：*S. chankaensis* Dybowsky）；乐佩琦，1998，中国动物志 鲤形目（中卷）：312。

Sinigobio Chu（朱元鼎），1935, Biol. Bull. St. John'S Univ., Shanghai,（2）：11（模式种：*S. sihuensis* Chu）。

种的检索表

6（1）口亚下位；须较瞳孔径长；肛门位于腹鳍基至臀鳍基间后1/3处

7（2）须长约等于眼径；体长为体高4倍以上

8（11）背鳍上缘与臀鳍下缘斜凹形

9（10）体侧有一灰黑色纵纹；侧线鳞$35\sim37\frac{5}{4}2$ ······················ 银鮈 *S. argentatus*

10（9）体侧沿侧线及上方有3条灰黑色纵纹；侧线鳞$36\frac{3}{2}2$ ·············· 点纹银鮈 *S. wolterstorffi*

11（8）背鳍上缘与臀鳍下缘斜凸；体每侧有4条灰黑色纵纹 ······················ 八纹银鮈 *S. similis*

12（7）须长约等于瞳孔径；体长为体高3.4～4倍；背鳍上缘与臀鳍下缘斜凸；体侧无斑纹 ······················ 中间银鮈 *S. intermedius*

银色银鮈 *Squalidus argentatus*（Sauvage et Dabry, 1874）（图59）

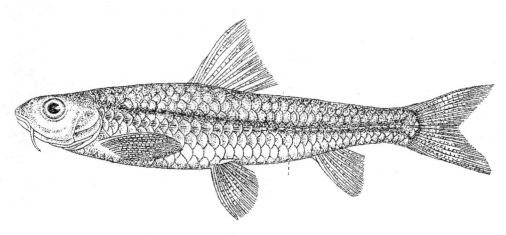

图59　银色银鮈 *Squalidus argentatus*

释名：体侧及下方银白色，故名。argentatus（银的）亦此意。

背鳍iii-7；臀鳍iii-6；胸鳍 i -15～16；腹鳍 i -7；尾鳍viii～ix+17+viii～ix。侧线鳞35～37 $\frac{5}{3～4}$ 2；鳃耙外行4+7，内行6+9。下咽齿5，3。

标本体长58.5～66 mm。体稍细长，背鳍始点处体最高，中等侧扁；体长为体高4.3～5.1倍，为头长3.6～3.9倍，为尾部长2.9～3.1倍。头略侧扁，前端钝尖；头长为吻长3.2～3.8倍，为眼径3.7～4倍，为眼间隔宽3.1～3.3倍，为上颌须长3.1～3.3倍。吻不突出，体长58.5 mm时吻长等于眼径，大鱼须长稍大于眼径。眼位于头侧上半部，距吻端较近。眼间隔宽坦。鼻孔位于眼稍前上方。口前位，斜半圆形，后端达鼻孔下方。下颌稍短。唇薄，光滑。上颌须位于口角，约达眼后缘。鳃孔大，侧位，下端达眼与前鳃盖骨后缘之间。鳃膜互连且连鳃峡。鳃耙粗短，稀少。鳔长微大于头长；前室粗筒状；后室切面呈长椭圆形，长为前室长1.6倍。体长为肠长1.2倍。椎骨36～37，尾椎约18。肛门位于腹鳍基与臀鳍间后2/3处。

除头部外全身蒙鳞，喉胸部也蒙鳞；鳞半圆形，前端横直，鳞心到后端为到前端约6倍，向后有辐状纹。侧线侧中位，前端略高。

背鳍前距略大于后距；上缘很斜且略凹；第1分支鳍条最长，为最后背鳍条长2倍，头长为其长1.1～1.2倍。臀鳍窄短，始于腹鳍始点到尾鳍基的正中间。胸鳍侧下位，尖刀状；第2鳍条最长，不伸过背鳍始点，头长为其长1.3～1.4倍。腹鳍始于第1～2分支背鳍条基下方，约达肛门。尾鳍深叉状。

鲜鱼背侧淡灰色，微绿，下侧银白色。体侧自鳃孔背侧到尾鳍基有一蓝灰色纵纹，纹宽稍小于瞳孔径。有些标本沿背中线及体侧纵纹内有圆形小黑斑，斑径约等1/2瞳孔径。鳍淡黄色或白色；背鳍与尾鳍上、下叉有些微较灰暗。腹膜银白色，背侧略灰暗。

为清水小河中的中下层小杂鱼。约2周龄体长方达58.5～66 mm。喜生活于浅流水砂底水域。夏季产卵。

分布与海南岛到辽河等处。在黄河流域见于河南省西部到潼关等处。无大经济价值。

Gobio argentatus Sauvage et Dabry, 1874, Ann. Sci. nat. Zool. Paris（6）Ⅰ（5）：9（长江）；Rendahl, 1928, Ark. Zool. Stockholm 20A（1）：77（豫西及垣曲黄河）；Wu（伍献文），1931, Bull. Mus. Hist. nat. Paris（2）3（5）：435（浙江）；Chang（张孝威），1944, Sinensia 15（1～6）：35（乐山）。

Gnathopogon argentatus, Nichols, 1943, Nat. Hist. Centr. Asia LX: 169（湖南洞庭湖）；李思忠，1965，动物学杂志（5）：218（陕西，山西，河南）；伍献文等，1977，中国鲤科鱼类志（下卷）；487，图9-32（西川雅安，木洞等）；解玉浩，1981，鱼类学论文集Ⅱ：116（辽河东部支流清河）；郑葆珊等，1981，广西淡水鱼类志：122，图949（钦江，珠江）；方树淼等，1984，兰州大学学报（自然科学）20（1）：102（陕西渭河及南洛河）。

Squalidus argentatus，乐佩琦，1998，中国动物志　鲤形目（中卷）：314，图181（除西北少数地区外，几乎遍布全国各主要水系）。

点纹银鮈 *Squalidus wolterstorffi*（Regan, 1908）（图60）

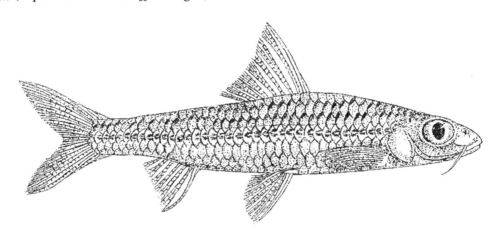

图60　点纹银鮈 *Squalidus wolterstorffi*

释名：沿侧线及其上方有3行黑点形成的纵纹，故名。曾名：胡氏颌须鱼（王以康，1958），吴氏鮈（张春霖，1959），吴氏颌须鮈（李思忠，1965）。

背鳍iii-7；臀鳍iii-6；胸鳍 i -13～14；腹鳍 i -7；尾鳍 v +17+vii。侧线鳞$36\frac{3}{2}2$；下咽齿5，3。

标本体长70～95 mm。体长形，稍侧扁，腹侧宽圆；体长为体高4.2～4.5倍，为头长3.8～4.2倍。头钝尖；头长为眼径2.8倍，为眼间隔宽4.5倍。吻端钝圆，不突出；吻长等于或稍短于眼径。眼大，侧位而较高。眼间隔窄，眼径约为其宽1.6倍。鼻孔位于眼稍前方。口前位而低，后端达鼻孔下方。唇薄，光滑。上颌须细长，约等于眼径，约达瞳孔中央下方。鳃孔大，侧位。下咽齿长扁形，上端有一尖钩。肛门约位于腹鳍基至臀鳍的2/3处。

除头部外，全身蒙圆鳞，喉胸部不裸露。侧线侧中位，完整。

背鳍短，始点距吻端较距尾鳍基稍大；背缘斜凹；最后一不分支鳍条最长，其长较头长略短。臀鳍始于背鳍条后端的稍后方，似背鳍而较窄短。胸鳍侧位而低；尖刀状。第1鳍条最长，长约等于3/4头长，不伸过背鳍始点。腹鳍始于第3～4分支背鳍条基下方。尾鳍深叉状。

体背侧淡灰褐色，下方色较淡，沿侧线为银白色纵纹状；侧线鳞外露部上、下各有一小黑点，侧线上方鳞后上缘亦各有一黑点，致体侧中央及上方形成有3条黑色纵点纹。各鳍白色或微黄。

为清水河流浅水区的底层小杂鱼。分布于滦河到闽江及珠江等处。傅勒（Fowler, 1931）曾报告济南亦产而无描述。

Gobio wolterstorffi Regan, 1908, Ann. Mag. Nat. Hist.（8）Ⅰ: 110, pl. Ⅳ, fig. 2（河北省定县）；Fowler, 1930～1931, Peking Bull. Nat. Hist. 5（2）：27-31（济南）；张春霖，1959，中国系统鲤类志：

59，图48（河北省及北京）。

Gnathopogon wolterstorffi Tchang（张春霖），1930, These. Univ. Paris, S. A（209）：94（乐山）；Nichols, 1943, Nat. Hist. Centr. Asia Ⅸ: 171（河北）；王以康，1958，鱼类分类学：155（河北，江西，四川，浙江）；李思忠，1965，动物学杂志（5）：218（山东）；伍献文等，1977，中国鲤科鱼类志（下卷）：491，图9-36（滦河，海河，长江，富春江，闽江及漓江等）；郑葆珊等，1981，广西淡水鱼类志：123，图95（漓江）。

Squalidus wolterstorffi，乐佩琦，1998，中国动物志　鲤形目（中卷）：316，图182（山西定襄，山东济南，河北永德等）。

八纹银鮈 *Gnathopogon similis* Nichols（图61）*

［有效学名：中间银鮈 *Squalidus intermedius* Nichols, 1929］

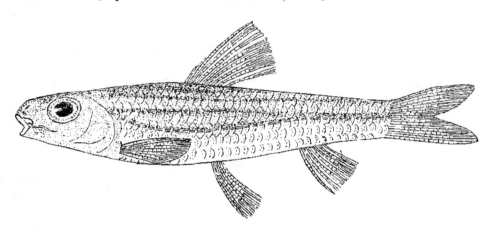

图61　八纹银鮈 *Gnathopogon similis*（同物异名）

释名： 体前部每侧有4条暗色细纵纹，故名。曾名：西密颌须鱼（王以康，1958），西密颌须鮈（李思忠，1965）。

无黄河标本，依尼柯尔斯（Nichols, 1929）。背鳍ii-7；臀鳍ii-6；侧线鳞37～38$\frac{3}{2}$。

标本体长58 mm。体长为体高4.5倍，为头长3.7倍。头长为眼径3倍，为吻长3.7倍，为眼间隔宽3.4倍，为上颌长3.6倍，为须长4倍，为肩部体宽2倍，为最长背鳍条长1.3倍，为最长臀鳍条长1.9倍，为胸鳍长1.4倍，为腹鳍长1.4倍，为尾鳍长1.1倍，为尾柄长1.5倍，为尾柄高2.6倍。

体中等侧扁；胸部及腹部宽圆。眼大、卵圆形，侧位而稍高。眼间隔微凹。上颌骨微斜，伸不到眼前缘。下颌较短，无游离的下唇。鳃膜于前鳃盖骨后缘略后方与鳃峡窄相连。肛门位于腹鳍基与臀鳍基间距后5/8处。

背鳍与臀鳍无硬刺，其背缘或下缘圆凸。背鳍始点到吻端等于到最后臀鳍条的中部。胸鳍侧位，很低，伸达胸鳍基到腹鳍基的4/5处。腹鳍始于背鳍中部下方，伸达腹鳍基到臀鳍基的后3/4处。尾鳍深叉状，上、下尾叉尖形。

体灰白色；在背鳍始点处有一暗斑；在尾柄侧中央有一暗色纵纹。向前到腹鳍处则高于侧线；肛门后有一暗纹，尾鳍上、下叉基各有一暗斑；侧线上方有类似点纹颌须鮈*G. wolterstorffi*的纵纹。主鳃盖骨下半部色浅而亮，而上方有一暗点。采自山东省济南。

*编者注： 根据FishBase资料，此种亦可能是中间银鮈*Squalidus intermedius*的同物异名。

Gnathopogon similis Nichols, 1929, Amer. Mus. Nov.,（377）：4, fig. 3（济南）；Nichols, 1943, Nat. Hist. Centr. Asia Ⅸ: 171, fig. 85（济南）；王以康，1958，鱼类分类学：155（山东）；李思忠，1965，动物学杂志（5）：218（山东）。

中间银鮈 *Squalidus intermedius*（Nichols, 1929）（图62；补缺）

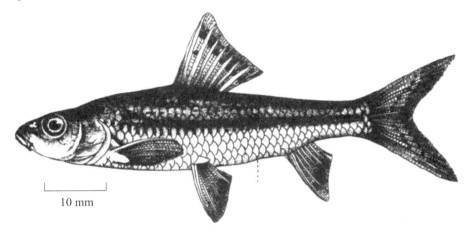

10 mm

（依乐佩琦，1998，图185）

图62　中间银鮈 *Squalidus intermedius*

释名：中间颌须鮈的"中间"系由种名intermedius（中间）而来，曾名：中间颌须鱼（王以康，1958）。依尼柯尔斯（Nichols, 1929）及伍献文等（1977）。

背鳍ⅱ（ⅲ）-7；臀鳍ⅱ（ⅲ）-6；胸鳍（ⅰ-13～15）；腹鳍（ⅰ-7～8）。侧线鳞（34）$35 \sim 38 \frac{3(4)}{2}$；背鳍前鳞（9～11）；围尾柄鳞（12）；鳃耙（4）；下咽齿5, 3[①]。

标本体长52～69（51～60.5）mm。体长为体高3.4～4倍，为头长3.3～3.8倍，为尾柄长（6～7.6）倍，为尾柄高（9～10）倍。头长为吻长约3（2.9～3.3）倍，为眼径3.5～4（3.7～4.1）倍，为眼间隔宽约3.2（3.4～3.6）倍，为上颌长约3.5倍，为最长背鳍条1.4倍，为最长臀鳍条1.8倍，为胸鳍长1.6倍，为尾鳍长1.4倍，为尾柄长2（1.6～2.1）倍，为尾柄高2.7（2.4～2.7）倍。眼径为须长1.6～2.3倍，10尾平均为1.97倍。

体中等侧扁。头稍尖。体腹侧宽圆。眼侧位稍高。口中等斜；下颌略较短；上颌骨不达眼前缘下方，后端附近有一小须。鳃膜在前鳃盖骨后缘下方略连于鳃峡。肛门位于腹鳍基距臀鳍基的后3/4处。

背鳍与臀鳍均无硬刺；背鳍始点到吻端等于到尾柄中部；背鳍上缘与臀鳍下缘均略圆凸。胸鳍侧位而低，不伸过背鳍始点。腹鳍始点较背鳍始点略后，伸达腹鳍基与臀鳍基间距的后2/3处。尾鳍中等叉状。

鳞大，有辐状纹，除头部外全身蒙鳞，胸部不裸露。侧线完整，侧中位，前部略较高。

体后方沿侧纵线略较暗，其他部位包括各鳍在内，均无斑和纹。

1924年4～7月采的标本中有一尾体长69 mm的标本，腹内满怀大型卵。为清流水中的底栖小鱼。

罗云林等记述（1977）山东济南、山西芮城及河南7尾标本，椎骨4+31。鳔2室；前室切面呈椭圆形，后室切面呈长圆形。肠长较体长短。背鳍上缘与臀鳍下缘斜凹形。体带灰色，背部呈灰褐色；鳃盖后缘至尾鳍基有一铅黑色条纹，前段位于侧线上方，后段与侧线重叠；侧线上方靠近背部有2行黑点组成的细纵纹；背侧中央也有1条；背鳍中央有1列小黑点，尾鳍有2列小黑点，其他鳍灰白色。

---

① 括号内数字依罗云林等，1977。下同。

分布于黄河水系山东济南到晋南芮城等。

Gnathopogon intermedius Nichols, 1929, Amer. Mus. Nov.（377）: 3, fig. 2（济南）; Nichols, 1943, Nat. Hist. Centr. Asia IX: 169。Fig. 82（济南）; 王以康, 1958, 鱼类分类学: 155（济南）; 李思忠, 1965, 动物学杂志（5）: 218（山东）; 罗云林等, 1977, 中国鲤科鱼类志（下卷）: 498, 图9-33（山东济南; 河南; 山西芮城）。

Squalidus intermedius, 乐佩琦, 1998, 中国动物志　鲤形目（中卷）: 321, 图185（黄河水系: 山西芮城, 河南, 济南）。

鮈属 *Gobio* Cuvier, 1816

体稍细长，腹侧宽圆。头锥形。吻突出，钝圆。眼中等大，侧上位。口稍下位或前位，口角达鼻孔或眼前缘下方。下颌无角质缘。唇薄，光滑，下唇中断。口角有须1对，须长常大于眼径。鳃孔大，侧位，下端达前鳃盖骨后缘下方。鳃耙稀短。背鳍iii-7~8，无硬刺，始点位于腹鳍始点稍前方，距吻端较距尾鳍基近。臀鳍iii-6（7罕见）。胸鳍侧下位。腹鳍i-7。鳞中等大，侧线鳞34~46，腹面在喉胸部有一无鳞区。侧线侧中位。下咽齿2行: 5, 3或5, 2。鳔分前、后2室。肛门常位于腹鳍基与臀鳍基间距的中央附近。为亚欧北部的小型淡水鱼类。始于中新世。欧洲到西伯利亚及朝鲜、日本产约40种，中国东部及北疆产似铜鮈（*Gobio coriparoides*）等9种。在我国分布于黄河及以北。黄河流域有7~8种。

注: 鱼类学家对鮈属、颌须鮈属、白鮈属及银鮈属（*Squalidus*）意见不一。Berg（1949）并4属为鮈属; Nichols（1943）将前3属分立; 伍献文教授等（1977）将后2属合入颌须鮈属; 韩国崔基哲等（1981）仍将鮈属、颌须鮈属及银鮈属独立。关键在于迄今仍依形态区分，未经自然杂交试验来最后确定。

Gobio Cuvier, 1817, Regne Animale, ed. 1, 2: 193（模式种: *Cyprinus gobio* Linnaeus）。

种的检索表

1（12）须长不小于眼径

2（11）肛门距臀鳍较距腹鳍基近

3（6）肛门与臀鳍间只有1.5~2.5个鳞。口角须约达前鳃盖骨后缘前后

4（5）肛门与臀鳍间鳞1.5个; 侧线上方有1纵行约5个大小等于瞳孔的小黑斑⋯⋯⋯⋯⋯⋯⋯⋯⋯似铜鮈 *G. coriparoides*

5（4）肛门与臀鳍间鳞2.5个; 沿侧线有一纵纹，纹宽不超过侧线鳞直径⋯⋯⋯⋯⋯⋯灵宝鮈 *G. meridionalis*

6（3）肛门距臀鳍始点有3.5~5个鳞;

7（10）体侧有一纵行8~9个大黑斑; 背鳍与尾鳍有斑点或纹

8（9）口角须约达瞳孔下方; 背侧有许多显明杂黑点; 腹鳍略伸过肛门⋯⋯⋯⋯⋯⋯花丁鮈 *G. cynocephalus*

9（8）口角须伸过前鳃盖骨后缘; 腹鳍略伸达臀鳍始点; 肛门与臀鳍基间有3.5个鳞⋯⋯⋯⋯⋯张氏鮈 *G. tchangi* sp. nov.

10（7）口角须略伸过前鳃盖骨后缘; 体侧前半部无斑及纹; 尾部有1纵行约5个云状黑斑，斑大于

眼，前4个斑模糊相连······················棒花鮈 *G. rivuloides*

11（2）肛门距腹鳍基较距臀鳍基近

12（13）上颌须伸过前鳃盖骨后下角；胸鳍长约等于头长，略伸达腹鳍始点上方；腹鳍略达臀鳍
始点；腹鳍始于第1分支背鳍条基下方；肛门与臀鳍间有5个鳞；体侧约有1纵行8～10个
黑斑（依乐佩琦，1998）······················黄河鮈 *G. huanghensis*

13（12）口角须仅伸达眼下方；胸鳍长约等于鼻窝到头后端距离，远不达腹鳍基；腹鳍远不达臀
鳍基，始于第2分支背鳍条下方；肛门与臀鳍基间有7个鳞；沿体侧及背中线各有1纵行
9～10个暗色斑······················细体鮈 *G. tenuicorpus*

14（1）须较眼径短；胸鳍约达腹鳍始点······················小索氏鮈 *G. soldatovi minulus*

似铜鮈 *Gobio coriparoides* Nichols, 1925（图63）

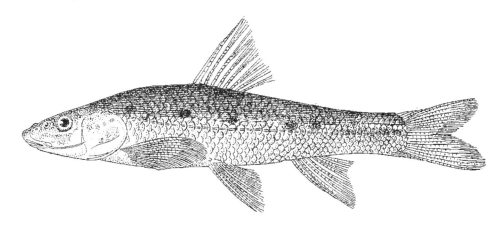

图63　似铜鮈 *Gobio coriparoides*

释名：似铜鮈，又名似铜鮈鱼（王以康，1958），由种名coriparoides（铜鱼原来的属名）意译
而得。

背鳍iii-7；臀鳍iii-6；胸鳍 i -15（罕为14）；腹鳍 i -7；尾鳍 vi～ix+17+vi～ix。侧线鳞
$38～40\frac{6～7}{5}2$；鳃耙外行2～3+3～4，内行3～4+7～9；下咽齿5，2。

标本体长46.7～120 mm。体长形；背鳍始点处体最高，此处体高为体宽1.4～1.7倍，向前较钝尖，
向后较细尖且侧扁；体长为体高3.6～4.6倍，为头长3.5～3.9倍，为尾长2.8～3.1倍。头粗钝，后端高宽
约相等，向前渐稍平扁；头长为吻长2.4～3.0倍，为眼径4.7～6.4倍，为眼间隔宽2.6～3倍，为上颌须
长2.3～2.7倍。吻钝圆，微突出，长略不及眼径2倍，眼位于头侧上方，后缘距头前后端约相等。眼间
隔中央微凸，宽约为眼径2倍。鼻孔位于眼稍前方。口下位，宽弧状，上颌达鼻孔下方。唇光滑，唇后
沟中断。上颌须约达前鳃盖骨后缘。鳃孔侧位，达前鳃盖骨后缘下方。鳃膜连鳃峡。鳃膜条骨4。鳃耙
粗短，稀少。鳔前室粗短，前端中央微凹；后室细锥状，长为前室长1.6倍；体长为鳔长3.6倍。肠有2
个折弯，长约等于体长。肛门距臀鳍小于眼径。

除头部、喉部及胸部无鳞外，全体有鳞；鳞圆形，前端较横直；鳞心距后端约为距前端的4.5倍，
向后有辐状纹。侧线侧中位。

背鳍上缘斜且微凹，距吻端略大于距尾鳍基；第3～4鳍条最长，头长为其长1～1.5倍，略不达臀
鳍。臀鳍似背鳍而窄短，第3～4鳍条最长，头长为其长1～1.4倍；约达腹鳍基（雄鱼），或较短。腹
鳍始于第1～2分支背鳍条基下方。尾鳍深叉状。

体背侧淡黄灰色；沿背中线在背鳍前方有5个，在后方有6个黑灰色小斑，斑径约等于瞳孔径；沿前背及背鳍稍下方有1纵行约8个大小似瞳孔的灰黑色斑；体侧有一蓝灰色宽纵纹；腹侧白色或淡黄色。鳍淡黄色，背鳍与尾鳍有灰色斑。头侧在眼下方及鼻孔前方各有一灰色长斑。鳃腔及腹膜淡黄色，腹腔背侧有小黑点。

为淡水中下层小杂鱼，喜生活于底为沙石的清水河内。以昆虫幼虫等底栖无脊椎动物为食。1周龄体长46.7～50 mm，2周龄75.7～80.5 mm。解剖陕西蒲城县袁家坡北洛河一体长96 mm雌鱼（1959年4月24日采得），卵巢处于Ⅳ期发育阶段，充满腹腔，黄色，大卵卵径约1 mm，小卵卵径约0.5 mm。可能夏初分批产卵。

最早发现于山西省宁武县郊（桑干河上源—海河水系）、岢岚县（岚漪河—黄河水系）及静乐县（汾河上源）。现知陕西渭河、北洛河及潼川，山西岚漪河、桑干河及汾河，河南省灵宝市涧河均产。

Gobio coriparoides Nichols, 1925, Amer. Mus. Nov.（181）: 4（山西省宁武，岢岚及静乐）；Rendahl, 1928, Ark. Zool. 20: 80（依Nichols, 1925）；王以康，1958，鱼类分类学：153（山西）；Nichols, 1943, Nat. Hist. Centr. Asia Ⅸ: 174, fig. 87（山西）；李思忠，1965，动物学杂志（5）：218（山西，陕西，河南）；罗云林等，1977，中国鲤科鱼类志（下卷）：496，图9-40（山西太原及寿阳等）；方树淼等，1984，兰州大学学报（自然科学）20（1）：103（陕西黄河，渭河，千河及南洛河）；许涛清，1987，秦岭鱼类志：116，图82（甘肃武山，河南灵宝）；高玺章等，1992，陕西鱼类志：56，图3-54（黄龙，宝鸡、潼关）；乐佩琦，1998，中国动物志 鲤形目（中卷）：287，图163（山西太原，寿阳、宁武，岢岚，静乐，甘肃武山，河南灵宝，嵩县等）。

灵宝鮈 *Gobio meridionalis* Xu, 1987（图64；补缺）

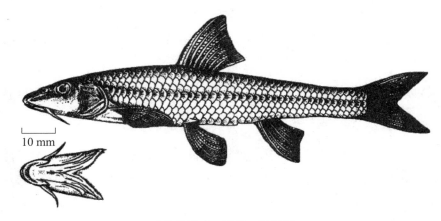

10 mm

（依乐佩琦，1998，图166）

图64　灵宝鮈 *Gobio meridionalis*

释名： 分布于河南省黄河南侧灵宝市崤山的宏农涧，故名灵宝鮈；meridionalis（拉丁文：南方的），又名南方鮈。

依许涛清（1987）及乐佩琦（1998）。体长61～99 mm。背鳍ⅲ-7；臀鳍ⅲ-6；胸鳍ⅰ-14～15；腹鳍ⅰ-8。侧线鳞40～42；侧线上鳞5.5；侧线下鳞3.5～5；前背鳞14～15；围尾柄鳞12。第1鳃弓外侧鳃耙2～3，下咽齿2.5-5.2。脊椎骨4+35～36。体长为体高4.3～5.2倍，为头长3.8～4.3倍，为尾柄长5～5.8倍，为尾柄高9.1～10.6倍。头长为吻长2～2.5倍。为眼径4.3～5.1倍，为眼间距3.3～3.3倍，为尾柄长1.2～1.4倍。为尾柄高2.3～2.5倍。尾柄长为尾柄高1.7～1.9倍。

体稍长；前段近圆筒形；尾柄侧扁，较细长；背部稍隆起，腹部圆或平坦。头中等大，近锥形，头长大于体高。吻较尖，吻长约等于眼后头长，鼻孔前方稍凹陷。口下位，弧形。唇较厚，简单，无突起，上、下唇在口角处相连。唇后沟中断。须1对，位于口角，较细长，略伸过眼后缘，达前鳃盖骨前缘。眼略小，侧上位。眼间平坦。体被圆鳞，胸部在胸鳍基前无鳞。侧线完全，平直。

背鳍较短小，上缘凹形，第1分支鳍条最长，背鳍基距吻端略大于距尾鳍基。胸鳍很低，稍尖，略不达腹鳍始点。腹鳍亦长，始于第1~2分支鳍条基下方，伸过肛门。肛门距臀鳍基近，相隔2~2.5个鳞（许涛清原记为5~6个鳞，似为误记）。臀鳍始点距腹鳍始点稍小于尾柄长。尾鳍尖叉状，上、下叉等长。

下咽齿稍侧扁，末端微勾曲。鳔2室；前室卵形；后室细长，末端钝圆，后室长为前室长1.8~2倍。腹膜灰白色。

鲜活时体背古铜色；腹部白色，略带黄色。福尔马林液浸存后，体背青灰色，腹部灰白色。体中轴侧线上方有一不明显的黑色纵带纹；各鳍灰白色，无明显斑点。

"分布于黄河水系中游"一句不确切，应为"分布于黄河下游河南省黄河南侧灵宝市崤山的宏农涧"。别处尚未见记载。

南方鮈*Gobio meridionalis* Xu（许涛清），1987，秦岭鱼类志：119，图85（河南省灵宝宏农涧水系）；乐佩琦，1998，中国动物志 鲤形目（中卷）：291，图166（灵宝。黄河中游）无标本。

花丁鮈 *Gobio cynocephalus* Dybowski, 1869（图65）

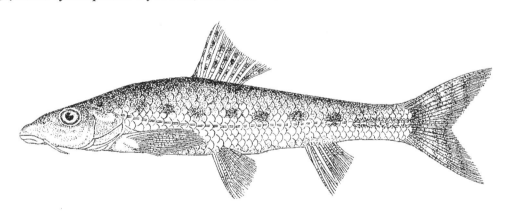

图65 花丁鮈 *Gobio cynocephalus*

释名：曾名犬首鮈鱼（王以康，1958），由cynocephalus（拉丁文：cyno，狗 + cphalus，头）意译而来。

背鳍iii-7；臀鳍iii-6；胸鳍i-15；腹鳍i-7；尾鳍分支鳍条17。侧线鳞$36~38\frac{6}{4~5}2$；鳃耙外行3+2，内行3+11；下咽齿5，2。

标本体长43~75 mm。体长形，背鳍始点前附近体最高，此处体高为体宽1.3~1.4倍，向后渐细尖；体长为体高4.3~4.7倍，为头长3.4~3.6倍，为尾部长2.6~3.1倍，为眼径4.5~5.2倍，为眼间隔宽3.2~3.5倍，为上颌须长4.8~5.5倍。吻微突出，长为眼径1.5~1.6倍。眼位于头侧上方，后缘位于头正中的略前方。眼间隔平坦。鼻孔位于眼稍前方。口近下位，斜，半卵圆形，达鼻孔下方；下颌较短。上颌须达眼中央或稍后方。唇光滑，后沟位稍口角。鳃孔大，侧位，下端略不达前鳃盖骨后缘。鳃膜连鳃峡。鳃耙粗短。下咽齿尖钩状。椎骨24+17个。鳔约等于头长，前室略较粗，后室为前室1.6倍。肠有2个折弯，体长为肠长1.3倍。肛门距臀鳍约等于眼径。

除头部及胸鳍基后缘附近到喉部无鳞外，全身蒙鳞；鳞近半圆形，前端横直，鳞心到后端为到前端的3～3.5倍，向后有辐状纹，侧线侧中位。

背鳍前距为后距1～1.2倍；上缘斜直或微凹；第3～4鳍条最长，头长为其长1.4～1.6倍，略不达臀鳍。臀鳍似背鳍而较窄短；头长为第3～4鳍条长1.9～2.1倍。胸鳍侧下位；第4鳍条最长，不达背鳍始点，头长为其长1.5～1.8倍。腹鳍始于第1～2分支背鳍条基下方，伸达肛门与臀鳍间。尾鳍深叉状。

鲜鱼背侧淡黄灰色，有许多不规则灰褐色小杂点；体侧自尾鳍基到鳃孔背端有1纵行7～9个（常小于眼的）黑斑；下方白色。头背侧大部分灰褐色，吻侧有一灰褐色斜纵纹，主鳃盖骨外侧有淡灰褐色斑。鳍均淡黄色；背鳍与尾鳍较灰暗，有黑色小点纹；体长50 mm以下标本其他鳍也略有小灰点。腹膜淡黄色，背侧有小黑点。

为中下层淡水小杂鱼。1周龄体长43～53 mm（1958，河套），2周龄60～74 mm。1周龄即达性成熟期，6月开始产卵，卵黄色。7月中旬有些尚有大小不等的Ⅳ期卵，大卵卵径约1 mm，小卵卵径约0.5 mm。雄鱼第1～4胸鳍条近端约2/3较变粗硬，致使另1/3弯曲；雌鱼无此现象。

分布于额尔齐斯河（鄂毕河水系）到叶尼塞河、黑龙江、绥芬河、辽河、大凌河、滦河及黄河。在黄河中游包头、乌梁素海、银川、永宁等很习见，陕北延河及渭河盆地亦可见到。

河套标本与贝尔格（1949）在《苏联淡水鱼类志》中的描述及附图很相似，而须微短。罗云林等（1977）曾将这些标本订名为棒花鮈，而这些标本吻及须均较短，与尼柯尔斯的棒花鮈原图亦不符。

Gobio fluviatilis var. *cynocephalus* Dybowski, 1869, Verh. Zool.–Bot. Ges. Wien. 19: 951（鄂嫩河；音果达河）。

Gobio gobio cynocephalus, Berg, Freshwater Fish. USSR（in Russian）：644，fig. 394（额尔齐斯河，鄂毕河，叶尼塞河，黑龙江，绥芬河，图们江，辽河上游，鸭绿江，朝鲜东北部等）；李思忠，1959，黄河渔业生物学基础初步调查报告：43，图18（包头到银川等）；李思忠，1965，动物学杂志（5）：218（宁夏；内蒙古）。

Gobio cynocephalus，王以康，1958，鱼类分类学：154，图157（乌苏里江）；乐佩琦，1998，中国动物志　鲤形目（中卷）：295，图169（内蒙古多伦滦河上源；辽河；黑龙江）。

Gobio gobio rivuloides（非Nichols, 1925, 1043），罗云林等，1977，中国鲤科鱼类志（下卷）：500，图9-45（黄河，海河，滦河，大凌河等）。

张氏鮈 *Gobio tchangi* sp. nov.（图66）

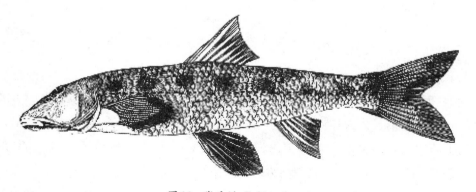

图66　张氏鮈 *Gobio tchangi*

释名：为纪念张春霖教授（Tchang, T. L.），故名。标本号*：56774（H3076）；标本体长：156 mm；采集地：兰州附近；采集日期：1958年夏。

背鳍iii-7；臀鳍iii-6；胸鳍 i-15；腹鳍 i-7；尾鳍viii～x+17+v～vii。侧线鳞39～42 $\frac{6}{4}$ 2，围尾柄鳞16；鳃耙外行2+1～3，内行3+8；下咽齿5，3。

标本体长104.5～156 mm。体长形；背鳍始点处体最高，此处体高为体宽1.4～1.5倍；向前渐尖，向后较侧扁；体长为体高3.9～4.6倍，为头长3.6～4.1倍，为尾部长2.6～2.7倍，头钝尖，后端微平扁；头长为吻长2.1～2.3倍，为眼径5.8～7.5倍，为眼间隔宽3.1～3.6倍，为上颌须长1.9～2.5倍。吻略突出，长约为眼径2.5～3.6倍。眼侧上位。眼间隔平坦。鼻孔位于吻后半部。口下位，圆弧状，下颌较上颌略短。唇光滑，后沟位于口角；在口角呈突起状。上颌须发达，至少达前鳃盖骨后缘。鳃孔大，侧位，下端达前鳃盖骨角下方。鳃膜连鳃峡。鳃耙粗短且稀。鳔前室粗短，心脏形，包在纤维鞘内；后室细长柱状，较前室略长；头长为鳔长1.4～1.9倍。肠有2个折弯，体长为肠长1.1～1.3倍。椎骨24+18。肛门距臀鳍基约为眼径2倍，较距腹鳍基稍近，肛门与臀鳍基间有3.5个鳞。头部、喉部及胸部无鳞。有些胸鳍基间的后半部尚有鳞。鳞似半圆形；前端较横直；鳞心至后端约为至前端3倍，向后有辐状纹。侧线侧中位，前端稍高。

背鳍前距为后距1～1.1倍；背缘斜形，略凹；第3～4鳍条最长，头长为其长1.2～1.4倍。臀鳍似背鳍而较短，头长为其长1.2～1.6倍。胸鳍侧下位，第4～5鳍条最长，头长为其长1.1～1.4倍。腹鳍始于第4～5背鳍条基下方；第3～4鳍条最长，伸过肛门，头长为其长1.3～1.6倍。尾鳍深叉状。

鲜鱼背侧淡灰褐色，沿背中线在背鳍前后各有4～5个褐斑，沿侧线稍上方自尾鳍基到鳃孔上端约有7～9个褐斑，斑径约等于或稍大于眼径。鳍淡黄色；背鳍与尾鳍有淡灰色小杂点，小鱼不显明。腹膜淡黄色，背侧有小黑点。为淡水中下层较小型杂鱼。

分布于辽河上源（赤峰），大凌河（凌源、朝阳），滦河（承德、兴隆），潮白河（古北口）；现知山西省河津，陕西省潼关及河南省陕县清龙涧亦产。

此鱼与花丁鮈（*Gobio cynocephalus* Dybowski）相似而有以下不同：① 须显著较长；② 体背侧与背鳍、尾鳍杂斑较少；③ 吻较长；④ 两胸鳍基间（胸部）的后半部尚常有鳞，体侧斑较圆大。与黄河鮈（*G. huanghensis*）亦相似，但后者肛门距腹鳍基较近，肛门与臀鳍基间有5个鳞；故知为一新种。谨以业师张春霖教授的姓，命名此鱼以致纪念。

*编者注：标本（H3076）现存中国科学院动物研究所国家动物博物馆标本馆。

? *Gobio gobio* Mori, 1934, Rep. First Sci. Exped. Manchoukuo, sect. 5（Pt. 1）：10, Pl. IV, figs. 1a～b（朝阳，凌源，承德，赤峰，兴隆，滦平等）；张春霖，1959，中国系统鲤类志：59。

棒花鮈 *Gobio rivuloides* Nichols, 1925〔图67〕

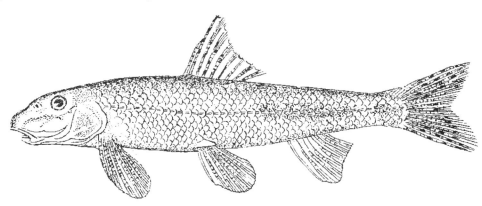

图67 棒花鮈 *Gobio rivuloides*

释名："棒花"系由rivuloides转译而来，rivularis（小溪的）为棒花鱼的种名。曾名纹鮈（张春霖，1959）。

背鳍iii-7；臀鳍iii-6；胸鳍i-15~16；腹鳍i-7；尾鳍vii~x+17+vi~viii。侧线鳞$40~42\frac{6}{5}2$；鳃耙外行3+4，内行1~3+8~9；下咽齿5，2。

标本体长46.4~156 mm。体长形；背鳍始点处体最高，此处体高为体宽1.1~1.6倍，腹侧较宽直，向后渐尖且较侧扁；体长为体高4.2~5.2倍，为头长3.5~4.1倍，为尾部长2.5~2.7倍。头似尖锥形，后端略平扁，背缘斜形；头长为吻长2~2.4倍，为眼径4.5~7.6倍，为眼间隔宽3.2~3.7倍，为上颌须长2~2.4倍，为尾柄长1.2~1.4倍。吻细长，略突出，背侧在鼻孔前方有一浅弧状横凹沟。眼位头侧上半部，吻长为眼径3~4倍，眼后头长等于或微短于吻长。眼间隔平坦，约为眼径2倍。鼻孔位于眼稍前方。口下位，半圆形。两颌仅达鼻孔前缘下方。下颌较短锐，半角质化。唇发达，光滑，在口角后端呈皮突状。上颌须发达，达前鳃盖骨后缘或稍后方。鳃膜连鳃峡。鳃耙粗短。下咽齿细长，尖端钩状。鳔前室包在纤维质囊内，前端中央微凹且左右圆角状；后室细柱状，长为前室长1.6~1.7倍。肠有2个折弯，长较体长略短。椎骨21+21。肛门距臀鳍基至少为眼径2倍，较距腹鳍基略近。

除头部及喉胸部外。全身蒙中等大鳞；喉胸部无鳞区沿腹中线达胸鳍基稍后方；鳞三角形，前端横直，后端较尖；鳞心距后端为距前端的6倍以上，向后辐状纹。侧线侧中位。

背鳍前距略大于后距，背缘斜凹；第3~4鳍条最长，头长为其长1.1~1.4倍，不达臀鳍。臀鳍似背鳍而较窄短。胸鳍始于第1~2分支背鳍条基下方；第4鳍条最长，约达臀鳍始点。尾鳍深叉状。

鲜鱼背侧黄灰色，腹侧白色或微黄，沿侧线稍上方有一灰色纵纹。眼前下方吻侧常有一灰色斜纹。各鳍淡黄色；背鳍与尾鳍灰黄而有灰色小点纹。须黄色。腹膜淡黄色，背侧灰褐色。

为淡水底栖肉食性鱼。喜生活于多沙石河底处。以蚯蚓为饵可以钓得。每年7~8月洪水期，在甘宁（靖远到中卫）间发生"流鱼"现象时，常可捡到此鱼。为黄河中上游经济鱼类之一。

曾见于山西省娘子关（海河水系）。在黄河流域分布于山西省稷山、河津、内蒙古包头，宁夏银川、中卫，甘肃省靖远、兰州，到青海省贵德等处。

Gobio rivuloides Nichols, 1925, Amer. Mus. Nov.（181）：5（娘子关）；Rendahl, 1932, Ark. Zool. 24A: 19（兰州黄河）；Nichols, 1943, Nat. Hist. Centr. Asia IX: 173, fig. 86（山西）；王以康，1958，鱼类分类学：153（山西，拟棒花鮈鱼）；李思忠，1959，黄河渔业生物学基础初步调查报告：43，图17（山西到银川，靖远，兰州，贵德等）；张春霖，1959，中国系统鲤类志：60（山西娘子关到贵德）；李思忠，1965，动物学杂志（5）：218（青海、甘肃、宁夏、内蒙古、山西）；许涛清，1987，秦岭鱼类志：118（陕西洛南）；乐佩琦，1998，中国动物志 鲤形目（中卷）：297，图170（山西娘子关，朔县清钟，河北官厅水库；宁夏中卫）。

Gobio gobio rivuloides，罗云林，乐佩琦，陈宜瑜，1977，中国鲤科鱼类志（下卷）：500，图9-45（黄河、海河、滦河、大凌河等）。

黄河鮈 *Gobio huanghensis* Lo, Yao et Chen, 1977（图68；补缺）

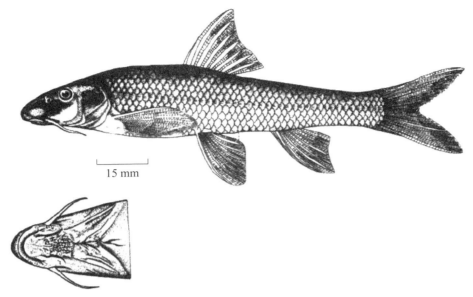

15 mm

（依乐佩琦，1998，图171）

图68 黄河鮈 *Gobio huanghensis*

无标本。依乐佩琦，1998，中国动物志 鲤形目（中卷）：299，图171，最新记述。

测量标本56尾；体长55～142 mm。采自甘肃临洮、刘家峡、兰州，靖远；宁夏中卫、银川。背鳍ⅲ-7；臀鳍ⅲ-6；胸鳍 ⅰ-14～15；腹鳍 ⅰ-7。侧线鳞42～44，侧线上鳞6.5，侧线下鳞4～5；背鳍前鳞14～16；围尾柄鳞16。第1鳃弓外侧鳃耙4～5。下咽齿2，3.5-5.3或2.5-5.2。脊椎骨4+38。

体长为体高4.6～5.4倍，为头长3.6～4.6倍，为尾柄长4.8～5.6倍，为尾柄高9.6～11.6倍。头长为吻长1.9～2.3倍，为眼径6.5～8.7倍，为眼间距3.0～4.1倍，为尾柄长1.1～1.4倍，为尾柄高2.2～2.8倍。尾柄长为尾柄高1.8～2.4倍。

体长。宽而粗壮，前段略呈圆筒形，背部稍隆起，腹部平坦或稍圆，尾柄侧扁。头较大，近锥形，其长大于体高。吻长，尖而突出，其长大于眼后头长。鼻孔前方的凹陷不明显。口下位，弧形。唇厚，上、下唇均具极微细的小乳突，在口角处相连。下唇侧叶甚发达，呈片肉瓣，与下唇前缘的相连处极为狭窄，颏部也具小乳突。须1对，粗长，位于口角。其末端超过前鳃盖骨的后缘。眼小，侧上位。眼间宽而平坦，间距大于眼径2倍。体被圆鳞，中等大，胸部在胸鳍基部之前裸露，腹部鳞片较小，部分隐埋于皮下。侧线完全，几乎平直。

背鳍短，无硬刺，外缘内凹，其起点距吻端与至尾柄中点的距离相等，且与自背鳍基后端至尾鳍基的距离相等。胸前宽且长，末端接近腹鳍起点，相距1～2个鳞片。腹鳍长，向后伸过肛门。几乎达臀鳍起点。肛门约位于腹鳍基部和臀鳍起点间的中点。臀鳍起点距腹鳍基部较至尾鳍基部为近。尾鳍分叉，上、下叶末端尖，几乎等长。

下咽齿主行齿稍侧扁，末端微勾曲。鳃耙较细，长锥状，集中生于鳃弓弯曲处。肠管粗短，肠长不及体长，为体长的80%～100%。鳔2室，稍大；前室卵形；后室粗长切面呈长圆形，末端圆钝，约为前室的2倍。腹膜灰白色。

体背灰黑色，较暗；腹部灰白色。体中轴沿侧线有1列8～10个大斑点。头部自口角至上眼缘有1条黑色条纹。背鳍、尾鳍上有多数小黑点。其他鳍灰白色。

分布于黄河水系中上游。此鱼1977原记载"体背灰褐色，腹部灰白色，体侧无明显斑点。吻部两侧从眼上方缘至口角处有一黑色条纹。背鳍和尾鳍上有许多零星黑色斑点，其他鳍灰白色"。

Gobio huanghensis Lo, Yao et Chen（罗云林，乐佩琦，陈宜瑜）1977，中国鲤科鱼类志（下卷），伍献文等著：496，图9-41（甘肃兰州）；乐佩琦，1977，中国鱼类系统检索（上、下册）。上册：162（黄河），下册：图729；乐佩琦，1998，中国动物志 鲤形目（中卷）：299，图171（刘家峡、临洮，兰州，靖远，中卫，银川）。

细体鮈 *Gobio tenuicorpus* Mori, 1934（图69）

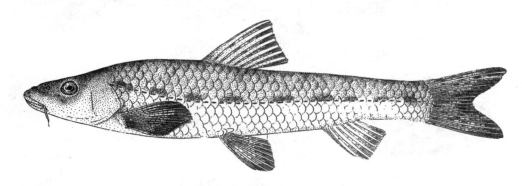

图69 细体鮈 *Romanogobio tenuicorpus*

释名：细体鮈的"细体"系由tenuicorpus（拉丁文：tenuis，细窄+corpus，体的）而来，因体较细低，故名。

背鳍iii-7；臀鳍iii-6；胸鳍 i -14～15；腹鳍 i -7；尾鳍 v ～ iv+17+ v ～ viii。侧线鳞39～41 $\frac{5}{3～4}$ 2；鳃耙外行1+1，内行3～4+6～7；下咽齿5，2或5，3。

标本体长53.5～115 mm。体稍细长；背鳍始点处及其前方附近体最高，此处体高为体宽1.2～1.5倍，向前、向后渐尖，向后较侧扁；腹侧宽圆；体长为体高4.9～5.5倍，为头长4～4.1倍，为尾部长2.4～2.7倍。头钝锥状，背缘较斜；头长为吻长2.5～2.9倍，为眼径4.4～6.3倍，为眼间隔宽3.2～3.6倍，为上颌须长2.4～3倍。吻略突出，长为眼径1.6～2.4倍。眼位于头侧上半部。眼间隔中央微凹。鼻孔位于眼稍前方。口下位，半圆形；上、下颌后端达鼻孔下方。唇中等发达，后沟位于口角。上颌须达眼与前鳃盖骨后缘之间。鳃孔大，侧位，达前鳃盖骨角下方。鳃膜条骨3。鳃膜连于鳃峡。鳃耙粗短、稀少。鳔长等于头长；前室粗短，包在纤维鞘内；后室细柱状，长为前室长1.7倍。肠有2个折弯，体长为肠长1.2倍。椎骨19+20。肛门距腹鳍基较距臀鳍基略近。

鳞中等大；头部、腹侧在喉部、胸部及自胸部中央往后有一尖三角区无鳞；模鳞半圆形，前端横直，鳞心到后端为至前端的4倍以上，向后有辐状纹，侧线侧中位，前端较高。

背鳍前距约等于后距；背缘斜且略凹；第3～4鳍条最长，头长为其长1.2～1.4倍，约达腹鳍后端。臀鳍似背鳍而较窄短，头长为第3～4鳍条长的1.6～1.8倍。胸鳍侧下位；第3鳍条最长，头长为其长1.2～1.4倍，不达背鳍始点。腹鳍始于第2～3分支背鳍条下方；第3鳍条最长，头长为其长1.4～1.6倍，伸过肛门，距臀鳍尚远。尾鳍深叉状。

鲜鱼背侧淡黄灰色，鳞后缘灰褐色；下方白色；沿侧线上方体侧有一灰褐色纵斑纹。鳍淡黄色，背鳍与尾鳍有时略具淡灰色小点。腹膜淡黄色，背侧灰褐色。

为底栖淡水稍小型杂鱼。喜生活于底多沙石的清流水河溪。以底栖无脊椎动物为食。生长较慢，1周龄体长达53.5～64 mm，2周龄71～83 mm，3周龄104～115 mm。

曾见于滦河、辽河、松花江、黑龙江及乌苏里江；在黄河流域曾见于河南省陕县清龙涧，陕西省蒲城县北洛河、周至县黑河及华县莲花寺，山西省晋南等。

Gobio gobio tenuicorpus Mori, 1934, Freshwater Fishes of Jehol, : 9, 13, pl. Ⅳ, fig. 2a, 2b（兴隆县兴隆山。滦河）。

Gobio albipinnatus tenuicorpus, Nikolsky & Taranetz, 1939. Nekotorye novye dannye po rybam Sungari i Jalu. Sborn. Trud. zool. Muz., Moskva, 5: 151（牡丹江）；Berg, 1949, Freshwater Fish. USSR Ⅱ: 654（黑龙江中下游，松花江，华北）；李思忠，1965，动物学杂志（5）：218（陕西，河南）。

Gobio coriparoides tenuicorpus, Nichols, 1943, Nat. Hist. Centr. Asia Ⅸ: 174（兴隆县滦河）。

Gobio tenuicorpus，单元勋等，1962，新乡师范学院学报 Ⅰ：58（灵宝宏农涧河）；罗云林等，1977，中国鲤科鱼类志（下卷）：501，图9-46（黑龙江）；解玉浩，1981，鱼类学论文集，2：115（赤峰及通辽：辽河）。

小索氏鮈 *Gobio soldatovi minulus* Nichols, 1925 *

FishBase: 无记录 *。

依尼柯尔斯（Nichols, 1925）采自内蒙古呼和浩特的标本记载。背鳍ⅱ-7；臀鳍ⅱ-6；侧线鳞41；下咽齿5，2个。

标本体长57 mm。体长为体高4.6倍，为头长3.5倍。头长为眼径3.8倍，为吻长3倍，为眼间隔宽3.5倍，为上颌骨3.5倍，为最长背鳍条长1.5倍，为最长臀鳍条长1.7倍，为胸鳍长1.3倍，为腹鳍长1.6倍，为尾鳍长1倍，为尾柄长1.7倍，为尾柄高3倍。眼径为上颌须长1.3倍。

体细弱，中等侧扁，头后端最宽。眼位稍高，大部分侧位，很少部分侧上位。眼间隔因眼窝边缘微高而致中央略凹。眼前方头上缘向下弯曲，在鼻孔前方有一浅凹痕。胸腹部近平扁形，但胸鳍和腹鳍不位于同一水平面上。肛门距臀鳍基较距腹鳍基略近。口水平形，略下位，半圆形。唇厚，略有小粒突，下唇后沟中断，上颌不达眼下方，后端有一发达的短须。鳃膜于前鳃盖骨后缘连鳃峡。背鳍与臀鳍均无硬刺；背鳍基中央到眼前缘等于到尾鳍基。腹鳍基位背鳍基中央的下方。胸鳍与腹鳍圆形；胸鳍略不达腹鳍；腹鳍略不达臀鳍。尾鳍浅叉状，不发达的鳍条在尾柄上、下缘呈短低棱状。侧线完全，前端略高，到背鳍基后为直线形及侧中位。胸部无鳞。

体侧约有7个微相连的斑；体上面较暗，自眼到吻有一颜色较暗的斑纹；体下面和腹臀鳍白色；背鳍与尾鳍有不明显的斑纹。

*编者注：据陈熙："关于小索氏鮈*Gobio soldatovi minulus*的分类地位，我在李思忠先生的遗物中发现他所标注的*Gobio soldatovi minulus* = *Gobio lingyuanensis*（凌源鮈）。"参见：中国动物志　鲤形目（中卷）：290。

Gobio soldatovi minulus Nichols, 1925, Amer. Mus. Nov.（181）：3（归化，即内蒙古呼和浩特）；Rendahl, 1928, Ark. Zool. ⅩⅩ: 79（呼和浩特，"归化"；河北：兴隆山，东陵；Nichols, 1943, Nat. Hist. Centr. Asia Ⅸ: 172（归化）；李思忠，1965，动物学杂志（5）218（内蒙古河套）。

凌源鮈*Gobio lingyuanensis*，乐佩琦，1998，中国动物志　鲤形目（中卷）：290，图165（大凌河、滦河、黑龙江水系的松花江等）。

铜鱼属 *Coreius* Jordan et Starks, 1905

释名：因体黄色，故名铜鱼。最早见于张春霖（1932）开封鱼类志。甘肃、宁夏称为鸽子鱼。新城王树枏（1928）订《郭氏尔雅订经》卷廿一释鱼载："甘肃靖远县山岩之上鸽子最多，涉入黄河即变为鱼，味最美。"[①]

体长形，稍侧扁，腹侧宽圆无棱。头小，似锥状，稍平扁。眼略较鼻孔小，后缘距吻端较距头后端近。吻略突出。口下位，浅弧状。下颌较上颌短。唇发达，后沟中断。上颌须1对，较吻长大。鳃孔连鳃峡。下咽齿1行，5或4个。尖钩状。背鳍iii-7～8，距吻端较距尾鳍近；臀鳍iii-6；均无硬刺。除头部外，全身蒙圆鳞，侧线侧中位，平直；侧线鳞52～58。下咽齿1行；吻突出；粗须1对，伸眼后；体黄色。肛门位于臀鳍的稍前方或约位于腹鳍基与臀鳍基的正中间。为中国特有的淡水鱼类，有3～4种，黄河流域有3种。

Coreius Jordan et Starks, 1905, Proc. U.S. natn Mus. 28: 197（模式种：*Labeo cetopsis* Kner）。

种的检索表

1（4）肛门位于臀鳍基前方附近

2（3）下颌前端较窄，中央不凹；上颌须不超过前鳃盖骨后缘·················短须铜鱼 *C. hetrodon*

3（2）下颌前端较宽，中央常略凹；上颌须至少达主鳃盖骨中部·····································
···长须铜鱼 *C. septentrionalis*

4（1）肛门约位于腹鳍基与臀鳍基的正中间；头长为上颌须长的1.7倍·················铜鱼 *C. cetopsis*

短须铜鱼 *Coreius heterodon*（Bleeker, 1865）（图70）

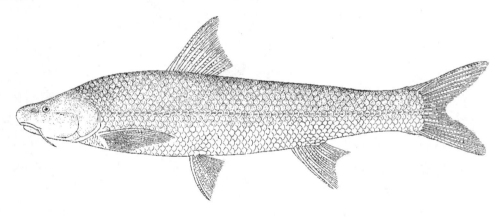

图70 短须铜鱼 *Coreius heterodon*

释名：鲜鱼背侧铜色，腹侧淡黄色，须短，故名。

背鳍iii-7；臀鳍iv～V +17+iv～V。侧线鳞51～53 $\frac{7～8}{6～7}$ 2；鳃耙外行3～4+9～10，内行3～4+12；下咽齿5个。

标本体长115～277 mm。体长形；背鳍始点处体最高，中等侧扁；向前后渐尖，向后较侧扁；体长为体高4.6～5.4倍，为头长4.3～5.1倍。头钝锥状，微平扁；头长约等于或稍大于体高；头长为吻长2.7～3.1倍，为眼径9.9～11.2倍，为眼间隔宽2.2～2.5倍，为上颌须长1.8～2倍。吻钝锥状，略突出；眼位于头前半部侧上方。眼间隔略圆凸。鼻孔距眼较近。口下位，较窄；下颌较上颌短。唇发达，后沟位于口角，在口角后端略突出。上颌须较短，不伸过前鳃盖骨后缘。鳃孔位于头侧下半部，下端达

[①] 见李思忠，1981，第60页。

前鳃盖骨角下方。鳃膜连鳃峡。鳃膜条骨3。鳃耙瘤状。咽齿较长，上端斜截形，有尖钩。鳔后室细锥状，长为前室长2倍；体长为鳔长约4.4倍。椎骨28+25。肛门位于腹鳍基至臀鳍基间距后5/6处。

鳞三角形，前端横直，鳞心甚近前端，向后有密辐状细纹；头部无鳞。侧线侧中位，前端较高。

背鳍后距为前距1.2~1.4倍；背缘斜凹；第3~4鳍条最长，头长为其长1.1~1.3倍。臀鳍似背鳍而较窄短，头长为第3~4臀鳍条长1.4~1.6倍。胸鳍侧下位，刀状，头长为第2~3胸鳍条长1~1.3倍，约伸达背鳍始点。腹鳍始于第2~3分支背鳍条基下方，不达肛门。尾鳍深叉状。

鲜鱼背侧灰黄色；腹侧淡黄色；两侧常有云状不规则暗斑，侧上方鳞外露部常为灰褐色。鳍黄色，背鳍上部、胸鳍中部与尾鳍后端灰黑色。须肉红色。腹膜淡黄色。

为中下层淡水肉食性鱼类。最大体长达305 mm（Günther, 1889）。

分布于长江及黄河水系；在黄河流域没有后种习见。此种主要特征是须较短，体高较小和第1~2下咽齿较侧扁，有尖钩。

Gobio heterodon Bleeker, 1865, Ned. Tijdschr. Dierk. 2: 26（我国）。

Pseudogobio styani Günther, 1889, Ann. Mag. Nat. Hist.（6）Ⅳ: 224（九江）。

Coreius septentrionalis, Tchang（张春霖），1933, Zool. Sinica（B）Ⅱ（1）: 74, fig. 34（四川；包头）；张春霖，1959，中国系统鲤类志：64页，图53（四川；郑州；包头；兰州；临洮等）。

Coreius styani Tchang（张春霖），1930, Sinensia Ⅰ（7）: 89（重庆）；Nichols, 1943, Nat. Hist. Centr. Asia Ⅸ:（洞庭湖等）；王香亭等，1956，生物学通报（8）: 16（兰州）；李思忠，1959，黄河渔业生物学基础初步调查报告：42（山东省利津到宁夏银川等）；伍献文等，1963，中国经济动物志：淡水鱼类：97，图96（长江及黄河流域）；李思忠，1965，动物学杂志（5）: 217（甘肃到河南）；方树淼等，1984，兰州大学学报（自然科学）20（1）: 103（黄河及渭河干流）。

Coreius heterodon，罗云林等，1977，中国鲤科鱼类志（下卷）：503，图9-47（依方炳文1943的意见）（长江及黄河水系）；葛荫榕，1984，河南鱼类志：115（沿黄河各县）；许涛清，1987，秦岭鱼类志：120，图86（汉中，湖北丹江；渭河）；乐佩琦，1998，中国动物志 鲤形目（中卷）：326，图188（长江、黄河水系）。

长须铜鱼 *Coreius septentrionalis*（Nichols, 1925）（图71）

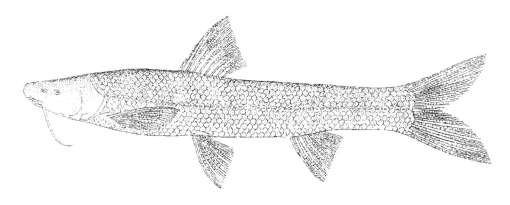

图71 长须铜鱼 *Coreius septentrionalis*

释名：须较长，故名。种名septentrionalis（拉丁文：北方的）因分布于北方。又名北方铜鱼、鸽子鱼（甘宁）。

背鳍iii-7；臀鳍iii-6；胸鳍 i-18；腹鳍 i-7；尾鳍Ⅴ+17+Ⅴ。侧线鳞$51\sim52\frac{6\sim7}{6}3$；鳃耙外行

3 ~ 5+10 ~ 11，内行4 ~ 5+11 ~ 12；下咽齿5。

标本体长196.5 ~ 341 mm。体长形；背鳍始点处体最高，此处体高为体宽1.2 ~ 1.5倍，向前、向后渐尖，向后渐侧扁；体长为体高3.6 ~ 5倍，为头长4.7 ~ 5.5倍，为尾部长2.8 ~ 3.1倍；头似圆锥状，略平扁，背缘与项背呈斜直线形，头长常小于体高；小鱼较粗钝，大鱼较细尖且表面常呈细沙粒状；头长为吻长2.6 ~ 3.1倍，为眼径8.6 ~ 13.2倍，为眼间隔宽2.1 ~ 2.7倍，为上颌须长1.2 ~ 1.8倍。吻钝椎状，略突出。眼侧位，稍高，后缘微凸，口马蹄形，头长为口宽4 ~ 5，口角达鼻孔下方。下颌前端近方形，较上颌短。唇厚，后沟位于口角，后端突起状。上颌须发达，至少伸达鳃盖骨中部，最远达鳃孔。鳃孔大，下端达前鳃盖骨下方。鳃膜连鳃峡。鳃膜条骨3。鳃耙瘤结状，咽齿上端斜截形，有尖钩。鳔后室细椎状，长为前室长2倍；体长为鳔长5.3倍。椎骨52 ~ 53，尾椎25。肛门距臀鳍很近，间距稍大于眼径。

除头部外，全身有鳞；鳞三角状，前端横直，鳞心近前端，向后有细密辐状纹。侧线直线形，在尾部为侧中位，前端较高。

背鳍后距为前距1.1 ~ 1.3倍；背缘斜凹；第3 ~ 4鳍条最长，头长为其长1.1 ~ 1.3倍，不达肛门。臀鳍似背鳍而较窄短，头长为其长1.4 ~ 1.6倍。胸鳍侧下位，呈尖刀状；头长为第1鳍条长1 ~ 1.3倍，常达背鳍下方而略不达腹鳍。腹鳍始于背鳍基中部下方；头长为第1 ~ 2鳍条长1.3 ~ 1.5倍，不达肛门。尾鳍深叉状。

鲜鱼背侧黄灰色，两侧常有云状不规则污斑，腹侧黄色。两侧鳞外露部灰褐色。鳍黄色；背鳍上部、胸鳍与尾鳍的后部灰黑色。须肉红色。腹膜淡黄色。

为淡水近底层鱼类，常生活于河道多沙石底处。冬季潜伏深潭与岩石下面。在郑州到潼关附近每年3 ~ 4月常成群溯游产卵及索食，形成该处早期鱼汛。以底栖无脊椎动物为食。在甘肃、宁夏为人民所喜食。1周龄体长达82 ~ 115 mm，2周龄140 ~ 163 mm，3周龄201 ~ 257 mm，4周龄270 ~ 302 mm，5周龄341 mm。

为黄河特产鱼类。分布于青海省贵德到山东省各处。

Coripareius septentrionalis Nichols, 1925, Amer. Mus. Nov.（181）：2（包头）。

Coreius septentrionalis Nichols, 1943, Nat. Hist. Centr. Asia Ⅸ: 176, fig. 80（包头）；李思忠，1959，黄河渔业生物学基础初步调查报告：41，图11（临洮，兰州，靖远，中卫，石嘴山，包头，郑州）；罗云林等，1977，中国鲤科鱼类志（下卷）：504，图9-48（黄河水系）；方树淼等，1984，兰州大学学报（自然科学）20（1）：103（陕西黄渭干流）；许涛清，1987，秦岭鱼类志：121，图87（渭河水系）；乐佩琦，1998，中国动物志 鲤形目（中卷）：328，图189（甘肃兰州，宁夏青铜峡，银川；内蒙古托克托）。

Coreius longibarbus Mori, 1928, Jap. J. Zool. 2: 65, pl. Ⅱ, fig.2（济南）；Fu（傅桐生）& Tchang（张春霖），1933, Bull. Honan Mus.（Nat. Hist.）Ⅰ（1~2）：11（开封）；Tchang（张春霖），1933, Zool. Sinica（B）Ⅱ（1）：73, fig. 33（开封；济南）；李思忠，1965，动物学杂志（5）：217（甘肃到山东）。

铜鱼 *Coreius cetopsis*（Kner, 1867）（图72）

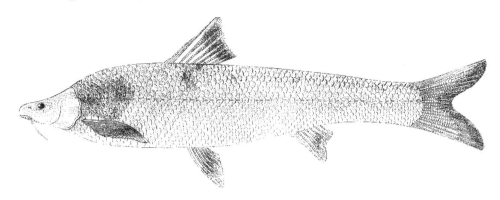

图72　铜鱼 *Coreius cetopsis*

释名： 曾名长条铜鱼（王以康，1958）；为属的模式种。

背鳍iii-7；臀鳍iii-6；胸鳍i-17；腹鳍i-7；尾鳍iv+17+v。侧线鳞 $51\frac{8}{7}4$；鳃耙外行3+10，内行3+13。下咽齿4个。

标本体长248 mm。体长梭状，中等侧扁；背鳍始点及前方附近体最高，向后渐尖且较侧扁；体长为体高4.4倍，为头长5.4倍，为尾部长2.5倍。头稍短小，自项背向前急降，前端略平扁；头长为吻长3倍，为眼径9.7倍，为眼间隔宽2.4倍，为口宽3.7倍，为上颌须长1.6倍。吻钝圆，略突出。眼侧上位，后缘位于头中央稍前方。眼间隔微圆凸，宽为眼径4倍。鼻孔位于吻后半部。口下位，马蹄形，后端达鼻孔下方。下颌较短窄，前端方形。唇后沟位于口角。上颌须略伸过前鳃盖骨后缘。鳃孔大，位于头侧下半部，下端达前鳃盖骨角下方。鳃膜连鳃峡。鳃膜条骨3。鳃耙短突起状。咽齿末端斜截形，尖端钩状。肛门约位于腹鳍基到臀鳍基的正中间，生殖孔距臀鳍较距肛门略近。

除头部外全身蒙鳞；鳞似三角形，鳞心近前端，向后有细密辐状纹。尾柄周鳞20个。侧线侧中位。背鳍后距为前距1.3倍；背缘斜凹；第3~4鳍条最长，头长为其长1.1倍。臀鳍似背鳍而较窄短，头长为其长1.4倍。胸鳍侧下位，尖刀状，不达背鳍始点；第1~2鳍条最长，头长为其长1.1倍。腹鳍始于第2~3分支背鳍条基下方，后端斜截形，头长为第1鳍条长1.4倍，略不达肛门。尾鳍深叉状。

鲜鱼背鳍灰黄色，向下渐为黄色，腹侧淡黄色。两侧及背面鳞后缘附近灰褐色，体侧上方常有云状不规则污斑。鳍黄色；背鳍上部与尾鳍后缘附近，及其他鳍中部常为灰黑色。

为淡水底栖肉食性鱼类。约4周龄体长248 mm。

最早发现于上海长江；黄河与朝鲜亦产。标本为1959年6月23日采自陕西省北洛河与渭河交汇处，体长248 mm，较前二种少见。

罗云林等（1977）将此种和*Coreius styani*（Günther, 1889）均作为短须铜鱼（*Coreius heterodon* Bleeker, 1865）的异名。但此鱼须较长（Kner, 1867；Günther, 1868）肛门距臀鳍显著较远（Nichols, 1943；王以康，伍献文等，1963）；似仍保留为宜。

Labeo cetopsis Kner, 1867, Reise "Novara", Zool., Ⅰ, Fische: 351, pl. ⅩⅤ, fig. 2（上海）。

Barbus cetopsis, Günther, 1868, Cat. Fish. Brit. Mus. 7: 135（依Kner）。

Coreius cetopsis, Jordan & Starks, 1905, Proc. U. S. natn. Mus. 28: 197（朝鲜利物浦，即现在的韩国仁川）；Nichols, 1943, Nat. Hist. Centr. Asia Ⅸ: 176（上海）；王以康，1958，鱼类分类学：152（长条铜鱼。上海）；伍献文等，1963，中国经济动物志淡水鱼类：99（长江）；李思忠，1965，动物学杂

志（5）217（陕西，山西，河南，山东）。

吻鮈属 *Rhinogobio* Bleeker, 1870

释名： 吻鮈属系由rhinogobio（拉丁文：rhino，吻＋gobio，鮈）意译而来。

体细长，前端圆柱状而后方侧扁，腹部宽圆。头长圆锥状。吻很突出，前端松软。眼小，侧上位；头长为眼径4.2～13.4倍。眼间隔宽，口下位，深弧状。唇厚，无粒突。口角须1对，粗短，至多稍大于眼径。下咽齿2行。咽齿5，2；有钩。鳃耙不发达。鳃孔大。鳃膜连鳃峡。背鳍iii-7，距吻端较距尾鳍为近，无硬刺；臀鳍iii-6；胸鳍侧下位；腹鳍始于背鳍始点后方。除头部外，全身蒙鳞，喉胸部有时鳞隐埋于皮下；侧线鳞49～51。鳔小；仅后室切面呈长圆形，游离。肛门距腹鳍基或臀鳍基近。为我国淡水底层较小型鱼类，有5种。黄河流域有2种。

Rhinogobio Bleeker, 1870, Verslag. Meded. Akad. Wet. Amsterdam, Afd. Natuurk.，（2）IV：253（模式种：*R. typus* Bleeker）。

种的检索表

1（2）肛门距臀鳍基为距腹鳍基的2倍；头长为眼径的4～7.2倍……………………………吻鮈 *R. typus*

2（1）肛门距腹鳍基为距臀鳍基的2.5倍；头长为眼径的9.7～12.1倍…………大鼻吻鮈 *R. nasutus*

吻鮈 *Rhinogobio typus* Bleeker, 1871（图73）

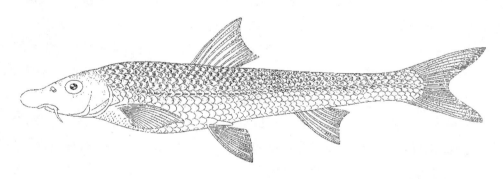

图73　吻鮈 *Rhinogobio typus*

释名： 为属的模式种。曾名：细鳞黄嘴子鱼（王香亭，1956），标准吻鮈（王以康，1958），长吻鮈（伍献文等，1963）。

背鳍iii-7；臀鳍iii-6；胸鳍 i -15；腹鳍 i -7；尾鳍vii+17+vi。侧线鳞约47$\frac{6}{4～5}$3；鳃耙外行约3+9，内行3+12；下咽齿5，2。

标本体长188 mm。体细长；背鳍始点及稍前方体最高；此处体高为体宽1.3倍，向后渐细尖且较侧扁；体长为体高7.4倍，为头长4倍，为尾部长2.4倍。头较光，背面背中线稍凹；头长为吻长2.1倍，为眼径4.3倍，为眼间隔宽4.1倍，为上颌须长4.2倍。吻很长，甚突出，钝锥状，前端松软；背面在鼻孔前方有一横浅凹。眼位于头侧上方，瞳孔前缘距头后端约等于吻长，周缘游离。眼间隔中央略凹。鼻孔位于吻后半部，较眼很小。口下位，梯形，口角达鼻孔下方，两颌缘钝角质，下颌较短。唇发达，光滑，唇后沟位于口角。上颌须扁短，达眼中央下方。鳃孔大，侧下位，下端达眼后缘下方。鳃耙小。咽齿上端斜截形，有一尖钩。体长为鳔长4.2倍；前室球形，包于纤维质鞘内；后室尖锥形，长为前室长3.8倍。肠有2个折弯，体长为肠长1.5倍。肛门距臀鳍基约为距腹鳍基2倍。

除头部外，全身蒙鳞；鳞长椭圆形，前端横直，鳞心至后端约为到前端4倍，向后有辐状纹及黑色素粒；喉部鳞小。侧线侧中位。

背鳍后距为前距1.1倍，背缘斜凹；第3～4鳍条最长，头长为其长1.5倍，不伸过腹鳍后端。臀鳍似背鳍而较窄短，头长为第3～4臀鳍条长1.9倍。胸鳍侧下位，尖刀状；头长为第1～2胸鳍条长1.4倍，达背鳍始点与腹鳍之间。腹鳍始于第3～4分支背鳍条基下方，伸过肛门很远。尾鳍深叉状。

鲜鱼背侧深灰色，腹侧乳白色，口吻附近黄色。鳍黄色，背鳍与尾鳍黄灰色。腹腔膜两侧银灰色，背侧灰黑色。

为喜生活在江河底多沙石处的底层鱼。据王香亭等（1956）报道，每年3～4月此鱼成群溯游，过兰州至洮河口上下产卵及索食，9～10月又经兰州向下洄游。腹内含脂肪多，肉味肥美，为兰州附近食用鱼之一。

分布于闽江、长江、黄河到河北省北戴河一带。在黄河流域分布于山东到甘肃洮河口附近。

Rhinogobio typus Bleeker, 1871, Verh. Akad. Wet. Amst., Natuurk.（2）12: 29, pl. III, fig. 1（长江）；Tchang（张春霖），1930, Sinensia I（7）：89（宜宾）；Tchang（张春霖），1933, Zool. Sinica,（B）II（1）：90, fig. 43（九江，宜昌，嘉定等）；王香亭等，1956，生物学通报，（8）：16（兰州）；王以康，1958，鱼类分类学：161（福建，湖南）；张春霖，1959，中国系统鲤类志：65（嘉定、九江、宜昌及延平）；伍献文等，1963，中国经济动物志：淡水鱼类：99，图99（长江及闽江水系）；李思忠，1965，动物学杂志，（5）：217，221（甘肃到山东）；罗云林等，1977，中国鲤科鱼类志（下卷）：507，图9-50（长江中上游及闽江水系）；施白南，1980，四川资源动物志 I，四川脊椎动物名录及分布：146（长江、岷山、涪江、嘉陵江中下游、沱江下游）；方树淼等，1984，兰州大学学报（自然科学）20（1）：103（陕西黄河及渭河干流）；葛荫榕，1984，河南鱼类志：117，图61（新野唐河）；许涛清，1987，秦岭鱼类志：122，图88（兰州，银川，包头）；乐佩琦，1998，中国动物志 鲤形目（中卷）：332，图191（闽江，长江中上游）。

大鼻吻鮈 *Rhinogobio nasutus*（Kessler, 1876）（图74）

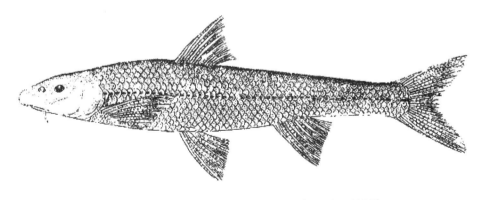

图74　大鼻吻鮈 *Rhinogobio nasutus*（Kessler, 1876）

释名：因吻较眼径很大，故名；种名nasutus（拉丁文，大鼻的）亦此意。曾名大鼻大鮈（王以康，1958），大鮈（张春霖，1959）；黄嘴（兰州），肉嘴子、鸽子鱼（靖远及中卫）（李思忠，1959）。

背鳍iii-7；臀鳍iii-6；胸鳍 i -15～16；腹鳍 i -7；尾鳍vi+17+vi。侧线鳞46～48 $\frac{6}{6}$ 3；鳃耙外行3+9～12，内行2～5+11～15；咽齿5，1。

标本体长155～277 mm。体长形；背鳍始点处体最高，此处体高为体宽1.1～1.4倍，向前较宽，向后较侧扁；体长为体高4.7～5.8倍，为头长4.1～4.4倍，为尾部长2.6～2.8倍。头稍平扁，钝锥状；头长为吻长2～2.2倍。为眼径9.7～12.1倍，为眼间隔宽2.8～3.2倍，为上颌须长4.9～6.6倍。吻很长，甚突出，前端松软似球状。眼小，侧上位，约位于头正中部。眼间隔宽，圆凸。鼻孔大于眼，中间瓣膜发达；前缘约位于吻中间。口下位，梯形，不达眼下方，宽大于长；下颌较短；两颌缘钝角质。唇厚且光滑，后沟位于口角。上颌须粗短，略达眼下方。鳃孔大，侧下位，下端略不达前鳃盖骨角。鳃膜连鳃峡。鳃膜条骨4。鳃耙小突起状。咽齿细长，末端斜截形并有一小钩。肛门距腹鳍基为距臀鳍基2.5倍。

除头部外全身蒙鳞；鳞似三角形，前端横直，鳞心距后端为距前端约3倍，向后有辐状密纹；喉胸部鳞很小。侧线侧中位，直线形。

背鳍后距为前距约1.1倍；背缘斜凹；第3～4鳍条最长，头长为其长1.3～1.4倍，不伸过肛门。臀鳍似背鳍，头长为第3～4鳍条长1.4～1.6倍。胸鳍侧下位；第1～2鳍条最长，头长为其长1.2～1.4倍，体长155 mm时略达背鳍始点，稍大则渐不达。腹鳍始于背鳍始点稍后方，第1～2鳍条略达肛门。尾鳍深叉状。

头体背侧灰黄色，鳞外露部分的中央褐色；腹侧淡黄白色。头侧在眼下方常有5～7条细线状黄色横纹。鳍均黄色，偶鳍与臀鳍色较淡。下颌角质端深栗色。腹膜淡黄色。

为淡水底层肉食性鱼。喜生活于水底多沙石的流水处。根据检查1958年7～8月甘肃、青海及内蒙古标本，2周龄体长达155 mm，3周龄194～240 mm，4周龄253～277 mm。在黄河上游因体内脂肪较多，为经济食用鱼之一。每年洪水期在甘肃、宁夏常因水中泥沙多，鱼鳃被污塞而昏浮水面，为当地居民捕混水鱼的对象之一。用蚯蚓等常可钓得。

分布于济南到陕西渭河、洛河河口，内蒙古包头，宁夏石嘴山、永宁、中卫，甘肃靖远、兰州到青海贵德等处。

Megagobio nasutus Kessler, 1876, in Przewalski Strana Tangutov, Ⅱ（4）：16（甘肃黄河）；Mori, 1928, Jap. J. Zool. 2: 65（济南）；王以康，1958，鱼类分类学：160（甘肃）；李思忠，1959，黄河渔业生物学基础初步调查报告：42（兰州、靖远、中卫、包头）；张春霖，1959，中国系统鲤类志；68，图55（济南、包头、中卫、甘肃）；李思忠，1965，动物学杂志，7（5）：217～221（青海至山东）。

Rhinogobio cylindricus，李思忠，1959，黄河渔业生物学基础初步调查报告：43（银川，包头）。

Rhinogobio nasutus，罗云林等，1977，中国鲤科鱼类志：510，图9-52（兰州；宁夏青铜峡）；乐佩琦，1998，中国动物志　鲤形目（中卷）：336，图194（甘肃兰州，宁夏青铜峡、银川；山东济南）

Pseudogobio Bleeker, 1860（1859），Natuurk. Tijdschr. Ned. -Indie, 20: 425（模式种：*Gobio esocinus* Temminck et Schlegel）。

拟鮈属 *Pseudogobio* Bleeker, 1859

Pseudogobio Bleeker, 1859, Natuurk. Tijdschr. Ned-Indie, 20: 425（模式种：*Gobio esocinus* Temminck et Schlegel）。

释名：拟鮈属（王以康，1958）系由pseudogobio（pseudo，伪似＋gobio，鮈）意译而来。亦名似鮈属（罗云林等，1977）。

体细长，似柱状，后方略侧扁，喉部腹面平扁。口下位，前上颌骨达上颌骨后端。下颌无角质。唇肥厚，有许多小突起；下唇分3叶，前端相连，后缘游离，中叶近椭圆形。上颌须粗短，位于口角。下咽齿2行；5，2。背鳍iii-7，前距约等于后距，背缘斜凹。臀鳍iii-6，距尾鳍基较距腹鳍基很近。胸鳍位很低，近水平形。腹鳍位于背鳍中下方。肛门距腹鳍基近。鳔2室；前室包于膜囊内；后室小，细长，游离。为分布于我国东部到朝鲜及日本的淡水底层稍小型鱼类。有2～4种，黄河有1种。

据罗云林等（1977）称：方炳文先生（1943）检视过*Rhinogobio vaillanti* Sauvage的模式标本，确定应隶拟鮈属，还指出*Pseudogobio andersoni* Rendahl（1928）和*P. papillabrus* Nichols（1930）为其同物异名。另外Banarescu et Nalbant（1965）检查过*Pseudogobio chaoi* Evermann et Shaw（1927）和*P. filifer* Garman（1912）湖北省崇阳的模式标本，确认前者是*Hemibarbus labeo*（Pallas），后者是*Gobiobotia pappenheimi* Kreyenberg的同物异名。罗云林等并认为我国有拟鮈（*Pseudogobio vaillanti*）1种和2个亚种。但著者认为其分布有重叠现象，作为3种较妥。黄河水系有2种。

种的检索表

1（2）胸鳍略伸达背鳍始点而不达腹鳍始点；体背侧有5个长方形大横斑；须较眼径短⋯⋯⋯⋯⋯⋯⋯⋯⋯⋯⋯⋯⋯⋯⋯⋯⋯⋯⋯⋯⋯⋯⋯⋯⋯⋯⋯⋯拟鮈 *P. vaillanti*

2（1）胸鳍略伸过腹鳍始点；体背侧横斑不规则且较多；须较眼径长⋯⋯⋯⋯⋯⋯⋯⋯⋯⋯⋯⋯⋯⋯⋯⋯⋯⋯⋯⋯⋯⋯⋯⋯⋯⋯⋯长吻拟鮈 *P. longirostris*

拟鮈 *Pseudogobio vaillanti* （Sauvage，1878）（图75）

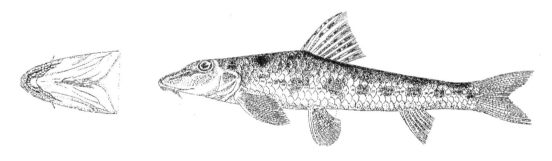

图75　拟鮈 *Pseudogobio vaillanti*

释名：曾名安氏拟鮈、突唇拟鮈（王以康，1958）；似鮈（罗云林等，1977）。

背鳍iii-7；臀鳍iii-6；胸鳍i-13～41；腹鳍i-7；尾鳍ix+17+iv。侧线鳞38～39 $\frac{5}{3}$ 2；鳃耙约2+9；下咽齿5，2。

标本体长71.3 mm。体长形；前部近圆柱状，背鳍前端附近体最高，此处微侧扁，向后渐细尖且较侧扁；体长为体高6.4倍，为头长3.6倍。头长大，稍平扁；头长为吻长2倍，为眼径5.6倍，为眼间隔宽4.3倍，为尾柄长1.8倍。吻稍突出，背面在鼻孔前方有一浅横凹；吻长为眼径2.8倍。眼侧上位，前缘约位于头前后的正中间。眼间隔中央微凹平。鼻孔位于眼前方附近，较眼甚小。口下位，圆弧状，后端不伸过眼前缘。唇发达，粒突很多；下唇前缘连续，后缘分3叶且游离，中叶圆形。口角须短于眼径；鳃孔大。鳃膜连鳃峡。鳃耙钝短，粒丛状。咽齿细长，上端钩状。肛门距臀鳍为距腹鳍基的5倍。

鳞大；头及喉部无鳞。侧线侧中位。

背鳍前距较后距略大；背缘斜形且微凹；第1分支鳍条最长，头长为其长1.5倍；略伸过腹鳍的末端。臀鳍始点距腹鳍基较距尾鳍基近，下缘斜直；第1分支鳍条最长，头长为其长2倍。偶鳍位很低，近水平形。胸鳍圆刀状；第3～4鳍条最长，头长为其长1.5倍，伸过背鳍始点而略不达腹鳍始点。腹鳍始于第2～3分支背鳍条基下方；第3鳍条最长，头长为其长1.7倍，略伸过腹鳍基到臀鳍始点的正中间。尾鳍深叉状。

体背面及两侧淡灰黑色；背面在背鳍前有2个、在鳍后有3个长方形黑褐色大横斑及少数黑褐色小点；体侧有1纵行6～7个不规则小黑褐色斑；腹侧灰白色。背鳍与尾鳍有小点纹；偶鳍背面有灰黑色小点；臀鳍灰白色。鳃盖部与鼻孔下方亦灰黑色。

为我国东部淡水底层较小型杂鱼。大鱼体长达166 mm（罗云林等，1977）。罗云林等（1977）曾记录济南黄河体长64～116 mm标本5尾；体长为体高5.2～6.8倍，为头长3.6～3.8倍；头长为吻长1.9～2.1倍，为眼径4.5～5.4倍，为眼间隔宽3.8～4.4倍，为尾柄长1.9～2.1倍；尾柄长为尾柄高1.7～2.1倍。

分布于我国东部广西南流江到闽江、瓯江、灵江、钱塘江、长江、淮河及黄河等水系。在黄河流域曾见于济南及泰山顺天河。

Rhinogobio vaillanti Sauvage, 1887, Bull. Soc. Philom. Paris（7）Ⅱ：87（江西）。

Pseudogobio andersoni Rendahl, 1928, Ark. Zool. Stockholm ⅩⅩA（1）：89（长江）；Wang（王以康），1035, Contr. Biol. Lab. Sci. Soc. China Ⅱ（1）：30（浙江天台）；Nichols, 1943, Nat. Hist. Centr. Asia Ⅸ：184（福建长汀）。

Pseudogobio vaillanti vaillanti，罗云林等，1977，中国鲤科鱼类志（下卷）：513，图9-54（广东连州市，福建崇安，浙江天台，湖北崇阳、山东济南，河南板桥，陕西太白）；葛荫榕，1984，河南鱼类志：120，图63（河南省各水系）。

Pseudogobio vaillanti，郑葆珊等，1981，广西鱼类志：124，图96（博白南流江）；乐佩琦，1998，中国动物志　鲤形目（中卷）：375，图216（山东济南；除青藏高原等少数地区外，几遍布其他各主要水系，如海南岛琼海到辽宁鸭绿江）。

长吻拟鮈 *Pseudogobio longirostris* Mori, 1934（图76）*

［有效学名：拟鮈 *Pseudogobio vaillanti*（Sauvage, 1878）］

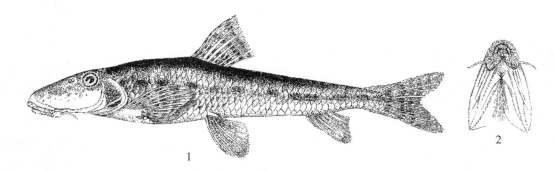

1. 体侧面　2. 头腰面

图76　长须吻鮈 *Pseudogobio longirostris*

释名：吻较长，故名。longirostris亦此意。又名长吻似鮈（罗云林等，1977）。

背鳍ⅲ-7；臀鳍ⅲ-6；胸鳍 i -14～15；腹鳍 i -7；尾鳍ⅵ～ⅶ+17+ⅶ～ⅷ。侧线鳞39～40 $\frac{5}{3}$ 2；鳃耙外行2+11，内行3+11；下咽齿5，2。

标本体长76～91.2 mm。体长形；前部似柱状；背鳍始点处及前方附近体最高，此处微侧扁，向后渐细且较侧扁；体长为体高6.2～6.7倍，为头长3.2～3.5倍。头较长大，后部微平扁，腹侧较平直；头长为吻长2～2.3倍，为眼径4.8～5.3倍。为眼间隔宽4.8～5倍。吻略突出，背缘斜形，在鼻孔前方有一横凹刻，吻长为眼径2.1～2.6倍。眼侧上位，约位于头的后半部。眼间隔中央浅纵凹沟状。鼻孔位于眼前方附近，较眼小得多。口下位，深弧状；后端略达鼻孔前缘；下颌前端钝圆。唇发达，有许多小突起；下唇后缘游离，中叶近圆形，两侧叶与叶前端相连。口角有上颌须1对；长大于眼径。鳃孔大，侧位。鳃膜连鳃峡。鳃耙短小。咽齿侧扁，有尖钩。肛门距臀鳍约为距腹鳍基的5倍。

鳞大，高大于长，鳞心距后端约为距前端3倍，向后有细辐状纹，前端较横直。头部与喉胸部无鳞。侧线侧中位，前端较高。

背鳍前距约等于后距；背缘斜形，微凹。第3～4鳍条最长，头长为其长1.4～1.5倍，约达腹鳍后端。臀鳍位于背鳍远后方；第1分支鳍条最长，头长为其长约2.3倍，略不达尾鳍前缘。偶鳍近水平形。胸鳍尖刀状；第3鳍条最长，头长为其长约1.4倍，略伸过腹鳍始点。腹鳍始于第3分支背鳍条基下方；第3鳍条最长，头长为其长约1.8倍，略不达腹鳍基到臀鳍的正中间。尾鳍深叉状。

体背侧灰黑色，约有8个不规则黑褐色横斑；体侧有8～9个不规则小斑，侧上方尚有些黑褐色小杂点；腹侧白色。鳍色淡；背鳍与尾鳍有黑褐色小点纹；其他鳍点纹色较浅。

为淡水底层小型鱼类。大者全长可达166 mm（体长134 mm）。

分布于黄河、大凌河、辽河及碧流河等处。在黄河见于山东省淄川及兖州泗水等处，为黄河首次记录。

*编者注：根据FishBase资料，此种亦可能是拟鮈*Pseudogobio vaillanti*的同物异名。

Pseudogobio longirostris Mori, 1934, Rep. First Sci. Exp. Manchurica sect. 5（1）：17, Pl. Ⅵ, figs. 1 a～b（凌源：大凌河）；Nichols, 1943, Nat. Hist. Centr. Asia Ⅸ：185（凌源）。

Pseudogobio vaillanti longirostris，罗云林等，1977，中国鲤科鱼类志（下卷）：515，图9-56（辽河，大凌河，碧流河，大洋河等）；解玉浩，1981，鱼类学论文集，2: 116（辽河：本溪太子河及清源浑河）。

棒花鱼属 *Abbottina* Jordan et Fowler, 1903

释名：因此属的模式种为*Abbottina psegma* Jordan et Fowler（= *Gobio rivularis* Basilewsky），河南省等处称为棒花锤或棒花鱼，故名（傅桐生，1934等）。

体长形，后方稍侧扁。背鳍ⅲ-7，前距约等于后距，背缘斜凸，斜直或斜凹，无硬刺。臀鳍ⅲ-5～6。胸鳍侧下位。腹鳍始于背鳍始点后方。有大圆鳞，侧线鳞34～40；头部及喉胸部或腹鳍前方腹面无鳞。侧线侧中位。头长等于、大于或小于体高。吻稍突出，吻长等于或稍大于眼径。口下位，马蹄形。唇发达，常有粒状突起；上唇突起常呈1行，在口角连下唇；下唇中央有1对肉质突起，两侧叶发达，中叶为1对。上、下颌常有角质边缘。口角有1对短须。鳃耙不发达。下咽齿1行，5个。肛门距腹鳍基较臀鳍近。为我国东部到朝鲜西部及日本西南部的淡水小型底层鱼类。约有11种，黄河流域有1种。

Abbottina Jordan et Fowler, 1903, Proc U. S. natn. Mus. 26: 835（模式种：*A. psegma* Jordan & Fowler = *Gobio rivularis* Basilewsky）。

Pseudogobiops（subgenus）Berg, 1914, Fauna Fish. Russia（in Russian）Ⅲ（2）：500（模式种：*Gobio rivularis* Basilewsky）。

棒花鱼 *Abbottina rivularis*（Basilewsky, 1855）（图77）

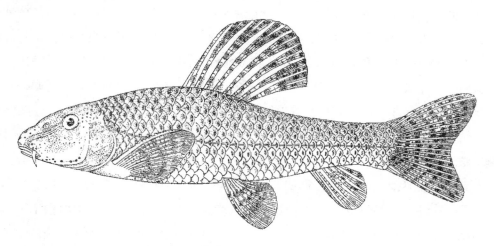

图77　棒花鱼 *Abbottina rivularis*

释名： 以形色得名。在河南省又名棒花锤（傅桐生，1934），河北省为爬虎鱼（张春霖，1934）。

背鳍iii-7；臀鳍iii-5；胸鳍 i -12；腹鳍 i -7；尾鳍vii+17+vi。侧线鳞36 $\frac{6}{4}$ 2；鳃耙内行2+9，外行不显明；下咽齿1行，5个。

标本体长31.4～83 mm。体长形；背鳍始点处体最高，此处略侧扁，体高为体宽1.2～1.6倍，向后渐尖且较侧扁；体长为体高4.4～5.5倍，为头长3.5～3.8倍，为尾部长2.7～3.1倍。头似四棱钝锥状，背面宽平且向前略斜；头长为吻长2.7～3.6倍，为眼径4～4.7倍，为眼间隔宽3.7～4.5倍，为上颌须长7.5～9.7倍，为尾柄长1.7～2.3倍。吻钝，背面在鼻孔前方有一横浅沟，吻长为眼径1.1（小鱼）～2.1（大鱼）倍。眼侧上倍；小鱼的距吻端近，大鱼的距头后端较近。口下位，深马蹄形，口角略达鼻孔下方。两颌无角质边缘。唇发达，肥厚，多小突起，下唇前缘相连，后缘游离；中叶两个，常呈一圆球状。口角上颌须1对，扁形，不达眼下方。鳃孔大，侧位，下端达前鳃盖骨下方。鳃膜连鳃峡。鳃膜条骨3。鳃耙外行不显明，内行钝突起状。椎骨17+19。鳔大，较头长略短，游离；前室圆球形；后室切面呈长椭圆形，长为前室长2倍。肠有2个折弯，体长为肠长1.3倍。肛门距臀鳍约为距腹鳍基2倍。

鳞中等大，鳞前端较横直，鳞心距后端为距前端4～5倍，向后有辐状纹。头及喉部无鳞。侧线侧中位。

背鳍前距为后距1.1～1.2倍；背缘圆凸；第3～4分支鳍条最长，头长为其长1.1～1.4倍，略不达臀鳍始点。臀鳍似背鳍，头长为第1～2分支鳍条长1.7～2倍。胸鳍侧下位；水平形；第3～4鳍条最长，头长为其长1～1.3倍，达背鳍下方而略不达腹鳍。腹鳍始于背鳍基中部下方；第3鳍条最长，头长为其长1.5～1.8倍，约达肛门与臀鳍始点正中间。尾鳍圆叉状，上叉微宽长。

鲜鱼背侧淡黄灰色，有许多不规则小黑点；腹侧白色或黄白色；体侧沿侧线常有6～8个灰黑色斑。各鳍黄色；背鳍、尾鳍与胸鳍有许多黑色小点纹，腹鳍背面有些也有少数小黑点。上颌须黄白色。腹腔膜淡黄色，背侧灰黑色。

为淡水底层小型杂鱼。喜伏游多沙石的水底附近。以底栖无脊椎动物为食。春夏间产卵。雄性成鱼第1胸鳍条较粗肥；鳍前缘和吻侧，前鳃盖骨下缘与其前下方均有角质刺瘤状追星；背鳍背缘中部特别高。雌鱼无此现象且体较雄鱼小。产卵前雄鱼常在浅静且易见阳光的水底，建一盘状深

80～340 mm，直径120～430 mm的巢窝；一窝藏卵约1 700粒，由雄鱼保护；卵分3～4次产完；卵直径包括卵膜在内2～2.5 mm。沉性，卵膜散粘在沙粒上，产卵时水温约30℃；水温平均18℃时6～8天孵出仔鱼，初仔体长约4.2 mm。静卧水底，常周期性地浮到水层中，靠卵黄囊生活；11～13昼夜后，体长达5 mm以上，卵黄囊耗完开始自动索食（依Nikolsky, 1956）。生长慢；1962年11月12～17日在巩县、洛阳采的标本，当年鱼体长为31.3～40 mm，1+龄鱼60～70.5 mm，2+龄83 mm。1周龄达性成熟期。产量小，无大经济价值。

分布于我国东部珠江、闽江、钱塘江、长江、黄河、辽河、黑龙江及碧流河等水系，到朝鲜西部和日本州西部及九州。在黄河分布于陕西关中、晋南到河南、山东北镇[①]等处。

Gobio rivularis Basilewsky, 1855, Nouv. Mem. Soc. Nat. Moscou Ⅹ: 231（华北）。

Tylognathus sinensis Kner, 1867, Reise "Novara", Zool. Ⅰ, Fische: 354, pl. ⅩⅤ, fig. 5（上海）。

Pseudogobio sinensis Günther, 1863, Cat. Fish. Br. Mus. 7: 175（上海）；Abbott, 1901, Proc. U. S. natn Mus. 23: 486（白河）。

Pseudogobio rivularis, Mori, Jap. J. Zool. 2: 63（济南）；Nichols, 1929, Amer. Mus. Nov.（377）: 11（济南）；Tchang（张春霖），1933, Zool. Sinica（B）Ⅱ（1）: 80, fig. 48（济南，开封，山西等）；Fu（傅桐生），1934, Bull. Honan Mus.（Nat. Hist.）Ⅰ（2）: 63, fig. 13（辉县百泉）；周汉藩，张春霖，1934, 河北习见鱼类图说: 23, 图13（济南，开封，山西，天津等）；Berg, 1949, Freshwater Fish. USSR: 665, figs. 421～422（in Russian）（长江至辽河，鸭绿江，黑龙江及朝鲜西部）；张春霖，1959, 中国系统鲤类志: 68, 图57（利津，济南，开封，山西等）；尼科尔斯基著（1956），高岫译（1960），黑龙江流域鱼类: 175, 图25（长江到黑龙江）。

Abbottina rivularis, Nichols, 1928, Bull. Am. Mus. Nat. Hist. 58（1）: 38（山西）；Mori, 1934, Rep. 1st Sci. Exped. Manchoukuo, Sect. Ⅴ（1）: 18, pl. Ⅶ, figs. 1～2（承德，离宫，兴隆县，古北口）；Herre et Lin（林书颜），1936, Bull. Chekiang Fish. Exp. Stat. 2（7）: 9（钱塘江）；Nichols, 1943, Nat. Hist. Contr. Asia Ⅸ: 179（山东，河北，山西）；Matsubara, 1955, Fish Morphology & Hierarchy Ⅰ: 303（本州淀川以西及九州）；王以康，1958, 鱼类分类学: 157（华北）；李思忠，1959, 黄河渔业生物学基础初步调查报告: 42, 图14（利津，济南，开封，山西）；单元勋等，1962, 新乡师范学院学报，Ⅰ: 58（开封，武陟，新乡，辉县，偃师等）；李思忠，1965, 动物学杂志（5）: 217（山，陕，豫，鲁）；罗云林等，1977, 中国鲤科鱼类志（下卷）: 518, 图9-57（闽江，钱塘江，长江，黄河，辽河，黑龙江）；施白南，1980, 四川资源动物志Ⅰ: 145（岷江及沱江下游，嘉陵江及渠江中下游）；解玉浩，1981, 鱼类学论文集2: 115（辽河赤峰到营口）；Choi, 1981, Atlas of Korean Freshwater Fishes: ll（汉江，锦江及南端西侧）；林再昆，1981, 广西淡水鱼类志: 127, 图98（兴安，桂林）；乐佩琦，1998, 中国动物志 鲤形目（中卷）: 348, 图201（广州；浙江金华，江苏崇明；宜昌；陕西周志；辽宁台安；黑龙江黑河；酒泉，张掖，临泽；宁夏中卫。除少数高原地区外，几遍全国各水系）。

Abbottina sinensis, Nichols, 1943, Nat. Hist. Centr. Asia Ⅸ: 180（上海，安徽，江西湖口，洞庭湖，绍兴，福建）；王以康，1958, 鱼类分类学: 157（上海）；单元勋等，1962, 新乡师范学院学报Ⅰ: 58（河南禹县）。

① 依山东大学生物系标本，1963年12月5日。

胡鮈属 *Huigobio* Fang, 1938

释名： 胡鮈系由Huigobio（Hui，胡＋gobio，鮈）而来，为方炳文先生向我国著名植物分类学家胡先骕（胡步曾）教授致意而建订的。

体形很似棒花鱼属而下唇中叶为一个心脏形突起，两侧叶扩大呈翼状，后缘游离，有许多小突起；上唇具1行较大突起。头小。吻钝短，略突出。口下位，较横直，两颌缘有发达的角质。上颌在口角有1对小须。第1~2眶下骨大，占眼下全颊部。下咽齿1行，5个。鳞中等大，喉胸部与头部无鳞。背鳍iii-7，前距等于或略大于后距。臀鳍iii-5~6，位于背鳍远后方。胸鳍 i -12~13，不达腹鳍。腹鳍 i -7。始于背鳍始点后方。鳃耙稀短。鳔2室；前室包于韧质膜囊内；后室细小，游离。肛门约位于腹鳍基距臀鳍始点的前1/3处。为我国东部淡水底层小鱼，共有2种；黄河流域有1种。

Huigobio Fang（方炳文），1938, Bull. Fan Mem. Inst. Biol. Biol.,（Zool.）8: 239（模式种：*H. chenhsienensis* Fang）。

清徐胡鮈 *Huigobio chinssuensis* Nichols, 1926（图78）

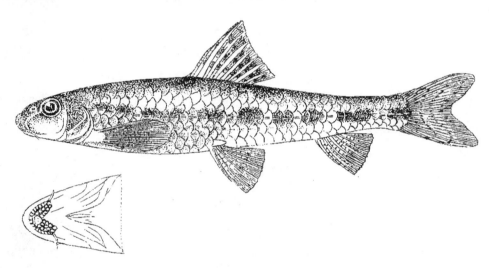

图78　清徐胡鮈 *Microphysogobio chinssuensis*

释名： 模式产地为山西清徐县（Chinssu），故名；曾名介休拟鮈（王以康，1958）。

背鳍iii-7；臀鳍iii-6；胸鳍 i -11~12；腹鳍 i -7；尾鳍vii~viii+17+vi~vii。侧线鳞35~37 $\frac{4}{5}$ 1~2；鳃耙2~3+14~15；下咽齿1行，5个。

标本体长18~47.2 mm。体长形；背鳍始点处体最高，此处微侧扁，向前渐尖和平扁，向后渐尖和侧扁；腹面自肛门到头部较宽平；体长为体高5.3~6.4倍，为头长3.8~4.8倍，为尾部长1.7~2.1倍。头稍平扁，背缘较斜；头长为吻长2.9~3.5倍，为眼径3.5~4.5倍，为眼间隔宽2.9~3.8倍，为尾柄长1.3~1.7倍。吻钝圆且突出。眼侧上位，距吻端较近。眼间隔宽坦。鼻孔位于眼稍前方。口下位，不达眼下方，横弧状，两颌有角质边缘。唇肥厚，粒突发达；上唇有1行穗状钝圆突起；下唇后缘游离，中叶为一心脏形突起，两侧叶略互不接触。上颌须达眼前部下方，长约等于眼径1/2。鳃孔大，侧位，下端不达前鳃盖骨角。鳃耙只内行显明，很细小。下咽齿长扁，有一尖钩。鳔2室；前室球形；后室细柱状，游离。椎骨约37。肛门距臀鳍始点约为距腹鳍基的2倍。

鳞似半圆形，前端横直，鳞心至后端为至前端4~5倍，向后有辐状纹。头部及腹侧自喉部到腹鳍基稍前方均无鳞。侧线侧中位。

背鳍前距约等于后距；背缘斜且微凹；第1分支鳍条最长，头长为其长0.9～1.1倍，约达腹鳍后端。臀鳍始于腹鳍基与尾鳍基的正中点，头长为第1分支鳍条长的1.4～1.7倍。胸鳍侧下位，近水平形；第4～5鳍条最长，头长为其长1.1～1.2倍，达背鳍下方，有些尚略达腹鳍基。腹鳍约始于第2分支背鳍条基下方；第3～4鳍条最长，头长为其长1.3～1.6倍，达肛门臀鳍始点的正中间。尾鳍深叉状。

鲜鱼背面黄灰色，沿背中线在背鳍前方有2～3个，后方有3～5个黑斑；沿尾部侧线及腹部侧线稍上方有1纵行约8个小黑斑，眼前后在吻侧及鳃盖部也各有一小黑斑；腹侧淡黄白色，在眼间隔及后头部也有黑斑，后头部黑斑近三角形。鳍淡黄白色，背鳍与尾鳍有些有浅灰色小点纹。腹腔膜淡黄色，背侧灰黑色。

为底层淡水杂鱼。大者体长可达80 mm（林再昆，1981），在黄河可达65 mm（罗云林等，1977）。喜伏游于浅水溪流沙底上，主要以无脊椎动物为食。无大经济价值。

分布于黄河下游济南、莱阳，到陕西华阴、周志、宝鸡；及山西河津、万荣、新绛及清徐等处；北达辽河与太子河，南达珠江与南流江。

Pseudogobio chinssuensis Nichols, 1926, Amer. Mus. Nov.（214）：3, fig. 3（山西；清徐）；Nichols, 1929, Ibid.,（377）：5（济南）；Nichols, 1943, Nat. Hist. Centr. Asia Ⅸ: 182, fig. 92（山西）；王以康，1958，鱼类分类学；159（山西）李思忠，1965，动物学杂志（5）：217（山西，陕西，山东）。

Pseudogobio shangtungensis Mori, 1929, Jap. J. Zool., 2: 383（济南）。

Pseudogobio chinssuensis shangtungensis, Nichols, 1943, loc. Cit.: 183（济南）。

Microphysogobio hsinglungshanensis Mori, 1934, Rept. 1st Sci. Exp. Manchoukuo Sect（1）：40. Pl. XⅣ, figs. 2a～b（河北兴隆山）。

Pseudogobio chinssuensis hsinglungshanensis, Nichols, 1943, loc. Cit., : 183（依Mori, 1934）。

Huigobio chinssuensis，罗云林等，1977，中国鲤科鱼类志（下卷）：532，图9-68（济南，河南黄河水系）；林再昆，1981（6月），广西淡水鱼类志：133，图105（上思；合浦）；李思忠，1981（8月），中国淡水鱼类的分布区划；94，186（河海亚区）；解玉浩，1981（10月），鱼类学论文集，2：116（辽河康平、本溪）；许涛清，1987，秦岭鱼类志：130，图94（甘肃渭源，清水，武山；陕西周至渭河上游）；高玺章，1992，陕西鱼类志：63，图3-64（千阳，宁强，商南，柞水，山阳），乐佩琦，1998，中国动物志 鲤形目（中卷）：346，图200（甘肃渭源，陕西周至；山西清徐；河南；山东济南）。

船丁鱼属（蛇鮈属）*Saurogobio* Bleeker, 1870

释名："船碇鱼"见于明李时珍《本草纲目》，"杜父鱼，黄黝鱼，船碇鱼"，"杜父当作渡父，溪涧小鱼……见人则以喙插入泥中，如船碇也"。按：杜父鱼（*Cottus*），黄黝鱼（*Hypseleotris*）均与此不同。船丁鱼当以体小且细长而得名，又名船丁属（傅桐生，1934），白杨鱼属（张春霖，1934），蛇鮈属（王以康，1958；陈宜瑜，1998）

形似吻鮈属而体较细长，似柱状，微侧扁。头长大于体高。吻突出，背面在鼻孔前方有一凹。眼侧上位，眼径较吻长小。口下位，半月形，两颌无角质边缘。唇常肥厚，常有许多粒状突起，后缘游离，在下颌腹面中央有一大圆突起。前上颌骨向后不达上颌骨后端。上颌须1对，粗短，常较眼径短。鳃膜互连且连鳃峡。鳃耙短。咽齿1行，5或4个。唇厚多小突起，须常较眼短。背鳍iii-7～8；臀鳍iii-5～6，侧线鳞39～62，喉胸部常无鳞。鳔小，包在骨鞘内，仅后端外露，呈小突起状。为淡水底层小鱼，有6种，分布于我国东部到朝鲜西部、越南。黄河有2种。

Saurogobio Bleeker, 1871, Verh. Wet. Akad. Amst., 12; 25（模式种：*S. dumerili* Bleeker）。

杜氏船丁鱼（长蛇鉤）*Saurogobio dumerili* Bleeker, 1871（图79）

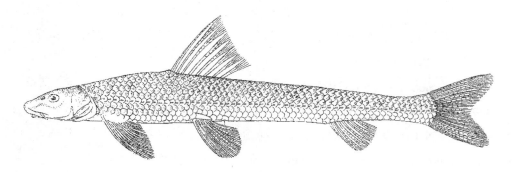

图79　杜氏船丁鱼 *Saurogobio dumerili*

释名：杜氏船丁鱼，杜氏由dumerili的首音节音译而来。曾名杜氏蛇鉤（王以康，1958），长蛇鉤（罗云林等，1977）。

背鳍ⅲ-7；臀鳍ⅲ-6；胸鳍ⅰ-15；腹鳍ⅰ-7；尾鳍ⅵ+17+ⅴ；侧线鳞57～59$\frac{7}{4\sim5}$2；鳃耙内行3+15；咽齿1行，5个。

标本体长214～240 mm。体细长；背鳍始点处体最高，前端少平扁，向后渐略侧扁，腹面较宽平；体长为体高7.7～8.5倍，为头长5.8～5.9倍，为尾部长约2倍。头短小，略平扁；从背面看呈三角形，自后头部到前额沿背中线微凹平；头长为吻长2.7～3倍，为眼径5.3～6倍，为眼间隔宽3倍，为上颌须长5.8～7倍。吻钝，突出。眼位于头侧上方，眼后距略不及头长1/2。眼间隔宽约为眼径2倍。鼻孔位于吻后半部。口下位，近半圆形，略不达眼下方。前上颌骨约达上颌中部；下颌较上颌略短。上颌须不达眼中央。鳃孔大。侧位，下端达前鳃盖骨角。鳃耙仅内行显明，呈粗短突起状。咽齿粗长，上方斜截形，有一尖钩。椎骨53～55（罗云林等，1977，第538页）。鳔小，包在骨鞘内，仅后端外露呈一细短突起。肛门距臀鳍基为距腹鳍基4.5倍。

背鳍后距为前距1.5倍；背缘斜形且微凹；第3～4鳍条最长，头长为其长0.8～1倍，不达腹鳍后端。臀鳍位于尾部的后半部，头长约为第3～4臀鳍条长的1.5倍。胸鳍侧下位，钝刀状；第4～5鳍条最长，头长为其长1～1.1倍，略达背鳍始点。腹鳍始于第3～4分支背鳍条基下方，圆刀状；第4～5鳍条最长，头长约为其长1.3倍，约达腹鳍基至臀鳍间距的前2/5处。尾鳍深叉状。

鲜鱼背侧淡黄灰色，鳞后端各有一黑色小斑，沿侧线上方有一蓝灰色纵纹；下侧白色。鳍淡黄色，仅臀鳍白色。须乳白色。腹腔膜淡黄色，背侧灰黑色。

为平原区淡水底层鱼类。以底栖无脊椎动物为食。肠只有2个折弯，体长略不及肠长2倍。约4冬龄体长达214 mm，5冬龄达240 mm。

分布于黄河到辽河、长江及钱塘江等水系，在黄河分布于济南到开封、新乡及偃师（伊洛河）等处。

Saurogobio dumerili Bleeker, 1871, Verh. Wet. Akad. Amst., XII: 25, pl. I, fig. 1（长江）；Mori, 1928, Jap. J. Zool., II（1）：64（济南）；Evermann et Shaw（寿振黄），1927, Proc. Calif. Acad. Sci.,（4）16（4）：106（烟台，杭州）；Tchang（张春霖），1930, Sinensia I（7）：89（宜昌）；Tchang（张春霖），1933, Zool. Sinica（B）II（1）：75, fig. 35（济南，开封等）；Fu（傅桐生）& Tchang（张春霖），1933, Bull. Honan Mus.（Nat. Hist.）I（1）：13（开封）；Nichols, 1943, Nat. Hist. Centr. Asia IX: 187（洞庭湖）；王以康，1958，鱼类分类学：160（长江）；张春霖，1959，中国系统鲤类志：69，图58（烟台，济南，开封等）；单元勋等，1962，新乡师范学院学报 I：59（开封，新乡，偃师等）；李思忠，1965，动物学杂志（5）：217（河南，山东）；罗云林等，1977，中国鲤科鱼类志（下卷）：537，图9-72（钱塘江到辽河）；施白南，1980，四川资源动物志 I：146（长江，金沙江，岷江，渠江）；解玉浩，1981，鱼类学论文集2: 116（营口）；葛荫榕，1984，河南鱼类志：128，图68（开封，武陟，新乡、巩县），许涛清，1987，秦岭鱼类志：134，图98（伊洛河，黄河，卫河）；乐佩琦，1998，中国动物志 鲤形目（中卷）：379，图218（钱塘江，长江，黄河及辽河水系）。

Saurogobio dorsalis Chu（朱元鼎），1932, China J. 16: 133, fig. 30（上海）。

达氏船丁鱼（蛇鮈）*Saurogobio dabryi* Bleeker, 1871（图80）

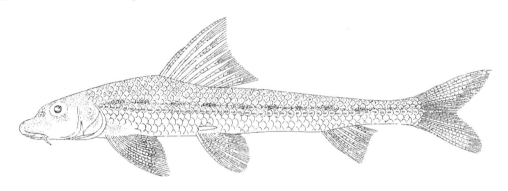

图80 达氏船丁鱼 *Saurogobio dabryi*

释名：达氏由dabryi的首音节音译而得。又名白杨鱼（张春霖，1934），达氏蛇鮈（王以康，1958）、蛇鮈。

背鳍iii-8；臀鳍iii-6；胸鳍 i -14～16；尾鳍vii～ix+17+vii～ix。侧线鳞44～46 $\frac{6}{3\sim4}$ 2；鳃耙内行3+9；下咽齿1行，5个。

标本体长43～149 mm。体细长；背鳍前方附近体最高，此处微侧扁，体高为体宽1.1～1.4倍；背缘微圆凸，腹缘较平直；体长为体高5.6～6.3倍，为头长4.2～4.5倍，为尾部长2.1～2.7倍。头钝锥状，自后头部向前渐略平扁；头长为吻长2.2～1.6倍，为眼径4.7～5.6倍，为眼间隔宽3.7～4倍，为上颌须长4.1～5.2倍，吻略突出，鼻孔位于吻后半部，鼻孔前方有一横凹刻。眼位于头侧上方。眼间隔宽坦。口下位，后端达鼻孔下方。前上颌骨只达上颌骨中部。唇肥厚，有许多粒状突起；下唇后缘游离，在下颌中央后方尤肥厚，上颌须粗短，约达眼前缘下方。鳃孔大，下端达前鳃盖骨角下方。鳃膜条骨3。鳃耙外行很小，不明显；内行粗突起状。鳃膜连鳃峡。下咽齿长扁，末端斜截形，有一尖钩。椎骨20～21+26。鳔小，几乎全包在球形骨鞘内，仅后方露出一细突起。肛门距臀鳍基约为到腹鳍基的5倍。

鳞圆形，前端较横直，鳞心距后端为距前端3倍以上；头部与喉胸部无鳞。侧线直线形，侧中位。

背鳍后距为前距1.2～1.3倍；背缘斜形，微凹；第3不分支鳍条最长，头长为其长1～1.2倍。臀鳍似背鳍，头长为其长1.5～1.9倍。胸鳍侧下位；第3鳍条最长，头长为其长1.1～1.3倍，达背鳍下方而不达腹鳍。腹鳍始于第6～7分支背鳍基下方；第2～3鳍条最长，头长为其长1.3～1.6倍，远过肛门而不达腹鳍。尾鳍深叉状。

鲜鱼背侧黄绿灰色；腹侧银白色；沿侧线上方有1条蓝黑色纵纹，纹内有10～14个小黑斑，体长140 mm以上大鱼斑弱小或无。背鳍淡黄色而微红；尾鳍灰黄色；偶鳍黄色；臀鳍白色。虹彩肌金黄色。须乳白色。腹膜淡黄色而背侧为灰黑色。

为淡水底层鱼类，以底栖无脊椎动物为食。喜伏游于浅水水底。产卵水温为12℃～20℃，4～5月于流水处分批产卵。卵乳白色，浮性，在漂流中孵化。约2周龄达性成熟期。体长210 mm雌鱼怀卵量约3万粒，受精卵直径2.3～2.9 mm，卵黄直径0.9～1 mm。当年鱼到11月中旬体长43～69 mm，1冬龄78～104 mm，2冬龄115～129 mm，3冬龄142～149 mm。最大体长达243 mm。

分布于海南岛到黑龙江，及朝鲜西部、蒙古国。在黄河曾见于山东省垦利、利津、济南、东平湖、河南开封、郑州新乡、巩县、洛阳、济源、山西伍姓湖、新绛、河津、稷山，陕西华阴、周至等。

Saurogobio dabryi Bleeker, 1871, Verh. Akad. Wet. Amst. XII: 27, pl. V, fig. 1（长江）；Mori, 1928, Jap. J. Zool., II（1）：64（济南）；Tchang（张春霖），1933, Zool. Sinica（B）II（1）：76, fig. 36（济南；开封；香港；通州；吉林等）；Nichols, 1943, Nat. Hist. Centr. Asia IX: 187（洞庭湖）；Berg, 1949, Freshwater Fish. USSR II: 670, fig. 426（长江，黄河，黑龙江，鸭绿江，朝鲜）（in Russian）；王以康，1958, 鱼类分类学：159（长江）；张春霖，1959, 中国系统鲤类志：70, 图59（开封；济南；利津等）；李思忠，1959, 黄河渔业生物学基础初步调查报告：42（利津到济南等）；单元勋等，1962, 新乡师范学院学报 I：58（新乡，济源等）；伍献文等，1963, 中国经济动物志：淡水鱼类：96, 图95（黑龙江到珠江）；李思忠，1965, 动物学杂志（5）：217（山西，陕西，河南，山东）；罗云林等，1977, 中国鲤科鱼类志（下卷）：539, 图9-73（海南岛到黑龙江，沿长江上达武都及程海）；崔基哲等，1981, Atlas of Korean Fresh-water fishes: 19, 图67（汉江，锦江）；解玉浩，1981, 鱼类学论文集2：116（开源；辽阳）；许涛清，1987, 秦岭鱼类志：133, 图97（济南，偃师伊川，灵宝渭河）；乐佩琦，1998, 中国动物志 鲤形目（中卷）：381, 图219（我国境内除西北少数地区外，几遍布全国各主要水系）。

Gobiosoma amurensis Dybowski, 1872, Verh. Zool.–Bot. Ges. Wien. XII: 211（黑龙江，依Berg, 1949）。

Pseudogobio productus Peters, 1880, Monatsber. Akad. Wiss. Berl.: 1035, fig. 6（香港.依Berg, 1949）。

Pseudogobio drakei Abbott, 1901, Proc. U. S. natn. Mus. 23: 486, fig.（白河）。

Saurogobio dabryi drakei, Tchang（张春霖），1933, Zool. Sinica（B）II（1）：78, fig. 37（四川；济南；吉林）；Fu（傅桐生），1934, Bull. Honan Mus.（Nat. Hist.）I（2）：62, fig. 12（辉县百泉）；单元勋等，1962, 新乡师范学院学报 I：58（新乡，辉县，武陟，偃师等）。

Saurogobio longirostris Wu（伍献文）& Wang（王以康），1931, Contr. Biol. Lab. Sci. Soc. China 7（6）：229（四川）。

鳅鮀亚科 Gobiobotinae *

释名： 本亚科似鳅，肉多形圆，陀陀然，故名。又名石虎鱼（周汉藩、张春霖，1934）。

本亚科须很特殊，有4对，1对位于上颌后端，另3对位于下颌。下咽齿2行。鳔大部分包在骨膜囊内，游离部分很小。第2椎骨无肋骨。头骨腹面咽突起有咀磨垫。故此类鱼原隶属鳅科（如Kreyenberg，1911；Nichols，1943等），现作为鲤科一亚科。只1属，为我国东部及朝鲜西部的淡水底层小型鱼类，约有16个种及亚种。

*编者注：据陈熙，新近的一些鱼类分类（特别是从分子角度研究亲缘关系的）文献中，鳅鮀亚科归入鮈亚科。参见：Yang J, et al. The phylogenetic relationships of the Gobioninae (Teleostei: Cyprinidae) inferred from mitochondrial cytochrome b gene sequences[J]. Hydrobiologia, 2006, 553(1): 255-266; Tang K L, et al. Phylogeny of the gudgeons (Teleostei: Cyprinidae: Gobioninae)[J]. Molecular Phylogenetics and Evolution, 2011, 61(1): 103-124.

鳅鮀属 *Gobiobotia* Kreyenberg, 1911

体长形，前部粗圆而向后渐细且侧扁，约以背鳍始点处体最高。腹圆。鳞中等大，侧线鳞36~46；喉胸部及头部无鳞。侧线侧中位。头钝圆，吻微突出。眼侧上位。鼻孔位于眼前方附近。口下位，圆弧状或马蹄形，前上颌骨达上颌骨后端。唇厚，唇后沟位于口角。须4对：口角有对；下须有3对，最后1对位于鳃膜上。鳃孔大。鳃耙很短小。下咽齿2行，细长，上端有尖钩。背鳍iii-7，前距等于或大于后距。臀鳍iii-6，始点距腹基较距尾鳍基近。胸鳍i-11~15，侧下位，近水平形。腹鳍i-7，始于背鳍始点下方附近。尾鳍深叉状。肛门位于腹鳍基与臀鳍的正中间或较前方。鳔2室；前室横宽，包在骨膜囊内；后室细小，游离。喜生活于流水沙石底。中国东部产宜昌鳅鮀（*G. ichangensis* Fang）等11种。现知黄河有3种。

Gobiobotia Kreyenberg, 1911, Zool. Anz., 28: 417（模式种：*G. pappenheimi* Kreyenberg）。

种的检索表

1（2）头长为眼径3.7~4.3倍；体侧有6~8个小黑斑···鳅鮀（潘氏鳅鮀）*G. pappenheimi*

2（1）头长为眼径7~9.2倍

3（4）第2胸鳍条及第2腹鳍条显著突出；腹侧自肛门附近到喉部无鳞···宜昌鳅鮀 *G. ichangensis*

4（3）偶鳍鳍条均不显著突出；腹侧自臀鳍到喉部无鳞···············平鳍鳅鮀 *G. homalopteroidea*

鳅鮀 *Gobiobotia pappenheimi* Kreyenberg, 1911（图81）

［有效学名：潘氏鳅鮀 *Gobiobotia pappenheimi* Kreyenberg, 1911］

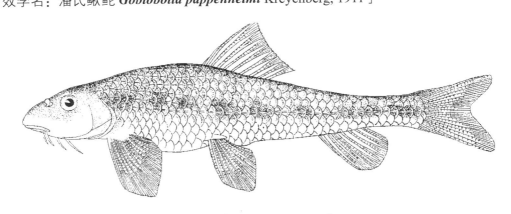

图81　鳅鮀 *Gobiobotia pappenheimi*

释名：又名石虎鱼（周汉藩，张春霖，1934）；泼氏鳅鮀（王以康，1958）；潘氏鳅鮀。

背鳍iii-7；臀鳍iii-6；胸鳍i-13；腹鳍i-7；尾鳍vi-17-v。侧线鳞$35 \sim 39 \frac{5}{3} 2$。下咽齿2行；5，2。

标本体长26.3～35.2 mm。体长形；背鳍始点前方附近体最高，此处微平扁，体高为体宽0.9倍，向后渐尖且渐侧扁，头及体前部腹面平坦；体长为体高6.3～6.7倍，为头长3.7～4.1倍，为尾部长2.2～2.4倍。头平扁，背缘较斜；头长为吻长2.3～2.7倍，为眼径3.9～4.3倍，为眼间隔宽2.9～3.3倍。吻钝圆，略突出。眼侧上位，约位于头正中央。眼间隔宽坦，其宽度微大于眼径。鼻孔较眼小，位于眼前方附近。口下位，横浅弧状。唇光滑，后沟位于口角。上颌须达眼后缘下方；头腹侧下颌须3对，最后1对最长，达鳃孔与胸鳍基之间。鳃孔大，侧位，下端达眼后缘下方。鳃膜连鳃峡。下咽齿有尖钩。鳔前室包在骨膜囊内；后室很小，游离。肛门约位于腹基到臀鳍基间距的前1/3处。

鳞中等大；侧线背侧鳞，尤其在体前半部，常各有一纵低嵴；头部及体腹侧自喉部约到肛门无鳞。侧线侧中位。

背鳍前距为后距1.1～1.3倍；背缘斜且微凹，第3～4鳍条最长，头长为其长1～1.4倍。臀鳍较背鳍较窄短，头长为第3～4鳍条长的1.2～1.5倍。胸鳍侧下位，近水平形；约第3鳍条最长，头长为其长1～1.1倍，约达腹鳍始点或稍前后。腹鳍始于背鳍始点略前方，始点距胸鳍基较距臀鳍基近；中部鳍条最长，头长为其长1.3～1.4倍，远过肛门而不达臀鳍。尾鳍叉状，下叉较长。

鲜鱼背侧淡灰色，鳞后缘色较暗，沿背中线在背鳍前有3个、鳍后有5个横黑斑；沿体侧有1纵行6～8个稍长形黑斑；腹侧白色。鳍白色或淡黄色，背鳍与尾鳍有时有浅灰色小点纹。

为淡水急流多沙石处的底层小型鱼类，喜伏游于水底附近。最大体长约达63 mm（贝尔格，1949）。生长很慢，1周龄体长达26.3～35.2 mm，2周龄44～55 mm。夏季产浮性卵，卵径2.5～3.3 mm，卵黄径0.55～0.7 mm，河道内产卵；水温18℃时约4昼夜孵出，仔鱼全长仅3 mm余，孵出约7昼夜后仔鱼全长约4 mm时即沉水底，最小性成熟年龄在黑龙江流域为2周龄（尼科尔斯基，1956）。

分布于黄河到黑龙江等处；在黄河曾见于山东莱阳、济南及河南省灵宝青龙涧及陕西省潼关等处。

Gobiobotia pappenheimi Kreyenberg, 1911, Zool. Anz. 78；417, figs.（天津）；Shaw（寿振黄）& Tchang（张春霖），1931, Bull. Fan Mem. Inst. Biol., 2:（5）：66（北京三家店）；Fang（方炳文）& Wang（王以康），1931, Contr. Biol. Lab. Sci. Soc. China（Zool.）7（9）：300（河北怀来）；Tchang（张春霖），1933, Zool. Sinica（B）Ⅱ（1）：100, fig. 50（北京；良乡）；周汉藩、张春霖，1934，河北习见鱼类图说：27，图16（北京，天津，良乡）；Mori, 1934, Rept. 1st Sci. Exped. Manchoukuo, sec. Ⅴ（1）：36, pl. ⅩⅢ, fig. 1（朝阳；凌源；兴隆山；古北口）；Berg, 1949, Freshwater Fish. USSR（in Russian）：672, figs. 428～429（黑龙江，松花江，乌苏里江）；尼科尔斯基著（1956），高岫译，1960，黑龙江流域鱼类：188（黑龙江水系）；王以康，1958，鱼类分类学：176（湖南到黑龙江）；张春霖，1959，中国系统鲤类志：77，图66（洞庭湖、天津、北京、良乡）；单元勋、瞿薇芬，1962，新乡师范学院学报，1: 54（河南灵宝青龙涧）；李思忠，1965，动物学杂志，（55）：218（山东）；陈宜瑜、曹文宣，1977，中国鲤科鱼类志（下卷）：554，图10-3（山东济南到海河水系）；施白南，1980，四川资源动物志Ⅰ：147（嘉陵江上游及渠江下游）；解玉浩，1981，鱼类学论文集，2: 116（辽河昌图及太子河辽阳）。

宜昌鳅鮀 *Gobiobotia ichangensis* Fang, 1930（图82）*

［有效学名：宜昌鳅鮀 *Gobiobotia filifer*（Garman, 1912）］

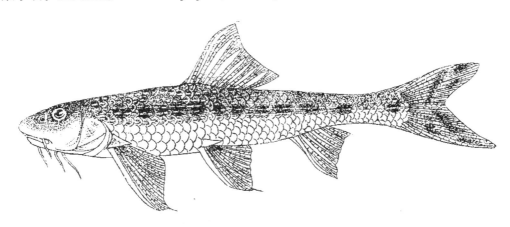

图82　宜昌鳅鮀 *Gobiobotia filifer*

释名：因模式产地为宜昌，故名。

背鳍 iii-7；臀鳍 iii-6；胸鳍 i -13 ~ 14；腹鳍 i -7 ~ 8；尾鳍 v ~ vi-17-v ~ vi。侧线鳞 $40\frac{5}{4}2$。鳃耙内行1+8。下咽齿2行；5，3，尖端钩状。

标本体长59.5 ~ 91.3 mm。体近圆锥状；背鳍前方附近最高，此处体高为体宽1.1 ~ 1.2倍，向后渐细尖且侧扁，向前渐平扁；头腹面到肛门较宽平；体长为体高5.2 ~ 6.4倍，为头长3.5 ~ 3.7倍，为尾部长2.3 ~ 2.4倍。头钝锥状自后头部到鼻孔间沿背中线为纵线凹沟状；头长为吻长2.3 ~ 2.7倍，为眼径7 ~ 8.6倍，为眼间隔宽3.2 ~ 3.5倍，为口宽4.4 ~ 5.1倍，为最后下颌须长2.7 ~ 3.1倍。吻钝圆，平扁，略突出。眼位于头侧上方，吻长较眼后头长稍短。鼻孔位于眼略前方，后孔较大。口下位，圆弧状，宽为长1.5 ~ 1.7倍，后端达鼻孔下方；下颌较短。唇发达，光滑，后沟位于口侧。上颌须达眼后半部下方。下颌须第1对最短，位较上颌须稍前；第3对最长，远不达胸鳍基。鳃孔大，下端达前鳃盖骨下方。鳃膜互连且连鳃峡。鳃膜条骨3。鳃耙小突起状。下咽齿长扁形。椎骨18+22。鳔很小，包在骨膜囊内。肠有2个折弯，体长约为肠长1.3倍。肛门约位于腹鳍基距臀鳍始点的前1/3处。

鳞近三角形，前端较横直，鳞心距后端约为距前端3.5倍，向后有辐状纹，鳞表面大多有一细丝状纵纹凸纹，在体前部侧线上方尤为显著；头部与腹侧自肛门到鳃峡无鳞。侧线侧中位。

背鳍前距为后距1.2 ~ 1.3倍；背缘斜形。略凹，头长为第3 ~ 4鳍条长1.3 ~ 1.6倍，约达臀鳍始点上方。臀且约位于腹鳍基到尾鳍基的正中间，头长为第3 ~ 4鳍条长1.7 ~ 1.9倍。胸鳍近水平形，刀状；第2鳍条突出，呈丝状，头长为其长1.1 ~ 1.3倍，小鱼的伸达腹鳍，大鱼（体长81 mm开始）的不达腹鳍。腹鳍始于背鳍始点稍后方；第2鳍条最长且常稍突出，头长为其长1.6 ~ 1.9倍，约达肛门与臀鳍的1/2处。尾鳍深叉状。

头体背侧淡黄色，鳞后缘灰暗；体侧沿侧线上方常有1纵行10 ~ 13个分界常不太显明的小灰黑色斑；腹侧白色。鳍淡黄色；背鳍与尾鳍较灰暗，常有少数浅灰色小点纹。虹彩肌金黄色。腹膜淡黄色。

为急流底层淡水鱼类，喜伏游于多沙石的水底上。以底栖无脊椎动物为食。2周龄体长达59.5 mm，3周龄76 ~ 81.5 mm，4周龄88.3 ~ 91.3 mm。

过去仅见于长江流域；现知河南三门峡市黄河及陕西咸阳及周志渭河水系亦产。

Gobiobotia ichangensis Fang（方炳文）1930, Sinensia Ⅰ: 58, fig. 1（宜昌）；Fang（方炳文）& Wang（王以康），1931, Contr. Biol. Lab. Sci. Soc. China（Zool.）7（9）: 297（宜昌）；Tchang（张春霖），1933, Zool. Sinica（B）Ⅱ（1）: 98, fig. 48; Nichols, 1943, Nat. Hist. Centr. Asia Ⅸ: 195; 王以康，1958，鱼类分类学: 176（宜昌）；张春霖，1959，中国系统鲤类志: 76（长江）；李思忠，1965，动物学杂志（5）: 218（陕西，河南）；陈宜瑜等，1977，中国鲤科鱼类志（下卷）: 565，图10-12（长江流域自江西到四川乐山与陕西略阳）；施白南，1980，四川资源动物志Ⅰ: 147（长江，岷江，嘉陵江，涪江，沱江，渠江）；方树淼等，1984，兰州大学学报（自然科学）20（1）: 104（陕西黄渭干流）。

平鳍鳅鮀 *Gobiobotia homalopteroidea* Rendahl, 1932（图83）

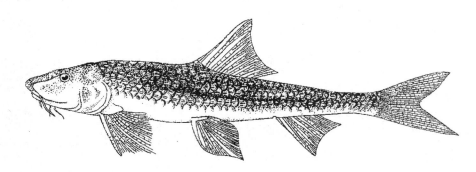

图83　平鳍鳅鮀 *Gobiobotia homalopteroidea*

释名： 胸鳍近水平形，故名。homalopteroidea（希腊文：homalos，平坦的 + pteroidea，鳍形的）亦此意。又名长不大（王香亭等，1956）。

依Rendahl（1932），王香亭等（1956）及陈宜瑜、曹文宣（1977）。

背鳍ⅲ-7；臀鳍ⅲ-6；胸鳍ⅰ-13~14；腹鳍ⅰ-7。侧线鳞41$\frac{5}{3}$42。鳃耙内行6~7。下咽齿2行；5，3。

标本体长41.5~80.9 mm。体形近似平鳍鳅；体长为体高5.6~6.9倍，为头长3.9~5倍，为尾柄长5.9~6.3倍。头胸部平扁，头宽显著大于头高，胸鳍基部体宽约等于体高，尾柄细圆；头长为吻长2.2~2.6倍，为眼径7.2~9.3倍，为眼间隔宽2.6~3.3倍，为尾柄长1.3~1.5倍，为尾柄高3.5~4.4倍。吻钝圆，背面有细微皮褶，吻长稍小于眼后头长，眼很小，较鼻孔稍大，侧上位，瞳孔圆形。眼间隔宽而微凹。口下位，弧形，很宽，口宽大于吻长。上唇边缘有皱褶，下唇光滑。须4对，口角须达眼中部下方；第1对下颏须始点与口角须前后相同，很短，不达第2对下颏须；第2对下颏须达前鳃盖骨后缘下方；第3对下颏须最长，末端约达鳃盖骨后缘；后2对颏须基间有许多小突起。第1鳃弓外侧无鳃耙。下咽齿匙形，末端钩状。椎骨40。鳔小；前室横切面椭圆形，中部稍窄，包在骨膜囊内；后室细小。腹膜灰白色。肛门位于腹鳍基至臀鳍始点的正中间。

鳞圆形，稍小，臀鳍始点前的背部鳞和背鳍始点前的体侧鳞都有一发达的纵低嵴；头部，自臀鳍始点到鳃峡的体腹侧，及胸鳍基到腹鳍基间的稍上方体侧，都无鳞。侧线侧中位，前端稍高。

背鳍始点与腹鳍始点相对，约位于吻端与尾鳍基的正中点；背缘斜凹，第1分支鳍条最长。臀鳍始点距腹鳍始点较距尾鳍基稍近，形似背鳍。胸鳍水平形，第3~4鳍条最长而不突出，不呈丝状，不达腹鳍始点。腹鳍始于胸始点与臀鳍始点的正中点；第3~4鳍条最长，约达肛门。尾鳍深叉。下叉稍长。

背部灰褐色，在侧线上方有一黑色斑纹，腹部灰白色或淡黄色。背鳍与尾鳍黄灰色，其他鳍黄色。

为淡水底层小鱼。在兰州铁桥以东的雁滩一带很多。最早发现于兰州，现知山西中部亦有。

Gobiobotia homalopteroidea Rendahl, 1932, Ark. Zool., Stockh. XXIV A（16）：54（兰州）；王香亭等，1956，生物学通报（8）：16（兰州雁滩黄河）；李思忠，1965，动物学杂志（5）：218（甘肃）；陈宜瑜等，1977，中国鲤科鱼类志：554，图10-2（兰州和山西中部）。

裂腹鱼亚科 Schizothoracinae

释名：裂腹鲤亚科（方炳文，1936），因体腹侧在肛门及臀鳍基附近两侧各有1纵行特大型鳞而得名，schizothoracinae（希腊文：schizo，裂开 + thorac，胸甲 + inae，亚科）亦此意。曾名奇鳞鱼亚科（王以康，1958），弓鱼亚科（张春霖，1959），臀鳞鱼亚科（岳佐和，1979）。

体型似鲃亚科而沿肛门及臀鳍基两侧各有1纵行特大型鳞。口前位、亚下位或下位；马蹄形、圆弧状或近横直，下颌有或无角质缘。唇发达或薄弱。上颌须1~2对或无。下咽齿1~4行。背鳍有或无骨质硬刺，有分支鳍条7~8条。臀鳍iii-5~6。尾鳍叉状。有些鳞大部分已消失而仅在肛门及臀鳍基两侧有特大型鳞，或在胸鳍基上方附近及侧线尚有鳞。腹膜常为黑色。鳔2室，后室较细长。肝、卵巢及血液有碱性毒，但在100℃高温5分钟后毒性可被破坏。为中亚高山区特有的鱼类。据称腹膜黑色与防高山区紫外线损害有关（Nikolsky, 1950; 1954）。约始于中新世喜马拉雅山产生之后，化石始于晚中新世或早上新世（武云飞等，1980）。分布于西达土库曼及伊朗东北部，东到湖北西部（东经约110° 神农架），北达新疆额敏河（约北纬47°），南达云南腾冲（约北纬25°）。约以柴达木盆地、藏北高原及黄河上源（龙羊峡以上）为分布中心，这里的本亚科鱼类鳞、须及下咽齿都较少、较退化，而其周围地区的种类则较多、较原始。在我国约有10属60多种，黄河流域约有6属。

属的检索表

1（2）须2对；体鳞发达；下咽齿3行；口横直；下唇不中断（黄河水系无分布）·············
···裂腹鱼属 *Schizothorax*

2（1）须1对或无；体鳞发达或较退化；下咽齿1~2行

3（4）须1对；下唇肥厚、中断；鳞大部分已消失；下咽齿2行；口马蹄形·················
···裸重唇鱼属 *Gymnodiptychus*

4（3）无须

5（10）下咽齿细圆，末端尖形；下咽骨宽不及长1/2

6（7）口亚前位，深弧状；下颌无角质锐缘；下咽齿2行······························
···裸鲤属 *Gymnocypris*

7（6）口下位；下颌有角质锐缘；下颌前端较横直

8（9）下颌前缘角质、平截；唇后沟不中断·······················黄河鱼属 *Chuanchia*

9（8）下颌前缘角质锐利；唇后沟中断·····················裸裂尻鱼属 *Schizopygopsis*

10（5）下咽齿侧扁，末端平截；下咽骨很宽，长不及宽2倍·····························
···扁咽齿鱼属 *Platypharodon*

裂腹鱼属 *Schizothorax* Heckel, 1838

释名：schizothorax为希腊文，schizo意为"裂开"，thorax意为"胸甲"，故名，参看亚科释名。

曾名细鳞鱼属（方炳文，1936），奇鳞鱼属（王以康，1058），弓鱼属（张春霖等，1955），臀鳞鱼属（岳佐和，1979）。

体长形，稍侧扁，胸腹部宽圆。口前位或下位，口裂较横直且下颌有角质锐利前缘（裂腹鱼亚属Schizothorax）或弧状且下颌无角质前缘（裂尻鱼亚属Schizopyge）。下唇不中断。上颌须2对。下咽齿3行；齿细圆，咀磨面凹匙状，尖端稍弯曲。背鳍有或无锯状硬刺，分支鳍条7～8（罕为9），硬刺有锯齿。臀鳍ⅱ-5。鳞小；侧线鳞90～120，较附近鳞大；肛门及臀鳍基两侧各有1行特大鳞；侧线鳞亦常较大。腹膜黑色。鳔2室，后室较细长。为本亚科分布最广且较原始的一属，分布于中亚高山区周缘地带。青藏高原及周围约57种，中国产齐口裂腹鱼（S. prenanti "Tchang"）等约41种。现知黄河流域近邻（黄河水系相近地区）有1种。

Schizothorax Heckel, 1838, Fische aus Caschmir: 11（模式种：*S. plagiostomus* Heckel）。

Oreinus McClelland, 1839, Ind. Cypr. As. Res., ⅩⅨ: 273（模式种：*O. gutatus* McClelland）。

Schizopyge Heckel, 1843, Russegger's Recse durch Syrien Ⅱ: 285（模式种：*S. curvifrons* Heckel）。

Opistocheilus Bleeker, 1860, prodr. Cyprin., : 213。

Aspiostoma Nikolsky, 1897, Ann. Mus. Zool. St. Petersb. Ⅱ: 345。

溥氏裂腹鱼 *Schizothorax prenanti*（Tchang, 1930）（图84）

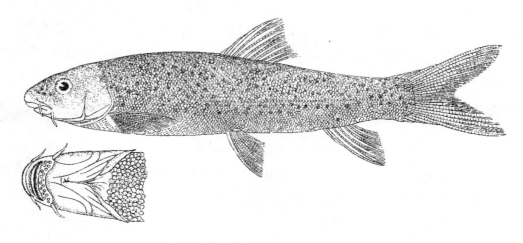

图84　溥氏裂腹鱼 *Schizothorax prenanti*

1959年曾闻西北大学生物系在陕西西安市长安区南的王曲采得1尾齐口裂腹鱼（*Schizothorax prenanti* "Tchang"），以后未再见报道。现知此鱼在黄河水系的南侧如岷江及嘉陵江上游和汉江上游（陕西西乡县）亦有分布。黄河无分布。

裸重唇鱼属 *Gymnodiptychus* Herzenstein, 1892

释名： 下唇分左、右两瓣，体鳞又已大部分消失，故名。曾名裸黄瓜鱼属（王以康，1958）。

体长纺锤形；鳞大部分已消失，仅沿侧线及肛门和臀鳍基两侧，与胸鳍基上方附近尚有少数鳞。口下位，马蹄形，下颌无角质缘。唇肥厚，下唇后沟呈"人"字形。口角须1对。下咽齿2行；4，3；上端钩状。背鳍ⅲ-7～8。臀鳍ⅲ-5。胸鳍侧下位。腹鳍始于背鳍始点后方。腹膜黑色。黄河流域只有厚唇重唇鱼1种，主要特征是左、右下唇发达且在前方互连，下唇后沟不中断。此种有2亚种。

Gymnodiptychus Herzenstein, 1892, Mel. Biol. Acad. Sci. St. Petersb., 13: 225（Type species: *Diptychus dybowskii* Kessler）。

厚唇裸重唇鱼 *Gymnodiptychus pachycheilus* Herzenstein, 1892（图85）

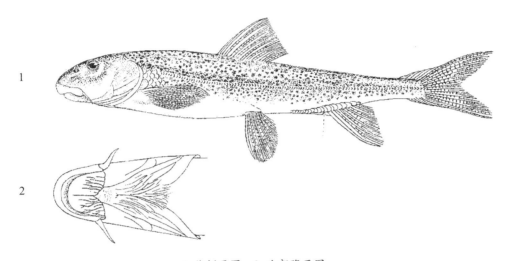

1. 体侧面图　2. 头部腹面图

图85　厚唇裸重唇鱼 *Gymnodiptychus pachycheilus*

释名： 因唇厚，故名。pachycheilus（希腊文：pachy，厚＋cheilus，唇）亦此意。曾名重唇花鱼（王香亭等，1956），裸黄瓜鱼（李思忠，1959）。

背鳍iii-8；臀鳍iii-5；胸鳍i-17～19；腹鳍i-9～10；尾鳍ix～x+17+ix～x。侧线鳞88～100+4。鳃耙外行3+14～15，内行5～6+17。下咽齿2行；4，3；尖端钩状。

标本体长129～222 mm。体稍细长，中等侧扁，背鳍始点前方附近体最高，此处体高为体宽1.2～1.5倍，向前后渐尖；体长为体高4.5～5.5倍，为头长3.9～4倍，为尾部长3.7～4.5倍。头吻略侧扁；头长为吻长2.7～3.4倍，为眼径6.1～6.5倍，为眼间隔宽2.8～3.2倍，为口宽3.9～4.1倍，为尾柄长1.4～1.8倍。吻钝圆，稍突出。眼位于头侧上方，眼后头长等于或略大于1/2头长。眼间隔中央微凸。鼻孔位于眼附近。口下位；马蹄形；下颌无角质锐缘；口角达眼前缘下方。上、下唇肥厚；下唇分为左、右两叶，中央为纵沟状，唇厚沟不中断，侧叶后端宽钝且有纵褶纹。上颌须粗扁，较眼径稍长，达眼后方。鳃孔大，侧位，下端约达前鳃盖骨后缘。鳃耙小突起状。鳔2室，游离，长为头长1.2倍；前室短圆柱状；后室长圆锥形，长为前室长2.2倍。肠有6～7个折弯，长为体长1.5倍。椎骨约30+19。肛门邻臀鳍前缘。

鳞大部分消失；侧线鳞小；在鳃孔后缘胸鳍基与侧线间尚残留大鳞3～4横行；腹鳍基有一长腋鳞；沿肛门与臀鳍基两侧各有18～24个大鳞。侧线完整，侧中位，在胸、腹鳍基间略向下弯曲。

背鳍位于体正中部或稍后；背缘斜形，雌鱼的微凹，雄鱼的略凸；第1分支鳍条最长，头长为其长1.4～1.8倍，不达腹鳍后端。雄性成鱼臀鳍后2鳍条末端呈角质钩状；头长为第1分支鳍条长1.3～1.6倍。胸鳍侧下位，头长为第3鳍条1.3～1.5倍，不达或略达背鳍始点。腹鳍约始于第6分支背鳍条下方；第3～4鳍条最长，头长为其长1.4～1.9倍，雌鱼的略达、雄鱼的不达肛门。尾鳍深叉状。

头体背侧黄褐色，微绿，分布有许多不大于瞳孔的蓝黑色斑；腹侧淡黄色或白色。背鳍与尾鳍黄灰色，有灰褐色点；其他鳍淡黄色或灰白色。虹彩肌金黄色。腹膜黑褐色。

为山麓淡水性中下层鱼类。以小鱼、软体动物等为食。雄性成鱼斑较雌性成鱼的大且稀，臀鳍、腹鳍及尾鳍，以及臀鳍附近的体侧有白色小突起状追星，最后2臀鳍条呈角质钩状。据王香亭等（1956）报告，每年2～3月在兰州马滩一带可以遇到，10月开始溯游到洮河等上游越冬。大者可达3 kg。为黄河上游经济鱼类之一。

分布于长江及黄河上游。在黄河流域自兰州到扎陵湖很习见。1959年12月1日西北大学生物系在咸阳渭河亦采得一尾，现知渭河上游、甘肃清水、武山、漳县及岷县亦产。

此种与分布于新疆及中亚西侧的裸重唇鱼（*Gymnodiptychus dybowskii*"Kessler"）很相近；而后者鳃耙较少（外行9～15，内行10～17），下唇后缘中断且侧叶后端较尖。

Gymnodiptychus pachycheilus Herzenstein, 1892, Meel. Biol., 13: 226（黄河上游）；宋世良等，1983，兰州大学学报（自然科学）19（4）：123（岷县，漳县，武山，清水）。

Diptychus crassilabris Steindachner, 1898, Wiss. Ergebn. Der Reise Grafen Szecheng 1877～1880 Ⅱ：508（西宁）。

D. pachycheilus Pappenheim, 1908, in Filchner, Wiss. Ergeb. Exped. Filchner nach China u. Tibet, Ⅹ（1）：116（西宁）；曹文宣等，1962，水生生物学集刊（2）：39（黄河，长江）；曹文宣，1964，中国鲤科鱼类志（上卷）：176（西川甘孜，若尔盖和甘肃岷县）；武云飞等，1979，动物分类学报4（3）：289（扎陵湖等）；朱松泉等，1984，辽宁动物学会会刊5（1）：51-59（扎陵湖等）。

D. dybowskii Rendahl, 1928, Ark. Zool. 20A（1）：143（西宁）；Tchang（张春霖），1933, Zool. Sinica（B）Ⅱ（1）：87（部分）（西宁）；Fang（方炳文），1936, Sinensia Ⅶ（4）：415, fig. 11（松潘）；Nichols, 1943, Nat. Hist. Centr. Asia Ⅸ：84（西宁）；王香亭等，1956，生物学通报（8）：16，图2（兰州；洮河）；张春霖，1959，中国系统鲤类志：83（西宁；柴达木河）；伍献文等，1963，中国经济动物志淡水鱼类：43（黄河）。

Gymnodiptychus dybowskii，李思忠，1959，黄河渔业生物学基础初步调查报告：44，图19（贵德，西宁，临夏，兰州）；李思忠，1965，动物学杂志（5）：218（青海、甘肃、陕西）。

裸鲤属 *Gymnocypris* Günther, 1868

释名： 体鳞大部分消失，故名。gymnocypris（希腊文：gymno，裸＋kyprinos，鲤）亦此意。

体长纺锤形，略侧扁，腹部圆。口前位或亚下位；半圆形；上、下颌前端约相等；下颌无角质锐利前缘，或仅下颌内侧有角质层。下唇不发达，后沟中断。下颌前无角质；无须。鳃孔侧位。鳃膜连鳃峡。下咽齿细尖，2行；4，3或4，2；尖端钩状。背鳍ⅲ-7～8，较腹鳍靠前，锯齿状硬刺强或弱。臀鳍ⅲ-5。腹鳍与背鳍相对。尾鳍叉状。鳞大部分已消失；仅在胸鳍基上方附近有少数鳞，侧线鳞和沿肛门及臀鳍基两侧各有1纵行特殊大鳞。鳔有2室。为我国青海、西藏、四川及甘肃特有的一属，有11～12种；印度河上游有1种。黄河上游有2种。

Gymnocypris Günther, 1868, Cat. Fish. Brit. Mus., 7: 169（模式种：*G. dobula* Günther）。

种的检索表

1（2）口裂微斜；鳃耙外行12～21，内行16～24；体长可达365 mm……………花斑裸鲤 *G. eckloni*

2（1）口裂很斜；鳃耙外行20～36，内行30～54；体长常不及200 mm··斜口裸鲤 *G. scoliostomus*

花斑裸鲤 *Gymnocypris eckloni* Herzenstein, 1891（图86）

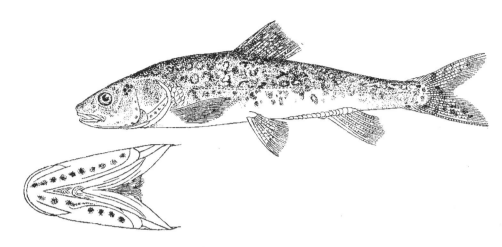

图86　花斑裸鲤 *Gymnocypris eckloni*

释名：体长240 mm以下个体背侧常有许多黑褐色斑，故名。曾名爱氏裸鲤、肩鳞裸鲤（王以康，1958）；当地又名菜花鱼（李思忠，1959），大嘴巴鱼、花精（曹文宣，1964）。

背鳍ⅲ-7；臀鳍ⅲ-5；胸鳍ⅰ-8～20；腹鳍ⅰ-9～10；尾鳍ⅶ～ⅷ+17+ⅶ～ⅷ。侧线鳞85～98+3。鳃耙外行1～5+10～16，内行3～7+13～18。下咽齿2行；4，3。椎骨约28+21。

标本体长149～218 mm。体长纺锤形，以背鳍始点处体最高，体高为体宽1.3～1.8倍，向前、向后渐尖；体长为体高4.3～4.8倍，为头长3.4～3.8倍，为尾部长3.6～4.6倍。头似钝锥状，后部略侧扁；头长为吻长3.6～4.1倍，为眼径5.8～6.7倍，为眼间隔宽3～3.5倍。吻部钝圆，微平扁。眼位于头侧上方，眼后头长为吻长2.1～2.5倍。眼间隔宽，中央微凸。鼻孔位于吻后半部和眼前上方附近，后鼻大且为横新月形。口前位，稍低，斜半圆形，口角约达眼前缘下方；下颌较上颌略短，无角质缘。唇光滑，不很发达，后沟位于口角。自吻侧到眼后，和自下颌腹面到前鳃盖角各有1行发达的黏液囊。鳃孔大，侧位，下端约达前鳃盖骨后缘。鳃耙短，似尖钩状。下咽齿柱状，咀磨面匙状，尖端略呈钩状。鳃膜互连且连鳃峡。鳃膜条骨3。鳔游离，长为头长1.7倍；前室粗短；后室锥状，长为前室长2.4倍。肠长为体长6倍，有6个折弯。肛门邻臀鳍前缘。

鳞大部分已消失；有侧线鳞，自腹鳍基到臀鳍基后端每侧各有24～28个大鳞，胸鳍基到侧线前端间残留2～3横行鳞，腹鳍基有一长腋鳞。侧线完整，在尾部侧中位，在腹部稍向下弯曲；在鳃孔上方向后上方有一颞上枝，向前上方有项背枝，向前有眼上枝及眼下枝，向下有前鳃盖枝及下颌枝。

背鳍前距为后距1.2～1.3倍；背缘斜形；第3不分支鳍条约4/5为骨质硬刺，后缘有21～28个锯齿；第1分支鳍条最长，头长为其长1.4～2.1倍，不达肛门。臀鳍第1分支鳍条最长，头长为其长1.4～1.8倍，雄性成鱼最后2条臀鳍条末端呈角质钩状。胸鳍侧下位，尖刀状；头长为鳍条长1.3～1.7倍，略不达背鳍始点。腹鳍始于第1～2分支背鳍条基下方，头长为其长1.5～2.3倍，不达肛门。尾鳍深叉状，下叉略长。

头体背侧淡灰色，有许多大小不等的黑褐色斑；腹侧银灰色或淡黄白色。鳍淡黄色，背鳍、尾鳍略较暗且有黑褐色小点纹。虹彩肌金黄色。腹膜黑褐色。较大个体仅在体侧有块状暗斑。

为海拔1 500～4 400 m水面的淡水鱼类。性成熟雄鱼臀鳍侧有白粒状小追星，后二鳍条除呈角质钩状外，鳍较短，不达尾鳍基。性成熟雌鱼无追星及角质钩，而臀鳍较长。5～7月水温6℃～10℃，溯河产卵。最大个体重达4 000 g；10龄鱼重500 g，体长324 mm（朱松泉等，1984）。

分布于黄河上游青海省贵德到鄂陵湖、扎陵湖、星宿海及约古宗列曲等处，及柴达木盆地的奈齐河；在久治县的白玉公社（大渡河上游）亦有一次纪录。

过去此鱼曾被分作花斑裸鲤、肩鳞裸鲤（*G. gasterolepidus* Herzenstein）及黑斑裸鲤*G. maculatus* Herzenstein）。后两种体斑较多、较小；鳃耙外行12～14，内行16～18；黑斑裸鲤最大斑大于眼，肩鳞裸鲤斑大于眼；花斑裸鲤体斑较大且少，鳃耙外行17～21，内行22～24个，头部、背鳍及尾柄也有追星。此处依曹文宣（1964）的意见，并为一种。

Gymnocypris eckloni Herzenstein, 1891, Zool. Theil., Ⅲ（2）：243-246, pl. 25, fig. 1（舒戛果勒河、奈齐果勒河）；王以康，1958，鱼类分类学：132（西藏？）；曹文宣、邓中麟，1962，水生生物学集刊（2）：42（四川龙日坝、红原、唐克、索藏寺及若尔盖等黄河流域）；张玉玲，1963，鄂陵湖与扎陵湖的爱氏裸鲤（手稿）；曹文宣，1964，中国鲤科鱼类志（上卷）：192，图4-37（龙日坝等）；李思忠，1965，动物学杂志（5）：218（青海、甘肃）；武云飞、陈瑗，1979，动物分类学报，4（3）：289（扎陵湖、鄂陵湖等黄河上游，久治县白玉公社大渡河上游）；李思忠，1981，中国淡水鱼类的分布区划：60，图25甲-1（青海，甘肃）；武云飞、吴翠珍，1988，黄河源头和星宿海的鱼类（约古宗列曲及星宿海）。

Gymnocypris gasterolepidus Herzenstein, 1891, Ibid., Ⅲ（2）：247（黄河）；王以康，1958，鱼类分类学：132（黄河）；李思忠，1959，黄河渔业生物学基础调查报告：44，图20（贵德黄河）；李思忠，1965，动物学杂志（5）：218（青海、甘肃）。

Gymnocypris maculatus Herzenstein, 1891, Ibid., Ⅲ（2）：253-257, pl. 17, fig. 2, pl. 21, fig. 2（黄河）；王以康，1958，鱼类分类学：132（黄河）；李思忠，1965，动物学杂志（5）：218（青海，甘肃）。

斜口裸鲤 *Gymnocypris scoliostomus* Wu et Chen　（图87）*

［有效学名：斜口裸鲤 *Gymnocypris eckloni scoliostomus* Wu et Chen, 1979］

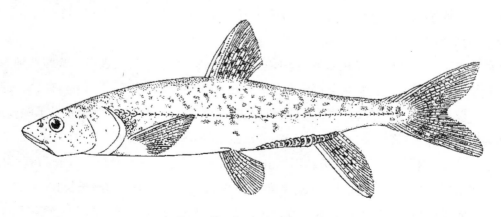

图87　斜口裸鲤 *Gymnocypris eckloni*

释名：口裂很斜，故名。种名scoliostomus（希腊文：scolios，斜＋stomus，口）亦此意。

依武云飞与陈瑗（1979）。背鳍ⅲ-7～8；臀鳍ⅱ-5；胸鳍ⅰ-17～19；腹鳍ⅰ-8。鳃耙外行

20～36（29）^①，内行30～54（39）。下咽齿2行；4，3。椎骨50。

测量标本10尾，体长139～173 mm，体全长170～210 mm。体长形，稍侧扁；体长为体高4.6～5.7（5.0）倍，为头长3.6～4.3（4.0）倍，为尾柄长5.6～7.2（6.3）倍。头楔形，吻尖且略侧扁；头长为头高1.5～1.8（1.7）倍，为头宽1.8～2.1（1.9）倍，为吻长3.4～4.4（3.7）倍，为口宽3.8～4.9（4.3）倍）。眼位于头前半部，稍高。口前位或前下位。口裂很斜，自前鳃盖骨前斜至吻端，呈30°～45°仰角；口宽为口长1.1～1.5（1.2）倍。上、下颌前端相等，或略前后。下颌无锐利角质前缘。上唇窄薄；下唇稍厚，后沟中断。无须。下咽骨细窄，长为宽3～3.8（3.4）倍。下咽齿上端匙状，有尖钩。鳃耙密、长、光滑。鳔2室，后室为前室2.2～2.6（2.4）倍。肠盘曲，长为体长1.8～1.9倍。腹膜黑色。肛门紧邻臀鳍。

体大部裸露，在侧线与胸鳍基间的前肩有不规则鳞2～3行，自腹鳍基内侧或附近到臀鳍基后端每侧有1纵行鳞20～25个。侧线侧中位，前端较高。

背鳍始点至吻端常小于至尾鳍基，一尾稍大于后者；第3不分支鳍条为强硬刺，后缘除基部和末端（长约为眼径3/4）无锯齿外，每侧有16～25个深的锯齿，头长为此鳍刺长1.2～1.6（1.4）倍。臀鳍伸达尾鳍基或尾鳍前缘。胸鳍长为胸腹鳍基距0.8～1（0.8）倍。腹鳍始于第1～2分支背鳍条基下方，长为腹鳍基、臀鳍基间距的0.6～0.7倍。尾鳍叉状。

头体背侧青绿色，有黑色斑点；腹侧银白色；体侧有多数环状、点状或条状斑纹。背鳍与尾鳍有数行小黑点。甲醛浸存后，体褐色，腹部黄色；鳍灰黑色，斑点仍显明。

常生活于湖边或浅滩，集群索食。鱼群受惊时，常有大批鱼跃出水面，掀起层层浪花。以浮游生物为食。7月为产卵后期。

似花斑裸鲤而鳃耙较密、较长，口裂较斜且呈深弧状，体较小。1971年7月采自青海省久治县苏呼日麻公社逊木湖（冰川湖，海拔3 850 m）。

编者注[*]：根据FishBase资料，此种是花斑裸鲤*Gymnocypris eckloni*的亚种。

Gymnocypris scoliostomus（斜口裸鲤）武云飞、陈瑗，1979，动物分类学报，4（3）：289，图2（青海省久治县逊木湖至黄河水系）。

黄河鱼属 *Chuanchia* Herzenstein, 1891

释名：发现于黄河（Chuanchia）故名。曾被误为周集鱼（王以康，1958）。曾名山弓鱼（李思忠，1959）。

体长形，略侧扁，腹部宽圆。口下位；口裂长度显著较眼径短。似裸裂尻鱼而下颌前缘横直，钝，角质，平截形。下唇较发达，后沟不中断，后缘中部较凹窄。无须。下咽骨窄长。下咽齿细尖，2行；4，3；细柱状，尖端稍钩曲，咀磨面凹匙状。体鳞大部分裸露，仅肛门及臀鳍基侧各有一臀鳞，和侧线前端与肩部有少数鳞。侧线侧中位，前端稍高。背鳍iii-7～8，第3不分支鳍条为强硬刺，后缘有深锯齿。臀鳍ii-5，始点位于腹鳍基与尾鳍基的正中央或稍后，约与第1～2分支背鳍条相对。鳔2室，后室较细长。腹膜黑色。只1种，为青海高原黄河上源缓静水特产。

Chuanchia Herzenstein, 1891, In Przewalski nach Central-Asien Zool., Ⅲ. 2 30: 223（模式种：*C. labiosa* Herzenstein）。

① 本节括弧内为平均值。

骨唇黄河鱼 *Chuanchia labiosa* Herzenstein, 1891（图88）

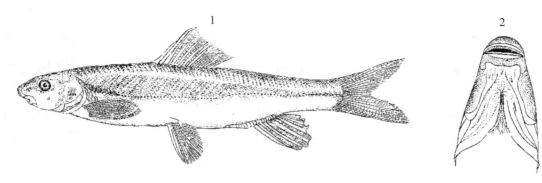

1. 体侧面　2. 头腹面

图88　骨唇黄河鱼 *Chuanchia labiosa*

释名：下唇发达，前缘有角质，故名；labiosa（大唇的）亦此意。曾名唇周集鱼（王以康，1958），山弓鱼（李思忠，1959）；地方名：大嘴鲤鱼、鳇精（曹文宣，1964）。

有标本1尾（依曹文宣）。背鳍ii-iii-7~8；臀鳍ii-5；胸鳍i-17~18；腹鳍i-8~9；下咽齿4，3；鳃耙外行13~18（15）[①]，内行23~29（27）。

标本体长118~204 mm。体长形，背鳍前方附近体最高，稍侧扁；体长为体高4.7~6.9（5.1）倍，为头长4.6~6.6（5.2）倍，为尾柄长5.1~6.3（5.7）倍。头锥形；头长为吻长2.9~3.2（3）倍，为眼径3.1~5.4（4.5）倍，为眼间隔宽2.2~3.4（2.8）倍，为口宽2.2~3.4（2.7）倍，为头高1.1~1.5（1.2）倍，为头宽1.3~2（1.6）倍。吻突出。眼侧上位，后缘位于头中央稍前方。鼻孔位于眼稍前方。口下位；下颌前缘横直，角质发达，向上斜成截形钝缘；下颌长度显著较眼径短；下唇肉质完整，表面光滑，唇后沟不中断，下唇两侧在口角较宽而中部较窄。无须。鳃孔侧位。下咽骨窄弓状，长为宽3.2~3.6倍。下咽齿细圆，尖端稍钩曲，外行齿较小。鳔2室，后室长为前室长2.7~3.6倍。肠长为体长1.5（较小个体）~2.7（较大个体）倍。腹膜黑色。椎骨45~47。肛门距臀鳍始点很近。

身体大部裸露，仅侧线前段约有鳞10多个，肩部在侧线与胸鳍基间有2~4横行不规则鳞，和肛门及臀鳍基每侧有1纵行18~24个臀鳞。侧线侧中位，前段较高。

背鳍前距小于后距；第3不分支鳍条为硬刺，后缘每侧有21~27个深锯齿，仅末端无锯齿；背缘斜凹，头长为第3硬刺长0.9~1.1（1）倍。臀鳍始点距腹鳍基等于或稍大于距尾鳍基，性成熟雌鱼第1分支鳍条最长，雄鱼后2条鳍条末端呈角质钩状。胸鳍侧下位，尖刀状，不达背鳍始点。腹鳍始于第1~2分支背鳍条基的下方，远不达肛门。尾鳍深叉状。

头体背侧灰褐色或黄褐色，腹侧银白色；体侧在较小个体有黑褐色小杂斑，在较大体仅有少数块状暗斑。鳍浅灰色或黄灰色。

为黄河上游特产鱼类，喜生活于缓静水体中，主要以无脊椎动物为食。性成熟雄鱼头部、尾部及臀鳍有许多白粒状追星，雌鱼仅吻部有少数追星。

分布于四川的玛曲、索藏寺、唐克、龙日坝及青海的九治县、玛多（黄河沿）到星宿海及约古宗列曲等黄河干支流（海拔3 380~4 400 m）以上河湖。

Chuanchia labiosa Herzenstein, 1891, Fisch. Zool. Theil., Ⅲ（2）：223-226（黄河）；王以康，

---

① 本节括弧内为平均数值。

1958，鱼类分类学：132（周集。海拔4 148 m）；曹文宣、邓中麟，1962，水生生物学集刊（2）：48，图2（索藏寺、唐克、龙日坝；曹文宣、伍献文，1962，水生生物学集刊（2）：79-112（玛曲以上）；曹文宣，1964，中国鲤科鱼类志（上卷）：191，图4-45（四川索藏寺、唐克及龙日坝）；李思忠，1965，动物学杂志（5）：218（青海、甘肃）；武云飞、陈瑗，1979，动物分类学报，4（3）：291（青海九治县）；朱松泉等，1984，辽宁动物学会会刊5（1）：51（扎陵湖等）；武云飞等，1988，黄河源头和星宿海的鱼类（约古宗列曲及星宿海）。

裸裂尻鱼属 *Schizopygopsis* Steindachner, 1866

释名： 体鳞大部分已消失，臀部腹面两侧各有1行大鳞，故名裸裂尻（kāo，屁股）鱼属。schizopygopsis（希腊文：schizo，裂开＋pygopsis，臀部）亦此意。

体长形，稍侧扁，腹部宽圆。鳞大部已消失；仅侧线，腹侧自腹鳍基到臀鳍基后端每侧各有1行大鳞，和鳃孔后上缘附近有少数鳞。背鳍iii-7~8，第3不分支鳍条骨化为硬刺状且后缘有锯齿。臀鳍ii—iii-5。腹鳍与背鳍相对。似裸鲤属而口下位或亚下位；下颌有弧状角质锐缘，下颌长约等于或略大于眼径。下唇后沟中断且位于口角。无须。下咽齿2或1（罕）行；4，3；咀磨面匙状，顶端尖或略呈钩状。鳔2室；后室细长。肠长为体长1.2~5倍。腹膜黑色。以固着藻类为食。为中亚特有的下层淡水鱼类。以青藏高原为中心，附近有11种；西南邻国产2种。现知黄河上游有2种。

Schizopygopsis Steindachner, 1866, Verh. Zool.–Bot. Ges. Wien. XVI: 786.（模式种：*S. stoliczkae* Steindachner）。

种的检索表

1（2）第1鳃弓外侧鳃耙10~23，内侧14~36；下颌宽为眼径2倍，角质前缘发达，两侧下唇长与宽约相等；体侧隐约有少数斑块·······················黄河裸裂尻鱼 *S. pylzovi*

2（1）第1鳃弓外侧鳃耙7~11，内侧10~17；下颌宽约等眼径，前缘锐角质很窄；两侧下唇长约为宽3倍；背侧有许多小褐点·······················嘉陵江裸裂尻鱼 *S. kialingensis*

黄河裸裂尻鱼 *Schizopygopsis pylzovi* Kessler, 1876（图89）

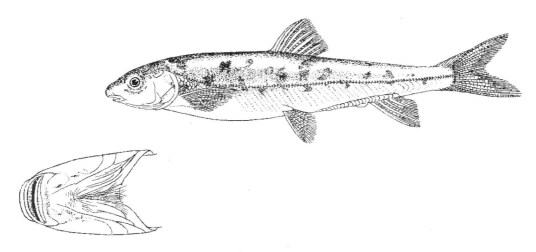

图89　黄河裸裂尻鱼 *Schizopygopsis pylzovi*

释名： 发现于黄河流域，故名。曾名鸡鱼（王香亭等，1956），裸山弓鱼（张春霖，1959），景鱼、小嘴巴鱼（曹文宣，1964），派氏裸裂尻鱼（李思忠，1965）。

背鳍 iii-8；臀鳍 ii～iii-5；胸鳍 i-18～19；腹鳍 i-9；尾鳍 viii～ix-17-viii～ix。侧线孔 85～90+3；鳃耙外行3+11～14，内行3～6+21～23。下咽齿2行，4，3。标本体长117.5～206.5 mm。体长形。背鳍始点处与前方附近体最高。体高为体宽1.3～1.6倍，向前、向后渐尖；体长为体高4.7～5.5倍，为头长3.9～4.6倍，为尾部长3.9～4.3倍。头腹侧较平直，背缘弯斜，后部略侧扁；头长为吻长3.2～3.4倍，为眼径4.8～5.2倍，为眼间隔宽2.7～3.2倍，为口宽2.9～3倍。吻钝圆，稍突出。眼侧上位，后缘位于头前后的中央或稍前方。眼间隔略圆凸。鼻孔位于眼稍前方，口长约等于眼径。下颌较短，前缘有角质锐缘。唇不发达；下唇仅在口角有后沟。无须。眼下方及颌腹侧各有1行黏液囊。鳃孔大，侧位，下端达前鳃盖骨后缘下方。鳃膜连鳃峡。鳃膜条骨3。鳃耙短细刺状，约等于瞳孔1/3。下咽齿细，上端近凹截形，微有小钩。鳔2室；后室长为前室长2～3倍。大鱼肠较长，为体长2.4～4.3倍。椎骨44～47（依曹文宣、邓中麟，1962）。肛门邻臀鳍前缘，中间夹有泄殖孔。

鳞大部分已消失；背鳍基附近有些尚有鳞痕；侧线鳞大部分不显明，仅前段鳞尚显明；侧线前端与胸鳍间有大鳞4～5横行；腹基有腋鳞；腹侧自腹鳍基到臀鳍基后端每侧各有1纵行鳞24[①]～28个。侧线侧中位，前端稍高；到头部有项背枝及眼上、下枝。

背鳍前距为后距1.1～1.3倍，始于体正中央的略前方，背缘斜直；第3不分支鳍条为硬刺，最长，头长为其长的1.4～1.7倍，后缘有锯齿20～30个，约达腹鳍后端。臀鳍第1～2分支鳍条最长，头长为其长1.1～1.7倍，约达尾鳍基。胸鳍侧下位，第2～3鳍条最长，头长为其长1.2～1.5倍，远不达背鳍。腹鳍始于第2～3分支背鳍条下方，头长为第2～3鳍条的1.5～2倍，远不达肛门。尾鳍深叉状。

头体背侧黄褐色或绿灰色，有许多针尖般小黑点；腹侧灰白色或黄灰色；体侧上方有少数不规则块状暗斑。鳍黄色，背鳍与尾鳍略有微小褐点。口缘角质为栗色。虹彩肌全呈黄色。腹膜黑褐色。

为黄河上游及柴达木盆地特有的中下层鱼类。主要以水底固着藻类为食。5月份在川甘交界处的性成熟标本，雄鱼头部、尾柄和臀鳍有细粒状白色追星；雌鱼头部亦有，但较少（曹文宣、邓中麟，1962）。为黄河上游重要经济鱼类之一。

分布于甘肃兰州以西黄河流域到青海西宁、大通、久治县、扎陵湖、星宿海及约古宗列曲等处；和柴达木盆地的柴达木河及伊尔格次湖。

Schizopygopsis pylzovi Kessler, 1876, In przewalski, N. M. Mongolia i Strana Tangutov. St. Petersbourg, II（4）：13（甘肃）；Rendahl, 1928, Ark. Zool., Stockholm, XXA（1）：143（依Kessler）；Nichols, 1943, Nat. Hist. Centr. Asia, XI: 84（依Kessler）；王香亭等，1956，生物学通报（8）：19（兰州）；朱松泉等，1984，辽宁动物学会会刊5（1）：51（扎陵湖等）；武云飞等，1988，黄河源头和星宿海的鱼类（约古宗列曲及星宿海）。

Schizopygopsis koslowi Herzenstein, 1891, In Przewalski nach Central-Asien, Zool. III, 2（3）：208（黄河，柴达木河，伊尔格次湖）；Pappenheim 1908, Jena X, pt. 1: 1（西宁）；王以康，1958，鱼类分类学：133。

Schizopygopsis Güntheri Herzenstein, 1891, loc. cit.: 212（黄河，柴达木河，伊尔格次湖）。

Chuanchia labiosa，李思忠，1959，黄河渔业生物学基础初步调查报告：44，图21（青海省贵德黄河）。

Chuanchia chengi（非方炳文，1936），张春霖，1959，中国系统鲤类志：84，图71（青海贵德等处）。

---

① 曹文宣（1964）记载最少数为18。

嘉陵裸裂尻鱼 *Schizopygopsis kialingensis* Tsao et Tun, 1962

FishBase: *Schizopygopsis kialingensis*

无标本。依曹文宣，1964及宋世良，1987。标本体长33～236 mm。采自四川榔木寺及甘肃舟曲、武都（嘉陵江上游）；碌曲、岷县、临潭（洮河水系），渭源、漳县、武都渭河上游。

背鳍iii-8；臀鳍ii-5；胸鳍i-16～19；腹鳍i-7～8；尾鳍vii-17-vii。鳃耙外侧6～11，内侧10～17；椎骨4+43～45。下咽骨齿3.4～4.3。

体长为体高4.1～6.9倍，为头长3.6～4.8倍，为尾柄长4.7～7.3倍，为尾柄高10.3～17.3倍。头长为吻长2.4～3.6倍，为眼径2.6～6.3倍，为眼间距2.4～3.8倍；尾柄长为尾柄高1.6～2.8倍。背鳍始点距吻端占体长48.1%～52.2%。

体长形，略侧扁。头锥形，吻稍钝。口下位，口裂深弧形；下颌长约为眼径1.5倍，前缘锐角质不很发达。很窄；下唇后沟中断，两侧下唇窄长为宽约3倍。无须。体大部分裸露，仅有外侧线鳞和大的臀鳍（沿腹缘自腹鳍基达臀鳍基后端上方）各1行，另在鳃孔和侧线前6个鳞到胸鳍基上端稍后间有一群较大鳞。下咽齿细圆，顶端略弯曲，咀嚼面匙状。外行鳃耙短小。末端稍向内弯。鳔2室，后室长为前室长1.9～3.3倍。肠短，为体长1.2～2.2倍。腹面黑色。

体背侧暗灰色或灰褐色，腹侧银白色；尾鳍淡黄绿色或灰绿色，其他鳍淡灰色。较小个体体侧有少数小斑点。5～6月采得的雄鱼标本吻部、眼眶下部、鳃盖、背及臀鳍、和背鳍后体表有白色细裸粒状的追星。

为分布于青海省东南角与甘肃及四川间海拔1 500～3 000 m嘉陵江上游与洮河及渭河上游的鱼类。沿嘉陵江在四川昭化亦曾发现。

Schizopygopsis kialingensis Tsao et Tun（曹文宣，邓中麟），1962，水生物学集刊（2）：43（四川榔木寺海拔3 000 m嘉陵江河源，龙迭，武都，均嘉陵江上游）；曹文宣，1964，中国鲤科鱼类志（上卷），190，图4-44（四川榔木寺，甘肃舟曲及武都，均嘉陵江上游）；王香亭等，1974，动物学杂志（1）：3-8（四川昭化白龙江，嘉陵江上游）；湖北水生生物研究所鱼类研究室，1976，长江鱼类：64（四川榔木寺；甘肃舟曲及武都）；宋世良，1987，秦岭鱼类志：161，图119（甘肃舟曲、武都；碌曲、岷县及临潭；渭源、漳县及武山；宋世良，1991，甘肃脊椎动物志（王香亭主编）：106，图1-66（甘肃玛曲；碌曲、岷县；渭源、漳县及武山；舟曲、武都及文县）；武云飞、吴翠珍，1992，青藏高原鱼类：161，图119（甘肃碌曲、岷县及临潭；渭源、漳县及武山，迭部、舟曲、武都及文县；四川昭化）；陈毅峰、曹文宣，2000，中国动物志 硬骨鱼纲 鲤形目（下卷）：383，图241（四川南坪；甘肃榔木寺；均嘉陵江水系）。

扁咽齿鱼属 *Platypharodon* Herzenstein, 1891

释名：扁咽骨鱼属（王以康，1958），下咽齿扁形，故名。platypharodon（希腊文：platy，扁＋pharodon，咽齿）亦此意。

体长形，稍侧扁，腹部宽圆。口下位，横浅弧状；下颌长较眼径很短，前缘角质，锐利。下唇不发达，仅口角略有后沟。无须。下咽骨很宽，骨长约为宽1.2倍。下咽齿2行；侧扁，末端宽截形，后面凹匙状；主行齿较宽长。背鳍iii-7；第3不分支鳍条呈强硬刺，后缘有大锯齿。臀鳍iii-5，距尾鳍基很近。腹鳍始点与背鳍始点相对。鳞大部分已消失；仅侧线前端、肩部有少数鳞，沿肛门与臀鳍基每侧有1纵行臀鳞。为青海省黄河上游特产。只1种。

Platypharodon Herzenstein, 1891, In Przewalski nach Central Asien Ⅲ, 3（2）: 226（模式种：*P. extremus* Herzenstein）。

极边扁咽齿鱼 *Platypharodon extremus* Herzenstein, 1891（图90）

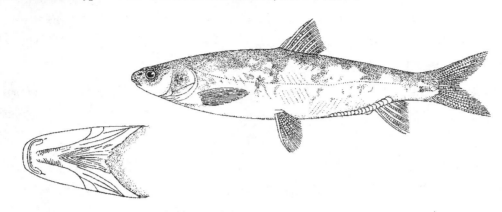

图90 极边扁咽齿鱼 *Platypharodon extremus*

释名：曾名极边扁咽骨鱼（王以康，1958）；极边由extremus（拉丁文：极端的）意译而来。又名小嘴巴鱼。

背鳍ⅲ-7；臀鳍ⅲ-5；胸鳍ⅰ-17；腹鳍ⅰ-8～9；尾鳍ⅶ～ⅷ-17-ⅶ～ⅷ。鳃耙外行4～5+14，内行6～7+15～19。下咽齿2行；4，3；外行4个较大。无须。

标本体长257～325 mm。体稍细长，背腹缘浅弧状；背鳍始点处体最高，体高为宽1.3～1.6倍，向前后渐尖，向后较侧扁；体长为体高4.9～5.6倍，为头长4～4.3倍，为尾部长5.1～5.2倍。头锥状，后部稍侧扁；头长为吻长3.8～4倍，为眼径6～6.2倍，为眼间隔宽2.7～3.1倍，为尾柄长1.9～2倍，为尾柄高3.6～4.8倍。吻钝圆，稍突出。眼位于头侧上方。头长为眼后头长1.7倍。眼间隔中央圆凸，宽为眼径2～2.3倍。鼻孔位于眼稍前方。口下位，横裂，浅弧状，口裂长较眼径很小；下颌长短于眼径，有角质锐利前缘；口角不达眼下方。唇不发达，后沟位于口角。鳃孔大，侧位，下端略不达前鳃盖骨后缘。鳃盖膜连鳃峡。鳃耙短扁，有羽状小突起。下咽骨后面很凸，近三角形，长为宽约1.2倍。下咽齿侧扁，末端截形且较宽，斜面凹匙状；主行第4齿最大。椎骨49（曹文宣，1964）。肠细长，折弯很多；鱼愈大，较体长愈长。鳔2室；前室粗短；后室细长，约为前室2.7倍；鳔长约为头长1.9倍。肛门邻臀鳍前缘。

鳞大部分已消失；侧线呈小孔状，仅前方数个有皮褶状鳞；侧线与胸鳍基间有少数痕；腹侧自腹鳍基到臀鳍基后端每侧有大鳞29～36个。侧线侧中位，前端较高；到头部有项背枝，眼上、下枝及前鳃盖下颌枝。

背鳍前距为后距约1.1倍；背缘斜直或微圆凸；第3不分支鳍条为强硬刺，后缘每侧有20～31个锯齿；头长为第3硬刺1.6～1.8倍，远不达肛门。臀鳍位很后；头长为第1分支鳍条1.4～1.5倍。胸鳍侧下位，尖刀状；头长为第2～3鳍条长1.5倍，远不达背鳍。腹鳍始于背鳍始点略后方，亦尖刀状，头长为其长1.6～1.8倍。尾鳍深叉状。

头体背侧黄褐色或绿褐色，腹侧淡黄色或灰白色，体侧有少数黑褐色块状斑。鳍淡黄色，背鳍与尾鳍淡绿灰色。上、下颌角质缘红棕色。腹膜黑褐色。

为黄河上游宽谷河流和湖泊中特有的中下层、缓静水鱼类。最大体长达515 mm，体重1 790 g。性成熟雄鱼在头部、尾柄及臀鳍有白色粒状追星。以水底固着藻类为食。5～7月水温6℃～10℃时，溯河产卵。9~10龄体长337 mm。

仅见于黄河上游青海省海拔约3 380 m的玛曲县到扎陵湖、鄂陵湖、星宿海及约古宗列曲等干支流。在扎陵湖为优势种。

Platypharodon extremus Herzenstein, 1891, in Przewalski nach Central-Asien Ⅲ（2）：226-232, pl. 22, fig. 2（黄河）；王以康，1958，鱼类分类学：132（周集。为黄河之误）；曹文宣，邓中麟，1962，水生生物学集刊，（2）：49，图3（四川龙日坝，唐克、索藏寺等黄河）；曹文宣，1964，中国鲤科鱼类志（上卷）：192，图446（同上）；李思忠，1965，动物学杂志，（5）：218（青海）；武云飞等，1979，动物分类学报4（3）：219（青海久治县黄河）；朱松泉等，1984，辽宁动物学会会刊5（1）：51-57（扎陵湖等），武云飞等，1988，黄河源头和星宿海的鱼类（约古宗列曲）。

P. pewzowi Herzenstein, 1891, loc. cit. Ⅲ（2）：231-233（黄河）；王以康，1958，鱼类分类学：132（周集）。

雅罗鱼亚科 Leuciscinae

释名：因典型属为雅罗鱼属（*Leuciscus*），故名。曾名青草亚科（Leuciscini）（王以康，1958）及华子鱼亚科（张春霖，1959）。

体稍细长，中等侧扁，腹侧无纵皮棱。无硬鳍刺。背鳍ⅲ-7~10。臀鳍ⅱ~ⅲ-7~13。鳞多正常，沿肛门及臀鳍基两侧无特殊大鳞。口马蹄形，上位、前位或下位，无角质颌缘。除须鲹属（*Tinca*）与赤眼鳟属各有1对短或痕状须外，均无须。侧线完全，侧中位；仅少数不完整或不显明。鳃耙常短小。下咽齿1~3行，形状多变化，尖钩状、扁梳状或臼齿状等。肛门位于臀鳍前方附近。为鲤科中较古老的一个亚科，化石始于第三纪初；主要分布于亚欧及北美洲温带淡水水域。我国约有20属44个种及亚种。黄河流域有9属约10种。

属的检索表

1（2）背鳍始于腹鳍基后上方；无须；口裂不达或略达眼前缘下方；头侧扁；鳞很小；侧线常不完整；咽齿2行；体小型 ·······································鲹属 *Phoxinus*

2（1）背鳍始于腹鳍基上方或前方

3（8）咽齿1~2行

4（5）咽齿1行；臼齿状；侧线鳞40~41+3；体稍大即呈黑色 ···
··青鱼属 *Mylopharyngodon*

5（4）咽齿2行

6（7）眼处头高大于头宽；侧线鳞37~93；咽齿尖钩状，无锯齿 ·············雅罗鱼属 *Leuciscus*

7（6）眼处头宽大于头高；侧线鳞38~42；咽齿侧扁，梳状 ····························
··草鱼属 *Ctenopharyngodon*

8（3）咽齿3行

9（16）口裂不达瞳孔下方；侧线鳞不及80

10（15）上、下颌无凸突及凹刻相互嵌入

11（14）侧线鳞不及50

12（13）口角有一痕状短须；臀鳍条不延长 ·····················赤眼鳟属 *Squaliobarbus*

13（12）口角无痕状须；臀鳍前方鳍条很长 ·· 鱲属 *Zacco*

14（11）侧线鳞65～70+3～4；体长约为体高6倍 ···························· 鳡属 *Ochetobius*

15（10）两颌有凸突及凹刻相互嵌入 ·································· 马口鱼属 *Opsariichthys*

16（9）口裂达瞳孔下方；侧线鳞约100 ································· 鱤属 *Elopichthys*

鲅属 *Phoxinus* Rafinesque, 1820

释名：鲅音guì（《集韵》）。phoxinus（希腊文：phoxinus，河中小鱼）；曾名草肚鱼属（傅桐生，1934）。

体长形，稍侧扁，腹部圆、无皮棱。眼侧中位或稍高。口前位，斜半圆形。下颌无角质缘。无须。下颌正常，有下唇褶及唇后沟。下咽齿2行。腹部无棱。鳞小；侧线完整或不完整，侧线鳞62～102；肛门及臀鳍基两侧无特大鳞。侧线侧中位，完全或后方不显明。无硬鳍刺。背鳍iii-7～9，较腹鳍靠后。臀鳍iii-7～9，始于背鳍基后端正下方。鳃孔大，侧位，下端达前鳃盖骨下方。鳃耙短小。下咽齿2行；（5-4），（2-1）；尖端钩状。肛门邻臀鳍前缘。肠短。尾鳍叉状。体色多变化。分布于亚洲北部、欧洲及北美洲，为淡水、喜氧及低水温的山麓小型鱼类。共约有17种，我国有8～10种，黄河流域至少有2种。

Phoxinus Rafinesque, 1820, Ichthyologia Ohiensis, : 45（模式种：*Cyprinus Phoxinus* Linnaeus）。

Gila Baird et Girard, 1854, Proc. Acad. nat. Sci. Philad., VI: 368（模式种：*G. robusta* Baird et Girard）。

Rhynchocypris Günther, 1889, Ann. Mag. Nat. Hist., Sept.: 225（模式种：*R. variegata* = *Phoxinus lagowskii oxycephalus*）。

Moroko Jordan et Hubbs, 1925, Mem. Carneg. Mus. X: 180（模式种：*Pseudaspius bergi* Jordan et Metz = *Phoxinus lagowskii oxycephalus*）。

种的检索表

1（2）腹鳍伸不到肛门 ······················· 尖头拉氏鲅 *Phoxinus lagowskii oxycephalus*

2（1）腹鳍伸过肛门 ·· 张氏鲅 *Phoxinus tchangi*

尖头拉氏鲅 *Phoxinus lagowskii oxycephalus*（Sauvage et Dabry de Thiersant, 1874）（**图91**）

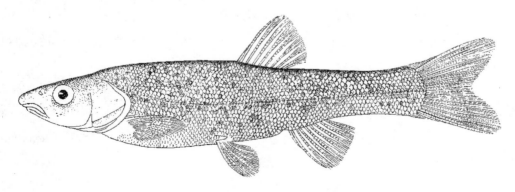

图91 尖头拉氏鲅 Rhynchocypris oxycephalus

释名：头较尖，故名；oxycephalus（希腊文：oxys，尖＋kephale，头）亦此意；拉氏为Lagowskii（人的姓氏）的译音。曾名草肚鱼（傅桐生，1934）。

背鳍ⅲ-7；臀鳍ⅲ-7；胸鳍ⅰ-14；腹鳍ⅰ-7；尾鳍ⅷ~ⅸ-17-ⅷ~ⅸ。鳃耙外行2~3+4~6，内行2~3+8~9；侧线鳞70~84+3。下咽齿2行；（4-5），2。

标本体长30.5~101 mm。体长形；腹鳍始点前方体最高，此处体高为体宽1.2~1.6倍，向前、向后渐尖；体长为体高4.3~5.3倍，为亦侧扁，自侧面看小鱼较钝，大鱼前端较尖；头长为吻长3.4~4.2倍，为眼径3.8~5.2倍，为眼间隔宽2.7~3.3倍，为口宽3.6~3.9倍，为尾柄长1.1~1.3倍。吻平扁，微突出。眼位于头侧上方，后缘位于头正中央或稍前方（大鱼）。眼间隔宽大于眼径，微圆凸。鼻孔位于眼稍前方，口前位或近前位，斜半卵圆形，长约等于宽，口角达眼前缘下方。唇窄薄，光滑；下唇后沟位于两侧。鳃孔大，侧位，达前鳃盖骨角下方。鳃耙稀短。咽齿细长，末端钩状。鳔2室；前室粗短，前端中央微凹；后室长柱状，长为前室长1.9~2.6倍；鳔长为头长1.1~1.3倍。肠有2个折弯，体长为肠长1~1.1倍。椎骨约19+18。肛门邻臀鳍前缘。

鳞很小，头部无鳞。侧线完全，侧中位，前端较高，到头部有项背枝及眼上、下枝。

背鳍前距为后距1.5~1.8倍；背缘斜，微圆凸，头长为第1分支鳍条长1.4~1.9倍，约达臀鳍基后端。臀鳍似背鳍，头长为第1分支鳍条长1.6~2.2倍，约达尾柄前1/3处。胸鳍侧下位；第3~4鳍条最长，头长为其长1.6~2倍，约达胸鳍、腹鳍基间距的正中。腹鳍基全位于背鳍始点前方；第3鳍条最长，头长为其长1.9~2.5倍，略达或不达肛门。尾鳍深叉状。

头体背侧黄绿灰色，向下渐淡呈白色或淡黄色；有些个体背面及两侧有不规则黑褐色小杂点。各鳍淡黄色，背鳍与尾鳍稍灰或微绿。腹膜黑褐色。

为山溪及其他清水激流中的小鱼，喜水温较低、含氧较多的水体内。主要以无脊椎动物为食。春末夏初产卵。

分布于长江到黑龙江，及蒙古国、朝鲜西部等处。在黄河流域见于山东，河南辉县、陕县，陕西潼关、周志、洛川、黄陵、延安、神木、榆林、山西永济、太原晋祠及甘肃渭源、岷县等。

按：黄河流域曾记载过尖头拉氏鲅与细鳞拉氏鲅（*Phoxinus lagowskii variegatus* "Günther"）两个亚种，前者侧线鳞70~80个，后者为80~100个（依Nichols, 1943），似与同一地区不能有2个亚种的原则相违背。又杨干荣等（1964）称山西鲅（*P. lagowskii chorensis* Rendahl）的尾柄较低（尾柄高为其长47%~52%），细鳞拉氏鲅的尾柄较高（尾柄高为长的57%~66%），且认为后者产于浙江西湖与长江（九江）；而我们的标本尾柄高为其长的38%~63%，仍似以作为一个亚种为宜。

Pseudophoxinus oxycephalus Sauvage et Dabry, 1874, Ann. Sci. nat., Paris, Zool., （6）Ⅰ（5）: 11（北京及黄河流域）。

Phoxinus lagowskii chorensis Rendahl, 1928, Ark. Zool. Stockholm, ⅩⅩA（1）: 58（山西）；杨干荣等，1964，中国鲤科鱼类志（上卷）: 27，图1-16（黑龙江的漠河，黑河，嫩江及山西）。

Rhynchocypris variegate Günther, 1889, Ann. Mag. nat Hist., （6）Ⅳ: 225（九江）。

Phoxinus lagowskii variegatus, Rendahl, 1928, loc. cit., ⅩⅩA（1）: 55（山西垣曲县）；Tchang（张春霖），1933, Zool. Sinica, Ser. B. Ⅱ（1）: 123, fig. 65（浙江，九江，河南，垣曲，北京，山海关，内蒙古）；Fu（傅桐生），1934, Bull. Honan Mus.（Nat. Hist.）Ⅰ（2）: 70, fig. 18（辉县百泉）；Nichols, 1943, Nat. Hist. Centr. Asia Ⅸ: 86（河北，山西到湖北，江西）；张春霖，1959，中国系统鲤类志: 11，图7；杨干荣等，1964，中国鲤科鱼类志（上卷）: 28，图1-17（浙江西湖及江西九江）。

Phoxinus lagowskii oxycephalus, Berg, 1932, Bull. Mus. Hist. Nat. Paris（2）Ⅳ: 646: Nichols, 1943, loc. cit., : 86（湖北，晋北及川西等）；单元勋等，1962，新乡师范学院学报，1: 56（河南辉县及济源）；李思忠，1965，动物学杂志（5）：218（陕西、山西、河南）。

Moroco oxycephalus，Choi（崔基哲），et al.，1981，Atlas of Korean Freshwater Fishes: 8（韩国西部及南部）。

Phoxinus lagowskii，宋世良等，1983，兰州大学学报（自然科学）19（4）：123（甘肃清水、甘谷、漳县、渭源及岷县）；方树淼等，1984，同上，20（1）：104（陕西黄河至千河）。

张氏鲅 *Phoxinus tchangi* Chen, 1988〔图92；补缺〕

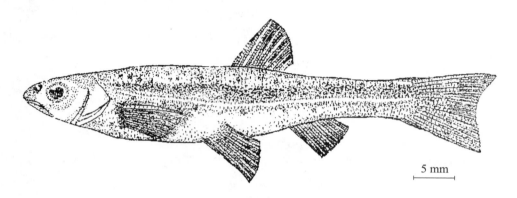

5 mm

图92　张氏鲅 *Phoxinus tchangi*

释名：为纪念中国鱼类学家张春霖教授（1897—1963）而定为此种鱼之种名。

背鳍ⅲ-7；臀鳍ⅲ-7；胸鳍ⅰ-14～15；腹鳍ⅰ-7；尾鳍ⅴ+17+ⅴ。鳃耙外行2+7，内行3+10。椎骨4+19+16～17。侧线鳞75～79。下咽齿2行；4（5），1（2）。

标本体长33.5～66 mm。体长形，稍侧扁，背鳍始于体正中点稍后方（距吻端约为距尾鳍基1.2倍）；腹鳍始点处体高最大，向前、向后渐低；体长为体高5～5.8倍，为头长4.1～4.4倍，为尾柄长4.2～4.8倍；头长为眼径3.6～3.8倍，为吻长3.7～4.5倍，为眼间隔宽3.3～4.1倍，为尾柄长1.1～1.2倍；尾柄长为尾柄高2～2.2倍。头稍短。吻不突出，小鱼吻长小于眼径，大鱼吻长渐大于眼径。眼侧位，位于头前半部。鼻孔位于吻后半部，前、后鼻孔间瓣状突显明且呈半圆管状。眼间隔宽坦。口斜形，浅圆弧状。唇薄；下唇后沟中断。鳃孔大，侧位，腹侧左、右孔不连。鳃耙短稀。下咽齿主列齿上端略呈钩状，内行齿尖直且细短。肛门约始于腹鳍与臀鳍始点的正中间，肛门突起呈长椭圆形；雄鱼的生殖突细尖，雌鱼的不发达。鳔2室，中间缢隘部，长为高约2倍。肠短于体长。

鳞很小，除头部外，体全有鳞；鳍无鳞（尾鳍基除外），偶鳍基有长腋鳞。侧线完整，侧中位，中部稍低。

背鳍上缘近圆弧形，第2分支鳍条最长，始于腹鳍基稍后方。鳍条伸达臀鳍基后部上方。臀鳍约始于背鳍基后端的下方，形似背鳍而较短。胸鳍侧下位，圆刀状，伸不到腹鳍始点。腹鳍距吻端较距尾鳍基略近，亦圆刀状，略伸过肛门。尾鳍后端凹叉状，叉深不及尾鳍长的1/4，叉后端钝圆形。

体背侧灰黑色，腹侧白色，体侧沿侧线较暗呈纵带状，自头后缘到背鳍基沿背中线似黑粗纹状。腹侧沿腹中线亦较暗且在胸鳍、腹鳍基间有4～5条暗色短纹。背鳍、尾鳍与胸鳍稍灰暗，腹鳍与臀鳍白色。

为生活于山溪间小鱼，常群集于流速慢的清水中。7～8月为产卵期。卵浅黄色，怀卵量400～450粒。

分布于山西省吕梁山西侧兴县蔚汾河（黄河水系），北京市延庆县。

张氏鲅 *Phoxinus tchangi* Chen（陈星玉），1988，动物学集刊，6: 35-38，图1-2（山西省兴县蔚汾河）。

青鱼属 *Mylopharyngodon* Peters, 1881

释名：mylopharyngodon（希腊文：mylos., 磨 + pharnx，咽 + don，齿），以示下咽齿臼齿状。

体长形，略侧扁，腹部宽圆。口前位，上颌较下颌略长。唇光滑。无须。鳃孔大，侧位。背鳍 iii-7，始于腹鳍始点稍前方。臀鳍 iii-8~9。鳞大，侧线鳞40~41+2个。侧线侧中位，完全。下咽齿1行。粗臼齿状。肛门邻臀鳍前缘。为我国东部江河平原特产的大型淡水鱼类，化石始于山西省榆社县，上新世（刘宪亭等，1962）。只1种。

Mylopharyngodon Peters, 1880, Monatsber. Akad. Wiss. Berl., : 925（模式种：*Leuciscus aethiops* Basilewsky）。

Myloleucus Günther, 1873, Ann. Mag. nat. Hist.,（4）XII: 247（模式种：*M. aethiops*; nom. praeoccup.）。

Myloleuciscus Garman, 1912, Mem. Mus. Comp. Zool. Harv. Coll., XL: 116（*M. atripinnis* = *M. aethiops*）。

Leuscisculus Oshima, 1920, Proc. Acad. nat. Sci. Philad., 129, pl. V, fig. 1（模式种：*L. fuscus* = *M. aethiops*）。

青鱼 *Mylopharyngodon piceus*（Richardson, 1846）（图93）

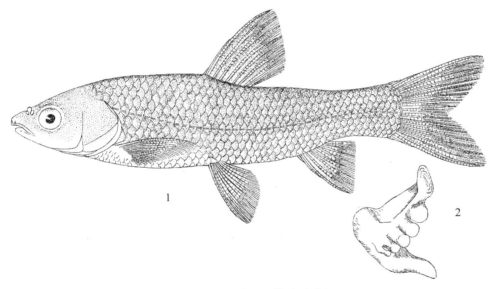

1. 体侧面　2. 右下咽骨及下咽齿

图93　青鱼 *Mylopharyngodon piceus*

释名：青鱼（宋《开宝本草》，约980年）。青者黑也，大鱼全身黑色，仅腹面白色或灰白色，故名。又名黑鲩，青鲩、螺蛳青（因以螺类为食）。

背鳍 iii-7，较腹鳍略前；臀鳍 iii-7~9；胸鳍 i-16~18；腹鳍 i-8；尾鳍 vii~x +17+ vi~viii。侧线鳞 $39~42\frac{7}{5}2$；鳃耙外行4+10，内行6+7；下咽齿臼齿状1行，4~5个。

标本体长38.3~495 mm。体长形；背鳍始点前方体最高，体高为体宽1.4~1.7倍，向前渐宽，向后渐尖且较侧扁；体长为体高3.8~4.8倍，为头长3.1~4.1倍，为尾部长3.7~4.6倍。头后端略侧扁，前半部稍平扁；头长为吻长4~4.5倍，为眼径3.6~7.8倍，为眼间隔宽2.2~3倍，为口宽4.9~6.4倍，为尾柄长1.7~2倍。吻钝圆，长为眼径0.9~1.7倍（小鱼显著较短）。眼间隔宽为眼径1.6（小鱼）~3.6（大鱼）倍，微圆凸。鼻孔位于眼稍前方。口前位，略斜，侧位，下端达前鳃盖骨下方。鳃膜连鳃峡。鳃耙很短小。下咽齿1行。咽齿很粗短，臼齿状，4~5个。鳔2室，后室细尖，前室长。肠长约为体长1.4

倍。肛门邻臀鳍前缘。腹膜灰黑色。

除头部外，体全蒙鳞；模鳞较大，圆形，前端较横直，鳞心约位于正中央，向前、向后均有辐状纹。侧线侧中位，完全。

背鳍始于体正中略后方，前距为后距1.3～1.4倍；背缘斜，微圆凸，第1分支鳍条最长，头长为其长1.2～1.5倍。臀鳍约始于背鳍后端下方，头长为第1分支鳍条长1.7～1.8倍。胸鳍侧下位，尖刀状，头长为第2鳍条长1.3～1.8倍，略不达腹鳍始点。腹鳍始于背鳍始点略后方，亦刀状，头长为其长1.6～2.1倍，不达肛门。尾鳍深叉状。

小鱼背侧灰褐色，腹侧白色，鳍淡黄色或白色。体长90 mm各鳍末端即渐成灰黑色，以后随体渐大体亦渐成黑色。体长约300 mm时全身与鳍均呈黑色，腹侧色略较淡。

稍大即常生活于水的中下层，主要以螺蚌等底栖动物为食。4～5周龄雌鱼开始达性成熟期，体长840～950 mm，重约9.5 kg，大者可达70多千克；雄鱼性成熟年龄较早，且在生殖期吻部及胸鳍背面有角质追星。产卵前3～4月逆水溯游，性腺迅速发育，当5～7月河水上涨时在河道急流中下层泄精和产卵。卵浅灰色，沉性。在水流内发育。孵出7～9昼夜后仔鱼体长达8.5～9 mm，淡绿色；头扁三角形，较草鱼尖；眼黑大，呈"八"字形；鳔切面呈长椭圆形，脊索下血管在鳔处稍弯曲，其上有黑青色素，故有"青筋"之称；尾鳍有"公"字形色素；常游于静水下层。孵出约1个月体长20多毫米，鳞鳍等均形似成鱼。稚鱼主要食浮游动物。青鱼怀卵量普通体重19 kg雌鱼约有100万粒；最大鱼可达300万粒。产卵在黄河流域尚无调查，在长江以宜昌附近为最著名。青鱼在天然水体中的生长，与食物多少及索食期长短等有关，据潼关附近标本，当年鱼体长达45～96.5 mm，1周龄172 mm，2周龄215 mm，山西省新绛三泉水库约3周龄标本（8月中旬）体长495 mm；而黑龙江资料1周龄体长约110 mm，2龄220 mm，3龄330 mm。鱼愈大其头长及眼径占的比例愈小。

从历史文献可知，青鱼与其他性成熟较晚的大型鱼类一样都在减少中，在黄河流域可能与水量渐枯减有关。为我国东部大型江河下游及湖塘特产鱼类之一，也是重要经济食用鱼类、"四大家鱼"之一。

分布于我国东部江河平原区，南达珠江，北达黑龙江与松花江，西达元江、四川盆地及汾渭盆地。在黄河流域见于山东、河南到汾渭盆地。1958年开始已移殖到宁夏银川和内蒙古包头、乌梁素海等处。

Leuciscus piceus Richardson, 1846, Rep. Br. Ass. Advmt. Sci. 15Meet.: 298（广州）；Günther, 1868, Cat. Fish. Br. Mus., Ⅶ: 212

L. aethiops Basilewsky, 1855, Nouv. Mem. Soc. Nat. Moscou ⅩⅨ: 233, pl. Ⅵ, fig. 1（北京）。

Myloleucus aethiops Günther, 1873, Ann. Mag. nat. Hist., （4）Ⅻ: 247（上海）.

Mylopharyngodon aethiops Peters, 1880, Monatsber. Akad. Wiss. Berl., 45: 926（宁波）；Rendahl, 1928, Ark. Zool., Stockholm ⅩⅩ（1）: 54（安徽，江西）；Tchang（张春霖），1933, Zool. Sinica, Ser. B, Ⅱ（1）: 140, fig. 72, pl. Ⅳ, fig. 6（济南，南京，杭州，广州，河北等）；Nichols, 1943, Nat. Hist. Centr. Asia Ⅸ: 89（北京，长江等）；张春霖，1959，中国系统鲤类志：8，图4；单元勋等，1962，新乡师范学院学报Ⅰ: 55（河南新乡，辉县，漯河，西峡，禹县等）。

Myloleuciscus atripinnis Garman, 1912, Mem. Mus. Comp. Zool., 40: 116（湖北省沙市）。

Myloleuciscus aethiops Evermann et Shaw（寿振黄），1927, Proc. Calif. Acad. Sci., （4）16: 104（南京，上海）。

Mylopharyngodon piceus Lin（林书颜），1935，Lingnan Sci. J., 14（3）：412（黄河，长江）；Berg, 1949, Freshwater Fish. USSR（in Russian）：537（黑龙江至广州、台湾）；倪达书，1957，草青鲢鳙的饲养方法；王以康，1958，鱼类分类学：116，图114；尼科尔斯基著（1956），高岫译（1960），黑龙江流域鱼类：111，图13（黑龙江至广东、台湾）；刘宪亭等，1962，古脊椎动物与古人类，6（1）：13，图版Ⅷ，图4（化石；山西榆社盆地上新世）；伍献文等，1963，中国经济动物志：淡水鱼类：69，图64；李思忠，1965，动物学杂志（5）：218（汾渭盆地至河南、山东）；解玉浩，1981，鱼类学论文集，2: 115（辽河康平、法库）。

雅罗鱼属 *Leuciscus* Cuvier, 1817

释名：雅罗鱼为东北*Leuciscus waleckii*的满语名字。

鳍无硬刺。背鳍ⅲ-7～9，较腹鳍稍靠后，位于腹鳍基上方。臀鳍ⅲ-7～12。鳞大或稍小，侧线鳞37～93。侧线完全，稍向下弯曲。头侧扁，吻部平扁。口前位、半下位或下位。两颌缘无凸突和凹刻。唇薄，下唇后沟中断。鳃耙短，6～30个。下咽齿2行，尖钩状；4～5，2～3。体腹侧宽圆，无特殊大鳞。肠短。为亚洲北部、欧洲及北美洲的淡水上层鱼类。化石始于欧洲渐新世。种类很多；我国有6种，黄河流域有1种。

Leuciscus Cuvier（ex parte），1817，Regne Anim., Ⅱ: 194（模式种：*Cyprinus Leuciscus* Linnaeus）。

Tribolodon Sauvage, 1883, Bull. Soc. Philomath. Paris（7）Ⅶ: 149（模式种：*T. punctatum = Leuciscus hakonensis* Günther, 1877）。

Acahara Jordan & Hubbs, 1925, Mem. Carneg. Mus., Ⅹ（2）：177（模式种：*Richardsonius semotilus* Jordan et Starks）。

Aspiopsis Zugmayer, 1912, Ann. Mag. nat. Hist.,（8）Ⅸ: 682（模式种：*A. merzbacheri* Zugmayer，新疆玛纳斯河）。

附：著者1965在探讨黄河鱼类区系时，曾根据朱元鼎（1931）《中国鱼类索引》傅勒（Fowler, 1924）兴隆山的记录，称山东可能亦产滩头雅罗鱼（*Leuciscus brandti*）。现查傅勒的描述："侧线鳞80～90，侧线上鳞16～20，侧线下鳞10～16……全体侧散有不同的小黑点……体长34～163 mm，小标本仅前端数鳞有侧线孔"等，可断定它是尖头拉氏鲹（*Phoxinus lagowskii oxycephalus*），不是真正的滩头雅罗鱼。

瓦氏雅罗鱼 *Leuciscus waleckii*（Dybowski, 1869）*（图94）

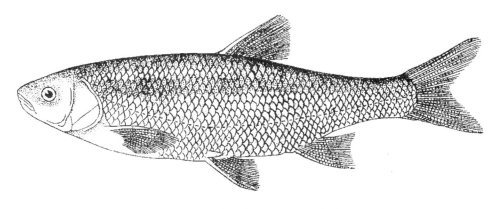

图94　瓦氏雅罗鱼 *Leuciscus waleckii*

释名： "瓦氏"雅罗鱼由waleckii的首音节音译而来。曾名：华子鱼（涿平）、滑子鱼（热河志）（Mori，1934），中华雅罗鱼，白鱼（甘肃、宁夏、内蒙古），肠浮子（周至、潼关），浮子鱼（洛阳、巩义市）。

背鳍iii-7；臀鳍iii-9～10；胸鳍i-17～19；腹鳍i-8～10；尾鳍vi～viii+17+vi～viii。侧线鳞 $49～51\frac{9～10}{5～6}2$；鳃耙外行3～4+9～11，内行3～4+12～14；下咽齿5，3；尖端钩状。

标本体长73.8～300 mm。体长形；腹鳍始点前方体最高，此处体高为体宽1.5～1.7倍，向前、向后渐尖；体长为体高3.7～4.4倍，为头长3.4～4.1倍，为尾部长2.9～3.4倍；腹侧宽圆。头亦侧扁。项背前端常稍凸；头长为吻长3.7～4.5倍，为眼径3.9～7.3倍，为眼间隔宽3～3.4倍，为口宽3.2～3.9倍，为尾柄长1.3～1.7。吻不突出。眼位于头侧上方，眼后缘位于头正中央点（小标本）或前方，鱼愈大眼后头长占比例愈大。鼻孔位于吻后半部。口前位，斜形；口闭时两颌相等；上颌后端不过眼前缘；口裂长宽约相等。唇薄，下唇后沟位于口角。鳃孔大，侧位，下端达前鳃盖骨角稍前方。鳃膜条骨3。鳃膜连鳃峡。鳃耙小突起状。椎骨约25+20。鳔大，2室；体长168 mm时鳔长为头长约1.3倍，后室长为前室长1.8倍。肠长为体长1～1.3倍。肛门邻臀鳍始点。

鳞半椭圆形，高略大于长，前端横直而微凸，鳞心距后端略大于距前端，向后有稀辐状纹；头部无鳞。侧线侧中位，在腹部稍向下弯曲，前端很高；到头部有项背枝及眼上、下枝。

背鳍始于体正中央稍后方，前距为后距1.4～1.5倍；背缘斜且微凹；第1分支鳍条最长，头长为其长1.4～1.7倍，略达臀鳍基。臀鳍似背鳍而宽短，头长为第1分支鳍条长1.7～2倍，约达尾柄前1/3处。胸鳍侧下位，尖刀状，头长为第1～2鳍条长1.4～1.7倍，远不达腹鳍。腹鳍始于背鳍前方，后端圆凸，头长为第2～3鳍条长1.7～2.2倍，不达肛门。尾鳍深叉状。

头体背侧黑灰色，鳞后缘较暗，侧下方银白色。背鳍与尾鳍灰黄色，胸鳍淡黄色，其他鳍白色。虹彩肌黄色，瞳孔上、下缘黄红色。腹膜银灰色。

为北方平原中上层鱼类，常生活于缓静水区。喜群游于水上层，故渔民称为阳浮子或浮子鱼；体色白，亦名白鱼；性灵敏，又名滑子鱼。雄性成鱼吻部、两颌、眼周围及胸鳍内侧有白色追星。大鱼主要以昆虫类为食。体形随鱼大小而有变异（表9）。较喜低水温，喜氧。

表9 瓦氏雅罗鱼头长与、眼径、体长等的关系

标本体长/mm	86.7	88.5	109	159	166	176	188	195	262	295	300
头长为眼径：倍数	4.07	4.09	4.54	5.04	5.13	5.94	5.76	6.24	6.76	6.54	7.29
头长为眼后头长：倍数	1.98	1.83	1.85	1.67	1.74	1.7	1.65	1.64	1.53	1.55	1.62
头长为最长背鳍条长：倍数	1.36	1.43	1.47	1.41	1.41	1.59	1.62	1.6	1.55	1.6	1.69
头长为最长臀鳍条长：倍数	1.66	1.75	1.83	1.82	1.77	1.9	2.04	2.21	1.99	1.96	2.24

对水酸碱度的适应力不如鲫而较鲤强，例如，1958年7月22日午内蒙古乌梁素海东坝附近酸碱度达9.8以上大批鲤鱼死亡时，它只有少数死亡，而鲫毫无死亡。产卵期在内蒙古到青海为4月中旬到5月中旬，在山陕及河南为3月中旬到4月中旬。当时水温6℃～8℃。体长223～254 mm时怀卵量为14 400～295 000粒。卵暗黄色，黏性，卵径2.2 mm。一次产完。卵粒在水底物体上孵化；约12天孵出仔鱼隐于石下；孵出10天后卵黄耗完，体长约7.5 mm即群游索食。体长7.5～15 mm时肠长约为体长

1/2，主要以小桡足类为食；15～20 mm时主要食枝角类等，肠长约为体长80%；20 mm后开始食空中昆虫和水昆虫幼虫，肠长渐等于和大于体长。其生长速度各处不同。

此鱼繁殖力强，河套地区很多，在乌梁素海鲤科鱼类中产量仅次于鲤、鲫，为该地重要经济鱼类之一，肉肥嫩，腹腔含脂肪多。但捕后易死亡，肚皮较薄易破，售价较低。因耐低温在山陕及以上水库可作放养对象之一。

模式产地为鄂嫩河。分布于黄河到海河、辽河、黑龙江、图们江，萨哈林岛（库页岛）及蒙古国、朝鲜东北部。在黄河流域常见于河南巩义市到山西、陕西、内蒙古、宁夏、甘肃及青海省贵德等处；沿渭河达宁夏隆德及西吉，沿洛河达陕西洛南；以河套及甘肃最习见，在河南省开封（1933）亦曾捕到。

伦德（Rendahl, 1925）曾据山西平陆及河南西部黄河标本，因项背少凸，下颌略突出，眼间隔较窄等而订名为中华瓦氏雅罗鱼亚种。检查许多标本；实为鱼体大小的变化（表10）。

表10　瓦氏雅罗鱼在黄河流域的生长情况表：年龄与体长（单位：mm）的关系

产地	采集日期	1周龄	2周龄	3周龄	4周龄	5周龄
巩义市、洛阳	1962年6月12～17日	73.8～88.5	210			
潼关、华阴	1961年7月	83～100				
	1961年7月28日		185～210	235～250	275	
周志	1962年7月11日		159～166			
五元、永宁	1958年8月9～20日		109	176～195	262	295～300

*编者注：据武云飞教授，瓦氏雅罗鱼Leuciscus waleckii（Dybowski, 1869）描述中所记述的是一个"大种"；此"大种"可以分成3种，即黄河下游的瓦氏雅罗鱼Leuciscus waleckii（Dybowski）；黄河中游的Leuciscus（Idus）waleckii sinensis，Rendahl；黄河上游的黄河雅罗鱼Leuciscus chuanchicus（Kessler）。详情见本书前言部分武云飞教授写的感言。

Idus waleckii Dybowski, 1869, Verh. Zool.–Bot. Ges. Wien. 19: 953, pl. XVI, fig. 5（黑龙江上游：鄂嫩河及音果达河）。

Leuciscus farnumi Fowler, 1900, proc. Acad. nat. Sci. Philad., : 179（松花江上游洮儿河及达赉湖）。

Leuciscus waleckii, Berg, 1912, Fauna Fish. Russia（in Russian）3（1）: 184; Berg, 1949, Freshwater Fish. USSR.: 568, fig. 332（全黑龙江水系；萨哈林岛（库页岛），辽河，黄河，鸭绿江等）；Mori, 1934, Rept. 1st Sci. Exp. "Manchurica", Tokyo, sect. 5, pt. 1: 23, pl. IX, fig. 1（凌源，朝阳，承德，离宫，兴隆，滦平，巴林桥）；王以康，1958，鱼类分类学：120（山西、陕西、甘）；李思忠，1959，黄河渔业生物学基础初步调查报告：46，图25（贵德、中卫、石嘴山、五原、乌梁素海、包头）；伍献文等，1963，中国经济动物志：淡水鱼类：76，图729黑龙江到黄河）；杨干荣等，1964，中国鲤科鱼类志（上卷）：33，图1-22（黑龙江、黄河）；李思忠，1965，动物学杂志（5）：218（青海到河南）；宋世良、王香亭，1983，兰州大学学报（自然科学），19（4）：123（青水至隆德、西吉）；方树淼等，1984，同上，20（1）：104（陕西北洛河）

Squalius chuanchicus Kessler, 1876, Mongolia. Strana Tangutov St. Petersb, 2: 1–36.（黄河）。

Idus waleckii sinensis Rendahl, 1925, Fauna Och Flora, Uppsala: 197（山西平陆县及河南黄河）。

Leuciscus（*Idus*）*waleckii sinensis*, Rendahl, 1928, Ark. Zool. ⅩⅩA（1）：50（山西平陆县及河南新安县黄河水系）。

Leuciscus（*Idus*）*waleckii jehornsis* Kimura, 1934. Fish. Jehol,: 13, pl. Ⅲ, fig. 1（承德市热河）。

Ischikauia transmontana（非Nichols, 1925），王香亭等，1956，生物学通报（8）：15（兰州）。

草鱼属 *Ctenopharyngodon* Steindachner, 1866

释名： 草鱼（李时珍《本草纲目》），大鱼喜食草，故名。

下咽齿2行，很侧扁，上端咀磨面斜形且有篦状锐齿。体长形，稍侧扁。头粗短，眼处头宽大于头高。口前位，半圆形，不达眼下。无须。鳃孔大，侧位。鳃膜连鳃峡。鳞较大，侧线鳞37～44。鳍无硬刺。背鳍ⅲ-7，始于腹鳍始点略前方。臀鳍ⅲ-7～8，始于背鳍基甚后方。腹膜黑色。以草、藻类为食。中国东部平原特产大型食用鱼。化石见于河南三门峡（卞美年，1934）及山西榆社县盆地（刘宪亭等，1962）上新世地层中，只1种。

Ctenopharyngodon Steindachner, 1866, Verh. Zool.–Bot. Ges. Wien. 782（模式种：*C. laticeps* = *C. idella*）。

Pristiodon Dybowski, 1877, Изв. Сиб. отд. геогр. об-ва, Ⅷ（1～2）：26（模式种：*P. siemionovii* = *idella*）。

草鱼 *Ctenopharyngodon idellus*（Valenciennes, 1844）（图95）

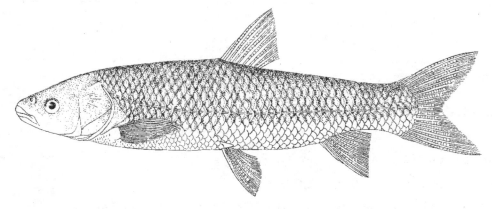

图95　草鱼 *Ctenopharyngodon idella*

释名： 因食草，故名（明李时珍）。《尔雅》又名鲩，同鳒（《广韵》）；又名鲜。晋郭璞注"今鲜子，似鳟而大"。李时珍称"其性舒缓，故曰鲩、曰缓。俗名草鱼"。东北名草根鱼；北京名草包鱼；河北省因其头宽厚，又名厚子鱼。因其色较淡，亦名白鲩。

背鳍ⅲ-7，较腹鳍略前；臀鳍ⅲ-7～8；胸鳍ⅰ-18～20；腹鳍ⅰ-8，始于背鳍始点下方；尾鳍ⅵ～ⅺ-17-ⅵ～ⅸ。鳍无硬刺。侧线侧中位，侧线鳞37～41$\frac{6}{5}$3；鳃耙外行5+11，内行3～7+15；下咽齿2行；（4～5），2；咀磨面篦状。

标本体长40.7～277 mm。体长形；背鳍始点前方体最高，此处体高为体宽1.6～1.8倍。向后渐尖且侧扁，向前渐宽；腹面宽圆；体长为体高3.8～4倍，为头长3.1～3.9倍，为尾部长4.2～4.6倍。头粗短，眼部宽大于高；头长为吻长3.5～3.9倍，为眼径3.3～7倍，为眼间隔宽1.9～2.4倍，为眼后头长1.7～2.1倍，为口宽2.8～3倍。吻宽圆，平扁。眼侧中位。眼间隔中央圆凸。鼻孔位于眼稍前方。口前位，半圆形，后端达鼻孔下方；闭时下颌微短。口前无须。唇薄、光滑，唇后沟位于口角。鳃孔大，侧位，下端达前鳃盖骨角下方。鳃膜连鳃峡。鳃膜条骨3。鳃耙较瞳孔短。咽齿上段扁，咀磨面有篦状齿。鳔2室；前室宽大；后室长为前室长2倍。肠多折弯，最长为体长3倍。椎骨24+18。肛门位于臀鳍始点稍前方。

头部无鳞；模鳞圆形，鳞心约位于中央，前端微横直，向后有辐状纹。侧线侧中位，前端稍高。

背鳍始于体中央略后方，前距为后距1.4～1.6倍；背缘斜且圆凸；第3～4鳍条最长，头长为其长1.4～1.5倍，不达臀鳍始点。臀鳍下缘微斜凹，头长为第3～4鳍条长1.8～1.9倍。胸鳍侧下位，圆刀状，头长为第3～4鳍条长1.5～1.8倍，不达背鳍始点。腹鳍始于背鳍始点稍后方，不达肛门。尾鳍深叉状。

头体背侧黄绿灰色，向下渐白色。鳍黄色，背鳍与尾鳍较灰暗。虹彩肌金黄色。腹膜黑色。

为我国东部平原特产的一种大型淡水鱼类，生活于中下水层。4～6龄方达性成熟期，雄鱼胸鳍上有成行的突起状追星，雌鱼追星较少。雄鱼性成熟较早。在黑龙江6～7月中旬于河道流水产浮性卵。在长江与黄河4月中旬到5月底产卵，水温需20℃以上，水流速需每小时4 000～6 000 m。卵巢需在溯游中迅速发育。宜昌附近为长江重要产卵场之一。在黄河尚无详细调查，推测洛河及三门峡一带于涨水时可能有产卵场。据倪达书（1957）报道在宜昌产卵时，在水上层进行，雄鱼追逐雌鱼，常激起浪花。怀卵量：体长760 mm的雌鱼4周龄约30万粒；体长890 mm 6周龄雌鱼达100万粒。卵浮性，包括卵膜在内卵径4.2～5 mm，卵黄径1.25 mm。卵在漂流中3～6天孵出。刚孵出的仔鱼全长约6.85 mm。孵出7天后长7.75～8 mm开始索食，体浅黄色，头大近方形，两眼距离大，鳔切面呈椭圆形且近头部，肛门后脊索下血管丛橙红色，游时头略低。1个月体长18～23 mm时鳍及鳞齐备，形似成鱼，仅眼径比例较大，眼间距及眼后距较小，肠较短。仔鱼以浮游动物为食，如体长11～15 mm时食轮虫、甲壳动物等；17 mm后开吃萍及草类等植物，30 mm后即主要食植物性食物；100 mm后吃紫背浮萍、苦草、眼子菜和禾本科植物等。生长较快，池塘养殖一般当年鱼体长达60～100 mm，1周龄332～665 mm。最大体长可达1 m以上，重约50 kg。为中国东部平原大型淡水食用鱼之一，池塘养殖业中"四大家鱼"之一。

分布于我国东部海南岛、珠江到黑龙江各淡水江湖中；西达四川盆地。在黄河流域，虽第三纪上新世在三门峡及山西榆社盆地（属海河水系，漳河上游）地层中已发现其化石，但1949年前仅在河南省辉县、开封及山东济南有过报道。现知自洛阳到山东利津、垦利等均产。近年在汾渭盆地陕西周至、潼关及山西三泉水库（汾河水系）曾采到；亦有可能是养殖鱼苗逃到自然水体的。且已移殖到兰州、银川、乌梁素海、包头及甘肃渭河上源的武山及陇西。

Leuciscus idella Valenciennes in Cuvier et Valenciennes, 1844, Hist. Nat. Poiss. XVIII: 326（我国）。

Leuciscus tschiliensis Basilewsky, 1855, Nouv. Mem. Soc. Nat. Moscou, X: 223（华北）。

Ctenopharyngodon laticeps Steindachner, 1866, Verh. Zool–Bot. Ges. Wien. 16: 782, pl. XVIII, fig. 1–5（广州）。

Sarcocheilichthys teretiusculus, Kner, 1867, Reise "Novara", Zool. I. Fische: 356（上海）。

Ctenopharyngodon idellus Günther, 1868, Cat. Fish. Br. Mus., 7: 261（我国）；Mori, 1928, Jap. J. Zool. 2（1）: 69（济南）；Tchang（张春霖），1933, Zool. Sinica ser. B. II（1）: 141, fig: 73（广州，南京，济南，北京等）；Fu（傅桐生）et Tchang（张春霖），1933, Bull. Honan Mus.（Nat. Hist.）I（1）:（开封）；Fu（傅桐生），1933, Ibid., I（2）: 76, fig. 23（辉县百泉）；倪达书，1957，草、青、鲢、鳙的饲养方法；王以康，1958，鱼类分类学：117；张春霖，1959，中国系统鲤鱼类志：9。图5（广州，南京，济南，开封，北京等）；杨干荣等，1964，中国鲤科鱼类志（上卷）：13，图1-4（珠江到东北平原）。

Pristiodon siemionovii Dybowski, 1877, Изв. Сиб. отд. геогр. об-ва, VIII（1～2）: 26

（模式种：*P. siemionovii = P. idella*）（黑龙江，乌苏黑江，松花江）。

Ctenopharyngodon idella, Nichols, 1943, Nat. Hist. Centr. Asia, Ⅸ: 90; Berg. 1949, Freshwater Fish. USSR（in Russian）: 597, fig. 353（黑龙江流域）；李思忠，1959，黄河渔业生物学基础初步调查报告：45，图24（济南、东平湖、开封）；李思忠，1965，动物学杂志（5）：218（河南、山东）；宋世良等，1983，兰州大学报告（自然科学）19（4）：123（甘肃陇西及武山）。

赤眼鳟属 *Squaliobarbus* Günther, 1868

释名：因此属瞳孔上、下各有一红斑，好独行，故名。曾名赤眼鱼属（王以康，1958）。

体长形。鳞中等大，不易脱落，侧线鳞45～48。侧线中部位稍低。鳍无硬刺。背鳍ⅲ-7，始点约与腹鳍始点相对。臀鳍ⅲ-7～8，位于背鳍基甚后方。口前位，稍斜，马蹄形，不达眼前缘下方。上颌后端有2对痕状小须。咽齿3行，尖端钩状。鳃耙稀短。鳃膜于前鳃盖骨后缘下分连鳃峡。腹部宽圆。腹膜黑色。只1种。

Squaliobarbus Günther, 1868, Cat. Fish. Br. Mus., 7: 297（模式种：*S. curriculus*）。

赤眼鳟 *Squaliobarbus curriculus*（Richardson, 1846）（图96）

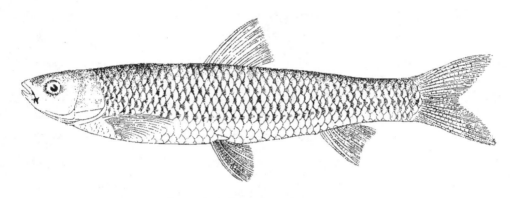

图96　赤眼鳟 *Squaliobarbus curriculus*

释名：《尔雅》"鮂、鳟"；晋郭璞注"似鲩子，赤眼"；《说文解字》称"鳟，赤目鱼，从鱼尊声"。三国时孙炎（323—362）："鳟好独行，尊而必者"，故字"从尊从必"（《尔雅·正义》），又名"赤眼鱼"（李时珍）、"赤眼鳟"（王树枏著《郭氏尔雅订经》）。今河北、山东、河南、山西、陕西通称"马郎鱼""马郎棍"或"棍子鱼"。

背鳍ⅲ-7；臀鳍ⅲ-7～8；胸鳍ⅰ-14～16；腹鳍ⅰ-7～8；尾鳍ⅵ～ⅶ-17-ⅵ～ⅶ。侧线鳞 $41～43\dfrac{7}{4～5}2～3$；鳃耙外行4～5+9～10，内行5～6+14～15。下咽齿3行；4～5，3～4，2；末端尖钩状。

标本体长87～343 mm。体长梭状；背鳍始点处体最高，此处体高为体宽1.4～1.7倍，向前后渐尖，腹部宽圆，向后较侧扁；体长为体高4.2～5倍，为头长3.7～5.1倍，为尾部长3.8～4.2倍。头钝尖，自眼及吻略平扁，背面宽圆；头长为吻长3.5～3.9倍，为眼径4.5～6.4倍，为眼间隔宽2.1～2.7倍，为眼后头长1.6～2倍，为尾柄长1.2～1.7倍。吻不突出。眼侧中位，眼后头长大鱼较长。眼间隔略圆凸。鼻孔位于眼稍前方。口前位，斜马蹄形，后端达鼻孔下方，不达眼下，两颌前端相等。唇薄，后沟位于口角。上颌每侧有2条痕状短须，前吻须有时尤不显明；口角须长约为眼直径1/4。鳃孔大，侧位，下端达前鳃盖骨下方。鳃膜连鳃峡。鳃耙长为眼径1/4～1/3。下咽齿上端斜截形，后方齿较尖长，有尖钩。椎骨44～45，尾椎20～21。鳔大，长约为头长2倍，2室；前室蒙纤维质鞘，粗短；后室柱状，壁薄，长为前室长2.4倍。肠有8个折弯，体长203 mm时长为体长2倍，有些为1.4~2.9倍。肛门位于臀鳍前缘。

背鳍始于体正中点（小鱼）或稍前方，前距为后距1.1~1.4倍；背缘斜，微凹；头长为第1分支鳍条长1.2~1.4倍，不达肛门。臀鳍似背鳍，头长为第1分支鳍条长1.7~2倍。胸鳍侧下位，尖点。腹鳍始于第1分支背鳍条基下方，头部长为第2鳍条长1.5~1.7倍，远不达肛门。尾鳍深叉状。

头体背侧暗灰色，鳞中央前方有一黑褐色横斑；腹侧白色。虹彩肌黄色，瞳孔上下各有一红斑，似红线贯瞳。鳃孔前、后缘附近淡黄色。偶鳍黄红色；背鳍与尾鳍黄灰色，尾鳍后缘灰黑色；臀鳍黄白色。腹膜黑色。

为淡水中下层鱼类，李时珍（1593）称"好食螺蚌，善于逃网"。喜生活于缓静水区，平常不成群。亦食硅藻、水昆虫及植物种子等。约2周龄达性成熟。产卵期在河南、山东为5~6月，河套及以上为6~7月。卵深黄色，沉性，产在沿岸有水草处。在兰州约5月自下游向洮河等洄游索食，6月在兰州最多，9~10月又经兰州向下洄游（王香亭等，1956）。其生长在潼关附近当年体长可达85 mm，1周龄95~119 mm，2周龄180~212 mm，3周龄246~280 mm。4周龄325~343 mm。其体形大小鱼有较显著变化，如表11所示。

表11　赤眼鳟体长、头长、眼径及眼间隔的关系

标本体长/mm	87	110	119	185	190	190	197	200.5	205	213	255	343.3
体长/头长	3.67	3.95	3.88	4.33	4.47	4.32	4.48	4.63	4.23	4.79	4.5	5.12
头长/眼径	4.6	4.52	4.58	5.47	5.47	5.39	5.12	5.28	5.71	6.78	6.16	6.38
头长/眼间隔			1.96	1.82	1.79	1.71	1.81	1.71	1.78	1.56	1.67	1.56

赤眼鳟肉肥厚，适应力强，分布广，为黄河流域重要经济鱼类之一。

分布于我国东部，到朝鲜西部，南到海南岛、越南北部，北到黑龙江、松花江。图们江与鸭绿江无。在黄河流域广分布于甘肃兰州、洮河口附近到山东垦利县黄河口附近，在陕西仅见于关中盆地，秦岭无。

Leuciscus curriculus Richardson, 1846, Rep. Br. Ass. Advmt Sci. 15. Meet. 1845: 299（广州）。

Leuciscus teretiusculus Basilewsky, 1855, Nouv. Mem. Soc. Nat. Mosc Ⅹ: 232（华北）。

Squaliobarbus curriculus Günther, 1868, Cat. Fish. Br. Mus. 7: 297（广州）；Rendahl, 1928, Ark. Zool. Stockholm, 20A: 63（山西平陆）；Tchang（张春霖），1928, Contr. Biol. Lab. Sci. Soc. China 4（4）: 7（南京）；Mori, 1928, Jap. J. Zool. 2（1）: 68（济南）；Tchang（张春霖），1932, Bull. Fan Mem. Inst. Biol., 3（14）: 211（开封）；Fu（傅桐生），1933, Bull. Honan Mus.（Nat. Hist.）Ⅰ（2）: 75, fig. 32（辉县百泉）；Tchang（张春霖），1933, Zool. Sinica,（B）Ⅱ（1）: 137, fig. 71（济南，开封，绥远）；Nichols, 1943, Nat. Hist. Centr. Asia Ⅸ: 91（山西等）；Berg, 1949, Freshwater Fishes of Soviet Union and Adjacent Countries: 617, fig. 369（河内至松花江，朝鲜汉江）；王香亭等，1956，生物学通报（8）: 16，图4（兰州）；王以康，1958，鱼类分类学: 122，图124；李思忠，1959。黄河渔业生物学基础初步调查报告: 46，图26（兰州、永靖、银川、五原、包头、郑州、利津等）；张春霖，1959，中国系统鲤类志: 15，图10（济南、开封、内蒙古等）；单元勋等，1962，新乡师范学院学报，1: 56（开封、新乡、武陟等）；杨干荣等，1964，中国鲤科鱼类志（上卷），52，图1-20（广东至黑龙江）；龚启光，1981，广西淡水鱼类志: 33，图20（钦州等）；李思忠，1981，中国淡水鱼类的分布区划: 187（海南岛至黑龙江）。

Squaliobarbus jordani Evermann & Shaw（寿振黄），1927, Proc. Calif. Acad. Sci.（4）16（4）: 107（杭州，南京，上海）。

鱲属 *Zacco* Jordan et Evermann, 1902

释名： 鱲音猎（liè），见隋陆法言撰《切韵》，宋丁度选《集韵》等。唐开元（713～732）年间三原县尉陈藏器在《本草拾遗》内名"石鰶鱼"："生南方溪涧中，长一寸，背黑腹下赤，南人以作鲊，甚美。"因猎食它物而得名。又名桃花鱼。

体侧面观呈长椭圆形，中等侧扁，腹侧宽圆。头亦侧扁。吻钝。眼位于头稍侧上方。口大，前位，斜形。鳃孔侧位，鳃膜连鳃峡。无须。咽齿3行，尖钩状。鳃耙稀短。鳍无硬刺。背鳍ⅱ～ⅲ-7，始于腹鳍始点上方或略前方。臀鳍ⅲ-9～10，位于背鳍基后方，前方分支鳍条很长，雄鱼尤甚。侧线鳞41～67；侧线中部较低。为我国东部到朝鲜西部特有鱼类，约有6种，黄河有1种。

Zacco Jordan et Evermann, 1902, Proc. U. S. natn. Mus., 25: 322（模式种：*Leuciscus platypus* Temminck et Schelgel）。

宽鳍鱲 *Zacco platypus*（Temminck et Schlegel, 1846）（图97）

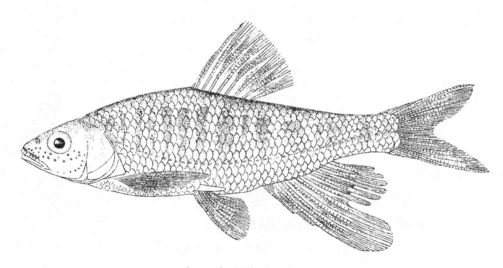

图97　宽鳍鱲 *Zacco platypus*

释名： 因臀鳍前部鳍条很宽长，雄鱼尤甚，故名；platypus（希腊文：platy，宽 ＋ pus，脚）亦此意。又名石鰶鱼（唐陈藏器《本草拾遗》713～732）、桃花鱼、鱲鱼、双尾鱼等（伍献文等，1963）。

背鳍ⅲ-7；臀鳍ⅲ-9～10；胸鳍ⅰ-13～15；腹鳍ⅰ-8；尾鳍ⅶ～ⅷ-17-ⅶ～ⅷ。侧线鳞42$\frac{8～9}{3～4}$3；鳃耙外行3+7～8；内行4+10～11。下咽齿3行；5，4，2。

标本体长102.5～126 mm。体长形，腹部宽圆；背鳍始点前方体最高，体高为体宽1.8～2.2倍，向前、向后渐尖；体长为体高3.8～3.9倍，为头长3.8～3.9倍，为尾部长2.8～3.2倍。头亦侧扁，侧面观呈三角形；头长为吻长3.1～3.4倍，为眼径4.5～5倍，为眼间隔宽2.6～2.9倍，为尾柄长1.4～1.5倍。吻钝，亦侧扁。眼位于头侧上方，后缘位于头正中或稍前方。眼间隔微圆凸。口前位，斜马蹄形，口缘无凸突及凹刻，口角约达眼前缘。鳃孔大，侧位，下端达眼后缘下方。鳃膜连鳃峡。鳃耙稀小。椎骨20+20。鳔大，2室。肛门邻臀鳞前缘。

模鳞半卵圆形，前端较横直；鳞心到后端为到前端2倍，向后有辐状纹；胸部鳞小；头部无鳞。侧线完全，侧中位，中部低，与腹鳍基间只有3纵行鳞。

背鳍前距为后距1.4~1.5倍；背缘斜，微圆凸；头长为第1分支鳍条长1.3~1.6倍，雌性成鱼不达而雄鱼伸过臀鳍始点。臀鳍前部分支鳍条很长，雄鱼尤甚能伸过尾鳍基；头长为第2~3分支鳍条长0.8~0.9倍。胸鳍侧下位，尖刀状，头长为第2~3鳍条长1.5~1.6倍，雌鱼较短，雄鱼较长可达腹鳍。腹鳍始于背鳍始点下方，后端斜圆形，雌鱼远不达而雄鱼略达肛门。尾鳍深叉状。

鲜鱼头体背侧灰黑色，腹侧银白色，体侧约有10（雌）或12~14（雄）个黑色横斑，雄鱼斑间为桃红色。奇鳍灰黄色；雄鱼背中部有1列黑色横纹，尾鳍后缘灰黑色，胸鳍淡黄色，腹鳍与臀鳍淡红色。

为清浅溪流水区较小型淡水鱼类，喜猎食鲂类等小型鱼类及大型甲壳动物等。雄性成鱼除鳍较长外，后部臀鳍条显著突出，并在吻侧、颊部及臀鳍等有圆粒状追星。1周龄达性成熟期。春末夏初在急流中产卵。无大经济价值。

分布于我国东部到朝鲜及日本本州等处，北达辽河，南达海南岛。在黄河流域仅见于山东济南到河南辉县等处。在长江达岷江下游。

Leuciscus platypus Temminck et Schlegel, 1846, in Siebold. Fauna Jap. Pisces, : 207, pl. 101, fig. 1（日本）。

Barilius acutipinnis Bleeker, 1871, Verh. K. Akad. Wete. Amst. 12: 15, pl. 13, fig. 1（长江）。

Opsariichthys platypus Günther, 1868, Cat. Fish. Br. Mus. 7: 296（日本及我国台湾）。

Barilius platypus Jordan & Snyder, 1900, proc. U. S. natn. Mus. 22: 344（日本琵琶湖）。

Zacco evolans Jordan & Evermann, 1902, ibid., 25: 323（我国台湾）。

Zacco platypus, Jordan et Fowler, 1903, ibid., 26: 851（日本）；Fowler, 1924, Bull. Am. Mus. Nat. Hist., 50（7）：391（兴隆山）；Mo, Bull. Honan Mus.（Nat. Hist.）Ⅰ（2）：733, fig. 20（辉县百泉）；Tchang（张春霖），1933, Zool. Sinica（B）Ⅱ（1）：131, fig. 68（济南龙山；福建；长江；辽河）；Mori, 1934, Rep. 1rst Sci. Exped. Manchoukuo, Ⅴ（Ⅰ）：30, pl. 12, fig. 1（离宫，柴家口，兴隆县）；Nichols, 1943, Nat. Hist. Centr. Asia Ⅸ: 95, fig. 32（山东，河北等）；Matsubara, 1955, Fish Morph. & Hierarchy: 306（日本本州等）；王以康，1958，鱼类分类学：114；张春霖，1959，中国系统鲤类志：18，图12（济南龙山等）；单元勋等，1962，新乡师范学院学报，1: 55（辉县、安阳、禹县）；伍献文等，1963，中国经济动物志：淡水鱼类：73，图68；杨干荣等，1964，中国鲤科鱼类志（上卷）：49，图1-38（广西到东北）；李思忠，1965，动物学杂志（5）：218（河南、山东）；李思忠，1981，中国淡水鱼类的分布区划：186-187（辽河到海南岛及台湾）；解玉浩，1981，鱼类学论文集（2）：115（辽宁法库、辽中、本溪、抚顺）；Choi Ki-chul, 1981, Atlas of Korean Freshwater Fishes,: 9（朝鲜西部及南部）；龚启光，1981，广西淡水鱼类志：27，图14（博白等）。

Zacco acutipinnis, Tchang（张春霖），1933, Zool. Sinica（B）2（1）：129, fig. 67（四川，北京）；张春霖，1959，中国系统鲤类志：19（四川及北京怀柔与密云）。

鳤鱼属 *Ochetobius* Günther, 1868

体细长，近长管状，稍侧扁，腹侧圆。鳞薄且较小，侧线鳞约65~70+4，腹侧无特大鳞，侧线侧中位，中部较低，背鳍 i -9，始于腹鳍始点上方，远不达臀鳍。臀鳍ⅲ-9，口小，前位，斜，不达眼下方。无须。鳃孔大，侧位，鳃膜连鳃峡。鳃耙27~33。下咽齿3行，尖钩状。腹膜灰白色。为我国东

部及朝鲜西部淡水鱼类，有2种。我国1种，黄河亦产。

Ochetobius Günther, 1886, Cat. Fish. Br. Mus., 7: 297（模式种：*Opsarius elongatus* Kner）。

鳡鱼 *Ochetobius elongatus*（Kner, 1867）（图98）

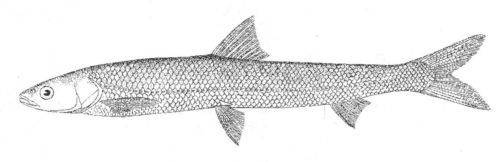

图98　鳡鱼 *Ochetobius elongatus*

释名：体细长似圆管状，故名。ochetobius为希腊文；ochetos意为"皮管"；elongatus（长的）亦此意。长江下游名为刁子、刁杆、麦杆刁、竿鱼、莲花刁（伍献文等，1963）。

背鳍iii-9；臀鳍iii-9；胸鳍 i -16～17；腹鳍 i -9；尾鳍vi～vii-17-vi～vii。侧线鳞65～70$\frac{9～10}{6}$ 3～4；鳃耙外行6～9+19～23，内行7～8+20～26。下咽齿3行；4～5，3～4，1～2；尖端钩状。

标本体长114～315 mm。体细长，腹部圆，似管状；背鳍始点处体最高，体高为体宽1.4～1.6倍，向前、向后渐尖；体长为体高5.9～6.2倍，为头长4.3～4.2倍，为尾部长3.8～4倍。头短锥状，中部及前方稍平扁；头长为吻长3.4～3.5倍，为尾柄长1.2～1.4倍。吻锥状，不突出。眼位于头侧上方和头的前半部。眼间隔圆凸。鼻孔位于眼前方附近。口前位，斜形，长稍大于宽；两颌后端不达眼前缘。唇光滑，唇后沟前端中断。鳃孔大，下端达眼与前鳃盖骨角之间。鳃膜连鳃峡。鳃峡窄。鳃膜条骨3。鳃耙短扁，三角形。下咽齿细长，上端斜截形，尖端钩状。椎骨60。鳔大，长为头长2.9倍（体长246 mm），2室；前室粗短；后室尖长，约达臀鳍基后端，长为前室长4.5倍。肠有2个折弯，体长为肠长1.1倍。肛门位于臀鳍始点稍前方。

模鳞长形；前端较宽且横直，中央突出，鳞心至后端为至前端1.5～2倍，向后有辐状纹；喉胸部鳞较小；头部无鳞。侧线在尾部侧中位，腹部较低，前端较高。

背鳍始于体正中点稍前方，前距为后距1.1～1.2倍；背缘斜且微凹，头长为第3～4鳍条长1.3～1.5倍，远不达肛门。臀鳍约始于背鳍始点至尾鳍基的正中点；头长为第1分支鳍条长2～2.4倍。胸鳍侧下位，尖刀状，头长为第2～3鳍条长1.4～1.7倍，不达胸鳍基与背鳍基的正中点。腹鳍始于背鳍始点下方，约达腹鳍基至臀鳍间距的1/3处。尾鳍深叉状。

头体背侧灰黑色，腹侧银白色。鳍淡黄色，偶鳍微显红色。虹彩肌金黄色。腹膜银白色。

为我国特产淡水上层大型鱼类，以水昆虫、枝角类及其他小型鱼类为食。5～6月到江河急流产卵，7～9月入湖塘等缓静水区索食。最早3周龄达性成熟期。体长560 mm，重约2 kg。雌鱼怀卵量为35万～170万粒（伍献文等，1963）。在黄河流域河南、山西、陕西间当年鱼体可达114～122 mm，1周龄164 mm，2周龄246 mm。当年产的小鱼即吞食其他鱼苗，在长江大鱼可达12 kg。

分布于长江到珠江流域，1960年以前黄河流域无记录。但静生生物调查所杜美祥1929年10月6日在北京玉泉山一带曾采得一体长170 mm标本（原4365号，现9557号）；1954年西北师范学院送本所一标本（34227号，体长315 mm）；我们1959年11月13日在山西省河津太阳池采得2尾，体长分别为246 mm

及255 mm（H3942～3943）；单元勋等（1962）报告自河南省商水等亦采得；故似黄河及海河下游原来也有分布。

Opsarius elongatus Kner, 1867, Reise "Novara", Zool., Ⅰ, Fische: 358, Pl. ⅩⅤ, fig. 1（上海）。

Ochetobius elongatus Günther, 1868, Cat. Fish. Br. Mus. 7: 298（依Kner）；Tchang（张春霖），1933, Zool. Sinica（B）Ⅱ（1）：143, fig. 74（上海到四川长江）；Nichols, 1943, Nat. Hist. Centr. Asia Ⅸ: 92（洞庭湖）；王以康，1958，鱼类分类学：123，图125（长江及以南）；张春霖，1959，中国系统鲤类志：15，图9（上海到四川长江）；单元勋等，1962，新乡师范学院学报Ⅰ：56（商水颍河，西峡老灌河）；伍献文等，1963，中国经济动物志：淡水鱼类：80，图76（长江及以南）；杨干荣等，1964，中国鲤科鱼类志（上卷）：44，图1-32（湖北、江西）；李思忠，1965，动物学杂志，（5）：218（河南、山东）；施白南，1980，四川资源动物志Ⅰ：147（达金沙江、岷江等下游）；龚启光，1981，广西淡水鱼类志：29，图15（南宁、崇左等）；李思忠，1981，中国淡水鱼类的分布区划：186-187（黄河、淮河、长江、珠江）。

Ochetobius elongatus Jordan et Starks, 1900, Proc. U. S. natn Mus., 28: 195（朝鲜？）。

马口鱼属 *Opsariichthys* Bleeker, 1863

释名： 其口部自背面看似马嘴故名。

体长纺锤形，中等侧扁，腹侧无皮棱。侧线鳞44～50，牢固，臀鳍基侧无特大鳞。侧线中部稍低。口大，前位，斜形，后端达眼前半部下方；两颌有凸突及凹刻相互嵌入。无须。鳃孔大。鳃耙短少。下咽齿3行，尖端钩状。背鳍ⅲ-7，始于腹鳍始点上方或略前方。臀鳍ⅲ-8～10，始于背鳍基后方，雄性成鱼鳍条甚长。尾鳍深叉状。肠约等于或短于体长。鳔前室位厚纤维质鞘内。只1种，4亚种，分布于海南岛到黑龙江及朝鲜、日本等河湖内。黄河有1（亚）种。

Opsariichthys Bleeker, 1863, Ned. Tijdschr. Dierk., Ⅰ: 203（模式种：*Leuciscus uncirostris* Temminck et Schlegel）。

南方马口鱼 *Opsariichthys uncirostris bidens* Günther, 1873（图99）

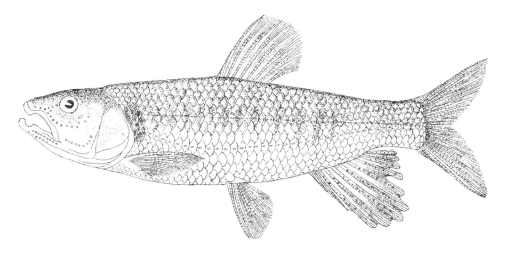

图99　南方马口鱼 *Opsariichthys bidens*

释名： 叉颚鱲（周汉藩、张春霖，1934）；桃花鱼、山鳡、大口扒（伍献文等，1963，1964）；因分布较南，故名，以示与黑龙江马口鱼亚种有别。

背鳍iii-7；臀鳍iii-8~10；胸鳍i-4；腹鳍i-7~8；尾鳍vi~ix-17-ix。侧线鳞42~44$\frac{9}{4}$2；鳃耙外行3+7~8，内行3+9~10。下咽齿4~5，3~4，1~2；长柱状，尖端钩状。

标本体长35~156 mm。体长纺锤形，中等侧扁，腹侧宽圆，尾部较尖且侧扁；体长为体高3.8~4.7倍，为头长3.2~3.8倍，为尾部长3.1~3.6倍。头钝尖，亦侧扁；头长为吻长2.7~3.9倍，为眼径4~6.7倍，为眼间隔宽3.2~3.9倍，为尾柄长1.5~1.8倍，吻较上颌略短。眼位于头前半部侧上方。眼间隔微圆凸。鼻孔位于眼前缘附近。口前位，斜形，稍大，达眼前半部下方。上、下颌有凸突及凹刻相互嵌入。唇不发达。鳃孔大，侧位，下端约达眼后缘的下方。鳃膜条骨3。鳃膜互连鳃峡。鳃耙小突起状。鳔2室，长为头长1.4倍（体长156 mm标本）；前室粗短，位于厚纤维鞘内；后室尖锥状，长为前室长2.2倍。体长156 mm标本，肠有2个折弯，肠长略大于体长。椎骨约42。肛门邻臀鳍前缘。

除头部及鳃峡附近外，全身有鳞；模鳞圆形，前端较横直，鳞小至后端约为至前端2倍，向后有辐状纹。侧线在尾鳍基侧中位，中部向下呈浅弧状，与臀鳍前端间有4纵行鳞。

背鳍约始于体正中央，前距为后距1.2~1.3倍；背缘：雌鱼的斜直、雄鱼的圆凸，雌鱼的第1、雄鱼的第2~3分支鳍条最长；雌鱼的不达、雄鱼的伸过臀鳍始点上方，头长为其长1.2~1.7倍。臀鳍始于背鳍基后方，第3~4分支鳍条最长，雄鱼的尤甚，可达尾鳍基，头长为其长1~1.8倍。胸鳍侧下位，尖刀状，不达背鳍下方，头长为其长1.3~1.6倍。腹鳍始于第1~2分支背鳍条下方，圆刀状，雌鱼的不达、雄鱼的略达肛门。尾鳍深叉状。

鲜鱼背侧浅蓝灰色，向下渐为银白色，鳍橙黄色，体侧上方有纵纹。雄鱼生殖期喉部、口唇亦橙黄色，体侧有桃红色光泽及约12条黑色横纹，并在头侧、臀鳍两侧及尾部侧下方散有白色突起状追星。

为山溪及河湖中的较小型凶猛鱼类，尤喜生活于清水水流较急地区，伺机突袭其他小鱼和较大型水生无脊椎动物，小鱼以浮游动物为食。形态上按比例小鱼吻较短，眼较大，背鳍、臀鳍鳍条近似雌鱼的。其变化如表12所示。

表12 南方马口鱼吻长、眼径等与体长的关系

标本体长/mm	35	43	45.7	63.8	78.5	93.5	100.5	119.5	138	156
性别						♂	♀	♂	♂	♀
头长/吻长	3.75	3.9	3.7	3.6	3.4	2.9	3.0	3.2	3.3	2.7
头长/眼径	4.0	4.0	4.0	4.6	4.9	5.6	5.4	5.8	5.9	6.7
头长/最长背鳍条长	1.2	1.5	1.4	1.6	1.7	1.4	1.3	1.5	1.5	1.7
头长/最长臀鳍条长	1.8	1.8	1.6	1.6	1.6	1.0	1.15	1.0	1.1	1.75

此鱼在黄河下游1周龄即达性成熟期，产卵期为3~6月，在河南及山东较早，可能在河道内产浮性卵，卵径3.5~4.7 mm，水温25℃时2.5天孵出。约生出8天后体长7.5 mm便自动索食。在新绛县（1959年8月22日）汾河发洪时，自河边采得许多体长约35 mm标本；在洛阳（1962年11月17日）采到的最小标本长为45~78.5 mm。1周龄达93.5~119.5 mm。2周龄约138 mm（1959年8月20日，新绛三泉）~156 mm（1959年11月12日，晋南伍姓湖）。

分布于辽河到两广。在黄河流域仅见于甘肃天水；陕西省宝鸡卧龙寺、周至、咸阳、渭南、华阴及潼关；山西省新绛、虞乡、永济到河南省灵宝、洛阳、巩义市、开封和山东省东平湖、济南、利津、垦利等处。为我国东部小型杂鱼。

此鱼指名亚种马口鱼（*Opsariichthys uncirostris uncirostris* "Temminck et Schlegel"）产于日本，侧线鳞47～53。大陆有3亚种：另2亚种黑龙江马口鱼（*O. u. amurensis* Berg）侧线鳞46～47；海南马口鱼（*O. u. hainanensis* Nichols et Pope）侧线鳞40～43个。

Opsariichthys bidens Günther, 1873, Ann. Mag. nat. Hist., （4）12: 249（上海）；Mori, 1928, Jap. J. Zool., 2: 62（济南）；Rendahl, 1928, Ark. Zool., XX: 44（山西平陆）；河南新安）；Mori, 1934, Rep. 1rst Sci. Exp. Manchoukuo Ⅴ（1）: 27, pl. Ⅺ, fig. 1（朝阳，承德，滦平，兴隆）；崔基哲等，1981，朝鲜产淡水鱼类分布图: 9（朝鲜西侧到洛东江）。

O. morrisoni Günther, 1898, Ann. Mag. nat. Hist., （7）Ⅰ: 260（辽河牛庄）。

O. acutipinnis（部分），Garman, 1912, Mem. Mus. Comp. Zool., XL: 114（岷江嘉定）。

O. uncirostris bidens Nichols, 1943, Nat. Hist. Centr. Asia Ⅸ: 97（山西，济南等）；伍献文等，1963，中国经济动物志：淡水鱼类: 79（部分），图75（长江及以南各河流）；杨干荣等，1964，中国鲤科鱼类志（上卷）: 40，图1-29（同上）；李思忠，1965，动物学杂志（5）: 218（山西、陕西、河南、山东）；杨立邦等，1981，东平湖渔业资源调查报告汇编: 50（东平湖）；宋世良等，1983，兰州大学学报（自然科学）19（4）: 123（甘肃天水，宁夏西吉、隆德）。

鳡鱼属 *Elopichthys* Bleeker, 1859

释名：鳡音gǎn，见于《山海经》中的《东山经》。《诗经·齐风》名"鳡鱼""鲣鱼"。体长形且侧扁，腹部宽圆。口很大，前位，口裂斜且达眼下方；下颌前端稍后有一凹刻；大鱼前上颌骨不能伸缩。鳞小，侧线鳞104～110。侧线侧中位，中部稍低。无硬鳍刺。背鳍ⅲ-9，始于腹鳍基上方。臀鳍ⅲ-11。鳃孔大，侧位。下咽齿3行，尖端钩状。鳔大。无须。

Elopichthys Bleeker, 1859, Natuurk. Tijdschr. Ned–Indie, 20: 436（模式种：*Leuciscus bambusa* Richardson）。

Scombrocypris Günther, 1889, Ann. Mag. nat. Hist., （6）Ⅳ: 226（模式种：*S. styani* Günther）。

鳡鱼 *Elopichthys bambusa*（Richardson, 1845）（图100）

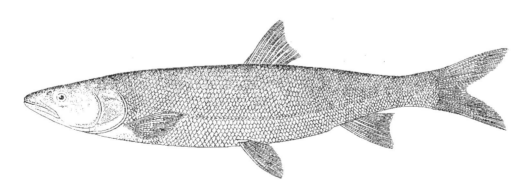

图100　鳡鱼 *Elopichthys bambusa*

释名：见属的释名。明李时珍说："鳡，敢也。鳡，胆也。食而无厌，健而难取，吞啖同类，力敢而胆物者也。其性独行，故曰鳏。""颊似鲇而色黄，又名黄颊鱼。"古老人无妻曰鳏，无夫曰寡。陆游诗："愁似鳏鱼夜不眠。"《尔雅·释鱼》亦名"鲲"。《汉书·成帝纪集》注："鲲，鳏也。"体细长又名"竿鱼""长鱼""黄钻"。吃鱼最甚，池中有此，不能养鱼，亦名"水老虎"。学名*Elopichthys*（elops，海鲢＋ichthys，鱼）*bambusa*（竹），是以体形得名。

背鳍iii-9~10，较腹鳍后；臀鳍iii-8~10；胸鳍i-18~19；腹鳍i-9；尾鳍ix~xi-17-ix~xi。侧线鳞103~107 $\frac{18~20}{8~9}$ 4；鳃耙1行，3~4+11~12。下咽齿3行；5，4，2；侧扁，尖端钩状。

标本体长187~275 mm。体细长形，中等侧扁；背鳍前方附近最高，此处体高约为体宽1.8倍；腹部无棱；体长为体高6~6.7倍，为头长3.4~3.8倍，为尾部长3.6~3.7倍。头近尖锥状，亦侧扁，背面较宽坦；头长为吻长3.1~3.2倍，为眼径7.6~8.7倍，为眼间隔宽3.7~4.4倍，为口长2.6~2.8倍。吻锥状，不突出。眼位于头前半部侧上方。鼻孔位于眼上缘稍前方。口大，前位，斜达眼中部下方。大鱼前上颌与上颌骨已愈合，不能伸缩；下颌前端稍后背缘有一凹刻，近钩状。唇很薄；下唇中断，口侧有唇后沟。鳃孔大，侧位，下端达眼后缘附近。鳃膜略互连，与鳃峡分离。鳃耙稀小，不长于瞳孔径。鳔大，体长231 mm标本鳔长为头长2.2倍；前室粗短，包在纤维质鞘内；后室向后尖锥状，长为前室长2.7倍，有红色血管螺形旋绕。肠短直。体长为肠长1.6倍，有2个小折弯。肛门邻臀鳍前端。

鳞很小；除头部外，全身有鳞；模鳞圆形，鳞心距后端约为距前端2倍，向后有辐状纹。侧线侧中位，腹部稍低。

背鳍始于体正中央稍后；背缘斜凹，最后不分支鳍条最长，头长为其长1.8~1.9倍；伸不到肛门上方。臀鳍似背鳍而鳍条短；头长为第1分支臀鳍条长2.2~2.5倍。胸鳍侧下位，尖刀状；头长为其长1.9~2倍，不达胸鳍、背鳍间距的正中点。腹鳍基位背鳍始点前方，亦尖刀状，头长为其长2.3~2.4倍，远不达肛门。尾鳍深尖叉状。

鲜鱼体背侧灰黑色，向下银白色。稍大，两颌及眼后头侧中部为艳黄色。背鳍与尾鳍淡灰绿色，其他鳍淡黄色。腹膜淡色。

为我国东部平原淡水大型上层凶猛鱼类，游泳迅速，主要以鲦类等为食。5~6月在流水中分批产浮性卵，在黑龙江较晚，南方较早。卵膜吸水膨大后卵径约6.7 mm。卵黄径1.5 mm。初孵出仔鱼体全长6.8 mm，淡黄色，约有50肌节。达10~11 mm时开始索食，常以其他鱼苗为食，也食浮游动物。生长快，1冬龄即可达体长380 mm，2冬龄大者可达640 mm，3冬龄可达790 mm和重约3 kg。此鱼最大可达50 kg。肉肥美鲜嫩，为上等食用鱼类。但因贪食其他鱼类，故淡水养鱼者在混养塘中常将它除净后才安心。不过在自然水域它也有清除野杂鱼的作用。

我国东部平原凶猛鱼，分布于两广到黑龙江；鸭绿江无。在黄河习见于山东省垦利、利津、济南及东平湖，到湖南省开封、郑州、新乡、辉县、巩义市及洛阳等处；近50多年亦见于陕西关中及晋南汾渭盆地，可能是自长江移殖鱼苗带来的。

Leuciscus bambusa Richardson, 1845, Voy. Sulphur Ichthy.: 141 pl. 63, fig. 2（广州）；1846, Rep. Br. Ass. Advmt Sci. 15 Meet., 1945,: 209。

Scombrocypris styani Günther, 1889, Ann. Mag. nat. Hist.,（6）VI: 226（九江）；Tchang（张春霖），1932, Bull. Fan Mem. Biol. Inst. III（14）：211（开封）。

Nasus dahuricus Basilewsky, 1855, Nouv. Mem. Soc. Nat. Mosc., X: 234, Pl. VII, fig. 1（北京等）。

Elopichthys bambusa Bleeker, 1864, Ned. Tijdschr. Dierk., 2: 19, 27（我国）；Abbott, 1901, Proc. U. S. natn Mus., 23: 488, fig.（天津）；Tchang（张春霖）et Shaw（寿振黄），1931, Bull. Fan Mem. Inst. Biol., 2: 289, fig. 6（北京）；Fu（傅桐生）et Tchang（张春霖），1933, Zool. Sinica,（B）II（1）：135, fig. 70（开封、天津；广州等）；Fu（傅桐生），1934, Bull. Honan Mus.（Nat. Hist.）I（2）：

74, fig. 21（辉县百泉）；李思忠，1959，黄河渔业生物学基础初步调查报告：45，图23（济南、开封、郑州）；张春霖，1959，中国系统鲤类志：19页，图13（济南，开封，郑州，北京，广州等）；单元勋等，1962，新乡师范学院学报，Ⅰ：56（开封、武陟、新乡、辉县，商水，漯河，西峡老灌河，信阳，潢川，淮滨等；伍献文等，1963，中国经济动物志：淡水鱼类：78页，图74（我国东部平原）；杨干荣等，1964，中国鲤科鱼类志（上卷）：39页，图1-28（我国）；李思忠，1965，动物学杂志（5）：218，221（河南，山东）；龚启光，1981，广西淡水鱼类志：30页，图16（南宁、合浦等）；解玉浩，1981，鱼类学论文集Ⅱ：111-118（辽宁、康平、开原，抚顺）；方树淼等，1984，兰州大学学报（自然科学）20（1）：104（陕西黄、渭干流及千河）。

鲴亚科 **Xenocyprininae**（＝Chondrostominae）

释名： 鲴音gù，鱼肠（《广韵》《集韵》）；或谓"杭越之间谓鱼胃为鲴"（《类篇》）。李时珍称"鱼肠肥曰鲴。此鱼腹多脂，渔人炼取黄油燃灯，甚鲜也"。

口下位，下颌前端较横直且有软骨质锐缘。无须。体长形，侧扁，腹侧在肛门前方至少略有无鳞的皮棱。背鳍有骨化的光滑硬刺（软口鲴属Chondrostoma无硬刺）及7～9条分支鳍条。其他鳍无硬刺。臀鳍iii-8～11，始于背鳍基后方。腹鳍始于背鳍始点下方或稍前后。尾鳍深叉状。除头部外，体有中小型圆鳞。侧线侧中位，稍低。下咽齿1～3行，内行最多有些可达7个。扁刀状，尖端无钩。肠很长。腹膜黑色。主要以底栖固着藻类为食，也食甲壳类及水生昆虫等，除软口鲴属（有8种）分布于西亚到西欧外（英国、斯堪地那维亚半岛及北极水系无），其余4属11种均为我国东部特有的中下层鱼类，主要分布于江河平原地区。化石始于上新世（刘宪亭、苏德造，1962）。

属的检索表

1（4）下咽齿3行

2（3）侧线鳞50～74；仅肛门前略有纵皮棱······················鲴属 *Xenocypris*

3（2）侧线鳞76～84；肛门至腹鳍基皮棱发达··················斜颌鲴属 *Plagiognathops*

4（1）下咽齿1行；侧线鳞40～50；腹鳍基至肛门皮棱发达············刺鳊属 *Acanthobrama*

鲴属 *Xenocypris* Günther, 1868

体长形，侧扁，腹侧宽圆，而仅在肛门前方附近略有纵皮棱。背鳍Ⅲ-7，始于腹鳍始点略前方。臀鳍iii-8～14。侧线侧中位，中部稍低。鳞不易脱落，侧线鳞50～74。口小，下位，横直；下颌前缘软且锐利。鳃耙短尖。下咽齿3行，扁刀状，尖端无钩；6～7，3～4，2。鳔大，2室。肠很长，约为体长5倍。有些腹鳍后有皮棱。化石始于山西省榆社县上新世（刘宪亭、苏德造，1962）。为我国东部平原及朝鲜中下层淡水鱼类，有5种，黄河下游现有2种。

Xenocypris Günther, 1868, Cat. Fish. Br. Mus., 7: 205（模式种：*X. argentea* Günther）。

种的检索表

1（2）侧线鳞52～57；前背鳞22～24；椎骨41～43··················银鲴 *X. argentea*

2（1）侧线鳞60～64；前背鳞26～28；椎骨46～48··················黄尾鲴 *X. davidi*

银鲴 *Xenocypris argentea* Günther, 1868（图101）

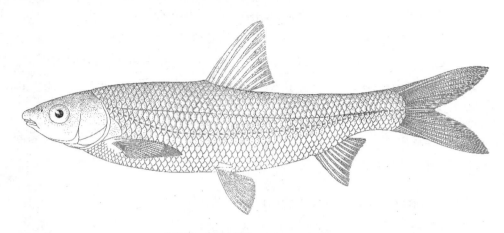

图101　银鲴 *Xenocypris macrolepis*

释名：体银白色，故名，argentea（拉丁文：银的）亦此意。又名密鲴、银鲹、水鱼密子、白尾（长江）；潜鱼（周至），黄鲴（洛阳、济南）。

背鳍Ⅲ-7；臀鳍ⅲ-9～10；胸鳍ⅰ-15～16；腹鳍ⅰ-8；尾鳍ⅴ～ⅶ-17-ⅶ。侧线鳞50～55$\frac{10}{7～8}$2；鳃耙外行8～14+22～28，内行24～26+56～74。下咽齿3行；6，4，1-2。椎骨41～43（包括前4个特化椎骨在内）。

标本体长137～156 mm。体长梭状，中等侧扁；体长为体高3.8～4.3倍，为头长4.4～4.5倍，为尾部长3.8～4.2倍；体高为体宽1.5～1.7倍，背鳍始点处体最高，腹侧仅在肛门前方附近略有短皮棱。头短锥形，后部稍侧扁；头长为吻长3.2～3.6倍，为眼径4.4～4.7倍，为眼间隔宽2.5～2.8倍，为口宽3.8～4.2倍。吻微突出，略长于眼径。眼侧中位，周缘半透明，后缘约位于头前后的正中央。眼间隔宽为眼径2.7～2.8倍，中央微圆凸。鼻孔位于眼上缘稍前方，后鼻孔较大，中间有皮膜突起。口下位，横浅弧状；下颌前缘软且薄锐；口角位于鼻孔前位，前端达前鳃盖骨角下方。鳃耙短小。鳃盖膜互连且连鳃峡。鳃膜条骨3。鳃耙短密。下咽齿长扁，顶端斜截形，尖端无钩。鳔分2室，后室长。肠很长，多折弯。肛门邻臀鳍前缘。

鳞中等大，除头部外全身被鳞，喉部鳞小；模鳞鳞心距前端较近，向后有辐状纹；前背鳞22～24；尾柄周鳞最少20。侧线侧中位，中部较低。

背鳍始于体前后端正中央的略前方，背缘斜且微凹；第3硬刺最长，头长为刺长的1.1～1.3倍，不达肛门。臀鳍形似背鳍而较窄短，头长为第3不分支鳍条长的2.1～2.2倍。胸鳍侧位，很低；尖刀状；头长为第1～2胸鳍条长1.2～1.3倍，不达背鳍。腹鳍始于第3背鳍硬刺下方，约达腹鳍基和臀鳍基的正中间。尾鳍深叉状，下尾叉略较长。

体背侧淡灰绿色，两侧及腹面银白色。鳃孔中部前后缘为橘红色。背鳍与尾鳍黄灰色；尾鳍后缘附近黑色；胸鳍淡橘黄色；腹鳍与臀鳍淡黄白色。虹彩肌银白色。腹膜黑褐色。

为淡水中下层小型鱼类。主要以硅藻等为食，亦食浮游动物。约2周龄达性成熟期。体长可达149～155 mm。

分布于我国东部黑龙江到广西廉州（合浦）等处。在黄河流域分布于陕西周至县，山西省永济市伍姓湖，河南省洛阳、巩义市、郑州、开封及山东省东平湖及济南等处。

Xenocypris argentea Günther, 1868, Cat. Fish. Br. Mus., 7: 205（中国）；周汉藩，张春霖，1934，河北习见鱼类图说：30，图17（山西，北京及长江等处）；李思忠，1959，黄河渔业生物学基础初步调查报告：45，图22（郑州花园口到山东省利津）；伍献文等，1963，中国经济动物志：淡水鱼类：67，图62（长江、黄河到珠江及黑龙江）；李思忠，1965，动物学杂志（5）：218（陕西，山西，河南及山东）；杨干荣，1964，中国鲤科鱼类志（上卷）：122，图3-1（长江，黄河到黑龙江、珠江、元江）；黄桂轩，1981，广西淡水鱼类志：58，图42（桂林、合浦、百色等）

Xenocypris macrolepis Bleeker, 1871, Verh. K. Akad. Wet. Amst 12: 53, pl. Ⅴ, fig. 2（长江；侧线鳞50）；Tchang（张春霖），1933, Zool. Sinica（B）Ⅱ（1）：Ⅲ, fig. 57（济南。南京，北京，辽河等）；张春霖，1959，中国系统鲤类志：29（济南，北京，南京，辽河）。

黄鲴 *Xenocypris davidi* Bleeker, 1871（图102）

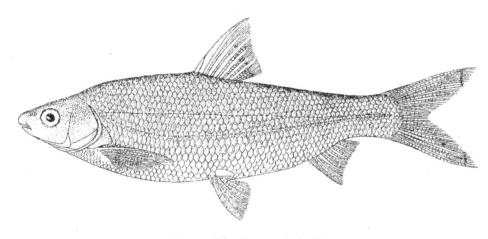

图102　黄鲴 *Xenocypris davidi*

释名：黄鲴鱼，南人讹为黄姑，北人讹为黄骨鱼（明李时珍）；又名黄尾密鲴、黄尾鲴（长江），潜鱼（周至），黄鲴鱼（济南、洛阳），达氏鲴（张春霖），1959。

背鳍Ⅲ-7；臀鳍ⅲ-9；胸鳍ⅰ-15～17；腹鳍ⅰ-8；尾鳍ⅵ～ⅶ-17-ⅵ～ⅶ。侧线鳞58～61 $\frac{10～11}{7}$ 2～3；鳃耙外行13+35，内行41+115。下咽齿3行；6，4，1～2；刀状。椎骨46～48（包括前4特化椎骨在内）。

标本体长110.3～177.5 mm。体长梭状，较侧扁，背鳍始点体最高，腹侧仅肛门前方附近略显纵皮棱；体长为体高3.2～4.1倍，为头长4.4～4.6倍，为尾柄长3.8～4.2倍；体高为体宽1.7～2倍。头稍尖短；头长为吻长3.2～3.5倍，为眼径3.6～4.5倍，为眼间隔宽2.5～3倍，为口宽4.4～4.8倍。吻略突出，很松软，背面在鼻孔间常呈一横浅凹。眼侧中位，后缘位于头前后的正中央（体长110.3 mm时）或稍后，周缘半透明。眼间隔宽圆。鼻孔位于眼上缘稍前方，口下位，位于鼻孔前下方，横浅弧状，口宽为长2.9～3.7倍，下颌前缘薄锐。唇薄。鳃孔大，侧位，下端达前鳃盖骨角下方。鳃膜连鳃峡。鳃膜条骨3。鳃耙扁突起状，内行密小。下咽齿长扁形，上端斜截形，尖端无钩。鳔2室；肠很细长弯曲。腹膜黑色。肛门邻臀前缘。

除头部外，体被圆鳞；喉部鳞较小；前背鳞26～28；尾柄周鳞至少24；模鳞中心距前端较近，向后有辐状纹。侧线侧中位，在腹部稍低。

背鳍始于体前后正中央的略前方；背缘斜形略凹；第3硬刺最长，远不达肛门，头长为其长的

1.1～1.2倍。臀鳍始于肛门后缘,较背鳍很短小,头长为第3不分支臀鳍条长1.8～2倍。胸鳍侧下位,尖刀状,远不达背鳍,第1鳍条等长于第3背鳍硬刺。腹鳍始于第2～3背鳍硬刺下方,约伸达腹鳍基与臀鳍的正中央。尾鳍深叉状,下尾叉微长。

体背侧黄色,微绿,体侧及下方银白色。鳃孔中部附近为橘黄色直立斑状。各鳍均黄色,腹鳍与臀鳍色较淡。虹彩肌银白色。

为我国东部特有的中下层淡水鱼。食性似银鲴。雄性成鱼生殖期在头部、背鳍前方、胸鳍基及鳍条上有显著的追星。约夏初为产卵期(5～6月)。卵黏性,粘在石块上(依杨干荣,1964)。在黄河流域1周龄体长约达110.3 mm,2周龄158～177.5 mm。大鱼体长可达400 mm(杨干荣,1964)。

分布于海河水系到海南岛等处。在黄河流域广分布于陕西省关中盆地周至县,山西省晋南永济市、河南省洛阳、巩义市、郑州、辉县、开封和山东省东平湖、济南等处。

Xenocypris davidi Bleeker, 1871, Verh. K. Akad. Wet. Amst., 12: 56(长江);Tchang(张春霖),1933, Zool. Sinica(B)Ⅱ(1): 116, fig. 60(山西,安徽海南岛等);Nichols, 1943, Nat Hist. Centr. Asia Ⅸ: 21(山西,安徽等);张春霖,1959,中国系统鲤类志:30,图20(山西、济南、天津、北京及长江等);伍献文等,1963,中国经济动物志:淡水鱼类:68,图63(山西、山东、河北等);杨干荣,1964,中国鲤科鱼类志(上卷):124,图3-2(长江,山西,河北,海南岛);李思忠,1965,动物学杂志(5):218(陕西、山西、河南、山东);黄桂轩,1981,广西淡水鱼类志:59,图43(珠江、南流江等);李思忠,1981,中国淡水鱼类的分布区划:200～201(河海、江淮、珠江及海南岛四亚区)。

Xenocypris nitidus Garman, 1912, Mem. Mus. Comp. Zool., ⅩL(4): 117(湖北省沙市);Tchang(张春霖),1933, Zool. Sinica(B)Ⅱ(1): 112, fig. 58(北京,济南,南昌);Fu(傅桐生),1934, Bull. Honan Mus., Ⅰ(2): 68, fig. 16(辉县百泉)。

Xenocypris nankinensis Tchang(张春霖),1930, These de l' univ. de Paris: 102(南京);Tchang(张春霖),1933, loc. cit.,(B)Ⅱ(1): 114, fig. 59(济南;福州);Fu(傅桐生);1934, loc. cit., Ⅰ(2): 69, fig. 17(辉县百泉)。

Xenocypris insularis Nichols & Pope, 1927, Bull. Am. Mus. Nat. Hist. 54: 363, fig. 29(海南岛那大)。

斜颌鲴属 *Plagiognathops* Berg, 1907

释名: 斜颌鲴属由plagiognathops(希腊文:plagio,斜,横 + gnathops,颌)且与鲴属相近而得名。曾名平颌鱼属(张春霖,1959)。

体长形,侧扁,腹侧自腹鳍基到肛门有一发达的纵皮棱。鳞小,侧线鳞74～84。背鳍Ⅲ-7,前方有三光滑硬刺。臀鳍ⅲ-11～12。吻钝。口下位;下颌横浅弧状,角质锐利前缘发达。下咽齿3行。只1属1种。

Plagiognathops Berg, 1907, Ann. Mus. Zool. Petersb., 12: 419(模式种:*P. microlepis*)。

Plagiognathus Dybowski, 1872, Verh. Zool.-Bot. Ges. Wien. 22: 216(模式种:*P. jelskii* = *P. microlepis*)(*Plagiognathus* Fieber, 1858,为半翅目一属)。

细鳞斜颌鲴 *Plagiognathops microlepis*（Bleeker, 1871）（图103）

[有效学名：细鳞鲴 *Xenocypris microlepis* Bleeker, 1871]

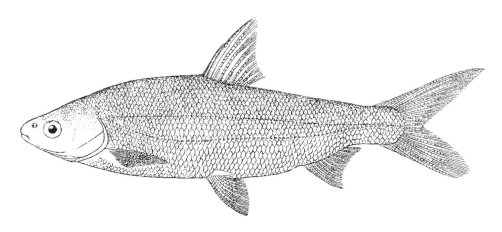

图103 细鳞斜颌鲴 *Plagiognathops microlepis*

释名： 鳞小，故名。microlepis（希腊文：mikros，小 + lepi，鳞）亦此意。

背鳍Ⅲ-7；臀鳍ⅲ-11 ~ 12；胸鳍 ⅰ -14 ~ 15；腹鳍 ⅰ -8；尾鳍ⅷ+17+ⅷ。侧线鳞72 ~ 82 $\frac{13 \sim 14}{7}$ 2；鳃耙39 ~ 48。下咽齿3行，6 ~ 7，3 ~ 4，2；椎骨46 ~ 50。

标本体长最高328 ~ 700 mm。体长梭形，侧扁，背鳍始点处体最高，腹侧自腹鳍基到肛门有一显明的纵皮棱；体长为体高3 ~ 3.2倍，为头长4.7 ~ 5.2倍，为尾部长4 ~ 4.1倍。头短小，锥形；头长为吻长3.1 ~ 3.3倍，为眼径3.5 ~ 4.9倍，为眼间隔宽2.4 ~ 2.6倍，为尾柄长1.4 ~ 1.5倍。吻钝，吻长为眼径1.5 ~ 2倍。眼侧中位，位于头前半部。眼间隔圆凸。鼻孔位于眼上缘前方，距眼较距吻端稍近。口小，下位，横浅弧形，下颌薄锐，向后不伸过鼻孔。鳃膜连鳃峡。下咽齿长扁；上端刀状，无尖钩。肛门邻臀鳍前缘。

鳞稍小，除头部外全身被鳞，喉部鳞很小。侧线完全，在尾柄侧中位，中部较低。

背鳍短，约始于腹鳍始点上方，背缘斜且微凹；第3硬刺很粗大，不达肛门，头长为其长的0.7 ~ 0.9倍。臀鳍很短小，形似背鳍，头长为第3不分支臀鳍条长的1.5 ~ 1.6倍。胸鳍尖刀状，侧下位，头长为其长1 ~ 1.3倍。远不达背鳍。腹鳍亦刀状，头长为其长1.3 ~ 1.5倍。尾鳍深叉状。

背侧灰黑色，腹侧银白色。背鳍灰色，尾鳍橘黄色，其他鳍浅黄色。

为我国东部平原淡水中下层鱼类。常在较急流水中以下颌刮食水底藻类，也食水生无脊椎动物如枝角类等。2冬龄约达性成熟年龄。3 ~ 4月成群溯游到急滩处产卵。卵浅灰色，浮性，卵径约1.4 mm。在长江1冬龄体长达170 mm，2冬龄达225 mm，3冬龄327 mm，4冬龄412 mm，5冬龄460 mm（伍献文等，1963）。在黑龙江最大体长达700 mm，重达3 kg（贝尔格，1949）。雄性成鱼生殖期在头部及胸鳍条上有显明的珠星。

分布于我国东部黑龙江到珠江等水系；在长江西达岷江中、下游。在黄河下游的山东及河南应亦有分布。

Xenocypris microlepis Bleeker, 1871, Verh. K. Akad. Anst, Ⅻ: 58, Tab. Ⅸ（长江）；Nichols, 1943, Nat. Host. Centr. Asia, Ⅸ: 123（长江）。

Plagiognathus jelskii Dybowski, 1872, Verh. Zool.–Bot. Ges. Wien. 22: 216（乌苏里江兴凯湖）。

Plagiognathops microlepis Berg, 1949, Freshwater Fishes of Soviet Union and Adjacent Countries: 634, fig. 387（长江；黑龙江中游；乌苏里江）；伍献文等，1963，中国经济动物志：淡水鱼类：66，图61（黑龙江、长江及珠江）；杨干荣，1964，中国鲤科鱼类志（上卷）：127，图3-6（长江、黑龙江及珠江等）；李思忠，1965，动物学杂志（5）：218（山东?）；施白南，1980，四川资源动物志Ⅰ：149（岷江中下游，沱江等）。

Plagiognathops insularis（非*Xenocypris insularis* Nichols & Pope, 1927），Tchang（张春霖），1933，Zool. Sinica（B）Ⅱ（1）：162, fig. 84（福州、海南岛）；张春霖，1959，中国系统鲤类志：图19（福建及海南岛）。

刺鳊属 *Acanthobrama* Heckel, 1842 *

[有效学名：似鳊属 *Pseudobrama* Bleeker, 1871]

释名：刺鳊属由acanthobrama（希腊文：acantho，棘 + brama，鳊）意译而来。曾名似鳊属（杨干荣，1964）。

体长形，很侧扁，腹侧在腹鳍基后有一发达的皮棱。口小，下位；下颌横浅弧状，前缘薄锐。背鳍Ⅲ-7，始于腹鳍始点稍后方，骨化硬刺发达且光滑。臀鳍ⅲ-9～12。侧线鳞41～51；侧线中部稍低。鳃孔大，侧位。鳃膜连鳃峡。下咽齿1行，长扁形，5～6个；尖端无钩。鳔大，2室。肛门位于臀鳍前基缘。只1种。

Acanthobrama Heckel, 1842, in Russegger, Reisen in Europa, Asien und Africa, Ichthyologie（von Syrien）Ⅰ：1033（模式种：*A. marmid* Heckel）。

刺鳊（似鳊）*Acanthobrama simoni* Bleeker, 1864（图104）*

[有效学名：似鳊 *Pseudobrama simoni*（Bleeker, 1864）]

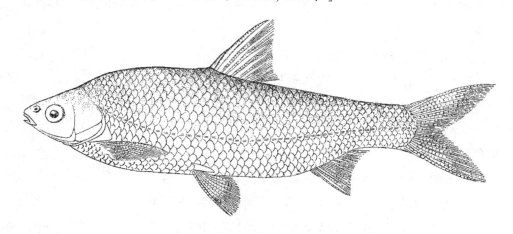

图104　刺鳊 *Pseudobrama simoni*

释名：又名棘鳊（张春霖，1959），似鳊（杨干荣，1964），逆鱼（伍献文等，1963），杜氏刺鳊（*Pseudobrama dumerili*, Bleeker, 1871）。扁鲴（济南、巩义市及洛阳）。

背鳍Ⅲ-7；臀鳍ⅲ-9～12（常为9～10）；胸鳍 i -14～15；腹鳍 i -8；尾鳍 V～Ⅷ+17+V～Ⅷ。侧线鳞$41～46\frac{8～9}{6}2$；鳃耙外行约23+100，内行约30+130；下咽齿1行，5～6个。

标本体长60～133 mm。体长纺锤形，很侧扁，以背鳍始点处体最高，腹侧有腹鳍基到肛门有一发达的皮棱；体长为体高3.3～3.9倍为头长3.9～4.7倍，为尾部长3.5～3.8倍；体高为体宽2～2.4倍，为眼径3.2～4.1倍，为眼间隔宽2.7～3.3倍，为口宽4.2～4.7倍，为尾柄长1.4～1.7倍。吻微突出，较眼径略短。眼侧中位，位于头前半部。眼间隔宽等于（小鱼）或大于（大鱼）眼径。鼻孔位于眼上缘前方附近，后孔较大。口稍下位，横浅弧形，位于鼻孔前方；下颌缘薄锐。鳃孔大，侧位，下端达前鳃盖骨角下方。鳃膜互连鳃峡。鳃膜条骨3。鳃耙很密，外行鳃耙长约为鳃丝长的1/3，内行鳃耙更短。下咽齿长扁刀状，上端斜截面黑色，无尖钩。椎骨39～40，尾椎约18。鳔大，游离。二室，长为头长1.7倍。肠很细长，折弯多，体长101 mm标本肠长为体长3.9倍。腹膜黑色。肛门邻臀鳍基前缘。

鳞中等大，除头部圆形，前端较横直，鳞心距后端约为距鳞前端2倍，向后有辐状纹。侧线侧中位，前端较高，中部稍向下弯曲。

背鳍位于体正中央的稍前方；背缘斜形而略凹；第3硬刺无锯齿，约伸达肛门，头长为其长0.9～1.4倍。臀鳍似背鳍而较小，始于肛门后缘，头长为第3不分支鳍条长的1.1～2倍。胸鳍侧下位，尖刀状，不达腹鳍，头长为其长1～1.3倍。腹鳍始于背鳍始点略前方，远不达肛门。尾鳍深叉状，下尾叉略长。

鲜鱼体背侧黄灰褐色，两侧及下方银白色。各鳍淡黄色，背鳍与尾鳍略灰褐。鳃盖膜后缘黄色。虹彩肌银白色。

为我国江河平原区特有的较小型中下层淡水鱼，食性似鲷属，以硅藻、丝状藻为食，也食枝角类等无脊椎动物。约1周龄即性成熟，雄性成鱼在生殖期头部有粗糙的追星。喜5～6月逆水到较急河溪处产卵。卵黄色，卵径约0.72 mm。1周龄体长达60～70.3 mm（1963年5月14日垦利县黄河标本），2周龄101～124 mm（1958年7月下旬东平湖标本），3周龄约133 mm（东平湖1958年7月下旬），在长江最大体长约215 mm。形态上小鱼头长及眼径占比例较大，而吻长、眼间隔、背鳍高及臀鳍高较小。详见表13。

表13　刺鳊头长、眼径、吻长及背鳍高等的变化

标本体长/mm	60	62	68.7	70.3	116.5	124.3	133
标本采集时间	1963年5月24日	1963年5月24日	1963年5月24日	1963年5月24日	1958年7月	1958年7月	1958年7月
标本产地（山东省）	垦利县	垦利县	垦利县	垦利县	东平湖	东平湖	东平湖
体长/头长	3.87	3.95	4.04	3.97	4.36	4.73	4.59
体长/体高	3.87	3.8	3.64	3.64	3.28	3.4	3.4
头长/吻长	4.69	4.61	4.47	4.65	4.11	4.11	4.2
头长/眼径	3.16	3.2	3.27	3.22	4.11	3.93	4.14
头长/眼间隔	3.16	3.14	3.27	3.05	2.81	2.74	2.7
头长/背鳍高	1.19	1.19	1.11	1.09	0.95	0.91	0.91
头长/臀鳍高	1.98	2.01	2.02	2.01	1.11	1.05	1.12

分布于海河水系到长江水系；在长江西达沱江、涪江、嘉陵江及渠江。在黄河流域自山东省垦利、济南、东平湖，到河南省开封、郑州、辉县、巩义市及洛阳等处。

Acanthobrama simoni Bleeker, 1864, Ned, Tijdschr. Dierk., Dierk., Ⅱ：25（中国）；Tchang（张春霖），1933, zool. Sinica（B）Ⅱ（1）：163, fig. 85（济南，天津，保定，南京，安徽）；Nichols, 1943, Nat. Hist. Centr. Asia Ⅸ：125（洞庭湖）；张春霖，1959，中国系统鲤类志：26，图17（利津、济南、郑州等）；伍献文等，1963，中国经济动物志：淡水鱼类：66，图60（长江流域）；杨干荣，1964，中国鲤科鱼类志（上卷）：132，图3-10（长江流域）；李思忠，1965，动物学杂志（5）：218（河南及山东）；施白南，1980，四川资源动物志Ⅰ：149（四川沱江，涪江，嘉陵江及渠江）。

Pseudobrama dumerili Bleeker, 1871, Verh. K. Akad. Wet. Amst. 12: 60, pl. Ⅶ, fig. 1（长江？）；Mori, 1928, Jap. J. Zool., 2（1）：69（济南）；Rendahl, 1928, Ark. Zool., 20A（1）：71（河北省涞水）。

Acanthobrama dumerili Nichols, 1943, loc. cit., Ⅸ：125（安徽）；李思忠，1959，黄河渔业生物学基础初步调查报告：47，图28（山东省利津及济南；河南省郑州）。

Culticula emmelas Abbott, 1901, Proc. U. S. natn. Mus., 23: 485（崇明岛）；Mori, 1933, Jap. J. Zool., 5（2）：166（济南）；Nichols, 1943, loc. cit., Ⅸ：125（河北省）；张春霖，1959，中国系统鲤类志：103，图85（天津、河北及杭州）；单元勋等，1962，新乡师范学院报1：69（辉县卫河）；李思忠，1965，动物学杂志（5）：218（山东省）。

鳑鲏亚科 Rhodeinae（＝鱊亚科 Acheilognathinae）

［有效学名：鱊亚科 Acheilognathinae］

释名：鳑鲏，见宋罗愿（1136—1184）《尔雅翼》"鳡鳜似鲫而小，黑色而扬赤，今人谓之旁皮鲫，又谓之婢妾鱼。旁皮即旁婢声之讹也"。因生殖期体色艳丽。雌鱼且有产卵管伸出体外似腰带，故名旁婢鱼或鳑鲏。

体侧面观呈椭圆形，很侧扁，腹侧无皮棱。臀鳍始于背鳍基下方；背鳍、臀鳍有或无光滑的硬刺。侧线完全，侧中位，或仅前端尚存。口小，前位。有或无1对颌须。下咽齿只1行，扁形，有或无锯齿。为亚洲（中亚、西伯利亚及南亚无）及欧洲小型淡水鱼类。主要产于我国东部、朝鲜及日本。欧洲只有1种，我国产6属23种，黄河下游有5属10种。此类鱼常1或2周龄即达性成熟，最大年龄为4龄（如副鱊属）或5龄（如鳑鲏属）。生殖期雄鱼体色有鲜艳光泽，背鳍、臀鳍条延长，吻部及眼眶上缘有珠星；雌鱼输卵管突出体外呈带状。怀卵量低，鳑鲏属200～300粒，刺鳑鲏属约1 000粒。常以产卵管将卵产到贝类鳃水管或外套腔中，直到发育为幼鱼才离蚌体。这种产卵习性，有人认为是对干旱气候水面剧烈涨落的适应（因蚌能向水区移动免被干死），称它们是新第三纪早期亚欧亚热带动物区系（或复合体）的残留种类（贝尔格，1909；尼科尔斯基，1956）。

属的检索表*

1（6）侧线完全；有或无1对小须

2（5）下咽齿有锯齿

3（4）背鳍、臀鳍都有硬刺⋯⋯⋯⋯⋯⋯⋯⋯⋯⋯⋯⋯⋯⋯⋯⋯刺鳑鲏属 *Acanthorhodeus*

4（3）背鳍、臀鳍均无硬刺·······················副鱊属 *Paracheilognathus*

5（2）下咽齿无锯齿；背鳍、臀鳍有或无硬刺······················鱊属 *Acheilognathus*

6（1）侧线大部消失，仅前端残留；无须

7（8）背鳍、臀鳍有或无硬刺；下咽齿无锯齿·····················鳑鲏属 *Rhodeus*

8（7）背鳍、臀鳍有硬刺；下咽齿有锯齿·····················石鲋属 *Pseudoperilampus*

*编者注：鱊亚科Acheilognathinae的系统分类表明：全球鱊亚科仅有3属即鱊属（*Acheilognathus*）、鳑鲏属（*Rhodeus*）和田中鳑鲏属（*Tanakia*）为有效属（Nelson，2006），本书所述的刺鳑鲏属 *Acanthorhodeus*、副鱊属*Paracheilognathus*和石鲋属*Pseudoperilampus*现均为异名属（无效）。

刺鳑鲏属 *Acanthorhodeus* Bleeker, 1870 *

释名：背鳍、臀鳍前缘有骨化了的硬鳍刺，故名。acanthorodeus（希腊文：acantha，荆棘 + rhodon，玫瑰花）以示其色艳且有棘刺。

体侧面观呈卵圆形或近卵圆形，很侧扁。背鳍Ⅲ-10～18；臀鳍Ⅲ-8～14，始于背鳍基后端前下方。腹鳍始于背鳍始点稍前方。口小，前位，不达眼前缘；下颌半圆形。口角有或无一小须。唇薄，下唇中断。鳞大。侧线完整，侧中位，侧线鳞30～40。下咽齿1行，5个，侧扁，上端斜面有锯齿，尖端钩状。鳃膜连鳃峡。肠长。约有11种，主要分布于我国东部到越南北部、朝鲜西部及日本九州西北部。现知黄河下游产6种。

*编者注：此属现已无效，见本亚科属的检索表编者注。

Acanthorhodeus Bleeker, 1870, Verh. K. Akad. Wet. 12: 30（模式种：*A. macropterus*）。

种的检索表

1（6）口角有一小须

2（3）背鳍分支鳍条15～18；臀鳍分支鳍条12～14；须痕状，很短·····················大鳍刺鳑鲏 *A. macropterus*

3（2）背鳍分支鳍条11～14；臀鳍分支鳍条8～10

4（5）体长为体高2.2～2.4倍；侧线鳞35～36+2；须长约等于眼径·····················越南刺鳑鲏 *A. tonkinensis*

5（4）体长为体高2.6～3.2倍；侧线鳞32～35+2；须长较瞳孔径很短·····················短须刺鳑鲏 *A. barbatulus*

6（1）口角无须

7（8）背鳍分支鳍条16～17；臀鳍分支鳍条12～13；鳃耙7～9·····················带臀刺鳑鲏 *A. taenianalis*

8（7）背鳍分支鳍条11～15；臀鳍分支鳍条9～11；鳃耙8～22

9（10）鳃耙13～19；体侧第4～5鳞上有黑斑·····················兴凯刺鳑鲏 *A. chankaensis*

10（9）鳃耙6～8[①]；体侧第1鳞上有一大黑斑·····················白河刺鳑鲏 *A. peihoensis*

---

① 据原始文献。实际镜下观察约为18个，很小；参见正文描述。

大鳍刺鳑鲏 *Acanthorhodeus macropterus* Bleeker, 1871（图105）

［有效学名：**大鳍鱊** *Acheilognathus macropterus*（Bleeker, 1871）］

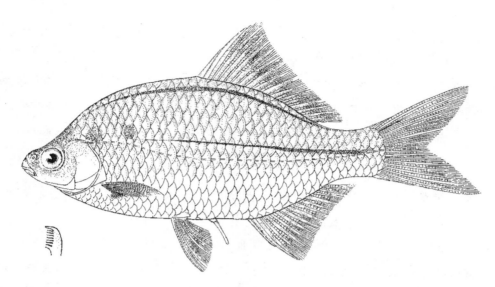

图105　大鳍刺鳑鲏 *Acheilognathus macropterus*

释名： 因背鳍、臀鳍较大，故名。macropterus（希腊文：makros，大＋pteron，鳍）亦此意。

背鳍Ⅲ-15～18；臀鳍Ⅲ-12～14；胸鳍 i -13～15；腹鳍 i -7；尾鳍ⅵ～ⅶ+17+ⅵ～ⅶ。侧线鳞35～37 $\frac{6}{5}$ 2；鳃耙外行5+8～11。内行12+16；下咽齿1行，5个。

标本体长56.7～103.5 mm。体侧面观呈长椭圆形，很侧扁，背鳍始点处体最高；体长为体高2.2～2.4倍。为头长3.9～4.1倍；体高为体宽2.7～3.3倍。头短小，侧扁；头长为吻长3.9～4.1倍，为眼径3.4～4倍，为眼间隔宽2.4～2.8倍。吻钝短，吻长大鱼的等于、小鱼的略小于眼径。眼侧中位。眼间隔宽且微圆凸。鼻孔位于眼上缘前方附近，鼻间瓣膜发达。口前位，近半圆形，口角约达鼻孔下发方，下颌较上颌略短。唇薄。口角有一痕状小须，须长仅约为瞳孔直径1/2。鳃孔大，侧位，下端约达前鳃盖骨后缘下方。鳃膜连鳃峡。鳃耙很短小。下咽齿上端扁形，尖钩下方斜截面有5～6个细锯齿。鳔大，有2室，长为头长1.3倍；前室短小；后室粗长，为前室长约2.8倍。肠很细长，有6～7个环弯，长约为体长2.5倍。椎骨19+20。肛门距腹鳍基较距臀鳍略近。

体侧鳞很大；模鳞横卵圆形，前端较横直，鳞心距后端为距前端2倍，向后有辐状纹；喉胸部鳞较小。侧线侧中位，完全。

背鳍始点距吻端较距尾鳍基略近；背缘斜形，微圆凸，雄性成鱼显著高凸；第1～3分支鳍条最长，雄鱼头长为其长0.9、雌鱼中为1.5倍。臀鳍约始于第5～6分支背鳍条基的下方，鳍基达背鳍基略后方；边缘雌鱼斜且微凹、雄鱼斜直；头长为第1分支鳍条长的1.4～1.7倍。胸鳍圆刀状，侧位而较低，不达腹鳍；头长为其长1.3～1.4倍，腹鳍始于背鳍始点前方，亦圆刀状。略不达臀鳍。尾鳍深叉状。

鲜鱼体背侧绿灰色或黄灰色，两侧及下方银白色。沿尾部侧中线有一黑色纵纹，纹前、后端细尖。小鱼背鳍始点前方有一大黑点。成鱼约在第1及5侧线鳞稍上方各有一大黑点。鳍淡黄色，奇鳍灰暗，背鳍、臀鳍常有3纵行小黑点；雄鱼小黑点较显明，且背鳍、臀鳍前部鳍条较长，臀鳍下缘近黑色，吻部有粒状追星，生殖期有红色光泽；雌鱼产卵管突出，体外可见，管长甚至可达体长的2/3。虹彩肌银白色。下咽齿末端与腹膜黑色。

为缓静水区的中下层小鱼。以藻类为食，也食浮游动物，春夏间产卵。常将卵产在蚌的外套腔内，以免水枯落时被干死。最大体长可达170 mm（杨干荣，1964）。常在捕虾网内可以遇到，无大经济价值。

分布于我国东部，北达黑龙江，南达海南岛；朝鲜西部、蒙古国亦有。在长江向西约达四川嘉陵江下游；在黄河流域常见于山东省济南、东平湖，到河南省辉县、郑州及陕西省周至县等处。

Acanthorhodeus macropterus Bleeker, 1871, Verh. K. Akad. Wet. Amst, XII: 40, Pl. II, fig. 2（长江）；Tchang（张春霖），1933, Zool. Sinica（B）II（1）：149, fig. 77（长江；吉林）；Fu（傅桐生），1934, Bull. Honan Mus. I（2）：78, fig. 24（辉县百泉）；Nichols, 1943, Nat. Hist. Centr. Asia IX: 158（长江；宁波）；张春霖，1959，中国系统鲤类志：25（长江，吉林）；单元勋等，1962，新师范学院学报：61（新乡，辉县）；杨干荣，1964，中国鲤科鱼类志（上卷）：212，图3-12（广东到黑龙江）；李思忠，1965，动物学杂志（5）：218（河南及山东）；施白南，1980，四川资源动物志 I：149（嘉陵江下游）；黄桂轩，1980，广西淡水鱼类志：61，图45（合浦）；李思忠，1981，中国淡水鱼类的分布区划：202-203（海南岛到黑龙江）；方树森等，1984，兰州大学学报20（1）：100（陕西黑河）。

Devario asmussi Dybowski, 1872, Verh. Zool.–Bot. Ges. Wien. 22: 212（兴凯湖）。

Acanthorhodeus asmussi, Berg, 1949, Freshwater Fishes of Soviet Union and Adjacent Countries: 817, fig. 561（黑龙江中下游，乌苏里江及朝鲜西、南部）；崔基哲等，1981，韩国产淡水鱼类分布图：18（洛东江及以西）。

Acanthorhodeus longispinnis Oshima, 1926, Annot. Zool. Jap., XI: 14（海南岛）。

Acanthorhodeus jeholicus Mori, 1933, Rep. 1rst Sci. Exped. Manchoukuo, sect. V（1）：33, pl. 1, fig. 1—2（热河离宫）。

越南刺鳑鲏 *Acanthorhodeus tonkinensis* Vaillant, 1892（**图106**）

［有效学名：越南鱊 *Acheilognathus tonkinensis*（Vaillant, 1892）］

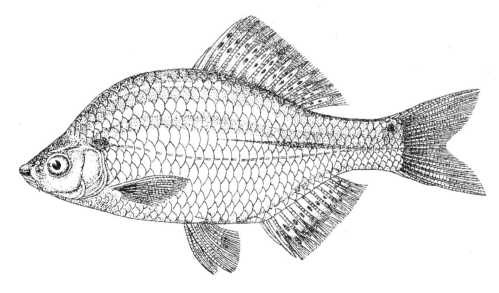

图106　越南刺鳑鲏 *Acheilognathus tonkinensis*

释名：模式标本产地为越南东京，故名。tonkinensis（东京的）亦此意。

背鳍Ⅲ-13～14；臀鳍Ⅲ-10（罕为11）；胸鳍 i -14；腹鳍 i -8；尾鳍 v -17- v 。侧线鳞35～36+2。鳃耙约14。下咽齿5，上端钩状。斜截面锯齿状。

标本体长62.8～85.2 mm。体侧面观呈长椭圆形，侧扁；体长为体高2.1～2.4倍，为头长3.9～4.6倍；体高为体宽2.6～3.1倍。头短高，背缘在后头部呈凹刻状；头长为吻长3.4～3.5倍，为眼径3～4.2倍，为眼间隔宽2.5～2.8倍，为尾柄长1.4～1.7倍。尾柄长为尾柄高1.1～1.3倍。吻钝圆，稍突出。鼻孔位于眼稍前方，前、后鼻孔间有皮膜突起。眼侧位。眼间隔宽，稍圆凸。口下位，近半圆形，不达眼下方。口角须明显，较瞳孔稍短或相等。鳃孔侧下位。鳃膜连鳃峡。鳃耙短小。下咽齿上段黑色。肛门距腹鳍基较距臀鳍基略近。鳞大。侧线完整，中部稍低。

背鳍始于体正中点略后方；背缘雄鱼的稍凸，雌鱼的斜直；硬刺显明；头长为第1分支鳍条长1.1～1.4倍。臀鳍约始于第6分支背鳍条基下方；下缘雄鱼的斜直，雌鱼的微凹，头长为第1分支臀鳍条长1.5～1.6倍。胸鳍侧下位，圆刀状。头长为其长1.3～1.6倍，伸不到腹鳍。腹鳍始于背鳍始点稍前方，头长为其长1.3～1.6倍，略达臀鳍。尾鳍深叉状。

头体背侧蓝绿色，腹侧白色，肩部在侧线前端稍上方有一黑斑，自尾柄到体中部有一黑色纵带纹。鳍黄色；背鳍与臀鳍各有2～3纵行小黑点，雌鱼背鳍上缘呈一黑色细纹状；尾鳍后缘稍灰暗。

为我国东部缓静水域中下层小杂鱼。成鱼体色在生殖期很鲜艳，雄鱼吻侧有许多小圆粒状突起；雌鱼有产卵管突出，体外可见。

分布于河北省到海南岛及越南北部，在黄河流域分布于山东、河南及陕西（周至县）等处。

Acanthorhodeus tonkinensis Vaillant, 1892, Bull. Soc. Philom. Paris Ⅳ（8）：127（越南东京）；Nichols, 1943, Nat. Hist. Centr. Asia IX: 159, fig. 76（福建建宁；海南岛）；吴清江，1964，中国鲤科鱼类志（上卷）：213，图5-13（北京，江苏，江西，湖北，福建，广东，广西等）；唐家汉等，1980，湖南鱼类志：85，图51（洞庭湖）；黄桂轩，1981，广西淡水鱼类志：60，图44（珠江至南流江、北仑河等，长江下游；福建、山东等）。

短须刺鳑鲏 *Acanthorhodeus barbatulus*（Günther, 1873）（图107）

［有效学名：短须鱊 *Acheilognathus barbatulus* Günther, 1873］

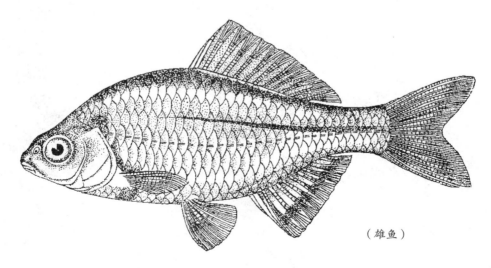

（雄鱼）

图107　短须刺鳑鲏 *Acheilognathus barbatulus*

释名： 须很短，痕状，故名。barbatulus（拉丁文：有短须的）亦此意。

背鳍Ⅲ-11~13；臀鳍Ⅲ-9~10；胸鳍ⅰ-14~15；腹鳍ⅰ-7；尾鳍ⅶ~ⅷ+17+ⅶ~ⅷ。侧线鳞 $32 \sim 35 \dfrac{6}{4 \sim 5} 2$；鳃耙外行5~7+21~23，内行7~10+19~23；下咽齿1行，5个。

标本体长31.9~62.3 mm。体侧面观呈长椭圆形，很侧扁；体长为体高2.5~3倍，为头长3.8~4.4倍，为尾部长2.4倍；体高为体宽2.4~2.8倍。头亦侧扁；头长为吻长3.4~4.7倍，为眼径2.9~3.8倍，为眼间隔宽2.5~3倍。吻钝短，短于眼径。眼侧中位，眼后头长约等于1/2头长。眼间隔宽微大于眼径。鼻孔位于眼前上缘附近。口小，前位，半圆形，上颌后端不达鼻孔下方。唇薄。口角有一痕状小须。鳃孔大，侧位，下端达前鳃盖骨后缘稍前方。鳃膜互连且连鳃峡。鳃耙很短小。下咽齿上部侧扁，有尖钩，斜截面有锯齿。解剖一体长59.3 mm标本，肠很细长，多环弯，长为体长3.5倍。鳔2室，长为头长1.4倍；前室短小；后室粗大，长为前室长2.9倍。肛门约位于腹鳍基与臀鳍基中间。

鳞稍大；模鳞横卵圆形，前端较横直，鳞心距后端约为距前端2倍，向后有辐状细纹。侧线侧中位，完整。

背鳍约始于体前后的正中央；背缘斜形，微凹；第1分支鳍条最长，头长为其长1.1~1.6倍；骨质不分支鳍条无锯齿。臀鳍始于第5~6分支背鳍条基下方，头长为第1分支臀鳍条长1.4~2.1倍。胸鳍尖刀状，侧位而低；第3~4臀鳍条最长，头长为其长1.1~1.3倍，不达腹鳍。腹鳍始于背鳍始点略前方，第3鳍条最长，约达臀鳍始点。尾鳍深叉状。

背鳍淡黄灰色，向下渐银白色。体侧在鳃孔上端后缘常有一黑斑，向后到尾部有一蓝黑色纵纹，纹后部较宽而前端细。鳍淡黄色；奇鳍稍暗，背鳍常有3条黑色小点纹。腹膜黑色。

为我国东部淡水中下层小杂鱼。常生活于缓静浅水区。主要以藻类为食。约1周龄达性成熟期。生殖期雌鱼输卵管突出，体外可见；巩义市及洛阳标本到11月中旬，管尚未缩入体内。生殖期体侧有红色光泽；雄鱼尤显明，奇鳍边缘常为灰黑色，臀鳍下缘前端附近亮黑色，吻端每侧各有一小群追星。春夏间产卵于蚌类外套腔内。当年鱼11月中旬体长可达31.9 mm（洛阳），1龄+达83 mm（杨干荣，1964）。

分布于广西到河北省等处；在长江可达四川沱江下游；在黄河流域分布于河南省洛阳、巩义市、辉县到山东省东平湖、济南、利津等。

Acheilognathus barbatulus Günther, 1873, Ann. Mag. nat. Hist.（4）Ⅻ: 248（上海）；Regan, 1904, Ibid.,（7）ⅩⅢ: 190（云南府）；Berg, 1907, Ibid. 97 ⅩⅨ: 161（上海）；Nichols, 1943, Nat. Hist. Centr. Asia Ⅸ: 157（山东，安徽。福建）。

Acanthorhodeus shibatae Mori, 1928, Jap. J. Zool. Ⅱ（1）：67（济南）。

Acheilognathus atranalis（非Günther, 1873），李思忠，1965，动物学杂志，7（5）：218（河南，山东）。

Acanthorhodeus barbatulus，杨干荣，1964，中国鲤科鱼类志（上卷）：214，图5-14（山东，长江中下游，福建）；郑葆珊等，1981，广西淡水鱼类志：63，图48（百色，三江，桂林）；李思忠，1981，中国淡水鱼类的分布区划：202-203（河海、江淮及浙闽三亚区）。

带臀刺鳑鲏 *Acanthorhodeus taenianalis* Günther, 1873（图108）

［有效学名：斑条鳈 *Acheilognathus taenianalis*（Günther, 1873）］

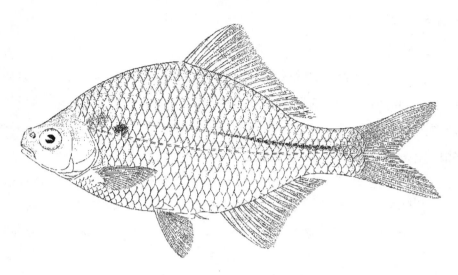

图108　带臀刺鳑鲏 *Acheilognathus taenianalis*

释名：因雄鱼生殖期臀鳍在白色边缘的稍内侧有一黑色带状纵纹，故名。taenianalis（拉丁文：taenia，带纹＋analis，臀部的），亦此意。也译作斑条刺鳑鲏、黑臀刺鳑鲏。

背鳍Ⅲ-16～17；臀鳍Ⅲ-12～13；胸鳍 i -14；腹鳍 i -7；尾鳍ⅵ-17-ⅵ。侧线鳞35～37+2；鳃耙7～9。

标本体长82～84.5 mm。体侧面观呈长椭圆形，侧扁；体长为体高2.2倍，为头长3.9～4倍。头短高，亦侧扁；头长为吻长4.1～4.2倍，为眼径2.7～2.9倍，为眼间隔宽2.7～2.9倍，为尾柄长1.6～1.8倍；尾柄长为尾柄高1.2～1.3倍。吻钝短，微突出。眼侧中位，后缘距头前后端约相等。眼间隔宽坦，微凸。鼻孔位于眼稍前方，前鼻孔较大。口下位，半椭圆形。口裂不达眼下方。无须。鳃孔侧下位。鳃膜连鳃峡。下咽齿上段黑色，上端钩状，斜截面有锯齿。肛门距腹鳍基较距臀鳍稍近。

体被大型圆鳞。侧线完全，侧中位，中部略低。

背鳍始于体正中点略后方；硬刺显明；第1分支鳍条最长，头长为其长1.3～1.4倍。臀鳍约始于第7分支背鳍条基下方；硬刺显明；头长为第1分支臀鳍条长1.6倍。胸鳍圆刀状，侧位而低，头长为第3鳍条长的1.3～1.5倍，不达腹鳍。腹鳍约始于背鳍始点下方，亦刀状，头长为其长1.5～1.6倍，略达臀始点。尾鳍深叉状。

头体背侧暗绿色，腹侧白色；自尾柄中部向前约到肛门上方有一黑色纵纹，纹后端不达尾鳍基，前端很细尖。侧线前端黑斑状，第4～5侧线鳞稍上方有一黑斑。鳍黄色，背鳍有3纵行褐斑，尾鳍亦较灰暗，雄鱼臀鳍下缘黑带状。生殖期体有粉红色等光泽。

为我国东部淡水小型杂鱼。无大经济价值。分布于黑龙江到广西南流江。在黄河流域分布于山东、河南、晋南到陕西关中地区。

Acanthorhodeus taenianalis Günther, 1873, Ann. Mag. nat. Hist.（4）XII: 247（上海）；Nichols, 1928, Bull. Am. Mus. nat Hist. 58: 32（山西）；Tchang（张春霖），1933, Zool. Sinica（B）Ⅱ（1）: 152, fig. 79（上海，洞庭湖，山西，镜泊湖等）；Nichols, 1943, Nat. Hist. Centr. Asia IX: 160（山西，安徽）；张春霖，1959，中国系统鲤类志：24，图16（上海、山西、镜泊湖等）；图5-19（长江、河北、吉

林镜泊湖等）；李思忠，1965，动物学杂志（5）：218（陕西、山西、河南、山东）；唐家汉等，1980，广西淡水鱼类志：62，图46（广西博白）；方树淼等，1984，兰州大学学报（自然科学）20（1）：10（黑河、汉江）。

兴凯刺鳑鲏 *Acanthorhodeus chankaensis*（Dybowski, 1872）（**图**109）

[有效学名：兴凯鱊 *Acheilognathus chankaensis* Dybowski, 1872]

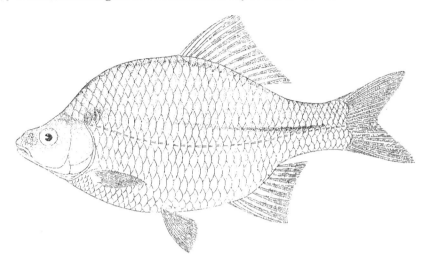

图109　兴凯刺鳑鲏 *Acanthorhodeus chankaensis*

释名：模式产地为兴凯湖，故名。Chankaensis（兴凯湖的）亦此意。

背鳍Ⅲ-12（罕为13）；臀鳍Ⅲ-10～11；胸鳍 i -14，腹鳍 i -7；尾鳍 vi～vii+17～18+vi～vii。侧线鳞33～36 $\frac{6}{5}$ 2；鳃耙外行4+18，内行13+19；下咽齿1行，5个。

标本体长59.3～76 mm。体侧面观长椭圆形，很侧扁；体长为体高.2.6～2.7倍，为头长4.2～4.5倍。头稍小，亦侧扁，项背无大凹刻；头长为吻长4.3～5.3倍，为眼径3.1～3.4倍，为眼间隔宽2.1～2.6倍，为尾柄长1.1～1.2倍。吻钝短，较眼径短。眼侧中位，后缘距头前、后端约相等。眼间隔微圆凸，眼间隔宽大于眼径，鼻孔位于眼前上方附近，口前位，上颌不达眼前缘，下颌半圆形。无须。鳃孔大，侧位，下端约达前鳃盖骨后缘下方。鳃耙很短小。下咽齿尖端钩状，斜截缘有5～6个锯状齿。肛门约位于腹鳍基到臀鳍始点间的前1/3处，雌鱼在肛门后缘于生殖期有产卵管突出，体外可见。

除头部外体被圆鳞。体侧鳞大，喉部鳞小。侧线完整，侧中位。

背鳍约始于体前后端的正中央，背缘斜形且微凹，前三鳍条骨化为光滑硬刺，头长为第1分支背鳍条长约1.1倍。臀鳍始于第6分支背鳍条基下方，似背鳍而较低短，头长约为第1分支臀鳍条长1.3倍。胸鳍侧位而稍低，圆刀状，不达腹鳍，头长为第3～4鳍条长的1.3～1.4倍。腹鳍始于背鳍始点略前方；雌鱼的略伸不到臀鳍始点。尾鳍深叉状。

头体背侧黄灰色；体侧及下分银白色；沿尾部侧中线有一黑色纵纹，纹前端很细尖。鳍多淡黄色，雄鱼背鳍、臀鳍有2纵行小黑点且臀鳍下缘黑纵带状。体全身50 mm以下小鱼鳍始点有一显明黑点，后渐消失。

为我国东部小型中下层淡水鱼类，以藻类及浮游动物等为食。最大体长约达90 mm。在生殖期体色很鲜艳，有红色等光泽。无大经济价值，常在捕虾网中可见到。

分布于我国东部，北达黑龙江流域，南达珠江流域。在长江西达嘉陵江中游；在黄河流域分布于山东省利津、济南、东平湖，到河南省开封、郑州及辉县等处。

此鱼在我国常被称为黑臀刺鳑鲏（*Acanthorhodeus atranalis*）。吴清江（1964）研究后认为是本种的异名。

Paracheilognathus imberbis Bleeker, 1871, Verh. K. Akad. Wet Amst. 12: 37（长江？分支背鳍条 13~14）。

Devario chankaensis Dybowski, 1872, Verh. Zool.–Bot. Ges. Wien. 22: 212（兴凯湖）。

Acanthorhodeus atranalis Günther, 1873, Ann. Mag. nat. Hist.（4）12: 248（上海）；Mori, 1928, Zool. Sinica（B）Ⅱ（1）：150, fig. 78（济南，开封，北京，上海）；Fu（傅桐生），1943, Bull. Honan Mus.（Nat. Hist.）Ⅰ（2）：79, fig. 25（辉县百泉）；Nichols, 1943, Nat. Hist. Centr. Asia Ⅸ: 160（济南）；张春霖，1959，中国系统鲤类志：24（济南，开封，北京，上海）；李思忠，1959，黄河渔业生物学基础初步调查报告：47（利津、济南、开封）；李思忠，1965，动物学杂志（5）：218（河南，山东）。

Acanthorhodeus tokunagai Mori, 1934, Rep. First Exped. Manchoukuo sect. Ⅴ（1）：35, Pl. ⅩⅢ, fig. 2（承德离宫）。

Acanthorhodeus chankaensis, Berg, 1949, Freshwater Fishes of Soviet Union and Adjacent Countries: 819, fig. 563（兴凯湖，乌苏里江，松花江，黑龙江中游）；尼科尔斯基著（1956），高岫译（1960），黑龙江流域鱼类：283（松花江，海兰泡到博朗黑龙江，乌苏里江到兴凯湖）；杨干荣，1964，中国鲤科鱼类志（上卷）：214，图5-15（黑龙江、热河、到长江中下游及广东、广西）；方树森等，1984，兰州大学学报20（1）：102（陕西黄渭干流）。

Acanthorhodeus wangi Tchang（张春霖），1930, These de l' Universite de Paris: 115（长江）。

Acheilognathus chankaensis, Berg, 1907, Ann. Mag. nat. Hist.（7）19: 161（*Devario chankaensis* Dybowski，兴凯湖）。

白河刺鳑鲏 *Acanthorhodeus peihoensis*（Fowler, 1910）（图110）

[有效学名：白河鳍 *Acheilognathus peihoensis* Fowler, 1910]

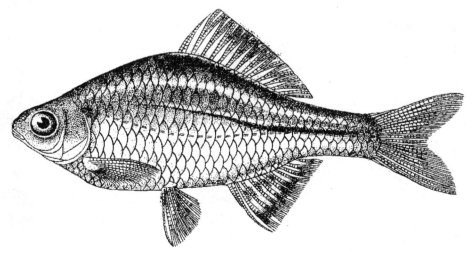

图110　白河刺鳑鲏 *Acheilognathus peihoensis*

释名：最早发现于天津附近白河，故名。

背鳍Ⅲ-12（罕为13）；臀鳍Ⅲ-9~10；胸鳍ⅰ-14~15；腹鳍ⅰ-7；尾鳍ⅵ-17-ⅵ。侧线鳞

3～35+2。下咽齿5，上端钩状，斜截缘锯齿状。

标本体长35.7～56.3 mm。体侧面观呈长椭圆形，侧扁，背鳍始点处体最高；体长为体高2.7～2.9倍，为头长3.5～4.2倍。头侧面近三角形，亦侧扁，背缘在眼上方微凹；头长为吻长4～5.4倍，为眼径3～3.2倍，为眼间隔宽2.4～2.9倍，为尾柄长1.3～1.5倍；尾柄长为尾柄高1.7倍。吻钝短。鼻孔距眼较距吻端近。眼稍大，侧中位，后缘距头前后端约相等。眼间隔宽坦。中央微圆凸。口小，前位，不达眼前缘。无须。鳃孔侧下位。鳃膜连鳃峡。鳃耙很短小，原始文献记为2+6（?）个，实际镜下观察约为18个，很小。肛门约位腹鳍基距臀鳍始点的正中间，成鱼产卵管突出体外。

体有大型圆鳞。侧线完整，侧中位，中部向下稍弯曲。

背鳍始于体前后正中点稍后方；硬刺显明；背缘雄鱼斜直或微凸，雌鱼斜凹形，头长为第1分支鳍条1.3～1.6倍。臀鳍似背鳍，约始于第5分支背鳍条基下方；头长为第1分支臀鳍条长1.5～1.7倍。胸鳍侧位而很低，刀状，头长为其长1.4～1.5倍；不达或略不达腹鳍始点。腹鳍始于背鳍始点前方，雌鱼不达而雄鱼略达臀鳍始点。尾鳍深叉状。

福尔马林液浸存标本体近灰黄色，背侧色较暗，腹侧色较淡；侧线前端有些有一小黑点，在第3～7侧线鳞处有暗棕色大斑状；自体中部侧中线稍上方向后有一黑褐色细纵纹，纹后部略较宽，不达尾鳍基。鳍淡黄色；背鳍上、下段较灰暗，在第1～6或7分支背鳍条下半部间有一大黑斑，小鱼此斑最显明，体长50 mm后渐消失；雄鱼臀鳍下部黑色而下缘色较淡。

为我国东部淡水小鱼，大鱼体长至多达97.4 mm。雌鱼吻端两侧有追星群，雌鱼体长35.7 mm时已有产卵管突出，体外可见。

此鱼与兴凯刺鳑鲏很相似，Fowler（1910）将Abbott发表采自天津白河的Acheilognathus imberbis的一部分标本Nos. 29468～29471改名为白河刺鳑鲏时着重指出"肩部有一大暗色斑和鳃耙短弱，约2+6（?）个"。吴清江（1964）将白河刺鳑鲏与兴凯刺鳑鲏进行过6项性状对比，两者多有交叉，仅有差异如下：鳃耙前种为6～8个，雄鱼臀鳍无色；而后者鳃耙14～18个，雄鱼臀鳍边缘黑色。但其图5-16与图5-15两种雄鱼下边缘均暗色，前种更呈黑纵带状而最边缘色较淡。同时因鳃耙很短小，在放大镜下观察似亦无大差别。这里仅根据臀鳍分支鳍条最少为9条，雄鱼臀鳍下边缘黑色而外缘色淡，和侧线前部有一大于眼的暗棕色斑而暂定为此种。

分布于我国东部海河到珠江水系。在黄河流域见于山东及河南平原地区。

Paracheilognathus peihoensis Fowler, 1910, Proc. Acad. nat. Sci. Philad. 62: 481, fig. 3（天津白河）；Nichols, 1943, Nat. Hist. Centr. Asia Ⅸ: 155（依Fowler）。

Acheilognathus imberbis Abbott, 1901（局部），Proc. U. S. nat. Mus. 23: 484（天津白河）。

Acanthorhodeus peihoensis，吴清江，1964，中国鲤科鱼类志（上卷）：215，图5-16（天津、太湖及湖北）；黄桂轩，1981，广西淡水鱼类志：63（桂江等）。

副鱊属 *Paracheilognathus* Bleeker, 1863 *

释名： 副鱊属由paracheilognathus（par，副 + acheilognathus，鱊属）意译而来。鱊见《尔雅》：小鱼也。

体长椭圆形，很侧扁。口前位或稍下位。口角有或无一小须。背鳍、臀鳍无骨化的硬刺。背鳍ⅲ-9～14；臀鳍ⅲ-9～11；侧线完全。下咽齿1行，5个，上端有一尖钩和斜截面有锯齿状纹。鳔2室。腹膜黑色。为分布于我国东部，朝鲜西部及南部和日本州南部到九州岛的淡水小型鱼类。现约有6

种，我国有3种，黄河流域有1种。

*编者注： 此属现已无效，见本亚科属的检索表编者注。

Paracheilognathus Bleeker, 1863, Ned. Ted. Tijdschr. Dierk. Ⅰ: 213（模式种：*Capoeta rhombea* Temminck et Schlegel）。

无须副鱊 *Paracheilognathus imberbis*（Günther, 1868）（图111）

[有效学名：缺须鱊 *Acheilognathus imberbis* Günther, 1868]

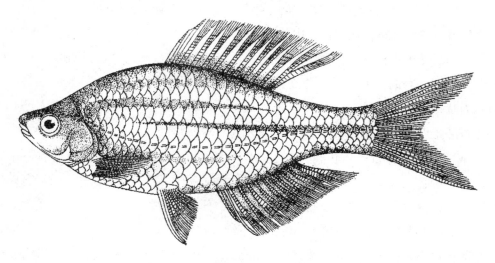

图111　无须副鱊 *Acheilognathus imberbis*

释名： 口角无须，故名。imberbis（拉丁文：无须的）亦此意。又名彩副鱊，石包鱊（杨干荣，1964）；高鳍鱊（郑葆珊等，1960）。

背鳍iii-9~10；臀鳍iii-9~10；胸鳍 i -12；腹鳍 i -7；尾鳍ix-17-ix。侧线鳞35 $\frac{6}{3}$ 37+2；鳃耙外行约12，内行12~16。下咽齿1行，5个；上端钩状。

标本体长39.7~58 mm。体稍细长，侧扁；体长为体高2.9~3.5倍，为头长3.9~4.5倍，头长大于头高，亦侧扁；头长为吻长3.7~5倍，为眼径2.8~3.7倍，为眼间隔宽2.6~3.1倍，为尾柄长0.9~1.2倍。尾柄长为尾柄高1.9~2.2倍，体长约47 mm以上的大鱼吻略突出，雌鱼吻端及吻侧尚有微小的突起状追星，小鱼吻不突出。鼻孔位于眼稍前方。眼侧中位，后缘约位于头前后的正中点或略后。眼间隔宽坦，微圆凸。宽前位或略下位，口角不达眼下方。无须。鳃孔侧下位。鳃膜连鳃峡。鳃耙很微小。下咽齿细，斜截面锯齿很微小。肛门距臀鳍始点较距腹鳍基稍近。

体有大型圆鳞。侧线完全，侧中位，中部稍低。

背鳍始于体前后正中点的稍前方；前端不分支鳍条未骨化，细弱；鳍背缘圆凸，雄性成鱼尤甚；头长为最长背鳍条长的0.7~1.1倍。臀鳍始于第5分支背鳍条基的下方；形似背鳍而稍短小，头长为最长臀鳍条长的1.2~1.4倍。胸鳍小刀状，侧位而很低，不达腹鳍，头长为其长1.2~1.5倍。腹鳍始于背鳍始点稍前方，略伸达臀鳍始点。尾鳍深叉状。

福尔马林液浸存标本淡黄棕色，背侧较灰暗，后头部灰褐色斑状；腹侧色较淡；体侧在侧线前端有一黑褐色斑，自尾鳍基稍前方到背鳍前方有一黑褐色纵带纹。鳍淡黄色；背鳍上部与臀鳍下部灰褐色，雌鱼第1~5分支鳍条间的下部常有一灰褐色斑。

为我国东部淡水小型鱼类。最大体长仅约达67 mm。大鱼体较高，小鱼较细长。生殖期雄性成鱼有白色追星，背鳍特圆凸，鳍及腹面略显红色；雌鱼有产卵管突出，体外可见。

分布于河北省海河水系到长江中下游。在黄河流域见于山东及河南二省平原区。

Acheilognathus imberbis Günther, 1863, Cat. Fish. Br. Mus. 7: 278（中国）。

Paracheilognathus imberbis Berg, 1907, Ann. Mag. nat. Hist.（7）19: 162（我国）；Nichols, 1928, Bull. Am. Mus. nat. Hist. 58: 31（宁波；济南）；Nichols, 1943, Nat. Hist. Centr. Asia IX: 154（济南）；吴清江，1964，中国鲤科鱼类志（上卷）：209，图5-9（河北、山东、湖北、浙江）；李思忠，1965，动物学杂志（5）：218（山东）。

Acheilognathus macrodorsalis Hsia（夏武平），1949, Contr. Inst. Zool. natn Acad. Peiping V（5）：200（白洋淀）；张春霖，1959，中国系统鲤类志：23（白洋淀）。

鳑属 *Acheilognathus* Bleeker, 1859

释名：鳑，《尔雅》：小鱼也。《本草纲目》："俗名春鱼、鹅毛脡。"此类鱼春末生殖期有红、绿等彩色光泽而得名。

体小，长形，侧扁。背鳍III-8～10；臀鳍III-7～9，始于背鳍基中部下方；前端硬刺较细弱，仅下半部已骨化较硬，上半部细软且尚分节。口下位。吻不显著突出。口角有或无一条小须。侧线完全，侧中位。侧线鳞约31～37+2。下咽齿1行，5个，上端钩状，斜截面无锯齿。鳃耙很短小。为东亚淡水小型鱼类。中、朝、日等产约22种。我国东部有十多种。黄河流域产1种。

Acheilognathus Bleeker, 1859, Natuurk. Tijdschr. Ned.–Indie XX: 427（模式种：*A. melanogaster* Bleeker）。

无须鳑 *Acheilognathus gracilis* Nichols, 1926〔图112〕

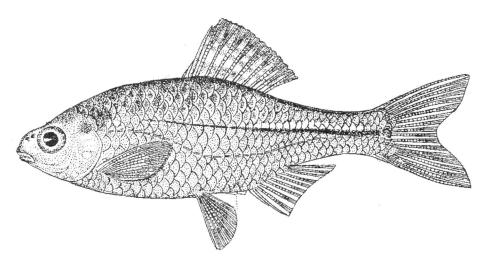

图112　无须鳑 *Acheilognathus gracilis*

释名：体较细长，故名。gracilis亦此意。

背鳍III-9～10；臀鳍III-9；胸鳍 i -12；腹鳍 i -7～8；尾鳍viii-17-viii。侧线鳞32 $\frac{5～6}{3}$ 37+2。鳃

耙外行约13，内行18，下咽齿5，上端钩状，截面无锯齿。

标本体长41.3～51 mm。体长形，侧扁，背鳍始点处体最高；体长为体高3.3～3.5倍，为头长3.7～4.4倍。头长大于头高，亦侧扁；头长为吻长4.2～5.9倍，为眼径2.9～3.1倍，为眼间隔宽2.5～2.8倍。吻钝短，不突出。鼻孔位于眼前上方附近。眼稍大，侧中位，后缘距头后端较距吻端略近。眼间隔中央微凸。口下位，马蹄形，口角不达眼下方。无须。鳃孔侧下位。鳃膜连鳃峡。鳃耙很短小。肛门距腹鳍基约为距臀鳍始点2倍，雌鱼在肛门后有产卵管突出，体外可见。

体有圆鳞，侧线与腹鳍基间仅有鳞3～4纵行。侧线完整，侧中位，仅中部略向下弯曲。

背鳍始于体前后端正中间的稍前方；硬刺细弱，仅下半部已骨化、较硬，上半部细软且有节；鳍背缘微圆凸，头长为第1分支鳍条长的1.2～1.3倍。臀鳍似背鳍而鳍基较短，约始于第5分支鳍条基下方，鳍下缘微凹，头长为第1分支臀鳍条长1.3～1.4倍。胸鳍侧位而较低，小刀状，伸不到腹鳍，头长为第3胸鳍条长1.3～1.6倍。腹鳍始于背鳍始点稍前方，略伸达或略不达臀鳍始点。尾鳍深叉状。

福尔马林液浸存标本体黄棕色；背侧较灰暗，后头部有褐斑；腹侧色较淡；体侧自尾鳍基稍前方向前有一黑褐色纵纹，纹前段痕状或呈灰白色斑状，仅前端灰褐色小斑状。鳍淡黄色；背鳍有3纵行不清晰的灰褐色小点，雌鱼第1～5分支鳍条间下半部有一灰黑色斑；臀鳍亦有不清楚的灰褐色小点。雄鱼泌尿生殖突灰黑色。

为我国东部淡水小型鱼。分布于海河到长江中下游。在黄河流域见于山东及河南省平原地区。

此鱼Nichols（1926，1943）和吴清江（1964）均称臀鳍有7条分支鳍条，但吴清江所附的雄鱼图及我们的标本臀鳍均有9条分支鳍条。

Acheilognathus gracilis Nichols, 1926, Amer. Mus. Nov. No. 214: 5, fig. 5（洞庭湖）；Nichols, 1943, Nat. Hist. Centr. Asia. IX: 156；吴清江，1964，中国鲤科鱼类志（上卷）：207，图5-7（江苏；湖南；湖北；四川）；施白南，1980，四川资源动物志 I：149（西川岷江及沱江下游）。

Acheilognathus gracilis luchowensis Wu（伍献文），1930, Sinensia I（6）：79, fig. 6（四川泸州）。

鳑鲏属 *Rhodeus* Agassiz, 1835

释名： rhodeus为希腊文，意为"玫瑰色的"，因生殖期体色有红色光泽，故名。"鳑鲏"参看亚科释名。体长，侧面观呈卵圆形，很侧扁，腹侧无皮棱。圆鳞中等大，1纵行鳞32～40个。侧线不完全，仅体前端有5～10个侧线鳞。背鳍iii-8～12，始于腹鳍基稍后方，无硬刺。臀鳍iii-8～11，始于背鳍基下方。口小，稍斜，半圆形，端位。无须。下咽齿1行，5个，侧扁，无锯齿。椎骨34～36。鳔大。肠细长。腹膜黑色。雌鱼产卵管常伸体外。化石始于第三纪中新世（尼科尔斯基，1956）。为亚洲及欧洲淡水小鱼。共有5～6种，我国有4种，黄河流域有2种。

Rhodeus Agassiz, 1835, Mem. Soc. Sci. Nat. Neuchatel I：37（模式种：*Cyprinus amarus* Bloch）。

种的检索表

1（2）头背缘无显明凹刻；体长为体高2.4～2.5倍⋯⋯⋯⋯⋯⋯⋯⋯⋯⋯中华鳑鲏 *R. Sinensis*

2（1）头背缘凹刻显明；体长为体高2.1～2.4倍⋯⋯⋯⋯⋯⋯⋯⋯⋯⋯高体鳑鲏 *R. ocellatus*

中华鳑鲏 *Rhodeus sinensis* Günther, 1868（图113）

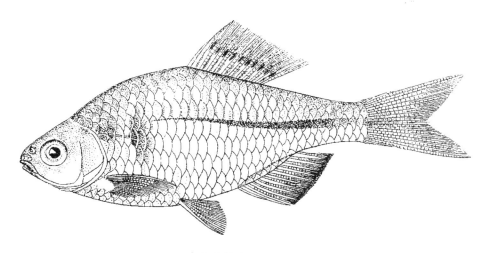

图113　中华鳑鲏 *Rhodeus sinensis*

释名： 模式产地为我国浙江，故名。sinensis（中国的）亦此意。

背鳍 ii～iii-9～11；臀鳍 ii～iii-9～11；胸鳍 i-10～12；腹鳍 i-6～7；尾鳍 vi～vii-17-vi～vii。纵行30～31+2；鳃耙外行2～5+8～9，内行6～8+11～14；下咽齿1行，5个。

标本体长26.1～46 mm。体侧面观呈长卵圆形，很侧扁，体高为体宽2.5～3.5倍，背鳍始点处体最高，背缘在后头部有一浅凹；体长为体高2.4～3.2倍，为头长3.6～4.5倍，为尾部长1.9～2.4倍。头亦侧扁；头长为吻长4～4.6倍。为眼径2.7～3.3倍，为眼间隔宽2.4～3.2倍。吻钝，较眼径短。眼侧中位，后缘位于头前后端正中间的略后。眼间隔宽略大于眼长。鼻孔位于眼稍前方。口小，前位，圆弧状，后端不达眼下方。无须。鳃孔大，侧位，下端约达眼后缘下方。鳃膜互连且连鳃峡。鳃耙很短小。下咽齿上端尖钩状，斜截面无锯齿。肠很细长，有多个回弯。体长42.2 mm时肠长为体长3.5倍。鳔大，长为头长1.5倍；前室细短；后室粗长，长为前室1.5倍。肛门距臀鳍较距腹鳍基略近。

鳞稍大；模鳞横卵圆形，前端较横直，鳞心距后端为距前端的3倍，向后有辐状纹。侧线已大部消失，仅前端有3～6个鳞有侧线管。

背鳍始于体前后端正中央的略前方（体长35 mm以上时）或略后方（体长28 mm以下时），前距为后距1.6～1.9倍；雌鱼背缘斜直，雄性成鱼微圆凸；无骨化的硬刺；头长为第1分支背鳍条长1.2～1.4倍。臀鳍始于第4～5分支背鳍条基的下方，似背鳍而鳍基略较短。胸鳍始于背鳍始点略前方，约伸达臀鳍始点。尾鳍深叉状。

鲜鱼背侧黄灰黑色，背中线无黑色纵纹；体侧及下部银白色；尾部沿侧中线有一黑色纵纹，纹前端很细；各鳍淡黄色，背鳍与尾鳍较灰暗；雌鱼背鳍前缘有一黑斑，生殖期输卵管突出，体外可见；雄鱼尤其显明。

为我国东部平原区淡水中下层小杂鱼。尤喜生活于缓静水体。主要以硅藻类等为食。1周龄即达性成熟年龄。夏初产卵于蚌外套腔内。当年鱼在洛阳11月中旬体长达26.1～34.7 mm。1周龄在山西省芮城县黄河滩（1959年6月27日）体长达43～45 mm。产量小，常在捕虾网中遇到。无大经济价值。

分布于辽宁到广西，朝鲜西南部亦产。在长江流域西达岷江；在黄河流域分布于陕西关中盆地周至、华阴等，山西南部芮城等，河南洛阳、巩义市、开封等及山东济南等。

Rhodeus Sinensis Günther, 1868, Cat. Fist. Br. Mus., 7: 280（浙江）；Mori, 1928, Jap. J. Zool., 2: 68（济南）；Nichols, 1928, Bull. Amer. Mus. Nat. Hist., 58: 31（山西；绍兴）；Fowler, 1931, Bull. Nat. Hist. Peking Ⅴ（2）：27～31（济南）；Nichols, 1943, Nat. Hist. Centr. Asia Ⅸ: 153（山西，山东，安徽，福建）；Chang（张孝威），1944, Sinensia 15（1～6）：47（成都）；张春霖，1959，中国系统鲤类志：21，图14（北京，河北、四川）；单元勋等，1962，新乡师范学院学报1：60（开封，新乡等）；吴清江，1964，中国鲤科鱼类志（上卷）：202，图5-2（济南、湖北、福建等）；李思忠，1965，动物学杂志（5）：219（陕西、山西、河南、山东）；施白南，1980，四川资源动物志Ⅰ: 149（岷江、沱江、嘉陵江等）；解玉浩，1981，鱼类学论文集2: 116（辽宁：昌图、本溪、抚顺）；郑葆珊等，1981，广西淡水鱼类志：65，图50（博白、全州、阳朔等）；李思忠，1981，中国淡水鱼类的分布区划：202-203（河海、江淮及浙闽三亚区）。

Rhodeus maculatus Fowler, 1910, Proc. Acad. nat. Sci. Philad., 62: 476（天津）。

R. sericeus sinensis Rendahl, 1928, Ark. Zool., 20A（1）：145（河北；安徽）。

R. hwanghoensis Mori, 1928, Jap. J. Zool., 2（1）：68（济南）；李思忠，1965，动物学杂志（5）：219（河南；山东）。

R. notatus Nichols, 1929, Amer. Mus. Nov., No. 377: 6, fig. 4（济南）；Nichols, 1943, loc. cit., Ⅸ: 152, fig. 72（济南）。

R. aremius Tchang（张春霖），1933, Zool. Sinica（B）2（1）：147, fig. 76（河北；四川；长江）；崔基哲等，1984，韩国产淡水鱼类分布图：17，图57（韩国锦江等）。

高体鳑鲏 *Rhodeus ocellatus*（Kner, 1866）（图114）

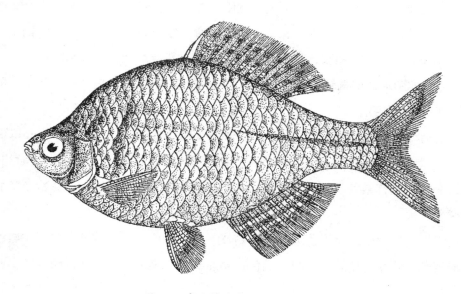

图114　高体鳑鲏 *Rhodeus ocellatus*

背鳍Ⅲ-10～12；臀鳍Ⅲ-10～12；胸鳍ⅰ-11；腹鳍ⅰ-7；尾鳍ⅷ-17-ⅷ，纵行鳞32～34+2。鳃耙外行2+12。下咽齿1行，5个，无锯齿。

标本体长39.8～51.4 mm。体侧面观呈长椭圆形至卵圆形，很侧扁，背缘在后头部有一显明凹刻；体长为体高2.1～2.4倍，为头长4.2～4.7倍。头亦侧扁，后端高度显著大于头长，后头部到背鳍始点斜形，头前半部近似椎状；头长为吻长3.9～4.4倍，为眼径2.9～3.2倍，为眼间隔宽2.1～2.6倍，为尾柄长1～1.1倍。尾柄长为尾柄高1.6～1.7倍。吻钝锥状，不突出。鼻孔位于眼稍前方。眼侧中位，后缘距头后端距吻端略近。眼间隔宽坦。口前位，后端不达眼下方。鳃孔侧下位。鳃膜连鳃峡。鳃耙细小。下咽齿尖端钩状。肛门距臀鳍始点较距腹鳍基稍近。雌鱼肛门后有产卵管突出。

体有大型圆鳞。仅鳃孔背端后方5个鳞有侧线管。

背鳍始于体正中点前方；前端第3不分支鳍条下段2/3已骨化，上段1/3细软且分节；背缘圆凸，头长为最长背鳍条长1.1倍。臀鳍始于第2～3分支鳍条基下方，形似背鳍而略短小；头长为最长臀鳍条长的1.2～1.3倍。胸鳍侧位，很低，小刀状，头长为其长1.1～1.2倍，略不达腹鳍。腹鳍始于背鳍稍前方，头长为其长1.3～1.6倍，雄性成雄鱼略达臀鳍而雌鱼略不达。尾鳍深叉状。

体背侧暗灰绿色，腹侧白色，自尾鳍基稍前方约到肛门上方的体侧中部有一黑绿色细纵带状纹，在侧线前端有一黑绿色小斑，鳍黄色，背鳍、臀鳍有数行不很清晰的灰褐色斑。生殖期体侧及鳍常有红色光泽。

为东亚淡水小型杂鱼，春末夏初产卵于蚌壳内。体长39.8 mm雌鱼已近性成熟期，产卵管已突出体外达12.5 mm。

分布于我国辽河下游到广东及广西和朝鲜西部。在黄河流域见于山东、河南及关中盆地。

Pseudoperilampus ocellatus Kner, 1867, Reise "Novara" Zool. Ⅰ, Fische: 365, Pl. ⅩⅤ, fig. 6（上海）；Nichols, 1943, Nat. Hist. Centr. Asia Ⅸ: 153（山东；安徽；四川；福建）；李思忠，1965，动物学杂志（5）：219（山东）。

Rhodeus ocellatus Günther, 1868, Cat. Fist. Fish. Br. Mus., 7: 280（我国）；吴清江，1964，中国鲤科鱼类志（上卷）：203，图5-3（上海，浙江，湖北，四川）；李思忠，1981，中国淡水鱼类的分布区划：203（江淮到海南岛）；解玉浩，1981，鱼类学论文集Ⅱ：116（辽宁省辽阳）；黄桂轩，1981，广西淡水鱼类志：66，图51（珠江及南流江）；方树淼等，1984，兰州大学学报（自然科学）20（1）：100（陕西渭河、千河、黑河）。

Rhodeus wangkinfui Wu（伍献文），1930，Sinensia Ⅰ: 77（泸州）。

石鲋属 *Pseudoperilampus* Bleeker, 1863 *

释名：鲋见《战国策》及《庄子·外物篇》等指鱼之小者。汉刘邵《七华》始称"鲋……红腴青颅，朱尾碧鳞"。

体侧面观呈长椭圆形，侧扁。口小，下位。无须。有圆鳞。侧线很短，位于鳃孔后附近。背鳍Ⅲ-9～11；臀鳍Ⅲ-8～14；硬刺细或粗。下咽齿5个，上端钩状，截缘有锯齿。鳃耙短小。为东亚淡水小鱼。我国有2种。黄河流域有1种。

*编者注：此属现已无效，见本亚科属的检索表编者注。

Pseudoperilampus Bleeker, 1863, Ned. Tijdschr. Dierk. Ⅰ: 214（模式种：*P. typus* Bleeker）。

彩石鲋 *Pseudoperilampus lighti* Wu, 1931 （图115）

［有效学名：中华鳑鲏 *Rhodeus sinensis* Günther, 1868］

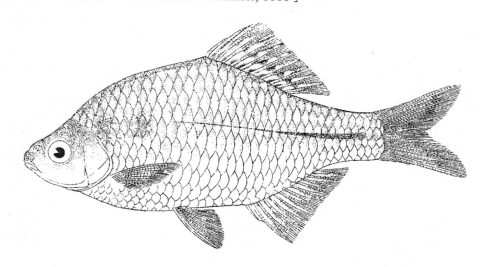

图115 彩石鲋 *Rhodeus lighti*

背鳍Ⅲ-9～10；臀鳍Ⅲ-9～11，胸鳍 i -9～10；腹鳍 i -6～7；尾鳍ⅷ-17-ⅷ。纵行鳞30～11+2。鳃耙外行约6，内行约10。下咽齿5，有锯齿。

标本体长28.8～34.7 mm。体侧面观呈长椭圆形，侧扁，体长为体高2.8～3.1倍，为头长3.7～4倍。头短高，亦侧扁；头长为吻长3.8～4.4倍，为眼径2.9～3.3倍，为眼间隔宽2.4～2.7倍，为尾柄长1.1～1.3倍。尾柄长为尾柄高1.5～1.8倍。吻钝短。鼻孔位于眼稍前方。眼稍大，侧中位。眼间隔宽坦，微圆凸。口前位，不达眼下方。无须。鳃孔侧下位。鳃膜连峡部。鳃耙很短小。下咽齿上端钩状，截缘锯齿状。肛门约位于腹鳍基与臀鳍基的正中间，雌性成鱼有产卵管突出，体外可见。

体有大型圆鳞。侧线很短，仅鳃孔上端后方约有5个侧线鳞。

背鳍始于体正中点稍后方，硬刺细而显明，鳍背缘圆凸或稍斜凹；头长为第1分支背鳍条长的1.3倍。臀鳍约始于第3分支背鳍条基下方，似背鳍，头长为第1分支臀鳍条长1.5～1.6倍。胸鳍侧位而低，刀状，雄鱼较尖，头长约为胸鳍长1.4倍。腹鳍始于背鳍始点稍前方，略达臀鳍，头长为其长1.5～1.7倍。尾鳍深叉状。

体背侧蓝绿色。两侧及腹面银白色；尾部沿侧中线向前有一蓝色细纵纹，纹后端不达尾鳍基且前端很细尖，在鳃孔上端后方有一小蓝点。鳍红黄色，背鳍前端下半部在第4分支鳍条前方有一圆形大黑斑，雄鱼臀鳍下缘有黑色纵带纹。

为东亚平原区缓静水域淡水小鱼，最大体长可达53 mm。喜群游。以藻类、水昆虫及枝角类等为食。生殖期体色艳丽，雄鱼吻端有白色小追星群。夏初雌鱼将卵产在活蚌壳内。无大经济价值。

分布于我国黑龙江到广东和朝鲜等处。在黄河流域见于山东、河南、晋南及关中。

Psedoperilampus ocellatus Tchang（张春霖）（非Kner），1933, Zool. Sinica（B）Ⅱ（1）：145, fig. 75（上海至四川及福州）；张春霖，1959，中国系统鲤类志：22（上海至四川及福建）；李思忠，1965，动物学杂志（5）：219（山东）。

Pseudoperilampus lighti Wu（伍献文），1931, Contr. Biol. Lab. Sci. Soc. China 7（1）：52, fig. 4（福州）；吴清江，1964，中国鲤科鱼类志（上卷）：205，图5-4（福建，浙江，上海至湖北）；方树淼等，1984，兰州大学学报（自然科学）20（1）：100（陕西千河、石头河、黑河；汉水）。

Pseudoperilampus uyekii，崔基哲等，1984，韩国产淡水鱼类分布图：71，图58（洛东江及以西）。

鲴亚科 **Abramidinae**（= 鲌亚科Culterinae）

［有效学名：鲌亚科 **Culterinae**］

体长形或侧面观呈长椭圆形，很侧扁，腹侧至少在腹鳍基与肛门间有一无鳞的纵皮棱。背鳍有7～8条分支鳍条；前缘有2～3条不分支鳍条，最后1条常骨化为硬刺。臀鳍iii-9～32，无硬刺。胸鳍侧下位。腹鳍始于背鳍稍前方。尾鳍常深叉状且下叉较长。口无须（仅菲律宾等处的须鲴属 *Nematabramis*有2须）。下咽齿常为3行，末端有尖钩。肛门邻近臀鳍前缘。鳔2～3室。为典型江湖平原鱼类。大多产浮性卵。主要分布于我国东部自黑龙江到海南岛，东达朝鲜西部及日本西南部；在西亚到东欧也有一分布区。在黄河流域原仅见于下游汾渭盆地及河南、山东。黄河有9属。

属的检索表

1（12）背鳍有已骨化的硬刺

2（11）背鳍硬刺无锯齿；咽齿3行

3（4）臀鳍iii-11～19；侧线在胸鳍基后急陡下降，很低；侧线鳞40～57 ···白鲦属 *Hemiculter*

4（3）臀鳍iii-19～34；侧线在胸鳍基后渐下降，不很低

5（8）仅腹鳍基与肛门间有皮棱

6（7）口前位；体长为体高1.9～2.8倍 ···鲂属 *Megalobrama*

7（6）口上位；体长为体高约4倍 ···红鲌属 *Erythroculter*

8（5）腹鳍基前后都有一皮棱

9（10）下颌突出；体长为体高3倍以上 ··鲌属 *Culter*

10（9）两颌相等或下颌略短；体长常不及体高3倍 ·····························鳊属 *Parabramis*

11（2）背鳍硬刺锯齿状；腹鳍前、后有皮棱；侧线形似白鲦属 ···锯齿鳊（弓鳊）属 *Toxabramis*

12（1）背鳍无硬刺

13（16）侧线完全，在胸鳍基后急陡下降

14（15）腹鳍前后有皮棱；侧线鳞60～75 ··飘鱼属 *Parapelecus*

15（14）仅腹鳍后有皮棱；侧线鳞45～52 ··白鲦属 *Hemiculterella*

16（13）仅体前端有侧线；皮棱位于腹鳍后 ···细鲫属 *Aphyocypris*

白鲦属 *Hemiculter* Bleeker, 1859

［有效学名：鳘属 *Hemiculter* Bleeker, 1859］

释名：《诗经·潜》简称鲦。《尔雅》：鮂、黑鰦。晋郭璞注：即白鲦鱼，江东呼为鮂。鲦音tiáo（《广韵》）。李时珍又名："白鲦、鲹、鮂鱼"。并释为"鲦条也；鳘粲也；鮂泅也。条其状也，粲其色也，泅其性也"。今又名"灿鲦，耍水白鲦，白漂子"。

体长条状，胸、腹缘在腹鳍前、后均有皮棱。侧线在胸鳍基后方急陡下降，中部很低，到尾柄升

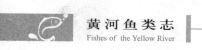

为侧中位。背鳍Ⅲ-7~8，较腹鳍略后，硬刺光滑发达。臀鳍ⅲ-10~19。鳞中等大，侧线鳞40~57，中部很低。口前位。下咽齿3行，末端钩状。鳔2室。卵浮性。分布于黑龙江到海南岛等河系。我国常见有白鲦、张氏白鲦（*Hemiculter tchangi*）、贝氏白鲦、黑龙江白鲦（*Hemiculter lucidus*）等4~5种。黄河有2种。

Hemiculter Bleeker, 1859, Natuurk. Tijdschr. Ned.–Ned.–Indie ⅩⅩ：432（模式种：*Culter leucisculus* Basilewsky）。

Cultriculus Oshima, 1919, Ann. Carneg. Mus. 12: 253（模式种：*Culter leucisculus* Kner）。

种的检索表

1（2）头长大于体高；侧线鳞46~54+3······白鲦 *H. leucisculus*
2（1）头长小于体高；侧线鳞39~44+2······贝氏白鲦 *H. bleekeri*

白鲦 *Hemiculter leucisculus*（Basilewsky, 1855）（图116）

[有效学名：**鳘 *Hemiculter leucisculus*（Basilewsky, 1855）**]

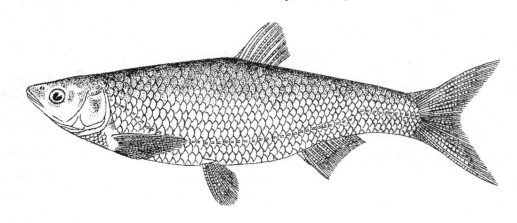

图116　白鲦 *Hemiculter leucisculus*

背鳍Ⅲ-7；臀鳍ⅲ-10~12；胸鳍ⅰ-13~14；腹鳍ⅰ-7~8；尾鳍ⅴ~ⅶ-17-ⅴ~ⅶ。侧线鳞 $46\frac{9}{2}54+3$；鳃耙外行4~6+15~20，内行8~9+19~24。下咽齿3行；5，2，1。椎骨21+19~20。

标本体长50~142 mm。体长形，很侧扁，体高为体宽2~2.4倍；背缘近似直线形；腹缘弧状，自胸部到肛门皮棱发达；体长为体高4.2~4.9倍，为头长3.6~4.3倍。头亦侧扁，头长为吻长3.6~3.8倍，为眼径4.1~4.5倍，为眼间隔宽3.4~3.7倍。吻不突出。眼侧位，位于头前半部；小鱼眼较大。眼间隔圆凸。鼻孔位于眼稍前方。口前位，斜形；两颌前端相等，后端达鼻孔下方。唇仅口角发达。鳃孔侧位，下端达眼与前鳃盖骨后缘之间。鳃膜条骨3。鳃膜连鳃峡。鳃耙短小。下咽齿末端钩状，大鱼黑色。肠短，长约为体长1.2倍。鳔分2室；前室短，包在纤维质鞘内；后室粗长，锥状，有螺旋形血管环绕。

鳞中等大，易脱落；模鳞圆形，高大于长，前端较直；鳞心至后端约为至前端2倍，向后有辐状纹。侧线在胸鳍后急陡下降呈一折角，中部很低，到尾柄渐升为侧中位。

背鳍位体正中点稍后；硬刺发达；背缘斜截形；第1分支鳍条最长，头长为其长1.3~1.5倍。臀鳍位于背鳍后方，下缘斜凹；第1分支鳍条最长，头长为其长2.1~2.4倍。胸鳍尖刀状，侧下位，大鱼的不达腹鳍基，头长为最长鳍条长1~1.2倍。腹鳍始于背鳍稍前方；亦尖刀状，头长为第2鳍条长

1.5～1.7倍。尾鳍深叉状，下叉较长。

鲜鱼体背侧绿灰色，两侧银白色，二者之间自眼上缘到尾鳍基中央界线显明。背鳍与尾鳍灰黄色，尾鳍后缘灰黑色，其他鳍淡黄色。腹膜黑褐色。

为我国东部江河平原区典型淡水上层小鱼。喜成群游于缓静水体表层，游动敏捷，受惊急速潜逃。小鱼食浮游动物。成鱼主要以落水的陆生昆虫及植物种子等为食。产卵为5～7月，随各地气候冷暖而有迟早。雄鱼头部有白色追星。在黄河1周龄即性成熟。卵黄色，卵径0.8～0.9 mm，浮性。分批产卵。怀卵量8 500～12 200粒。当年鱼在晋南伍姓湖（1958年11月1日）体长达50 mm，1周龄约达64 mm，2周龄97.5 mm，3周龄115～124 mm，4周龄达135～142 mm。在长江最大体长达240 mm（伍献文等，1963）。

分布于海南岛至黑龙江，蒙古国亦产。在黄河分布于汾渭盆地到河南、山东。

Culter leucisculus Basilewsky, 1855, Nouv. Mem. Soc. Nat. Mosc. Ⅹ: 238（河北省）。

Hemiculter kneri Warpachowski, 1887, Bull. Acad. Sci. St.–Petersb. ⅩⅡ: 697（上海）；Tchang（张春霖），1932, Bull. Fan Mem. Biol. Inst., Zool. 3（14）: 211（开封）；Nichols, 1928, Bull. Am. Mus. nat. Hist. 58（art. 1）: 27（山西）。

Hemiculter clupeoides, Fu（傅桐生）& Tchang（张春霖），1933, Bull. Honan Mus. Ⅰ（1）:（开封）。

H. leucisculus, Fu（傅桐生）& Tchang（张春霖），1933, loc. cit. Ⅰ（1）:（开封）；Tchang（张春霖），1933, Zool. Sinica Ⅱ（1）: 159, fig. 82（山西，开封）；Fu（傅桐生），1934, Bull. Honan Mus. Ⅰ（2）: 81, fig. 26（河南省辉县百泉）；伍献文等，1964，中国鲤科鱼类志（上卷）: 89，图2-52（广西至黑龙江）；李思忠，1965，动物学杂志（5）: 219（山西，陕西，河南，山东）；郑葆珊等，1981，广西淡水鱼类志: 52，图37（湘江到钦江）；方树森等，1984, 20（1）: 104（陕西洛河至千河及南洛河）。

Hemiculter shibatae Mori, 1933, Jap. J. Zool. 5: 166（汉江到锦江）。

Cultriculus eigenmanni，崔基哲等，1981，韩国产淡水鱼图: 10，图31（汉江到锦江）。

贝氏白鲦 *Hemiculter bleekeri* Warpachowsky, 1887（图117）

［有效学名：**油䱗 *Hemiculter bleekeri* Warpachowsky, 1887**］

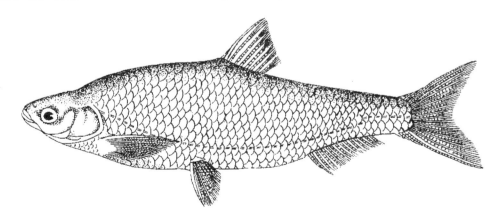

图117　贝氏白鲦 *Hemiculter bleekeri*

背鳍Ⅲ-7；臀鳍ⅲ-12～13；胸鳍ⅰ-14～15；腹鳍ⅰ-7～8；尾鳍ⅵ～ⅷ-17-ⅵ～ⅷ。侧线鳞 $39\frac{7～8}{2}44+2$ ；鳃耙外行4～6+14～15，内行8～9+19～24。下咽齿3行；4，4，2。椎骨42，尾椎约20。

标本体长68.3～142 mm。体长形，侧扁，体高为体宽1.9～2.3倍；背缘与腹缘均浅弧状，自胸部到肛门皮棱发达；体长为体高3.8～4.6倍，为头长4.5～5.3倍。头稍尖小；头长为吻长4.1～4.8倍，为眼径3.6～4.1倍，为眼间隔宽3.2～3.6倍。吻短。眼侧中位。眼径常略大于吻长。眼间隔圆凸，宽略大于眼径。鼻孔位于眼略前方。口斜形，前位，后端达鼻孔下方。鳃孔大，侧位。达前鳃盖骨角略前方。鳃膜连鳃峡。鳃膜条骨3。鳃耙细短。下咽齿末端钩状。肠细，长约为体长（94.7 mm时）1.5倍。鳔分2室；后室锥状，长为前室长1.6倍，有螺旋形血管环绕。

鳞中等大，易脱落；模鳞鳞心距后端约为距前端2倍。侧线在胸鳍基后急陡下降，但未形成折角；中部很低；到尾柄渐升为侧中位。

背鳍：小鱼的背鳍始于体正中点，大鱼稍后；背缘斜直；硬刺发达；头长为第1分支鳍条长1.1～1.4倍。臀鳍位于背鳍后方，下缘凹斜，头长为其第1分支鳍条长1.7～2倍。胸鳍尖刀状，侧下位，不达腹鳍，头长为其长1～1.1倍。腹鳍位于背鳍前方，头长为其长1.4～1.6倍。尾鳍深叉状，下叉较长。

鲜鱼背侧黄灰色，微绿；两侧及下方银白色。背鳍与尾鳍黄灰色，其他鳍黄色。腹膜黑色。

为我国东部江河平原区典型淡水上层小型鱼类。喜群游于缓静水的上层，游动敏捷，遇惊迅即潜逃。主要以落水陆生昆虫、水生昆虫及大型浮游动物为食，亦食植物种子及藻类。5～6月产黄色浮性卵。1周龄即达性成熟期。卵径0.9～1 mm，怀卵量4 800～6 500粒。晨昏时期流水产卵。在周至（1962年7月11日）1周龄体长达68.3～80.4 mm，2周龄94.7～108 mm，3周龄127～142 mm，最大体长可达185 mm（伍献文等，1963）。

分布于黑龙江到浙江、福建等河系。在黄河流域分布于汾渭盆地到河南、山东等处。

Hemiculter bleekeri Werpachowsky, 1887, Bull. Acad. Sci. St.–petersb. 32: 696（长江）；Rendahl, 1928, Ark. Zool. Stockholm XXA（1）：124（山西省平陆县沁河）；伍献文等，1964，中国鲤科鱼类志（上卷）：87，图2-22（济南黄河）；李思忠，1965，动物学杂志（5）：219（山西，陕西，河南，山东）；方树淼等，1984，兰州大学学报20（1）：104（陕西黄渭干流）。

Hemiculter schrencki, Tchang（张春霖），1933, Zool. Sinica. II（1）：160（开封）；Nichols, 1943, Nat. Hist. Centr. Asia IX: 134（济南）。

H. shibatae Mori, 1933, Jap. J. Zool. 5: 166, fig. 2（济南）。

鲂属 *Megalobrama* Dybowski, 1872 *

释名：《尔雅·释鱼》"鲂鱮"。《诗经·汝坟》"鲂鱼赪尾"。鲂音fáng（《唐韵》）。因体方故名。因胸部宽平，仅腹鳍后有皮棱，今亦名平胸鳊。

背鳍III-7，较腹鳍略后；臀鳍iii-24～32；侧线鳞52～60。胸宽，腹窄，体腹侧仅腹鳍基与肛门间有皮棱。下咽齿3行。鳔3室。我国有5种*，黄河下游（至少）有1种。

Parosteobrama Tchang（张春霖），1930, Bull. Soc. Zool. Fr. 55: 51（模式种：*P. pellegrini* = *M. terminalis*）。

鲂属*Megalobrama*，刘明玉、解玉浩、季达明主编，2000。中国脊椎动物大全，113页。

附：团头鲂*M. amblycephala* Yih：俗名武昌鱼。两颌无角质缘，尾柄高大于尾柄长及背鳍高小于头长。

*编者注（1）：何志辉等（1986）在黄河水系鱼类种类和分布表里，报告在黄河中、下游采集到团头鲂（*Megalobrama amblycephala*），下游记为自然分布；中游记为引入鱼类。蔡文仙等（2013）

《黄河流域鱼类图志》亦在黄河中、下游采得团头鲂，均记为自然分布。

*编者注（2）：本书作者在《中华大典》鱼类部分初稿中注明，鲂属在我国有5种：

黄河下游洛阳等地的鲂为黄河鲂*M. skolkovii* Dybowsky, 1872，产于黄河到黑龙江及两广。

珠江与海南岛为三角鲂*M. terminalis*（Richardson, 1846）；体侧鳞基黑点状，侧线下鳞常5至6个。

四川盆地到宜昌有厚颌鲂*M. pellegrini*（Tchang, 1930）。上颌角质宽短，三角形；鳔前室较中室短。

长江下游宜昌到上海等为团头鲂（武昌鱼）*M. amblycephala* Yih, 1955。口较宽，头宽不及口宽2倍。已移殖全国20多个省区（见刘明玉等，2000）。

四川境内宜宾等有长体鲂*M. elongata* Huang et Zhang（黄宏金，张卫），1986。体长为体高2.5倍以上。

三角鲂 *Megalobrama terminalis*（Richardson, 1846）（图118）

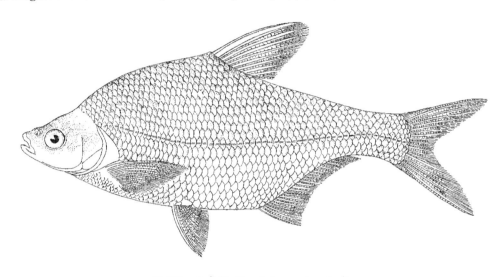

图118　三角鲂 *Megalobrama terminalis*

（此节沿用过去对黄河流域鲂的描述。有关本书作者后来的见解，见鲂属*Megalobrama*一节的编者注。）

释名：因体色如烟熏，又名火烧鳊。亦名乌鳊，东北名法罗鱼。

背鳍Ⅲ-7；臀鳍ⅲ-27～28；胸鳍ⅰ-15～16；腹鳍ⅰ-8；尾鳍ⅴ～ⅶ-17-ⅴ～ⅶ。侧线鳞 $51\frac{13}{8\sim9}55+2$ ；鳃耙外行5+12～14，内行3～6+14～18。下咽齿3行；3，5，2；尖端钩状。

标本体长92～244 mm。体长菱形，很侧扁，体高为体宽3.5～3.8倍，背鳍始点处体最高，腹缘自腹鳍基到肛门皮棱发达；体长为体高2.1～2.4倍，为头长3.8～4.6倍；尾柄长大于尾柄高。头短，亦侧扁，吻钝锥状；头长为吻长3.3～3.9倍，为眼径3.5～4.3倍，为眼间隔宽2.1～2.8倍，为口长5.2～5.6倍。眼侧中位，位于头前半部。眼间隔圆凸。鼻孔位于吻中部略后。口前位，半圆形，很斜，达前鼻孔下方。上、下颌有角质缘。下唇中断。鳃孔大，达前鳃盖骨角下方。鳃膜连鳃峡。鳃耙短小。肠很长，为体长（244 mm时）3.2倍，有10余个折弯。鳔粗大，有3室；前室最长，钝锥状；中室最粗；后室细突起状，最短小。肛门位于臀鳍始点附近。

除头部外全体有鳞；模鳞近圆形，高微大于长，鳞心位于近中央，向后有细密辐状纹。侧线侧中位，中部稍低。

背鳍短高，约始于体正中点稍前方，背缘很斜且略凹，头长为最后硬刺或第1分支鳍条长的0.8～0.9倍。臀鳍始于背鳍基后端稍后方，下缘斜凹，头长为第1分支鳍条长1.6～2倍。胸鳍位很低，尖刀状，头长为其长1～1.2倍，伸达腹鳍基。腹鳍伸达肛门前后，头长为其长1.2～1.6倍。尾鳍深叉状，下尾叉较长。

鲜鱼背侧灰黑色，两侧向下色渐浅。鳍黄灰色。腹膜灰褐色。

为我国东部江河平原区特有的中下层食用鱼类。喜生活于有沉水植物及泥水域。生殖期雄性成鱼头背面、眼眶、胸鳍背面及尾鳍上、下缘密布白色粒状追星，第1胸鳍条肥厚并略呈S形。小鱼喜以枝角类等浮游生物及淡水壳菜等为食。成鱼喜食苦草、藻类、淡水壳菜等。常3周龄达性成熟期，于5～6月流水产卵。卵淡黄色，卵径1.2～1.4 mm，略带黏性或浮性。体长325 mm雌鱼怀卵量为35 000～170 000粒。1周龄体长达92～108 mm，2周龄178～244 mm。最大体重达20～30斤（明李时珍）。为我国人民最喜食的淡水鱼类之一。如《诗经》记载："岂其食鱼，必河之鲂。"隋朝洛阳还有"河鲤洛鲂，贵于牛羊"的俚语。此鱼脂多、鳞薄，清蒸最佳。可作养殖对象。

分布于黑龙江到广西钦州等水系（长白山以东除外）。在黄河分布于汾渭盆地到河南、山东等处。

Abramis terminalis Richardson, 1846, Rep. Br. Ass. Advt Sci. 15th meet., : 294（广州。依图订名）。

Megalobrama skolkovii Dybowsky, 1872, Verh. Zool.–Bot. Ges. Wien. 22: 213（黑龙江中下游，乌苏里江及松花江）。

Chanodichthys terminalis Günther, 1868, Cat. Fist. Br. Mus., 7: 326（我国）。

Parabramis terminalis, Berg（Берг），1909, Fishes of the Amur River basin. Zapiski Imperatorskoi Akademii Nauk de St.–Petersbourg（Ser. 8），24（9）（in Russian）：136; Tchang（张春霖），1933, Zool. Sinica（B）II（1）：178, fig. 92（江西等）。

Megalobrama terminalis, Nichols, 1928, Bull. Am. Mus. nat. Hist, 58（Art. 1）：30（安徽；湖南）；伍献文等，1964，中国鲤科鱼类志（上卷）：93，图2-28（长江、黑龙江等）；李思忠，1965，动物学杂志，（5）：219（河南、山东）；郑葆珊等，1981，广西淡水鱼类志：41，图27（桂平至钦州等）；方树淼等，1984，兰州大学学报20（1）：105（陕西黄、渭干流）。

红鲌属 *Erythroculter* Berg, 1909 *

［有效学名：鲌属 *Culter* Basilewsky, 1855］

释名：古名鳭，音jiǎo，因头尾向上，故名。鳭同鲦（qiáo），《荀子荣辱篇》："鲦鲦者浮阳之鱼也。"又名阳鳭。亦统名鲌（bó）或白鱼，亦名鲌鳭。相传武王白鱼入舟即此。

体长形，体长约为体高4倍，很侧扁，腹缘自腹鳍基到肛门具皮棱。口上位。背鳍III-7～8，位于腹鳍基后，硬刺发达、光滑。臀鳍iii-18～30。侧线鳞60～93，侧线中部不很低。鳔3室。下咽齿3行，末端钩状。为我国东部江河平原区淡水特有上层鱼类，约有8种，朝鲜西侧有1种。现知黄河下游有4种。

Erythroculter Berg, 1909, Fishes of the Amur River basin: 138（亚属，模式种：*Culter erythropterus*）；李思忠，1992，关于鲌（*C. alburnus*）与红鳍鲌（*C. erythropterus*）的学名问题，动物分类学报，17（03）：381。

种的检索表

1（4）侧线鳞64～71；臀鳍ⅲ-26～29；

2（3）体长不及体高4倍；头长小于体高；胸鳍至多略达腹鳍；尾鳍橘红色……………………………………………………………………………………………尖头红鲌 *E. oxycephalus*

3（2）体长为体高4倍以上；头长不小于体高；胸鳍伸达腹鳍；各鳍灰黑色……………………………………………………………………………………………弯头红鲌 *E. recurviceps*

4（1）侧线鳞73～93；臀鳍ⅲ-19～23

5（6）口半上位，斜形；吻长大于眼径；侧线鳞73～75；尾鳍红色……………………………………………………………………………………………蒙古红鲌 *E. mongolicus*

6（5）口裂直立；吻长约等于眼径；侧线鳞84～90；尾鳍后边缘灰黑色……………………………………………………………………………………………红鳍红鲌 *E. erythropterus*

尖头红鲌 *Erythroculter oxycephalus*（Bleeker, 1871）（图119）

［有效学名：尖头鲌 ***Culter oxycephalus*** Bleeker, 1871］

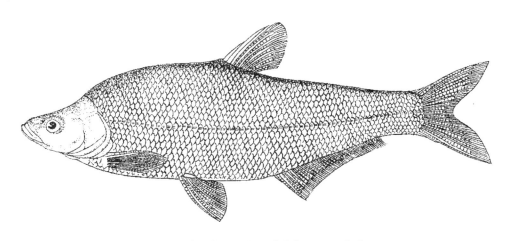

图119 尖头红鲌 *Chanodichthys oxycephalus*

释名：因头较尖，故名。oxycephalus（希腊文：oxy，尖＋cephalus，头）亦此意。

背鳍Ⅲ-7；臀鳍ⅲ-26～28；胸鳍ⅰ-13～15；腹鳍ⅰ-8；尾鳍ⅵ～ⅷ-17-ⅵ～ⅷ。侧线鳞65～69；鳃耙外行5+15，内行6+16。下咽齿5-4-3，2-1；末端钩状。

标本体长85.7 mm。体长形，很侧扁，背鳍前缘体最高，背缘在后头部凹刻状，腹缘自腹鳍基到肛门皮棱发达；体长为体高3.9倍，为头长3.9倍；稍大鱼体更高，体高大于头长。头亦侧扁，吻钝尖，眼侧中位；头长为吻长3.9倍，为眼径4.1倍，为眼间隔宽4.1倍。鼻孔位于眼上缘稍前方。口斜；下颌厚，较上颌长。鳃孔大，下端达眼后缘。鳃膜连鳃峡。鳃耙外行长约等于1/2眼径。鳞稍小；模鳞卵圆形，鳞心至后端约为至前端2倍，向后有辐状纹。侧线中部略低。

背鳍约始于体正中点，背缘陡斜；硬刺发达；第1分支鳍条最长，头长为其长1.2倍。臀鳍始于背鳍基稍后，鳍基长约为背鳍基长2.5倍。下缘斜凹；头长为第1分支臀鳍条2倍。胸鳍位很低，刀状，不伸过腹鳍始点，头长为其长1.4倍。腹鳍亦刀状，头长为其长1.5倍，约达肛门。尾鳍深叉状。

体背侧黄灰色。微绿；向下渐呈银白色。背鳍与尾鳍灰黄色，其他鳍淡黄色或白色。

为江河平原区特有的上层大型凶猛鱼类。游动迅速，喜成群追食其他小鱼、虾及昆虫等。4～5月

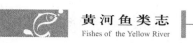

流水产卵。卵径约1 mm，浮性。在长江大鱼体重可达15 kg，在黑龙江体长可达420 mm。成鱼头部、体背侧等有追星。

分布于黑龙江到长江等处。在黄河流域见于河南省郑州到山东省东平湖、济南等。

Culter oxycephalus Bleeker, 1871, Verh. K. Akad. Wet. Amst 12: 74, pl. Ⅴ, fig. 3（扬子江）；Mori, 1928, Jap. J. Zool. 2（2）：67（济南）；Tchang（张春霖），1931, Bull. Fan Mem. Inst. Biol.（Zool.）2（2）：240（四川）。

Erythroculter oxycephalus，易伯鲁，吴清江，1964，中国鲤科鱼类志（上卷）：103，图2-36（乌苏里江及长江流域；李思忠，1965，动物学杂志（5）：219（河南、山东）。

弯头红鲌 *Erythroculter recurviceps*（Richardson, 1846）（图120）

［有效学名：海南鲌 *Culter recurviceps*（Richardson, 1846）］

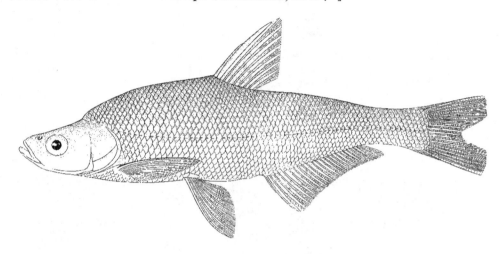

图120　弯头红鲌 *Culter recurviceps*

背鳍Ⅲ-7～8；臀鳍ⅲ-28～29；胸鳍ⅰ-14～15；腹鳍ⅰ-8；尾鳍ⅶ-17-ⅶ。侧线鳞46～66；鳃耙20～22。下咽齿5-4，4-2，2-1；尖端钩状。又名海南鲌。

标本体长155～270 mm。体长形，很侧扁；腹缘在腹鳍基处略凹，向后至肛门有皮陵。体长为体高4～4.5倍，为头长4～4.3倍。头背缘在眼后上方凹刻状；头长为吻长3.9倍，为眼径4～4.5倍。吻钝。眼侧位，后缘距吻端较近。口斜形，下颌较长。鼻孔位于眼上缘稍前方。鳃孔大。

鳞稍小。侧线侧中位，中部稍低。

背鳍约位于眼前缘到尾鳍基的正中间，背缘陡斜，硬刺发达，头长约为第1分支鳍条长1.2倍。臀鳍始于背鳍基后端稍后方，下缘斜凹，头长约为第1分支鳍条长2倍。胸鳍尖刀状，位很低，伸过腹鳍基，长约等腹鳍长。腹鳍位于背鳍前方，约达肛门。尾鳍深叉状。

体背侧灰黑色，两侧白色。各鳍灰黑色。腹膜银白色。

分布于黑龙江到珠江水系。在黄河流域见于河南省及山东省地区。

Leuciscus recurviceps Richardson, 1846, Rep. Br. Ass. Advmt Sci. 15th meet. 1845: 295（广州）。

Culter dabryi Bleeker, 1871, Verh. K. Akad. Wet. Amst., 12: 70（扬子江）；Tchang（张春霖），1933, Zool. Sinica（B）2（1）：173, fig. 89（上海至四川；广州）；张春霖，1959，中国系统鲤类志：98，图81（同上）。

Erythroculter dabryi, Nichols, 1943, Nat. Hist. Centr. Asia Ⅸ: 144, pl. 4, fig. 2（河北省、上海、广

州）；易伯鲁、吴清江，1964，中国鲤科鱼类志（上卷）：101，图2-34（嫩江五大莲池、长江、浙江、广东）；李思忠，1965，动物学杂志（5）：219（河南、山东）。

蒙古红鲌 *Erythroculter mongolicus*（Basilewsky, 1855）（图121）

［有效学名：蒙古鲌 *Culter mongolicus*（Basilewsky, 1855）］

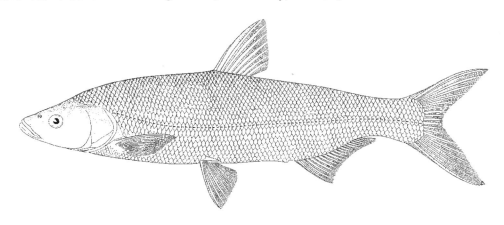

图121　蒙古红鲌 *Chanodichthys mongolicus*

释名：模式产地为我国内蒙古的东北部，故名。

背鳍Ⅲ-7；臀鳍ⅲ-19～21；胸鳍ⅰ-15～16；腹鳍ⅰ-8；尾鳍ⅶ-17-ⅶ。侧线鳞74～76；鳃耙外行4+15，内行5+15。下咽齿5，4，2；尖端钩状。

标本体长161～175 mm。体长形，很侧扁，体高为体宽2.5～2.6倍，背腹缘浅弧状，背鳍始点处体最高；体长为体高的4.4倍，为头长3.7～3.9倍。头钝尖，后头缘微凹；头长为吻长3.6～3.7倍，为眼径5.6～5.7倍，为眼间隔宽3.4～3.6倍。吻钝圆锥状。眼侧中位，后缘位于头正中点或稍前方。鼻孔位于眼上缘稍前方。口前位而下颌较长。口裂仅达鼻孔下方。鳃孔大，下端略不达眼后缘。鳃耙外行最长，约达眼径2/3。

鳞稍小。侧线侧中位，中部稍低。

背鳍始于体正中点略前方，硬刺发达，背缘陡斜或微凹；第1分支鳍条最长，头长约为其长1.3倍。臀鳍始于背鳍基后端稍后方，下缘斜凹；第1分支鳍条最长，头长约为第1腹支鳍条2.3倍。胸鳍位很低，尖刀状，不达腹鳍，头长为其长1.5～1.6倍。腹鳍亦刀状，远不达肛门，头长为其长1.7倍。尾鳍尖叉状，下叉较长。

体背侧黄灰色，微绿；向下银白色。背鳍灰褐色；尾鳍上、下叉艳红色；其他鳍黄色，微红。腹膜银白色。

为我国东部江河平原区大型上层凶猛鱼，游动迅速，喜成群追食小鱼、虾及水昆虫等。雄性成鱼头背部、胸鳍外缘满布追星。5～6月流水产卵。卵径约1 mm，浮性，微绿。在长江最大体重达3 kg，在黑龙江体长达600 mm。在黄河流域体长达300 mm以上。

模式产地为内蒙古，亦分布于黑龙江到珠江水系。在黄河流域见于河南省三门峡到郑州、开封及山东各处。

Culter mongolicus Basilewsky, 1855, Nouv. Mem. Soc. Nat. Mosc. Ⅹ: 237（我国内蒙古东北部）；Mori, 1928, Jap. J. Zool. 2（1）：66（济南）；Fu（傅桐生）& Tchang（张春霖），1933, Bull. Honan Mus. Ⅰ（1）：（开封）；Tchang（张春霖），1933, Zool. Sinica（B）Ⅱ（1）：171, fig. 88, pl. Ⅴ, fig. 2

（开封，济南等）。

Erythroculter mongolicus, Tchang（张春霖），1932, Bull. Fan Mem. Biol. Inst.（Zool.）Ⅲ（14）：212（开封）；Berg, 1949, Freshwater Fishes of USSR. Ⅱ：806, fig. 551（in Russian）.黑龙江到黄河，长江等）；易伯鲁等，1964，中国鲤科鱼类志（上卷）：100。图2-33（黑龙江到广西桂平等）；李思忠，1965，动物学1杂志（5）：219（河南、山东）；郑葆珊等，1981，广西淡水鱼类志：36，图22（珠江南宁等）。

红鳍红鲌 *Erythroculter erythropterus*（Basilewsky, 1855）（图122）

［有效学名：红鳍原鲌 *Cultrichthys erythropterus*（Basilewsky, 1855）］

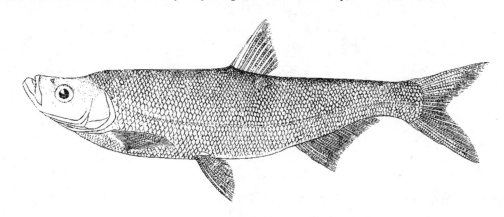

图122　红鳍红鲌 *Chanodichthys erythropterus*

释名：又名红鳍白、翘嘴红鲌、鲚、杨鲚、白鱼。红鳍由erythropterus（鲚）意译而来。

背鳍Ⅲ-7；臀鳍ⅲ-21～23；胸鳍ⅰ-14～15；腹鳍ⅰ-8；尾鳍ⅴ～ⅸ-17-ⅴ～ⅸ。侧线鳞87～91，鳃耙外行4～7+17～21，内行5～7+19～21。下咽齿5-4，4-3，2；尖端钩状。

标本体长45.5～357.3 mm。体长形，很侧扁，体长为体宽2.2～2.6倍；背缘较直，后头部有一凹；腹缘圆凸，腹鳍基到肛门皮棱发达；体长为体高4.5～6.1倍，为头长4.1～5.1倍。头长小于体高，亦侧扁；吻略上翘；眼位于头前半部，侧中位；眼间隔圆凸。头长为吻长3.8～4.7倍，为眼径3.1～5.1倍，为眼间隔宽3.9～4.5倍。小鱼眼较大，体长45.5 mm时眼径大于吻长，体长104 mm时眼径和吻长约相等。鼻孔位于眼前上方吻侧。口裂近似直立，不达鼻孔下方，下颌很厚且突出。下唇口角发达。鳃孔大，达眼下方。鳃耙外行长扁形，内行扁三角形。椎骨43，尾椎22。鳔长为头长1.7～2.4倍；前室圆柱状，占鳔长30.9%～38.6%，中室粗长，占鳔长45.2%～47.2%；后室细锥状。肠短，为体长0.9～1.1倍。肛门位于臀鳍始点前方附近。

鳞稍小；模鳞圆形，长略大于高，鳞心约位于正中央，向后有辐状纹，侧线侧中位，中部稍低。

背鳍约始于体正中央，硬刺发达，背缘陡斜，头长为第1分支鳍条长1.1～1.3倍。臀鳍始于背鳍基后端稍后方，下缘斜凹，头长为第1分支鳍条长1.5～1.7倍。胸鳍侧下位，尖刀状，不达腹鳍，头长为其长1.1～1.2倍。腹鳍位于背鳍前方，不达肛门，头长为其长1.3～1.5倍。尾鳍深叉状。

鲜鱼背侧黄灰色，微绿，向下渐呈银白色。背鳍黄灰色。臀鳍与尾鳍淡红色，后缘近黑色。腹膜银白色；鳔处灰黑色，有许多小黑色。

为我国东部江河平原大型上层凶猛鱼，游泳迅速。小鱼头长、吻长及眼径较大，大鱼的鳔及肠较长。成鱼以白鲦类、鲌类等小型鱼类及水昆虫等为食。约3周龄达性成熟期，6～7月水温22℃～25℃时流水产浮性卵。体长565 mm雌鱼怀卵量达23万粒。卵黄色，卵径0.8～1.2 mm。在东平湖当年鱼体长达45.5 mm（1962年11月6～7日）；1周龄达89.1～102 mm（垦利县，1963年5月14日），15龄达153～187 mm（东平湖，1962年11月6～7日），2周龄达319～357.3 mm。宋朝刘翰（约974年）在《开宝本草》中称"大者长六七尺"。因游泳迅速很可能会从水中蹿到船上。在本草纲目的附录图中，此图也是绘得较逼真的一种（明胡世安《异鱼图赞补》）。伍献文教授等（1963）称长江中此鱼最大体重达15～20 kg。

分布于我国黑龙江到珠江、南流江等；朝鲜西部、蒙古国亦产。在黄河流域分布于汾渭盆地到豫鲁平原。在东平湖1956年产161 530 kg，1957年129 233.5 kg。

Culter erythropterus Basilewsky, 1855, Nouv. Mem. Soc. Mosc., X：236, pl. Ⅷ, fig. 1（海河水系）；Mori, 1928, Jap. J. Zool., Ⅱ（1）：67（济南）；Tchang（张春霖），1932, Bull. Fan Mem. Inst. Biol.,（Zool）3（14）：212（开封）；Tchang（张春霖），1933, Zool. Sinica（B）Ⅱ（1）：169, fig. 87, Pl. Ⅴ, fig. 1（济南；开封）；Fu（傅桐生）& Tchang（张春霖），1933, Bull. Honan Mus. Ⅰ（1）：（开封）；Fu（傅桐生），1934, Bull. Honan Mus. Ⅰ（2）：82, fig. 27（辉县百泉）；张春霖，1959，中国系统鲤类志：97，图80（利津、济南、开封、潼关）。

Erythroculter erythropterus Nichols, 1943, Nat. Hist. Centr. Asia Ⅸ：144（河北省等）；Berg, 1949, Freshwater Fishes of USSR Ⅱ：804, fig. 550（in Russian. 黑龙江至长江、台湾等）；李思忠，1959，黄河渔业生物学基础初步调查报告：48，图31（利津、济南、开封、潼关等）。李思忠，1965，动物学杂志（5）：219（山西、陕西、河南、山东）。

Culter ilishaeformis Bleeker, 1871, Verh. K. Akad. Wet. Amst. 12: 67（长江）。

Erythroculter ilishaeformis，易伯鲁等，1964，中国鲤科鱼类志（上卷）：98，图2-31（黑龙江到台湾、广东等）；郑葆珊等，1981，广西淡水鱼类志：37，图23（珠江至南流江等）。

鲌属 *Culter* Basilewsky, 1855

释名：中文文献过去统称白鱼、鲦、阳鲦，现与红鲌属分开。culter（拉丁文：cultellus，小刀）示：腹缘似刀。

体长形，很侧扁，腹鳍前后腹缘皮棱发达。侧线侧中位，侧线鳞61～72。背鳍Ⅲ-7，硬刺发达。臀鳍ⅲ-21～31。下咽齿3行。鳔3室。分布于我国东部到朝鲜西部，有2～3种，黄河1种。

Culter Basilewsky, 1855, Nouv. Mem. Soc. Nat. Mosc., X：236（模式种：*C. alburnus*）。

短尾鲌 *Culter alburnus brevicauda* Günther, 1868（图123）

[有效学名：翘嘴鲌 *Culter alburnus* Basilewsky, 1855]

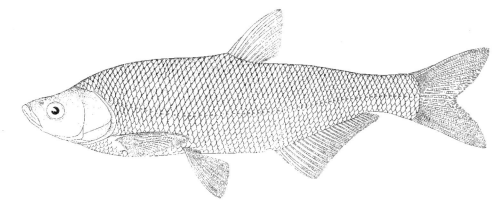

图123　短尾鲌 *Chanodichthys alburnus*

释名： 又名黄尾白、黄尾鲹、黄掌皮等（伍献文等，1963）。alburnus（白鲦）、brevi（短）、cauda（尾）均为拉丁文。

背鳍 Ⅲ-7；臀鳍 ⅲ-24～28；胸鳍 ⅰ-14～15；腹鳍 ⅰ-8；尾鳍 ⅴ～ⅶ-17-ⅵ～ⅶ。侧线鳞 61～64+3。鳃耙外行6+9～21，内行5～7+20～22。下咽齿5-4，4-3，2；长锥形，尖端钩状。

标本体长54.3～22.5 mm。体长形，很侧扁，体高为体宽2.4～2.7倍，腹缘自胸部到肛门皮棱发达；体长为体高3.6～4.6倍，为头长4～4.3倍。背缘在后头部有一凹，项背陡高；头长为吻长4.2～5.5倍，为眼径3.2～5.4倍，为眼间隔宽3.9～4.9倍。小鱼（体长103 mm以下）吻长短于眼径，178 mm大鱼吻长大于眼径。眼侧中位，后缘距吻端较近，眼间隔圆凸，大鱼宽大于眼径。鼻孔位于眼稍前上方。口近直立，下颌突出。唇口角发达。鳃孔大，达眼后缘下方。鳃膜连鳃峡。鳃耙外行长扁，最长等于眼径1/2～2/3；内行短三角形。肠长为体长1～1.1倍。鳔长为头长1.7～2倍；前室粗圆柱状；中室粗长，占鳔长40.4%～57.9%；后室细突起状，较眼径短。椎骨45，尾椎22。

鳞稍小；模鳞圆形，鳞心约位于中央，向后有辐状纹。侧线侧中位，中部稍低。

背鳍始于体正中点稍后；硬刺发达；背缘陡斜，微凸；头长为第1分支鳍条长1～1.3倍，达臀鳍中部。臀鳍始于背鳍基后端稍后，下缘斜凹形；头长为第1分支鳍条长1.5～1.7倍。胸鳍侧下位，伸达腹鳍始点前后，头长为其长1.1～1.3倍。腹鳍始于背鳍前方，不达肛门，头长为其长1.3～1.4倍。尾鳍深叉状，下尾叉较长。

鲜鱼背侧暗绿灰色，鳞后缘较暗；向下渐银白色。背鳍与尾鳍淡黄灰色，其他鳍淡黄色或银白色。腹膜银白色，仅背侧淡灰褐色。

为我国江河平原上层中等大凶猛鱼。成鱼以小杂鱼、水昆虫及虾等为食，生殖期雄鱼头部有追星。约2周龄达性成熟期。5～7月在多水草处产黏性卵。卵淡黄色，卵径0.8～1.3 mm。水温22℃～23℃时约3天孵出仔鱼，仔鱼体全长4.55 mm，附水草上；出生约8天体长5.88～5.95 mm时开始游动索食。当年鱼（1962年11月6～12日，东平湖及巩义市、洛阳）体长达60～77.7 mm，1周龄（1963年5月14日，垦利县黄河）54.3～103.7 mm，2周龄178 mm，3周龄225 mm（1962年11月17日，洛阳）。

分布于黑龙江到海南岛等处，朝鲜西南部亦产，在黄河分布于汾渭盆地到山东省垦利县河口等淡水区。

Culter brevicauda Günther, 1868, Cat. Fish. Br. Mus. Ⅶ: 329（台湾）；Mori, 1928, Jap. J. Zool., Ⅱ（1）: 66（济南）；Nichols, 1943, Nat. Hist. Centr. Asia Ⅸ: 147（海南岛等）；李思忠，1959，黄河渔业生物学初步调查报告：48（开封等）；崔基哲等，1981，韩国产淡水鱼类分布图：11，图34。

Culter tientsinensis Abbott, 1901, Proc. U. S. natn Mus. 23: 489, fig.（河北省）。

Culter kashingensis Shaw（寿振黄），1930, Bull. Fan Mem. Biol. Inst., Zool. Ⅰ: 116, fig. 5（浙江嘉兴）。

Culter alburnus Basilewsky, 1855, Nouv. Mem. Soc. Nat. Mosc. Ⅹ: 236, pl. Ⅷ, fig. 3（华北）；Fu（傅桐生）& Tchang（张春霖），1933, Bull. Honan Mus., Ⅰ（1）: 18, fig. 18（开封）；Tchang（张春霖），1932, Bull. Fan Mem. Inst. Zool. 3（14）:（开封）；Tchang（张春霖），1933, Zool. Sinica（B）Ⅱ（1）: 166, fig. 86（济南；开封等）；张春霖，1959，中国系统鲤类志：97，图80（利津、济南、开封、潼关等）；李思忠，1965，动物学杂志（5）: 219（山西、陕西、河南、山东）。

Culter erythropterus，伍献文等，1963，中国经济动物志：淡水鱼类：54，图50（黄河至珠江、黑龙江）；易伯鲁等，1964，中国鲤科鱼类志（上卷）: 113，图2-48（济南至台湾、海南岛及黑龙江等）。

鳊属 *Parabramis* Bleeker, 1865

释名： 宋玉《钓赋》："思不出乎鲋鳊。"体很侧扁，故名。长江流域亦称鲂为鳊鱼。

体近菱形很侧扁，长不及体高3倍，腹缘自胸部到肛门有皮棱。口小，前位，下颌不突出。背鳍Ⅲ-7，较腹鳍靠后，硬刺光滑、发达。臀鳍ⅲ-27～35，始于背鳍基稍后。侧线侧中位。鳞中等大。咽齿3行，侧扁。鳔有3室。为我国东部江河平原底层经济食用鱼类，有2～3种。黄河流域有1种。

Parabramis Bleeker, 1865, Ned. Tijdschr. Dierk., Ⅱ：21（模式种：*P. pekinensis*）。

鳊 *Parabramis pekinensis*（Basilewsky, 1855）（图124）

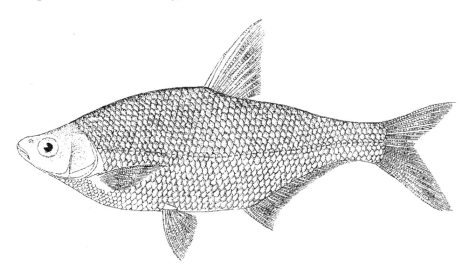

图124　鳊 *Parabramis pekinensis*

释名： 又名长身鳊、北京鳊等。

背鳍Ⅲ-7，较腹鳍后；臀鳍ⅲ-27～31；胸鳍ⅰ-15～16；腹鳍ⅰ-8；尾鳍ⅵ～ⅹ-17-ⅵ～ⅷ。侧线鳞52～58+3。鳃耙外行6+12，内行4～5+18。下咽齿5-4，4-3，2；尖端弱钩状。

标本体长78.5～202 mm。体近菱形很侧扁，胸腹缘有皮棱；体高为体宽2.8～3.3倍；背鳍始点处体最高；体长为体高2.6～3倍，为头长4.2～4.8倍；胸部到肛门腹缘有皮棱。头吻侧扁；头长为吻长3.8～4.5倍，为眼径3.3～4.3倍，为眼间隔宽2.5～3.3倍。吻钝圆，长稍小于眼径。眼侧中位，位于头前半部。眼间隔圆凸。鼻孔位于眼上缘稍前方。口小。前位，圆弧状，达鼻孔下方。下颌不突出。鳃孔大，达前鳃盖骨角下方。鳃膜连鳃峡。鳃耙扁小。肠细长，有10多个折弯，肠长为体长（125 mm时）2.6或（体长193 mm时）3.9倍。鳔3室：鳔前室粗圆柱状；中室粗，切面呈椭圆形，长略不及鳔全长1/2；后室细短锥状。

鳞中等大，很薄；模鳞鳞心约位于正中央，向后有辐状纹，侧线侧中位，中部略较低。

背鳍约始于体正中央；硬刺发达，光滑；背缘陡斜；第1分支鳍条最长，头长为其长1～1.1倍。臀鳍始于背鳍基后端略后方，下缘斜凹，头长为第1分支鳍条1.8～2.6倍。胸鳍侧下位，尖刀状，头长为其长1.1～1.3倍；体长148 mm以下时伸达腹鳍，173 mm以上时不达腹鳍。腹鳍亦刀状，位于背鳍前方。头长为其长1.4～1.7倍；小鱼伸达肛门，大鱼不达肛门。尾鳍深叉状，下叉略长。

鲜鱼背侧暗灰色，微绿，两侧及腹面白色。鳍白色，边缘灰色。虹彩肌银白色。大鱼鳞后缘散有针尖般小黑点。腹膜灰褐色。

为大型中下层鱼类。约2周龄达性成熟期。5～6月水温15℃～26℃时于流水处产浮性卵。卵径

0.9～1.1 mm，淡青色。在黄河1周龄体长125～148 mm；2周龄体长173～193 mm，幼鱼食浮游藻类等，成鱼食苦草等植物。最大体长可达400 mm以上。肉肥美，最宜清蒸食用。

分布于黑龙江水系、滦河到海南岛等处。在黄河流域分布于汾渭盆地到豫鲁等平原区。辽河鳊（*Parabramis liaohonensis* Yih et Wu）椎骨48～49，分布于辽河流域；壮体鳊（*P. strenosomus* Yiu et al.）椎骨43～45，分布于黑龙江水系。后2种亦可能是鳊的2个亚种。

? *Leuciscus bramula* Cuvier et Valenciennes, 1844, Hist. Nat. Poiss., 17: 357（依我国鱼图）。

Abramis pekinensis Basilewsky, 1855, Nouv. Mem. Soc. Nat. Mosc. Ⅹ: 238, tab. Ⅵ, fig. 2（海河水系）。

Parabramis bramula Mori, 1928, Jap. J. Zool., Ⅱ（1）：69（济南）；Fu（傅桐生）& Tchang（张春霖），1933, Bull. Honan Mus., Ⅰ（1）26, fig. 25（开封）；Tchang（张春霖），1933, Zool. Sinica（B）Ⅱ（1）：176, fig. 91（济南；开封）；Fu（傅桐生），1934, Bull. Honan Mus., Ⅰ（2）：83, fig. 28（辉县百泉）；张春霖，1959，中国系统鲤类志：94，图78（济南、开封、洛阳等）。

Parabramis pekinensis, Mori, 1928, loc. cit. Ⅱ（1）：69济南；Nichols, 1943, Nat. Hist. Centr. Asia Ⅸ：151（华北，长江等）；李思忠，1959，黄河渔业生物学基础初步调查报告：48，图33（济南、东平湖、开封、郑州、洛阳）；易伯鲁等，1964，中国鲤科鱼类志（上卷）：115，图2-50（黑龙江至海南岛）；李思忠，1965，动物学杂志（5）：219（陕西、河南、山东）；郑葆珊等，1981，广西淡水鱼类志：51，图36（珠江水系）。

锯齿鳊属 *Toxabramis* Günther, 1873

释名： 体形似鳊，背鳍硬刺锯齿状，故名；又似鲌（鲚），名似鲚属；toxabramis（tox，弓 + bramis，鳊）又意译为弓鳊属。

体长形，很侧扁，腹缘自喉部到肛门有皮棱。侧线侧中位，中部很低；侧线鳞50～66。口前位，两颌长度相等。背鳍约始于体正中点，最后硬刺锯齿状。臀鳍ⅲ-13～19。下咽齿2行，尖端钩状。鳔2室。为我国东部华北到海南岛的特产上层小型鱼类。有4种，黄河似有2种。

Toxabramis Günther, 1873, Ann. Mag. nat. Hist.（4）Ⅻ: 249（模式种：*T. swinhonis* Günther）。

种的检索表

1（2）侧线鳞58～60+2 ·· 细鳞锯齿鳊 *T. swinhonis*

2（1）侧线鳞43～47 ·· 银色锯齿鳊 *T. argentifer*

细鳞锯齿鳊 *Toxabramis swinhonis* Günther, 1873（图125）

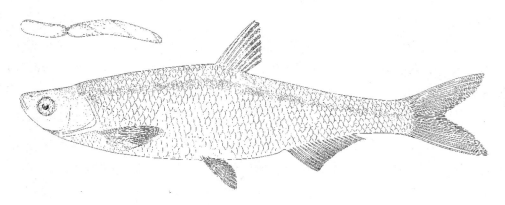

图125　细鳞锯齿鳊 *Toxabramis swinhonis*

释名：因此鱼在锯齿鳊属内鳞最多、较小得名。背鳍Ⅲ-7；臀鳍ⅲ-16~19；胸鳍ⅰ-13~14；腹鳍ⅰ-6~7；尾鳍Ⅶ~Ⅷ-17-Ⅶ~Ⅷ。侧线鳞58$\frac{10}{3}$60+2。鳃耙外行4+25，内行8+26；下咽齿5-4，2；侧扁，尖端钩状。

标本体长44.3~92.3 mm。体长形，很侧扁，体高为体宽2.1~2.8倍。腹缘自喉部到肛门皮棱发达，背鳍始点处体最高；体长为体高4.1~5倍，为头长4.3~4.8倍。头短小，亦侧扁；头长为吻长4~4.9倍，为眼径3.1~3.7倍，为眼间隔宽1.8~2.1倍。吻钝短。眼侧中位，位于头前半部。眼间隔微凸。鼻孔位于眼前上方。口前位，眼斜，达鼻孔下方，两颌相等。鳃孔大，达前鳃盖骨角下方。鳃耙长约等于眼径2/5。肠短，体长（92.3 mm时）为肠长1.1或1.5倍（66 mm时）。鳔长为头长1.8（体长92.3 mm时）或1.4倍（66 mm时），后室为前室长约2倍。椎骨20+21。肛门位于臀鳍始点前方附近。

鳞稍小，很薄，易脱落；模鳞横卵圆形，前端较直，鳞心距后端为距前端2倍于，向后有稀辐状纹。侧线侧中位，在胸鳍后上方急陡下降似白鲦，中部很低，到后端呈侧中位。

背鳍约始于体正中点，硬刺发达且后缘锯齿状，鳍背缘很斜，头长为第1分支鳍条长1.1~1.5倍。臀鳍位背鳍基远后方，下缘斜凹，头长为第1分支臀鳍条长1.8~2.1倍。胸鳍侧下位，刀状，不达腹鳍，鳍长约等于头长。腹鳍始于背鳍前方，亦刀状，不达肛门，头长为其长1.4~1.6倍。尾鳍深叉状，下尾叉较长。

鲜鱼背侧黄灰色，两侧银白色，腹侧附近淡黄白色，各鳍淡黄色，背鳍与尾鳍微较灰暗。虹彩肌银白色。腹膜淡黄灰色。福尔马林液浸存标本，体侧自鳃孔上端到尾鳍基常呈灰褐色纵带状。

为我国江河平原区特产淡水上层小鱼。喜群游于缓静水域的表层，游动迅敏。夏初产卵。生长慢，在黄河1周龄体长44.3~66 mm（垦利县，1963年5月14日），2周龄约92.3 mm（郑州，1963年4月）。

分布于黄河到长江、杭州等处，在黄河流域仅见于河南省郑州到山东垦利县等处。

Toxabramis swinhonis Günther, 1873, Ann. Mag. nat. Hist.,（4）Ⅻ: 250（上海）；Chu（朱元鼎），1930，China J., 13（6）：334（上海，杭州，宁波）；易伯鲁等，1964，中国鲤科鱼类志（上卷）：84，图2-19（济南，湖北到江苏、杭州等）；李思忠，1965，动物学杂志（5）：219（河南、山东）。

银色锯齿鳊 *Toxabramis argentifer* Abbott, 1901（图126）

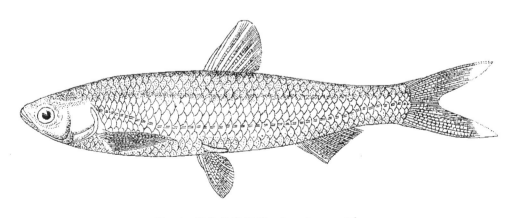

图126　银色锯齿鳊 *Toxabramis argentifer*

在黄河流域未采到，模式产地为天津。张春霖教授（1959）称分布于天津、白河、北京、汉口及洞庭湖；郑葆珊等（1981）记录有广西珠江到南流江及钦江。黄河应亦产。故简要描述备查。

背鳍Ⅱ-7；臀鳍ⅲ-13～18。侧线鳞43$\frac{8～10}{2}$47。鳃耙7+25～29。下咽齿5-4，3-2；尖端钩状。

标本体长54～130 mm。体长形、侧扁，背缘较直；体长为体高3.4～4.4倍，为头长3.9～4.7倍。口小，前位，下颌稍突出，伸达鼻孔下方。头长为吻长3.5～4倍，为眼径3～4倍。腹缘自胸部至肛门皮棱发达。侧线侧中位，中部很低。背鳍始于体正中点稍后，硬刺发达且有锯齿。臀鳍始于背鳍基后端稍后，硬刺发达且有锯齿。臀鳍始于背鳍基后端稍后，胸鳍长约等于头长，几乎达腹鳍。腹鳍始于背鳍前方，不达臀鳍。尾鳍深叉状。鳔2室，后室较长。体银白色，背部灰黑色。

Toxabramis argentifer Abbott, 1901, Proc. U. S. natn Mus. 23: 484, fig. 2（天津白河）；张春霖，1959，中国系统鲤类志：109（天津白河、北京、汉口、洞庭湖）；易伯鲁等，1964，中国鲤科鱼类志（上卷）：86（天津）；郑葆珊等，1981，广西淡水鱼类志：53（百色、龙州、横县、藤县蒙江、梧州、博白、钦州）。

飘鱼属 *Parapelecus* Günther, 1889 *

［有效学名：飘鱼属 *Pseudolaubuca* Bleeker, 1864］

释名： 因喜游于水面，游动迅速似风飘而得名。

体长形且很侧扁，腹缘自喉到肛门皮棱发达。侧线侧中位，中部很低。口端位；侧线鳞45～73，中部很低。背鳍ⅲ-7，无硬刺，位于腹鳍、臀鳍间，肛门前方。臀鳍ⅲ-17～26。口前位。鳃孔大。鳃膜连鳃峡。下咽齿3行，尖端钩状。鳔2室，后室有小突。为我国东部江河平原区、朝鲜中小型特产上层鱼类。有2种，黄河下游均产。

编者注*： 据伍汉霖教授，*Parapelecus*是*Pseudolaubuca*的异名，久已不用。

Parapelecus Günther, 1889, Ann. Mag. nat. Hist.,（6）Ⅳ: 227（模式种：*P. argenteus* Günther）。

种的检索表

1（2）侧线鳞62～72；臀鳍ⅲ-24～26····················银飘鱼 *P. argenteus*

2（1）侧线鳞46～54；臀鳍ⅲ-16～22····················寡鳞飘鱼 *P. engraulis*

银飘鱼 *Parapelecus argenteus* Günther, 1889（图127）*

［有效学名：飘鱼 *Pseudolaubuca sinensis* Bleeker, 1864］

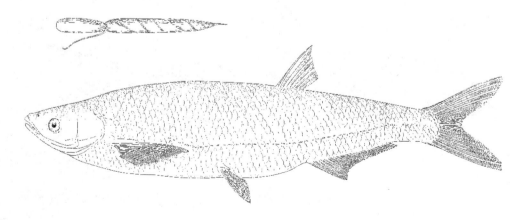

图127 银飘鱼 *Pseudolaubuca sinensis* Bleeker, 1864

释名： 体色银白色，故名。argenteus（银的）亦此意。

背鳍iii-7；臀鳍iii-25；胸鳍 i -14；腹鳍 i -8；尾鳍vi-17-vi。侧线鳞64$\frac{9\sim10}{2}$+4。鳃耙外行5+10，内行4+11。下咽齿2，4，5-4，4，2。

标本体长191 mm，体长形，很侧扁，体高为体宽2.8倍；腹缘自喉部到肛门皮棱发达；体长为体高4.1倍；为头长5倍。头侧扁；侧面三角形，自眼后缘到鼻孔下方有半透明皮脂；头长为吻长4.1倍，为眼径4.6倍，为眼间隔宽3.7倍。吻钝尖。眼侧中位，后缘约位于头正中央。鼻孔位于吻侧中部，较眼上缘略高。口前位，斜形，两颌相等，后端不达眼前缘。唇薄，下颌侧较发达。鳃孔大，下端达前鳃盖骨角。鳃耙短小，长不及瞳孔1/2。下咽齿长扁，尖端钩状。鳔细长，为头长1.8倍；前室圆柱状；后室尖锥形，为前室长2.5倍。肠粗短，体长为肠长1.1倍。

鳞中等大，易脱落；模鳞横卵形，前端较直，鳞心约位于正中，向后有辐状细纹。侧线侧中位，前段急陡下降，中部很低。

背鳍始点距胸鳍始点约等于距尾鳍基；背缘斜凹，头长为第1分支鳍条1.6倍，伸达臀鳍。臀鳍始于背鳍基略后方，下缘斜凹，头长为第1分支鳍条2倍。胸鳍位于体侧稍下方，尖刀状，约等头长，不达腹鳍。腹鳍约始于吻端到尾鳍基的正中点，头长为其长1.6倍，不达背鳍基。尾鳍深叉状，下尾叉较长。

鲜鱼背侧灰黄色，微绿；向下为银白色。鳍黄色；背鳍与尾鳍浅灰色；微绿，尾鳍后缘较灰暗。虹彩肌金黄色。腹膜淡黄色或略呈灰黄色。

喜成群游于缓、静水体的表层，游动迅敏。成鱼主要以小鱼、昆虫等为食。约2周龄达性成熟期，5~6月产卵。卵黄绿色，卵径0.9~1 mm。最大体长241.5 mm（Günther，1889）。

分布于天津海河水系到两广珠江水系。在黄河流域分布于东平湖到河南省郑州等处。

Parapelecus argenteus Günther, 1889, Ann. Mag. nat. Hist.,（6）Ⅳ: 227（九江）；Lin（林书颜），Lingnan Sci. J., ⅩⅢ（3）：425；易伯鲁等，1964，中国鲤科鱼类志（上卷）：82，图2-17（天津到福建，广西等）；李思忠，1965，动物学杂志（5）：219（河南、山东）。

Parapelecus machaerius Abbott, 1901, Proc. U. S. natn Mus., 23: 488, fig. 5（天津）。

Chela nicholsi Fowler, 1923, Amer. Mus. Nov., No. 83: 1（安徽）。

Parapelecus fukienensis Nichols, 1926, Amer. Mus. Nov., No. 224: 7, fig. 6（福建）。

寡鳞飘鱼 *Parapelecus engraulis*（Nichols, 1925）（图128）

［有效学名：**寡鳞飘鱼 *Pseudolaubuca engraulis*（Nichols, 1925）**］

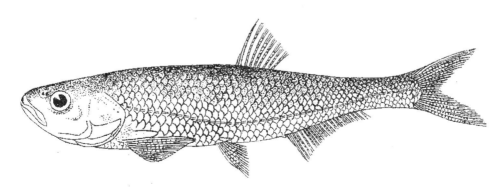

图128　寡鳞飘鱼 *Pseudolaubuca engraulis*

释名：鳞较少，故名。

未采到标本。依森为三（Mori, 1933）的记载：

"背鳍 iii-7；臀鳍 iii-16；胸鳍 i-15；腹鳍 i-7。侧线鳞 $52\frac{10}{2}$。下咽齿2，4，5-4，4，2；细长形，末端钩状。

体全长128 mm，体细长形，很侧扁；体长为头长4倍，为体高5.3倍。头无鳞，中等长；头长为吻长3.5倍，为眼径4.8倍，为眼间隔宽4倍。吻尖，稍长。无须。眼中等大，侧中位，位于头前半部。口斜，前位，稍大。唇薄。两颌约相等，上颌骨达眼前缘下方。眼间隔凸。鳃孔大。鳃耙小。有假鳃。肠短，只有一回施。腹膜灰白色。胸鳍无长腋鳞。腹鳍有一腋鳞。腹缘自喉部到肛门有皮棱。侧线完全，在胸鳍基后弯向下方，中部低。

背鳍与臀鳍无棘（应为无硬刺）。背鳍始点距尾鳍基较距吻端近，其差约为头长的2/3；头长为最长背鳍条长1.7倍，上缘略凹。臀鳍低而鳍基稍长，位于最后背鳍条基的稍后方，最长鳍条长约为最后鳍条长的2倍。胸鳍尖长刀状，约达腹鳍始点。腹鳍位于体的正中部，鳍基完全位于背鳍前方，约伸达腹鳍基与臀鳍基间距的2/3。尾鳍深叉状。体银白色，背侧较灰暗。体全长128 mm。"

分布于海河水系到珠江水系。在黄河流域曾见于济南等。

Hemiculter engraulis Nichols, 1925, Amer. Mus. Nov., No. 182: 7（洞庭湖）。

Pseudolaubuca shawi Tchang（张春霖），1930, Cyprinides du Bassin du Yangtze: 147（四川）。

Pseudolaubuca setchuanensis Tchang（张春霖），1930, loc. cit. 147（四川）。

Parapelecus oligolepis Wu（伍献文）et Wang（王以康），1931, Contr. Biol. Lab. Sci. Soc. China Ⅷ（10）：222（四川）。

Pseudolaubuca tsinanensis Mori, 1933, Jap. J. Zool., Ⅴ（2）：165, fig. 1（济南）。

Hemiculterella engraulis Nichols, 1943, Nat. Hist. Centr. Asia Ⅸ: 133, fig. 60（正模标本。洞庭湖）。

Parapelecus engraulis，易伯鲁等，1964，中国鲤科鱼类志（上卷）：83，图2-18（济南及长江流域）。

Pseudolaubuca engraulis，郑葆珊等，1981，广西淡水鱼类志：50，图35（广西珠江及黄河等水系）。

白鲦属 *Hemiculterella* Warpachowski, 1888

［有效学名：半鲦属 *Hemiculterella* Warpachowski, 1888］

释名：《荀子》"鲦，浮阳之鱼也"。《庄子·秋水篇》"鲦鱼出游"。

体长形，中等侧扁，腹缘棱仅在腹鳍基至肛门间为皮棱。背鳍 iii-7，始于腹鳍后方，无硬刺。臀鳍 iii-11～17。侧线侧中位，中部很低。侧线鳞45～52。口前位，斜形，不达眼下方。下咽齿3行，尖端钩状。鳔分2室。为我国东部江河平原特产上层小型鱼类。有2～3种，黄河流域有1种。

Hemiculterella Warpachowski, 1888, Bull. Acad. Sci. St.-Petersb., ⅩⅩⅫ：23（模式种：*H. sauvagei* Warpachowski）。

开封白鲦 *Hemiculterella kaifensis* Tchang, 1932（图129）*

［有效学名：寡鳞飘鱼 *Pseudolaubuca engraulis*（Nichols, 1925）］

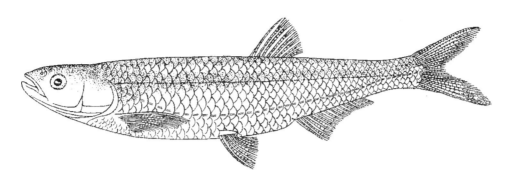

图129　开封白鲦 *Hemiculterella kaifensis*

释名： 又作开封白鲳（李思忠，1981）。

背鳍iii-7；臀鳍iii-15～17；胸鳍 i -12～14；腹鳍 i -7；尾鳍vi～viii-17-vi～viii。侧线鳞$43\frac{9～10}{2～3}$45+2。鳃耙外行3+11～13，内行4～5+10～11。下咽齿2，4，4-4，4，2；细长，尖端钩状。

标本体长90～118.3 mm。体长形，中等侧扁，体高为体宽1.7～2倍；腹缘较背缘圆凸，棱状，腹鳍基至肛门有皮棱；体长为体高4.2～4.5倍，为头长3.6～3.9倍。头侧扁，稍长大，眼附近有透明皮脂；头长为吻长3.6～3.8倍，为眼径5.1～6倍，为眼间隔宽3.1～3.7倍。吻不突出。眼侧中位，后缘位于头前半部。眼间隔圆凸。鼻孔位于眼前上方吻侧。口前位，稍大，两颌前端相等，上颌后端不达眼下方。唇在口角较发达。鳃孔大，下端达前鳃盖骨角。鳃耙外行最长约等于瞳孔直径1/3。肠粗短，长约等于体长（118.3 mm时）。鳔长约等头长，前后室长相等，前室柱状，后室尖锥状。

鳞薄。中等大，易脱落；模鳞圆形，前端较横直，鳞心距后端为距前端1.5～2倍，向后有细辐状纹。侧线侧中位，中部圆弧状且很低。

背鳍始于眼与尾鳍基正中稍后方，无硬刺，背缘陡斜且微凸；头长为第1分支鳍条长1.9～2.1倍。臀鳍始于背鳍稍后方，下缘斜凹，头长为第1分支鳍条长2.5～2.8倍。胸鳍侧下位，尖刀状，远不达腹鳍，头长为其长1.2～1.4倍。腹鳍始于背鳍前方，远不达肛门，头长为腹鳍长2.2～2.3倍。尾鳍深叉状，下尾叉较长。

鲜鱼背侧灰色，两侧及下方银白色。鳍黄色。背鳍与尾鳍稍灰暗。腹膜白色或淡黄色。虹彩肌黄色。

为小型上层鱼类，以大型浮游动物、掉落水面的昆虫及虾等为食。夏初产卵。1周龄体长约达90 mm（灵宝，1959年8月15日），2周龄114～118.3 mm（三门峡及潼关，1960年8月11～27日）。大鱼达169 mm（Mori, 1928）。

分布于陕西省周至到山东省济南等处。

*编者注： 根据FishBase资料，此种亦可能是寡鳞飘鱼*Pseudolaubuca engraulis*的同物异名。

Hemiculterella kaifenensis Tchang（张春霖），1932, Bull. Fan Mem. Inst. Biol., Ⅲ（14）：212, fig. 1（开封）；张春霖，1959，中国系统鲤类志：106，图87（开封条鳊。开封）；李思忠，1965，动物学杂志（5）：219（河南；山东）。

Parapelecus eigenmani（非Jordan & Metz），Mori, 1928, Jap. J. Zool., Ⅱ（1）：69（济南。侧线鳞 $45\frac{7\sim8}{2}48$）。

细鲫属 *Aphyocypris* Günther, 1868

体长形，中等侧扁，腹缘在腹鳍基至肛门间有皮棱。眼侧中位。口斜，前位，两颌长度相等。鳞中等大。侧线只有前段。无硬刺。背鳍ⅲ-7，始于腹鳍基后方。臀鳍ⅲ-7～8。鳃孔大。鳃膜连鳃峡。咽齿2行，尖钩状。为我国东部及朝鲜西部淡水小鱼。有3种，黄河有1种。

Aphyocypris Günther, 1868, Cat. Fish. Br. Mus., Ⅶ: 201（模式种：*A. chinensis* Günther）。

中华细鲫 *Aphyocypris chinensis* Günther, 1868（图130）

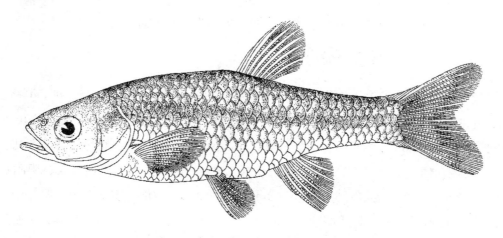

图130　中华细鲫 *Aphyocypris chinensis*

释名：模式产地为我国浙江，故名。

背鳍ⅲ-7；臀鳍ⅲ-7～8；胸鳍ⅰ-13；腹鳍ⅰ-7；尾鳍ⅵ～ⅷ-17-ⅵ～ⅷ。纵行鳞30～32+2。鳃耙外行2～4+9～10，内行2～3+9～10。下咽齿5-4，3-2；尖端钩状。

体长形，中等侧扁，体高为体宽1.5～1.9倍，仅腹鳍基与肛门间有皮棱；体长为体高3.8～4倍，为头长3～3.5倍。头略侧扁，背面宽；头长为吻长3.8～4.6倍，为眼径3.2～4.5倍，为眼间隔宽2.5～2.7倍。吻宽钝。眼侧中位，位于头前半部。鼻孔位于眼前上缘附近，口斜，前位，两颌长度相等，后端不达眼前缘。鳃孔大。达前鳃盖骨角下方。肠短，体长36 mm时为肠长1.5倍。鳔后室为前室长1.3倍，头长为鳔长1.3倍。椎骨29。

鳞中等大；模鳞圆形，前端较直，鳞心距后端为距前端2.5倍，向前、向后有稀辐状纹。仅鳃孔背角后方有侧线；侧线鳞5～7。

背鳍始于眼与尾鳍基间正中点稍后方，背缘斜且微凸，头长为第1鳍条长1.4～1.5倍。臀鳍始于背鳍基后端稍后方，头长为第1分支臀鳍条长1.5～1.7倍。胸鳍侧下位，达腹鳍始点附近。头长为其长1.4～1.5倍。腹鳍始于背鳍始点稍前方，不达肛门，头长为其长1.8～2.2倍。尾鳍钝叉状。

鲜鱼背侧黄灰色，鳞后缘较暗；腹侧白色。鳍淡黄色。虹彩肌金黄。腹膜黄灰褐色。

为小型淡水鱼。以浮游动物为食。约1周龄达性成熟期。体长36 mm雌鱼怀卵约950粒。在华阴及三门峡附近（1959年8月17～24日）1周龄体长27～32 mm，2周龄39.2 mm，3周龄47.3 mm。

分布于黑龙江到珠江及朝鲜西部等。在黄河流域分布于汾渭盆地到山东等平原地区。

Aphyocypris chinensis Günther, 1868, Cat. Fish. Br. Mus., Ⅶ: 201（浙江）；Mori, 1929, Jap. J. Zool., Ⅱ（4）：384（济南）；Tchang（张春霖），1933, Zool. Sinica（B）Ⅱ（1）：187, fig. 98（济南，北京，湖北，福建）；张春霖，1959，中国系统鲤类志：6，图3（同上）；易伯鲁等，1964，中国鲤科志（上卷）：15，图1-5（东北，河北，山东至广东）；李思忠，1965，动物学杂志（5）：219（陕西至山东）；Choi et al.（崔基哲等），1981, Atlas of. Korean Freshwater Fishes: 10, fig. 29（洛东江及以西）。

Caraspius agilis Nichols, 1925, Amer. Mus. Nov., 177: 6（四川）。

Aphyocypris chinensis shangtung Nichols, 1930, Amer. Mus. Nov. No. 402: 1, fig. 1（济南）；Nichols, 1943, loc. cit., Ⅸ: 128, fig. 56（济南）。

鲢亚科 **Hypophthalmichthyinae**

体侧面观呈长椭圆形，很侧扁，腹缘有皮棱。头中等或偏大。眼位于侧中线下方。口大，前位。鳃孔大。鳃膜互连，游离。鳃耙细长且很密。有上鳃器官。下咽骨有数个小孔。背鳍ⅲ-7。臀鳍ⅲ-13~17。鳞很小，侧线鳞83~120。侧线侧中位。下咽齿扁匙状，1行。肠很大，大鱼环弯很多。以浮游生物为食。为我国东部平原特产上层重要食用鱼类。有2属，黄河均产。

属的检索表

1（2）自胸部到肛门有皮棱；鳃耙连成网状；体侧银白色··鲢属 *Hypophthalmichthys*

2（1）自腹鳍基到肛门有皮棱；鳃耙细密而不相连；体侧银白色且有许多黑点··鳙属 *Aristichthys*

鲢属 *Hypophthalmichthys* Bleeker, 1860

释名：hypophthalmichthys（希腊文：hypo，下 + ophthalmos，眼 + ichthys，鱼），因眼位低，故名。《诗经》多篇名鲦、鲢。

状如鳙，而头小形扁，体侧面观呈长椭圆形，腹侧很侧扁，喉部到肛门皮棱发达。头稍大。眼稍小，上眼较口前端低。眼间骨隔很宽。吻宽钝。口宽大；前位。鳃孔大，侧位。鳃膜互连、游离。鳃耙细密且连成网状。有上鳃器官。咽齿1行，扁匙状。鳍无硬刺。臀鳍ⅲ-13~15，始于背鳍基后方。性急易跃水。始于第三纪上新世。只1种。

Hypophthalmichthys Bleeker, 1860, Ichthyol. Arch. Ind. Prodr., Ⅱ, Cypr.,: 283, 405（模式种：*H. molitrix*）。

Cephalus Basilewsky, 1855, Nouv. Mem. Soc. Nat. Mosc., Ⅹ: 235（模式种：*C. mantschuricus* = *molitrix*）。

Onychodon Dybowski, 1872, Verh. Zool.-Bot. Ges. Wien. XXⅡ: 211（模式种：*O. mantschuricus* = *molitrix*（Cuvier et Valenciennes））

鲢 *Hypophthalmichthys molitrix*（Valenciennes, 1844）（图131）

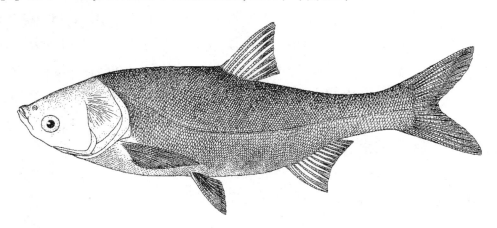

图131　鲢 *Hypophthalmichthys molitrix*

释名：《诗经·齐风》："其鱼鲂鱮。"东汉许慎《说文解字》："鰱、鱼名。"魏张揖《广雅》："鰱，鱮也。"晋陆机《草木虫鱼疏》："鱮，徐州人谓之鲢。"宋陆佃："鱮好群行，相与也，故曰鱮。相连也，故曰鲢。"明李时珍："酒之美者曰醙，鱼之美者曰鱮。"色白，又名白鲢。

背鳍 iii-7；臀鳍 iii-12~14；胸鳍 i-17~18；腹鳍 i-7；尾鳍 v~vii-17-v~vii。侧线鳞 $110\frac{28~33}{16~18}124+6$。鳃耙106~107；下咽齿1行，4个；匙状。

标本体长66~320 mm，侧面观呈长椭圆形，很侧扁，体高为体宽2.2~2.8倍；背面较宽，腹面自喉部到肛门有皮棱；体长为体高3~3.4倍，为头长3~3.5倍。头稍大；头长为吻长3.9~5.2倍，为眼径4.2~7.4倍，为眼间隔宽2.2~2.8倍。吻宽钝。眼稍小，位于头前半部，很低，上缘较口前端低。眼间隔圆凸。鼻孔位于吻正中，较口前端稍高。口前位，很斜，宽马蹄形；两颌前端相等，后端达鼻孔下方。下唇中断，在口角发达。鳃孔大，侧位，达前鳃盖骨角下方。鳃膜相连，游离。鳃耙细长且密，连呈网状。有螺旋形上鳃器官。鳔3室，长为头长1.1倍；前室粗大，占鳔长52.7%；中室圆锥形；后室短锥状，占鳔长约7.6%。椎骨4+20+16。下咽骨有多个小孔。

鳞很小；模鳞圆形，鳞心约位于中央，向后有辐状纹。侧线侧中位，前端较高。

背鳍始于体正中点略后方，背缘很斜且微凹，头长为第1分支鳍条1.5~1.7倍，略伸达臀鳍。臀鳍位于背鳍基后方，下缘斜凹，头长为第1分支鳍条2.1~2.8倍。胸鳍侧下位，尖刀状，约达腹鳍始点，头长为其长1.5~1.7倍。腹鳍始于背鳍前方，不达肛门，头长为其长1.8~2.3倍。尾鳍深叉状，下叉较长。

鲜鱼背侧暗绿灰色，体侧及腹面银白色。鳍淡黄色，背鳍与尾鳍略灰暗。腹膜黑褐色。

为我国东部平原特产上层大型鱼。性活泼喜群游，稍受惊常跳出水面，出水易死。在黄河下游3~4龄达性成熟期，雄鱼胸鳍有角质追星。主要以浮游植物如单胞绿藻、硅藻、空球藻、实球藻及新月藻等为食，亦食浮游动物及植物碎屑。亲鱼产卵前喜溯游，水温25℃左右时流水产浮性卵。体重20 kg雌鱼怀卵量约80万粒。卵径约1.2 mm。生长快，为肥水池塘养鱼的重要对象，"四大家鱼"之一。1周龄在平原区可达500 g；2周龄达1 000 g；3周龄达4 000 g，以后渐慢。最大在长江可达35 kg。

分布于黑龙江到珠江及钦江等，为我国江河平原特产食用鱼。在黄河流域仅见于龙门口以下的渭汾盆地到豫鲁平原；1955年后由于养殖目的移殖到内蒙古包头、乌梁素海、宁夏银川、甘肃刘家峡及宁夏西吉（葫芦河—渭河支流）等处。

Leuciscus molitrix Cuver et Valenciennes, 1844, Hist. nat. Poiss., XVII: 360（我国）。

Leuciscus hypophthalmus Richardson, 1845, zool. Voy. "Sulphur": 139, pl. LXⅢ, fig. 1（广州）。

Cephalus mantschuricus Basilewsky, 1855, Nouv. Mem. Soc. Nat. Mosc., Ⅹ: 235, pl. Ⅶ, fig. 3（我国东北；内蒙古）。

Hypophthalmichthys molitrix, Bleeker, 1860, Ichthyol. Arch. Ind. Prodr., Ⅱ, Cypr., : 283（我国）；Tchang（张春霖），1928, Contr. Biol. Lab. Sci. Soc. China 4（4）: 13（南京）；Tchang（张春霖），1933, Zool. Sinica（B）Ⅱ（1）: 190, fig. 99（河北到广州等）；张春霖，1959，中国系统鲤类志：109，图89（山东利津等）；易伯鲁等，1964，中国鲤科鱼类志（上卷）: 225，图6-2（黑龙江，长江及珠江等）；李思忠，1965，动物学杂志（5）: 219（河南，山东）；郑葆珊等，1981，广西淡水鱼类志：149，图119（珠江，钦江至北仑河）；宋世良等，1983，兰州大学学报19（4）: 123（西吉，静宁等）。

Abramocephalus microlepis Steindachner, 1870, Sitzber. Akad. Wiss. Wien. LX（1）: 302（我国）。

Hypophthalmichthys dabryi Bleeker, 1878, Versl. Akad. Wet. Amsterdam（2）ⅩⅡ: 210（扬子江）。

鳙属 *Aristichthys* Oshima, 1919

体侧面观呈长椭圆形，很侧扁，腹鳍基至肛门有皮棱。头大，亦侧扁。眼位于头前半部，位很低，口前位，前端高于眼上缘。鳃孔大。鳃膜互连，游离。鳃耙细长且密，不互连。有上鳃器官。咽齿1行。鳍无硬刺。臀鳍ⅲ-12～13，位于背鳍后方。胸鳍伸达腹鳍。只1种。

Aristichthys Oshima, 1919, Ann. Carneg. Mus., ⅩⅡ: 244（模式种：*Leuciscus nobilis* Richardson）。

鳙 *Aristichthys nobilis*（Richardson, 1845）（图132）

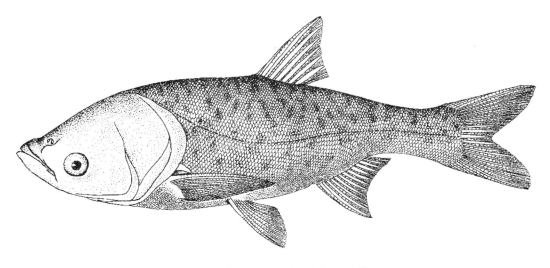

图132　鳙 *Hypophthalmichthys nobilis*

释名：《山海经·东山经》："食水多鳙"，"苍体之水多鳛（qiū）鱼，其状如鲤而大首"，"状似鲢而色黑，头最大有至四五十斤者"。晋郭璞："鳙似鲢而黑。"唐陈藏器《本草拾遗》："鳙鱼即鳙鱼。"宋司马光《类篇》"或作鳙"。鳙同鳙。李时珍："鱼之庸常以供饮食者，故曰鳙曰鳙。"头大、体有黑点、色较暗，又名胖头鱼、大头鱼、花鲢、黑鲢。两广名鳙鱼。

背鳍ⅲ-7；臀鳍ⅲ-12～13；胸鳍ⅰ-18～19；腹鳍ⅰ-7～8；尾鳍ⅵ～ⅶ-17-ⅵ～ⅶ。侧线鳞 $91\frac{23～26}{18～20}105+5～6$。鳃耙外行142～164，内行96～115。咽齿4-4。我国东部平原特产大食用鱼。

标本体长132～272 mm。体侧面观呈长椭圆形，很侧扁，体高为体宽2～2.4倍，为头长2.7～2.8倍。头很大，侧扁；头长为吻长3.8～4.1倍，为眼径6.2～8.9倍，为眼间隔宽2.1～2.4倍。吻钝圆，稍平扁。眼位于头前半部，很低。眼间隔宽圆。鼻孔位于眼前上方。口前位，稍大，斜形，下颌较上颌略长，后端达鼻孔下方。唇薄。鳃孔很大，达前鳃盖骨角前下方。唇薄。鳃孔很大，达前鳃盖骨角前下方。鳃膜互连，游离。鳃耙细长且密，不连成网状。下咽齿1行，咽齿长扁匙状。上鳃器官螺旋形。体长132 mm时头长为鳔长1.3倍；前室粗圆，长为后室长1.35倍；后室细短，后端尖锥状。肠细长，多回弯，长为体长（132 mm时）2.54倍。椎骨40，尾椎约19。肛门位于臀鳍始点附近。

鳞很小；模鳞圆形，鳞心约位于正中央，向后有辐状纹。侧线侧中位，前端较高；到头部有项背枝及眼上、下枝等。

背鳍始于体正中点略后方，背缘斜凹，头长为第1分支鳍条长1.7～1.9倍，伸达臀鳍中部。臀鳍始于背鳍基稍后方，下缘斜凹，头长为第1分支鳍条长2.3～2.5倍。胸鳍位很低，刀状，伸过腹鳍基，头长为其长1.6～1.7倍。腹鳍始于背鳍前方，头长为其长1.9～2.3倍，不达肛门。尾鳍深叉状。

鲜鱼背侧黑褐色，向下色渐淡，腹侧灰白色，背面至侧线下方散有小黑点。鳍黄灰褐色。腹膜灰褐色。

为我国特产淡水中上层大型重要食用鱼类。性缓和，喜群游，主要以象鼻溞、桡足类等浮游动物为食。约4周龄达性成熟期，于春末夏初溯游，水温20℃～27℃时在急流中产浮性卵。体长900～1 000 mm雌鱼怀卵量约20万粒。生长很快，1冬龄体长可达100～135 mm，2冬龄约达400 mm，以后生长渐慢，4冬龄约可达10 kg。最大体重可达40 kg。为淡水养殖四大对象（"四大家鱼"）之一。

分布于海河到海南岛等处。在黄河流域分布于汾渭盆地及豫鲁等平原地区。1955年以后为了养殖已移到内蒙古河套及宁夏银川等处。

Leuciscus nobilis Richardson, 1845, Zool. Voy. "Sulphur", Ichthyol., : 140, pl. 63. fig. 3（广州）。

Cephalus hypophthalmus Steindachner, 1866, Verh. Zool.–Bot. Ges. Wien. 383（香港）。

Hypophthalmichthys manchuricus Kner, 1867, Novara. Fisch., Ⅲ: 350（上海）。

Hypophthalmichthys nobilis Günther, 1868, Cat. Fish. Br. Mus., Ⅶ: 299（我国）；Tchang（张春霖），1928, Contr. Biol. Lab. Sci. Soc. China 4（4）: 12（南京）；Tchang（张春霖），1933, Zool. Sinica（B）Ⅱ（1）: 192, fig. 100（汉口到宁波，厦门，广州等）；张春霖，1959，中国系统鲤类志: 110，图90（北京至广州等）。

Aristichthys nobilis Oshima, 1919, Ann. Carneg. Mus., 12: 246（台湾）；杨干荣，1964，中国鲤科鱼类志（上卷）: 423，图6-1（华北到珠江等）；李思忠，1965，动物学杂志（5）: 219（河北，山东）；郑葆珊等，1981，广西淡水鱼类志: 148，图118（珠江到钦江）。

鲇形目 Siluriformes（= Nematognathi）

无续骨（symplectic）、下鳃盖骨、上肋骨及肌间骨。顶骨亦无，可能已愈合入上枕骨。中翼骨很退化。前鳃盖骨与间鳃盖骨较小。有后颞骨，或已与上匙骨愈合。犁骨、翼骨与腭骨常有齿。常有脂背鳍。背鳍与胸鳍前缘常有骨化了的硬鳍刺。体表面裸露或有骨板。上颌骨常很小〔仅重颌鲇科（Diplomystidae）发达〕，支持上颌须。尾鳍分支鳍条最多有16条。尾鳍基有6个尾下骨或已愈合。眼常很小，须为重要觅食器官。胡子鲇科与肺囊鲇科（Heteropneustidae）有呼吸空气器官。有韦伯氏器官。有些种类有毒，主要是胸鳍硬刺附近表皮组织有毒腺细胞，其毒能使伤口甚疼，用以自卫。据称印度的肺囊鲇（*Heteropneustes fossilis*）亦用其毒刺攻击人和其他鱼类，纹鳗鲇（*Plotosus lineatus*）刺伤人后尚能引起死亡。

本目鱼类主要是淡水鱼类，仅海鲇科（Ariidae）与鳗鲇科（Plotosidae）为沿岸浅海鱼类。约有31科400属2211种，美洲约有1 300种（Nelson，1984）。除海鲇、鳗鲇二科外，澳洲均不产。约始于白垩纪。中国有11科，黄河流域有2科。

科的检索表

1（2）背鳍弱小或无，均无硬刺；无脂背鳍；无项背骨；左右喙骨不连接‧‧‧‧‧‧‧‧‧‧‧‧‧‧鲇科 Siluridae

2（1）背鳍发达，有硬刺；有脂背鳍；有项背骨；左右喙骨连接牢固‧‧‧‧‧‧‧‧‧鲿（鮠）科 Bagridae

鲇科 Siluridae

背鳍无硬刺，鳍条0～7；无脂背鳍。胸鳍常有硬刺。腹鳍小或无。臀鳍很长，接近或连尾鳍。体长形，尾部侧扁，前平扁，前端钝圆。上、下颌有齿。上颌骨球状，无齿。腭骨亦常有齿。前、后鼻孔远离，无鼻须。有上颌须1对，下颏须0～2对。鳃膜不连鳃峡。鳃膜条骨9～20。化石始于中新世。分布于亚洲及欧洲。我国有3属（依陈湘粦，1977），黄河只有1属。

鲇属 *Silurus* Linnaeus, 1758

释名：《尔雅》"鳠鲇"；晋郭璞注"鳠，今鳠额白鱼。‧‧‧‧‧‧鲇别名鳀，江东通呼鲇为鮧"；李时珍释为："鱼额平夷低偃，其涎黏滑。鮧，夷也。鳠，偃也。鲇，黏也。古鳠，今曰鲇。北人曰鳠，南人曰鲇。"

头平扁；口大；上、下颌与犁骨有绒状齿群。吻不突出。眼小，位于口上方。有上颌须1对；幼鱼有下颌须及下颏须各1对，大鱼有些无下颏须。鳃孔大。鳃膜分离游离。体表无鳞，体无骨板。背鳍4～6，背鳍小，无硬刺，鳍条不及7，位于腹鳍前方。臀鳍鳍条66～90；臀鳍很长，与尾鳍相连或几乎相连。胸鳍Ⅰ-9～17，胸鳍有硬刺，硬刺前、后缘有或无锯状小刺。腹鳍i-8～13；尾鳍圆或微凹。无后颞骨。筛骨发达，常宽大于长，前端两侧有横弧状突起。前额骨（亦名侧筛骨）侧突较筛骨侧突很小。亚欧产8种，我国东部产鲇（*P. asotus* "Linnaeus"）等6种。我国约有9个种及亚种。黄河流域有3种。

Silurus Linnaeus, 1758, Syst. Nat. ed. X : 304（模式种：*S. glanis*）。

Parasilurus Bleeker, 1862, Atlas Ichth. Indes Neerl. Ⅱ : 17（模式种：*P. japonicus = asotus*）。

Pterocryptis Peters, 1862, Monatsber. Akad. Wiss. Berlin, : 712（模式种：*P. gangelica = Silurus cochinchinensis*）。

Herklotsella Herre, 1933, Hong Kong Nat., Ⅳ : 179（模式种：*H. anomala* Herre; 香港鱼市）。

种的检索表

1（4）口裂仅达眼前缘；尾鳍上、下叉长相等

2（3）胸鳍硬刺前缘锯齿显明；左、右犁骨齿群微连；匙骨上段后缘有2个凹刻‧‧‧‧‧‧‧‧鲇 *S. asotus*

3（2）胸鳍硬刺前缘锯齿微弱；左、右犁骨齿群分离，匙骨上段后缘有1个凹刻‧‧‧‧‧‧‧‧‧‧‧‧‧‧‧

‧‧兰州鲇 *S. lanzhouensis*

4（1）口裂至少达眼中部；尾鳍上叉较下叉长；成鱼胸鳍硬刺前缘有2～3行粒状突起，雄鱼后缘
　　有15～20个发达的锯齿……………………………………………南方大口鲇 *S. soldatovi meridionalis*

鲇 *Silurus asotus* Linnaeus, 1758（图133）

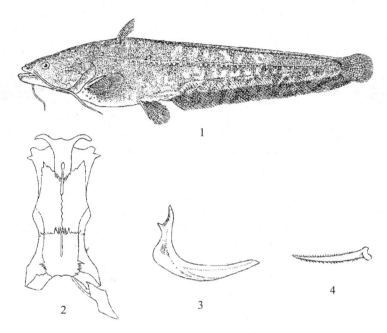

1. 体侧面图（依傅桐生，1934）　2. 头骨背面（依陈湘粦，1977）　3. 右匙骨外面　4. 右胸鳍硬刺
图133　鲇 *Silurus asotus*

背鳍 i -4；臀鳍71～86；胸鳍 I -13～15；腹鳍 i -11；尾鳍 ii -14～15- ii。鳃耙2～3+7～9。椎骨4+60。

标本体长56.8～357 mm。体长形；以背鳍基附近体最高，此处微侧扁，体高为体宽1.1～1.5倍；向前渐平扁，向后渐甚侧扁；体长为体高4.3～7倍，为头长3.8～5.1倍，为尾部长1.6～1.8倍。头很平扁；头长为吻长3.3～4.2倍，为眼径8.5～15倍，为眼间隔宽1.5～2.2倍，为口宽1.5～1.8倍，为上颌须长0.6～0.8倍。吻宽短，圆弧状。眼很小，侧上位，位于口上方。眼间隔很宽平。前、后鼻孔远离，周缘略呈短管状；前鼻孔位于上唇稍上方；后鼻孔位于前鼻孔正后方，距眼较距前鼻孔稍近。口大，前位，浅弧状，长不及宽的1/2，口裂向后仅达眼前缘。下颌较上颌长。上、下颌、犁骨及上、下咽骨均有绒状牙群。左、右犁骨牙群带状，微连。唇后沟仅口角有。每侧上颌须1条，伸过胸鳍基；稚鱼有下颏须2条，体长达70～90 mm时即渐消失。鳃孔大，约达眼下方。鳃膜游离且分离。鳃膜条骨约14。鳃耙长扁，长不及眼径1/2。肛门约位于腹鳍基与臀鳍基的正中间。鳔大，游离，外蒙厚纤维质鞘。胃发达。肠短于体长。匙骨上段后缘有2个凹刻。筛骨长不及1/3头骨长。前端两侧突起细长形。精巢扁形，有许多缺刻。

体表无鳞及骨板。侧线完全，侧中位，呈1列白色小孔状，前端较高。头背面颌下方有小黏液孔。

背鳍约位于胸鳍后端上方，很短，头长为第1～2背鳍条的2.1～3.3倍。臀鳍很发达且长，后端连尾鳍。胸鳍侧位、稍低；硬刺发达，前缘有锯齿状倒刺5～18个，后缘倒刺较少；鳍近圆形，头长为第2～3鳍条长1.6～2.1倍。腹鳍圆形，头长为第4腹鳍条长2.5～2.9倍，达臀鳍前端。尾鳍圆形或后端微

凹，下缘前1/2连臀鳍。

体色多变化。李时珍称："生流水者色青白，生止水者色青黄。"但据观察生清水有草处者背侧绿褐色，腹侧白色；生于黄河混水中的有些为艳黄色，腹侧色较淡；生于污泥底静水处者，背侧近黑色，腹侧污白色，体侧上方有横的白点纹。背鳍与尾鳍黄灰色，其他鳍黄色，有时胸鳍中部与背鳍为灰黑色。

为我国东部及朝鲜、日本的淡水底层凶猛鱼类。很习见。有人称雄鱼胸鳍硬刺前、后缘有锯状倒刺，雌鱼仅前缘有而后缘无；据著者观察似无此现象。白日常藏于草或大石块下，夜间出外觅食。以虾类、水昆虫、小鱼及蛙等为食。在黄河下游约2周龄达性成熟期，于4月下旬到6月初产卵，卵黏性，灰绿色，微黄，于黎明时在多水草处生殖，此时雌、雄鱼活跃追逐。体长340～390 mm，重300～625 g雌鱼怀卵6 787～10 801粒。在华阴1周龄鱼体长107～163 mm，2周龄300～370 mm，3周龄410～480 mm。为黄河中下游重要经济食用鱼类之一。从甘肃靖远到潼关，每年7～8月发洪水、泥沙多发生"流鱼"时（因鳃被泥沙污塞，鱼被窒昏顺流漂浮），鲇是捕浑水鱼的主要对象之一。大鱼体重可达3～4 kg。

分布于我国东部黑龙江到海南岛、元江及蒙古国、朝鲜、日本。在黄河分布于河口到兰州上方等处。化石发现于第三纪上新世。

Silurus asotus Linnaeus, 1758, Syst. Nat. ed. X，Ⅰ：304（亚洲）；Kessler, 1876, In Przewalski, Mongolia I Strana Tangutov. St. Petersbourg, Ⅱ（4）：（黄河）；陈湘粦，1977，水生生物学集刊6（2）：205，图版Ⅰ，5（黑龙江）；方树淼等，1984，兰州大学学报20（1）：106（陕西黄河水系）；褚新洛等，1999，中国动物志 硬骨鱼纲 鲇形目，83，图43。

Silurus japonicus Temminck et Schlegel, 1842, Fauna Jap. Poiss. 2: 226～227（日本）。

Silurus punctatus Cantor, 1842, Ann. Mag. Nat. Hist.，Ⅸ：485（舟山）。

Silurus xanthosteus Richardson, 1846, Rep. Br. Advmt Sci 15 meet., 281～282（舟山）。

Silurus bedfordi Regan, 1908, Proc. Zool. Soc. London: 61, pl. Ⅱ，fig. 3（朝鲜半岛Kimhoa及Chong-ju）。

Silurus cinereus Dabry, 1872, La pisciculture et la pêche en Chine: 180, pl. XLⅧ, fig. 1（长江）。

Parasilurus asotus, Mori, 1928, Jap. J. Zool.，Ⅱ（1）：70（济南）；Nichols, 1928, Bull. Amer. Mus. Nat. Hist., 58（1）：5（山西）；Rendahl, 1928, Ark. Zool., ⅩⅩ：159（垣曲黄河）；Rendahl, 1932, Ibid., ⅩⅩⅣA：87（兰州）；Tchang（张春霖），1932, Bull. Fan Mem. Biol. Inst.，Ⅲ（14）：211（开封）；Fu（傅桐生）& Tchang（张春霖），1933, Bull. Honan Mus.（Nat. Hist.）Ⅰ（1）：（开封）；Fu（傅桐生），1934, Ibid.，Ⅰ（2）：48, fig. 1（辉县百泉）；Nichols, 1943, Nat. Hist. Centr. Asia Ⅸ：34（天津，湖南，福建等）；Berg, 1949, Freshwater Fishes of USSR（in Russian）Ⅱ：908, fig. 638（日本南部，朝鲜及黑龙江到河内等）；郑葆珊，1959，黄河渔业生物学基础初步调查报告：34，图2（兰州、宁夏、内蒙古到山东利津）；张春霖，1960，中国鲇类志：8，图3（济南，河南）；李思忠，1965，动物学杂志（5）：219（甘肃到山东）；方树淼等，1984，兰州大学学报20（1）：106（关中盆地到无定河）。

Parasilurus asotus bedfordi, Wu（伍献文），1931, Bull. Mus. Hist. nat. Paris（2）Ⅲ：438（浙江）；王香亭等，1956，生物学通报（8）：15（兰州）。

兰州鲇 *Silurus lanzhouensis* Chen, 1977（图134）

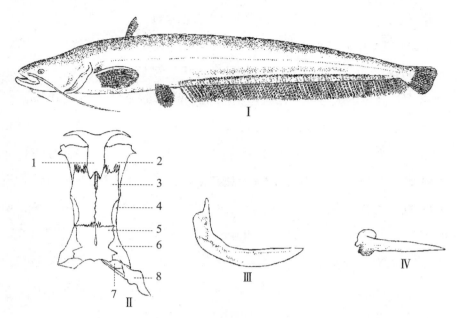

Ⅰ.体侧面　Ⅱ.颅骨背面　Ⅲ.匙骨　Ⅳ.胸鳍硬刺

1.中筛骨　2.侧筛骨　3.额骨　4.蝶耳骨

5.上枕骨　6.翼耳骨　7.上耳骨　8.上匙骨

图134　兰州鲇 *Silurus lanzhouensis*

释名：模式标本采自兰州，故名。

背鳍 i -4；臀鳍75~87；胸鳍Ⅰ-12~15；腹鳍 i -10~11；尾鳍 ii -14~15- ii 。鳃耙2+9~11。椎骨4+63~65。

标本体长125~1 000 mm（依陈湘粦，1977）：体长形，躯干略侧扁，尾部向后渐甚侧扁；体长为体高4.9~6.8倍，为头长4.8~6.1倍。头平扁；头长为吻长3.1~3.9倍，为眼径11.4~16.1倍，为眼间隔宽约1.8倍，为上颌须长0.5~0.8倍，为下颌须长1.7~2.8倍。吻宽圆，很平扁。眼位于头背侧。口闭时，口裂后端约达眼前缘。下颌较上颌长，突出。两颌有绒状牙群。左、右犁骨齿群椭圆形，不连。鼻孔远分离，前鼻孔为小管状。须2对；上颌须伸过胸鳍基，小标本可超过胸鳍末端；下颌须后端不超过鳃盖骨后缘。鳃膜不连鳃峡。肛门位于臀鳍始点略前方。匙骨上段后缘只有一凹刻。筛骨长等于头骨长1/3，前端两侧突起为细长形。成熟的精巢扁形，边缘有许多缺刻。

体表面裸露。侧线完全，直线形。背鳍小，位于胸鳍后段上方，第2鳍条最长。臀鳍很长，连尾鳍下缘前半部。胸鳍位于体侧中线下方，硬刺前缘锯齿状突起很微弱，鳍形为圆刀状。腹鳍后缘稍圆，达臀鳍基前端。尾鳍近圆截形或后端稍凹，上、下叉长约相等。体色多变化，与鲇鱼相似。

为黄河中上游特有的淡水底层大型凶猛鱼类，以瓦氏雅罗鱼、鲤、鲫等为食。在甘肃曾见到有3.5~4 kg的大鱼。据称在内蒙古乌梁素海（湖）及包头等浅水多草处产卵。

分布于内蒙古、宁夏、甘肃黄河干流和大的支流内。

Parasilurus asotus（部分），郑葆珊，1959，黄河渔业生物学基础初步调查报告：34（椎骨66~69，甘肃到内蒙古包头等）；李思忠，1965，动物学杂志（5）：219（甘肃到内蒙古，部分）。

Silurus lanzhouensis Chen（陈湘粦），1977，水生生物学集刊6（2）：210，图3（右），图4，图版Ⅱ-8（兰州，内蒙古托克托县等）；武云飞、吴翠珍，1991，青藏高原鱼类，523，图143（青海民

和峡口官亭乡黄河干流）；褚新洛等，1999，中国动物志 硬骨鱼纲 鲇形目，87，图47。

南方大口鲇 *Silurus soldatovi meridionalis* Chen, 1977（图135）

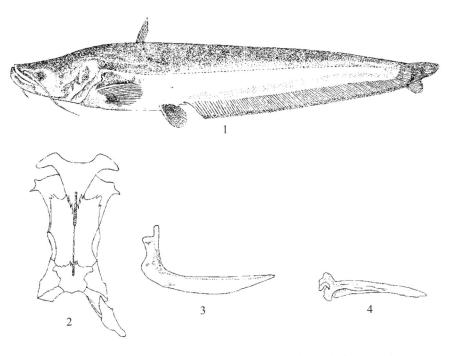

1.体侧面 2.头骨背面 3.匙骨 4.胸鳍硬刺（依陈湘粦，1977）

图135 南方大口鲇 *Silurus meridionalis*

释名：口裂较大，后达眼中部或眼稍后，似大口鲇（soldatovi）；分布区较南，故名meridionalis（拉丁文：南方的）。

无标本。主要特征：背鳍5~6；臀鳍79~88；胸鳍Ⅰ-14~17；腹鳍11~13。鳃耙12~15。椎骨4+61~66。

体长形；体长为体高5~6.3倍，为头长4.2~4.7倍。头较长且平扁；头长为吻长3.2~3.9倍，为眼径8.8~14.9倍，为眼间隔宽1.6~2倍，为上颌须长0.6~1.2倍，为下颌须长1.8~5.1倍。眼圆形。下颌较上突出。口裂后端至少达眼球中部下方，也有略伸过眼后缘的。左、右犁骨齿群相连而后缘中部凹形。前颌骨与犁骨齿较粗、锥形略呈钩状。成鱼有上颌须及下颌须，无下颏须；80 mm以下小鱼常有下颏须（云南程海一体长255 mm标本仍有下颏须）；上颌须达胸鳍基，幼鱼可伸过胸鳍末端；下颌须长常不及上颌须长的1/3。鳃膜游离。侧线直线形。

背鳍小，第1鳍条最长。臀鳍长，连尾鳍下缘前部。胸鳍伸达背鳍基下方；硬刺前缘有2~3行颗粒状突起，较小个体此突起不明显故硬刺前缘似光滑。雄鱼硬刺后缘自中部达末端，有15~20个大锯齿状突起。腹鳍圆形。尾鳍凹叉状，上叉显著较下叉长。

上筛骨很发达，其长为头骨的2/5，两侧突起较粗，骨前端中央凹刻较宽且深，筛骨形状似大口鲇（*Silurus soldatovi*）指名亚种，匙骨也较细长。成熟的精巢扁形，其边缘无许多缺刻。

为大型凶猛鱼类，捕食鱼、虾等水生动物。最大个体可达25 kg，生于长江及以南到瓯江、闽江、珠江等水系，浅水激流产橙黄色卵。以上依陈湘粦（1977）。

据著者所知，过去在河南省黄河流域亦有大达15 kg以上的个体，可能就是此鱼，转记其资料于此，备以后核证。

Silurus soldatovi meridionalis Chen（陈湘粦），1977，水生生物学集刊6（2）：209；图1-C，图3-中；图版Ⅱ-7（长江、灵江、瓯江、闽江及珠江）。

大口鲇*Silurus meridionalis*褚新洛等，1999，中国动物志 硬骨鱼纲 鲇形目，86，图46（珠江、闽江、湘江、长江等水系）。

鲿（鮠）科 **Bagridae**

背鳍Ⅰ-7；硬刺发达，后缘有或无锯齿。脂背鳍发达。胸鳍有硬刺，硬刺前、后缘有或无锯齿。腹鳍位于背鳍基后方。臀鳍短或中等长，不连尾鳍。尾鳍叉状或微凹，或截形。背鳍基附近及前方有项背骨板（nuchal plate）。上、下颌有绒状齿群。犁骨、腭骨齿群呈卵圆形或弯带状。前、后鼻孔远离，后鼻孔有一鼻须。每侧尚有一上颌须、一下颌须及一下颏须；上颌须很长。鳃膜不连鳃峡。鳃膜条骨7～13。化石始于古新世。为亚洲及非洲的淡水鱼类。黄河流域有2属。

黄鲿鱼属 *Pseudobagrus* Bleeker, 1860 *

［有效学名：黄颡鱼属 ***Pelteobagrus* Bleeker, 1865**］

释名：《诗经·小雅》："鱼丽于罶，鲿鲨。"晋陆机疏云，鲿，一名"黄颊鱼"。唐孟诜称为"黄颡鱼"。鲿音cháng。明李时珍曰："颡颊以形，鲿以味。缺轧以声也。今人析而呼为黄鮏、黄轧。"

背鳍Ⅰ-7，有一硬刺及7条分支鳍条。臀鳍条17～24。脂背鳍发达，等长于或短于臀鳍。胸鳍硬刺后缘锯状齿显明，前缘锯齿较弱或无。尾鳍深叉状，叉深至少等于尾鳍长的1/2。有鼻须，上颌须，下颌须及下颏须各1对；上颌须最长。前、后鼻孔远离。口下位。前颌骨与齿骨有绒状牙群。犁骨齿群横带状，不中断。鳃膜分离，不连鳃峡。为淡水鱼类。分布于印度、中国东部、朝鲜及日本南部。黄河流域有6种。

按：本属与鮠属（*Leiocassis*）的差异，Nichols（1943）与王以康（1958）认为黄鲿鱼属眼中等或稍大，或多或少有游离边缘；鮠属眼较小或蒙皮层，无游离眼缘。Berg（1949），Nikolsky（1954，1956）认为前属胸鳍硬刺前、后缘有锯齿，上颌须至少达胸鳍基；鮠属胸鳍硬刺仅后缘有锯齿，上颌须常不达胸鳍始点。张春霖教授（1960）等定为前属尾鳍深叉状，鮠属则为浅叉状、截形或圆形。此处暂依第三种意见。

**编者注：据陈熙，现在业界比较流行的一种观点，是将原黄鲿鱼属（黄颡鱼属）、鮠属、拟鲿属的东亚鲿（鮠）科鱼类均归为*Tachysurus*（疯鲿属）。*

Pseudobagrus Bleeker, 1860, Acta Soc. Sci. Indo-Neerl., 8（1）：87（模式种：*Bagrus aurantiacus* Temminck et Schlegel）。

Pelteobagrus Bleeker, 1865, Neerl. Tijdschr. Dierk., 2: 9（模式种：*P. calvarius* = *fulvidraco*）。

Fulvidraco Jordan & Fowler, 1903, Proc. U. S. natn. Mus., 26: 904（模式种：*Pseudobagrus rensonneti* Steindachner）。

种的检索表

1（4）上颌须伸过胸鳍基

2（3）背鳍硬刺较胸鳍硬刺短；胸鳍硬刺前缘锯齿状；体有大块黑斑·············黄鲿鱼 *P. fulvidraco*

3（2）背鳍硬刺较胸鳍硬刺长；胸鳍硬刺前缘光滑；体无显明大黑斑·······瓦氏黄鲿鱼 *P. vachellii*

4（1）上颌须不达胸鳍基

5（6）吻很突出 ···长吻黄鲿鱼 *P. longirostris*

6（5）吻不很突出

7（10）腹鳍约达臀鳍始点；体长为体高4.3～5.5倍

8（9）体长为体高5～5.5倍，为头长4～4.6倍 ··厚吻黄鲿鱼 *P. crassirostris*

9（8）体长为体高4.3～4.6倍，为头长3.8～4.3倍 ··粗唇黄鲿鱼 *P. crassilabris*

10（7）腹鳍约达肛门；体长为体高6.3～7.5倍，为头长4.5～4.9倍 ····························

··开封黄鲿鱼 *P. kaifenensis*

黄鲿鱼 *Pseudobagrus fulvidraco*（Richardson, 1846）（图136）

［有效学名：黄颡鱼 *Pelteobagrus fulvidraco*（Richardson, 1846）］

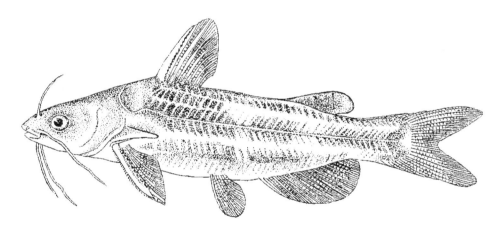

图136 黄鲿鱼 *Tachysurus fulvidraco*

释名：格牙鱼，黄格牙鱼（河北、山东、河南）；黄石公鱼（河南省内乡、淅川等）。

背鳍 I -7；臀鳍iv-14～17；胸鳍 I -7～8，硬刺前后锯状；腹鳍 i -5；尾鳍ix～ⅹⅲ-14～15-ix～ⅹⅲ。脂鳍小。尾鳍叉状。鳃耙4～6+10～11。椎骨4+40，尾椎约27。头骨粗糙外露；须4对，颌须越胸鳍基。

标本体长43.1～198 mm。体长形；背鳍始点处体高，略侧扁，体高为体宽1.1～1.3倍，向后渐尖且很侧扁；体长为体高4.2～4.5倍，为头长3.1～4.1倍，为尾部长2.3～2.8倍。头平扁，背面额骨与上枕骨裸露；头长为吻长3.2～3.7倍，为眼径4.8～6.6倍，为眼间隔宽2.1～2.5倍，为口宽1.9～2.6倍，为尾柄长1.6～2.2倍。尾柄长为尾柄高1.2～1.8倍。吻很平扁，钝圆，略突出。眼位于头侧中线上方，眼缘游离，眼后头等于（小鱼）或大于（体长90 mm以上）1/2头长。眼间隔宽凸。前鼻孔短管状，位于吻端，伸向前下方；后鼻孔位于吻中部，前缘有一鼻须。口大，很低，浅弧状。上、下颌有绒状齿群。犁骨齿群横弧状，不中断、舌钝厚。唇不中断。除鼻须外，尚有上颌须、下颌须及下颏须各1对；上颌须最长，伸达胸鳍基后缘附近。鳃孔大，下端达眼下方。鳃膜游离且分离。鳃膜条骨8。鳃耙细长，最长约等于眼径2/3。肛门约位于膜鳍基与臀鳍基的正中间，后缘有泄殖突起。鳔大，切面呈半卵圆形，前端钝，背腹面中央纵凹沟状。胃发达。肠短，有一个环弯。匙骨与喙骨下端左右牢连，喙骨后缘上褶呈横膜状；匙骨上端三叉状，中叉最短，后叉最大。

皮肤光滑。侧线侧中位。头部在眼下方及下颌下方有黏液孔。背鳍始于胸鳍基稍后方；前基缘有3个项背骨板；硬刺后缘有向下倒刺；鳍背缘斜直，头长为第1鳍条长1.2~1.5倍。脂背鳍发达，位于臀鳍基中段上方，长约为臀鳍基长1/3，后端游离。臀鳍下缘圆弧形；中部鳍条最长，头长为其长1.8~2.1倍。胸鳍尖刀状，位很低；硬刺前缘锯齿状，前缘齿细小，斜向末端；内侧齿较大，斜向基部；头长为第1鳍条长1.3~1.5倍，不达腹鳍。腹鳍始于体正中点后方，圆刀状，头长为第3鳍条长1.8~2.2倍，达臀鳍前端。尾鳍深叉状。

鲜鱼背侧黄褐色，头背面、背鳍基及后背各有一黑褐色大斑；体侧有3~4个黑色大斑，前方2~3个斑常分成上、下两段，斑间隙与腹侧淡黄色。鳍灰黄色；尾鳍上、下叉中央黑带纹状，其他鳍中央常较灰暗。腹膜淡黄色。

为淡水底栖肉食性鱼类。白昼常隐藏于草下、坑凹内或石块下，夜间出来觅食。常于早晨和傍晚仰游于水表层，捕食落水昆虫，也食底栖软体动物、水昆虫幼虫、小虾及鱼等。小鱼眼径及头长较大。卵巢切面呈长椭圆形。精巢长扁，约有31个盲囊状突起。2~3周龄达性成熟期，4月初到7月分批产卵。卵黄色，沉性。卵径1.5~1.95 mm。产卵前雄鱼到浅水沿岸有泥沙底处挖直径6~14 cm，深不过16 cm的巢穴群；雌鱼产卵后离巢觅食而卵由雄鱼保护，直到幼鱼能索食为止（依Nikolsky，1956）。李时珍称"煮食消水肿，利小便"，并歌为"一头黄颡八须鱼，绿豆同煎一合余，白煮作羹成顿服，管教水肿自消除"。

分布越南河内附近到黑龙江及朝鲜西部。在黄河流域分布于汾渭盆地河津、永济、周志，到河南洛阳、巩县、开封及山东东平湖、济南、利津等处。

Pimelodus? *fulvidraco* Richardson，（1845）1846, Rep. Br. Ass. Advmt Sci. 15 meet., : 286（广州）。

Silurus calvarius Basilewsky, 1855, Mem. Soc. Nat. Moscou. Ⅹ: 241, Tab. Ⅸ, fig. 1（渤海湾水系）。

Pseudobagrus fulvidraco, Popta, 1908, Zool. Anz., 32: 243-251（山东省运河）；Rendahl, 1928, Ark. Zool. 20: 165（山西垣曲）；Nichols, 1928, Bull Amer. Mus. Nat. Hist., 58（1）: 6（山西省）；Tchang（张春霖），1932, Bull. Fan Mem. Inst. Biol., Ⅲ（14）: 211（开封）；Fu（傅桐生）& Tchang（张春霖），1933, Bull. Honan Mus.（Nat. Hist.）Ⅰ（1）:（开封）；Fu（傅桐生），1934, Ibid. Ⅰ（2）: 49, fig. 2（辉县百泉）；Nichols, 1943, Nat. Hist. Centr. Asia Ⅸ: 40, pl. Ⅲ, fig. 3（山西等）；Berg, 1949, Freshwater Fishes of USSR, Ⅱ: 910, figs. 659-660（黑龙江到河内）（in Russian）；张春霖，1960，中国鲇类志：15，图7（山西，济南等）；伍献文等，1963，中国经济动物志：淡水鱼类：130，图105（黄河等）；李思忠，1965，动物学杂志（5）: 219（山西、陕西、河南、山东）；方树森等，1984，兰州大学报（自然科学版），20（1）: 107（陕西黄河及黑河）。

Pelteobagrus fulvidraco, Mori, 1928, Jap. J. Zool. 2（1）: 70（济南）；褚新洛等，1999，中国动物志 硬骨鱼纲 鲇形目，36，图8。

瓦氏黄鲿鱼 *Pseudobagrus vachellii*（Richardson, 1846）（图137）*

［有效学名：瓦氏黄颡鱼 *Pelteobagrus vachellii*（Richardson, 1846）］

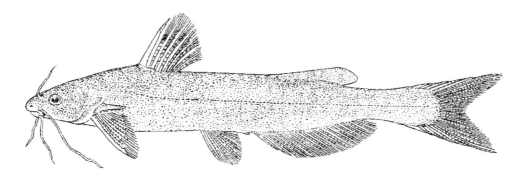

图137　瓦氏黄鲿鱼 *Pseudobagrus vachellii*

背鳍Ⅰ-7；臀鳍iv-19~20；胸鳍Ⅰ-9；腹鳍i-5；尾鳍ix~ⅺ-15-ⅺ。鳃耙4+10。椎骨4+42，尾椎约31。

标本体长144~161 mm。体长形；背鳍始点处最高，略侧扁，体高为体宽1.3~1.4倍，向后渐细且较侧扁；体长为体高4.8~5.3倍，为头长4~4.2倍，为尾部长2.2~2.3倍。尾柄长约为尾柄高2.1~2.3倍。头平扁，背面被厚皮；为眼间隔宽2倍，为上颌须长0.8~0.9倍。吻钝，圆厚，略突出。眼侧位，眼后缘距头后端较距吻端略近，周缘游离。眼间隔宽，圆凸。前鼻孔位于眼内前方吻端附近，短管状；后鼻孔位于吻中部，距眼较距吻端近，前缘鼻须伸达眼后方。须8条；上颌须最长，达胸鳍中部；下颌须及下颏须各2条，达鳃孔附近。口下位，口裂不达眼下方。上、下颌有绒状牙群。左、右犁骨牙群相连。唇厚，仅口角有唇后沟。鳃孔大，下端达眼后缘下方。鳃膜游离，微相连。鳃膜条骨8。肛门位于腹鳍基与臀鳍基的正中间。肛门稍后生殖泌尿突起。鳔切面呈半椭圆形，前端钝，背面中央纵沟状。肠有1个环弯。匙骨上端三叉状；后叉较细长，约为前叉长2.5倍。

体表面裸露。侧线侧中位，前端较高。背鳍始于胸鳍后段上方；硬刺较胸鳍硬刺稍长，前缘光滑，后缘有弱倒刺；头长为第1鳍条长1.2倍，伸达腹鳍基。脂背鳍较臀鳍基短，后段游离。臀鳍中等大，始点约位于胸鳍始点与尾鳍基正中间，头长为第1分支鳍条长2倍。胸鳍位很低；硬刺前缘光滑，后缘约有15个大倒刺，头长为第1鳍条长1.2~1.3倍。腹鳍圆形，头长为第1分支鳍条长1.8~2倍，约伸达臀鳍始点。尾鳍深叉状。

体背部灰褐色，两侧灰黄色，腹侧色最淡。除脂背鳍后端色淡外，各鳍末端暗褐色。

为我国东部及朝鲜西部淡水特产底层鱼类，大者体长可达300 mm。

分布于海河到珠江水系；朝鲜汉江到洛东江亦产。在黄河流域分布于汾渭盆地到河南及山东等平原地区。

*编者注：据伍汉霖教授，《中国动物志 鲇形目》及即将出版的《中国内陆水域鱼类物种名录》均认同瓦氏黄颡鱼*Pelteobagrus vachellii*为此种的有效学名；但FishBase目前仍视*Pelteobagrus vachellii*为*Pseudobagrus vachellii*的同物异名。

Bagrus（？）*vachelli* Richardson, 1846, Rep. Br. Ass. Advmt Sci. 15th meet., : 284（广州）。

Pseudobagrus eupogon Boulenger, 1892, Ann. Mag. Nat. Hist.,（6）9: 247（上海）。

Pseudobagrus vachellii Rendahl, 1928, Ark. Zool. 20: 165（垣曲等）。

Pelteobagrus vachelli, Mori, 1928, Jap. J. Zool., 2（1）: 70（济南）；方树淼等，1984，兰州大学

学报20（1）：107（陕西黄渭干流，汉水干流，湑水，丹江等）；褚新洛等，1999，中国动物志　硬骨鱼纲　鲇形目，40，图11。

Pseudobagrus vachelli，Tchang（张春霖），1941～1942，Bull. Peking nat. Hist.，16（1）：79（开封）；郑葆珊，1959，图3（郑州，开封，济南，利津）；张春霖，1960，中国鲇类志：18，图10（济南、白河、浙闽、广州、四川）；王香亭等，1974，动物学杂志（1）：6（甘肃文县）；施白南等，1980，四川资源动物志Ⅰ：152（金沙江、大渡河等）；郑葆珊等，1981，广西淡水鱼类志：194，图159（龙州，百色等）；Choi（崔基哲），et al.，1981，Atlas of Korean Fresh-water fishes: 24, map. 88（汉江，锦江、洛东江）。

Leiocassis vachelli，李思忠，1965，动物学杂志（5）：219（山西，陕西，河南，山东）。

长吻黄鲿鱼 *Pseudobagrus longirostris*（Günther, 1864）（图138）*

［有效学名：长吻鮠 *Leiocassis longirostris* Günther, 1864］

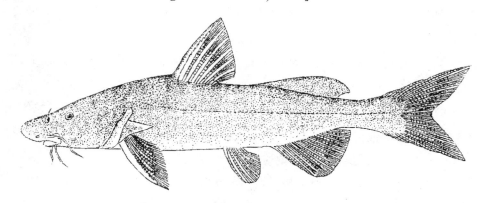

图138　长吻黄鲿鱼 *Leiocassis longirostris*

释名：鮠音（wéi）（《广韵》）。《本草图经》："鮧鱼口小、背黄、腹白、名鮠。"《正字通》："鮠似鲇而大，白色背有肉鬐，秦人呼为獭鱼。"李时珍《本草纲目》：鮰鱼、鳠鱼、鳞鱼。长江流域又名江团、鮠鱼、肥头、白戟。似黄鲿鱼而仅枕突外露，吻很突出。

背鳍Ⅰ-7；臀鳍iv-12～14；胸鳍Ⅰ-6～10；腹鳍i-5～6；尾鳍vii～x-15-vii～x。鳃耙5+11。椎骨4+38。

标本体长173～363 mm。体长形，背鳍始点处体最高，体高为体宽1.1～1.4倍，向后渐尖且较侧扁；体长为体高4.3～5.1倍，为头长3.4～3.5倍，为尾部长2.6～2.7倍。头稍大且略平扁，背面被厚皮而仅上枕骨突起裸露；头长为吻长2.7～3.1倍，为眼径9.9～17.3倍，为眼间隔宽2.7～3.2倍，为上颌须长2.5～3.1倍，为尾柄长1.4～1.6倍。尾柄长为尾柄高2.7～3.9倍。吻钝，很平扁且突出，两侧松软。眼很小，眼缘不游离，位于头前半部。眼间隔宽凸。前鼻孔位于吻前侧缘，很低，短管状；后鼻孔距眼较距吻端略近，前缘鼻须很细短，远不达眼前缘。口下位，浅弧状，位于后鼻孔下方，不达眼前缘。上、下颌及犁骨有绒状牙群，犁骨牙群连为横月形。唇厚，上唇缘有绒状突起，仅口角有唇后沟。短须4对；上颌须稍伸过眼后缘；下颌须2对，亦细短。鳃孔侧下位，略不达眼后缘。鳃膜相连，游离。鳃膜条骨8。鳃耙长约等于眼径。肛门距腹鳍基为距臀鳍基2倍。鳃心脏形，蒙厚纤维质膜，背面中央纵凹沟状。胃发达。肠长为体长（175 mm）1.4倍。皮厚，光滑。侧线直线形，侧中位，侧线小孔各有一小皮质突起，侧线前端较高。

背鳍始于胸鳍后段上方；硬刺发达，前缘光滑，后缘有锯状倒刺，硬刺较胸鳍硬刺长；鳍背缘斜直，头长为第1鳍条长1.5~1.8倍，伸达腹鳍。脂背鳍较臀鳍略长，后端游离。臀鳍第2鳍条最长，头长为其长2~2.2倍。胸鳍位很低，尖刀状；硬刺前缘光滑，后缘有10~17个锯状齿；头长为第1鳍条长1.6~1.7倍，约达背鳍基中部。腹鳍始于背鳍基稍后方，圆刀状，头长为第2鳍条长2.1~2.4倍，伸达臀鳍前端。尾鳍深叉状。

鲜鱼体粉红色，背侧稍灰，腹侧白色，吻下侧淡红色。鳍灰黄色或略带红色。腹膜白色或淡黄色。

为我国东部及朝鲜西部特有的淡水中下层鱼类。白日隐状，夜间索食。以虾、蟹、水昆虫及小鱼等为食。在长江流域成鱼3~4月溯游产卵，8月返回深水或大石下越冬。5~6月于激流处产卵。在河南、山东1周龄体长达173~185 mm，2周龄约250 mm，3周龄350~363 mm，最大体长约435 mm。在长江最大可达10 kg。

分布于辽河到宁波、闽江、珠江等处；在朝鲜汉江与锦江等亦产。在黄河流域仅见于下游陕西关中、河南省开封到山东省济南等。

Liocassis longirostris Günther, 1864, Cat. Fish. Br. Mus., 5: 87（我国）。

Leiocassis longirostris, Mori, 1928, Jap. J. Zool., 2（1）：70（济南）；Tchang（张春霖），1928, Contr. Biol. Sci. Soc., China 4: 29（南京）；Tchang（张春霖），1932, Bull. Fan Mem. Inst. Biol., 3（14）：215（开封）；Fu（傅桐生）& Tchang（张春霖），1933, Bull. Honan Mus.（Nat. Hist.）Ⅰ（1）：211（开封）；Tchang（张春霖），1936, Bull. Fan Mem. Inst. Biol. 7（1）：42（开封，济南等）；Nichols, 1943, Nat. Hist. Centr. Asia Ⅸ: 43（宁波等）；伍献文等，1963，中国经济动物志：淡水鱼类：131，图106（长江）；李思忠，1965，动物学杂志（5）：219（河南，山东）；王香亭等，1974，同上（1）：6（昭化嘉陵江）；Choi et al.（崔基哲等），1981, Atlas of Korean Freshwater Fishes: 25（汉江，锦江等）；方树森等，1984，兰州大学学报：20（1）：107（陕西黄河，渭河干流）；褚新洛等，1999，中国动物志 硬骨鱼纲 鲇形目，44，图13。

Rhinobagrus dumerili Bleeker, 1864, Ned. Tijdschr. Dierk., Ⅱ: 7（我国）。

Macrones（*Leiocassis*）*longirostris* Günther, 1873, Ann. Mag. Nat. Hist.,（4）Ⅻ: 245（上海）。

Leiocassis（*Rhinobagrus*）*dumerili*, Rendahl, 1928, Ark. Zool. ⅩⅩA（1）：168（南京）。

Pseudobagrus longirostris，张春霖，1960，中国鲇类志：23，图16（济南，开封，宁波，重庆，香港等）。

厚吻黄鲿鱼 *Pseudobagrus crassirostris*（Regan, 1913）（图139）*

[有效学名：粗唇鮠 *Leiocassis crassilabris* Günther, 1864]

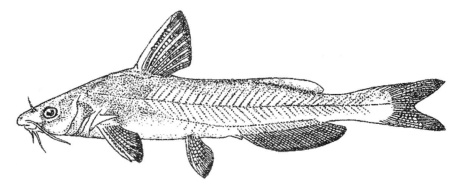

图139 厚吻黄鲿鱼 *Pseudobagrus crassirostris*

释名： 由拉丁文crassirostris（crass，厚 + rostris，吻）意译而得名。曾名钝吻黄鲿鱼（张春霖，1960）。

背鳍 I -7；臀鳍 iv ~ v -18 ~ 19；胸鳍 I -8 ~ 9；腹鳍 i -5；尾鳍 ix ~ xi -15-viii ~ xi。鳃耙2+7 ~ 8。椎骨4+41。尾椎30。

标本体长95.3 ~ 175 mm。体长形；背鳍始点处体最高，此处略侧扁，体高为体宽1.1 ~ 1.3倍，向后渐尖且较侧扁；体长为体高5 ~ 5.5倍，为头长4 ~ 4.6倍，为尾部长2 ~ 2.3倍。头钝尖，稍平扁，上枕骨外露，枕骨与项骨相连；头长为吻长3 ~ 3.3倍，为眼径6 ~ 7.6倍，为眼间隔宽2.2 ~ 2.4倍，为上颌须长1.3 ~ 1.5倍，为尾柄长1.3 ~ 1.5倍。尾柄长为尾柄高2 ~ 2.5倍。吻稍突出，松软。眼侧位，眼后缘距吻端较距鳃孔后端稍近。眼间隔圆凸，仅额骨中间纵凹形。前鼻孔位于吻前缘；后鼻孔距眼较距吻端略近，鼻须细短，约达眼中央。口下位，浅弧形，后端达后鼻孔下方。两颌齿绒状。犁骨。齿群相连。唇后厚，仅口角有后沟，须4对；上颌须达鳃盖骨下方，不达胸鳍基；下颌须2对，外侧须较长且达眼稍，鳃孔上端不达侧线，下端不达眼后缘。鳃膜游离，相连。鳃膜条骨8。鳃耙细短，长约为等于1/3眼径。鳔大，心脏形，前端宽钝，头长为鳔长1.5倍；腹面圆凸，背面中央纵凹沟状；两侧到后端呈硬状，由1行小泡形成。胃大。肠后部很弯曲。体长175 mm时约等于体长。卵巢切面呈扁圆形。精巢长扁，约由42个盲管状突组成。肛门位于腹鳍基到臀鳍始点的正中点。泌尿生殖突位于肛门与臀鳍始点的正中，雌鱼的不显明。

皮肤光滑。侧线直线形，侧中位，完整，前端较高。背鳍基位于体正中点稍前方；硬刺细，较胸鳍硬刺长，前缘光滑而后缘有弱倒刺；背缘斜直，头长为第1鳍条长1.1 ~ 1.6倍，伸过肛门。臀鳍下缘近浅圆形，头长为第1分支鳍条长1.2 ~ 2.2倍。胸鳍位很低；硬刺前缘光滑，后缘有锯齿状大倒刺；鳍尖刀状，头长为第1鳍条长1.2 ~ 1.4倍，伸达背鳍基中后部。腹鳍始于背鳍基后方，圆刀状，头长为第1鳍条长1.5 ~ 2.1倍，略伸达臀鳍。尾鳍深叉状，中央鳍条长约等于尾鳍长的2/5。

体背侧灰褐色，微绿，向下渐黄色；腹侧淡黄色或黄白色；自背侧向下在背鳍、脂背鳍及尾柄处各有一段色较暗。鳍黄色，末端及后缘灰黑色。腹膜淡黄色。

为我国东部淡水特产鱼类，以底栖无脊椎动物等为食。在潼关6月前后产卵，在河南、山东为4 ~ 5月，体长26.3 mm时体形、体色已似成鱼，仅头长及眼径较大。

分布于海河到长江等水系。在黄河流域分布于汾渭盆地蒲州（今山西省永济）、虞乡、周志、华阴、潼关及河南灵宝、巩义市到山东东平湖、垦利等处。

此鱼似粗唇黄鲿鱼*Pseudobagrus crassilabris*（Günther），而后者体较高，头长较大（体长为74 ~ 152 mm时，体长为体高4 ~ 4.2倍，为头长3.7 ~ 3.9倍）。

*编者注：FishBase资料认为此种可能是粗唇鮠*Leiocassis crassilabris*的同物异名。

Leiocassis crassirostris Regan, 1913, Ann. Mag. Nat. Hist., （8）XI: 552（四川嘉定府）；Nichols, 1943, Nat. Hist. Centr. Asia IX: 44（依Regan）。

钝吻黄鲿鱼*Pseudobagrus crassirostris*，张春霖，1960，中国鮎类志：19，图11（四川）。

瓦氏黄鲿鱼*Pseudobagrus vachellii*，郑葆珊等，1960，白洋淀鱼类：45，图41。

粗唇黄鲿鱼 *Pseudobagrus crassilabris*（Günther, 1864）（图140）*

[有效学名：粗唇鮠 *Leiocassis crassilabris* Günther, 1864]

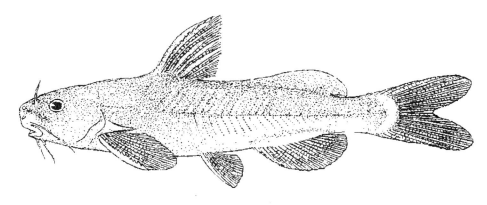

图140　粗唇黄鲿鱼 *Pseudobagrus crassilabris*

释名：名由crassilabris（拉丁文：crassus，厚 + labbris，唇）意译而来。

背鳍 I -7；臀鳍 iv-17～19；胸鳍 I -9；腹鳍 i -5；尾鳍 ix-15-ix。鳃耙3+9。

标本体长141～191 mm。体长形，背鳍始点处体最高，此处体高为体宽1.3～1.5倍；体长为体高4.3～4.6倍，为头长3.8～4.3倍，为尾部长2.1～2.4倍。头钝短，稍平扁，头长等于或略大于体高，被厚皮；头长为吻长3～3.3倍，为眼径5.6～8倍，为眼间隔宽2.2～2.8倍，为上颌须长1.4～2.1倍，为尾柄长1.3～1.5倍；尾柄长为尾柄高2.1～2.2倍。吻钝圆，稍突出。眼位于头侧线上方，无游离缘，位于头正中点前方。眼间隔宽。前鼻孔位于吻前下缘，短管状；后鼻孔距眼较距吻端稍近，前缘鼻须细弱约达眼中央。口下位，横浅弧状，唇肥厚，口角有唇后沟。上、下颌与犁骨牙绒带状；犁骨齿群相连。上颌须最长，不达鳃孔；下颌须2对，外侧须较长，约达眼后。鳃孔位于侧线下方，下端略伸过前鳃盖骨角。鳃膜互连，游离。鳃膜条骨8。鳃耙较瞳孔短。肛门距腹鳍基为距臀鳍始点的1.5倍。雄鱼泌尿生殖突起发达。

除胸骨突起（为匙骨的上叉）裸露外，头体全被厚皮。侧线侧中位，完整，侧线小孔处常有小皮突。

背鳍位于体前半部；硬刺前缘光滑，后缘有弱锯齿状倒刺；背缘斜直，头长为第1鳍条长1.1～1.3倍，伸达脂背鳍。脂背鳍基较臀鳍基略长，后端游离。臀鳍下缘斜形且微凸，前下角较圆，头长为第1分支鳍条长1.7～2.6倍，胸鳍位很低；硬刺较背鳍硬刺稍短，前缘光滑而后缘有12～14个大倒刺；鳍刀状，头长为第1鳍条长1.2～1.4倍，达背鳍基后部。腹鳍始于背鳍基后端稍后方，圆刀状，头长为第2鳍条长1.8～2倍，约达臀鳍始点。尾鳍深叉状。

鲜鱼淡黄褐色，腹侧色较淡。鳍淡黄色，末端较灰暗。为我国东部淡水底层肉食性鱼类。分布于黄河到浙江、福建及珠江水系。在黄河流域曾见于开封、三门峡及陕西黄河及渭河干流等处。

*编者注：据伍汉霖教授，《中国动物志 鲇形目》及即将出版的《中国内陆水域鱼类物种名录》均认同粗唇鮠*Leiocassis crassilabris*为此种的有效学名；但FishBase目前仍视*Leiocassis crassilabris*为*Pseudobagrus crassilabris*的同物异名。

Liocassis crassilabris Günther, 1864, Cat. Fish. Br. Mus., V : 88（我国。体长190.5 mm）。

Leiocassis crassilabris, Nichols, 1943, Nat. Hist. Centr. Asia IX : 44（洞庭湖，福建建宁等）；李思忠，1965，动物学杂志（5）：219（河南）；方树淼等，1984，兰州大学学报20（1）：107（陕西黄河及渭河干流）；褚新洛等，1999，中国动物志 硬骨鱼纲 鲇形目，45，图14。

Leiocassis crassilabris macrops, Tchang（张春霖），1936, Bull. Fan Mem. Inst. Biol.,（Zool.）7（1）：43（开封）。

Pseudobagrus crassilabris macrops，张春霖，1960，中国鲇类志：16，图8（开封，江西，福建）。

Pseudobagrus crassilabris，郑葆珊等，1981，广西淡水鱼类志：195，图160（广西珠江水系龙州等）。

开封黄鲿鱼 *Pseudobagrus kaifenensis*（Tchang, 1934）（图141）

［有效学名：开封拟鲿 *Pseudobagrus kaifenensis*（Tchang, 1934）］

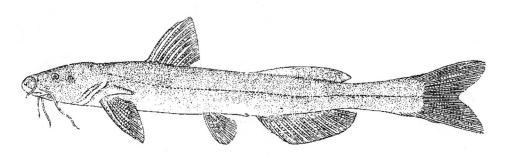

图141　开封黄鲿鱼 *Pseudobagrus kaifenensis*

释名：模式产地为开封，故名。开封名犀牛尾。背鳍 I -7；臀鳍 iii ～ iv-16 ～ 17；胸鳍 I -8；腹鳍 i -5；尾鳍 ix-15-ix ～ x。鳃耙3+10。

标本体长174 ～ 352.5 mm。体长形，背鳍始点处体最高，略侧扁，向后渐细且较侧扁；体长为体高6.3 ～ 7.5倍，为头长4.5 ～ 4.9倍，为尾部长2 ～ 2.2倍。头稍平扁，被厚皮，仅上枕突裸露；头长为吻长3 ～ 3.3倍，为眼径9 ～ 15.6倍，为眼间隔宽2.7 ～ 2.8倍，为尾柄长0.9 ～ 1.1倍。尾柄长为尾柄高3.2 ～ 3.4倍，吻钝圆，略突出。眼很小，侧位而高，后缘距吻端距头后端近。眼间隔宽凸。前鼻孔位于吻端附近，短管状。后鼻孔距前鼻孔较距眼略近，鼻须略达眼后方。口下位，浅横弧状，口角不达眼下方。上、下颌与犁骨有绒状齿群。唇厚，唇缘常呈绒毛状，上、下唇在口角都有唇后沟。须4对；上颌须略不达头后端；下颌须2对。塞孔大，下端不达眼下方。鳃膜互连，游离。肛门约位于腹鳍基与臀鳍始点的正中点，泄殖突距臀鳍较距肛门稍近。

除肱突（为匙骨上端的突起）、上枕骨突及项背骨裸露外，头体均被厚皮；大鱼有时皮面似绒状，侧线侧中位，由短的侧线管组成，侧线前端较高。

背鳍约始于吻端到臀鳍始点的正中点；硬刺较胸鳍硬刺稍长，前缘光滑，后缘有细弱倒刺；背缘斜直；头长为第1鳍条长1.3 ～ 1.6倍，略伸过腹鳍始点。臀鳍前下角圆形，头长为第1 ～ 2分支鳍条长的2.2 ～ 2.6倍。胸鳍位很低；硬刺前缘光滑，后缘有17 ～ 22个锯齿状大倒刺；鳍尖刀状，头长为第1鳍条长1.3 ～ 1.5倍，达背鳍基前部。腹鳍始于背鳍基远后方，圆刀状，头长为第3鳍条长2 ～ 2.4倍，伸达肛门，远不达臀鳍。尾鳍叉状，叉深为尾鳍长的1/3以上。

体背侧灰褐色，向下渐为黄色；腹侧黄白色。各鳍为黄灰色。为黄河下游底层鱼类。雌鱼泄殖突不显明。春季似有溯河洄游生殖现象。

分布于黄河下游。曾见于河南开封、陕西潼关及山西稷山等处。

Leiocassis kaifenensis Tchang（张春霖），1934, Bull. Fan Mem. Inst. Biol.（Zool）Peiping, V: 41（开封）；Nichols, 1943, Nat. Hist. Centr. Asia IX 46（after Tchang）；郑葆珊，1959，黄河渔业生物学基础初

步调查报告：35，图5（潼关）；李思忠，1965，动物学杂志（5）：219（陕西，山西，河南）。

Leiocassis pratti，Fu（傅桐生），1934，Bull. Honan Mus.（Nat. Hist.）Ⅰ（2）：51, fig. 3（辉县百泉）。

Pseudobagrus kaifenensis，张春霖，1960，中国鮎类志：20，图13（开封）。

鮠属 *Leiocassis* Bleeker, 1858

释名： 鮠音wéi（《广韵》）。陶弘景《名医别录》："鮠似鳀（鮎的古名之一）而色黄。"李时珍："腹似鮎鱼，背有肉鬐。"又名鮰、鳠、鰻鱼。leiocassis为希腊文（leios，平滑＋cassis，盔，胄）。

体长形，侧扁。头平扁。眼小，蒙皮肤。吻略突出。前、后鼻孔远离。口下位，两颌与犁骨有绒状牙群。有鼻须、上颌须各1对和下颌须2对。鳃孔大。脂鳍约与臀鳍相对。臀鳍ⅲ～ⅳ-14～19。胸鳍位于背鳍基后方。尾鳍圆形、截形或后端微凹。为亚洲南部到东部特有淡水鱼类。现知黄河流域有1种。

Leiocassis Bleeker, 1858, Ichth. Arch. Ind. Prodrom., I（Silur.）：59, 159（模式种：*L. poecilopterus*）。

Dermocassis Nichols（subgenus），1943, Nat. Hist. Centr. Asia 9: 46（模式种：*Bagrus ussuriensis* Dybowski）。

乌苏里鮠 *Leiocassis ussuriensis* Dybowski, 1872（图142）

［有效学名：乌苏拟鲿 *Pseudobagrus ussuriensis*（Dybowski, 1872）］

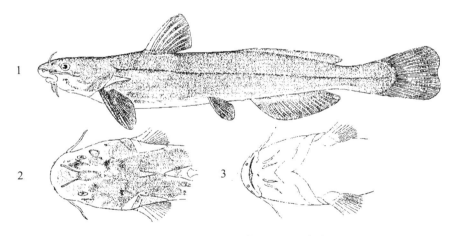

1.全身左侧面　2.头背面　3.头腹面

图142　乌苏里鮠 *Pelteobagrus ussuriensis*

释名： 模式产地为乌苏里江兴凯湖，故名。

背鳍Ⅰ-7；臀鳍ⅲ～ⅳ-15～16；胸鳍Ⅰ-8～9；腹鳍Ⅰ-5；尾鳍ⅶ～ⅸ-15-ⅶ～ⅸ。鳃耙4+9。椎骨4+42～43。

标本体长178～321 mm。体长形；背鳍始点处体最高，体高约为体宽1～1.1倍，向后渐尖且较侧扁；体长为体高4.9～8倍，为头长4.5～5.4倍，为尾部长2.1～2.4倍，体愈大愈较细长。头稍短，平扁，仅上枕骨突与肱突裸露，其余蒙厚皮；头长为吻长2.9～3.4倍，为眼径9～14倍，为眼间隔宽2.5～3.1倍，为上颌须长1.5～1.7倍，为尾柄长0.8～1.1倍。尾柄长尾柄高2.2～4倍。吻钝圆，略突出。眼小，侧位，后缘距吻端较距头端很近。眼间隔圆凸。前、后鼻孔远离，后鼻孔有一鼻须，伸达眼中后部；上颌须约伸达前鳃盖骨后缘；下颌须2对，外须较长，向后略不达鳃孔。口下位，横浅弧状。上、下颌与犁骨齿群绒状，犁骨牙群连为横月形。唇肥厚，内缘有短绒状突起，唇后沟位于口角。鳃孔位于侧中线下方，下端不达眼下方。鳃膜互连，游离。鳃膜条骨8。鳃耙较眼径稍短。肛门距腹鳍基约为距臀鳍基1.5倍。雄鱼生殖突显明，距臀鳍较距肛门近。鳔心脏形，长为宽1.3倍，两侧无泡状结构。胃很发达。体长321 mm标本，其肠长等于体长。

皮厚，大鱼表面常呈绒状。侧线细直，前端较高。背鳍始于体前部1/3处（体长178 mm时）或更前方（大鱼）；硬刺前缘光滑，后缘锯齿状细倒刺不显明；背缘圆刀状，头长为第1鳍条长1.5～2倍，伸达腹鳍。脂背鳍长约等臀鳍，臀鳍前下角圆形，头长为第3～4分支鳍条2.2～2.4倍。胸鳍位很低；硬刺常较背鳍硬刺稍长，前缘光滑而后缘有15～22个大锯齿刺；鳍尖刀状，头长为第1鳍条长1.3～1.6倍，伸达背鳍基。腹鳍圆刀状，位于背鳍基后方；头长为第2～3鳍条长1.9～2.3倍，小鱼约达臀鳍，鱼愈大愈较短，其至仅达肛门。尾鳍后缘浅凹叉状，叉深不及鳍长的1/4。

背侧灰褐色，向下渐为黄色或灰黄色，腹侧黄白色或污白色。鳍淡黄色，奇鳍与胸鳍末端略较灰暗。腹膜白色或灰白色。

为亚洲东部淡水底层鱼类。体形变化很大，鱼愈大尾柄愈细长和眼相对愈小。在黑龙江水系最大体长可达1 000 mm。

分布于黑龙江到黄河，及蒙古国、朝鲜西部等处。在黄河流域分布于下游龙门口到河南、山东等处。1959年6月14日在北洛河口曾得一尾体长321 mm的标本。

Bagrus ussuriensis Dybowski, 1872, Verh. Zool–Bot. Ges. Wien. 22: 210（乌苏里江兴凯湖）。

Macrones（Leiocassis）ussuriensis, Berg, 1909, Ichth. Amur.: 183（北京）。

Leiocassis ussuriensis, Nichols, 1928, Bull. Amer. Mus. Nat. Hist., 58（1）：8（山西省）；Shaw（寿振黄），1933, China J., 5: 354（北京）；Fu（傅桐生），1934, Bull. Honan Mus.（Nat. Hist.）I（2）：52, fig. 4（辉县百泉）；Nichols, 1943, Nat. Hist. Cent. Asia IX: 49（山西）；Berg, 1949, Freshwater Fishes of USSR（in Russian）2: 914, figs. 661–665（黑龙江到黄河及朝鲜西部）；郑葆珊，1959，黄河渔业生物学基础初步调查报告：35，图4（山东利津县）；张春霖，1960，中国鮎类志：31，图24（开封，北京，天津等）；李思忠，1965，动物学杂志（5）：219（山西，陕西，河南，山东）；

Leiocassis hwanghoensis Mori, 1933, Jap. J. Zool., V: 167, figs. 3～4（济南黄河）。

Pseudobagrus ussuriensis，方树淼等，1984，兰州大学学报，20（1）：107（陕西省黄河与渭河干流）；褚新洛等，1999，中国动物志 硬骨鱼纲 鮎形目，60，图26（珠江至黑龙江水系）。

银汉鱼目 Atheriniformes

鳃盖骨与前鳃盖骨边缘无棘锯齿。无眶蝶骨。鳃膜条骨4～15。胸鳍辐鳍骨4。尾下骨常为2，至多4。鳃为闭鳔。肩带以韧带连颅骨。背鳍、臀鳍与腹鳍位很后，侧线位很低或无（仅头部有）。一般为上层鱼类，大多生活于淡水。有3个亚目。黄河流域有2亚目，均无鳍棘。

亚目检索表

1（2）鼻孔每侧1个；侧线位很低；鳃膜条骨6～15⋯⋯⋯⋯⋯⋯⋯⋯⋯⋯⋯飞鱼亚目 Exocoetoidei

2（1）鼻孔每侧2个；侧线仅头部有；鳃膜条骨4～7⋯⋯⋯⋯⋯⋯⋯⋯⋯⋯鳉亚目 Cyprinodontoidei

飞鱼亚目 Exocoetoidei（现归为颌针目）（= Synentognathi，Beloniformes）

无鳍棘；背鳍、臀鳍与腹鳍均位于体甚后部；背鳍1个；腹鳍条6；尾鳍常有13条分支鳍条。侧线位于胸鳍基下方。有圆鳞。鼻孔每侧1个。上颌缘由前颌骨形成。下咽骨左、右愈合。无幽门盲囊。化石始于第三纪始新世。约有4科34属164种（Nelson，1984）。主要为海水鱼类。黄河流域有1科。

鱵鱼科 Hemiramphidae

上颌较下颌很短，前颌骨呈三角形。下颌很突出，呈针状。背鳍与臀鳍相对称。胸鳍短或中等长，位很高。腹鳍位体后半部。尾鳍常为叉状，下叉常较长。有圆鳞。侧线位很低。左、右第三上咽骨合为卵圆形板状，无第四上咽骨，大多为上层海鱼类，有些亦进入淡水。主要以绿藻类为食。卵生或卵胎生。现有12属约80种（Nelson，1984）。化石始于始新世。现知黄河下游有1属3种。

鱵鱼属 *Hemiramphus* Cuvier，1817

释名：《山海经·东山经》："……枸（xún）状之山，淄水出焉，而北流注于湖水，其中多箴（zhēn）鱼，其状如鲦，其喙如箴。"《临海志》："铜喙鱼。"又名姜公鱼。箴同针。此类鱼下颌细长如针。故名。

体细长柱状，略侧扁。前颌骨呈平扁三角形；下颌骨突出，细长如针；两颌仅相对部分有小齿。齿有3种。背鳍、臀鳍相对。胸鳍位高。腹鳍位于背鳍前方。尾鳍叉状，下叉常较长。有圆鳞。侧线很低。卵生。主要分布于热带各海区，有些亦进入淡水，很少为纯淡水鱼。黄河下游有3种。

Hemiramphus Cuvier，1817，Regne Anim.，2: 186（模式种：*Esox brasiliensis* Linnaeus）。

Hyporhamphus Gill，1860，Proc. Acad. nat. Sci. Philad.，: 131（模式种：*H. tricuspidatus* Gill）。

种的检索表

1（2）臀鳍始于背鳍始点稍前方 ······················· 前鳞鱵 *H. kurumeus*

2（1）臀鳍始于背鳍始点稍后方

3（4）腹鳍前方侧线鳞40余 ··························· 细鳞鱵 *H. sajori*

4（3）腹鳍前有侧线鳞20余 ··························· 间鳞鱵 *H. intermedius*

前鳞鱵 *Hemiramphus kurumeus* Jordan et Starks，1903（图143）*

［有效学名：间下鱵 *Hyporhamphus intermedius*（Cantor，1842）］

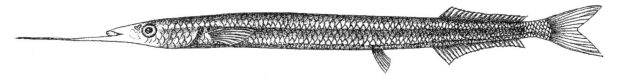

图143 前鳞鱵 *Hemiramphus kurumeus*

释名：臀鳍始点位置较靠前，故名；又名九州鱵。模式产地为日本九州岛Kurume的Chikugo河。

背鳍 ii-12~13；臀鳍 ii-14~15；胸鳍 i -10；腹鳍 i -5；尾鳍 iv-13-v。侧线鳞83$\frac{7~8}{2~3}$86，前背鳞51~52；鳃耙约9+16。

标本体长（吻端到尾鳍基）95~114.3 mm。体细长形，腹鳍始点处体高、体宽约相等，向前后渐略侧扁，吻部稍平扁；头长为吻长2.7~2.8倍，为眼径4.9~5.4，为眼间隔宽5.1~5.4倍。眼侧上位。眼间隔平坦。鼻孔位于眼前上缘。口平直，口裂不达鼻孔下方。左、右前颌骨呈三角形，三角长约等于宽。下颌突出于口前方，呈平扁细针状，针状部长约等于头长（吻端至头后端）。两颌齿短绒状。鳃孔大，侧位。鳃膜分离。鳃角处鳃耙细长。肛门位于臀鳍前方附近。

体有很小圆鳞，鳃盖部鳞较大。侧线很低，自鳃峡经胸鳍基下方和腹鳍基上缘达尾鳍基。

背鳍位于臀鳍上方；第1分支鳍条最长，头长为其长3.1~3.4倍。臀鳍始于背鳍始点稍前方，形似背鳍，头长为第1分支臀鳍条长2.6~3.3倍。胸鳍侧上位，尖刀状，头长为第3胸鳍条长1.4~1.5倍。腹鳍基距吻端为距尾鳍基1.5倍；近截形；头长为第1腹鳍条长2.8~3.1倍。远不达肛门。尾鳍深叉状，下叉较上叉长。

体背侧灰绿色，两侧银白色，腹面白色。针状下颌黑色。鳍常为淡黄色。为淡水稍小型上层鱼类。沿长江约达汉江襄樊等处。1949年后自长江外运养殖鱼苗被带到云南滇池，已在那里自行繁殖定居。

分布于日本东京附近到朝鲜半岛及我国东部长江、黄河等处。在黄河流域曾见于济南及宝林等处。

*编者注：根据FishBase及李思忠 & 张春光（2011）资料，此种亦可能是间下鱵*Hyporhamphus intermedius*的同物异名。

Hyporhamphus kurumeus Jordan & Starks, 1903, Proc. U. S. natn Mus., 26: 534, fig. 1（日本九州岛Kurume的Chikugo河）。

Hemiramphus kurumeus，杨立邦等，1980，湖南鱼类志：198，图137（洞庭湖）；Choi（崔基哲）et al., 1981, Atlas of Korean Fresh-water fishes: 27, map 100（朝鲜东南部到西部）；余志堂等，1981，鱼类学论文集 I：86（汉口至襄樊）。

Hyporhamphus intermedius，李思忠，张春光，2011，中国动物志 硬骨鱼纲 银汉鱼目 鳉形目 颌针鱼目 蛇鳚目 鳕形目，273-275，图114。

细鳞鱵 *Hemiramphus sajori* Temminck et Schlegel, 1846（图144）

［有效学名：日本下鱵 *Hyporhamphus sajori*（Temminck et Schlegel, 1846）］

图144 细鳞鱵 *Hyporhamphus sajori*

释名：鳞多、细小，故名。又名日本鱵、吻鳞鱵、塞氏鱵。

背鳍 ii-14~18；臀鳍 ii-14~18；胸鳍 i -11~12；腹鳍 i -5；尾鳍 iv~v-12~13-iv~v。

侧线鳞110 $\frac{11\sim13}{3\sim4}$ 112。鳃耙外行8～9+23～25，内行3～5+18～20。

标本体长（吻端到尾鳍基）102～186.5 mm。体细长呈柱状，稍侧扁，体高为体宽1.2～1.4倍，背缘、腹缘近似平行，尾部向后渐尖；体长为体高10.9～12.9倍，为头长4.6～5倍，为尾部长3.7～4.5倍。头似尖锥状；头长为吻长2.3～5.2倍，为眼径4.9～5.3倍，为眼间隔宽4.5～5.2倍，为尾柄长2.1～2.5倍；尾柄长为尾柄高2.6～3倍。吻平扁，三棱锥状。眼侧位，较高。眼间隔平坦。鼻孔位于眼稍前上方凹内。口平直，不达鼻孔下方。前颌骨形成口上缘，为三角形板状，长略大于宽，背面中央微呈纵棱状。下颌突出呈平扁针状，长为头长1～1.2倍，前端附近为肉质。上、下颌相对处有3尖形牙齿。舌厚长圆形，边缘游离。鳃孔大，鳃孔大，下端达眼下方。鳃膜分离且游离。鳃膜条骨11～12。鳃耙外行较细长，较瞳孔稍短；内行很短小。肛门位于臀鳍始点略前方。

鳞为较小圆鳞，易脱落；自眼上、下后头体均被鳞，腹鳍基前方侧线鳞40多个，侧线完整，很低，位胸鳍下方，自鳃峡经胸鳍下方和腹鳍、臀鳍基稍上方达尾鳍基。

背鳍始于肛门正上方；背缘斜凹，头长为第2～3鳍条长2.7～3.2倍。臀鳍似背鳍，始于背鳍始点略后方。胸鳍位于侧中线上方；第2～3鳍条最长，头长为其长1.5～2.2倍。腹鳍始点距尾鳍基约等于距前鳃盖骨角或眼后缘；头长为第1～2腹鳍条长2.9～3.3倍，远不达肛门。尾鳍叉状，下叉较上叉长。

鲜鱼背侧暗绿色，沿背中线为黑色纵纹状；下方白色；体侧自胸鳍基上缘到尾鳍基中央为银白色纵带状，纹前端细尖且较高，后端较宽且为侧中位，福尔马林液浸存后此带纹常呈黑褐色。鳍淡黄色或黄白色，末端常为灰黑色。头顶部与上、下颌黑色，下颌前端附近为红色。

为浅海上层鱼类。主要以轮虫、枝角类、桡足类、水昆虫等为食。游泳迅速，常为沿海、河口及港湾内沿丝绳钓鱼的对象。5月前后亦进入淡水内索食。最大体长达300 mm（Berg，1949）。

分布于北海道、朝鲜到我国东部沿岸和我国台湾地区。亦进入白河到长江等；沿黄河达东平湖和开封。

Hemirhamphus sajori Temminck et Schlegel, 1864, Fauna Jap. Pisces: 246, pl. 110, fig. 2（长崎）；Tchang（张春霖），1928, Contr. Biol. Lab. Sci. Soc. China Ⅳ（4）: 32, fig. 37（南京）；Wang（王以康），1933, Ibid., 9（1）: 29（烟台）；Tchang（张春霖），1938, Bull. Fan Mem. Inst. Biol.,（Zool.）8（4）: 342, fig. 2（辽河，烟台，武昌）；李思忠，1965，动物学杂志（5）: 220（河南，山东）。

Hyporhamphus sajori Jordan & Starks, 1906, Proc. U. S. natn Mus., 28: 203（今大连）；Berg, 1949, Freshwater Fishes of USSR, Ⅲ: 941（大彼得湾，入图们江）；成庆泰，1955，黄渤海鱼类调查报告：75，图52（辽宁，河北，山东）；Choi et al. 1981（崔基哲等），Atlas of Korean Freshwater Fishes: 27, map. 99（朝鲜半岛汉江，洛东江等）；李思忠、张春光，2011，中国动物志 硬骨鱼纲 银汉鱼目 鳉形目 颌针鱼目 蛇鳚目 鳕形目：271–272，图113。

间鳞鱵 *Hemiramphus intermedius* Cantor, 1842（图145）

［有效学名：间下鱵 *Hyporhamphus intermedius*（Cantor, 1842）］

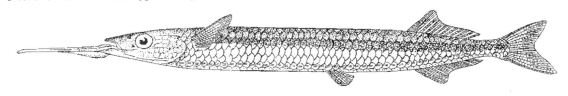

图145　间鳞鱵 *Hyporhamphus intermedius*

背鳍 ii-12~14；臀鳍 ii-12~14；胸鳍 i-10~11；腹鳍 i-6；尾鳍 v-14-v。侧线鳞 53~56 $\frac{5}{1~2}$ 6。鳃耙外行7+22，内行3+18。

标本体长116~143 mm。体细长，呈柱状，稍侧扁，体高为体宽1.1~1.4倍，尾部向后渐尖，雌鱼产卵前体较宽；体长为体高8.1~9.4倍，为头长4.4倍，为尾部长3倍。头亦侧扁；头长为吻长2.4~2.5倍，为眼径4.6~4.7倍，为眼间隔宽4.2倍，为尾柄长2.4~3.1倍；尾柄长为尾柄高1.7~2.1倍。吻长约等于眼后头长。眼位于侧中线上方。眼间隔平坦。鼻孔位于眼前上方附近凹内。口平直。前颌骨合成正三角形板状，形成口上缘，背面中央低纵棱状。下颌平扁，突出，呈针状，长约等于头长（吻前端到鳃孔后端）。两颌相对处有1~2行三尖形小细齿。舌长圆形，周缘游离。鳃孔大，侧位，下端达眼下方。鳃膜分离且游离。鳃膜条骨12。鳃耙外行较细长，较瞳孔短；内行均短小。肛门位于臀鳍始点稍前方。

鳞较大，自眼附近分布到尾鳍基；模鳞似半卵圆形，高甚大于长，前端较横直且中央有一圆突起，鳞心略近前端，后端环纹较密且上下侧似中断。侧线自鳃峡后端经胸鳍下方和腹鳍上方达臀鳍端或稍后，在腹鳍前方有侧线鳞24~25个。

背鳍始于肛门后缘上方；背缘斜凹形，前方鳍条最长，头长为其长2.6~2.7倍。臀鳍似背鳍而始点略较后。胸鳍位于侧线上方，尖刀状，头长为第2~3胸鳍条长1.8倍。腹鳍约始于眼到尾鳍基间的正中点；后端截形，头长为其长2.9~3倍，远不达肛门。尾鳍叉状，下叉较长。

鲜鱼背侧暗绿色；腹侧白色；体侧自胸鳍基到尾鳍基为灰色纵带状，福尔马林液浸存后常呈灰褐色。鳍淡黄色或黄白色，背鳍与尾鳍色较灰暗。下颌前端红色。

为近海上层较小型海鱼。5月初亦进入白河、黄河及长江等淡水区。

分布于琉球群岛、渤海到南海等。沿海河达白洋淀，沿淮河达河南省淮滨，沿黄河达济南、东平湖、开封等。

Hemiramphus intermedius Cantor, 1852, Ann. Mag. Nat. Hist.,（1）IX：485（舟山群岛）；Richardson, 1846, Rep. Br. Ass. Advmt Sci. 15 meet., : 264（广州）。

Hemiramphus intermedius，张春霖，张有为，1962，南海鱼类志：205，图174（广东汕尾及广西北海市等）；李思忠，1965，动物学杂志（5）：220（河南，山东）。

Hyporhamphus intermedius, Chu（朱元鼎），1931, Biol. Bull. St. John's Univ., I：87（白河等）；单元勋等，1962，新乡师范院学报 I：62（河南省淮滨）；李思忠，张春光，2011，中国动物志 硬骨鱼纲 银汉鱼目 鳉形目 颌针鱼目 蛇鳚目 鳕形目，273-275，图114。

鳉亚目 Cyprinodontoidei（现升为鳉形目）（= Microcyprini，Cyprinodontiformes）

背鳍位于尾部。腹鳍腹位或亚腹位。无鳍棘。侧线仅头部发达。鼻孔每侧2个。鳃膜条骨3~7。上颌缘由颌骨形成，常能伸缩。顶骨有或无。无眶蝶骨及中乌喙骨。椎骨24~54。有上、下肋骨而无肌间骨。化石始于早渐新世。有约9科86属681种。主要为淡水鱼类，很少能进入沿岸海区。我国只有1科；另外胎鳉科（Poeciliidae）是自美洲移入的。

1（2）臀鳍正常；齿三尖状；常卵生·······················大颌鳉科 Adrianichthyidae

2（1）雄鱼臀鳍前方鳍条延长；齿锥状；卵胎生·················胎鳉科 Poeciliidae

大颌鳉科 Adrianichthyidae *

释名： 鳉（jiāng）（《广韵》）。背侧青绿色，故名青鳉。

无上匙骨。上、下颌未扩大，上颌不突出。无犁骨齿。无假鳃。背鳍很小，位于臀鳍后段上方。雄鱼臀鳍较大，不呈交媾器。胸鳍侧位而高。腹鳍腹位。有中等大圆鳞。除头部外无侧线。口小，稍向上方。为亚洲南部、东部、东南部及印澳群岛淡水及半碱水小型鱼类。卵生。黄河流域只有1属（青鳉属）。

*编者注： 据武云飞教授、李帆及FishBase等文献，本科一般被归到颌针鱼目Beloniformes。

大颌鳉科Adrianichthyidae，李思忠，张春光，2011，中国动物志　硬骨鱼纲　银汉鱼目　鳉形目　颌针鱼目　蛇鳗目　鳕形目，80, 120-128, 150页；李思忠，2001，大颌鳉亚目隶属探讨（*On the position of the suborder Adrianichthyoidei*），动物分类学报，26卷4期，583-587。

青鳉属 *Oryzias* Jordan et Snyder, 1906

体小，侧扁。无鳍棘。雄鱼较发达。有圆鳞。体侧无侧线。

眼大，口小、横直、上位，口角不显明向下弯曲。背鳍5～6，位于臀鳍后段上方，尾后部；臀鳍14～20；胸鳍位高；腹鳍腹位；纵列鳞27～31。鳃膜互连，游离。鳃膜条骨4～5。有约14种，分布于我国、朝鲜、日本到印度及东南亚。辽河到滇南产3种。黄河下游有1种。

Oryzias Jordan & Snyder, 1906, Proc. U. S. natn., 31: 289（模式种：*Poecilia latipes* Temminck et Schlegel）。

青鳉 *Oryzias latipes sinensis* Chen, Uwa et Chu, 1989（图146）

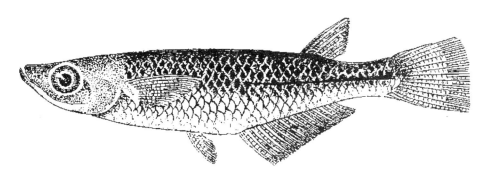

图146　青鳉 *Oryzias sinensis*

释名： 大眼贼，万年鲹（长江）。oryzias为希腊文（oryza，稻米），因稻田等浅水区常见到而名。

背鳍 i -5；臀鳍 iii -14～17；胸鳍 i -8～9；腹鳍 i -5；尾鳍 iv～v -8～10- iv～v。纵列鳞28～30+2，腹鳍列鳞10。鳃耙外行12～15，内行12～15。

标本体长19.3～23.7 mm。体长形；约腹鳍始点处体最高，侧扁，体高为体宽1.4～1.6倍，向后较侧扁且较尖；体长为体高4.2～4.4倍，为头长3.6～4倍，为尾部长2.1～2.3倍。头稍短，背面平坦，向前渐甚平扁；头长为吻长3.6～3.8倍，为眼径2.5～2.6倍，为眼间隔宽2～2.3倍，为尾柄长1.6～1.8倍；

尾柄长为尾柄高1.7～1.8倍。吻钝，浅弧状。眼大，侧位，稍高，距吻端较近。眼间隔宽坦。鼻孔2个，位于口角及眼前缘附近。口上位，横浅弧状，远不达眼下方。下颌较上颌长，上、下颌均有小牙。鳃孔大，侧位，下端略不达眼下方。鳃膜游离，左右相连。鳃耙很小。第2～4上咽鳃骨有咽齿。肛门邻臀鳍始点，椎骨28～30。第1肋骨连第3椎骨。染色体2n=46。

有中等大圆鳞，分布于眼间隔到头体各处。鳃孔往后无侧线。背鳍1个，很短小，位于背鳍后段背侧，背鳍前距为后距的4～4.2倍，背缘斜形，头长为第1～2鳍条长的1.9～2.4倍。臀鳍下缘斜直，第1～2分支鳍条最长，头长为其长1.8～2.2倍。胸鳍侧位而稍高，鳍基上端达体侧中线上方；尖刀状，头长为其长1.4～1.5倍，略达腹鳍始点上方。腹鳍腹位，始点距臀鳍基较距胸鳍基近，略达肛门。尾鳍后端截形或微凹。

鲜鱼背侧绿色，两侧及下方银白色，沿背中线及侧中线常各有一黑色细纹。各鳍淡黄色或白色。

为淡水浅水区上层小型杂鱼。喜群游于静水及缓流水区。眼球银色层很发达，自岸上看其眼呈白斑状。最大体长不超过40 mm。适应性强，水中含氧量为0.2毫克/升尚不死亡，pH 9.5～10时生活尚正常。以桡足类、枝角类等为食。夏季水温20℃～28℃时产卵。雌性成鱼较雄性成鱼鱼体大。雄鱼背鳍上缘有一深凹刻；臀鳍条较长且为灰黑色，不透明，后方鳍条有小追星。卵径约1 mm；黏性；卵表面有许多短丝状突起，其植物极细丝密集，成马尾状，长达5 mm。体长12 mm时外形即似成鱼。产量小，无经济价值。

分布于我国东部辽河到台湾、海南岛及云南等处。日本本州岛到朝鲜亦产。在黄河流域见于陕西省周志县、华县及晋南虞乡、永济，到河南、山东等处。由于移殖经济鱼类，被带到甘肃张掖，现在那里也已自行繁殖。

日本指名青鳉亚种Oryzias latipes latipes Temminck et Schlegel的主要特征：椎骨较多（30±0.5），第一肋骨连第三椎骨，胸鳍条常为10，染色体2n=48。

Poecilia latipes Temminck et Schlegel, 1846, Fauna Jap. Pisc., : 224, pl. CⅢ, fig. 5（日本）。

Haplochilus latipes Kreyenberg & Pappenheim, 1908, Abh. Ber. Mus. Nat.–u. Heimatk.（Naturk. Vorgesch.）Magdeburg. Ⅱ: 22（萍乡）。

Aplocheilus latipes Mori, 1928, Jap. J. Zool., Ⅱ（1）: 71（济南）；Fowler, 1930～1931，Peking Nat. Hist. Bull., Ⅴ（2）: 27–31（济南大明湖）；Nichols, 1943, Nat. Hist. Centr. Asia Ⅸ: 234（山东）；刘建康等，1956，湖泊调查基本知识: 230，图52；李思忠，1965，动物学杂志（5）: 220（陕西，山西，河南，山东）；李思忠，1981，中国淡水鱼类的分布区划: 228–229，图5–7（辽河到台湾、海南岛及云南）。

Oryzias latipes Jordan & Snyder, 1906, Proc. U. S. natn Mus., 31: 289; Matsubara, 1955, Fish Morphology & hierarchy: 368–369（日本中南部）；施白南等，1980，四川资源动物志Ⅰ: 152（大渡河等中下游）；崔基哲等，1981，韩国产淡水鱼分布图: 28，图101（北纬38度以南各处）。

Oryzias latipes sinensis Chen, Uwa et Chu，陈银瑞、宇和紘、褚新洛，1989，动物分类学报，14（2）: 239–246；李思忠，张春光，2011，中国动物志　硬骨鱼纲　银汉鱼目　鳉形目　颌针鱼目　蛇鳚目　鳕形目，153～155页，图58。

附：食蚊鱼 *Gambusia affinis*（Baird et Girard）（胎鳉科或花鳉科 Poeciliidae，图147）*

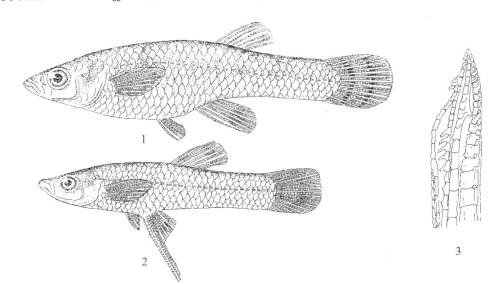

1. 雌鱼　2. 雄鱼　3. 雄鱼的交媾器（依Berg, 1949）

图147　食蚊鱼 *Gambusia affinis*

雄鱼常用前方臀鳍条作为体内授精器官，卵胎生。原产美洲。多色胎鳉（*Poecilia* sp.）与食蚊鳉（*Gambusia affinis*）已移殖世界各处供防疟和观赏。

*编者注：据李帆，食蚊鳉理论上无法在淮河及以北水系自然条件下野外越冬；在黄河水系不应算作已"归化"的外来物种。

食蚊鳉*Gambusia affinis*（Baird & Girard, 1853），李思忠，张春光，2011，中国动物志 硬骨鱼纲 银汉鱼目 鳉形目 颌针鱼目 蛇鳚目 鳕形目，139–141，图51。

刺鱼目 Gasterosteiformes（= Thoracostei）

鳔为闭式鳔。体背侧在背鳍前方至少有2个游离鳍棘。腹鳍位于胸鳍基稍后方，亚腹位。腰带骨不连匙骨。上颌由前颌骨形成，能伸缩，前颌骨前端后突起发达。有泪骨（lacrimal）等围眶骨及鼻顶骨。鼻骨以骨缝连额骨。无眶蝶骨及后匙骨。肩胛孔位于匙骨与肩胛骨间。前方椎骨正常。有2科7属约10种。黄河流域有1种。

刺鱼科 Gasterosteidae

体似小纺锤形，体裸露或有骨板。吻锥形，有些呈小管状。上颌能伸缩。背鳍鳍条6～14，位于臀鳍上方，前方有2～16个游离的鳍棘。腹鳍有一鳍棘及1～2条鳍条。鳃膜条骨3。上、下颌及咽鳃骨有牙齿。有后颞骨、上匙骨及上肋骨。椎骨28～42。约有5属8种，分布于北半球淡水、海水及半咸水。我国有2属2种，黄河流域有1种。

多刺鱼属 *Pungitius* Coste, 1846

背鳍前方有7～13个游离的鳍棘。腰带骨合为1个，位于左、右腹鳍之间及后方，呈三角形或披针状骨板。吻中等，不呈管状。腹鳍有一鳍棘及1～2条鳍条，位于胸鳍基稍后方。无鳞或有小骨板。尾

柄有或无侧棱。鳃膜互连而与鳃峡分离。

分布于亚洲中北部、欧洲及北美洲，有4种。我国有1种，黄河流域亦产。

Pungitius Coste, 1846, Mem. Sav. Etrang. Paris Ⅹ: 588（模式种：*Gasterosteus pungitius*）。

Pygostius Gill, 1862, Cat. Fish. East Coast N. A., Suppl. to Proc. Acad. Nat. Sci. Philad., for 1861: 39（name only）。

中华九刺鱼 *Pungitius pungitius sinensis*（Guichenot, 1869）（图148）

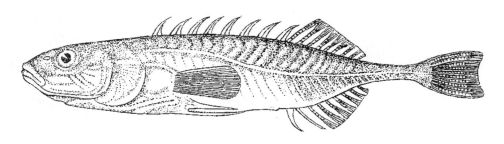

图148　中华九刺鱼 *Pungitius pungitius sinensis*

释名：背侧有7～13个游离硬刺，模式产地为我国，故名。又名刺儿鱼或丝鱼。

背鳍Ⅷ～Ⅸ，10～11；臀鳍Ⅰ，10；胸鳍 i -9；腹鳍Ⅰ-1；尾鳍ⅲ～ⅴ-9～10-ⅲ～ⅳ。体侧骨板33～34；鳃耙外行5+8，内行3+7。

标本体长29.7～58.5 mm。体细小，呈纺锤形，稍侧扁，腹鳍基稍后体最高，体高为体宽1.3～1.4倍；体长为体高4.4～5.5倍，为头长3.2～3.9倍，为尾部长2.4倍。尾部向后很细尖，尾柄尤细。头略侧扁；头长为吻长3.4～3.6倍，为眼径4～4.6倍，为眼间隔宽4～5.5倍，为尾柄长1.4～2倍；尾柄长为尾柄高4.6～6.4倍。吻钝尖。眼位于头侧中线上下，眼后头长较1/2头长略大。眼间隔平坦。前、后鼻孔均小，分离，位于吻侧中部。口前位，很斜，不伸过后鼻孔。前颌骨能伸缩，形成口上缘；下颌稍突出。上、下颌有齿，犁骨、腭骨无齿。唇中等发达。鳃孔稍大，侧位，下端不达前鳃盖骨下方。鳃膜互连，游离。鳃耙外行较粗大。肛门位于臀鳍始点稍前方。

体大部分裸露，仅沿侧线有鳞状骨板，到体中部后渐呈棱状。侧线侧中位，前段位较高。

背鳍始于胸鳍基前上方，前部由长短相似的鳍棘组成；鳍条部始于肛门后缘上方，上缘斜直，前方鳍条最长，头长为其长的2.2～2.9倍。臀鳍与背鳍鳍条部相对称，而前方有一游离鳍棘。胸鳍基上缘邻侧中线下方，扇状，头长为其长1.8～2.2倍。腹鳍始于胸鳍基后下方附近；腰骨外露，呈长三形，后端尖；鳍棘发达，头长为其长2.5～3.2倍；鳍条很小，长至多为鳍棘长的1/3。尾鳍后端截形或微凹。

鲜鱼背侧灰绿色，下方银白色。各鳍淡黄色或白色。为淡水清水多水草处小杂鱼。生殖期雄性成鱼体色较艳，有红色光泽；而雌鱼因怀卵体较宽高。产卵前有卵巢，产卵后雄鱼护卵和仔鱼。在淡水中体长最大达65 mm；Berg（1949）还称在符拉迪奥斯托克（海参崴）及鄂霍次克海，此鱼亦入海内，在海内最大体长85～90 mm。Nikolsky（1956）称在黑龙江水系的霍尔河，此鱼主要以摇蚊幼虫、鞘翅目及褶翅目的幼虫、钩虾科（Gammaridae）、剑水溞等为食。在黄河，情况尚不清楚。

分布于鄂霍次克海及千岛群岛到日本、朝鲜及我国长江等处。在黄河流域曾见于内蒙古呼和浩特、山西（据山西大学殷源洪副教授告诉）和山东。

Gasterosteus sinensis Guichenot, 1869, Nouv. Arch. Mus. Hist. Nat. Paris Ⅴ: 204, pl. ⅩⅢ, fig. 4（我国：长江？）。

Gasterosteus stenurus Kessler, 1876, in Przewalski, Mongolia i Strana Tangutov Ⅱ（4）: 6, Tab. 6（北纬43度：内蒙古赤峰市达里湖）（in Russian）。

Pygosteus sinensis, Berg, 1907, Proc. U. S. natn Mus., 32: 452（黑龙江，松花江，乌苏里江，北海道）。

Pungitius pungitius Shaw（寿振黄），1932, Bull. Fan Mem. Inst. Biol.（Zool.）Ⅲ（18）: 340, fig. 1（北京附近）；赵肯堂等，1964，动物学杂志（5）: 218（呼和浩特）。

Pungitius pungitius sinensis, Berg, 1949, Freshwater Fishes of USSR（in Russian）Ⅲ: 967（我国长江到松花江、乌苏里江、内蒙古达里湖，朝鲜东北部，日本本州岛及北海道，萨哈林岛（库页岛），千岛群岛及堪察加西岸等）；李思忠，1965，动物学杂志（5）: 220（山西，山东）。

Pygosteus pungitius sinensis, Nichols, 1943, Nat. Hist. Centr. Asia Ⅸ: 236（依寿振黄等）。

合鳃目 Synbranchiformes（= Symbranchii）

体形均鳗状。无鳍棘；背鳍与臀鳍无鳍条，与尾鳍完全相连；仅仔鱼期有痕状胸鳍；除鳍鳝属（*Alabes*）有喉位且仅具2鳍条的腹鳍外，均无腹鳍。除囊鳃鳝科（Amphipnoidae）有鳞外均无鳞。鳃孔腹侧相连。无鳔、肋骨、眶蝶骨、眶下骨、肩胛骨、乌喙骨、肌间骨及胸鳍辐鳍骨。口不能伸缩。为淡水、半碱水或沿岸海鱼类。共有2亚目3科7属约12种。现知东亚、南亚及澳大利亚有8种，中南美洲有2种及西非有2种。我国东南部有1亚目。

合鳃亚目 Synbranchoidei

顶骨尚位于额骨与上枕骨之间，颅骨长甚大于宽。背鳍与臀鳍低褶状。无偶鳍。椎骨100～188。肛门位于体后半部。有2科6属8种。我国有1科。

合鳃科 Synbranchidae

无鳞及肺状气囊。鳃3～4个。有约5属6种。我国有1属1种。

黄鳝属 *Monopterus* Lacepède, 1800

体鳗状。鳃孔小，位于头腹侧，左右相连。眼小，显明。鳃3个，鳃丝不发达。椎骨约190。幼雌性，大变雄性。只1种。

Monopterus Lacepède, 1800, Hist. Nat. Poiss., Ⅱ: 138, 139（模式种：*M. javanensis* Lacepède）。

Fluta Bloch & Schneider, 1801, Syst. Ichthyol., : 565（模式种：*Monopterus javanensis*）。

Apterigia Basilewsky, 1855, Nouv. Mem. Soc. Nat. Mosc., Ⅹ: 247（模式种：*A. saccogularis = alba*）。

黄鳝 *Monopterus albus*（Zuiew, 1793）（图149）

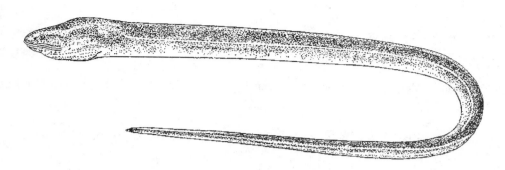

图149　黄鳝 *Monopterus albus*

释名：鳝同鲖、鳝。《山海经》"灌河之水其中多鲖"。山西、陕西亦名蛇鱼。

标本体长296～713 mm。体长圆柱状，前端较粗，向后渐尖且微侧扁，体高为体宽1.1～1.3倍，尾部很短，体长为体高18.7～28.7倍，为头长10.6～12.9倍，为尾部长4～4.3倍。头短粗，略侧扁，前端钝尖；头长为吻长4.6～5.7倍，为眼径8.2～16倍，为眼间隔宽6.6～7.7倍。吻短小，略侧扁，微突出。眼很小，位于上颌中段上方，眼缘不游离。眼间隔较宽，斜向前下方，中央圆凸。前鼻孔位于吻侧前端，后鼻孔位于眼前上方附近。口大，前位，稍低，半圆形。牙尖小，大部仅1行。左、右鳃孔合呈"人"字形位于头腹侧。鳃膜互连，游离。鳃每侧3个，鳃丝短弱。无鳃耙。

无鳞。侧线直线形，完整，在尾部侧中位，向前渐较高。背鳍与臀鳍均为弱皮褶状，无鳍条。尾鳍不明显。无偶鳍；奇鳍亦仅有背鳍和臀鳍褶痕；鳃孔于腹侧连成横弧状；顶骨互连；外翼骨有齿。

鲜鱼头体背侧灰黑色，有许多不规则的小黑点；腹侧橙黄色，黑点较稀少。

为淡水底层穴居鱼类。白日常隐伏于河道、沟渠、湖塘、稻田等岸边洞穴内，仅留头部于洞口水底，或仅口鼻等留在水面下，伺机捕食落水昆虫等。夜间常外出觅食昆虫等幼虫，也食蝌蚪、蛙及小鱼等。水温25℃～28℃时产卵，成鱼吐泡沫于洞口聚成团，卵产于巢内。卵径2～4 mm，7～8天孵出仔鱼。刚孵出的仔鱼有布满血管、具呼吸功能且不停扇动的胸鳍，稍长胸鳍消失。鳝喜浅水地区。鳝洞壁光滑且有鳝腥味，潮湿或有水，上下深度不及500 mm。鳝在产卵前，人伸手入洞掏鳝时不咬人；产卵后（在河南省约为稻子扬花时）有护卵行为，人伸手入洞捉时，鳝开始咬人。黄鳝仅3个鳃弓有鳃丝，但能以口咽腔内壁膜呼吸，出水后不立刻死亡，可耐久存及运输，以供鲜售。水枯时能退到低湿处或钻入湿泥内而不死亡。又据刘建康教授（1944）研究，最初鳝鱼成鱼体长在200 mm以下时全为雌鱼；产卵后有些个体卵巢开始变为精巢，成为雄鱼；体长360～379 mm时雌雄约各占1/2；体长530 mm时即全变为雄鱼。黄鳝为我国东南部习见的食用鱼类之一。

黄鳝分布于朝鲜大白山脉及日本东京以西到冲绳岛，菲律宾吕宋岛，缅甸、印度、越南到新加坡、印度尼西亚爪哇岛。在我国分布于辽东半岛千山山脉以西，辽河及滦河下游；海河水系太行山以东；黄河干流龙门口与渭河天水以下；沿长江达甘肃（陇南）武都及徽县，四川岷江灌县（现都江堰市）稍上方，大渡河雅安稍上方，雅砻江邛海（湖）及盐源盆地，沿金沙江达鹤庆丽江；沿珠江达阳宗海；沿澜沧江达剑川拉石海；沿怒江达腾冲与保山以上；台湾与海南岛也广泛分布。东沙群岛、西沙群岛及南沙群岛不产。新疆哈密附近低洼处现有的黄鳝是约1875年左宗棠驻军新疆时自内地移殖去的。

Muraena alba Zuiew, 1793, Nova Acta Acad. Sci. Petropol., Ⅶ: 299, pl. Ⅶ, fig. 2（无地址）。

Monopterus javanensis Lacepède, 1800, Hist. Nat. Poiss., Ⅱ：139（爪哇）；Tchang（张春霖），1932, Bull. Fan Mem. Inst. Biol. Ⅲ（14）：211, 215（开封）；Chang（张孝威），1944, Sinensia 15（1～6）：31（泸县到盐源平原。海拔达2 926 m）。

Monopterus cinereus Richardson, 1845, Zool. Voy. "Sulphur", Ichthyol.：117, pl. LⅡ（吴淞）。

Monopterus xanthognatha Richardson, 1845, Ibid.,：118, pl. LⅡ（广州）。

Fluta alba, Mori, 1928, Jap. J. Zool., Ⅱ（1）：71（济南）；Fowler, 1930～1931, Bull. Peking Nat. Hist., Ⅴ（2）：27-31（济南）；Fu（傅桐生）& Tchang张春霖, 1933, Bull. Honan Mus.（Nat. Hist.）Ⅰ（1）：（开封）；Fu（傅桐生），1934, Ibid., Ⅰ（2）：86, fig. 31（辉县百泉）。

Fluta alba cinerea，Nichols, 1943, Nat. Hist. Centr. Centr. Asia Ⅸ：28, pl. Ⅱ, fig. 1（山西，四川，云南）。

Fluta alba xanthognatha, Nichols, 1943, Ibid., Ⅸ：27（福建，广州，海南岛）。

Monopterus albus，伍献文等，1963，中国经济动物志：淡水鱼类：138，图114（江苏、浙江等）；李思忠，1965，动物学杂志（5）：220（山西、陕西、河南、山东）；王香亭等，1974，同上，（1）：6（武都、文县）；崔基哲等，1981, Atlas of Korean Freshwater Fishes：29（洛东江及汉江等）；宋世良等，1983，兰州大学学报（自然科学）；19（4）：124；方树淼等，1984，同上，20（1）：108（陕西黄河、渭河、黑河、南洛河等）；李思忠，1985，黄鳝的地理分布及起源的探讨，河南师范大学学报（自然科学版）03期，63-69。

鲽形目 Pleuronectiformes

释名： 鲽，又名比目鱼，最早见于《尔雅》。

成鱼两眼同位体于一侧。不论游动或停止时均有眼侧向上，无眼侧向下。体很侧扁，卵圆形、长椭圆形或长舌状。有眼侧体色较暗，常有种种斑纹，无眼侧体色常较淡。游动时主要靠奇鳍上下波动，故背鳍与臀鳍很发达，有些且与尾鳍相连。口前位或下位，上颌缘由前颌骨形成。两颌常有齿。仅少数有辅颌骨齿、犁骨齿与腭骨齿。前鳃盖骨缘游离或埋于皮下。假鳃发达或已退化、消失。鳃4个。鳃裂4～5个。鳃盖膜游离且常互连。鳃峡常为凹刻状。肛门常位偏体无眼侧。生殖突常位偏体有眼侧。头体常有栉鳞或圆鳞，两侧鳞常不相同，少数无鳞。有眼侧有侧线0～3条，无眼侧有0～2条。背鳍常始于眼上方或吻部，常无鳍棘。胸鳍常不对称，鳍条4～6，少数多达13。幽门盲囊有或无。成鱼均无鳔。额骨连上枕骨，将左、右顶骨隔离。翼蝶骨发达。无眶蝶骨、基蝶骨及中喙骨。肩带由后颞骨连颅骨。匙骨0～2个，肩胛骨与喙骨发达、退化或消失。肋骨与上肋骨有或无。仅鲆科有肌间骨等。第1间脉棘常连第1脉棘。尾舌骨纵板状或钩状。卵有或无油球。全世界有逾600种，主要为热带及温带浅海底层鱼类。仅少数能进淡水区。黄河口内有1科。

宋朝戴侗《六书故》与明李时珍《本草纲目》等均指出比目鱼两眼均位于头体阳侧，常位于左侧者为鲆及舌鳎类，位右侧者为鲽类或鳎类。鳒，两眼均位于左或右侧，故曰鳒。

舌鳎科 Cynoglossidae

体形似长舌，故名。正常个体两眼均位于头左侧。体很侧扁。吻部向腹侧常弯成大钩状，有些略呈钩状。口左右不对称，仅无眼侧有小绒状牙群。前鳃盖骨后缘埋于皮下。鳃盖膜相连，游离。鳃峡凹刻状。鳃耙很微小或无。头体有栉鳞或圆鳞。奇鳍相连。无胸鳍。腹鳍条4，常无右腹鳍。鳍条均不分支。生殖突常附连第1臀鳍条左侧。无幽门盲囊。胃与肠界限不显明。上咽齿2群。第1间髓棘细长，呈变形间髓棘。有2个伪间髓棘。椎骨46～64；腹椎9～11；腹椎肾脉棘呈横板状，最后棘长约为第1脉棘长的1/3或1/4。第1间脉棘细棘细长，弧状，连第1脉棘。无肩胛骨及乌喙骨。尾舌骨纵长板状。主要为西太平洋—印度洋热带及暖温带底层海鱼类。仅黄河口内附近有舌鳎亚科。

舌鳎亚科 Cynoglossinae

吻钩发达，达口腹侧。体左侧有侧线1～3条，右侧有0～2条。眼常位于左侧。吻软骨发达。变形间髓棘到吻软骨后缘约以90度弯向下方。有2～7属约72种。黄河下游河附近有1属。

舌鳎属 *Cynoglossus* Hamilton, 1822

释名：体形似长舌，故名。又名牛舌鱼、狗舌鱼、鳎目鱼、鞋底鱼等。广东名挞沙。

体长舌状，很侧扁。两眼位于头左侧，偶有反常个体。眼间隔很窄或稍宽，有或无鳞。吻端钩状，吻钩发达。左鼻孔2个，少数1个或无。口歪。两颌仅右侧有绒毛状齿。唇无须状突起。鳃膜条骨7。背鳍始于吻端稍后上方。腹鳍仅左侧有，连臀鳍。头体常有栉鳞，少数有圆鳞。头右侧有些鳞绒毛状。奇鳍全连；眼侧腹鳍连臀鳍。

左侧线1～3，右侧线0～2。有些学者根据侧线及鼻孔多少，将本属分为一线舌鳎属（*Dollfusichthys*）（仅有左侧线1条），似舌鳎属（*Cynoglossoides*）（左鼻孔2，左侧线2，右无侧线），舌鳎属（*Cynoglossus*）（左鼻孔2，左侧线2，右侧线1），双线舌鳎属（*Arelia*）（左鼻孔2，左、右侧线各2），三线舌鳎属（*Areliscus*）（左鼻孔2，左侧线3）及单孔舌鳎属（*Trulla*）（左鼻孔1）。此处均作为亚属。西太平洋到东大西洋约50种，我国产半滑舌鳎（*C. semilaevis* Günther）及黑鳃舌鳎（*C. roulei* Wu）等约25种。在黄河口内曾记录有4种，左侧线均3。

Cynoglossus Hamilton, 1822, Fish. Ganges: 32（模式种：*C. lingua*）；李思忠，王惠民，1995。中国动物志　硬骨鱼纲　鲽形目，334-378。

种的检索表

1（2）左侧上、中侧线间鳞最多13纵行；鳃孔后侧线鳞65～76；头长至多等于头高·················
···短吻红舌鳎 *C. joyneri*

2（1）左侧上、中侧线间鳞至少19纵行；鳃孔后侧线鳞至少112

3（4）左侧为强栉鳞，右侧为近似圆鳞的弱栉鳞；生殖突位于臀鳍前端右侧，游离；体左侧无褐色大斑··半滑舌鳎 *C. semilaevis*

4（3）体两侧均被强栉鳞；生殖突附连第1臀鳍条左侧，不游离

5（6）口裂至少达下眼后缘下方；上、中侧线间鳞最多达24纵行；侧线鳞12～13+129～142·········
···窄体舌鳎 *C. gracilis*

6（5）口裂略不达眼后缘下方；上、中侧线间鳞最多达20纵行；侧线鳞10～12+112～120；吻长等于上眼到背鳍基距离···短吻三线舌鳎 *C. abbreviatus*

短吻红舌鳎 *Cynoglossus*（*Areliscus*）*joyneri* Günther, 1878（图150）

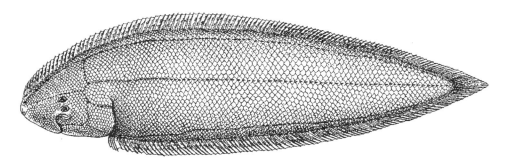

图150　短吻红舌鳎 *Cynoglossus joyneri*

释名：又名驹舌（杜亚泉等，1932），乔氏龙舌鱼（陈兼善，1956，1969），焦氏三线舌鳎（王以康，1958）。因与长吻红舌鳎（*C. lighti*）相似而头吻较短得名。

背鳍106～117；臀鳍83～90；腹鳍4；尾鳍9～12（常为10）。侧线鳞7～8+65～76。椎骨9+45。

标本体长141～169.3 mm。头体呈长舌状，很侧扁，前端钝圆，向后渐尖；体长为体高4～4.5倍，为头长4.6～4.8倍。头钝尖，头长不大于头高；头长为吻长2.3～2.4倍，为眼径11.2～14.5倍，为眼间隔宽24.8～28.5倍。吻钝短，吻钩约达下眼前缘下方。眼小，均位于头左侧，上眼位较前。鼻孔每侧2个。左侧后鼻孔位于眼间隔；前鼻孔短管状，位于吻缘。右侧后鼻孔位于上颌中央上方；前鼻孔亦管状，位较低。口歪形，下位；左口裂较平直，达下眼后缘下方，上颌达眼后；左口裂近半圆形。两颌仅右侧有绒毛状牙群。唇光滑。

头体两侧被栉鳞，鳞心至前端为至后端4～5倍，向前有辐状纹，后方有栉刺。上、中侧线间最多有鳞13纵行，右无侧线。左侧线3；上、中侧线有颞上枝相连，到吻端相连后向后无眼前枝；中侧线向下有前鳃盖枝；下颌鳃盖枝不连前鳃盖枝；下侧线始于臀鳍前端附近；上、下侧线后端分别伸入倒数第4～7背鳍条或臀鳍条间。

背鳍始于吻端稍后上方；后端鳍条最长，与尾鳍完全相连。臀鳍似背鳍，仅前方较短。腹鳍仅左侧有，始于鳃峡后端，有膜连臀鳍。尾鳍窄，尖长形。

头体左侧淡红色，略灰暗，各纵列鳞中央有暗色纵纹。鳃部较灰暗；腹鳍与前半部背鳍、臀鳍鳍膜黄色，背鳍、臀鳍后部渐呈褐色。右侧体及鳍白色。

鳃腔膜灰褐色。前2个腹椎髓棘宽扁；后6个腹椎有横板状肾脉棘，最长肾脉棘长不及第1脉棘长的1/3。为暖温带及亚热带浅海中小型底层鱼，喜生活于泥沙质海底区，以多毛类、端足类及小蟹类等为食。大鱼体长可达24.5 mm。

分布于渤海到珠江口附近，东达朝鲜及日本新潟以南。在山东垦利县黄河口内附近亦可采得。

Cynoglossus joyneri Günther, 1878, Ann. Mag. Nat. Hist.,（5）Ⅰ：486（上海）；Wu（伍献文），1932, Poiss. Heterosomes Chine: 154（北戴河，青岛）；Wang（王以康），1933, Contr. Biol. Lab. Sci. Soc. China 9（1）：61, fig. 29（烟台）；郑葆珊，1955，黄渤海鱼类调查报告：301，图186（辽宁，河北，山东）；郑葆珊，1962，南海鱼类志：1011，图781（广东汕头到唐家湾）；王文滨，1963，东海鱼类志：542，图408（厦门）；Ochiai, 1963, Fauna Jap. Soleina（Pisces）：88, pl. 18, fig. 47（日本）；李思忠，1965，动物学杂志，（5）：220（山东黄河口内）。

Areliscus joyneri, Jordan & Snyder, 1900, Proc. U. S. natn Mus. 23: 380（东京）。

Areliscus lighti, Chen（陈兼善）& Weng（翁迁辰），1965, Biol. Bull. Dep. Biol. Tunghai Univ. 27: 63, fig. 71（东港）。

半滑舌鳎 *Cynoglossus*（*Areliscus*）*semilaevis* Günther, 1873（图151）

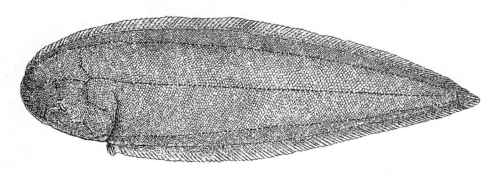

图151　半滑舌鳎 *Cynoglossus semilaevis*

释名： 左侧有强栉鳞；右侧鳞仅中央有少数弱栉刺，似圆鳞；故名。拉丁文semi（半）+ laevis（光滑）亦此意。

背鳍115～123；臀鳍91～96；腹鳍4；尾鳍10。侧线鳞13～15+123～132。椎骨11+47。

标本体长155.7～202 mm。体长舌状，很侧扁，体高为体宽4.5～5.3倍，前端钝圆，向后渐尖；体长为体高3.7～4.2倍，为头长4.5～4.7倍，为尾部长1.3～1.4倍。头部呈半卵圆形，头高稍大于头长；头长为吻长2.6～2.8倍，为眼径10.2～12.2倍，为眼间隔宽16.1～19.4倍。吻部钝圆，吻长小于上眼至背鳍基距离，吻钩不达左侧前鼻孔下方。两眼位于头左侧中部稍前方，上眼后缘约位于下眼中央上方，眼间隔有鳞，小鱼较窄，大鱼较宽。左侧前鼻孔短管状，位于上颌中部上缘附近和下眼前方；后鼻孔位于眼间隔前半部，小孔状。右鼻孔位于上颌中部上方，远离；前鼻孔位较低，管状；后鼻孔周缘微凸。口歪，下位；左口裂较平直，达下眼后缘下方；右口裂近半圆形。唇光滑，右侧较肥厚。两颌仅右侧有绒状窄牙群。无鳃耙。生殖突位于第1臀鳍条右侧，游离。

头体左侧被小型强栉鳞，鳍无鳞而仅尾鳍基附近有鳞，上、下侧线外侧鳞各有10～12纵行，上、中侧线间鳞最多达27纵行。右侧鳞仅中央稍后有5～8个小栉刺，刺不达鳞后缘，手摸似圆鳞，头前部鳞短绒毛状。左侧3条；上、中侧线有颞上枝相连，到吻端向下弯会合后延至吻钩，少数有眼前枝；前鳃盖枝连下颌盖枝，向后有叉枝；上、下侧线分别伸入倒数第2～6背鳍条、臀鳍条间。右无侧线。

背鳍始于吻端稍后上方，后端鳍条较长，完全连尾鳍。臀鳍始于鳃孔稍后下方。形似背鳍。偶鳍只有左腹鳍，始于鳃峡后端，第4鳍条有膜连臀鳍。尾鳍窄长，后端尖。

头体左侧淡黄褐色；奇鳍淡褐色而背鳍、臀鳍外缘黄色，腹鳍淡黄色。头体右侧白色，鳍淡黄色。

胃近弧形粗管状。肠短，大致呈一环状。体长592 mm雌鱼卵巢可达第16（右侧）或17（左侧）脉棘。前3腹椎髓棘扁板状，后8腹椎有横板状肾脉棘，第11腹椎肾脉棘长约等于第1脉棘长1/4。

为暖温带浅海底层大型鱼，为渤海、黄海及东海特产。俗称"一鲆、二镜（鲳鱼）、三鳎目"，甚为人民所喜食。

分布于渤海到东海，最南达厦门附近；朝鲜及日本一侧很少见。在黄河口内亦曾采得。

Cynoglossus semilaevis Günther, 1873, Ann. Mag. Nat. Hist.,（4）12: 379（烟台）；Günther, 1898, Ibid.,（7）Ⅰ: 216（辽宁营口，牛庄）；Wu（伍献文），1932, Poiss. Heterosomes Chine: 152（秦皇岛，烟台，青岛，温州，厦门）；Wang（王以康），1933, Contr. Biol. Lab. Soc. China 9（1）: 60, fig. 28（烟台）；郑葆珊，1955，黄渤海鱼类调查报告：298，图184（辽宁大东沟到河北及山东）；王文滨，1963，东海鱼类志：541，图407（浙江蚂蚁岛，福建厦门等）；李思忠，1965，动物学杂志（5）：220（山东黄河口内）；Menon, 1977, Smithson. Contr. Zool. 238: 92, fig. 45（烟台）。

Areliscus semilaevis, Jordan & Starks, 1907, Proc. U. S. natn Mus., 31: 242（我国烟台，日本）。

Cynoglossus abbreviatus（非Gray），Ochiai, 1963, Fauna Jap. Soleina（Pisces）：95, pl. 21（黄海，东海）。

窄体舌鳎 *Cynoglossus*（*Areliscus*）*gracilis* Günther, 1873（图152）

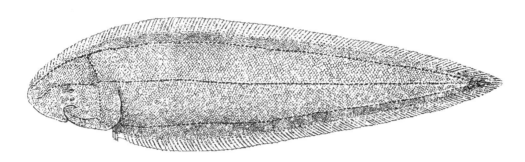

图152　窄体舌鳎 *Cynoglossus gracilis*

释名：体较低薄，故名。拉丁文gracilis（细，薄）亦此意。

背鳍129~137；臀鳍102~108；腹鳍4；尾鳍8。侧线鳞12~13+129~142。椎骨11+52。

标本体长126.7~310.5 mm。体长舌状，很侧扁，前方长4.7~5.2倍。头长等于或微大于头高；头长为吻长2.1~2.5倍，为眼径18~23倍，为眼间隔宽13.6~16.8倍。吻发达，吻长较上眼至背鳍基距离很大，吻钩约达下眼前缘前后。两眼位于头左侧中央稍前方，上眼后缘约位于下眼中央上方。眼间隔宽坦，有鳞。左侧前鼻孔短管状，位于下眼前下方和上颌中央上缘附近；后鼻孔位于眼间隔前半部，小孔状。右侧前鼻孔位于上颌前半部中央稍上方，亦短管状；后鼻孔新月形，位于上颌中部上方，位较高。口歪，下位；左口裂较平直，后端达下眼后缘或稍后方；右口裂近半月形。唇光滑，右唇较肥厚。两颌仅右侧有绒毛状窄牙群。鳃孔侧下位。无鳃耙。生殖突附连第1臀鳍条左侧。

头体两侧被小型强栉鳞；右侧鳞栉刺伸出鳞后缘，头部鳞为埋入式或绒毛状；左侧除尾鳍基附近外，鳍均无鳞；上、下侧线外侧有鳞7~9纵行，上、中侧线间鳞多达24纵行。右无侧线。左侧上、中侧线有颞上枝相连，前端向下弯相合后且延至吻钩，无眼前枝；前鳃盖枝叉状，前叉连下颌鳃盖枝；上、下侧线后端伸入倒数第2~7背鳍条或臀鳍条间。

背鳍始于吻端稍后上方；后方鳍条最长，与尾鳍上缘全相连。臀鳍始于鳃孔稍后，形似背鳍。偶鳍仅有左腹鳍；始于鳃峡后端，第4鳍条最长且以膜连臀鳍。尾鳍窄长，后端尖。

头体左侧淡黄灰褐色；鳞后部常有一灰褐色细横纹；奇鳍黄褐色，边缘黄色。头体右侧白色，鳍淡黄色。

胃粗管状。肠有一环弯，粗短，长不及体长1/2，中部有4~5个小折弯；向后达第1~3脉棘右侧。成鱼卵径为0.79 mm。夏末春初产卵。后5个腹椎有横板状肾脉棘，第11腹椎肾脉棘长不及第1脉棘长1/3。第1间脉棘长弧状。为暖温带浅海底层鱼。体长可达313 mm。亦能进入江河淡水区。

分布于渤海到东海，因沿岸寒流影响，亦能达粤东沿岸。向东达朝鲜西部沿岸。沿辽河达台安；沿长江可达武汉，洞庭湖及宜昌；沿黄河达利津附近。

Cynoglossus gracilis Günther, 1873, Ann. Mag. Nat. Hist.（4）12: 244（上海）；Günther, 1898, Ibid.,（7）Ⅰ: 261（辽宁牛庄）；Wu（伍献文），1932, Poiss. Heterosomes Chine: 160（北京，北塘，南京）；Wu（伍献文）& Wang（王以康），1933, Contr. Biol. Lab. Sci. Soc. China 9（7）: 303（福州）；郑葆珊，1955，黄渤海鱼类调查报告: 304，图189（辽宁，河北，山东）；王文滨，1963，东海鱼类志: 543，图410（浙江乍浦，镇海，霞芷等）；

Cynoglossus microps Steindachner, 1898, Reise Szechenyi Ostasien Ⅱ: 510（香港）；Wu（伍献文），1932, Poiss. Heterosomes Chine: 160（香港，依Steindachner）。

Areliscus rhomaleus Jordan & Starks, 1907, Proc. U. S. natn Mus. 31: 526, fig. 5（旅大）；Kimura, 1934, J. Shanghai Sci. Inst. Sect. 3（2）: 183（无锡，九江）。

Areliscus gracilis, Kimura, 1935, Ibid., 3: 25-27（上海崇明岛）；Chen（陈兼善）& Wang（翁迁辰），1965, Biol. Bull. Dep. Biol. Tunghai Univ., 27: 61, fig. 69（台湾东港）。

短吻三线舌鳎 *Cynoglossus*（*Areliscus*）*abbreviatus*（Gray, 1834）（图153）

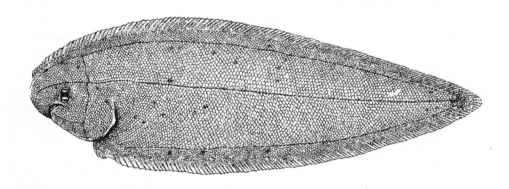

图153　短吻三线舌鳎 *Cynoglossus abbreviatus*

释名：因吻较短，且避免与短吻舌鳎（*C. brevirostris* Day）重名和左侧线3条，故名。

背鳍121～130；臀鳍100～104；腹鳍4；尾鳍8。侧线鳞10～12+112～120。椎骨10+52。

头体呈长舌状，很侧扁，前端较钝，后部渐尖；体长为体高3.3～3.8倍，为头长4.9～5.5倍。头很短，头长较头高很小；头长为吻长2.5～2.7倍，为眼径9.6～12.7倍，为眼间隔宽12.7～18.8倍。吻钝圆，吻长小于或至多等于上眼到背鳍基，吻钩不伸过左侧前鼻孔。两眼位于头左侧中央稍前方，上眼后缘约位于下眼瞳孔后缘上方。眼间隔宽稍小于或等于眼径，有鳞至少5纵行。左侧前鼻孔管状，位于下眼前方和上唇相邻；后鼻孔位于眼间隔前缘中央。右侧后鼻孔弧形，位于上颌中部正上方；前鼻孔短管状，位于上颌前半部中央上方，位较低。口歪形，下位；口裂左侧较平直，略不达下眼后缘而上颌略伸过后缘；右口裂近半圆形。唇光滑，右唇肥厚。两颌仅右侧有绒状窄牙群。鳃孔侧下位，似直立。无鳃耙。生殖突附连于第1臀鳍条左侧。

头体两侧被强栉鳞；右侧头部前部鳞为埋入式或绒毛状；左侧上侧线上方鳞6～7纵行，下侧线下方8～9纵行，上、中侧线间鳞最多20纵行，各鳍仅尾鳍基附近有鳞。右无侧线。左侧上、中侧线有颞上枝；中侧线尚有前鳃盖枝，此枝向后有一叉枝，前枝连下颌鳃盖枝；上、下侧线后端伸入倒数第2～7背鳍条、臀鳍条间。

背鳍始于吻端稍后上方；后端鳍条最长，完全连尾鳍。臀鳍始于鳃孔稍后，形似背鳍。偶鳍仅有左腹鳍；始于鳃峡后端，第4鳍条最长且有膜连臀鳍。尾鳍窄长，后端尖形。

头体左侧黄褐色，腹部与鳃部色较暗，鳍黄褐色，有些有黑棕色小点；尾后部鳍灰黑色而边缘淡黄白色。右侧白色，常有不规则棕褐色斑；鳍淡黄色，尾后端有些为棕褐色。

胃白色，粗管状。肠有一环状，长不及体长1/2，中部较弯曲。体长264 mm雌鱼左卵巢伸达第31脉棘，右卵巢达第29脉棘。前3个腹椎髓棘宽扁，前2个髓棘间距很远；后6个腹椎有横板状肾脉棘。第1间脉棘细长弧状，连第1脉棘。

为我国暖温带浅海底层鱼，体长可达380 mm。以小虾、蟹等为食。渤海、黄海很习见。

分布于渤海、黄海及东海，少数达珠江口附近。亦进河口内较淡水区。

Plagusia abbreviatus Gray, 1932, Ⅲ. Indian Zool. Ⅰ: pl. 94 fig. 3（我国）。

Plagusia abbreviatus, Richardson, 1845, Rep. Br. Ass. Advmt Sci: 280（我国广州等沿海）。

Arelia abbreviatus, Kaup, 1858, Arch. Naturgesch. 24: 108。

Cynoglossus abbreviatus, Günther, 1862, Cat. Fish. Br. Mus. 4: 494（厦门，广州）；Günther, 1873, Ann. Mag. Nat. Hist.（4）12: 244（上海）；Fowler & Bean, 1920, Proc. U. S. natn Mus. 58: 321（苏州）Evermann & Shaw（寿振黄），1927, Proc. Calif. Acad. Sci.（4）16: 113（南京等）；Tchang（张春霖），1928, Contr. Biol. Lab. Sci. Soc. China 4（4）: 37, fig. 43（南京）；Wu（伍献文），1932, Poiss. Heterosomes Chine: 157（烟台，青岛等）；郑葆珊，1955，黄渤海鱼类调查报告：303，图188（河北洋河口；山东龙口，蓬莱，烟台等）；王文滨，1963，东海鱼类志：544，图411（江苏大沙；浙江舟山等）；李思忠，1965，动物学杂志（5）：220（山东黄河口内）。

Areliscus abbreviatus, Wu（伍献文），1929, Contr. Biol. Lab. Sci. Soc. China 5（4）: 71, fig. 57（厦门）。

鲈形目 Perciformes

为脊椎动物中种类最多的一个目，也是鱼类中最大的一个目。常有鳍棘。背鳍1～2个，无脂背鳍。胸鳍常侧位，鳍基上下垂直。腹鳍胸位或喉位，有鳍棘0～1，鳍条0～5。尾鳍分支鳍条至多为15。常有栉鳞，有些有圆鳞或无鳞。上口缘由前颌骨形成。鳔有或无，均无鳔管。无眶蝶骨、中喙骨及肌间骨。主要为浅海鱼类。Nelson（1984）称有22亚目（含鲻亚目）150科约1 367属及约7 800种，仅鲈亚目（Percoidei）与虾虎鱼亚目（Gobioidei）即约占此目种数的2/3；虾虎鱼科（Gobiidae）、鲹鲷科（Cichlidae）、隆头鱼科（Labridae）、鮨科（Serranidae）、鳚科（Blenniidae）、雀鲷科（Pomacanthidae）、石首鱼科（Sciaenidae）及天竺鲷科（Apogonidae）8个大科即占种数的50%还稍多些。在黄河流域有6亚目。

亚目检索表

1（10）有后颞骨；肩带由后颞骨连头骨

2（7）无鳃上呼吸器官

3（4）腹鳍亚腹位；腰带骨以韧带连匙骨；无侧线；胸鳍位高；第3～4咽鳃骨愈合……………………………………………………………………………………………鲻亚目 Mugiloidei *

4（3）腹鳍胸位或喉位；腰带骨直接连匙骨

5（6）眶下骨已骨化，不连前鳃盖骨；常有鳔；腹鳍未形成吸盘；常有侧线·······················
···鲈亚目 Percoidei

6（5）眶下骨未骨化或无；常无鳔；腹鳍常合成吸盘；无侧线··············虾虎鱼亚目 Gobioidei

7（2）有鳃上器官

8（9）无鳍棘；有圆鳞；左、右鼻骨未愈合；腹鳍亚腹位；腰带骨以韧带连匙骨·····················
···乌鳢亚目 Channoidei

9（8）有鳍棘；有栉鳞；左、右鼻骨以骨缝愈合；腹鳍胸位；腰带骨直接连匙骨·····················
···攀鲈亚目 Anabantoidei

10（1）无后颞骨；肩带连头骨后的椎骨；有胸鳍，无腹鳍；体鳗状；奇鳍互连·····················
···刺鳅亚目 Mastacembeloidei

*编者注：鲻亚目 Mugiloidei 现升为鲻形目 Mugiliformes。

鲻亚目 Mugiloidei（后升为鲻形目）

背鳍2个，远离；前背鳍有4个鳍棘；后背鳍由一弱鳍棘及数鳍条组成。腹鳍亚腹位，有一鳍棘及5条分支鳍条。侧线无或很弱。腰带骨由韧带连匙骨。仅有鲻科。Berg（1940）曾将银汉鱼科（Atherinidae）、鲈科（Sphyraenidae）及鲻科合为鲻形目（Mugiliformes）；Gosline（1968）主要根据鲻科与攀鲈科以韧带连腰带骨及匙骨认为是鲈形目一早期分支。此处认为鲻类腹鳍亚腹位，可能更较原始。

鲻科 Mugilidae

体长纺锤形。头体被圆鳞或弱栉鳞。口前位或略下位，小或中等大。齿小，无齿根凹窝，或无齿。鳃孔大。鳃膜分离且不连鳃峡。鳃膜条骨5～6。鳃耙细长。前背鳍Ⅳ（很少为Ⅲ或Ⅴ），后背鳍Ⅰ-7～9。臀鳍Ⅲ-7～12，与后背鳍相对。胸鳍位高。腹鳍位于胸稍后方。尾鳍叉状。侧线弱或无。胃肌肉发达。肠很长。椎骨24～26。鳔大，为闭式鳔。化石始于渐新世（Berg，1940）有13属约95种（Nelson，1984）。为各热带及温带沿岸海鱼类，有些入半咸水及淡水。我国有2属2种，黄河下游均产。

属的检索表

1（2）脂眼睑很发达；上颌骨不外露···鲻属 Mugil

2（1）脂眼睑不发达；上颌骨外露···鲅鱼（梭鱼）属 Liza

鲻属 Mugil Linnaeus, 1758

释名：晋左思，《吴都赋》："鲛鲻琵琶。"鲻，黑色。背部黑绿色。故名。

口裂横宽，宽大于长；下颌缘锐利呈∧形。上颌骨完全被眶前骨遮盖。眶前骨带有锯齿。齿细小绒毛状。无犁骨齿及腭骨齿。脂眼睑发达。吻钝短。头部有圆鳞，体有弱栉鳞。无侧线。有假鳃。分布于热带及温带各近海，有些进入淡水区。黄河下游邻近河口附近亦产。

Mugil Linnaeus, 1758, Syst. Nat. ed. Ⅹ：316（模式种：*M. cephalus* Linnaeus）。

鲻鱼 *Mugil cephalus* Linnaeus, 1758（图154）

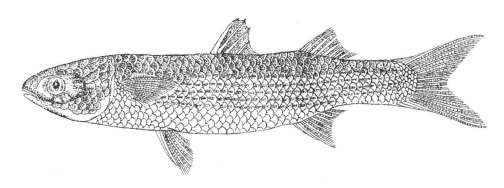

图154　鲻鱼 *Mugil cephalus*

释名：白眼（黄渤海沿岸）；燕鱼（河北省沿海）。

背鳍Ⅳ，Ⅰ-8；臀鳍Ⅲ-8；胸鳍 i -16；腹鳍Ⅰ-5；尾鳍 v -14- v 。纵行鳞39～41+4，横行鳞13～14。鳃耙外行53～75+67～90。

标本体长173～416 mm。体粗长梭状，前方很宽，自胸鳍基向后渐较侧扁，腹缘较背缘圆凸；体长为体高3.9～4.7倍，为头长3.7～4.5倍。头平扁，背面宽坦，腹侧较窄，头侧圆凸；头长为吻长3.9～5.7倍，为眼径3.7～5倍，为眼间隔宽1.9～2.5倍，为尾柄长1.3～1.7倍；尾柄长为尾柄高1.3～1.6倍。吻宽短，略突出。眼较大，侧中位，眼后头长为吻长至少2倍。眼周围及前、后透明的皮脂发达，眼前后缘脂眼睑很显明。眼间隔宽坦。前、后鼻孔远离；前鼻孔小圆孔状，位于吻端附近；后鼻孔横弧状。口稍下位，近"八"字形。上口缘由前颌骨形成；前颌骨之间腹侧纵凹刻状。下颌联合背面呈凸纵棱状，嵌在上颌凹刻内，下颌前缘薄锐。上、下颌有多行绒毛状齿，上颌外行齿较大且稀，略呈锥状。上唇较厚；下唇很薄，无小突起。鳃孔很大，侧位。鳃膜游离且分离。鳃耙长细状，很细密。椎骨12+12；幽门盲囊2（Günther, 1861）。肛门距臀鳍始点很近。

头部被圆鳞，体被弱栉鳞，头部鳞始于前鼻孔稍前方。胸鳍基与腹鳍基上缘均有一尖长形腋鳞。前背鳍基前段两侧亦有尖长腋鳞。无侧线。

背鳍2个，远离。前背鳍始点位于体正中点或稍前方；第1鳍棘最粗长，头长为其长2～2.2倍；第4鳍棘距第3鳍棘较远且很短，有鳍膜连体背侧。后背鳍始于第2臀鳍条基上方；背缘斜凹；前缘有一弱棘；第2鳍条最长，头长为其长1.8～2倍。臀鳍似后背鳍而前方有3鳍棘。胸鳍位于体侧中线上方；尖刀状；第1鳍条最长，头长为其长1.4～1.5倍，伸达腹鳍而不达前背鳍基。腹鳍亚腹位，距胸鳍基约为眼径2倍；亦刀状；第1鳍条最长，头长为其长1.2～1.5倍，伸达前鳍基下方。尾鳍深叉状，上、下尾叉尖长。

鲜鱼头体背侧黑绿色，两侧及腹面银白色，体侧约有7纵行鳞中央为黑纵纹状。各鳍淡黄色，尾鳍后缘色较灰暗，腹鳍与臀鳍近白色。虹彩肌银白色。

为近海沿岸中上层鱼类，喜群游于河口附近水底多污泥处，亦入淡水区，主要以刮取水底生物为食。3～4月产卵。渔民常于春夏间趁涨潮时捕其幼鱼蓄养鱼港湾内，秋冬即可售食。宋朝《异鱼图赞》即有养鲻的记载。为人民喜食的经济鱼类之一。大鱼体长可达550 mm以上（Berg, 1949）。

分布于全世界各热带沿岸海区及河口。在黄河流域可见于济南以东沿海地区。

Mugil cephalus Linnaeus, 1758, Syst. Nat. ed. 10: 316（欧洲大西洋沿岸）；Günther, 1861, Cat. Fish. Br. Mus. 3: 417（西非沿岸，北非突尼斯及尼罗河）；Evermann & Shaw（寿振黄），1927, Proc. Cal. Acad. Sci. 16: 114（杭州）；Mori, 1929, Jap. J. Zool. Ⅱ（4）: 385（济南）；Wang（王以康），1933,

Contr. Biol. Lab. Sci. Soc. China Ⅸ（1）：72, fig. 37（烟台）；Berg, 1949, Freshwater Fish. USSR, lll：992, fig. 724（欧洲，非洲，亚洲，美洲及澳大利亚；图们江、日本等）（in Russian）；成庆泰，1955，黄渤海鱼类调查报告：88，图60（辽宁，河北，山东）；张春霖等，1962，南海鱼类志：260，图218（广东、广西沿海）；朱元鼎等，1963，东海鱼类志：196，图153（浙江、福建沿海）；李思忠，1965，动物学杂志（5）：220（山东黄河下游）。

鲛鱼属 *Liza* Jordan et Swain, 1884

似鲻鱼属而脂眼睑不发达；上颌骨后段外露且弯向下方。现知黄河下游有1种。

Liza Jordan & Swain, 1884, Proc. U. S. natn. Mus. 7: 261（模式种：*Mugil capito* Cuvier）。

鲛鱼 *Liza soiuy*（Basilewsky, 1855）（图155）*

［有效学名：鲛鱼 *Liza haematocheila*（Temminck et Schlegel, 1845）］

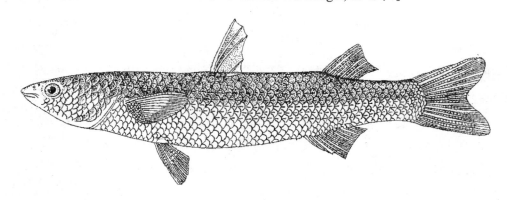

图155　鲛鱼 *Liza soiuy*

释名：鲛音suō，初见于《山海经》"姑射山有鲛鱼"。又名梭鱼、红眼或红眼梭鱼（黄渤海沿岸）。背鳍Ⅳ，Ⅰ-8；臀鳍Ⅲ-9；胸鳍ii-15～16；腹鳍Ⅰ-5；尾鳍iv～v-12-iv～v。纵行鳞39～41+4，横行鳞15～16。鳃耙外行约44+70，内行约30+50。

标本体长115～180 mm。体长梭状，前端稍侧扁，向后渐甚侧扁；前背鳍始点处体最高；体长为体高5.2～5.3倍，为头长3.8倍。头部向前渐平扁，背面宽坦且微圆凸；头长为吻长4.8～5.3倍，为眼径5.2～5.6倍，为眼间隔宽2.6～2.7倍，为口宽2.9～3倍。吻略突出，很平扁。眼侧中位，眼后头长约为吻长3倍；眼前、后缘透明，脂膜不发达。眼间隔很宽。前、后鼻孔远离；前鼻孔约位于吻的正中部，小圆孔状；后鼻孔横弧形。口略下位；口宽为口裂长2.5倍。前颌骨能伸缩，前端左、右骨间呈纵沟状。上颌骨后段外露且弯向后下方。眶前骨下缘有锯齿。下颌呈"八"字形，前缘薄锐；前端联合缝背面纵凸棱状，口闭时嵌在上颌间纵沟内。前颌骨有1行细小牙齿，下颌、犁骨与腭骨无齿。鳃孔大，侧位，下端达眼后半部下方。鳃膜游离且分离。鳃膜条骨6。有假鳃。鳃耙细密。肛门邻臀鳍始点。

头部有圆鳞；体有弱栉鳞；模鳞近方形，前端较横直，后端圆弧状，栉刺短小，鳞心距前端约为距后端2倍，向前有辐状条纹，向后有一纵管状纹；胸鳍无长腋鳞，而腹鳍基上缘与前背鳍基两侧各有一长腋鳞。无侧线。

背鳍2，远离。前背鳍始于体正中点略前方；第1鳍棘最长，头长为其长约2倍；第4鳍棘相距最远且有膜连体背面。后背鳍始于第3～4臀鳍条基上方；鳍棘细短；背缘斜形且微凹，头长为第1背鳍条长2倍。臀鳍与后背鳍相似；头长为第3臀鳍棘长3.3～3.4倍，为第1臀鳍条长1.9～2倍。胸鳍侧位而稍高；刀状；第3～4鳍条最长，头长为其长1.3～1.5倍，伸达腹鳍中部。腹鳍亚腹位，与胸鳍基距离约为眼径2倍；头长为第1腹鳍条长1.7~1.9倍，达背鳍始点。尾鳍浅叉状，上、下尾叉均钝。

鲜鱼背侧暗灰绿色，两侧及腹面银白色，体侧鳞纵纹暗灰色。后背鳍与尾鳍淡灰黄色，其他鳍灰黄色。虹彩肌黄红色，故俗名红眼。

为近海海鱼及半咸水鱼，亦进入淡水区。喜群游于水中、上层，主要以刮取污泥底生物为食。3~4月于河口附近产卵。卵及幼鱼浮性，河北、山东海边渔民常趁涨潮时在港湾与河口捕捞畜养，为港养鱼类的主要对象之一。

分布于符拉迪沃斯托克（海参崴）到朝鲜及我国广西北海市。在黄河流域仅见于山东省济南以东。

Mugil soiuy Basilewsky, 1855, Nouv. Mem. Soc. Nat. Mosc. Ⅹ: 226, tab. Ⅳ. Fig. 3（天津附近河流）；Günther, 1873, Ann. Mag. Nat. Hist.（4）12: 243（上海）；Berg, 1949, Freshwater Fish. USSR Ⅲ: 996, figs. 729—730（绥芬河、符拉迪沃斯托克（海参崴）、图们江、到朝鲜及我国辽河、烟台等）；成庆泰，1955，黄渤海鱼类调查报告：89，图61（辽宁、河北、山东）；张春霖等，1962，南海鱼类志：259，图217（广西北海市）；李思忠，1965，动物学杂志（5）：220（山东黄河口内）。

Liza haematochila（non Schlegel），Wang（王以康），1933, Contr. Biol. Lab. Sci. Soc. China Ⅸ（1）：74, fig. 38（烟台）。

Liza soiuy，朱元鼎等，1963，东海鱼类志：199，图156（浙江沈家门等）。

鲈亚目 Percoidei

鳍有鳍棘。腹鳍Ⅰ-5，胸位或喉位，不呈吸盘状；腰带骨直接连匙骨。尾鳍条基不夹尾下骨。上颌骨不牢连前颌骨。第2眶下骨不连前鳃盖骨。鼻骨不以骨缝连额骨。中筛骨连犁骨，不形成眼间隔。上耳骨不在上枕骨上方相连。副蝶骨不连额骨。无鳃上器官。无咽齿。鳔不被肋骨包围。为鲈形目中最大的亚目，有73科589属约3 524种（Nelson, 1984），主要为海鱼类；在黄河流域下游有2科，其中鲡鲷科是自非洲引入的。

科的检索表

1（2）鼻孔每侧2个；侧线连续；臀鳍棘Ⅲ；尾鳍常叉状；主要为海鱼⋯⋯⋯⋯鲈科 Percichthyidae
2（1）鼻孔每侧1个；侧线中部不连续；臀鳍棘Ⅲ~ⅩⅤ；尾鳍圆或截形；为淡水鱼⋯⋯⋯⋯
⋯⋯⋯⋯⋯⋯⋯⋯⋯⋯⋯⋯⋯⋯⋯⋯⋯⋯⋯⋯⋯⋯⋯⋯⋯⋯⋯⋯⋯鲡鲷科 Cichlidae

鲈科 Percichthyidae

体长纺锤形，稍侧扁。口大，稍倾斜。前颌骨能伸缩。辅颌骨有或无。上、下颌、犁骨与腭骨有细尖齿群。鳃盖骨有2个圆棘，下棘较长（仅*Niphon*属有3个棘）。鳃4。有假鳃。常被栉鳞。腹鳍无长腋鳞。侧线1条，完整。第1背鳍Ⅸ~Ⅻ，第2背鳍Ⅰ~Ⅱ-12~16，不远离。臀鳍Ⅲ-8~13。胸鳍侧位，位低。腹鳍Ⅰ-5，胸位。尾鳍常为叉状。雌雄异体，无性变现象。喙骨只有半个或一个辐鳍骨相连。角舌骨上缘似直线形或有一深凹刻。椎骨常较多（25个或更多）。尾端骨有2尾髓骨（uroneurals）。鳔前端叉状或后端尖伸入第1脉棘内。上枕骨嵴两侧无平行纵棱。腰骨后腋突长大于宽。约有20属至少50种（Nelson, 1984）。主要为各热带及温带海鱼类，有些进入或生于淡水。黄河下游有2属。

此科原属于鮨科，Gosline（1966）另立为科，规定鮨科鳃盖骨有3个棘；喙骨与1.5或2个辐鳍骨相连；角舌骨上缘稍凹而无一深凹刻；椎骨常有24个，仅有些花鮨亚科（Anthiinae）鱼类较多；有1个尾髓骨；腰骨腋突宽大于长；鳔前后端均圆形；上枕骨嵴两侧各有一纵棱；常为雌雄同体，性成熟时先为雌鱼，后渐变为雄鱼。

属的检索表

1（2）两背鳍略分离或稍相连；尾鳍叉状····································花鲈属 Lateolabrax

2（1）两背鳍相连；尾鳍圆形或截形······································鳜属 Siniperca

花鲈属 *Lateolabrax* Bleeker, 1857

体长形，中等侧扁。两背鳍基部相连，鳍式为Ⅺ～Ⅻ-Ⅰ-12～14。臀鳍Ⅲ-8～9。腹鳍胸位。尾鳍叉状。体有小栉鳞，头亦被鳞。侧线完全。口大，能伸缩。有辅颌骨。两颌、犁骨与腭骨均有毛刺状齿。前鳃盖骨后缘锯齿状，下方数个为大棘状。鳃盖骨后端有一大扁棘，其下方无棘。鳃耙细长。椎骨35。只1种。

Lateolabrax Bleeker, 1857, Verh. Batav. Genoot. Kunst. Wet. ⅩⅩⅥ: 53（模式种：*L. japonicus* Cuvier）。

花鲈 *Lateolabrax japonicus*（Cuvier, 1828）（图156）*

［有效学名：中国花鲈 *Lateolabrax maculatus*（McClelland, 1844）］

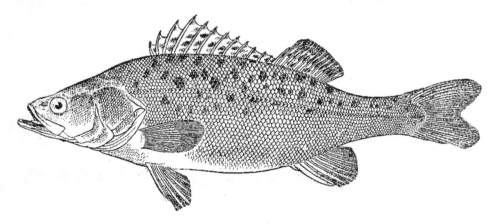

图156　花鲈 *Lateolabrax japonicus*

释名： 鲈鱼，初见于《后汉书·左慈传》。李时珍："黑色曰卢；此鱼白质黑章，故名。"又名烂鲈、脆鲈、鲈鱼。

背鳍Ⅻ-Ⅰ-13，略分离；臀鳍Ⅲ-7～8；胸鳍ⅱ-15～16；腹鳍Ⅰ-5；尾鳍ⅵ-15-ⅴ～ⅵ。侧线鳞70～80。鳃耙外行7～8+15～16，内行6～7+12。椎骨16+19。

标本体长161～197.3 mm。体长梭状。中等侧扁，前背鳍始点处体最高；体长为体高3.7～4.2倍，为头长3.1～3.2倍，为尾部长2.9～3倍。头亦侧扁；头长为吻长3.8～3.9倍，为眼径5.2倍，为眼间隔宽4.9～5.1倍，为口宽2.1～2.3倍。吻钝短。眼位于侧中线上方和头正中点稍前方。眼间隔平坦，中央微凸。前、后鼻孔紧互邻，前鼻孔距眼较距吻端近。口大，前位，下颌较上颌略长，有辅颌骨。前上颌骨能伸缩。上颌骨前端细；后端宽截形且外露，达眼中部下方。两颌、犁骨与腭骨有短绒状牙群。舌圆、薄、游离。前鳃盖骨后缘锯齿状，角处及下缘有4个辐状棘。鳃孔大，侧位，达眼后半部下方。鳃膜略连，不连鳃峡。鳃膜条骨7。有假鳃。鳃耙细长，最长的长于鳃丝，内行小突起状。角舌骨上缘有一深凹刻。腰带骨后腋突长大于宽。肛门位于臀鳍始点稍前方。

除口部与头腹侧外均被小栉鳞。模鳞长方形，后端稍圆凸且有椎状栉刺，鳞心距前端约为至后端3倍，向前约有6条辐状纹。背鳍基、臀鳍基有低鳞鞘。侧线1条，完整，前方高到尾柄为侧中位。

背鳍2，鳍基略连。前背鳍始于胸鳍始点略后方；第Ⅳ～Ⅴ鳍棘最长，头长为其长2.3～2.7倍；后背鳍短，背缘斜形，头长为第3鳍条长2.2～2.5倍。臀鳍第2鳍棘最粗长，头长为其长2.4～2.5倍；第1鳍条最长，头长约为其长2倍。胸鳍侧下位，圆刀状，头长为第5～6鳍条长1.9～2.1倍，约达第7～8背鳍棘下方。腹鳍胸位，比胸鳍基位置稍靠后，左、右鳍间距约等于1/2眼径；头长为第1腹鳍条长1.8～1.9倍，远不达肛门。尾鳍钝叉状，微凹。

鲜鱼背侧灰绿褐色，稀疏散有不大于瞳孔的黑斑；向下色渐淡，腹侧白色。奇鳍灰黄色；背鳍有黑斑且上缘灰黑色。偶鳍淡黄色。虹彩肌灰色，内缘银色或黄色。

为近海及河口附近中上层凶猛鱼类，亦进入淡水河内索食。腹膜白色。胃发达。无幽门盲囊。肠有2个折弯，体长为肠长1.4倍。鳔圆锥状，前端钝圆而后端尖。秋末产卵。以虾蟹及小鱼等为食。大鱼体长可达800 mm。自古为我国人民所喜食。宋范仲淹（989～1052）诗云："江上往来人，但爱鲈鱼美。"明李时珍："补五脏，益筋骨，治水气，多食宜人。作鲊尤良。曝干甚香美，安胎补中，作脍尤佳。"

分布于北海道、符拉迪沃斯托克（海参崴）、朝鲜到雷州半岛以西。在黄海流域仅见于济南以东黄河下游，沿长江曾见于江西省九江（Kimura, 1934）。

*编者注：据伍汉霖教授及李帆，分布于我国北方的花鲈为中国花鲈*Lateolabrax maculatus*，但FishBase目前仍视*Lateolabrax maculatus*为*Lateolabrax japonicus*的同物异名。

Labrax japonicus Cuvier in Cuvier et Valenciennes, 1828, Hist. nat. poiss. Ⅱ：85（日本）。

Percalabrax japonicus Günther, 1859, Cat. Fish. Br. Mus. Ⅰ：71（我国舟山等；日本）。

Lateolabrax japonicus Boulenger, 1895, Cat. Perc. Fish. Br. Mus. Ⅰ：123; Tchang（张春霖）, 1928, Contr. Biol. Lab. Sci. Soc. China Ⅳ（4）：36, fig. 41（南京）；Mori, 1928, Jap. J. Zool. Ⅱ（1）：70（济南）；Wang（王以康）, 1935, Contr. Biol. Lab. Sci. Soc. China Ⅹ（9）：418（烟台）；Berg, 1949, Freshwater Fish. USSR Ⅲ. 1 012（绥芬河；大彼得湾；北海道等）（in Russian）；成庆泰, 1955, 黄渤海鱼类调查报告：96, 图64（辽宁、河北及山东）；成庆泰, 1962, 南海鱼类志：314, 图261（两广沿海）；成庆泰, 1963, 东海鱼类志：224, 图173（浙江、福建沿海）；李思忠, 1965, 动物学杂志（5）：220（山东黄河下游）；郑葆珊等, 1981, 广西淡水鱼类志：204, 图167（梧州、桂平等）；冯昭信, 1982, 大连水产学院学报（1）：29-82（骨骼系统）。

鳜属 *Siniperca* Gill, 1863

释名： 鳜（guì）初见于《尔雅》及《山海经》。又名鳜鱼、石桂鱼、水豚，俗名季花或鳌花。siniperca（sini，中国＋perca，河鲈）为我国特产的淡水鲈类。

体侧面观呈长椭圆形，侧扁。背鳍2，稍相连，鳍式为Ⅺ～ⅩⅣ-10～16。臀鳍Ⅲ-6～11。胸鳍圆形，位低。腹鳍胸位。尾鳍圆截形。头体有小圆鳞，侧线完全。口大；下颌向前甚突出；上颌骨后部外露，并有一小辅颌骨。犁骨与腭骨均有齿，两颌在刺毛状齿中常有犬牙。前鳃盖骨有锯齿。鳃盖骨后端有一大棘，棘下方无小刺。鳃膜条骨7。有幽门盲囊3～75个。角舌骨上缘有一长孔。腰带骨后腋突长大于宽。鳔前端叉状。

化石始于山西省榆社县上新世（刘宪亭等，1962）。为东亚淡水鱼类，约有11种，主要产我国黄河流域有2种（李思忠，1991）。

Siniperca Gill, 1863, Proc. Acad. Nat. Sci. Philad., : 16（模式种：*Perca chuatsi* Basilewsky）。

Plectroperca Peters, 1864, Monatsber. Akad. Wiss. Berlin: 121（模式种：*P. berendti* = *S. chuatsi*）。

Actenolepis Dybowski, 1872, Verh. Zool.–Bot. Ges. Wien. 22: 210（模式种：*A. ditmari* = *S. chuatsi*）。

Coreosiniperca Fang（方炳文）& Chong（常麟定），1932, Sinensia 2（12）：137（亚属、模式种：*Siniperca roulei* Wu）。

Acroperca Myers, 1933, Hong Kong Nat. Ⅳ（1）：76（模式种：*Siniperca roulei* Wu）。

种的检索表

1（2）背鳍XⅡ-14；鳞式130 $\frac{26}{50}$ 180；一黑色斜纹自吻侧经眼到前背；体侧斑稀；幽门盲囊3 ·······鳜（花）鱼 *S. chuatsi*（Basilewsky）

2（1）背鳍ⅩⅢ-12；侧线鳞约107；头侧无上述黑斜纹；体侧多钱状斑，斑间隙呈网状；幽门盲囊58 ·······钱斑鳜（纲纹鳜）*S. aequiformis*

鳜（花）鱼 *Siniperca chuatsi*（Basilewsky, 1855）（图157）

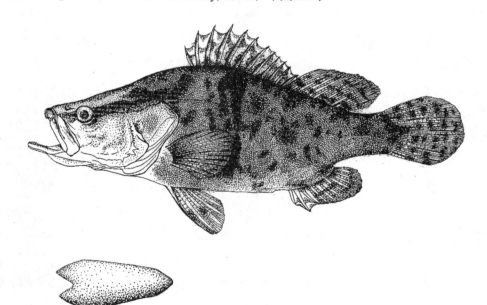

图157 鳜鱼 *Siniperca chuatsi*

背鳍XⅡ-14～16；臀鳍Ⅲ-10；胸鳍Ⅱ-14；腹鳍Ⅰ-5；尾鳍ⅳ～ⅶ-15-ⅳ～ⅶ，圆形。侧线鳞119～127 $\frac{35～38}{78～85}$ +12～18。鳃耙外行约9+5～8，内行4～7+16～19。椎骨12+15。

标本体长94.3～201 mm。体长梭状，中等侧扁，第5～6背鳍棘基体最高；体长为体高2.7～3倍，为头长2.3～2.6倍，为尾部长2.8～3.5倍。头亦侧扁，侧面前端呈尖角形；头长为吻长4～4.6倍，为眼径5.9～6.6倍，为眼间隔宽6.2～8倍，为口裂长2.6～2.9倍。吻短。眼位于头前半部的侧上方。眼间隔小于或约等于眼径。鼻孔位于眼稍前方，稍分离，前鼻孔后缘呈半圆形小膜质突出。口大；前位；下颌较上颌长；上颌骨后端宽截形，达眼后缘；辅颌骨长形。两颌、犁骨及腭骨有绒状齿群；两颌齿有些为犬牙状；舌薄，游离。唇在口角发达。前鳃盖骨后缘小锯齿状，后下角及下缘有4个辐状大棘。鳃盖骨正后有一大棘，上方尚有一短扁棘。鳃孔大，侧位，下端略不达眼后缘。鳃膜微连，游离。鳃角下方有5个长形鳃耙，鳃角上方一个稍大的鳃耙，其余鳃耙绒块状。有假鳃。胃发达。肠有2个折弯，体长为肠长2.3倍。鳔前端钝叉状，后端附近半卵圆形。幽门盲囊细短。肛门位于臀鳍稍前方。

头体及奇鳍基附近被小圆鳞。模鳞长椭圆形。侧线完整，在尾柄为侧中位，向前较高。

前背鳍始于胸鳍始点稍前方，与后背鳍间浅凹刻状；前背鳍第4～6鳍棘最粗长，头长为其长2.6～3.2倍。臀鳍位于后背鳍下方；第2鳍棘最粗长，头长为其长2.9～3.4倍；鳍条部圆形；第3鳍条最长，头长为其长2.2～2.7倍。胸鳍侧位，稍低，圆形，头长约为第7胸鳍条长2.1～2.3倍。腹鳍约始于胸鳍基后缘下方，头长为第1～2鳍条长2～2.1倍，小鱼略不达肛门，大鱼距肛门更远。尾鳍圆截形。

鲜鱼背侧暗灰绿色，在背鳍第6～7、8～9、11～12鳍棘及鳍条部后端和尾柄后端各有一黑斑，第1黑斑最长大，达体侧下方呈横带状；头部自吻端到背鳍，沿背中线及经眼到前背两侧各有一黑褐色长带状纹；向下渐淡，在尾柄侧有数个大小不等的黑斑，腹侧污白色。鳍黄色，奇鳍有黑色斑纹。体长94.3 mm小鱼腹鳍中央亦黑色。虹彩肌银白色，有时稍黄色。腹膜无色。

为我国东部典型的江河平原鱼类。性凶猛，肉食。夏季白昼喜居于石穴，夜出寻食小型水生动物如鲫鱼、鮈类、鳑鲏类、虾等。冬潜深水草或泥内，不食不动。斑色显明者为雄鱼，稍晦者为雌（李时珍）。5～7月初分批产卵于夜晚激流中。卵具油滴，浮性，卵径1.9～2.2 mm。约2周龄达性成熟期。孵化需3～4天。初孵出仔鱼长4.84 mm；经6.5～7日达6.5 mm卵黄耗尽，达10 mm以上体形即似成鱼，1956在长江流域1冬龄体长达200 mm，2冬龄约达253 mm，3冬龄约347 mm（伍献文等，1963）。大鱼体长可达645 mm（1949）。因贪食其他鱼类在池塘养鱼业中常被与鳡、乌鳢、鲇等一起视为害鱼。但自古为我国人民所喜食，例如，唐代张志和《渔父诗》"西塞山前白鹭飞，桃花流水鳜鱼肥"；齐白石在《藕江观鱼图》诗中赞谓"清池河底见鱼行，巨口细鳞足可烹，今日读书三万卷，不如熟读养鱼经"。尤以冬春肉最肥美。亦可考虑投饵饲养。其鳍棘基部有毒腺，人被刺伤甚疼。

分布于黑龙江到海南岛、珠江流域。在长江上游达成都附近；在黄河流域仅见于河南与山东。

Perca chuatsi Basilewsky, 1855, Nouv. Mem. Soc. Nat. Mosc. X：218, Pl. l, fig. 1（天津海河水系）。

Siniperca chuatsi, Boulenger, 1855, Cat. Fish. Br. Mus. I：136（福州）；Mori, 1928, Jap. J. Zool. 2（1）：70（济南）；Tchang（张春霖），1932, Bull. Fan Mem. Inst. Biol.（Zool.）3（14）：212，216（开封、桂花鱼）；Fu（傅桐生）& Tchang（张春霖），1933, Bull. Honan Mus.（Nat. Hist.）I（1）（开封、鳜鱼）；Fu（傅桐生），1934, Ibid., I（2）：92, fig. 134（华北到福建、广州）；Berg, 1949, Fish. USSR III：1014, fig. 745-6（黑龙江到广州）（in Russian）；郑葆珊，1959，黄河渔业生物学基础初步调查报告：51（东平湖与利津）；单元勋等，1962，新乡师范学院学报 I：63（辉县，开封等）；李思忠，1965，动物学杂志（5）：220（河南，山东）。

Siniperca chuatsi multilepis Fang（方炳文）& Chong（常麟定），1932, Sinensia 2（12）：154（南京）。

纲纹鳜 *Siniperca aequiformis* Tanaka, 1925（图158）*

［有效学名：斑鳜 *Siniperca scherzeri* Steindachner, 1892］

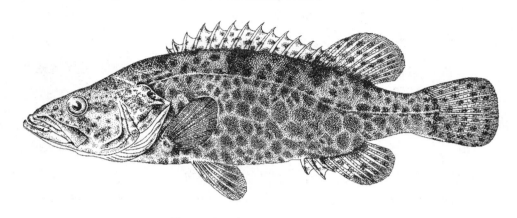

图158　纲纹鳜 *Siniperca scherzeri*

释名： 体斑间隙纲纹状，故名。在我国最早见于河南省辉县百泉，亦曾名为钱斑鳜、斑鳜、百泉鳜。背鳍XIII-12；臀鳍III-9；胸鳍 i -14；腹鳍 I -5；尾鳍 i -14- i 。侧线鳞约107。

标本体长240 mm。体侧面观呈长椭圆形，稍侧扁，头背侧似圆弧状，第5～6背鳍棘处体最高；体长为体高3.5倍，为头长3倍。头长为吻长3.3倍，为眼径5.3倍，为眼间隔宽5.3倍，为尾柄长3倍。口大，稍斜。上颌骨约达眼后缘。齿小绒状。上颌前部齿群内有数行大犬牙。下颌前部齿犬牙不显明，在后部齿只1行，常呈叉状。眼侧上位，位于中央前方。前、后鼻孔相距近，位于眼前方。前鳃盖骨有12个小锯齿。幽门盲囊58个。肛门位于臀鳍前缘。

鳞小，为圆鳞，颊部、鳃盖诸骨及腹鳍前方腹侧鳞很小。侧线完全，在尾柄为侧中位，前方呈浅弧状且位较高。

背鳍始于胸鳍基上方；两背鳍相连，中间背缘凹刻状。前背鳍背缘浅弧状；第6～7鳍棘最长，头长为其长4.5倍。后背鳍短圆形，头长为最长背鳍条长2.9倍。臀鳍位于后背鳍下方，头长为最长为臀鳍条长2.2倍。胸鳍始于背鳍略前方，圆形，侧位很低；头长为胸鳍长2.2倍。腹鳍不达臀鳍，始于胸鳍基后下方，头长为腹鳍长2.1倍。尾鳍圆截形。

体淡灰褐色；头体有大小不等的暗斑，斑中心色不较浅。奇鳍有数行黑色斑纹；胸鳍腹鳍暗色；沿前后背鳍基有4～5个黑色大横斑。为我国与朝鲜特产的淡水中下层鱼类。分布于朝鲜南部洛东江等及我国河南省黄河与卫河流域。

无标本，上边描述依傅桐生（1934）。傅教授原订名为百泉鳜（*Siniperca paichuanensis*），并称与钱斑鳜（*S. scherzeri* Steindachner）、朱氏鳜（*S. chui* Fang et Chong）相近而体色及幽门盲囊不同。现知应改为纲纹鳜。其鳍式应如下：背鳍XII～XIII-12～14；臀鳍III-8～9；胸鳍15～16；腹鳍 I -5；尾鳍 vi -14～15- vi 。鳞沿侧线上缘有110～120斜行，侧线小孔90。

Siniperca aequiformis Tanaka, 1925, Figs. & Descrip. Fish. Jap. 34: 636, pl. CLII , fig. 420（釜山附近）；Berg, 1949, Freshwater Fish. USSR, III : 1016, fig. 747（朝鲜）（in Russian）。

Siniperca paichuanensis Fu（傅桐生）, 1934, Bull. Honan Mus.（Nat. Hist.）I （2）: 93, fig.37（河南省辉县百泉）；李思忠，1965，动物学杂志（5）：220（河南省黄河流域）。

鲏鲷科 Cichlidae *

[有效学名：丽鱼科 *Cichlidae*]

释名：鲏鲷，希腊文（kichle，鲏状鸟；拉丁文cichla），又名丽鱼科、丽鲷科（李思忠，1981）。亦名慈鲷科（台湾）。

体侧面观常为长椭圆形，侧扁。常有中等大栉鳞。侧线中部不连，前半部位较高，后半部位较低且在尾柄为侧中位。背鳍1；鳍棘部发达，常较鳍条部长。臀鳍棘Ⅲ～ⅩⅤ，鳍条部与背鳍鳍条部相似。腹鳍Ⅰ-5，胸位。尾鳍圆形。口前位，两颌骨能伸缩。上颌骨被宽的眶前骨遮蔽。鳃孔大。鳃膜常互连。鳃耙多变化。无假鳃。第4鳃弓后有裂孔。下咽骨合成三角形板状。鳃膜条骨5～6。椎骨28～40。有鳔。约有680种，为鲈形目第二大科。为中南美洲，西印度群岛、非洲到叙利亚与印度沿岸淡水及半咸水鱼类，显然起源于海鱼类。在非洲大型湖内甚多。它们有些具高度有组织的繁育行为，有些口中孵卵、护幼。雌的盘鲷（discus fish）皮肤还能分泌白色乳状物质以育其幼鱼。化石始于始新世。有些属种在许多国家已实现养殖。为工厂暖水养鱼争取高产的良好对象。在黄河流域有温泉资源及工厂富余热暖水条件者均可考虑。简单介绍于此，以备参考。

***编者注**：据李帆，本科（丽鲷科）鱼类无法在黄河流域自然环境中越冬；在黄河水系不应算作已"归化"的外来物种。

丽鲷属 *Tilapia* Smith, 1840

[有效学名：非鲫属 *Tilapia* Smith, 1840]

释名：曾名非洲鲫鱼属（非鲫属）、罗非鱼属。因与鲷类相近，又名丽鲷。我国台湾因吴振辉与郭启彰（1946）最早自新加坡引进本属鱼，故亦名吴郭鱼。

背鳍ⅩⅠ～ⅩⅧ-9～16；臀鳍Ⅲ～Ⅵ-7～12。鳞大，为圆鳞或弱栉鳞，纵行鳞26～36。侧线中断为2条。口前位；上颌隐蔽或后端微外露。两颌齿数行；外行齿有2个尖，有些为一尖或三尖，很少为椎状；内行齿一般有3个齿尖。有些成鱼偶尔为一尖。下咽骨合为三角形或心形，细或中等粗，有1～3个尖齿。枕骨嵴向前至少达两眼之间。鼻骨后端很宽。前颌骨突起大，前端宽，不达或几乎伸达额骨。副蝶骨后部多少突出，支持一横卵形关节面以与上咽鳃骨相接。椎骨14～17+12～16，第3椎骨侧突下端连成强棘，腹椎骨自第4椎骨连侧突，第1腹椎无肋骨。有70多种，分布于非洲到叙利亚。为暖水性淡水与半咸水鱼类。有数种已被作为养鱼业的重要对象，移殖于世界各处。我国现已移殖（至少）有4种。

Tilapia Smith, 1840, Ⅲ. Zool. S. Afr., （Pisc.）pl. Ⅴ（模式种：*T. sparrmanni* Smith）。

种的检索表

1（2）背鳍鳍棘部与鳍条部间有一亮黑色丽鲷斑痣；侧线鳞28～30，横列鳞4/2/10；体下半部至喉胸部暗红色；鳃耙4+8～9······························红腹丽鲷 *T. zillii*

2（1）成鱼背鳍无丽鲷斑痣；横列鳞5/2/12；鳃耙在鳃弓下枝至少有14个

3（6）尾鳍全有黑色细横纹；侧线鳞31～35

4（5）体背侧约有6条黑色横纹；喉胸部暗褐色······················莫桑比克丽鲷 *T. mossambica*

5（4）体无黑色横纹；体下半部白色·····························尼罗河丽鲷 *T. nilotica*

6（3）尾鳍无黑色横纹；侧线鳞29～32

7（8）体上侧蓝褐色；体侧有数条暗色纵纹；腹鳍黑色·····················蓝丽鲷 *T. aurea*

8（7）体红色；体侧常有黑斑；偶鳍橘红色··············

············福寿鱼（红丽鲷）*T. mossambica* × *T. nilotica*

红腹丽鲷 *Tilapia zillii*（Gervais, 1848）（图159）

［有效学名：吉利非鲫 ***Tilapia zillii***（Gervais, 1848）］

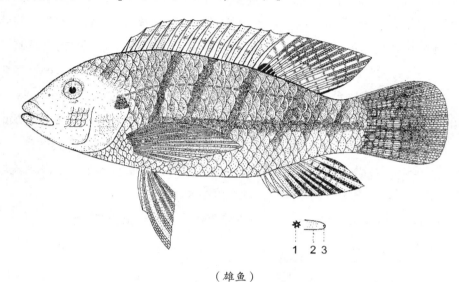

（雄鱼）

1. 肛门　2. 生殖泌尿突起　3. 生殖泌尿孔

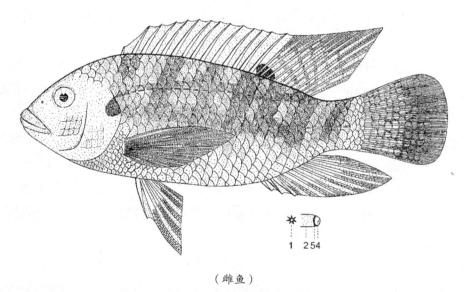

（雌鱼）

1. 肛门　2. 生殖泌尿突起　3. 生殖泌尿孔　4. 生殖孔

图159　红腹丽鲷 *Tilapia zillii*

释名： 曾名吉利吴郭鱼（曾文阳，1978）。

背鳍XIV～XIV-10～13；臀鳍III-7～10。上侧线鳞18～20，下侧线鳞10；鳃耙4+8～9。椎骨16+13。体侧面观呈长椭圆形，中等侧扁；体长为体高2.3～2.4倍，为头长3～3.1倍。眼位于头侧中位。头长为眼径3.2～5.3倍，吻长大于眼径。口前位。两背鳍相连，中间无凹刻；后方鳍棘最长；鳍条以倒数第4～5条最长；达尾鳍基。臀鳍位于背鳍鳍条部下方。胸鳍侧位而低，尖形，约达肛门。腹鳍胸位，尖刀状，第1鳍条最长，不达肛门。尾鳍圆截形或后缘微凹。有大圆鳞，颊部及鳃盖部亦有鳞，鳍无鳞。上侧线较高，与背鳍前端间横行鳞4个，与臀鳍间10个。肛门位于臀鳍前方附近。生殖泌尿突起位于肛门后方；雄鱼生殖泌尿孔1个，雌鱼生殖孔横月形，位于泌尿孔前方，体背侧淡绿褐色而常有约6条黑色横带状斜纹；体下半部暗红色；鳃盖上部有一大黑斑。奇鳍鳍条部有许多黄斑；幼鱼到成鱼背鳍最后一鳍棘到第4鳍条基间都有一亮黑色的丽鲷斑痣（tilapia mark）。胸鳍白色，腹鳍无色。雌鱼喉部有2条白色横带纹。以植物叶为食。略能耐5℃低温。亲鱼能在池斜坡处造巢（5～10小洞为一群），产卵巢内并守护，一次产卵约可达7 000粒。生长较慢，肉质较差。原产于撒哈拉大沙漠中的盐泽地带与巴勒斯坦的Tiberias湖。唐允安（1963）因它能耐较低水温，曾移殖到我国台湾。

Acerina zillii Gervais, 1848, Acad. Sci. et Lettres Montpellier and Ann. Sci. Nat.（3）10: 303.

Sarotherodon（？）*zillii* Günther, 1862, Cat. Fish. Br. Mus. 4: 274（Salt–ditches of the Sahara）。

Tilapia zillii, Boulenger, 1915, Cat. Freshwater Fish. Afr.（Nat. Hist.）X: 179, fig. 126（巴勒斯坦到西非）；曾文阳，1978，养殖资料（3）：淡水鱼类养殖资料汇集：190，图9～10；李思忠，1984，北京水产（2）：35（原产撒哈拉大沙漠到巴勒斯坦。已移殖到我国台湾与美国）。

莫桑比克丽鲷 *Tilapia mossambica*（Peters, 1852）（图160）

［有效学名：莫三比克口孵非鲫 *Oreochromis mossambicus*（Peters, 1852）］

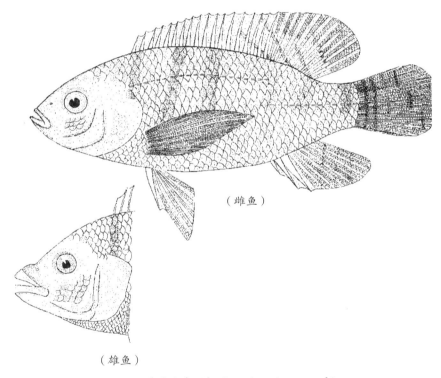

（雌鱼）

（雄鱼）

图160　莫桑比克丽鲷 *Oreochromis mossambicus*

释名：曾名非洲鲫鱼、越南鲫、罗非鱼及吴郭鱼，最早发现于莫桑比克淡水中。

背鳍XV～XⅢ-11～15；臀鳍Ⅲ-8～11。上侧线鳞20～21，下侧线鳞11～14+2。鳃耙7～8+22。

体侧面观呈长椭圆形，中等侧扁；体长为体高2.4～2.5倍，为头长2.6～2.8倍。雌鱼头背缘圆凸，雄鱼吻背侧有一凹刻；头长为吻长2.8～3.5倍，为眼径4.6～5.2倍。雄鱼吻较长，眼较小。口前位。两背鳍相连，中间无大凹刻；前背鳍始于鳃孔背侧；后背鳍以倒数第5～6鳍条最长，伸达尾鳍，雄鱼较雌鱼尖长。臀鳍位于后背鳍下方，形亦相似。胸鳍侧位而低，尖形，雄鱼达臀鳍而雌鱼约达肛门。腹鳍胸位，尖刀状，雌鱼达臀鳍，雌鱼不达肛门。尾鳍圆截形。颊部、鳃盖部及体部有大圆鳞，上侧线与背鳍端间横行鳞5个。上侧线位较高，下侧线位于尾部且为侧中位。肛门位于臀鳍前方附近。肛门后有生殖泌尿突起；雄鱼只有1个小圆孔；雌鱼有2个孔，前孔为生殖孔呈横裂孔状。头体为淡绿色，有金色光泽，鳞中央色暗；背侧有6条横带状黑纹，喉胸部灰色。奇鳍黑色，鳍条部有黑色细斜纹或横纹，丽鲷斑痣长成4～5月后即消失。生殖期雄鱼鳍边缘黄红色；胸鳍淡红色；腹鳍黑色。雄鱼较雌鱼生长快。雌鱼口腔内孵卵并御护幼鱼。巢放射状或圆形。以藻类、米糠、豆饼等为食。

原分布于东非淡水及半咸水。因生长快，已被引种到世界各处作为暖水养鱼对象。略能耐10℃低温，肉质佳，繁殖快。一次产卵700～7 000粒。后移殖到东南亚等，1944移入日本，1946年4月吴、郭移入我国台湾，1957年自越南移殖广东。雌鱼产卵并护仔，生长很慢，不如尼罗河丽鲷。

Chromis mossambicus Peters, 1852, Monatsber. Akad. Wiss. Berl.: 681（莫桑比克）；Günther, 1862, Cat, Fish. Br. Mus. 4: 268（莫桑比克）。

莫三鼻克吴郭鱼*Tilapia mosambica*，田村正，1956，水产增殖学：23；曾文阳，1978，养殖资料（3）：淡水鱼类养殖资料汇集：190，图7～8；李思忠，1984，北京水产（2）：35（莫桑比克丽鲷）。

尼罗河丽鲷 *Tilapia nilotica*（Linnaeus, 1758）（**图**161）

［有效学名：尼罗口孵非鲫 *Oreochromis nilotica*（Linnaeus, 1758）］

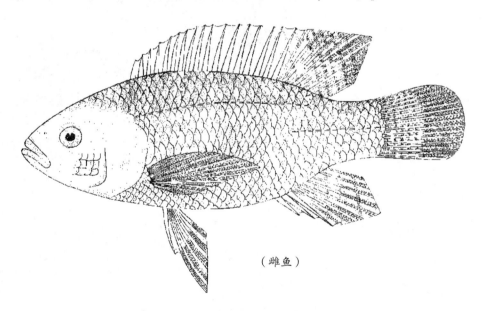

（雌鱼）

图161　尼罗河丽鲷 *Oreochromis niloticus*

释名：最早发现于尼罗河流域，故名。因游祥平、邓火士（1966）最早将其自日本引入我国台湾，该鱼亦名游邓鱼；或尼罗吴郭鱼。

背鳍 XVI～XVII-12～13；臀鳍 III-8～11。上侧线鳞22～24，下侧线鳞10～12+2；鳃耙7～8+21～24。椎骨18+14。

体侧面观呈长椭圆形，中等侧扁；体长为体高2.3～2.5倍，为头长2.2～2.4倍。眼位于头部侧中线稍上方；头长为眼径5.2～5.3倍。吻长大于眼径。口前位。两背鳍完全相连，无大凹刻；始于鳃孔上方，最后一鳍棘最长；鳍条以倒数第5～7鳍条最长，伸达尾鳍。臀鳍位于后背鳍下方，形相似。胸鳍侧位而低，尖形，约达肛门。腹鳍胸位，尖刀状，雄鱼较短，雌鱼约伸达肛门，尾鳍圆截形。有大圆鳞，颊部与鳃盖部亦有鳞；上侧线与背鳍前端间横行鳞5个，与臀鳍前端间12个。上侧线位较高；下侧线位于尾部，为侧中位。肛门位于臀鳍稍前方。生殖泌尿突起位于肛门后方；雄鱼只有1圆孔；雌鱼的生殖孔为横月形，其后为小圆形泌尿孔。体上半部淡黄绿褐色，有银色光泽，雄鱼有暗色细纵纹；下半部银白色，鳃盖部有一暗色斑，喉胸部与腹部白色。奇鳍鳍条部有许多黑色横纹或斜纹，丽雕斑痣长大至4~5月后即消失；胸鳍白色；腹鳍黑色。雄鱼体常比雌鱼较长、较高。仅雌鱼口腔内育卵。一次产卵约2 000粒，体长570 mm时可达3 706粒。雄鱼挖圆碗状洞巢。以米糠、豆饼等碎粒和浮游植物等为食。

原产于非洲尼罗河到巴勒斯坦等处。因生长较快（雌鱼亦生长较快），略能耐8℃低温与肉质佳，已被移殖到各国养殖。1966年游祥平、邓火土自日本移殖到我国台湾，1978年7月水产总局自非洲移入我国大陆。

Chromis nilotica Linnaeus, 1758, Syst. Nat. ed. X: 477（尼罗河）；Günther, 1862, Cat. Fish. Br. Mus. 4: 267（下尼罗河）。

Tilapia nilotica, Boulenger, 1915, Cat. Freshwater Fish. Afr. Br. Mus.（Nat. Hist.）X: 162, fig. 106（西南亚到东非与西非）；曾文阳，1978，养殖资料（3）：淡水鱼类养殖资料汇集：191，图14~15；李思忠，1984，北京水产（2）：35（尼罗河丽鲷）。

蓝丽鲷 *Tilapia aurea* Peters（图162）

[有效学名：奥利亚口孵非鲫 *Oreochromis aureus*（Steindachner, 1864）]

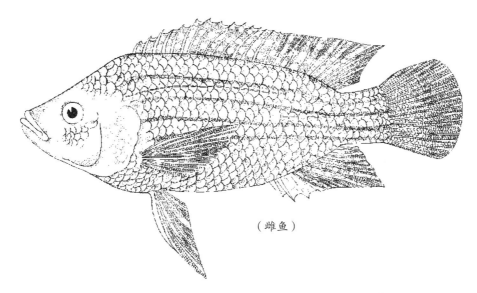

（雌鱼）

图162　蓝丽鲷 *Oreochromis aureus*（Steindachner, 1864）

释名： 曾名奥利亚吴郭鱼（曾文阳，1978），又名蓝罗非鱼。

背鳍XV~XVI-11~12；臀鳍III-9。上侧线鳞19~20，下侧线鳞10+2。鳃耙6~7+24~25。椎骨16+13。体侧面观呈长椭圆形，中等侧扁；体长为体高2~2.5倍，为头长约3倍。头短高，背缘稍凹；头长为眼径4.8~5.2倍。吻长大于眼径，背缘稍凹。口小，前位，不达眼前缘。两背鳍相连，中间无大凹刻；前背鳍始于鳃孔上方；后背鳍基短，倒数第5~6鳍条最长，伸达尾鳍。臀鳍位于后背鳍下方，形与后背鳍亦相似。胸鳍侧下位，尖刀状，雄鱼略伸达臀鳍，雌鱼不伸过肛门。腹鳍胸位，尖刀状，不伸过肛门。尾鳍圆截形。颊部、鳃盖部、后头部及体有大圆鳞；上侧线与背鳍基前端间有横行鳞5

个，下侧线与臀鳍前端间有12个。侧线2条；上侧线位于体前部和中部，较高；下侧线位于尾部，侧中位。体侧上方蓝褐色；鳞中央色较暗，在体侧形成数条细纵纹；喉胸部银灰色。奇鳍暗褐色且有许多淡色小圆斑点。腹鳍黑色。为淡水与半咸水鱼类。雌鱼灰色。腹鳍黑色。为淡水与半咸水鱼类。雌鱼有口腔孵卵与口内衔护幼鱼习性。以藻类、米糠及豆饼等碎粒为食。一次产卵约1 300粒，体长250 mm时可产4 300粒。

原分布于西非自赛内加尔到安哥拉等。后引种到以色列，又移殖到美国佛罗里达州（1974）及我国台湾（1974）。

Chromis aureus Steindachner, 1864, Verh. Zool.–Bot. Ges. Wien. 14: 229（塞内加尔）。

Tilapia melanopleura Boulenger, 1951, Cat. Freshwater Fish. Br. Mus.（Nat. Hist.）3: 190, fig. 123（塞内加尔到安哥拉等）。

奥利亚吴郭鱼*Tilapia aurea*，曾文阳，1978，养殖资料（3）：淡水鱼类养殖资料汇集：188，191，图16~17；Robins et al. 1980. Amer. Fish. Soc. Spec. Publ. No. 12: 47, 86, 95；李思忠，1984，北京水产（2）：35（蓝丽鲷）。

红丽鲷（福寿鱼）*Tilapia mossambica*（♀）× *T. nilotica*（♂）（图163）

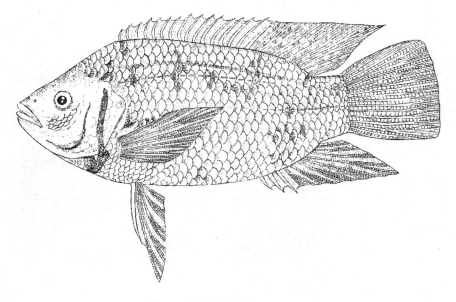

图163　红丽鲷 *Tilapia mossambica*

背鳍XVI-12~13；臀鳍Ⅲ-10。上侧线鳞20，下线鳞10~14+2。

体短高，近卵圆形，中等侧扁；体长约为体高2.1~2.2倍，为头长2.9~3倍。头短高，眼位于头侧中央前方；头长为眼径5.5~6倍。吻长大于眼径。口前位，不达眼前缘。两背鳍完全相连，约始于头后端上方；鳍条部短，倒数第5~6鳍条最长，伸达尾鳍，雌鱼较短。臀鳍位于后鳍下方，形似后背鳍。胸鳍侧位而较低，不伸过肛门。腹鳍胸位，尖刀状，第1鳍条不达肛门。尾鳍截形。鳞大，鳃盖部及后头部到尾鳍基均有鳞。侧线2；上侧线位较高；下侧线位于尾部，侧中位。体黄红色，多变化，头体常有不规则黑斑。奇鳍淡黄色而有黄褐色斑点；偶鳍淡橘红色。食性及生殖等习性与莫桑比克丽鲷相似，生长较快。具有较显明的杂交优势。为工厂余热暖水及亚热带和热带淡水养鱼的良好对象。

红色吴郭鱼（福寿鱼）*Tilapia mossambica×T. nilotica*，曾文阳，1978，养鱼资料（3）：淡水鱼类养殖资料汇集：188，191，图18~19；李思忠，1984，北京水产（2）：35（红丽鲷、福寿鱼）。

虾虎鱼亚目 Gobioidei

释名：鰕见《尔雅·释鱼》，音xiā，同虾。因主要以虾类为食；故名鰕虎鱼（或虾虎鱼）。古名鲨或吹沙鱼。

体长圆形（侧面观）到鳗状。有圆鳞或栉鳞，少数无鳞。无侧线。腹鳍 I -4～5，胸位，左、右鳍接近或合成一吸盘状。背鳍1～2个；有2个时，前背鳍由1～3个弱鳍棘组成。尾鳍圆形。头骨大多平扁；无顶骨；上耳骨被上枕骨分离；眶下骨无或未骨化；无基蝶骨。椎骨25～35。鳃孔小，侧位。鳃盖膜连鳃峡。鳃膜条骨常为5条。假鳃有或退化。常无鳔。无幽门盲囊。化石始于早始新世。为热带及温带浅海鱼类，有些生于河口及淡水区。为底栖小型鱼类。以无脊椎动物为食。一般经济价值不大。有2总科7科约263属近1 720种（Nelson, 1984）。黄河流域有2总科及3科。

虾虎鱼亚目 Gobioidei，伍汉霖，钟俊生，2008。中国动物志 硬骨鱼纲 鲈形目（五）：虾虎鱼亚目，1-951。

总科的检索表

1（2）有肩胛骨；两腹鳍未合成吸盘状···塘鳢总科 Eleotrioidae

2（1）成鱼常无肩胛骨；两腹鳍合成吸盘状···虾虎鱼总科 Gobioidae

塘鳢总科 Eleotrioidae

特征见检索表。有2科，黄河产1科。

塘鳢科 Eleotridae

两腹鳍分离，未合成吸盘。前背鳍有2～3个弱鳍棘。口多为上位，绝无下位。腭骨上叉在上颌突起后方直接连前颌骨突起。中翼骨窄而很发达。肩胛骨与喙骨均发达。辐鳍骨连肩胛骨及喙骨或它们之间。椎骨25～28。为热带及亚热带等海滨鱼类，有些生于淡水。约有40属150种。现知黄河流域有2属。

属的检索表

1（2）头平扁；背鳍 VI～VIII, I -8～9；纵行鳞约40个·································沙塘鳢属 *Odontobutis*

2（1）头体均侧扁；背鳍 VII～IX, 11～12；纵行鳞33～35+1··················黄黝鱼属 *Hypseleotris*

沙塘鳢属 *Odontobutis* Bleeker, 1874

体粗状，体前端圆柱状，向后稍侧扁。头大，平扁，头宽大于头高；头背面无骨嵴。口大，斜形，下颌稍突出。齿短，在两颌牙群宽带状。犁骨及腭骨无齿。舌游离。前鳃盖骨及鳃盖骨无棘。鳃膜游离，几乎分离。鳃孔向前达眼下方。背鳍 VI～VIII, I -7～9。臀鳍 I -6～7。腹鳍 I -5，两腹鳍基间距较眼径2/3大。体有稍大型栉鳞，头部仅两侧及头顶有鳞，纵行鳞30～40。无侧线。为东亚、东南亚海滨及淡水鱼类。黄河流域亦产。

Odontobutis Bleeker, 1874, Arch. Neerl. Sci. IX: 305（模式种：*Eleotris obscurus* Schlegel）。

沙塘鳢 *Odontobutis obscura*（Temminck et Schlegel, 1845）（图164）*

［有效学名：河川沙塘鳢 *Odontobutis potamophila*（Günther, 1861）］

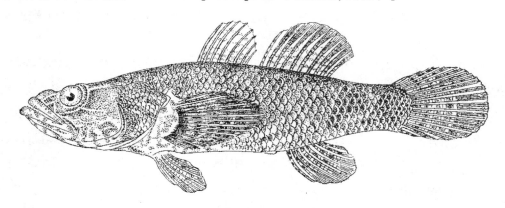

图164　沙塘鳢 *Odontobutis obscura*

释名：蝙蝠鱼（开封）；沙乌鳢、沙鳢、蒲鱼（江浙）。

背鳍Ⅶ～Ⅷ，Ⅰ-8；臀鳍 i -6～7；胸鳍15；腹鳍Ⅰ-5；尾鳍 iii-13-iii。纵列鳞36+3，横行鳞15。鳃耙外行3+8，内行1+7。

标本体长112 mm。体前端近圆柱形，向后渐侧扁；体长为体高4.3倍，为头长2.8倍，为尾部长2.6倍。头部向前渐平扁，头宽稍大于体宽；头长为吻长3.9倍，为眼径7.6倍，为眼间隔宽3.9倍。吻稍钝圆，平扁。眼侧上位，位于头中部的稍前方。眼间隔宽，中央微凹平。前鼻孔呈一短管状突起，位于眼前方吻中部；后鼻孔小孔状，位较高，距前鼻孔较距眼略近。口大，斜形，下颌稍突出，两颌后端约达瞳孔后缘下方。两颌均有宽带状尖牙群。犁骨与腭骨无牙。舌周缘游离。无须。鳃孔大，下端达眼下方。鳃膜条骨4。鳃膜游离且分离。第4鳃弓后有裂孔。鳃耙瘤块状。有假鳃。肛门距腹鳍基约为距臀基的5倍。生殖突起雄鱼较细，雌鱼较宽大。

鳞大，为栉鳞，近方形；模鳞高稍大于长，后缘稍圆，鳞心距前端为距后端7～9倍，向前有18～22条辐状纹，后端附近有栉刺；自眼稍前方背面及两侧和喉部向后均有鳞。无侧线而吻背面、眼的上下方及后方有感觉管。

背鳍2个，分离；前背鳍始于胸鳍基稍后方，第3～4鳍棘最长，头长为其长2.3倍，略达后背鳍；后背鳍始于肛门略前方，背缘圆弧形，第4～5鳍条最长，头长为其长2.1倍，不达尾鳍。臀鳍约始于第4背鳍条基下方，形似后背鳍而较窄短。胸鳍位于体侧下半部，圆形，第6鳍条最长，头长为其长1.5倍，约达肛门。腹鳍始于胸鳍基下方；第4鳍条最长，头长为其长的2.1倍，不达肛门；腹鳍基间距较眼径2/3略大。尾鳍圆形。颌齿外行稍大；无犁骨齿；眼间有骨嵴；鳃盖无棘。

鲜鱼背侧在后头部、两背鳍基及尾柄后端各有一黑色大横斑及一些小杂点，第2～3大斑在体侧很宽大；腹面淡黄色。头部背面、两侧及口部腹面有许多黑斑。鳍淡黄色，有许多黑色斑纹。

为河口及平原地区淡水底栖鱼类，主要以虾类为食，亦食水昆虫及小鱼等。4月初到5月初黎明时分批产卵。卵沉黏性，卵径约2.1 mm，黄色，切面椭圆形。水温19℃～31℃时约20日孵出。约1周龄即达性成熟期。雄鱼有护巢现象，生殖期体色较暗、前背鳍较高、体较粗大和头较宽。1周龄体长达100 mm，2周龄180 mm，最大达3周龄。江浙人视为食中珍品。在黄河尚不悉。

分布于辽河到福建、广西等；朝鲜、日本到印度沿岸淡水亦产。在黄河流域仅见于下游河南及山东平原地区。

[*]**编者注**：据伍汉霖教授及李帆，黄河水系的沙塘鳢应为河川沙塘鳢（*Odontobutis potamophila*）。

Eleotris potamophila Günther, 1861, Cat. Fish. Br. Mus. 3: 557（长江；浙江）；Nichols, 1928, Bull. Am. Mus. Nat. Hist. 58: 53, fig. 46（洞庭湖）；Tchang（张春霖），1932, Bull. Fan Mem. Inst. Biol.（Zool.）3（14）：212, 216（蝙蝠鱼、开封）；Fu（傅桐生）& Tchang（张春霖），1933, Bull. Honan Mus.（Nat. Hist.）Ⅰ（1）：（开封）；Mori, 1936, Studies Geogr. Distr. Freshwater Fishes E. Asia: 19, 23（朝鲜；辽河）；Tchang（张春霖），1942, Bull. Peking nat. Hist. 16（1）：（开封）。

Perccottus glehni, Mori, 1963, loc. cit.: 28（黄河，辽河等）。

Philipinus potamophila, Nichols, 1943, Nat. Hist. Centr. Asia Ⅸ: 257, fig. 138, Pl. Ⅹ, fig. 5（湖南，安徽，福建）。

Gobiomorphus potamophila, Tchang（张春霖），1939, Bull. Fan Inst. Biol.（Zool.）Ⅸ（3）：226（开封）。

Odontobutis obscura，伍献文等，1963，中国经济动物志：淡水鱼类：143，图119（湖南至江苏、浙江、福建）；李思忠，1965，动物学杂志（5）：220（河南）；郑葆珊，1981，广西淡水鱼类志：215，图177（桂林等）。

黄黝鱼属 *Hypseleotris* Gill, 1863 [*]

[有效学名：小黄黝鱼属 *Micropercops* Fowler et Bean, 1920]

释名：鲉（《说文解字》）音（yōu）（《广韵》），同黝（《集韵》）、黄黝（《临海志》）。

头体均侧扁，侧面观呈长椭圆形。头无棘，背侧亦无骨嵴。口斜形，前位，下颌突出。两颌有数行细长尖齿。犁骨与腭骨无齿。有大型栉鳞，头两侧及体均有鳞，纵行鳞23~32。背鳍Ⅵ~Ⅸ；Ⅰ-8~13。臀鳍Ⅰ-7~11。胸鳍下位。腹鳍Ⅰ-5，分离。尾鳍圆形。生殖泌尿突起切面长方形或方形，后端凹或叉状，常很大，有些种突起边缘卷曲。为淡水自由游泳小型鱼类。分布于我国到澳大利亚及马达加斯加岛东的留尼汪岛。有数种，黄河下游有1种。

编者注[*]：据伍汉霖教授，黄黝鱼属*Hypseleotris*只产于我国台湾，大陆无；产于大陆者为小黄黝鱼属：*Micropercops* Fowler et Bean, 1920。

Hypseleotris Gill, 1863, Proc. Acad. Nat. Sci. Philad. 15: 270（模式种：*Eleotris cyprinoides* Cuvier et Valenciennes）。

黄黝鱼 *Hypseleotris swinhonis*（Günther, 1873）（图165）[*]

[有效学名：小黄黝鱼 *Micropercops swinhonis*（Günther, 1873）]

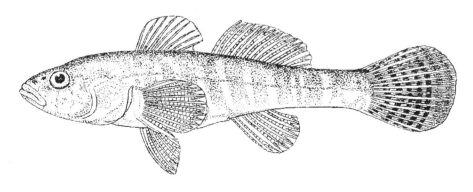

图165　黄黝鱼 *Micropercops swinhonis*

背鳍Ⅶ～Ⅸ，10～13；臀鳍 i -7～9；胸鳍14～15；腹鳍Ⅰ-5；尾鳍25～26（12～13分支），尾鳍圆形。纵列鳞31～35。鳃耙外行3～4+8～12，内行2～3+8～9。

标本体长19～44 mm。头体长形，均侧扁，似矛状；体长为体高3.9～4.4倍，为头长3.3～3.6倍。头钝尖，无棘；头长为吻长4.3～4.7倍，为眼径4.3～4.8倍，为眼间隔宽3～3.7倍，为尾柄长0.9～1倍。吻钝。眼位于头前部侧上方，眼后头长较1/2头长为大。眼间隔宽坦，微凸。鼻孔2个，远离；前鼻孔短管状，位较低；后鼻孔较大。位较高。口前位，斜形，下颌稍突出，上颌后端达眼前缘下方。两颌有牙齿。犁骨与腭骨无齿。舌长椭圆形，游离。鳃孔大，侧位，向前达眼下方。鳃膜分离。鳃膜条3～4。鳃4，第4鳃弓后无裂孔。鳃耙短小，突起状。肠短，体长约为肠长2倍。腹膜灰黑色。肛门位于臀鳍稍前方，其后有泌尿生殖突起。

头胸被圆鳞，其余被栉鳞。自颊部与后头部向后头体均有大栉鳞，吻部与眼间隔无鳞。无侧线。前、后背鳍分离。前背鳍始于胸鳍基稍后上方，背缘圆弧形；第5鳍棘最长，头长为其长1.9～2.3倍。后背鳍始于肛门上方，背缘微圆凸；约第6鳍条最长，头长为其1.2～1.7倍。臀鳍位于后背鳍下方，与后背鳍相似而较窄。胸鳍侧下位，圆形，头长为其长1.1～1.6倍，约达肛门附近。两腹鳍始于胸鳍基下方，相距很近，头长为腹鳍长1.4～2倍，不达肛门。

鲜鱼体黄色，背面及两侧自鳃孔到尾鳍基约有12条（10对）灰黑色横带状纹，约第4纹（位于肛门上方）中央常微裂为2条，第6与第7、第8和第9纹相距较近。头背侧灰黑色，眼下方及后下方常各有一灰黑色纹。体腹侧常为橘黄色。各鳍为淡灰黄色，背鳍常有数条灰黑色纵纹，尾鳍有7～10条灰黑色横纹。腹膜灰黑色。产黑龙江到海南岛淡水区。

为我国东部平原淡水多草处的小杂鱼。以小虾等为食。在捕虾网的渔获物中常可见到。在陕西省华阴市三门峡水库1962年5月中旬1周龄鱼体长19 mm，2周龄34～36 mm，3周龄约44 mm。5月下旬产卵，卵黄色，卵径约0.7 mm。雌鱼生殖突起宽扁，体色较淡；雄鱼生殖突起长细尖形，体色较暗。

分布于黑龙江、松花江到海南岛、广州附近。沿长江达四川盆地平原，沿黄河达关中及晋南盆地。王香亭等（1983）甘肃省甘谷县籍河的纪录，似可疑，可能是往该处移运养殖鱼苗时带去的。

Eleotris swinhonis Günther, 1873. Ann. Mag. Nat. Hist.（4）12: 242（上海）；Fowler, 1931, Bull. Peking nat. Hist. Ⅴ（2）：27-31（济南大明湖）；Fu（傅桐生），1934, Bull. Honan Mus.（Nat. Hist.）Ⅰ（2）：91, fig. 35（辉县百泉）；Tchang（张春霖），1942, Bull. Peking nat. Hist. ⅩⅥ（part Ⅰ）：83（开封）。

Perccottus swinhonis, Mori, 1928, Jap. J. Zool. Ⅱ（1）：71（济南龙山）；Tchang（张春霖），1939, Bull. Fan Mem. Inst. Biol.（Zool.）Ⅸ（3）：265（济南，济宁，开封）。

Micropercops dabryi borealis Nichols, 1930, Am. Mus. Nov. No. 402: 3, fig. 2（济南）；Nichols, 1943, Nat. Hist. Centr. Asia Ⅸ: 259, fig. 140（济南）。

Hypseleotris swinhonis, Berg, 1949, Freshwater Fish. USSR, Ⅲ: 1059, fig. 780（松花江至广州）（in Russian）；郑葆珊，1959，黄河渔业生物学基础初步调查报告：51（山东省利津）；李思忠，1965，动物学杂志（5）：222（陕西、河南、山东）；施白南，1980，四川资源动物志Ⅰ: 153（达岷江、沱江等下游）；宋世良、王香亭，1983，兰州大学学报（自然科学）19（4）：123（甘谷县籍河？）

虾虎鱼总科 Gobioidae

成鱼无肩胛骨。腹鳍常合成吸盘状。有5科（一般认为2科）。黄河流域产2科。

虾虎鱼科 Gobiidae

体长形或鳗状；有圆鳞或栉鳞，少数无鳞。无侧线。眼不突出，不能转动。腭骨T形，有后突起与前额骨相连。中翼骨退化或无。胸鳍辐鳍骨有一个连喙骨，其余连匙骨。腹鳍存在时，为I-5，合成吸盘状。椎骨25～34。约有200属至少1 500种，为热带及温带沿岸海鱼类，有些生于淡水。现知黄河下游有6属。

栉虾虎鱼属 *Ctenogobius* Gill, 1858 *

[有效学名：吻虾虎鱼属 *Rhinogobius* Gill, 1859]

释名：曾名吻虾虎鱼属（*Rhinogobius*）。cteno，希腊文：梳、栉；gobius，虾虎鱼。

体长形，后部侧扁。头稍平扁。口前位，中等大，下颌不突出。仅上、下颌有尖齿数行，齿不分叉；外行齿较大；无大犬牙。舌前端截形。前鼻孔短管状，不紧邻上唇；后鼻孔小，远离。鳃膜连鳃峡，鳃峡宽。眼侧上位。头部背侧无嵴。无须。后头部与体有大栉鳞；眼间隔、吻部、颊部及鳃盖部无鳞，或仅鳃盖骨的上部有鳞；喉胸部常有鳞；鳃孔到尾鳍基纵行鳞23～40。背鳍Ⅵ，9～10；臀鳍I-8～9。胸鳍发达，无丝状鳍条。腹鳍完全连成盘状，鳍不附连于体腹面。尾鳍圆形。大多为分布很广的小型海鱼类；亚洲、美洲很多。有些生活于淡水区。黄河下游有2种。

*编者注：据伍汉霖教授及李帆，栉虾虎鱼属*Ctenogobius*只分布于美洲各淡水河川，亚洲不产；而吻虾虎鱼属*Rhinogobius*只产于亚洲，不分布于美洲。

Ctenogobius Gill, 1858, Fish. Trinidad: 374（模式种：*C. fasciatus* Gill）。

Rhinogobius Gill, 1859, Proc. Acad. Nat. Sci. Philad., : 145（模式种：*R. similis* Gill）。

种的检索表

1（2）最后背鳍条长约等于眼后头长；尾部两侧各有1纵行4个大黑斑···

··强鳍栉虾虎鱼 *C. hadropterus*

2（1）最后背鳍条约等于头长减吻长；尾部两侧各有1纵行5～6个大黑斑·····························

··普通栉虾虎鱼 *C. giurinus*

强鳍栉虾虎鱼 *Ctenogobius hadropterus* Jordan et Snyder, 1902　（图166）*

［有效学名：**子陵吻虾虎鱼 *Rhinogobius giurinus*（Rutter, 1897）**］

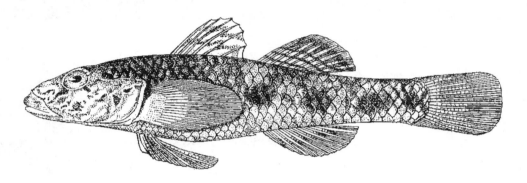

图166　强鳍栉虾虎鱼 *Rhinogobius giurinus*

释名：名由希腊文（hadros，厚大 + pterus，鳍）意译而得。

背鳍Ⅵ，Ⅰ-8；臀鳍Ⅰ-8；胸鳍19；腹鳍Ⅰ-5；尾鳍Ⅴ-11～13-Ⅴ。纵行鳞30+1，横行鳞9～10。鳃耙外行1+8，内行1+9。

标本体长36～63 mm。体长形，稍侧扁；体长为体高4.5倍，为头长3.1～3.4倍。头稍平扁，鳃盖部头最宽；头长为吻长2.6～3倍，为眼径5.2～6倍，为眼间隔宽6.6～8倍，为尾柄长1.1～1.3倍。头钝圆，不突出。前鼻孔短管状，位于吻中部下缘的远上方；后鼻孔小，远离前鼻孔。眼位于头中央前缘的侧上方。眼间隔低凹。口前位，下颌不突出，两颌后端约达眼前缘。上唇宽。舌游离，前端截形。两颌齿2行，无大犬牙。犁骨与腭骨无齿。鳃孔大，达胸鳍基下方。鳃峡很宽。鳃膜连鳃峡。有假鳃。鳃耙小突起状。肛门位于臀鳍稍前方，其后有发达的生殖泌尿突起。

体有大行栉鳞，栉刺仅位于鳞后缘；后部有圆鳞；吻部、眼间隔、颊部、鳃盖部、喉部及鳃峡无鳞。偶鳍及背鳍、臀鳍亦无鳞。无侧线。

背鳍2个，分离。前背鳍始于胸鳍基后上方；第Ⅳ鳍棘最长，头长为其长2～2.5倍。后背鳍始于肛门稍后上方；第6鳍条最长，头长为其长1.9～2.5倍。臀鳍似后背鳍而略较窄且位置靠后，头长为第6臀鳍条长2.2～2.4倍。胸鳍发达，圆形，头长为其长1.3～1.4倍，略达肛门。腹鳍胸位，合成圆形吸盘状，不达肛门，尾鳍圆形。

头体背侧淡橄榄灰色，有1纵行4～5个黑褐色花斑；体侧中部有1纵行6个大黑斑，在尾部有4个斑；腹侧色淡。头侧有4～5条暗褐色斜纹，第1条自眼到前鼻孔下方最显明；鳃腔内侧有一黑斑，使得鳃盖前下端亦常较暗。鳃孔上角后方到胸鳍基上端有一亮黑斑。鳍淡黄色；背鳍有灰黑色纵点纹；尾鳍约有8条黑色横点纹，基部有一灰黑色横斑；臀鳍与尾鳍常较灰暗。

为淡水底层小鱼。体长可达77 mm（Nichols, 1943）。分布于日本长崎及我国东部。在黄河下游，见于济南、东平湖、开封及陕西华阴等。

此种常作为普栉虾虎鱼（子陵吻虾虎鱼）的异名，但此种背鳍条、臀鳍条较短，体侧斑较大且少。

*编者注：根据伍汉霖教授及FishBase资料，此种可能是子陵吻虾虎鱼*Rhinogobius giurinus*的同物异名。

Ctenogobius hadropterus Jordan & Snyder, 1902, Proc. U. S. natn. Mus. 24: 60, fig. 7（日本长崎）；Mori, 1928, Jap. J. Zool. Ⅱ（1）：71（济南龙山）（背鳍Ⅵ，9被误印为ⅩⅠ，9）。

Gobius（*Rhinogobius*）*hadropterus*, Nichols, 1943, Nat. Hist. Centr. Asia Ⅸ: 263（山东、安徽、江西湖口及福建）。

Aboma tsinanensis Fowler, 1931, Peking Nat. Hist. Bull. Ⅴ（2）30, fig. 2（济南大明湖）。

普栉虾虎鱼（子陵吻虾虎鱼）*Ctenogobius giurinus* Rutter, 1897　　（图167）*

［有效学名：子陵吻虾虎鱼 *Rhinogobius giurinus*（Rutter, 1897）］

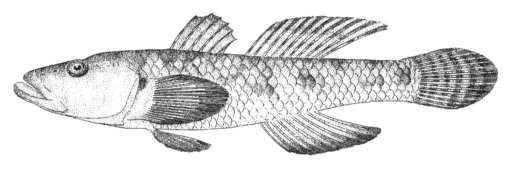

图167　普栉虾虎鱼 *Rhinogobius giurinus*

背鳍Ⅵ，Ⅰ-8～9；臀鳍Ⅰ-8～9；胸鳍17～20；腹鳍Ⅰ-5；尾鳍Ⅴ-11～13-Ⅴ。纵行鳞30～34，横行鳞11～12。鳃耙外行2+9，内行2+9。

标本体长42～69.2 mm。体细，渐稍侧扁；体长为体高4.6～4.9倍，为头长2.9～3.3倍。头稍平扁，头侧自鼻孔到前鳃盖骨后附近肌肉发达，肥凸；头长吻长2.6～3.1倍，为眼径4.9～5.3倍，为眼间隔宽6.1～10.5倍，为尾柄长1.1～1.4倍。吻钝。眼侧上位，位于头中央略较前方。眼间隔两侧稍圆凸，中央凹。前鼻孔短管状，位于吻中部吻下缘稍上方；后鼻孔小，分离。口前位，斜形，口闭时上、下颌前端约相等；两颌后端达眼前缘下方。两颌均有齿，齿分叉。犁骨与腭骨无齿。舌圆截形，游离。鳃孔侧位，下端不达前鳃盖骨。鳃峡宽。鳃膜连鳃峡。鳃膜条骨5。假鳃发达。鳃耙粗短。肛门位于后背鳍始点下方，其后有生殖泌尿突起。

体有栉鳞，头部仅后头部有鳞。模鳞前端很高且较横直；鳞心位于后端附近，向前有许多辐状纹，后缘有栉刺。无侧线。

背鳍2个，分离。前背鳍始于胸鳍基后上方，鳍棘不突出成丝状，头长为第3鳍棘长1.9～2.1倍。后背鳍基较长；最后鳍条最长，头长为其长1.4～1.8倍，达尾柄后半部。臀鳍似后背鳍而较低短，头长为最后臀鳍条长1.6～1.9倍。胸鳍侧位，圆形，头长为鳍长1.3～1.4倍，不伸过肛门。腹鳍胸位，左右合成一圆吸盘状，头长为鳍长1.6～2倍。尾鳍圆形。

头体背侧淡灰黄色，有云状不规则暗色斑及虫纹，鳞后缘常色较暗；体侧有1纵行8～9个大黑斑，斑间尚有小杂斑；腹侧淡色，无斑。头侧常有6～7条黑褐色细斜纹，第1纹自眼达吻侧最显明。颊部纹斜向前下方。鳃孔背角后方到胸鳍基上端有一亮黑斑。鳍淡黄色；两背鳍有褐色纵的小点纹；尾鳍有6～7条横的褐色点纹；有些腹鳍与臀鳍色稍灰暗。腹膜淡黄色，有小黑点。

为平原淡水多水草处小杂鱼。主要以小虾类等为食。在捕虾网的渔获品中常可看到。分布于我国东部、朝鲜及日本南部淡水水域。在我国生于辽河到台湾、海南岛及广西等处。在黄河流域生于山东、河南到陕西华阴及山西新绛等。

Gobius giurinus Rutter, 1897, Proc. Acad. Nat. Sci. Philad. 49: 86（汕头）；Nichols, 1943, Nat. Hist. Centr. Asia Ⅸ: 264（海南岛；福建）。

Ctenogobius giurinus, Tchang（张春霖），1939, Bull. Fan Mem. Inst. Biol.（Zool.）Ⅸ（3）：273（济南龙山；开封等）；郑葆珊等，1981，广西淡水鱼类志：216，图178（西江及南流江）。

Rhinogobius giurinus, Chu（朱元鼎），1931, Index Pisc. Sinensium: 162（济南龙山，河南商丘等）；李思忠，1965，动物学杂志（5）：222（陕西、晋南、河南、山东）；方树淼等，1984，兰州大学学报（自然科学）20（1）：108（陕西黄河、洛河、灞河及黑河）。

刺虾虎鱼属 *Acanthogobius* Gill, 1860

释名： 名由acanthogobius（acantho刺 + gobius，虾虎鱼）意译而来。

体长形，向后稍侧扁。头宽大，平扁。吻才。口大，前位。下颌较上颌略短。舌前端截形。牙尖，不分叉，两颌齿群为带状，无犬牙。无须。鳃孔大。鳃膜连鳃峡。鳃峡宽。鳃膜条骨4～5。背鳍Ⅷ～Ⅹ，Ⅰ-14～18；臀鳍Ⅰ-11～16。尾鳍尖或圆形。胸鳍无丝状鳍条。腹鳍吸盘系膜锯齿状。体被栉鳞，后头部与颊部、鳃盖部有小鳞；体侧纵行鳞48～72。为我国、朝鲜与日本小型海鱼类。黄河口内外附近有2种。

Acanthogobius Gill, 1859, Proc. Acad. Nat. Sci. Philad.: 145（模式种：*Gobius flavimanus* Temminck et Schlegel）。

种的检索表

1（2）背鳍Ⅷ，Ⅰ-12～13；臀鳍Ⅰ-11～12；纵行鳞46～50⋯⋯⋯⋯⋯⋯刺虾虎鱼 *A. flavimanus*
2（1）背鳍Ⅸ～Ⅹ，Ⅰ-18～20；臀鳍Ⅰ-15～16；纵行鳞66～72⋯⋯⋯⋯⋯矛尾刺虾虎鱼 *A. hasta*

刺虾虎鱼 *Acanthogobius flavimanus*（Temminck et Schlegel, 1845）（图168）

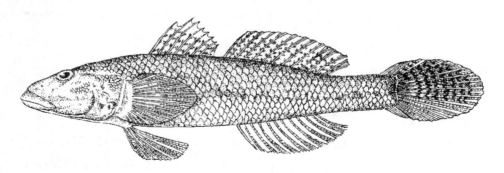

图168　刺虾虎鱼 *Acanthogobius flavimanus*

释名： 又名光鱼、油光鱼（河北省沿海）。

背鳍Ⅷ，Ⅰ-12～13；臀鳍Ⅰ-11～12；胸鳍19～20；腹鳍Ⅰ-5；尾鳍Ⅶ～Ⅸ-15～16-Ⅶ～Ⅸ。纵行鳞45～49+1。鳃耙外行3+8，内行4+9。椎骨约13+19。

标本体长43～60.5 mm。体稍细长，前部圆柱状，微侧扁，体高为体宽1.1倍，向后渐尖且较侧扁；体长为体高6.7～7.1倍，为头长3.9～4.7倍，为尾部长1.8～2.1倍。头前方平扁，颊部肌肉很发达、圆凸；头长为吻长3.1～3.5倍，为眼径5～5.6倍，为眼间隔宽7.6～9倍。吻钝圆。眼侧上位，位于头中央略前方。眼间隔中央微凹。鼻孔每侧2个，分离，前鼻孔位于吻下缘的稍上方，口前位而低，中等大；上颌达眼前缘下方，下颌较上颌略短。两颌齿排列成带状，齿尖不分叉。鳃孔大，下端不达前鳃盖骨角下方。鳃膜条骨5。鳃膜连宽的鳃峡。鳃耙仅鳃弓角处外行较长。肛门位于臀鳍稍前方，其后有生殖泌尿突起。

鳞稍小；模鳞鳞心位于鳞后端附近，向前有辐状纹，后缘栉刺弱小；颊部、鳃盖部与后头部有小鳞。无侧线。

前背鳍始于胸鳍基后上方，背缘斜且略圆凸；第2～3鳍棘最长，头长为其长2～2.4倍；最后棘以膜连于体背侧。后背鳍基长约为前背鳍基长2倍；最后一鳍条自基端分叉；中部鳍条最长，头长为其长1.4～2.3倍。臀鳍始于第2背鳍条基下方，形似后背鳍。胸鳍位于体下半侧，圆形，头长为其长1.2～1.5倍，不达前背鳍后端。腹鳍胸位，发达，合成圆形吸盘状，吸盘前系膜边缘锯齿状。尾鳍圆矛状。

鲜鱼体灰黄色，微绿，腹侧色较淡，体侧有1纵行10～11个灰褐色小斑点，背侧有不规则的横斑。奇鳍黄灰色，背鳍与尾鳍有黑色小点纹。偶鳍淡黄色。头腹侧自下颌下方到左右鳃盖膜有一"人"字形灰黑色斑。虹彩肌灰色，内缘金黄色。

为东亚浅海沿岸底栖鱼类，亦能进入河口淡水区。体长60.5 mm以下小鱼，奇鳍黑点纹及体鳞栉刺不显明。以虾类等为食。

分布于我国、朝鲜与日本。在我国分布于辽宁到海南岛；在黄河流域仅见于山东垦利县黄河口内外附近。

Gobius flavimanus Temminck et Schlegel, 1845, Fauna Jap. Poiss: 141, Pl. 74, fig. 1（长崎）。

Acanthogobius flavimanus, Wang（王以康）& Wang（王希成），1936, Contr. Biol. Lab. Sci. Soc. China XI（6）：191, fig. 20（烟台）；Tchang（张春霖），1939, Bull. Fan Mem. Inst. Biol.（Zool.）IX（3）：277（烟台，宁波等）；郑葆珊，1955，黄渤海鱼类调查报告：206，图130（山东羊角沟等）；郑葆珊，1962，南海鱼类志：812，图659（海口）；李思忠，1965，动物学杂志（5）：220（山东）。

矛尾刺虾虎鱼 *Acanthogobius hasta*（Temminck et Schlegel, 1845）（图169）*

［有效学名：斑尾刺虾虎鱼 *Acanthogobius ommaturus*（Richardson, 1845）］

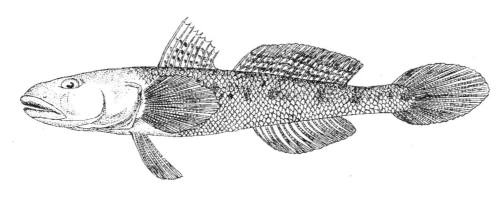

图169 矛尾刺虾虎鱼 *Synechogobius ommaturus*

释名： 因尾矛状，故名。拉丁文hasta（矛）亦此意。河北省沿海名为光鱼或油光鱼。

背鳍Ⅸ～Ⅹ，Ⅰ-18～20；臀鳍Ⅰ-15～16；胸鳍20～21；腹鳍Ⅰ-5；尾鳍ⅶ～ⅷ-14～15-ⅶ～ⅷ。纵行鳞66～75。鳃耙外行3+8，内行2～4+10。椎骨16+26。

标本体长163～276 mm。体细长，前端似圆柱状，微侧扁，向后渐较侧扁；体长为体高6.9～11倍，为头长4.1～5倍，为尾部长1.9～2倍。头宽大，平扁，头宽为头高1.2～1.4倍；头长为吻长2.6～3倍，为眼径7.1～8.9倍，为眼间隔宽6.6～7.9倍。吻发达，半卵圆形，吻缘在鼻孔下方及口角上方各有一裂沟。眼间隔中间平坦，宽等于或大于（体长222 mm以上时）眼径，两侧各有一"八"字形感觉管。两鼻孔稍分离，位于吻正部；前鼻孔短管状，斜向前下方。口大，半卵圆形，略下位，下颌较短，两颌略伸过眼前缘。唇宽厚，下唇有后沟及中央突起。舌圆截形，游离。鳃孔大，下端不达前鳃盖骨下方，鳃膜与鳃峡相连，鳃峡很宽。鳃膜条骨5。有假鳃。鳃耙短突起状，最长也不及眼径1/3。鳔圆锥形，前端钝圆。肛门位于臀鳍稍前方，后有生殖泌尿突起。

鳞小，圆形；模鳞鳞心位于鳞后缘附近，向前有辐状纹，后端有弱栉刺；鳃盖部的上部与后头部也有鳞。无侧线。

两背鳍分离。前背鳍始于胸鳍基稍后；第1～2鳍棘最长，头长为其长2.5～2.6倍，略不达后背鳍。后背鳍基长为前背鳍基长的2.2～2.7倍；中部鳍条最长，头长为其长2～2.4倍。臀鳍始于第4臀鳍条基下方；倒数第2臀鳍条最长，头长为其长2.5～2.7倍。胸鳍圆形，位于体侧中部下方，头长为胸鳍长1.5～1.6倍，略伸过腹鳍后端。腹鳍胸位，两鳍合成吸盘状，吸盘前系膜为细锯齿状，头长为腹鳍长1.8～2倍。尾鳍圆长矛状。

鲜鱼体背侧黄灰褐色，微绿，向下渐为白色；沿侧中线有1纵行约10个灰褐色斑。胸鳍基上半部有一直立褐斑。头腹面黄白色。背鳍与尾鳍淡灰黄色，两背鳍有灰褐色小点纹，其他鳍橘黄色。虹彩肌灰黄色，内缘金黄色。

为浅海沿岸及河口内外底栖鱼类，亦入淡水区。大鱼尾柄较长。如体长276 mm时尾柄长于头长，体长240 mm以下小鱼尾柄短于头长。体长222 mm以上大鱼胸鳍前半部中央有灰褐色小点纹。鱼愈小其眼径及体高占体长的比例较大。肠长小于体长。腹膜背侧灰褐色，腹侧银灰色。主要以虾类及小鱼类为食。春末夏初产卵。产卵后体瘦，渔民常用作鱼饵。秋冬肉肥美。为沿海渔民喜食的鱼类之一。最大体长可达323 mm。

分布于黄渤海到雷州半岛东侧。在黄河流域仅见于山东省垦利县河口附近。朝鲜及日本亦产。

*编者注：据伍汉霖教授，刺虾虎鱼属Acanthogobius发表于1859年，而复虾虎鱼属Synechogobius发表于1863年，两属特征相同，故刺虾虎鱼属Acanthogobius为有效属；因而FishBase仍视Synechogobius ommaturus为有效学名，理由不足。

Gobius hasta Temminck et Schlegel, 1845, Fauna Jap. Poiss.: 144, pl. 75, fig. 1（日本）。

Gobius ommaturus Richardson, 1845, Zool. Voy. "Sulphur", Ichthyol.: 146, pl. 55, figs. 1～4（我国）。

Synechogobius hasta, Wang（王以康）& Wang（王希成），1936, Contr. Biol. Lab. Sci. Soc. China Ⅺ（6）：193, fig. 21（烟台）。

Acanthogobius hasta, Tchang（张春霖），1939, Bull. Fan Mem. Inst. Biol.（Zool.）Ⅸ（3）：276（辽河到汕头、香港）；郑葆珊，1955, 黄渤海鱼类调查报告：207, 图131（龙口至石臼所）；李思忠，1965, 动物学杂志（5）：220（山东）。

舌虾虎鱼属 *Glossogobius* Gill, 1860

释名：因舌前端叉状得名。glossogobius（glosso，舌＋gobius，虾虎鱼）亦此意。

体长形，前部似圆柱状，后部侧扁。头宽大，前方平扁。口大，下颌显著突出。舌前端叉状或深凹刻状。两颌齿约4行；外行齿犬牙状，牢固，其他齿能倒伏。体有大栉鳞，纵行鳞25～40，项背鳞较小，头侧仅鳃盖上部有小鳞。鳃孔大。鳃峡窄。鳃膜条骨4。假鳃发达。背鳍Ⅵ，Ⅰ-8～10；臀鳍Ⅰ-8～9。胸鳍无丝状鳍条。腹鳍吸盘状。分布于印度洋及太平洋。我国有3～4种，黄河下游有1种。

Glossogobius Gill, 1860, Proc. Acad. Nat. Sci. Philad.: 146（模式种：*Gobius platycephalus* Richardson）。

舌虾虎鱼 *Glossogobius giuris*（Hamilton, 1822）（图170）

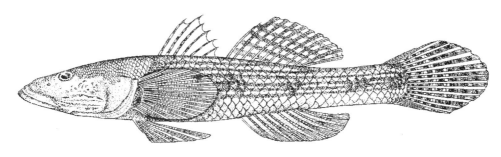

图170　舌虾虎鱼 *Glossogobius giuris*

释名：爬地虎（开封）。

背鳍Ⅵ，Ⅰ-9；臀鳍Ⅰ-8；胸鳍20；腹鳍Ⅰ-5；尾鳍Ⅴ-12-Ⅴ。纵行鳞30～31+2，横行鳞10～11。鳃耙外行4+9，内行6+10。椎骨11+16。

标本体长98.3～107 mm。体长形，前部近圆柱状，后方侧扁；体长为体高4.7～6.3倍，为头长3～3.1倍，为尾部长约2.2倍。头大，平扁，两侧肌肉发达、圆凸；头长为吻长3.3～3.5倍，为眼径5.7～6.1倍，为眼间隔宽6.5～6.9倍，为尾柄长约1.3倍。吻钝圆。眼侧上位，眼后头长较头长1/2大。眼间隔大致平坦。两鼻孔小，分离，约位于尾中部。口大，前位，斜形，下颌显明突出；口裂宽约等于长，达眼前缘下方。两颌齿多行，细尖，外行齿较长。舌游离，前端深叉状。唇宽厚。鳃孔大，下端向前伸过前鳃盖骨后缘。鳃膜连鳃峡。鳃耙短小。假鳃发达。肛门位于臀鳍稍前方，其后有生殖泌尿突起。

鳞稍大；模鳞鳞心位于鳞后端附近，向前有辐状纹，后端有栉刺。头部自眼间隔往后和鳃盖上部有小鳞，吻和颊部无鳞。无侧线。

两背鳍分离。前背鳍始于胸鳍基后上方；第2鳍棘最长，略不达后背鳍，头长为其长1.4～1.7倍。后背鳍始于肛门后上方附近；背缘微圆凸；第1鳍条最长，头长为其长1.7～2倍。臀鳍似后背鳍而稍短。胸鳍发达，圆形，达肛门上方，头长为胸鳍长1.3～1.4倍。两腹鳍合成吸盘状，伸不到肛门，头长为腹鳍长约1.6倍。尾鳍圆矛状。

鲜鱼灰黄褐色，腹侧较淡。体侧有1纵行5～6个云状灰黑色大斑，前2斑位于胸鳍基后上方，另4斑位于尾部。有些在背侧尚有与体侧斑相间的暗斑与稀的小黑点，有时各纵行鳞亦有浅灰褐色纵纹。鳍淡黄色；后背鳍与尾鳍有灰黑色小点纹，前背鳍与胸鳍点纹常不显明，腹鳍与臀鳍色较淡或较暗。

为沿岸海鱼，亦进淡水区。为底层鱼类，主要以虾类为食。雄鱼体较细长，臀鳍与腹鳍色较暗，臀鳍下缘近黑色。雌鱼腹部较宽高，腹鳍与臀鳍色较淡。肠短于体长。腹膜淡黄色。大鱼体全长可达349 mm（Herre, 1927）。

分布于我国到日本、菲律宾、澳大利亚昆士及东非洲。在黄河流域分布于山东及河南开封等。

Gobius giuris Hamilton, 1822, Fish. Ganges: 51, pl. 33. fig. 15（恒河）；Günther, 1861, Cat. Fish. Br. Mus. 3: 21（我国）；Rutter, 1897, Proc. Acad. Nat. Sci. Philad.: 85（汕头）；Nichols, 1943, Nat. Hist. Centr. Asia IX: 261, fig. 141（天津白河；汉口等）。

Glossogobius giuris, Fu（傅桐生）& Tchang（张春霖），1933, Bull. Honan Mus.（Nat. Hist.）I（1）:（开封）；Tchang（张春霖），1939, Bull. Fan Mem. Inst. Biol.（Zool.）IX（3）: 270（广州、汉口、北京、天津白河等）；郑葆珊，1962，南海鱼类志：791，图640（广东大陆及海南岛沿岸）；李思忠，1965，动物学杂志（5）: 220（河南）；郑葆珊等，1981，广西淡水鱼类志：220，图182（东兴北仑河）；李思忠，1981，中国淡水鱼类的分布区划：244-245。

矛尾虾虎鱼属 *Chaeturichthys* Richardson, 1844

每侧下颌下方各有3条短须。体很细长，前部粗圆仅略侧扁，向后渐尖且较侧扁。体被中等大圆鳞或栉鳞，纵行鳞33～55；头背面及两侧亦有鳞。背鳍Ⅷ，Ⅰ-12～24；臀鳍Ⅰ-11～20。胸鳍无丝状游离鳍条。两腹鳍合为吸盘状。尾鳍尖矛状，长大于头长。口大，前位，下颌突出。两颌各有齿2行，尖形。舌截形。鳃孔大。鳃膜连鳃峡。鳃峡窄。为我国、朝鲜及日本沿海底栖小型鱼类，共有3种，黄河口内发现有1种。

Chaeturichthys Richardson, 1844, Zool. Voy. "Sulphur", Ichthyol.: 54（模式种：*C. stigmatias* Richardson）。

Amblychaeturichthys Bleeker, 1874, Archs. Neerl. Sci. IX: 324（模式种：*Chaeturichthys hexanema* Bleeker）。

矛尾虾虎鱼 *Chaeturichthys stigmatias* Richardson, 1844（图171）

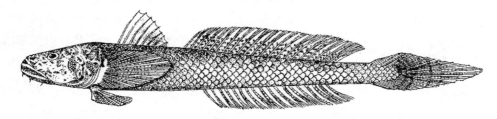

图171 矛尾虾虎鱼 *Chaeturichthys stigmatias*

背鳍Ⅷ，Ⅰ-20～21；臀鳍Ⅰ-18；胸鳍23；腹鳍Ⅰ-5；尾鳍Ⅸ-16-Ⅸ。纵行鳞54+2。鳃耙外行3+9，内行2+10。椎骨15+26。

标本体长107 mm。体细长；前部粗圆，略侧扁。向后渐尖且较侧扁；体长为体高7.9倍，为头长3.9倍，为尾部长2.1倍。头大，稍平扁，前鳃盖骨处最宽；头长为吻长3.2倍。为眼径5.4倍，为眼间隔宽7.3倍，为尾柄长1.5倍。尾柄长为尾柄高3.2倍。吻钝圆。眼稍小，侧上位，位于头正中点前方。眼间隔窄，中央凹平。两鼻孔分离。口大，前位，斜圆弧状。两颌前端约相等，后端达眼前缘下方。两颌齿尖长，不分叉。舌圆形，游离。每侧下颌下方前、中、后各有一须，中间须微长。鳃孔大，侧位，下端达前鳃盖骨下方。鳃膜条骨5。鳃膜互连且连鳃峡。鳃耙外行细长约等于瞳孔，内行均短。肛门位于臀鳍稍前方，其后有生殖泌尿突起。

体被圆鳞；鳞稍小，后部鳞较大，头两侧及背面鳞很小；模鳞卵圆形，鳞心位于后端附近，向前有约16条辐状纹。无侧线。

两背鳍分离。前背鳍始于胸鳍基稍后；第2鳍棘最长，头长为其长2.4倍；最后鳍棘有膜连于体背面且不达后背鳍。后背鳍始于肛门前缘上方；中部鳍条最长，头长为其长2.2倍。臀鳍似后鳍而较短。胸鳍大，侧位，长椭圆形，头长为其长1.2倍，约达两背鳍之间。腹鳍始于胸鳍基稍前方，合为吸盘状，头长为腹鳍长1.9倍，吸盘前系膜细锯齿状。尾鳍尖矛状。

体背侧黄灰褐色，有云状不规则污斑，腹侧色较淡。头前半部背侧有灰褐色花纹。鳍黄色，背鳍与尾鳍稍灰，前背鳍后部有一大黑斑，后背鳍下半部有4纵行灰黑色小斑纹，尾鳍前半部有4～5条灰黑色横斑纹，胸鳍亦稍灰暗和有淡灰色横的小点纹。

为东亚近海沿岸底栖小杂鱼。主要以虾类为食。有鳔。肠较体长短。常与刺虾虎鱼属混在一起。生活于浅海及半咸水水域，个别亦进入河内。

分布于我国、朝鲜及日本。在我国自渤海分布到雷州半岛。黄河流域仅见于山东垦利。

Chaeturichthys stigmatias Richardson, 1844, Zool. Voy. "Sulphur", Ichthyol: 55, Pl. 35, figs. 3～5（南太平洋）；Jordan & Snyder, 1901, Proc. U. S. natn Mus. 23: 764（对马岛）；Wang（王以康）& Wang（王希成），1936, Contr. Biol. Sci. Soc. China XI（6）：194, fig. 22（烟台）；Tchang（张春霖），1939, Bull. Fan Mem. Inst. Biol.（Zool.）IX（3）：278（上海、淞江、福州、汕头等）；郑葆珊，1955，黄渤海鱼类调查报告：214，图136（黄河口南的羊角沟等）；郑葆珊，1962，南海鱼类志：814，图661（广东珠江口及以东）；李思忠，1965，动物学杂志（5）：220（山东）。

叉齿虾虎鱼（缟虾虎鱼）属 *Tridentiger* Gill, 1859

［有效学名：缟虾虎鱼属 *Tridentiger* Gill, 1859］

释名：名由tridentiger（tri，三＋den，齿＋tiger）意译而得；曾名缟虾虎鱼（张春霖，1933），三叉虾虎鱼（郑葆珊，1962）。

体圆柱状，后部侧扁；头略平扁，无鳞及须；口端位，上、下颌齿2行，外行齿三叉状，中间齿尖较长。体蒙栉鳞，纵行鳞34～58；颊部肥厚，头部仅项背或鳃盖骨的上部亦有鳞。头部有感觉管及小孔。背鳍VI，I-9～14；臀鳍I-9～12。胸鳍无游离鳍条。腹鳍合成吸盘状。尾鳍圆形，栉鳞，为东亚海鱼、半咸水及淡水鱼类。西太平洋有7种；我国产双纹缟虾虎鱼（*T. trigonocephalus* "Gill"）等2种。黄河流域有2种。

Tridentiger Gill, 1859, Ann. Lyc. Nat. Hist. New York 7: 16（模式种：*T. obscurus* Schlegel）。

Triaenophorus Gill, 1859, loc. cit. 7: 17（模式种：*T. trigonocephalus* Gill，我国）。

Triaenophorichthys Gill, 1860, Proc. Acad. Nat. Sci. Philad. : 195（模式种：*T. trigonocephalus*）。

Trifissus Jordan & Snyder, 1900, Proc. U. S. natn Mus. 23: 373（模式种：*T. ioturus* Jordan et Snyder = *T. trigonocephalus*）。

种的检索表

1（2）1纵行鳞35～39；背鳍VI，I-9～10；体侧无纵纹 ·························· 叉齿虾虎鱼 *T. obscurus*

2（1）1纵行鳞50～60；背鳍VI，I-12～13；体侧常有2条黑色纵纹 ···································

······································ 双纹叉齿虾虎鱼 *T. trigonocephalus*

叉齿虾虎鱼 *Tridentiger obscurus*（Temminck et Schlegel, 1845）（图172）

［有效学名：暗缟虾虎鱼 *Tridentiger obscurus*（Temminck et Schlegel, 1845）］

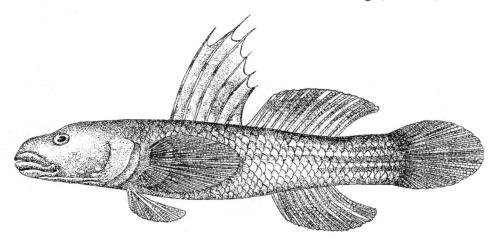

图172　叉齿虾虎鱼 *Tridentiger obscurus*

释名：缟虾虎鱼（周汉藩、张春霖，1933）。又名暗缟虾虎鱼。

背鳍Ⅵ，Ⅰ-9～11；臀鳍Ⅰ-10；胸鳍19～21；腹鳍Ⅰ-5；尾鳍ⅴ-13-ⅳ，纵行鳞35～39。鳃耙3+7。

标本体长43.5～93.8 mm。体长形，前方圆柱状，向后渐侧扁；体长为体高4.7～5.6倍，为头长3～3.1倍，头大，稍平扁，头侧肌肉凸出；头长为吻长3.2～4.7倍，为眼径5～6.6倍，为眼间隔宽3.6～5倍。吻钝圆。眼小，侧上位，眼间隔宽坦。眼上感觉管及小孔显明。口大，前位，稍斜。两颌前端约相等，后端达眼前缘下方。两颌齿2行；外行齿较大，各有3个齿尖，中央齿尖较长。鳃孔大，侧位。峡部宽。鳃耙短。

体有大型栉鳞，项背及腹侧有小圆鳞。头部无鳞。无侧线。两背鳍分离。前背鳍发达；始于胸鳍基后上方附近；头长为最长背鳍棘长1～2.1倍，雌鱼较短，雄鱼鳍棘较长且多突出为丝状。后背鳍背缘微圆凸，头长为最长鳍条长1.9～2.1倍。臀鳍似后背鳍而鳍基及鳍条均较短。胸鳍大，圆形，侧位，头长为胸鳍长1.3～1.4倍。腹鳍始于胸鳍基前方，合为吸盘状，头长为鳍长1.6～2.4倍。尾鳍圆矛状。

体背侧黄褐色，微绿；体侧尤其后半部有较显明的淡色纵纹；腹侧色较淡。头部有小白点。前背鳍鳍棘各有3～4个小黑点；后背鳍与臀鳍边缘白色，中部较暗。胸鳍基上端附近有一大黑斑，斑后及下方橘黄色直立形大斑状。尾鳍膜为黑色，鳍基常有2个黑斑。

为近海沿岸及河口附近底层小杂鱼，亦进入河口附近的淡水内，主要以虾类为食。雄性成鱼前背鳍棘长约等于头长，生殖泌尿突起较细尖；雌鱼前背鳍棘长仅约等于头长1/2，生殖泌尿突起较宽短。椎骨11+15。大鱼体长可达135 mm。

分布于我国到朝鲜、日本等处。在我国见于图们江口、渤海到两广沿海。黄河流域仅见于山东省垦利县。

Sicydium obscurum Temminck et Schlegel, 1845, Fauna Jap. Poiss.：145, pl. LXXVI, fig. 1（长崎）。

Tridentiger obscurus，Tchang（张春霖），1939, Bull. Fan Mem. Inst. Biol.（Zool.）Ⅸ（3）：279（塘沽、厦门）；Berg, 1949, Freshwater Fish. USSR Ⅲ：1102, fig. 833（in Russian）（符拉迪沃斯托克（海参崴）；北海道）；郑葆珊，1955，黄渤海鱼类调查报告：216，图138（秦皇岛、烟台等）；郑葆珊，1962，南海鱼类志：817，图663（汕头到广西北海市）；李思忠，1965，动物学杂志（5）：220（山东）。

双纹叉齿虾虎鱼 *Tridentiger trigonocephalus* Gill, 1859（图173）

[有效学名：纹缟虾虎鱼 *Tridentiger trigonocephalus*（Gill, 1859）]

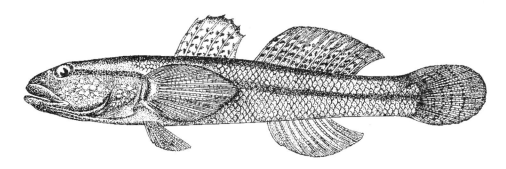

图173 双纹叉齿虾虎鱼 *Tridentiger trigonocephalus*

释名：体每侧上半部有二黑色纵纹，故名。

背鳍Ⅵ，Ⅰ-12～13；臀鳍Ⅰ-10；胸鳍18～20；腹鳍Ⅰ-5；尾鳍ⅳ-13-ⅳ。纵行鳞50～56。鳃耙2～4+8～9。椎骨11+15。

标本体长44～74 mm。体长形，前方近圆柱状，向后渐较侧扁；体长为体高4.1～5.5倍，为头长3.2～3.8倍。头稍大，平扁，两侧肌肉很发达、突出；头长为吻长4～4.8倍，为眼径4.2～6.6倍，为眼间隔宽4.5～5.9倍。吻钝短。眼稍小，侧上位，眼间隔平坦。口大。前位，斜形。两颌前端相等，后端约达眼后缘下方。唇宽厚。舌圆形。两颌齿2行；外行齿较大且为三尖状，中央齿尖较长。鳃孔稍大，侧位。鳃膜连鳃峡。鳃峡宽。鳃耙短。肛门位于后背鳍始点下方。

体有中等大弱栉鳞，前方鳞较小。头部无鳞。无侧线。两背鳍分离。前背鳍始于胸鳍基后上方，鳍棘均不突出为丝状；第2～3鳍棘最长，头长为其长1.9～2.3倍，约达后鳍始点。后背鳍背缘圆凸，后方鳍条较长，最长鳍条约等于前鳍棘长。臀鳍似后背鳍而较短。胸鳍大，尖圆形，侧位，头长为其长1.1～1.3倍。腹鳍吸盘状，胸位，头长为其长1.3～1.9倍。尾鳍圆形。

头体黄褐色，微绿，自吻端经眼向正后到尾鳍基，以及沿头体背缘到尾鳍基上端，常各有1条黑色纵纹；腹侧色较淡。两背鳍与尾鳍常有黑色小斑纹；其他鳍淡黄色，臀鳍下缘黑色或色较暗，胸鳍基有一新月形黑斑。大鱼纵纹常不显明。

为近海沿岸和河口附近底层小杂鱼，亦能进入淡水区。主要以虾类为食。雌鱼生殖泌尿突起较细，呈圆柱状，而雄鱼的呈宽三角形。最大体长达110 mm（Berg，1949）。

分布于我国、朝鲜与日本。在我国生于图们江口与渤海至粤东。在黄河仅见于垦利县。

Triaenophorus trigonocephalus Gill, 1885, Ann. Lyc. Nat. Hist. Ⅶ: 17（我国）。

Triaenophorichthys trigonocephalus Gill, 1959, Proc. Acad. Nat. Sci. Philad.: 195（我国）；Rutter, 1897, Ibid.: 85（汕头）；

Tridentiger bifasciatus Steindachner, 1881, Sber. Akad. Wiss. Wien. 83: 190（符拉迪沃斯托克（海参崴））；Jordan & Starks, 1960, Proc. U. S. natn Mus. 31: 524（今大连）；Herr, 1927, Monogr. Bur. Sci. Manila 23: 283（福州，厦门）；Wang（王以康）& Wang（王希成），1936, Contr. Biol. Lab. Sci. Soc. China Ⅺ（6）: 197, fig. 24（烟台）；Tchang（张春霖），1939, Bull. Fan Mem. Inst. Biol.（Zool.）Ⅸ（3）: 278（今大连，辽河，塘沽，烟台，青岛等）；

Tridentiger trigonocephalus, Tchang（张春霖），1939, Bull. Fan Mem. Inst. Biol.（Zool.）Ⅸ（3）:

279（塘沽，烟台等）；Berg, 1949, Freshwater Fish. USSR Ⅲ: 1103, fig. 834（黑龙江河到广州以南）；郑葆珊，1955，黄渤海鱼类调查报告：217，图139（辽宁、河北与山东沿海）；郑葆珊，1955，南海鱼类志：817，图664（汕头、南澳等）；朱元鼎等，1963，东海鱼类志：416，图312（浙江、福建）；李思忠，1965，动物学杂志（5）：220（山东）。

狼虾虎鱼属 *Odontamblyopus* Bleeker, 1874

释名： 口大，齿尤发达，故名狼虾虎鱼。

体长鳗状，侧扁，有退化的小鳞。头侧面近长方形。亦有痕状小鳞。眼很小。口大，很斜，下颌突出。两颌齿2～3行；外行齿小锥状。舌圆形。无须。鳃孔大，侧位。鳃膜连鳃峡。鳃峡宽。鳃膜条骨5。奇鳍互连。胸鳍尖形。腹鳍合成吸盘状，长与胸鳍长约相等。为沿岸海鱼及半咸水鱼类。我国有1种。黄河亦产。

Odontamblyopus Bleeker, 1874, Archs. Neerl. Sci. Ⅸ: 330（模式种：*Gobioides rubicundus* Hamilton）。

Sericagobioides Herre, 1927, Monogr. Bur. Sci. Manila 23: 335（模式种：*S. lighti* Herre）。

Nudagobioides Shaw（寿振黄），1929, Bull. Fan Mem. Inst. Biol. Ⅰ: 1（模式种：*N. nankaii* Shaw）。

狼虾虎鱼 *Odontamblyopus rubicundus*（Hamilton, 1822）（图174）*

［有效学名：拉氏狼牙虾虎鱼 *Odontamblyopus lacepedii*（Temminck et Schlegel, 1845）］

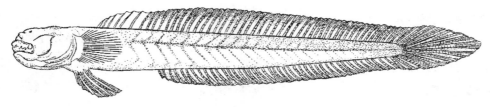

图174　狼虾虎鱼 *Odontamblyopus lacepedii*

释名： 又名小狼鱼、狼条、钢条（河北沿海）；红狼牙虾虎鱼。

背鳍Ⅵ-44～47；臀鳍43～44；胸鳍28～33；腹鳍Ⅰ-5；尾鳍16。鳃耙外行7+13，内行5+17。标本体长116.5～158 mm。体细鳗状；前部略侧扁，向后渐较显著侧扁；为尾部长约1.5倍。头很粗钝，后端似圆柱状，向前渐稍平扁，背面中央常呈浅纵沟状，两侧在前鳃盖处肥凸；头长为吻长3.8～4.1倍，为眼径17.3～22.3倍，为眼间隔宽3.7～4.4倍。吻宽短。眼很小，位于头背面两侧。眼间隔宽坦。鼻孔每侧2个；前鼻孔位于吻前缘，呈短管突状；后鼻孔位于眼前下方附近。口大，前位，很斜。口角达眼下方，下颌较上颌发达且略突出。两颌有齿2～3行；外行齿呈大弯柱状，每侧各有4～6个大犬齿露出口外；内行齿短锥状。唇发达。无须。舌游离，圆形。鳃孔大，侧位，横直。鳃膜分离，连鳃峡。假鳃发达。第4鳃后有裂孔。鳃耙小突起状，外行最长鳃耙约等于眼径。肛门位于臀鳍稍前方，后有生殖泌尿突起。

鳞很退化，头体侧有小凹窝状鳞痕迹。体侧肌节很显明。无侧线。奇鳍均相连，间无凹刻。背鳍始于胸鳍基后上方附近，鳍棘部与鳍条部间鳍膜较宽；臀鳍亦很长，始于第3～4背鳍条基下方；尾鳍尖矛状。胸鳍圆形，侧中位，约达第6背鳍棘基下方，略伸过腹鳍后端。腹鳍合成吸盘状，吸盘前系膜边缘无锯齿。

鲜鱼红紫褐色，腹侧色略较淡。奇鳍灰黄色，尾鳍较灰暗。偶鳍黄色，基端附近灰褐色。

为浅海与河口内附近的底栖海鱼与半咸水鱼。常生活在泥滩处，退潮后在泥滩洞穴内很习见。主要以虾类为食。椎骨11+19。肠短，体长约158 mm时为肠长1.7倍。鳔切面呈椭圆形，后端稍尖。长约为头长1/3。卵巢细，切面呈椭圆形。5月底产卵，卵黄色。腹膜黄灰褐色。常用作鱼饵。

分布于我国到日本、印度尼西亚及印度。在黄河流域仅见于垦利县黄河口内附近。

Gobioides rubicundus Hamilton, 1822, Fish. Ganges: 37, fig. 9（恒河）。

Amblyopus hermannianus Günther, 1861, Cat. Fish. Br. Mus. 3: 135（我国）。

Nudagobioides nankaii Shaw（寿振黄），1929, Bull. Fan Mem. Inst. Biol. Ⅰ: 1, figs. 1 ~ 2（天津）。

Taenioides petschiliensis, Wang（王以康）& Wang（王希成），1936, Contr. Biol. Lab. Soc. China Ⅸ（6）: 202, fig. 29（青岛）。

Gobioides hermannianus, Tchang（张春霖），1939, Bull. Fan Mem. Inst. Biol.（Zool.）Ⅸ（3）: 281（辽河，塘沽，青岛，澳门）。

Odontamblyopus rubicundus，郑葆珊，1955，黄渤海鱼类调查报告: 255，图144（辽宁、河北及山东）；郑葆珊，1962，南海鱼类志: 822，图668（两广及海南岛沿岸）；朱元鼎等，1963，东海鱼类志: 438，图334（江苏至福建沿海）；李思忠，1965，动物学杂志（5）: 220（山东）。

弹涂鱼科 **Periophthalmidae**

释名：据《宁波府志》，"弹涂，一名阑胡。形似鳅而短，以其弹跳于涂，故名"。北方名海兔及泥猴。

体长形，侧扁。眼突出于头背面，能活动，下眼睑发达，游离。两颌前端约相等。上颌齿1 ~ 2行，下颌齿1行。鳃孔侧位。鳃膜条骨5。鳞小或退化。无侧线。背鳍Ⅴ ~ ⅩⅦ，Ⅰ -9 ~ 27；臀鳍Ⅰ -9 ~ 25。胸鳍无游离鳍条，鳍基肉柄状，能在陆地上爬行或跳行。腹鳍Ⅰ -5，略相连或呈盘状。尾鳍圆矛状。为太平洋、印度洋及西非热带浅海鱼类，有些亦生活于淡水区。我国约有3属4种，黄河流域有1种。

弹涂鱼属 *Periophthalmus* Bloch et Schneider, 1801

背鳍Ⅴ ~ ⅩⅦ，Ⅰ -10 ~ 11；臀鳍Ⅰ -10 ~ 11；胸鳍基肌肉发达，能助身体在水外行动，无游离鳍条；腹鳍呈吸盘状，后缘有一凹刻。头体有小圆鳞或弱栉鳞。无侧线。口前位，很低。两颌齿各1行，直立，下颌联合处无大犬齿。眼位很高，似有柄，能活动。约有3种，分布于亚洲、大洋洲、非洲热带浅海及沿岸。黄河有1种。

Periophthalmus Bloch et Schneider, 1801, Syst. Ichthyol.: 63（模式种：*P. papilo* Bloch et Schneider）。

Euchoristopus Gill, 1863, Proc. Acad. Nat. Sci. Philad. 15: 271（模式种：*Periophthalmus koelreuteri* Bloch et Schneider）。

弹涂鱼 *Periophthalmus cantonensis*（Osbeck, 1757）（图175）*

［有效学名：***Periophthalmus modestus*** Cantor, 1842］*

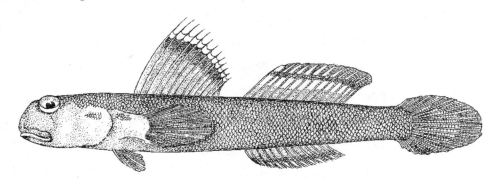

图175　弹涂鱼 *Periophthalmus modestus*

背鳍XII～XIII，Ⅰ-12～13，背缘圆凸且第1棘最长；臀鳍Ⅰ-10～11；胸鳍14～15；腹鳍Ⅰ-5；尾鳍vi-12-vi。纵行鳞75～85。鳃耙3+6～8。椎骨11+15。

标本体长39.6～83 mm。体长形，侧扁，背缘平直。腹缘略凸；体长为体高5.1～5.6倍，为头长3.5～4.1倍。头稍大，亦侧扁；头长为吻长3.1～4.4倍，为眼径4.2～5.9倍。吻短，前端近截形。眼位于头侧上缘，很突出，似有柄，能活动。眼间隔很窄。前鼻孔小，短管状，垂于上唇；后鼻孔位于眼前方。口前位，很低，微斜。上、下颌长度相等，后端达眼中部下方。两颌齿1行，尖形，直立。无大犬牙。舌圆形。唇发达，分中央及两侧3部分。无须。鳃孔侧位，下端达胸鳍基下端前方，不达头腹侧。鳃膜连鳃峡。鳃峡宽。鳃耙小突起状。肛门位于臀鳍稍前方。

眼后头体均有小圆鳞。无侧线。两背鳍略分离。前背鳍始于胸鳍基后上方，背缘斜形，微圆凸；第1鳍棘最长，头长为其长的1.2～2.1倍。后背鳍约始于肛门后缘上方，背缘近似平直，头长为最长背鳍条长1.6～2.6倍。臀鳍似后背鳍而较窄短，头长为最长臀鳍条长2.7～3.9倍。胸鳍圆矛状；侧中位；鳍基肉柄状，能在陆地用以爬行和跳行；头长为胸鳍长1～1.1倍。腹鳍胸位，合为圆盘状，后缘有一深凹刻，头长为腹鳍长1.9～2.2倍。左、右腹鳍基部愈合且愈合膜发达。尾鳍圆矛状。

鲜鱼背侧褐色，微绿，向下色渐淡；背面及侧上方有小黑点。鳍灰黄色；后背鳍有2条蓝黑色纵带纹，背鳍上缘白色；腹鳍基部与尾鳍中部色较暗；臀鳍有时有一灰黑色纵纹。

为近海沿岸海鱼，亦到河口内，在潮间带滩涂地区很习见。肠长约等于体长。雄性成鱼肛门后的生殖泌尿突起为长扁形；雌鱼的为圆形，后端叉状。常行于海滩和河岸寻食，稍受惊即迅速跳逃，故人民亦称为海兔或泥猴。

分布于我国、朝鲜到日本南部、玻利尼西亚群岛、大洋洲等。在黄河流域仅见于垦利县河口地区。

Apocryptes cantonensis Osbeck, 1757, Reise nach China: 155（广东）. Pre–Linnaeus.

Periophthalmus modestus Cantor, 1842, Ann. Mag. Nat. Hist. IX: 474（舟山群岛）。

Periophthalmus koelreuter var. *modestus* Günther, 1861, Cat. Fish. Br. Mus. III: 98（宁波、舟山等）。

Periophthalmus cantonensis, Jordan & Snyder, 1902, Proc. U. S. natn Mus. 24: 49（我国、朝鲜、日本南部）；周汉藩，张春霖，1934，河北习见鱼类图说：85（塘沽）；Wang（王以康）& Wang（王希成），1936, Contr. Biol. Lab. Sci. Soc. China XI（6）：200, fig. 27（青岛）；Tchang（张春霖），1939, Bull. Fan Mem. Inst. Biol.（Zool.）IX（3）：280（烟台、塘沽等）；郑葆珊，1955，黄渤海鱼类调查

报告：228，图146（辽宁、河北、山东）；郑葆珊，1962，南海鱼类志：829，图647（广东沿岸）；朱元鼎等，1963，东海鱼类志：434，图330（温州、舟山）；李思忠，1965，动物学杂志（5）：220（山东）。

乌鳢亚目 Channoidei（＝Ophiocephaliformes）

无鳍棘。腹鳍无，如存在时为 i -5，亚腹位。腰带骨以一韧带连匙骨。上颌骨不形成上口缘。有圆鳞。有侧线。其上鳃器官由第1鳃弓上鳃骨和舌颌骨的两块表皮组织形成。两鼻骨分离，与额骨亦分离。额骨连副蝶骨。鳔很长，分2室，后室达尾部。为淡水鱼类。分布于热带非洲到东亚。只有1科2属约10种。

乌鳢科 Channidae（＝鳢科 Ophiocephalidae）

体长形，前段近圆柱状，向后中等侧扁。头前部平扁。背鳍、臀鳍均1个，均很长。尾鳍圆形。头体有大鳞。侧线1条，完整。口大，前位。两颌、犁骨与腭骨有齿。有些副蝶骨亦有齿。鳃孔大。鳃膜不连鳃峡。鳃4个。椎骨50～51。有2属。副鳢属（Parachanna）产于非洲热带，有3种；另1属产于东亚到南亚；均为淡水鱼类。黄河下游有1属。

鳢属 *Channa* Scopoli, 1777

[异名属: ***Ophiocephalus*** Bloch, 1793]

有腹鳍。口大，达眼后；有上鳃器官；背鳍29～55；臀鳍21～36；腹鳍6［月鳢*C. asiatica*（Linnaeus）无腹鳍］；头鳞较大。其他特征与亚目及科同。化石始于上新世，在我国山西榆社县上新世地层亦曾发现。我国、朝鲜到南亚产约18种；黑龙江到云南产乌鳢［*C. argus*（Cantor）］等约6种。黄河下游有1种。

Ophicephalus Bloch, 1793, Naturgesch. Ausland. Fisch. Ⅶ: 137（模式种：*Ophicephalus punctatus*）。

Ophiocephalus Günther, 1861, Cat. Fish. Br. Mus. 3: 468。

乌鳢 *Channa argus* Cantor, 1842（图176）

（＝*Ophiocephalus argus*）

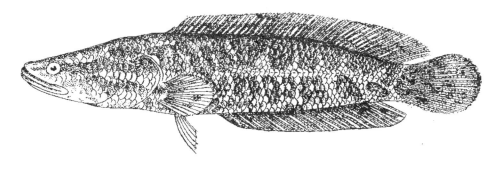

图176　乌鳢 *Channa argus argus*

释名： 鳢（《尔雅》），又名蠡鱼、黑鳢、玄鳢、铜鱼、七星鱼，河南俗名火头鱼。李时珍称"鳢首有七星，夜朝北斗，有自然之礼"，故名。因体色暗，亦名黑鳢、乌鱼。

背鳍47～51；臀鳍31～33；胸鳍 i -15- i ；腹鳍 i -6；尾鳍18（中央12或14条分支）。侧线鳞61～67+2～5。鳃耙外行4～5+8，内行1～2+6～7。椎骨57。

标本体长52～322 mm。体长形，前端微侧扁，向后渐甚侧扁；体长为体高5.3～6.1倍，为头长2.6～3.1倍，为尾部长2.1～2.3倍。头长大，向前渐平扁；头长为吻长5.7～7.9倍，为眼径5.5～10.7倍，为眼间隔宽4.8～5.7倍，为尾柄长5～6.1倍。尾柄短，尾柄长为尾柄高0.6～0.7倍。吻钝锥状。眼侧上位，约位于上颌中段上方，眼缘游离。眼间隔宽坦，微圆凸。前鼻孔呈短管状，位于吻前缘稍上方；后鼻孔圆孔状，位于眼前上角附近。口大，斜形；下颌略较长。两颌、犁骨与腭骨均有毛状齿，且各有1行大犬齿。舌稍尖，游离。唇较发达，下唇后沟前端中断。鳃孔大，侧位。左右鳃膜相连，与鳃峡分离。鳃膜条骨5。鳃4个，第4鳃后有一裂孔。鳃耙块状。鳃弓背侧为大洞穴状，内有第1鳃弓上鳃骨及舌颌骨的上皮组织各伸出一板状突起形成的上鳃器官，上有发达的毛细血管，离水后亦能呼吸。胃发达。肠有2～3个折弯，体长310 mm时为肠长1.4倍。幽门盲囊2个，很细长。鳔很长大，为头长约1.9倍；分2室；中间较细；后室约达尾柄前端附近，臀鳍间脉棘不连脉棘。肛门位于臀鳍前方附近，后有生殖排泄孔。

鳞为大圆鳞，不易脱落，头体均有鳞。模鳞前端截形，鳞心约位于鳞中央，向前有辐状纹。侧线侧中位，到肛门向前稍高；到头部有显明的小孔或小凹坑，形成项背枝及眼上、下枝，且有前鳃骨枝延伸到下颌下方。

背鳍很发达；自胸鳍基上方稍后达尾鳍基附近；第41～44鳍条最长，头长为其长2.6～3.1倍。臀鳍似背鳍而鳍基较短。胸鳍侧下位，圆形，头长为其长2.3～3.2倍。腹鳍亚腹位，胸鳍基和腹鳍基间距为眼径1～2.1倍；头长为其长3.7～4倍，不达肛门。尾鳍圆形。

头体背侧缘黑色，腹侧白色，体侧沿线上、下各约有11个大黑斑，沿背中线有1行小黑斑。头侧有2条黑色纵带状纹，头下面及胸部、腹部有褐色小点。鳍淡黄色。奇鳍有褐色斑点。

为东亚沼泽区大型凶猛鱼类，常袭食其他鱼类。5～7月产卵，2周龄达性成熟期。产卵前亲鱼在多水草处吐泡沫作巢，卵产于其内。卵浮性，黄色，卵径2～2.2 mm。卵群由亲鱼保护。水温25℃时2～3昼夜即孵出仔鱼。仔鱼黑色，长约8 mm时卵黄耗尽，成群游动索食，仍由亲鱼保护，直到稚鱼散群方止。稚鱼以桡足类等为食；体长30～80 mm时食昆虫、小虾、小鱼等；以后则以小鱼、蝌蚪及蛙等为食。此鱼生长快，当年鱼到8月体长即达37～52 mm，1周龄约达190 mm，2周龄达310～322 mm。一般雄鱼较大。虽养鱼业视此鱼为害鱼，但生长快，肉肥厚，且因有鳃上器官利于活鱼运输和销售，在两广及香港等地很受欢迎。

分布于辽河到云南及朝鲜等处。黑龙江水系有1亚种。绥芬河与图们江不产。在黄河流域见于汾渭盆地潼关、华阴等到河南及山东。在河南、山东很习见。

Ophicephalus argus Cantor, 1842, Ann. Mag. Nat. Hist. Ⅸ: 484（舟山）；Mori, 1928, Jap. J. Zool. Ⅱ（1）: 70（济南）；Fu（傅桐生），1934, Bull. Honan Mus.（Nat. Hist.）Ⅰ（2）: 89, fig. 33（辉县百泉）；Mori, 1934, Rep. 1rst Sci. Exp. Manchoukuo, sect. Ⅴ（1）: 52（承德）；Nichols, 1943, Nat. Hist. Centr. Asia Ⅸ: 238（云南，安徽等）；Chang（张孝威），1944, Sinensia 15（1-6）: 58（乐山）；伍献文等，1963，中国经济动物志淡水鱼类：137，图113（湖南到黑龙江）；方树淼等，1984，兰州大学学报20（1）：108（关中盆地）。

Ophiocephalus pekinensis Basilewsky, 1855, Nouv. Mem. Soc. Nat. Mosc. Ⅹ: 225, pl. Ⅸ, fig. 3（天津）。

Ophiocephalus argus, Günther, 1861, Cat. Fish. Br. Mus. 3: 480（舟山等）；Tchang（张春霖），

1932, Bull. Fan Mem. Inst. Biol. Ⅲ（14）：212（开封）；Fu（傅桐生）& Tchang（张春霖），1933，Bull. Honan Mus.（Nat. Hist.）Ⅰ（1）：（开封）；郑葆珊，1959，黄河渔业生物学基础调查报告：51，图41（东平湖）；李思忠，1965，动物学杂志（5）：220（陕西、河南、山东）。

Channa argus, Shih（施怀仁），1936, Bull. Fan Mem. Inst. Biol.（Zool.）7（2）；79, fig. 4（华北至舟山等）；Choi et al. 1981, Atlas Korean Freshwater Fish: 29, fig. 105（韩国各处）。

攀鲈亚目 Anabantoidei

有鳃上器官，由第1鳃弓上鳃骨处的表皮组织膨大突出而成，呈迷宫形，能在缺氧水体生活。背鳍、臀鳍有鳍棘。腹鳍Ⅰ-5，胸位。头体有圆鳞或栉鳞。侧线无或有。两颌、犁骨与颌骨有或无齿。鳔似乌鳢的鳔。鼻骨大，相连，且连额骨。椎骨25～31。鳃膜条骨5～6。雄鱼常能吐水泡做巢，卵产于其内。原产于热带非洲到东亚的淡水和河口内附近水区。化石始于东南亚下第三纪。有4科（亦有人合为攀鲈科Anabantidae1科）16属约70种（Nelson, 1984）。我国有3科，黄河流域有1种。

斗鱼科 Belontiidae（= Polyacanthidae, Macropodidae）

前犁骨与腭骨无齿。上颌能伸缩。背鳍基较臀鳍基长或短，鳍条不超过10条。腹鳍第1鳍条常为长丝状。有栉鳞。侧线无或细弱。约有11属28种。分布于西非到朝鲜西侧。为淡水鱼类，黄河有1属。

斗鱼属 *Macropodus* Lacepède, 1801

体侧面观呈长椭圆形，侧扁。背鳍Ⅺ～ⅩⅧ-6～8；始于胸鳍基后上方。臀鳍ⅩⅦ～ⅩⅩ-10～14。腹鳍Ⅰ-5，胸位，第1鳍条延长为丝状。尾鳍圆形或叉状。头体有中等大栉鳞。侧线无或中断。口前位，下颌较长。两颌有齿。犁骨、腭骨无齿。产卵前有吐泡作为浮巢及护卵与仔鱼习性。体色美丽，好斗，常养作为观赏鱼。亦名极乐鱼。产于我国东半部到朝鲜西部，有2～3种。黄河有1种。

Macropodus Lacepède, 1801, Hist. Nat. Poiss. 3: 416（模式种：*M. viridiauratus* Lacepède）。

Macropus Günther, 1861, Cat. Fish. Br. Mus. 3: 381（模式种：*M. viridiauratus*）。

圆尾斗鱼 *Macropodus chinensis*（Bloch, 1790）（图177）

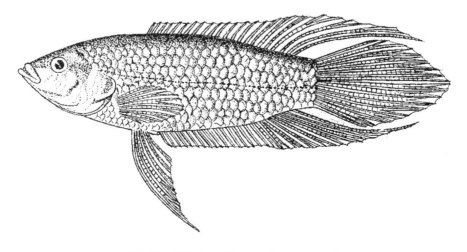

图177　圆尾斗鱼 *Macropodus opercularis*

释名：性好斗，故名。色美丽，又名蝶鱼或花鱼。

背鳍 XIV ~ XIX-5 ~ 6；臀鳍 XVI ~ XIX-9 ~ 10；胸鳍 i ~ ii-8 ~ 11；腹鳍 I-5；尾鳍 iii-12 ~ 13-iii。纵行鳞29+4，横行鳞13 ~ 14。鳃耙3+4。

标本体长27.3 ~ 37.3 mm。体侧面观呈长椭圆形，很侧扁，以背鳍始点稍后最高，体高为体宽1.7 ~ 2.5倍；体长为体高2.6 ~ 3倍，为头长2.7 ~ 3倍，为尾部长1.8 ~ 2倍，头前端钝尖；头长为吻长3.6 ~ 4倍，为眼径3.2 ~ 3.6倍，为眼间隔宽3.2 ~ 3.6倍，为尾柄长4.7 ~ 5.9倍。尾柄长为尾柄高0.4 ~ 0.5倍。眼位于头侧上方。眼间隔宽平。前鼻孔约位于吻正中部，后鼻孔紧邻眼前缘。口前位，很斜。口闭时上、下颌前端约相等，后端达前鼻孔下方。前颌骨能伸缩，与下颌均有数行不能活动的锥状齿。犁骨、腭骨无齿。唇两侧有唇后沟。前鳃盖骨角圆形，有弱锯齿。鳃盖骨无棘。鳃孔大，下端达眼与前鳃盖骨角间。鳃膜互连，不连鳃峡。鳃耙很小。鳃上器官由第1鳃弓上鳃骨向背侧空腔内生出的表皮层突起形成。胃发达。幽门盲囊3个。体长约为肠长1.2倍。鳔心脏形，前端中央稍凹，后端钝锥状。肛门位于臀鳍稍前方。

头体有栉鳞；头部鳞栉刺稀少；模鳞圆形，前端横直，鳞心距前端约为距后端2倍，鳞心向前有辐状纹，后端有锥状栉刺。无侧线。

背鳍始于胸鳍基稍后；后方鳍棘最长，头长为其长2.4 ~ 2.8倍；第3 ~ 5鳍条最长，头长为其长1.5 ~ 2倍，远伸过尾鳍基。臀鳍似背鳍而始点略靠后。胸鳍侧位，稍低，圆形，伸过臀鳍始点，头长为其长1.3 ~ 1.5倍。腹鳍胸位；鳍棘短；第1鳍条突出为丝状，头长为其长1.3 ~ 2倍，体长51.5 mm时约等于头长。尾鳍圆形，大鱼较尖长。

鲜鱼暗绿褐色，背侧色较暗，体侧约有10条蓝绿色横纹，纹在体侧中部较向前凸，第4 ~ 9纹下部较宽，常呈叉状。鳃盖骨上半部有一大的蓝绿色亮斑，斑后缘金黄色，弧状。头侧自眼及眼下缘向后下方各有一黑色斜纹。奇鳍黄褐色，微红，边缘红黑色。胸鳍淡黄色。腹鳍灰褐色。

为东亚平原区小杂鱼。喜生活于清浅多水草处。以浮游动物及小虾等为食。春夏间生殖。产卵前雄鱼吹泡作为浮性巢，雌鱼产卵其中并由雄鱼护巢。生殖期雄鱼色美且好斗。常养作观赏鱼。生长慢，1周龄体长27.3 ~ 29.3 mm，2月周龄35.1 ~ 37.3 mm，大鱼体长可达54 mm（施怀仁，1936）。在渔获品中常可遇到。

原产于我国辽河到钱塘江及朝鲜西部水系。现已移殖到日本等。在黄河流域分布于山东济南、东平湖到河南开封、巩县、洛阳等处。

Chaetodon chinensis Bloch, 1790, Ausland. Fisch. IV: 5, pl. CCXVIII. Fig. 1（我国）。

Polyacanthus chinensis, Richardson, 1846, Rep. Br. Ass. Advmt Sci. 15 Meet.: 250.

Polyacanthus opercularis, Günther, 1861, Cat. Fish. Br. Mus. 3: 379（舟山，香港）；Abbott, 1901, Proc. U. S. natn Mus. 23: 490（天津）；Fowler, 1931, Peking nat. Hist. Bull. V（2）: 27（济南）。

Macropodus chinensis, Shih（施怀仁），1936, Bull. Fan Mem. Inst. Biol.（Zool.）7（2）: 87（华北到浙江）；Nichols, 1943, Nat. Hist. Centr. Asia IX: 241（山东到河北及宁波）；李思忠，1965，动物学杂志（5）: 220（河南、山东）；杨立邦等，1980，湖南鱼类志: 217，图151（湖南）。

Macropodus opercularis（非Linnaeus, 1758），Nichols, 1928, Bull. Am. Nat. Hist. 58: 50; Mori, 1928, Jap. J. Zool.（2）: 71（济南）；Shaw（寿振黄），1930, Bull. Fan Mem. Inst. Biol. L（10）: 191, fig. 29（苏州）；周汉藩，张春霖，1934，河北习见鱼类图说: 76，图51（济南，烟台至北京，辽河与南京，宁波等）；Fu（傅桐生），1934, Bull. Honan Mus.（nat. Hist.）I（2）: 90, fig. 34（辉县百泉）。

刺鳅亚目 **Mastacembeloidei**（＝Opisthomi）

释名： 本类鱼体形似鳅且背鳍常具游离的鳍棘，故名。无后颞骨；肩带骨连颅骨后的椎骨，故又名后肩目（opisthomi：希腊文；opisth，后＋omos，肩）。

体长鳗状。背鳍前部常具游离的鳍棘，后部同臀鳍与尾鳍相靠近或相连；臀鳍有2～3个鳍棘。有胸鳍，无腹鳍。鳞小或无。无后颞骨。肩带骨以韧带连脊骨。上匙骨与基蝶骨有或无。有匙骨及喙骨。辐鳍骨4。鼻骨很长且互连。口上缘由前颌骨形成。椎骨70～95。无假鳃。鳔无鳔管。幽门盲囊2个或无。为淡水及半咸水鱼类。有2科4属约63种（Nelson，1984）。分布于非洲到东亚。我国有1种。裸后肩鳅科（Chaudhuriidae）仅见于缅甸Inle湖。

刺鳅科 **Mastacembelidae**

前背鳍有14～35个游离鳍棘。奇鳍相连。有上匙骨。无基蝶骨。有小鳞。吻前端呈肉突起状。有幽门盲囊2个。有2属约60种。我国有2属3种，黄河流域1属1种。

刺鳅属 *Macrognathus* Lacepède, 1800 *

［有效学名：华刺鳅属 *Sinobdella* Kottelat et Lim, 1994］

吻突下面无横凹刻。前鳃盖骨角无棘。其他特征见科及亚目的特征。与模刺鳅属（*Mastacembelus* Scopoli, 1777）的主要区别是后者吻突下方有横凹纹且前鳃盖骨角有棘。有数种，我国有2种，黄河流域有1种。

Macrognathus Lacepède, 1800, Hist. Nat. Poiss. 2: 283（模式种：*Ophidium aculeatum*（Bloch, 1786）。

刺鳅属*Mastacembelus*，刘明玉、解玉浩、季达明主编，2000。中国脊椎动物大全，392页。

中华刺鳅 *Macrognathus sinensis*（Bleeker, 1870）（图178）*

［有效学名：中华华刺鳅 *Sinobdella sinensis*（Bleeker, 1870）］

*编者注：据伍汉霖教授：长期以来产我国的中华华刺鳅*Sinobdella sinensis*（Bleeker, 1870）被学者错鉴为长吻棘鳅*Macrognathus aculeatus*（non Bloch）；所谓长吻棘鳅实为中华华刺鳅的异名。中华华刺鳅分布于辽河以南至越南；长吻棘鳅见于泰国、马来亚、印尼、印度及越南，我国不产；分布于黄河水系的应为中华华刺鳅。大刺鳅*Mastacembelus armatus*（Lacepède, 1800）只分布于长江流域以南及海南岛、台湾等暖温性水域，不可能分布于黄河水系。

图178　中华刺鳅 *Sinobdella sinensis*

（编者注：此节沿用作者过去对黄河水系刺鳅的描述）

释名： 产于我国，故名。俗名刺鳅。

背鳍XXXⅡ～XXXⅢ-58～64；臀鳍Ⅲ-58～60；胸鳍23～24；尾鳍8。椎骨33+41。

标本体长140.7~180 mm。体细长，鳗状；约以肛门附近体最高，稍侧扁；体高为体宽1.2~1.6倍，向前后渐尖；体长为体高10.4~12.2倍，为头长5.9~6.3倍，为尾部长2.3~2.5倍。头尖小，微侧扁，侧面呈尖三角形；头长为吻长3.4~3.6倍，为眼径8.4~9.8倍，为眼间隔宽6.8~11.4倍。吻尖形，前端向下有一肉质突起，突起无横凹纹。眼很小，位于头前段侧上方；眼间隔微凸。前鼻孔短管状，位于吻端突起侧下缘；后鼻孔位于眼稍前方。眶前骨在眼前半部下方向后隐一棘。口大。前位，斜形。两颌后端达眼前缘。上、下颌有齿。鳃孔侧下位，下端略过前鳃盖骨后缘。鳃膜游离且分离。鳃耙不显明。肛门位于臀鳍稍前方。

头体有鳞，鳞很微小；沿体侧1纵行鳞约250以上。沿脊椎骨两侧体呈浅凹形。

背鳍很长；鳍棘游离，约始于胸鳍基稍后上方，后方鳍棘稍较长，头长为棘长6.8~8.3倍；鳍条部位于尾部，与尾鳍完全相连，头长为最长背鳍条长2.5~3倍。臀鳍前2个鳍棘距第3鳍棘较远；第2鳍棘最长，头长为其长4.7~5.3倍；鳍条部与背鳍鳍条部相似。胸鳍侧下位，短圆形，头长为其长4~4.2倍。无腹鳍。尾鳍窄长，头长为其长3.1~4.2倍。

鲜鱼背面绿灰褐色，自吻背面经眼向后到尾部背缘有一黄色纵纹；腹面淡黄白色；两侧有许多小黑点及少数小黄点，及约28条黄色横纹或横点纹；背面及腹面有许多网状花纹。胸鳍黄色，基端附近褐色。背鳍、臀鳍颜色似体色而外缘黄白色。

为浅淡水多水草处的底层肉食性杂鱼。主要以小虾、水昆虫及其幼虫等为食。亦食黄黝鱼等小型鱼类。食道很长。胃呈钩状。肠短直，体长142 mm时为肠长4.6倍。幽门盲囊2个。鳔细长，无鳔管。腹膜黄灰褐色。4~5月产卵。大鱼体长达240 mm。产量小，无大经济价值。

分布于辽河到舟山及湖南和广西桂林等；朝鲜亦有过记载。在黄河流域仅见于山东济南、东平湖到河南辉县及洛阳等处。

此鱼曾长期被订名为*Mastacembelus aculeatus*（Bloch），但后种背鳍ⅩⅧ~ⅩⅩ-52~54；臀鳍Ⅲ-52；椎骨32+40；奇鳍不连；和沿背鳍鳍条部的基缘有2~8个具有白边的黑色眼状斑。分布于印度尼西亚到印度半岛。

Ophidium aculeatum Basilewsky, 1855, Nouv. Mem. Soc. Nat. Mosc. Ⅹ：248（北京）。

Rhynchobdella sinensis Bleeker, 1870, Versl. Akad. Wet. Amsterdam（2）Ⅳ：149（我国）。

Mastacembelus sinensis, Sauvage et Dabry, 1874, Ann. Sci. Nat. Zool. Paris：74（长江）；Fu（傅桐生），1934, Bull. Honan Mus.（Nat. Hist.）Ⅰ（2）：95, fig. 38（辉县百泉）；周汉藩，张春霖，1934，河北习见鱼类图说：92, 58（北京至长江等）；Wang（王凤振），1936, Sci. Rept. Natn. Univ. PekingⅠ（2）：3（北京）；Nichols, 1943, Nat. Hist. Centr. Asia Ⅸ：30, pl. Ⅱ, fig. 2（山东到宁波及湖南等）；郑葆珊等，1981，广西淡水鱼类志：227，图189（广西桂林、兴安、全州等）。

Zoarchias anguillaris Mori, 1928, Jap. J. Zool. Ⅱ：71, pl. Ⅱ, fig. 3（济南）。

Mastacembelus aculeatus, Rendahl, 1928, Ark. Zool. ⅩⅩA（1）：187（舟山）；Fowler, 1931, Peking nat. Hist. Bull. Ⅴ（pt. 2）：30（济南）；李思忠，1965，动物学杂志（5）：220（河南及山东）；杨立邦等，1980，湖南鱼类志：226，图158。

Macrognathus aculeatus, Matsubara, 1955, Fish. Morph. & Hier. 2: 1326（自印度到我国台湾、北京及朝鲜釜山）。

鲉形目 Scorpaeniformes（= Cottoidei Berg, 1940）

释名： 鲉见于郭璞《江赋》"鳋鰊鰶鲉"，古原义同鮋、鲦，为白鲦类小鱼。现为棘有毒的鱼类；scorpaena源于希腊文skorpion，即蝎子，亦此意。

似鲈形目，而第3眶下骨（自眶前骨始）向后延长，连前鳃盖前，形成眶下骨棚，故亦称为骨颊鱼类（mail-cheeked fishes）。左、右鼻骨未愈合，亦不连额骨。头部棘和棱或骨板常较发达。顶骨与板骨（Tabularia）愈合。上、下颌有细齿，犁骨与腭骨亦常有齿。常有假鳃。第4鳃弓后常有一裂孔，鳃膜条骨5～7。背鳍1～2个，由鳍棘部与鳍条部组成。臀鳍有0～3个鳍棘。胸鳍常为圆形，下部鳍条常较粗且相互间有凹刻或呈丝状、指状。腹鳍胸位，具1个鳍棘、2～5条鳍条，有些呈短吸盘状。尾鳍常为截形或圆形，有些后端稍凹。有栉鳞或圆鳞，有些有骨板或绒毛状细刺，有些无鳞。常有侧线或侧线小孔。有20科约269属1 160种（Nelson，1984），绝大多数为中下层或底层海鱼类，有些因海侵、海退而被留到内陆淡水区成为淡水或半咸水鱼类。我国约有100种。在黄河下游淡咸水交汇区有1种。

杜父鱼科 Cottidae

释名： 杜父鱼（唐陈藏器《本草拾遗》），李时珍称杜父本为渡父，溪涧小鱼。

体中等长，前部稍平扁，后方侧扁，自头后端向后渐尖。头平扁且宽，眼位高，眼间隔窄。自眶前骨始，第3眶下骨向后有一突起连前鳃盖骨。前鳃盖骨有1～4个棘。上、下颌有绒状齿。犁骨、腭骨亦常有齿。前颌骨能伸缩。无辅颌骨。鳃3.5～4，第4鳃弓后有或无裂孔。鳃耙短突起状或无。有假鳃。鳃膜互连；亦常连鳃峡。有小鳞或鳞变成的小刺，或无鳞。侧线1条。背鳍有6～18个鳍棘，与鳍条部分离或相连。臀鳍无鳍棘。胸鳍侧下位，向前下方延伸，鳍条大部不分支。腹鳍胸位，有1个鳍棘和2～5条鳍条。尾鳍圆形。有后匙骨。肩带正常。椎骨30～50。成鱼常无鳔。幽门盲囊4～10。化石最早见于渐新世。主要分布于北半球；澳大利亚东部到新西兰及阿根廷亦有少数。约有10属约300种（Nelson，1984）。大部为海鱼类，少数为淡水鱼类。北太平洋很多。我国淡水内确有3属6种；其内1种到浅海繁殖，在黄河下游亦产。

松江鲈属 *Trachidermus* Heckel, 1840

头平扁，全蒙皮肤。似杜父鱼而有眼上棱、眼下棱、眼后棱及顶枕棱等，棱均无棘。前鳃盖骨缘有4个棘，上棘最大且弯向上方。口大，上颌较长。上、下颌、犁骨及腭骨均有绒状齿群。鳃膜互连且连鳃峡。第4鳃弓后无裂孔。无鳞而有许多小突起。体长形，前段平扁，向后渐尖和侧扁。背鳍2个，微相连。胸鳍圆形，下部鳍条不分支。腹鳍 I -4。尾鳍圆截形。背侧有4个黑色横斑。鳃盖膜与臀鳍基橙红色。浅海产卵、入河内生长。只1种。

Trachidermus Heckel, 1840, Ann. Wien. Mus. 2: 159（模式种：*T. fasciatus* Heckel）。

Centridermichthys Richardson, 1846, Zool. Voy. "Sulphur", Ichthyol.: 73（模式种：*C. ansatus* Richardson）。

松江鲈 *Trachidermus fasciatus* Heckel, 1837（图179）

图179　松江鲈 *Trachidermus fasciatus*

释名：初见于范晔《后汉书·左慈传》，载曹操宴客称："今日高会，珍馐略备，所少松江鲈鱼耳。"鳃膜具橙红色带状斑而似鳃孔，又名四鳃鲈、花媳妇及花鼓鱼。

背鳍Ⅷ-18～20；臀鳍17～18；胸鳍16～17；腹鳍Ⅰ-4；尾鳍Ⅴ-11-Ⅴ。鳃耙0+8。椎骨36～37。

标本体长52.5～122 mm。体长形，头及体前部平扁，向后渐尖和侧扁；体长为体高5.5～6.5倍，为头长2.6～2.7倍，为尾部长2.2～2.4倍。头大，全蒙皮肤，有眼上、下棱及后棱，尚有顶枕棱及鳃盖棱，棱后无棘；头长为吻长3.2～6.3倍，为上颌长2.1～2.4倍，为尾柄长3.2～3.6倍。尾柄长为尾柄高1.4～1.6倍。吻背面中央前颌骨突起处较凸，突起后外侧各有一鼻棘。眼小，位于头侧上方。眼间隔宽，中央凹平，两缘眼上棱低。两鼻孔分离，呈短管状。口大，前位，半椭圆形。上颌前端较下颌略长。上端达眼后缘。前颌骨能伸缩，形成口上缘。上颌骨后端截形。上、下颌齿绒状。犁骨齿群三角形。腭骨齿群纵带状。舌圆厚，周缘游离。唇在下颌较发达。前鳃盖骨缘有4个棘，上棘最大且向上钩曲。鳃孔大，侧位，下端达前鳃盖骨缘稍前方。鳃膜条骨6。鳃膜互连且连鳃峡。假鳃发达。鳃耙瘤块状，有毛刺。第4鳃弓后无裂孔。肛门位于臀鳍始点稍前方。

无鳞，有许多微小皮质突起。侧线侧中位，直线形，约有37个小孔。背鳍2个，微连，背缘均圆弧形。前背鳍始于胸鳍基上端上方；第3～4鳍棘最长，头长为其长3～3.5倍。后背鳍始于肛门上方；第11～12鳍条最长，头长为其长2.2～2.9倍。臀鳍似后背鳍，而始点较后和鳍条较短。胸鳍侧下位，圆形；上方第5～6鳍条最长，头长为其长1.4～1.5倍，略伸过肛门；下方9鳍条较粗且不分支；鳍基下端达前鳃盖角。腹鳍胸位；鳍棘细弱；第3鳍条最长，头长为其长2.3～2.4倍。尾鳍圆截形。

鲜鱼背侧淡黄褐色，腹侧白色；自眼间隔经眼到前鳃盖骨下棘腹近有一黑褐色横斜纹；自眼后附近经眼及前鼻孔到吻端有一黑褐色纵纹；鳃盖膜有一橙红色横斑；体背侧在背鳍第2～4鳍棘、第6～10鳍条及第15～20鳍条下方和尾鳍基各有一宽带状黑褐色横斑。头体背侧及上、下颌常有黑褐色小斑点。鳍淡黄色；第2～4背鳍棘间有一黑斑，后背鳍、胸鳍、臀鳍及尾鳍常有黑褐色小点纹。

为滨海淡水降海洄游小型底栖肉食性鱼类。据邵炳绪等（1980）70年代的研究，在长江口约11月开始到河口降海，此时雄鱼较多，性腺为Ⅲ期；到12月性腺为Ⅳ期，到产卵场发育为Ⅴ期；1月始雌鱼较多。产卵场为潮间带贝壳、蛎壳多的浅海。产卵期亲鱼停食。于洞穴内繁殖，每穴有1尾雄鱼，1尾或数尾雌鱼。2月底3月初为产卵盛期。当时满潮时海水温度为4℃～5℃，盐度为30～32。雌鱼怀卵量为5 100～12 800粒。卵黏性，结为浅黄色至橘黄色块状，附于穴顶壁。由雄鱼守护。雌鱼离去索食。孵化约需26日。孵化后雄鱼亦离开返河内索食。在河口3月雌鱼为主，4月雄鱼较多。初仔全长5.3～6.3 mm，4月中旬31～66 mm；渐溯游入河内生长育肥，到11月底体长约可达120 mm。此鱼最大体长约达173 mm。秋季肉最肥美，在长江口附近松江产量较多，身较黑，故名松江鲈鱼。

但松江鲈鱼在鱼类学中不是鲈类。宋代大文豪苏东坡在《后赤壁赋》中说"巨口细鳞状如松江之鲈"，实为"花鲈"而非松江鲈鱼。明代名医李时珍在其巨著《本草纲目》卷四十四鳞部"鲈鱼"条目中因受前人影响而误将花鲈与松江鲈鱼认为是一种鱼。所云"四鳃鱼""淞江尤盛，四五月（农历）方出，长仅数寸"道出了松江鲈的特征。而"状微似鳜而色白，有黑点，巨口细鳞"以及南宋杨诚斋的诗"鲈出鲈乡芦叶前，垂虹亭下不论钱。买来玉尺如何短，铸出银梭直是圆。白质黑章三四点，细鳞巨口一双鲜。春风已有真风味，想得秋风更迥然"所描述的应是花鲈。二者差异非常明显。

松江鲈鱼自后汉即已被认为是我国东部沿海最珍贵的食用鱼类。晋代葛洪《神仙传》中称"松江出好鲈，味异他处"，其实只是松江秋季产量较多，黄河下游济南以东及南北也产。将来尚可依其习性要求，予以增殖。

分布于渤海、黄海及东海北部各沿海及江河下游。南达舟山、宁波及厦门，北达辽河口及鸭绿江。国外达朝鲜西侧和南侧，以及日本九州岛西北侧的福冈、佐贺及有明湾。菲律宾1840年的记录，依此鱼产卵期要求水温4℃～5℃判断似不可信。

为国家二级保护野生动物。

Trachidermus fasciatus, Heckel, 1840, Ann. Wien. Mus. 2: 160, pl. 9 figs. 1～2（菲律宾？）；Rendahl, 1924, Ark. Zool. ⅩⅥ: 34（辽宁葫芦岛，河北山海关及北戴河，上海）；Chu（朱元鼎），1931, China J. ⅩⅤ（3）：155, fig. 24 & 24A（淞江）；Wang（王以康）& Wang（王希成），1936, Contr. Biol. Lab. Sci. Soc. China XI（6）：172, fig. 7（烟台）；冢原（Tsukahara），1952，九大农学部学艺杂志Ⅻ（3）：225-238，figs. 1～7（生活史）；李思忠，1955，黄渤海鱼类调查报告：265，图165（辽宁，河北，山东）；朱元鼎等，1963，东海鱼类志：488，图372（上海）；伍献文等，1963，中国经济动物志：淡水鱼类：144，图120（渤海至厦门）；李思忠，1965，动物学杂志（5）：220（山东）；邵炳绪等，1980，松江鲈鱼繁殖习性的调查研究，水产学报，4（1）:81-88；金鑫波，2006，中国动物志 硬骨鱼纲 鲉形目，569-571，图258（渤海、黄海、东海等）。

Centridermichthys ansatus Richardson, 1844, Zool. Voy. "Sulphur", Ichthyol.: 74, Pl. LIV, figs. 6～10（吴淞）。

Centridermichthys fasciatus, Peters, 1880, Mber. Akad. Wiss. Berl. 45: 922（宁波）。

Trachidermis fasciatus, Fowler & Bean, 1920, Proc. U. S. natn. Mus. 58: 318（苏州）；Evermann & Shaw（寿振黄），1927, Proc. Calif. Acad. Sci.（4）16（4）：119（淞江）。

鲀形目 Tetraodontiformes（=愈颌类Plectognathi Jordan）

释名：以鲀作为代表，故名。前颌骨与上颌骨牢牢相连或已愈合，亦名愈颌类Plectognathi（希腊文：plektos，合成＋gnathos，颌）。鲀鱼最早见于《易经》。因初见之种在江河内，很肥，似豚，故名河豚。到南北朝顾野王在《玉篇》内改用鲀，并注释曰："鲀，音tún，鱼名。"

鲀形目为鱼类最特化的目之一。已无顶骨、鼻骨或眶下骨；常无下肋骨。后颞骨若存在时不分叉且与翼耳骨牢牢相连或愈合。舌颌骨与腭骨及脑颅骨牢相连。上颌骨与前颌骨相连或已愈合。鳃孔小，侧位。鳞常特化为板状、甲状或棘刺状。侧线有或无，或多样。鳔有或无。有或无气囊，如有时则能使胸腹鼓胀以自卫或漂浮。耳石特殊。化石始于下始新世或上白垩纪。演化上与刺尾鱼科（Acanthuridae）相近。分布中心在南海与西里伯斯海（Celebes Sea）间。绝大部分为热带海鱼类，现生存有8科约92属329种（Nelson，1984）。东南亚海区最多。我国有100多种。渤海区有8种。黄河流域已采到4种，3种进淡水。

《周易》载"《中孚》：豚鱼，吉。利涉大川、利贞"。孚，信也。贞，正也。这是中国古人很早即赞美的信仰。中孚，即中信致吉；利贞，利于人的正直。无知供人吃的豚鱼因忠信也能克服千难险阻，由大海入江河内完成生殖以延续其族类永存。

鲀鱼科 Tetraodontidae

体侧面观呈长椭圆形或卵圆形，微侧扁或很侧扁。头及背很宽圆或很侧扁。上颌及下颌骨骼各愈合成2个大齿状。无鳞，而有或无由鳞变成的小刺。背鳍条、臀鳍条6～19或23～38，无鳍棘。无腹鳍。有尾柄。有或无鼻孔；鼻突起囊状、叉状、凹凸状或无。有鳔、假鳃及气囊。鳃3个。椎骨17～24。化石始于中新世（或下始新世?）（Berg，1940）。有16属约118种（Nelson，1984）。此类鱼肉内常含有河鲀毒素（tetrodotoxin），属碱性。内脏毒性尤甚，生殖期卵巢毒素含量最高，误食后能将人毒死。西汉王充（27～约107）《论衡》即有"鲑（同鲵）肝死人"的记载。而且至迟宋朝我国已有人知修治得法可食，如严有翼《艺苑雌黄》称"世传其杀人，余守丹阳、宣城，见土人户户食之，但用菘菜、蒌蒿、荻芽三物煮之，亦未见死者"。大多为热带海鱼。我国约有30多种。在黄河流域已采得1属4种，3种进淡水。

东方鲀属 *Takifugu* Abe, 1949

释名： *古名鲑、鲵、鯸鲐、鯸鮧、嗔鱼、吹肚鱼、气包鱼，河豚。李时珍释为"豚言其味美也，候夷状其丑也，谓其圆也，吹肚、气包象其嗔胀也"。今黄渤海沿岸名为艇巴鱼、腊头鱼。两广称为鲵鱼（误作龟鱼）。*

体稍长形，头腹很粗圆；侧线每侧2条，侧下方常有一纵腹棱。有或无由鳞变成的小刺。背鳍11～19，前部2～6条鳍条不分支；位于尾部。臀鳍9～17，似背鳍，前部1～6条鳍条不分支。尾鳍后端截形或略圆凸。鼻孔每侧2个，位于鼻囊突起的前内侧与后外侧。鳃3个。椎骨19～25，腹椎8～9。鳔切面呈卵圆形或椭圆形。有气囊。中筛骨宽短，长约等于或稍大于宽。后匙骨细棒状。大部分为海鱼，少数进入淡水。西太平洋、印度洋产20种，我国产弓斑东方鲀（*Takifugu ocellatus*）等18种。现知黄河流域有4种，其中3种有溯河产卵及索食习性。

梅圣俞（1002～1060）《河豚诗》："春洲生荻芽，春岸飞杨花，河豚于此时，贵不数鱼虾。"苏东坡（1036～1101）《春江晚景》："竹外桃花三两枝，春江水暖鸭先知。蒌蒿满地芦芽短，正是河豚欲上时。"由此可知1 000多年前我国人民已熟知鲀鱼为食中珍品，及有些种具有溯河洄游习性。至今苏州、江阴尚有"拼命吃河豚"的民谚，含义有二：一是其肉很味美；二是此鱼有毒，如烹调不当会毒死人。近20多年为保护人民生命安全，政府严令禁售、禁食鲀鱼。此鱼仅江苏省年产即达300万担，全国自渤海到两广年产当在万吨以上，除少量出口日本外，大部分被明令废弃，甚为可惜。肝脏、卵巢及血剧毒，净除后可制食；实有考虑改为严格管理安全加工后出售的必要。另外其毒素可药用，并有报道称改变其饵料成分，可以使红鳍东方鲀及星点东方鲀无毒，亦值得进一步研究。

Fugu Abe, 1952, Jap. J. Ichthyol. Ⅱ（2）：36（模式种：*Tetraodon rubripes* Temminck et Schlegel）。

东方鲀属*Takifugu*，李春生，2002，中国动物志　硬骨鱼纲　鲀形目　海蛾鱼目　喉盘鱼目　鮟鱇目（苏锦祥、李春生主编），221～274。

种的检索表

1（6）体背面与腹面有小刺外露

2（5）前背有具红色边缘（常变白）的横弓状黑斑

3（4）前背横弓状黑斑中央很窄，只1条；无白点······················弓斑东方鲀 *T. ocellatus*

4（3）前背横弓状黑斑斑中央宽，且另有2～3条及少数白点···············星弓东方鲀 *T. obscurus*

5（2）前背无横弓状黑斑；体侧有一眼状大黑斑与少数小黑斑··············红鳍东方鲀 *T. rubripes*

6（1）体无小刺外露；背侧有许多黄绿色小圆点，点径较瞳孔直径及点间距小···星点东方鲀 *T. niphobles*

弓斑东方鲀 *Takifugu ocellatus*（Osbeck, 1757）（图180）

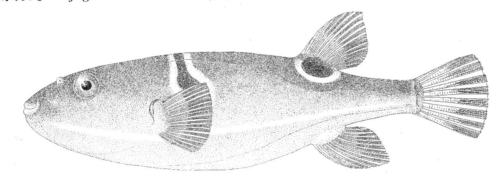

图180　弓斑东方鲀 *Takifugu ocellatus*

释名：赤鲑（《山海经》："敦薨之山其中多赤鲑"）；嗔鱼（唐陈藏器《本草拾遗》："腹白，背有赤道如即，目能开壶。触物即嗔怒，腹胀如气球浮起"）；鲑、鯸鱼、鯸鲐、鯸鲐、鲖鲐、河鲀。

背鳍ⅲ-11～15；臀鳍ⅲ-11～13；胸鳍ⅱ-16～17；尾鳍ⅰ-8-ⅱ。鳃耙0+8～9。椎骨21。

标本体长81.7～191 mm。体稍长；头胸部粗圆，向后略侧扁与渐尖，腹面每侧有一皮质纵棱；尾柄圆锥状；体长为体高3～3.5倍，为头长2.9～3倍。头大，略似长方形，上下左右均略圆凸。头长为吻长2.5～2.8倍，为眼径5～6.6倍，为眼间隔宽1.6～2倍，为尾柄长1.5～1.7倍。尾柄长为尾柄高2.3～2.5倍。吻钝圆。眼小，位于头侧上方。眼间隔很宽，中央微圆凸。鼻孔2个，位于眼稍前方鼻囊突起的两侧。口小。前位，口宽为眼径1.3～1.8倍；上颌较下颌微长，上、下颌骨骼与齿愈合成4个大齿状。中央联合缝显明。唇发达，不中断。各鳃骨均埋于皮下。鳃膜条骨5，鳃孔小，侧中位，弯月状，较胸鳍基略高。第4鳃弓无鳃丝。鳃耙短小。肛门距鳃孔等于距尾鳍基。

无鳞，而背面自鼻囊到背鳍稍前方、腹面自鼻囊下方到肛门稍前方均有由鳞变成的且略伸出皮外的小刺，尾部沿上侧线上方亦有少数小刺。侧线2条；上侧线在尾柄为侧中位，向前渐高，到鳃孔前方有一项背枝与另侧者相连或略不连，到眼后有头侧枝及眼上、下枝，眼上、下枝到鼻囊前方会合并向吻背侧有一吻背枝，左、右吻背枝相连或略分离；下侧线前段自口角向下转后达鳃孔下方附近，亦名下颌枝，后段自肛门前方向后达尾鳍基下方。腹侧纵皮棱位于下侧线稍上方，在头部及尾部较显明。

背鳍位于肛门后上方；小刀状；第6～7鳍条最长，头长为其长1.4～1.6倍。臀鳍似背鳍而位稍后、稍窄短。胸鳍侧中位，扇状，头长为胸鳍长1.6～2.6倍。尾鳍亦扇状，头长为其长1.3～1.6倍。

头体背侧灰褐色，微绿，在胸鳍基稍后有一弓形黑色横斑，斑中央较窄而两端较宽且周缘橙红色；浸存标本久后橙红色变为白色。体腹面白色。鳍黄色。虹彩肌粉红色。鳃腔膜与腹膜白色。

为近海沿岸与平原区底层鱼类，春末入河湖内产卵。以底栖动物为食。胃前下方扩大为气囊，能吸水与空气使体鼓胀成圆球状以自卫。无幽门盲囊。肠长约等于体长。右肝大，切面呈椭圆形，侧扁，体长为其长约2.7倍，左肝很小。鳔大，切面呈卵圆形。内脏、卵巢及血液有剧毒。必须将肉浸洗无血色或盐腌后方可烹煮食用。大鱼体长可达235 mm。

分布于我国东部辽宁到两广及朝鲜西侧，在黄河流域仅见于山东；沿长江达宜昌等。

Diodon ocellatus Osbeck, 1757, Iter chinensis: 226（广州）。

Tetraodon ocellatus Linnaeus, 1758, Syst. Nat. 10th ed.: 333（依Osbeck）；Nichols, 1943, Nat. Hist. Centr. Asia Ⅸ: 253（天津白河等）。

Tetraodon ocellatus, Richardson, 1844, Zool. Voy. "Sulphur", Ichthyol.: 120, pl. 58, figs. 1～2（广州，舟山）；Günther, 1870, Cat. Fish. Br. Mus. 8: 279（我国）。

Spheroides ocellatus, Jordan & Snyder, 1901, Proc. U. S. natn Mus. 24: 243（我国，依Richardson 1844及Günther, 1870）；李思忠，1955，黄渤海鱼类调查报告：320，图198（青岛）。

Fugu ocellatus, Abe, 1952, Jap. J. Ichthyol. 2（2）：93；李思忠，1962，南海鱼类志：1079，图829（汕尾，广州）；朱元鼎等，1963，东海鱼类志：566，图432（浙江蚂蚁岛等）；李思忠，1965，动物学杂志（5）：220（山东）；郑葆珊等，1981，广西淡水鱼类志：230，图192（象州，梧州）；崔基哲等，1981, Atlas of Korean Freshwater Fishes: 36，图134（汉江到洛东江）。

星弓东方鲀 *Takifugu obscurus*（Abe, 1949）（图181）*

［有效学名：暗纹东方鲀 *Takifugu fasciatus*（McClelland, 1844）］

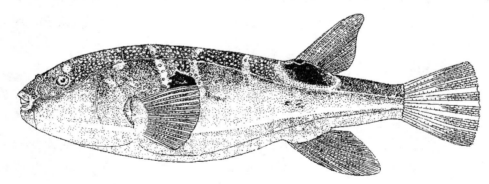

图181 星弓东方鲀 *Takifugu obscurus*

释名：体背侧有白点及数条弓状横斑，故名。

背鳍ⅳ-13～15；臀鳍ⅳ-11～12；胸鳍ⅱ-15；尾鳍ⅰ-8-ⅱ。

标本体长76～177 mm。体长形，头胸粗圆，向后渐尖；体长为体高3.1～3.8倍，为头长2.8～3.1倍。头似大方柱状，四面略圆凸；头长为吻长2.4～2.6倍，为眼径5.8～8.9倍，为眼间隔宽1.5～2倍，为口宽2.9～3.2倍。吻钝圆。眼小，位于头侧上方。眼间隔很宽且微圆凸。鼻囊突起位于眼前方和吻中部，两鼻孔分别位于其上端内、外侧。口小，前位。上、下颌各呈2个大齿状，中央缝显明；上颌略较长。唇发达，下唇两端弯向上方。鳃孔直立，短缝状，较胸鳍基略高。鳃孔内前缘有白色膜质突起外露。肛门位于臀鳍稍前方。

无鳞而在头体背面自鼻囊突起到背前方附近及腹面自头部到肛门前方有鳞变成的小刺，小刺略伸出皮外。侧线2条，与前种相似。头体腹侧也有显明的纵皮棱。

背鳍位于肛门后上方附近，小刀状，约第7鳍条最长，头长为其长1.6～1.7倍。臀鳍似背鳍。胸鳍侧位而稍低，似扇状；后上角略较长，头长为其长2～2.1倍。尾鳍亦扇状。

头体背侧灰黑色；两眼间有一横行小白斑，眼后缘有一弧状白纹横越头顶，白纹后亦有1行小白斑；体侧在胸鳍基后上方有一眼状大黑斑，斑周缘白色，且有2条白纹横越前背连眼状斑前、后缘，纹间弓状黑色横斑中央很宽；再后有一横行小白斑，两侧有一短的白色横纹；背鳍基侧大黑斑状，斑缘黄红色。头体腹侧白色，沿纵皮棱为艳黄色。鳍淡黄色，胸鳍基底有一黑斑，尾鳍后端灰褐色。小刺白点状。

为近海沿岸底层肉食性鱼，夏初入河内产卵洄游。右肝很大。无幽门盲囊。胃腹侧通一气囊，能吞水或空气使胸腹鼓胀成圆球状以自卫或漂浮。以小螺贝、虾蟹及水昆虫幼虫等为食。冬季居于近海。肝等内脏、卵巢及血液有剧毒。其食用办法请参照前种。大鱼体长达325 mm以上。沿长江可达洞庭湖等产卵。

分布于辽宁到福建和朝鲜西侧等近海和江河地区。沿黄河流域达济南、东平湖与河南等。

*编者注：据伍汉霖教授，暗纹东方鲀的拉丁学名为*Spheroides ocellatus obscurus*，由阿部宗明（Abe）1949年所定。现经进一步考证，该种最早于1844年为McClelland氏命名为*Tetrodon fasciatus*。而"*Tetrodon fasciatus*"学名却已于1801年为Bloch and Schneider所先据而成为无效种，1902年Regan将该种重新命名为*Tetrodon McClellandi*。由于东方鲀属现已采用*Takifugu*的属名，因而*Takifugu fasciatus*应视为有效学名。

Spheroides ocellatus obscurus Abe, 1949, Bull. Biogeogr. Soc. Japan XIV（13）：97（东海）；Uchida, 1950, Annual Meet. Jap. Soc. Scient. Fish.:（4～5月在平壤河内浅水产卵）。

Spheroides ocellatus Fowler & Bean, 1920, Proc. U. S. natn Mus. 58: 317（苏州）；Kimura, 1934, J. Shanghai Sci. Inst. Sec. 3, I : 204（无锡，九江，汉口）；周汉藩、张春霖，1934，河北习见鱼类图说：91，图57（辽河、白河到安徽、苏州、宁波等）；李思忠，1955，黄渤海鱼类调查报告：321，图199（辽宁、河北、山东）。

Tetraodon ocellatus, Shaw（寿振黄），1930, Bull. Fan Mem. Biol. Inst. I（10）：196, fig. 34（苏州）。

Fugu ocellatus obscurus Matsubara, 1930, Fish. Morp. Hier.: 1020（华北到朝鲜西侧近海及江河）。

Fugu obscurus，郑葆珊等，1960，白洋淀鱼类：17，图54（白洋淀）；单元勋等，1962，新乡师范学院学报1：64（商水颍河）；朱元鼎等，1963，东海鱼类志：567，图434（江苏大沙，上海，浙江蚂蚁岛等）；李思忠，1965，动物学杂志（5）：220（山东、河南?）；湖北水生生物研究所，1976，长江鱼类：218，图197（洞庭湖等）。

红鳍东方鲀 *Takifugu rubripes*（Temminck et Schlegel, 1850）（图182）

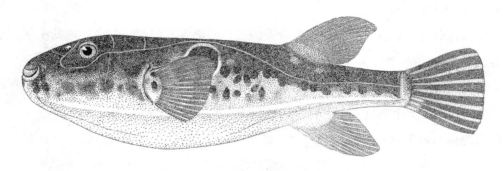

图182　红鳍东方鲀 *Takifugu rubripes*

释名：臀鳍基部红色，rubripes（拉丁文：rubri，红 + pes，足）亦示此意，故名。又名河豚、腊头、艇巴。

背鳍iii-14；臀鳍ii-13；胸鳍i-16～17；尾鳍i-8-i。标本体长135～515 mm。体长形，头胸很粗圆，尾部向后渐尖；体长为体高1.9～3.5倍，为头长1.8～2.9倍。头大，腹面两侧纵皮棱显著；头长为吻长2.2～2.5倍，为眼径6.4～8.2倍，为眼间隔宽1.8～2倍，为口宽2.7～3.5倍，为尾柄长1.7～1.8倍。吻钝圆。眼小，侧位而很高。眼间隔很宽且略凸。鼻孔2个，位于眼稍前上方鼻囊突起的两侧。口小，前位。唇发达，下唇两端向上弯曲。上、下颌骨骼呈4个大齿状。鳃孔直立，短，浅弧状，侧中位，较胸鳍基略高，鳃腔膜白色，肛门位于臀鳍稍前方。

无鳞，除吻部、头体两侧及尾部裸露外，有略外露的小刺。侧线2条，似前2种；下侧线位于头部及尾部腹面两侧纵皮棱的下方，尾部下侧线达肛门前方。

背鳍位于肛门后上缘，圆刀状；约第8鳍条最长，头长为其长1.7～2.2倍。臀鳍似背鳍而较靠后。胸鳍扇状而后上角稍长，头长为其长2.2～2.5倍。尾鳍截形，后缘微圆凸。

鲜鱼头体背侧黑色，微绿；腹面白色，两侧纵皮棱为艳黄色；体侧在胸鳍基后上方有一周缘白色的圆形大黑斑，大斑下方及后方直到尾柄常有些小黑斑。背鳍与尾鳍黑色；臀鳍黄色，基部黄红色；胸鳍灰褐色，鳍基前、后各有一黑斑。

为东亚近海沿岸及附近江河底层鱼类。右肝很大。胃腹侧通气囊。无幽门盲囊。肠多弯曲，长约等于体长。鳔大，切面呈椭圆形。以螺、蚌、虾、蟹及昆虫幼虫等为食。秋冬居于近海及河口附近；4～5月入河内产卵及索食洄游。卵黄色，卵径1.17～1.32 mm，怀卵量36 100～166 800粒（庄岛洋一，1957。体全长204～310 mm时）。幼鱼翌年春入海育肥。

分布于渤海北部到厦门及朝鲜、日本等处。沿长江可达洞庭湖；沿黄河可达济南，据闻开封亦可见到。1962年夏初济南市北园公社在泺口捕得2尾。

Tetraodon rubripes Temminck et Schlegel, 1847, Fauna Jap. Poiss. : 283, pl. 123, fig. 1（长崎）；Günther, 1870, Cat. Fish. Br. Mus. 8: 279（我国、日本）。

Spheroides rubripes, Jordan & Snyder, 1901, Proc. U. S. natn Mus. 24: 238（东京）；李思忠，1955，黄渤海鱼类调查报告：323，图200（辽宁、河北、山东）。

Sphaeroides rubripes, Berg, 1949, Freshwater Fish. USSR Ⅲ: 1194（图们江口内等）（in Russian）。

Fugu rubripes, Abe, 1952, Jap. J. Ichthyol. Ⅱ（1）：36；朱元鼎等，1963，东海鱼类志：563，图429（上海及东海）；李思忠，1965，动物学杂志（5）：220（山东）。

星点东方鲀 *Takifugu niphobles*（Jordan et Snyder, 1901）（图183）

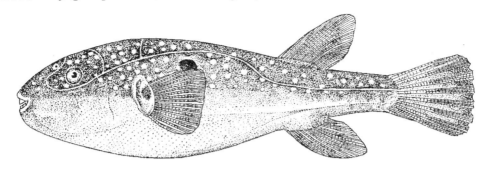

图183　星点东方鲀 *Takifugu niphobles*

背鳍iv-12~13；臀鳍iii-10；胸鳍ii-14~15；尾鳍 i -8- ii。鳃耙外行3+7，内行1+7。椎骨8+12。

标本体长74~89.3 mm。体长形，头腹粗圆，向后渐尖和渐侧扁，腹面在头及尾部两侧有纵皮棱；体长为体高2.7~3.6倍，为头长2.8~2.9倍，为尾部长2.9~3倍。头大，似方柱状，四面圆凸；头长为吻长2.7~3.6倍，为眼径5.3~6.2倍，为眼间隔宽2.2~2.5倍，为口宽2.7~2.8倍，为尾柄长2.1倍；尾柄长为尾柄高1.7~1.8倍。吻钝圆。眼小，侧位而很高。眼间隔宽，微凸。鼻孔2个，位于眼稍前方鼻囊突起的两侧。口前位，横浅弧状。上、下颌骨骼及齿愈合成4个大齿状，中央骨缝显明，上颌微较长。唇厚；下唇较长且两端弯向上方。鳃孔横新月形，较胸鳍基略短，内有皮膜外露。肛门位于臀鳍前方附近。

无鳞；除吻部、尾部及两侧裸露外，背面及腹面有由鳞变成的白色小刺，刺常不外露。侧线与前3种相似。

背鳍始于肛门后上缘；小刀状；中部鳍条最长，头长为其长1.6~1.7倍。臀鳍似背鳍而位置稍靠后。胸鳍侧位，宽短，扇状，后上角微较长，头长约为其长2.2倍。尾鳍亦扇状，头长为其长1.3~1.4倍。

头体背侧灰褐色，有许多淡黄绿色小斑，斑径小于瞳孔直径及斑间距；胸鳍基后上方体侧有一眼状大黑斑，斑上缘由淡黄绿色小斑形成，斑下缘与体侧下方均为白色；沿腹侧纵棱为艳黄色。在体长100 mm以下的小鱼，前背淡黄绿色的小斑间隙有黑褐色横带连接两侧大眼状斑，在背鳍基两侧亦有一黑褐色横带状斑。鳍淡黄色，尾鳍后端黄红色。虹彩肌黄色。瞳孔上、下缘红纹状。鳃腔膜灰白色。

为东亚近海沿岸海鱼及半咸水底层肉食性小杂鱼。体全长不超过170 mm（Matsubara, 1955）以螺、贝、蟹等为食。春末夏初，水温21.4℃~27.9℃产卵，卵黏沉性，卵径1.2~1.4 mm；体内卵径约0.5 mm，怀卵26 144~43 214粒（体长105~115 mm标本）。胃腹侧通气囊。肠长约等于体长。无幽门盲囊。右肝很大，切面呈长椭圆形。鳔切面亦呈长椭圆形。卵巢切面呈椭圆形，左侧较长。内脏、卵巢及血液有剧毒。其食用办法与前数种同。

分布于我国大陆沿海到朝鲜、日本等。在黄河流域仅见于近海及河口内半咸水区。

Spheroides niphobles Jordan & Snyder, 1901, Proc. U. S. natn Mus. 24: 246, fig. 6（东京，三崎，长崎等）；Wang（王以康）& Wang（王希成），1935, Contr. Biol. Lab. Soc. China XI（6）：231, fig. 50（烟台）；李思忠，1955，黄渤海鱼类调查报告：326，图203（辽宁、河北、山东）。

Fugu niphobles, Abe, 1952, Jap. J. Ichthyol. II（2）：93; Matsubara, 1955, Fish. Morph. Hiers. 2: 1021（青森及大彼得湾到冲绳岛等）；李思忠，1962，南海鱼类志：1081，图831（广西北海市）；朱元鼎等，1963，东海鱼类志：565，图431（上海，浙江舟山）；李思忠，1965，动物学杂志（5）：220（山东）；崔基哲等，1981, Atlas of Korean Freshwater Fishes: 36，图135（洛东江口等）。

《黄河鱼类志》鱼类名称对照表

编者注：本节的说明及对照表，是由伍汉霖教授在百忙之中仔细阅读本书黄河鱼类系统描述后编辑、提供，谨致谢。在本书黄河鱼类的系统描述（"各论"）中，当本书学名与当前有效或通用学名出现差异时，我们也尽可能对有效学名进行了标注。

　　1987年《中国鱼类系统检索》出版，该书记述我国鱼类2 831种，是当时比较全面收录中国鱼类的一本专著。近30年来中国鱼类学有了很大的发展，我国鱼类学家经过调查研究，又发现了许多新种和新记录种。2012年出版的《拉汉世界鱼类系统名典》所载中国鱼类总数已达4 981种。由于历史原因，思忠先生遗著《黄河鱼类志》其初稿完成于20世纪60年代，80年代之后又经过多次修改。其中有的种类学名变化较大，由有效种变为异名种，需要加以纠正或标注。我们增加了"《黄河鱼类志》鱼类名称对照表"（表14），以本书的鱼类名称和《拉汉世界鱼类系统名典》中的现今世界公认的有效种鱼名进行对比，使读者对本书中的异名种和有效种之间的对应关系，有清晰的识别，便于读者查询、援引。

表14　《黄河鱼类志》鱼类名称对照表

本书中的鱼类分类单元	《拉汉世界鱼类系统名典》（伍汉霖等，2012）
硬骨鱼纲 Osteichthyes	硬骨鱼纲 Osteichthyes
鲟形目 Acipenseriformes	鲟形目 Acipenseriformes
鲟科 Acipenseridae	鲟科 Acipenseridae
鲟属 *Acipenser*	鲟属 *Acipenser*
达氏鲟 *Acipenser dabryanus*	达氏鲟 *Acipenser dabryanus*
中华鲟 *Acipenser sinensis*	中华鲟 *Acipenser sinensis*
鳇属 *Huso*	鳇属 *Huso*
东亚鳇鱼 *Huso dauricus*	东亚鳇鱼 *Huso dauricus*
匙吻鲟科 Polyodontidae	匙吻鲟科 Polyodontidae
白鲟属 *Psephurus*	白鲟属 *Psephurus*
白鲟 *Psephurus gladius*	白鲟 *Psephurus gladius*
鲱形目 Clupeiformes	鲱形目 Clupeiformes
鲱科 Clupeidae	鲱科 Clupeidae

本书中的鱼类分类单元	《拉汉世界鱼类系统名典》（伍汉霖等，2012）
小沙丁鱼属 Sardinella	小沙丁鱼属 Sardinella
青鳞小沙丁鱼 Sardinella zunasi	青鳞小沙丁鱼 Sardinella zunasi
鲦属 Clupanodon	**斑鰶属 Konosirus**
斑鰶 Clupanodon punctatus	**斑鰶 Konosirus punctatus**
鳀科 Engraulidae	**鳀科 Engraulidae**
鲚属 Coilia	鲚属 Coilia
刀鲚 Coilia ectenes	**刀鲚 Coilia nasus**
凤鲚 Coilia mystus	凤鲚 Coilia mystus
鲑形目 Salmoniformes	鲑形目 Salmoniformes
鲑科 Salmonidae	鲑科 Salmonidae
细鳞鲑属 Brachymystax	细鳞鱼属 Brachymystax
秦岭细鳞鲑 Brachymystax lenok tsinlingensis	秦岭细鳞鱼 Brachymystax lenok tsinlingensis
鲑属 Salmo	**大麻哈鱼属 Oncorhynchus**
虹鲑（虹鳟）Oncorhynchus mykiss （同种异名 Salmo irideus）	**虹鳟** Oncorhynchus mykiss
	胡瓜鱼目 Osmeriformes
香鱼科 Plecoglossidae	**胡瓜鱼科 Osmeridae**
香鱼属 Plecoglossus	香鱼属 Plecoglossus
香鱼 Plecoglossus altivelis	香鱼 Plecoglossus altivelis
银鱼科 Salangidae	**胡瓜鱼科 Osmeridae**
大银鱼属 Protosalanx	大银鱼属 Protosalanx
大银鱼 Protosalanx hyalocranius	**大银鱼 Protosalanx chinensis**
新银鱼属 Neosalanx	新银鱼属 Neosalanx
安氏新银鱼 Neosalanx ondersoni	安氏新银鱼 Neosalanx andersoni
寡齿新银鱼 Neosalanx oligodontis	寡齿新银鱼 Neosalanx oligodontis
半银鱼属 Hemisalanx	**银鱼属 Salanx**
前颌半银鱼 Hemisalanx prognathus	**前颌银鱼 Salanx prognathus**
银鱼属 Salanx	
尖头银鱼 Salanx cuvieri	**居氏银鱼 Salanx cuvieri**
长臀银鱼 Salanx longianalis	**有明银鱼 Salanx ariakensis**
鳗鲡目 Anguilliformes	鳗鲡目 Anguilliformes
鳗鲡科 Anguillidae	鳗鲡科 Anguillidae
鳗鲡属 Anguilla	鳗鲡属 Anguilla

续表

本书中的鱼类分类单元	《拉汉世界鱼类系统名典》（伍汉霖等，2012）
鳗鲡 *Anguilla japonica*	鳗鲡 *Anguilla japonica*
鲤形目 Cypriniformes	鲤形目 Cypriniformes
亚口鱼（胭脂鱼）科 Catostomidae	亚口鱼科 Catostomidae
胭脂鱼属 *Myxocyprinus*	胭脂鱼属 *Myxocyprinus*
胭脂鱼 *Myxocyprinus asiaticus*	胭脂鱼 *Myxocyprinus asiaticus*
鳅科 Cobitidae	鳅科 Cobitidae
须鼻鳅属 *Lefua*	**北鳅属** *Lefua*
须鼻鳅 *Lefua costata*	**北鳅** *Lefua costata*
副鳅属 *Paracobitis*	副鳅属 *Paracobitis*
红尾副鳅 *Paracobitis variegatus*	红尾副鳅 *Paracobitis variegatus*
高原鳅属 *Triplophysa*	高原鳅属 *Triplophysa*
硬刺高原鳅 *Triplophysa scleropterus*	硬刺高原鳅 *Triplophysa scleropterus*
拟硬刺高原鳅 *Triplophysa pseudoscleropterus*	拟硬刺高原鳅 *Triplophysa pseudoscleropterus*
达里湖高原鳅 *Triplophysa dalaicus*	达里湖高原鳅 *Triplophysa dalaicus*
东方高原鳅 *Triplophysa orientalis*	东方高原鳅 *Triplophysa orientalis*
岷县高原鳅 *Triplophysa minxianensis*	岷县高原鳅 *Triplophysa minxianensis*
巴氏高原鳅（黄河高原鳅）*Triplophysa pappenheimi*	巴氏高原鳅（黄河高原鳅）*Triplophysa pappenheimi*
后鳍高原鳅 *Triplophysa posteroventralis*	后鳍高原鳅 *Triplophysa posteroventralis*
壮体高原鳅 *Triplophysa robustus*	壮体高原鳅 *Triplophysa robustus*
中亚高原鳅 *Triplophysa stoliczkae*	中亚高原鳅 *Triplophysa stoliczkae*
长蛇高原鳅 *Triplophysa longianguis*	长蛇高原鳅 *Triplophysa longianguis*
背斑高原鳅 *Triplophysa dorsonotatus*	背斑高原鳅 **Triplophysa stoliczkai dorsonotata**
董氏高原鳅 *Triplophysa toni*	董氏高原鳅 *Triplophysa toni*
鞍斑高原鳅 *Triplophysa sellaefer*	鞍斑高原鳅 *Triplophysa sellaefer*
隆头高原鳅 *Triplophysa alticeps*	隆头高原鳅 *Triplophysa alticeps*
钝吻高原鳅 *Triplophysa obtusirostra*	钝吻高原鳅 *Triplophysa obtusirostra*
鼓鳔鳅属 *Hedinichthys*	
似鲇鼓鳅 *Hedinichthys siluroides*	**似鲇高原鳅 Triplophysa siluroides**
副沙鳅属 *Parabotia*	副沙鳅属 *Parabotia*
花斑副沙鳅 *Parabotia fasciata*	花斑副沙鳅 *Parabotia fasciata*
薄鳅属 *Leptobotia*	薄鳅属 *Leptobotia*
东方薄鳅 *Leptobotia orientalis*	东方薄鳅 *Leptobotia orientalis*
花鳅属 *Cobitis*	花鳅属 *Cobitis*

续表

本书中的鱼类分类单元	《拉汉世界鱼类系统名典》（伍汉霖等，2012）
中华花鳅 *Cobitis sinensis*	中华花鳅 *Cobitis sinensis*
北方花鳅 *Cobitis granoei*	北方花鳅 *Cobitis granoei*
泥鳅属 *Misgurnus*	泥鳅属 *Misgurnus*
泥鳅 *Misgurnus anguillicaudatus*	泥鳅 *Misgurnus anguillicaudatus*
细泥鳅 *Misgurnus bipartitus*	**黑龙江泥鳅 *Misgurnus mohoity***
副泥鳅属 *Paramisgurnus*	副泥鳅属 *Paramisgurnus*
大鳞副泥鳅 *Paramisgurnus dabryanus*	大鳞副泥鳅 *Paramisgurnus dabryanus*
鲤科 Cyprinidae	鲤科 Cyprinidae
鲤亚科 Cyprininae	鲤亚科 Cyprininae
鲤属 *Cyprinus*	鲤属 *Cyprinus*
鲤 *Cyprinus carpio*	鲤 *Cyprinus carpio*
鲫属 *Carassius*	鲫属 *Carassius*
鲫 *Carassius auratus*	鲫 *Carassius auratus*
附：鲤鲫杂交种 *Cyprinus carpio*（♂）× *Carassius auratus*（♀）	附：鲤鲫杂交种 *Cyprinus carpio*（♂）× *Carassius auratus*（♀）
鲃亚科 Barbinae	鲃亚科 Barbinae
突吻鱼属 *Varicorhinus*	**白甲鱼属 *Onychostoma***
大鳞突吻鱼（多鳞铲颌鱼）*Varicorhinus macrolepis*	**多鳞白甲鱼 *Onychostoma macrolepis***
鮈亚科 Gobioninae	鮈亚科 Gobioninae
鳍属 *Hemibarbus*	鳍属 *Hemibarbus*
鲮鳍 *Hemibarbus labeo*	鲮鳍 *Hemibarbus labeo*
花鳍 *Hemibarbus maculatus*	花鳍 *Hemibarbus maculatus*
长吻鳍 *Hemibarbus longirostris*	长吻鳍 *Hemibarbus longirostris*
刺鮈属 *Acanthogobio*	刺鮈属 *Acanthogobio*
刺鮈 *Acanthogobio guentheri*	刺鮈 *Acanthogobio guentheri*
似白鮈属 *Paraleucogobio*	似白鮈属 *Paraleucogobio*
似白鮈 *Paraleucogobio notacanthus*	似白鮈 *Paraleucogobio notacanthus*
麦穗鱼属 *Pseudorasbora*	麦穗鱼属 *Pseudorasbora*
麦穗鱼 *Pseudorasbora parva*	麦穗鱼 *Pseudorasbora parva*
多牙麦穗鱼 *Pseudorasbora fowleri*	**麦穗鱼 *Pseudorasbora parva***
鲦属 *Sarcocheilichthys*	鲦属 *Sarcocheilichthys*
华鲦 *Sarcocheilichthys sinensis*	华鲦 *Sarcocheilichthys sinensis*

本书中的鱼类分类单元	《拉汉世界鱼类系统名典》（伍汉霖等，2012）
黑鳍鳈 *Sarcocheilichthys nigripinnis*	黑鳍鳈 *Sarcocheilichthys nigripinnis*
红鳍鳈 *Sarcocheilichthys sciistius*	红鳍鳈 *Sarcocheilichthys sciistius*
颌须鮈属 *Gnathopogon*	颌须鮈属 *Gnathopogon*
多纹颌须鮈 *Gnathopogon polytaenia*	多纹颌须鮈 *Gnathopogon polytaenia*
短须颌须鮈 *Gnathopogon imberbis*	短须颌须鮈 *Gnathopogon imberbis*
济南颌须鮈 *Gnathopogon tsinanensis*	济南颌须鮈 *Gnathopogon tsinanensis*
银鮈属 *Squalidus*	银鮈属 *Squalidus*
银色银鮈 *Squalidus argentatus*	银色银鮈 *Squalidus argentatus*
点纹银鮈 *Squalidus wolterstorffi*	点纹银鮈 *Squalidus wolterstorffi*
八纹银鮈 *Gnathopogon similis*	**中间银鮈 *Squalidus intermedius***
中间银鮈 *Squalidus intermedius*	中间银鮈 *Squalidus intermedius*
鮈属 *Gobio*	鮈属 *Gobio*
似铜鮈 *Gobio coriparoides*	似铜鮈 *Gobio coriparoides*
灵宝鮈 *Gobio meridionalis*	灵宝鮈 *Gobio meridionalis*
花丁鮈 *Gobio cynocephalus*	花丁鮈 *Gobio cynocephalus*
张氏鮈 *Gobio tchangi,* sp. nov.	张氏鮈 *Gobio tchangi,* sp. nov.
棒花鮈 *Gobio rivuloides*	棒花鮈 *Gobio rivuloides*
黄河鮈 *Gobio huanghensis*	黄河鮈 *Gobio huanghensis*
细体鮈 *Gobio tenuicorpus*	细体鮈 *Gobio tenuicorpus*
小索氏鮈 *Gobio soldatovi minulus*	小索氏鮈 *Gobio soldatovi minulus*
铜鱼属 *Coreius*	铜鱼属 *Coreius*
短须铜鱼 *Coreius heterodon*	短须铜鱼 *Coreius heterodon*
长须铜鱼 *Coreius septentrionalis*	长须铜鱼 *Coreius septentrionalis*
铜鱼 *Coreius cetopsis*	铜鱼 *Coreius cetopsis*
吻鮈属 *Rhinogobio*	吻鮈属 *Rhinogobio*
吻鮈 *Rhinogobio typus*	吻鮈 *Rhinogobio typus*
大鼻吻鮈 *Rhinogobio nasutus*	大鼻吻鮈 *Rhinogobio nasutus*
拟鮈属 *Pseudogobio*	拟鮈属 *Pseudogobio*
拟鮈 *Pseudogobio vaillanti*	拟鮈 *Pseudogobio vaillanti*
长吻拟鮈 *Pseudogobio longirostris*	**拟鮈 *Pseudogobio vaillanti***
棒花鱼属 *Abbottina*	棒花鱼属 *Abbottina*
棒花鱼 *Abbottina rivularis*	棒花鱼 *Abbottina rivularis*
胡鮈属 *Huigobio*	胡鮈属 *Huigobio*
清徐胡鮈 *Huigobio chinssuensis*	清徐胡鮈 *Huigobio chinssuensis*

本书中的鱼类分类单元	《拉汉世界鱼类系统名典》（伍汉霖等，2012）
船丁鱼属（蛇鮈属）*Saurogobio*	船丁鱼属（蛇鮈属）*Saurogobio*
杜氏船丁鱼（长蛇鮈）*Saurogobio dumerili*	杜氏船丁鱼（长蛇鮈）*Saurogobio dumerili*
达氏船丁鱼（蛇鮈）*Saurogobio dabryi*	达氏船丁鱼（蛇鮈）*Saurogobio dabryi*
鳅鮀亚科 Gobiobotinae	鳅鮀亚科 Gobiobotinae
鳅鮀属 *Gobiobotia*	鳅鮀属 *Gobiobotia*
鳅鮀 *Gobiobotia pappenheimi*	**潘氏鳅鮀** *Gobiobotia pappenheimi*
宜昌鳅鮀 *Gobiobotia ichangensis*	宜昌鳅鮀 ***Gobiobotia filifer***
平鳍鳅鮀 *Gobiobotia homalopteroidea*	平鳍鳅鮀 *Gobiobotia homalopteroidea*
裂腹鱼亚科 Schizothoracinae	裂腹鱼亚科 Schizothoracinae
裂腹鱼属 *Schizothorax*	裂腹鱼属 *Schizothorax*
溥氏裂腹鱼 *Schizothorax prenanti*	溥氏裂腹鱼 *Schizothorax prenanti*
裸重唇鱼属 *Gymnodiptychus*	裸重唇鱼属 *Gymnodiptychus*
厚唇裸重唇鱼 *Gymnodiptychus pachycheilus*	厚唇裸重唇鱼 *Gymnodiptychus pachycheilus*
裸鲤属 *Gymnocypris*	裸鲤属 *Gymnocypris*
花斑裸鲤 *Gymnocypris eckloni*	花斑裸鲤 *Gymnocypris eckloni*
斜口裸鲤 *Gymnocypris scoliostomus*	斜口裸鲤 ***Gymnocypris eckloni scoliostomus***
黄河鱼属 *Chuanchia*	黄河鱼属 *Chuanchia*
骨唇黄河鱼 *Chuanchia labiosa*	骨唇黄河鱼 *Chuanchia labiosa*
裸裂尻鱼属 *Schizopygopsis*	裸裂尻鱼属 *Schizopygopsis*
黄河裸裂尻鱼 *Schizopygopsis pylzovi*	黄河裸裂尻鱼 *Schizopygopsis pylzovi*
嘉陵裸裂尻鱼 *Schizopygopsis kialingensis*	嘉陵裸裂尻鱼 *Schizopygopsis kialingensis*
扁咽齿鱼属 *Platypharodon*	扁咽齿鱼属 *Platypharodon*
极边扁咽齿鱼 *Platypharodon extremus*	极边扁咽齿鱼 *Platypharodon extremus*
雅罗鱼亚科 Leuciscinae	雅罗鱼亚科 Leuciscinae
鲅属 *Phoxinus*	鲅属 *Phoxinus*
尖头拉氏鲅 *Phoxinus lagowskii oxycephalus*	尖头拉氏鲅 *Phoxinus lagowskii oxycephalus*
张氏鲅 *Phoxinus tchangi*	张氏鲅 *Phoxinus tchangi*
青鱼属 *Mylopharyngodon*	青鱼属 *Mylopharyngodon*
青鱼 *Mylopharyngodon piceus*	青鱼 *Mylopharyngodon piceus*
雅罗鱼属 *Leuciscus*	雅罗鱼属 *Leuciscus*
瓦氏雅罗鱼 *Leuciscus waleckii*	瓦氏雅罗鱼 *Leuciscus waleckii*
草鱼属 *Ctenopharyngodon*	草鱼属 *Ctenopharyngodon*

续表

本书中的鱼类分类单元	《拉汉世界鱼类系统名典》（伍汉霖等，2012）
草鱼 *Ctenopharyngodon idellus*	草鱼 *Ctenopharyngodon idellus*
赤眼鳟属 *Squaliobarbus*	赤眼鳟属 *Squaliobarbus*
赤眼鳟 *Squaliobarbus curriculus*	赤眼鳟 *Squaliobarbus curriculus*
鱲属 *Zacco*	鱲属 *Zacco*
宽鳍鱲 *Zacco platypus*	宽鳍鱲 *Zacco platypus*
鳡鱼属 *Ochetobius*	鳡鱼属 *Ochetobius*
鳡鱼 *Ochetobius elongatus*	鳡鱼 *Ochetobius elongatus*
马口鱼属 *Opsariichthys*	马口鱼属 *Opsariichthys*
南方马口鱼 *Opsariichthys uncirostris bidens*	南方马口鱼 *Opsariichthys uncirostris bidens*
鳤鱼属 *Elopichthys*	鳤鱼属 *Elopichthys*
鳤鱼 *Elopichthys bambusa*	鳤鱼 *Elopichthys bambusa*
鲴亚科 Xenocyprininae	鲴亚科 Xenocyprininae
鲴属 *Xenocypris*	鲴属 *Xenocypris*
银鲴 *Xenocypris argentea*	银鲴 *Xenocypris argentea*
黄鲴 *Xenocypris davidi*	**黄尾鲴 *Xenocypris davidi***
斜颌鲴属 *Plagiognathops*	
细鳞斜颌鲴 *Plagiognathops microlepis*	**细鳞鲴 *Xenocypris microlepis***
刺鳊属 *Acanthobrama*	**似鳊属 *Pseudobrama***
刺鳊（似鳊）*Acanthobrama simoni*	**似鳊 *Pseudobrama simoni***
鳑鲏亚科 Rhodeinae	**鱊亚科 Acheilognathinae**
刺鳑鲏属 *Acanthorhodeus*	**鱊属 *Acheilognathus***
大鳍刺鳑鲏 *Acanthorhodeus macropterus*	**大鳍鱊 *Acheilognathus macropterus***
越南刺鳑鲏 *Acanthorhodeus tonkinensis*	**越南鱊 *Acheilognathus tonkinensis***
短须刺鳑鲏 *Acanthorhodeus barbatulus*	**短须鱊 *Acheilognathus barbatulus***
带臀刺鳑鲏 *Acanthorhodeus taenianalis*	**斑条鱊 *Acheilognathus taenianalis***
兴凯刺鳑鲏 Acanthorhodeus chankaensis	**兴凯鱊 *Acheilognathus chankaensis***
白河刺鳑鲏 *Acanthorhodeus peihoensis*	**白河鱊 *Acheilognathus peihoensis***
副鱊属 *Paracheilognathus*	
无须副鱊 *Paracheilognathus imberbis*	**缺须鱊 *Acheilognathus imberbis***
鱊属 *Acheilognathus*	
细鱊 *Acheilognathus gracilis*	**无须鱊 *Acheilognathus gracilis***
鳑鲏属 *Rhodeus*	鳑鲏属 *Rhodeus*
中华鳑鲏 *Rhodeus sinensis*	中华鳑鲏 *Rhodeus sinensis*

本书中的鱼类分类单元	《拉汉世界鱼类系统名典》（伍汉霖等，2012）
高体鳑鲏 *Rhodeus ocellatus*	高体鳑鲏 *Rhodeus ocellatus*
石鲋属 *Pseudoperilampus*	
彩石鲋 *Pseudoperilampus lighti*	**中华鳑鲏 *Rhodeus sinensis***
鳊亚科 Abramidinae	**鲌亚科 Culterinae**
白鲦属 *Hemiculter*	**𩾃属 *Hemiculter***
白鲦 *Hemiculter leucisculus*	**𩾃 *Hemiculter leucisculus***
贝氏白鲦 *Hemiculter bleekeri*	**油𩾃 *Hemiculter bleekeri***
鲂属 *Megalobrama*	鲂属 *Megalobrama*
三角鲂 *Megalobrama terminalis*	三角鲂 *Megalobrama terminalis*
红鲌属 *Erythroculter*	**鲌属 *Culter***
尖头红鲌 *Erythroculter oxycephalus*	**尖头鲌 *Culter oxycephalus***
弯头红鲌 *Erythroculter recurviceps*	**海南鲌 *Culter recurviceps***
蒙古红鲌 *Erythroculter mongolicus*	**蒙古鲌 *Culter mongolicus***
	原鲌属 *Cultichthys*
红鳍红鲌 *Erythroculter erythropterus*	**红鳍原鲌 *Cultichthys alburnus***
鲌属 *Culter*	
短尾鲌 *Culter alburnus brevicauda*	**翘嘴鲌 *Culter alburnus***
鳊属 *Parabramis*	鳊属 *Parabramis*
鳊 *Parabramis pekinensis*	鳊 *Parabramis pekinensis*
锯齿鳊属 *Toxabramis*	锯齿鳊属 *Toxabramis*
细鳞锯齿鳊 *Toxabramis swinhonis*	细鳞锯齿鳊 *Toxabramis swinhonis*
银色锯齿鳊 *Toxabramis argentifer*	银色锯齿鳊 *Toxabramis argentifer*
飘鱼属 *Parapelecus*	**飘鱼属 *Pseudolaubuca***
银飘鱼 *Parapelecus argenteus*	**飘鱼 *Pseudolaubuca sinensis***
寡鳞飘鱼 *Parapelecus engraulis*	**寡鳞飘鱼 *Pseudolaubuca engraulis***
白鲦属 *Hemiculterella*	**半𩾃属 *Hemiculterella***
开封白鲦 *Hemiculterella kaifensis*	**寡鳞飘鱼 *Pseudolaubuca engraulis***
细鲫属 *Aphyocypris*	细鲫属 *Aphyocypris*
中华细鲫 *Aphyocypris chinensis*	中华细鲫 *Aphyocypris chinensis*
鲢亚科 Hypophthalmichthyinae	鲢亚科 Hypophthalmichthyinae
鲢属 *Hypophthalmichthys*	鲢属 *Hypophthalmichthys*

本书中的鱼类分类单元	《拉汉世界鱼类系统名典》（伍汉霖等，2012）
鲢 *Hypophthalmichthys molitrix*	鲢 *Hypophthalmichthys molitrix*
鳙属 *Aristichthys*	鳙属 *Aristichthys*
鳙 *Aristichthys nobilis*	鳙 *Aristichthys nobilis*
鲇形目 *Siluriformes*	鲇形目 Siluriformes
鲇科 Siluridae	鲇科 Siluridae
鲇属 *Silurus*	鲇属 *Silurus*
鲇 *Silurus asotus*	鲇 *Silurus asotus*
兰州鲇 *Silurus lanzhouensis*	兰州鲇 *Silurus lanzhouensis*
南方大口鲇 *Silurus soldatovi meridionalis*	南方大口鲇 *Silurus soldatovi meridionalis*
鲿（鮠）科 Bagridae	鲿科 Bagridae
黄鲿鱼属 *Pseudobagrus*	**黄颡鱼属 *Pelteobagrus***
黄鲿鱼 *Pseudobagrus fulvidraco*	**黄颡鱼 *Pelteobagrus fulvidraco***
瓦氏黄鲿鱼 *Pseudobagrus vachellii*	**瓦氏黄颡鱼 *Pelteobagrus vachellii***
	鮠属 *Leiocassis*
长吻黄鲿鱼 *Pseudobagrus longirostris*	**长吻鮠 *Leiocassis longirostris***
厚吻黄鲿鱼 *Pseudobagrus crassirostris*	**粗唇鮠 *Leiocassis crassilabris***
粗唇黄鲿鱼 *Pseudobagrus crassilabris*	**粗唇鮠 *Leiocassis crassilabris***
	拟鲿属 *Pseudobagrus*
开封黄鲿鱼 *Pseudobagrus kaifenensis*	**开封拟鲿 *Pseudobagrus kaifenensis***
鮠属 *Leiocassis*	
乌苏里鮠 *Leiocassis ussuriensis*	**乌苏拟鲿 *Pseudobagrus ussuriensis***
银汉鱼目 Atheriniformes	
飞鱼亚目 Exocoetoidei（现归为颌针目）	**颌针鱼目 Beloniformes**
鱵鱼科 Hemiramphidae	鱵科 Hemiramphidae
鱵鱼属 *Hemiramphus*	**鱵鱼属 *Hyporhamphus***
前鳞鱵 *Hemiramphus kurumeus*	**间下鱵 *Hyporhamphus intermedius***
细鳞鱵 *Hemiramphus sajori*	**日本下鱵 *Hyporhamphus sajori***
间鳞鱵 *Hemiramphus intermedius*	**间下鱵 *Hyporhamphus intermedius***
鳉亚目 Cyprinodontoidei（现升为鳉形目）	**鳉形目 Cyprinodontiformes**
大颌鳉科 Adrianichthyidae	**怪颌鳉科 Adrianichthyidae**
青鳉属 *Oryzias*	青鳉属 *Oryzias*

本书中的鱼类分类单元	《拉汉世界鱼类系统名典》（伍汉霖等，2012）
青鳉 *Oryzias latipes sinensis*	青鳉 *Oryzias latipes sinensis*
附：胎鳉科 Poeciliidae	
刺鱼目 Gasterosteiformes	刺鱼目 Gasterosteiformes
刺鱼科 Gasterosteidae	刺鱼科 Gasterosteidae
多刺鱼属 *Pungitius*	多刺鱼属 *Pungitius*
中华九刺鱼 *Pungitius pungitius sinensis*	中华九刺鱼 *Pungitius pungitius sinensis*
合鳃目 Synbranchiformes	合鳃目 Synbranchiformes
合鳃科 Synbranchidae	合鳃科 Synbranchidae
黄鳝属 *Monopterus*	黄鳝属 *Monopterus*
黄鳝 *Monopterus albus*	黄鳝 *Monopterus albus*
鲽形目 Pleuronectiformes	鲽形目 Pleuronectiformes
舌鳎科 Cynoglossidae	舌鳎科 Cynoglossidae
舌鳎属 *Cynoglossus*	舌鳎属 *Cynoglossus*
短吻红舌鳎 *Cynoglossus*（*Areliscus*）*joyneri*	**焦氏舌鳎 *Cynoglossus joyneri***
半滑舌鳎 *Cynoglossus*（*Areliscus*）*semilaevis*	半滑舌鳎 *Cynoglossus semilaevis*
窄体舌鳎 *Cynoglossus*（*Areliscus*）*gracilis*	窄体舌鳎 *Cynoglossus gracilis*
短吻三线舌鳎 *Cynoglossus*（*Areliscus*）*abbreviatus*	短吻三线舌鳎 *Cynoglossus abbreviatus*
鲈形目 Perciformes	
鲻亚目 Mugiloidei（后升为鲻形目）	**鲻形目 Mugiliformes**
鲻科 Mugilidae	鲻科 Mugilidae
鲻属 *Mugil*	鲻属 *Mugil*
鲻鱼 *Mugil cephalus*	鲻鱼 *Mugil cephalus*
鮻鱼属 *Liza*	鮻鱼属 *Liza*
鮻鱼 *Liza soiuy*	**鮻鱼 *Liza haematocheila***
	鲈形目 Perciformes
鲈亚目 Percoidei	鲈亚目 Percoidei
鲈科 Percichthyidae	**狼鲈科 Moronidae**
花鲈属 *Lateolabrax*	花鲈属 *Lateolabrax*
花鲈 *Lateolabrax japonicas*	**中国花鲈 *Lateolabrax maculatus***
	真鲈科 Percichthyidae
鳜属 *Siniperca*	鳜属 *Siniperca*

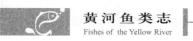

续表

本书中的鱼类分类单元	《拉汉世界鱼类系统名典》（伍汉霖等，2012）
鳜（花）鱼 *Siniperca chuatsi*	鳜 *Siniperca chuatsi*
纲纹鳜 *Siniperca aequiformis*	斑鳜 *Siniperca scherzeri*
鹡鲷科 Cichlidae	丽鱼科 Cichlidae
丽鲷属 *Tilapia*	非鲫属 *Tilapia*
红腹丽鲷 *Tilapia zillii*	吉利非鲫 *Tilapia zillii*
莫桑比克丽鲷 *Tilapia mossambica*	莫三比克口孵非鲫 *Oreochromis mossambicus*
尼罗河丽鲷 *Tilapia nilotica*	尼罗口孵非鲫 *Oreochromis nilotica*
蓝丽鲷 *Tilapia aurea*	奥利亚口孵非鲫 *Oreochromis aureus*
红丽鲷（福寿鱼）*Tilapia mossambica*（♀）× *T. nilotica*（♂）	红丽鲷（福寿鱼）*Tilapia mossambica*（♀）× *T. nilotica*（♂）
虾虎鱼亚目 Gobioidei	虾虎鱼亚目 Gobioidei
塘鳢科 Eleotridae	塘鳢科 Eleotridae
沙塘鳢属 *Odontobutis*	沙塘鳢属 *Odontobutis*
沙塘鳢 *Odontobutis obscura*	河川沙塘鳢 *Odontobutis potamophila*
黄黝鱼属 *Hypseleotris*	小黄黝鱼属 *Micropercops*
黄黝鱼 *Hypseleotris swinhonis*	小黄黝鱼 *Micropercops swinhonis*
虾虎鱼科 Gobiidae	虾虎鱼科 Gobiidae
栉虾虎鱼属 *Ctenogobius*	吻虾虎鱼属 *Rhinogobius*
强鳍栉虾虎鱼 *Ctenogobius hadropterus*	子陵吻虾虎鱼 *Rhinogobius giurinus*
普栉虾虎鱼（子陵吻虾虎鱼）*Ctenogobius giurinus*	子陵吻虾虎鱼 *Rhinogobius giurinus*
刺虾虎鱼属 *Acanthogobius*	刺虾虎鱼属 *Acanthogobius*
刺虾虎鱼 *Acanthogobius flavimanus*	刺虾虎鱼 *Acanthogobius flavimanus*
矛尾刺虾虎鱼 *Acanthogobius hasta*	斑尾刺虾虎鱼 *Acanthogobius ommaturus*
舌虾虎鱼属 Glossogobius	舌虾虎鱼属 Glossogobius
舌虾虎鱼 *Glossogobius giuris*	舌虾虎鱼 *Glossogobius giuris*
矛尾虾虎鱼属 *Chaeturichthys*	矛尾虾虎鱼属 *Chaeturichthys*
矛尾虾虎鱼 *Chaeturichthys stigmatias*	矛尾虾虎鱼 *Chaeturichthys stigmatias*
叉齿虾虎鱼（缟虾虎鱼）属 *Tridentiger*	缟虾虎鱼属 *Tridentiger*
叉齿虾虎鱼 *Tridentiger obscurus*	暗缟虾虎鱼 *Tridentiger obscurus*
双纹叉齿虾虎鱼 *Tridentiger trigonocephalus*	纹缟虾虎鱼 *Tridentiger trigonocephalus*
狼虾虎鱼属 *Odontamblyopus*	狼虾虎鱼属 *Odontamblyopus*
狼虾虎鱼 *Odontamblyopus rubicundus*	拉氏狼牙虾虎鱼 *Odontamblyopus lacepedii*

本书中的鱼类分类单元	《拉汉世界鱼类系统名典》（伍汉霖等，2012）
弹涂鱼科 Periophthalmidae	弹涂鱼科 Periophthalmidae
弹涂鱼属 *Periophthalmus*	弹涂鱼属 *Periophthalmus*
弹涂鱼 *Periophthalmus cantonensis*	**弹涂鱼 *Periophthalmus modestus***
乌鳢亚目 Channoidei	**鳢亚目** Channoidei
乌鳢科 Channidae	**鳢科** Channidae
鳢属 *Channa*	鳢属 *Channa*
乌鳢 *Channa argus*	乌鳢 *Channa argus*
攀鲈亚目 Anabantoidei	攀鲈亚目 Anabantoidei
斗鱼科 Belontiidae	斗鱼科 Belontiidae
斗鱼属 *Macropodus*	斗鱼属 *Macropodus*
圆尾斗鱼 *Macropodus chinensis*	圆尾斗鱼 *Macropodus chinensis*
刺鳅亚目 Mastacembeloidei	刺鳅亚目 Mastacembeloidei
刺鳅科 Mastacembelidae	刺鳅科 Mastacembelidae
刺鳅属 *Macrognathus*	**华刺鳅属 *Sinobdella***
中华刺鳅 *Macrognathus sinensis*	**中华华刺鳅 *Sinobdella sinensis***
鲉形目 Scorpaeniformes	鲉形目 Scorpaeniformes
杜父鱼科 Cottidae	杜父鱼科 Cottidae
松江鲈属 *Trachidermus*	松江鲈属 *Trachidermus*
松江鲈 *Trachidermus fasciatus*	松江鲈 *Trachidermus fasciatus*
鲀形目 Tetraodontiformes	鲀形目 Tetraodontiformes
鲀鱼科 Tetraodontidae	鲀科 Tetraodontidae
东方鲀属 *Takifugu*	东方鲀属 *Takifugu*
弓斑东方鲀 *Takifugu ocellatus*	弓斑东方鲀 *Takifugu ocellatus*
星弓东方鲀 *Takifugu obscurus*	**暗纹东方鲀 *Takifugu fasciatus***
红鳍东方鲀 *Takifugu rubripes*	红鳍东方鲀 *Takifugu rubripes*
星点东方鲀 *Takifugu niphobles*	星点东方鲀 *Takifugu niphobles*

《黄河鱼类志》鱼图说明

编者注： 本书鱼图说明中的"补缺"标志，意味着手稿中原图不全或遗失，改由所标明文献中的相应鱼图代替。除标记有"补缺""王蔼绘""敖纫兰绘"的鱼图，其他均为王慧民（大多依文献、少数依标本）绘制。

图1. 达氏鲟 *Acipenser dabryanus* Dumeri

图2. 中华鲟 *Acipenser sinensis* Gray（依伍献文，1929）

图3. 鳇 *Huso dauricus*（Georgi）（依Никольский，1956）

1. 体侧面图　2. 头腹面图

图4. 白鲟 *Psephurus gladius*（Martens）侧面图

Ⅰ.头部　　Ⅱ.躯干部　　Ⅲ.尾部

1.吻部　2.须　3.鼻孔　4.眼　5.喷水孔　6.口　7.鳃盖　8.胸鳍　9.侧线

10.腹鳍　11.肛门　12.尿殖孔　13.背鳍　14.臀鳍　15.棘状鳞　16.尾鳍

图5. 青鳞鱼 *Harengula zanasi* Bleeker（依张春霖，1938）

图6. 斑鰶 *Clupanodon punctatus*（Temminck et Schlegel）（依张春霖，1955）

图7. 刀鲚 *Coilia ectenes* Jordan et Seale（依王文滨，1963）

图8. 凤鲚 *Coilia mystus* Linnaeus（依王文滨，1963）

图9. 秦岭细鳞鲑 *Brachymystax lenok tsinlingensis* Li（依李思忠，1966）标本号H 2067（原大）。标本体长246 mm。

图10. 虹鳟 *Salmo irideus* Gibbons（依Banarescu，1964）

图11. 香鱼 *Plecoglossus altivelis* Temminck et Schlegel（依张春霖，1955）

图12. 大银鱼 *Protosalanx hyalocranius* Abbott（依张春霖，1955）

图13. 安氏新银鱼 *Neosalanx andersoni*（Rendahl）

1. 雄鱼　2. 雌鱼（依 Wakiya & Takahasi，1937）

图13b. 拟原银鱼 *Paraprotosalanx andersoni*（Rendahl）

1. 侧面图（依方炳文，1934）　　2.上颌，下颌及舌面牙排列图（依方炳文，1934）

图14. 寡齿新银鱼 *Neosalanx oligodontis* Chen（采自山东省微山湖，1982年5月8日）

图15. 前颌间银鱼（前颌半银鱼）*Hemisalanx prognathus*（依Wakiya et Takahasi，1937）

图16. 尖头银鱼 *Salanx cuvieri* Cuvier et Valenciennes

1. 侧面图（依张春霖，1955） 2. 上颌 3. 下颌及舌图（依方炳文，1934）

图17. 长臂银鱼 *Salanx longianalis*（Regan）（依张春霖，1955）

图18. 鳗鲡 *Anguilla japonica* Temminck et Schlegel（依张春霖，1955）

图19. 胭脂鱼 *Myxocyprinus asiaticus* Bleeker（依张春霖，1933）

图20. 须鼻鳅 *Lefua costata*（Kessler）

1. 体侧面图（依张春霖，1933） 2. 鳔（依Berg，1949）

图21. 红尾副鳅 *Paracobitis variegatus*（Sauvage et Dabry）

标本号：60804 体长：108.3 mm 产地：陕西省柞水

图22. 硬刺高原鳅 *Triplophysa scleropterus*（Herzenstein）（依Herzenstein，1888）

图23. 拟硬刺高原鳅 *Triplophysa pseudoscleropterus* Zhu et Wu。

1. 体侧面图 2. 鳔及食道 3. 肠胃腹面（依朱松泉及武云飞，1981）

图24. 达里湖高原鳅 *Triplophysa dalaicus*（Kessler）（达里湖标本；雌，体长98 mm）

图25. 东方高原鳅 *Triplophysa orientalis* Herzenstein（依方炳文，1935）

1. 体侧面，标本体长62 mm 2. 胃与肠 3. 食道，鳔及鳔管

图26. 岷县高原鳅 *Triplophysa mianxianensis*（Wang et Wu）（依王香亭、朱松泉，1979；王蘅绘）

图27. 巴氏高原鳅 *Triplophysa pappenheimi*（Fang）（依方炳文，1935）

1. 模式标本，体长134 mm 2. 体长132 mm时的消化道 3. 体长136 mm时的消化道 4. 鳔，头前部及口前部腹面

图28. 后鳍高原鳅 *Triplophysa posteroventralis* Nichols（依Nichols，1943；模式标本，体长66 mm）

图29. 壮体高原鳅 *Triplophysa robustus*（Kessler）（依Herzenstein，1888）

图30. 中亚高原鳅 *Triplophysa stoliczkai*（Steindachner）

1. 体侧面观 2. 鳔 3. 消化管（依张春霖，1963）

图31. 长蛇高原鳅 *Triplophysa longianguis* Wu et Wu

1. 全身侧面观 2. 头部腹面 3. 鳔腹鱼 4. 鳔侧面 5. 胃与肠腹面（依武云飞，吴翠珍 1984）

图32. 背斑高原鳅 *Triplophysa lorsonotatus*（Kessler）（依李思忠等，1979）

1. 体左侧面 2. 胃和肠

图33. 董氏高原鳅 *Triplophysa toni*（Dybowski）（依Berg，1949）

图34. 鞍斑高原鳅 *Triplophysa sellaefer*（Nichols）（依Nichols，1943；模式标本，体长73 mm）

图35. 似鲇鼓鳔鳅 *Hedinichthys siluroides* Herzenstein

图36. 花斑副沙鳅 *Parabotia fasciata* Dabry de Thiersant（依傅桐生，1934）

图37. 东方薄鳅 *Leptobotia orientalis* Xu Jiang et Wang.（依许涛清等，1981）

图38. 中华花鳅 *Cobitis sinensis* Sauvage et Dabry（依张春霖，1933）

图39. 北方花鳅 *Cobitis granoei* Rendahl（依李思忠等，1979）

图40. 泥鳅 *Misgurnus anguillicaudatus*（Cantor）

图41. 细尾泥鳅 *Misgurnus bipartitus*（Sauvage et Dabry）

图42. 大鳞副泥鳅 *Paramisgurnus dabryanus* Sauvage

图43. 鲤 *Cyprinus capio* Linnaeus（依张春霖，1933）

图44. 鲫 *Carassius auratus*（Linnaeus）（依张春霖，1933）

图45. 大鳞突吻鱼 *Varicorhinus*（*Scaphesthes*）*macrolepis*（Bleeker）（依伍献文等，1977）

上：体侧面　下：头腹面

图46. 鲅鲺 *Hemibarbus labeo*（Pallas）（依傅桐生，1934）

图47. 花鲺 *Hemibarbus maculatus* Bleeker（依傅桐生，1934）

图48. 长吻鲺 *Hemibarbus longirostris*（Regan）

图49. 刺鮈 *Acanthogobio guentheri* Herzenstein

图50. 似白鮈 *Paraleucogobio notacanthus* Berg（依伍献文等，1977）

图51. 麦穗鱼 *Pseudorasbora parva*（Temminck et Schlegel）（依张春霖，1935）

图52. 多牙麦穗鱼 *Pseudorasbora fowleri* Nichols（依Fowler，1924）

图53. 华鳈 *Sarcocheilichthys sinensis* Bleeker（依傅桐生，1933）

图54. 黑鳍鳈 *Sarcocheilichthys nigripinnis* Günther（依傅桐生，1934）

图55. 红鳍鳈 *Sarcocheilichthys sciistius*（Abbott）（依Abbott，1901）

图56. 多纹颌须鮈 *Gnathopogon polytaenia*（Nichols）（依Nichols，1943；模式标本，体长：76 mm）

图57. 短须低头颌须鮈 *Gnathopogon imberbis*（Nichols）（依Nichols，1925；模式标本）

图58. 济南颌须鮈 *Gnathopogon tsinanensis*（Mori）

图59. 银色颌须鮈 *Squalidus argentatus*（Sauvage et Dabry）（依罗云林等，1977）

图60. 点纹颌须鮈 *Squalidus wolterstorffi*（Regan）（依Regan，1908）

图61. 八纹颌须鮈 *Gnathopogon similis* Nichols（依Nichols，1943；模式标本，体长58 mm，采自济南）

图62. 中间银鮈 *Squalidus intermedius*（Nichols）（依乐佩琦，1998，图185；补缺）

图63. 似铜鮈 *Gobio coriparoides* Nichols（依Nichols，1943，体长77 mm，正模标本，采自山西）

图64. 黄河鮈 Gobio huanghensis（依乐佩琦，1998，图171；补缺）

图65. 花丁鮈 *Gobio cynocephalus* Dybowski

图66. 张氏鮈 *Gobio tchangi* sp. nov.

标本号：56774（H3076）　标本体长：156 mm　采集地：兰州附近　采集日期：1958年夏

图67. 棒花鮈 *Gobio rivuloides* Nichols（依Nichols）

图68. 黄河鮈 *Gobio huanghensis* Lo，Yao et Chen（依乐佩琦，1998；补缺）

图69. 细体鮈 *Gobio tenuicorpus* Mori（标本体长93 mm，陕西生物所，黄0039号）

图70. 短须铜鱼 *Coreius heterodon*（Bleeker）（依张春霖，1933）

图71. 北方铜鱼 *Coreius septentrionalis*（Nichols）（依张春霖，1933）

图72. 铜鱼 *Coreius cetopsis*（Kner）

标本号：44689　标本体长：248 mm　采集地：陕西省洛河口　采集日期：1959年6月23日

图73. 吻鮈 *Rhinogobio typus* Bleeker（依张春霖，1933）

图74. 大鼻吻鮈 *Rhinogobio nasutus*（Kessler）（依张春霖，1959）

图75. 拟鮈 *Pseudogobio vaillanti* Sauvage（依罗云霖等，1977）

图76. 长吻拟鮈 *Pseudogobio longirostris* Mori（依 Mori，1933，凌源）

1. 体侧面　2. 头腹面

图77. 棒花鱼 *Abbottina rivularis*（Basilewsky）（依张春霖，1933）

图78. 清徐胡鮈 *Huigobio chinssuensis* Nichols（依罗云霖等，1977）

图79. 杜氏船丁鱼 *Saurogobio dumerili* Bleeker（依张春霖，1933）

图80. 达氏船丁鱼 *Saurogobio dabryi* Bleeker（依张春霖，1933）

图81. 鳅鮀 *Gobiobotia pappenheimi* Kreyenberg（依张春霖，1933）

图82. 宜昌鳅鮀 *Gobiobotia ichangensis* Fang

图83. 平鳍鳅鮀 *Gobiobotia homalopteroidea* Rendahl（依陈宜瑜、曹文宣，1977）

图84. 溥氏裂腹鱼 *Schizothorax prenanti*（Tchang）（上：依张春霖（Tchang, 1933）；下：依曹文宣，1964）

图85. 厚唇裸重唇鱼 *Gymnodiptychus pachycheilus*（Herzenstein）（依曹文宣，1964）

1. 体侧面图　2. 头部腹面图

图86. 花斑裸鲤 *Gymnocypris eckloni* Herzenstein（依曹文宣，1964）

图87. 斜口裸鲤 *Gymnocypris scoliostomus* Wu et Chen（依武云飞、陈瑗，1979）

图88. 骨唇黄河鱼 *Chuanchia labiosa* Herzenstein（依曹文宣，1964）

1. 体侧面　2. 头腹面

图89. 黄河裸裂尻鱼 *Schizopygopsis pylzovi* Kessler（依曹文宣，1964）

图90. 极边扁咽齿鱼 *Platypharodon extremus* Herzenstein（依曹文宣，1964）

图91. 尖头拉氏鲅 *Phoxinus lagowskii oxycephalus*（Sauvage et Dabry）（依张春霖，1933）

图92. 张氏鲅 *Phoxinus tchangi* Chen（侧面观）（依Chen, 1988，图2；补缺）

图93. 青鱼 *Mylopharyngodon piceus*（Richardson）（依张春霖，1933）

1. 体侧面　2. 右下咽骨及下咽齿

图94. 瓦氏雅罗鱼 *Leuciscus waleckii*（Dybowski）（依杨干荣等，1964）

图95. 草鱼 *Ctenopharyngodon idellus*（Cuvier et Valenciennes）

图96. 赤眼鳟 *Squaliobarbus curriculus*（Richardson）（依张春霖，1933）

图97. 宽鳍鱲 *Zacco platypus*（Temminck et Schlegel）（依张春霖，1933）

图98. 鳡鱼 *Ochetobius elongates*（Kner）（依张春霖，1933）

图99. 江河马口鱼（南方马口鱼）*Opsariichthys uncirostris* Günther（依张春霖，1933）

图100. 鳡鱼 *Elopichthys bambusa*（Richardson）（依张春霖，1933；王蘅绘）

图101. 银鲴 *Xenocypris argentea* Günther

图102. 黄尾鲴 *Xenocypris davidi* Dlecker（依张春霖，1933）

图103. 细鳞斜颌鲴 *Plagiognathops microlepis*（Bleeker）（依张春霖，1933）

图104. 刺鳊（逆鱼）*Acanthobrama simoni* Bleeker（依张春霖，1933）

图105. 大鳍刺鳑鲏 *Acanthorhodeus macropterus* Bleeker（雌）

图106. 越南刺鳑鲏 *Acanthorhodeus tonkinensis* Vaillant

图107. 短须刺鳑鲏 *Acanthorhodeus barbatulus* Günther（依吴清江，1964）

图108. 斑条刺鳑鲏（带臀刺鳑鲏）*Acanthorhodeus taenianalis* Günther（依张春霖，1933）

图109. 兴凯刺鳑鲏 *Acanthorhodeus chankaensis*（Dybowski）（依张春霖，1933）

图110. 白河刺鳑鲏 *Acanthorhodeus peihoensis*（Fowler）（依吴清江，1964）

图111. 无须副鱊 *Paracheilognathus imberbis*（Günther）（依吴清江，1964）

图112. 无须鱊（细鳞）*Acheilognathus gracilis* Nichols

图113. 中华鳑鲏 *Rhodeus sinensis* Günther

图114. 高体鳑鲏 *Rhodeus ocellatus*（Kner）（依吴清江，1964）

图115. 彩石鲋 *Pseudoperilampus lighti* Wu（依张春霖，1933）

图116. 白鲦 *Hemiculter leuciscus*（Basilewsky）（依易伯鲁，1964）

图117. 贝氏白鲦 *Hemiculter bleekeri* Warpachowsky（依易伯鲁，1964）

图118. 三角鲂 *Megalobrama terminalis*（Richardson）（依张春霖，1933）

图119. 尖头红鲌 *Erythroculter oxycephalus*（Bleeker）（依易伯鲁等，1964）

图120. 弯头红鲌 *Erythroculter recurviceps*（Richardson）（依张春霖，1933）

图121. 蒙古红鲌 *Erythroculter mongolicus*（Basilewsky）（依张春霖，1933）

图122. 红鳍红鲌 *Erythroculter erythropterus*（Basilewsky）（依张春霖，1933）

图123. 短尾鲌 *Culter alburnus brevicauda* Günther（依张春霖，1933）

图124. 鳊 *Parabramis pekinensis*（Basilewsky）（依张春霖，1933）

图125. 细鳞锯齿鳊 *Toxabramis swinhonis* Günther（敖纫兰绘）

标本号：42451　体长：92.3 mm　采集地：郑州黄河　采集日期：1963年5月4日

图126. 银色锯齿鳊 *Toxabramis argentifer* Abbott（依Abbott, 1901）

图127. 银飘鱼 *Parapelecus argenteus* Günther

标本号：H1638　体长：191 mm　采集地：山东省东平湖　采集日期：1962年11月7日

图128. 寡鳞飘鱼 *Parapelecus engraulis*（Nichols）（依Nichols，而进行了修改）

图129. 开封白鲦 *Hemiculterella kaifenensis*（Tchang）（依张春霖，1932）

图130. 中华细鲫 *Aphyocypris chinensis* Günther（依张春霖，1933）

图131. 白鲢 *Hypophthalmichthys molitrix*（Cuvier et Valenciennes）（依张春霖，1933；王蘅绘）

图132. 鳙 *Aristichthys nobilis*（Richardson）（依张春霖，1933；王蘅绘）

图133. 鲇 *Silurus asotus* Linnaeus

1. 体侧面图（依傅桐生，1934）　2. 头骨背面（依陈湘粦，1977）　3. 右匙骨外面　4. 右胸鳍硬刺

图134. 兰州鲇 *Silurus lanzhouensis* Chen（依陈湘粦，1977）

Ⅰ. 体侧面　Ⅱ. 颅骨背面　Ⅲ. 匙骨　Ⅳ. 胸鳍硬刺

1. 中筛骨　2. 侧筛骨　3. 额骨　4. 蝶耳骨　5. 上枕骨　6. 翼耳骨　7. 上耳骨　8. 上匙骨

图135. 南方大口鲇 *Silurus soldatovi meridionalis* Chen

1. 体侧面　2. 头骨背面　3. 匙骨　4. 胸鳍硬刺（依陈湘粦，1977）

图136. 黄鲿鱼 *Pseudobagrus fulvidraco*（Richardson）（依傅桐生，1934）

图137. 瓦氏黄鲿鱼 *Pseudobagrus vachellii*（Richardson）（依张春霖，1960）

图138. 长吻黄鲿鱼 *Pseudobagrus longirostris*（Günther）（依张春霖，1960）

图139. 厚吻黄鲿鱼 *Pseudobagrus crassirostris*（Regan）

图140. 粗唇黄鲿鱼 *Pseudobagrus crassilabris*（Günther）（依郑葆珊等，1981）

图141. 开封黄鲿鱼 *Pseudobagrus kaifenensis* Tchang（依张春霖，1960）

图142. 乌苏里鮠 *Leiocassis ussuriensis*（Dybowski）（依寿振黄，1933）

1. 全身左侧面　2. 头背面　3. 头腹面

图143. 前臀鱵 *Hemirhamphus kurumeus*（Jordan et Starks）（依湖南鱼类志，1980）

图144. 细鳞下鱵 *Hyporhamphus sajori*（Temminck et Schlegel）体长285 mm（依成庆泰，1955；补缺）

图145. 间鳞鱵 *Hemirhamphus intermedius* Cantor（依张春霖、张有为，1962）

图146. 青鳉 *Oryzias latipes*（Temminck et Schlegel）（依刘建康，1956）

图147. 食蚊鱼 *Gambusia affinis*（Baird et Girard）

1. 雌鱼　2. 雄鱼　3. 雄鱼的交媾器（依Berg, 1949）

图148. 中华多刺鱼 *Pungitius pungitius sinensis*（Guichenot）（依寿振黄，1932）

图149. 黄鳝 *Monopterus albus*（Zuiew）（依周汉藩、张春霖，1934）

图150. 短吻红（焦氏）舌鳎 *Cynoglossus*（*Areliscus*）*joyneri* Günther（依郑葆珊，1955；王蘅绘）

图151. 半滑舌鳎 *Cynoglossus*（*Areliscus*）*semilaevis* Günther（依郑葆珊，1955；王蘅绘）

图152. 窄体舌鳎 *Cynoglossus*（*Areliscus*）*gracilis* Günther（依郑葆珊，1955；王蘅绘）

图153. 短吻三线舌鳎 *Cynoglossus*（*Areliscus*）*abbreviates*（Gray）（依郑葆珊，1955）

图154. 鲻 *Mugil cephalus* Linnaeus

图155. 梭鱼 *Liza soiuy*（Basilewsky）（依成庆泰，1955）

图156. 花鲈 *Lateolabrax japonicus*（Cuvier et Valenciennes）（依寿振黄，1930）

图157. 鳜花鱼 *Siniperca chuatsi*（Basilewsky）（依张春霖，1934；王蘅绘）

图158. 纲纹鳜 *Siniperca aequiformis* Tanaka（依傅桐生，1934；王蘅绘）

图159. 红腹丽鲷 *Tilapia zillii*（Gervais）（雌鱼）

1. 肛门　2. 生殖泌尿突起　3. 泌尿孔　4. 生殖孔

图160. 莫三比克丽鲷 *Tilapia mossambica* Peters

图161. 尼罗河丽鲷 *Tilapia nilotica*（Linnaeus）

图162. 蓝丽鲷 *Tilapia aurea* Peters（依曾文阳，1978）

图163. 红丽鲷（福寿鱼）*Tilapia mossambica*（♀）× *T. nilotica*（♂）

图164. 沙塘鳢 *Odontobutis obscura*（Temminck et Schlegel）（依周汉藩、张春霖，1934）

图165. 黄黝鱼 *Hypseleotris swinhonis*（Günther）

图166. 强鳍虾虎鱼 *Ctenogobius hadropterus* Jordan et Snyder（依Jordan & Snyder，1902）

图167. 普通栉虾虎鱼 *Ctenogobius giurinus*（Rutter）

标本号：42440　体长：69.2 mm　采集地：河南省巩义市　采集日期：1962年11月12日

图168. 刺虾虎鱼 *Acanthogobius flavimanus*（Temminck et Schlegel）（依郑葆珊，1955）

图169. 矛尾虾虎鱼 *Acanthogobius hasta*（Temminck et Schlegel）（依郑葆珊，1955）

图170. 舌虾虎鱼 *Glossogobius giurinus*（Hamilton）（依郑葆珊，1962）

图171. 矛尾虾虎鱼 *Chaeturichthys stigmatias* Richardson（依郑葆珊，1955）

图172. 叉齿虾虎鱼 *Tridentiger obscurus*（Gill）（依郑葆珊，1955）

图173. 双纹叉齿虾虎鱼 *Tridentiger trigonocephalus*（Gill）（依郑葆珊，1955）

图174. 狼虾虎鱼 *Odontamblyopus rubicundus*（Hamilton）（依郑葆珊，1955）

图175. 弹涂鱼 *Periophthalmus cantonensis*（Osbeck）（依郑葆珊，1955）

图176. 乌鳢 *Ophiocephalus argus* Cantor

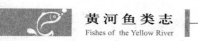

图177. 圆尾斗鱼 *Macropodus chinensis*（Bloch）（依傅桐生，1934）

图178. 刺鳅 *Mastacembelus sinensis* Bleeker

图179. 淞江鲈 *Trachidermus fasciatus* Heckel（依李思忠，1955）

标本号：24784　体长：108 mm

图180. 弓斑东方鲀 *Fugu ocellatus*（Osbeck）（依李思忠，1955）

标本号：28466　体长：104 mm

图181. 星弓东方鲀 *Fugu obscurus* Abe（依李思忠，1955）

图182. 红鳍东方鲀 *Fugu rubripes*（Temminck et Schlegel）（依李思忠，1955）

图183. 星点东方鲀 *Fugu niphobles*（Jordan）（依李思忠，1955）

英文摘要（Abstract）

FISHES OF THE YELLOW RIVER & BEYOND

In this posthumous publication on the fish fauna of the Yellow River, the author describes more than 170 fish species native to China's "mother river" and its tributaries. Historical investigations dating back to ancient times, as well as influences of geological history and human activities on the fish fauna of the region, are also documented. Morphological characters and geographical distribution are systematically described in detail for each fish species, along with brief mentioning of taxonomic history and listing of relevant references. Identification keys of each order, family and subfamily, genus, and species are outlined at the outset of relevant discussions. A comparison table is attached with primary contributions from Professor H.–L. Wu, highlighting the differences (if any) of taxon names used in this book, compared with those in *Latin-Chinese Dictionary of Fish Names* (ISBN 9789578596764).

A collection of over a dozen ichthyological papers and review articles, as well as over forty popular science articles of the author are included in the last part of the book.

Gobio tchangi Li, sp. nov. (Fig. 66, original descriptions in Chinese, p. 179 ~ 180)

Gobio tchangi, a new species from the Yellow River named in honor of Dr. T. L. Tchang (1897 ~ 1963), is described in this book. There are 4 ~ 5 dark spots in the front as well as 4 ~ 5 dark spots in the back of dorsal fin along axis of body. There are 7 ~ 9 dark spots slightly above lateral line on each side. Spot diameter is about equal or slighly longer than that of eye. This fish is morphologically similar to *Gobio cynocephalus* Dybowski. However, its barbels are apparently longer; spots are fewer on back, as well as on dorsal and tail fins; its mouth is longer; scales are often present between pectoral fins of the two sides. Comparing *Gobio tchangi* with *Gobio huanghensis*, the distance between anus and anal fin of *G. huanghensis* is shorter, with five scales present. This fish is distributed not only in the Yellow River (Lanzhou, Hejin, Tongguan and Shaanxian. etc.), but also in the Liao River (Chifeng), the Daling River (Lingyuan), the Luan River (Chengde), and the Chaobai River (Gubeikou).

参考文献

［1］卞美年.黄河下游新生代的沉积物［J］.中国地质学报，1934，13：441.

［2］曹文宣，邓中麟.四川西部及其邻近地区的裂腹鱼类［J］.水生生物学集刊，1962，2：27-53.

［3］曹文宣，伍献文.四川西部甘孜阿坝地区鱼类生物学及渔业问题［J］.水生生物学集刊，1962，2：79-110.

［4］陈丕基.中国侏罗，白垩纪古地理轮廓——兼论长江起源［J］.北京大学学报（自然科学版），1979，（3）：90-109.（编入《沧桑集：陈丕基论文选》，石油工业出版社，2005：3-28.）

［5］陈景星.中国沙鳅亚科鱼类系统分类的研究［J］.动物学研究，1980，1（1）：3-19.

［6］陈景星.中国花鳅亚科鱼类系统分类的研究［J］.鱼类学论文集，1981，（1）：21-32.

［7］陈湘粦.我国鲇科鱼类的总述，水生生物学集刊［J］.1977，6（2）：203-210.

［8］陈宜瑜，等.中国动物志 硬骨鱼纲 鲤形目［M］.中卷.北京：科学出版社，1998.

［9］陈银瑞，宇和纮，褚新洛.云南青鳉鱼类的分类和分布［J］.动物分类学报，1989，14（2）：239-246.

［10］成庆泰，郑葆珊.中国鱼类系统检索［M］.北京：科学出版社，1987.

［11］褚新洛，等.中国动物志 硬骨鱼纲 鲇形目［M］.北京：科学出版社，1999.

［12］丁瑞华.四川省黄河水系鱼类及其保护的研究［J］.动物学杂志，1996，31（1）：8-11.

［13］方树淼，许涛清，宋世良，等.陕西省鱼类区系研究［J］.兰州大学学报（自然科学版），1984，20（1）：97-115.

［14］冯景兰.黄河的特点和问题［J］.科学通报，1954，（9）：38-41.

［15］冯景兰.黄河流域的地貌，现代动力地质作用，及其对于坝库址选择的影响［J］.地质学报，1955，2：3.

［16］谷祖纲，陈丕基.中国早第三纪古地理与脊椎动物化石的分布［J］.古生物学报，1987，26（2）：210-213.（编入《沧桑集：陈丕基论文选》，石油工业出版社，2005：44-51.）

［17］郭双兴.我国晚白垩世和第三纪植物地理区与生态环境的探讨［J］.中国古生物地理区系，1983：164-177.

［18］湖北省水生生物研究所鱼类研究室.长江鱼类［M］.北京：科学出版社，1974.

［19］湖南省水产科学研究所.湖南鱼类志［M］.长沙：湖南科学技术出版社，1980.

［20］蔡文仙主编.黄河流域鱼类图志［M］.杨凌：西北农林科技大学出版社，2013.

［21］黄洪富，罗志腾，刘美侠.细鳞鱼*Brachymystax lenok*（Pallas）在陕西的发现［J］.动物学杂志，1964，8(05)：220-220.

［22］黄为龙.河南三门峡附近第四纪鱼化石［J］.古生物学报，1957，5（1）：313-319.

［23］金鑫波.中国动物志　硬骨鱼纲　鲉形目［M］.北京：科学出版社，2006.

［24］蓝琇.中国东部沿海第四纪海相双壳类动物地理分区［M］//古生物学基础理论丛书编委会.中国古生物地理区系.北京：科学出版社，1983：185-195.

［25］乐佩琦.中国动物志　硬骨鱼纲　鲤形目［M］.下卷.北京：科学出版社，2000.

［26］乐佩琦，陈宜瑜.中国濒危动物红皮书［M］.鱼类卷.北京：科学出版社，1998.

［27］李时珍.本草纲目：鳞部第四十四卷［M］.1596.

［28］李思忠.黄河鱼类区系的探讨［J］.动物学杂志，1965，7（5）：217-222.

［29］李思忠.陕西太白山细鳞鲑的一新亚种［J］.动物分类学报，1966，3（1）：92-94.

［30］李思忠，戴定远，张世义，等.新疆北部鱼类的调查研究［J］.动物学报，1966，18（1）：41-46.

［31］李思忠.中国淡水鱼类的分布区划［M］.北京：科学出版社，1981.

［32］李思忠.中国鲱科鱼类地理分布的探讨［J］.动物学杂志，1984，（1）：34-37.

［33］李思忠.丽鲷属鱼类的简单介绍［J］.北京水产，1984，（2）：34.

［34］李思忠.对鲤形目起源的一些看法［J］.动物世界，1986a，Ⅲ（2-3）：57-65.

［35］李思忠.我国古书中的嘉鱼究竟是什么鱼［J］.生物学通报，1986b，（12）：12.

［36］李思忠.中国鲟形目鱼类地理分布的研究［J］.动物学杂志，1987，22（4）：36-40.

［37］李思忠.我国东部山溪养虹鳟大有前途［J］.动物学杂志，1988，23（4）：49-50.

［38］李思忠.香鱼的名称，习性，分布及渔业前景［J］.动物学杂志，1988，23（6）：3-6.

［39］李思忠.鳗鲡的名称习性及其他［J］.生物学通报，1989，（12）：10-11.

［40］李思忠，方芳.鲢，鳙，青，草鱼地理分布的研究［J］.动物学报，1990，36(3)：244-250.

［41］李思忠.鳅亚科鱼类地理分布的研究［J］.动物学杂志，1991，26（4）：40-44.

［42］李思忠.关于鲌（*Culter alburnus*）与红鳍鲌（*C. erythropterus*）的学名问题［J］.动物分类学报，1992，17(03)：381.

［43］李思忠.鲤亚科鱼类地理分布的研究［J］.动物学集刊，1993，10：51-62.

［44］李思忠.裂腹鱼亚科鱼类地理分布的探讨［J］.动物学集刊，1995，12：297-310.

［45］李思忠，王惠民.中国动物志 硬骨鱼纲 鲽形目［M］.北京：科学出版社，1995.

［46］李思忠，2001.大颌鳉亚目隶属探讨［J］.动物分类学报，26卷4期：583-587.

［47］李思忠，2004.蒙古国鱼类地理分布简介［J］.动物学杂志，2004，39（1）：72-75.

［48］李思忠，张春光，2011.中国动物志　硬骨鱼纲　银汉鱼目　鳉形目　颌针鱼目　蛇鳚目　鳕形目［M］.北京：科学出版社.

［49］李仲钧，1974.我国古籍中关于脊椎动物化石的记载［J］.古脊椎动物学报，03期：2.

［50］刘明玉，解玉浩，季达明.中国脊椎动物大全［M］.沈阳：辽宁大学出版社，2000.

［51］刘宪亭，苏德造.山西榆社盆地上新世鱼类［J］.古脊椎动物与古人类，1962，6（1）：1-26.

［52］刘宪亭.陕北的弓鲛化石二新种［J］.古脊椎动物与古人类，1962，6（2）：150-156.

［53］刘宪亭，苏德造，等.华北的狼鳍鱼化石［M］.北京：科学出版社，1963.

［54］刘宪亭，苏德造，黄为龙，等. 华北的狼鳍鱼化石［J］. 中科院古脊椎动物与古人类研究所甲种专刊，1963，（6）：1-53.

［55］刘宪亭. 我国古鱼类研究的进展［J］. 古脊椎动物与古人类，1980，18（4）：261-271.

［56］刘宪亭，马凤珍，刘智成. 固阳组的鱼化石［M］.//内蒙古自治区地质局. 内蒙古固阳含煤盆地中生代地层古生物. 北京：地质出版社，1982：103-122.

［57］刘智成. 薄鳞鱼类化石的发现及其地层意义［J］. 古脊椎动物与古人类，1982，20(3)：187-194.

［58］尼科尔斯基. 黑龙江流域鱼类［M］. 高岫，译. 北京：科学出版社，1960.

［59］屈长义，冯建新，耿如意. 黄河流域（河南段）鱼类区系组成分析. 河南水产［J］. 2011，（4）：20-22.

［60］任美锷. 第四纪海面变化及其在海岸地貌上的反映［J］. 海洋与湖沼，1965，3：295-305.

［61］山西师范学院生物系. 汾河渔业生物学基础调查［J］. 山西师范学院学报，1960，（3）：1-26.

［62］陕西省动物研究所，中国科学院水生生物研究所，兰州大学生物系. 秦岭鱼类志［M］. 北京：科学出版社，1987.

［63］陕西省水产研究所，等. 陕西鱼类志［M］. 西安：陕西科学技术出版社，1992.

［64］沈世杰. 台湾鱼类志［M］. 台北：台湾大学动物学系，1993.

［65］宋世良，王香亭. 渭河上游鱼类区系研究［J］. 兰州大学学报（自然科学版），1983，19（4）：120-128.

［66］水利部黄河水利委员会. 黄河流域地图集［M］. 北京：地图出版社，1987.

［67］苏锦祥，李春生. 中国动物志 硬骨鱼纲 鲀形目 海蛾鱼目 喉盘鱼目 鮟鱇目［M］. 北京：科学出版社，2002.

［68］王鸿媛. 北京鱼类志［M］. 北京：北京出版社，1984.

［69］王鸿媛. 细鳞鱼属的研究和河北北部的细鳞鱼［J］. 鲑鳟渔业，1988，（1）：16-25.

［70］王香亭，贺汝良，赵宏谟. 兰州附近黄河的鱼类［J］. 生物学通报，1956，8：005.

［71］王香亭. 甘肃脊椎动物志［M］. 兰州：甘肃科学技术出版社，1986.

［72］王以康. 鱼类分类学［M］. 上海：科技卫生出版社，1958.

［73］汪小炎. 中国国家重点保护水生野生动物［M］. 北京：中国科学技术出版社，1994.

［74］伍汉霖，钟俊生. 中国动物志 硬骨鱼纲 鲈形目 虾虎鱼亚目［M］. 北京：科学出版社，2008.

［75］伍汉霖，邵广昭，赖春福. 拉汉世界鱼类系统名典［M］. 基隆：水产出版社，1999.

［76］伍献文，等. 中国鲤科鱼类志［M］. 上海：上海科学技术出版社，1964.

［77］伍献文. 中国鲤科鱼类志［M］. 上海：上海科学技术出版社，1977.

［78］伍献文. 中国经济动物志：淡水鱼类［M］. 1版. 北京：科学出版社，1963.

［79］伍献文. 中国经济动物志：淡水鱼类［M］. 2版. 北京：科学出版社，1979.

［80］武云飞，陈瑗. 青海省果洛和玉树地区的鱼类［J］. 动物分类学报，1979，4（3）：287-296.

［81］武云飞，陈宜瑜. 西藏北部新第三纪的鲤科鱼类化石［J］. 古脊椎动物与古人类，1980，18（1）：15-20.

［82］武云飞. 中国裂腹鱼亚科鱼类的系统分类研究［J］. 高原生物学集刊，1984，3：119-140.

［83］武云飞，吴翠珍. 黄河源头及星宿海的鱼类［J］. 动物分类学报，1988，13（2）：195-200.

［84］武云飞，吴翠珍. 青藏高原鱼类［M］. 成都：四川科学技术出版社，1992.

［85］席承藩主编，1984.中国自然区划概要［M］.北京：科学出版社.

［86］新乡师范学院生物系鱼类志编写组.河南鱼类志［M］.郑州：河南科学技术出版社，1984.

［87］邢迎春，赵亚辉，张春光，等.中国近，现代内陆水域鱼类系统分类学研究历史回顾［J］.动物学研究，2013，34（4）：251-266.

［88］解玉浩.辽河的鱼类区系［M］//中国科学院水生生物研究所鱼病研究室.鱼类学论文集.第二辑.北京：海洋出版社，1981：111-120.

［89］杨干荣.湖北鱼类志［M］.武汉：湖北科学技术出版社，1987.

［90］孙万国.中国动物学会三十周年学术讨论会论文摘要汇编［C］.北京：科学出版社，1965.

［91］袁复礼.长江河流发育史的补充研究［J］.人民长江，1957，（2）：3-11.

［92］张保升.黄河水系的形成及其各河段的利用［J］.西北大学学报（自然科学版），1979，（3）：75-84.

［93］张伯声，1958，陕北盆地的黄土及山陕间黄河河道发育的商榷，中国第四纪研究 1（1）：88-106.

［94］张春光.中国动物志　硬骨鱼纲　鳗鲡目［M］.北京：科学出版社，2010.

［95］张春霖等，1955.黄 渤海鱼类调查报告［M］.北京：科学出版社.

［96］张春霖，1959.中国系统鲤类志［M］.北京：高等教育出版社.

［97］张春霖，1960.中国鲇类志［M］.北京：人民教育出版社.

［98］张弥曼，周家健.渤海沿岸地区第三系鱼类化石［J］.中科院古脊椎动物与古人类研究所集刊，1985，17：1-66.

［99］张弥曼，陈宜瑜，张江永，等.鱼化石与沧桑巨变［J］.中国科学院院刊，2001，1：10.

［100］张世义.中国动物志　硬骨鱼纲　鲟形目　海鲢目　鲱形目　鼠鱚目［M］.北京：科学出版社，2001.

［101］赵肯堂，阿古拉.有关内蒙古淡水鱼类区划问题的一些新资料［J］.动物学杂志，1964，5：7.

［102］郑葆珊，范勤德，戴定远.白洋淀鱼类［M］.石家庄：河北人民出版社，1960.

［103］郑葆珊，黄浩明，等.图们江鱼类［M］.长春：吉林人民出版社，1980.

［104］郑葆珊.广西淡水鱼类志［M］.南宁：广西人民出版社，1981.

［105］郑慈英.珠江鱼类志［M］.北京：科学出版社，1989.

［106］中国科学院动物研究所，等.黄河渔业生物学基础初步调查报告［M］.北京：科学出版社，1959.

［107］中国科学院动物研究所，中国科学院新疆生物土壤沙漠研究所，新疆维吾尔自治区水产所.新疆鱼类志［M］.乌鲁木齐：新疆人民出版社，1979.

［108］中国水产科学研究院珠江水产研究所，等.广东淡水鱼类志［M］.广州：广东科学技术出版社，1991.

［109］周廷儒，任森厚.中国自然地理：古地理［M］.上册.北京：科学出版社，1984.

［110］朱松泉，武云飞.青海湖地区鱼类区系的研究［M］//青海省生物研究所.青海湖地区的鱼类区系和青海湖裸鲤的生物学.北京：科学出版社，1975.

［111］朱松泉，武云飞.青海省条鳅属鱼类一新种和一新亚种的描述［J］.动物分类学报，1981，6（2）：221-224.

［112］朱松泉. 中国条鳅志［M］. 江苏科学技术出版社，1989.

［113］朱元鼎，张春霖，成庆泰，等，1962. 南海鱼类志［M］. 北京：科学出版社.

［114］朱元鼎，张春霖. 东海鱼类志［M］. 北京：科学出版社，1963.

［115］ABBOTT J F. List of fishes collected in the River Pei-Ho, at Tien-Tsin, China, by Noah Fields Drake: with descriptions of seven new species (1901)［M］. Whitefish: Kessinger Publishing, 2009.

［116］ABELL R, THIEME M, REVENGA C, et al. Freshwater ecoregions of the world: a new map of biogeographic units for freshwater biodiversity conservation. BioScience, 2008, 58(5): 403-414.

［117］BASILEWSKY S. Ichthyographia Chinae Borealis. Nouveaux mémoires de la Société impériale des naturalistes de Moscou, 1855, 10: 211-263.

［118］de Beaufort L F. Zoogeography of the land and inland waters［M］. London: Sidgwick & Jackson, 1951.

［119］BERG L S. Fishes of the Amur River basin. Zapiski Imperatorskoi Akademii Nauk de St.-Petersbourg (Ser. 8), 1909, 24(9): 1-273［In Russian］.

［120］BERG L S. Freshwater Fishes of Soviet Union and Adjacent Countries. 4th ed. Moscow: Zoological Institute Akademy Nauk SSSR, 1948 ~ 1949.

［121］BERRA T M. An atlas of distribution of the freshwater fish families of the world［M］. Lincoln: University of Nebraska Press, 1981.

［122］CHANG H W. Notes on the fishes of western Szechwan and eastern Sikang. Sinensia，1944, 15(1-6): 27-60.

［123］CHU Y T. Index piscium Sinensium［M］. Shanghai: Biological Bulletin of St. John's University, 1931.

［124］FANG P W, Wang K F.. A review of the fishes of the genus *Gobiobotia*［J］. Contributions from the Biological Laboratory of the Science Society of China, 1931, 7(9): 289-304.

［125］FANG P W, Chong L T. Study on the Fishes Referring to Siniperca of China［J］. Sinensia, 1932, 2(12): 137-200.

［126］FANG P W. 1934a. Study on the fishes referring to Salangidae of China［J］. Sinensia, 4(9): 231-268.

［127］FANG P W. 1934b. Supplementary notes on the fishes referring to Salangidae of China［J］. Sinensia, 5(5-6): 505-511.

［128］FANG P W. 1935. On some Nemacheilus fishes of North-Western China and adjacent territory in the Berlina Zoological Museum's collections, with descriptions of two new species［J］. Sinensia, 6: 749-767.

［129］FANG P W.. Study on the botoid fishes of China［J］. Sinensia, 1936, 7(1): 1-48.

［130］FOWLER H W. Collection of fresh water fishes obtained chiefly at Tsinan［J］. Peking Natural History Bulletin, 1931, 5(2): 27-31.

［131］FU T S, Tchang T L. The study of the fishes of Kaifeng［J］. Bulletin of the Honan Museum of (Na tural History), 1933, I, 1: 1-45.

［132］FU T S. Study of the Fishes of Paichuan［J］. Bulletin of the Honan Museum of (Natural History),

1934, 1(2), 47-120.

［133］GRABAU A W. Cretaceous fossils from Shantung ［J］. Bulletin of the Geological Survey of China, 1923, 5(2): 143-181.

［134］GÜNTHER A. Catalogue of the Fishes in the British Museum. Vol. 7. Catalogue of the Physostomi, Containing the Families Heteropygii, Cyprinidae, Gonorhynchidae, Hyodontidae, Osteoglossidae, Clupeidae, Chirocentridae, Alepocephalidae, Notopteridae, Halosauridae, in the Collection of the British Muesum. London：Taylor and Francis, 1968：1-512.

［135］GÜNTHER A. Report on a collection of fishes from China ［J］. Annals and Magazine of Natural History, 1873, 12(4): 377-380.

［136］GÜNTHER A. Third Contribution to our knowledge of reptiles and fishes from the upper Yangtze-Kiang ［J］. The Annals and Magazine of Natural History, 1889, 6(4): 218-229.

［137］GÜNTHER A. List of the species of reptiles and fishes collected by Mr A. E. Pratt on the upper Yangtze-Kiang, and in the province Szechuan, with descriptions of new species ［M］. London：Pratt's Snow of Tibet, 1892.

［138］GÜNTHER A. Report on the collection of reptiles, batrachians and fishes made by Messrs. Potanin and Berezowski in the Chinese province Kansu and Szechuen ［J］. Annuaire du Musée Zoologique de 1. Académie Impériale des Sciences de St. -Pétersbourg, 1896, 1: 199-219.

［139］GÜNTHER A. Report on a collection of fishes from Newchwang, North China ［J］. Annals and Magazine of Natural History, 1898, 7(1): 257-263.

［140］HUSSAKOF L, Granger W. The fossil fishes collected by the Central Asiatic Expeditions ［J］. American Museum Novitates, 1932, 553:1-19.

［141］KESSLER K T. Beschreibung der von Oberst Przewalski in der Mongolei gesammelten Fische. // Przewalski. Mongolia. Strana Tanguto v St. Petersb, 1876, 2: 1-36.

［142］KOTTELAT M, Whitten T. Freshwater biodiversity in Asia: with special reference to fish ［J］. World Bank Technical Paper, 1996, 343(343): XI-55.

［143］KOTTELAT M. Conspectus cobitidum: an inventory of the loaches of the world (Teleostei: Cypriniformes: Cobitoidei) ［J］. The Raffles Bulletin of Zoology, 2012, 26(S1): 1-199.

［144］MORI T. Freshwater Fishes from Tsi-nan, China, with description of five new species ［J］. Japanese Journal of Zoology, 1928, 2(1): 61-72.

［145］MORI T. Addition to the fish fauna of Tsi-nan, China, with descriptions of two new species ［J］. Japanese Journal of Zoology, 1929, 2(4): 383-385.

［146］MORI T. Second addition to the fish fauna of Tsi-nan, China, with descriptions of three new species ［J］. Japanese Journal of Zoology, 1933, 5(2): 165-169.

［147］MORI T. The freshwater fishes of Jehol ［C］// Tokunaga S. Report of the First Scientific Expedition to Manchoukuo, Tokyo, 1934.

［148］MORI T. Studies on the geographical distribution of freshwater fishes in Eastern Asia ［M］. Chosen: Keijo Imperial University, 1936.

［149］NELSON J S. 世界鱼类 ［M］. 李思忠，陈星玉，陈小平，译. 基隆：水产出版社，1994.

[150] NELSON J S. Fishes of the world [M] . 1th ed. New York: John Wiley & Sons, Inc., 1976.

[151] NELSON J S. Fishes of the world [M] . 2th ed. New York: John Wiley & Sons, Inc., 1984.

[152] NELSON J S. Fishes of the world [M] . 3th ed. New York: John Wiley & Sons, Inc., 1994.

[153] NELSON J S. Fishes of the world [M] . 4th ed. New York: John Wiley & Sons, Inc., 2006.

[154] NICHOLS J T. The fresh-water fishes of China [M] . New York: American Museum of Natural History, 1943.

[155] RASS T S, Lindberg G U. Modern concepts of the natural system of present-day fish [J] . Voprosy Ikhtiologii, 1971, 11: 380-407.

[156] RENDAHL H. Beiträge zur Kenntnis der chinesischen Süsswasserfische. I. Systematischer Teil [J] . Arkiv för Zoologi, 1928, 20(1): 1-134.

[157] SAUVAGE H E, Dabry de Thiersant P. Notes sur les poissons des eaux douces de Chine. Annales des Sciences Naturelles, Paris (Zoologie et Paléontologie), (Sér. 6), 1874, 1(5): 1-18.

[158] Tchang T L. Notes on a Fossil Fish from Shansi [J] . Bulletin of the Geological Society of China, 1933, 12(1-2): 467-468.

[159] TCHANG T L. List of fishes from Ho-nan. Peking Nature and History Bulletin, 1941, 16: 79-84.

[160] WANG K F. Study of the teleost fishes of coastal region of Shantung [J] . Contributions from the Biological Laboratory of the Science Society of China, 1933: 9(1): 1-76.

[161] WANG K F. Study of the teleost fishes of coastal region of Shantung, II [J] . Contributions from the Biological Laboratory of the Science Society of China, 1935, 10(9): 443-459.

[162] WANG K F, Wang S C. Study of the teleost fishes of coastal region of Shantung, III [J] . Contributions from the Biological Laboratory of the Science Society of China, 1936, 11(6): 165-237.

[163] WOODWARD A S. Catalogue of the Fossil Fishes in the British Museum. Part IV. London: Longmans & Co., 1901.

[164] YOUNG C C, Tchang T L. Fossil fishes from the shanwang series of Shantung [J] . Bulletin of the Geological Society of China, 1936, 15(2): 197-205.

[165] YOUNG C C. A review of the fossil fishes of China, their stratigraphical and geographical distribution [J] . American Journal of Science, 1945, 243 (3): 127-137.

作者文选

《中国淡水鱼类的分布区划》前言

淡水鱼类区系区划的研究，不仅应探讨现代淡水鱼类分布的特征，还应分析形成原因，探索改造淡水鱼类区系，以期得到促进淡水渔业生产的途径；既有理论意义，又能指导生产实践。1949年以来，我国科技工作者在这方面积累了许多宝贵资料，很需进行探索总结，俾能不断提高。

中国科学院已故副院长竺可桢，早在1964年就曾建议郑作新主任编制为农业服务的动物地理区划。郑主任将淡水鱼类区系区划部分交我承担。为此，我1965年开始整理资料，并曾到资料最少的甘肃河西走廊做过一次实地调查，于1966年夏写出了中国淡水鱼类的分布区划初稿。

以后由于受到林彪及"四人帮"反党集团的干扰，10多年来仅能利用业余时间收集补充资料，同时将稿件请鸟类及动物地理学家郑作新，鱼类学家朱元鼎、伍献文，昆虫学家陈世骧，鸟类学家傅桐生等老前辈及化石鱼类学家刘宪亭等审阅，征求意见，而后进一步补充、修改。1977年将文稿送科学出版社，蒙出版社支持，列入选题出版计划，允予出版。为慎重计，又请北京大学地质地理系对第六稿中引用的地史资料审查一遍。值此最后定稿时，谨向上述诸位教授及北京大学地质地理系致谢，并感谢我组安英姬、王薇、王惠民同志协助绘制插图及抄稿等。著者限于水平，错误在所难免，衷心欢迎有关专家及同志们批评指正。

中国科学院动物研究所

李思忠

1978年9月于北京

中国淡水鱼类分布现状形成原因的探讨

形成我国淡水鱼类分布现状的原因，迄今尚罕有文献谈及。本文拟从现今自然条件、过去地史变化及人类的干预3方面，试作如下探讨。

1. 现今自然环境对我国淡水鱼类分布的影响

各地区现在生存有什么天然鱼类，首先决定于现今自然环境条件的是否适宜。因为各种鱼类的生长、生殖等，都要求有一定的条件；不具备这些条件，某些鱼类就不能在该处天然地生存。例如，中亚高山区的自然条件是海拔较高，因而紫外线的作用较强，水温较低（平均水温最高常不及20℃），水流较急，水量的季节性变化较大，鱼类饵料如浮游动物较少等，因此该处就只适于弓鱼亚科（裂腹鱼亚科）鱼类及条鳅属某些种类的生存。因为它们适于低水温生活与生殖，腹膜黑色能防紫外线的损伤，且多以底栖水生昆虫或附着性藻类为食。并且在海拔3 000～4 000 m以上的青藏高原亚区，更只有弓鱼亚科中最特化的裸鲤、裸裂尻鱼、扁咽齿鱼及黄河鱼等属（鳞、须及咽齿均最少）；条鳅属也只数种。而在其四周边缘地区则有较原始的弓鱼属及其他一些种类。暖水性的鱼类在青藏高原亚区就不能天然地生存（包括生殖）。又康藏山麓及川西山麓二亚区有鮡科、平鳍鳅科等身体平扁、适于急流水底生活的鱼类，当与该处为山麓，雨量大、水源充沛湍激有关。

江河平原区由于海拔较低，水温较高（最高可达25℃～30℃），水流较缓，浮游生物多，大水域较多，因此暖静水上层鱼类如鳊亚科及鲢亚科的鱼类就较多且很普遍，而冷水性鱼类除局部山区外，就均不存在。

在黑龙江及额尔齐斯河等地区，因纬度高，气候较冷，这里茴鱼科、鲑科、狗鱼科、江鳕及雅罗鱼属等冷水性鱼类就很习见。

在华南区因地处暖温带与亚热带，这里暖水性的鲃亚科、鳅科等就显然占优势；冷水性鱼类除我国台湾高山区的台湾麻哈鱼外，更是全无。

宁蒙高原区，除河套亚区有黄河水系而鱼种类较多外，其余地区均甚干燥，水域很少且小，所以内蒙高原主要有鲫属与条鳅属几种小型鱼类。

2. 地史对我国淡水鱼类分布的影响

鱼类的天然分布除受现今自然环境的限制外，在许多地区尚受地史变化的影响。下边可举出几个显著的例子。

（1）青藏高原亚区为何是中亚高山区鱼类的中心？青藏高原亚区鱼类区系的特殊，固然与该处海拔较高有关，另外还受该处地史的影响，不然我们就无法理解为何在海拔4 000 m以上的藏南地区却有弓鱼属及黑斑鲱。从中国地质学文献中，可知昆仑山、阿尔金山、喀喇昆仑山、唐古拉山、冈底斯山、念青唐古拉山及祁连山等，至迟到中生代末期都已产生（见喻德渊著《中国地质学》，1960，地质出版社，307-315）。但此时青藏高原亚区海拔并不甚高，到第三纪因喜马拉雅地槽上升逐渐成高山，这里首先就逐渐被抬高，因此这里的弓鱼亚科鱼类产生最早。到喜马拉雅山升高后，特别是又经过冰川期，这里就只剩最早且最适应这里的少数种属了。

（2）塔里木盆地的鱼类区系与咸海水系的鱼类区系，为何较与其他地区的鱼类区系相似程度大？

据笔者了解，塔里木盆地的鱼类与南邻青藏高原亚区只有3属和约4种鱼相同，而与葱岭（位于帕米尔高原）南边的印度河有4属5种相同，与葱岭西侧的锡尔河与阿姆河更有5属8种相同，与伊犁河有4属5种相同，与准噶尔盆地却只有2属3种相同。考其原因，现知是天山（北缘）与昆仑山及阿尔金山（南缘）产生较早，而葱岭产生较晚，初时均属古地中海（即泰提斯海，Tethys Sea）水系，后来才被隔断。而且塔里木河初时原向西流入咸海，后被隔断并倒向东流，故与锡尔河及阿姆河的鱼类区系较相近。

（3）鲈科鱼类在我国为何只伊犁河、额敏河与额尔齐斯河有？鮨科的鳜属为何只在我国东部有？

鲈形目鱼类起源于海内，鲈科这些淡水鱼类是由海鱼改变成的，它产生较晚（在葱岭产生之后），它们在欧亚大陆的主要分布区是欧洲及亚洲的西部和西北部（里海、咸海、巴尔喀什湖及北冰洋等水系）。这些地区的淡水水系在第四纪冰川期曾发生过相互联系，而塔里木盆地与准噶尔盆地因被孤离较早，所以均无鲈科鱼类的分布。

同样原因，额尔齐斯河有西伯利亚到欧洲分布的白斑狗鱼、高体雅罗鱼、拟鲤及河鲈等，而我国其他地区均无。鲭科中我国特产的鳜鱼属，它也是由海鱼变成的，因此只在我国较近时期（第四纪）受过海侵的地区——江河平原区、华南区珠江至浙闽等处，以及黑龙江地区有。我国淡水虾虎鱼类的分布也可如此得到解释。

（4）我国鳊亚科为何只分布于我国东半部？鳊亚科产生于喜马拉雅山升起之后的上新世。它的产生中心有二：一为我国的江河平原区，另一为西亚和东欧等平原区（其产生原因可参见尼科里斯基，《黑龙江鱼类志》，1956。另外鲢与鳙也是此时起源于我国江河平原区的鱼类，分布也与鳊亚科的大多数属种类似）。起源于我国的种类多分布于珠江到黑龙江等处，因为这些淡水水系于上新世以后发生过联系。而西亚和东欧等处产生的种类，在我国仅伊犁河水系有东方真鳊，它是1949年自咸海人工移到巴尔喀什湖水系的。

（5）鲃亚科在上新世及以前，在我国原是广泛分布的鱼类。喜马拉雅山升高后，我国黄河及以北地区，因气候变寒（特别是冰川期的影响），故逐渐减少；而自长江往南却愈南愈多，因为它们多是暖水性鱼类。

（6）鳢科、合鳃科及鲀亚目鱼类等，除鲀属外都是南亚等处平原区起源的暖水性鱼类，它们是上新世拓展到我国东部的，有些甚至分布到了黑龙江水系。而在河套区尽管有黄河相通，但它们与鳊亚科等却都在河套地区无自然分布。原因是黄河在山西、陕西交界的北部，于上新世初即已跌差很大（张伯声，1958），使得它们与青鱼、草鱼等均未能上溯游到河套地区。

（7）据中外一些学者的意见（任美锷，1965; de Beaufort, 1951等），第三纪及第四纪冰川时，因隆地积冰多而海平面曾较现今低80～150 m，所以可以认为当时的黄渤海、台湾海峡与琼州海峡，都是淡水低洼地区。这可以说明为何黑龙江、朝鲜西部、日本南部、我国台湾及海南岛，有许多鱼类与江河平原区，或珠江及浙闽地区的相同。也可说明川西及秦岭南麓的布氏哲罗鲑，与秦岭太白山周围的秦岭细鳞鲑，以及台湾山区台湾麻哈鱼的来源问题。可知它们都是冰川期自东北迁来，后因气候变暖而残留于山区的；因山区水温较低且其他条件亦与东北的山麓也有些类似。

（8）据周廷儒等的意见（周廷儒等，1984），黑龙江上游在不太久以前，原是南流经辽河而注入渤海的，所以有许多鱼类与辽河的相同。

（9）长江上游在川西有许多鱼类与怒江及澜沧江上游的鱼类相同或相近，这是因金沙江等与怒江原来都是向东南流入北部湾的；后因改道，鱼类曾有过相互混杂。

3. 人类的干预

人类为了渔业或观赏等目的，对鱼类的人工移殖，也能影响鱼类的分布。迄今在我国据笔者了解，可举出以下一些例子。

（1）鲤鱼的天然分布区原是我国东半部与朝鲜西部等处，由于人工移殖，在西亚、东欧，甚至英国都已成淡水中的天然渔捞对象；伊犁河、额敏河与额尔齐斯河的鲤鱼乃更是近60年移殖的结果（Berg, 1948）。

（2）裸腹鲟原产咸海处，1933～1934年移入伊犁河系，现已成该处重要天然经济鱼类之一。

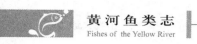
（3）西藏南部亚东地区的山溪高尾鲑（*Salmo trutta fario*）是19世纪末移入印度的（见Day, 1888年印度鱼志）。

（4）莫三鼻给丽鲷（*Cichla mossambica*）原产于非洲，它是人工移入马来半岛及越南的，1949年后又已移入海南岛。并且其自新加坡也被移入了我国台湾（陈兼善，1953）。

（5）食蚊鳉（*Gambusia affinis*），又名食蚊鱼，原产于中南美洲，它是人工移入马来半岛等处的。据称在上海（王以康，1958）及台湾（陈兼善，1951）的淡水中，已能自然生存。

（6）黄鳝天然分布于东南亚到我国东部等平原地区。现知新疆哈密的沟渠内亦产，可能亦是过去人工移入的。

（7）甘肃河西走廊张掖县附近河塘内的棒花鱼、麦穗鱼及青鳉鱼，是1958年自长江运鱼苗时带来的，在该处已能天然繁殖。同样，由于渔业上的运鱼苗，国内很多地方的鱼类区系，亦将产生变化。

（8）河鲈科的梭鲈，在我国仅巴尔喀什湖水系的伊犁河有，是原分布于欧洲到咸海等水系的鱼类。现知它是1957年与1958年分别自锡尔河口与乌拉尔河口，人工移到巴尔喀什湖西部的。

中国科学院动物研究所

李思忠

中国鲴亚科（Xenocyprininae）地理分布的研究

鲴亚科属于鲤科，为中国习见的鱼类。其地理分布尚无专文探讨，仅著者1981年曾概括性地归纳为"主要产于我国东部自黑龙江水系到海南岛，且以长江流域最多，另有一些分布于西亚及欧洲。"现拟详谈东亚种类的分布。

1. 中国鲴亚科鱼类分布的现状

（1）银鲴*Xenocypris argentea* Günther：自黑龙江中游呼玛稍上方到伯力以东、乌苏里江兴凯湖、嫩江及松花江，辽河自下游到西辽河，海河水系的河北和豫北平原，黄河下游自山东到汾渭盆地，淮河水系自下游到河南省平原区，长江自下游到陕南，四川的嘉陵江、渠江、涪江、沱江、岷江及金沙江等下游，钱塘江、甬江、灵江及瓯江、闽江、赣江，珠江水系达漓江、浔江及左江、右江，以及南流江。绥芬河、图们江、鸭绿江、钦江及北仑河等无。

（2）黄鲴 *X. davidi* Bleeker：分布于海河水系的河北省平原、黄河下游自山东到汾渭盆地，淮河下游到河南省平原区，长江下游到汉中盆地、四川嘉陵江中下游及沱江下游，钱塘江，福建，珠江自下游到漓江、龙江及左江，南流江和海南岛南渡河到那大及嘉积河等。钦江及北仑河无。

（3）方氏鲴 *X. fangi* Tchang：仅分布于四川盆地如叙府到涪江，嘉陵江及渠江的中、下游。

（4）四川鲴 *X. szechuanensis* Tchang：过去仅知四川盆地西缘雅安有分布，现知到嘉陵江下游及陕南汉江干流亦产。

（5）云南鲴 *X. yunnanensis* Nichols：主要产于云南省滇池，到四川盆地的岷江、长江、涪江及嘉陵江亦产。

（6）台湾鲴 *X. medius*（Oshima）：仅分布于我国台湾西侧中部平原地区。

（7）细鳞斜颌鲴 *Plagiognathops microlepis*（Bleeker）：分布于黑龙江下游到乌苏里江的兴凯

湖，松花江，辽河平原，海河水系的河北省平原区，黄河下游的河南和山东，淮河水系，长江下游到陕南汉江、四川嘉陵江（达昭化）、沱江及岷江的乐山及成都，瓯江下游青田，到珠江上游的龙江、左江等。

（8）圆吻鲴 *Distoechodon tumirostris* Peters：分布于淮河下游到河南省平原区，长江下游到陕南汉江，甘肃南部嘉陵江上游文县、沱江、岷江乐山及成都、安定河的西昌，金沙江永胜的程海，浙江省钱塘江、灵江下游到临江及仙居、瓯江下游到丽水及龙泉、福建及珠江下游到漓江、融江、龙江等，我国台湾中部西侧平原区亦产。

（9）扁圆吻鲴 *D. compressus*（Nichols）：分布于长江下游到四川盆地如内江、泸县及乐山等，浙江，及福建的福州、延平和厦门等。

（10）湖北圆吻鲴 *D. hopeiensis* Yih：最初发现于湖北省梁子湖及东湖等湖泊区。现知洞庭湖，甚至沅江上游的酉水（四川东南侧）亦产。

（11）刺鳊（逆鱼）*Acanthobrama simoni* Bleeker：分布于海河水系的河北省平原区，黄河下游山东到河南，淮河下游到豫中平原，长江下游到汉江上游、豫西的西峡口及陕南汉中、四川的嘉陵江、渠江、涪江及沱江，和浙江的钱塘江、甬江、灵江及瓯江。

2. 中国鲴亚科鱼类分布现状的分析

（1）综合前边所述，可知中国现有鲴亚科鱼类4属11种。其分布如表15所示。

（2）此分布区大致是连续的。约位于大兴安岭到苏克斜鲁山，经滦河及海河水系的北边分水岭到晋西北的芦芽山和吕梁山，自壶口上方到陕北再沿北洛河北侧到白于山及六盘山，自甘肃天水越渭河到西秦岭至岷山，斜向康定再越虎跳峡到玉龙山，沿南岭到武定、安宁，折向珠江上游西侧的石屏、砚山，到广西珠江南侧的东兴市一线的东侧，自兴凯湖与绥芬河之间、松花江与图们江之间到长白山、龙岗山及千山山脉一线以西的广大盆地、低丘陵及平原区的河湖内。绥芬河至鸭绿江水系及其以东无此类鱼，在我国台湾亦仅限于岛的西半部。

（3）在此分布区内以长江流域，特别是海拔约450 m以下的四川盆地到江苏为其分布中心，有10种，种类最多。自此处向南、北，愈远种数愈少；海拔愈高，种类愈少。所以这是典型的中国江河鱼类之一。

（4）此类鱼是中国平原鱼类。在中国淮河到黑龙江水系，其分布区海拔常不超过450 m。但在云南、四川横断山间的程海为1 503 m，西昌的邛海为1 767 m，滇池为1 885 m！这是因这些湖泊形成较晚。据最近一些地史文献报道，中生代因印支造山运动及燕山运动，使中国东部升高，古长江原是自南京附近向西流到滇湖自哀牢山北端注入古地中海的。以后由于冈瓦纳古陆（Gondwana）印度地块的向北撞抬，到第三纪古地中海退失，喜马拉雅山渐升出，使得西部渐高，东部变低，长江渐改为东流入海。但直到中新世时横断山区海拔并不太高，在河谷处气候仍温暖和湿润，生长有着樟属（*Cinnamomum*）、线叶栎（*Quercus scotti*）、匙叶栎（*Q. spathulata*）、大叶楠（*Phoebe megaphylla*）等热带及亚热带树木，仅高山上有云杉（*Picea*）及松（*Pinus*）等。到上新世横断山区及南岭愈益升高，尤其到上新世末以后这里更急剧升高，气候变冷和水系坡差变大，使得这里原有的鱼种类变少，仅适应力强的残留下来，而在下游新衍生的种类未能分布到这里。这就是这里鱼种类较少的原因。

表15　中国现有鲴亚科鱼类（4属11种）地理分布

Species	Western plain of Taiwan Prov.	Nandujiang & Wanquanhe R., Hainan	Nanliujiang R., Guangxi Prov.	Zhujiang R. (Pearl R.)	Minjiang & Hanjiang, Fujian Prov.	Yongjiang, Lingjiang & Oujiang R.	Qiantangjiang R.	Changjiang R. / Jinshajiang R. — Chenghai Lake, Yunnan Prov.	Dianchi Lake, Yunnan Prov.	Xichang & Qionghai Lake	Hubei Prov. To Jiangsu Prov.	Huaihe R.	L Lower reache of Huanghe R.	Haihe R. (Hebei Plain)	Liaohe (Liao) R.	Songhuajiang (Songari) R.	Usuljiang (Ussurin) R.	Heilongjiang (Amur) R.
Xenocypris argentea	−	−	+	+	+	+	+	−	−	−	+	+	+	+	+	+	+	+
X. davidi	−	+	+	+	+	+	+	−	−	−	+	+	+	+	−	−	−	−
X. fangi	−	−	−	−	−	−	+	−	−	−	−	−	−	−	−	−	−	−
X. setchuanensis	−	−	−	−	−	−	−	−	−	−	+	−	−	−	−	−	−	−
X. yunnanensis	−	−	−	−	−	−	−	−	+	−	−	−	−	−	−	−	−	−
X. medius	+	−	−	−	−	−	−	−	−	−	−	−	−	−	−	−	−	−
Plagiognathops microlepis	−	−	−	+	−	+	+	−	−	−	+	+	+	+	+	+	+	+
Distoechodon tumirostris	+	−	−	+	+	+	+	+	−	+	+	+	−	−	−	−	−	−
D. compressus	−	−	−	−	+	−	+	−	−	−	+	−	−	−	−	−	−	−
D. hupeiensis	−	−	−	−	−	−	−	−	−	−	+	−	+	−	−	−	−	−
Acanthobrama simoni	−	−	−	−	−	+	−	−	−	−	+	+	−	+	−	−	−	−
Total: 4 genera & 11 species	2	1	2	4	4	5	6	1	1	1	8	5	4	4	2	2	2	2

（5）鲴亚科化石始于上新世，所以在滇池、邛海及程海能残留一些此类鱼。

（6）从山西榆社盆地上新世地层中发现有大量榆社鲴（*Xenocypris yushensis*），可见当时该处海拔也不很高。同时许多文献均证明华北的河海平原到汾渭盆地气候在上新世也是很温暖湿润的，只是到更新世后，气候才变冷，湖泊日渐枯少。

（7）黑龙江水系的嫩江原是古嫩辽河的上游，上新世时古嫩辽河原南流到泰山西侧的湖泊区，与黄河相汇合后向东南注入苏北黄海。苏北黄海的五条沙就是古黄河沉积的。到更新世嫩江与辽河在长春附近隔离，以后嫩江东流入黑龙江，辽河也因更新世末期渤海地陷而与黄河隔绝。所以中国许多江河平原鱼类现在能分布于辽河及黑龙江水系。黄河、淮河与长江下游冰川期曾相会注入东海，隋唐迄今还有大运河沟通，故其下游鱼类很相似。冰川期大陆沿岸变为陆地有溪水联系，故迄今钱塘江、甬江、瓯江、闽江、台湾、赣江、珠江、南流江及海南岛都有许多相同的鱼类。

参考文献

［1］陈兼善.台湾脊椎动物志［M］.北京：商务印书馆，1981。

［2］陈丕基.中国侏罗，白垩古地理轮廓——兼论长江起源［J］.北京大学学报，1979，（3）：
90-109.

［3］方树淼，许涛清，宋世良，等.陕西省鱼类区系研究［J］.兰州大学学报（自然科学版），1984，
20（1）：97-115.

［4］李思忠.黄河鱼类区系的探讨［J］.动物学杂志，1965，7（5）：217-222.

［5］李思忠.中国淡水鱼类的分布区划［M］.北京：科学出版社，1981.

［6］李思忠.中国鮊科鱼类地理分布的探讨［J］.动物学杂志，1984，（1）：34-37.

［7］BERG L S. Freshwater Fishes of Soviet Union and Adjacent Countries. 4th ed. Moscow: Zoological
Institute Akademy Nauk SSSR, 1948～1949.

［8］Chang H W. Notes on the fishes of western Szechwan and eastern Sikang, Sinensia, 1944, 15（1-6）：
27-60.

（论文摘要见：LI S Z. Discussion on the geographical distribution of the Xenocypridinae in China [M]//UYENO T R, ARAI T. Taniuchi & Keiichi Matsuura. 1986. Indo-Pacific Fish Biology. Proceedings of the Second International Conference on Indo-Pacific Fishes. Portland: International Specialized Book Service, 1986: 480～483.）

中国科学院动物研究所

李思忠

对鲤形目起源的一些看法

提要：近年来鲁森等关于鲤形目起源于虱目鱼及鼠鱚类的学说很盛行。著者因虱目鱼等已丧失眶蝶骨及下咽齿，顶骨已被挤离额骨与上枕骨之间，而鲤形目仍有眶蝶骨及下咽齿，顶骨仍位于额骨与上枕骨间，认为此说是不成立的；且据地史文献，南北大陆中生代早期已分离，始新世晚期在西藏南侧及上新世在中美洲为相连，因在东亚及北美相连前的地层中已有鲤形目化石，鲤形目已不可能起源于南大陆；东亚宁蒙等的河湖中生代迄今长期被高山及海等隔离，此处中生代广分布有与鲤形目很相似的狼鳍鱼科及薄鳞鱼科鱼类，现在鲤形目鱼类很可能是其后裔；因鲤形目产生骨鳔器官，对外界反应较灵敏，故取代了狼鳍鱼科等。迄今骨骼较原始的鳅科、亚口鱼科，及鲤科较原始的丹*尼鱼亚科和一些雅罗鱼亚科鱼类仍分布在这里。故认为鲤形目起源于狼鳍鱼科的学说仍值得继续探讨和研究。

（1）近十年欧美许多鱼类学家接受了鲁森与格林伍德（Rosen et Greenwood, 1970）二位的意见，认为鲤形目等骨鳔鱼类起源于虱目鱼科（Chanidae），经鼠鱚科（Gonorhynchidae）演变而成鲑鲤目（Characiformes）、电鳗目（Gymnotiformes）、鲤形目（Cypriniformes）及鲇形目（Siluriformes）。并将骨鳔鱼类扩大为骨鳔鱼总目（Ostariophysi）。下含两个系（Series）：非耳鳔鱼系（Anotophysi）

和耳鳔鱼系（Otophysi）。非耳鳔鱼系只有鼠鳝目（Gonorynchiformes），内有虮目鱼科（Chanidae）及鼠鳝科（Gonorhynchidae）等；因这些鱼类最前方3个椎骨已特化和至少有1个头肋（cephalic rib）相连，认为这是原始的韦伯氏器官（Weberian apparatus）（即骨鳔器官）。这是一很可贵的发现。耳鳔鱼系包含鲑鲤目、电鳗目、鲤形目及鲇形目（Nelson, 1984）。

（2）鲤形目的起源地：麦尔斯（Myers, 1967）主张鲤形目起源于晚三叠纪时南大陆的南美洲和非洲（冈瓦纳起源（Gondwana origin））。诺瓦西克与马歇尔（Novacek et Marshall, 1976）主张起源于南美洲。格里（Gery, 1969）和帕特森（Patterson, 1975*）主张起源于非洲。布里格斯（Briggs, 1979）认为骨鳔鱼类起源于东洋区，称鲑鲤类是东洋区的鼠鳝目在晚侏罗纪演化成的，鲇形目不久亦自此区产生和扩散起来，鲤形目产生于东亚区的白垩纪。但迄今东洋区尚未发现过鲑鲤类化石（Berra, 1981）。另外考克瑞耳（Cockerell, 1925）认为狼鳍鱼科（Lycopteridae）的鳞已有辐状纹，与鲤形目相似（Gregory, 1933）。贝尔格（Berg, 1940）更认为狼鳍鱼属（Lycoptera）的最大耳石是位于听壶（lagena）内的箭耳石（sagitta），与多鳍鱼属（Polyptera）、弓鳍鱼属（Amia）、鲑鲤科（Characidae）、鲤科及电鳗科（Gymnotidae）相似，而鲱类（贝尔格订为鲱亚目"Clupeoidei"）及其他真骨鱼类（Teleostei）的最大耳石是位于球囊（saccula）内的星耳石（asteriscus）；且狼鳍鱼属的鳞已有鳞心（central nucleus）及许多辐状纹，很似鲤科鲅属（Phoxinus）的鳞；故认为鲤形目起源于中国，因为狼鳍鱼属仅分布于中国北部到外贝加尔。亦有人认为鲤形目起源于中国南部及中南半岛（de Beaufort, 1951；Г. В. Никольский, 1954；伍献文等，1977）。

（3）作者感到鲤形目起源于虮目鱼等学说有以下不足：① 虮目鱼等的顶骨已被额骨与枕骨挤离额骨与上枕骨之间；② 虮目鱼等已丧失眶蝶骨；③ 虮目鱼等的下咽骨已失下咽齿。鲤形目的顶骨仍位于额骨与上枕骨之间，有眶蝶骨，下咽骨尚有下咽齿（仅双孔鲤属（Gyrinocheilus）无下咽齿），其最大耳石是箭耳石。按生物演化常规，一特征（骨骼等）消失之后，是不能再产生的，如再产生则与原来的很不相同。例如，鲸等又产生的鳍与鱼的鳍就很不相同，仅是形似而实非。因顶骨位于额、枕骨间是一原始特征，到虮目鱼等被挤离之后，到鲑鲤目、电鳗目及鲤形目又恢复原位；这是令人难理解的。眶蝶骨与第五鳃弓角鳃骨（即下咽骨）的下咽齿亦如此，这些原始特征虮目鱼等已丧失，到鲤形目等就不会再复生。所以鲤形目起源于古时的虮目鱼及鼠鳝类，似不太可能。

（4）再从地史文献来看。南北大陆的东半部很早已被海洋远隔，西半球到三叠纪也已分离（Smith et al, 1980）。直到始新世晚期才在西藏南部岗巴到定日附近南北大陆开始相连（王鸿祯等，1980）；西半球南北美洲相连更晚，为上新世。因此如果鲤形目起源于南大陆，就很难理解在中国始新世中期及以前的地层中还能发现有鲤形目鱼类。例如，胡萨考夫（Hussakof, 1932）曾报告在内蒙古河套地区始新世地层发现亚口鱼科（Catostomidae）的亚口鱼属（Catostomus sp.）及鲤科的脊椎骨等化石；唐鑫（1959）报告湖南始新世纪地层有临澧纹唇鱼（Osteochilus linliensis Tang），张家坚（1962）报告有湖南纹唇鱼（O. hunanensis Cheng）化石；王将克等（1981）报告在广州附近三水盆地古新世到始新世地层发现有许多鲃亚科（Barbinae）及雅罗鱼亚科（Leuciscinae）等鲤科鱼化石。在北美洲中新世地层发现有雅罗鱼亚科的灵拉河鱼（Gila？"Anchybopsis" siphateles）和雅罗鱼属的化石等（Romer, 1966）。因鲤形目都是淡水鱼类（仅日本海周围的滩头雅罗鱼"Leuciscus brandti"及珠星雅罗鱼"L. hakonensis"能到浅海越冬及索食，但4～6月仍需进河内产卵繁殖和索食），是不能越过海洋的。

再从东亚的地史来看：中生代中三叠纪及以前，扬子江海槽与古地中海（亦名特提斯海）相连，将中国大陆分成南北两部。到晚三叠纪，太平洋板块向西扩张、挤压，使我国东部逐渐升高，西侧变低（地史上称为淮阳运动或印支运动），扬子江海槽向西缩到鄂西峡区（刘鸿允，1959）。到早、中侏罗纪有敦煌山结与古祁连山、古秦岭、古淮北高原及大别山成一长期分水岭；黄河流域产生庆阳湖水系，有走廊河达酒泉北，中原河达济南东，延川河达辽东半岛和吉林西部；庆阳湖北有满蒙山系。秦岭等南侧有始于南京东北的古长江，向西经云梦泽、巴蜀湖、西昌湖、滇湖自哀牢山北向西注入古地中海；长江南侧为江南古陆与云贵高原；自长沙向南有粤赣海湾。晚侏罗纪太平洋板块活动更烈，中国东部沿海大幅度抬升成高山峻岭（为燕山运动主幕）；布松高原、华北高原、淮北高原、江汉高地、云贵高地与东南山地形成当时屋脊；庆阳湖消失；自蒙古西部产生古黑龙江，经酒泉、河套北部、蒙古南部及冀北，转东北经漠河、呼玛到阿尔贡湾入鄂霍次克海，另有吉辽河自长白山西经铁岭、朝阳到赤峰入古黑龙江主流；古长江缩到巫山西。早白垩纪东部高原自今黑龙江达桂南；沿海低地火山活动带断陷产生许多小湖沼；高原西为沉降带；古秦岭与阿尔金山、横断山系及古阴山间庆阳湖再现，湖西有古大通河；南侧古长江更缩小。晚白垩纪全世界广遭海侵；但中国浙闽运动使横断山系与哀牢山更高和南岭隆现，古地中海西退，古长江仅剩孤离的蜀湖、西昌湖、滇湖和南北向的金沙江；古黑龙江再现于古阿尔泰山、阿尔金山、祁连山、秦岭、华北高原、吉辽山地、大兴安岭、肯特山及杭爱山之间，经古松花湖、乌苏里湾入太平洋（陈丕基，1979）。

第三纪初因印度洋板块北移，到始新世晚期始对亚欧板块撞抬、挤压，喜马拉雅山、藏北高原及藏东山地等产生和升高，使中国自古生代末以来三亿多年东高西低的地形渐变为西高东低和江河东流，逐渐出现现今的长江、黄河等。黄河是中新世末或上新世初才越山西、陕西间河曲——保德一带的火山而流向汾渭盆地的（袁复礼，1957），后又越山西、河南间山谷，到鲁西低湖区转东南由苏北注黄海；更新世末渤海陷生又转入渤海的。当经山西、陕西间山地时因河道跌差太大（如壶口瀑布达10多米），故江河平原后来产生的鳊、鲴、鲢等亚科鱼类及海侵、海退留到内陆由海鱼变成的淡水鱼类如鳜类、乌鳢类、斗鱼、虾虎鱼类等都未能越过此处而分布到河套等地（李思忠，1981）。因河西走廊及内蒙古的内陆河湖和黄河中上游长期被孤离，这里现在的土著鱼类，很可能是中生代此处古鱼类的后裔，不太可能是南大陆及东洋区迁来的外来鱼类。

（5）在东亚自中国山东省蒙阴、费县、莱阳及莱芜到陕西省千阳及陇县，甘肃华亭及宁夏隆德、同心，内蒙古的伊克昭盟、乌兰察布市、锡林郭勒盟、多伦及赤峰，河北省围场及丰宁，辽宁的凌原、朝阳、阜新、义县及新宾，吉林的农安、辉南、辑安及汪清，和苏联赤塔附近等广大地区上侏罗纪到上白垩纪地层发现10多种狼鳍鱼科化石；尤其狼鳍鱼属和同心鱼属（*Tongxinichthys*），有眶蝶骨、眶上骨及辅上颌骨，左、右顶骨相连且位于额骨与上枕骨之间，两颌、副蝶骨及舌常有齿（李国清，1985），且都是亚热带淡水肉食性鱼类（依Smith et al, 1973；晚白垩纪古地磁图标明古赤道位于海南岛北部，中国北部及东北的纬度较现今低得多，约为亚热带。见郭双兴，1983）。

动物幼小时的特征常是较原始的特征。鲤科的稚鱼都是吃浮游动物的肉食性淡水鱼类。且鲤形目从头骨、上咽突、下咽骨、下咽齿及第4椎骨腹侧的悬器（suspensor）等特征来看，鳅科（有些额骨与中筛骨及前额骨的连接处尚能活动，左右上咽突尚未愈合，无咽磨垫及悬器，下咽齿1行、较多）及亚口鱼科（下咽骨较细直，下咽齿1行且很多）较鲤科原始。鳅科化石最早见于亚洲渐新世；现生种类主要分布于亚洲，欧洲次之，非洲仅埃塞俄比亚与摩洛哥各有1种）。亚口鱼科化石最早见于北亚及北美洲始新世地层，现生种类主要分布于北美洲，中国东部及亚洲东北角各有1种。在鲤科常认为鲃亚科与雅罗鱼亚科最原始。最近陈湘粦等（1984）研究，将鲤科分为雅罗鱼系与鲃系；称雅罗鱼系包括雅罗鱼亚科、鲴亚科（Xenocyprinae）、鲌亚科（Culterinae）、鱊鲏亚科（Acheilognathinae）、鮈亚科（Gobioninae）及丹*尼鱼亚科（Danioninae），其复合髓棘板分叉，副蝶骨直接连眶蝶骨而无上升突起和舌弓动脉不连鳃上动脉（如白鲢（Hypophthalmichthys molitrix）、草鱼（Ctenopharyngodon idellus））；鲃系包括鲃亚科、鲤亚科（Cyprininae）及野鲮亚科（Labeoninae），复合髓棘板不分叉，副蝶骨以上升突起连眶蝶骨和舌弓动脉连鳃上动脉；亦认为雅罗鱼亚科较原始。根据目前资料，鲤科除雅罗鱼亚科的复合髓棘板叉状为原始特征外；上咽突基部呈管状，中部宽大（支持咽磨垫）及后部壮大；悬器呈大板状；下咽骨宽短且下咽齿粗壮、较为特化。上咽突基部短，中部窄短，后部细小；悬器呈细V形；下咽骨细直和下咽骨一行为较原始。这样则云南光唇鲃（Acrossocheilus yunnanensis）、东方墨头鱼（Garra orientalis）、尖嘴裂腹鱼（Schizothorax biddulphi）、鲤（Cyprinus carpio）、鲫（Carssius auratus）、青鱼（Mylopharyngodon piceus）、须鳊（Tinca tinca）、黑线鳘（Atrilinea roulei）、瓦氏雅罗鱼（Leuciscus waleckii）、湖拟鲤（Rulilus rutilus lacustris）、赤眼鳟（Squaliobarbus curriculus）、团头鲂（Megalobrama amblycephala）、白鲢（Hypophthalmichthys molitrix）、花鲢（鳙，Aristichthys nobilis）、棒花鱼（Abbottina rivularis）、刺鮈（Acanthogobio guentheri）等都较特化且上咽突后部侧扁；而银鲴（Xenocypris argentea）、草鱼（Ctenopharyngodon idellus）、兴凯刺鱊鲏（Acanthorhodeus chankaensis）较发达而上咽突后部很平扁；土鲮鱼（Cirrhina molitorella）很特化，其上咽突后部很平扁且背面呈圆凹匙状；花鲢与中间鳅鮀（Gobiobotia intermedia）上咽突的中部向前尚有一长突起，此前突花鲢侧扁和约伸达基枕骨的前端，中间鳅鮀向前背侧弯呈钩状。鳡鱼（Elopichthys bambusa）、鳤鱼（Ochetobius elongatus）、东方真鳊（Abramis brama orientalis）及鳡鱼（Luciobrama macrocephalus）为较原始，尤以鳡鱼的上咽突、东方真鳊的悬器和鸭嘴鱼（Pseudospius leptocephalus）的下咽骨为最原始，它们的习性与狼鳍鱼类也相似。陈湘粦等认为丹尼鱼?亚科的马口鱼属（Opsariichthys）、细鲫属（Aphyocypris）及鱲属（Zacco）及拟细鲫属（Nicholsicypris）也多分布于广东到中南半岛及印度的北部，可能是后来因气候改变而迁移到那里的。

　　所以作者认为鲤形目起源于东亚中生代的狼鳍鱼科似仍有可能性，因为它们产生了具有扩音及共鸣作用的骨鳔器官，对外界刺激反应灵敏，故能取代了狼鳍鱼科，在这里淡水水域占了绝对优势。这个学说仍值得探讨和研究。

　　*编者注：近年文献记作"鲌"。

参考文献

［1］陈丕基. 中国侏罗，白垩古地理轮廓——兼论长江起源［J］. 北京大学学报，1979，（3）：90-109.

［2］陈湘粦，乐佩琪，林人端，等. 鲤科的科下类群及其宗系发生关系［J］. 动物分类学报，1984，9（4）：424-440.

［3］陈星玉. 中国雅罗鱼亚科骨骼系统及系统发育的研究［D］. 北京：中国科学院动物研究所，1985.

［4］郭双兴. 我国晚白垩世和第三纪植物地理区与生态环境的探讨//古生物学基础理论丛书编委会. 中国古生物地理区系. 北京：科学出版社，1983：167-177.

［5］李国青. 吉林东部罗子沟盆地舌齿鱼科一新种［D］. 北京：中国科学院古脊椎动物与古人类研究所，1985.

[6] 李思忠. 中国淡水鱼类的分布区划 [M]. 北京：科学出版社，1981.

[7] 刘鸿允. 中国古地理图 [M]. 北京：科学出版社，1959.

[8] 孟庆闻. 白鲢的系统解剖 [M]. 北京：科学出版社，1960.

[9] 秉志. 鲤鱼解剖 [M]. 北京：科学出版社，1960.

[10] 史密斯，布里登. 中生代及新生代古大陆图 [M]. 郑理珍，钟业勋译. 北京：地质出版社，1980.

[11] 王将克，李国藩，汪晋三. 广东三水盆地及近邻盆地早第三纪鱼化石 [M]. 北京：科学出版社，1981.

[12] 王鸿祯，刘本培. 地史学教程 [M]. 北京：地质出版社，1980.

[13] 伍献文，等. 中国鲤科鱼类志 [M]. 上海：上海人民出版社，1977.

中国科学院动物研究所

李思忠

（原载：《动物世界》，1989年9月，第3卷，第2～3期）

《中国动物图谱——鱼类》第二版说明

《中国动物图谱——鱼类》是受中国动物图谱编辑委员会委托，由委员张春霖教授主编。第一册由朱元鼎教授（文昌鱼纲、圆口纲及软骨鱼纲）和王文滨先生（硬骨鱼纲的鲟形目、鲱形目及灯笼鱼目）（1973），第二册由张春霖教授（胭脂鱼科、鲤科、鳅科及扁鳅科122种）（1960），第三册由张春霖教授（鳗鲇科、鲇科、鲿科、鮠科、鲱科、胡子鲇科、鳗鲡科、海鳝科、海鳗科、康吉鳗科、蠕鳗科、蛇鳗科、丝鳗科、鄂针鱼科、鱵科、飞鱼科、鳕科、刺鱼科、海龙科、烟管鱼科、甲香鱼科、鰺科、鳂科、松球鱼科、海鲂科、舒科、鲻科、银汉鱼科、马鲅科及鳝科）和施白南教授（鳢科、攀鲈科及鮨科的鲈鱼、鳜鱼（鳌花鱼）、菊花鳜、四川鳜鱼）（1958），第四册由成庆泰教授（鲈亚目、带鱼亚目、鲳亚目及金枪鱼亚目共46科127种）（1959），第五册由郑葆珊先生（鲈亚目之鸢鱼科、蝎鱼科、白鲳科、鸡笼鲳科、金钱鱼科、蝴蝶鱼科、雀鲷科、隆头鱼科、鹦嘴鱼科、刺尾鱼亚目、虾虎鱼亚目、鲽形目、刺鳅目、鲅鳒目及海蛾目共24科67种）与李思忠（石首鱼科、欧氏腾科、鲻形腾科、鲬形腾科、腾科、鳄齿腾科、鳚亚目、蛇鳚亚目、玉筋鱼亚目、鲻亚目、杜父鱼亚目、豹鲂鮄目、鲕形目及鲀形目30科69种）（1965），分别编写。已由科学出版社陆续出版。

为了便于读者查阅，现在出版此合订本。在付印前郑葆珊先生依贝尔格（Berg，1940）的分类系统做了顺序调整，并分别请本所鱼类研究组的同志们，将原来第二册及第三册做了部分修改重写。

合订本中的编写分工如下：

朱元鼎：文昌鱼纲、圆口纲、软骨鱼纲；

王文滨：硬骨鱼纲的鲟形目、鲱形目、灯笼鱼目；

张春霖：鲤形目、鲇形目、鳗鲡目、鄂针鱼目、鳕形目、刺鱼目、海龙鱼目、鰺形目、金眼鲷目、鲻形目、马鲅目、合腮目；

贾文兰、肖真义、张世义、王蘅、张玉玲、陈素芝、安英姬、伍玉明参加了鲤科的重写；李思忠、王惠民参加了鳅科与平鳍鳅科的重写；

岳佐和、戴定远参加了鲇形目的重写；

宋佳坤参加了鲻形目的重写；

施白南：乌鳢目、鲈形目的攀鲈科及鮨科的花鲈、鳜属；

成庆泰：鲈形目中的鲈亚目、带鱼亚目、鲳亚目及金枪鱼亚目共46科127种；

郑葆珊：鲈亚目的鸢鱼科、蝎鱼科、白鲳科、鸡笼鲳科、金钱鱼科、蝴蝶鱼科、雀鲷科、隆头鱼科、鹦嘴鱼科、刺尾鱼亚目、虾虎鱼亚目、鲽形目、刺鳅目、鮟鱇目、海蛾目共24科67种；

李思忠：鲈亚目的石首鱼科、欧氏䲢科、鲻形䲢科、鲬形䲢科、䲢科、鳄齿䲢科、鳚亚目、蛇鳚亚目、玉筋鱼亚目、鳍亚目、杜父鱼亚目、豹鲂鮄目、鲀形目及鲀形目共30科69种。

郑葆珊教授1985年11月下旬已去世。根据大家回忆及查原文摘，谨作如上说明。

中国科学院动物研究所脊椎动物区系

分类研究室鱼类研究组研究员

李思忠

于1987年1月2日

宁蒙高原亚区鱼类区系及其形成原因的探讨

内容提要：本文详述了宁蒙高原亚区鱼类区系的特征及与周邻的显著差异，并根据古地质学及鱼类学的研究成果，探讨了宁蒙亚区鱼类区系形成的原因。

宁蒙高原亚区简称宁蒙亚区，属于现今全世界淡水鱼类地理区划中的全北区（Holarctic Region），在我国淡水鱼类分布区划中为宁蒙区；包括蒙古国西部及南部和我国内蒙古的内流水系及河套地区的黄河水系。其鱼类区的研究，Berg（1933，1949）、Mori（1936）和张春霖教授（1954）都曾有过论述，都将这里与新疆、青海、西藏及甘肃等划在一起，称为中亚高山亚区、蒙古亚区或西北高原区。赵肯堂（1964）建议将宁夏及内蒙古划入江河平原区（即华东平原亚区）。李思忠（1981）提议建立本文所探讨的蒙古高原或宁蒙高原亚区。本文详述该区与周邻鱼类的巨大差异后，更从历史动物地理学方面探讨了宁蒙亚区鱼类区系形成的原因。

1. 宁蒙亚区鱼类区系组成与其邻区的比较

（1）宁蒙亚区包括河套、内蒙古高原及西蒙古3个分区。从"宁蒙亚区与其周邻地区鱼类分布表"中，可知宁蒙亚区水域现在生存有鱼类5科17属27种（过去认为蒙古雅罗鱼属有4~5种，现在并为1种）：即短吻茴鱼（*Thymallus brevirostris*）、北极茴鱼（*T. arcticus*）、鲤（*Cyprinus carpio*）、鲫（*Carassius auratus*）、瓦氏雅罗鱼（*Leuciscus waleckii*）、蒙古雅罗鱼（*Oreoleuciscus potanini*）、百灵庙鲅（*Phoxinus grumi belimiuaensis*）、洛氏鲅（*P. lagowskii*）、赤眼鳟（*Squaliobarbus curriculus*）、麦穗鱼（*Pseudorasbora parva*）、花丁鮈（*Gobio gobio cynocephalus*）、小索氏鮈

（ *G. soldatoyi minulus* ）、棒花鮈（ *G. rivuloides* ）、短须铜鱼（ *Coreius heterodon* ）、长须铜鱼（ *C. septentrionalis* ）、吻鮈（ *Rhinogobio typus* ）、大鼻吻鮈（ *R. nasutus* ）、花鳅（ *Cobitis taenia* ）、泥鳅（ *Misgurnus anguillicaudatus* ）、细尾泥鳅（ *M. bipartitus* ）、施氏高原鳅（ *Triplophysa stoliczkae* ）、忽吉图（三鳔）高原鳅（ *T. hutjertjuensis* ）、达里湖高原鳅（ *T. dalaicus* ）、董氏小须高原鳅（ *T. barbatula toni* ）、须鼻鳅（ *Lefua costata* ）、鲇（ *Parasilurus asotus* ）及中华九刺鱼（ *Pungitius pungitius sinensis* ）。其中短吻茴鱼、蒙古雅罗鱼、百灵庙鲅、小索氏鮈、细尾泥鳅、忽吉图高原鳅及达里湖高原鳅是其特有种，占其种数的7/27。现知冰川期蒙古雅罗鱼已扩展到鄂毕河上游。由于辽河上源与滦河上源的袭夺，细尾泥鳅与达里湖高原鳅在邻近的辽河、海河上游也有分布。忽吉图高原鳅以内蒙古为模式产地，仅西邻陇西亚区的武威盆地也有分布。此处鱼类的另一显著特征，是其现生鱼类大部分是新第三纪、甚至老第三纪末期或更早已有的属种（依Romer, 1966；刘宪亭、苏德造，1962；及李思忠，1981）。鲤、鮈、麦穗鱼、花鳅最早出现于中新世；鲫、鲇、九刺鱼为上新世；雅罗鱼、高原鳅为渐新世；茴鱼始于始新世；另外从地理分布推测，李思忠（1981: 135）认为泥鳅、须鼻鳅等至少也应始于中新世。另外除中华九刺鱼外，这里没有起源于海鱼类的虾虎鱼亚目、乌鳢类、鲈类、鳜类等，也可知这里较长地史时期未受过海侵。

（2）宁蒙亚区与其南侧华东亚区相比较：这里无华东（长）江（黄）河平原亚区特有的江河平原鱼类如青鱼、草鱼、马口鱼、鳡鱼、鳤鱼、鳊鱼、鲴鱼、斜颌鲴、刺鳊、鲭、似白鮈、胡鮈、鳈、棒花鱼、似鮈、突吻鮈、蛇鮈、鲂、鳊、红鲌、近红鲌、白鲦、飘鱼、似鳈、细鲫、鲌、鲢、鳙及鳜等属；这里也无华东平原亚区习见的印度平原（或各东南亚热带沼泽）鱼类如鲃亚科的大鳞突吻鱼、薄颌光唇鱼等（此亚科广分布于长江到非洲），鳅科中的沙鳅亚科如副沙鳅等，鮠科（ Bagridae ）如黄颡鱼属、鮠属等，青鳉科的青鳉，合鳃科的黄鳝，箟尾鲈科（ Belontiidae ）的斗鱼属，乌鳢科的乌鳢属，刺鳅科的刺鳅属，塘鳢的鲈塘鳢属、沙塘鳢、黄黝鱼等属及虾虎鱼科的栉虾虎鱼属等；也无新第三纪（ Neocene ）早期鱼类如鲟属、鳇属、白鲟属、胭脂鱼及副泥鳅等；以及鳞鲅鱼属、刺鳈鲅属等。

（3）宁蒙亚区与东侧黑龙江亚区相比较：这里既无从北方来到黑龙江亚区的北方平原鱼类如湖鲅、花江鲅、真鲅、银鲫、黑班狗鱼等，也无北方山麓鱼类中的细鳞鲑、哲罗鲑、杂色杜父鱼及中杜父鱼，在北极茴鱼方面黑龙江亚区已形成不同的亚种；宁蒙亚区更无已分布到黑龙江亚区耐寒性最强的北极淡水鱼类如乌苏里白鲑、卡达白鲑、红斑鲑、白斑鲑及江鳕。宁蒙亚区也无黑龙江亚区（仅限于黑龙江分区）兼有的许多华东江河平原鱼类如鳊亚科、鲴亚科、鲢亚科及雅罗鱼亚科的草鱼、青鱼和叉尾鲈科（ Percichthyidae ）中的鳜亚科鱼类；还无黑龙江分区也有的几种印度平原鱼类如黄颡鱼属、鮠属、副沙鳅、黑龙江乌鳢、鲈塘鳢、黄黝鱼及栉虾虎鱼等；甚至新第三纪早期鱼类如七鳃鳗属、鲟属、鳇属、鳞鲅鱼属、刺鳞鲅鱼属、拟赤梢鱼及怀头六须鲇等在宁蒙亚区也无。

（4）宁蒙亚区与其北邻围极亚区的西伯利亚分区相比较：宁蒙亚区无北方山麓鱼类如鲑属、哲罗鲑属、细鳞鲑属、黑茴鱼、贝加尔茴鱼及长颌白鲑、杂色杜父鱼、西伯利亚杜父鱼、阿勒泰杜父鱼；无北方平原鱼类如湖鲅、花江鲅、斋桑泊鲅、真鲅、阿勒泰鲅、雅罗鱼、贝加尔雅罗鱼、高体雅罗鱼、湖拟鲤、黑鲫、白斑狗鱼、西伯利亚花鳅、黑斑高原鳅、九刺鱼、河鲈、粘鲈、杂色杜父鱼、西伯利亚杜父鱼、阿尔泰杜父鱼、和贝加尔湖特产的渊杜父鱼、仔杜父鱼、沼杜父鱼、蟾杜父鱼属、粗杜父鱼、后杜父鱼、湖杜父鱼及毛杜父鱼等属。也无最耐寒的北极淡水鱼类如斑鲑、白鲑及江鳕等；而且也无新第三纪早期已有的鱼类如七鳃鳗、小体鲟、钝吻鲟、须鲅及勒拿河鮈等。

（5）宁蒙亚区与西侧中亚高原亚区的鱼类比较：最显著的特征是这里无中亚高原特有的裂腹鱼亚科（Schizothoracinae）鱼类，如裂腹鱼属（包括裂腹鱼亚属及裂尻鱼亚属"Racoma"）、南疆扁吻鱼、斑重唇鱼、裸重唇鱼、厚唇裸重唇鱼、祁连山裸鲤、花斑裸鲤、中亚裸裂尻鱼、黄河裸裂尻鱼、骨唇黄河鱼及扁咽齿鱼等属种，也无中亚高原特有的叶尔羌鼓鳔鳅、大鳍鼓鳔鳅、小体鼓鳔鳅、岷县高原鳅、铲颌高原鳅、隆头高原鳅、壮体高原鳅、肃州高原鳅、武威高原鳅、硬刺高原鳅、细尾高原鳅、似鲇高原鳅、黑斑高原鳅、粒唇高原鳅、巩乃斯高原鳅、球吻高原鳅、小眼高原鳅、红尾副鳅等，以及黄河上游特有的刺鮈和准噶尔盆地特有的准噶尔雅罗鱼；既无短尾鲹，吐鲁番鲹在此亚区亚种也不同。

2. 宁蒙亚区鱼类区系成因的探讨

（1）宁蒙亚区与华东江河平原亚区的隔离。华东江河平原鱼类是在我国东部长江、黄河流域（包括海河及辽河）平原季风气候条件下的水域中形成的（尼科里斯基，1956）。大约形成于上新世末和第四纪初（周廷儒，1985）。如在山西省榆社盆地上新世地层中即发现有蒙古红鲌、长头白鲦（Hemiculterella longicephalus）、榆社鲴（Xenocypris yushensis）、草鱼、青鱼、白鲢及武乡鳜（Siniperca wusiangensis）等典型江河平原鱼类和乌鳢等东南亚热带沼泽鱼类可作佐证。江河平原区自然环境是暖温带、季候风条件下有很多大型河湖，流缓、饵料丰富，鱼种类很多、且大型、善游和凶猛的鱼较多，有棘及硬刺等自卫武器的鱼类较多，生态上有上、中及底层鱼类，均春末夏初产卵等。

大兴安岭及太行山系的抬升形成了江河平原鱼类等向宁蒙亚区扩散的障碍。此抬升是受喜马拉雅运动的影响。大兴安岭是在古新世夷平面上隆升的，总幅度达1000 m左右；自上新世就形成了二亚区间的分水岭。自第四纪某时开始黑龙江自大兴安岭北端沟通了我国呼伦贝尔与蒙古国东部原来的内陆水系，为黑龙江鱼类向西扩散提供了条件。太行山系古新世夷平后，始新世开始整体抬升（袁宝印等，1980），且自第三纪以来有大幅度上升，曾是江河平原鱼类向宁蒙扩散的障碍。但上新世晚期和第四纪初两次海侵和黄河在分段连接形成中于山西、河南间打通了汾渭盆地，使江河平原鱼类能分布到汾渭盆地。

早第三纪在今渤海沿岸已出现江河平原鱼类的祖先（张弥曼等，1985）。晚第三纪松辽与华北平原普遍下沉，产生许多面积广阔且长期稳定的湖泊，到早更新世仍是河湖区，晚更新世才渐为河流代替（袁宝印等，1980）；江河平原鱼类迅速繁衍，上新世已具雏形，以后更形成现今许多属种。

上新世前鄂尔多斯高原是剥蚀区。上新世仅在南部产生大面积凹陷盆地，虽未形成湖泊，但短程河系沉积有广泛的三趾马层。更新世这里受风化及黄土沉积；早更新世渭北高原、秦岭、吕梁山及太行山的抬升使汾渭盆地在三门峡一带积水成湖，湖中有鲤、青鱼、草鱼、白鲢、鲇及黄颡鱼等（黄为龙，1960）。

早更新世古黄河三段尚互不连接。上段约止于甘肃境内（因河套盆地无三趾马层及三门期沉积）。中段是山西、陕西间中更新世前古渭河一支流。因无定河与马莲河形成于第三纪末和第四纪初，推测渭河及其山西、陕西间古渭河支流形成相当久远（王挺梅等，1958及黄河象研究小组1975）。下段可能是太岳山及中条山东的沁河和伏牛山北的南洛河。中更新世古渭河与古洛河同溯源侵蚀的古沁河共同切穿三门峡及其以东八里胡同、小浪底、王家滩等处分水岭，使古渭河成为外流水系，成为陕西、山西、河南、山东等的黄河（关思威1965；张保升1979）。中更新世初银川盆地与河套盆地相继断落，上段黄河流达这里（张伯声，1956, 1958），因已抬升的阴山、大兴安岭、吕梁山和鄂尔多斯高原的圈闭，黄河在此形成大型湖泊。注入此湖的短水系在喇嘛湾一带向南溯源侵蚀，和山西、陕西间古渭河支流向北溯源侵蚀，就在晚更新世初共同切穿了保德—河曲间的分水岭，黄河上游与河套湖泊的大水才泻入汾渭盆地（张伯声，1958；黎家丰，1981等），奔经华北平原，形成我国第二大河。

虽然自晚更新世初黄河已经形成，但河曲—保德以南河道坡度太大，如壶口瀑布中低水位时落差约达14 m，流速太急，阻止了长期适应缓静水域的江河平原鱼类及东南亚热带沼泽鱼类，使之均未能扩散到宁蒙亚区（李思忠，1981）。

（2）宁蒙亚区与中亚高原区的隔离。中亚高原亚区包括青藏高原、阿富汗、印度河上游、咸海水系、巴尔喀什湖水系、准噶尔盆地、塔里木盆地、河西走廊、陇中盆地、甘肃南部、四川西部及云贵高原的西北部等。第三纪末期青藏地区急剧隆升引起环境条件发生显著变化，使这里原来的鱼类大部灭绝，仅鲃亚科有些变成了裂腹鱼亚科鱼类（曹文宣等，1981；李思忠，1981）。例如，藏北班戈县晚中新世到早上新世地层中发现的近裂腹鱼属（*Plesioschizothorax*）化石，既近似原始的鲃亚科鱼类，又近似原始的裂腹鱼属鱼类（武云飞等，1980），可资证明。

青藏地区始新世晚期海侵结束，但尚未强烈隆升。到上新世末海拔尚大致为1 000 m。以后强烈上升，约又升高3 000 m（刘东生，1985）。陇中盆地是第三纪下沉，湖泊发育。以后青藏高原隆升时也发生隆生。约上新世晚期古黄河才达陇中盆地，中更新世到了银川及内蒙盆地。中亚高原的裂腹鱼亚科鱼类通常生活于河底多砾石、高寒、昼夜温差大、海拔较高和太阳辐射强的激流环境中，银川及内蒙盆地的黄河水流和缓，河底多泥沙，海拔较低，气温较高和太阳辐射较弱，故中更新世古黄河到银川及内蒙古河套盆地后，裂腹鱼亚科并未能扩散到河套地区。

（3）宁蒙亚区与围极亚区的隔离。蒙古国、内蒙古与河套约经早第三纪长期的夷平，于中新世形成蒙古准平原，因周围山脉强烈上升和内部盆地的下陷，使准平原解体。上新世后，尤其是早更新世山脉抬升和翘起加剧了盆地下陷，形成许多内陆水系。此处与北极海水系间的分水岭北有唐努山脉、杭爱山脉及肯特山脉，西有阿尔泰山脉，东有大兴安岭，形成有效障碍，阻遏北极水系与黑龙江水系鱼类向这里的扩散。因为北极水系的茴鱼科、鲑科、江鳕及杜父鱼科等鱼类是冰川期在西伯利亚等北方亚寒原带或寒原带形成的（尼科里斯基，1956）。

蒙古西部大湖区与东部戈壁湖区的水系在第三纪时曾相连。但此河早在阿尔泰山冰川作用前已消失。所以蒙古西部大湖区与戈壁以东地区的水系连接在较早的早更新世已被破坏（杨郁华译，1958）。蒙古东部戈壁以东水系从第三纪以来地质发展来看，原是蒙古内流水系的一部分。额尔古纳河原是南流入呼伦湖。因新构造运动影响倒流为黑龙江一主要支流，使蒙古东部水系成为外流水系（中科院黑龙江综合考察队，1963）。以后气候渐干旱，河流缩到大兴安岭山前地带，蒙古东部古黑龙江鱼类或已东退，或在约半年冰封期常结冰到河底的严酷环境下已死绝。蒙古西部水系如科布多河，有分布于西伯利亚的北极茴鱼及其近缘西蒙古特有的短吻茴鱼，是冰川期自北方迁来和特化成的。西蒙古特有的蒙古雅罗鱼，从前贝尔格（1949）认为有4~5种，近年被认为只1种；现在苏联鄂毕河上游也有分布，可能是分水岭附近发生河源袭夺时扩散到北侧的。交互扩散的鱼类常较长时期地仅局限于河源附近，在现代鱼类区系划分中可以不作为主要依据。

参考文献

［1］李思忠.中国淡水鱼类的分布区划［M］.北京：科学出版社，1981.

［2］刘宪亭，苏德造.山西榆社盆地上新世鱼类［J］.古脊椎动物与古人类，1962，6（1）：1-26.

［3］穆尔札也夫.蒙古人民共和国［M］.杨郁华，译.北京：三联书店出版，1958.

［4］尼科尔斯基.黑龙江流域鱼类［M］.高岫，译.北京：科学出版社，1960.

［5］武云飞，陈宜瑜.西藏北部新第三纪的鲤科鱼类化石［J］.古脊椎动物与古人类，1980，18
（1）：15-20.

［6］张保升.黄河水系的形成及其各河段的利用［J］.西北大学学报（自然科学版），1979，（3）：
75-84.

［7］张伯声.陕北盆地的黄土及山陕间黄河河道发育的商榷［J］.中国第四纪研究，1958，1（1）：
88-106.

［8］张春霖.中国淡水鱼类的分布［J］.地理学报，1954,20（3）：279-284.

［9］张弥曼，周家健.渤海沿岸地区第三系鱼类化石［J］.中科院古脊椎动物与古人类研究所集刊，
1985，17：1-66.

［10］周廷儒.新生代以来中国自然地带的变迁［J］.中国第四纪研究，1985，6（2）：89.

［11］MORI T. Studies on the geographical distribution of freshwater fishes in eastern Asia ［M］. Chosen:
Keijo Imperial University, 1936.

中国科学院动物研究所

李思忠、陈小平

（原载：《北京动物学会学术讨论会论文摘要》，1989年，35-36）

书评：对《中国鱼类系统检索》专著的浅议

　　《中国鱼类系统检索》（以下简称"检索"）是我国当今鱼类学家成庆泰、郑葆珊教授主编，国内承担《中国动物志 鱼类》的50多位鱼类学专家各就自己所长分别编写，由中国科学出版社出版（1987）的；分上、下两册；上册为文字检索共644页；下册645～1 458页为鱼图，有图2 752种。总价14.60元人民币。是1982年底交稿而后印出的。有检索表，中文名称和拉丁文名称索引及图。检索表中有分布，共记我国鱼类3纲43目282科1 077属2 831种；其中圆口纲2目2属4种；软骨鱼纲13目38科79属162种；硬骨鱼纲28目242科996属2 665种。这比1931年朱元鼎教授著的《中国鱼类索引》（列有1 533种，包括文昌鱼1种在内）和王以康教授1958年出版的《鱼类分类学》（有文昌鱼1种，圆口纲3种；板鳃纲106种；全头纲1种；硬骨鱼纲1 632种，共1 742种）均增加很多。这是迄今我国关于鱼类种类方面最丰富的一部巨大专著，尤其在目前出书很困难的情况下能出版这样的专著，确是难得和值得祝贺的。此书共印2 100部，不久即被购空，也可证明国内外对这方面的迫切需要。它一定会对我国鱼类分类学的研究及《中国动物志》鱼类各卷的编著起到很积极的推进作用。另外我觉着还需特别说明以下两方面：① 请国内同胞不要误认为我国鱼类分类学工作已经做得差不多了，实际上还有大量工作急需继续进行，如巨大的南中国海除沿岸大陆棚外，东沙群岛、西沙群岛及南沙群岛等处水深20 m以内的鱼类调查尚仅做了一点点，估计若将南海深入调查至少还可增鱼类1 000种以上；已调查过且较清楚的地方也需有计划地复查，因为鱼类组成随着自然环境的变化及人们的干预也是经常变化的，不掌握情况就很难科学地合理利用和保护。② 此书中缺点和错误也不少，为了再版和编著《中国动物志》鱼类各卷时参考和以免以讹传讹起见，特提出如下，谨供同行们参考和指正。

1. 排版和校对方面的错误

（1）排版："鲀形目Tetraodontiformes"应排在第1422页"图2639拟三刺鲀"的上方和"图2635东方无线鳎"的下方，不应印在第1391页"图2535高体斑鲆"与"图2536桂皮斑鲆"之间。

（2）在拉丁文名称索引方面：第614页"*Hampala, H. macrolepidota*"应印在"*Halosaurus, H. sinensis*"之后；第615页"*Hemiculterella, H. sauagei, H. wui*"应移到"*Hemiculter nigromarginis*"之后；第635页"*Scombroidei*"直到第636页"*Sebastapistes*"后的"*S. longimanus*"应移到第635页"*Sebastinae*"之前；第638页"*Synanceia*"到"*S. serratospinosus*"应移到"*Synapturinae*"之前；将第596页"Aplodctylidae"应改为"Aplodactylidae"；第600页"Collionymoidei"应改为"Callionymoidei"；"Collionymidae"应改为"Callionymoidae"；第607页"*D. chrysotalniatus*"应改为"*D. chrysotae*"；第625页"Parabramia"应改为"Parabramis"等。

（3）在中文名称方面：如第62页"具脂鳍"误为"贝脂鳍"；第175页"海青湖裸鲤"应为"青海湖裸鲤"；第271页马鲛目、马鲛科、马鲛属等9个"鲛"字都误写为"鲅"。

2. 内容错误和不确切的地方：目录中也有同样错误

（1）鱼类分布问题。这方面的错误或不确切处最突出。这里所说分布是天然分布区，人工塘养和引种繁殖放流或成功的应注明，不包括在内。因为鱼类分类学与其他动物分类学和植物分类学相似，物种的形态特征、演化、分类地位及地理分布都是主要内容，写得应认真、有根据和尽量确切，否则就失掉意义并可能引起误解；甚至若别人按书去采集时将造成浪费。尤其作为这方面的专业人员随便写，更易造成混乱。例如将银飘鱼（*Pseudolaubuca sinensis*）（130页），鳘（白鲦）（*Hemiculter leucisculus*）（133页），油鳘（*H. bleekeri bleekeri*）（134页），红鳍鲌（*Culter erythropterus*）（134页），翘嘴红鲌（*Erythroculter ilishaeformis*），蒙古红鲌（*E. mongolicus*）（134页），青梢红鲌（*E. dabryi dabryi*）（135页），鳊（*Parabramis pekinensis*）（135页），彩石鳑鲏（*Rhodeus lighti*），大鳍鱊（*Acheilognathus macropterus*）（138页），唇鳕（*Hemibarbus labeo*）及花鳕（*H. maculatus*）（159页），麦穗鱼（*Pseudorasbora parva*）（162页），银鮈（*Squalidus argentatus*）及点纹银鮈（*S. wolterstorffi*）（164页），棒花鱼（*Abbottina rivularis*）（166页），蛇鮈（*Saurogobio dabryi*）（168页），鲤（*Cyprinus carpio*）（179页），鲫（*Carassius auratus*）（180页），鳜（*Siniperca chuatsi*）及斑鳜（*S. scherzeri*）（286页），鳢（*Channa argus*）（457页），刺鳅（*Mastacembelus aculeatus*）（459页）等的分布写为"几遍全国各水系"或"全国各主要水系""几遍全国各主要水系""全国各地""全国各大小水系""全国各水系""全国各地""全国各大小水系""全国各水系"等，都是很不妥当的。因为我国领土广大，各处自然环境差异显著，每种鱼能适应和正常生活的环境都是有一定的局限性的（如对各处的气温、水温、水质、海拔高度、水深度、水流的缓急及水体的底层等）。

就我所知在我国淡水鱼类中任何种的天然分布区也没能超过我国陆地幅员的1/2的。例如，就鲫来说其天然分布较广，但是西藏、青海、新疆塔里木盆地、伊犁河谷，准噶尔盆地的西半部、四川西部沿金沙江约程海以西，甘肃兰州稍上方祁连山区及以西都是没有的；何况此处的鲫仅指金鲫指名亚种而言，是否应将其亚种银鲫（*Carassius auratus gibelio*）的分布区黑龙江水系及额尔齐斯河等亦除外呢？鲤鱼天然分布区更窄：在西藏、青海及新疆，内蒙古及甘肃的内陆水系，甘肃兰州附近以西及四川程海以西也都是没有天然分布的。现今在伊犁河、额尔齐斯河等生活的鲫为人工移殖去的。麦穗鱼的天然分布区似鲤鱼。其他上述种类大多仅分布于我国东部平原区，自黑龙江、珠江及海南，一般向西均不越过云南西南部的哀牢山山脉。鲌亚科及鲴亚科在长白山脉以东如图们江与鸭绿江也无分布。其中，若将黑龙江上游呼伦湖的蒙古油䱗（*Hemiculter bleekeri* Warpachowsky）及兴凯湖的兴凯油䱗（*H. b. lucidus*）亚种除外，油䱗分布更窄，至多为辽河到福建诸江河的下游（在黄河仅上达汾渭盆地，在长江仅达湘鄂平原），图们江、鸭绿江、台湾、广东、广西、海南、云南、贵州、四川、甘肃、内蒙古、黑龙江水系（同一环境不能有数个亚种）、宁夏、青海、新疆与西藏都无自然分布，怎能写为"分布：几遍全国各水系"？鳊的情况与此也相似，因黑龙江水系有壮体鳊（*Parabramis pekinensis strenosomus*）亚种，辽河有辽河鳊（*P. liaohonensis*），其分布为海河平原到广西及海南平原，在黄河西达汾渭盆地，在长江达四川盆地，写为"分布：几遍全国各水系"也是很不妥当的。又如将黄鳝（*Monopterus albus*）（第273页）的分布写为"除青藏高原外的全国各水系"，将黄颡鱼（*Pelteobagrus fulvidraco*）写为"除西部高原及新疆外，广布于各水系"等亦欠妥当：因黄鳝在青藏高原外的新疆、陇中盆地、河西走廊、宁夏、内蒙古、黑龙江水系、图们江、鸭绿江，黄河龙门以上等处均无天然分布；黄颡鱼在青藏高原及新疆外的陇中盆地、河西走廊、宁夏、龙门到内蒙古河套，内蒙古的各内陆水系，长白山以东，云南等也无天然分布。类似这样的情况很多，希望同志们注意。

又虎嘉鱼（*Hucho bleekeri*）（第65页）的分布有"嘉陵江上游"，不知根据谁的调查记录？并写有"汉江及其支流"。据我们1962年8至9月的调查，在汉江仅见于北侧上游的湑水河及太白县的太白河。而《秦岭鱼类志》（1987，科学出版社）曾称"在汉江及褒水"过去有记录且作者在该处也采到过（第230页及236页）；第237页又载贝氏哲罗鲑在秦岭南坡的垂直分布为1 101～1 200 m；但在正文第13页的叙述中仅有标本一尾体长462 mm，采自陕西太白；高玺章（1981）过去记录也只有陕西太白。似可证汉江干道无此鱼的天然分布区，因为汉中的海拔高度为550 m或以下。

还有些是鱼的分布需要补充，如大鳞副泥鳅（*Paramisgurnus dabryanus*），我做过解剖证明过去在白洋淀及黄河记载的大鳞泥鳅（*Misgurnus mizolepis*）实际就是大鳞副泥鳅，其基枕骨腹侧的左右上咽突在大动脉腹侧已愈合，与陈景星副研究员的观察符合，因此其分布应是海河到长江中下游及浙江。

（2）有些种类被遗漏。此书的定稿为1983年，1983年前发表的有关著作应包括在内，实际上却遗漏不少，如黄顺友（1981）所发表有关在云南澜沧江水系的云县、双江及澜沧三县采得的属于锡伯鲇科（Schilbeidae）的中华刀鲇（*Platytropius sinenis*）及长臂刀鲇（*P. longianalis*），就都未收入；李思忠（1979，动物学报，25（3）：296）报道于闽江口内采得的短尾小海龙（*Oostethus brachyurus*）也未收入；等等。1983年到现在同行们又发表了不少著作，如《云南鱼类志》上卷（鲤科）、《珠江鱼类志》，台湾沈世杰博士著的《台湾近海鱼类图鉴》（1984）和曾晴贤著有《台湾的淡水鱼类》（1986）等，又增加不少种类；因此我希望我国能有新的《中国鱼类系统检索》的增修本面世，诚望同行们能再接再厉及早收集资料予以准备。

（3）中文名问题。鱼类的中文名称应力求准确、系统、稳定和通俗。准确指应避免同物异名及异物同名；系统指应能尽量令人顾名思义，知其特征及分类上的大致位置；稳定指应尽量避免名字经常变动并照顾历史传统；通俗是指鱼名应尽量采用或拟定尽量多的人能够熟悉的。如敝人在《黄渤海鱼类调查报告》（1955）、《南海鱼类志》（1962）、《新疆鱼类志》（1979）、《中国淡水鱼类的分布区划》（1981）及检索内，将自己负责的鲈形目中的膛总科各种鱼均名为××膛，将鳚亚目中的鱼均名为××鳚、××鳚；将杜父鱼亚目（现名鲉形目）鲉科称为××鲉，鲬总科的名为××鲬；将鲀形目的各种鱼都名为××鲀；我相信这比名为××鱼要好些，如翻子鲀要比翻子鱼好些。另外要照顾名称稳定和历史传统等；如鲤科有许多种，如鲫、鳟、鳡等已很悠久、稳定、通俗，就没必要再予更改；许多鲃亚科鱼类的中文新名××鱼就不如××鲃好。同样在鲑科的哲罗鱼就不如写为哲罗鲑，细鳞鱼也不如写为细鳞鲑，况且这些名多人已用过卅年，并不生疏；因为细鳞鱼是鳞小的鱼，早在1936年方炳文先生记载贵州毕节市产的一种裂腹鱼当地也称为细鳞鱼。到今天细鳞鱼的名称易于混淆，且系统性亦较差。

参考文献

［1］成庆泰，郑葆珊.中国鱼类系统检索［M］.北京：科学出版社，1987.

［2］褚新洛，陈银瑞，等.云南鱼类志：上册（鲤科）［M］.北京：科学出版社，1989.

［3］黄顺友.中国刀鲚属二新种［J］.动物分类学报，1981，6（4）：437.

［4］李思忠.陕西太白山细鳞鲑的一新亚种［J］.动物分类学报，1966，3（1）：92-94.

［5］李思忠.中国海鱼新纪录［J］.动物学报，1979，25（3）：296.

［6］李思忠.中国淡水鱼类的分布区划［M］.北京：科学出版社，1981.

［7］李思忠.中国鲑科鱼类地理分布的探讨［J］.动物学杂志，1984，（1）：34-37.

［8］刘成汉.四川鱼类区系的研究［J］.四川大学学报（自然科学版），1964，（2）：95-138.

［9］陕西省动物研究所，中国科学院水生生物研究所，兰州大学生物系.秦岭鱼类志［M］.北京：科学出版社，1987.

［10］郑慈英.珠江鱼类志［M］.北京：科学出版社，1989.

［11］中国科学院动物研究所，中国科学院新疆生物土壤沙漠研究所，新疆维吾尔自治区水产所.新疆鱼类志［M］.乌鲁木齐：新疆人民出版社，1979.

中国科学院动物研究所

李思忠

《青藏高原鱼类》（武云飞　吴翠珍著）：李思忠教授序

新生代喜马拉雅构造运动，特别是中新世喜马拉雅山与青藏高原开始升起和连续至今的形成，使亚洲、尤其我国的地形、气候、雨量及生物都发生了极大的变化，在鱼类方面更是如此。淡水鱼类的分布及演化最能反映山、河、湖泊等的变化。青藏高原主要位于我国境内，由于其面积广、地势高（海拔常超过4 000 m）、空气稀薄缺氧、气候严酷多变、交通阻塞等原因，有关这里的鱼类的记载很晚。18 世纪初（1727）方始记载青海湖有鱼。鱼类学家的记载更晚，始于1838年。直到1949年对我国这些地方的鱼类了解得仍很少，且文献很混乱分散。1949年后，青藏鱼类调查研究始于50年代后期。例如，1958年夏中国科学院动物研究所进行过黄河渔业生物学调查，曾到青海湖和贵德等进行采集；1958年底建立西宁工作站。1959～1960年中国科学院又组织"中国西部南水北调综合考察"和"西藏地区综合科学考察"，1964年有"希夏邦马峰登山综合科学考察"，1966～1968年"珠峰地区综合科学考察"，1973年以来的"中科院青藏高原综合科学考察"，1981～1983年"横断山脉考察"，1987～1989年喀喇昆仑山和昆仑山考察，1989～1990年国家科委与中科院等组织有青海可可西里考察等。其中参加的鱼类学家有中科院西北高原生物研究所的武云飞、朱松泉，水生生物研究所的曹文宣及动物研究所的岳佐和等，收集大批标本及实地勘察资料，已发表不少很好的论文及专著。现在武云飞教授又根据他卅年来亲身的艰辛调查采集、精心研究整理和分析，同他的夫人吴翠珍女士共同写出《青藏高原鱼类》专著文稿，洋洋数十万言，文图并茂，很全面详细地介绍了青藏高原鱼类的各个方面，将稿送来约我观看作序。我自愧从事中国鱼类调查研究40多年，虽整日忙碌，惜成绩寥寥；但出于求知本能我很高兴地将文稿细读数天，深感获益很多，认为此鱼类区系专著内容之丰，水平之高，实不多见。故乐于作序，愿推荐给国内外鱼类学家。此书值得一读，并且也是鱼类学界、水产学界、大专院校有关的师生和博物馆工作者一部良好、难得的参考书。此书之优点在于内容很丰富、全面，远远超过以前有关青藏高原鱼类的其他文献；理论方面如提出金线鲃属（Sinocyclocheilus）不仅背鳍硬刺后缘有锯齿状突起，而且肛门及臀鳍基两侧的鳞已较大和染色体核型结构也与裂腹鱼属（Schizothorax）近似，因此认为裂腹鱼类的起源似与金线鲃属有其最近共同祖先，这比苏联已故鱼类学家Г.В.Никольский认为裂腹鱼类起源于印度的罗塔鲃属（Rothee）说服力要强得多；特别是本书很多资料是武教授卅年来亲身实地调查采集和经过长期考虑分析的收获，甚富创造性，所以十分宝贵，值得重视。当然任何事物都是发展的，本书也不可能完美得毫无缺陷及遗漏，这些仍待鱼类学家们（包括武教授在内）继续努力钻研来解决，但这丝毫也不影响本书的巨大成绩。

李思忠谨序

1991年7月15日

于北京中国科学院动物研究所

鲤科鱼类

鲤科鱼类（cyprinid fishes）：鲤，鳞有"十"字文理故名鲤（李时珍：《本草纲目》）。科以鲤（*Cyprinus carpio*）为代表故名鲤科。主要特征如下：体常具有辐状纹的圆鳞；头无鳞；侧线1条；无鳍棘；背鳍1个，有些与臀鳍前缘有硬刺（pseudospine）；腹鳍腹位；尾鳍叉状；口无齿；上颌缘由间颌骨形成；须无或有吻须，上颌须各1对，下颏须2~3对；下咽齿1~3行（罕4行），每行至多7齿；有假鳃；第4鳃弓后有鳃裂；前4椎骨愈合且有4个魏氏小骨连鳔、内耳形成骨鳔器官（Ostariophysan organ），第4腹椎腹侧有悬器；基枕骨上咽突合呈管状，管壁腹面宽平有咀磨垫，与下咽齿合具碎食作用；胃不显明；无幽门盲囊；鳔游离或包在骨膜内，有管通食道；源于淡水内，为原生淡水鱼类（primary freshwater fishes）。在现代鱼类学中属硬骨鱼纲（Osteichthyes）、辐鳍鱼亚纲（Actinopterygii）、新鳍鱼殿纲（Neopterygii）、鲱口鱼部（Halecostomi）、真骨鱼亚部（Teleostei）、真真骨鱼殿部（Euteleostei）、骨鳔鱼总目（Ostariophysi）、鲤形目（Cypriniformes）、鲤亚目（Cyprinoidei）中的鲤科（Nelson, 1984）。

中文古书的记载：《易经》载"古包犧氏之王天下也，仰则观象于天，俯则观法于地，观鸟兽之文与地之宜，近取诸身远取诸物，于是始作八卦……作结绳而为网罟，以佃以渔"。原始社会有一渔猎时代，周口店山顶洞古人遗址就有鲤科草鱼骨骼。与欧洲古人认为鱼是穷人食物不同，中国古人喜吃鱼又爱鱼。例如，河南安阳公元前1066年前的殷墟厨旁有鲤、草鱼、青鱼、赤眼鳟等骨骼，甲骨文内有"贞其雨，在圃渔""在圃鱼，十一月"等养鱼、捕鱼记载；公元前479~1066年的诗歌《诗经》中《国风·汝坟》《齐风·敝笱》《陈风·衡门》《豳风·九罭》《诗经·小雅·丽鱼》《诗经·小雅·南有嘉鱼》《诗经·小雅·六月》《诗经·小雅·采绿》《大雅·韩奕》及《周颂·潜》10篇，就有鲂、鳡（鳏）、鲔（白鲢）、鲤、鳟（赤眼鳟）、嘉鱼（大鳞突吻鱼）、鲦（白鲦）等鲤科鱼名；《春秋》《左传》等还载很多古人以鲤科鱼名为名，如楚公子鲂，晋有士鲂、栾鲂、乐王鲋（卿）、士鲋、羊舌鲋，晋文公长子伯鲦，卫有高鲂、鲁有季鲂，齐有析成鲋；孔子的独生子名鲤、字伯鱼；战国末孔子后裔孔丛子名孔鲋；西汉武帝时长沙王名鲋鮈等。

世界最早的《养鱼经》为范蠡所著。他春秋时助越王勾践复仇功成隐退到山东定陶，养鱼经商，所养的就是黄河鲤鱼。约汉初成书的百科全书《尔雅·释鱼》卷内记有鲤、鲩（草鱼）、鲴黑鲦（白鲦）、鳏鲚鳜鳎（鳑鲏类）、鲵鳟、鲂等。汉初成书的《山海经》虽多神话传说，也记许多现用的鱼名如鳟、鳙（鳡）（其状如鲤而大首）、鳋（sāo）等，说"又西二百里曰鸟鼠同穴之山……渭水出焉而东流于河，其中多鳋鱼，其状如鳣鱼"。鳋就是渭河厚唇重唇鱼（*Gymnodiptychus pachycheilus weiheensis*），若将渭源县厚唇重唇鱼与鳣（鲟科鱼古名）相比，多么形似！以后医书本草、杂记、诗赋等也常有记载，最著名者当推明李时珍著《本草纲目》卷四十四详载鲤科鲤、鲩、鳙、鳟、鲩、嘉鱼、鲫、鲂、石鲡（鲡属）、黄鲴、鲦鱼、鳏（鳑鲏亚科）及自晋到唐、宋人工育成的观赏名鱼金鱼等。

现代鱼类学中的记载：林奈（Linne, 1758）定鲤类为鱼纲腹鳍腹位鱼目（Abdominales）的鲤属（*Cyprinus*）约20种。居维叶（Cuvier, 1817）定为腹鳍腹位软鳍鱼目（Malacopterygiens Abdominaux）的鲤科。根舍（Günther, 1868）定为鳔口鱼目（Physostomi）的鲤科；含胭脂鱼（Catostomina）、鲤（Cyprinina）、罗特鳊（Rohteichthyina）、低线鲃（Leptobarbina）、波鱼（Rasborina）、半游鲃（Semiplotina）、鲴（Xenocypridina）、雅罗鱼（Leuciscina）、鳑鲏（Rhodeina）、鲃（Danionine）、鲢（Hypophthalmichthyina）、鳊（Abramidina）、平鳍鳅（Homalopterina）及鳅（Cobitidina）等14组。乔丹与埃维尔曼（Jordan & Evermann, 1896）定为愈椎鱼目（Plectospondyli）、善内颌鱼亚目（Eventognathi）的鲤科。贝尔格（Berg, 1940）改为鲤形目、鲤亚目（Cyprinoidei）（与鲑鲤亚目"Characinoidei"等并列）的鲤科（与胭脂鱼科"Catostomidae"等5科并列），将鲤科分为鲤亚科、扁吻鱼亚科（Psilorhynchini）、鳅鮀亚科（Gobiobotini）及鲢亚科。朱元鼎1935年将中国鲤科分为雅罗鱼亚科、软口鱼亚科（Chondrostominae）、鳊亚科、鳏亚科（Acheilognathinae）、鲢亚科、鮈亚科（Gobioninae）、鲤亚科及裂腹鱼亚科（Schizothoracinae）。尼科里斯基（Nikolsky, 1954）增一鲃亚科（Barbinae）。王以康（1958）恢复鳅鮀亚科。伍献文等（1964、1977）采用上述10亚科；1987伍献文的学生们又自鲃亚科及雅罗鱼亚科分出鲃亚科（Danioninae）及野鲮亚科（Labeoninae），共分鲤科有12亚科。

以二名法研究中国鲤科鱼最早者为林奈（1758），记有鲫（*Cyprinus auratus*）。以后居维叶与瓦朗西（Valenciennes, 1844）、理查森（Richardson, 1844~1845）、布里克尔（Bleeker, 1864~1879）、根舍（1868~1898）、里根（Regan, 1904~1914）、尼科尔斯（Nichols, 1918~1943）、伦道尔（Rendahl, 1925~1932）等都研究过。根舍1868在《大英博物馆鱼类目录卷7》记有23属40种，伦道尔在1928记9亚科139种，尼科尔斯1943记有268种。

最早研究过鲤科鱼的中国专家有寿振黄（与Evermann, 1927）、张春霖（1928）、伍献文（1929）、方炳文（1930）、林书颜（1931）、王以康（1933）、陈兼善（1934）、施怀仁（1935）等;其中尤以朱元鼎的《中国鱼类索引》（1931）及《中国鲤科鱼类鳞片、咽骨与其咽齿之研究》（1935），张春霖《中国鲤科鱼类的研究》（1933），林书颜《广东及邻省鲤科鱼类的研究》（1933~1935）最著名。1949年后至1978年前仅发表有张春霖《中国系统鲤类志》（1959）、伍献文等的《中国鲤科鱼类志》上册（1964）及下册（1977），后者记载112属367种及另44亚种（为指名亚种外的亚种），充实很多。1978年后国家改革开放带来极大生机，已发表与鲤科鱼有关专著包括李思忠主编的《新疆鱼类志》（1979），郑葆珊主编《广西淡水鱼类志》（1981），李思忠著《中国淡水鱼类的分布区划》（1981），成庆泰等主编《中国鱼类系统检索》上、下册（1987），陈景星等著《秦岭鱼类志》（1987），郑慈英主编《珠江鱼类志》（1989），潘炯华等主编《广东淡水鱼类志》（1991）等及有关论文100多篇；中国台湾也发表有沈世杰著《台湾鱼类检索》（1984）及曾晴贤著《台湾的淡水鱼类》（1986）等。中国鲤科概况已被基本了解，并且这一领域研究在更深入进行。

习性： 在全北区（古北区+新北区）多属广温性，具温带特性，能耐冬季约7℃以下的低水温，春夏产卵；在热带多属狭温性，每年多次产卵。小鱼食浮游动物；稍大如白鲢主要食浮游植物，鳙食浮游动物，青鱼食螺蚌，草鱼食草本植物叶子，鲴类喜刮食水下石面固着藻类，但大部为杂食性。鲢、鳙、青鱼、草鱼在流水中产近浮性卵，鲤、鲫静水产沉性卵粘在水草上孵化。有些鱼卵产于流水、沉在沙石底间。鳑鲏类及鱊属卵产蚌壳内，麦穗鱼喜将卵产在水下光滑硬物上。卵一般无毒；但裂腹鱼亚科和温州光唇鲃（*Acrossocheilus wenchowensis*）等鲃亚科鱼卵有毒，需100℃以上高温与5分钟破坏卵毒后方可食用。一般洄游不特显明，但图们江的滩头雅罗鱼（*Leuciscus brandti*）、准噶尔盆地的雅罗鱼（*L. merzbacheri*）、青海湖裸鲤（*Gymnocypris przewalski*）、伊犁河的银色裂腹鱼（*Schizothorax argentatus*）等5～6月密集溯河产卵洄游，致有"骑马过河踩死鱼"现象。银色裂腹鱼小时候呈银白色，均为雄性；体长300 mm以上大鱼呈暗黄色，均变为雌鱼。此性变现象在鲤科内罕见。

雄性成鱼有些具追星，或鳍条尖长，或如裂腹鱼类少数臀鳍条骨化成尖钩状。本科鱼小者如钦州小似鲴（*Xenocyprinoides parvulus*）最大体长仅21～25 mm，而大者如泰国卡特鲃（*Catlocarpio siamensis*）体长可达2.5 m，中国的鳡、青鱼、草鱼、鲢、鳙及南疆大头鱼（*Aspiorhynchus laticeps*）大者也长达2 m以上。栖息地最高如长江上源当曲的软刺裸裂尻鱼（*Schizopygopsis malacanthus*）达海拔5 100 m；而以平原湖塘种类最多；裸腹盲鲃（*Typhlobarbus nudiventris*）等生活在地下溶洞内，眼已消失，体呈半透明状态。下咽齿有篦状的、齿状的及尖钩状的，是判断分类与特化程度的重要依据。

鲤科鱼的染色体数（2n）：已知青鱼、赤眼鳟、鲴、鳊、鲂、红鲌、鲦、逆鱼、鳡浪白鱼、鳑鲏等为48；麦穗鱼、棒花鱼、铜鱼、颌须鮈、吻鮈、鲹、拟刺鳊、鳅鮀等为50；金线鲃为96；鲤属、金鲫为100（昝瑞光等，1980；李树深等，1981；李康等，1983～1984）。

纳尔逊（Nelson, 1984）称全世界有鲤科鱼约194属2 070种；笔者保守估计约201属2 109种，亚洲、欧洲、非洲有1 889种，北美洲有220种。1987年成庆泰等记中国有120属389种及另36亚种；笔者现统计有128属444种及另46亚种，是鲤科鱼亚科及属种最多的国家。

地理分布： 在世界动物地理中分布于全北区、东洋区及埃塞俄比亚区，即亚洲、欧洲、非洲和北美洲的温带及热带。向北在瑞典及芬兰和加拿大马更些河略伸入北极圈；向南达南非南部，锡兰、爪哇到松巴哇岛和墨西哥巴尔萨斯河。冰岛、格陵兰和西印度群岛、巴尔萨斯河到南美洲，新西兰到澳大利亚、西里伯斯岛及马达加斯加岛均无。中国分5区。江河平原区以鲃、雅罗鱼、鮈、鲴、鳑鲏及鲢等亚科为主；华西区以裂腹鱼亚科为主；宁蒙区只有雅罗鱼、鲤及鮈三亚科；北方区额尔齐斯亚区具西伯利亚及欧洲性质，黑龙江亚区兼西伯利亚及东亚平原鱼性质；华南区则鲃、鲴、野鲮三亚科占优势。

起源： 科克瑞尔（Cockerell, 1925），贝尔格（1940）等认为源于狼鳍鱼属（*Lycoptera*），鳞似鳟属（*Phoxinus*），最大耳石为箭耳石（sagitta）；迈尔斯（Myers, 1967）认为源于晚三叠纪南美洲及非洲；格里（Gery, 1969）等认为源于非洲；布里格斯（Briggs, 1979）认为鲇鲤类是晚侏罗纪东洋区的鼠鳝目演变成的，到白垩纪鲤形目产生取代了鲇鲤目，但至今东洋区未发现鲇鲤类的化石

（Berra, 1981）。罗森与格林伍德（Rosen & Greenwood, 1970）主张鲤形目等骨鳔鱼类源于虱目鱼科（Chanidae），经鼠鱚科（Gonorhynchidae）而演化出鲀鲤目、电鳗目（Gymnotiformes）、鲤形目及鲇形目。因虱目鱼科与鼠鱚科前三椎骨已特化且至少与一头肋相连，认为这是原始的韦伯氏器官（Weberian organ）。但虱目鱼等顶骨已被上枕骨与额骨隔离，眶蝶骨与下咽齿已消失；鲀鲤类下咽骨也无齿；而鲤形目顶骨互连且有眶蝶骨及下咽齿，与多洛（Dollo's）法则相连。又南北大陆很早分离，在亚洲始新世中期、在美洲上新世才又相连，而鲤科化石在欧洲古新世、亚洲始新世及北美洲渐新世已发现（Berra, 1981）；故仍似始于亚洲和欧洲，因上侏罗纪到上白垩纪在中国自甘陕到山东、内蒙古、吉林等发现很多狼鳍鱼及同心鱼（*Tongxinichthys microdon*）化石，很似鲤科的祖先（李思忠，1986）。

经济意义： 鲤科产量占各科鱼类首位。中国重要经济鱼即有鲤、鲫、青鱼、草鱼、鲢、鳙、鳡、鲂、鳊、红鲌、赤眼鳟、青海湖裸鲤、银色裂腹鱼、大理裂腹鱼、塔里木裂腹鱼、滩头雅罗鱼、贝加尔雅罗鱼、准噶尔雅罗鱼、圆吻鲴、铜鱼、土鲮、金线鲃等数十种，产量占淡水鱼大部分。利用鲢、鳙、青鱼、草鱼、鲤等食性及生活水层不同，在东部平原混合塘养很科学，这些鱼及混养法已传到欧美等。鲤原产于中国东部，后传到波斯，1150年被带到奥地利，1496年到英国，1560年到普鲁士并扩传至瑞典，1729年到沙俄，1830年到美国1908年到澳大利亚，1915年到菲律宾，并广被养殖，育成镜鲤、革鲤、鳞鲤数品种。20世纪50年代末，青鱼、草鱼、鲢、鳙人工繁殖获得成功，缓解了鱼苗供应的困难。近十多年实践证明在河边流水养鲤，低洼碱地挖塘养鱼，垫地务农，是广开生路的富民途径。北京市10年多努力由年产五六百万斤，已达年产1亿多斤可作证明，潜力很大。

参考文献

［1］成庆泰，郑葆珊. 中国鱼类系统检索［M］. 北京：科学出版社，1987.

［2］褚新洛，陈银瑞，等. 云南鱼类志：上册（鲤科）［M］. 北京：科学出版社，1989.

［3］李思忠. 中国淡水鱼类的分布区划［M］. 北京：科学出版社，1981.

［4］伍献文，等. 中国鲤科鱼类志［M］. 上海：上海人民出版社，1977.

［5］郑慈英. 珠江鱼类志［M］. 北京：科学出版社，1989.

［6］中国科学院西北高原生物研究所. 青海经济动物志［M］. 西宁：青海人民出版社，1989.

［7］GÜNTHER A. Catalogue of the Fishes in the British Museum. Vol. 7. Catalogue of the Physostomi, Containing the Families Heteropygii, Cyprinidae, Gonorhynchidae, Hyodontidae, Osteoglossidae, Clupeidae, Chirocentridae, Alepocephalidae, Notopteridae, Halosauridae, in the Collection of the British Muesum. London：Taylor and Francis, 1968：1–512

［8］BERRA T M. An atlas of distribution of the freshwater fish families of the world［M］. Lincoln: University of Nebraska Press, 1981.

［9］NELSON J S. Fishes of the world［M］. 2th ed. New York: John Wiley & Sons, Inc., 1984.

中国科学院动物研究所

李思忠

（为《现代科技综述大辞典》拟稿，第二稿；北京出版社1998年出版）

《中国动物志　硬骨鱼纲　鲽形目》前言

本书分总论和各论两大部分。总论包括研究史、形态特征、生态、地理分布、演化、经济意义及增殖途径6部分。

研究史部分主要说明此目鱼类中文记载最早见于《尔雅·释地》《五方》一节，称"东方有比目鱼焉，不比不行，其名谓之鲽"。如此文系孔子（公元前551—前479）所作，至今已约2 500年。因此类鱼两眼同位于头一侧，古人认为两鱼并肩各视一侧方能行，故名比目鱼。西汉司马相如《上林赋》及司马迁《司马相如传》内尚有"禺（yú）禺魼鳎"句。禺禺，敬仰的意思；魼、鳎为此类鱼名；以此形容夫妇相爱、形影不离。唐初卢照邻《长安古意》诗更有"得成比目何辞死？愿作鸳鸯不羡仙"美句。以后又有鳒、版、鞋底、箬叶、鲆等鱼名。现代鱼类学中，Linnaeus（1755）仅记有欧美此类鱼1属16种。Bloch（1785）首先记载中国及东印度群岛产长钩须鳎。中国人记载中国此类鱼以寿振黄与Evermann（1927）以及张春霖（1928）为最早。

形态观察部分主要介绍本目鱼类的形态变化以探索其演化关系和选择其简便可靠的鉴别特征。此类鱼最明显的特征是仔鱼后期两眼渐位移至头一侧。因此，其骨骼、鳍、鳞、齿、体色、侧线、甚至卵巢、腹腔等均不是左右对称。从外部即可见各鳍的分支鳍条由多变少或无；背鳍始点由项后往前移到眼上或吻端；偶鳍由对称向不对称和消失的方向演变；鳞由圆鳞向弱栉鳞、强栉鳞演变等等。内部变化也很复杂。鳒科无眼侧尚有皮蝶耳骨（即伪头中骨）。鳎亚目有变形间髓棘，舌鳎科还特有2个伪间髓棘。鳒科、棘鲆科、牙鲆科与鲽科鱼类有肋骨；鲆科与冠鲽科有肌隔骨刺（又名肌间骨）；鳎亚目无肋骨及肌隔骨刺。鲽科和冠鲽属腹椎有肾脉突而尚无肾脉弓，沙鲽属及斜鲽属肾脉突微连成肾脉弓，而肾脉棘为尖叉状；鳒科、牙鲆科有钝叉状肾脉棘；鲆科有侧扁、短截形强肾脉棘；鳎科肾脉棘为尖叉状；舌鳎科肾脉棘呈横板状。根据内外形态差异现能确切无误地鉴别与认识各科，反常个体也不难辨认。根据解剖，还发现鳒科无基蝶骨（这与Berg（1940, 1955）等记载不同）和舌鳎科第一间脉棘为细长弧状（与Menon（1977）的观察不同）。

通过生态部分可明确Norman（1934）对鲆科鱼卵有一油球而鲽科鱼卵无油球的断言应加以修改。因现知鲽科有些属种也有油球，如角木叶鲽有2～11个油球，钻石鲽卵有1个油球等。但左鲆属等仔鱼后期第1背鳍条很长，稍大即消失。从重演学说的观点来看，其祖先似什么呢？最近看到Olney, J. E. & D. P. Markle（Bull. Mar. Sci. 1979, 29（3）：365-379）及Markle, D. F. & J. E. Olney（Pac. Sci. 1980, 34（2）：173-180）两篇文献，称大西洋一种蛇齿潜鱼（*Echiodon* sp.）（头长2.5 mm）、百慕大潜鱼（*Carapus bermudensis*）（头长4 mm）和腹鳍锥齿潜鱼（*Pyramodon ventralis*）（头长6 mm）及犬齿斯氏潜鱼（*Snyderidia canina*）（头长3.6 mm）的仔鱼第1背鳍条也特别粗长，特称为竿鳍条（vexillum），鱼稍大即消失，与左鲆属等仔鱼后期此鳍条很相似。若再联想到大口鳒下鳃骨有齿群，鲽形目背鳍、臀鳍鳍条较相邻目的椎骨数甚多等，是否显示本目与蛇鳚目（Ophidiiformes）近缘呢？尚待研究。

分布与生态都说明鲽形目鱼类主要是热带暖水性浅海底层鱼类。西太平洋热带中数最多，达208种；东太平洋热带有48种；印度洋中北部有122种；西大西洋热带有48种；东大西洋热带有33种；北冰洋有9种；南极海只有1种。这是因地球自转，大洋西侧暖水区较广，故西侧较多。北冰洋因受墨西哥湾暖流影响尚有9种。南极海被西风寒环流控制只有1种鲽形目鱼类。在我国南海数量最多；但东沙、西沙及南沙群岛海域中很少，因与沿岸浅海间有超过1 000 m以上水深的深海相隔；黄海北部与渤海有冷温带种类，是受南下的沿岸寒流影响所致。

分类地位、起源及演化部分说明：Linnaeus（1758）只记述1属16 种。后发现渐多，Cuvier（1817）将属升为科；Günther（1862）将其升为鲽亚目；Cope（1871）将其升为鲽形目。现知有1目3亚目9科约600种。对其起源，Muller（1846）认为与鳕类近缘；Boulenger（1902）认为与海鲂类近缘；Regan（1910）认为起源于鲈形目后一直被许多鱼类学家如Jordan（1923）、Norman（1934）、Berg（1940, 1955）、Matsubara（1955）、Nelson（1976, 1954）等接受。自Amaoka（1969）根据鲆科有肌隔骨刺认为鲽形目起源应早于鲈形目后，著者发现冠鲽科也有肌隔骨刺；鲽科与冠鲽腹椎只有肾脉突而无肾脉弓，以及鲽形目的副蝶骨均伸达基枕骨的后端或附近；又考虑到圆鳞鳎等只有圆鳞，鳎鲽亚科鱼类有眼侧腹鳍条达7～13条，黑海圆鲆有19条分支尾鳍条，本目鱼类背鳍只1个，本目约600种鱼内仅7种有鳍棘和化石发现较早（始新世已有鳒科、圆鲆科、鲆科、鲽科及鳎科等鱼类），著者认为本目似起源于白垩纪较原始的鲱亚目。从演化方面看，这三个亚目中以鲽亚目最原始（但鳍棘方面最特化）；鳎亚目最特化。在鳎亚目内，舌鳎亚科最特化（在左右额骨均尚联中筛骨方面又最原始）；在鲽亚目中鲆科最特化，冠鲽科次之（但在有肌隔骨刺方面又最原始）。以上结论与前人观点不同。

总论最后一章说明鲽形目鱼类的肉富含不饱和脂肪酸，能使人血中胆固醇降低和增强体质，营养价值很高。鲽形目鱼类的产量占全世界鱼类总产量的1.66%～3.37%，1960年后至今有明显下降趋势。在中国，本目鱼类占海鱼总产量的2.29%（1955）。黄海、渤海人民有"一鲆、二镜（鲳鱼）、三鳎目"的谚语，甚为人民喜食。近20多年来产量也在锐减，应研究保护和合理利用的办法，并建议对褐牙鲆、半滑舌鳎、华鲆、黑鳃舌鳎等肉质优且地方性洄游习性强的种类，多开展人工繁殖、养殖及放流增殖等科研工作。鲆方面已有良好成效。

各论系统地分类叙述本目鱼类中国的3亚目8科50属及134种，比朱元鼎（1931）、伍献文（1932）、Fowler（1933, 1934）、郑葆珊（1955, 1962）、王以康（1958）、张春霖与王文滨（1963）、陈兼善与翁廷辰（1965）、沈世杰（1984）及李思忠等（1987）的著述中的种数及内容都增加很多。对于邻海可能亦产的属种，在书中涉及近缘属种处也常略予以注述，尽量能方便于读者。

叙述鳒亚目时，还说明：鳒属无基蝶骨；大口鳒的鳞是弱栉鳞而非圆鳞，以免再以讹传讹。

叙述鲽亚目时，根据文献和自己的研究，分为棘鲆科、牙鲆科、鲆科、鲽科及冠鲽科，以及仅产于北大西洋及北冰洋水系的圆鲆科。检索表是依形态特征比较研究的结果，较一般专著详细，遇到反常个体也不难辨认。如棘鲆科、牙坪科与鲽科有肋骨，偶鳍有分支鳍条等；棘鲆科无眼侧胸鳍较长，另两科有眼侧胸鳍较长；牙鲆科腹椎有肾脉弓而鲽科无肾脉弓等均为主要鉴别依据。

对鳎亚目也是如此，说明均有变形间髓棘而无肋骨及肌隔骨刺，舌鳎科尚有两伪间髓棘；鳎科与舌鳎科的横突及肾脉棘形状也很不相同。著者根据大量形态比较观察，认出一尾两眼位于右侧的紫斑舌鳎；还将南海曾被郑葆珊（1962）误认为是半滑舌鳎的标本更正为黑鳃舌鳎。因后者生殖泌尿突起附连在第1臀鳍条的左侧，而前者游离于第1臀鳍条右侧附近。

本志所依据的标本主要是著者等于1951年到1977年期间自渤海到南海西沙群岛及广西等海域采得的；有些是中国科学院青岛海洋研究所和武汉水生生物研究所的标本；还有些是上海水产大学及国家水产总局东海研究所的标本。总论内的图大部分由王惠民描绘，图Ⅰ-27为王蘅代绘；各论内的图大部分是敖纫兰所绘已发表过的图，根据实物很多由王惠民做了修改，还有些是借用有关文献中的图，都注明有原出处。总论中的图Ⅰ-17是本所杜继武代为摄像及洗制的鲽形目鱼类骨骼的X光照片。在此谨向有关专家和为本书付出过劳动的同志们致谢。并向旅大市水产公司、青岛市水产公司、南海市水产

公司、广西壮族自治区水产公司及海南省水产局致谢，在我们采集调查时曾得到他们的热情帮助。

本稿自70年代撰写，因种种原因80年代几经易稿，直至1990年由《中国动物志》第三届编辑委员会推荐，取得中国科学院科学出版基金资助方得以出版。希望此书能对祖国文教及经济建设起到一些促进作用。若有错误及不妥处，欢迎指正，乐于修改。

中国科学院动物研究所

李思忠

1993年10月

平鳍鳅科及鲱科鱼类地理分布和东洋区北侧界线的探讨（摘要）

平鳍鳅科118种：中国63种，怒山东到台湾62种及怒山西仅怒江有1种，南岭南54种而北侧14种；国外58种，东南亚47种和南亚仅达印度11种。鲱科109种，中国44种，怒山西23种和元江及以西36种；国外89种，怒山东25种，以西达土耳其74种。Berra（1981）这两科的分布图有明显失误。陈宜瑜等（1986，1987，1989）主张以秦岭为东洋区北界，称将此线北推1 000多千米，并规定划此线原则是"新第三纪青藏高原急剧升高和全球性气候变冷""在青藏高原周围出现的""典型东洋区暖水性急流鱼类平鳍鳅科和鲱科"和"典型古北区冷水性鱼类雅罗鱼及鲂鱼类群间的分布界线"，在此地史事件前或以后产生的鱼类均无重要（演化或分布上的）意义。本文著者指出：① 鸟类学家Sclater（1858）已将此线划在30°N～33°N；Wallace（1876）更明确秦岭为界，西侧穿横断山连喜马拉雅山东端，东侧经洞庭湖西连南岭及武夷山为界。② 平鳍鳅科与鲱科公认是中印间山麓鱼类，而山区水温低，如拉萨、金沙江等冬季近0℃～4℃；Hora 20世纪30年代已指出南方此类是冰川期迁去的；不是暖水性鱼类。雅罗鱼与鲂类群是北温带北部鱼类，春夏间10℃～15℃产卵；而真正冷水性鱼类是秋冬0℃～4℃时产卵。③ 青藏高原升高和全球变冷有过多次；第四纪6次冰川期更甚，对鱼影响更大。④ 鲱科与鳊、鲴等均产生于新第三纪后期上新世，雅罗鱼等与鲃亚科均产生于老第三纪，对同时产生的鱼类不应有所厚薄。⑤ 狭义南岭北侧无鲱科及平鳍鳅科，广义南岭北侧也无长臀鮠科、锡伯鲇科、鮡科、粒鲇科、双孔鲤科及南鲈科；南岭比秦岭阻碍作用并不小。⑥ 动物地理区划应以动物天然分布和地理环境特征的异同大小作为综合考虑，尤应重视广分布的优势种。否则菲律宾既无鲱科等，也无雅罗鱼等将难以区划；如以鲱科为准则，拉萨、西亚和青海玉树都应划入东洋区！故仍主张以广义南岭为东洋区北界。详见《系统进化动物学论文集》，1993，2：35-63。

中国科学院动物研究所

李思忠

1994年1月3日

（原载：《中国动物学会60周年纪念文摘汇编》，1994年9月）

On the Boundary Line between the Oriental and Holarctic Regions Based on the Geographical Distribution of Fresh-water Fishes

The authors of *The fish fauna of the zhujiang river system*（1989）offered some new principles about geographical distribution divisions of freshwater fishes, claiming that the homalopterid, sisorid and labeonine fishes are typical Oriental fishes. They affirmed that the Qinling Mountains should be the boundary line between the Oriental and Holarctic Regions for freshwater fishes.

This paper argues on that: ① The upper reaches of the Changjiang River originally drained southward, but later turned to eastward, hence a few of the homalopterid, and sisorid fishes might live in the north of the Nanling Mountains. Up-to-today they are only a small subset of the Changjiang R. native fishes. They cannot represent the whole Changjiang River native fishes. The Labeoinae is a very ancient subfamily of Cyprinidae, for the fossil Osteochilus of Labeoinae has been discovered from both Guangzhou and Hunan Eocene deposits, so the species living in the Changjiang R. are old Tertiary relics. ② Both the schizothorascinine fishes in the High Centro-Asiatic Sub-region and the Culterinine, Xenocyprinine, Hypophthalmichthyinine, and many other endemic gobioinine, leuciscinine fishes etc. in the East China Plain are originated from the Pliocene palaearctic cyprinid fishes. Some of the culterinine, xenocyprinine etc also live in Europe and West Asia waters up to now; all habitats of the above fishes should be belonging to Holarctic Region. ③ The Nanling Mountains is more complete than the Qinling Mountains, especially in their east parts, and much more freshwater fishes are separated by the former mountains; and most native fishes in the Changjiang R. are warm temperate freshwater fishes; they need low water temperature about 4℃ ~ 10℃ in winter and about 18℃ ~ 26℃ water temperature for spawning. All these characteristics in habit and phylogeny are distinctly different from the Tropical Oriental Freshwater fishes; in fact, although for more than 50 years the fry（juvenile fish）of Silvery loweyed Carp, Spotted Bighead Carp, Grass Carp etc. is purchased and transported to Thailand, Malaya etc. for pond-culture purpose, this is why they still cannot live in there naturally, I think. Many East China Plain fishes moved to the southern of the Nanling Mountains during the Glacial Periods, and still cannot live in Guangdong and Guangxi, even though a few reach to north part of Hainan, China, and the lower part of the Honghe R., Vietnam. Recently some scientists reported that after many years' studies on the qualities of the Silvery loweyed Carp, Spotted Bighead carp and Grass Carp, it is shown that these fishes living in Changjiang R. are better than those in Zhujiang R.; the latter has revealed some degeneration, and their original homeland water of Lower Changjiang R. is much better habitat for them to live. Therefore, it seems to me that there are no adequate reasons to assign the East China Plain and fishes there to the Tropical Oriental Region.

Key words: Oriental Region; Holarctic R.; Geographical distribution of freshwater fishes; Tropical Freshwater fishes and temperate freshwater fishes

Institute of Zoology, Academia Sinica, Beijing

LI, Si-Zhong

鲤亚科鱼类地理分布的研究

摘要： 本文简述鲤亚科范围及种检索表后，详细归纳了它们自然地理分布的现状，并对形成其自然分布现状的原因，从鲤类起源、分布区地史及古气候的变化与鲤类习性等方面，进行了较深入的探讨。

鲤与鲫都是中国人很早即很爱吃的鱼类。如在殷墟厨房旁废弃物中就有鲤骨骼。《诗经·周颂·潜》是一篇诗歌，颂约于公元前1000年周初天子命鱼官去陕西渭河北侧漆河和沮河捕鳣（鲟鳇）、鲔（白鲟）、鲦、鲿、鰋（鲇）、鲤，祭祖庙祈赐好年景与幸福。《诗经·陈风·衡门》篇尚有"岂其食鱼，必河之鲤？岂其娶妻，必宋之子？"以黄河鲤比美女宋国公主。《孔子家语》载孔子生子，适逢鲁君赐一鲤；孔子以荣君之赐，命其子为鲤、字伯鱼。鲫古名鲋，首见于《易经》有"井谷射鲋"句。河南省辉县发掘战国（前403～前221年）古墓中多有祭品鲫鱼。战国末及秦初，孔子的八世孙孔丛子真名就叫孔鲋；《吕氏春秋》载"鱼之美者有洞庭之鲋"等。这些记载、发现均可证实早在2 200～3 000年前中国人多么喜吃和爱鲤、鲫鱼类。近20多年国内鱼类学家对鲤亚科鱼类的分类研究已获显著进展，但对其地理分布尚无专文研究，且时有以讹传讹之处，故专作此文，试予探讨。

1. 鲤亚科主要特征及属种检索表

体侧扁，纺锤形或近菱形；腹缘无皮棱。口端位、上位或稍低；上、下唇相连，与吻皮分离，唇后沟中断。须无或1～2对。下咽齿1～3行，罕为4行；匙形、铲形或臼齿状或稍呈钩状。背鳍Ⅲ-Ⅳ-8～22；臀鳍Ⅲ-5～6（罕为7）；背鳍、臀鳍最后硬刺后缘锯齿状。侧线完整。肛门邻臀鳍。鳔有前后2室。

其属种可检索如下。

1（40）下咽齿3行，罕有4行

2（7）下咽齿匙形；齿式为2.3.4-4.3.2

3（4）背鳍Ⅳ-8～9；侧线鳞35································鲃鲤 Puntioplites proctozysron

4（3）背鳍Ⅴ-14～22······································原鲤属 Procypris

5（6）背鳍Ⅳ-18～22；前背鳞12～14······················岩原鲤 P. rabaudi

6（5）背鳍Ⅳ-14～17；前背鳞15～17······················乌原鲤 P. merus

7（2）下咽齿臼齿状，齿式1.1.3-3.1.1或1.1.1.4-4.1.1.1·········鲤属 Cyprinus

8（31）齿冠具2～5条沟纹；鳔前室不小于后室（鲤亚属 Cyprinus）

9（26）口端位或亚下位

10（25）鳃耙少于44；须1～2

11（12）背鳍位于腹鳍基稍后·····························尖鳍鲤 C.（C.）acutidorsalis

12（11）背鳍始于腹鳍基上方或前方

13（24）尾柄高大于眼间距；鳃耙长不及鳃丝长1/2

14（21）下咽齿主行第1齿较第2齿粗······················鲤 C.（C.）carpio

15（20）尾柄长大于尾柄高；体长为背鳍基长2.8倍以上；侧线鳞35～40

16（19）头长小于体高；侧线鳞36～40

17（18）侧线鳞36～38·······························鲤指名亚种 C.（C.）c. carpio

18（17）侧线鳞38～40·······················红鳍鲤亚种 C.（C.）c. haematopterus

19（16）头长大于体高；侧线鳞35～36·······················杞麓鲤亚种 C.（C.）c. chilia

20（15）尾柄长等于尾柄高；体长不及背鳍基长2.7倍；侧线鳞30～34·······················

·······················华南鲤亚种 C.（C.）c. rubrofuscus

21（14）下咽齿主行第1齿较第2齿细

22（23）下颌很斜，前端高度同眼球中心；眼径大于吻长；唇前缘黑色·······················

·······················大眼鲤 C.（C.）megalophthalmus

23（22）下颌不很斜；前端高度同眼下缘；眼径小于吻长；唇前缘非黑色·······················

·······················春鲤 C.（C.）longipectoralis

24（13）尾柄高不大于眼间距；鳃耙长至少等于鳃丝长的2/3·······················洱海鲤 C.（C.）barbatus

25（10）鳃耙45～62，须1对或无·······················大头鲤 C.（C.）pellegrini

26（9）口上位

27（30）下颌长小于头宽

28（29）下颌长短于尾柄长；鳃耙19～24·······················云南鲤 C.（C.）yunnanensis

29（28）下颌长等于尾柄长；鳃耙23～28·······················大理鲤 C.（C.）daliensis

30（27）下颌长大于头宽·······················翘嘴鲤 C.（C.）ilishaestomus

31（8）下咽齿冠有一沟纹；鳔前室小于后室·······················中鲤亚属 Mesocyprinus

32（37）背鳍Ⅲ～Ⅳ-9～15；体侧无纵纹

33（36）背鳍Ⅳ-9～12·······················短背鳍鲤 C.（M.）micristius

34（35）尾柄短于头长减吻长·······················短背鳍鲤指名亚种 C.（M.）m. micristius

35（34）尾柄长于头长减吻长·······················抚仙短背鳍鲤亚种 C.（M.）m. fuxianensis

36（33）背鳍Ⅳ-13～15·······················异龙鲤 C.（M.）yilongensis

37（32）背鳍Ⅳ-17～22；体侧有纵条纹

38（39）侧线鳞34～36；下咽骨长为骨宽3.2倍·······················三角鲤 C.（M.）multitaeniata

39（38）侧线鳞38；下咽骨长为骨宽5.1倍·······················龙州鲤 C.（M.）longzhouensis

40（1）下咽齿1～2行；须无或1对

41（42）下咽齿2行；须1对·······················须鲫 Carassioides cantonensis

42（44）臀鳍Ⅲ-6～7；侧线上鳞7～8；鳃耙25～31；椎骨31～34·······················黑鲫 C. carassius

44（43）臀鳍Ⅲ-5～6（常为5）；侧线上鳞5～6；鳃耙39～112；椎骨30～34·······················鲫 C. auratus

45（48）　鳃耙39～54；背鳍及臀鳍外缘斜直线形

46（47）侧线鳞26～29；椎骨30～32·······················鲫指名亚种 C. a. auratus

47（46）侧线鳞30～32；椎骨32～34·······················银鲫亚种 C. a. gibelio

48（45）鳃耙74～122；背鳍、臀鳍外缘深凹形；侧线鳞31～33·······················白鲫亚种 C. a. cuvieri

2. 鲤亚科各属、种及亚种的地理分布

（1）鲃鲤属 Puntioplites Smith, 1929。只有鲃鲤P. proctozysron（Bleeker）1种，亦名湄公鲃鲤。发现于湄公河下游曼谷；现知广泛分布于泰国湄南河，自越南南方到柬埔寨、泰国及老挝的湄公河水系，中国云南省澜沧江下游勐仑等雨林带河湖区。缅甸掸邦最东部湄公河流域可能也产。

（2）原鲤属 Procypris Lin, 1933。为中国特产。岩原鲤P. rabaudi（Tchang, 1930）：分布于宜昌以

上长江水系。沿乌江达贵州省沿河、乌江渡及修文等；在四川省嘉陵江流域合川，岷江流域乐山，安宁河流域西昌及邛海（湖）等；在云南省达金沙江中段永仁等。乌原鲤*P. merus* Lin, 1933：广泛分布于珠江水系西江中游各支流如桂江上游漓江，桂平到南宁、龙州、百色、柳州及天峨等；滇东西洋江及富宁和黔南北盘江亦产。

（3）鲤属 *Cyprinus* Linnaeus, 1758。鲤亚属*Cyprinus* Linnaeus, 1758（包括9种）。① 尖鳍鲤*C.*（*C.*）*acutidorsalis* Wang, 1979分布于海南岛琼海市乐城、加积及石壁，琼山县龙矿，万宁市和乐及广西钦州。② 鲤*C.*（*C.*）*carpio* Linnaeus, 1758有4亚种。鲤指名亚种*C.*（*C.*）*c. carpio* Linnaeus的自然分布区是南岭以北的钱塘江、长江、淮河、黄河、海河到滦河，沿长江自上海达四川盆地西部，沿黄河自山东达兰州稍上方，沿滦河达承德稍上方。红鳍鲤亚种*C.*（*C.*）*c. haematopterus* Temminck et Schlegel, 1842分布于辽河、黑龙江、原苏联海滨省、朝鲜及日本北海道到九州。杞麓鲤亚种*C.*（*C.*）*c. chilia* Wu et al., 1964产于西江上游在云南省的杞麓湖、星云湖、抚仙湖、异龙湖及阳宗海；金沙江水系的滇池、茈碧湖、程海及邛海，和澜沧江上游的洱海等。华南鲤亚种*C.*（*C.*）*c. rubrofuscus* Lacépède, 1803分布于南岭南侧的浙东灵江及瓯江、福建、台湾、广东、广西、海南岛及滇南的元江下游到北越红河流域。③ 大眼鲤*C.*（*C.*）*megalophthalmus* Wu et al., 1963。④ 春鲤*C.*（*C.*）*longipectoralis* Chen et Hwang, 1977。⑤ 洱海鲤*C.*（*C.*）*barbatus* Chen et Hwang，1977。⑥ 大理鲤*C.*（*C.*）*daliensis* Chen et Hwang, 1977仅分布于洱海。⑦ 大头鲤*C.*（*C.*）*pellegrini* Tchang, 1933分布于西江上游通海县杞麓湖及江川县星云湖。⑧ 云南鲤*C.*（*C.*）*yunnanensis* Tchang, 1933和⑨ 翘嘴鲤*C.*（*C.*）*ilishaeformis* Chen et Hwang, 1977仅产于杞麓湖。

中鲤亚属*Mesocyprinus* Fang, 1936（包括4种）。① 短背鳍鲤*C.*（*C.*）*micristius* Regan, 1906有2亚种。短背鳍鲤指名亚种*C.*（*M.*）*m. micristius* Regan仅见于金沙江下游支流普渡河的上游滇池；抚仙短背鳍鲤亚种*C.*（*M.*）*m. fuxianensis* Yang et al, 1977仅见于西江上游云南澄江县抚仙湖及江川县星云湖。② 异龙鲤*C.*（*M.*）*yilongensis* Yang et al, 1977仅见于西江上游云南石屏县异龙湖。③ 三角鲤*C.*（*M.*）*multitaeniata* Pellegrin et Chevey, 1936分布于越南红河流域巴比湖及中国广西博白县南流江和广州到西江梧州、桂平、龙州、阳朔、桂林与黔南北盘江及都柳江等。④ 龙州鲤*C.*（*M.*）*longzhouensis* Yang et Hwang, 1977仅见于西江上游左江的上金到龙州及上思等。

（4）须鲫属 *Carassioides* Oshima, 1926。只有须鲫*C. cantonensis*（Heincke, 1892）1种。初见于广州，曾长期被疑为鲤和鲫的杂交种。现知分布于广州到西江流域的梧州、藤县等地，合浦的南流江，钦州钦江，海南岛北部南渡江如琼山、安定、澄迈、琼中、儋州市及白沙等，岛东北文昌市文教河与岛东部琼海及石壁万泉河和万宁龙首河等。

（5）鲫属 *Carassius* Jarocki, 1822。有2种。黑鲫*C. carassius*（Linnaeus, 1758）初见于欧洲，现知西达美国，北达斯堪的纳维亚及芬兰的波罗的海水系，南达意大利北部波河及西西里岛巴勒莫、保加利亚及希腊萨洛尼卡，自莱茵河向东到多瑙河、顿河、伏尔加河、北德维纳河、鄂毕河、叶尼塞河与勒拿河；法国西部及南部、瑞士、库拉河、小亚细亚、土库曼、咸海水系及巴尔喀什湖等均无；中国仅额尔齐斯河产。鲫*C. auratus*（Linnaeus, 1758）有3亚种。鲫指名亚种*C. a. auratus*（Linnaeus），又名金鲫，分布于中国东部沿滦河约达滦平及承德，沿黄河达兰州稍西，沿长江达云南永胜县程海，台湾，珠江，海南岛五指山北侧，元江到红河下游及澜沧江水系的丽水到南涧。甘肃河西走廊黑河下游酒泉到居延海和新疆哈密、巴里坤湖及米泉等也有，我怀疑是古时人移殖去的。银鲫亚种*C. a. gibelio*（Bloch, 1783）初见于德国东北部勃兰登堡（Brandenburg）。常与黑鲫混合分布，如在中北欧、东欧及西伯利亚等；在阿姆河及锡尔河下游亦产，最东北达科累马河口附近，黑龙江、辽河、图们江、朝鲜、原苏联海滨省，萨哈林岛（库页岛）西北部及日本北海道等。白鲫亚种 C. a. cuvieri Temminck et Schlegel, 1846：初见于日本长崎，现知四国及本州琵琶湖、三重县等均产。以上分布情况见表16。

表16　鲤亚科鱼类的自然地理分布

鱼类学名 ＼ 分布地区或河流	老挝、柬埔寨及泰国	越南	云南省						海南岛	南流江	钦江	珠江	中国台湾	闽江	钱塘江	长江	海河	辽河、黄河及淮河	黑龙江	朝鲜	日本本部	北海道	科累马河及萨哈林岛（库页岛）	叶尼塞河	鄂毕河及勒拿河	阿姆河	多瑙河到伏尔加河	意大利及希腊	德国到芬兰	英格兰及法国北部
			怒江	洱海	澜沧江	元江	西江上游（珠江水系）	金沙江																						
Puntioplites proctozysron 鲃鲤	+	+	−	−	+	−	−	−	−	−	−	−	−	−	−	−	−	−	−	−	−	−	−	−	−	−	−	−	−	−
Procypris rabaudi 岩原鲤	−	−	−	−	−	−	−	+	−	−	−	−	−	−	−	+	−	−	−	−	−	−	−	−	−	−	−	−	−	−
P.merus 乌原鲤	−	−	−	−	−	−	+	−	−	−	−	−	−	−	−	−	−	−	−	−	−	−	−	−	−	−	−	−	−	−
Cyprinus (Cyprinus) acutidorsalis 尖鳍鲤	−	−	−	−	−	−	−	−	+	−	+	−	−	−	−	−	−	−	−	−	−	−	−	−	−	−	−	−	−	−
C. (C.) carpio carpio 鲤指名亚种	−	−	−	−	−	−	−	−	−	−	−	−	−	−	−	+	+	+	−	−	−	−	−	−	*	*	*	*	*	*
C. (C.) c. chilia 杞麓鲤	−	−	−	+	−	−	+	+	−	−	−	−	−	−	−	−	−	−	−	−	−	−	−	−	−	−	−	−	−	−
C. (C.) c. rubrofuscus 华南鲤	−	+	−	−	−	+	+	−	+	+	+	+	+	−	−	−	−	−	−	−	−	−	−	−	−	−	−	−	−	−
C. (C.) c. haematopterus 红鳍鲤	−	−	−	−	−	−	−	−	−	−	−	−	−	−	−	−	−	+	+	+	+	+	−	−	*	−	−	−	−	−
C. (C.) megalophthalmus 大眼鲤	−	−	−	+	−	−	−	−	−	−	−	−	−	−	−	−	−	−	−	−	−	−	−	−	−	−	−	−	−	−
C. (C.) longipectoralis 春鲤	−	−	−	+	−	−	−	−	−	−	−	−	−	−	−	−	−	−	−	−	−	−	−	−	−	−	−	−	−	−
C. (C.) barbatus 洱海鲤	−	−	−	+	−	−	−	−	−	−	−	−	−	−	−	−	−	−	−	−	−	−	−	−	−	−	−	−	−	−

续表

鱼类学名 / 分布地区或河流	老挝、柬埔寨及泰国	越南	云南省 怒江	洱海	澜沧江	元江	西江上游(珠江水系)	金沙江	海南岛	南流江	钦江	珠江	中国台湾	闽江	钱塘江	长江	海河	辽河、黄河及淮河	黑龙江	朝鲜	日本本部	北海道	科累马河及萨哈林岛(库页岛)	叶尼塞河	鄂毕河及勒拿河	阿姆河	多瑙河到伏尔加河	意大利到希腊	德国到芬兰	英格兰及法国北部
C. (C.) pellegrini 大头鲤	–	–	–	–	–	–	+	–	–	–	–	–	–	–	–	–	–	–	–	–	–	–	–	–	–	–	–	–	–	–
C. (C.) yunnanensis 云南鲤	–	–	–	–	–	–	+	–	–	–	–	–	–	–	–	–	–	–	–	–	–	–	–	–	–	–	–	–	–	–
C. (C.) daliensis 大理鲤	–	–	–	+	–	–	–	–	–	–	–	–	–	–	–	–	–	–	–	–	–	–	–	–	–	–	–	–	–	–
C. (C.) ilishaestomus 翘嘴鲤	–	–	–	–	–	–	+	–	–	–	–	–	–	–	–	–	–	–	–	–	–	–	–	–	–	–	–	–	–	–
C. (Mesocyprinus) micristius 短背鳍鲤	–	–	–	–	–	–	–	+	–	–	–	–	–	–	–	–	–	–	–	–	–	–	–	–	–	–	–	–	–	–
C. (M.) m. fuxianensis 抚仙短背鳍鲤	–	–	–	–	–	–	+	–	–	–	–	–	–	–	–	–	–	–	–	–	–	–	–	–	–	–	–	–	–	–
C. (M.) yilongensis 异龙鲤	–	–	–	–	–	–	+	–	–	–	–	–	–	–	–	–	–	–	–	–	–	–	–	–	–	–	–	–	–	–
C. (M.) multitaeniata 三角鲤	–	+	–	–	–	–	–	–	–	–	+	+	–	–	–	–	–	–	–	–	–	–	–	–	–	–	–	–	–	–
C. (M.) longzhouensis 龙州鲤	–	–	–	–	–	–	–	–	–	–	–	+	–	–	–	–	–	–	–	–	–	–	–	–	–	–	–	–	–	–
Carassoides cantonensis 须鲫	–	–	–	–	–	–	–	–	+	+	+	+	–	–	–	–	–	–	–	–	–	–	–	–	–	–	–	–	–	–
Carassius carassius 黑鲫	–	–	–	–	–	–	–	–	–	–	–	–	–	–	–	–	–	–	–	–	–	–	–	+	+	–	+	+	+	+
C. auratus auratus 金鲫	–	–	+	+	+	+	+	+	+	+	+	+	+	+	+	+	+	+	+	+	+	–	–	–	–	–	–	–	*	*
C. a. gibelio 银鲫	–	–	–	–	–	–	–	–	–	–	–	–	–	–	–	–	–	–	+	+	+	–	+	+	+	+	+	+	–	+
C. a. cuvieri 白鲫	–	–	–	–	–	–	*	–	–	–	–	–	–	–	–	–	–	–	–	–	–	+	–	–	–	–	–	–	–	–
鱼种及亚种数	1	3	1	6	2	2	8	4	4	4	4	5	2	2	2	3	2	2	2	2	2	1	2	2	1	2	1	2	2	2

+为有自然分布；–为无自然分布；*为人工移殖。

3. 对鲤亚科鱼类自然地理分布现状的分析

（1）鲤亚科种类。从上述可知鲤亚科共有5属19种，且已分化有6亚种。其分布区为亚洲北部及欧洲。最南为鲃鲤达南越约10°N；最北如银鲫达北极圈内约68°N的科累马河口附近；最西为黑鲫达南英国泰晤士河；最东仍是银鲫约达160°E科累马河东部。巴尔喀什盆地、塔里木盆地、青藏高原、喜马拉雅山南到怒江均无。蒙古国西部湖区也无。基本上是亚欧温带淡水鱼类。仅鲃鲤分布于约10°N～22°20′N中南半岛雨林带平原河湖区，为热带东洋区鱼类。尖鳍鲤与龙州鲤虽分布于约18°45′N～22°30′N海南岛五指山到钦州间位于热带，但气候近似暖温带（表17），冬季可达1.7℃～2.5℃。向北仅银鲫与黑鲫可略达寒带，其主要分布区为冷温带。大部种类生与暖温带。

（2）自然分布区。① 以洲分析，亚洲最多，全部属种均产；欧洲仅有黑鲫与银鲫。② 以国分析则中国最多，除白鲫外均产；越南有鲃鲤、华南鲤、三角鲤和金鲤4种，后3种仅见于红河下游；苏联与蒙古国有黑鲫、银鲫和红鳍鲤；日本有红鳍鲤、白鲫及银鲫；朝鲜有红鳍鲤及银鲫；英国到东欧、北欧有黑鲫及银鲫；泰国、柬埔寨、老挝有鲃鲤；意大利与希腊有黑鲫。③ 以河系分析：珠江有11种及另1亚种；澜沧江有7种（包括洱海等）；长江有4种及1亚种；海南岛南渡江等有4种；闽江、瓯江、钱塘江、淮河、黄河、海河、辽河、黑龙江、额尔齐斯河、图们江、朝鲜汉江、苏联勒拿河向西到莱茵河、多瑙河等有2种；科累马河与意大利波河等只有1种。④ 以同地区种数密度分析：本亚科的分布中心区是南岭西半部的两侧，这里有5属18种及3亚科；在南岭西段云南高原湖泊区即有2属13种及1亚种，南侧有12个种及亚科，北侧只有4种。

（3）分布区的海拔高度。鲃鲤分布区海拔为200 m以下。岩原鲤为133 m（宜昌）到1 798 m（西昌）；乌原鲤为70 m（桂平）到200 m（云南富宁及广西天峨）。尖鳍鲤分布区海拔也不超过200 m。鲤指名亚种在长江最高海拔约为700 m，在黄河达1 507 m（兰州）稍多些，在滦河达375 m（承德）稍上些；华南鲤约为250 m以下；杞麓鲤约为1 411 m（异龙湖）及2 200 m（洱源）；红鳍鲤在黑龙江水系海拔约达892 m（贝尔湖），一般为300 m以下平原区。大眼鲤、春鲤、洱海鲤及大理鲤分布区海拔为1 723 m。短背鳍鲤指名亚种滇池海拔为1 886 m；抚仙短背鳍鲤在抚仙湖海拔为1 721 m。三角鲤分布海拔最高约为200 m；龙州鲤更低。须鲫分布区海拔均在200 m以下。黑鲫分布区海拔多在500 m以下。金鲫指名亚种分布区海拔在雅砻江盐原达2 926 m（张孝威，1944），在黄河达兰州稍西，在滦河约达400 m；银鲫在黑龙江上游也达892 m（贝尔湖）。白鲫在日本原分布区海拔似也不高，多为平原河湖区。

（4）鲤亚科分布现状与其起源有关。Rosen和Greenwood，1970认为骨鳔鱼类（鮠鲤目Characiformes、鲤形目、鲇形目等）起源于虱目鱼科Chanidae、经鼠鱚科Gonorhynchidae演化来的学说很盛行，因后二科鱼类前3个椎骨已特化且至少有一头肋（cephalic rib）相连。这确实是一可贵发现。但笔者仍认为鲤形目似源于晚侏罗纪广布于中国甘肃华亭到宁夏隆德、内蒙古、陕西千阳、山东莱阳、冀北丰宁及围场、辽宁凌源及吉林和原苏联赤塔等处的狼鳍鱼科Lycopteridae（Cockerell，1925；Berg，1940；刘宪亭等，1963；李思忠，1986）。因后者鳞似鲅属Phoxinus，且左、右顶骨仍位于额骨与上枕骨间，这是一重要原始特征，鲟形目、海鲢目、鲤形目均如此。虱目鱼科、鲈形目、鲇形目等顶骨已被额骨与上枕骨挤到两侧；且虱目鱼科更无眶蝶骨及下咽骨齿，均与鲤形目相反。侏罗纪末到早白垩纪在宁夏同心县还发现有较进步的小齿同心鱼Tongxinichthys microdus Ma，酒泉有刘氏酒泉鱼Jiuquanichthys liui Ma。白垩纪中期松辽盆地大庆有大庆似狼鳍鱼Plesiolycopterus daqingensis Chang et al.及伍氏副狼鳍鱼Paralycopterus wui Chang et al；吉林蛟河有上床氏满洲鱼

Manchurichthys uwatokoi Saito和农安有长头松花鱼*Sungarichthys longicephalus* Takai等。狼鳍鱼类属骨舌鱼目Osteoglossiformes舌齿鱼总科Hiodontoidea（Greenwood, 1970; Nelson, 1984）。新生代舌齿鱼类在亚欧北部消失而始出现鲤形目鱼类。古新世欧洲及中国发现有鲤科化石（Romer, 1966; 王将克, 1978）；始新世发现鲤科化石的地方更多，如在内蒙古呼和浩特正北的沙拉木伦（有鲤科及亚口鱼科Catostomidae, Hussakof, 1932），广东、湖南、山东垦利、辽宁盘山等（唐鑫, 1959; 张弥曼等, 1978）。渐新世化石更多，欧洲已有鲃属*Barbus*。如今东南亚与南亚尚有数种窄口鲃属*Systomus*，如爪哇窄鲃*S. waandersi* Bleeker与鲃鲤非常相近，下咽齿已粗钝而仅臀鳍硬刺后缘无锯齿。鲤属化石始于中新世欧洲、中国和日本本州南部。上新世鲤与鲫分布更广。

（5）分布现状受地史变化影响。这可追溯到中生代初。中国古陆被特提斯海即古地中海与扬子海槽分成中朝古陆与华夏古陆。因受瓦力西运动影响满蒙海槽消失，中朝古陆与安加拉古陆相连成古亚洲。中三叠纪淮阳运动（即黄汲清1960年所述的印支运动）第1幕影响，上三叠纪扬子海槽又消失，华夏古陆与北方相连。由于南象运动到早侏罗纪敦煌山结北连古天山、西连昆仑山和南连祁连山、古秦岭及淮北高原形成中国南北分水岭；北侧有庆阳湖，湖东北角有延川达辽东半岛及乌兰浩特附近，东南角有中原河达济南东北，西南角有走廊河达酒泉北；南侧古秦岭与古横断山、云贵高原及江南古陆间有古长江源于南京东北，西流经云梦泽、巴蜀湖、西昌湖及滇湖自哀牢山北侧南涧海峡入古地中海。晚侏罗纪因燕山运动的宁镇运动，中国产生东南山地、陕北高地及唐古拉山；北方庆阳湖消失而产生源于古阿尔泰山与杭爱山间的古黑龙江，南流玉门转东经巴丹凯林向东北人入蒙古国以S形又回内蒙古，到固阳向东北经百灵庙渐入大兴安岭火山湖沼带，再经漠河、呼玛入鄂霍次克海。南方古长江西缩成蜀湖及巴湖，汇合后经西昌湖与滇湖仍自南涧海峡入古地中海。早白垩纪兴安运动产生中国东部高原及藏北高原；北方古黑龙江消失而庆阳湖再现，湖西南有古大通河注入；南方蜀湖、巴湖更缩小。晚白垩纪浙闽运动及四川运动产生吉辽山地、浙闽山地、四川盆地及藏东山地，南岭隆现；北方庆阳湖又失而古黑龙江又现，它源于杭爱山南端两侧：南源一始于古祁连山与北山间而另一约始于伊克昭盟杭锦旗，南北支于蒙古国戈壁湖汇合后东南流入内蒙古，再经大兴安岭与吉辽山地间的松花湖而由东侧乌苏里湾入海。南侧古地中海西退，古长江枯断为蜀湖、西昌湖及滇湖；金沙江初现，南注滇湖。因山地被长期剥蚀和准平原化，到白垩纪末及古新世发生世界性海侵；西伯利亚低地、黄海、东海、中国台湾、南海、中亚平原、伊朗、俾路支及印度西北部均成浅海。始新世初喜马拉雅运动产生喀喇昆仑山，藏北浅海南退；此时特提斯海尚经东欧及缅甸连印度洋。晚始新世喜马拉雅运动生冈底斯山，印度古陆在藏南定日到岗巴与古亚相连；阿萨姆与缅甸是东侧海湾，湾北侧生念青唐古拉山；西侧海湾连古地中海，欧洲仅中部始终为陆地。渐新世后期阿尔卑斯运动致该山整体上升，海退后亚欧大陆相连，怒山与云岭等产生。中新世中期喜马拉雅山产生，亚欧海退更甚，特提斯海残留为亚欧间内陆性萨尔马奇海（Sarmatian sea），大兴安岭、太行山、龙门山等升高而日本海、东海及南海产生，中国台湾升为陆地且后期巴士海峡与红海产生，缅甸仍是海湾。上新世日本海、对马海峡、黄海、台湾海峡及北部湾形成；萨尔马奇海缩解为黑海与里海（连咸海）；中亚诸山及盆地具今雏形。第三纪已使中国西高东低。第四纪是喜马拉雅运动最盛期，珠峰约升6 000 m，青藏高原至少升高3 000 m；横断山区升降更明显，约28°N尤甚。南岭西段北侧凹陷，长江自四川盆地溯源袭夺达云岭东麓，南岭西段产生许多高原湖泊；后期渤海产生，东海、南海等更深；缅甸升为陆地；亚欧现状形成。但在大冰川期大陆冰多，海面曾比今低100～120 m。

（6）分布现状受古气候变化影响。古时赤道位置较靠北。例如，白垩纪赤道约位于亚洲中部，中国大部分为热带及亚热带，仅东北为暖温带。第三纪初黑龙江北部为温带，亚欧大部分仍为热带雨林带，北极无冰帽区，东南亚赤道暖海流海面为33℃（现为28℃），到60°N处尚超过15℃。以后渐变冷，除因赤道继续南移外（如中新世约位于海口市附近），喜马拉雅山及中亚等山产生和古地中海消失使环赤道暖海流中断都是重要原因；结果中亚大陆性变强，上新世北极冰帽区产生，冬季北极与西伯利亚冷气团南侵；尤其更新世欧洲6次和亚洲4次大冰川期摧残（气温热带比今低3℃、华北低8℃、西伯利亚低11℃，大理约低6℃），使古北区许多生物当然包括鱼类改变习惯，或南迁或被灭绝。例如，鲃亚科今繁盛于非洲（化石始于中新世中期）及东南亚与南亚；在温带变为鲤亚科等温带鱼类。鲤亚科在热带仅有鲃鲤；大多数在欧洲及西亚等冰川期已被灭绝，仅南岭西段附近种类较多。

（7）分布现状与鱼习性有关。自中生代迄今古北区因气候变冷，鲤亚科种类大部分成为温带鱼类，于春夏间繁殖，夏季索食育肥后必须有一显著降温，生殖腺方能完成发育于下年变暖时生殖。这就是鲤亚科仅鲃鲤分布于真正热带雨林区而其他均分布于亚欧北温带和附近近似区的原因。另外鲤、鲫等喜缓静水域繁殖及索食，卵为黏沉性且黏附于水草上孵化，较能忍受水中低的溶氧量和能适应较低水温；这些又是他们能分布较广的原因。又因鲤产卵日平均水温18℃～26℃，鲫要求14℃～23℃，所以鲫分布又较鲤为广。他们能定居于具生存及繁殖条件的较小湖塘内，由于生殖隔离，所以在川滇高原湖泊区种及亚种最多。因该湖泊区位于横断山区南部23°40′N～27°N之间，虽海拔较高而湖区山谷北有高山阻冬季寒流侵袭和南面开阔有暖气流送暖，四季如春。海南岛虽位于热带，但五指山冬季受西伯利亚寒气流及西北太平洋沿岸寒海流影响也较冷，近似暖温带，故也有较多暖温带鱼类。这些从表17和表18似可理解。

表17　云南高原湖区和海南岛北部等气温变化

月份 地方名 比价项目	1月						7月					
	大理	昆明	南宁	广州	海口	琼海	大理	昆明	南宁	广州	海口	琼海
平均气温/℃	8.1	7.4	13.6	13.6	17.5	18.6	19.9	19.6	28.5	28.3	28.8	28.6
平均最高气温/℃	15.5	15.3	17.1	18.4	20.6	22.6	24.6	24.0	31.6	32.7	34.3	33.6
平均最低气温/℃	2.6	1.4	10.5	7.2	15.1	15.7	16.7	16.8	25.7	24.9	25.2	25.7
极端最高气温/℃	23.3	22.6	29.3	28.0	30.0	29.6	28.6	28.2	38.3	37.2	37.0	37.4
极端最低气温/℃	-2.6	-5.4	1.7	0.0	2.8	5.0	12.9	11.9	19.5	21.0	21.0	23.2
降雪日数	0.3	0.8	0.0	0.0	0.0	0.0	0.0	0.0	0.0	0.0	0.0	0.0
霜日数	20.0	23.0	0.9	1.1	0.0	0.0	0.0	0.0	0.0	0.0	0.0	0.0

注：依中央气象局，1960，中国气候图。

表18　云南高原一些湖泊水温变化

湖名	海拔最高/m	最大水深/m	湖面积/km²	春季水温/℃		夏季水温/℃		秋季水温/℃		冬季水温/℃	
				表层	底层	表层	底层	表层	底层	表层	底层
大理洱海	1 976.7	21.7	252.8	16.9	16.9	23.6	23.3	19.8	19.6	9.7	9.5
昆明滇池	1 886.4	5.7	298.8	15.3	15.1	24.0	23.5	20.4	19.6	10.6	10.5
澄江县抚仙湖	1 721.2	155.0	211.0	16.7	13.2	23.1	13.2	17.4	13.0	13.4	13.1

注：依中国科学院南京地理研究所等，1986云南断陷湖泊与沉淀。

（8）人为的分布区。因人类将其移殖到适于生存地域，形成了鲤鱼新的分布区。例如，南宋1 150年鲤自波斯（伊朗）移殖到奥地利，1496年移殖到英国，1560年到普鲁士又转到瑞典，1729年移殖到俄国，1830年自欧洲到美国，1895年移到土库曼，1905年到伊犁河，1908年到澳大利亚，1915年自香港到菲律宾，1934年自巴尔喀什湖到鄂毕河上游斋桑泊；1943～1944年红鳍鲤自黑龙江移殖到贝加尔湖。在中国康熙（1662～1722年）时，鲤被移殖到内蒙古约43°21′N及16°20′E的达里湖（解玉浩，1982），约于1957年移殖到南疆博斯腾湖，1964～1965年由额尔齐斯河移入乌伦古河下游福海湖等。现今鲤已成为世界上分布最广（人为分布在内）和产量最大的淡水鱼。并培育有下列品种：革鲤*Cyprinus carpio* var. *nudus* Bloch、镜鲤*C. c.* var. *specularis* Lacépède、巨鳞鲤*C. c.* var. *macrolepidotus* Hartmann、红鲤*C. c.* var. *flammans* Richardson、锦鲤*C. c.* var. *viridiviolaceus* Lacepède 及芙蓉鲤*C. c.* var. *hybiscoides* Richardson等。黑鲫已被移到西班牙等。金鲫已很早移殖到欧洲，1879年到美国密苏里，1918年到菲律宾，又到澳大利亚东南部；尤其自晋、唐始人工培育出很多观赏品种，如龙睛金鱼*Carassius suratus* var. *macrophthalmus* Bade, 1900，朝天龙金鱼*C. a.* var. *uranoscopus* Bade, 1900等；明朝已移殖到日本；现今深受世界人民喜爱。银鲫最耐寒，约1930年自黑龙江已移殖到堪察加半岛（Berg, 1949）。白鲫善食浮游动物、生长较快，也自日本已移殖到我国两广等处。

参考文献

［1］马凤珍.甘肃酒泉盆地鱼化石［J］.古脊椎动物学报，1984，22（4）：330-332.

［2］王幼槐.中国鲤亚科鱼类的分布，起源及演化［J］.水生生物学集刊，1979，6（4）：419-438.

［3］王鸿祯.刘本培.地史学教程［M］.北京：地质出版社，1980.

［4］中央气象局气候资料研究室.中国气候图［M］.北京：地图出版社，1960.

［5］成庆泰，郑葆珊.中国鱼类系统检索［M］.北京：科学出版社，1987.

［6］刘宪亭.广东茂明的鲤化石［J］.古脊椎动物学报，1957，1（2）：152-154.

［7］刘宪亭.禄丰古猿化石地点的鱼化石［J］.人类学报，1985，4（2）：109-112.

［8］刘宪亭，苏德造.山西榆社盆地上新世鱼类［J］.古脊椎动物与古人类，1962，6（1）：1-26.

［9］刘宪亭，苏德造，黄为龙，等，华北的狼鳍鱼化石［J］.中科院古脊椎动物与古人类研究所甲种专刊，1963，（6）：1-53.

［10］刘鸿允.中国古地理图［M］.北京：科学出版社，1959.

［11］伍献文，等.中国鲤科鱼类志［M］.上海：上海科学技术出版社，1977.

［12］张弥曼，周家健.渤海沿岸地区第三系鱼类化石［J］.中科院古脊椎动物与古人类研究所集刊，1985，17：1-66.

［13］陈丕基.中国侏罗，白垩纪古地理轮廓——兼论长江起源［J］.北京大学学报（自然科学版），1979，（3）：90-109.

［14］李思忠.中国淡水鱼类的分布区划［M］.北京：科学出版社，1981.

［15］李思忠.对鲤形目起源的一些看法［J］.动物世界，1986，3（2-3）：57-66.

［16］李思忠.对《诗经》所载鱼类的研究［J］.淡水鱼类，1990，（1）：35-40.

［17］李思忠，张世义.甘肃省河西走廊鱼类新种及新亚种［J］.动物学报，1974，20（4）：414-419.

［18］李思忠，戴定远，张世义，等.新疆北部鱼类的调查研究［J］.动物学报，1966，18（1）：41-46.

［19］郑慈英.珠江鱼类志［M］.北京：科学出版社，1989.

［20］周伟.鲤亚科［M］//褚新洛，陈银瑞，等.云南鱼类志：上册（鲤科）［M］.北京：科学出版社，1989：322-362.

［21］Chang H W. Notes on the fishes of western Szechwan and eastern Sikang, Sinensia, 1944, 15（1-6）：27-60.

［22］Kodera H. Investigation on the comparative anatomy of the pharyngeal bones and pharyngeal teeth of the fish of the subfamily of the Cyprininae; concerning Procypris, Mesocyprinus, and the fossil pharyngeal teeth of the genus Cyprinus from the Mizunami Group. Bulletin of the Mizunami Fossil Museum, 1976,（3）：163-170.

［23］Romer L S. Vertebrate Palaeontology. 3rd ed. Chicago: Universityof Chicago Press, 1966.

［24］SMITH H M. The freshwater fishes of Siam, or Thailand ［J］. Bulletin of the United States National Museum, 1945, 188: 1-622.

［25］Tchang T L. The study of Chinese cyprinoid fishes (pt. I)［J］. Zoologia Sinica（Ser. B), 1933, 2(1)：1-258.

［26］Young G Q. Tchang T L. Fossil fishes from the Shanwang Series of Shantung (pt.I)［J］. Zoologia Sinica (Ser. B), 1936, 15（2）：197-205.

中国科学院动物研究所

李思忠

（原载：《动物学集刊》，1993年，第10期，51-62）

《世界鱼类》（中文版）：译者的说明

我国自古就对认识自然界非常重视，如两千多年前孔子（前551～前479年）删编的《诗经》内就有许多鸟、犬、虫、鱼、花、草、木及山川的名字。到汉初形成的《尔雅》——我国最早的百科全书，对这些分门别类记述更详，以后历代都很重视，只是近150年来因政治昏乱，落后于海外先进国家。在鱼类学方面，虽然近四五十年国内同行们做了大量工作，较国外先进仍相差甚远。现在科学进步，交通方便，世界交往频繁，我们不仅需知国外的物产等，尚需知其研究现状，因此我们翻译了此书。此书作者纳尔逊（J. Nelson）是加拿大著名鱼类学家。他与全世界的著名鱼类学家联系很广，在此书中非常简练地介绍了全世界鱼类研究的最新成就，介绍各类鱼有哪些专家研究过和正在研究着，甚得现代各国著名鱼类学家的好评。我们深信本书中译本的出版，对我国鱼类学的研究能有促进作用，对我国有兴趣于鱼类知识的人们，如大学生物系动物专业的师生、鱼类学科研人员及自然博物馆、水族馆的专业人员会有裨益。

翻译工作，从书首到鲤形目由陈小平承担；李思忠承担鲑鲤目、鲀形目、鲑形目、鲽形目及目录；陈星玉承担其余部分。为慎重起见，先请英语专家张凤振老先生翻阅初稿与原文版对照，后因陈

星玉与陈小平先后赴美国攻读鱼类学博士学位，最后只得由本人将译稿通读，修改与打字（西文及拉丁文术语及学名等）。

因限于业务及英文水平，难免有缺点错误，欢迎指正，谨先致谢。

中国科学性动物研究所
脊椎动物区系分类研究室
李思忠

《鱼博物学（鱼的社会科学）》（赖春福等著）、《鱼文化录》（赖春福等著）：李序

中华民族与欧洲及西亚等民族习俗很不相同，自古就非常喜爱鱼类。西方不少民族不喜鱼类，古时认为鱼是穷人吃的东西，甚至迄今有些国家尚不吃无鳞的鱼类。这里说中华民族喜爱鱼类有两个含义。

第一，是喜吃鱼类。例如，史前社会在北京周口店北京人遗址处发现有吃后遗弃的草鱼、青鱼等骨骼；西安半坡村博物馆展出5 800～6 080年前（席承藩等，1984，依C^{14}测定）原始社会遗址内发现有骨制的鱼叉及鱼钩；都可证明中国原始社会确有一个渔猎时代，那时人民就吃鱼。在郑州商朝青铜器时代遗址中发现有铜质鱼钩；在安阳殷墟厨房旁废弃物中有鲤、草鱼、青鱼、赤眼鳟、黄颡鱼及鲻鱼的骨骼，殷墟甲骨文内更有"贞其雨，在圃鱼"及"在圃鱼，十一月"的养鱼及捕鱼记载。

在中国最古老的经书——《易经》中即记载有伏羲氏教民"作结绳而为网罟；以佃以渔"；尚有"贯鱼以宫人宠，无不利""《中孚》：豚鱼，吉。利涉大川，利贞"，知道妇女吃鱼人健美，还知豚鱼即现知的弓斑东方鲀（*Takifugu ocellatus*）等能涉险滩由海进入江河内。《诗经》305篇（另6篇有目无诗），有鱼字或具体鱼名者占6%，其中13篇有具体鱼名如鲂、鳣（即鲟与鳇，体有甲"硬鳞"数行）、鲔（即白鲟，体无甲且鼻长与身相等）、鳏（即鳡）、鲦（白鲢）、鲤、鳟（赤眼鳟）、鲿（黄颡鱼）、鲨（淡水虾虎鱼）、鳢（乌鳢）、鰋（鮎）、嘉鱼（古亦名丙穴鱼、鮇鱼，今名大鳞突吻鱼，关中与洛阳附近均产）、鲦（即白鲦属）等。例如，《周颂·潜》篇说："猗与漆沮，潜有多鱼。有鳣有鲔，鲦鲿鰋鲤。以享以祀，以介景福。"这是西周天子祭祖庙乞赐好年景与福的诗。这首诗说，漂亮的漆河舆沮河啊（漆河舆沮河均为关中渭河北侧的支流），藏有很多鱼：有鲟、鲤及白鲟，还有白鲦、黄鳣鱼、鮎鱼及鲤，天子用以祭祀祖上享受，祈望祖上保佑赐予好年景和福气。《小雅》《鱼丽》及《南有嘉鱼》是西周初乡绅宴客时常唱用以助兴的两首歌，《鱼丽》歌说，鱼丽（游到）于罶（为有曲柄的渔网），鲿鲨。君子有酒，旨（味道香好）且多。鱼丽于罶，鲂鳢。君子有酒，多且旨。鱼丽于罶，鰋鲤。君子有酒，旨且有（丰富）。物（鱼）其多矣！维（味）其嘉矣！物其旨矣！维其偕（好）矣！物其有矣！维其时矣！尤且《陈风·衡门》篇歌词说："岂其食鱼？必河之鲤。岂其娶妻？必宋之子。"竟以鲂鲤与美女齐公主姜氏和宋公子主子氏相比。中国古人不仅健在时喜吃鱼，死后还希望能吃鱼，如在河南省辉县发掘战国时的古墓中常有鲫鱼，在湖南省长沙发掘软侯夫人古墓中有鲫、鲷等陪葬品，都可证明中国古人多么喜欢吃鱼。并且据《礼记》记载周朝还设有鱼官称为舟牧、渔师、水虞等；规定有渔期、禁渔期及收鱼税的时间（孟冬）等；食鱼的方法有烹、

煮、烤、醋酥、酱腌、制鱼子酱及干鱼等。

第二，中国人自古还特别喜爱鱼类。如相传大禹的父亲名鲧。鲧是古时的大鱼名，从象形文字推测有鱼字旁是鱼，另旁"系"头尾俱尖长，可能是鲟、鳇鱼类。到春秋时此风更盛。如孔子的儿子就名鲤、字伯鱼；他的八世孙名孔鲋。在孔子著的《春秋》及鲁国史官左丘明注释《左传》中，前后从242年《春秋》到260年《左传》间，名鲍（干鱼）者有陈侯鲍、宋公鲍及秦鹿长鲍；以鲍为姓者有鲍叔牙（鲍叔）、鲍癸、鲍牵（鲍庄子）、鲍图（鲍文子）、鲍牧、鲍点及鲍鹿父。名鱼者有鲁公子鱼（奚斯）及宋公子鱼（姓子，名鱼）；姓鱼者有鱼石（宋公子鱼之后）；字为子鱼者有衡庚公差、楚公子鲂及衡祝鮀（太祝子鱼）；名鱼者有郑公子（侯叔）；名伯鲦者有晋公子伯鲦；名鲔者有卫侯之弟鲔及晋国成鲔；姓鲔者有鲔设诸（鲔诸）；名鳅者有郑公子的鳅、甘成公之孙鳅及卫国史鳅；名鲂者有晋士鲂、栾鲂、楚公子鲂、卫高鲂、鲁季鲂及郈鲂；名鲋者有东王鲋（又名王鲋、鲋、东桓子）、羊舌鲋（叔鲋、叔鱼）、析成鲋及晋士鲋；名皋者有肥子皋；还有人名长鱼矫，宋国还有二大臣名鳞曙曈及鳞朱；还喜以鱼皮装饰贵妇的车名为鱼轩。中国人自古还很喜观鱼游。如《春秋》卷一记载隐公"五年，春公观鱼于棠"，批评鲁隐公不顾国事和僖伯的阻谏，陈鱼于棠（山东鱼台县）还往观鱼游。

中国人因为自古就喜吃鱼和喜爱鱼，因此养鱼的经验和习性等就了解得较多。如曾助越王勾践灭吴复仇成功后即隐遁的范蠡住在鲁西定陶时著有以养鲤为主的《养鱼经》。唐以后又逐渐发展有以养鲢鱼、鳙鱼、青鱼、草鱼、鲤等的民间混合池塘养鱼经验，这在工业不发达的封建社会中是很难得的经验。又如早在公元前中国人已知豚鱼（古亦名鲑、赤鲑，俗名河豚）肝及卵有毒，这也是现在全世界有名的巨毒鱼类，除经特殊处理外，均不敢吃。但中国人很早已知将其剖腹腌后可安全食用；且将鲜鲀鱼去除内脏及血液后，其肉很好吃。所以李时珍说"豚言其味美也"，长江下游人民早有"拼命食河豚"的民谚，正如宋寇宗奭所说"河豚有大毒……味虽珍美，修治失法，食之杀人"。这是多么宝贵的经验！据我所知现在在全世界除中国沿海人民及受中国文化影响的朝鲜、日本等人民，喜吃、敢吃和会吃鲀类鱼，其他民族都是不敢吃的。古时中国人积累的鱼类的习性知识也是很丰富的。如很早即知鳗鲡在内陆江河的不能产卵生殖，故有鳗鲡（鲡古同鳢）之名，推测此鱼有雄无雌，以影漫于鳢（乌鳢），则其子皆附于鳢鬐（鳍）而生。又如宋苏东坡诗云"窗外桃花三两枝，春江水暖鸭先知。蒌蒿满地芦芽短，正是河豚欲上时"，他已知桃花初开时节正是弓斑东方鲀入江河洄游的时候。在中文古文籍内这样的例子很多。

《尔雅》19篇，是中国（也可能是全世界）最早的一部百科全书，依唐朝陆德明的话说，《释诂》为周公所作，其余为孔子所增，子夏所足，叔孙通所益，梁文所补，其成书应约为公元前220年。其中《释鱼》篇记有"鲤、鳣、鰋、鳢、鲩（草鱼）"，鲨（淡水虾虎鱼）、鮀（吻鮈等）、鲍黑鰦（鲦鱼）、鳛鳅（泥鳅等），鲣、大鮦、小者鮵（鳗鲡）、鲂、大镽、小者鮡，鲲鱼（鳠），鳏（鳠）、鲒、鲧、鲔（白鲟），鳍、当鮇（鲋鱼），魝鱴刀（鱼），鳣、鲔、鳜、鲟（鳉鲅类），鮂、鳟，鲂等鱼名，《释地》篇五《方内》尚记有"东方有比目鱼，其名曰鲽"。不可不读。

西汉司马相如（公元前约170—前118年）在《上林赋》及司马迁（前145—约前86年）在《史记》的《司马相如传》内尚有"禹禹鲹鳎"美句形容夫妇之好及形影不离；唐初卢照邻（637—约680）《长安古意》诗中更有"得成比目何辞死？愿作鸳鸯不羡仙"句以比目鱼、鸳鸯来形容夫妇之忠诚及美满。

《山海经》是汉初已有的古书，晋郭璞（276—324）曾予注释。其中虽多神话，但也有不少与事实相符的记载，例如《东山经》记：山东省北部淄水多箴鱼（鱵），其状如鲦，其喙如箴（同针）；

食水多鳙；减水多鳜；称鲁中孟子之山有水出焉，名曰碧阳，其中多鳣鲔等。《西山经》中有"渭水多鳋鱼，其状如鳣"；鳋鱼似即在甘肃境内渭河产的厚唇裸重唇鱼（*Gymnodiptychus pachycheilus weiheensis* Wang et Song）等，也很值得仔细阅读和研究。

中国是全世界著名的文明古国之一，有四五千年的历史；自古迄今除四书五经之外尚有很多史书，子书（如《荀子》《庄子》等），药书（如陶弘景的《名医别绿》、唐陈藏器的《本草拾遗》、明李时珍的《本草纲目》等），医书，百家书（如许慎（79—166）的《说文解字》、丁度的《集韵》、《临海县志》）以及唐、宋的诗词等。从这些古文献内我们不仅可知古时人们对某些鱼类的认识，而且还可知某些鱼类的古今变化。例如从《诗经》《礼记》中的记载，我们可知周朝时陕西关中盆地鲟、鳇、白鲟、鲂、白鲢及乌鳢等是很习（常）见的，到明朝依李时珍记载鳣、鲔在长江、淮河、黄河、辽海仍是广泛有的；但现今在关中已绝迹，淮河、黄河下游及辽海已很罕见。因为古时中国读书人（儒家有"格物致知"）的认识，甚至如在《尔雅》序中说"一物不知，儒者之耻"。可知中国古文人求知精神的真挚。

遗憾的是清朝晚年的腐败和闭关自守，我们显著落后了。鱼类学方面在林奈（Linnaeus，1758）用二名法发表《自然系统》约150年后，中国才逐渐开始。在这方面的启蒙者，我觉应首推浙江会稽人杜亚泉先生（1873—1933）。他1897年以"考经解，冠阖郡"中举人；但也响应维新运动自学自然及日文。1898年应蔡元培聘任"绍郡中西学堂"算术教员。1903年创办"越郡公学"，任校长，教理、化、博物。1904年任上海商务印书馆编译所理化部主任28年。1904年还开始编《辞海》，于1915年出版；并于1923年出版了他主编的《动物学大辞典》。虽然内容似多译自日文，似实首次将生物分类学的二名法介绍到了中国。稍后秉志先生（1886—1965）、陈桢先生（1894—1957）等不仅自己以二名法研究过中国的鱼类及其他动物，还和一些教会学校如东吴大学、燕京大学培养出一批中国优秀的鱼类学专家，如寿振黄、张春霖、伍献文、陈兼善、朱元鼎、林书颜、王以康等。他们是我国鱼类学的开拓者，其著作曾闪耀在1927至1937年。后因抗日战争及第二次世界大战，中国的鱼类学研究和其他建设事业一样陷于停顿。令人遗憾的是第二次世界大战结束和恢复和平建设之后，约1950至1980年，欧美先进国家迅猛建设，而我们虽有成绩但与先进国家相比实相差甚远！幸而20世纪70年代末全国一致逐渐认识应以安定团结、实现国家现代化和促进人民幸福为主，这10多年鱼类学研究方面获得了相当多优秀的成果，举其重要者如下：《中国鲤科鱼类志》（下卷）（1977）、《南海诸岛海域鱼类志》及《新疆鱼类志》（1979）、《中国淡水鱼类的分布区划》（1981）、《广西淡水鱼类志》（1981）、《鱼类学论文集》（第一集及第二集）（1981）、《中国淡水鱼类原色图集》（1～3集）（1982）、《鱼类学论文集》第三集（1983）、《台湾近海鱼类图鉴》（1984）、《福建鱼类志》（1984）、《台湾鱼类检索》（1984）、《鱼类的演化和分类》（1984）、《台湾的淡水鱼类》（1986）、《中国鱼类系统检索》（1987）、《秦岭鱼类志》（1987）、《鱼类的比较解剖》（1987）、《东海深海鱼类》（1988）、《珠江鱼类志》（1989）、《中国条鳅志》（1989）、《云南鱼类志》（下册）（1990）、《青藏高原鱼类》（1992）、《浙江动物志——淡水鱼类》（1991）、《陕西鱼类志》（1992）、《鲨和鳐的比较解剖》（1992）、《台湾鱼类志》（1994）、《四川鱼类志》（1994）、《中国动物志 硬骨鱼纲 鲽形目》（1995）等，的确令人高兴。

今后，已经较详调查过的地方尚需继续研究其鱼类的变化和产生的新问题，已经记述过的鱼类尚需探讨其演化关系并完成其在《中国动物志》中有关的鱼类卷册；南海南部礁滩鱼类、南海及东海（如琉球海沟）等水深至少300 m较深海区的鱼类，迄今我们尚调查得很少，尚待组织研究，经过调查相信定能增加许多科、属、种鱼类，对人类文化及生产应用做出重要贡献。上述工作量大、任务也重，尚需鱼类学家的继续努力，切勿误认为鱼类学是门老科学，已无多少工作可做！更望执政当局和社会各界贤达人士能予谅解和支持。

赖春福先生在百忙之中还编著《鱼博物学》这样的书，并邀我监修写序。我此生时运不佳，壮年宝贵时光多被浪费；虽然从事鱼类研究已四十多年，读书及研究过的范围都很有限，实不敢当，但盛情难却。我收到寄来文稿后仓促看了一遍，觉得内容很丰富，获益不少。例如《四书》《五经》《尔雅》《山海经》《本草纲目》等过去虽曾看过，略知其中有关鱼类的记载，但《鱼经》《异鱼图赞》《然犀志》《异鱼图赞补》《异鱼图赞集》等都没看过；对于我国现代鱼类学前辈们的辛苦科研成就虽知一二，但也很不全面，所以我对此书内容很喜爱，希望读者诸君也喜欢！

李思忠

1994年12月6日

于北京中国科学院动物研究所

裂腹鱼亚科鱼类地理分布的探讨

（鲤形目：鲤科）

自从Heckel（1838）提出裂腹鱼属*Schizothorax*并定名10种以来，经很多鱼类学家百多年的研究调查，现在对鲤科中的裂腹鱼亚科鱼类基本情况已经清楚，特别是研究此类鱼已30年的武云飞和吴翠珍的专著《青藏高原鱼类》（1992年7月）的出版，给人们提供了很丰富的论述。但可能他们受书名中"青藏高原"的局限，对国外此类鱼及在青藏高原北侧及东侧边缘的分布和有些有关的地史变化就谈得较少或未提；故试作此文以期能有所补充。

（1）主要特征。属于鲤科；肛门及臀鳍基两侧均有1纵行较大的臀鳞，侧线鳞常较其他鳞大；下咽齿1~3行（4行罕见）；吻及上颌须0~2对。

（2）裂腹鱼亚科现知约有12属91种11亚种。这12属可检索如下：

1（10）下咽齿3行（4行罕见）

2（7）有须2对

3（4）侧线在尾柄向下呈弯弧状；侧线鳞54~58（印度喀拉拉邦）···鳞尻鱼属 *Lepidopygopsis* Raj，1941

4（3）侧线在尾部呈直线形；侧线鳞80以上（鄂西到土耳其及新疆塔城到西双版纳）······················裂腹鱼属 *Schizothorax* Heckel，1838

5（6）下颌横浅弧状，具强锐角质颌缘；下唇发达，常呈吸盘状（伊犁河至云南双江县，贵州乌江到伊朗与巴基斯坦之间的俾路支）··········裂腹鱼亚属 *Schizothorax* Heckel，1838

6（5）下颌马蹄形或浅弧形，下颌无或有窄角质；下唇不发达，不呈吸盘状（伊犁河至云南县及贵阳至土耳其安纳托里亚高原）··········弓鱼亚属 *Racoma* McClelland，1842

7（2）须无或有1对

8（9）无须或须呈痕状（巴基斯坦到伊朗间）··············裂腹鲤属 *Schizocypris* Regan，1914

9（8）有须1对很显明（塔里木盆地）·····················南疆大头鱼属 *Aspiorhynchus* Kessler, 1879

10（1）下咽齿2行（罕为1行）

11（16）有须1对，下咽齿2行

12（15）下颌无角质锐缘，有前腭骨

13（14）体除腹部无鳞外全有鳞（克什米尔北部至赫尔曼德河上游和金沙江中部）·················
·····················叶须鱼属 *Ptychobarbus* Steindachner, 1866

14（13）体鳞大部已消失，下唇发达分左右页（新疆塔城至云南腾冲，甘肃天水至中亚塔什干）
·····················裸重唇鱼属 *Gymnodiptychus* Herzenstein, 1892

15（12）下颌横浅弧状，有角质锐缘；无前腭骨；侧线下鳞稀疏（伊犁河至印度河上游，塔里木盆地到中亚塔什干）·····················重唇鱼属 *Diptychus* Steindachner, 1866

16（11）无须；体鳞除臀鳞外大部分已消失

17（20）下颌无角质锐缘；下咽齿2行

18（19）腹鳍始于背鳍始点后；头骨未延长（甘肃瓜州县至云南丽江市金沙江，四川岷江上游至克什米尔印度河上游）·····················裸鲤属 *Gymnocypris* Günther, 1868

19（18）腹鳍始于背鳍始点前；头骨已延长（拉萨至日喀则雅鲁藏布江）·····················
·····················尖裸鲤属 *Oxygymnocypris* Tsao, 1964

20（17）下颌横浅弧状，有角质锐缘；下咽齿1～2行

21（24）上颌无角质锐缘；下咽骨弧状、偏扁、非铲状；下咽齿2行，罕为1行

22（23）唇后沟中断；下咽齿2行（罕为1行）（中亚纳伦河至藏南亚东，嘉陵江至锡斯坦）·····················裸裂尻鱼属 *Schizopygopsis* Herzenstein, 1891

23（22）唇后沟连续（青海龙羊峡以上黄河上游）·········黄河鱼属 *Chuanchia* Herzenstein, 1891

24（21）上颌有细角质缘；下咽骨宽三角形；下咽齿2行（青海龙羊峡到星宿海等黄河上游）·····················扁咽齿鱼属 *Platypharodon* Herzenstein, 1891

（3）自然分布区。主要分布区为中亚高山区及其周围相邻的一些地带；其最北缘为巴尔喀什湖盆地，约46°50′N及84°E，有银色裂腹鱼 *Schizothorax*（*Racoma*）*argentatus* 及裸重唇鱼 *Gymnodiptychus dybowskii*；最东侧为湖北省神农架上兴山县香溪上游新华附近龙口河，有中华裂腹鱼 *Schizothorax*（*R.*）*sinensis*，约位于31°30′N及110°48′E；最西侧为伊朗北部沙赫鲁德河（Shah-Rud），约位于36°30′N及55°E，有里海东裂腹鱼 *S.*（*R.*）*pelzami*，Banarescu（1960）及 Ladige（1960）称土耳其安纳托里亚高原亦产此鱼（Mirza, 1975）；此主要分布区的最南端为云南省双江县的孟库，约位于23°27′N及100°E，有光唇裂腹鱼 *S.*（*R.*）*lissolabiatus*；此区的最西南侧为希尔曼德河（Hilmand R.）下游和俾路支（Baluchistan）；最东南侧为云南东侧罗平县南盘江有灰色裂腹鱼 *S.*（*R.*）*griseus*。在此主要分布区栖息地的垂直高度范围：最高约为纳木湖小头裸裂尻鱼 *Schizopygopsis microcephalus namensis*，在念青唐古拉山北侧的纳木湖水系为30°30′N～31°N及90°20′E～91°E，达海拔5 200 m；小头裸裂尻鱼指名亚种 *S. m. microcephalus* 在青海省金沙江上游念青唐古拉山北坡的当曲（河）分布亦达海拔5 100 m。此亚科分布区栖息地的最低海拔为裸重唇鱼 *Gymnodiptychus dybowskii*，在准噶尔盆地艾比湖的分布仅为海拔190 m。距此主要分布区南侧1 000多千米的印度半岛西南端附近西高止山区喀拉拉邦特拉凡哥尔（Travancore）的帕里雅尔湖（Periyar lake）尚有特产鳞尻鱼 *Lepidopygopsis typus*。

（4）在四川西部等处有些人将裂腹鱼类等称为冷水鱼类，因它们的栖息地水温都很低。实际上它们

是暖温带山区因喜马拉雅造山运动其栖息地升高变冷形成的山区和高原鱼类，但仍是春夏间水温将达最高前繁殖，与秋冬栖息地气温将最冷时生殖的白鲑属*Coregonus*、江鳕属*Lota*等真正的冷水性鱼类不同。

（5）本亚科鱼类各属间具有鳞、须及下咽齿数量渐减少和上、下颌角质缘增强的趋势。这样可以看出裸裂尻鱼属、裸鲤属、黄河鱼属及扁咽齿鱼属最特化，裂腹鱼属与鳞尻鱼属等最原始。这样又可看出：青藏高原东侧（印度河上源水系以东）；青海省龙羊峡向南经黄河与长江水系之间到阿坝（33°N及102°E）以西；昆仑山中段与阿尔金山以南；及冈底斯山、念青唐古拉山经怒江上游西侧沿唐古拉山到曲麻莱（约34°N及96°E），再沿巴颜喀拉山到阿坝以北的青藏高原分区，是裂腹鱼类属种特化程度最高的地区及分布中心，也可能是此类鱼的起源地（李思忠，1981）。

（6）如将塔里木盆地、准噶尔盆地、巴尔喀什盆地、印度河上游、锡尔河、阿姆河、赫尔曼德河及沙赫鲁德河等作为青藏高原西侧分布区；这里共有裂腹鱼亚科类8属33种及另5个亚种；它们是南疆大头鱼属、重唇鱼属、裸重唇鱼属、叶须鱼属、裂腹鲤属及裂腹鱼属，都是较原始的属；裸鲤属只在印度河上游克什米尔有1种，另在西藏定结县喜马拉雅山南侧恒河上游有一与雅鲁布江亚种不同的秉氏高原裸鲤亚种*Gymnocypris waddellii pingi*；裸裂尻鱼属只有3种，其中只斯氏裸裂尻鱼1亚种*Schizopygopsis stoliczkae sewerzowi*已分布到阿姆河、锡尔河、塔里木河及阿富汗赫尔曼德河，其余2种及3亚种仍仅分布在中国西藏境内孤离的湖内和恒河上游，而在雅鲁藏布江及其以东和以北到河西走廊等青藏高原中心区和东及南地带作为东侧计算在一起则有9属60种及另5个亚种；其中扁咽齿鱼、黄河鱼及尖吻裸鲤3属为东侧特产鱼类，且特化程度最高；尚有裸鲤属多达10种及裸裂尻鱼属多达10种及另3亚种；表明特化程度高的属种最多，在其边缘地带也是裂腹鱼属的种类占优势。

（7）形成上述分布特征的原因，需从其起源、地史变化及各处现在的自然环境条件来考虑。早在1953年Hora认为裂腹鱼亚科的祖先来自东南亚，可能是在上新世喜马拉雅山脉巨大隆起之前迁到中亚，并在中亚繁盛为多属、多种（Mirza，1975）；Menon（1954）还曾因有横越喜马拉雅山脉的河流上源的种类而认为裂腹鱼亚科鱼类可能是通过这些横穿喜马拉雅山脉的河上源扩散到喜马拉雅山南侧的。本人怀疑上述推断。尽管Idem（1937）还曾报告克什米尔的Karewas更新世地层中发现有裂腹鱼属化石（Menon, 1959）；在中亚哈萨克伊斯色克湖（Issyk Lake）第四纪地层中也发现过此类鱼的化石；武云飞与陈宜瑜（1980）还曾报告在唐古拉山南与念青唐古拉山间藏北的伦坡拉盆地（约位于32°N以北及90°30′E，海拔4 540及4 550 m）处的上新世初地层中发现有大头近裂腹鱼*Plesioschizothorax macrocephalus*；本人认为此亚科鱼类的发源地似应在青藏高原更东侧：即藏北高原以东，如祁连山、阿尔金山及昆仑山中段及东段以南，唐古拉山到四川北部阿坝以北，和西倾山等以西的中间地带。因为这些山脉产生较早（陈丕基，1979），虽经长期风蚀夷平而在中新世又大为升高，裂腹鱼亚科鱼类可能是在此升高过程中由当地的鲃亚科鱼类演变成的，至今这些鱼类仍只能生活适应于海拔高和水温低的山区及高原河湖内；东南亚第四纪大冰川期前缺这样的环境；克什米尔及伊斯色克湖上新世时海拔也很低；伦坡拉盆地在上新世初高也不会超过海拔1 000 m，属亚热带或暖温带环境（周廷儒、任森厚，1984），大头近裂腹鱼实际上仍很近似于鲃亚科。现今较似裂腹鱼属的其他鱼类，以横断山南部的金线鲃属*Sinocyclocheilus*，如贵州金线鲃*S. multipunctatus*，抚仙湖金线鲃*S. grahami tingi*，阳宗海金线鲃*S. g. yangzongensis*及滇池金线鲃*S. g. grahami*等为最相似；其背鳍硬刺后缘有锯齿，侧线鳞已较其他鳞大，有些侧线鳞较大且完整而其他鳞已退化和消失得很稀疏，有须2对，下咽齿3行；其附近也有裂腹鱼属分布。迄今与青藏高原西侧鱼类及水系关系较密切的地区属、种较少且较原始，似也可证明东侧形成的时间较早。

（8）迄今在印度境内北侧山区只有库莫山裂腹鱼*Schizothorax kumoanensis*及前胃裂腹鱼*S. progastus* 2种，另在克什米尔却有8种（Jayaram, 1981）；表明喜马拉雅山对此类鱼的阻碍作用很显著，尤其近30年来中国鱼类学家在西藏地区的调查，发现在喜马拉雅山南坡如西藏定结县发现有拉萨裸裂尻鱼喜山亚种*Schizopygopsis younghusbandi himalayensis*，在南坡定日县鲁曲河还发现有瓦德里裸鲤*Gymnocypris waddellii*，但他们只适应于高山低水温环境生活，并未横越喜马拉雅山而向南扩散很远。

（9）裂腹鱼亚科鱼类似起源于青藏高原东侧于中新世末到上新世初，当时喜马拉雅山并不很高，并且其北侧与唐古拉山及念青唐古拉山间有一条古河，因东侧为横断山区地势较高，而西侧低，所以此古河是向西流的，裂腹鱼类沿此河扩散到了西侧。当时西侧克什米尔与帕米尔海拔尚很低。特别是自更新世的后半期由于喜马拉雅山、冈底斯山及喀喇昆仑山的特别升高，阻挡了印度洋暖湿气流的北来，使青藏高原更高和干寒，同时也在30°40′N～31°N及81°E～81°30′E间的古河被隔断为西流的印度河系和东侧雅鲁藏布江水系；中更新世初雅鲁藏布江河谷在日喀则左右最低，曾自康马县向南流经不丹等流入印度洋（任森厚，1984）；以后河谷西侧继续升高，东侧变低乃改绕喜马拉雅山东端转南流经印度等入海，较原始的裂腹鱼属等早经该古河分布到了西侧，适应于较高海拔地区的裸裂尻鱼属及裸鲤属就向西扩散较晚、较少；这也可说明现在印度河上游与雅鲁藏布江间的内陆湖玛法木湖（Malphamuzuo Lake）与公珠湖（Gongzhucuo Lake）尚有与雅鲁藏布江同种的朱氏裸鲤*Gymnocypris chui*及广布于青藏高原西侧诸水系的斯氏裸裂尻鱼的玛法木亚种*Schizopygopsis stoliczkae malphamuensis*，也说明现在佩枯错有佩枯湖裸鲤*Gymnocypris dobula*，定结县鲁曲河（属恒河水系）有秉氏瓦德里裸鲤亚种*G. waddellii pingi*的原因。因喜马拉雅山的继续升高直到更新世末雅鲁藏布江方绕过喜马拉雅山东端，而南流到印度阿萨姆邦等入印度洋，仅少数种类随雅鲁藏布江扩散到了印度东北阿萨姆邦的萨地亚（Sadiya）及不丹等处；这似因流出中国国境时海拔仅155 m（中国科学院青藏综合考察队1984），海拔过低和水温过暖的缘故。Menon（1974）称裂腹鱼亚科可能是25万～44万年前第二间冰期西迁的；作者认为裂腹鱼属西迁似更早些，故繁衍种类较多和分布最远。Hora（1941）认为平鳍鳅科的迈索尔布氏爬鳅*Balitora brucei mysorensis*，南方巴万爬鳅*Bhavania australis*及特拉凡哥爬鳅*Travancoria jonesi*是冰川期自喜马拉雅山东端的横断山区向西南经萨普拉（Satpura）古河迁到西高止山南部特拉凡哥尔附近的；本人认为鳞尻鱼可能是中更新世沿雅鲁藏布江古河经不丹到印度，也沿萨特普拉古河道迁到特拉凡哥尔附近山区的。塔里木盆地至今仍有数种裂腹鱼亚科鱼类与帕米尔西侧的咸海水系、巴尔喀什湖水系及印度河水系同种；这是因西天山、帕米尔高原等升高很晚，晚第三纪时都属古地中海水系，海退后塔里木河原来西流，后因帕米尔高原及西天山升高方被隔绝且后来改为东流。又黄河水系迄今未发现有较原始的裂腹鱼属，使鱼类学家很不理解。据一些地史资料，黄河上游原是经四川北部黑河东南流经岷江注入长江的：因岷山更新世升高而隔断，改西北流又转东流到陇中盆地的。中新世陇山（六盘山）与鸟鼠山升高，陇西盆地渭河上游也可能曾南流经嘉陵江注入长江的，后因西秦岭的升高而与嘉陵江隔离后改为东流经渭河注入黄河；故黄河流域没有较原始的裂腹鱼属等鱼类。河西走廊很早有古河通陇中盆地，中新世乌鞘岭产生，南北水系隔离，故鱼类有些相近但也有显著不同。横断山曾阻古雅鲁藏江鱼类向东扩散，分布表可资证明。横断山区新生代后期山川变化很大，雨量又丰，故属种甚多；近青藏中心区者亦特化度高而边区较低。

参考文献

［1］陈丕基.中国侏罗，白垩纪古地理轮廓——兼论长江起源［J］.北京大学学报（自然科学版），1979，（3）：90-109.

［2］褚新洛，陈银瑞，等.云南鱼类志：上册（鲤科）［M］.北京：科学出版社，1989.

［3］李思忠.中国淡水鱼类的分布区划［M］.北京：科学出版社，1981.

［4］李思忠，张世义.甘肃省河西走廊鱼类新种及新亚种［J］.动物学报，1974，20（4）：414-419.

［5］武云飞，陈宜瑜.西藏北部第三纪的鲤科鱼类化石［J］.古脊椎动物与古人类，1980，18（1）：15-20.

［6］武云飞，吴翠珍.青藏高原鱼类［M］.成都：四川科技出版社，1992.

［7］郑慈英.珠江鱼类志［M］.北京：科学出版社，1989.

［8］中国科学院动物研究所，中国科学院新疆生物土壤沙漠研究所，新疆维吾尔自治区水产所.新疆鱼类志［M］.乌鲁木齐：新疆人民出版社，1979.

［9］中国科学院《中国自然地理》编辑委员会周廷儒，任森厚.中国自然地理：古地理：上册［M］.北京：科学出版社，1984.

［10］JAYARAM K C. The freshwater fishes of India, Pakistan, Bangladesh, Burma, and Sri Lanka: A Handbook［M］. Calcutta: Zoological Survey of India, 1981.

［11］MENON A G K. Catalogue and bibliography of fossil fishes of India［J］. Journal of the Palaeontological Society of India, 1959, 4: 51-60.

［12］MENON A G K, YAZUDANI G M. Catalogue of type-specimens in the zoological survey of India Fishes (pt. 2)［J］. Records of the Zoological Survey of India, 1968, 61（1 and 2）：91-190.

［13］MENON A G K. A check-list of fishes of the Himalayan and the Indo-Gangetic plains［J］. Journal of the Inland Fisheries Society of India, 1974, I: 1-136.

［14］MENON A G K. Freshwater fishes and Zoogeography of Pakistan, Bijdragen tot de Diserkunde, 1975, 45（2）：143-180.

中国科学院动物研究所

李思忠

（原载：《动物学集刊》，1995年，第12期，297-310）

《中国动物志 硬骨鱼纲 银汉鱼目 鲻形目 颌针鱼目 蛇鳚目 鳕形目》前言一

　　本卷是1963年中国动物志编辑委员会拟定的原《中国动物志 鱼类 第九卷》的上半部分。第九卷由中国动物志编委、中国现代鱼类学开拓者和奠基人之一的业师张春霖博士主编；张教授不幸于1963年9月27日逝世。此后。此项工作长期陷于停顿状态。1973年"广州三志会议"后，中国科学院动物研究所开展了对西沙群岛动物区系的调查。我曾承担了鳕形目及金眼鲷目的研究。1990年《中国动物志》第三届编委会成立。在安排工作时。因本卷涉及的目、科、属、种过多，经协商将其改分为上、下两卷。上卷由我负责。并承担鳕形目（后分为蛇鳚目及鳕形目）的编写。其他的依原安排：张有为写鳕形目，并与张春光合写颌针鱼目总论；张春光尚写各论飞鱼科；肖真义写鱵科、颌针鱼科及竹刀鱼科；施友仁写银汉鱼目总论及各论银汉鱼科等。下卷由张有为负责。我承担其中的金眼鲷目。到了1996年初，得知鳕形目与颌针鱼目总论的总论未写，我临时补缺。交稿后又感银汉鱼目总论似乎过于简单。此目在中国虽然种类很少且经济价值较小，但是在全世界有290多种，有些为名贵食用种类。近30多年来。鱼类学家对其分类地位进行了进一步研究。为了更好地反映此目的现今研究概况，我依编写规则的要求做了补充。目前此卷告罄。但由于一些客观原因和我自己能力所限，本卷错误或不妥之处在所难免。衷心希望鱼类学同仁及对此卷内容有兴趣的人士不吝赐教。以便在今后的研究中予以修改。

　　另外，我想说明：中国科学院动物研究所鱼类组在张春霖教授领导下，1951年即开始对中国海鱼类的普查工作。1952年中国科学院青岛海洋研究所鱼类组参加合作；1954年邀请上海水产学院朱元鼎教授参加。但1957后，我们组对海鱼的调查长期陷于停顿，直到1978年。所幸中国科学院海洋研究所、中国科学院南海海洋研究所、中国水产科学院东海水产研究所、上海水产大学尚做了些工作。但我认为对南海深海广阔深海鱼类的调查尚差甚远，对南沙群岛海域鱼类的调查更几乎是空白。深望有关领导能予以关怀，协助补上，深信还会有许多新的发现。

　　本卷主要依Berg（1940）的鱼类系统，并依Rass和Lindberg（1971）、Nelson（1984, 1994）等的著作将鳕形目中的蛇鳚亚目提升为蛇鳚目。本卷所涉及的5目鱼类都具有多项比典型鲈形总目鱼类原始的特征。例如，常无鳍棘，若有则很小或细弱；腹鳍鳍条常7～17条；常仅具圆鳞；基舌骨、基鳃骨、下鳃骨、角鳃骨、上鳃骨、外翼骨或内翼常有牙齿；或左、右顶骨尚未被上枕骨远隔离；或嗅球与嗅囊尚未分离；或第1椎骨的髓弓尚左、右分离而未愈合为髓棘；或上肋骨有些为叉状；有些尾鳍分支鳍条多于15条，甚至21条（如壮体鳉属*Pchypanchax*等）。另外，这5目鱼类又较骨舌鱼目（Osteoglossiformes）、北梭（虱目）鱼目（Albuliformes）、鲱形目（Clupeiformes）、骨鳔鱼总目（Ostariophysi）、鲑形目（Salmoniformes）等具有下列较特化的特征：无脂背鳍；有些种类具柄鳞；上口缘仅由前颌骨形成（上颌骨已退出上口缘）；鳔无鳔管；无眶蝶骨；无中喙骨；无肌间骨；有些种类具鳍棘；有些种类具2～3个背鳍等。由上述特征分析可以看出，这5目鱼类在硬骨鱼纲中的演化地位处于较低等真骨鱼类和高等真骨鱼类之间，其种类达2 120种以上，在鱼类学、观赏鱼类及食用鱼类中均占有重要的地位。

　　最后，我非常感谢业师张春霖教授（1897—1963）对我的教诲和关心；在本卷的编写过程中，曾承蒙前辈郑作新院士（1907—1998）、沈嘉瑞老师及朱弘复教授盛情鼓励；美国鱼类学家Daniel N. Cohen、Robert J. Lavenberg、Lynne R. Parenti，加拿大鱼类学家Joseph S. Nelson、日本鱼类学家阿布宗明、尼冈邦夫，以及我国大陆孟庆闻、台湾鱼类学家沈世杰和邵广昭等教授赐助文献资料；我妻王慧民及同事张一芳女士助我代绘一些附图；《中国动物志》编委会办公室的同志们对我的热情帮助；谨致衷心感谢！

李思忠

2005年1月13日

于北京中关村中国科学院动物研究所

西沙群岛见闻

在我国辽阔的南海上，像宝石一样地散布着许多大大小小的岛屿，这就是南海诸岛。这些岛屿形成了4个群岛，其中有一个便是西沙群岛。西沙群岛在海南岛的东南面，它是由大20多个大小岛屿、沙洲和珊瑚礁组成的。它又可以分为两群，东北的一群叫作宣德群岛，有7个小岛；东南的一群叫作永乐群岛，有8个小岛。其中的永兴岛最大，大约有1.5 km长，1 km宽，距离广州930 km。人们乘船从广州出发，三天三夜便可以到达永兴岛。

1. 我国的领土

西沙群岛同其他南海诸岛一样，是我国的领土。在15世纪的时候，西沙群岛在我国的文献中就有了记载。古书上把西沙群岛叫作七里洋。自古以来，这个地方就是我国海南岛和广东大陆沿海渔民劳动场所。每年的上半年，是西南风时期，南海上风浪比较平静，各地的渔民们便驾驶着大帆船，成群结队地到这儿来捕捉鱼、海参和鲍鱼等，中秋以后才回去。每年如此，习以为常。西沙群岛为我国所发现和开发，早已是我国的领土，是没有疑问的。

可是，法帝国主义竟敢窥视我们的神圣的领土，在1955年派遣海军在宣德群岛中的东岛等处登陆，树立碑石，想把西沙群岛据为己有。现在南越的吴庭艳，在美帝国主义的支持和指使下，也喧喧嚷嚷，要"继承"法帝国主义占领我国岛屿，并且已经派遣了一些军队，占据了我们的珊瑚岛。同时，美帝国主义不仅声明要阻止我们收回西沙群岛和南沙群岛，并且经常从菲律宾派海军飞机，到西沙群岛上进行低飞侦查。这些疯狂的侵略行为，是我国人民绝对不能容忍的。

2. 珊瑚形成的岛

同南沙群岛一样，西沙群岛的礁滩和岛屿，都是由珊瑚礁形成的。在海洋里生长着一种微小的生物，叫作珊瑚虫。它们在生长的时候，能从身上分泌出一种石灰质，形成像细管子似的外壳，它们就在这种管子里生长。石灰质聚集得愈来愈多，小管子愈来愈厚。到了一定程度，珊瑚虫在管子里不能自由活动了，就从小管子里爬出来，在外面继续生长和分泌石灰质，这样小管子愈来愈长。一个珊瑚虫虽然小，成千上万个珊瑚虫聚集在一起生长繁殖，不断地分泌石灰质，时间长了，就能结成各式各样的成块的珊瑚丛。经过许多年代，珊瑚丛不断地增长着，逐渐在海底堆积起来，就成为庞大的珊瑚礁。以后，珊瑚礁露出了水面，于是海鸟就到那里去栖息，植物开始在那里繁殖，鸟粪和腐殖质在上面堆积起来，更使它们增高。最后，在原来是一片汪洋大海的地方，便出现了许多风光绮丽的小岛。

这些珊瑚岛的特点是周围都有一个淹没在水中、比岛的面积大许多的礁盘。礁盘是水深不超过1丈[*]的浅水地区。礁盘的边缘很高，退潮的时候就露出水面，从岛上涉水便能达到。礁盘以外往往就是很深的海。

3. 独特的生物界

西沙群岛属于热带地区，因此气候很暖和。冬末春初，当华北地区还是冰天雪地的时候，而在永兴岛平均温度却有24℃光景，人们还穿着裤衩和衬衣。夏天，因为是海洋性气候，也不太热，平均在28℃～32℃。

这里的雨水很多，每天都要下许多次，但是每次很少超过5分钟，常常是一会儿下雨、一会儿晴天的变化着。

---

[*] 丈为非法定单位。1丈约等于3.3 m。

因为这里气候热，雨水多，植物很容易生长。但是这里的植物的种类却很少，绝大部分是桐类植物的原始森林。这种树生长得极快，厚厚的，长椭圆形的叶子，形成了茂密的浓荫。树有十米多高。但是木质很松脆，直径四五厘米的树枝，一折就断。这种木材只可以用来当柴烧和锯成木板钉做墙壁而已。

另外有一种树，叫作"壁霜花"。在花没有开放的时候，花序像菠萝一样，有大拇指那么大。它的花很小，白色。叶子是尖椭圆形的，两面很光滑。这种树有五六米高，木质很好，但是数量很少。

在岛上没有大的椰子树；有几棵小的，是渔民们近年来种的。岛上的草生长得很茂盛，大多是沙草、星星草、马齿苋等。

在岛上栖息着无数的海鸟。其中白腹褐鲣鸟是最重要的一种。这种鸟有70～80 cm长，尖嘴，脚上有蹼，有白色的体羽和褐色的翅膀。这种鸟鸣叫起来声音很洪亮，但是性情很和善。每当日暮的时候，就飞落在树上。如果在夜晚用长竹竿攀树枝，就可以将它捣落在地面，用手提住它。渔民们说，这种鸟肉很好吃，味道有些像野鸭。但是渔民们很爱护它们，不让别人乱捕。因为这种鸟在白天也不离开岛上很远，当渔民在白茫茫的海上迷失方向的时候，倘使遇见这种鸟，就可以追随在鸟后面，回到岛上来。这种鸟白天在海上捕食鱼儿，晚上回到森林中，把粪遗留到岛上，时间长久了，堆积成层，成为一笔宝贵的财富。

还有一种黑色的鲣鸟，据说是岛上的"剥削者"。它整日待在树林里，不自己去找吃的，专等白腹褐鲣鸟回来，加以攻击，让白腹褐鲣鸟从口中吐出来给它吃。

岛上没有蛇。这是同热带大陆附近的岛屿很不相同的地方。至于爬行动物，在岛上只看见过一条小蜥蜴。

岛上的黑色小蚂蚁很多，人吃的饼干，糖果和饭等，如果不严密地收藏起来，不论放到桌上，床上，甚至挂到墙上，也难免不被它们糟蹋掉。蚂蚁实在是西沙群岛上的一个大害。

4. 像小坦克一样的海龟

在岛周围的岸滩上，常常可以发现一种像坦克驶过压出来的车辙一样的痕迹，只是比较窄些。这是海龟走过的痕迹。每年6～7月，海龟要到岸上来产卵。当它们在岸上爬行的时候，除了四足压出的痕迹，中间还有腹甲压的浅印。它们爬上岸滩以后，常常四处寻找适合产卵的地方，找到后便用一个头颈向下钻一个半米到1 m深的大坑，把卵放在坑内。然后它不但把卵埋好，而且一定还要在周围附近乱跑乱挖，布下一个"迷魂阵"来，使人不容易认出它埋卵的地方。它虽然很"聪明"，可是有经验的渔民还是能够很快地把卵找到。海龟每次产卵很多，最多有169个。当它在岛上产卵的时候，便可以把它捕获。把捕到的海龟翻个身，让它四脚朝天，就跑不掉了。海龟的肉可以吃，味道很像牛肉。此外，海龟外壳上的皮，还可以用来制成一种工业上很珍贵的硅胶。海龟是靠吃海藻生活的，生长很快，3年便长大了。大的可以达到200多千克重，1 m多长，力气很大，可以驮得起一个人。

5. 宝贵的鸟类和丰富的水产资源

在成千成万海鸟栖息的海岛上，海鸟们遗下的鸟粪是很多的。鸟粪中含有丰富的磷质，是制造化学肥料的好原料。永兴岛上的鸟粪很丰富，在堆积着鸟粪的森林中行走，脚下软绵绵的，像是在地毯上行走一样。由于时间久了，鸟粪便积压成好几层。上面是夹杂着腐烂落叶和死鸟尸体的疏松的鸟粪，最下面是变得像石头一样坚硬的鸟粪——鸟粪石。鸟粪石下面便是珊瑚沙了。鸟粪分布的面积很广，在永兴岛上占全岛面积的70%，埋藏量有14多万吨。抗日战争时期，日本曾经在那里修码头，建造淡水池和轻便铁路，大肆掠夺鸟粪，大约有一半被他们挖走了。现在我们的政府已经在那里盖了房子，开始把大量的鸟粪开采出来，支援祖国的农业生产。

西沙群岛的水产资源也很丰富。从大海深处可以钓到红鱼，在珊瑚礁附近可以钓到石斑鱼。在海水的表层还有许许多多的鲨鱼、鲣鱼、真金枪鱼、黄鳍金枪鱼、鲔鲣和旗鱼等。

金枪鱼是远洋渔业的重要对象。这里在春末和夏季，金枪鱼很多。捕金枪鱼的方法很巧妙，叫作鹅毛钓。就是在许多鱼钩上扎上一束鹅毛。当渔船在海上行走的时候，拖着鱼钩上的鹅毛在水中移动，好像是许多小鱼在逃跑一样。当金枪鱼去吞食鹅毛的时候，它就被鱼钩钩住了。

在小岛周围的礁盘内，水清浪静，深浅适宜，里面生长着许多奇形怪状的红红绿绿的珊瑚和色泽光洁、令人喜爱的各种贝类，以及海藻、海绵、海参等。在礁盘外缘生长着一种红色的梅花参，新鲜的有90 cm长，大得惊人。尤其奇怪的是，在这种海参体内还常常有一种"潜鱼"借居着，这是国内过去从来没有发现过的事。这里的石花菜、鲍鱼等很多，还有很多种类的海绵，都具有很高的经济价值，可以在礁盘内大量进行人工养殖。

6. 重要的渔业基地

西沙群岛是我国南海上的宝岛，它不仅是生物学家研究调查的良好场所，而且也是发展水产捕捞、水产养殖事业的适当场所，将来还有希望建设成为我国南海中最好的远洋渔业基地，对支援南沙群岛的生产建设，巩固广东沿海国防的安全，以及对我国气象科学、海洋科学与生物科学研究的发展，也都具有重要的意义。

1949年以后，党和政府十分重视我国天然资源的开发和利用。几年以来，有不少同志不辞风浪之苦来到西沙群岛，同渔民们一起辛勤地工作着。1956年11月我们中国科学院的一批工作人员，又到那里去进行了一次生物科学方面的调查研究。以后还将有更多的同志们，到那里去工作和研究。最近又计划在那里设立气象台，这对渔民的生产安全以及和大陆的联系，提供有利的条件。岛上的职工同志们已经在那里开辟了茶园，种植了不少白菜、萝卜和葱。我们相信，只过几年，一定能看到各个岛上新造的永久性的住所、渔获物的加工建筑和码头等，也一定能看到更多的果树、蔬菜和花草。它将再不是我国海洋中人烟稀少的荒岛了，它将像我国大陆一样，变成美丽而热闹的生产基地。

中国科学院动物研究室　李思忠/文

新华社记者　贾化民/摄影

（原载：《科学大众》，1957年，第4期，167–170）

漫谈鲤科鱼类对环境的适应

1. 鲤类鱼在鱼类中的位置

这里所说的鲤类鱼，是指身体构造上与鲤鱼相近似的鱼类而言，在动物分类学中属于脊索动物门Chordata，脊椎动物亚门Vertebrata，鱼纲Pisces，真口鱼亚纲Teleostei，鲤形目Cypriniformes的鲤亚目Cyprinoidei。这一亚目的主要特征如下：上、下颌无牙齿而在下咽骨上有1～3行咽齿（仅双孔鲤属无咽齿）；身上有或无圆鳞；无脂鳍；前4个椎骨已特化，与鳔形成了韦伯氏器官（又名鳔骨器官）；及腹鳍腹位等。

过去有些鱼类学家把这一类鱼共作为一个科，即鲤科Cyprinidae，有些专家们把它们分成数科。如苏联的大鱼类学家贝尔格（Бepr）院士等，就是把这类鱼分成胭脂鱼科Catostomidae，鲤科，双孔鲤科Gyrinocheilidae，平鳍鳅科Homalopteridae，鳅科Cobitidae。这5科的主要区别如下：

胭脂鱼科：在基枕骨腹侧突起上，无角质的咀嚼垫；无须；唇肥厚；咽齿1行，齿数甚多；头每侧只有鳃孔1个。

胭脂鱼 *Myxocyprinus asiaticus*

鲤科：有咀嚼垫；有或无须（除鮀鳅属*Gobiobotia*有须4对外，其他均不多于2对）；咽喉1～3行，且每行均不多于7个；头每侧亦只有鳃孔1个。

双孔鲤科：无咀嚼垫；无咽齿；无须；头每侧有鳃孔2个。

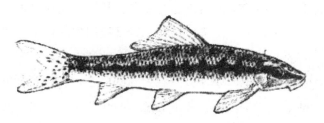

双孔鲤 *Gyrinocheilus* sp.

平鳍鳅科：无咀嚼垫；亦无基枕骨腹侧突起；身体前部很平扁；有须3～4对或6对以上；头每侧有鳃孔1个。

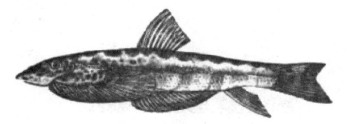

伍氏华吸鳅 *Sinogastromyzon wui* Fang

鳅科：无咀嚼垫，但有基枕骨腹侧突起；须不少于3对；咽齿1行；体不甚平扁；头每侧有鳃孔1个。

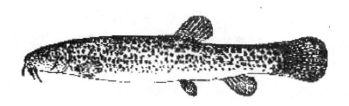

泥鳅 *Misgurnus anguillicaudatus*

2. 鲤类鱼的起源及分布

鲤类鱼最早起源于南亚，印度及与非洲相连处大陆上热带的淡水内。现在已分布于亚洲、欧洲、非洲及北美洲；而在非洲东边的马达加斯加岛及其以东，在亚洲自印度尼西亚的巴厘岛（Bali）和龙目岛（Lombok）之间与婆罗洲岛（Borneo）同西里伯岛（Celebes）之间的连接线（此线在动物地理学上称为华雷斯线（Wallace's line））往东，直到澳洲与南美洲，是完全无鲤类鱼的。并且从种属的数量上来看，亦可看到在旧大陆以热带和亚热带地区为最多，往北逐渐减少，到北半球的北部，就逐渐被鲑类鱼所代替。我们伟大的祖国，由于她的国土广阔，且包括有热带、温带及高寒地带，所以种类很多，根据最近文献，竟包含有至少4科约105属378种。计胭脂鱼科有1属1种，鲤科86属305种，平鳍鳅科7属27种，及鳅科11属45种。（注：根据Nichols：中国淡水鱼志，1943；王以康：鱼类学讲义，1955；及其他文献。其中亚种未计入。）

3. 鲤类鱼对环境的适应

（1）对水温的适应。鲤类的习性非常复杂，有些喜欢生活在很冷的水中，如我国西部高山地区的弓鱼类，它们就是生活在雪融成的流水内，因此这类鱼亦被称为冷水鱼。正相反，如热带的鲃鱼类（Barbus等）却喜欢生活在水温很高且氧气不足的水内。

对水温变化的忍耐力，鲤类鱼也是很不一样的，有些鱼只能在一定的水温内生活，若变化太大即不能生存，但是也有些像鲤鱼和鲫鱼这样的鱼类，它们既能在很高的水温中生活，同时也能在很冷的水中生活，甚至冬季结冰后把它冻麻痹了，但只要它体内的液体未结冰，它们就不会死亡。

（2）对氧气的要求。有些鱼如鲫鱼在每升水内只溶解0.5 cm³氧气时，它还能生活得很好；甚至在鲫鱼亦不能生活的更缺氧的污水内或干涸的池沼内，泥鳅Misgurnus在污泥中还能生存。可是河中的鳄鱼Phoxinus则要求每升的水内含氧气不能少于5～7 cm³，不然它便不能生存。

（3）对水层的适应。鲤类鱼有些喜欢在水的上层，如白鲦Hemiculter等就是，它不论在体型和习性上，都很像海洋中的鲱类鱼，它具有上层鱼的色泽（背侧褐绿色，两侧及侧下方为银白色）和形状（体长形，很侧扁，腹缘窄锐，尾鳍为深叉状，口斜向上方），而且主要以浮游动物为食，同时它本身又是其他凶猛的食肉性鱼类的捕食对象。

可是就整个的鲤类鱼来说，仍以经常生活在水的中层和下层的种为最多，如鲤鱼、鲫鱼、鲌类鱼，以及胭脂鱼科等，就都是中下层鱼类。甚至还有不少如鮈鱼类Gobio、爬虎鱼类Pseudogobio、鳅科等，更是经常匍伏在水底上的鱼类。

泥鳅

生活在水底层的鱼类，其体色很不一致，大多数背部为淡灰黄色，不过生活在流水中者在体侧常有斑点，而生活于静水中者无斑点或有细小的斑点。

（4）食性。鲤类鱼的幼鱼，初期几乎都以浮游动物为食，但稍大后，它们的食性就渐不相同。在水上层生活的白鲦等仍以浮游动物为食，昆虫在其食物中亦占有重要位置。我国养鱼业中的主要对象——白鲢和鳙鱼，亦是经常生活在水的上层，是以浮游生物为食的能手；白鲢以食浮游植物为主，而鳙鱼是主要食浮游动物的。

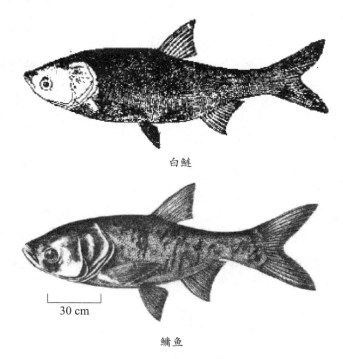

白鲢

鳙鱼

30 cm

不过大多数鲤类鱼，性成熟期以食底栖动物的为最多；例如，我国人民喜欢养殖的青鱼 *Mylopharyngodon* 就是喜欢食水底表面上的底表动物——螺类 *Viviparus* 的好例子。

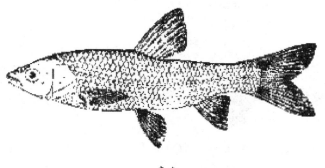

青鱼

而鲤鱼和鲫鱼等则主要是以挖掘水底表面下的浮游植物为食的著名例子外，平鳍鳅科则是以下颌刮食山溪内石头表面的藻类为食的鱼类。我国特产的草鱼 *Ctenopharyngodon* 更是以喜食植物性食物而驰名。它体长长到10 cm后，在饲养时即主要以紫背浮萍 *Spirodela polyrhiza*，茨藻 *Najas* spp.，苦草 *Vallisneria spiralis*，眼子菜 *Potamogeton* spp.和禾本科植物为食的。甚至在温暖季节，1 kg重的草鱼，一天之内便能吃1 kg草，真是可观。

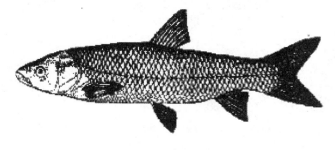

草鱼

鲤类鱼并不都是很和善的鱼，其中亦有很暴躁的；例如白鲢，不仅最爱抢食，而且遇到意外情况时，常着急得跃出水面；如小汽艇在江湖中迅速驶到其鱼群中时，它们常跃出水面竟能约达2 m高，有些以致落到汽艇上，甚至据说鱼多时，落到汽艇上的鱼，竟能把汽艇压沉。

还有些更凶猛，以食其他鱼类为生的鲤类鱼，如我国黑龙江水系中的鸭嘴鱼*Pseudaspius leptocephalus*、新疆伊犁河和塔里木河中的伊犁弓鱼*Schizothorax pseudaksaiensis*、红鳍鲌*Erythroculter erythropterus*等就是。我国淡水养鱼业中的主要害鱼——鳡鱼*Elopichthys bambusa*更为突出。它有长达眼后缘附近的大嘴，长壮的身体，游泳非常迅速；它的头形和习性很像海洋内的鲅鱼或金枪鱼，喜栖在深水区的上层，捕食其他鱼类。甚至从卵孵出小鱼，当年即已开始往食其他鱼类的生活方式转变了。因此我国渔民在长江等处于夏季捞养鱼苗时，很快便将鳡鱼等的鱼苗剔出，否则饲养到塘内时，所养的许多鲢、鳙、青鱼、草鱼等家鱼苗，会大部被鳡鱼吃掉；虽然鳡鱼生长得比家鱼快，但全塘的鱼产量会减少甚多。所以在我国的淡水养鱼业中，鳡鱼与乌鱼*Ophiocephalus* spp.、鲇鱼*Parasilurus asotus*及鳜花鱼*Siniperca* spp.等被称为"四大恶霸"，渔民非常厌弃它们。

鳡鱼

在温带及高纬度的地方，鲤类的食性，大多具有显明的季节性，它们几乎都是在温暖季节积极地索食，而在冬季则几乎完全不吃东西。所以在北温带不论用池塘养鲤类鱼，或用大缸等大规模地饲养供观赏用的金鱼时，冬季不喂食是无妨碍的，不过不能让水底结冰，否则它们会被冻死的。

鲤类鱼大多均为杂食性的鱼类，就是说在性成熟期不论植物食性或动物食性的种类，它们亦都或多或少能兼食其他食物。对水内蚊子的幼虫——孑孓，都是常喜欢吃的。所以池塘等水内养鲤类鱼，不仅可以增加经济上的收益，而且对除四害中的蚊子，亦是很有帮助的。

（5）体型、身体大小和年岁。鲤类鱼一般为长纺锤形，中等侧扁。但因所栖水层、水温、水流缓急及食性等的不同，体形亦相应有种种不同的适应，完全体现着生物与环境相统一的自然法则。例如鲤鱼、鲫鱼等生活在静水或较静水内的下层鱼类，体型较粗，游泳较缓慢，而生活在深水上层游泳迅速的白鲦及鲌鱼*Culter* spp.等，正如前边所谈的一样，体形就较细长侧扁，腹部有棱，并具有上层鱼的色泽。而生活水底上的种类，如棒花鱼*Abbottina rivularis*等，其腹侧就较宽平。又如生活在山区激流中水底上的鱼类，有些如墨鲤*Garra* spp.和盘鲔*Discogobio tetraborbatus*等，在下臀中间形成一圆形吸盘，能用此吸附在水底的石头上；甚至更如平鳍鳅科的种类，它们的头及体的前部常很平扁，胸鳍与腹鳍呈宽圆形，位置是水平的，与体的腹面呈一平面，借此来吸附在山溪激流中的石上，免被激流冲走；且水进入口内时是由唇的褶缝处进入的，这样可以消除张口吞水时会增加水的冲击力的缺点。它们游泳的方式是窜不远便停一停，这都是对山区激流中生活的特殊适应。

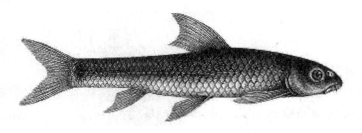

墨鲤

生活在亚洲东南部山溪中的双孔鲤*Gyrinocheilus*亦很有趣。它为了增加吸附在水底上的能力，不仅上、下唇很发达，上、下有许多小突起，具有吸盘的功能；而且在呼吸器官方面，它的鳃孔每侧有2个，上方小的鳃孔专供进水，下边鳃孔则专管出水，这样就巧妙地完全避免了水自口进入体内的缺点，甚至被养在水族馆的静水内，现在亦已不会用口吞水了。而遇敌人时喜钻入水底以潜逃的泥鳅等，体型更细长，呈小鳗状。

鲤类鱼很多都有胡须，这与它们的食性有关，凡是有须的，则大部为喜食底栖生物的鱼类，借须来帮助寻找食物。上层鱼一般均无须。

鲤类鱼的身体大小，真是悬殊得很。如鳑鲏鱼*Rhodeus sinensis*、鼻须鳅*Lefua costata*等，一般体长仅20～40 mm而已。而鳡鱼等则身体很大，体长大者可达2 m。例如，在我国洞庭湖一带的渔民就有这样的俗语，即"千斤鳇鱼万斤鳡"。虽然事实上我们在文献上还没见过这样大的鳡鱼，但它在鲤类中是特大的种类之一，是无问题的。

鲤类鱼的生活史，如鳑鲏类在2年或第3年便达性成熟期，最大年岁在鳑鲏属*Rhodeus*为5岁，在拟鲿属*Paracheilognathus*仅为4岁。生活史长的鱼如裸黄瓜鱼*Diptychus dybowskii*在伊斯塞克湖能达20岁，甚至鲤鱼能活70岁。

（6）体内构造的适应。鲤类鱼因食性的不同，其体内与索食及消化有关的器官亦常有极显著的不同。它们都没有胃，只是肠子的前端部分稍粗而已。但食植物性食物的鱼类，其肠子一般都较长，尤以食浮游植物的白鲢为最甚，竟较体长约长14倍。而食动物性食物的鱼类，其肠子一般均较短，如伊犁弓鱼，其肠子仅较体长多1～1.5倍，尤其赤梢鱼*Aspius*其长只约等于体长。

在咽齿的形状方面，变化亦很大，且显著地与食性有关系。如胭脂鱼科的鱼类，其咽齿虽只有1行，而数目甚多，普通约有50个；它们在平原区以底栖及近底层无脊椎动物和一部分植物为食的，其咽齿小且密；在激流中主要以软体动物和昆虫等底栖无脊椎动物为食的，咽齿就较强壮。特别以鲤科的咽齿变化为最大，每侧有1～3行，每行不超过7个，其中性凶猛以其他鱼类为食的，如鳡鱼、长头鳡鱼及鸭嘴鱼等，其咽齿很侧扁，有锐利的边缘，及尖的或略钩曲的齿尖，无咀嚼面，这是因为它们的食物是其他鱼类，只需要用锐利的咽齿边缘杀死便可以了，并不需要咀嚼。又如马口鱼*Opsariichthys uncirostris*、鳈鱼*Ochetobius elongatus*及鲌鱼*Culter* spp.等食肉性鱼类，其咽齿没有鳡鱼等凶猛鱼类的咽齿那样扁，其齿端却较向后钩曲，且有斜凹行窄的咀嚼面，但事实上它们并不真正能咀嚼食物，而只是用此来撕裂食物。青鱼的咽齿为臼齿状，钝圆形，齿面很光滑，因为稍大后它主要是食螺的，需要用这样的咽齿来压碎螺蛳的壳。严格地说，只有食植物的鱼类的咽齿，才可以说名副其实的具有咀嚼面，这可以草鱼作代表。它的咽齿具有篦齿状的锐缘，吃东西时就是先用此锐缘把草切断，而后咽齿与枕骨腹侧突起的角质嘴嚼垫合作再把草予以切碎。

随着食性的差异，不仅咽齿不同，而且鳃耙亦很不同。普通食肉性的凶猛鱼类，其鳃耙均粗短且稀少，而食浮游生物的鱼类，其鳃耙则很长且密。前者可以鳡鱼等为例，后者可以鲢鱼和鳙鱼为例。鳡鱼的鳃耙在第1鳃弓只有"3+10"个，长不及鳃丝的1/2；而鲢鳙的鳃耙非常长且密，简直和鳃丝一样，尤其鲢鱼的鳃耙基端更约有3/4相互连成网状，这样微小的浮游植物进到口腔后，就不至于从鳃孔流失。

（7）对生殖的适应。谈到鲤类鱼对生殖的适应，亦是很复杂且饶有趣味的事。有些鱼如鲤和鲫，喜欢把卵产在水草多处，卵有黏性，黏附在水中的草上。有些鱼如弓鱼类等把卵产在水底的沙上，甚至有些还把卵埋在沙内、借以保护，以免被其他鱼类吃掉。以上这些鱼的卵，其密度均大于水，为沉性卵。

还有些鱼把卵产在深水处，其卵的密度小于水或约等于水，产后在水中漂浮着，这些卵被称为浮性卵。鲤类鱼在深水处产浮性卵的种类不算多，但在我国却很常见，如白甲鱼*Onychostoma* spp.、白鲦、鳊*Parabramis pekinensis*，以及我国淡水养鱼业的四大对象鲢、鳙、青鱼、草鱼4种的卵就是这样。

鲤类鱼是典型的淡水鱼，都完全生活在淡水的江湖内，只有种类不多的一些鱼类，能生活在半碱水的湖泊和海内，如苏联著名的黑海斜齿鳊*Rutilus heckeli*及里海斜齿鳊*R. caspicus*等，及在我国西部碱水湖内的某些弓鱼类的鱼类，如青海湖内的湟鱼*Gymnocypris przewalskii*等就是。而能生活在海水内的鲤类鱼，直到现今只知有红鳍圆腹鲦*Leuciscus brandti*一种而已，此鱼生活在我国台湾及其以北到黑龙江下游附近等处，但此鱼产卵仍需要到淡水内。

鲤类鱼一般是没有积极保护后代的现象的。只有生活在我国的棒花鱼*Abbottina rivularis*，其雄鱼具有给卵筑成小碟状的窝巢、并积极骗逐接近于其卵的其他鱼类的本能。

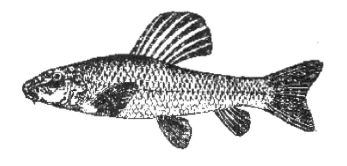

棒花鱼

还有我国特产的麦穗鱼*Pseudorasbora parva*，此鱼在我国只有1种，共含6个亚种。体型很小，口小且噘得高高的。它们把卵产在水中的石上或其他物体上，雄鱼亦有保护其后代的本能。

麦穗鱼

尚值得注意的是，鲤类鱼很多都有第二性征，就是性成熟后在生殖期，有些种类的体色特别鲜艳，如鳑鲏类就是这样。还有些种类的雄鱼在头部、胸鳍上或臀鳍上常出现有被称为"珠星"（或追星）的角质颗粒状的小突起。如鲤鱼和鲫鱼的珠星是生在颊部及胸鳍上；卷口鱼（又名嘉鱼）是在吻部；鲢及鳙是在头部，草鱼、红眼鳟（赤眼鳟）、鳡鱼亦是在头部；而青鱼是生在两眼之间。

按雌雄鱼的大小来讲，能保护后代的种类，其雄鱼较雌鱼大；而无保护后代本能的种类，则雌鱼普遍较大于雄鱼。

产卵习性最奇特的是鳑鲏类。这类都是体较高且很侧扁的小鱼，它们的腹面无皮棱，且臀鳍至少有10个分支鳍条，并始于背鳍下方。有些鱼类学家如苏联的尼柯里斯基（Никольский 或 G. V. Nikolsky, 1954）通讯院士，把它们特别列成鲤科中的鳑鲏鱼亚科Rhodeinae。这类鱼主要生在东亚地区，如我国即约有5属23种。它们于春夏之交产卵时，雌鱼的输卵管特别延长伸出体外，并以此管将卵产在蚌类的外套膜腔内，以期安全。并且普通鳑鲏Rhodeus spp.产的卵是分散开的，卵孵出的幼鱼就在原地附着于蚌的鳃上；而刺鳑鲏Acanthorhodeus spp.产的卵则聚成小块状，为了能获得足够的氧气起见，自卵刚孵出的幼鱼体很长而头很小并会爬动而自行疏散开。

鳑鲏

按产卵的数量来说，具有保护本能的种类，它们的卵一般较大且少，如鳑鲏仅能约产100个卵。而没有保护卵的本能的种类，它们产的卵就较多，如大的鲤鱼可产卵1 500 000个。

鲤类鱼一般均无生殖洄游（为了生殖而自索食地离开到别处去产卵的现象）。但在我国各处较大的江河内，鲢、鳙、青鱼、草鱼却有不同程度的生殖洄游现象。它们秋冬多生活于江河下游的深水处，而于3月以后春水上涨时开始上游，约于5月开始在激流处雌雄追逐，进行生殖，似乎激流的冲击，是它们生殖交配的必需条件之一。它们产的浮性卵，就是在被水流往下游冲携的途中发育孵化的。

具有生殖洄游习性的鲤类鱼，以黑海和里海的斜齿鳊为最著名，为了产卵有些竟能沿河上游1 000多千米，具有典型的过河口性鱼类的特性。产卵时期的水温，如赤梢鱼Aspius在咸海流域于3～4月水温为4.5℃～14.5℃时便在激流的河内发生，而我国的鲢、鳙、青鱼、草鱼产卵时，则需水温为20℃以上，且河水上涨时方才进行。

自卵初孵出的幼鱼，有些在眼前方具有临时性的幼鱼吸附器，它们在卵黄囊未被吸收完以前，常不会索食，而附在水草上，处于静止状态的生活阶段，如鲤和鲫鱼就是这样。而鲢、鳙等的幼鱼刚孵出即会游动，其幼鱼无吸附器。幼鱼在呼吸器官方面，有些因所栖水中氧气的不足，而幼鱼在鳍褶及卵黄囊中，尚常有临时性的呼吸器，如鲤、鲫就是这样。甚至如泥鳅，其幼鱼初期更有外鳃。而生活在氧气充足的水中的鱼类，其幼鱼就没有这样的呼吸器官。

鲤类鱼均卵生。文献中在非洲产的胎生鲃Barbus viviparus，近来被证明并不可靠（Barnard, 1943）。

（8）卵有毒的鲤类鱼。鲤类鱼一般都是无毒的。但据苏联的鱼类文献报道，在亚洲高山区生活的弓鱼属*Schizothorax*及黄瓜鱼属*Diptychus*，其卵在接近成熟时是有毒的（尼柯里斯基，1954），而且有时还致人死亡。鱼类学家贝尔格院士（1947）在他曾获得斯大林奖金的巨著——《苏联及其邻国淡水鱼志》上，并称黄瓜鱼属的卵和小鱼都有毒。这类鱼在我国的种类亦不少，如弓鱼属（有须2对，咽齿3行，体侧有鳞），在我国即约有27种，分布于新疆、青海、甘肃兰州及其以西、四川、贵州的西半部、云南和西藏等处。黄瓜鱼属（咽齿2行，须1对），包括鳞黄瓜鱼*Diptychus maculatus*和裸黄瓜鱼*dybowskii*都在内，分布于西藏、青海、四川西部、甘肃兰州及其以西，和新疆等处的河湖内。这两属鱼类都很易被认出来，就是沿它们的肛门和臀鳍基两侧的附近，各有1行特别大的鳞。

20 mm

鳞黄瓜鱼 *Diptychus maculatus*

这些鱼的卵或小鱼之所以有毒，乃是对山区生活的适应，因为那里的水较浅且较少，易受陆栖动物如鸟和兽的食害。因为有毒所以乌鸦等见了其卵就不食。其毒素据考斯丁（и.А. косТии，1951）的研究，乃是血球素型的蛋白质类毒素。在100℃以上的沸水中煮后，毒性便消失。这样加工后，卵制成的罐头，不仅无毒，而且品质还很高。

不过我觉着应当注意的是，在高山区因地势高，水煮不到100℃便沸腾了，所以在高山地区吃这类鱼的卵时，务必要多煮些时候，否则为嘴伤身，是很不合算的。

4. 研究鲤类鱼对环境的适应有啥用处？

（1）鲤类鱼在我国渔业中的重要性。我国的水产资源是极丰富的，由于党的伟大领导，水产事业发展甚速，如与战前产量最高的1935年来比较，去年（1957）已多87.7%；在世界各国的鱼产量中，我国于1955年即已跃居到世界的第三位（我国台湾产的亦在内），而且仅较美国少7 000 t而已（《学艺杂志》1958年2月号，第30页）。在我国以往的鱼产量中，据说淡水鱼约占一半；而在淡水渔业中，鲤类鱼约占4/5。所以发展鲤类鱼渔业，在我国渔业中乃是一个关键性的问题。

（2）为什么要研究鲤类鱼的习性？党教导我们做任何事，都首先应考虑它的目的性，就是应考虑它对人民、对社会主义建设有什么好处。倘若我们稍微思考一下，那么就不难理解这类研究工作的重要性了。我们研究它们，不只是为了满足我们的好奇心而已，而首先是要从它们对环境的适应现象中，理解它们与环境相统一的具体规律。以便我们能利用这些规律，更好地与自然界做斗争，使它们能更好地为人民服务，增进人民的福利。具体地说些对养鱼业，捕鱼业及鱼类加工业等都很重要的研究。例如，我们得知弓鱼属及黄爪鱼属的卵或小鱼有毒的原因和特性后，我们就可以不食未经100℃以上的沸水煮过的卵，而食消除毒性后的卵，这样就可以很好地利用它们，而不至于中毒。同时这类鱼还是我国西部高山区重要的水产资源，它们能在低温中生活，且其卵与肉既味美又富营养，因此在这些地区的天然河湖中和人工水库及渠道中，都可以就地取材，把它们作为主要的养殖对象。又如鲤鱼是我国同胞传统性的，最喜食的鱼类之一，它既形体美丽，肉又好吃，在我国江河下游的平原区，至少自春秋战国时的陶朱公开始，就已知如何利用其习性而人工饲养了。此鱼与鲫鱼对水温变化的忍耐

力很大，可以在大陆性气候显著的地区放养，如苏联在巴尔喀什湖放养已成功了，现正在继续进行着更往北如西伯利亚等处放养。在我国新疆与青海等处近似的地方，亦大可以尝试，以便能以新鲜的鲤鱼，去支援在西北建设油、铁等厂矿的同志们。而且在水草多处可以放养食植物的鱼类，在动物性食物多的地方，可以挑选放养食动物性食物的鱼类。

（3）我国渔民对鲤鱼习性的利用。事实上，在养鱼业中，我国渔民早已是会利用鲤类鱼习性的能手。直到现今，虽然我国渔民的科学文化水平还不高，养鱼设备上亦简陋，可是我国渔民的养鱼技能和成绩，还是很惊人的。例如，我们用螺养青鱼或用草养草鱼时，常喜同时混养些鲢或鳙。这样由青鱼吃剩的残渣和粪便在池内增养的浮游生物，亦可供养鲢或鳙，因为鲢、鳙都是喜食浮游生物的能手。并且鲢、鳙的售价虽较低，但在第2年生长得较快，通常年初放养的鱼种（即前年夏季由卵孵出的小鱼），年底便可长到0.75～1.5 kg，便可上市出售。而青鱼、草鱼的售价虽较高，但第2年生长较慢（年底可达0.25～0.75 kg），若养到第3年却较快（可达1.5～5 kg）。如此混养既能充分的利用饲料，又能得到较好的利润。

（4）在养鱼业中我国连创了两个单位高产量的世界纪录。我觉着非常值得提出的是，河北省安新县先锋农渔合作社，根据草鱼喜居清水中的习性，利用当地一条平均水深3 m的流水河，两端以竹拦断，饲养草鱼，于1955年和1956年竟连创两次养鱼业渔获量的世界最高纪录，以涨水时的河道面积计算，每亩竟分别收获885.5 kg和1 250 kg！比1948年苏联著名的养鲤专家莫夫强教授所创的世界纪录，每千克得到25～40千克（折合每亩收获166.7～266.7 kg），还要多出4倍左右，这真是一件惊人的光荣事迹！

（5）淡水渔业在我国现今还有无限潜力及美好的发展前途。在这里我还不能不指出，我国渔民在1949年前养鱼都是自生自灭，国民政府只知重税压迫，从来是很少协助的。1949年后人民当了主人，在共产党的领导下，国家已组织了不少专家，在我国湖泊最多的湖北省省会——武汉，设有以专门协助淡水养鱼业为主要任务的科学研究的中心机构——中国科学院水生物研究所。水产部所直接和间接领导的部门，在各处亦设立了不少负有研究实验性质的养鱼场。都在以现今的科学技术研究着鲤类鱼的习性，以便能更好地养殖。特别是在现今社会主义建设中，广大农村都在兴水利、建水库。这样，淡水养鱼业一定会规模空前地发展起来。因此，对鲤类鱼习性方面的知识就更显得需要迫切了。我深信在广大人民的生产实践中，在许多科学家和技术家们的集体研究下，不久的将来会出现许多更惊人的成绩。

中国科学院动物研究所

李思忠

（原载：《三门峡》，中国科学院动物所三门峡工作站内部通讯，1959年，第4期，1-5）

我国西部的有毒鱼类

在我国的淡水内，人们很早就知道"河豚"有剧毒，能致人死亡。但在河湖内是否还有其他有毒的鱼类？就我所知，至今尚无文献报道。但根据苏联许多淡水鱼类学文献，弓鱼亚科（Schizothoracinae）的鱼类有些是有毒的：它属于鲤鱼类，分布于我国的西藏、云南、贵州及四川的西部、甘肃兰州以西、青海及新疆等处的河湖内。

1949年后有许多同志响应着党的号召，勇敢地到这些地区去参加当地的建设了。无疑还将有许多同志到这里来，这些人绝大多数都是喜欢吃鱼的；另外在这些地区原来居住的同胞们，亦逐渐会喜欢吃鱼的（由于信佛教等关系，现在还很多人不吃鱼）！因此我觉着有必要将这些鱼类的特征、种类和分布，身体何处有毒、毒性大小，及如何吃法不至于中毒等，简单地介绍一下。

1. 这些鱼类的特征、种类和分布

弓鱼亚科的鱼类，过去文献上亦称为奇鳞鱼类、细鳞鱼类、裂腹鲤鱼类等。这类鱼最易认识的特征，就是其侧线鳞，及沿肛门两侧和臀鳍基的鳞，较体上其他处的鳞都较大。根据文献在我国约有11属50种左右。

这类鱼的分布，以在西藏、青海及新疆为最多，东到贵州及四川的重庆，北达兰州和新疆的准噶尔盆地。在国外往西达苏联的土库曼，西南到伊朗和阿富汗，在印度北部的山区亦有。

2. 鱼身上何处有毒？毒性大小如何？

在苏联稍早些的文献内，称这些鱼的卵巢及腹膜有毒。近来多认为只卵巢有毒，而且说卵巢仅在接近生殖期时有毒。如以弓鱼属（Schizothorax）为例，据苏联科学院尼柯里斯基（Никольский）通讯院士，在其《特殊鱼类学》（1954）中记载着说"此鱼的卵毒性很强，据考斯丁（и.А. косТии）的研究指出，毒素位于卵内，属于血蛋白型的蛋白质。卵只在发育，第3期，即卵开始变大后，方才有毒。尤以接近成熟或已成熟的卵，毒性最大。黑色的腹膜、幼鱼、卵巢组织及黏液无毒"；并说"弓鱼的卵毒对大多数哺乳类动物，人类及鸟类有作用，对鱼类及两栖类无作用。如1948~1950年的3年内，在阿尔马—阿塔城（Алма－Ата），每年都曾发生有100件左右人们中弓鱼卵毒的事件，而死亡事件只登记有两起"。

这些鱼类在我国的分布既然这样广，人们中毒的事件，过去虽无文献报道，但可肯定是有的，不过过去由于交通不便，及当时国民政府对这里的资源利用和人民的健康不关心，而在文献中无记载罢了。例如，今年我曾问过自青海省西宁市中国科学院动物研究所甘青工作站来的丁立身等两位同志，是否听说过青海湖中的湟鱼有毒（湟鱼亦是这类鱼）。碰巧得很，丁同志说："我就中过毒。"

他说："经过是这样，约在去年（1958年）12月间的一个上午，某次吃湟鱼，我与一位女同志，曾先尝吃了一个鱼的卵巢，结果两人都发生头痛，想呕吐。因为我嘴馋，吃得较多（约3/4），所以亦较重，最后到天黑时还呕吐了。"

他还说："可以亦很奇怪，据当地水产局局长谈，他亦很喜欢吃鱼卵，每次用锅煮大半天后，吃很多，亦没有事，不知原因是什么。"

3. 如何吃法方不致中毒？

据苏联文献中记载，称这些鱼类的卵，在100℃以上的沸水中煮后，毒性便消失；并且做出的弓鱼卵罐头，不仅无毒而且质量还很好。不过我觉着需要特别注意的是，在这些地区，由于地势很高（如青海湖的水面，海拔即达3 000多米），因此由于气压低的关系，水煮不到100℃便沸腾了，所以煮时要千万时间久些，切不可水一沸腾，便即取食。丁同志中毒，而水产局长不中毒，就是这个缘故。同时从湟鱼鱼卵在12月份即已有毒的情况来看，可知其卵毒的产生，是相当早，因此鱼6月初左右才产卵生殖，可是差不多半年前就已有毒了。所以为了生命安全起见，我认为在未经过化验之前，一定要煮熟透后才可吃，切不可轻率冒险，以免为嘴伤身。

4. 这类鱼的卵为什么要有毒，它们在水产中的重要性如何？

据文献中记载，这类鱼的卵有毒，乃是它们对高山地区生活的适应。因为该处水很少，卵有毒就可避免陆生动物——如鸟类及兽类，食害它们的鱼卵及将要产卵的雌鱼。例如，据说鱼类加工厂扔出的弓鱼卵，乌鸦亦知不吃！实在有趣！

最后，我还想谈谈，既然这些鱼类有毒，那么是否可以消灭它们？我的答案是"完全不可以"。因为这些地区地势很高，其他较大而且肉质好的鱼类，多不能在这里生活；而这些鱼类却能生活得很好，同时它们的肉质及煮熟后无毒的卵，在味道上及营养价值上都很高。所以正相反，我们不仅不应消灭掉它们，而且还应把它们作为在当地水库、河湖与池塘内应保护和养殖的对象，只要注意加工就可以了。

（原载：《三门峡》，中国科学院动物所三门峡工作站内部通讯，1959年，第4期，9-10）

从八字新养鱼经谈一点养鱼常识——在晋南水产会议的发言

1958年，全国水产突飞猛进，使水产量由1957年的312万吨，翻成了602万多吨，已居世界第一。在这方面我们山西省是落后了，因此全省都很注意，立志要急起直追、弄个后来居上，这是非常好的。但应如何着手呢？这是很重要的。

现从1958年全国水产养殖的经验总结中，得出的"八字新养鱼经"方面来谈一下。这个"八字新养鱼经"的"八字"是什么呢？报刊上早已登载了就是"种、水、饵、密、混、防、工、管"。

1. "种"

就是"鱼种"。养鱼和种庄稼一样，应有种子，而且还应有能到的优良品种。说起淡水养鱼时，人们总爱注目于鲢、鳙、青鱼、草鱼。的确这4种鱼长得快，价值高，堪称为优良的品种。但除它们之外，是否还有优良品种？这就大有问题了。例如，鲤鱼不论从肉质、生长速度，对水温、氧气、酸碱度的适应力和抗病力等，来与前4种鱼相比，不仅毫不逊色，而且还有过之而不及。如草鱼，青鱼第2岁和第3岁，死亡率很大，常达50%，甚至还要多。食性亦较窄。鲢、鳙水瘦就长不好，且鳙鱼不耐寒，鲢鱼需氧多，严寒炎暑亦易死亡。所以我国最早养鱼，春秋战国时，陶朱公养鱼致富，养的就是它，他著的《养鱼经》，谈的就是养鲤鱼的办法。只是到了唐朝，因皇帝姓李，音与鲤同，法令不准吃鲤。百姓把它称为"赤鲜"（红草鱼）也不行，买卖时，官家将打六十棍屁股，人们无可奈何地转去养草鱼、青鱼、鲢、鳙了。但鲤鱼传到欧洲及北美洲以后，至今还是欧美各国最喜欢养的鱼。去年我国养鱼业亩产的最高纪录是湖南省衡阳岳屏社创的8万多斤，鲤鱼就是该社的养殖对象。又如1954年日本某人流水养鱼，曾创亩产为14万多斤，更是单养的鲤鱼。

鲤鱼并且能在静水中产卵，养殖者可以留大鱼当亲鱼；自己育苗育种，供自己养殖。草鱼、青鱼、鲢、鳙就不行（因它们只在激流中产卵）。同时鲤鱼分布广，鱼种易就地取得，投资小，运输亦较容易，而所谓的四大家鱼，需要每年去外省买，目前水产大发展，鱼种供应紧张，不易买到。我们为什么要舍近求远，轻视鲤鱼，而幻想千里之外的四大家鱼呢？

其次为鲫鱼。此鱼亦杂食，它的适应力比鲤鱼更大，如鲤鱼对酸碱度的适应力为5~9，而鲫鱼为4~10。鲤鱼被冻死和因缺氧被闷死时，鲫鱼还不至于死，甚至天冷它四周结冰已冻麻木了，但只要它体内的液体不结冰，就还不会死。它的繁殖力很强，易养，成活率大（常可达100%）。但缺点是长得较慢，当年鱼可长到50～150 g，第2年大者只可达半斤左右，不过它的分布更广，鱼种价更低，更易得到稳产，又适于密养，如有人养鲫鱼鱼种，亩产可达200 kg，若精养，亩产千斤、万斤，都很可能。

所以我们认为鲤、鲫是本省目前养鱼业大发展中，可以就地取材的很好的养殖对象。

2. "水"

种庄稼需要用好地，养鱼亦需要有好水，不仅水质要好（如含氧多，无毒质，酸碱度适宜等），而且大家皆认为"小塘并大塘""浅水变深水"都是丰产的重要保证。这里的水质碱性较大，水温变化悬殊，所以我们认为只要使水深达到1.3 m以上和水面不要完全或大部被水草蒙住，养鲤、鲫是很合适的。

3. "饵"

俗语种地不上粪，等于瞎胡混。养鱼若不喂饵时，产量亦不高。饵料亦以就地取材为宜。鲤鲫因是杂食性鱼，饵料来源很多。不用愁饵料缺乏。

4. "密"

密是密养。鲤、鲫最宜密养，日本1954年某人创的纪录就是在密养下达到的。如在48.26 m²的河流内，就放100 g重的鲤鱼达8 179尾。（合每亩112 871尾，亩产达70 096.9 kg。）

5. "混"

混是指不同种的鱼，可因所居水层不同或同层而食性不同的鱼，亦可混养。鲤、鲫都是底层鱼，可与鲢、鳙（上层鱼）及草鱼（中层鱼）混养。亦可用本地的鳛和赤眼鳟（上层鱼）及草鱼（中层鱼）混养。亦可用本地的鳛和赤眼鳟（中层鱼）及雅罗鱼与白鲦（上层鱼）等混养。

其比例大致为底层鱼40%～60%，中层鱼和上层鱼各占20%～30%，亦可养同种而大小不同的鱼，进行轮放轮捕。

6. "防"

是防鱼病及敌害。应贯彻上级政府预防为主，并积极治疗的方针，如三消四定制度等。这可以防止鱼病的大量发生。

7. "工"

指工具改良而言。我国养鱼虽已很久，但大规模养鱼还很少，一般都是独家经营，因此工具很少。而公社化以后开始大规模的生产，因此工具就显得特别落后了，需要设法创造和改良。

8. "管"

专人管理，人多时正应明确分工，发现问题及时解决。养鱼是一门专业，其中有许多需知的知识和技术，特别是我们要精养丰产时，甚需专人管理，使专业化，只有这样才能"熟练生巧"不可三天两头调动，至于如何养法，我想以养鲤、鲫为例，大致简单介绍如下：

（1）鲤鱼的繁殖。最好是在冬季积有些约1 kg以上的大鲤鱼（家养3年以上的亦可），在清明节（4月5日）前，雌雄分开池暂养（雌鱼肚较宽软，肛门后较突出，雄鱼肚较窄硬，肛门后内凹，鳃盖处及胸鳍前有白色小追星）待节后天气晴朗，水温平均17℃至18℃以上时，再另组雌雄共放入水深0.6～1 m的池内，池中有人工鱼巢（由棕皮，柳须根或水草扎成），到清晨人静时，使会产卵。人工授精亦可，即将雌雄鱼的卵和精液挤到光滑的白碗内，以硬鸡毛来搅匀，停3～5分钟，放入浸在水内的鱼巢上，卵粘牢后即可拿到池中孵化。在孵化期为了避免卵生霉，可用3%～5%的福尔马林液浸

2~3分钟，或用10%~20%的盐水浸3~5分钟。

（2）鱼苗培养。卵约经1星期，鱼苗即孵出，前3天仍附在巢上不吃食，3天后方游动寻食，可喂浮游动物。浮游动物的培养亦很简单。约每亩地有一个1 m×3 m的水池，撒8分人粪与2分糠的混合肥于池底，注3.3~6.7 cm深的水，晒数日即可，亦可在肥池内堆肥，（如用青草4分、羊粪2分、人粪1分和石灰1/70；或青草与牛粪各1分，加生石灰1/80）让发酵后，洗滤肥液撒池亦可。

若用熟蛋黄或豆浆亦可，但不及前者易消化，所以投饵不可过多，每亩约可养20万尾，养约一个月左右，体长约可达3.3 cm，便成夏花鱼种，经3次扦网锻炼后，便可分塘或出售。

（3）鱼种的培养。池深1.5~2 m。

要贯彻"三消四定"制度。

"三消"如下：

鱼池消毒：不论让鱼产卵，孵化或鱼苗鱼种及成鱼饲养的池子未用前十多天都应消毒。消毒法很多，如用生石灰、茶饼、巴豆、漂白粉、硫酸铜、鱼藤精、六六六粉等都可以，俾能除去亲鱼害虫和霉菌（参看《中国水产》1958年第6期20至22页）。

鱼种及亲鱼消毒：① 1%的小苏打浸洗30分钟。② 用1%的漂白粉，百万分之一的硫酸铜和百万分之二的硫酸亚铁混合液浸洗30分钟。③ 用3%~5%的盐水浸洗5~10分钟。

饵料消毒：每百斤饵料用1~2两漂白粉消毒。

"四定"如下：

定量投饵，视水温，天气，水中氧气及鱼体大小而定。水温为20℃~25℃时，每日可投鱼总量的15%~20%，喂时以能在投后2~3小时吃完为止，否则即应增或减，在水温4℃以下或30℃以上时，可停喂。

饵料定质：饵应大小适口，新鲜，养分比例恰当（糖类、蛋白类，脂肪，无机盐及维生素乙等）。旺食旺长期蛋白类多些，秋冬脂肪和糖类多些。棉籽饼、菜籽饼、谷糠、稻糠、稗子、豆渣、豆饼、向日葵籽饼、酒糟、各种草籽、眼子菜的草粉、血粉、鱼粉、骨粉、蛙肉、螺肉、浮游动物、底栖动物等均可。用棉籽饼时，棉籽饼可占30%，谷糠约占40%，豆渣、大麦粉、骨粉各约占10%，白垩土占1%，因为棉籽饼内缺维生素乙和钙，对鱼的消化和生长都不利。

定期投饵：天冷时每日在12时~下午2时投1次；稍后在上午9~10时及下午3~4时各投1次，天热时宜在早晨或夜晚投2次或多次。

定位投饵：应选向阳背风处，建投饵台（又名食场）约每5 000尾一台。使鱼养成在一定时间和地点索食的习惯。易于观察和管理。养到冬初或春季，使成冬片或春片鱼种。

（4）成鱼的培养。池深也在4.5 m以上，方法与养鱼种相似，但最高投饵量约为鱼总重的5%~10%，在晋南作混合人工饵料时，可以棉籽饼60%，糠20%~30%，大麦粉10%，豆渣骨粉5%~10%，白垩土2%，可以大小鱼混养，实行轮放轮捕。

（5）活鱼（卵）的运输。水运。① 肩挑。运鱼苗每担可挑6万~8万尾，水不可满，5~6成即可，死亡率常为3~7成。挑夏花鱼种可装3 000~6 000尾，春片及冬片鱼种300~500尾。② 以汽车、火车、轮船、飞机等大量运输。一是击水法；二是送气法，夏花鱼种约3万尾，冬片可春片鱼种约3 000尾；三是活水船运输，每立方米的水可运鱼苗100万尾，夏花鱼种4万尾，冬片与春片鱼种4 000尾。

干运输。气温在4℃~10℃时最适宜，途程最好不超过3~5小时。装运鱼种或亲鱼量视箱大小而定，最好每格顶多放两层鱼，运亲鱼时，在上下尾鱼之间，宜放些水草，俾能通空气。箱外宜蒙一层湿布或湿草；倘可能时，途中可喷或淋些水。

（6）几种常见鱼病的防治。水霉病（绵霉病、鱼生毛病），由棉霉和水霉菌在鱼伤处寄生所致。治法：① 可用约10%的盐水。② 1/1 000的升汞水。③ 十万分之一的高锰酸钾液浸洗30分钟。④ 1/2 000的硫酸铜液浸洗1分钟。另外用硼酸、硫酸镁或硫酸锌等溶液亦可，或每亩用菖蒲3斤烤焖，研为汁液，加盐半斤及尿5～8斤，遍散全池亦可。

赤斑病（鳞立病、松果病、擦皮病），由细菌引起。病初期即隔离，换清洁水，亦可在食场连挂3天漂白粉（每篓100～120 g）治疗或常用漂白粉喷洒到食场来预防。

烂鳃病，亦是一个细菌性疾病，预防和治疗法与赤斑病相同。

细菌性肠炎。草鱼青鱼患此病最多，死亡率达到50%～90%。治法：将磺胺胍粉拌和于米糠或麦麸中，让鱼连吃6天，第一天每10 kg鱼用药粉1 g，以后5日减半。

中国科学院动物研究所

李思忠

（原载：《三门峡》，中国科学院动物所三门峡工作站内部通讯，1959年，第4期，26–28）

为什么要研究鱼类区系分类学

1. 鱼类区系分类学的研究内容

鱼类区系分类学也简称为鱼类分类学。它是研究鱼类种类、名称、形态特征、习性、地理分布和亲缘演化等客观事实及规律的科学。它不只是鉴定鱼类，给一个属、种的名字而已。后者只是此门科学的一部分。它不是养鱼学、捕捞学、加工学、鱼类资源学；这些属水产学。它也不是鱼类生理学、鱼类生态学、鱼类形态学、鱼类地理分布学、鱼类化石学等；后边这些都只是其中的一个分支科学、它的一部分。

2. 为什么要研究鱼类区系分类学？

我从事这门科学的研究工作已33年多了。1949年后曾听过不少人，也包括不少大大小小的领导人常这样说："研究鱼分类学有什么用！"甚至说这简直是"三脱离"，是一些精神贵族、资产阶级知识分子在糟蹋人民的血汗（粮食）等！有人说，有鱼吃就行；知鱼名，不知鱼名，毫无关系。甚至强迫我们"必须去养鱼"，"去研究鱼类资源、捕捞学"等。

这些思想认识是很片面、很无知、很错误的。我们中国人民，很早就有了《尔雅》（相传公元前500年左右孔子删定的）。这本书是最早的博物学书籍。其实此书的内容主要就是分类学，虽然很原始，但很早就有了。它是自古人民相传对鸟、犬、虫、鱼、花、草木的认识。为什么数千年前人民文化尚很低，就知要了解自然界这些生物呢？原因是，人民如果想充分、恰当、很好地利用自然界，就需要尽可能多地、详细地了解自然。这就需要去研究自然（鸟、兽、虫、鱼、花、草、木等）。因此恩格斯在《自然辩证法》中说过："没有分类学，就没有科学。……试想如没有分类学，该怎么去研究动物解剖学、组织学、生理学等呢？"（大意）

说来好像一个笑话似的，恩格斯还对鸭嘴兽道过歉呢！因为初知鸭嘴兽时，他说兽身体，鸭子嘴，哪能会有这种东西，一定是哪一位能工巧匠捣的鬼，把鸭嘴和某兽的身体弄到一块，骗人的！但后来他知确实有这种动物时，恩格斯说："我应向鸭嘴兽道歉，我错了！"恩格斯为什么要这样谦虚，小题大做呢？我想不！他不是小题大做，因为恩格斯是一个马克思主义者，是一位真正的科学的共产主义者、社会主义者！他非常重视自然科学，非常尊重达尔文的进化论。进化论就是从生物分类学调查研究中得出的。

任何真正的科学，都是研究客观世界存在的某些规律的学问。谁也反对阻止不了，因为客观需要，你不研究，别人会去研究，现在不能研究，将来还需要去研究。反对只不过起到科学大道上的绊脚石而已。这是古今实践证明了的真理。

3. 鱼类区系分类学到底有什么用处？

（1）鱼类分类学是一门基础科学。没有这个基础，其他很多科学就不能很好地进行。例如没有点分类学做基础，还怎么进行鱼类资源学的研究？怎么进行鱼类洄游的研究？怎么进行鱼类移殖的研究？鱼类形态的研究？因种类还区别不出怎么能行？（因为各种鱼的形态都不同）。又有些鱼类（如裂腹鱼、鲀鱼）有毒，不认识怎么能行？

（2）鱼类的生长特点及习性。1958年，开展养鱼事业。那时我在晋南。有些人挖池后，就去河内随便捞些小鱼养起来了！甚至想亩产几千斤！经我查看后，他们捞的小鱼是青鳞、麦穗鱼等，这些鱼根本长不大！这怎么能行呢？想养鱼高产，你就需要养些能长得大、长得快的鱼种类。

还有我国养鱼的人，都喜欢养鲢、鳙、青鱼、草鱼，这些鱼的确是很好的养殖种类，既能长得大又长得快。但运到寒冷地区（如纬度高的额尔齐斯河流域，或海拔高的地区）就一定要失败。因为它是暖温性鱼类，它在水温能达20℃～30℃的地方长得好，能在有流水冲激，且流程较远的地方，才能自然产卵、繁殖留下后代（当然可以用人工繁殖）。否则也要失败！并且你还需知它的习性（食性、耗氧量等），才能圆满达到目的。

（3）了解自然，改造自然。大家知道鲤鱼原产于我国东部海拔较低地区（成都、兰州及其以东），欧洲是没有的。后来，才将由我国运到阿富汗的鲤鱼带到欧洲奥地利，而后才又带到英国、俄国及美国等。鲤鱼不仅成了那里主要的养殖对象，还放到河内，成了很好的天然经济鱼类（如多瑙河、伏尔加河、咸海水系的锡尔河等），给人们带来很大福利。如1905年一磨坊主的鲤鱼逃入伊犁河后，四五年就在伊犁河大量繁殖起来，现在每年仅在伊犁河水系即达一万吨以上！所以苏联对鱼类移殖非常重视，有许多专业研究移殖人员在从事鱼类的移殖工作！如1957～1958年将梭鲈移到伊犁河系后，1963年在该处即年产梭鲈4 200多吨！没有鱼类分类学的知识行吗？

（4）移殖。1962年我在陕西省三门峡水库附近工作时，有人冬季捕得一条不认识的鱼去找我，我一看是细鳞鲑。大家都知此鱼分布于额尔齐斯河、黑龙江、鸭绿江等北方寒冷地区；三门峡水库怎么能有呢？我分析它一定是冰川期南迁后遗留下来的，现在可能尚残留于渭河上游较冷的山区。经我调查，果真分布于秦岭北麓黑河水系，并且在秦岭中尚听人说，某人为了留个美名，曾挑一担小鱼，送到山南麓湑水（属于长江水系），现在那里也繁殖起来啦！并说湑水尚有一种相似而体较大的，身上有小黑条纹的"条鱼"。我猜可能是四川西部地区的一种哲罗鲑吧！调查结果果然如此。这些鱼类就是叫作冰川期残留鱼类（我国台湾有一种台湾马苏马哈鱼与此同类）。

在这里我想：1949年前一个老百姓为了留一美名，尚能移殖此鱼，做些永益于人民的好事。1949年后，共产党领导的我们，怎么就不能做更多的这样的好事呢？1963～1964年。我们与科学院新疆分院一些同志，做过新疆鱼类调查，你们的老师向礼陔、肉孜巴厘1964年也一起参加调查过。后来编写了这一本《新疆鱼类志》。

4.新疆鱼类分布特征、原因及移殖

新疆鱼类的分布很特别：额尔齐斯河23种（2），准噶尔盆地11种（1），伊犁河17种（4），塔里木盆地18种（2），括弧内的数字是人工移入的。塔里木盆地只有鲤科的裂腹鱼亚科和鳅科的鳅属。准噶尔盆地只有鲤科的鲫鱼，雅罗鱼亚科的准格尔雅罗鱼，两种鲂，裂腹鱼亚科的裸黄瓜鱼及条鳅属。伊犁河只有鲤科的裂腹鱼亚科，雅罗鱼亚科一种短尾鲂，鳅科的条鳅属，河鲈科的施氏河鲈。而额尔齐斯河却有2种鲟，1种苗鱼，3种鲑科鱼，1种狗鱼科鱼，1种江鳕；鲤科有2种鲫，5种雅罗鱼亚科鱼类，1种鮈亚科鱼；鳅科有1种北方条鳅，1种西伯利亚花鳅；2种河鲈科鱼，1种杜父鱼科鱼类。为什么没有一个是这4个区共同的种，而南三区都有裂腹鱼亚科且有共同的种？塔里木盆地的鱼，与四周相比，为何与西侧天山以西的锡尔河和印度河相同的程度最大？我们在新疆能否进行移殖，以增鱼类资源和产量，而有益于人民？

经我分析，查文献，得出的结论如下：这里鱼的不同与历史有关（地史、天气变化史等）。如额尔齐斯河与乌伦古河系最近处相距仅1.5 km，为何乌伦古河东只有7种鱼？而这7种鱼额尔齐斯河系都有，而额尔齐斯河系的其他鱼乌伦古河系没有呢？原因是乌伦古河原是额尔齐斯河的一支上游。后来到冰川期以前福海断陷成湖，两者才隔开而鱼不相同。所以后来于冰川期自北方寒带来的苗鱼、鲑鱼、狗鱼、江鳕等，都未能分布到乌伦古河。又如塔里木盆地在第三纪渐新世及以前时，盆地西侧原邻古地中海（特提斯海）。此海原由缅甸经不丹、尼泊尔，克什米尔到英国，很大。自始新世喜马拉雅山运动开始，在不丹东侧开始变为陆地（始新世中期），以后此处继续升高，海向两侧渐退，到上新世才退成现在情况。因此塔里木盆地原来东边高，西边低，河原来向西流入特提斯海以后又成锡尔河等上游。到上新世盆地西侧继续升高成山，才将盆地与西侧隔开，后来更使塔里木河改向东流，成了现在的情况。所以塔里木河的鱼种类与西侧很相似，而与南、北、东侧相似的程度较小；因东侧疏勒河原是其上游，现在只有3种条鳅相同或近缘。南侧的昆仑山，阿尔金山与北侧的天山产生较早。如昆仑山中生代初已有，天山古生代已有，阿尔金山为中生代末燕山运动产生的，都早被隔开。

在这里可看出，鱼类分类学尚可给地质地史学提出鱼类分布方面的证据。鱼类分类学还可给古鱼类学、化石鱼类的研究提供有用的依据。

在新疆能不能从鱼类分类学的研究成果，提出对渔业有用的建议呢？我认为能。1964年我就建议，在新疆对许多天然湖泊、河流进行鱼类移殖，可促渔业资源增加，使鱼产量增多。例如，乌伦古河系在福海可移入鲤、湖拟鲤、高体雅罗鱼、东方真鳊等；在河干及上游（山区）可移入江鳕、苗鱼、细鳞鲑及哲罗鲑；在博尔塔拉河中下游及艾比湖可移入裸腹鲟、鲤、鲫类、东方真鳊、须鲂、高体雅罗鱼、湖拟鲤、河鲈、施氏鲈、梭鲈、狗鱼；河上游可移入江鳕、苗鱼、细鳞鲑、哲罗鱼；赛里木湖及塔里木盆地周围山麓、天池、伊犁河上流，都可移入江鳕、苗鱼、细鳞鲑、哲罗鲑；在山区水库最高水温不及18℃者，可移入北极苗鱼、细鳞鲑、哲罗鲑、湖拟鲤、高体雅罗鱼、东方真鳊、须鲂、江鳕、河鲈等；水温可达18℃以上的平原河湖可移入鲤、鲫、须鲂等。

我认为通过移殖，数年后就能使新疆鱼类产量增加数千吨，甚至万吨以上！人工养殖很重要，但移殖工作在新疆特别重要，因湖泊水面多，1万平方千米以上，鱼种类少，饵料就不能被充分利用。应以移殖来改善鱼类的种群组成，以增鱼类资源。这样多快好省，一旦成功，即可永远有益于人民！

但想做鱼类移殖工作就需对各处河湖进行充分调查研究（水温、水深、水深变化、饵料、种类及多少、化学性质等），对鱼类种类、习性、分布，好好地研究。要尽量选择好的鱼种：长得快，且能

适应被移殖的水体的自然条件，就容易成功。否则易遭失败。如1970～1972年黑龙江与浙江合作，把马哈鱼往钱塘江移殖数年，就失败了，因马哈鱼是冷水性鱼，且有海内生长、河内产卵习性。而钱塘江与东海黄海为暖温性和温性水域。两者不相适应（鱼与钱塘江）。科学实验失败不为奇，失败是成功之母，有志者事竟成！只要肯艰苦努力，不断钻研，总能成功，要有为科学攻关、为人民造福的坚强志气，就能为人民造福，为国增光，为祖国现代化效力。

5. 结束语

我上边讲的并不是老王婆卖瓜——因为我是研究鱼类分类的人，就说这门科学特别重要。只要是科学都重要，只要能对人民有益（如工、农、兵、学、商）都很重要。现在世界各国都在迅速进步，分工愈来愈细，对自然对社会的研究愈来愈科学、深入。国家特别是我们这个近十亿人民的博大国家，各行各业都需要着又红又专的人才；只要对人民有益的行业、部门、科学、工作，我们都需要，我们不论学什么学科的，都光荣、都有光明前途！

现在全世界各国的大学，都是在为社会上培养、输送深造的人才；在大学学的只是基础，如生物系毕业后，根据国家需要，可能派你们按计划分头去继续研究或从事动物学，植物学，动物解剖、动物生理、动物胚胎、动物遗传、动物组织学、植物形态、鸟类分类、兽类分类、鱼类分类、昆虫分类、寄生虫、原生动物，以及植物分类、生理、遗传等科学。如果不在大学学好基础，到社会上就会遇到困难。学的任何基础知识，对你将来从事的工作，都说不定什么时候都是需要的。现在不学好，将来书到用时方恨少，就要吃亏、后悔了！望同学们好好在校学好自己的各门功课，将来成为国家有用的人才。当然身体要注意：养成锻炼的习惯，把身体弄好。祝你们在校学习好，毕业后多出成果，早成有用的人才，精神愉快，前途光明。

写于1981年

李思忠

中国科学院动物研究所脊椎动物区系分类研究室鱼类研究组

略谈鱼类学与地史学的关系

现在随着科学的进步，学科分工愈来愈细。2 000多年前的孔子、亚里士多德等成为当时社会中几乎什么学科都懂的学者，在现今已不可能有这样的人。现在的专家就是在某一方面而特别擅长的人。可是一个专家若仅钻研自己的专业，也常会遇到一些自己无法解决的问题，又需去求助于别的一些有关学科。

我自己就遇到过这样的情况。我是鱼类分类学科研人员，1958年调查黄河鱼类时，发现河套地区（内蒙古及宁夏）的鱼类组成与汾渭盆地及豫鲁到长江、海河等的鱼类组成很不相同。汾渭盆地到中国东部平原常见的白鲦类、鲌鱼类、鳊类、鲴类、鳑鲏类、白鲢、花鲢、青鱼、草鱼、鳡鱼、黄鳝、黄颡鱼类、乌鳢类、鳜类、斗鱼、刺鳅及虾虎鱼类等，河套地区以前无分布（现在已有一些，是1957年左右自长江等往河套运养殖的鱼苗时移殖去的）；而那里原有的15种土著鱼类如鲤、鲫、赤眼鳟、瓦氏雅罗鱼、麦穗鱼、北方铜鱼、大鼻吻鮈、花丁鮈、棒花鮈、花鳅、泥鳅、后鳍条鳅及鮊等却自陇中到华东、甚至长白山与苏联老爷岭以东都有。这是什么原因？当时感到很不理解。

直到1961年因患严重浮肿病在家时，偶然看到地质学界老前辈之一张伯声教授1958年在《中国第四纪研究》上发表的文章《陕北盆地的黄土及山陕间黄河河道发育的商榷》得知黄河中新世末自陇东黑山峡初出陇中盆地时，先流到陕北当时的盆地环县一带，沉淤到一定高度后乃流往相继沉陷而成的银川盆地及前套盆地，先北流而后东流，后又越山陕间河曲与保德间的山地而达汾渭盆地，最后才越晋豫间山地而流到豫鲁平原。这就启发了我。河套现有的土著鱼类都是较古老的鱼类，在中新世或渐新世多已广泛分布于亚欧大陆的淡水水域。而中国东部江河平原在河曲——保德间山地产生后才产生的白鲦类、鲌鱼类、鲴类、青鱼、草鱼、白鲢、花鲢等，及后来因海侵、海退由海鱼变成的淡水鱼类如鳜花鱼类、斗鱼及虾虎鱼类等，都未能越过山陕间的山区河段而分布到河套，因山陕间山区河道跌差太大，如壶口瀑布高达10多米，下游鱼类不可能溯游通过。鳑鲏类虽亦古老，但需产卵于蚌内，而河套地区活的蚌类很少。黄鳝鱼类可能是因河套水温低而绝灭。

又1964年调查新疆鱼类时，发现南疆塔里木盆地原有15种土著鱼类，其中7种与葱岭（位帕米尔高原）西侧咸海水系的阿姆河、锡尔河的相同，与天山西部（南天山）北侧的伊犁河和喀喇昆仑山南侧的印度河各有5种相同，与天山东部北侧的准噶尔盆地有3种相同，而与阿尔金山南侧的青海省及盆地东侧的甘肃河西走廊更各仅有2种相同（与河西走廊有一种为不同的亚种）。大家都知淡水鱼类不能越过高山及海洋而扩大其分布。这些高山两侧同种的鱼是怎样越过这些高山的？后来看过一些地史文献，方知阿尔金山与天山东部产生较早（中生代初或更早），而天山西部及喀喇昆仑山产生很晚，老第三纪时阿克苏、喀什到和田河一带尚是古地中海北侧的浅海，到渐新世末和中新世初才海退变成陆地的。此时塔里木盆地东高西低河水西流，到上新世天山西部及喀喇昆仑山才产生，渐使盆地西高东低和河水东流。所以塔里木盆地的土著鱼类与葱岭西侧的阿姆河，和西北侧的伊犁河及西南侧的印度河相同的种类较多，而与北侧的准噶尔盆地及南侧的青海省等相同的种类较少。

这可以说明现在科学固然分工愈来愈细，但同时又证明在一个学科遇到某些问题时，又常需借助于别的有关学科来解决；反过来说，这些问题也可为别的学科提供些有益资料。如上所述例子，鱼类学又可为地史学提供了过去地史变化的一些旁证。

中国科学院动物研究所

李思忠

（原载：《北京科技报》，1985年12月23日，"科学家谈科学"栏目）

钓黄鳝

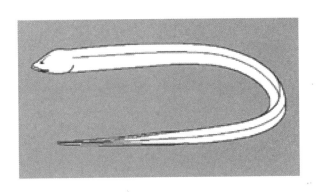

鳝同鱓和魭，通称黄鳝或鳝鱼。古文内最早为"魭"字，如周、秦年间所著的《山海经》内就

有"灌河之水其中多鮰"。鳝字见于南北朝时期南梁陶弘景（452—536）《名医别录》中称"鳝是荐根所化"，又云"为死人发所化"。韩保升等在《蜀本草》中称"鳝鱼生水岸泥窟中，似鳗鲫而细长，亦似蛇而无鳞，有青黄二色"；宋寇宗奭《本草衍义》中称"鳝腹黄，故世称黄鳝"；明李时珍（1518—1593）《本草纲目》中称"黄质黑章，体长涎沫，大者长二三尺，夏出冬蛰"。描述十分简洁确切。关中及晋南地区也称为蛇鱼。

黄鳝喜藏泥洞或穴内，主要生活于浅水沼泽地带。夜出觅食昆虫、昆虫幼虫、小鱼及蛙等。产卵时洞中水温需早、中、晚平均25℃～30℃，成鱼吐泡沫于洞口聚成团作巢，产卵于巢内。卵径2～4 mm，7～8天可孵出仔鱼。刚孵出的仔鱼尚有胸鳍，胸鳍布满血管，不停地煽动具有呼吸功能。稍长胸鳍消失。鳝洞洞壁为泥质、光滑且有鳝腥味，需潮湿或有水。洞深度不及500 mm。在河南省稻子开花前伸手入洞捉鳝，鳝不仅退避而且不咬人；稻子开花后因产卵即开始咬人。

鳝鱼能以口腔及咽腔壁膜帮助呼吸，水枯竭时尚能退到低湿处或钻入泥内而不至于死亡。出水后在潮湿条件下存活时间长，便于运输和出售鲜活鱼。

鳝鱼另一十分奇怪的习性是新性成熟时为雌鱼，产卵后有些卵巢开始变为精巢，成为雄鱼。所以养鳝时应既应留有200 mm以下的小雌鱼，也要留些较大的雄鱼用于繁殖，如体长530 mm以上时全为雄鱼，体长360～380 mm时雌雄约各占1/2。

黄鳝为平原区暖水性淡水鱼类。分布于辽河平原、海河水系平原区，沿黄河分布于山东达汾渭盆地，沿长江分布于四川盆地、甘肃南部的武都及台湾、海南岛也广泛分布。在长白山以东的绥芬河、图们江及鸭绿江无黄鳝。沿黄河壶口以上及渭河天水以西也均无产地。新疆哈密的黄鳝是清朝末左宗棠（1875年）驻军新疆时为解决军队吃鱼问题，以木桶运活黄鳝数百担，投放哈密沼泽内而繁殖起来的。西沙、南沙等群岛因是自海底升出的珊瑚岛屿，那里没有大陆性淡水鱼类。

黄鳝肉味鲜美，是我国人民喜食的一种鱼类。普通烹调法有鳝糊、生烧鳝及脆鳝等。中医还称黄鳝"补中益血，疗沈唇"（陶弘景《名医别录》），"补虚损，妇人产后恶露淋沥，血气不调，羸瘦，止血，除腹中冷气，肠鸣及湿痹气"（唐陈藏器《本草拾遗》）。黄鳝夏季时常身藏洞内，而头颈常伸出洞外，如仔细在河岸上观察时，可以清楚地看到它黄色的喉颈。此时如拿一钓竿，将牛虻或蚱蜢等活饵拽掉一边翅儿按在钓钩上，将钩放到洞口水面，牛虻就会在水面打转。黄鳝受惊会立刻潜入洞内。你不要着急，稍停一会儿，黄鳝就会又慢慢将头伸出窥看鱼饵，尔后突然吞饵又缩入洞内。此时你就可以收钓钩将黄鳝稳稳钓得。

（原载：《中国钓鱼》，1985年，第02期，总第3期，46）

湖怪——大红鱼之谜

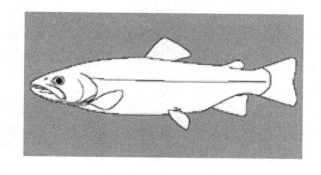

"大红鱼"是什么鱼？

就我所知，"大红鱼"是根据鱼体红色而得的俗名。在我国较著名的大红鱼是南海产的笛鲷科鱼类如红鳍笛鲷等。另外在新疆北部，人们将额尔齐斯河（北冰洋水系鄂毕河的上游）的哲罗鲑也称为"大红鱼"。其实哲罗鲑并非大部分红色，而仅生殖期体侧有鲜红光泽和腹鳍、尾鳍（尤其尾鳍下叉）为橙红色。

哲罗鲑属在全世界有5种，分布于欧洲多瑙河到日本。① 多瑙河哲罗鲑，产于多瑙河，体长可达1.5 m，重可达52 kg；一般仅重2~4 kg。② 哲罗鲑，分布于东欧伏尔加河与伯乔拉河到黑龙江流域；此鱼在黑龙江水系最大体重纪录为约80 kg，体长达1 m以上。③ 日本海哲罗鲑，分布于日本海北部，最大体长可达1 m。④ 鸭绿江哲罗鲑，分布于鸭绿江上游。⑤ 长江哲罗鲑，原知分布于岷江中上游及大渡河，现知陕西秦岭南坡的湑水及太白河亦产。因能捕食水鼠，川西人民亦称为猫鱼，我国鱼类学界常称为虎嘉鱼，因其肉嫩美且性凶猛得名。此鱼体最重可达约25 kg。哲罗鲑属为山区冷水性鱼类。

最大的哲罗鲑属能有多大？前边已谈到过去文献记载最大体长约1.5 m，重约80 kg。去年某报上有连续报告《湖怪之谜》，写得很生动有趣，报告新疆大学生物系向礼陔教授在我国新疆布尔津河上游的哈纳斯湖（为北极海水系鄂毕河上游的额尔齐斯河北侧一个支流），用望远镜看到60多条估计身长10 m以上和重约1 000 kg的大红鱼（即哲罗鲑）。这的确是件珍贵的奇闻。哲罗鲑这么大！怪不得被称为"湖怪"，立即引起国内外许多鱼类学家的注意，纷纷来信探询。

在此我也愿意介绍《黑龙江流域鱼类》专著内记载的一个蒙古族传说，称有一次一条大的哲罗鲑跳困到冰上，被附近蒙古族村民吃了一个冬天。但冰消失后该鱼游走了，村民一冬仅吃掉了鱼的一小部分，竟未吃到该鱼致命的地步！

但传说毕竟只是传说。科学上应以有实物验证为据。向教授在哈纳斯湖发现巨大的哲罗鲑本身已很珍贵。如能采到实物那将更好。最大鱼体重果真1 000 kg固然最惊人，就是能达800 kg、600 kg、400 kg或200 kg，也是很可贵的发现。望各界能予协助，盼早日能得到佳音。

中国科学院动物研究所

李思忠

（原载：《中国青年报》，1986年3月15日，第4版）

狗鱼类的特征及分布

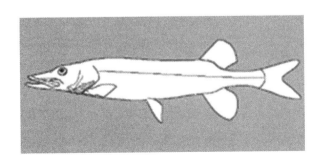

最近偶然看到全国农业区划委员会出版的《中国自然区划概要》一书（1984，科学出版社），该书贡献是无疑的。但书中称"青藏渔区""主要经济鱼类有鲤鱼……狗鱼等"。我有不同看法。可能

是作者把条鳅类当作狗鱼了，因为在新疆、青海等处哈萨克等少数民族，常将有6条须的条鳅类称为狗鱼。其实这两类很不相同。这里谨将狗鱼扼要介绍如下。

（1）狗鱼类的特征：体长梭状，稍侧扁；有小圆鳞；吻部长且平扁，长约占头长1/2，稍似鸭嘴；上颌骨无齿，而前颌骨、下颌骨、犁骨、腭骨及舌有尖齿；鳃耙短扁；背鳍与臀鳍均位于尾部；尾部很短；尾鳍叉状；侧线完整；有外鼻孔；无幽门盲囊及中喙骨。

（2）狗鱼类在鱼类分类学中的地位及种类：在鱼类分类学中，狗鱼类属鲑形目*的狗鱼科（Esocidae）（*编者注：现狗鱼科隶属狗鱼目Esociformes），全世界只有狗鱼属（Esox）1属5种。

（3）狗鱼类的习性：都是淡水性，淡水凶猛肉食性鱼类。喜欢停在水草附近伺机捕食其他鱼类，2～4周龄达性成熟期，于春季水温1℃～6℃时产卵于淹没的植物上。稚鱼食无脊椎动物，后很快即改食其他鱼类为生，冬季也不停食。狗鱼大者如大体狗鱼（Esox masquinongy）最大体长可达2.4 m和体重达45 kg，小者如美洲狗鱼（E. americanus）体长仅可达约380 mm。狗鱼的肉很肥嫩。狗鱼贪食，易上钩，是钓鱼爱好者很喜欢的对象。

（4）狗鱼的分布：狗鱼类均分布于北半球的北部。黑狗鱼（E. niger）、大体狗鱼及北美狗鱼仅分布于美国东部佛罗里达州到加拿大。白斑狗鱼（E. lucius）分布最广，全欧洲、亚洲咸海水系及北极海水系和北美洲密西西比河上游到加拿大及阿拉斯加均产。在我国仅颚毕河上游的颚尔齐斯河产白斑狗鱼，约3周龄达性成熟期，水温8℃～10℃时（5月中旬至6月）产卵，体长可达600 mm以上，当地哈萨克族名为巧儿坦；在国外记载最大约可达25 kg（Berra, 1981）。另一种为黑斑狗鱼（Esox reicherti）。此鱼仅分布于亚洲东部的黑龙江水系，绥芬河到萨哈林岛（库页岛）；在黑龙江流域上、中、下游都可以见到，最大体长可达1 m多，重约16 kg，为重要的食用鱼类之一。早在周朝，在现今伯力附近已有食黑斑狗鱼的记载（依尼柯里斯基著，黑龙江流域鱼类，1956）。

（5）狗鱼类的起源：狗鱼类的化石最早出现于西亚第三纪的渐新世，原起源于邻近北极的淡水域，可能是冰川期向南扩散到了欧洲南部，咸海水系、鄂毕河上游的颚尔齐斯河与黑龙江及绥芬河等水系。在巴尔喀什湖水系、新疆北部的乌伦古河水系、蒙古西部的内陆水系、图们江，西伯利亚东北部的堪察加半岛和日本均无分布。

中国科学院动物研究所

李思忠

（原载：《中国钓鱼》，1986年，第2期，总第7期，45）

能飞的鱼类

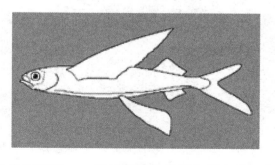

真正能飞翔较长距离的鱼类有两类，一类就是著名的飞鱼科鱼类。它们胸鳍很长，都伸过腹鳍始

点，大多可达背鳍，甚至有些几乎达尾鳍基；尾鳍叉状，下叉较长；体有圆鳞且鳍无棘；遇凶猛的鲨鱼等天敌或受惊时，能急摆尾部，冲出海面3～6 m，滑翔200～400 m。主要分布于太平洋及印度洋热带海洋，大西洋很少。全世界约有8属48种，最大如加州飞鱼体长达45 cm，一般不及30 cm。现知中国有5属29种；南海约26种，东海13种，黄海、渤海只有1种。飞鱼在中国记载很早，如西汉初到秦朝作的《山海经》中的《西山经》即称：“观水西注于流沙，多文鳐鱼（即飞鱼），状如鲤，鸟翼鱼身，苍文，白首，赤喙，常以夜飞，从西海游于东海。”唐朝三原县尉陈藏器在《本草拾遗》中称：“文鳐鱼生南海，大者尺许，有翅与尾齐，一名飞鱼，群飞海上。海人候之，当有大风。”《吴都赋》称“文鳐鱼夜飞而触纶”（青丝带头巾）。现知每年3～5月很多飞游海南岛东西两侧浅海产卵，成为张网等定置网具的主要渔获对象，成飞鱼的鱼汛期。飞鱼有些是大洋产卵，卵膜上突起短，卵粘在海藻等上孵化。

如果你乘船去西沙群岛等处，白天有时可看到有自浪尖上窜出，滑翔在海面稍上方小燕般的东西，实际上就是飞鱼。如夜间乘船，飞鱼常飞落到船甲板上，古人说“文鳐鱼夜飞而触纶”确有可能。我夜航确实遇见过飞鱼“啪啪”落在船甲板上的实况。

另一类能飞的鱼为豹鲂鮄科鱼类。此类胸鳍更长，伸过尾鳍基。据已故英国著名鱼类学家诺曼在其名著《鱼类史》（1931初版，1958第5版）称，它们飞行时，其胸鳍尚能像蝴蝶的双翅一样上下摆动。但其飞的能力远不如文鳐鱼类的灵活，此科鱼类很特化，头表面蒙硬骨板，体有大棘板状鳞，背鳍与腹鳍有硬棘，为热带底层鱼，能以腹鳍爬行于海底远底，共有4属4种，我国南海及台湾均产，肉亦可食。

中国科学院动物研究所

李思忠

（原载：《北京水产》，1987年，第2期，25）

文昌鱼不只存在我国南部沿海

《科技日报》1987年1月4日第一版报道了河北省水产研究所在河北海岸带浅海首次发现文昌鱼的消息，并称“它改变了文昌鱼资源只存在于我国南部沿海的传统看法”。报道中的这种提法是欠妥的，因为早在1936年北平研究院动物研究所张玺教授与顾光中先生就曾报告青岛产文昌鱼，与厦门刘五店的厦门文昌鱼*Branchiostoma belcheri*（Gray）比较研究后，认为差异显著，并订名为青岛文昌鱼亚种 *Branchiostoma belcheri tsingtauensis* Tchang et Koo，当年发现烟台也产。1958年周才武先生在《山东大学学报》，1962年张玺教授在《动物学报》先后发表的文章都提到过。厦门文昌鱼是1923年首次在科学文献中报道的，它广布于东非、斯里兰卡、印度、印度尼西亚、菲律宾、中国、日本及新几内亚与澳大利亚间的托雷斯海峡；在厦门刘五店年产约35 t。青岛文昌鱼在青岛前海太平角最大密度为每平方米4 000尾。所以，“文昌鱼资源只存在于我国南部沿海的传统看法”早已不复存在，50年前已改变了。

现知文昌鱼只有1科2属；另一属为偏文昌鱼属，我国亦产1种，即短刀偏文昌鱼*Asymmetron cultellum*（Peters），分布于东非、斯里兰卡、苏门答腊、中国北部湾、海南岛及汕头一带，澳大利亚亦产。这两种文昌鱼多生活于水深不超过50 m的沙质海底。它们的最显著差异如下：厦门文昌鱼（朱元鼎教授亦称为白氏文昌鱼）体较低，体长约为体高的14.3倍，体腹侧左右侧褶约对称，腹鳍条约72个；短刀文昌鱼体较高，体长约为体高的8.33倍，体腹侧的侧褶不对称，左侧褶止于出水孔后方，右侧褶连腹鳍，和腹鳍条约为20个。

中国科学院动物研究所

李思忠

（原载：《科技日报》，1987年3月3日）

银　鱼

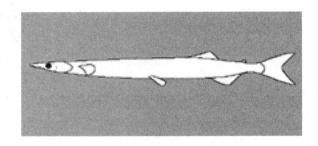

　　银鱼：活鱼及鲜鱼为银白色，故名银鱼。相传吴王阖闾江行，食鱼鲙（为切细的肉），弃其余于水，化为此鱼，所以我国古时亦名鲙残鱼或王余鱼。又煎或烹熟后呈白面条状，亦俗名面条鱼。此鱼为冷水性或冷温性鱼类，英文名为冰鱼。

　　银鱼体细长形，除雄鱼沿臀鳍基上方有1纵行鳞外均无鳞，最大个体如大银鱼亦仅约150 mm，一般更短小，烹煎简便且味美，产卵前尤佳，为鱼中珍品，畅销国内及日本等处。银鱼的头骨很薄且透明，用肉眼自外边即可看到它的脑与两侧内耳处三个半规管的形状，这在其他鱼类中是罕见的。

　　银鱼是东亚特产的一科小型鱼类，仅分布于我国南海北部近海，到东海、黄海、渤海和朝鲜及日本。约有20种，以我国种类及产量为最多。大部分为近海海鱼；有些生于通海的平原河湖中，沿长江最远分布到湖南；有些有海河洄游习性，如大银鱼等。银鱼的生命只1年，产卵后亲鱼大部分即死亡。银鱼并非都是洄游性鱼类，如太湖短吻银鱼终生均不入海。1979年中国科学院南京地理所与云南水产研究所将太湖短吻银鱼移殖到云南昆明滇池后，因滇池冬季水温不很低，夏季水温又不很高，银鱼在那里索食期长，滇池水又肥，所以生长很好，成鱼体长几乎较太湖的银鱼长1/3，到1983年滇池即年产银鱼4 000万斤，产生了很好的经济效果。类似这样的鱼类移殖研究，本人1964年即开始大力呼吁，各国也多在实行，深望国内有关领导能予支持。

中国科学院动物研究所

李思忠

（原载：《北京水产报》，1987年3月15日）

白 鲦

（1）白鲦体长条状，侧扁，腹缘在腹鳍基前后有皮棱。侧线在体中部位很低，侧线鳞40~47个。背鳍前缘有光滑硬刺，其后有7~8条鳍条。尾鳍深叉状。在我国文献中最早见于《诗经·周颂》："鲦、鲿、鰋、鲤"；《左传》名为"白鲦"。《尔雅》亦名鲔（qiú），黑鰦。因体侧银白色，光泽灿然，又名鲨鲦，还因在水面游动敏速，似风吹漂游故亦名白漂子。

（2）白鲦的地理分布。白鲦鱼为鲤科的一个属，有6~7种，是典型的江（长江）河（黄河）平原鱼类之一，主要分布于我国东部平原的宽缓河道及湖塘内，北达黑龙江的阿穆尔河、呼伦池及贝尔湖；南达我国台湾及珠江、钦江，西达汾渭盆地、四川西部的西昌及珠江上游的抚仙湖，东达混同江（现属苏联）及朝鲜的西南部。大兴安岭南半部以西，龙门以北，宝鸡稍西，昭化、雅安及昆明一线以西；锡霍特阿林山（老爷岭）、长白山、千山及朝鲜大白山以东；黑龙江（阿穆尔河）以北和海南岛及越南等均无分布。我国有7种，朝鲜有1种。所以可以说是我国的特有鱼类。

（3）白鲦鱼类的习性。为暖温带淡水较小型上层鱼类，体长最大仅约可达190 mm。小鱼以浮游动物为食；大鱼主要食掉落水中的陆生昆虫及植物种子等。喜群游于水的表层。胆极小，遇惊立即潜逃无踪影，游动非常敏捷迅速。产浮性卵。在较寒地区，冬季常潜聚河湖底的深凹处越冬。如在河北省蔚县壶流河水库（海拔约919 m），每年11月中旬结冰前，在大坝上可看到库内坝前的较深水区聚有很大一片黑色的白鲦鱼群。

（4）如何钓白鲦？根据白鲦的习性，用普通的垂饵钓方式是钓不到白鲦的。我的经验如下：在白鲦索食时期，选择白鲦多的地方（常可看到成群的白鲦游于水面），将鱼线上的鱼坠取掉而保留浮子。鱼饵最好用陆生昆虫（如蚱蜢、蝗虫等），挂在鱼钩上后，用鱼竿甩到离自己较远的水面，让鱼饵自由漂浮；然后坐下勿动，耐心静等（切忌周围附近有人围看，因白鲦极胆小，易受惊潜逃）。不久鱼就会游来抢吞鱼饵，甚易钓得。

（5）食用白鲦的方法。明朝李时珍在他的名著《本草纲目》内称白鲦"煮食、暖胃，止冷泻"。因白鲦体薄、刺多，作酥鱼食用为宜。我还曾这样吃过：将白鲦内脏等除掉洗净后，少加些盐粉或盐水（如加些五香面等佐料更好）搅拌均匀晒干后，在锅内焙脆，即可食用或存贮。此法既省油又味美，绝无刺伤口喉的危害，小孩及老人食用均相宜。

中国科学院动物研究所

李思忠

（原载：《中国钓鱼》，1987年，第4期，总第13期，45）

比目鱼

　　此类鱼的两眼仅位于头的一侧，不左右对称，形状奇特，很易惹人注意，在我国文字记载很早。如孔子（前551—前479）在删编的《诗经·尔雅》内就有"东方有比目鱼焉，不比不行，其名曰鲽（dié）"的记载；比欧洲贝隆（Belon）1553的记载早约2 000年。为何称为比目鱼呢？比者并也。因此类鱼的两眼并位于头之一侧，故名比目鱼。"不比不行"，是并行的意思。因两眼并位于头一侧，行动时另侧怎么看呢？古人推测需两眼位于头左侧和位于头右侧的鱼各1条并在一起共同行动的意思。如晋郭璞（276—324）说"两片相合乃得行"即此意。后来还有人以比目鱼来形容夫妇之恩爱和形影不离，如唐初诗人卢照邻（637—680？）在《长安古意》诗中就有"得成比目何辞死？愿作鸳鸯不羡仙"句。比目鱼除名有鲽外，尚有魼（qū）、鳎（tà）、鲆（píng）、舌鳎、鞋底鱼、版鱼等名称。经近代鱼类学家研究，得知鱼类仔鱼的两眼也分别在头两侧各1个。稍大，其习性改变为以体一侧平卧水底成为底栖鱼类，体下侧一眼也渐移位到头的另侧。他们游动时实际上并不需两条鱼合在一起共同行动，而是有眼体的一侧在上方，无眼侧向下，身体作波状弯曲来推动身体前进的。

　　现知全世界比目鱼类约有660种，主要为热带海鱼，东南亚（包括南中国海）最多。我国有约123种。大多为食用浅海鱼类，在我国能进入江河者有5种。按现在分类共有9科，我国有8科。鳒科眼位于左或右侧，背鳍仅达项背。棘鲆科背鳍达眼上方，有眼侧胸鳍较无眼侧胸鳍短和腹鳍有1鳍棘5条鳍条。其他科无鳍棘。牙鲆科背鳍达眼上方，有眼侧胸鳍较长，腹鳍无鳍棘，有肋骨，眼一般位于头左侧。鲆科背鳍达眼前方，无肋骨而有肌隔骨刺，眼一般位于头左侧。鲽科眼常位于头右侧，有肋骨，背鳍达眼上方，腹椎腹侧突起来左右合成肾脉弓。冠鲽科眼位于头右侧，背鳍达眼前方，无肋骨而有肌隔骨刺。鳎科背鳍达吻部，眼位于头右侧，无肋骨及肌隔骨刺，尾舌骨钩状，有变形间髓棘而无伪间髓棘。舌鳎科背鳍达吻部，眼位于头左侧，无肋骨及肌隔骨刺；有变形间髓棘及伪间髓；无胸鳍；腹鳍只1个；奇鳍互连。

　　比目鱼类多为食用鱼类，如牙鲆、舌鳎，人民很喜吃。黄渤海沿岸人民有"一鲆、二镜（鲳鱼）、三鳎目（半滑舌鳎等）"的谚语。将来近海水域实行渔牧化，进行集约经营时，牙鲆、半滑舌鳎等是养殖和放流增殖的很好对象。

中国科学院动物研究所

李思忠

（原载：《北京水产报》1987年4月15日）

也谈中华鲟

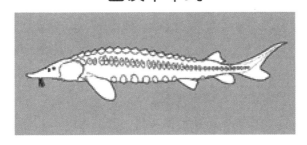

　　《北京科技报》第866期（1987年1月9日第4版）刊载朱雅筠一篇短文，题目是"耐饥饿的冠军——中华鲟"。题目除外仅236字（标点符号在内），简短流畅。遗憾的是文章的科学性似乎有问题。

　　（1）文章一开始就说"中华鲟是我国稀有的珍贵经济鱼类，有着1亿3 000万年的历史"。不知其根据是什么？据我所知，在我国尚未发现1亿3 000万年前遗留下的中华鲟化石。

　　（2）文章第二句又是"以中华命名的鲟鱼，独产于长江，以海洋底栖动物或小鱼为食。"根据我手边资料，在珠江（广东及广西）、闽江、钱塘江、黄河都有过记载，甚至朝鲜汉江下游和南端丽水附近亦有过记载。且我国古书中将江河平原的鲟鱼统称为鳣，将白鲟称为鲔，如《诗经·卫风》中就有"匪鳣、匪鲔，潜居于渊，施罛濊濊，鳣鲔发发，河水洋洋，北流活活"，描述卫国（今河南省汲县）卫河捕鲟及白鲟的壮观。唐朝三原县（位于今陕西省渭河以北）县尉陈藏器在《本草拾遗》中称"鳣长二三丈，纯灰色，体有三行甲（应为五行硬鳞，腹侧二行较小且少），逆上龙门能化为龙也"，可见黄河亦产。明朝李时珍在其名著《本草纲目》（卷四十四）"鳣鱼"条内称"鳣出江、汉、黄河、辽源深水处"。1980年丁耕芜等报道在辽宁海洋岛及山东石岛也曾采得，有些鱼类学家认为中华鲟与达氏鲟是同物异名，至今济南博物馆尚有3尾采自黄河的标本。日本人森为三（1936）亦称黄河产中华鲟。怎能说中华鲟独产于长江呢？中华鲟的食性我虽没研究过，但重庆、长寿湖、葛洲坝养殖中华鲟，国内古今文献亦记载有它的食性，如葛洲坝中华鲟研究所饲养的中华鲟，其饵料不会是"海洋底栖动物或小鱼"吧？

　　（3）中华鲟是一种习性很特别的洄游鱼类，自古以来，人们在长江水系的赣江下游鄱阳湖、湖北省的汉江下游、湖南省湘江下游及洞庭湖和四川重庆嘉陵江下游等都发现过中华鲟。并非都固定不变的沿长江古道洄游至金沙江，只是金沙江的产卵场较大而已。

　　（4）文章第三段称："每年秋季，中华鲟由海洋聚于吴淞口，逆江而上，开始漫长而艰难的寻根旅行，至第二年秋开始在金沙江一带产卵。中华鲟进入长江后便开始绝食，直至产卵后返回海洋，其间长达两年左右，人们为此送了它一顶耐饥饿冠军的桂冠。"早在400年前明朝李明珍称"其出也以三月逆水而生，其居也在矶石湍流之间，其食也张口接物……蟹鱼多误入之。"鱼类学界老前辈伍献文（1963）在《中国经济动物志——淡水鱼类》中亦称"约在三、四月，溯江产卵""冬季上溯"，食物"多数是着生于泥表或隐藏于泥渣中的各类小型动物"，"如摇蚊幼虫、蜻蜓幼虫以及其他水生昆虫、软体动物、寡毛类和小鱼等"。不知说它两年左右不吃东西有无调查根据？上述意见不知对否？谨供参考，欢迎指正。

中国科学院动物研究所

李思忠

（原载：《北京科技报》，1987年3月8日，"争鸣"栏目。）

鳣鲔濒危，何以解忧？

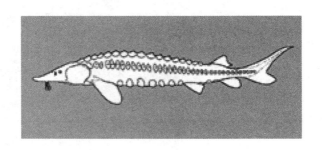

偶读《诗经·周颂·潜》"猗与，漆沮！潜有多鱼。有鳣（zhān）有鲔（wěi），鲦鲿鰋鲤。以享以祀，以介景福"。读罢，我心忧忧。这是周初天子命鱼官到漆河捕鱼，以祭神庙，祈祷赐福的诗。此诗说："美丽的漆河与沮河啊，有很多鱼。内有鳣、鲔，白鲦、黄颡鱼、鲇及鲤等。捕来用以祭祀神和祖灵，请予赐福，得好年景。"

鳣就是鲟、鳇鱼类；鲔就是白鲟，亦名象鲟。漆河就是陕西西安西北的扶风县及岐山县的漆水河，沮河位于北洛河下游。周朝自始就有以鳣鲔祭神与祖庙的传统，可知我们的祖先在3 000多年前就非常珍视鳣鲔鱼类。可是现今黄河流域已很难捉到珍贵的鳣鲔了，其中象鲟至少60年未见到；长江流域达氏鲟、象鲟，亦在减少。

鲟与象鲟类，不仅我国人民自古视为鱼中珍品，国外也极珍视，如帝俄时代皇族就专设有供他们享用的养鲟鳇鱼的渔场。我国现在鲟与象鲟已濒危，令人心忧，此其一也。再则，在鱼类学这门学科中，鲟与象鲟属软骨硬鳞鱼类。它们有些尚有出水孔，内骨大部分仍为软骨，尾为歪型尾，很似软骨鱼类，是硬骨鱼纲中很原始的一类鱼。它们始于古生代石炭纪，大部分已绝灭，现在仍生存的只有2科6属25种，可以说都是活的化石性鱼类。尤其象鲟，因其鼻长，鳃盖大、模样似象的耳朵，故称为象鲟，是我国特产，另一种产于美国密西西比河。如此珍贵的鲟与象鲟，视其濒危，能不心忧？此其二也。

更令人心忧的是鲟鲔与象鲟濒危的原因，不仅是这类鱼稚年期长，体大，尚未到繁殖期即易被人大量捕食。主要原因还在于现在淡水日益枯少。许多湖泊被垦掉了，地表蓄水能力日减，到处在建机井抽河水及地下水补给，致使水源枯竭。在济南，人们在五、六月可以涉水过黄河；著名的济南趵突泉已成臭水坑；我的故乡河南辉县有自古驰名的风景区百泉，曾是孔子感叹"逝者如斯夫"之处，现已干枯快10年了。百泉地方地势低，过去河流环绕，竹林处处，是竹林七贤昔日所居，现已面目全非。我所居之村九圣营为唐朝前已有的古村，现已有五六百户居民，全村人畜及农田全靠两大口大机井抽水。这样的情况，华北很多地方相似，发展下去，岂仅鲟、象鲟濒危？人民又如何生活得好？这最令人心忧了——我是杞人忧天吗？

中科院动物研究所研究员

李思忠

（原载：《中国青年报》，1987年11月6日，"科学与文学"）

西江的鲾鱼不是淡水中唯一鲾类鱼

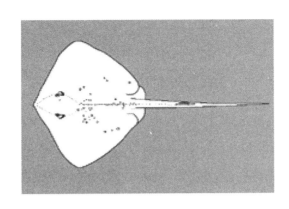

《科技日报》1987年3月10日刊载程荣逵一篇科学趣文《鲾鱼考古》。该文称在广西左江，在1958年广西西津水电站建成一条拦河坝后，坝下游鱼类很难溯游越坝，鲾鱼理应更少；可是坝上游的鲾鱼一直未见减少……这些事实否定了它是"溯河性海水鱼类"的假设。他还解释说广西在2亿3 000万年前的三叠纪时原是一片汪洋大海，是鲾鱼遨游的世界。后因6 000余万年前喜马拉雅造山运动，广西梧州最先升为陆地，后南宁一带地壳也慢慢升高而左江出现，鲾鱼经过千百万年的适应变化，就成为能适应该处淡水环境的鱼。

但该文又说："在兴旺的淡水鱼系中，从来没有鲾鱼这一家族呀！这也是世界鱼类学家公认的。"这句话是错误的。恐怕只要多少看点世界性鱼类文献的鱼类学家都不会说出这样的话。为了避免引起误会，特写些文予以说明。

1. 古文献记载

鲾字早在南朝梁顾野王（519—581）撰的《玉篇》内已有，称"鲾，大鱼"。亦作鲋。司马光在《类篇》内称"鱼名，尾有毒"。《广韵》《集韵》内亦称为魟（hóng），称"河鱼，似鳖"。《类篇》内记有"白魟，鱼名"。唐段成式在《酉阳杂俎》内称："黄魟鱼色黄，无鳞，头尖，身似大榭叶，口在颔下，有耳窍通于脑，尾长一尺，末三刺甚毒。"

可见鲾、魟在我国已早有记载，且宋朝已知河内亦有。

2. 现在已知淡水内鲾、魟鱼类的分布

鲾、魟主要是海水软骨鱼类，属于软骨鱼纲（Chondrichthyes）下孔总目（Hypotremata）（亦名鳐总目（Batoidea））鲼形目（Myliobatiformes）的魟科（Dasyatidae）及河魟科（Potamotrygonidae）。河魟科仅分布于南美洲东侧的大西洋水系，其主要特征是其腰软骨中央向前有一长突起，共约有2～3属约十几个种。

魟科全世界共有6属约50种。我国有条尾魟属（*Taeniura*）、沙粒魟属（*Urogymnus*）及魟属（*Dasyatis*）共约14种。西江内的鲾鱼就是魟属中的赤魟（*D. akajei*），它是我国唯一在淡水中亦有分布的软骨鱼类。但在全世界来说它并不是淡水中唯一的鲾鱼。

单就魟（鲾）属来说，如美国佛罗里达州的萨比那魟（*Dasyatis sabina* "Lesueur, 1824"），已早知能自河口进入河湖内；西非尼日尔流域贝努埃河（Benue）到西尼日利亚及喀麦隆克洛斯河中的加柔阿魟（*D. garouaensis* "Stauch & Blane, 1962"），及柬埔寨金边附近湄公河内的克氏鞭尾魟（*Himantura krempfi* "Chabanaud, 1923"），更都是不入海的淡水软骨鱼类。

参考文献

［1］成庆泰，郑葆珊. 中国鱼类系统检索［M］. 北京：科学出版社，1987.

［2］李时珍. 本草纲目：鳞部第四十四卷［M］. 1596.

［3］张玉书. 康熙字典：鱼部［M］. 1716

［4］Compagno L J, Roberts V T R. Freshwater stingrays（Dasyatidae）of Southeast Asia and New Guinea, with description of a new species of Himantura and reports of unidentified species. Environmental Biology of Fishes, 1982, 7(4)：321-339.

［5］NELSON J S. Fishes of the world［M］. 2th ed. New York: John Wiley & Sons, Inc., 1984.

［6］SMITH H M. The freshwater fishes of Siam, or Thailand［J］. Bulletin of the United States National Museum, 1945, 188: 1-622.

鱼类的性转变

鱼类雌雄性的转变并不罕见。即较小时为雌鱼，产卵后又渐变为雄鱼；也有些小时为雄鱼，能产精液，长大后又变为雌鱼。

比如黄鳝体长在200 cm以下时全为雌鱼；产过卵后有些个体卵巢变为精巢，即成了雄鱼；体长360～379 mm时，雌鱼与雄鱼约各占一半；体长达530 mm时即全变为雄鱼。

此外，鲷科的黄鲷，鲥科的凹鳍鲥、日本瞳鲥和鮨科鱼类都有这类性转变现象。这类鱼大多小鱼时雌、雄性腺均有，不过卵巢先发育，待产卵后卵巢即渐退化而精巢逐渐发达。所以，此类鱼也称为雌雄同体鱼类，只是雌性腺发育较早而雄性腺发育较晚罢了。

较小时为雄鱼，长大后变为雌性的鱼类较少。新疆伊犁河发现的银色裂腹鱼在体长250 cm以下时，体银白色，为雄鱼，可挤出精液。体长达300 mm以上时，体暗黄色，均为雌鱼。此鱼有生殖洄游习性，5月前后大批自河下游向上游溯游产卵，成为鱼汛盛期。这是伊犁河与额敏河水系特产的鱼类，也是迄今所知鲤形目内唯一有性转变现象的鱼类。

中国科学院动物研究所

李思忠

（原载：《北京水产报》，1987年10月15日）

喀纳斯湖怪的新信息

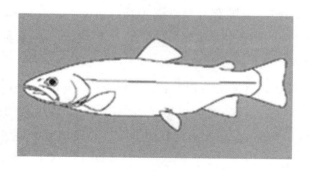

自新疆大学向礼陔副教授首称在喀纳斯湖观察到特大的大红鱼，一时间"湖怪"成了国内外瞩目的

新闻。1986年新疆环保所袁国映称他在湖西侧观鱼亭（比湖面高670 m的山上），看到头宽1～1.5 m，体长不下10 m，重2～3 t的大红鱼后，更引起轰动。许多人前往调查。今年6月下旬，日本新东通信株式会社与三重县鸟羽水族馆派员来我所，要求合作彻底调查大红鱼并托我们先调查准备。

此后，大阪市一家钓鱼杂志社到喀湖钓过大红鱼。在《朝日新闻》7月19日的报道中，他们认为喀湖中有体长10 m、重1 t的大红鱼；但据我们所知，他们钓的大红鱼实物体长仅数十厘米。

7月19日，我们访问了中科院新疆分院生物、土壤、沙漠几个研究所和袁国映，观看了他们的大红鱼录像，又抵喀纳斯湖实地观察了两天三夜。21日中午，我们在观鱼亭用望远镜看到了水中黑色微红的大红鱼暗影。它们有时相合，有时分离，很模糊，并未看到鱼的两眼。我们认为这可能是鱼群，不可能超过4～5 m。较我们早到两三天的中科院南京地理研究所及农业部黑龙江水产所几同志，用流挂网捕得的鱼体最长为73厘米。他们在湖面放有漂浮的红白色长4 m的标杆，曾有2条大鱼自标杆附近游过，鱼体长不超过4 m。据居民称，过去曾有人捕到一尾大的，是两个人抬走的，据信鱼体最长也未超过4 m，重不超200 kg。实际上，任何动物的身体大小都有一定限度，性成熟后生长变缓，并逐渐停止。即令患巨大症的个体，也不可能大得超常态10倍。而依过去的记载，大红鱼最大是重80多千克和身长1.5 m。

科学的态度是以实物可验为根据。

喀纳斯湖大红鱼的食物问题。大红鱼在黑龙江流域名为哲罗鱼，在鱼类学上属于鲑形目鲑科，所以我们称为哲罗鲑。是一种淡水大型肉食凶猛鱼类，其食物有水鸟、水老鼠、蛙、其他鱼类及大型水昆虫。喀湖内的水鸭和鱼类中的拟鲤、北极茴鱼、细鳞鲑、江鳕、阿勒泰鲅、花丁鮈、阿勒泰杜父鱼等可能是它的食物。

喀纳斯湖深度为188.5 m。喀纳斯湖的大红鱼值得调查清楚，湖内是否还有其他未知的动物，也是很值得调查的。因为湖水较深，尤其是古生代到中生代初，这里是海槽地带。迄今额尔齐斯河、勒拿河与黑龙江水系都遗留有原来起源于海内的杜父鱼科。世界最深的湖贝加尔湖深处尚特产有湖杜父鱼科鱼类。喀纳斯湖内是否也会有类似的鱼类？人们期望通过现代手段将这些科学之谜揭开！

中国科学院动物研究所

李思忠　方　芳

（原载：《中国青年报》，1988年8月20日）

珍贵的"祸头鱼"——乌鳢

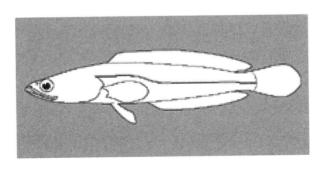

乌鳢：古名鳢（lǐ），此字在汉字中出现甚早，如孔子删编的《诗经·小雅·鱼丽》中都有"鱼丽于罶（liǔ），鲂、鳢。君子有酒，多且旨"的记载。这是宴贵宾时常唱的歌，说："游到网里捕得有

鲂鳢，主人请客，酒肉多且味美啊！"

因乌鳢头上有七星（黑斑），古时传说夜间它的头朝北斗星，知自然之礼，故名鳢。道家称"水厌"，如真西山卫生歌说"雁行有序犬有义，黑鱼拱北知臣礼；人无礼义反食之，天地鬼神皆不喜"。因色黑亦名黑鱼、黑鳢、玄鳢、乌鱼；其头及体色似蛇，古亦名蠡鱼。因其形色令人憎，又误传此鱼能发痼疾，我国北方迄今仍俗名为"祸头鱼"。实际上早在周初，即鲂鳢齐名，用以宴贵宾。可见古人对乌鳢原是很珍视的。现在港澳人仍很喜食，生鱼片尤受欢迎。

乌鳢类为凶猛肉食性鱼类。在池塘养鱼业中，不可与其他鱼类同塘混养。但在水质不佳的渠塘内（如缺氧、水浅、多水草或水深浅不稳定）亦可放养乌鳢，因其能在水中溶氧少时直接呼吸空气，并能以水昆虫及蛙等野生动物为食。对产出的鱼卵群及仔鱼群，雌、雄亲鱼有守护习性，盛夏如见其卵群或仔鱼群时，可用绳等结节击之，亲鱼常猛咬绳节而被钓获。

现知全世界共有乌鳢1科2属约13种，我国约有2属6～7种。分布于我国东部松辽平原到云南西南部。国外朝鲜西侧及南部、菲律宾、马来群岛、缅甸、孟加拉、印度、斯里兰卡及热带非洲可见。乌鳢类的祖先原是海鱼，是上新世或更早海侵和海退过程中而留到内陆渐变为淡水鱼类的。

中国科学院动物研究所

李思忠

（原载：《中国青年报》，1989年7月20日，"名鱼谈"）

腰系"飘带"的鱼婢

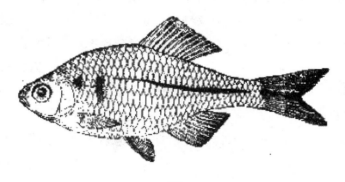

鳑鲏

鳑鲏鱼类——最早见于周、秦间成书的《尔雅·释鱼第十六》，名为"鳑鲏、鱖鳑"。晋郭璞注："小鱼也。似鲋子而黑，俗呼为鱼婢，江东呼为妾鱼。"鲋子就是小鲫鱼。现在可释：鳑，色奇艳的小鱼；鲏，华而不实的小鱼；鱖，易昏死的小鱼；鳑，持帚扫污的小鱼。春季生殖期具粉红和绿色，发出金色光泽，鱼小、色艳、体薄，喜水中多溶氧，捕后甚易昏死。且产卵期体外有长的产卵管，似媳妾腰部飘带，故又名鳑鱼、鲮鱼。鳑鲏鱼的称呼是由旁婢鱼转变成的，鱼婢、妾鱼亦此意。

鳑鲏鱼类全世界约有7属39种。主要产于东亚，我国有6属约20种，为暖温带淡水鱼类。最小者如中华鳑鲏体长至47 mm，最大的大鳍刺鳑鲏体长也仅达170 mm。

最有趣的，是其产卵习性。据苏联鱼类学家尼科里斯基称，此类鱼是中新世已有的古鱼类，因当时气候干燥，河湖水位不稳，其卵是产在河蚌等壳内，因此生有长的产卵管。水位涨落时，蚌会移动位置，其卵及初孵出的幼仔就不会被露出水外而干死，或水淹过深、水温低而冻死。

鳈鲅鱼类食用价值不大。但四川、广东、浙江、江西等地过去也有人喜春季捕获晒干、盐腌，称为"鹅毛脡"。据称虽"其细如毛，然食以姜醋，味同虾米，亦绝美"。又因色奇艳，习性奇特，在水族馆中也可流水饲养，用作观赏。

中国科学院动物研究所

李思忠

（原载：《中国青年报》，1989年8月17日，第3版，"名鱼谈"）

鞠躬尽瘁的大麻哈鱼

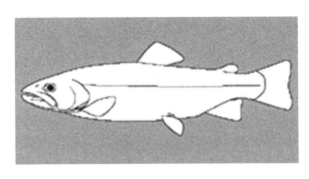

麻哈鱼类为北太平洋特产的过河口性溯河鱼类，为鲑科的一个属，有6～7种，产于朝鲜东侧和美国加州以北水域，东北亚最多。大麻哈鱼长到3～7周龄时即自海内游到黑龙江口，稍停且停食后，沿主河道上层水竞相溯游，水面沸腾，形成江内鱼汛。黑龙江有夏、秋两个大麻哈鱼族。秋族较大且多，平均体长675 mm，重3 967 g。秋族洄游期约为8月下旬到9月中旬。鱼初入河内时形色正常，随着溯游身体受很大消耗，色渐厌暗，体侧呈现紫红色横带状斑；体形变得较高和侧扁。到产卵场时，常一雌鱼尾随数雄鱼到水深400～1 200 mm、底多小卵石且自底有清水流出处，开始清除泥草。雌鱼以身击打，在水底挖成长2.5 m，宽1.5 m的卵形或箱状大凹坑，在凹坑内又挖成3个小窝。雌鱼在窝内逐窝产卵。主雄鱼也即并肩地疼挛着产精液；其他雄鱼企图参与时，它即冲出咬打驱逐。产卵排精后，它们又以尾击小石掩埋小窝，而后雄鱼昏死被水带走。雌鱼还在3个小窝上用小石子堆成盖状，并守护9～14天后到死。为了延续后代和返回故乡，真是"鞠躬尽瘁，死而后已"。窝内约含卵1 000～1 500粒。经秋冬发育，到4月孵出长约21.5 mm的仔鱼。仔鱼顺流下游，到5月末形色已似海内的成鱼，约6～7月离江口淡水而入口外半咸水的海水区。

大麻哈鱼为著名珍贵食用鱼。黑龙江秋族平均年产曾达4 350 000尾。其产卵场原来可达额尔古纳河及鄂嫩河。由于捕捞过度，现在仅约可达呼玛河。产量也逐年减少。在我国图们江也产此鱼，据珲春乡土志记载，图们江、珲春河与密江1935年12月仅捕获1 200尾；1974年后平均不及20尾！

将麻哈鱼类人工授精孵化育成幼鱼放流，是恢复和增殖其资源的有效途径之一。麻哈鱼类被苏联移殖到北大西洋牟尔曼湾已获成功。目前，在我国似在图们江试行较有利。

中国科学院动物研究所

李思忠

（原载：《中国青年报》，1989年10月5日，"名鱼谈"）

"岂其食鱼，必河之鲤"

鲤鱼，据明朝李时珍称"鲤，有十字文理"，故名。

鲤鱼是中国人自古即最喜吃的鱼类之一，如在3 000多年前殷墟厨房的废弃物中就发现有鲤鱼骨骼。在2 000多年前孔子删编的《诗经》内就有4篇记载着鲤鱼。孔子生子，适逢鲁国君主赐他鲤鱼，他就以鲤名他的儿子，字伯鱼。约自3 000年前的周初到孔子时，周朝朝野人们都喜吃鲤鱼。

战国时，助越王勾践灭吴复仇成功后即隐居的范蠡，曾养鱼致富，并写有全世界最早的一部养鱼专著《养鱼经》，书中记载着他养鲤的经验。

你一定听说过"鲤鱼跃过龙门能变成龙"的民间传说吧？鲤是暖温带淡水鱼类，喜夏初水温在18℃～24℃时逆游流水而后产卵；逆游时人们常见到有大鱼在龙门口下方逆流窜跃，故有鱼类跃过龙门能变成龙的遐想。

鲤鱼主要原产于我国东部，自黑龙江水系到海南岛、云南洱海、四川盆地及兰州附近。朝鲜及日本亦产。因唐朝皇帝姓李，与鲤同音，曾严令禁止朝野食鲤，捕后必须放生，致使中国养鲤业衰落。但在此时鲤引种移养到西邻波斯（即伊朗），到1150年被带到奥地利，1496年又传到英国，1560年传到普鲁士后又传到瑞典，1729年传到俄国，1830年传到美国，1908年传到澳大利亚，1915年自我国香港亦传到菲律宾，所以现在鲤鱼已繁衍于欧、亚、北美及澳洲许多河湖中，成为全世界年产量最大的食用鱼之一。

中国科学院动物研究所

李思忠

（原载：《中国青年报》，1989年12月28日）

鱼之最（1）

现今生存的最小的鱼，在海水中是印度洋查戈斯群岛产的一种无鳞的虾虎鱼，雌鱼性成熟时标准体长（尾鳍除外）仅8～10 mm；在淡水鱼类中最小的是菲律宾吕宋岛产的一种虾虎鱼，性成熟的雌鱼标准体长10～11 mm。

现存在的最大鱼为鲸鲨，体长达15.2 m，最大可达18 m。但这种大鲨并不吃人，其鳃耙很长且密，是以滤集浮游动物为食的。此鱼我国南海也可见。

现在世界上最可怕的是噬人鲨，亦名白鲨。其体型不很大。

最小的鲨鱼是宽尾小角鲨，最大体长仅243 mm。

寿命最短的鱼是香鱼和银鱼（面条）类等，寿命只1年。香鱼秋冬产卵，产卵后亲鱼即死亡，小鱼1年即达性成熟年龄。银鱼类大部是春末夏初产卵，产卵后亲鱼即死亡，仅个别鱼秋季产卵。

最耐寒的鱼是南极腾科鱼类和亚欧及美洲北部的江鳕。其血液内含有糖原蛋白质，能生活在平均为-1.9℃的南极冰水中，如南极肋纹腾、冰腾等。在我国以黑龙江水系与额尔齐斯河系的江鳕为最耐寒，而夏季水温稍高时它们要夏伏，因为它们原是北极的淡水鱼，受不了较高的水温。

最耐热的鱼在热带平原湖沼中，如丽鲷类（又名非洲鲫鱼、罗非鱼），其最适温度为30℃以上，据说有些温泉鱼类还能生活于40℃以上的高水温中。

中国科学院动物研究所

李思忠

（原载：《中国青年报》，1989年3月16日）

鱼之最（2）

鱼类中寿命最长的是生活于黑海、里海及东地中海水系的过河口性洄游鱼类欧洲鳇鱼，能活100多岁。这种鱼也是淡水中最大的鱼，重可达1 t。

能耐最高水温的淡水鱼，为生活于美国西南部亚利桑那、内华达及加利福尼亚南部温泉中的污斑鳉，在52℃水温尚不死亡。

在我国华北最耐低温的淡水鱼为鲫鱼，在0℃以下水已结冰时，甚至其被冻结到冰内麻痹时，只要血液未冻成冰，仍不至真正死亡。

产卵最多的鱼类为翻车鲀，每次产卵可达3亿多粒。

产卵最少的鱼类为软骨鱼类，如长尾鲨属卵胎生，每次仅产仔2个。

生活于海拔最高地区的鱼类为青藏高原中心区的高原鳅属（及裸裂尻鱼属），最高分布区约可达海拔5 000米。

性成熟年龄最小的鱼类可能是非洲的丽鲷（又名非洲鲫鱼、罗非鱼、慈鲷），因原产在热带，约2～3个月龄即达性成熟期。

性成熟年龄最大的鱼可能为生活在北半球冷温带的鲟科鱼类，如黑龙江流域的东亚鳇鱼，至少16龄方达性成熟期。

中国科学院动物研究所

李思忠

（原载：《中国青年报》，1990年2月8日）

鳜花鱼

鳜音桂（guì），最早见于《诗经》（《尔雅·释鱼》）"鳝（yù）鲏（kū）鳜鲸（zhǒu）"。晋郭璞和罗愿以为这四字均鳎鲏鱼类。南朝梁顾野王（519～581）《玉篇》称"鳜鱼，大口，细鳞，斑彩"，显然即鳜花鱼。相传仙人刘凭称为石桂鱼，喜食。又名鳜（音jì）鱼、鳟花鱼、鳜豚。鳜类有12～13种；主要分布于我国东部平原和丘陵地带的河湖内，自黑龙江中游到广西南流江，自东部沿海到汾渭盆地及四川盆地；只有2～3种冰川期也分布到朝鲜西部淡水河湖内。所以欧美亦称此类鱼为满大人鱼（Mandarin fishes）。它们是史前海侵时由海内进入内地，海退时残留到内地变成淡水鱼类的。分类学上属鲈形目鲈科（Percichthyidae）鳜鱼属（Siniperca）。分布地区水面海拔一般不超过500 m；四川西昌海拔1 767 m的邛（qióng）海湖亦产1种，现知该处是第四纪才升高的。鳜类化石最早发现于山西省太行山西侧漳河上游榆社盆地第三纪地层中，表明当时榆社盆地海拔不高。

鳜花鱼皮厚、肉紧、味美如豚。自古为我国人民喜食的淡水鱼类之一。已故著名画家齐白石在其《藕江观鱼图》题诗赞谓："清池河底见鱼行，巨口细鳞足可烹，今日读书三万卷，不如熟读养鱼经。"图中所绘当亦为鳜类鱼。

鳜花鱼类为肉食性凶猛鱼类，喜生活于清水石底水域，白日喜隐藏于石洞内，夜间出来觅食。身体具有保护色的花斑，常停游于稀水草间，伺机突然袭吞游近的鳎鲏等小型鱼类和水昆虫等。宜于

晨昏以小鱼等为饵垂钓于有稀水草的清水河塘地区。鳜类因喜食其他小型鱼类，素为池塘养鱼者所厌恶，但可用它们清除塘内杂鱼。用经济价值低的小杂鱼等为饵，其亦未尝不是一良好垂钓对象。

鳜花鱼背鳍的前部有12个鳍棘，棘基有皮肤腺形成的毒腺，如被刺伤甚为疼痛。捉他们时应小心，最好备一具长柄的尖钩用以拣拾他们为宜。

中国科学院动物研究所

李思忠

（原载：《中国钓鱼》，1989年，第4期，总第21期，45）

对黄淮海盐碱地改造设想

（《工商时报》注：我国的盐碱荒地面积广大，对这些地区的改造利用，已成为发展我国农业生产的一个重要方面。有关专家授书本报谈了有关黄淮海盐碱地改造设想）

黄淮海平原盐碱地主要涉及京、津、冀、鲁、豫、皖、苏五省二市，1961年前约有5 000多万亩，经过治理改良，至今尚约有2 600多万亩。这些地区因土地不能种庄稼和树木，自古以来即人烟非常稀少，真是"雨季水汪汪，旱季白茫茫"。

造成盐碱荒地的主要原因是海拔太低或地下水位过高，旱季水蒸发量大，造成地表层土壤含盐碱过多；而人畜及庄稼需要有一定量的淡水经常供应和贮备，否则他们无法在这里生存。针对这些问题，我们建议在这些地区试办以挖池养鱼为龙头，与养畜和种植相结合的办法来开垦改良这些荒地。大力开展挖塘养鱼，以挖塘起出的土将地面垫高。如果保证鱼池水深为2～2.5 m，则池深约需较现在地面低2.5～3 m，这样挖1 m²鱼池就能将池附近1 m²的地面抬高2.5～3 m，经过二三个雨季后，垫高的陆地就可以种果树及庄稼，如此改造治理后，洪水到来时鱼塘可以蓄水，塘内可以养鱼（养海鱼、对虾，或半咸水鱼，或淡水鱼）。在高地内还可建淡水蓄水池（雨季及洪期蓄淡水），供人畜食用，这样改造后，这里就可能变成养鱼、人居和产果粮等的好地方。

我们认为这样整治利用低洼盐碱荒地的效果是较好的。① 可以大面积地增加耕田和粮食生产。若能将数千万亩盐碱荒地改良为良田和养鱼基地，其良性效果是很可观的。② 建池养鱼，需知1亩鱼池的经济效益并不比1亩良田差，且增加鱼食品对增进人民体质健康也是很好的：按国民人均来算，现在我国人民的鱼食品占用量太少了。③ 这样大面积的深水鱼塘，雨季可以大量蓄洪水，减轻雨季洪水的威胁，调节和补充地下水源。我国淡水资源缺乏日益严重，许多地方地下水位下降和泉河干枯，极需扭转当前状态：洪期将大量洪水排弃入海，而旱季城乡缺水时则完全靠打深水井来抽地下水补救，造成淡水日益缺乏的恶性循环。现在北京、天津、沧州、衡水及豫北等地的地下水已形成了相当大的缺水漏斗，甚需考虑挽救。④ 许多深水鱼塘不但能囤水压碱和调济农田旱季用水，还能对小气候起改善作用（如调节气温，美化环境等）。⑤ 我国东部平原人口很密，如能将这些荒地改造为人民能安居生产的家园，则可缓解亿万人的就业和生活问题。

李思忠　孙儒泳　姚鸿震

（原载：《工商时报》，1989年11月10日）

水中老虎——锯鲑鲤

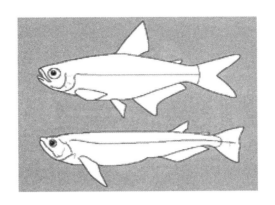

　　南美洲的锯鲑鲤，虽然个体不太大，最长仅约0.6 m，上、下颌却各有1行紧密相连的锐锯状牙齿。其中有3种锯鲑鲤既好群游又特别胆大贪食。若在河湖中遇到其他鱼或人畜，就会猛扑上去把皮肉咬吃得净光。据记载有一人骑马不幸掉入水中，后来就发现被锯鲑鲤吃得仅剩衣服及人与马的骨头。当地人若在水中遇到这种鱼，简直和我们野外碰到猛虎和毒蚁一样万分惊恐！

　　锯鲑鲤属于鲑鲤目。此目仅产于中南美洲及非洲，是南半球的特有鱼类。鲑鲤目至少有1 300多种，约200种产于非洲淡水中，其余均产于美洲淡水水域，北至美国西南部与墨西哥、南到南美洲阿根廷。

　　鲑鲤目的系统分类目前尚意见不一。格里在其专著《现今全世界的鲑鲤类》一书内，分为14科，非洲产3科，中南美洲产11科。他把锯鲑鲤独立为锯鲑鲤科；内分3亚科。锯鲑鲤亚科产于圭亚那到阿根廷；此亚科鱼的牙齿因相连紧密，如有一齿损坏就必须全齿脱换，而不像其他鱼类是坏1个齿就脱换1个齿；而且只有3种，很凶猛喜咬食其他动物及人畜，当地人称为皮兰那（piranha）。1966年我国邹源琳教授曾将锯鲑鲤译名水虎鱼，意为水中和虎一样凶猛。

中国科学院动物研究所

李思忠

（载于《中国青年报》1990年3月8日，"名鱼谈"）

和子弹一样快的鱼——剑鱼

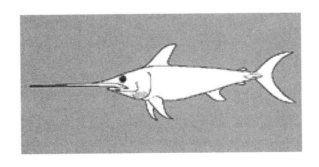

　　剑鱼：因其前颌骨与鼻骨突出延长到口前方，呈平扁长剑状而得名。有如此剑状吻部的鱼类尚有旗鱼科鱼类。剑鱼的剑状吻平扁，且无腹鳍、无鳞，尾柄只有一纵脊棱。剑鱼全世界只有1种，为环世界性热带及亚热带海洋上层鱼类。最大体长可达6 m。

游泳非常迅速，速度和步枪射出的子弹一样快，冲击力也和子弹相似，喜追刺、索食狐鲣等鱼类。有时也攻击人类及船舶。据记载在荷兰伍尔塞斯特附近的塞维尔恩地区，曾有一男子在海中游泳时被剑鱼刺伤而死亡。船舶也常被剑鱼刺破而沉没，如英国博物馆就陈列一标本，为一块厚约0.56 m的舶板被剑鱼刺穿一个孔。在英国还记载着一条无畏号船从伦敦去斯里兰卡的某次航行中，突然发现船漏水，经检查才知船底铜板被穿破一个直径约25.4 mm的洞，船主要求保险公司赔偿损失。保险公司说不是受鱼损害的而是其他事故损毁的不肯赔偿，船主又向法院起诉，法官判决说"这是受海水以外的其他东西损害的，不过也可能是被剑鱼刺破的"。剑鱼为何攻击船呢？据认为剑鱼有攻击猎食狐鲣及鲸类的习性，可能是把船误认为狐鲣及鲸类了。也有人认为是因剑鱼游得太快，遇到船时来不及转向或停止而刺入船体的。还有人认为其剑状吻不是当作武器而发达起来的，可能是为了游泳的高速流线型；因尖剑状的吻有利于高速破浪前进，这对追食饵料性动物——如狐鲣等及逃脱敌害都是有利的。剑鱼是很好的食用鱼和游钓鱼类之一，在我国南海、东海东南部及台湾以东的太平洋亦产。

中国科学院动物研究所

李思忠

（原载：《中国青年报》，1990年4月5日，"名鱼谈"）

鳡——能吞食半只猪

鳡鱼

鳡（gǎn），初见于《山海经·东山经》"姑儿之水多鳡"。此鱼最早名为鳏（guān），"老而无妻曰鳏"。因鳡鱼性孤行，令人怜悯。如李商隐有诗"羁绪鳏鳏夜景侵"，陆游有"愁似鳏鱼夜不眠"句。鳏是我国著名的大鱼，如《庄子》将鸟之大者称为鹏，鱼之大者称为鲲。鲲是鳏的另一别名。秦初《孔丛子·抗志篇》记载一个故事，称"卫人钓鱼于河，得鳏鱼焉，其大盈车。子思（孔子的孙子）问曰：如何得之？对曰：吾垂一鲂之饵，鳏过而不视，更以豚之半则吞矣"。鳏之大可想而知。

现知鳡生于我国东部暖温带江河平原区，是特有的大型凶猛肉食性鱼类，其分布北达黑龙江爱辉（黑河）稍北，南达广东珠江流域，向西约达四川盆地及汾渭盆地。当年生体长约14 mm的鳡鱼苗即开始吞食其他鱼类，所以在池塘养鱼业中和乌鳢、鳜鱼、鲇鱼一样被视为害鱼。但也可利用这些凶猛的肉食性鱼类清塘。因鳡鱼生长很快，1冬龄即可长得体长约380 mm，重约1.5斤。鳡鱼是很好的食用鱼类。最大可长到至少100多斤。鳡鱼体较细长亦名竿鱼，其两颊鲜活时艳黄色，亦名黄颊鱼。

中国科学院动物研究所

李思忠

（原载：《中国青年报》，1990年5月17日，"名鱼谈"）

能钓鱼的鱼——鮟鱇

"鮟鱇"可能来自日文音译，中文古文献无此鱼名。此类鱼在鱼类学中是一个目——鮟鱇目，过去亦称为柄鳍鱼类。其显著特征是第1背鳍棘已特化，移到吻背端附近，而且棘末端常呈肉饵状。鱼静止时棘微摇动，当其他鱼来食此诱饵时，便张口将诱来的鱼捕食。所以英文亦俗称此鱼为能钓鱼的鱼类。

现知此目的鱼有3类约15科200多种。我国已知至少有4科14种。大多是隐伏海底的肉食性鱼类，而蟾鱼科鱼类常隐在海藻内。此目鱼形体变化很大。如鮟鱇科生于浅海底，有腹鳍及假鳃，大者可体长达1.2 m，我国渔民常称为老头鱼，因在海中能发出似老头的咳嗽声。另一类为蟾鱼类，也有腹鳍，而假鳃已很退化或已消失。我国亦习见。第三类为角鮟鱇类，已无腹鳍及假鳃，多为深海鱼类，可达水深1 500～2 500 m海区。因深海乌黑，其饵部能发光以诱食其他鱼。诱饵最发达的是冠鞭鮟鱇（俗称足球鱼类；亦译为鞭冠鮟鱇），饵有许多肉质枝条。饵棘最长的是长角鮟鱇，第1背鳍棘长可达鱼体长的3～4倍。

角鮟鱇类是著名的雌雄二形鱼类，各科最大的雌鱼体长要比雄鱼体长大3～13倍。不仅如此，而且至少有4科约24种雄性成鱼以口部牢连在雌性成鱼身上，雌鱼需要到处携带着雄鱼，而且雄鱼以雌鱼的血来维持其生命。真是鱼类中最典型的、寄生性的丈夫。角鮟鱇种类颇多，约有10科80多种。鮟鱇科鱼类因鱼体较大，其胰脏常被用作提取胰岛素的原料，其尾部粗长、肉厚，我国台湾渔民常加工后食用和出口，很受欧洲人民喜欢。

中国科学院动物研究所

李思忠

（原载：《中国青年报》，1990年7月26日，"名鱼谈"）

松江鲈鱼非鲈鱼

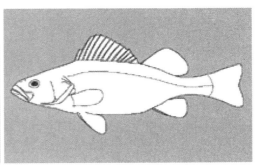

松江鲈鱼和鲈都是我国沿海很著名食用鱼。古人常误认为一种鱼或一类鱼，其实是不对的。

松江鲈鱼以南朝初范晔（398—445）在《后汉书·左慈传》中记载较早：操从容顾众宾曰："今日高会，珍馐（xiū）略备，所少吴松江鲈鱼耳。"这是写曹操（155—220）宴客，因无松江鲈鱼而感遗憾的故事。晋朝葛洪称"松江出好鲈，味异他处"。《南郡记》亦载："吴人献松江鲈鲙于隋炀帝，帝曰：'东南佳味也。'"可见松江鲈鱼在汉末和晋、隋时已极负盛名。此鱼头侧在鳃盖膜处有一橙红色带状斑，与鳃相似，故又名四鳃鱼或四鳃鲈。如南宋范成大有"西风吹上四鳃鲈，雪松酥腻千丝缕"诗句。以后清朝因康熙、乾隆二帝先后到松江，品尝过松江鲈鱼，更誉为"江南第一名鱼"。

鲈鱼，又名花鲈，也是我国很早已负盛名的食用鱼。如北宋时范仲淹曾有诗："江上往来人，但爱鲈鱼美；君看一叶舟，出没风波里。"

古时受知识的局限，不少古时名人将松江鲈鱼与鲈鱼误认为一种鱼或一类鱼了。如葛洪就把松江鲈鱼与鲈鱼混为一类鱼了。在现代鱼类学，松江鲈鱼属鲉形目杜父鱼科的松江鲈属；体长最大不及200 mm，体无鳞，头平扁，尾鳍圆截形，体背侧有4条横带状黑斑。分布于我国浙江宁波到鸭绿江沿海及河口附近；朝鲜、日本亦产。鲈鱼，又名花鲈，属鲈形目叉尾鲈科的鲈属；体长大者可达二三尺*；有细鳞；头侧扁；体侧及下方白色，鳃膜无橙红色带状斑；尾鳍叉状；分布于我国到日本沿海。二者差异很显明。

大文豪苏东坡在《后赤壁赋》称"巨口细鳞状如松江之鲈"，显然将花鲈误为松江鲈了。明朝李时珍在《本草纲目》中，似受前人文献影响，亦误将两种鱼混为一类或一种鱼了。

中国科学院动物研究所

李思忠

（原载：《中国青年报》，1990年11月1日，第3版，"名鱼谈"）

海龙、海马亦为鱼

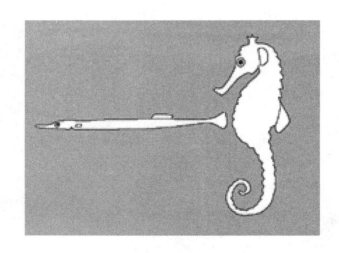

海龙鱼形似小龙而非"龙"类（爬行动物）；海马鱼头与身弯近90°直角形，似马头而非马类（哺乳动物）。所以，我认为"海龙""海马"俗名不如各为"海龙鱼""海马鱼"较确切些。这类

---

* 尺为非法定计量单位，1尺约等于33 cm。

鱼很易认识，其鳞似小板且连成鳞环，头与身就包在呈串状的鳞环内。它们没有鳍棘，只有细软的鳍条形成背鳍、胸鳍及尾鳍。都无腹鳍；海龙鱼类无尾鳍。

此类鱼在我国的记载，可能以南北朝时陶弘景（456—536）的记载为较早，他称为"水马"，说"是鱼虾类也，状如马形"。唐朝陈藏器即称为"海马"，在其《本草拾遗》内说"海马出南海，形如马，长五六寸"；并引《南州异物志》云"大小如守宫（壁虎），其色黄褐，妇人难产割裂而出者，手持此虫，即如羊之易产也"。明朝名医李时珍亦称"妇人难产，带之于身，甚验，临时烧末饮服，并手握之，即易产"。并称主治"难产及血气痛，暖水脏，壮阳道，消瘕块，治疗疮肿毒"；在其《本草纲目》中还附有处方"海马汤"及"海马拔毒散"。

此类鱼在现代鱼类学中属海龙鱼科（编者注：现隶属独立的海龙鱼目），绝大部分为热带及温带浅海小型鱼类。淡水内极少，不善游泳，生活于海藻间，常以上下垂直姿势缓慢游动，将其小口移近小甲壳类后而吸食之；尾部能弯曲、卷握海藻后静止不动，其体色又与藻等近似。最特殊的是，雌鱼将卵产在雄鱼肛门前附近腹部或稍后的尾部腹侧深槽沟内即离去不管，雄鱼排精使卵受精后，便负责携带及孵化；因此时雄鱼腹部或尾部腹侧有"育仔囊"，仔鱼直到能独立生活时，才钻出育仔囊离开父亲。

全世界共约有海龙鱼类（亚科）54属约200种及海马鱼类（亚科）1属约30种。我国大多产于南海；渤海很少。海马类一般长仅2~3寸*。近数十年来由于沿海工业有毒废水污染和捕捞过度，其数量已锐减。所幸已能人工繁殖和养殖。

中国科学院动物研究所

李思忠

（原载：《中国青年报》，1990年9月20日，"名鱼谈"）

肛门长在喉部的鱼

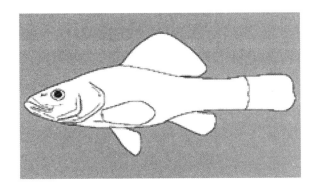

在脊椎动物中鱼类最富多样性，其种数约占脊椎动物总数的一半。鱼类绝大多数的肛门位于臀部——即臀鳍前方附近。有些鱼类肛门就位于胸部附近，也有很少种类其肛门位于喉部，鱼类学中称为喉肛鲈类，这些鱼类只分布于美国东侧大西洋水系的河湖内。这类鱼肛门位于左右鳃盖膜的中间。喉肛鲈类是鲑鲈目中的一个亚目，现知共有2科5属7种。

喉肛鲈科只有喉肛鲈1种，美国人亦称为海盗鲈：幼鱼期肛门位置正常，亦是位于臀鳍前端略前

---

* 寸为非法定计量单位，1寸约等于3 cm。

方，随着生长，肛门渐向前移，性成熟时肛门就位于喉部。喉肛鱼最大可达130 mm。

另一科为盲穴鲈科，称为洞穴鱼或溶洞鱼类，因生活于石灰岩地区的地下河及溶洞穴内，两眼多已消失或退化，腹鳍也多已消失，最大约90 mm。盲穴鲈科以前被鱼类学家列入鳉形目，1962年后根据美国罗森的研究而改属喉肛亚目。

中国科学院动物研究所

李思忠

（原载：《中国青年报》，1991年3月21日）

鱼中神射手——射水鲈

射水鲈，属鲈形目的射水鲈科，是射猎昆虫的能手。当射水鲈看到昆虫停落在水外的植物上时，它们从容不迫地游到昆虫下方附近水域，十分准确地将口中水团箭一般吐射出来，将昆虫击落水中捕食。射水鲈吐射水的有效距离约为2 m，这种本领在鱼类中只此一家，堪称鱼类中的神射手。

射水鲈只有1属约6种，是典型的热带鱼，为沿岸海鱼及半咸水鱼，有些也常能进入淡水内很远。这种鱼体侧面观近菱形、侧扁，前端较尖长，眼大；下颌稍长，略突出。射水鲈中最大者如圆斑射水鲈体长40 cm，一般常体长不及16 cm。若在我国南方沿海城市建水族馆时，可以考虑从东南亚引进这类鱼养殖，供人们欣赏它用奇特的吐射水团捕食陆生昆虫的习性和技能。

中国科学院动物研究所

李思忠

（原载：《中国青年报》，1991年6月6日，第3版，"名鱼谈"）

新疆大头鱼

新疆大头鱼 *Aspiorhynchus laticeps*（Day）为中国国家一级保护野生动物。

1. 科别

鲤科 Cyprinidae。

2. 别名

大头鱼（塔里木盆地）、虎鱼（罗布泊）、扁吻鱼（伍献文等，1964）、南疆大头鱼（李思忠，1981）。

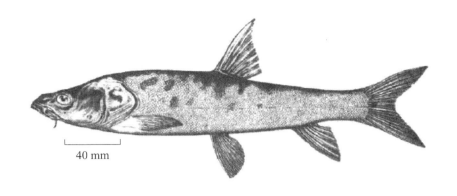

40 mm

3. 英文名

Tarim bighead–highland carp。

4. 鉴别特征

肛门及臀鳍基两侧各有1行特大臀鳞；左、右上颌后端各有1条短须和下咽骨各有3行细柱状且尖端有钩的下咽齿。

5. 形态描述

背鳍Ⅲ-7；臀鳍ⅱ-5；胸鳍ⅰ-17～19；腹鳍ⅰ-8～9；尾鳍分支鳍条17；侧线鳞101～121；鳃耙外行9～13，内行14～17；下咽齿2，3，5-5，3，2。

标本体长222～495 mm。体长为体高4.9～6倍，为头长3～3.9倍；头长为吻长3.6～4.4倍，为眼径7.3～9.8倍，为眼间距3.8～5倍，为口裂宽2.7～3.7倍，为口裂长3.5～4.4倍，为须长6.3～9.3倍，为背鳍最后硬刺长2.4～2.7倍，为臀鳍条长3.5～4.6倍，为胸鳍长1.7～1.9倍，为腹鳍长2～2.2倍，为尾鳍长1.1～1.5倍，为尾柄长1.3～2倍；尾柄长为尾柄高1.8～2.3倍。

体长形，略侧扁。头大。吻平扁，楔形。口宽大，端位；下颌较上颌稍长。上、下颌无齿及角质缘。须1对，位于口角，长大于眼径。眼侧上位，距吻端较近。下咽骨窄，长为宽5～6倍。下咽齿3行，尖端钩状。鳃耙稀短。鳃孔大，下端伸过前鳃盖骨缘。体有小圆鳞，沿肛门及臀鳍基特大臀鳞显明。侧线完整，侧中位，前端稍较高。肛门近臀鳍始点。鳔分前后2室。

背鳍位于体正中点稍后方；小鱼背鳍最后硬刺显著较粗长，长可达最末背鳍条长的3倍；随年长此硬刺相对渐较短，体长495 mm，成鱼此刺长仅为最末背鳍条长2倍，硬刺后缘锯状齿显明。臀鳍短小，均位于腹鳍基到尾鳍基的正中央。胸鳍侧下位，小鱼尖刀状，成鱼较钝圆。腹鳍始于背鳍点下方，远不达肛门。尾鳍深叉状，小鱼尾叉较尖长。鲜鱼背侧蓝灰色，腹侧银白色；头体背侧有或无圆圈形、条块状或小点状黑色斑；鳍浅橙红色或浅红色，背鳍与尾鳍常有不规则形小暗斑点。腹膜灰黑色。

6. 生态习性

为塔里木盆地特产的特大型凶猛鱼，甚为人民喜食。如清乾隆年间（1736—1795）著名文豪纪昀（字晓岚，1724—1805）因受牵连被贬到乌鲁木齐时，曾在焉耆见到和吃过此鱼后作诗赞道："凯渡河鱼八尺长，分明风味似鲟鳇，西秦只解红羊鮓（zhǎ，用盐和红曲腌的鱼），特乞仓公制脍方。"凯渡河就是开都河。他赞开都河此鱼八尺长，肉味似鲟鳇鱼一样肥美，所惜的是当地人民只爱吃羊肉和腌藏过的鱼，祈望天公多告诉些烹制此鱼的方法。此鱼除鱼苗期也食浮游动物外，稍大即喜食其他鱼类。体重最大可达60 kg。王树枏（1928）在《郭氏尔雅订经》卷廿一《释鱼》中称"新疆萝卜淖（nào，或'淖尔'为蒙语'湖泊'的意思）虎豹入水，即变为鱼，故名虎鱼"；实民间误传，但亦可示此鱼之大和凶猛。它主要以塔里木河水系中的尖嘴裂腹鱼（*Schizothorax biddulphi* Günther）等为食。4月底到5月初为产卵繁殖时期，当时平均气温（在焉耆、喀什、莎车）4月为11.2℃~15.8℃，5月为18.5℃~20.8℃。卵黄色。体长770 mm和重7.2 kg的雌鱼怀卵约193 256粒。生殖期雌鱼游、雄鱼追，形影不离。卵产在水草上，为黏沉性卵。此鱼是塔里木盆地宽河道及湖泊区缓流水域鱼类。分布区海拔从780 m（罗布泊）到约1 290 m（喀什）。过去在莎车到罗布泊很习见。如1958年初夏，一考察队在罗布泊的孔雀河口岸边，曾见到河中一阵猛烈骚动，浪花翻滚，原来是数十条像猪一样滚圆的新疆大头鱼在浅水中露着脊背互相追逐。此鱼肉虽很好吃，但卵和其他裂腹鱼卵一样有毒，人、鸡、鸭等鸟兽都不能吃。据记载只有在100℃以上高温煮或蒸5分钟后，其蛋白质毒性方被破坏。这样处理后人们才能食用。新疆大头鱼、与尖嘴裂腹鱼等在博斯腾湖过去年产约1 000 t。

7. 地理分布

此鱼在鱼类学文献中最早见于莎车，后又见于喀什克孜河等。现知博斯腾湖、焉耆开都河、阿瓦提阿克苏河、塔里木河、孔雀河、若羌河及罗布泊等均曾分布。甚至和田河等过去洪水期能横越塔里木盆地汇入北缘塔里木河，也似应曾有分布。

8. 濒危现状

1960年前在塔里木河水系的宽阔水域此鱼很习见，现已罕见。如1987年彭加木等又到此鱼昔日乐园罗布泊考察时，原来水面3 000多平方千米早已湖底朝天、滴水不见。在那一望无垠的盐碱滩中只能找到些鸟尸、鱼骨。有人将此鱼的濒于灭绝和尖嘴裂腹鱼的锐减完全归罪于20世纪60年代把额尔齐斯河凶猛肉食性河鲈（*Perca fluviatilis*）往博斯腾湖的引种移殖，似有些过偏。实际上恐怕主要由于：① 山区水源林的破坏；② 开垦农田水被上游大量灌田截用使河湖枯干；③ 人口骤增捕捞过甚。如此不仅新疆大头鱼已濒临绝灭，尖嘴裂腹鱼1 kg以上的个体也很罕见。如在湖面998 km²的博斯腾湖其周围尚有52.5 km²的很多小湖，在机轮渔船对鱼竞捕后，渔获物中较大的鲤、鲫、河鲈等外来鱼个体也不多见。因塔里木盆地位于中亚高原北侧。大陆性强和纬度较高（约38°N~42°N），结冰期长（喀什133.5天，焉耆167天），生长期短。水产部门对这里水域和鱼类的合理利用，应进行长期观测研究。如农、渔对水应如何分配？各水域捕多少鱼合适？对新疆大头鱼、尖嘴裂腹鱼等特产鱼类应否设自然保护区等，都待研究补救。

参考文献

［1］李思忠. 中国淡水鱼类的分布区划［M］. 北京：科学出版社，1981.

［2］伍献文，等. 中国鲤科鱼类志［M］. 上海：上海科学技术出版社，1964.

［3］中国科学院动物研究所，中国科学院新疆生物土壤沙漠研究所，新疆维吾尔自治区水产所. 新疆鱼类志［M］. 乌鲁木齐：新疆人民出版社，1979.

［4］DAY F. On the fishes of Yarkand［J］. Proceedings of the Zoological Society of London, 1876, 4: 789-790.

（原载：《中国国家重点保护水生野生动物》，汪小炎主编，

中国科学技术出版社，1994年，11-15）

唐 鱼

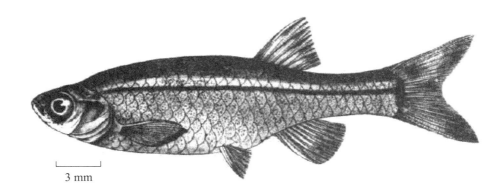

3 mm

唐鱼 *Tanichthys albonubes*（Lin, 1932）为中国国家二级保护野生动物。

1. 科别

鲤科 Cyprinidae。

2. 别名

红尾鱼。

3. 英文名

Tan's aquarium minnow。

4. 鉴别特征

背鳍iii-6；臀鳍iii-7～8；胸鳍 i -9～11；腹鳍 i -6；尾鳍 v -17-iv；纵列鳞30～32，背鳍前鳞15～17，围尾柄鳞12～14；鳃耙8～10。下咽齿1，（4～5）-（4～5），1。椎骨4+27～30。标本体长18～23 mm：为体高4.2～4.5倍。为头长4.2～4.8倍，为尾柄长3.9～4.2倍。头长为吻长4.4～5倍，为眼径2.6～3倍，为眼间隔宽2.1～2.5倍。体细长，侧扁；腹鳍稍前体最高，前后稍尖；腹部圆，无棱。头背缘在眼后上方有一小凹。吻钝短。眼大，侧中位。口很斜，前端上颌较下颌略长，无凹凸。无须。鳃膜连鳃峡。鳃耙短锥状。咽齿细，末端钩状。有大圆鳞。头无鳞。无明显侧线。肛门邻臀鳍。背鳍始于肛门上方，刀状，前上角最高。臀鳍始于第2～3分支背鳍条基下方。胸鳍尖刀状，侧位而稍低，远不达腹鳍。腹鳍始于体正中点稍前方，亦刀状，伸达臀鳍。尾鳍深尖叉状。鲜活鱼体侧自眼上部到尾柄后端有一银白色或金黄色纵带状纹，带纹上下缘有数条细纵纹，雄鱼细纵纹为蓝色而雌鱼为棕褐色。尾柄后端为一红黑色大圆斑。背侧雄鱼淡蓝褐色，雌鱼褐色；腹侧银白色。背鳍下半部雄鱼红色，雌鱼浅红色。稍上雄鱼黄色，再上为银白色，微蓝；雌鱼稍上处为白色。臀鳍浅黄色，边缘透明。尾鳍中部鳍条红色，上、下缘鳍条为黄色。腹鳍后缘白色。鳞面有许多针尖般小黑点。虹彩肌金黄色。雄性成鱼背鳍、臀鳍鳍条常较雌鱼长。

5. 生态习性

为很小型的淡水鱼，最大雄性成鱼体长约25 mm，雌鱼仅约30 mm。喜生活于清水山溪的沟中。在水温约23.3℃时产卵繁殖，卵无黏性，为沉性卵，产卵后约2天仔鱼即孵出。孵出约3.5日龄卵黄耗尽即能积极索食。产卵期为春季到秋季。此鱼习性较胆大，喜食各种食物，很易饲养。但每次产卵很少。

6. 资源情况

过去在广州白云山小溪沟中很习见，现因溪水日枯及污染等原因在白云山已很罕见。不过现知在珠江水系的北江，如清远县和东江的龙岗等小溪中发现也有分布。

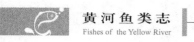

7. 经济意义

此鱼体很小，且数量不大无大食用价值。但体小，色艳丽和易养，是水族馆和家庭中很好一种观赏鱼类，在我国香港、澳门，以及欧洲已有人饲养。

8. 地理分布

原发现于广州白云山（由我国鱼类学先驱林书颜首先报道）；现知广东北江流域的清远县及东江的龙岗、香港新界等小溪都有分布，为我国南岭南侧特产小鱼。

参考文献

［1］郑慈英.珠江鱼类志［M］.北京：科学出版社，1989.

［2］伍献文，等.中国鲤科鱼类志［M］.上海：上海科学技术出版社，1964.

［3］中国水产科学研究院珠江水产研究所，等.广东淡水鱼类志［M］.广州：广东科学技术出版社，1991.

［4］LIN S Y. New cyprinid fishes from White Cloud Mountain, Canton ［J］. Lingnan Science Journal, 1932, 11(3): 379−383.

［5］NICHOLS J T. The fresh-water fishes of China ［M］. New York: American Museum of Natural History, 1943.

（原载：《中国国家重点保护水生野生动物》，汪小炎主编，

中国科学技术出版社，1994年，147-149页）

花鳗鲡

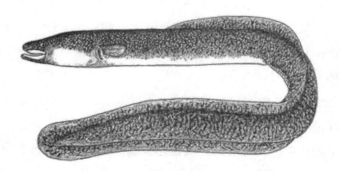

Copyright Photographer/SFTEP, 2002 / www.discoverlife.org

花鳗鲡 *Anguilla marmorata*（Quoy et Gaimard）为中国国家二级保护野生动物。

1. 科别

鳗鲡科 Anguillidae。

2. 别名

花鳗、雪鳗、鳝王、乌耳鳗、芦鳗、溪鳗。

3. 英文名

Marbled true-eel。

4. 鉴别特征

体前部粗圆筒状，尾部渐侧扁。头圆锥形；头长较背鳍、臀鳍始点之间距离短，较鳃孔距背鳍始点长。吻平扁。眼小，侧位，稍高。口角略过眼后缘。下颌前端略突出，中央无齿，上、下颌粗短，尖齿呈丛状，两侧齿成行。唇厚。鳃孔小，较胸鳍基稍低。鳞小，隐于皮下，呈席纹状排列。侧线侧中位，前端较高。肛门位于臀鳍前方附近。奇鳍完全互连。胸鳍圆形，长约为头长的1/3。无腹鳍。体背侧淡灰黄色而密布许多不规则的棕褐色斑；腹侧白色或淡蓝灰色。椎骨100～110个，腹椎39～43个。成鱼长可达2.3 m，重达40～50 kg。

5. 生态习性

生长于热带及暖温带河口、江河、湖塘、河溪及沼泽内。白日隐藏于洞穴及水下石隙内，夜出捕食鱼、虾、蟹、蛙、蛇、鸟、小型兽类等动物，也喜食落入水中的大动物尸体，且能到水外湿地，如雨后到竹林及灌木丛中觅食。其觅食地区在菲律宾可达海拔1 523.9 m的山溪（Herre，1953），在我国沿钱塘江向上可达安徽省新安江上游的歙州，沿闽江可达南平以上，沿韩江可达福建长汀，沿珠江达广西南宁以上，在海南岛沿昌江可达姜园。此鱼在淡水河湖内仅索食生长，性腺不发育；当将达性成熟期时即于冬季降河洄游到河口区，性腺始发育，入深海产卵。其产卵场约位于菲律宾南、加里曼丹东和新几内亚之间的深海区。生殖后亲鱼死亡。卵在海流中孵化。初孵出的仔鱼为白色、薄软的叶状体（leptocephalus）。叶状体被海流带到沿岸后发生变态，变成短圆线条状的幼鳗，又名线鳗，始进入淡水河湖内索食生长。在我国台湾东南台东县大武河口于中秋节前可捕得长约70 mm的鳗苗。在福建省九龙江4～5月及9～10月为盛渔期。一般体长700～800 mm重约5 kg。花鳗鲡自隋唐即被我国人视为食中珍品，中医认为"以五味煮羹，能补虚损及久病痨瘵"（《本草纲目》）。《浙江临海县志》称"冬月出溪中者为雪鳗，其味尤佳脆，能治目疾"。广东人称此为"鳝王"，至今仍很珍视喜食。

6. 资源情况

过去记载此鱼是长江下游及以南我国沿海地区著名的珍贵食用鱼。近数十年由于人口增多，捕食过度，山林破坏、水源枯减，以及建拦河坝修水库、电站等而未建鱼道割断其洄游通道；且工业污水严重污染江河。此鱼已很罕见，仅在海南岛尚可遇到少量，甚需保护。现在已列入《国家重点保护野生动物名录》（1988）作为二级保护动物。

7. 地理分布

分布于上海崇明岛，钱塘江，灵江、瓯江、飞云江、闽江、九龙江、韩江、台湾、珠江、南渡江、万泉河及昌江等。国外北达朝鲜南端及日本纪州，南达菲律宾、印度尼西亚、南太平洋马贵斯（Marquesas）群岛、新几内亚及澳大利亚，西达东非。

8. 建议进一步的保护措施

严禁毒捕、炸捕及电捕；严格管理杜绝工业有毒污水向河湖排放；试验提倡拦河大坝补修鱼道，及在主要分布水域划禁渔区、禁渔期和控制捕鱼数量。

参考文献

[1] 李思忠. 中国淡水鱼类的分布区划［M］. 北京：科学出版社，1981.

[2] 李时珍. 本草纲目：鳞部第四十四卷［M］. 1596.

[3] 伍献文. 中国经济动物志：淡水鱼类［M］. 1版. 北京：科学出版社，1963.

［4］浙江动物志编辑委员会.浙江动物志：淡水鱼类［M］.杭州：浙江科学技术出版社，1991.

［5］郑慈英.珠江鱼类志［M］.北京：科学出版社，1989.

［6］中国水产科学研究院珠江水产研究所，等.广东淡水鱼类志［M］.广州：广东科学技术出版社，1991.

［7］NICHOLS J T. The fresh-water fishes of China ［M］. New York: American Museum of Natural History, 1943.

中国科学院动物研究所

李思忠

（原载：《中国国家重点保护水生野生动物》，汪小炎主编，

中国科学技术出版社，1994年，156-159）

川陕哲罗鲑

川陕哲罗鲑 *Hucho bleekeri*（Kimura）为中国国家二级保护野生动物。

1. 科名

鲑科 Salmonidae。

2. 别名

虎鱼、猫鱼（岷江）；条鱼（秦岭南麓湑水及太白河——汉江上游）；虎嘉鱼（施白南）；四川虎加鱼（刘成汉，1964）；川陕哲罗鲑（李思忠，1981）；长江哲罗鲑（李思忠，1984）；贝氏哲罗鲑（宋世良，1987）；四川哲罗鲑（武云飞，1989）。

3. 英文名

Bleeker's taimen。

4. 鉴别特征

侧线鳞122～150；幽门盲囊65～120；上颌伸过眼后缘；背侧有"十"字形小斑；犁骨轴部每侧有4大牙齿。

5. 形态描述

背鳍iii～iv-10～11；臀鳍iii-8～9；胸鳍i-13～15；腹鳍i-8～9；尾鳍分支鳍条18。侧线上鳞31～36，侧线下鳞25～27至腹鳍；鳃耙5+10；椎骨37+24。

体长375～640 mm：体长为体高4.5～4.9倍，为头长4.1～4.7倍；头长为吻长3.4～3.8倍，为眼径5.5～5.6倍，为上颌长2.2～2.4倍，为最长背鳍条长1.9～2.2倍，为臀鳍条长1.7～2倍，为胸鳍长1.6～1.7

倍。为腹鳍长1.7~2.2倍，为尾鳍条长1.4~1.5倍，为尾柄长1.6~2；尾柄长为尾柄高1.5~1.8倍。

体长梭形，略侧扁。头部无鳞。吻钝尖。眼侧位。眼间隔宽。口大、端位。上颌伸过眼后缘。前颌骨有齿18，上颌骨有齿50。下颌每侧有齿14。腭骨齿13。犁骨前端有3~4个齿，两侧各有4个齿。舌有齿2行各6~7个。鳃孔大。鳃耙粗短。鳃膜骨条13。鳃膜分离且游离。肛门临近臀鳍始点。鳔长大、1室。胃发达。鳞为小圆鳞，无辐状沟纹。侧线完整，前端稍高。

背鳍始于体前后端的正中点，第1分支鳍条最长，鳍背缘微凹。臀鳍约始于腹鳍基到尾鳍基的正中点。脂背鳍位于臀鳍基正上方。胸鳍侧下位，尖刀状，远不达背鳍。腹鳍约始于背鳍中部下方，远不达肛门。尾鳍叉状。头体背侧蓝褐色，有"十"字形小黑斑，斑小于瞳孔；腹侧白色。小鱼体侧常有6~7个暗色横斑。鳍淡黄色；生殖期腹部、腹鳍及尾鳍下叉橘红色。

6. 生态习性

为山林区冷水性大型凶猛肉食性鱼。喜食大型水昆虫、鱼类、两栖动物、水鼠及水鸟等。大者体长达1 m以上和重30多kg。生殖期腹部、尾柄下半部及臀鳍等橘红色。体长640 mm时重4 kg。在岷江支流青衣江和芦山县大川河3月中下旬为产卵期，水温在4.5℃~9℃间；产卵场为沙砾底，水面宽约23 m、两岸多山林。雌雄鱼共同筑窝，夜晚及清晨产卵。窝两次筑成，第二次筑窝时产卵。窝内一雌一雄。成鱼鱼群雄鱼较多。产卵群体2龄鱼占12.5%，3龄鱼占75%，4龄以上占25%（周仰璟等，1984）。

为冰川期海面较今低100~150 m时自北方沿日本海、黄海及东海北部迁来的。冰期后大部分北返或死去，仅少数溯逃到山区残留下来。这与我国台湾的台湾马苏麻哈鱼（*Oncorhynchus masou formosanus*，又名樱花钩吻鲑）和渭河上游等的秦岭细鳞鲑（*Brachymystax lenok tsinlingensis*）相似。有春末溯游及秋末返回习性，所以四川灌县（现都江堰市）仅冬季偶尔可见。

7. 学名存疑

有些鱼类学家认为冰川期后至今时间过短，生物变异只能形成亚种。故此种可能是哲罗鲑（*Hucho taimen*（Pallas））的一个亚种。但这一分歧尚待通过证明能否自然杂交及其后代有无生殖力来解决。

8. 地理分布

文献内初见于1934年灌县汶川（海拔726 m，属岷江水系）一尾全长280 mm及另一尾全长370 mm（体长335 mm）小鱼。1944年发现海拔934 m的峨边县大渡河及海拔1 554 m的岷江上游理番县亦产。1964年9月初笔者在陕西周至县秦岭南麓老佛坪的湑水到太白县核桃坪太白河也采得。当地居民因此鱼有"十"字形条斑称为条鱼，该处海拔约2 000 m。1989年报道青海省班玛县大渡河上游海拔约4 000 m的麻尔柯河也产。但有人称嘉陵江上游和汉江亦产，似不可靠。

9. 濒危现状

过去在岷江及大渡河上游和秦岭湑水及太白河此鱼很习见。如1971年仅在麻尔柯河林场附近即捕获2 500多千克。但因人口骤增，由于滥捕为害特别是时有用火药炸及农药、毒药毒鱼发生，破坏资源更甚。故建议国家应在产地严禁炸、毒此鱼，对于网捕等也应适当控制数量。

10. 鱼名辨注

黑龙江流域满语称哲罗鲑为哲罗鱼，又因此鱼属鲑形目（Salmoniformes）及鲑科（Salmonidae），故中文名哲罗鲑。布氏哲罗鲑的"布氏"为种名bleekeri首字母的音译。成庆泰教授（1957）曾称此鱼为"嘉鱼"。按"嘉鱼"名词始于《诗经·小雅·南有嘉鱼》篇。为周初绅宴歌颂太平盛世的第二首歌。嘉鱼当指镐京南山的鱼。历代我国文人、药物学家都将嘉鱼称为丙穴鱼、鮇鱼。如晋武帝（265～289）时左思《蜀都赋》称"嘉鱼出于丙穴"；唐杜甫（712～770）诗云"鱼知丙穴由来美"；南北朝时任昉（460～509）《益州记》称"嘉鱼，蜀郡处处有之，状似鲤而鳞细如鳟，肉肥美，大者五六斤。食乳泉、出丙穴，二三月随水出穴，八九月……入穴"；明李时珍称"河阳（河南省孟州市）呼为鮇鱼"。故笔者认为嘉鱼应是广分布于秦岭南北、山西、河南、四川等处的大鳞突吻鱼（*Varicorhinus macrolepis*）（=山西突吻鱼 *V. shansiensis*）；因渭河、孟州市、四川盆地均无布氏哲罗鲑，而且后者与鲤及鳟（赤眼鳟）又很不相似。

参考文献

［1］成庆泰. 从分类学观点对《本草纲目》鳞部鱼类的探讨（一）［J］. 学艺，1957（9）：2.

［2］成庆泰. 从分类学观点对《本草纲目》鳞部鱼类的探讨（二）［J］. 学艺，1957（12）：4.

［3］李思忠. 黄河鱼类区系的探讨［J］. 动物学杂志，1965，7（5）：217-222.

［4］李思忠. 中国淡水鱼类的分布区划［M］. 北京：科学出版社，1981.

［5］李思忠. 中国鲑科鱼类地理分布的探讨［J］. 动物学杂志，1984，（1）：34-37.

［6］李思忠. 我国古书中的嘉鱼究竟是什么鱼［J］. 生物学通报，1986b，（12）：12.

［7］刘成汉. 四川鱼类区系的研究［J］. 四川大学学报（自然科学版），1964，（2）：95-138.

［8］陕西省动物研究所，中国科学院水生生物研究所，兰州大学生物系. 秦岭鱼类志［M］. 北京：科学出版社，1987.

［9］中国科学院西北高原生物研究所. 青海经济动物志［M］. 西宁：青海人民出版社，1989.

［10］Kimura S. Description of the fishes collected from the Yangtze-Kiang, China, by late Dr. K. Kishinouye and his party in 1927-1929［J］. Journal of the Shanghai Scientific Institute, 1934, 3(1): 11-247, Pls. 241-246.

中国科学院动物研究所

李思忠

（原载：《中国国家重点保护水生野生动物》，汪小炎主编，

中国科学技术出版社，1994年，160-164）

鱼类学家——张春霖

张春霖，鱼类学家，教育家。中国现代鱼类学的主要开拓者之一。其科研工作的前期从事中国淡水鱼类的调查研究，发表了《南京鱼类之调查》等重要论著。后期主要从事和领导中国海产鱼类的系统调查研究，是中国海洋鱼类研究的奠基人之一。培养出一批鱼类学领域的人才。

张春霖，字震东，属镶黄旗蒙古族，原姓巴依特，从他这一辈始才以汉字张为姓。1897年农历2月21日生于河南省开封。幼时家贫好学，他有一兄二弟，仅他一人靠国家公费上学。1914年1月到1918年12月在开封师范学校毕业。1919年任河南省嵩县和乐高级小学校长。1920年任巩县（现巩义市）县立高级小学教员。1922年1～3月任开封县立高级小学教员。当中国现代动物学创始人秉志于1922年回原

籍开封探亲时，听说家乡青年张春霖聪明好学，建议他去南京高等师范生物系任职员，收入虽少但若能考入大学可以勤工俭学深造。张春霖乃辞掉开封小学教职去南京高师生物系任助理员，当年7月考入东南大学（南京大学前身），1926年6月毕业，获农学学士学位。旋任中国科学社生物研究所助教，专攻现代鱼类学。他学习艰苦努力，当时国内尚无人研究过现代鱼类分类学，其中许多术语及方法都是他自己从英文文献中反复体会后才了解的。1928年8月赴法国留学，先在马赛突击学习法语，然后到巴黎大学随路易斯·儒勒博士（Dr. Louis Roule）研究鱼类学，并于1928年10月到1931年6月受聘为法国巴黎博物馆研究员，1930年10月获法国巴黎大学研究院理学博士学位。同年被吸收为法国动物学会及渔业学会永久会员，还曾到英国伦敦自然博物馆工作。在国外学习时期，他妻儿的生活费用都是蒙他恩师秉志私人借助维持的，所以他获博士学位后很快即回国工作，毕生对秉志衷心感激。

1931年7月到1941年12月任北平静生生物调查所技师和动物标本室主任。1937年七七事变后，曾短期到开封河南大学（1937年8～12月）及湖北省华中大学教书（1938年2～7月），因子女多、负担重乃返北平仍以教书为生。1931～1940年间，曾在北京大学、北京师范大学、中法大学等处兼课。1942年初到1945年3月任北京师范大学教授兼理学院长，1945年4～7月任北京大学教授兼理学院长。他的大儿子叶光（原名张宗舒）因与同学李新民参加抗日活动暴露，他让他们逃走被发现，因此张春霖被撤职并被投入南城草篮子胡同监狱。不久出狱，于1945年底到1946年7月改任北平临时大学教授；1946年8月到1947年夏任中国大学教授；1947年夏到1951年底又到北京师范大学任教授并曾兼生物系主任。

1951年与孙云铸等创建中国海洋湖沼学会，兼任理事及秘书。1952年初到1963年任中国科学院动物标本工作委员会（1953年改为动物研究室，1957年改为动物研究所）研究员兼鱼类部主任。

中华人民共和国成立后，曾先后担任一些学术兼职。如1950年受聘为中国科学院水生生物研究所专门委员，中央人民政府文教委员会学术名词统一委员会委员及中国科学院动物标本整理委员会委员；1951年受聘兼中央自然博物馆筹备委员；1956年受聘兼中国科学院动物图谱编辑委员会委员；1963年兼《中国动物志》编辑委员会第一届编委。

张春霖晚年患高血压、糖尿病，子女又多，生活清苦。后又患半身麻痹，不幸于1963年9月27日在家突然因心肌梗死去世。

1. 中国淡水鱼类学研究的开拓者

张春霖的科研工作，可以大致分为两个阶段。中华人民共和国成立前为他的科研生涯的前一阶段，主要从事中国淡水鱼类的研究。他在二三十年代所做出的成果，有不少是中国鱼类学领域的开创性工作。1928年在中国科学社生物研究所汇报发表的《南京鱼类之调查》，是中国鱼类学家独立发表的第一篇鱼类分类学方面的论文。1929年在法国巴黎博物馆杂志发表的《中国鲤科鱼类二新种》则是中国鱼类学家独自发表有关中国鱼类新种描述的第一篇论文；1930年在巴黎大学发表的《长江鲤科鱼类分类、解剖及生态之研究》是中国第一位获得博士学位的鱼类学家的博士论文，其中不仅有鱼类外部形态的比较研究，而且还有现在鱼类学家很重视的内部解剖特征等内容；1933年发表的《中国鲤类志（一）》又是中国鱼类学家第一部关于鲤类鱼的学术专著，书中记述了鱼类117种及亚种，包括有导言、研究史、系统描述、地理分布及图版说明等。他是中国淡水鱼类分布研究的开拓者。他在鱼类地理分布方面将中国划分为东南区（广东、广西及福建）、西南区（云南、贵州及四川）、长江区（湖南、湖北、安徽、江西、江苏及浙江）、东北区（山东、河南、河北、山西、陕西及满洲）和西北区（绥远、甘肃、新疆及内蒙古等），图版中有18种鱼的口型及18种鱼的下咽骨及下咽齿；这些至今仍是难能可贵的科学资料。

他于1933年在中国地质学会学志上发表的《山西鲫鱼化石之记载》是中国鱼类学家发表的第一篇关于化石鱼类的论文，证明上新世太古已有鲫鱼。1934年他和周汉藩合著的《河北习见鱼类图说》一书，其中介绍的80多种鱼除有精绘的图及中文描述外，中文名下尚有很多古文献中的名字，是参看不少古书而写成的很有价值的研究著作。1936年他与杨钟健合著的《山东省山旺鱼类化石的研究》论文，证明中新世山旺地区已有中新世雅罗鱼（*Leuciscus miocenicus* Young et Tchang）、临朐鲤（*Barbus linchuensis* Young et Tchang）、斯氏鲤（*B. scotti* Young et Tchang）（因背鳍与臀鳍前缘最后一硬刺后缘锯齿状，现知应归鲤属）和大头麦穗鱼（*Pseudorasbora macrocephalus* Young et Tchang）存在，很有科学意义。他对鱼类的比较、解剖及演化很重视。1937年七七事变后，鱼类调查工作被迫停止。在当时战乱那样困苦的情况下，他曾对青鱼（*Mylopharyngodon aethiops*）的脑以及红鳍鲌（*Culter erythropterus*）和草鱼（*Ctenopharyngodon idellus*）的骨骼等做过解剖观察研究。

1954年，张春霖发表了《中国淡水鱼类的分布》论文，此文把他1933年在《中国鲤类志（一）》中关于地理分布的划分做了进一步充实，将东南区改为东洋区（云南东部、贵州南部、广西、广东、海南岛及福建）、西南区改为怒澜区（西藏南部、云南西部及四川）、西北区改为西北高原区（新疆、西藏北部、青海、甘肃中北部、宁夏、内蒙古、陕西、山西）、东北区改为黑龙江区（黑龙江及绥芬河水系）、长江区改为江河平原区（湖南、湖北、江西、浙江、安徽、江苏、河南、山东、河北、辽河和鸭绿江水系）。限于当时资料贫乏，不可能十分完整，但他已勾勒出中国淡水鱼类分布区划的雏形，尤其首次提出江河平原区及江河平原鱼类等术语，至今仍被鱼类学家所沿用。

2. 中国海洋鱼类研究的奠基者

中华人民共和国成立以后，张春霖转为着重开展海洋鱼类的研究，这是他科研生涯的后一阶段。从1951年开始，张春霖领导中国科学院动物研究所的鱼类研究工作。鉴于中国科学院设立的水生生物研究所主要是从事中国淡水水生生物的研究，而因中国海域广阔，对其海产鱼类过去研究很少，文献十分零散，为了能给国家提供较完整的鱼类资料，给中国的海洋渔业生产提供科学依据，他积极提倡、发起和组织有计划地调查全中国海区的鱼类。1951年初，他就让他的学生李思忠调查河北省海产鱼类；1951年底，他的学生成庆泰博士自法国留学回国，领导中国科学院海洋研究室（中国科学院海洋研究所的前身）的鱼类分类调查工作；1952年在张春霖、成庆泰二人领导下，将"中国海产鱼类的调查研究"上报中国科学院，作为两所长期合作的科研计划。先自渤海及黄海开始鱼类调查，1953年底首先完成了《黄渤海鱼类调查报告》文稿，1955年底由科学出版社出版发行，这是中华人民共和国成立后的第一部鱼类学专著。自1954年始，又扩大联合上海水产学院朱元鼎，开展南海鱼类的调查工作，由朱元鼎承担软骨鱼类的研究。

1957后，南海鱼类调查长期停止，直到1961年初才交稿，这就是1962年科学出版社出版的《南海鱼类志》。尽管此书包括860种鱼，似乎是一部中国空前的鱼类学巨著，但实际上遗漏很多。在此书内有朱元鼎写的软骨鱼类74种，成庆泰及其学生写鲈形目的大部分259种和月鱼目2种，其余525种都是张春霖和他的学生郑葆珊、李思忠、王文滨等承担编写的，绝大部分都是1957年夏以前的存稿。《东海鱼类志》则仅做了年余专门调查即仓促写出。从这三本书已可较清楚地了解中国从渤海到南海鱼类的大致全貌，迄今仍是研究中国海产鱼类最重要的参考书，并为编著中国动物志中的海产鱼类奠定了基础。张春霖不愧是中国海鱼研究的主要奠基者。

张春霖命名的鱼类至今仍被鱼类学家公认为有效的有秉氏墨头鱼（*Garra pingi pingi* Tchang, 1929），异鳔鳅鮀（*Gobiobotia boulengeri* Tchang, 1929），四川鲴（*Xenocypris sechuanensis* Tchang, 1930），齐口裂腹鱼（*Schizothorax prenanti* Tchang, 1930），云南鲤（*Cyprinus yunnanensis* Tchang,

1933），大头鲤（*C. pellegrini* Tchang, 1933），花鲈鲤（*Percocypris pingi regani* Tchang, 1935），黄氏四须鲃（*Barbus huangchuchiensis* Tchang, 1962），中华棘茄鱼（*Halieutaea sinica* Tchang et Chang, 1964）等20多种，并常被鱼类学家引用。

3. 受人崇敬的教育家

张春霖一生不仅勤恳进行科学研究，对培养人才也很重视。早在北平静生生物调查所任职时，即兼教北京大学和北京师范大学的脊椎动物分类学。曾编著《脊椎动物分类学》一书（1936年出版），是中国科学家较早自己编写以中国动物为内容的一本大学教科书。1937年七七事变后，他任专职教授教书多年，其间又编写出脊椎动物学实验指导的大学用书。

他为人忠厚热诚，能帮朋友解决困难，如与傅桐生、杨惟义教授等都是很亲密的朋友。他对学生非常爱护关心，他所培养的学生不少已成为动物学各个领域的专家、学者，他们对张春霖老师都很尊崇和敬重。如蜘蛛专家王凤振、鱼类学家施怀仁、成庆泰、郑葆珊、郑慈英、王香亭、王所安、张春生、刘成汉、王文滨、张有为、岳佐和、张玉玲，化石鱼类学家刘宪亭，脊椎动物解剖学家包桂浚、马克勤，动物生态学家孙儒泳，鸟类学家郑光美，棘皮动物专家张凤瀛等都是出自他的门下。王凤振、施怀仁等与他数十年来往，亲如一家人。美籍生物学家牛满江，在北京大学上学时曾随他研究过鱼类，离别40多年回国时仍念念不忘他的张春霖老师。

本人有幸于1948年考入北京师范大学研究院随他专习鱼类学，1950年研究院毕业后到中国科学院又长期在他领导下工作，因此能随时听到他的教诲。他常讲，在研究工作中要专心仔细，注意专业知识积累，发现问题要养成随时摘记的习惯；要有克服困难的勇气，要有耐心和毅力。他对人慈善和气，主张光明坦直，要有吃了亏不加计较的胸怀。

最使我钦佩与感激的有两件事。一件是1953年底我们对黄渤海鱼类的调查研究暂告一段落时，曾向他建议："中国海域广大，鱼类很多，少数人不易研究得很好，如能多团结些国内鱼类学家参加，较易收到多、快、好、省的效果"。他听后十分同意，即通过一些途径，联系国内外的鱼类学家共同参加工作。1953年底他派成庆泰、郑葆珊和我去上海水产学院代表他邀请王以康及朱元鼎教授参加。王以康以身体欠佳婉谢，朱元鼎则表示很愿参加承担软骨鱼类的研究，但现有的困难是既无经费又无助手帮助采集标本。我们向他汇报后，他当即慨允可无偿地利用我们采的标本和收到的有关资料，还让在《黄渤海鱼类调查报告》中原承担软骨鱼类研究的王文滨，改作他自己原承担的鲀形目的研究。从这件事可以看出张春霖胸怀的大度和无私！另一件事是我处境艰难时，他对我不仅没有另眼看待，相反经常给我以鼓励。勉励我"要经得起艰难的考验，要努力工作与学习，前途光明"。可见他对学生是多么关心和爱护。

4. 张春霖先生简历

1897年二月廿一（农历）生于河南省开封县。

1914～1918年 省立开封师范学校读书并毕业。

1919年 任河南省嵩县和乐高级小学校长。

1920年 任河南巩县（现巩义市）县立高级小学教员。

1922年1月至3月 任开封县立高级小学教员。

1923～1926年 毕业于（南京）东南大学，获农学学士学位。

1926～1928年 任中国科学社生物研究所助教。

1928～1930年 毕业于法国巴黎大学研究院，获理学博士学位。

1931～1941年 任北平静生生物调查所技师、动物标本室主任。

1942～1945年 任北京师范大学教授兼理学院长。

1945～1946年 任北平临时大学教授。

1947～1951年 任北京师范大学教授，曾兼生物系主任。

1950～1963年 任中国科学院动物标本整理委员会委员，动物研究室研究员兼鱼类研究组领导，动物研究所研究员兼脊椎动物区系分类室副主任。

1963年9月27日 因病逝世于北京家中。

5. 主要论著

张春霖. 南京鱼类之调查［J］. 中国科学社生物研究所汇报，1928，4（4）：1-42（英文）.

张春霖. 中国鲤科二新种［J］. 法国巴黎博物馆杂志，1929，（2）I（4）：239-243（法文）.

张春霖. 四川鳅类一新种［J］. 法国巴黎博物馆杂志，1929，（2）I（5）：307-308（法文）.

张春霖. 中国鲤科新属种［J］. 法国动物学杂志，1930，55（1）：49-52（法文）.

张春霖. 四川鲤科之新种［J］. 法国巴黎博物馆杂志，1930，（2）2（2）：84-85（法文）.

张春霖. 长江鲤科分类、解剖、生态之研究，巴黎大学博士论文，1930，A. No. 209：1-171（法文）.

张春霖. 长江上游之鲤科鱼类［J］. 中央自然博物馆丛刊，1930，I（7）：87-94（法文）.

张春霖，寿振黄. 河北省鳅科之调查［J］. 静生生物调查所汇报，1931，2（5）：65-84（英文）.

张春霖. 四川鲤科之调查［J］. 静生生物调查所汇报，1931，2（11）：225-244（英文）.

张春霖. 浙江一新鳅［J］. 静生生物调查所汇报，1932，3（6）：83-85（英文）.

张春霖. 中国鱼类三新种［J］. 静生生物调查所汇报，1932，3（9）：121-125（英文）.

张春霖. 中国鲤类志（一），北平静生生物调查所，中国动物志，1933，2（1）：1-247（英文）.

张春霖. 山西鲫鱼化石之记载［J］. 中国地质学会志，1933.7（4）：467-468（英文）.

周汉藩，张春霖. 河北习见鱼类图说［M］. 北平：静生生物调查所，1934.

张春霖. 云南鲃属二新种［J］. 静生生物调查所汇报，1935，6（2）：60-65（英文）.

张春霖. 云南一新鲃［J］. 静生生物调查所汇报，1936，7（2）：63-65（英文）.

杨钟健，张春霖. 山东鱼类化石之记载［J］. 中国地质学会志，1936，15（2）：197-205（英文）.

张春霖. 脊椎动物分类学［M］. 北平：北洋图书社，1936.

张春霖. 盲鳗之重述［J］. 北平博物杂志，1940，15（2）：153.

张春霖. 中国淡水鱼类的分布［J］. 地理学报，1954，20（3）：279-285.

张春霖，成庆泰，等. 黄渤海鱼类调查报告［M］. 北京：科学出版社，1955.

张春霖. 云南西双版纳鱼类名录及一新种［M］. 动物学报，1962，14（1）：95-98.

朱元鼎，张春霖，成庆泰，等. 南海鱼类志［M］. 北京：科学出版社，1962.

朱元鼎，张春霖，成庆泰，等. 东海鱼类志［M］. 北京：科学出版社，1963.

张春霖，张有为. 中国棘茄鱼属的研究［J］. 动物学报，1964，16（1）：155-160.

（中国科学技术协会，中国科学技术专家传略：理学篇

生物卷2、北京：中国科学技术出版社，2001.）

作者照片插页

作者摄于1950年。

作者夫妇于1953年夏摄于北京西郊公园。

作者与业师张春霖教授于1959年5月摄于北京海淀。

1959年底摄于陕西华阴科学院三门峡工作站（作者位于后排右四）。

1959年6月摄于山西晋南虞乡鱼种场。

作者摄于1964年10月。

作者1969年9月14日摄于首都。

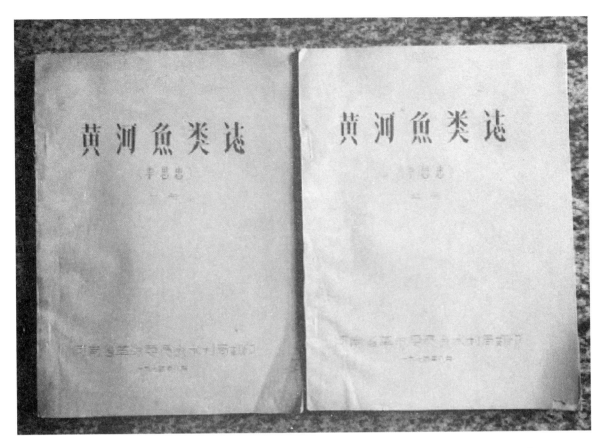

1974年8月，河南省革命委员会水利局翻印《黄河鱼类志》（一、二册油印本，约2 000册）。

1974年青岛鱼类学会议，讨论《中国动物志　鱼类志》编写。（左3为郑葆珊，左4为钱燕文）

1977年摄于西沙群岛永兴岛。

1977年摄于西沙群岛永兴岛。

新疆水产科技会议，1979年11月3日摄于乌鲁木齐。

1978年6月下旬《南海诸岛海域鱼类志》审改会议期间，与成庆泰等合影
于广州从化县温泉会馆。

《陕西鱼类志》鉴定会合影（1985年7月10日）。

1988年5～6月摄于北京郊区现通州区桃园养殖场。

1988年7月27日，方芳摄于新疆喀纳斯湖西侧观鱼亭上。

1988年7月29日与方芳等摄于新疆阿勒泰机场。

1990年9月16日由张春光摄于北京动物研究所标本楼319办公室。

1992年10月19~21日《中国动物志》第三届编委会会议，与鸟类专家郑作新主任合影。

1995年8月4日与牛满江教授合影。

1995年11月4日下午于广州华南师大中国鱼类学会学术年会上，做《鳕形目鱼类的一些新概念》学术报告。

1998年6月20日柏杨来京时，4位河南省私立百泉中学同班同学合照于北京饭店。

右始：1. 柏杨（原名郭立邦，又名郭定生）；2. 杜继生；3. 李思忠；4. 朱光弼。

摄于2007年11月27日《中华大典·生物典·动物分典》样稿汇报讨论会。

左1为马逸清教授（熊类编写），中为郭郭（顾问），右1李思忠（鱼类总部）。

2007年11月30日上午，在中关村科学院客座专家公寓讨论
《中华大典·生物典·动物分典》样稿汇报讨论会上，做鱼类总部样稿汇报时摄影。

附 录

编者补充说明

文选鱼图来源

本书文选部分鱼图（包括简图），仅供阅读文字部分时参考；除特别标记外，均来自下列来源：

《中国动物图谱：鱼类》：张春霖主编；

《中国鲤科鱼类志》（伍献文主编）：上卷，1964；下卷，1977；

《珠江鱼类志》（郑慈英主编），1989；

FishBase（世界鱼类数据库）：http://fishbase.org；

维基百科：http://zh.wikipedia.org。

所引鱼图版权归原作者或其出版社、出版单位所有。

鱼类形态描述术语资料来源

附录中的资料，均由编者根据已有资料所加，以方便读者在阅读此书时参考。如有疑问，敬请参阅下列鱼类文献中的原著。

鱼类示意简图，源自孟庆闻、苏锦祥、李婉端著的《鱼类比较解剖》，1987。

鱼类形态描述术语的编辑，参考了周天林、姜双林编写的《普通动物学实验指导书》（2003）、孟庆闻等的《鱼类比较解剖》（1987），以及蔡文仙等主编的《黄河流域鱼类图志》（2013）、江苏省淡水水产研究所等主编的《江苏淡水鱼类》（1987）等。

鱼类形态描述术语

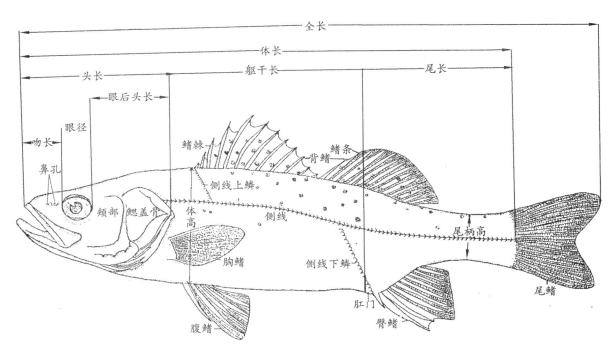

鲈*Lateolabrax japonicus*外形图

（依孟庆闻、苏锦祥、李婉端《鱼类比较解剖》，1987）

全长：自吻端至尾鳍末端的直线长度。

体长：自吻端至尾柄最后一个鳞片或尾鳍基部（尾椎骨末端）的直线长度。

体高：躯干部最高处的垂直高，一般以背鳍起点至腹面的垂直高度为准。

头长：由吻端至鳃盖骨后缘（不包括鳃膜）的长度。

尾长：由肛门至尾鳍基部的长度。

吻长：由吻端（一般为上颌前端）至眼前缘的长度。

眼径：眼的最大直径。

眼间距：两眼背缘间的直线距离。

口裂长：吻端至口角的长度。

眼后头长：眼后缘至鳃盖骨后缘的长度。

尾柄长：臀鳍基部后端至尾鳍基部（最末位椎骨后端）的长度。

尾柄高：尾柄最低处的垂直高度。

颊部：眼的后下方，主鳃盖骨之前。

峡部：颊部的后方，分隔两鳃腔的部位。

喉部：鳃膜与胸鳍之间的部分。

腹部：躯干腹面。

胸部：喉部后方、胸鳍基底之前。

鳞式：鱼鳞的排列方式，表达为"侧线鳞数$\dfrac{\text{侧线上鳞数}}{\text{侧线下鳞数}}$"。

侧线鳞数：侧线上的鳞片数目，从鳃孔上角直达尾部的鳞片数目。

侧线上鳞数：从背鳍起点斜列到侧线鳞的鳞数。

侧线下鳞数：从臀鳍起点斜列到侧线鳞的鳞数。

鳍条和鳍棘：鳍由鳍条和鳍棘组成。鳍条柔软而分节，末端分支的为分支鳍条，末端不分支的为不分支鳍条。鳍棘坚硬，由左右两半组成的鳍棘为假棘，不能分为左右两半的鳍棘为真棘。

鳍式：表示鱼鳍的组成、结构和鳍条的类别。大写罗马数字代表鳍棘（骨化的硬鳍刺）的数目，阿拉伯数字表示鳍条数目，小写罗马数字代表小鳍数目，鳍棘和鳍条数目范围用"～"或"—"表示；鳍棘与鳍条连续时用"–"表示，背鳍若分离用"，"表示。

眼睑：鱼类无真正的眼睑，头部的皮肤通过眼球时，可以变为一层透明的薄膜，鲻鱼的眼睑具脂肪，称脂眼睑。

脂鳍：在背鳍后方的一个无鳍条支持的皮质鳍。

口的位置：硬骨鱼类依口的所在位置和上下颌的长短可区分为口前位、口下位及口上位。

口前位——口裂向吻的前方开口，如鲤鱼。

口下位——口裂向腹面开口，如鲟科的鱼。

口上位——口裂向上方开口，如翘嘴红鲌。

圆鳞：鳞片后部外缘光滑。

栉鳞：鳞片后部有小刺或呈锯齿状。

棱鳞：指某些鱼类的侧线或腹部呈棱状突起的鳞。

腋鳞：胸鳍的上角和腹鳍外侧，有扩大的特殊的鳞片即腋鳞。

鳃耙：鳃弓前端的刺状突起；鳃耙数，一般以硬骨鱼类的第一鳃弓外侧或内侧的骨质突起的数目表示。

幽门盲囊：位于肠和胃的连接处，呈盲囊状，其数目各有不同。有的鱼有，有的鱼无。

韦伯氏器官（Weberian apparatus；又译为魏氏或魏勃尔氏器官）：鲤形目与鲇形目等骨鳔鱼类第1～3个椎骨的两侧有4对小骨，将鳔与内耳球形囊连接起来，这种连接装置用其发明者E．H．Weber的名字来命名，称韦伯氏器或韦伯氏器官、骨鳔器官、鳔骨器官等，具有扩音及共鸣作用，使得对外界刺激反应灵敏。

中国科学院动物研究所：李思忠先生生平

原中国科学院动物研究所研究员、我国著名鱼类分类学家李思忠先生因病医治无效，于2009年1月11日凌晨3时10分在北医三院去世，享年87岁。

李思忠先生，汉族，1921年2月19日出生于河南省辉县。1946年在兰州西北师范学院（抗日战争时期的北京师范大学）生物系获得学士学位；1947年参加工作，在河北省立滦县师范学校和长白师范学院任教员；1948年考入北京师范大学研究院，1950年在生物组研究生毕业；之后到中国科学院编译局任编辑。1950年10月到中国科学院动物标本整理委员会（即动物所前身）工作，历任助理研究员、副研究员、研究员。曾任中国鱼类学会副理事长，北京市水产学会顾问，《中国动物志》《动物学报》《动物分类学报》编委等。1986年12月离休。

李思忠先生从事鱼类系统分类学研究近60年，曾师从张春霖先生等前辈，学养深厚、成果丰硕，在国内外鱼类学界享有很高的声望。李思忠先生主要从事我国鲀类、鳕、杜父鱼类、喉鳍鱼类、比目鱼类等分类学、比较形态学及地理分布的研究，先后发表学术论文60余篇，科普杂文40篇，学术性专著10部（其中个人发表3部），集体出版科普专著5部，翻译外文专著2部；先后获得过6项奖励，其中参加编写的《南海诸岛海域鱼类志》1980年获水产科技成果一等奖，专著《中国淡水鱼类分布区划》1981年获得中国科学院科技成果三等奖，有关鲽形目各科系统发育研究的5篇论文获中国科学院1991年度自然科学三等奖，专著《中国动物志鲽形目》1998年获中国科学院自然科学二等奖。特别是所著《中国淡水鱼类分布区划》是中国迄今为止唯一一部全面论述中国淡水鱼类动物地理的专著，其中有很多创新性的贡献。李思忠先生为我国现代鱼类学的发展做出了重要贡献。

在理论联系实际方面，李思忠先生深入地方调研，联系生产实际提出自己的科学见解，对我国鱼类人工引种、鱼类区系改造、提高水域鱼产量等方面起到了推进作用。李思忠先生曾被北京水产局聘为顾问，其间从科学角度对北京地区水库移殖银鱼、改善鱼类组成、促进渔业增产等，提出了许多合理化建议，为北京地区的渔业发展做出了贡献。

李思忠先生一生坎坷，曾受到政治运动的冲击，失去了很多宝贵的科研时间，但李先生坚信"天行健，君子以自强不息"的进取精神，对自己的事业可谓矢志不渝。在离休后仍然坚持工作，直到生命的最后。1987年离休后，一直被回聘坚持在原岗位勤奋工作，不管酷暑严寒，每天上班，甚至加班加点地工作，节假日和星期天也很少休息。近年来主要致力于《中华大典》的编辑及《黄河鱼类志》的整理工作。

李思忠先生热爱祖国，拥护党的路线方针政策。他对工作认真负责、兢兢业业，学风严谨，事业心强，不仅自己刻苦工作、严于律己，还乐于助人、关心年轻人的成长，总是毫无保留地传授业务知识，并到研究生院和外单位授课。在工作、生活各个方面为许多人提供了无私的帮助。

对李思忠先生的不幸去世，同行、同仁、同事、学生无不感到悲痛和惋惜。他严谨的科学态度、对科学真理的追求，以及他的为人和品德，将为更多人所珍惜、爱戴和纪念。

（2009年1月15日）

作者生平年表与著作名录

作者生平与著作见表19。

表19　作者生平年表与著作名录

1921年2月19日	出生于河南辉县九圣营村东街
1929年1月	入九圣营小学一年级
1934~1937	1934年夏考入百泉乡村师范附近设的私立辉县百泉初级中学。曾与柏杨为同学
1937~1940	1937年夏考入省立汲县师范学校。因抗战开始，随校南迁，辗转在豫西三年。不满校长扣押学生津贴，曾被记过处分；在汲县师范完成学业时未获毕业证书

1940~1942	1940年赴西安考入当时的经济部农本局福生庄（中纺公司前身）。曾与一些年轻同事检举贪污成功
1942~1946	进入兰州国立西北师范学院（抗日战争时期的北京师范大学，曾为西北联大一部）生物系学习。当时系里教职人员有郭毓彬（1935~1950为北师大生物系主任）、地质学家张伯声、施怀仁等
1946年	从西北师范学院生物系毕业，在开封黎明中学教生物学
1947年	于河北省立滦县师范教生物学数月；暑后受柏杨邀到沈阳。不久长白师范学院由长春迁沈阳，由北师大校友介绍去该院教脊椎动物学 （1947年，母亲病逝于河南。）
1948年	1948年夏初随长白师范学院迁北京。暑假北京师大研究所招生，考入师从张春霖专习鱼类学。经由学生会主席王涛（王宝印）及师大地下党员岳佐和介绍，9月参加民主青年联盟
1950年	5月从北师大毕业，任职于中国科学院编译局（科学出版社前身之一）。参与审定鱼类学名词。曾兼政治学习组长。 10月，由陈桢介绍，调任动物标本整理委员会，负责动物园三官庙（来自静生所及北平研究院动物所）动物标本的最初整理工作
1951年	受河北省水产局杨扶青局长之邀，与张春霖合作调查河北省沿海鱼类。 李思忠，河北省渤海沿岸的鱼类采集工作。《科学通报》1951年09期
1952年	与中国科学院青岛海洋研究室鱼类组合作，共同调查黄渤海鱼类。 8月，受聘为中国科学院助理研究员（助研）
1953年	年初中国科学院动物研究室成立，5名助研分别为夏武平、郑葆珊、李思忠、朱承珀、钱燕文。 张春霖领导的动物研究室鱼类组与青岛海洋研究室的成庆泰博士合作，中国海鱼普查就成为中科院一项长期的研究课题。 10月，受张春霖教授之托，与成庆泰、郑葆珊赴上海水产学院，邀请朱元鼎教授参加中国海鱼的调查；朱元鼎教授开始承担软骨鱼类的研究
1954年	李思忠，我国东北的八目鳗。生物学通报 1954年2月。 张春霖、成庆泰、郑葆珊、李思忠、郑文莲、王文滨编著，《黄渤海习见鱼类图说》，科学出版社，1954年。 1954年开始南海鱼类调查
1955年	张春霖、成庆泰、郑葆珊、李思忠、郑文莲、王文滨著，《黄渤海鱼类调查报告》，科学出版社，1955年。（为1949年后出版的第一部中国鱼类学专著，获动物研究室集体研究成果一等奖。） 中国科学院，《脊椎动物名称》，科学出版社，1955年（其中鱼纲的初稿由李思忠与张春霖、朱元鼎合作修订）
1956年	1956年11月至1957年初，赴西沙群岛采集南海鱼类标本
1957年	李思忠，南海鱼类一新种——叉尾短带鳚（Lembeichthys furcocaudalis sp. nov.）的叙述，《动物学报》1957年03期 李思忠、贾化民，西沙群岛见闻，科学大众（中学版），1957年04期。本书收录。 1957年5月7日动物研究室扩建为动物研究所
1958年	（苏）施米德特（П.Ю.Шмидт）著，李思忠译，《鱼类的洄游》，科学出版社，1958。 7月至9月，参与动物所鱼类组与无脊椎组开展的黄河渔业生物学调查。 10月于山西晋南解虞农场三门峡工作站工作，办晋南水产学校
1959年	中国科学院动物研究所，《黄河渔业生物学基础初步调查报告》，科学出版社，1959年7月。 李思忠，漫谈鲤科鱼类对环境的适应，中国科学院动物研究所三门峡工作站内部通讯1959年第4期。本书收录。 李思忠，我国西部的有毒鱼类，中国科学院动物研究所三门峡工作站内部通讯1959年第4期。本书收录。 李思忠，从八字新养鱼经谈一点养鱼常识。中国科学院动物研究所三门峡工作站内部通讯1959年第4期。本书收录。 （5月，长子因医生误诊，病故于晋南永济。） 中国科学院动物研究所三门峡工作站由山西永济迁往陕西华阴华岳庙，与陕西省动物研究所合作，调查三门峡水库水产、渔业资源

续表

1960年	中国科学院动物研究所三门峡工作站（李思忠执笔），鲫鱼在晋南地区的性腺发育和产卵的探讨，动物学杂志，1960，（5），217-222
1961年	年初《南海鱼类志》交稿。 （1961年5月，长兄李思温因肠胃病，病逝于河南辉县老家）
1962年	朱元鼎、张春霖、成庆泰主编，《南海鱼类志》，科学出版社，1962年。（其中180多种鱼由李思忠描述。） 原昆虫研究所并入动物研究所。三门峡工作站与动物研究所青海、东北五营、白洋淀、十三陵工作站一起于10月被撤销。12月回京
1964年	1月，为《黄河鱼类志》（初稿）作序（刊于河南省革命委员会水利局1974年8月翻印的油印版）。本书收录，是为作者原序。 3月中旬至6月中旬带本所和新疆水产局，以及中科院新疆分院生物、土壤、沙漠研究所12人开展新疆北部的鱼类调查。《新疆鱼类志》于1965年完成初稿，1979年出版。 参加7月8～18日在北京召开的中国动物学会三十周年学术讨论会
1965年	李思忠，黄河鱼类区系探讨，动物学杂志，1965（5）：217-222。 李思忠、张世义、陈素芝、王慧民，南海金线鱼科及鲷科鱼类增补，动物学杂志，1965（1）：30-31。 郑葆珊、李思忠，《中国动物图谱 鱼类》，第五册，科学出版社。 李思忠，南海鲉科鱼类新记录，中国动物学会三十周年学术讨论会论文摘要汇编（第二分册），科学出版社，1965。第165页。 2月开始中国淡水鱼类分布区划研究，曾到甘肃省河西走廊做过一次鱼类调查，探索中国淡水鱼类动物地理轮廓
1966年	李思忠、戴定远、张世义、马桂珍、何振威、高顺典，新疆北部鱼类的调查研究，动物学报，1966，18（1）：41-46。 李思忠，中国鲼科鱼类新种及新记录，动物分类学报，1966，3（2）：167-176。 李思忠，陕西太白山细鳞鲑的一新亚种，动物分类学报，1966，3（1）：92-94。 李思忠，中国胡子鲇属一新纪录及一稀有种的重新描述，动物学杂志，1966年02期
1970年夏～1971年底	湖北潜江中科院“五七干校”劳动
1972年	与浙江省菱湖淡水水产研究所合作，调查瓯江、灵江的鱼类资源，年底前完成《瓯江、灵江的鱼类资源调查报告》稿件。动物所参与者：张有为、李思忠、张玉玲、肖真义
1973年	浙江省淡水水产研究所、中国科学院动物所，《瓯江、灵江水产资源初步调查报告》，1973。 1973年2月29日至3月7日中科院开了《广州三志（动物、植物与孢子植物志）会议》。之后不久，动物所同意由李思忠、王慧民主持编写《中国动物志 硬骨鱼纲 鲽形目》；《鲇形目》改由他人负责
1974年	李思忠、张世义，甘肃河西走廊鱼类新种及新记录，动物学报，20（4）：414-419。 《黄河鱼类志》（一、二册油印本），河南省革命委员会水利局翻印（约2 000册），1974年8月。 1974年11月至1975年1月，经青岛、广州、三亚赴西沙群岛采集南海鱼类标本
1976年	李思忠，采自云南澜沧江的我国鱼类新记录，动物学报，1976，22（1）：117-118
1979年	李思忠主编，新疆鱼类志，乌鲁木齐：新疆人民出版社，1979年。 国家水产总局南海水产研究所等编，《南海诸岛海域鱼类志》，科学出版社，1979年。 李思忠，中国海鱼新纪录，动物学报，1979年第03期。 1979年新疆召开水产会议，为特邀代表
1980年	李思忠，对发展新疆水产事业的一些看法，《新疆农业科学》1980年01期。 李思忠，鱼类移殖工作的探讨，水产科技情报，1980年1期
1981年	李思忠，《中国淡水鱼类的分布区划》，科学出版社,北京，1981。本书收录此著的前言。 李思忠、王慧民，中国鲆科鱼类新记录，动物学报，1981，27（2）：201 。 李思忠，南海红娘鱼属二新种，动物学研究，1981，2（4）：295-300。 李思忠，鲽形目鱼类的起源演化及分布，鱼类学论文集（1），11-20，1981。 李思忠、王慧民、伍玉明，鳂科鱼类骨骼特征在分类学上的应用，鱼类学论文集（2），73-80，1981

1982年	李思忠、王慧民，丝指鳒鮃新种的描述，海洋与湖沼，1982年04期；56-59。 李思忠，中国淡水鱼类区系形成原因的探讨。未发表，本书收录。 李思忠，比目鱼琐谈，《海洋世界》，1982（7），4
1983年	李思忠、王慧民、伍玉明，中国金眼鲷目鱼类的系统分类及检索动物学研究，1983，4（1）：65-70。 李思忠，奇妙的鱼儿性变，《海洋世界》，1983（4），3。 李思忠，为什么要研究鱼类区系分类学（未发表演讲稿）。本书收录。 1983年起任北京市人民政府专家顾问团渔业组顾问，为第二届至第四届专家顾问团渔业顾问组副组长
1984年	李思忠，中国鲑科鱼类地理分布的探讨，动物学杂志，1984年01，34-37。 李思忠、陈星玉，中国雅罗鱼属地理分布的探讨，中国海洋湖沼学会学术讨论会论文摘要汇编，1984年，462-463。 李思忠，丽鲷属鱼类的简单介绍，北京水产，1984年02期，34
1985年	李思忠、王慧民，中国鲽形目鱼类骨骼的研究 I.肩带骨及腰带骨，《动物学报》1985年01期。 李思忠，黄鳝的地理分布及起源的探讨，河南师范大学学报（自然科学版）；1985年03期。 李思忠，应大力发展虹鳟养殖事业，北京水产，1985年02期，26。 李思忠，略谈鱼类学与地史学的关系。原载《北京科技报》1985年12月23日。本书收录。 赴日本参加第二届印度洋—太平洋鱼类生物学会议，做有关中国鲴亚科（Xenocyprininae）鱼类地理分布的报告。论文摘要见： Li, Sizhong, Discussion on the geographical distribution of the Xenocypridinae in China, Pp. 480-483. In: Uyeno, T., R. Arai, T. Taniuchi & Keiichi Matsuura. 1986. Indo-pacific fish biology. Proceedings of the Second International Conference on Indo-Pacific Fishes. 李思忠，中国鲴亚科（Xenocyprininae）地理分布的研究。中文文稿未发表；本书收录。 李思忠，钓黄鳝，中国钓鱼，1985年第02期（总第3期），46。本书收录。 李思忠，乌鳢的名称、分布及其他，《北京水产报》1985年8月1日。 李思忠，1985，中国产サケ科鱼繋の地理的分布について（"中国鲑科鱼类地理分布的探讨"，由佐藤一彦译为日文），淡水鱼，11，89-93 （1985年6月，陈星玉硕士毕业。毕业论文：中国雅罗鱼亚科鱼类骨骼系统及系统发育的研究）
1986年	李思忠，对鲤形目起源的一些看法，动物世界，1986年，第3卷（第2～3期），57-66。本书收录。 李思忠，我国古书中的嘉鱼究竟是什么鱼，《生物学通报》1986年12期。 李思忠，湖怪—大红鱼之谜，《中国青年报》1986年3月15日第4版。本书收录。 李思忠，"黄河源头发现十个珍奇鱼种"一文正误，《北京晚报》1986年4月16日第2版。 李思忠，狗鱼类的特征及分布，中国钓鱼，1986（2），总第7期，45。本书收录。 李思忠，漫谈鲀鱼的利用，北京水产，1986（2），19-20。 李思忠，能钻进人类尿道引起严重疾病的寄生鲇类，北京水产，1986（2）：32。 李思忠，鳡鱼的名称、分布及其他，《北京水产报》1986年9月15日。 李思忠，对《中国自然区划概要：水产资源》的看法，《中国科技报》1986年6月23日。 李思忠，防洪策略何等重要，《中国科技报》1986年6月30日
1987年	成庆泰、郑葆珊主编，《中国鱼类系统检索》，科学出版社，1987年。 中国科学院动物所等，《中国动物图谱：鱼类》（第二版），科学出版社，1987年。（本书收录作者写的《中国动物图谱——鱼类》第二版说明。） 李思忠、王慧民，中国鲽形目鱼类骨骼的研究 II：脊椎骨、肋骨、上肋骨及肌膈骨刺，动物学报，1987年03期。 李思忠，中国鲟形目鱼类地理分布的研究，动物学杂志，1987年04期；38-43。 Tetsuji Nakabo(中坊彻次), Sang-Rin Jeon(田祥麟) and Si-Zhong Li, A new species of the genus *Repomucenus* (Callionymidae) from the Yellow Sea, Jap. J. Ichthyol, vol 34, 286-290, 1987. 李思忠，关于鱼类中文名称的一点建议，水利渔业，1987第01期。 李思忠，略谈胡子鲇及"革胡子鲇"学名的问题，北京水产，1987（1）：25。 李思忠，能飞的鱼类，北京水产，1987（2）：25。本书收录。 李思忠，鱼类的性转变，《北京水产报》1987年10月15日。本书收录。 李思忠，文昌鱼不只存在我国南部沿海，《科技日报》1987年3月3日。本书收录。 李思忠，也谈中华鲟，《北京科技报》1987年3月8日。本书收录。 李思忠，银鱼，《北京水产报》1987年3月15日。本书收录。 李思忠，比目鱼，《北京水产报》1987年4月15日。本书收录。 李思忠，鳇鲟濒危，何以解忧？《中国青年报》1987年11月6日。本书收录。 李思忠，白鲦，《中国钓鱼》，1987（4），总第13期，45。本书收录。 李思忠，西江的鲻鱼不是淡水中唯一鲻类鱼。本书收录

续表

1988年	李思忠，香鱼的名称、习性、分布及渔业前景，动物学杂志，1988，23（6）：3-6。 李思忠，比目鱼，生物学通报，1988年第12期。 李思忠，我国东部山溪养虹鲑大有前途，动物学杂志，1988，23（4），49-50。 李思忠，我国淡水有毒鱼类的分布及其卵的利用，北京水产，1988（1），18。 李思忠，缺乏科学根据的湖怪宣传，科技新闻通讯，1988（2），26。 李思忠，再谈哈纳斯大红鱼，《中国青年报》1988年2月6日第3版。 李思忠、方芳，喀纳斯湖怪的新信息。《中国青年报》1988年8月20日。本书收录
1989年	李思忠、王慧民，中国鲽形目鱼类骨骼的研究：Ⅲ.脑颅骨，动物学报，1989年02期。 李思忠、陈小平，宁蒙高原亚区鱼类区系及其形成原因的探讨。未发表，本书收录文字部分，对图表有删节。 李思忠，鳗鲡的名称、习性及其他，生物学通报，1989年12期，10-11。 李思忠，漫谈鳗鲡，淡水渔业，1989年4期。 李思忠，鱼之最，《中国青年报》1989年3月16日。本书收录。 李思忠，有雄无雌说鳗鲡，《中国青年报》1989年5月25日第3版。 李思忠，珍贵的"祸头鱼"——乌鳢，《中国青年报》1989年7月20日。本书收录。 李思忠，腰系"飘带"的鱼婢——鳑鲏，《中国青年报》1989年8月17日第3版。本书收录。 李思忠，鞠躬尽瘁的大马哈鱼，《中国青年报》1989年10月5日。本书收录。 李思忠，"鲤：岂其食鱼，必河之鲤"，《中国青年报》1989年12月28日。本书收录。 李思忠，鳜花鱼，《中国钓鱼》，1989（4），总第21期，45。本书收录。 李思忠、孙儒泳、姚鸿震，对黄淮海盐碱地改造设想，《工商时报》1989年11月10日。本书收录。 当选为中国鱼类学会第三届理事会（1989～1993）副理事长
1990年	李思忠，方芳，鲢、鳙、青、草鱼地理分布的研究，动物学报；1990年03期，244～250。 李思忠，对《诗经》所载鱼类的研究，淡水渔业，1990年01期。 李思忠，鱼类学家张春霖，生物学通报，1990年6期，39-41。同题详论发表于朱弘复、宋振能主编的《中国科学技术专家传略》（生物卷2），第10页，中国科学技术出版社，1998年。本书收录刊于《中国科学技术专家传略》的详论。 李思忠，书评：对《中国鱼类系统检索》专著的浅议。未发表，本书收录。 李思忠，鱼之最，《中国青年报》1990年2月8日。本书收录。 李思忠，水中老虎——锯鲑鲤，《中国青年报》1990年3月8日。本书收录。 李思忠，和子弹一样快的鱼——剑鱼，《中国青年报》1990年4月5日。本书收录。 李思忠，鳡——能吞食半只猪，《中国青年报》1990年5月17日。本书收录。 李思忠，毛鲹不是鲹，《中国青年报》1990年6月28日。本书收录。 李思忠，能钓鱼的鱼——鮟鱇，《中国青年报》1990年7月26日。本书收录。 李思忠，海龙、海马亦为鱼，《中国青年报》1990年9月20日。本书收录。 李思忠，松江鲈鱼非鲈鱼，《中国青年报》1990年11月1日第3版。本书收录。 1990年10月，由于参与编写《中国鱼类系统检索》（上、下册）的贡献，获中国科学院自然科学二等奖。证书编号：90z-2-22-05。 获选为中国动物志第三届编委会（1990—1998）委员
1991年	李思忠，鳅亚科鱼类地理分布的研究，动物学杂志，1991，26（4），40～44。 李思忠，关于棕斑宽吻鲀Amblyrhynchotes hypselogenion rufopunctatus Li (1962)有效性的说明，动物分类学报，1991，16（02），255。 为武云飞、吴翠珍《青藏高原鱼类》所写的序。本书收录。 李思忠，"鱼，我所欲也——中外习俗之不同"，《中国青年报》1991年1月17日第3版。 李思忠，肛门长在喉部的鱼，《中国青年报》1991年3月21日。本书收录。 李思忠，鱼中神射手——射水鲈，《中国青年报》1991年6月6日第3版。本书收录。 李思忠，黑鲫、金鲫、银鲫与白鲫的主要鉴别特征，《北京水产》，1991年第4期，18～18。 Tetsuji Nakabo, Sang-Rin Jeon and Si-Zhong Li, Description of the Neotype *Repomucenus sagitta* (Callionymidae）with comments on the species, Jap. J. Ichthyol, vol 38, 255～262, 1991。 1991年10月，由于鲽形目鱼类起源及系统演化的研究，获中国科学院自然科学三等奖。证书编号：91Z-3-32-1。 1991年11月，由于中国淡水鱼类分布区划的研究，获国家科学技术委员会国家科技成果完成者证书。证书编号：011280；国家登记号：852317。 20世纪80年代参与编写、审改鱼类条目的《中国大百科全书》生物卷，于1991年12月出版

续表

1992年	李思忠，关于鲌（*Culter alburnus*）与红鳍鲌（*C. erythropterus*）的学名问题，动物分类学报，1992，17（03），381。 李思忠，对《辞海》鱼部一些条目的改正和建议，生物学通报，1992年2期。 李思忠，鲤科鱼类。1992年5月为《现代科技综述大辞典》拟稿。《现代科技综述大辞典》出版于1998年，北京出版社，刊于第2186页。本书收录。 1992年10月1日，由于"为发展我国科学技术事业做出的突出贡献"，获国务院颁发政府特殊津贴及证书。政府特殊津贴编号：第（92）4910493号
1993年	李思忠，平鳍鳅科地理分布和东洋区北侧界限的探讨，系统进化动物学论文集（第2集），北京：中国科学技术出版社，1993，35-64。本书收录了此论文的摘要，发表于《中国动物学会60周年纪念文摘汇编》（1994年9月）。 李思忠，鲽形目各科系统发育的探讨，系统进化动物学论文集（第2集），北京：中国科学技术出版社，1993，121-137。 李思忠，鲤亚科鱼类地理分布的研究，动物学集刊，1993，10，51-62。本书收录（表格有删节）
1994年	J.S. Nelson著，李思忠、陈星玉、陈小平译，《世界鱼类》，基隆：水产出版社，1994，ISBN 9578596030。本书收录《世界鱼类》第二版中文版译者的说明。 李思忠，五须岩鳕属（*Ciliata* Couch, 1822）的研究及其一新种的描述，大连水产学院学报，1994年9卷1期。 为《鱼博物学》《鱼文化录》作序。出版于2001年，基隆：水产出版社。本书收录。 汪小炎主编，《中国国家重点保护水生野生动物》，中国科学技术出版社，1994年。其中李思忠著文介绍新疆大头鱼、唐鱼、花鳗鲡、川陕哲罗鲑、秦岭细鳞鲑，并参与了全书鱼类部分的审改（据黄祝坚所写的《后记》）。本书收录了有关新疆大头鱼、唐鱼、花鳗鲡、川陕哲罗鲑的文章
1995年	李思忠、王慧民，《中国动物志 硬骨鱼纲 鲽形目》，北京：科学出版社，1995，ISBN：703004147X。本书收录作者的前言。 李思忠，裂腹鱼亚科鱼类地理分布的探讨，动物学集刊，1995，12，297～310。本书收录
1997年	李思忠，鳕形目一些新概念，鱼类学论文集，1997，6，159-163。 1997年12月，由于《中国动物志 硬骨鱼纲 鲽形目》的编写、出版，获中国科学院自然科学二等奖。证书编号：97Z-2-023-01
1998年	乐佩琦、陈宜瑜主编，编委：乐佩琦、张春光、李思忠、崔桂华，《中国濒危动物红皮书》（鱼类卷），科学出版社，1998年。（李思忠负责编写红皮书中有关鳗鲡目、鲤形目鲤科的裂峡鲃、鲇形目、鲈形目鮨科的长身鳜、鲀形目）
1999年	李思忠，银汉鱼类研究史、分类地位及特征的探讨，中国动物科学研究——中国动物学会第十四届会员代表大会及中国动物学会65周年年会论文集，220-223，1999年。中国动物学会编。 李思忠，鱼名漫谈（一）"罗非鱼"名称的来源，科技术语研究；1999年02期；40-41。 1999年5月10日，应台湾动物研究所邵广昭所长邀请，赴台湾做学术访问。在中研院活动中心曾与邵广昭研究员、水产出版社赖春福及柏杨夫妇等合影
2000年	《中国脊椎动物大全》，（主编：刘明玉、解玉浩、李达明；副主编：高忠信、李思忠、高玮、温世生、方荣盛），辽宁大学出版社，2000年。 李思忠，鱼名漫谈（二）鳟与鲑，科技术语研究，2000年2卷2期
2001年	Si-zhong Li, On the position of the suborder Adrianichthyoidei, Acta Taxonomica Sinica, 2001, 26（4），583～587.（李思忠，大颌鳉亚目隶属探讨，动物分类学报，2001，26卷4期，583～587） 李思忠，浅议《中国动物志 硬骨鱼纲 鲤形目》（中卷），动物分类学报；2001年第01期。
2003年	李思忠，鱼名漫谈（三）鲔与鲭——古鱼名扩用时不要违背顾名思义的要求，科技术语研究，2003年5卷3期
2004年	李思忠，蒙古国鱼类地理分布简介，动物学杂志，2004第39卷第01期
2007年	李思忠，鱼名漫谈（四）：马鲅、马鲅、马鲛与马鲅，中国科技术语，2007，9卷4期（2007/08）。 负责《中华大典》鱼类部分的编写
2009年1月11日	逝世于北京
2011年	李思忠、张春光等著，《中国动物志 硬骨鱼纲 银汉鱼目 鳉形目 颌针鱼目 蛇鳚目 鳕形目》，科学出版社，2011年，ISBN 9787030200952。本书收录作者于2005年1月13日为本卷动物志写的序

有文献记载而未能收录于本书的黄河鱼类列表

编者注：下面是若干文献及鱼类数据库提及，某些黄河里存在或可能存在的土著鱼类。因历史或资料缺失等原因，本书正文里未予收录或进一步讨论。此表完整及准确性有待核实，在本书附录列出，仅供读者深入研究时参考（表20）。

表20 有文献记载而未能收录于本书的黄河鱼类列表

分类阶元（科）	中文名称 学名	地理分布	参考资料
鲤科 Cyprinidae	陕西高原鳅 *Triplophysa shaanxiensis* Chen, 1987	渭河下游北岸各支流	秦岭鱼类志，陈景星主编，科学出版社，1987年，p. 21；中国脊椎动物大全，刘明玉、解玉浩、季达明主编，辽宁大学出版社，2000年，ISBN 7561039042, p. 158
鲤科 Cyprinidae	黑体高原鳅 *Triplophysa obscura* Wang, 1987	黄河上游、嘉陵江的支流白龙江上游	秦岭鱼类志，陈景星主编，科学出版社，1987年，p. 28；中国脊椎动物大全，刘明玉、解玉浩、季达明主编，辽宁大学出版社，2000年，ISBN 7561039042, p. 159
鲤科 Cyprinidae	武威高原鳅 *Triplophysa wuweiensis*(Li & Chang, 1974)	甘肃省河西走廊的石羊河水系等，以及黄河山西段若干支流（偏关河河口及汾河源头）	蔡文仙主编，黄河流域鱼类图志，西北农林科技大学出版社，2013年，p. 177
鲤科 Cyprinidae	修长高原鳅 *Triplophysa leptosoma* Herzenstein, 1888	黄河，长江上游、西藏北部、柴达木盆地、青海湖以及河西走廊等地	中国脊椎动物大全，刘明玉、解玉浩、季达明主编，辽宁大学出版社，2000年，ISBN 7561039042, p. 161
鲤科 Cyprinidae	郃阳高原鳅 *Triplophysa heyangensis* Zhu, 1992	陕西合阳县黄河支流	中国脊椎动物大全，刘明玉、解玉浩、季达明主编，辽宁大学出版社，2000年，ISBN 7561039042, p. 158
鲤科 Cyprinidae	黄河罗马诺鮈 *Romanogobio amplexilabris* (Banarescu & Nalbant, 1973)	"中国黄河流域"	
鲤科 Cyprinidae	方氏鳑鲏 *Rhodeus fangi* (Miao, 1934)	珠江、长江、黄河、黑龙江等水系	中国动物志，硬骨鱼纲，鲤形目（中卷），陈宜瑜主编，科学出版社，1998年，p. 451-453
鲤科 Cyprinidae	达氏鲌 *Chanodichthys dabryi* Bleeker, 1871	黑龙江、辽河、黄河、长江、珠江水系漓江、东江等	本书作者认为黄河下游此类鱼为弯头红鲌 *Erythroculter recurviceps*（Richardson, 1846；图120）
鲿（鮠）科 Bagridae	黄河拟鲿 *Pseudobagrus hwanghoensis* Mori, 1933	"中国黄河流域"	

续表

分类阶元（科）	中文名称　学名	地理分布	参考资料
鲿（鮠）科 Bagridae	盎堂拟鲿 *Pseudobagrus ondon* (Shaw, 1930)	黄河水系、汉水水系、淮河水系、曹娥江、灵江、瓯江等水系	中国脊椎动物大全，刘明玉、解玉浩、季达明主编，辽宁大学出版社，2000年，ISBN 7561039042, p. 175
鲿（鮠）科 Bagridae	中华疯鲿 *Tachysurus sinensis* Lacepède, 1803	亚洲阿穆尔河、朝鲜半岛及黄河下游流域	
鲀鱼科 Tetraodontidae	中华单角鲀 *Monacanthus chinensis* (Osbeck, 1765)	南海、东海及台湾东部沿海	中国脊椎动物大全，刘明玉、解玉浩、季达明主编，辽宁大学出版社，2000年，ISBN 7561039042, p. 441

黄河水系主要支流列表及本书作者有关干流上、中、下游的划分

黄河水系主要支流列表及本书作者有关干流上、中、下游的划分见表21。

表21　黄河水系主要支流列表及本书作者有关干流上、中、下游的划分

	黄河源水系	卡日曲—约古宗列曲—扎曲—星宿海—扎陵湖—鄂陵湖
黄河上游	四川水系	白河—黑河
	青海水系	泽曲—曲什安河—茫拉河（芒拉河）—隆务河—大夏河
	洮河水系	洮河—广通河
	湟水水系	湟水—大通河—北川河—沙塘川
	甘肃黄土高原区	庄浪河—苑川河—祖厉河
黄河中游 （宁蒙、鄂尔多斯高原）	左岸小支流 （内蒙古、山西北部）	乌加河（乌梁素海）—昆都仑河—大黑河—浑河—偏关河—朱家川—岚漪河—蔚汾河—湫水河—三川河—昕水河
	右岸小支流 （宁夏、内蒙古、陕北水系）	清水河—山水河（苦水河）—都思图河—黄甫川—窟野河—秃尾河—无定河—清涧河—延河—云岩河
黄河下游	汾河水系；涑水河	汾河—文峪河—潇河—涑水河
	渭河水系	渭河—葫芦河—漳河—千河—漆水河—黑河—石头河—沣河—灞河—浐河—泾河—洛河（北）
	豫西水系	洛河（南）—伊水—沁河
	大汶河水系	牟汶河—瀛汶河—石汶河—泮汶河—柴汶河—大清河（东平湖）

编者注：根据本书作者在"黄河鱼类分布特征及区系分析"一节的讨论，黄河干流上游、中游与下游大致可以甘肃东部黑山峡出口（海拔约1 227 m）和山西、陕西间的壶口瀑布之上（海拔约470 m）为分界。

在线参考资料

FishBase（世界鱼类数据库）：

http://www.fishbase.org

http://www.fishbase.cn

http://www.fishbase.tw

及其他各镜像网站。

台湾鱼类资料库：

http://fishdb.sinica.edu.tw

FishWise:

http://www.fishwisepro.com

Catalog of Fishes：

http://research.calacademy.org/ichthyology/catalog

ITIS （the Integrated Taxonomic Information System）：

http://www.itis.gov/

GBIF（Global Biodiversity Information Facility）：

http://www.gbif.org/

Freshwater Ecoregions of the World:

http://www.feow.org/

中国知网：

http://www.cnki.net

Wikipedia.org（维基百科）

英文：http://en.wikipedia.org

中文：http://zh.wikipedia.org（黄河土著鱼类列表及相关条目）

Chinese Text Project（中国哲学书电子化计划）：http://ctext. org/zh/

与鱼相关的汉字，可供在线查询：

http://www.ctext.org/dictionary.pl?if=en&rad=195

编者后记

    2009年1月北京的寒冬里，我父亲不幸去世。当时留下4部著作未完成出版：《中国动物志》银汉鱼等五目、金眼鲷等六目，《中华大典》鱼类部分，以及《黄河鱼类志》。《中国动物志》银汉鱼等五目的卷册经由中科院动物研究所（简称"动物所"）张春光整理，已于2011年出版。金眼鲷等六目与《中华大典》鱼类部分，也将由他过去的同事整理、完成。而《黄河鱼类志》，这部曾花费了我父亲近半个世纪心血的手稿，在他去世后应如何处置，当时对我来说却是个未知数。我父亲生前对于《黄河鱼类志》这部著作的价值很有自信，然而去世前却没来得及对这一手稿的归宿或出版做出嘱托。在2009年初他去世后的日子里，我面临着一个困难的选择：要么试图出版这部手稿，要么让它被岁月所遗忘。我希望出版这一著作，作为对他的纪念、对他遗愿的慰藉。然而隔行如隔山：对于我这样一个鱼类学的外行来说，如何客观评价这部著作，着手出版这份相对冷僻领域近30万字的学术手稿，是十分棘手的问题。他去世前20多年间曾与多家出版社联系出版，均未获进展。我把这份手稿带到了美国，在工作之余细读了这部著作，并通过互联网在线资料（特别是维基百科与世界鱼类数据库）试图了解有关背景知识。我也征求了父亲生前好友与同行们的意见。远在瑞典的方芳博士（Fang Fang Kullander, 1962～2010）以及我国台湾鱼类学会理事长曾晴贤先生对于出版这部著作给予了真诚的鼓励，增添了我着手整理这份手稿的信心。2010年10月我回国工作后，有机会在北京家中特意查阅了更多父亲已出版和未出版的文字，更增加了我的动力。在新浪微博上，我结识了陈熙、李帆、张劲硕、黄晓磊等年轻一代鱼类学或动物学学者；在与他们的交流中，也获得了鼓励，并增进了对相关领域的了解。

    我父亲生前很少对我谈起过他自己对于中国鱼类学的贡献。通过互联网在线资料的搜索及阅读相关资料、书籍，我了解到他生前曾发现、命名过包括海鱼与淡水鱼7个目当中十几个鱼类新种或新亚种（如中国国家二级保护野生动物秦岭细鳞鲑）；在1949年以后成长的中国第二代鱼类学家当中，是唯一主持过《中国动物志 硬骨鱼纲》多卷册编写、出版的鱼类学家，也是学术专著最多的鱼类学学者之一。

    有关中国几条主要大江河的鱼类，1989年出版郑慈英主编的《珠江鱼类志》；1976年水生生物研究所鱼类研究室出版《长江鱼类》；1956年，苏联学者尼科里斯基出俄文版《黑龙江鱼类志》（由高岫翻译，1960年出中文版）。上述书籍多已绝版。尽管黄河流域是中华文明发源地、现有1亿多人口，系统描述黄河鱼类及其文献的书，在中国却是个空白。本书中的《黄河鱼类志》，试图从自然环境与地史变化、化石鱼类的研究等多个角度，对黄河鱼类的分布特点及种群起源、形成过程予以阐述；而且在系统描述部分对黄河流域每一种鱼的讨论，都伴有详尽的文献资料，内容远超出国内以往地区鱼类志的范围。

然而他对黄河鱼类系统描述的研究，开始得有些偶然。20世纪50年代中旬他的研究方向主要为中国海鱼调查。1957年后，海鱼调查方面工作戛然而止。1958年夏，动物所鱼类组与无脊椎组，试图开展黄河渔业生物学，我父亲曾参与调查，并参与了《黄河渔业生物学基础初步调查》（1959年出版）的写作，描写了所采集的42种黄河鱼类中的29种鲤科鱼类。1958年底到晋南、陕西华阴的动物所三门峡工作站，办水产学校、养鱼劳动，长达4年，直至1962年底工作站撤销。1962至1963年，我父亲曾多次在陕西、山东、河南等地采集黄河鱼类标本，在张春霖先生鼓励下于1963年开始《黄河鱼类志》（初稿）的编写，年底完成初稿。1965年在《动物学杂志》发表的《黄河鱼类区系的探讨》，是对《黄河鱼类志》（初稿）总论的缩写。1974年8月，河南省革命委员会水利局曾翻印《黄河鱼类志》（一、二两册）油印本。20世纪80年代及之后的20年间，我父亲曾对《黄河鱼类志》手稿做了多次大幅修改。本书根据最后的手稿校订完成。

在整理《黄河鱼类志》手稿的过程中，我也系统地阅读了我父亲其他一些著作、论文、科普文章、回忆等，感觉摘选他的某些有代表性而又不易查找的文章与《黄河鱼类志》一起出版，将有助于读者了解有关黄河鱼类学术观点的演变，以及他的一些学术特点。本书收录李思忠所著而未见于中国知网（CNKI）的一些鱼类学论文、科普文章、回忆等50余篇，约17万字，与《黄河鱼类志》一起出版。

读《黄河鱼类志》，细心的读者不难发现，我父亲讨论黄河鱼类时考虑到中国淡水鱼类分布的特点，对于鱼类分布意义上黄河上、中、下游的划分，不同于传统上依据黄河交通航运、水利、地貌等综合因素的划分。水利部黄河水利委员会认定"自内蒙古托克托县河口镇至河南荥阳市桃花峪为黄河中游"；托克托县之上黄河干流为上游；桃花峪之下为下游。在我父亲看来，就黄河鱼类的分布而言，黄河中游大致对应于中国淡水鱼类分布的宁蒙区；以甘肃东部黑山峡和山西、陕西间的壶口瀑布为界，将黄河流域分为上游、中游与下游：因山西、陕西间山区河道跌差太大，如壶口瀑布高达10多米，下游江河平原鱼类难以溯游通过，因而以壶口（或之上河曲—保德以南）作为黄河中游及下游鱼类区系的天然界线似更合适。另一角度看，我父亲1963年写作《黄河鱼类志》（初稿）、1965年发表"黄河鱼类区系的探讨"时，已开始有了淡水鱼类在中国北方分布区划构想的雏形。

读他的其他著作，也不难理解，有关古北区与东洋区（印度马来亚区）的动物地理分界，他的观点是中国淡水鱼类在中国东部的两区划分，大致以广义的南岭（含南岭及武夷山）为界，而与陆生动物有所不同。

尽管《黄河鱼类志》是迄今描述黄河鱼类最为详尽的著作，因其写作年代跨度较长，其中某些资料和结论并不能完全反映黄河鱼类现状；而且近几十年来鱼类移殖等人类活动及生态环境的改变，不可避免地会在一定程度上改变黄河鱼类的分布。现代生物分子序列分析技术也为鱼类的分类和鉴别提供了新的方法和手段；而相关鱼类的分类系统近几十年来的若干主要变化，在本书编写过程中并没能得到及时更新，如表22所示。

表22 本书未能及时更新的鱼类分类单元

	本书中的鱼类分类单元	现今公认或有效的分类单元	注释及参考资料
目与亚目的变化	鲑亚目 Salmonoidei	鲑亚目 Salmonoidei（含鲑科 Salmonidae） 胡瓜鱼亚目 Osmeroidei（含香鱼科 Plecoglossidae、银鱼科 Salangidae等）	Nelson, 2006
	飞鱼亚目 Exocoetoidei（原属银汉鱼目 Atheriniformes）	飞鱼亚目 Exocoetoidei（现隶属颌针鱼目 Beloniformes）	
	鳉亚目 Cyprinodontoidei（原属银汉鱼目 Atheriniformes）	鳉形目 Cyprinodontiformes	据武云飞教授及李帆，目前通行观点为青鳉隶属颌针鱼目（而非鳉形目）的大颌鳉亚目 Adrianichthyidae
	鲻亚目 Mugiloidei	鲻形目 Mugiliformes	
鲤形目内科、亚科及属的变化	条鳅亚科 Noemachilinae	条鳅科 Nemacheilidae	Kottelat, 2012
	鳑鲏亚科 Rhodeinae 刺鳑鲏属 Acanthorhodeus 副鱊属 Paracheilognathus 鱊属 Acheilognathus 鳑鲏属 Rhodeus 石鲋属 Pseudoperilampus	鳔亚科 Acheilognathinae 鱊属 Acheilognathus 鳑鲏属 Rhodeus 田中鳑鲏属 Tanakia	据伍汉霖教授、李帆
	雅罗鱼亚科： 马口鱼属 Opsariichthys 鳊亚科： 细鲫属 Aphyocypris	鲃亚科 Danioninae： 马口鱼属 Opsariichthys 细鲫属 Aphyocypris	蔡文仙等，2013 另据陈熙及Fang F（方芳）et al, 2009 和 Liao TY et al, 2011，马口鱼属、细鲫属及其近亲与广义的鲴亚科或鲃亚科更为近缘

　　有关黄河鱼类新的调查和著述，如2011年黄河流域渔业管理委员会组织的九省区野外调查及所编撰的《黄河流域鱼类图志》（2013），为描述黄河鱼类提供了一些新的、本书难以涵盖的资料。1987年出版的《秦岭鱼类志》中发表的黄河水系的新种*Triplophysa shaanxiensis* Chen（陕西高原鳅）及*Triplophysa obscura* Wang（黑体高原鳅），在本书系统描述部分中也尚未收录。（见本书总论"黄河鱼类研究史：以二名法记载黄河流域鱼类的文献"一节的编者注）

　　编者在编辑此书时，特意将本书内系统描述的鱼类学名与世界鱼类数据库做比较，对"同种异名"的现象加以注明；并以"编者注"的形式，转述了一些专业学者的意见、异见，以期标明本书所采纳的分类单元与新近或公认术语的对应关系，方便读者。

　　然而，为黄河鱼类的分类和分布做出全面、权威的"定论"，并非作者的初衷或本意（见本书前言）。编者希望此书的编辑出版，能为研究和关注黄河鱼类的学者、水产工作者，以及自然和博物爱好者提供一个能勾勒学术发展轨迹、渊源与传承的独特视角和框架，以及相对全面、详细、系统、难得的研究资料以供参考；也希望鱼类学专业学者能参与《黄河鱼类志》未来修订版本的编写、整合、补充和更新。

《黄河鱼类志》的写作，离不开我母亲王慧民的心血和帮助。该志中绝大多数鱼图（160多幅）是由她绘制的。此书稿件的写作，经过几次大的修改，每次均由我母亲誊写。特别值得一提的是，在1957年后我父亲20多年的坎坷生涯中，我母亲与父亲相濡以沫，维护了家庭的稳定，给予了父亲莫大的理解和精神支持。我父亲去世后，母亲对于现存鱼图，也做了统计和归档。没有她的参与，此书稿难有今天。

张春霖先生是我父亲专业上的导师。我父亲在与张春霖先生（以及朱元鼎等中国鱼类学前辈）的共事中耳濡目染，获益良多。在1957年后我父亲处境艰难的时候，张先生对我父亲，特别是《黄河鱼类志》的前期调查、写作，给予了极大的鼓励、推动和指导。此书的出版要感谢这位中国淡水鱼类学研究的开拓者、中国海洋鱼类研究的奠基者、受人崇敬的教育家。

一些动物所同事及鱼类学同行都为本书前期的材料收集及编写做出了十分难得的贡献。据我父亲记载，动物所三门峡工作站同事康景贵先生曾协助他1962年9月到陕西秦岭内黑河流域、11月到山东与河南两省采集过鱼类标本；1963年5月前后，动物所张世义先生曾协助他到山东省黄河口做过调查、采集，并曾协助他整理过有关标本、文献。《黄河鱼类志》中的180多幅鱼图，其中有9幅为中科院动物所王蘅女士所绘、1幅为敖纫兰女士所绘；另外我父亲所描述的不少标本、引述的书籍和文献，许多由他的同事及中外同行们所提供，或来自难以计数的众多其他鱼类学前辈的贡献。近年来，本书手稿、文选在资料收集、电脑输入、编辑、校正过程中也获得了许多人（包括胞兄李振青）的帮助。在此就不一一致谢了。

最后，由衷感谢我国台湾水产出版社赖春福先生和《养鱼世界》杂志社对此书出版给予的可贵支持，以及伍汉霖教授、武云飞教授、曾晴贤教授、李帆先生、陈熙先生、骆宁博士、陈浩先生等在本书编辑、审阅、校改过程中提出的宝贵意见。特别感谢伍汉霖教授在百忙之中对本书黄河鱼类系统描述部分做出了细致入微的校阅、核查和比较，并编辑、提供了"《黄河鱼类志》鱼类名称对照表"；对于本书系统描述部分有差异、分歧的鱼类名称和分类单元，均尽可能标出了有效学名，为读者查阅本书所涉及的黄河鱼类的学名及分类关系的变化提供了极大的方便；动物所张劲硕博士及张春光教授帮助对本书描述的张氏鮈（新种，见第178页）标本进行了查寻和检视；陕西省太白县黄柏塬胡纬先生为本书（原版）封面提供了秦岭细鳞鲑的彩色照片。在此书即将出版之际，武云飞教授、伍汉霖教授两位前辈分别寄来与我父亲交往的真挚、感人的回忆，对于帮助今天的读者了解本书作者的工作、为人及他所生活的环境、时代有着非常重要的意义。虽然我父亲未能在有生之年看到这一倾注毕生心血的著作出版，如果他能得知自己作品的出版获得武云飞教授、伍汉霖教授等知己和同行的倾力协助，以及年轻一代学者的关注，他一定会极为欣慰！而且编者寄望此书的问世，不仅仅是对我父亲个人学术生涯、毕生奋斗的肯定，某种程度上，也是对百年前中国科学社成立以来，几代学术先驱者们的追求、梦想以及他们的专业精神的一点纪念。

李振勤

本书编辑人，2015年6月至9月